Elektronik Tabellen Informations- und Medientechnik

Dr. Michael Dzieia, Darmstadt
Heinrich Hübscher, Lüneburg
Hans-Joachim Petersen, Helmstedt
Harald Wickert, Emmelshausen

Unter Mitarbeit der Verlagsredaktion

1. Auflage, 2011
Druck 1, Herstellungsjahr 2011

© Bildungshaus Schulbuchverlage
Westermann Schroedel Diesterweg Schöningh Winklers GmbH,
Braunschweig
www.westermann.de

Redaktion: Armin Kreuzburg
Satz und Layout: Fa. Lithos, Dirk Hinrichs, Wolfenbüttel
Umschlaggestaltung: boje5 Grafik & Werbung, Braunschweig
Druck und Bindung: westermann druck GmbH, Braunschweig

ISBN 978-3-14-**23 5050**-9

Physikalische Gefahren (16 Gefahrenklassen)

Gefahrenklasse	H-Satz	Signalwort
■ Explosive Stoffe bzw. Gemische		Gefahr bzw. Achtung
– instabil, explosiv	H200	
– explosiv, Kat. 1.1–1.3	H201	
	H202, H203	
■ Selbstzersetzliche Stoffe und Gemische	H240, H241	
■ Organische Peroxide	H240, H241	
■ Explosive Stoffe, Kat. 1.4	H204	
■ Entzündbare Gase, Kat. 1	H220	Gefahr bzw. Achtung
■ Entzündbare Aerosole, Kat. 1	H222	
■ Entzündbare Flüssigkeiten, Kat. 1	H224	
■ Entzündbare Flüssigkeiten, Kat. 2	H225	
■ Entzündbare Feststoffe, Kat. 1	H228	
■ Entzündbare Feststoffe, Kat. 2	H228	
■ Entzündbare Aerosole, Kat. 2	H223	Achtung
■ Entzündbare Flüssigkeiten, Kat. 3	H226	
■ Pyrophore Flüssigkeiten und Feststoffe, Kat. 1	H250	Achtung bzw. Gefahr
■ Stoffe und Gemische, die in Berührung mit Wasser entzündbaren Gase etwickeln, Kat. 1, 2, 3	H260, H261	
■ Selbstzersetzliche Stoffe und Gemische	H241, H242	
■ Selbsterhitzungsfähige Stoffe und Gemische, Kat. 1, 2	H251, H252	
■ Organische Peroxide	H241, H242	
■ Oxidierende Gase, Kat. 1		Achtung bzw. Gefahr
■ Oxidierende Flüssigkeiten, Kat. 1, 2, 3	H270 H271, H272	
■ Oxidierende Feststoffe, Kat. 1, 2, 3	H271, H272	
■ Gase und Druck		Achtung
– verdichtete Gase	H280	
– verflüssigte Gase	H280	
– Tiefgekühlt verflüssigte Gase	H281	
– gelöste Gase	H280	
■ Stoffe und Gemische, die gegenüber Metallen korrosiv sind, Kat. 1	H290	Achtung

Gesundheitsgefahren (10 Gefahrenklassen)

Gefahrenklasse	H-Satz	Signalwort
■ Akute Toxität, Kat. 1, 2		Gefahr
– Oral	H300	
– Dermal	H310	
– Inhalativ	H330	
■ Akute Toxität, Kat. 3		
– Oral	H301	
– Dermal	H311	
– Inhalativ	H331	
■ Keimzellmutagenität, Kat. 1A, 1B	H340	Gefahr
■ Karzinogene Wirkung, Kat. 1A, 1B	H350	
■ Reproduktionstoxische Wirkung, Kat. 1 A, 1B	H360	
■ Spezifische Zielorgan-Toxität bei einmaliger Exposition, Kat. 1	H370	
■ Spezifische Zielorgan-Toxität bei wiederholter Exposition, Kat. 1	H372	
■ Sensibilisierung der Atemwege, Kat. 1	H334	
■ Aspirationsgefahr, Kat. 1	H304	
■ Keimzellmutagenität, Kat. 2	H341	Achtung
■ Karzinogene Wirkung, Kat. 2	H351	
■ Reproduktionstoxische Wirkung, Kat. 2	H361	
■ Spezifische Zielorgan-Toxität bei einmaliger Exposition, Kat. 2	H371	
■ Spezifische Zielorgan-Toxität bei wiederholter Exposition, Kat. 2	H373	
■ Akute Toxität, Kat. 4		Achtung
– Oral	H302	
– Dermal	H312	
– Inhalativ	H332	
■ Hautätzende Wirkung, Kat. 1A, 1B, 1C	H314	Gefahr
■ Schwere Augenschädigung, Kat. 1	H318	
■ Hautreizend, Kat 2.	H315	Achtung
■ Augenreizend, Kat. 2	H319	
■ Sensibilisierung der Haut, Kat. 1	H317	
■ Spezifische Zielorgan-Toxität bei einmaliger Exposition, Kat. 3		
– Atemwegsreizend	H335	
– Narkotischer Effekt	H336	

Umweltgefahren

Gefahrenklasse	H-Satz	Signalwort
■ Akut gewässergefährdend, Kat. 1	H400	Achtung
■ Chronisch gewässergefährdend, Kat. 1	H410	

Im Tabellenbuch werden schwerpunktmäßig Informationstechnik und Medientechnik behandelt.

Die **Informationstechnik** befasst sich im Wesentlichen mit der

- Gewinnung,
- Verarbeitung,
- Speicherung und
- Übertragung von Informationen.

Deshalb werden wesentliche Inhalte dieser Teilbereiche behandelt und in übersichtlicher sowie kompakter Form dargestellt.

Das Gebiet der **Medientechnik** umfasst die aktuelle PC-Technik mit wichtigen Peripheriegeräten sowie das breite Spektrum der Multimediageräte.

Herausgehoben wurde das Kapitel „Messtechnik" in dem zusammenfassend wichtige Messverfahren und Geräte behandelt werden.

Da neben technischen auch betriebliche und kaufmännische Inhalte zur Bewältigung des beruflichen Alltags wichtig sind, werden wesentliche Themen im Kapitel „Betrieb und Umfeld" behandelt.

Der klare und themenbezogene Aufbau und die Vierfarbigkeit tragen zur Übersichtlichkeit bei und vereinfachen das rasche Auffinden und Verarbeiten der gesuchten Informationen. Die Farbgebung in den Darstellungen wurde nach funktionalen Gesichtspunkten ausgewählt.

Die kompakte Formelsammlung am Ende erschließt wesentliche mathematische Zusammenhänge und das deutsch-englische Sachwortverzeichnis erleichtert den Zugang über englischsprachige Texte.

Das Tabellenbuch ist für Auszubildende mit den folgenden Berufsbezeichnungen des Handwerks und der Industrie geeignet:

- Informationselektronik
- Informations- und Telekommunikationstechnik
- Systeminformatik

Darüber hinaus kann es zur fachlichen Vertiefung informationstechnischer Inhalte in

- IT-Berufen

verwendet werden.

Da im Tabellenbuch wesentliche elektrische, elektronische, akustische und optische Inhalte dargestellt werden, lässt es sich auch im Berufsfeld

- Veranstaltungstechnik

einsetzen.

Aufgrund der ausführlichen Darstellung von digitalen Medien kann es in Teilgebieten des Ausbildungsberufs

- Mediengestalter/in Digital und Print

sinnvoll verwendet werden.

Das Tabellenbuch kann in der beruflichen Erstausbildung eingesetzt, aber auch von den in der Praxis stehenden Facharbeitern, Meistern oder Technikern als vielfältige Informationsquelle verwendet werden.

Für Hinweise und Verbesserungsvorschläge sind die Autoren und der Verlag jederzeit aufgeschlossen und dankbar.

Braunschweig 2011

Grundlagen

1

Allgemeine mathematische Zeichen und Begriffe
General Mathematical Signs and Terms

Zeichen	Verwendung	Sprechweise (Erläuterung)	DIN 1302: 1994-04
Pragmatische Zeichen (nicht mathematisch im engeren Sinne; Bedeutung von Fall zu Fall präzisieren)			
$\approx$	$x \approx y$	x ist ungefähr gleich y	
$\ll$	$x \ll y$	x ist klein gegen y	
$\gg$	$x \gg y$	x ist groß gegen y	
$\triangleq$	$x \triangleq y$	x entspricht y	
…		und so weiter bis; und so weiter (unbegrenzt); Punkt, Punkt, Punkt	
Allgemeine arithmetische Relationen und Verknüpfungen			
$=$	$x = y$	x gleich y	
$\neq$	$x \neq y$	x ungleich y	
$<$	$x < y$	x kleiner als y	
$\leq$	$x \leq y$	x kleiner oder gleich y, x höchstens gleich y	
$>$	$x > y$	x größer als y	
$\geq$	$x \geq y$	x größer oder gleich y, x mindestens gleich y	
$+$	$x + y$	x plus y, Summe von x und y	
$-$	$x - y$	x minus y, Differenz von x und y	
$\cdot$	$x \cdot y$ oder xy	x mal y, Produkt von x und y	
– oder / oder :	$\frac{x}{y}$ oder x/y oder $x{:}y$	x geteilt durch y, Quotient von x und y	
$\sum$	$\sum\limits_{i=1}^{n} x_i$	Summe über x_i von i gleich 1 bis n	
$\sim$	$f \sim g$	f ist proportional zu g	

Winkelfunktionen
Trigonometric Functions

Winkelfunktionen (rechtwinklige Dreiecke)

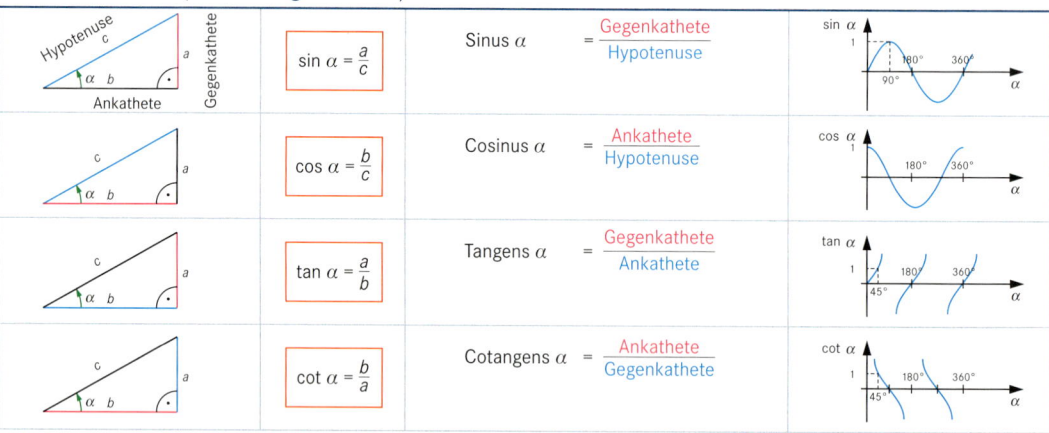

$\sin \alpha = \dfrac{a}{c}$	Sinus α = $\dfrac{\text{Gegenkathete}}{\text{Hypotenuse}}$	
$\cos \alpha = \dfrac{b}{c}$	Cosinus α = $\dfrac{\text{Ankathete}}{\text{Hypotenuse}}$	
$\tan \alpha = \dfrac{a}{b}$	Tangens α = $\dfrac{\text{Gegenkathete}}{\text{Ankathete}}$	
$\cot \alpha = \dfrac{b}{a}$	Cotangens α = $\dfrac{\text{Ankathete}}{\text{Gegenkathete}}$	

Vorzeichen der Winkelfunktionen in den vier Quadranten

Quadrant	Winkel	sin	cos	tan	cot
I	0° … 90°	+	+	+	+
II	90° … 180°	+	–	–	–
III	180° … 270°	–	–	+	+
IV	270° … 360°	–	+	–	–

Addition und Subtraktion
Addition and Subtraction

<table>
<tr><td>

Addition

$$\underbrace{\text{Summand} + \text{Summand} + \dots}_{\text{Term}} = \text{Summe}$$
$$a + b + \dots = x \qquad (a, b, x \in \mathbb{R})$$

Ein **Term** ist ein mathematischer Ausdruck, der aus Zahlen, Variablen und Rechenzeichen besteht.

</td><td>

Subtraktion

$$\underbrace{\text{Minuend} - \text{Subtrahend}}_{\text{Term}} = \text{Differenz}$$
$$a - b = c \quad (a, b, c \in \mathbb{R})$$

Wenn der Subtrahend größer als der Minuend ist, wird die Differenz negativ.

</td></tr>
</table>

<table>
<tr><td colspan="2">

Regeln

</td></tr>
<tr><td>

- Kommutativgesetz $\quad a + b = b + a$
- Assoziativgesetz $\quad (a + b) + c = a + (b + c)$

Rechenoperation in Klammer zuerst ausführen.

- Klammern auflösen

$$a + (+b) = a + b \qquad a + (b + c) = a + b + c$$
$$a + (-b) = a - b \qquad a + (b - c) = a + b - c$$
$$a - (+b) = a - b \qquad a - (b + c) = a - b - c$$
$$a - (-b) = a + b \qquad a - (b - c) = a - b + c$$

- Mehrere Klammern

$$a - [(b - c) - (a + c)] = a - [b - c - a - c]$$
$$= 2a - b + 2c$$

Zuerst innere Klammer auflösen.

- Irrationale Zahlen

z.B.: $\sqrt{2} + 3 \approx 1{,}414 + 3 \approx 4{,}414$

(Rundungsregeln anwenden)

</td><td>

Brüche

- Gleichnamige Brüche (Zähler addieren bzw. subtrahieren, Nenner unverändert belassen)

$$\frac{a}{b} \pm \frac{c}{b} = \frac{a \pm c}{b}$$

- Ungleichnamige Brüche (Hauptnenner bilden, kleinste gemeinsame Vielfache)

$$\frac{a}{b} \pm \frac{c}{d} = \frac{a \cdot d \pm b \cdot c}{b \cdot d}$$

- Term als Zähler (Klammer um Zähler)

$$\frac{a + b}{c} + \frac{c - d}{c} = \frac{(a + b) + (c - d)}{c}$$

Beträge

Soll von einer Zahl nur der Wert ohne Berücksichtigung des Vorzeichens geschrieben werden, setzt man die Zahl zwischen zwei senkrechte Striche (Betrag).

$$|-13| = 13 \qquad |1{,}5| = 1{,}5$$

</td></tr>
</table>

Multiplikation und Division
Multiplication and Division

<table>
<tr><td>

Multiplikation

$$\text{Faktor} \cdot \text{Faktor} = \text{Produkt}$$
$$a \cdot b = c \quad (a, b, c \in \mathbb{R})$$

Kommutativgesetz $\quad a \cdot b = b \cdot a$
Assoziativgesetz $\quad a \cdot (b \cdot c) = (a \cdot b) \cdot c$

</td><td>

Division

$$\frac{\text{Dividend}}{\text{Divisor}} = \text{Quotient} \qquad \frac{a}{b} = c$$

$$(a, b, c \in \mathbb{R}, b \neq 0)$$

</td></tr>
</table>

<table>
<tr><td colspan="2">

Regeln

</td></tr>
<tr><td>

- Division durch Null ist nicht erlaubt!
- Division durch 1 $\quad \dfrac{a}{1} = a$
- Vorzeichen $\quad \dfrac{+a}{+b} = \dfrac{a}{b} \quad \dfrac{-a}{+b} = -\dfrac{a}{b} \quad \dfrac{+a}{-b} = -\dfrac{a}{b} \quad \dfrac{-a}{-b} = \dfrac{a}{b}$
- Punktrechnung vor Strichrechnung (Rechnung höherer Ordnung geht vor)

$$4 \cdot a = 4a \qquad a \cdot b = ab$$

Rechenzeichen kann entfallen

$$(+ a) \cdot (+ b) = ab \qquad (-a) \cdot (+b) = -ab \qquad a \cdot 0 = 0$$
$$(+ a) \cdot (- b) = -ab \qquad (-a) \cdot (-b) = ab \qquad a \cdot 1 = a$$
$$3a \cdot 8b = 24ab \qquad 3 \cdot a + 8 \cdot b = 3a + 8b$$
$$ab \cdot cd = abcd \qquad a \cdot b + c \cdot d = ab + cd$$

</td><td>

- Distributivgesetz $\quad a(b + c) = ab + ac$
- Ausklammern

$$4a + 9a - 3a = (4 + 9 - 3) \cdot a = 10a$$

$$ba + ca - da = (b + c - d) \cdot a$$

$$2a + 3a - 4m + m = a \cdot (2 + 3) + m \cdot (-4 + 1)$$
$$= 5a - 3m$$

$$ba + ca + dm + fm = a \cdot (b + c) + m \cdot (d + f)$$
$$(a + b) \cdot (c + d) = a(c + d) + b(c + d)$$
$$= ac + ad + bc + bd$$

- Irrationale Zahlen werden multipliziert und dividiert, nachdem man gerundet hat.

</td></tr>
</table>

Brüche $(a, b, x \in \mathbb{R})$

<table>
<tr><td>

- Multiplikation $\quad \dfrac{a}{b} \cdot c = \dfrac{ac}{b} \qquad \dfrac{a}{b} \cdot \dfrac{c}{d} = \dfrac{ac}{bd} \qquad \dfrac{a}{b} \cdot \dfrac{b}{a} = 1$

</td><td>

- Division $\quad \dfrac{a}{b} : c = \dfrac{a}{bc} \qquad \dfrac{a}{b} : \dfrac{c}{d} = \dfrac{ad}{bc}$ (mit Kehrwert multiplizieren)

</td></tr>
</table>

Potenzieren

$$a^n = c \qquad\qquad n \in \mathbb{N}$$
$$\underbrace{a^n = a \cdot a \cdot \ldots \cdot a = c}_{n\ \text{Faktoren}} \quad a, c \in \mathbb{R}$$

a Basis
n Exponent
c Potenz

Regeln

■ Positive Basis $\qquad\qquad a \geq 0;\ b \geq 0;\ c \geq 0$

$$a^b = c$$

■ Negative Basis $\qquad a > 0;\ c > 0;\ n \in \mathbb{N}$

Exponent geradzahlig $\qquad (-a)^{2n} = c$

Exponent ungeradzahlig $\qquad (-a)^{2n+1} = -c$

■ Addition und Subtraktion von Potenzen mit der gleichen Basis und dem gleichen Exponenten

Distributivgesetz $\quad a \cdot b^n \pm c \cdot b^n = (a \pm c) \cdot b^n$

■ Multiplikation und Division von Potenzen mit der gleichen Basis

$$a^m \cdot a^n = a^{m+n} \qquad a^1 = a$$
$$a^m : a^n = a^{m-n} \qquad a^0 = 1 \qquad a^{-n} = \frac{1}{a^n}$$

■ Multiplikation und Division von Potenzen mit dem gleichen Exponenten

$$a^m \cdot b^m = (ab)^m \qquad a^m : b^m = \frac{a^m}{b^m} = \left(\frac{a}{b}\right)^m$$

■ Potenzieren von Potenzen $\qquad (a^b)^c = a^{bc}$

Binomische Formeln:
$$(a + b)^2 = a^2 + 2ab + b^2$$
$$(a - b)^2 = a^2 - 2ab + b^2$$
$$(a + b)(a - b) = a^2 - b^2$$

Radizieren

$$\sqrt[n]{a} = b \qquad\quad a, b \in \mathbb{R}$$
$$a^{\frac{1}{n}} = b \qquad\quad n \in \mathbb{Z}$$
$$\qquad\qquad\qquad a \geq 0$$

n Wurzelexponent
a Radikand
b Wurzel

Regeln

■ Addition und Subtraktion von Wurzeln mit gleichem Exponenten und gleichem Radikanden

$$b \cdot \sqrt[n]{a} \pm c \cdot \sqrt[n]{a} = (b \pm c) \sqrt[n]{a}$$
$$a \geq 0$$
$$n \in \mathbb{N};\ n \neq 0$$

■ Multiplikation und Division von Wurzeln mit gleichem Exponenten

$$n \sqrt[x]{a} \cdot m \sqrt[x]{b} = nm \sqrt[x]{ab}$$

$$m \sqrt[y]{a} : n \sqrt[y]{b} = \frac{m}{n} \sqrt[y]{\frac{a}{b}}$$

■ Potenzieren und Radizieren $\qquad (m, n \in \mathbb{R})$

$$\left(\sqrt[n]{a}\right)^m = \sqrt[n]{a^m} \qquad\qquad a^{\frac{m}{n}} : a^{\frac{p}{q}} = a^{\frac{m}{n} - \frac{p}{q}}$$

$$\sqrt[n]{a^m} = a^{\frac{m}{n}}$$

$$\frac{1}{\sqrt[n]{a^m}} = a^{-\frac{m}{n}} \qquad\qquad \sqrt[m]{\sqrt[n]{a}} = \sqrt[m \cdot n]{a}$$

$$a^{\frac{m}{n}} \cdot a^{\frac{p}{q}} = a^{\frac{m}{n} + \frac{p}{q}} \qquad\qquad \left(a^{\frac{m}{n}}\right)^{\frac{p}{q}} = a^{\frac{mp}{nq}}$$

Zehnerpotenzen

$$10^n = c \qquad\qquad n \in \mathbb{Z}$$
$$\underbrace{10^n = 10 \cdot 10 \cdot 10 \cdot \ldots \cdot 10}_{n\ \text{Faktoren}} \quad \text{Basis } 10$$

$10^0 = 1$	
$10^1 = 10$	$10^{-1} = \frac{1}{10} = 0{,}1$
$10^2 = 100$	$10^{-2} = \frac{1}{100} = 0{,}01$
$10^3 = 1000$	$10^{-3} = \frac{1}{1000} = 0{,}001$
$10^4 = 10\,000$	$10^{-4} = \frac{1}{10\,000} = 0{,}0001$

Beispiele

Addieren $\qquad 4 \cdot 10^2 + 2 \cdot 10^2 = (4 + 2) \cdot 10^2 = 6 \cdot 10^2$

Subtrahieren $\quad 4 \cdot 10^2 - 2 \cdot 10^2 = (4 - 2) \cdot 10^2 = 2 \cdot 10^2$

Multiplizieren $\qquad 10^4 \cdot 10^3 \qquad = 10^{(4+3)} \qquad = 10^7$

Dividieren $\qquad \dfrac{10^4}{10^3} \qquad = 10^{(4-3)} \qquad = 10^1$

Potenzieren $\qquad (10^2)^3 \qquad = 10^{2 \cdot 3} \qquad = 10^6$

Radizieren $\qquad \sqrt{10^6} \qquad = 10^{\frac{6}{2}} \qquad = 10^3$

Logarithmieren
Take the Logarithm

Definition

$a^n = c$ **$\log_a c = n$** a Basis
(sprich: Logarithmus c Numerus
zur Basis a von c ist n) n Logarithmus

Der Logarithmus n gibt an, mit welcher Zahl man die Basis a potenzieren muss, um den Numerus c als Potenz zu erhalten.

Sonderfälle und Umrechnungen

$\log_a 0 = -\infty$ $\log_a 1 = 0$ $\lg 10 = 1$
$\log_a \infty = \infty$ $\log_a a = 1$ $\ln e = 1$
  $\text{lb } 2 = 1$

$\log_a b = \dfrac{\log_c b}{\log_c a}$

$\ln x = 2,30258 \cdot \lg x$
$\text{lb } x = 3,32193 \cdot \lg x$
$\ln x = 0,69314 \cdot \text{lb } x$

Regeln	$a > 0; c > 0; d > 0$
▪ Multiplizieren $\log_a (c \cdot d) = \log_a c + \log_a d$	Multiplikation wird zur Addition
▪ Dividieren $\log_a \dfrac{c}{d} = \log_a c - \log_a d$	Division wird zur Subtraktion
▪ Potenzieren $\log_a c^n = n \cdot \log_a c$	Potenzieren wird zum Multiplizieren
▪ Radizieren $\log_a \sqrt[m]{c} = \dfrac{1}{m} \log_a c$	Radizieren wird zum Dividieren

Gebräuchliche Basen

Basis	Logarithmus-Bezeichnung	Schreib-weise	Taschen-rechner
10	dekadischer (Zehnerlogarith-mus)	$\lg c$ $\log_{10} c$	log
e = 2,71828...	natürlicher	$\ln c$ $\log_e c$	ln
2	binärer	$\text{lb } c$ $\log_2 c$	

Logarithmische Teilung (dekadischer Logarithmus)

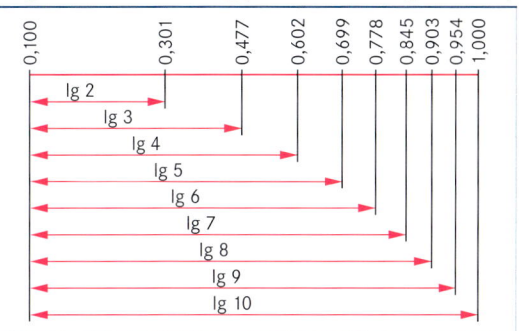

Binäre und hexadezimale Potenzen
Binary and Hexadecimal Powers

Binäre Potenzen

$2^n = c$ $2^n = 2 \cdot 2 \cdot \ldots \cdot 2$ $n \in \mathbb{Z}$ Basis 2
$2^{-n} = \dfrac{1}{2^n}$ $2^{-n} = \dfrac{1}{2} \cdot \dfrac{1}{2} \cdot \ldots \cdot \dfrac{1}{2}$

Beispiele

$2^0 = 1$

$2^1 = 2$ $2^{-1} = \dfrac{1}{2} = 0,5$

$2^2 = 4$ $2^{-2} = \dfrac{1}{4} = 0,25$

$2^3 = 8$ $2^{-3} = \dfrac{1}{8} = 0,125$

$2^4 = 16$ $2^{-4} = \dfrac{1}{16} = 0,0625$

$2^5 = 32$ $2^{-5} = \dfrac{1}{32} = 0,03125$

$2^6 = 64$ $2^{-6} = \dfrac{1}{64} = 0,015625$

$2^7 = 128$ $2^{-7} = \dfrac{1}{128} = 0,0078125$

$2^8 = 256$ $2^{-8} = \dfrac{1}{256} = 0,00390625$

Abkürzungen durch Vorsatzzeichen

1 k (Kilo) $= 2^{10} = 1024$
1 M (Mega) $= 2^{20} = 2^{10} \cdot 2^{10} = 1048576$
1 G (Giga) $= 2^{30} = 2^{10} \cdot 2^{10} \cdot 2^{10} = 1073741824$

Hexadezimale Potenzen

$16^n = c$ $16^n = 16 \cdot 16 \cdot \ldots \cdot 16$ $n \in \mathbb{Z}$ Basis 16
$16^{-n} = \dfrac{1}{16^n}$ $16^{-n} = \dfrac{1}{16} \cdot \dfrac{1}{16} \cdot \ldots \cdot \dfrac{1}{16}$

Beispiele

$16^0 = 1$

$16^1 = 16$ $16^{-1} = \dfrac{1}{16} = 0,0625$

$16^2 = 256$ $16^{-2} = \dfrac{1}{256} = 0,00390625$

$16^3 = 4096$ $16^{-3} = \dfrac{1}{4096} = 0,244140 \cdot 10^{-3}$

$16^4 = 65\,536$ $16^{-4} = \dfrac{1}{65\,536} = 0,015259 \cdot 10^{-3}$

Umrechnungsbeispiele

$2^4 = 16^1 = 16 = 10\,000_B = 10_H$
$2^8 = 16^2 = 256 = 100\,000\,000_B = 100_H$
$2^{16} = 16^4 = 65\,536 = 64\,k = 10\,000_H$
$2^{20} = 16^5 = 1\,048\,576 = 1\,M = 100\,000_H$

B: Binär; H: Hexadezimal

Gleichungen
Equations

Term: Sammelname für einzelne Summen, Differenzen, Produkte usw.
Gleichung: Zwei Terme, die durch ein Gleichheitszeichen verknüpft sind.
 	
Beide Terme kann man mit gleichen Zahlen, Größen und Einheiten addieren, subtrahieren, dividieren ($\neq 0$), potenzieren, radizieren.
 	
Lösen linearer Gleichungen mit einer unbekannten Größe
■ Brüche beseitigen
■ Klammern auflösen
■ Glieder ordnen und zusammenfassen
■ Unbekannte Größen auf eine Seite bringen
■ Unbekannte Größen berechnen
■ Ergebnis durch Einsetzen der unbekannten Größe in die Ausgangsgleichung überprüfen (keine Reihenfolge)
	Es gilt immer: Term 1 = Term 2
	Lösen von linearen Gleichungen mit zwei unbekannten Größen
	■ **Einsetzungsverfahren**
	  – Eine Gleichung nach einer der unbekannten Größen umstellen.
	  – Umgestellte Gleichung in die zweite Gleichung einsetzen.
	■ **Gleichsetzungsverfahren**
	  – Beide Gleichungen nach derselben unbekannten Größe umstellen.
	  – Terme gleichsetzen.
	  – Term nach verbleibenden Unbekannten auflösen.
	■ **Additionsverfahren**
	  – Gleichung so umstellen, dass die eine unbekannte Größe in beiden Gleichungen den gleichen Faktor, aber ein umgekehrtes Vorzeichen besitzt.
	  – Beide Gleichungen addieren.

Vektoren
Vectors

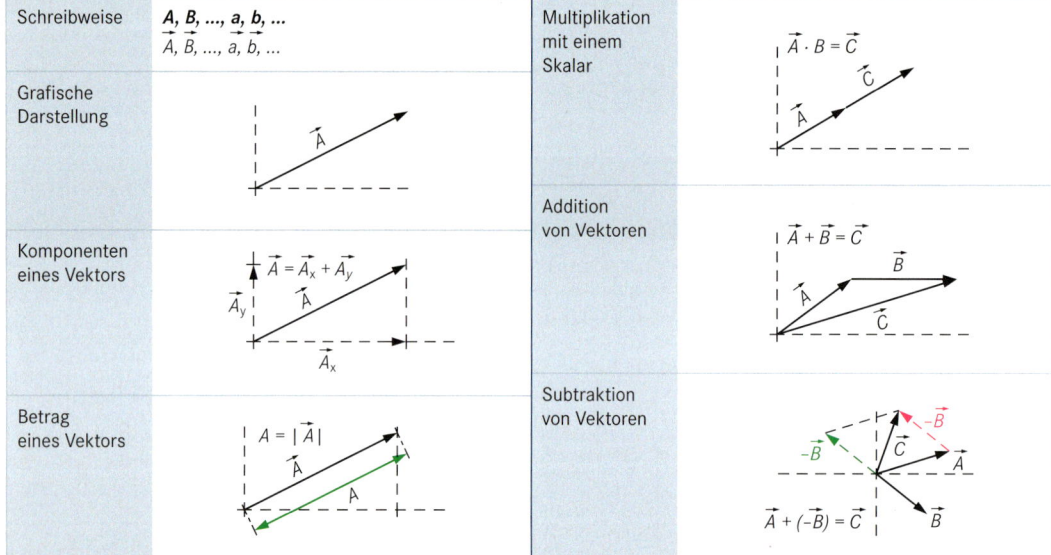

Schreibweise	$\boldsymbol{A, B, ..., a, b, ...}$ $\vec{A}, \vec{B}, ..., \vec{a}, \vec{b}, ...$
Grafische Darstellung	$\vec{A}$
Komponenten eines Vektors	$\vec{A} = \vec{A}_x + \vec{A}_y$
Betrag eines Vektors	$A = |\vec{A}|$
Multiplikation mit einem Skalar	$\vec{A} \cdot B = \vec{C}$
Addition von Vektoren	$\vec{A} + \vec{B} = \vec{C}$
Subtraktion von Vektoren	$\vec{A} + (-\vec{B}) = \vec{C}$

Prozent- und Zinsrechnug
Calculation of Percentages and of Interests

Prozentrechnung

$$P = \frac{G \cdot p}{100\,\%}$$

G: Grundwert
P: Prozentwert
p: Prozentsatz

Prozent (%) bedeutet: $\quad 1\,\% = \dfrac{1}{100}$

Promile (‰) bedeutet: $\quad 1\,‰ = \dfrac{1}{1000}$

Zinsrechnung

$$Z = \frac{K \cdot p \cdot t}{100\,\%}$$

Z: Zinsen in €

K: Kapital in €

p: Zinssatz in % pro Jahr (a)

t: Zeit in Jahren (a)

Dezimalzahlen-System

- Zeichenvorrat: 0, 1, 2, 3, 4, 5, 6, 7, 8, 9
- Mögliche unterschiedliche Zeichen pro Stelle: 10
- Basis 10 (B = 10)
- Kennzeichnung: Index 10 oder D (dezimal)

Stelle	4.	3.	2.	1.	1.	2.
Wertigkeit	10^3	10^2	10^1	10^0	10^{-1}	10^{-2}
	1000	100	10	1	1/10	1/100
Beispiel:	5	0	3	2 ,	1	2

$$5 \cdot 10^3 + 0 \cdot 10^2 + 3 \cdot 10^1 + 2 \cdot 10^0 + 1 \cdot 10^{-1} + 2 \cdot 10^{-2}$$

Dualzahlen-System

- Zeichenvorrat: 0 und 1
- Mögliche unterschiedliche Zeichen pro Stelle: 2
- Basis 2 (B = 2)
- Kennzeichnung: Index 2 oder B (binär)

Stelle	4.	3.	2.	1.	1.	2.
Wertigkeit	2^3	2^2	2^1	2^0	2^{-1}	2^{-2}
	8	4	2	1	1/2	1/4
Beispiel:	1	0	0	1 ,	1	1

$$1 \cdot 2^3 + 0 \cdot 2^2 + 0 \cdot 2^1 + 1 \cdot 2^0 + 1 \cdot 2^{-1} + 1 \cdot 2^{-2}$$

Hexadezimal-Zahlensystem

- Zeichenvorrat: 0, 1, 2, 3, 4, 5, 6, 7, 8, 9, A, B, C, D, E, F
- Mögliche unterschiedliche Zeichen pro Stelle: 16
- Basis 16 (B = 16)
- Kennzeichnung: Index 16 oder H (hexadezimal)

Stelle	4.	3.	2.	1.	1.	2.
Wertigkeit	16^3	16^2	16^1	16^0	16^{-1}	16^{-2}
	4096	256	16	1	1/16	1/256
Beispiel:	1	3	F	C ,	5	A

$$1 \cdot 16^3 + 3 \cdot 16^2 + F \cdot 16^1 + C \cdot 16^0 + 5 \cdot 16^{-1} + A \cdot 16^{-2}$$

Vergleich zwischen Zahlensystemen

dual	dezimal	hexadezimal	dual	dezimal	hexadezimal
0	0	0	10000	16	10
1	1	1	10001	17	11
10	2	2	10010	18	12
11	3	3	10011	19	13
100	4	4	10100	20	14
101	5	5	10101	21	15
110	6	6	10110	22	16
111	7	7	10111	23	17
1000	8	8	11000	24	18
1001	9	9	11001	25	19
1010	10	A	11010	26	1A
1011	11	B	11011	27	1B
1100	12	C	11100	28	1C
1101	13	D	11101	29	1D
1110	14	E	11110	30	1E
1111	15	F	11111	31	1F

Komplementbildung

B-Komplement: Ergänzung der gegebenen Zahl zur ganzen Potenz der Basis des gewählten Zahlensystems.

(B-1)-Komplement: B-Komplement minus 1
Beispiel:

Basis	Zahl	B-Komplement	(B-1)-Komplement
		Zehnerkomplement	Neunerkomplement
B = 10	6	4	3
	73	27	26
		Zweierkomplement	Einerkomplement
B = 2	111	001	000
	101	011	010

Umwandlungen von Zahlen

Dezimalzahl in Dualzahl (Divisionsverfahren)

Beispiel: $13{,}3_D$

Ganzzahliger Anteil	Nachkommastelle
13 : 2 = 6 Rest 1	0,3 · 2 = 0,6 + 0
6 : 2 = 3 Rest 0	0,6 · 2 = 0,2 + 1
3 : 2 = 1 Rest 1	0,2 · 2 = 0,4 + 0
1 : 2 = 0 Rest 1	0,4 · 2 = 0,8 + 0
	0,8 · 2 = 0,6 + 1
	0,6 · 2 = 0,2 + 1
	. = .
	. = .
$13_D = 1101_B$	$0{,}3_D = 0{,}010011\ldots_B$

$$13{,}3_D = 1101{,}0\overline{1001}\ldots_B$$

Dezimalzahl in Hexadezimalzahl (Divisionsverfahren)

Beispiel: $5116{,}33_D$

5116 : 16 = 319 Rest C	0,33 · 16 = 0,28 + 5
319 : 16 = 19 Rest F	0,28 · 16 = 0,48 + 4
19 : 16 = 1 Rest 3	0,48 · 16 = 0,68 + 7
1 : 16 = 0 Rest 1	0,68 · 16 = 0,88 + A
	0,88 · 16 = 0,08 + E
	. = .
	. = .
$5116_D = 13FC_H$	$0{,}33_D = 0{,}547AE\ldots_H$

$$5116{,}33_D = 13FC{,}547AE\ldots_H$$

Hexadezimalzahl in Dezimalzahl

1. Potenzwert-Verfahren

Beispiel:
$$COA{,}E_H = 12 \cdot 16^2 + 0 \cdot 16^1 + 10 \cdot 16^0 + 14 \cdot 16^{-1}$$
$$= 3072 + 0 + 10 + 0{,}875$$
$$= 3082{,}875_D$$

2. Horner-Schema
Beispiel: $13FC{,}E8_H$

	1 3 F C	0, E8	
16 ·	1 + 3 = 19	8	: 16 = 0,5
16 · 19	+ 15 = 319	(14 + 0,5)	: 16 = 0,90625
16 · 319	+ 12 = 5116		
	$13FC_H = 5116_D$	$0{,}E8_H = 0{,}90625$	

$$13FC{,}E8_H = 5116{,}90625_D$$

Dualzahl in Dezimalzahl

1. Potenzwert-Verfahren

Beispiel:
$$1001{,}11_B = 1 \cdot 2^3 + 0 \cdot 2^2 + 0 \cdot 2^1 + 1 \cdot 2^0 + 1 \cdot 2^{-1} + 1 \cdot 2^{-2}{}_D$$
$$= 8 + 0 + 0 + 1 + 0{,}5 + 0{,}25_D$$
$$= 9{,}75_D$$

2. Horner-Schema
Beispiel: $1101{,}0101_B$

	1 1 0 1	0,0101	
2 ·	1 + 1 = 3	1	: 2 = 0,5
2 ·	3 + 0 = 6	(0 + 0,5)	: 2 = 0,25
2 ·	6 + 1 = 13	(1 + 0,25)	: 2 = 0,625
		(0 + 0,625)	: 2 = 0,3125
	$1101_B = 13_D$	$0{,}0101_B = 0{,}3125_D$	

$$1101{,}0101_B = 13{,}3125_D$$

Umwandlung von Zahlen

Hexadezimalzahl in Dualzahl

Jede Ziffer ist durch die entsprechende vierstellige Dualzahl auszudrücken.

Beispiel:

$$7 \quad C \quad 3$$
$$0111 \quad 1100 \quad 0011$$

$$7C3_H = 0111 \quad 1100 \quad 0011_B$$

Dualzahl in Hexadezimalzahl

- Dualzahl in „Viererblöcke" aufteilen
- Jedem Block ist die Hexadezimalzahl zuzuordnen.

Beispiel:

$$0101 \quad 1110$$
$$5 \quad E$$

$$0101\ 1110_B = 5E_H$$

Römische Zahlen

I	= 1	XI	= 11	CX	= 110
II	= 2	XX	= 20	CC	= 200
III	= 3	XXX	= 30	CCC	= 300
IV	= 4	XL	= 40	CD	= 400
V	= 5	L	= 50	D	= 500
VI	= 6	LX	= 60	DC	= 600
VII	= 7	LXX	= 70	DCC	= 700
VIII	= 8	LXXX	= 80	DCCC	= 800
IX	= 9	XC	= 90	CM	= 900
X	= 10	C	= 100	M	= 1000

Rechnen mit Dualzahlen

Addition

$$0 + 0 = 0$$
$$0 + 1 = 1$$
$$1 + 0 = 1$$
$$1 + 1 = 10$$
$$0{,}1 + 0{,}1 = 1{,}0$$

Übertrag (Carry)

Beispiel:

```
    110,11
+  1011,01
   1111,10   Carry
  10010,00
```

Subtraktion

$$0 - 0 = 0$$
$$10 - 1 = 1$$
$$1 - 0 = 1$$
$$1 - 1 = 0$$
$$0{,}1 - 0{,}1 = 0{,}0$$

Entleihung (Borrow)

Beispiel:

```
   11000,11
-   1101,01
   11110,00   Borrow
    1011,10
```

Multiplikation

$$0 \cdot 0 = 0$$
$$0 \cdot 1 = 0$$
$$1 \cdot 0 = 0$$
$$1 \cdot 1 = 1$$

Beispiel:

```
   1010 · 101,1
       1010
+     0000
+    1010
+   1010
   110111,0
```

Division

$$0 : 0 = \text{nicht definiert}$$
$$0 : 1 = 0$$
$$1 : 0 = \text{nicht definiert}$$
$$1 : 1 = 1$$

Beispiel:

$$1010 : 11 = 11{,}\overline{01}$$

```
-  11
   100
-   11
    10
-   11
   100
-   11
    10
```

DIN 5473: 1992-07

Zeichen	Definition	Sprechweise	Beispiele
$\mathbb{N}$ oder **N**	Menge der **nichtnegativen ganzen Zahlen**. Menge der **natürlichen Zahlen**. $\mathbb{N}$ enthält die Zahl 0.	Doppelstrich-N	
$\mathbb{Z}$ oder **Z**	Menge der **ganzen Zahlen**	Doppelstrich-Z	
$\mathbb{Q}$ oder **Q**	Menge der **rationalen Zahlen**	Doppelstrich-Q	
$\mathbb{R}$ oder **R**	Menge der **reellen Zahlen**	Doppelstrich-R	
$\mathbb{C}$ oder **C**	Menge der **komplexen Zahlen**	Doppelstrich-C	

Zeichen	Verwendung	Sprechweise (Erläuterungen)	Zeichen	Verwendung	Sprechweise (Erläuterungen)
$\in$	$x \in M$	x ist Element von M	$\subset$ $\neq$	$A \subset B$ $\neq$	A ist echte Teilklasse von B, A echt sub B
$\notin$	$x \notin M$	x ist nicht Element von M			
	$x_1, \dots x_n \in A$	$x_1, \dots, x_n$ sind Elemente von A	$\cap$	$A \cap B$	A geschnitten mit B, Durchschnitt von A und B
$\{\ |\ \}$	$\{x\,|\,\varphi\,(x)\}$	die Klasse (Menge) aller x mit $\varphi\,(x)$			
$\{\,,\dots,\}$	$\{x_1, \dots x_n\}$	die Menge mit den Elementen $x_1, \dots, x_n$	$\cup$	$A \cup B$	A vereinigt mit B, Vereinigung von A und B
$\subseteq$	$A \subseteq B$	A ist Teilklasse (Teilmenge) von B, A sub B	$\emptyset$ oder $\{\}$		leere Menge

Quadrat

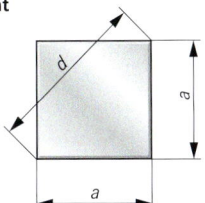

$$A = a^2$$
$$U = 4 \cdot a$$
$$d = \sqrt{2} \cdot a$$

Kreis

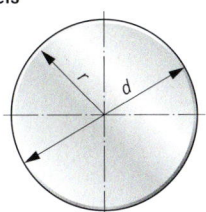

$$A = \pi \cdot r^2$$
$$A = \frac{\pi \cdot d^2}{4}$$
$$U = \pi \cdot d$$
$$U = \pi \cdot 2r$$

Rechteck

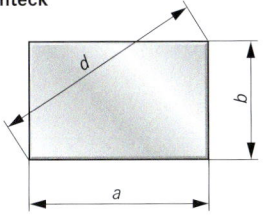

$$A = a \cdot b$$
$$U = 2 \cdot (a + b)$$
$$d = \sqrt{a^2 + b^2}$$

Kreisring

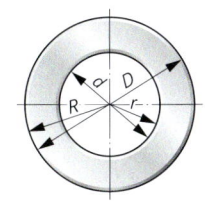

$$A = \pi \, (R^2 - r^2)$$
$$A = \frac{\pi}{4} \, (D^2 - d^2)$$

Raute (Rombus)

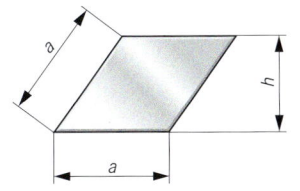

$$A = a \cdot h$$
$$U = 4 \cdot a$$

Trapez

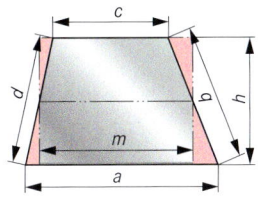

$$A = m \cdot h$$
$$m = \frac{a + c}{2}$$
$$U = a + b + c + d$$

Parallelogramm

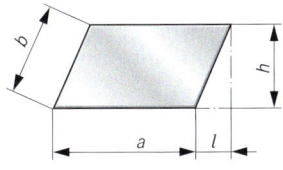

$$A = a \cdot h$$
$$U = 2 \, (a + \sqrt{l^2 + h^2})$$
$$U = 2 \, (a + b)$$

Dreieck

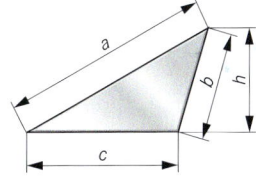

$$A = \frac{c \cdot h}{2}$$
$$U = a + b + c$$

Würfel

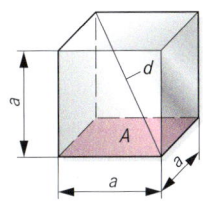

$$V = a^3$$
$$d = a\sqrt{3}$$
$$A_0 = 6 \cdot a^2$$

A_0: Oberfläche

Prisma

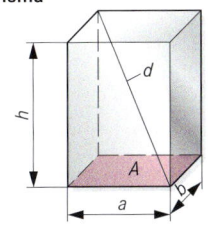

allgemein: $V = A \cdot h$

$$V = a \cdot b \cdot h$$
$$d = \sqrt{a^2 + b^2 + h^2}$$
$$A_0 = 2(a \cdot b + a \cdot h + b \cdot h)$$

A_0: Oberfläche

Zylinder

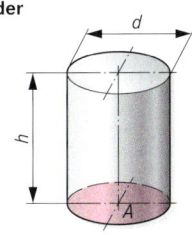

$$V = \frac{\pi \cdot d^2}{4} \cdot h$$
$$A_M = \pi \cdot d \cdot h$$
$$A_0 = \pi \cdot d \cdot h + \frac{\pi \cdot d^2}{2}$$

A_M: Mantelfläche

Pyramide

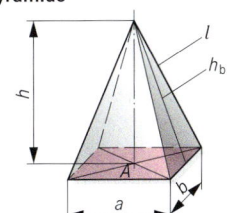

$$V = \frac{a \cdot b \cdot h}{3}$$
$$h_b = \sqrt{h^2 + \frac{a^2}{4}}$$
$$l = \sqrt{h_b^2 + \frac{b^2}{4}}$$

Größen	Erklärungen	Beispiele
Skalar	Zur eindeutigen Festlegung genügt die Angabe des <ul><li>Zahlenwertes und der</li><li>Einheit.</li></ul>	Masse, m Zeit, t Arbeit, W
Vektor	Zur eindeutigen Festlegung sind erforderlich: <ul><li>Zahlenwert</li><li>Einheit</li><li>Richtung im Raum oder in der Ebene</li><li>Richtungssinn (Drehsinn)</li></ul>	Kraft $\vec{F}$, Geschwindigkeit $\vec{v}$, Elektrische Feldstärke $\vec{E}$

Schreibweise
DIN 1313: 1978-04

Beispiel: Größenwert = Zahlenwert · Einheit

$$l = \{l\} \cdot [l]$$
$$l = 3 \cdot m$$

Länge = Zahlenwert der Länge · Einheit der Länge

Physikalische Gleichungen
DIN 1313: 1978-04

Größengleichungen	Einheitengleichungen	Zahlenwertgleichungen
z. B. $v = \dfrac{s}{t}$ $m = 8\ kg$	z. B. 1 m = 100 cm 1 h = 3600 s 1 kWh = $3,6 \cdot 10^6$ Ws	z. B. $\{v\} = 3,6\ \dfrac{\{s\}}{\{t\}}$
Zugeschnittene Größengleichung z. B. $\dfrac{v}{km/h} = 3,6 \cdot \dfrac{s/m}{t/s}$		v in m/s s in m t in s

SI-Basiseinheiten[1]
DIN 1301: 1993-12

Größe	Formelzeichen	Einheitenname	Einheitenzeichen
Länge	l	Meter	m
Masse	m	Kilogramm	kg
Zeit	t	Sekunde	s
Elektrische Stromstärke	I	Ampere	A
Thermodynamische Temperatur	T	Kelvin	K
Stoffmenge	n	Mol	mol
Lichtstärke	I_v	Candela	cd

[1] **S**ystème **I**nternational d'Unités (Internationales Einheitensystem)

Vorsätze und Vorsatzzeichen für dezimale Teile und Vielfache von Einheiten
DIN 1301: 1993-12

Faktor	Vorsätze	Vorsatzzeichen	Faktor	Vorsätze	Vorsatzzeichen	Faktor	Vorsätze	Vorsatzzeichen
10^{-24}	Yocto	y	10^{-3}	Milli	m	10^6	Mega	M
10^{-21}	Zepto	z	10^{-2}	Zenti	c	10^9	Giga	G
10^{-18}	Atto	a	10^{-1}	Dezi	d	10^{12}	Tera	T
10^{-15}	Femto	f	10^1	Deka	da	10^{15}	Peta	P
10^{-12}	Piko	p	10^2	Hekto	h	10^{18}	Exa	E
10^{-9}	Nano	n	10^3	Kilo	k	10^{21}	Zetta	Z
10^{-6}	Mikro	µ				10^{24}	Yotta	Y

Griechisches Alphabet
Greek Alphabet

A	α	Alpha	I	ι	Iota	P	ϱ	Rho
B	β	Beta	K	$\varkappa$	Kappa	Σ	σ	Sigma
Γ	γ	Gamma	Λ	λ	Lambda	T	τ	Tau
Δ	δ	Delta	M	μ	My	Y	υ	Ypsilon
E	ε	Epsilon	N	ν	Ny	Φ	φ	Phi
Z	ζ	Zeta	Ξ	ξ	Xi	X	χ	Chi
H	η	Eta	O	o	Omikron	Ψ	ψ	Psi
Θ	ϑ	Theta	Π	π	Pi	Ω	ω	Omega

Formelzeichen	Bedeutung	SI-Einheit	Einheitenname, Bemerkungen
Längen und ihre Potenzen, Winkel			
x, y, z	Kartesische Koordinaten	m	Meter
α, β, γ	ebener Winkel, Drehwinkel	rad	Radiant: $\quad$ 1 rad = 1 m/m
ϑ, φ	Winkel bei Drehbewegungen		1 Vollwinkel $\quad$ = 2π rad
			Grad: $\quad$ 1° $\quad$ = $(\pi/180)$ rad
Ω, ω	Raumwinkel	sr	Steradiant: $\quad$ 1 sr = 1 m²/m²
l, b, h	Länge, Breite, Höhe, Tiefe	m	Meter, 1 int. Seemeile = 1852 m
δ, d	Dicke, Schichtdicke	m	
r	Radius, Halbmesser, Abstand	m	
f	Durchbiegung, Durchhang	m	
d, D	Durchmesser	m	
s	Weglänge, Kurvenlänge	m	
A, S	Flächeninhalt, Fläche, Oberfläche	m²	Quadratmeter $\quad$ 1 a $\quad$ = 10^2 m²
S, q	Querschnittsfläche, Querschnitt	m²	1 ha $\quad$ = 10^4 m²
V	Volumen, Rauminhalt	m³	Kubikmeter, 1 l (Liter) = 1 dm³
Zeit und Raum			
t	Zeit, Zeitspanne, Dauer	s	Sekunde, min, h (Stunde), d (Tag), a (Jahr)
T	Periodendauer, Schwingungsdauer	s	
τ, T	Zeitkonstante	s	
f, ν	Frequenz, Periodenfrequenz	Hz	Hertz, 1 Hz = 1 s⁻¹, $f = 1/T$
f_0	Kennfrequenz, Eigenfrequenz im ungedämpften Zustand	Hz	
ω	Kreisfrequenz, Pulsatanz (Winkelfrequenz)	s⁻¹	$\omega = 2\pi f$
n, f_r	Umdrehungsfrequenz (Drehzahl)	s⁻¹	1 min⁻¹ = (1/60) s⁻¹
ω, Ω	Winkelgeschwindigkeit, Drehgeschwindigkeit	rad/s	
α	Winkelbeschleunigung, Drehbeschleunigung	rad/s²	
λ	Wellenlänge	m	
v, u, w, c	Geschwindigkeit	m/s	1 km/h = (1/3,6) m/s
c	Ausbreitungsgeschwindigkeit einer Welle	m/s	
a	Beschleunigung	m/s²	
g	örtliche Fallbeschleunigung	m/s²	g_n = 9,80665 m/s² (Normalfallbeschl.)
Mechanik			
m	Masse, Gewicht als Wägeergebnis	kg	Kilogramm, 1 t (Tonne) = 1 Mg
ϱ, ϱ_m	Dichte, volumenbezogene Masse	kg/m³	1 g/cm³ = 1 kg/dm³ = 1 Mg/m³
F	Kraft	N	Newton, 1 N = 1 kg · m/s² = 1 J/m
F_G, G	Gewichtskraft	N	
M	Drehmoment, Kraftmoment	N · m	
p	Druck	Pa	Pascal, 1 Pa = 1N/m², 1 bar = 10^5 Pa
μ, f	Reibungszahl	1	$\mu = F_R/F_N$, F_R: Reibungskraft
W, A	Arbeit	J	Joule, 1 J = 1 N · m = 1 W · s
E, W	Energie	J	1 Wh = 3,6 kJ; eV (Elektronvolt)
E_p, W_p	potenzielle Energie	J	
E_k, W_k	kinetische Energie	J	
P	Leistung	W	Watt, 1 W = 1 J/s
η	Wirkungsgrad	1	
Thermodynamik und Wärmeübertragung			
T, Θ	Temperatur, thermodynamische Temperatur	K	Kelvin
$\Delta T, \Delta t, \Delta\vartheta$	Temperaturdifferenz	K	
t, ϑ	Celsius-Temperatur	°C	Grad Celsius, $t = T - T_0$; T_0 = 273,15 K
α_l	(thermisch) Längenausdehnungskoeffizient	K⁻¹	
α_v, γ	(thermisch) Volumenausdehnungskoeffizient	K⁻¹	
Q	Wärme, Wärmemenge	J	Joule
R_{th}	thermischer Widerstand, Wärmewiderstand	K/W	$R_{th} = \Delta\vartheta/\Phi_{th}$
λ	Wärmeleitfähigkeit	W/(m · K)	
k	Wärmedurchgangskoeffizient	W/(m² · K)	
C_{th}	Wärmekapazität	J/K	
c	spezifische Wärmekapazität	J/(kg · K)	auch: massenbezogene Wärmekapazität

Formelzeichen	Bedeutung	SI-Einheit	Einheitenname, Bemerkungen
Elektrizität und Magnetismus			
Q	elektrische Ladung	C	Coulomb, $1 C = 1 A \cdot s$, $1 A \cdot h = 3,6 kC$
e	Elementarladung	C	Coulomb
D	elektrische Flussdichte	C/m^2	
P	elektrische Polarisation	C/m^2	
φ, φ_e	elektrisches Potenzial	V	Volt, $1 V = 1 J/C$
U	elektrische Spannung, Potenzialdifferenz	V	Volt
E	elektrische Feldstärke	V/m	$1 V/mm = 1 kV/m$
C	elektrische Kapazität	F	Farad, $1 F = 1 C/V$, $C = Q/U$
ε	Permittivität	F/m	früher: Dielektrizitätskonstante
ε_o	elektrische Feldkonstante	F/m	Permittivität des leeren Raumes
ε_r	Permittivitätszahl, relative Permittivität	1	früher: Dielektrizitätszahl
I	elektrische Stromstärke	A	Ampere
J	elektrische Stromdichte	A/m^2	$1 A/mm^2 = 1 MA/m^2$, $J = I/A$
Θ	elektrische Durchflutung	A	Ampere
H	magnetische Feldstärke	A/m	$1 A/mm = 1 kA/m$
Φ	magnetischer Fluss	Wb	Weber, $1 Wb = 1 V \cdot s$
B	magnetische Flussdichte	T	Tesla, $1 T = 1 Wb/m^2$, $B = \Phi/S$
L	Induktivität, Selbstinduktivität	H	Henry, $1 H = 1 Wb/A$
μ	Permeabilität	H/m	$\mu = B/H$
μ_o	magnetische Feldkonstante	H/m	Permeabilität des leeren Raumes
μ_r	Permeabilitätszahl, relative Permeabilität	1	$\mu_r = \mu/\mu_o$
R_m	magnetischer Widerstand, Reluktanz	H^{-1}	
Λ	magnetischer Leitwert, Permeanz	H	Henry
R	elektrischer Widerstand, Wirkwiderstand, Resistanz	Ω	Ohm, $1 \Omega = 1 V/A$
G	elektrischer Leitwert, Wirkleitwert, Konduktanz	S	Siemens, $1 S = 1 \Omega^{-1}$, $G = 1/R$
ϱ	spezifischer elektrischer Widerstand, Resistivität	$\Omega \cdot m$	$1 \mu\Omega \cdot cm = 10^{-8} \Omega \cdot m$, $1 \Omega \cdot mm^2/m = 10^{-6} \Omega \cdot m = 1 \mu\Omega \cdot m$
$\gamma, \sigma, \varkappa$	elektrische Leitfähigkeit, Konduktivität	S/m	$\gamma = 1/\varrho$
X	Blindwiderstand, Reaktanz	Ω	Ohm
B	Blindleitwert, Suszeptanz	S	$B = 1/X$
$Z, |Z|$	Scheinwiderstand, Betrag der Impedanz	Ω	$\underline{Z}$: Impedanz (komplexe Impedanz)
$Y, |Y|$	Scheinleitwert, Betrag der Admittanz	S	$\underline{Y}$: Admittanz (komplexe Admittanz)
Z_w, Γ	Wellenwiderstand	Ω	Ohm
W	Energie, Arbeit	J	Joule
P, P_p	Wirkleistung	W	Watt
Q, P_q	Blindleistung	W	Energietechnik: var (Var), $1 var = 1 W$
S, P_s	Scheinleistung	W	Energietechnik: VA (Voltampere)
φ	Phasenverschiebungswinkel	rad	auch Winkel der Impedanz
$\delta_\varepsilon, \delta_\mu$	Verlustwinkel (Permittivität, Permeabilität)	rad	Radiant
λ	Leistungsfaktor	1	$\lambda = P/S$, Elektrotechnik: $\lambda = \cos \varphi$
d	Verlustfaktor	1	
N	Windungszahl	1	
Akustik			
p	Schalldruck	Pa	Pascal
c, c_a	Schallgeschwindigkeit	m/s	
L_p, L	Schalldruckpegel		wird in dB angegeben
L_N	Lautstärkepegel		wird in phon angegeben
Licht, elektromagnetische Strahlung			
I_v	Lichtstärke	cd	Candela
Φ_v	Lichtstrom	lm	Lumen, $1 lm = 1 cd \cdot sr$
L_v	Leuchtdichte	cd/m^2	
E_v	Beleuchtungsstärke	lx	Lux, $1 lx = 1 lm/m^2 = 1 cd \cdot sr/m^2$
η	Lichtausbeute	lm/W	
c_o	Lichtgeschwindigkeit im leeren Raum	m/s	$c_o = 2,99792485 \cdot 10^8$ m/s
f	Brennweite	m	Meter

Masse $\qquad m$

Kilogramm kg

Eigenschaften:
- Trägheitswirkung gegenüber einer Änderung des Bewegungszustandes und
- Anziehung auf andere Körper (Gravitation)

Die Masse ist ortsunabhängig.

Kraft $\qquad F$

Newton N $\qquad 1\,N = 1\,kg \cdot m/s^2$

Produkt aus der
- Masse m eines Körpers und
- Beschleunigung a.

$$F = m \cdot a$$

Gewichtskraft $\qquad F_G, G$

Newton N $\qquad 1\,N = 1\,kg \cdot m/s^2$

Produkt aus der
- Masse m eines Körpers und
- (örtlichen) Fallbeschleunigung g.

$$F_G = m \cdot g$$

Die Gewichtskraft ist ortsabhängig.

Arbeit $\qquad W$

Joule J, Newtonmeter $N \cdot m$, Wattsekunde $W \cdot s$ $\quad 1\,Nm = 1\,Ws$

Eine mechanische Arbeit wird verrichtet, wenn an einem Körper längs eines Weges s eine Kraft F wirkt.

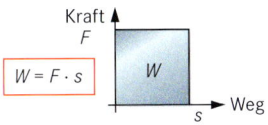

$$W = F \cdot s$$

Hub-, Reibungs-, Federspann-, Beschleunigungsarbeit

Leistung $\qquad P$

Watt W
$1\,W = 1\,N \cdot m/s$

Wenn in einer bestimmten Zeit Arbeit verrichtet wird, nennt man dies Leistung (Arbeit pro Zeit).

$$P = \frac{W}{t}$$

Mit $W = F \cdot s$ und $v = \frac{s}{t}$ ergibt sich

$$P = F \cdot v$$

Drehmoment $\qquad M$

Newtonmeter $N \cdot m$

Ein Drehmoment entsteht, wenn eine Kraft außerhalb eines Drehpunktes angreift (z. B. Motorachse).

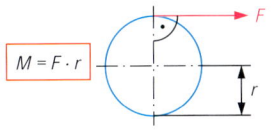

$$M = F \cdot r$$

r: Abstand vom Drehpunkt

Energie $\qquad E$

Newtonmeter $N \cdot m$, Joule J
Wattsekunde $W \cdot s$
$1\,N \cdot m = 1\,W \cdot s = 1\,J$

Umwandlung:
Wenn Arbeit verrichtet wird, entsteht Energie. Mit dieser Energie kann wieder Arbeit verrichtet werden.

Arbeit $\qquad \rightarrow$ Energie; $W = E$

Hubarbeit $\qquad \rightarrow$ Energie der Lage (potentielle Energie)

Beschleunigungsarbeit $\quad \rightarrow$ Bewegungsenergie (kinetische Energie)

$$E_k = \frac{m \cdot v^2}{2}$$

Energieerhaltung:
Die Summe der Energien ist konstant ($E_p + E_k$ = konstant).

Wirkungsgrad $\qquad \eta$

Der Wirkungsgrad ist gleich dem Quotienten aus der abgegebenen Arbeit W_{ab} (bzw. Leistung) und der zugeführten Arbeit W_{zu} (bzw. Leistung).

$$\eta = \frac{W_{ab}}{W_{zu}} \qquad \eta = \frac{P_{ab}}{P_{zu}}$$

$$W_v = W_{zu} - W_{ab}$$

$$P_v = P_{zu} - P_{ab}$$

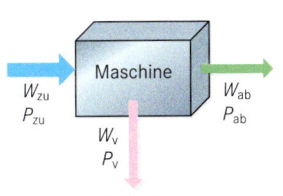

Verluste

Geschwindigkeit $\qquad v$

Meter/Sekunde m/s; km/h; m/min

Beschleunigung $\qquad a$

Meter/Sekundenquadrat m/s^2

Geradlinig gleichförmige Bewegung

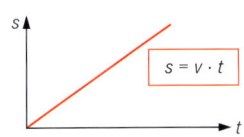

$$s = v \cdot t$$

Gleichmäßig beschleunigte Bewegung

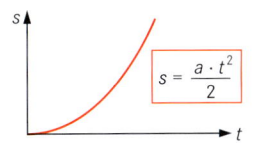

$$s = \frac{a \cdot t^2}{2}$$

Druck $\qquad p$

Newton/Quadratmeter N/m^2
$1\,N/m^2 = 1\,Pa$ (Pascal)
$1\,N/m^2 = 10^{-5}\,bar$
$1\,bar = 10^5\,N/m^2$

Druck entsteht, wenn eine Kraft auf eine Fläche einwirkt.

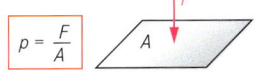

$$p = \frac{F}{A}$$

Dichte $\qquad \varrho$

Gramm/Kubikzentimeter g/cm^3
kg/dm^3
Mg/m^3

Die Dichte eines Stoffes ist der Quotient aus der Masse m und dem Volumen V.

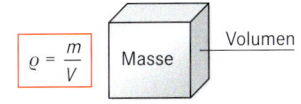

$$\varrho = \frac{m}{V}$$

Gleichförmige Kreisbewegung

Der Betrag der Geschwindigkeit ist stets gleich.
T: $\qquad$ Zeit für eine Umdrehung
$2 \cdot \pi \cdot r$: Wegstrecke bei einer Umdrehung
a_r: $\qquad$ Radialbeschleunigung

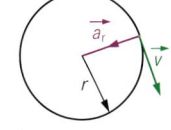

$$v = \frac{s}{T}$$

$$v = \frac{2 \cdot \pi \cdot r}{T}$$

Zusammensetzung von Kräften

Winkel zwischen den Kräften	Wirkungslinie	Zeichnerische Darstellung	Resultierende Kraft F_R
$\alpha = 0°$	gleich		$F_R = F_1 + F_2$
$\alpha = 180°$	gleich		$F_R = F_2 - F_1$
$\alpha = 90°$	senkrecht zueinander	$\alpha = 90°$	$F_R = \sqrt{F_1^2 + F_2^2}$ $\tan \beta = \dfrac{F_1}{F_2}$
α beliebig	beliebig		$F_R = \sqrt{F_1^2 + F_2^2 - 2\,F_1 \cdot F_2 \cdot \cos(180° - \alpha)}$ $\tan \beta = \dfrac{F_1 \cdot \sin \alpha}{F_2 + F_1 \cos \alpha}$

Zerlegung von Kräften

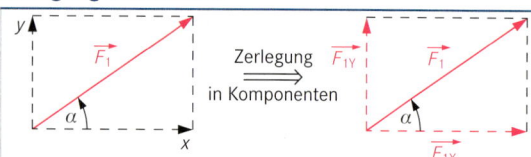

$\vec{F}_{1x}$ und $\vec{F}_{1y}$ sind de Komponenten von $\vec{F}_1$ in Richtung des vorgegebenen Koordinatensystems.

$F_{1x} = F_1 \cdot \cos \alpha$
$F_{1y} = F_1 \cdot \sin \alpha$

Zusammenhang zwischen Masse und Kraft

Ort	Masse in kg	Fallbeschleunigung in $\dfrac{m}{s^2}$	Gewichtskraft in N
Äquator (Erde)	100	9,87	978
Pol (Erde)	100	9,84	984
Mond	100	1,62	162

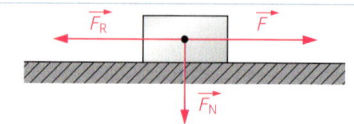

$F_R = \mu \cdot F_N$

F_R: Reibungskraft
μ: Reibungszahl
F_N: Normalkraft
(senkrecht zur Bewegungsrichtung)
Die Reibungskraft hängt nicht von der Größe der Berührungsfläche ab.

Haftreibung	Gleitreibung	Rollreibung
■ Haftreibung tritt auf, bevor sich ein Körper bewegt.	■ Wenn Köper aufeinander gleiten, tritt Gleitreibung auf.	■ Wenn ein Körper auf einem anderen Körper rollt, tritt Rollreibung auf.

Beispiele für Reibungszahlen

Stoffe	Haftreibungszahl	Gleitreibungszahl		Rollreibungszahl
		trocken	flüssig	
Gleitlager	0,1	–	0,03	
Stahl auf Stahl	0,3	0,2	0,04	0,001
Stahl auf Holz	0,5	0,3	0,05	
Lederriemen auf Stahl	0,6	0,3	–	
Gummireifen auf Asphalt	0,8	0,7	0,3	0,02 … 0,03
Mauerwerk auf Beton	1,0	0,8	–	

Temperatur (tiefste Temperatur ϑ_0 = –273,15 °C = 0 K, absoluter Nullpunkt)

Temperatur	Kelvin-Temperatur	Celsius-Temperatur	Fahrenheit-Temperatur
Formelzeichen	T	t, ϑ	t, ϑ
Einheitenzeichen	K (Kelvin)	°C (Grad Celsius)	°F (Grad Fahrenheit)
Einheit der Temperaturdifferenz	1 K (Kelvin)	1 K (Kelvin)	–
Zusammenhang	0 K = –273 °C 273 K = 0 °C 373 K = 100 °C	$\vartheta_c = \vartheta_K - 273\text{ K}$	$\vartheta_F = \dfrac{9}{5}\,\vartheta_c + 32°$ $\vartheta_c = (\vartheta_F - 32°)\,\dfrac{5}{9}$

Temperaturmessung

Flüssigkeitsthermometer mit Quecksilber	–30 °C ... 280 °C	Segerkegel	220 °C ... 2000 °C
		Metallausdehnungsthermometer	–20 °C ... 500 °C
Flüssigkeitsthermometer mit Quecksilber und Gasfüllung	–30 °C ... 750 °C	Elektrische Widerstandsthermometer	–250 °C ... 1000 °C
Flüssigkeitsthermometer mit Alkohol	–110 °C ... 50 °C		
		Glühfarben	500 °C ... 3000 °C
Thermocolore	150 °C ... 600 °C	Gasthermometer	–272 °C ... 2800 °C

Ausdehnung durch Wärme

lineare Ausdehnung	kubische Ausdehnung

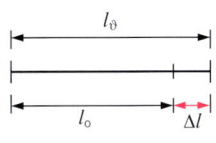

l_0: Anfangslänge
Δl: Längenänderung
l_ϑ: Endlänge
$\Delta\vartheta$: Temperaturänderung
α: Längenausdehnungskoeffizient

$$\Delta l = l_0 \cdot \alpha \cdot \Delta\vartheta$$
$$l_\vartheta = l_0 + \Delta l$$
$$l_\vartheta = l_0 (1 + \alpha \cdot \Delta\vartheta)$$

$$[\alpha] = \frac{1}{K}$$

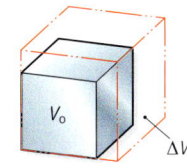

V_0: Anfangsvolumen
ΔV: Volumenänderung
V_ϑ: Endvolumen
$\Delta\vartheta$: Temperaturänderung
γ: Volumenausdehnungskoeffizient

$$\Delta V = V_0 \cdot \gamma \cdot \Delta\vartheta$$
$$V_\vartheta = V_0 + \Delta V$$
$$V_\vartheta = V_0 (1 + \gamma \cdot \Delta\vartheta)$$

Es gilt angenähert:

$$\gamma \approx 3\alpha \qquad [\gamma] = \frac{1}{K}$$

Wärmemenge Q

$$Q = m \cdot c \cdot \Delta\vartheta$$

Q: Wärmemenge $[Q] = $ J (Joule)
m: Masse
$\Delta\vartheta$: Temperaturänderung
c: spezifische Wärmekapazität

$$[c] = \frac{kJ}{kg \cdot K}$$

Die einem Körper zugeführte oder von ihm abgegebene Wärmemenge ist abhängig vom Produkt aus der Masse, der spezifischen Wärmekapazität und der Temperaturänderung.

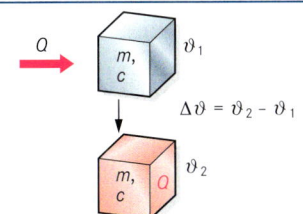

$$\Delta\vartheta = \vartheta_2 - \vartheta_1$$

Mischungsvorgänge

abgegebene Wärmemenge = aufgenommener Wärmemenge

$$Q_{ab} = Q_{auf}$$

$$m_1 \cdot c_1 (\vartheta_1 - \vartheta_m) = m_2 \cdot c_2 (\vartheta_m - \vartheta_2)$$

$$\vartheta_m = \frac{m_1 \cdot c_1 \cdot \vartheta_1 + m_2 \cdot c_2 \cdot \vartheta_2}{m_1 \cdot c_1 + m_2 \cdot c_2}$$

ϑ_m: Mischungstemperatur

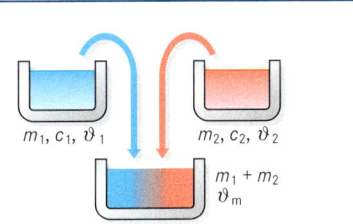

Schall

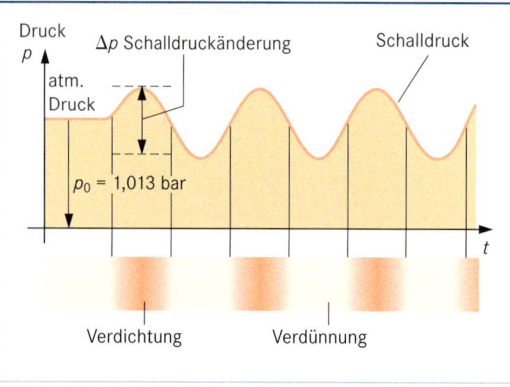

Druck p

Δp Schalldruckänderung — Schalldruck

atm. Druck

$p_0 = 1{,}013$ bar

Verdichtung — Verdünnung

t

Lautstärken von Schallquellen

Schallquelle	Lautstärkepegel L_N in phon	Schalldruck p in µbar
Hörschwelle	0	$2 \cdot 10^{-4}$
Flüstern in 1 m Entfernung	30	$6{,}4 \cdot 10^{-3}$
mittlere Sprachwiedergabe	50	$6{,}4 \cdot 10^{-2}$
Verkehrslärm	70	$6{,}4 \cdot 10^{-1}$
Presslufthammer	90	$6{,}4$
startendes Flugzeug, 5 m Abstand	110	64
Schmerzschwelle	130	640

Schallgeschwindigkeit

$$c = f \cdot \lambda \qquad [c] = \frac{m}{s}$$

c: Schallgeschwindigkeit
f: Frequenz
λ: Wellenlänge

Wellenarten

Longitudinalwellen (Längswellen):
Schwingungsrichtung der Teilchen ist identisch mit der Ausbreitungsrichtung des Schalls.

Transversalwellen (Querwellen):
Teilchen schwingen quer zur Ausbreitungsrichtung des Schalls.

Lautstärkepegel

Angabe: L_N in phon

Der Lautstärkepegel eines beliebigen Schalleindrucks beträgt z. B. x phon, wenn von einem gehörmäßig normalempfindenden Beobachter der Schall als gleich laut wahrgenommen wird wie ein Ton mit $f = 1$ kHz, dessen Schalldruckpegel x dB beträgt.

Lautheit

Angabe: N in sone

Die Lautheit ist der Stärke der Schallwahrnehmung normalhörender Beobachter proportional.

Schalldruckpegel L_p in Abhängigkeit von der Frequenz (Kurven gleicher Lautstärke, Sinustöne)

gehörmäßig normalempfindende Personen, Alter: 18–25 Jahre

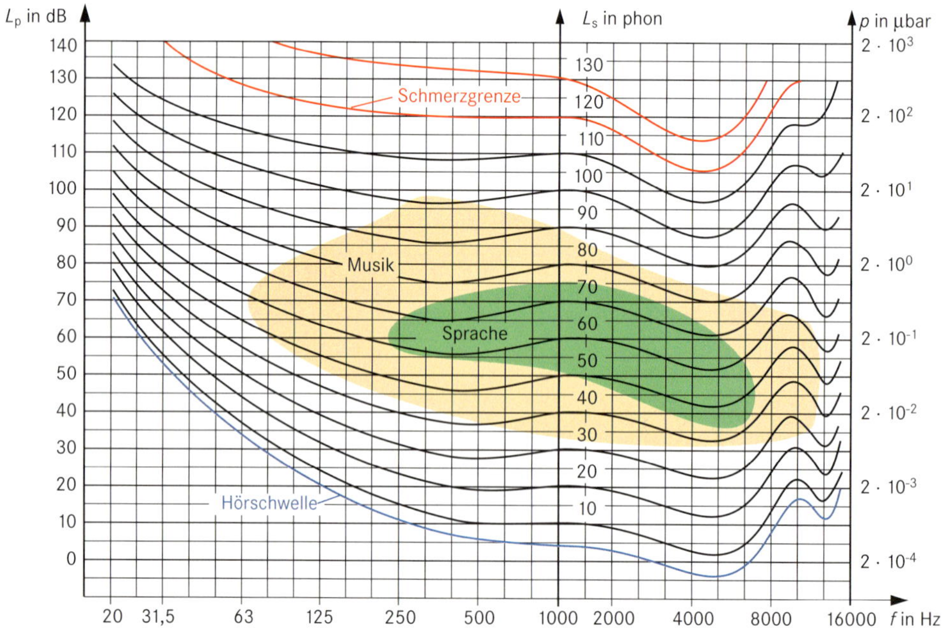

L_p in dB — 140, 130, 120, 110, 100, 90, 80, 70, 60, 50, 40, 30, 20, 10, 0

L_s in phon — 130, 120, 110, 100, 90, 80, 70, 60, 50, 40, 30, 20, 10

p in µbar — $2 \cdot 10^3$, $2 \cdot 10^2$, $2 \cdot 10^1$, $2 \cdot 10^0$, $2 \cdot 10^{-1}$, $2 \cdot 10^{-2}$, $2 \cdot 10^{-3}$, $2 \cdot 10^{-4}$

Schmerzgrenze

Musik

Sprache

Hörschwelle

f in Hz — 20, 31,5, 63, 125, 250, 500, 1000, 2000, 4000, 8000, 16000

Schalldruckpegel L_p

$$L_p = 20 \lg \frac{p}{p_0} \text{ dB}$$

p: Effektiver Schalldruck
$p_0 = 20 \ \mu\text{N/m}^2$

p_0: Schalldruck in Luft
$p_0 = 2 \cdot 10^{-4} \ \mu\text{bar}$

Schallschnellepegel L_v

$$L_v = 20 \lg \frac{v}{v_0} \text{ dB}$$

v: Effektive Schallschnelle

v_0: Schallschnelle in Luft
$v_0 = 50 \ \text{nm/s}$

Schallintensitätspegel L_I

$$L_I = 10 \lg \frac{I}{I_0} \text{ dB}$$

I: Schallintensität
$I_0 = 10^{-12} \ \text{W/m}^2$

I_0: Schallintensität in Luft
$I_0 = 1 \ \text{pW/m}^2$

Schallleistungspegel L_p

$$L_p = 10 \lg \frac{P}{P_0} \text{ dB}$$

P: Schallleistung
$P_0 = 1 \cdot 10^{-12} \ \text{W}$

P_0: Schallleistung in Luft
$P_0 = 1 \ \text{pW}$

Zusammenhang zwischen Lautheit und Lautstärkepegel

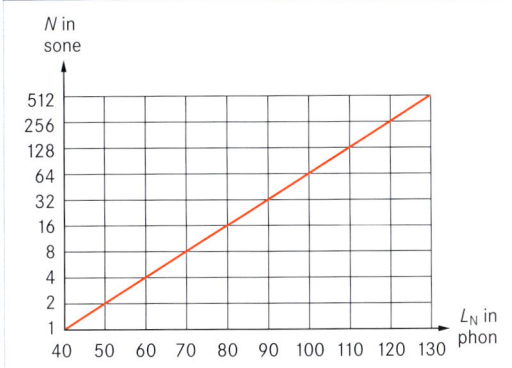

Schallgeschwindigkeiten und Materialkenngrößen bei 20 °C

Stoff	Dichte ϱ in $\frac{\text{g}}{\text{cm}^3}$	Schallgeschwindigkeit c in $\frac{\text{m}}{\text{s}}$	Feldkennimpedanz Z_0 in $\frac{\text{N} \cdot \text{s} \cdot 10^6}{\text{m}^3}$
Aluminium	2,7	6260	16,9
Beton	2,6	3100	8,06
Eisen	7,9	5000	39,5
Gummi	1,5	1480	2,22
Kupfer	8,9	4700	1,3
Messing	8,6	3400	41,8
Polystyrol	1,1	1800	1,98
PVC	1,2	80	0,096
Silber	10,5	3600	37,8
Stahl	7,8	5850	45,6
Zink	7,14	2680	19,14
Alkohol	0,79	1180	0,992
Quecksilber	13,55	1451	19,7
Trafoöl	0,9	1425	1,3
Wasser	1,0	1440	1,4
Sauerstoff	$1,4 \cdot 10^{-3}$	316	$442 \cdot 10^{-6}$
Luft	$1,2 \cdot 10^{-3}$	343	$412 \cdot 10^{-6}$

Feldkennimpedanz:
$Z_0 = \varrho \cdot c$ ϱ: Dichte c: Schallgeschwindigkeit

Bewertungskurve für Schallpegelmesser

Bei der Schallpegelmessung wird das Schallereignis ähnlich dem menschlichen Ohr durch ein zwischengeschaltetes Filter bewertet (Filter A). Das Messergebnis entspricht somit dem Schallempfinden des Menschen.

Bewertungskurve

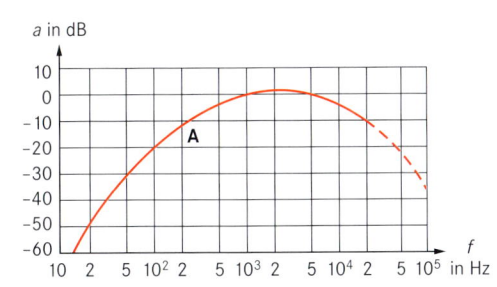

Messschaltung

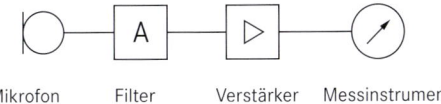

Mikrofon   Filter   Verstärker   Messinstrument

Schallleistungen von Schallquellen

Schallquelle	Schallleistung P in W
Umgangssprache (Mittelwert)	$7 \cdot 10^{-6}$
Höchstwert der menschlichen Stimme	$2 \cdot 10^{-3}$
Klavier	$2 \cdot 10^{-1}$
Autohupe	5
Lautsprecher	10
Sirene	1000

Optische Strahlung

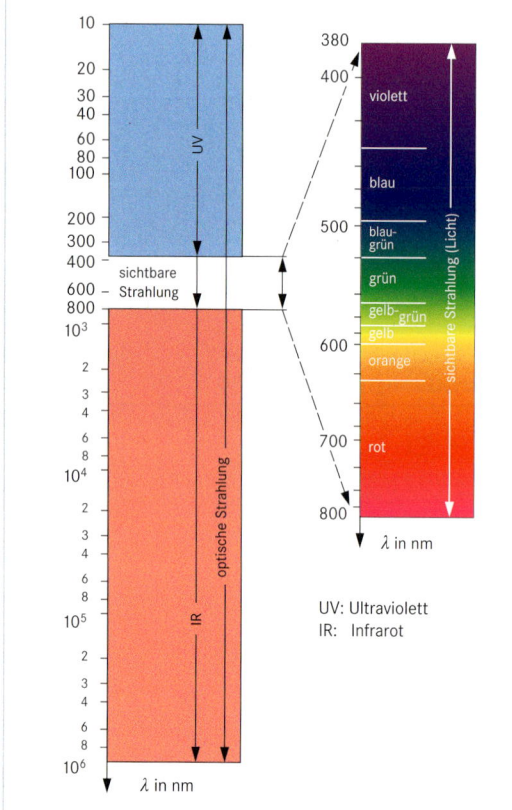

UV: Ultraviolett
IR: Infrarot

Relativer spektraler Helligkeitsempfindlichkeitsgrad (Augenempfindlichkeit)

Tagessehen: $V(\lambda)$
Helligkeitsadaption oberhalb von 10 lx, photooptischer Bereich, Zapfen-Sehen;
Strahlungsäquivalent: $K_m = 683$ lm/W

Nachtsehen: $V'(\lambda)$
Dunkeladaption unterhalb 0,1 lx, skoptischer Bereich, Stäbchen-Sehen;
Strahlungsäquivalent: $K_m = 1699$ lm/W

Die Kurven sind Mittelwerte, die an vielen Personen ermittelt wurden.

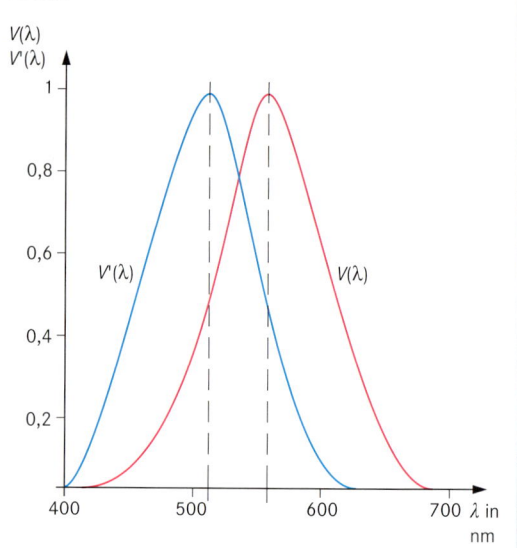

Wellenlängenbereiche der UV- und IR-Strahlung

Name	Kurzzeichen	Wellenlänge λ in nm	Frequenz f in THz	Energie Q_e in eV
Ultraviolettstrahlung (UV)	UV-C $<$ VUV[1] FUV[2] UV-B (Mittleres UV) UV-A (Nahes UV)	100 … 200 200 … 280 280 … 315 315 … 380	3.000 … 1.500 1.500 … 1.070 1.070 … 950 950 … 790	12,4 … 6,2 6,2 … 4,4 4,4 … 3,9 3,9 … 3,3
Sichtbare Strahlung, Licht	VIS	380 … 780	790 … 385	3,3 … 1,6
Infrarot-Strahlung (IR)	NIR[3] $<$ IR-A IR-B IR-C $<$ MIR[4] FIR[5]	780 … 1400 1.400 … 3.000 3.000 … 50.000 50.000 … $1 \cdot 10^6$	385 … 215 215 … 100 100 … 6 6 … 0,3	1,6 … 0,9 0,9 … 0,4 0,4 … 0,025 0,025 … 0,001

[1] Vakuum UV, [2] Fernes UV, [3] Nahes IR, [4] Mittleres IR, [5] Fernes IR

Strahlungsphysikalische (radiometrische) Größen (radiometric units)

- rein physikalische Betrachtungsweise
- Index e bedeutet: energetische
- Bereich von $10^1 \ldots 10^6$ nm

Lichttechnische (fotometrische) Größen (photometric units)

- physiologische Bewertung durch das menschliche Auge
- Index v bedeutet: visuell
- Teilbereich der optischen Strahlung, 380 nm … 780 nm

Reflexion an spiegelnden Flächen

Ebene Fläche

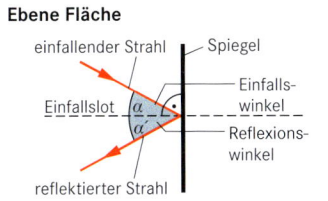

einfallender Strahl — Spiegel
Einfallslot — Einfallswinkel α α' — Reflexionswinkel
reflektierter Strahl

Einfallender Strahl, reflektierter Strahl und Einfallslot liegen in einer Ebene. Einfallswinkel und Ausfallswinkel sind gleich groß.

$$\alpha = \alpha'$$

Gewölbte Fläche (Hohlspiegel)

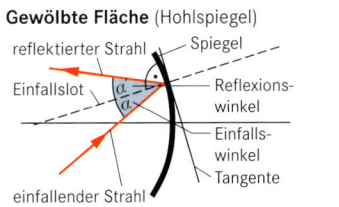

reflektierter Strahl — Spiegel
Einfallslot α α — Reflexionswinkel
— Einfallswinkel
einfallender Strahl — Tangente

Lichtbrechung

Ebene Fläche (z. B. Glas)

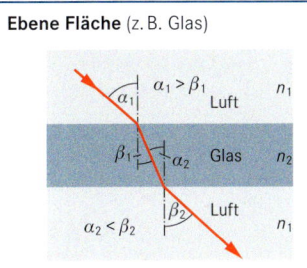

$\alpha_1 > \beta_1$ Luft n_1
β_1 α_2 Glas n_2
$\alpha_2 < \beta_2$ β_2 Luft n_1

Wenn Licht von einem optischen Medium in ein anderes übergeht, ändert das Licht seine Geschwindigkeit c und damit seine Richtung. Der Quotient n (**Brechzahl**) aus dem Sinus des Einfallswinkels α und dem Sinus des Brechungswinkels β ist konstant

$$\frac{\sin \alpha}{\sin \beta} = \frac{c_1}{c_2} = \frac{n_2}{n_1}$$

Prisma

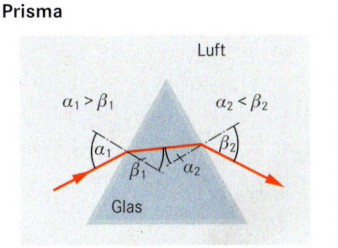

Luft
$\alpha_1 > \beta_1$ $\alpha_2 < \beta_2$
α_1 β_2
β_1 α_2
Glas

Linsen

Sammellinsen (Konvexlinsen)	Zerstreuungslinsen (Konkavlinsen)

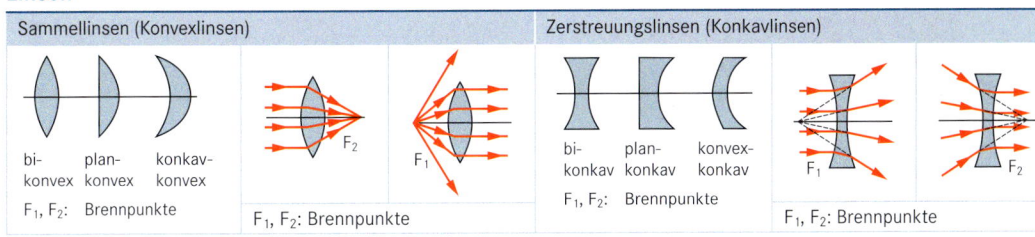

Sammellinsen (Konvexlinsen):
bi-konvex, plan-konvex, konkav-konvex
F_1, F_2: Brennpunkte
F_2 F_1
F_1, F_2: Brennpunkte

Zerstreuungslinsen (Konkavlinsen):
bi-konkav, plan-konkav, konvex-konkav
F_1, F_2: Brennpunkte
F_1 F_2
F_1, F_2: Brennpunkte

Lichttechnische Größen

Formelzeichen, Formeln	Größe	Einheit	Raumwinkel Ω, ω		Lichtstrom Φ_V	
Q, W	Lichtmenge Q	Lumensekunde, lm · s	Einheit: Steradiant (sr)		Lichtquelle	
$\Phi_V = \dfrac{Q}{t}$	Lichtstrom Φ_V	Lumen, lm 1 lm = 1 cd · sr	$\Omega = \dfrac{A}{r^2}$ Kugel	1 sr bei $r = 1$ m und $A = 1$ m² $\Omega = 1$ sr $A = 1$ m² $A = 4$ m²	$I_V = 1$ cd	$r = 1$ m $\Omega = 1$ sr $A = 1$ m² $\Phi_V = 1$ lm
Sender						
$I_V = \dfrac{\Phi}{\Omega}$	Lichtstärke I_V	Candela, cd				
$L_V = \dfrac{\Phi}{\Omega \cdot A \cdot \cos\varepsilon}$	Leuchtdichte L_V (Lichtstärke/Fläche)	Candela/ Quadratmeter cd · m⁻²	**Belichtung H_V**		**Beleuchtungsstärke E_V**	
Empfänger			Lichtquelle		Lichtquelle	
$E_V = \dfrac{\Phi}{A}$	Beleuchtungsstärke E_V (Lichtstrom/ Fläche)	Lux, lx 1 lx = 1 lm · m⁻²	$t = 1$ s $E_V = 1$ lx		$I_V = 1$ cd $\Omega = 1$ sr $A = 1$ m² $A = 4$ m²	$r = 2$ m $r = 1$ m $E = 1$ lx $E_V = \dfrac{1}{4}$ lx
$H_V = E \cdot t$	Belichtung H_V	Luxsekunde, lx · s 1 lx · s = 1 lm · s · m⁻²	$H_V = 1$ lx · s		$\Phi_V = 1$ lm	

Stoffeinteilung

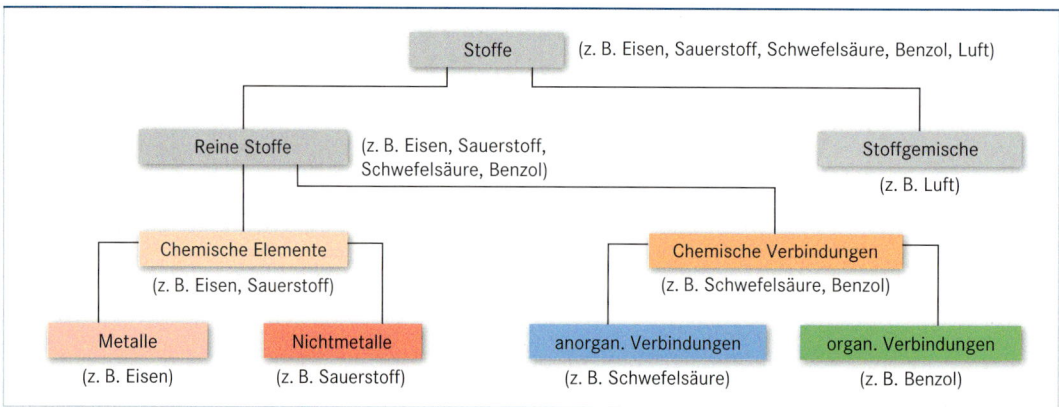

Atomaufbau

Atomkern		Atomhülle
Protonen	Neutronen	Elektronen
▪ Elektrisch positive Masseteilchen ▪ Die Protonen bestimmen den Charakter des Elements. ▪ Protonenzahl = Kernladungszahl = Ordnungszahl	▪ Elektrisch neutrale Masseteilchen ▪ Die Neutronenzahl kann für die Atomkerne des gleichen Elements unterschiedlich sein (Isotope).	▪ Elektrisch negative Masseteilchen ▪ Bei einem neutralen Atom ist die Protonenzahl gleich der Elektronenzahl.

Atomteilchen

Name	Ladung e in As	Masse m in g
Elektron	$-1{,}602 \cdot 10^{-19}$	$9{,}1089 \cdot 10^{-28}$
Neutron	0	$1{,}6748 \cdot 10^{-24}$
Proton	$+1{,}602 \cdot 10^{-19}$	$1{,}6725 \cdot 10^{-24}$

Schalen	Elektronen	Bezeichnung
K	2	1 s
L	2, 6	2 s, 2 p
M	2, 6, 10	3 s, 3 p, 3 d
N	2, 6, 10, 14	4 s, 4 p, 4 d, 4 f

Relative Atommasse A

$$A = \frac{\text{Masse des neutralen Atoms}}{\frac{1}{12}\ \text{der Masse des Kohlenstoffatoms } {}^{12}\text{C}}$$

Atommodell

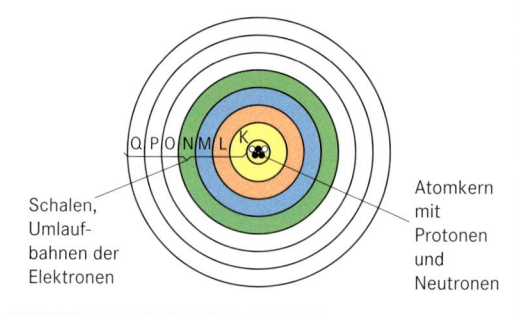

Schalen, Umlaufbahnen der Elektronen

Atomkern mit Protonen und Neutronen

Eine relative Masseneinheit beträgt $1{,}6605 \cdot 10^{-27}$ kg.

Atomsymbole und ihre Schreibweise

	Chlormolekül	Chlorid-Ion	Wasserstoffmolekül	Natriumchloridmolekül
ohne Angabe der Ionenladung	Cl_2		H_2	NaCl
mit Angabe der Ionenladung		$2\ Cl^-$	$2H^-$	$(Na^+\ Cl^-)$

Beispiel:

$A = Z + N$
(N: Neutronenzahl)

Nukleonenzahl A $\longrightarrow$ $\overset{12}{\underset{6}{}}\text{C}$ $\quad$ $\overset{2+}{}\text{Ca}$ $\longrightarrow$ Ionenladung $\qquad$ O_2

Protonenzahl Z
(Ordnungszahl)

Stöchiometrischer Index

Oxidationszahlen: $C^{IV}\,(Cl^{-I})_4$; $Na_2\,[SO_4]^{6+2-}$

Periodensystem
Periodic System

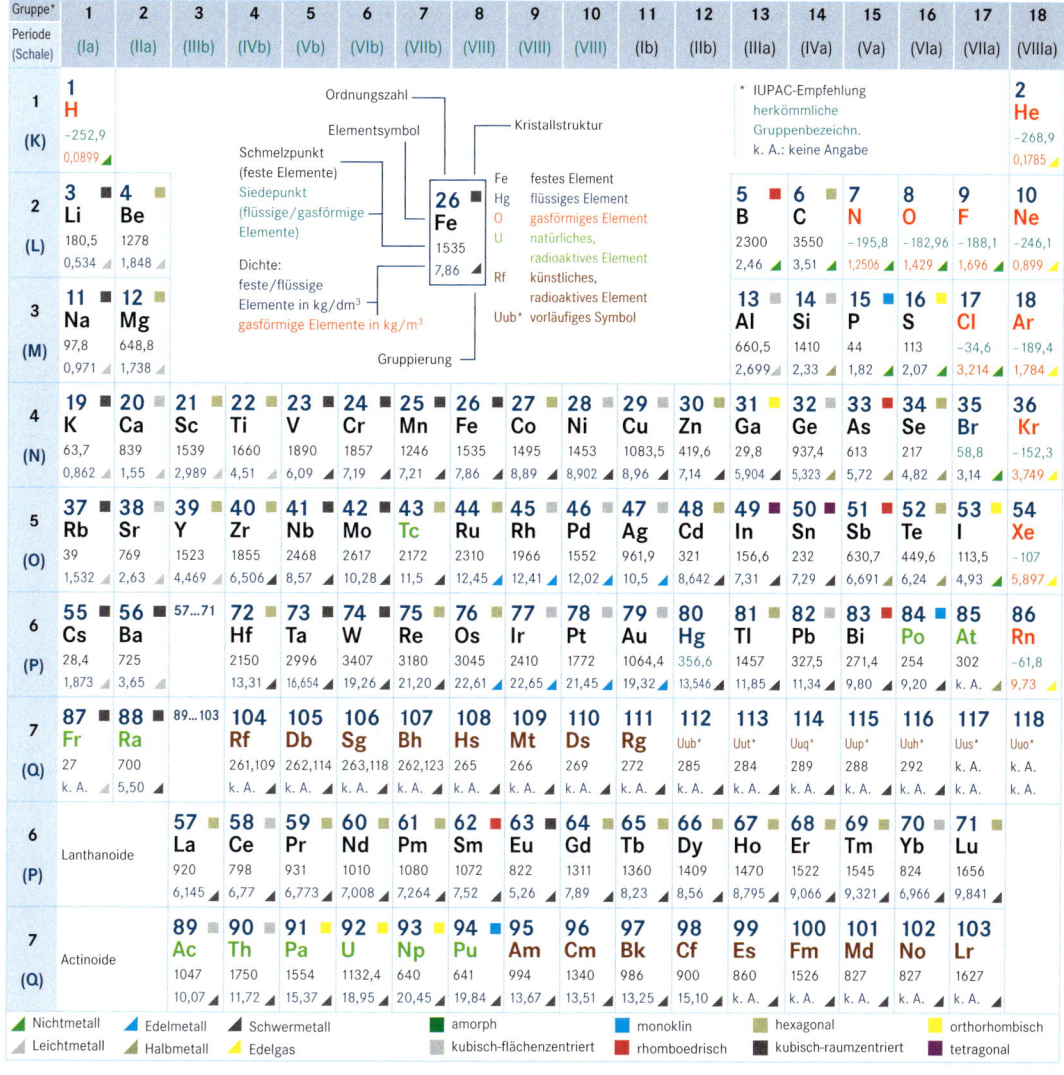

Stoffwerte
Physical Characteristics

Name	Kurzzeichen	Dichte ϱ ϱ in $\frac{kg}{dm^3}$	Schmelzpunkt ϑ_{Fl} in °C	Siedepunkt ϑ_{G} in °C	Spez. Schmelz-wärme q in $\frac{kJ}{kg}$	Spez. Wärme-kapazität c in $\frac{kJ}{kg \cdot K}$	Längen-/Volumen-Ausdehnungskoeffizient α in $\frac{10^{-6}}{K}$
Glas	–	2,4 … 2,7	≈ 700	–		0,850	5
Polyvinylchlorid	PVC	1,35	–	–	165	1,500	8,0
Quarz	SiO_2	2,1 … 2,6	1480	2230		0,745	8
Cu-Legierung	CuAl10Fe5Ni5	7,4 … 7,7	≈ 1040	≈ 2300		440	0,000016
	CuSn 6	7,4 … 8,9	≈ 900	≈ 2300		380	0,0000175
	CuZn 28	8,4 … 8,7	≈ 950	≈ 2300	167	390	0,0000185
Stahl, unlegiert	C 22	7,85	1510	≈ 2500	205	490	0,000011
Wasser (destilliert)	H_2O	1,00 (4 °C)	0	100		4,182	207
Luft	–	1,29 (mg/cm³)	–220	–191,4		0,716 (V = Konst.)	

Stoffwerte von chemisch reinen Elementen (20 °C und 1,013 · 10⁵ Pa)
Physical Characteristics of Pure Chemical Elements

Name	Kurzzeichen	Ordnungszahl	Elektrische Leitfähigkeit $\varkappa$ in $\frac{MS}{m}$	Temperaturkoeffizient α_{20} in $\frac{10^{-3}}{K}$	Spez. Wärmekapazität c in $\frac{kJ}{kg \cdot K}$	Dichte ϱ in $\frac{kg}{dm^3}$ Gas: $\frac{mg}{cm^3}$	Schmelzpunkt ϑ_{Fl} in °C	Siedepunkt ϑ_{G} in °C	Spez. Schmelzwärme q in $\frac{kJ}{kg}$	α in $\frac{10^{-6}}{K}$
Aluminium	Al	13	37,8[1]	4,7[1]	0,899	2,7	660	2270	398	23,9
Antimon	Sb	51	2,59	6,4	0,210	6,69	630,5	1640	163	10,8
Argon	Ar	18	–	–	–	1,78	–189	–186	–	–
Arsen	As	33	–	4,7	0,350	5,73	618	sublimiert	–	10,8
Barium	Ba	56	2,78	6,5	0,277	3,8	710	1696	–	19
Beryllium	Be	4	31,2	9,0	1,885	1,85	12,83	1870	–	12,3
Bismut	Vi	83	0,91	4,5	0,126	9,8	271	1560	54	13,5
Blei	Pb	82	4,77	4,2	0,130	11,34	327	1750	25	29
Bor (bei 0 °C)	B	5	0,91	–	0,960	1,7 … 2,3	2300	2500	–	8
Brom (bei 18 °C)	Br	35	–	–	–	3,19	–7,3	59	–	1150
Cadmium	Cd	48	13,7	4,2	0,230	8,64	321	767	54	29,4
Calcium	Ca	20	–	–	0,630	1,55	850	1439	329	–
Chlor	Cl	17	–	–	–	3,214	–	–34,1	–	–
Chrom	Cr	24	6,76	5,9	0,460	7,1	1900	2300	314	8,5
Cobalt	Co	27	17,5	5,9	0,437	8,9	1490	3200	243	15
Eisen	Fe	26	10	4,6	0,466	7,87	1535	2880	268	11
Fluor	F	9	–	–	–	1,69	–218	–188	–	–
Gallium	Ga	31	2,5	4,0	–	5,91	29,75	2400	–	18
Germanium	Ge	32	0,0011	1,4	0,310	5,32	938	2700	409	6
Gold	Au	79	47,6	4,0	0,130	19,3	1063	2700	63	14,3
Helium	He	2	–	–	5,230	0,18	–272	–268,9	–	–
Indium	In	49	–	–	–	7,3	155	2000	238	44
Iridium	Ir	77	20,4	4,1	–	22,65	2454	>4800	–	–
Jod	J	53	–	–	0,220	4,94	113,7	184,5	62	–
Kalium	K	19	15,9	5,7	0,750	0,86	63,5	776	58	84
Kohlenstoff	C	6	–	–	0,500	3,51	–	–	–	–
Krypton	Kr	36	–	–	–	3,74	–157,2	–152,9	–	–
Kupfer	Cu	29	58[2]	4,3[2]	0,390	8,93	1083	2390	205	16,8
Lithium	Li	3	11,7	4,9	–	0,53	180	1340	669,9	58
Magnesium	Mg	12	23,3	4,1	0,924	1,74	650	1097	373	26
Mangan	Mn	25	2,56	5,3	0,504	7,43	1244	2152	264	15
Molybdän	Mo	42	20	4,7	0,270	10,2	2620	5550	273	5
Natrium	Na	11	23,3	5,4	1,260	0,97	97,7	883	113	72
Neon	Ne	10	–	–	–	0,899	–248	–246	–	–
Nickel	Ni	28	14,5	6,7	0,441	8,9	1452	3075	301	13
Osmium	Os	76	10,5	4,2	–	22,7	2500	4400	–	5
Palladium	Pd	46	10,2	3,7	–	12	1554	3387	–	10,6
Phosphor (bei 0 °C)	P	15	–	–	0,755	1,83	44,1	280	21	–
Platin	Pt	78	10,2	3,9	0,134	21,4	1769	3800	100	9
Quecksilber	Hg	80	1,063	0,99	0,138	13,96	–38,9	357	11,3	182
Radium	Ra	88	–	–	–	5	700	1140	–	–
Radon	Rn	86	–	–	–	–	–71	–61,9	–	–
Sauerstoff	O	8	–	–	0,920	1,43	–219	–183	13	–
Schwefel (bei 0 °C)	S	16	–	–	0,710	2,07	112,8	444,6	38	90
Selen	Se	34	–	–	0,330	4,8	220	688	83	–
Silber	Ag	47	67,1	4,1	0,230	10,5	960,8	1980	105	19,7
Silicium	Si	14	0,001	–	0,075	2,35	141,4	2630	142	7
Stickstoff	N	7	–	–	1,050	1,25	–210	–196	–	–
Strontium	Sr	38	3,25	3,8	0,075	2,54	757	1366	136	–
Tantal	Ta	73	7,14	3,5	0,138	16,6	2990	4100	172	6,5
Tellur	Te	52	0,0016	–	0,200	6,24	453	1390	140	17,2
Thallium	Tl	81	6,25	5,2	0,134	11,85	303	1457	–	2,9
Titan	Ti	22	2,38	5,4	0,630	4,5	1660	3535	88	8,2
Uran	U	92	4,76	2,8	0,120	18,7	1130	3500	365	–
Vanadium	V	23	–	3,9	0,504	6,1	1900	3000	343	8,3
Wasserstoff	H	1	–	–	14,240	0,09	–257	–252	–	–
Wolfram	W	74	18,2	4,8	0,143	19,3	3380	4727	193	4,5
Xenon	Xe	54	–	–	–	–	–112	–108	–	–
Zink	Zn	30	17,6	4,2	0,395	7,13	419,5	906	100	29
Zinn	Sn	50	8,7	4,6	0,228	7,29	232	2360	59	27

Leitungsmaterial: [1] Aluminium $\varkappa > \frac{36\ MS}{m}$ $\varrho < 0{,}02778\ \mu\Omega m$ $\alpha_{20} = 0{,}0036\ K^{-1}$ [2] Kupfer $\varkappa > 56\ \frac{MS}{m}$ $\varrho < 0{,}01786\ \mu\Omega m$ $\alpha_{20} = 0{,}0039\ K^{-1}$

Größe	Darstellung	Größen und Formelzeichen	Einheit und Einheitenzeichen	Formel
Spannung		Spannung U	Volt V	
		Ladung Q	Coulomb C Amperesekunde As	$U = \dfrac{W}{Q}$
		Arbeit W	Wattsekunde Ws, VAs	
	Die **elektrische Spannung** zwischen zwei Punkten eines elektrischen Feldes ist gleich dem Quotienten aus der verrichteten Verschiebungsarbeit und der bewegten Ladung.			
Stromstärke		Stromstärke I	Ampere A	$I = \dfrac{Q}{t}$
	$F = 2 \cdot 10^{-7}$ N	Zeit t	Sekunde s 1 C = 1 As	
	Ein Ampere ist die Stärke eines zeitlich unveränderlichen elektrischen Stromes durch zwei geradlinige, parallele, unendlich lange Leiter, die einen Abstand von 1 m haben und zwischen denen im leeren Raum je 1 m Doppelleitung eine Kraft von $2 \cdot 10^{-7}$ N wirkt.			
Stromdichte		Stromdichte J	Ampere durch Quadratmeter $\dfrac{A}{m^2}$	$J = \dfrac{I}{q}$
		Querschnittsfläche q	Quadratmeter m^2 $1\ m^2 = 10^4\ cm^2$ $= 10^6\ mm^2$	
Stromstärke, Spannung, Widerstand und Leitwert	Ohmsches Gesetz	Widerstand R	Ohm Ω $1\ \Omega = 1\ \dfrac{V}{A}$	$I = \dfrac{U}{R}$
		Leitwert G	Siemens S $1\ S = 1\ \dfrac{A}{V}$	$G = \dfrac{1}{R}$ $I = G \cdot U$
Elektrische Arbeit		Elektrische Arbeit W 1 kWh = $3{,}6 \cdot 10^6$ Ws 1 Nm = 1 Ws = 1 J	Wattsekunde Ws, VAs	$W = U \cdot I \cdot t$ $W = P \cdot t$
Elektrische Leistung		Elektrische Leistung P	Watt W, VA	$P = \dfrac{W}{t}$ $P = U \cdot I$ $P = I^2 \cdot R$ $P = \dfrac{U^2}{R}$

Elektrischer Widerstand
Electrical Resistor

Bezeichnung	Darstellung	Größen und Formelzeichen	Einheitenzeichen	Formel
Widerstand von Leitern		R : Widerstand l : Leiterlänge q : Querschnittsfläche ϱ : Spezifischer Widerstand $\gamma, \varkappa$: Elektrische Leitfähigkeit	Ω m m^2, mm^2 $\Omega \cdot m$, $\quad \Omega \cdot \dfrac{mm^2}{m}$ $1\,\Omega \cdot \dfrac{mm^2}{m} =$ $1\,\mu\Omega \cdot m$ $\dfrac{S}{m}$, $\qquad \dfrac{S \cdot m}{mm^2}$ $1\,\dfrac{S \cdot m}{mm^2} = 1\,\dfrac{MS}{m}$	$R = \dfrac{\varrho \cdot l}{q}$ $\varkappa = \dfrac{1}{\varrho}$ $R = \dfrac{l}{\varkappa \cdot q}$
Widerstand und Temperatur		ΔR : Widerstandsänderung R_{20} : Widerstand bei 20 °C $\alpha; \beta$: Temperaturkoeffizient $\Delta\vartheta$: Temperaturänderung R_ϑ : Widerstand nach Erwärmung	Ω Ω $\dfrac{1}{K}$; K^{-1}; $\dfrac{1}{K^2}$; K^{-2} K Ω	$\vartheta < 200\ ^\circ C$ $\Delta R = R_{20} \cdot \alpha \cdot \vartheta$ $R_\vartheta = R_{20} + \Delta R$ $R_\vartheta = R_{20}\,(1 + \alpha \cdot \Delta\vartheta)$ $\vartheta > 200\ ^\circ C$ $R_\vartheta = R_{20}\,(1 + \alpha \cdot \Delta\vartheta + \beta \cdot \Delta\vartheta^2)$

Bemessungsgrößen
Rated Quantities

Wechselspannungen unter 120 V (für Betriebsmittel)

bevorzugt		6	12		24		42		60		110
ergänzend	5			15		36		48		100	

Gleichspannungen unter 750 V (für Betriebsmittel)

bevorzugt			6		12	24	36	48	60	72	96	110	220	440
ergänzend	2,4	3	4	4,5	5	7,5	9	15	30	40	80	125	250	600

Drehstrom-Vierleiter- oder Dreileiternetz / Einphasen-Dreileiternetz

Drehstrom-Vierleiter- oder Dreileiternetz				Einphasen-Dreileiternetz
230 V/400 V	277 V/480 V	400 V/690 V	1000 V	120 V/240 V

Gleichstrom-Bahnnetze / Wechselstrom-Einphasen-Bahnnetze

Bemessungsspannung (bevorzugt)	Bereich	Bemessungsspannung (bevorzugt)	Bereich	Frequenz in Hz
750	500 ... 900	15 000	12 000 ... 17 250	$16\,^2/_3$
1500	1000 ... 1800	25 000	19 000 ... 27 500	50 oder 60
3 000	2000 ... 3600			

Drehstromnetze über 1 kV bis 230 kV (Bemessungsspannung)

bevorzugt in Deutschland	3	6	**10**	15	**20**		35	45	**66**	**110**	**132**	150	**230**
andere Länder	3,3	6,6	11		22	33			69	115	138		230

Fettgedruckte Werte sind Vorzugswerte für öffentliche Verteilernetze.

Drehstromnetze über 245 kV (Höchstspannung)

300	363	**420**	525	765	1200	Vorzugswert fett gedruckt

Bemessungsstromstärken in A

1	1,25	1,6	2	2,5	3,15	4	5	6,3	8
10	12,5	16	20	25	31,5	40	50	63	80
100	125	160	200	250	315	400	500	630	800
1000	1250	1600	2000	2500	3150	4000	5000	6300	8000
10 000									

Es können, falls erforderlich, anstatt 1,6 A; 3,15 A; 6,3 A und 8 A auch die Werte 1,5 A; 3 A; 6 A und 7,5 A bzw. das 10-, 100- und 1000-fache dieser Werte vorgesehen werden.

Schaltungen mit Spannungsquellen
Circuits with Voltage Sources

Spannungsquelle mit Innenwiderstand

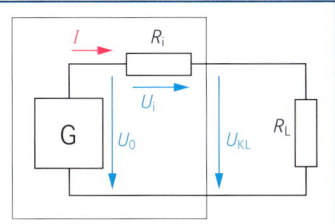

U_0 : Leerlaufspannung (Quellenspannung)
U_{KL} : Klemmenspannung
ΔU : Spannungsänderung
R_i : Innenwiderstand
R_L : Belastungswiderstand
I_k : Kurzschlussstromstärke
ΔI : Stromänderung
P_L : Ausgangsleistung
P_i : Verlustleistung der Spannungsquelle

$$U_0 = U_i + U_{KL}$$

$$I = \frac{U_0}{R_i + R_L} \qquad I_k = \frac{U_0}{R_i}$$

$$R_i = \frac{U_i}{I} \qquad R_i = \frac{\Delta U_{KL}}{\Delta I}$$

$$U_{KL} = U_0 - I \cdot R_i$$

Anpassung

Stromanpassung, $R_L \ll R_i$

Maximale Stromstärke

$$I \approx \frac{U_0}{R_i}$$

$$U_{KL} \approx \frac{U_0 \cdot R_L}{R_i}$$

$$P_L \approx 0$$

Spannungsanpassung, $R_L \gg R_i$

Maximale Spannung

$$I \approx \frac{U_0}{R_L}$$

$$U_{KL} \approx U_0$$

$$P_L \approx 0$$

Leistungsanpassung, $R_L = R_i$

Maximale Leistung

$$I = \frac{U_0}{2R_i} \qquad I = \frac{U_0}{2R_L}$$

$$U_{KL} = \frac{U_0}{2}$$

$$P_L = \frac{U_0^2}{4R_i} \qquad P_i = \frac{U_0^2}{4R_L}$$

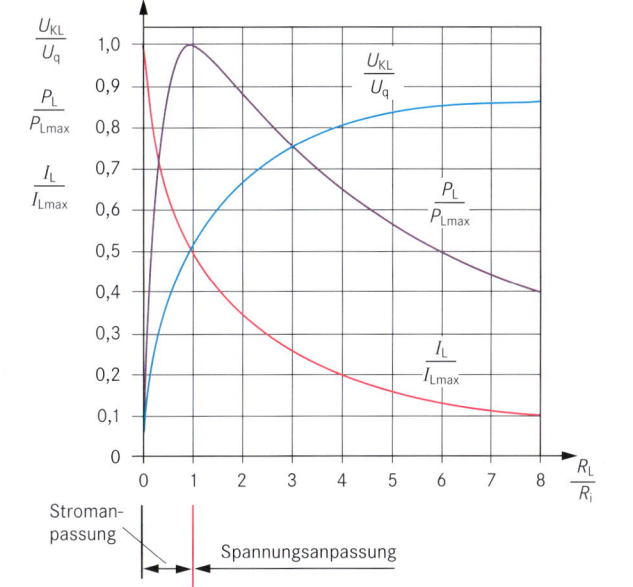

Reihenschaltung

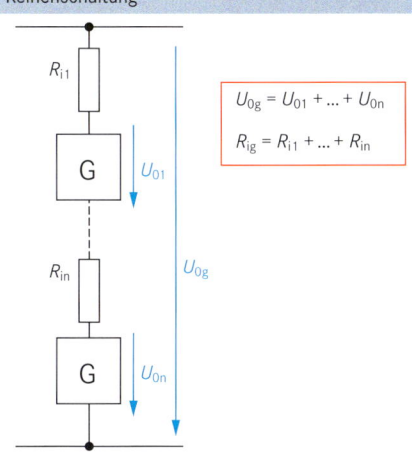

$$U_{0g} = U_{01} + \ldots + U_{0n}$$

$$R_{ig} = R_{i1} + \ldots + R_{in}$$

Parallelschaltung

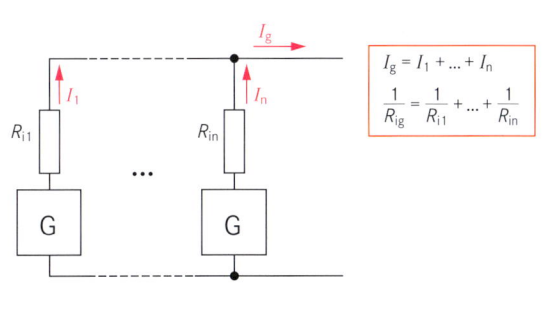

$$I_g = I_1 + \ldots + I_n$$

$$\frac{1}{R_{ig}} = \frac{1}{R_{i1}} + \ldots + \frac{1}{R_{in}}$$

Bei unterschiedlichen Leerlaufspannungen fließen zwischen den Spannungsquellen Ausgleichsströme.

Vorzeichen und Richtungssinne von Strom und Spannung

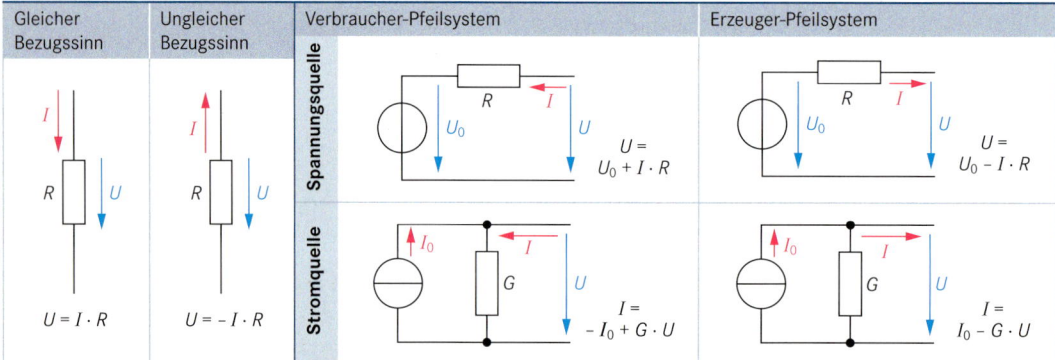

Gleicher Bezugssinn	Ungleicher Bezugssinn		Verbraucher-Pfeilsystem	Erzeuger-Pfeilsystem

Spannungsquelle:
$$U = U_0 + I \cdot R$$
$$U = U_0 - I \cdot R$$

Stromquelle:
$$I = -I_0 + G \cdot U$$
$$I = I_0 - G \cdot U$$

$$U = I \cdot R$$
$$U = -I \cdot R$$

Erstes Kirchhoffsches Gesetz (Knotenregel)

In jedem Knotenpunkt ist die Summe aller Ströme Null.

$$\sum I = 0\ \text{A}$$
$$I_1 - I_2 - I_3 + I_4 + I_5 = 0\ \text{A}$$

Beispiel:

Zweites Kirchhoffsches Gesetz (Maschenregel)

Die Summe aller Teilspannungen entlang eines geschlossenen Weges (willkürlich gewählter Umlaufsinn) ist Null.

$$\sum U = 0\ \text{V}$$
$$-U_1 + U_{R1} + U_{R2} - U_2 + U_{R3} = 0\ \text{V}$$
$$-U_1 + I \cdot R_1 + I \cdot R_2 - U_2 + I \cdot R_3 = 0\ \text{V}$$

Beispiel:

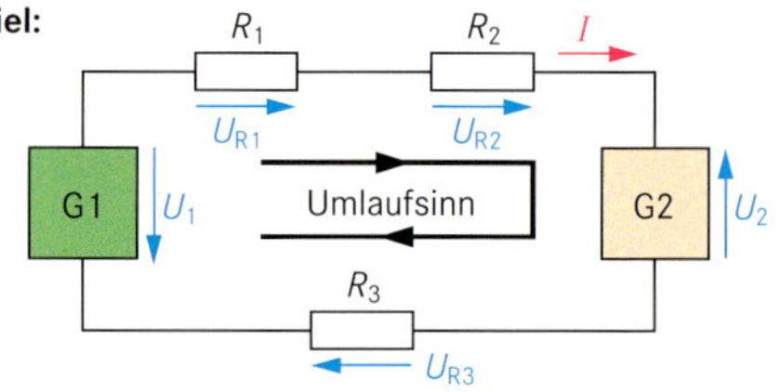

	Reihenschaltung	Parallelschaltung
Schaltung	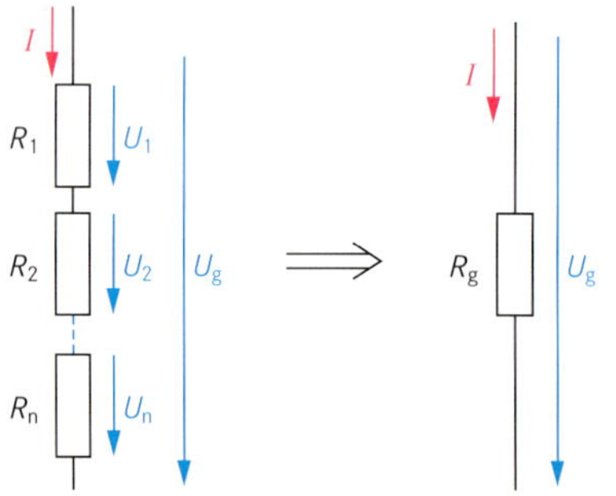 R_1, U_1; R_2, U_2; R_n, U_n; U_g $\Rightarrow$ R_g, U_g	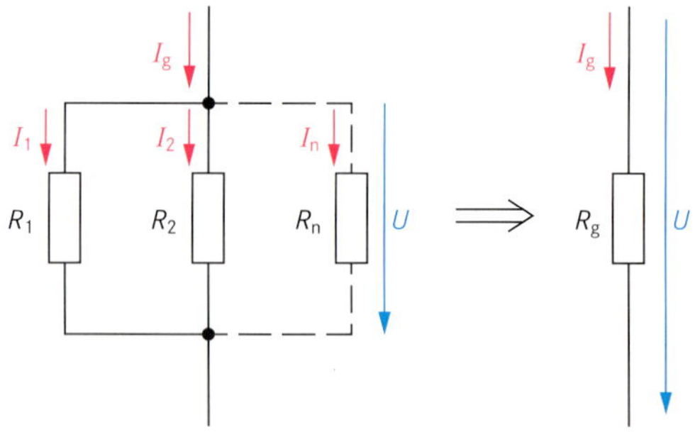 R_1, R_2, R_n; I_1, I_2, I_n; I_g, U $\Rightarrow$ R_g, U
Spannung	$U_g = U_1 + U_2 + \dots + U_n$	Alle Widerstände liegen an derselben Spannung U.
Stromstärke	Durch alle Widerstände fließt derselbe Strom I.	$I_g = I_1 + I_2 + \dots + I_n$
Widerstände und Leitwerte	$R_g = R_1 + R_2 + \dots + R_n$	$\dfrac{1}{R_g} = \dfrac{1}{R_1} + \dfrac{1}{R_2} + \dots + \dfrac{1}{R_n}$ $G_g = G_1 + G_2 + \dots + G_n$
Verhältnisse	$\dfrac{U_1}{U_2} = \dfrac{R_1}{R_2};\ \dfrac{U_1}{U_n} = \dfrac{R_1}{R_n};\ \dfrac{U_1}{U_g} = \dfrac{R_1}{R_g};\ \dots$	$\dfrac{I_1}{I_2} = \dfrac{R_2}{R_1};\ \dfrac{I_1}{I_n} = \dfrac{R_n}{R_1};\ \dfrac{I_1}{I_g} = \dfrac{R_g}{R_1};\ \dots$

Schaltungen mit Widerständen
Circuits with Resistors

Unbelasteter Spannungsteiler

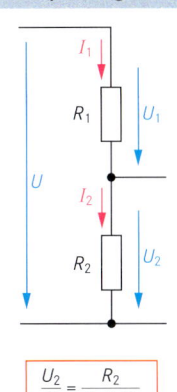

$$\frac{U_2}{U} = \frac{R_2}{R_1 + R_2}$$

Belasteter Spannungsteiler

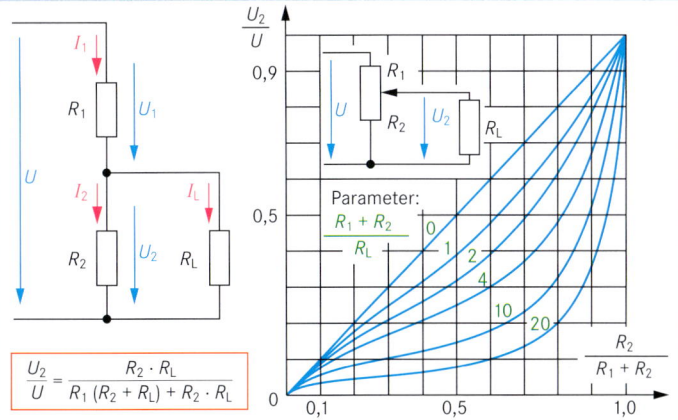

$$\frac{U_2}{U} = \frac{R_2 \cdot R_L}{R_1 (R_2 + R_L) + R_2 \cdot R_L}$$

Parameter:
$$\frac{R_1 + R_2}{R_L}$$

Messbereichserweiterung

Spannungs-messung

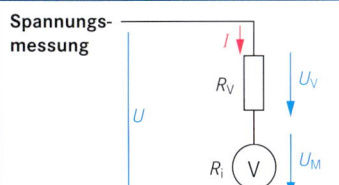

n : Faktor der Messbereichserweiterung

R_v : Vorwiderstand

R_i : Innenwiderstand

U_M: Spannung am Messwerk bei Vollausschlag

I : Stromstärke durch das Messwerk bei Vollausschlag

$$n = \frac{U}{U_M}$$

$$R_v = \frac{U - U_M}{I}$$

$$R_v = (n - 1)\, R_i$$

Strom-messung

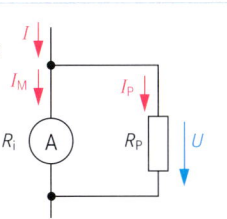

n : Faktor der Messbereichserweiterung

R_p : Parallelwiderstand

R_i : Innenwiderstand

U : Spannung am Messwerk bei Vollausschlag

I_M : Stromstärke durch das Messwerk bei Vollausschlag

$$n = \frac{I}{I_M}$$

$$R_p = \frac{U}{I - I_M}$$

$$R_p = \frac{R_i}{(n - 1)}$$

Gruppenschaltung

Beispiel:

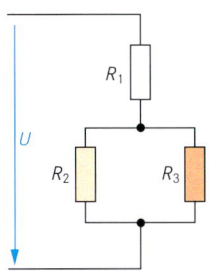

- Die Schaltung muss so verändert werden, dass eine Grundschaltung entsteht.

- Zum Widerstand R_1 liegt in Reihe die Parallelschaltung aus den zwei Widerständen R_2 und R_3.

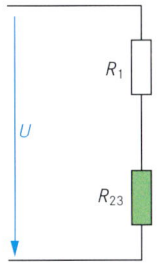

- Die Parallelschaltung aus R_2 und R_3 kann zu einem Widerstand R_{23} zusammengefasst werden.

$R_{23} = R_2 \parallel R_3$
(II bedeutet: parallel)

$R_{23} = (R_2 \cdot R_3) : (R_2 + R_3)$

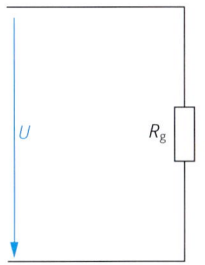

- Der Gesamtwiderstand lässt sich jetzt durch Addition ermitteln.

$R_g = R_1 + R_{23}$

Kraft zwischen Ladungen (Coulombsches Gesetz)

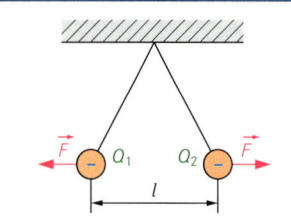

F : Kraft zwischen den Ladungen
Q_1, Q_2 : Ladungen
ε : Permittivität
ε_0 : Elektrische Feldkonstante
ε_r : Permittivitätszahl
l : Abstand der Ladungen

$$F = \frac{Q_1 \cdot Q_2}{4\pi\varepsilon \cdot l^2}$$

$$\varepsilon = \varepsilon_0 \cdot \varepsilon_r \qquad [\varepsilon_r] = 1$$

$$\varepsilon_0 = 8{,}86 \cdot 10^{-12} \frac{\text{As}}{\text{Vm}}$$

Elektrische Feldstärke

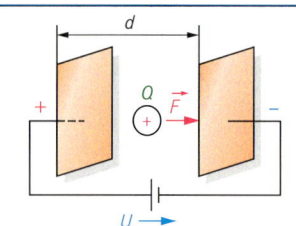

E : Elektrische Feldstärke
F : Kraft auf die Ladung im Feld
Q : Ladung im Feld
U : Spannung zwischen den Platten
d : Abstand der Platten

$$E = \frac{F}{Q} \qquad [E] = \frac{\text{N}}{\text{C}}$$

$$1\,\text{C} = 1\,\text{As}$$

$$E = \frac{U}{d} \qquad [E] = \frac{\text{V}}{\text{m}}$$

Kondensator und Kapazität

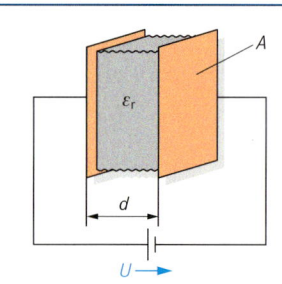

C : Kapazität des Kondensators
Q : Ladung des Kondensators
U : Spannung zwischen den Kondensatorplatten
ε : Permittivität
ε_0: Elektrische Feldkonstante
ε_r : Permittivitätszahl
A : Plattenfläche
d : Plattenabstand
W : Gespeicherte Energie des Kondensators

$$C = \frac{Q}{U} \qquad [C] = \frac{\text{As}}{\text{V}}$$

$$C = \frac{\varepsilon \cdot A}{d} \qquad 1\frac{\text{As}}{\text{V}} = 1\,\text{F (Farad)}$$

$$\varepsilon = \varepsilon_0 \cdot \varepsilon_r \qquad [\varepsilon_r] = 1$$

$$\varepsilon_0 = 8{,}86 \cdot 10^{-12} \frac{\text{As}}{\text{Vm}}$$

$$W = \frac{C \cdot U^2}{2} \qquad [W] = \text{V As}$$

Parallelschaltung von Kondensatoren

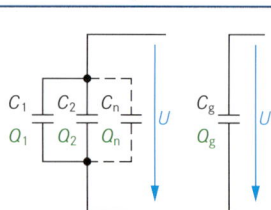

$Q_1 \ldots Q_n$: Ladungen der Einzelkondensatoren
$C_1 \ldots C_n$: Kapazitäten der Einzelkondensatoren

Q_g: Ladung der Gesamtkapazität
C_g: Gesamtkapazität

$$Q = C \cdot U$$

$$Q_g = Q_1 + Q_2 + \ldots + Q_n$$

$$C_g = C_1 + C_2 + \ldots + C_n$$

Reihenschaltung von Kondensatoren

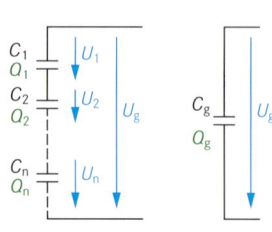

$Q_1 \ldots Q_n$: Ladungen der Einzelkondensatoren
$C_1 \ldots C_n$: Kapazitäten der Einzelkondensatoren

Q_g: Ladung der Gesamtkapazität
C_g: Gesamtkapazität

$U_1 \ldots U_n$: Einzelspannungen
U_g: Gesamtspannung

$$Q = C \cdot U$$

$$Q_g = Q_1 = Q_2 = \ldots = Q_n$$

$$U_g = U_1 + U_2 + \ldots + U_n$$

$$\frac{1}{C_g} = \frac{1}{C_1} + \frac{1}{C_2} + \ldots + \frac{1}{C_n}$$

Magnetische Feldstärke

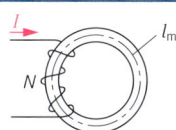

H : Magnetische Feldstärke
I : Stromstärke
N : Windungszahl
l_m: Mittlere Feldlinienlänge
Θ: Elektrische Durchflutung

$$H = \frac{I \cdot N}{l_m} \qquad [H] = \frac{A}{m}$$

$$\Theta = I \cdot N \qquad [\Theta] = A$$

Magnetische Flussdichte (Induktion)

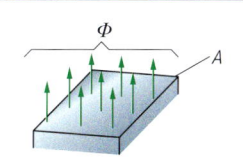

B : Magnetische Flussdichte
Φ: Magnetischer Fluss
A : Fläche

$$B = \frac{\Phi}{A}$$

$[\Phi] = V s$
$1 \, V s = 1 \, Wb$ (Weber)

$$[B] = \frac{V s}{m^2}$$

$$\frac{1 \, V s}{m^2} = 1 \, T \text{ (Tesla)}$$

Zusammenhang zwischen magnetischer Feldstärke und Flussdichte

Vakuum (Luft)

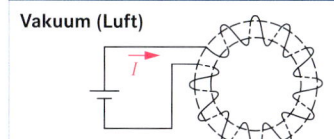

μ_0 : Magnetische Feldkonstante

Magnetisierungs-kennlinie von Luft

$$B = \mu_0 \cdot H$$

$$\mu_0 = 1{,}257 \cdot 10^{-6} \, \frac{V s}{A m}$$

Eisenkern

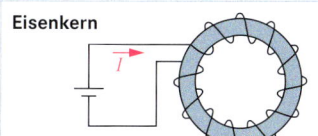

μ_r : Permeabilitätszahl
μ : Permeabilität

Magnetisierungs-kennlinie von Eisen

$$B = \mu \cdot H$$

$$\mu = \mu_0 \cdot \mu_r \qquad [\mu_r] = 1$$

Stromdurchflossener Leiter im Magnetfeld

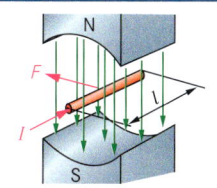

F : Kraft auf den Leiter
I : Stromstärke
l : Leiterlänge im Magnetfeld
z : Anzahl der Leiter

$$F = B \cdot I \cdot l \cdot z$$

$$[F] = N$$

Spule im Magnetfeld

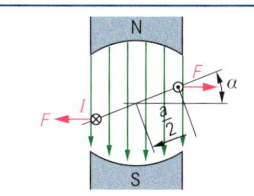

M: Drehmoment
a : Spulenlänge
N : Windungszahl

$$M = \frac{F \cdot a \cdot \sin \alpha}{2}$$

$$F = 2 \cdot N \cdot B \cdot l \cdot I$$

Induktivität der Spule

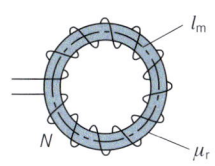

L : Induktivität
N : Windungszahl
A : Fläche (Querschnitt der Spule)
μ_0: Magnetische Feldkonstante
μ_r : Permeabilitätszahl
μ : Permeabilität
l_m: Feldlinienlänge (mittlere)
W : Energie der Spule

$$L = \frac{\mu \cdot N^2 \cdot A}{l_m}$$

$$\mu = \mu_0 \cdot \mu_r$$

$$W = \frac{L \cdot I^2}{2}$$

$$[L] = \frac{V s}{A}$$

$$1 \, \frac{V s}{A} = 1 \, H \text{ (Henry)}$$

$$[\mu_r] = 1$$

Induktion der Bewegung

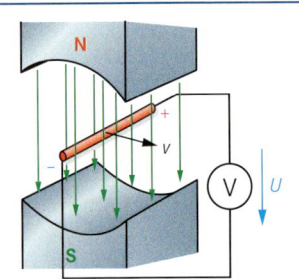

U : Induktionsspannung
B : Magnetische Flussdichte
l : Leiterlänge im Magnetfeld
v : Geschwindigkeit des Leiters
z : Anzahl der Leiter

$$U = B \cdot l \cdot v \cdot z$$

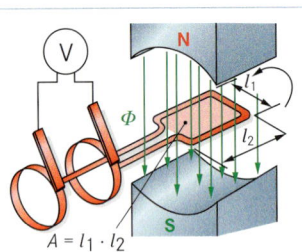

$A = l_1 \cdot l_2$

U : Induktionsspannung
N : Windungszahl
$\Delta\Phi$: Flussänderung
Δt : Zeitänderung

$$U = N \cdot \frac{\Delta\Phi}{\Delta t}$$

$$U = -N \cdot \frac{\Delta\Phi}{\Delta t}$$

Das Vorzeichen hängt vom gewählten Richtungssinn ab.

Induktion der Ruhe

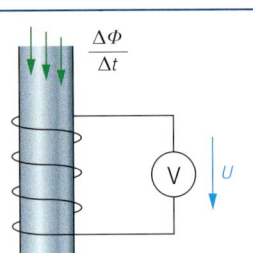

U : Induktionsspannung
N : Windungszahl
$\Delta\Phi$: Flussänderung
Δt : Zeitänderung

$$U = N \cdot \frac{\Delta\Phi}{\Delta t}$$

$$U = -N \cdot \frac{\Delta\Phi}{\Delta t}$$

Das Vorzeichen hängt vom gewählten Richtungssinn ab.

Einphasentransformator, Übertrager

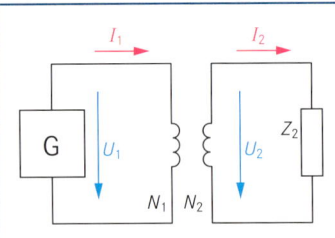

U_1 : Primärspannung
U_2 : Sekundärspannung
I_1 : Primärstromstärke
I_2 : Sekundärstromstärke
N_1 : Primärwindungszahl
N_2 : Sekundärwindungszahl
Z_1 : Primärer Scheinwiderstand
Z_2 : Sekundärer Scheinwiderstand
$ü$: Übersetzungsverhältnis

$$\frac{U_1}{U_2} \approx \frac{N_1}{N_2} \qquad ü = \frac{N_1}{N_2}$$

$$\frac{I_1}{I_2} \approx \frac{N_2}{N_1}$$

$$\frac{Z_1}{Z_2} \approx \left(\frac{N_1}{N_2}\right)^2$$

Schaltungen mit Spulen

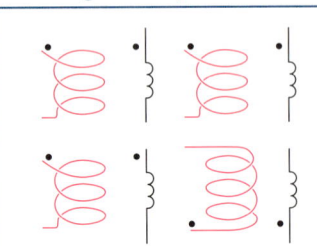

L : gesamte Selbstinduktivität
L_1 $\}$: Einzelinduktivitäten
L_2
L_{12} : Gegeninduktivität
$\bullet$: Wicklungsanfang

$$L = L_1 + L_2 + 2\,L_{12}$$

$$L = L_1 + L_2 - 2\,L_{12}$$

Schaltvorgänge bei Kondensatoren und Spulen
Switching Actions of Capacitors and Coils

Kondensator (Kapazität)

Aufladung

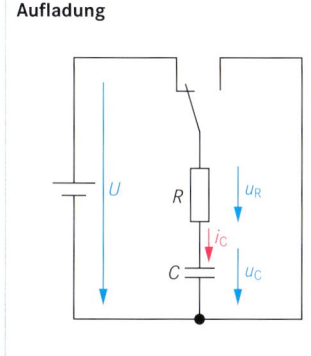

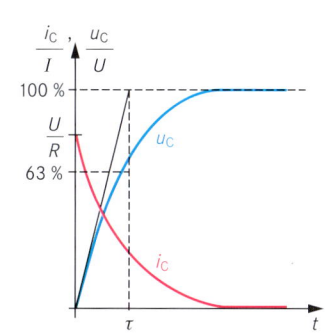

$$\tau = R \cdot C \qquad [\tau] = s$$

$$u_C = U\left(1 - e^{-\frac{t}{\tau}}\right) \qquad e = 2{,}718\ldots$$

$$i_C = \frac{U}{R} \cdot e^{-\frac{t}{\tau}}$$

bei $t \approx 5\,\tau$:
Kondensator geladen
(99,33 % von U)

τ : Zeitkonstante
u_C: Spannung am Kondensator
i_C : Stromstärke in der Reihenschaltung

Entladung

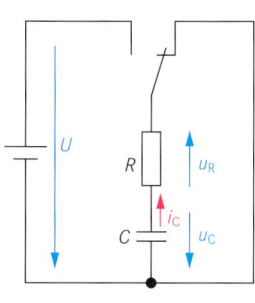

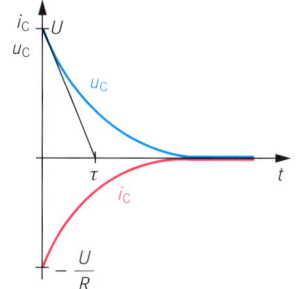

$$\tau = R \cdot C \qquad [\tau] = s$$

$$u_C = U \cdot e^{-\frac{t}{\tau}} \qquad e = 2{,}718\ldots$$

$$i_C = -\frac{U}{R} \cdot e^{-\frac{t}{\tau}}$$

bei $t \approx 5\,\tau$:
Kondensator entladen

τ : Zeitkonstante
u_C: Spannung am Kondensator
i_C : Stromstärke in der Reihenschaltung

Induktivität

Einschaltvorgang

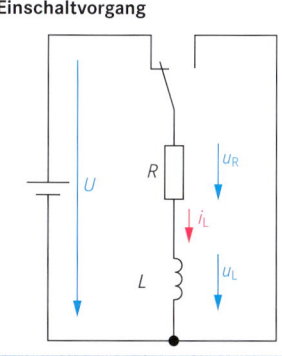

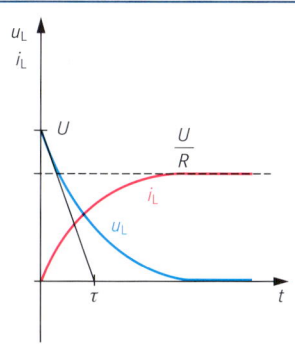

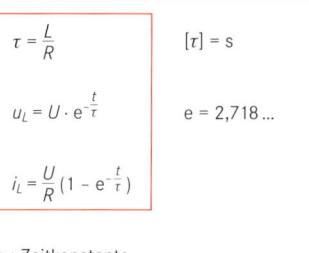

$$\tau = \frac{L}{R} \qquad [\tau] = s$$

$$u_L = U \cdot e^{-\frac{t}{\tau}} \qquad e = 2{,}718\ldots$$

$$i_L = \frac{U}{R}\left(1 - e^{-\frac{t}{\tau}}\right)$$

τ : Zeitkonstante
u_L: Spannung an der Induktivität
i_L : Stromstärke in der Reihenschaltung

Ausschaltvorgang

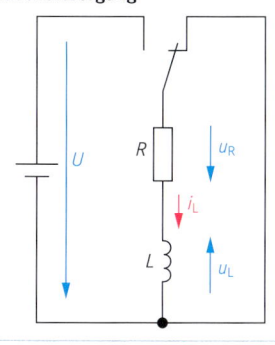

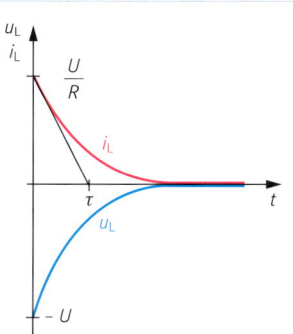

$$\tau = \frac{L}{R} \qquad [\tau] = s$$

$$u_L = -U \cdot e^{-\frac{t}{\tau}} \qquad e = 2{,}718\ldots$$

$$i_L = \frac{U}{R} \cdot e^{-\frac{t}{\tau}}$$

τ : Zeitkonstante
u_L: Spannung an der Induktivität
i_L : Stromstärke in der Reihenschaltung

Wechselspannung und Wechselstrom
Alternating Voltage and Alternating Current

Sinusförmige Wechselspannung

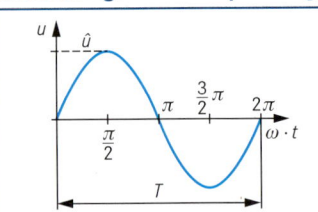

u, i : Momentanwerte (Augenblickswerte)
$\hat{u}, \hat{i}$: Maximalwerte, Spitzenwerte, Amplitude
f : Frequenz
T : Periodendauer
ω : Kreisfrequenz
p : Polpaarzahl
n : Drehzahl

$$u = \hat{u} \sin \omega \cdot t$$
$$\omega = 2\pi \cdot f \qquad [\omega] = \frac{1}{s}$$

$$f = \frac{1}{T} \qquad [f] = \text{Hz}$$
$$f = p \cdot n \qquad [n] = \frac{1}{s}$$

Spitzen- und Effektivwerte

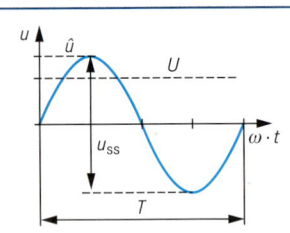

$\hat{u}, \hat{i}$: Maximalwerte, Spitzenwerte, Amplituden
U, I : Effektivwerte
auch: U_{eff} und I_{eff}

u_{ss}, i_{ss}: Spitze-Spitze-Wert

$$U = \frac{\hat{u}}{\sqrt{2}}$$
$$I = \frac{\hat{i}}{\sqrt{2}}$$

$$u_{ss} = 2 \cdot \hat{u}$$
$$i_{ss} = 2 \cdot \hat{i}$$

Addition phasenverschobener Spannungen und Ströme

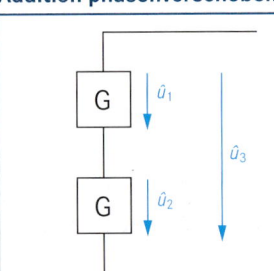

$\varphi_{12}, \varphi_{13}, \varphi_{32}$: Phasenverschiebungswinkel

$\hat{u}_1, \hat{u}_2$: Spitzenwerte der Einzelspannungen

$\hat{u}_3$: Spitzenwert der Gesamtspannung

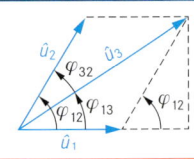

$$\hat{u}_3{}^2 = \hat{u}_1{}^2 + \hat{u}_2{}^2 - 2 \cdot \hat{u}_1 \cdot \hat{u}_2 \cdot \cos(180° - \varphi_{12})$$

$$\tan \varphi_{13} = \frac{\hat{u}_2 \cdot \sin \varphi_{12}}{\hat{u}_1 + \hat{u}_2 \cdot \cos \varphi_{12}}$$

Leistungen im Wechselstromkreis

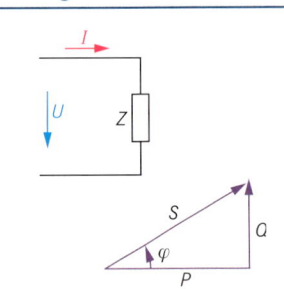

S : Scheinleistung
P : Wirkleistung
Q : Blindleistung
$\cos \varphi$: Leistungsfaktor
λ : Wirkleistungsfaktor

$\sin \varphi$: Blindleistungsfaktor

$$S = U \cdot I \qquad [S] = \text{V} \cdot \text{A}$$
$$S = \sqrt{P^2 + Q^2}$$
$$P = U \cdot I \cdot \cos \varphi \qquad [P] = \text{W}$$

$$\cos \varphi = \frac{P}{S}$$
$$\lambda = \frac{P}{S}$$

$$Q = U \cdot I \cdot \sin \varphi \qquad [Q] = \text{var}$$

Rechtecksignale

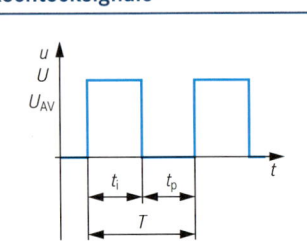

t_i : Impulsdauer
t_p : Pausendauer
T : Periodendauer
f : Frequenz
g : Tastgrad
U_{AV} : Mittelwert
V : Tastverhältnis

$$T = t_i + t_p$$

$$f = \frac{1}{T}$$
$$g = \frac{t_i}{T}$$

$$V = \frac{1}{g}$$

$$U_{AV} = \frac{U \cdot t_i}{T}$$

Spannungsverlauf (Liniendiagramm)

Drei um 120° (6,67 ms) phasenverschobene Wechselspannungen.

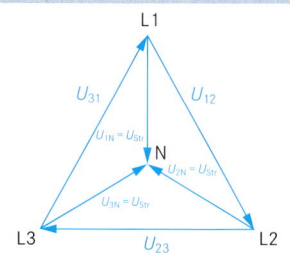

Spannungsversorgung

1. Transformatorstation
2. Übertragungsstrecke
3. Hausanschlusskasten

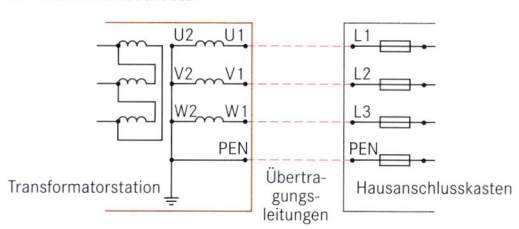

Zeigerdiagramm

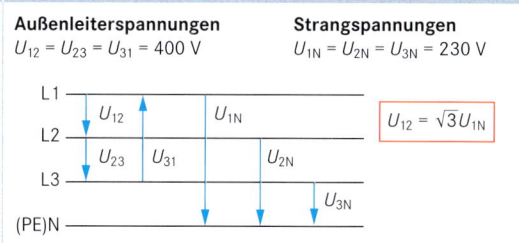

Spannungen

Außenleiterspannungen
$U_{12} = U_{23} = U_{31} = 400$ V

Strangspannungen
$U_{1N} = U_{2N} = U_{3N} = 230$ V

$$U_{12} = \sqrt{3}\,U_{1N}$$

Stromsysteme
Current Systems

Kennzeichnung von Systempunkten und Leitern

Stromsystem	Teil	Außenpunkte, Außenleiter	Mittelpunkt, Mittelleiter, Sternpunkt, Neutralleiter	Bezugs- erde	Schutz- leiter PE geerdet	Neutral- leiter, PEN- Leiter
Gleichstrom	Netz	Polarität: positiv: L+; negativ: L–	M			
m-Phasen- system	Netz	vorzugsweise: L1, L2, L3 … Lm				–
		zulässig auch: 1, 2, 3, … m				
Drehstrom	Netz	vorzugsweise: L1, L2, L3	N	E	PE	PEN
		zulässig auch: 1, 2, 3,				
	Betriebsmittel	allgemein: U, V, W				

Beispiele von Formelzeichen für Spannungen

Art der Spannungen	Stromsystem		Formelzeichen
Außenleiterspannungen	Gleichstromsystem		U, U_{L+}, U_{L-}
	m-Phasensystem		U_{12}, U_{23}, $U_{34} … U_m$
	Drehstromsystem		U_{12}, U_{23}, U_{31}
	Drehstrom-Generatoren, -Motoren, -Transformatoren		U_{UV}, U_{VW}, U_{WU}
Außenleiter-Mittelspannung	Gleichstromsystem		U, U_{L+M}, U_{M-L}
Sternspannungen	Sternschaltung	m-Phasensystem	U_{1N}, U_{2N}, $U_{3N} … U_{mN}$
		Drehstromsystem	U_{1N}, U_{2N}, U_{3N}
	Drehstrom: Generatoren, Motoren, Transformatoren		U_{UN}, U_{VN}, U_{WN}
Mittelpunktspannung	Gleichstromsystem		U_{ME}
Sternpunktspannung	Sternschaltung: m-Phasensystem, Drehstromsystem		U_{NE}

Linienspektrum

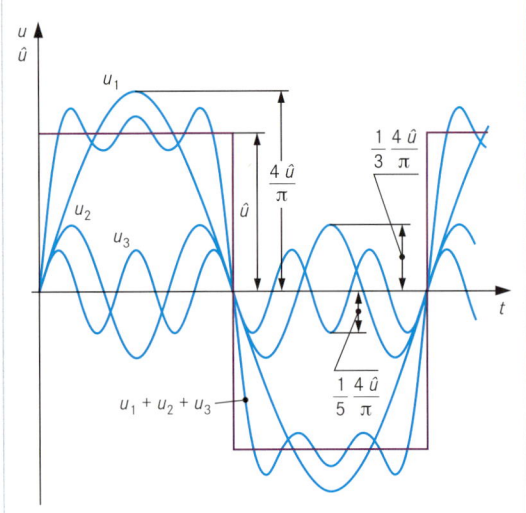

Frequenzspektrum

Jede periodische Schwingung kann als Summe von sinusförmigen Teilschwingungen dargestellt werden.

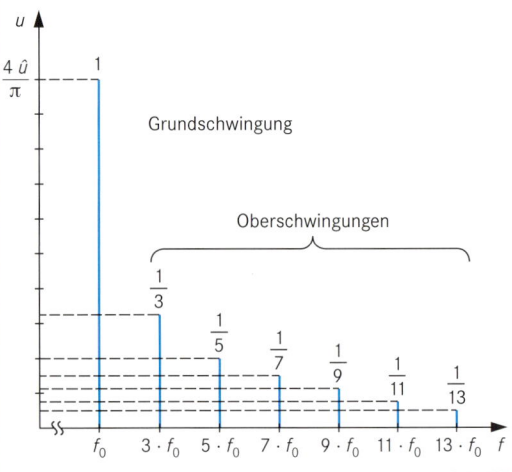

Funktionsgleichung: $u = \dfrac{4}{\pi}\dfrac{\hat{u}}{}\left(\sin \omega t + \dfrac{1}{3}\sin 3\,\omega t + \dfrac{1}{5}\sin 5\,\omega t + \dfrac{1}{7}\sin 7\,\omega t\ t + ...\right)$

$\omega = 2\pi \cdot f$

Beispiele

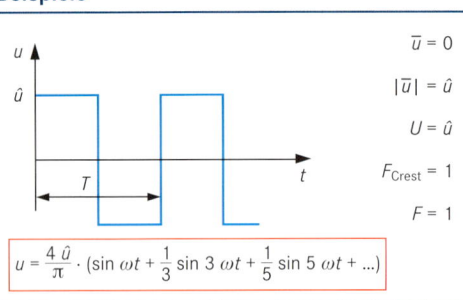

$\overline{u} = 0$

$|\overline{u}| = \hat{u}$

$U = \hat{u}$

$F_{Crest} = 1$

$F = 1$

$u = \dfrac{4}{\pi}\dfrac{\hat{u}}{} \cdot \left(\sin \omega t + \dfrac{1}{3}\sin 3\,\omega t + \dfrac{1}{5}\sin 5\,\omega t + ...\right)$

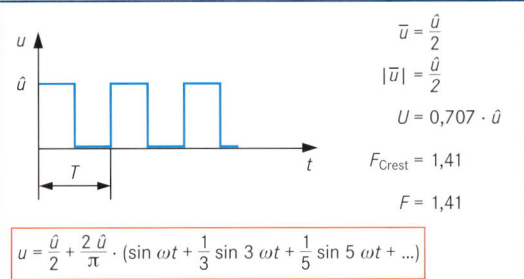

$\overline{u} = \dfrac{\hat{u}}{2}$

$|\overline{u}| = \dfrac{\hat{u}}{2}$

$U = 0{,}707 \cdot \hat{u}$

$F_{Crest} = 1{,}41$

$F = 1{,}41$

$u = \dfrac{\hat{u}}{2} + \dfrac{2}{\pi}\dfrac{\hat{u}}{} \cdot \left(\sin \omega t + \dfrac{1}{3}\sin 3\,\omega t + \dfrac{1}{5}\sin 5\,\omega t + ...\right)$

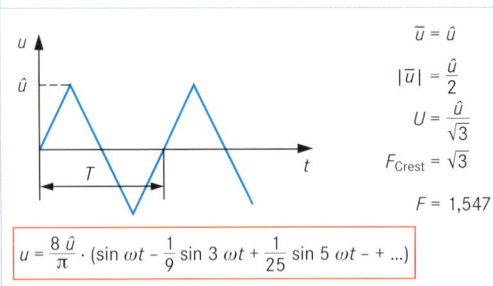

$\overline{u} = \hat{u}$

$|\overline{u}| = \dfrac{\hat{u}}{2}$

$U = \dfrac{\hat{u}}{\sqrt{3}}$

$F_{Crest} = \sqrt{3}$

$F = 1{,}547$

$u = \dfrac{8\,\hat{u}}{\pi} \cdot \left(\sin \omega t - \dfrac{1}{9}\sin 3\,\omega t + \dfrac{1}{25}\sin 5\,\omega t - + ...\right)$

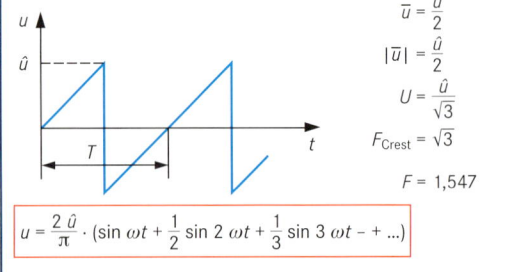

$\overline{u} = \dfrac{\hat{u}}{2}$

$|\overline{u}| = \dfrac{\hat{u}}{2}$

$U = \dfrac{\hat{u}}{\sqrt{3}}$

$F_{Crest} = \sqrt{3}$

$F = 1{,}547$

$u = \dfrac{2\,\hat{u}}{\pi} \cdot \left(\sin \omega t + \dfrac{1}{2}\sin 2\,\omega t + \dfrac{1}{3}\sin 3\,\omega t - + ...\right)$

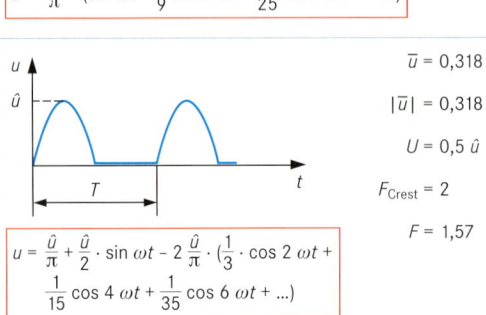

$\overline{u} = 0{,}318\,\hat{u}$

$|\overline{u}| = 0{,}318\,\hat{u}$

$U = 0{,}5\,\hat{u}$

$F_{Crest} = 2$

$F = 1{,}57$

$u = \dfrac{\hat{u}}{\pi} + \dfrac{\hat{u}}{2} \cdot \sin \omega t - 2\,\dfrac{\hat{u}}{\pi} \cdot \left(\dfrac{1}{3} \cdot \cos 2\,\omega t + \dfrac{1}{15}\cos 4\,\omega t + \dfrac{1}{35}\cos 6\,\omega t + ...\right)$

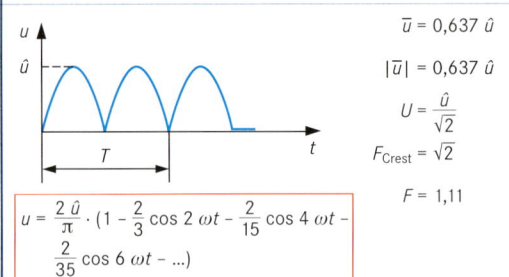

$\overline{u} = 0{,}637\,\hat{u}$

$|\overline{u}| = 0{,}637\,\hat{u}$

$U = \dfrac{\hat{u}}{\sqrt{2}}$

$F_{Crest} = \sqrt{2}$

$F = 1{,}11$

$u = \dfrac{2\,\hat{u}}{\pi} \cdot \left(1 - \dfrac{2}{3}\cos 2\,\omega t - \dfrac{2}{15}\cos 4\,\omega t - \dfrac{2}{35}\cos 6\,\omega t - ...\right)$

Rechtecksignale

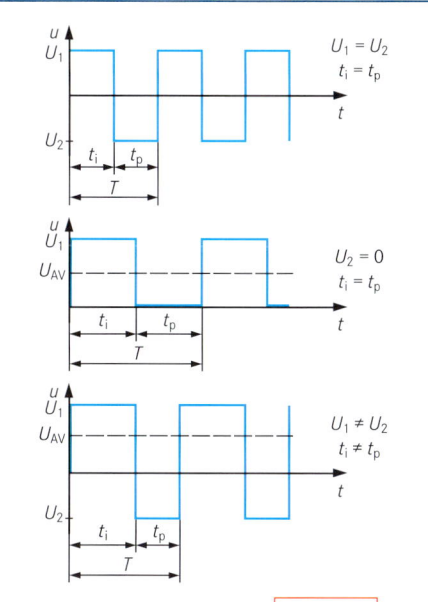

$U_1 = U_2$
$t_i = t_p$

$U_2 = 0$
$t_i = t_p$

$U_1 \neq U_2$
$t_i \neq t_p$

t_i: Impulsdauer

t_p: Pausendauer

T: Periodendauer

f: Frequenz

g: Tastgrad

V: Tastverhältnis

$\bar{u}, U_{AV}$: Arithmetischer Mittelwert

$$T = t_i + t_p$$

$$f = \frac{1}{T} \qquad V = \frac{1}{g}$$

$$g = \frac{t_i}{T}$$

$$U_{AV} = \frac{U_1 \cdot t_i + U_2 \cdot t_p}{T}$$

Signallaufzeit

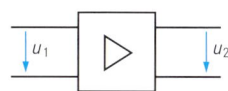

t_l: Signallaufzeit

Bezugspegel müssen nicht immer bei 50 % von $\hat{u}$ liegen.

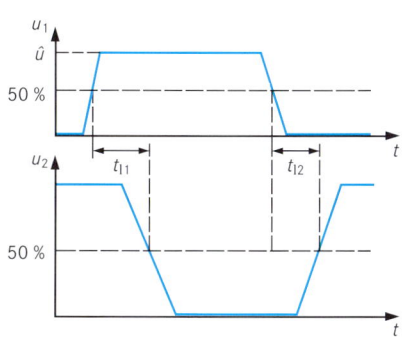

Impulsform

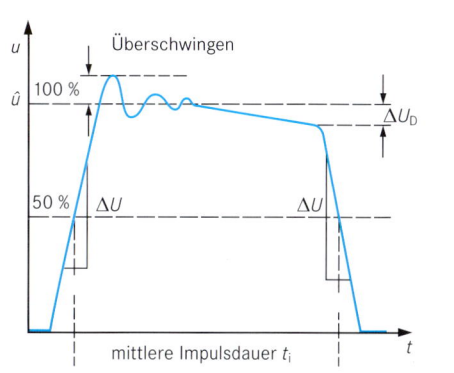

mittlere Impulsdauer t_i

$\hat{u}$:   Amplitude
D: Dachschräge
S: Flankensteilheit
ΔU: Spannungsänderung
Δt: Zeitänderung
t_i: Impulsdauer

$$D = \frac{\Delta U_D}{\hat{u}}$$

$$S = \frac{\Delta U}{\Delta t} \qquad [S] = \frac{V}{s}$$

Impulsverformung

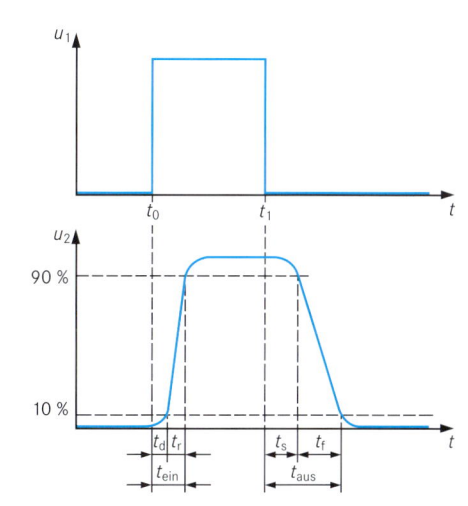

t_d: Verzögerungszeit (delay time)
t_r: Anstiegszeit (rise time)
t_s: Speicherzeit (storage time)
t_f: Abfallzeit (fall time)
t_{ein}:   Einschaltzeit
t_{aus}:   Ausschaltzeit

$$t_{ein} = t_d + t_r$$
$$t_{aus} = t_s + t_f$$

Widerstände im Wechselstromkreis
Resistors in A.C. Circuit

Schaltung	Stromstärke und Spannung	Widerstand und Leitwert	Leistung
R (Wirkwiderstand)	$I = \dfrac{U}{R}$ $\varphi = 0°$	$R = \dfrac{U}{I}$	$P = U \cdot I$ $P = I^2 \cdot R$ $P = \dfrac{U^2}{R}$
X_L (Induktivität)	$I = \dfrac{U}{X_L}$ $\varphi = 90°$ induktiv	$X_L = 2\pi \cdot f \cdot L$ $X_L = \omega \cdot L$	$Q_L = U \cdot I$
X_C (Kapazität)	$I = \dfrac{U}{X_C}$ $\varphi = -90°$ kapazitiv	$X_C = \dfrac{1}{2\pi \cdot f \cdot C}$ $X_C = \dfrac{1}{\omega \cdot C}$	$Q_C = U \cdot I$
R, X_L in Reihe	$I = \dfrac{U_R}{R}$ $I = \dfrac{U_L}{X_L}$ $I = \dfrac{U}{Z}$ $U^2 = U_R^2 + U_L^2$ $\tan\varphi = \dfrac{U_L}{U_R}$ $\sin\varphi = \dfrac{U_L}{U}$; $\cos\varphi = \dfrac{U_R}{U}$	$Z^2 = R^2 + X_L^2$ $\tan\varphi = \dfrac{X_L}{R}$ $\sin\varphi = \dfrac{X_L}{Z}$; $\cos\varphi = \dfrac{R}{Z}$	$P = U_R \cdot I$ $Q_L = U_L \cdot I$ $S = U \cdot I$ $S^2 = P^2 + Q_L^2$ $\tan\varphi = \dfrac{Q_L}{P}$ $\sin\varphi = \dfrac{Q_L}{S}$; $\cos\varphi = \dfrac{P}{S}$
X_L, R parallel	$U = I_R \cdot R$ $U = I_L \cdot X_L$ $U = I \cdot Z$ $I^2 = I_R^2 + I_L^2$ $\tan\varphi = \dfrac{I_L}{I_R}$ $\sin\varphi = \dfrac{I_L}{I}$; $\cos\varphi = \dfrac{I_R}{I}$	$Y^2 = G^2 + B_L^2$ $\left(\dfrac{1}{Z}\right)^2 = \left(\dfrac{1}{R}\right)^2 + \left(\dfrac{1}{X_L}\right)^2$ $\tan\varphi = \dfrac{R}{X_L}$ $\sin\varphi = \dfrac{Z}{X_L}$; $\cos\varphi = \dfrac{Z}{R}$	$P = U \cdot I_R$ $Q_L = U \cdot I_L$ $S = U \cdot I$ $S^2 = P^2 + Q_L^2$ $\tan\varphi = \dfrac{Q_L}{P}$ $\sin\varphi = \dfrac{Q_L}{S}$; $\cos\varphi = \dfrac{P}{S}$
R, X_C in Reihe	$I = \dfrac{U_R}{R}$ $I = \dfrac{U_C}{X_C}$ $I = \dfrac{U}{Z}$ $U^2 = U_R^2 + U_C^2$ $\tan\varphi = \dfrac{U_C}{U_R}$ $\sin\varphi = \dfrac{U_C}{U}$; $\cos\varphi = \dfrac{U_R}{U}$	$Z^2 = R^2 + X_C^2$ $\tan\varphi = \dfrac{X_C}{R}$ $\sin\varphi = \dfrac{X_C}{Z}$; $\cos\varphi = \dfrac{R}{Z}$	$P = U_R \cdot I$ $Q_C = U_C \cdot I$ $S = U \cdot I$ $S^2 = P^2 + Q_C^2$ $\tan\varphi = \dfrac{Q_C}{P}$ $\sin\varphi = \dfrac{Q_C}{S}$; $\cos\varphi = \dfrac{P}{S}$

Schaltung	Stromstärke und Spannung	Widerstand und Leitwert	Leistung

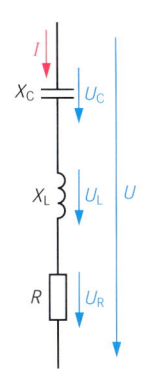

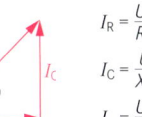

$$I_R = \frac{U}{R}$$
$$I_C = \frac{U}{X_C}$$
$$I = \frac{U}{Z}$$

$$I^2 = I_R^2 + I_C^2$$

$$\tan \varphi = \frac{I_C}{I_R}; \quad \cos \varphi = \frac{I_R}{I}$$
$$\sin \varphi = \frac{I_C}{I}$$

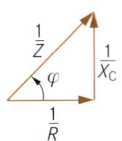

$$Y^2 = G^2 + B_C^2$$

$$\left(\frac{1}{Z}\right)^2 = \left(\frac{1}{R}\right)^2 + \left(\frac{1}{X_C}\right)^2$$

$$\tan \varphi = \frac{R}{X_C}; \quad \cos \varphi = \frac{Z}{R}$$

$$\sin \varphi = \frac{Z}{X_C}$$

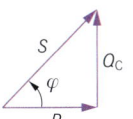

$$P = I_R \cdot U$$
$$Q_C = I_C \cdot U$$
$$S = I \cdot U$$

$$S^2 = P^2 + Q_C^2$$

$$\tan \varphi = \frac{Q_C}{P}; \quad \cos \varphi = \frac{P}{S}$$

$$\sin \varphi = \frac{Q_C}{S}$$

$U_L > U_C$	$U_L < U_C$	$X_L > X_C$	$X_L < X_C$	$Q_L > Q_C$	$Q_L < Q_C$

$$U^* = U_L - U_C$$
$$U^* = U_C - U_L$$

$$U^2 = U_R^2 + U^{*2}$$

$$\tan \varphi = \frac{U^*}{U_R}$$

$$\sin \varphi = \frac{U^*}{U}; \quad \cos \varphi = \frac{U_R}{U}$$

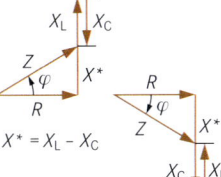

$$X^* = X_L - X_C$$
$$X^* = X_C - X_L$$

$$Z^2 = R^2 + X^{*2}$$

$$\tan \varphi = \frac{X^*}{R}$$

$$\sin \varphi = \frac{X^*}{Z}; \quad \cos \varphi = \frac{R}{Z}$$

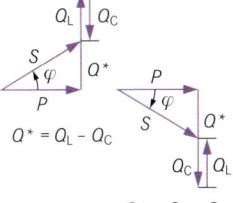

$$Q^* = Q_L - Q_C$$
$$Q^* = Q_C - Q_L$$

$$S^2 = P^2 + Q^{*2}$$

$$\tan \varphi = \frac{Q^*}{P}$$

$$\sin \varphi = \frac{Q^*}{S}; \quad \cos \varphi = \frac{P}{S}$$

$I_C > I_L$	$I_C < I_L$	$X_C < X_L$	$X_C > X_L$	$Q_C > Q_L$	$Q_C < Q_L$

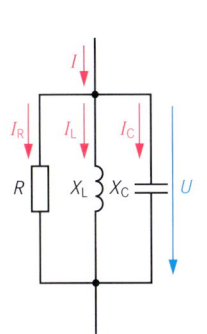

$$I^* = I_C - I_L$$
$$I^* = I_L - I_C$$

$$I^2 = I_R^2 + I^2$$

$$\tan \varphi = \frac{I^*}{I_R}$$

$$\sin \varphi = \frac{I^*}{I}; \quad \cos \varphi = \frac{I_R}{I}$$

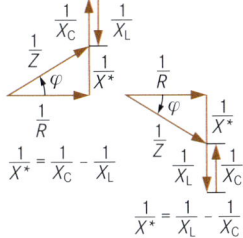

$$\frac{1}{X^*} = \frac{1}{X_C} - \frac{1}{X_L}$$
$$\frac{1}{X^*} = \frac{1}{X_L} - \frac{1}{X_C}$$

$$Y^2 = G^2 + B^{*2}$$

$$\left(\frac{1}{Z}\right)^2 = \left(\frac{1}{R}\right)^2 + \left(\frac{1}{X^*}\right)^2$$

$$\tan \varphi = \frac{R}{X^*}$$

$$\sin \varphi = \frac{Z}{X^*}; \quad \cos \varphi = \frac{Z}{R}$$

$$Q^* = Q_C - Q_L$$
$$Q^* = Q_L - Q_C$$

$$S^2 = P^2 + Q^{*2}$$

$$\tan \varphi = \frac{Q^*}{P}$$

$$\sin \varphi = \frac{Q^*}{S}; \quad \cos \varphi = \frac{P}{S}$$

Umrechnungen zwischen *RC*-Schaltungen

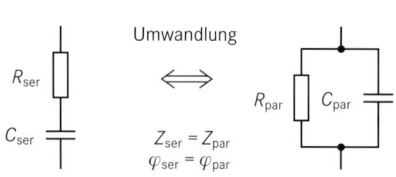

Umwandlung

$Z_{ser} = Z_{par}$
$\varphi_{ser} = \varphi_{par}$

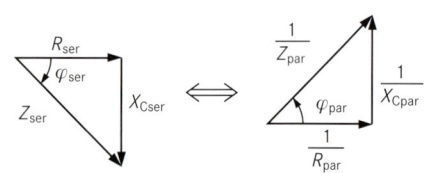

$$R_{par} = R_{ser}\left(1 + \left(\frac{X_{Cser}}{R_{ser}}\right)^2\right)$$

$$X_{Cpar} = X_{Cser}\left(1 + \left(\frac{R_{ser}}{X_{Cser}}\right)^2\right)$$

Umrechnungen zwischen *RL*-Schaltungen

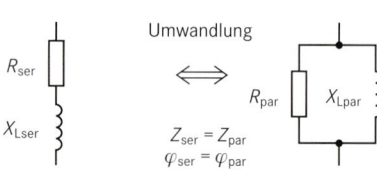

Umwandlung

$Z_{ser} = Z_{par}$
$\varphi_{ser} = \varphi_{par}$

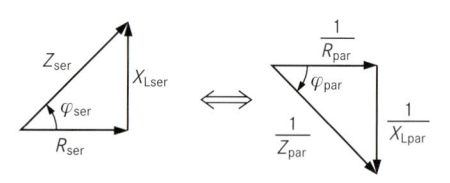

$$R_{par} = R_{ser}\left(1 + \left(\frac{X_{Lser}}{R_{ser}}\right)^2\right)$$

$$X_{Lpar} = X_{Lser}\left(1 + \left(\frac{R_{ser}}{X_{Lser}}\right)^2\right)$$

Verlustbehafteter Kondensator

Ersatzschaltbild

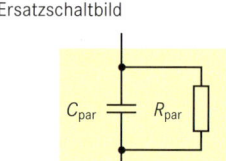 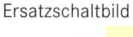

d: Verlustfaktor

$\tan\delta$: Verlustfaktor

Q: Güte (Gütefaktor)

R_{par}: Paralleler Verlustwiderstand

$$\tan\delta = \frac{X_{Cpar}}{R_{par}}$$

$d = \tan\delta$

$$Q = \frac{R_{par}}{X_{Cpar}}$$

$$Q = \frac{1}{d}$$

Verlustbehaftete Spule

Ersatzschaltbild

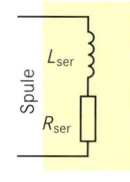 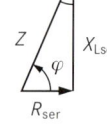

d: Verlustfaktor

$\tan\delta$: Verlustfaktor

Q: Güte (Gütefaktor)

R_{ser}: Serieller Verlustwiderstand

$$\tan\delta = \frac{R_{ser}}{X_L}$$

$d = \tan\delta$

$$Q = \frac{X_{Lser}}{R_{ser}}$$

$$Q = \frac{1}{d}$$

Schwingkreis

Schaltungen	Umrechnungsformeln

Paralleler Verlustwiderstand des Kondensators vernachlässigt.

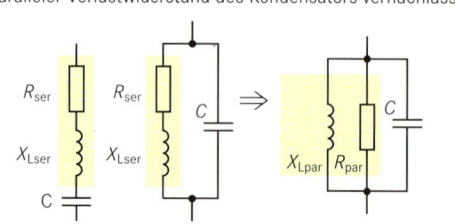

$$Q = \frac{X_{Lser}}{R_{ser}} \qquad Q = \frac{R_{par}}{X_{Lpar}}$$

$$R_{par} = R_{ser}(1 + Q^2)$$
$$X_{Lpar} = X_{Lser}\left(1 + \frac{1}{Q^2}\right)$$

bei $Q > 10$ gilt: $\quad X_{Lpar} \approx X_{Lser}$

Resonanzwiderstand

Reihenschwingkreis
$Z_o = R_{ser}$

Parallelschwingkreis
$Z_o = R_{par}$

Resonanz bei: $\quad X_{Lpar} = X_C$

Resonanzfrequenz: $f_o = \dfrac{1}{2\,\pi\,\sqrt{L_{par}\cdot C}}$

Merkmale

- Beim Löten von bestückten Leiterplatten (Flachbaugruppen) werden die Anschlüsse der Bauelemente mit den auf der Leiterplatte vorhandenen leitenden Verbindungen (Leiterbahnen) mittels Lötzinn verbunden.
- Die Lötstellen erfüllen mindestens die Funktionen:
  - elektrische Verbindung zu den leitenden Verbindungen
  - mechanische Stabilisierung der Bauelemente auf der Leiterplatte
- Die **Qualität** der Lötverbindung, als wesentliches Merkmal der gesamten Flachbaugruppe, trägt in hohem Maße zur **Gesamtzuverlässigkeit** (Funktionsfähigkeit, Lebensdauer, Ausfallrate) der Flachbaugruppe bei.

- Die eingesetzten **Lötverfahren** sind dabei u. a. abhängig von
  - der Art der Flachbaugruppe (ein- oder zweiseitig),
  - der Art der Bestückung (SMD, bedrahtet, gemischt) und
  - den spezifischen Vorgaben der Bauelementehersteller.
- Neben dem Lötverfahren mit bleihaltigen Loten (Sn-37Pb-Basis) wird in zunehmenden Maße das **bleifreie Löten** (RoHS-Richtlinie) gefordert und realisiert. Dieses Verfahren erfordert **bleifreie Lote** (z. B. Sn-0,7 Cu) und, gegenüber bleihaltigen Loten, eine um ca. 20 °C bis 30 °C höhere Löttemperatur.
- Die Lötung erfolgt in Lötöfen oder Lötstraßen.

Lötverfahren

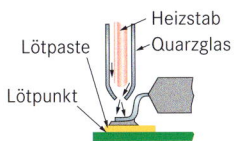

Handlötung
(manual soldering)
- Schwierig: vielpolige Bauelemente und Temperaturkontrolle

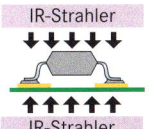

Heizstab
Quarzglas
Lötpaste
Lötpunkt

Heißluftlötung
(hot air soldering)
- Einzelne Bereiche lötbar
- Hohe Temperaturstabilität erreichbar

IR-Strahler
IR-Strahler

Infrarot-Schmelzlötung
(infrared reflow soldering)
- Geringe Betriebskosten
- Kurze Lötzeiten
- Thermische Belastung durch abgedeckte Bereiche

Ventilator
Heizelement
Heizelement
Ventilator

Strahlungs-Schmelzlötung
(convection reflow soldering)
- Relativ geringe thermische Beanspruchung
- Längere Lötzeit als Infrarot-Schmelzlötung

Heißluft
Infrarot-Strahlung

Strahlungs-Infrarot-Schmelzlötung
(convection-infrared reflow soldering)
- Kürzerer Zeitbedarf als Strahlungs-Schmelzlötung

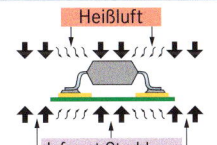

Schutzgas

Schutzgasschmelzlötung
(vapour phase reflow soldering)
- Geringe thermische Belastung
- Gleichmäßige Erwärmung
- Hohe Betriebskosten

Lötwelle

Schwalllötung
(flow wave soldering)
- Hohe Fertigungsrate
- Schwierig bei bestimmten Gehäuseformen

Kombination aus Reflow- und Flow-Lötung

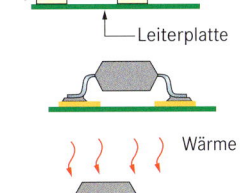

Lötpunkt
Lötpaste
Leiterplatte

Lotpaste auftragen

Bauelemente platzieren

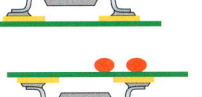

Wärme

Reflow löten

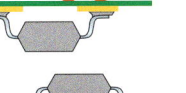

Reiterplatte umdrehen und Kleber auftragen

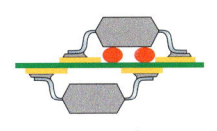

Bauelement platzieren

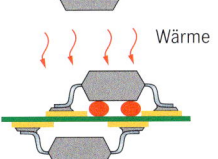

Wärme

Kleber aushärten

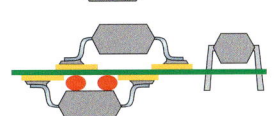

Bedrahtete Bauelemente bestücken

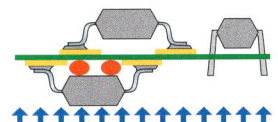

Flussmittel auftragen

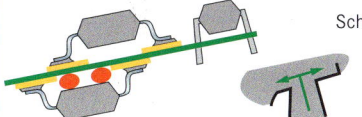

Schwalllöten

Anmerkung: Prüfschritte sind nicht dargestellt

Merkmale

- Als **Reparatur** wird in diesem Zusammenhang der Austausch von defekten Bauelementen auf Flachbaugruppen bezeichnet.

- Der Begriff **Überarbeitung** (rework) wird verwendet, wenn Baugruppen im Rahmen der Fertigungsprüfung als fehlerhaft erkannt wurden und manuell nachgearbeitet werden müssen.

- Während für die Reparatur das vermeintlich defekte Bauelement zuvor erkannt werden muss, ist für die Überarbeitung in der Regel das Prüfprotokoll ausschlaggebend, in dem das Bauelement verzeichnet ist.

- Schwierigkeiten bereiten bei der Reparatur die eindeutige Identifikation der Bauelemente, sofern keine Bestückungsunterlagen vorhanden sind.

- Einfache Bauelemente (zweipolige Gehäuse) sind relativ einfach zu erkennen, während Transistoren oder höher integrierte Schaltkreise nur mit erhöhtem Aufwand zu identifizieren sind.

- Wesentlicher Vorgang sowohl bei der Reparatur als auch bei der Überarbeitung ist das **Nachlöten**, **Entlöten** und **Einlöten** von Bauelementen.

- Bedingt durch die Vielzahl von Gehäuseformen und Packungsdichten sind entsprechende Werkzeuge für diese Vorgänge erforderlich.

- Ein wesentlicher Aspekt ist die Berücksichtigung der Löttemperatur, insbesondere bei **bleifreien Lötvorgängen**.

- Besondere Vorsicht ist erforderlich bei der Handhabung von **elektrostatisch gefährdeten** Bauelementen.

- Für die Einhaltung von Arbeitsschutzvorschriften ist u. a. die **Lötrauchabsaugung** erforderlich und das Rauchen, Essen und Trinken ist zu unterlassen.

Handwerkzeuge

- Bei kleineren Repaturen/Nacharbeiten kommt in der Regel der Lötkolben zum Einsatz.

- Entscheidend für die Auswahl des Lötkolbens ist die **Heizleistung** und die erforderliche **Temperaturregelung**, damit die Lötstellen vorschriftsmäßig ausgeführt und die Bauelemente nicht zerstört werden.

- Je nach Lötanwendung ist der Lötkolben mit der entsprechenden Spitze auszurüsten.

- Das einzusetzende Lötzinn und das Flussmittel sind entsprechend der Vorbehandlung der Lötstelle auszuwählen.

- Beim **Auslöten** ist das Absaugen des vorhandenen Lots von der Lötstelle erforderlich. Dazu kann u. a. **Entlötlitze** (flexible Kupferlitze, mit Flussmittel getränkt), eine Entlötstation mit Vakuumabsaugung des Lots oder eine geformte Lötspitze (speziell bei durchkontaktierten Bauelementen) eingesetzt werden.

Ordnungsgemäße Lötstellen
Durchkontaktiertes Bauelement

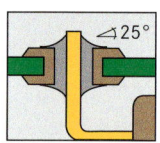

SMD IC Anschluss

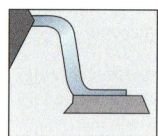

Lötgerät
SMD Pinzette

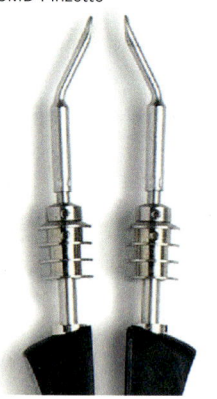

Rework-System (BGA/SMD)

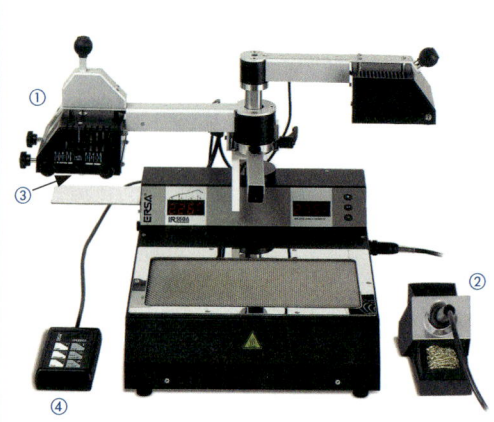

Mikroprozessorgeregeltes Rework System ausgerüstet mit
- Hochleistungs-IR-Dunkelstrahler für gleichförmige **Bauteilerwärmung** ①

- Blendensystem am Obenstrahler

- Temperaturerfassung am Bauteil mit berührungslosem IR-Sensor (Temperatur- Kalibrierung auf Lotschmelze durch Kalibrierungs-Funktion)

- Frei programmierbare Temperaturprofile

- Integrierte Lötstation zum Anschluss von Löt- und Entlötwerkzeugen ②

- Integrierter Kühlventilator zur aktiven Bauteilkühlung an der Lötposition

- Integrierte Vakuumpipette zum einfachen Entlöten ③

- Parametereinstellung über externe Tastatur ④

- PC-Software zur Dokumentation der Lötvorgänge und Lötparameter

Bauelemente und Grundschaltungen

2

Allgemeine Begriffe

Qualität	Zuverlässigkeit	Fehler	Funktionsfähigkeit
Beschaffenheit einer Einheit (Bauteil, Gerät, Einrichtung), festgelegte und vorausgesetzte Erfordernisse zu erfüllen.	Beschaffenheit einer Einheit bezüglich ihrer Eignung, während oder nach vorgegebenen Zeitspannen bei vorgegebenen Anwendungsbedingungen die Zuverlässigkeitsforderungen zu erfüllen.	■ Unzulässige Abweichung eines Bauteilmerkmales (Wertes) vom Sollwert. ■ Wert außerhalb des Toleranzbereiches.	Eignung einer Einheit, eine geforderte Funktion unter vorgegebenen Anwendungsbedingungen zu erfüllen.
Fehlerklassen	**Fehleranteil**	**dpm (Defekte per Millionen)**	**ppm (parts per Millionen)**
Einteilung der Bauelementefehler in ■ Totalfehler, ■ elektrische Fehler und ■ mechanische Fehler.	Anteil der fehlerhaften Bauelemente innerhalb einer Lieferung. Angegeben wird der Wert in %.	Einheit für die Anzahl fehlerhafter Bauteile $1\,dpm = 1 \cdot 10^{-6}$ $= 1 \cdot 10^{-4}\,\%$ $10\,000\,dpm = 1\,\%$ Angabe wird bei Ein- bzw. Ausgangsprüfung verwendet.	Einheit zur Angabe über Funktionsfehler über den gesamten Herstellvorgang. $1\,ppm = 1 \cdot 10^{-4}\,\%$

Konformität (Übereinstimmung)

Sortierprüfung	Stichprobenanweisung	Stichprobenprüfung	Stichprobenplan
Sämtliche gefundenen defekten Bauteile werden aus einer Lieferung aussortiert (100 % Prüfung).	Anweisung über die Anzahl der Bauteile in der Stichprobe und Angabe der Qualitätskriterien für die Bauteile.	Prüfung der Qualität anhand einer Stichprobenanweisung zur Beurteilung des Prüfloses.	Zusammenstellung von Stichprobenanweisungen. Es wird unterschieden zwischen **normaler**, **verschärfter** und **reduzierter** Prüfung.

Zuverlässigkeit

Frühausfall	Ausfallsatz a	Ausfallzeitpunkt	Ausfallursache
Ausfall in der Anfangszeit der Beanspruchung (etwa 100 … 5000 Stunden bei 40 °C).	Anteil ausgefallener Bauteile während einer angegebenen Beanspruchungsdauer. $a = \dfrac{r}{n} \quad \dfrac{\text{Ausfälle}}{\text{Anzahl}}$ Wird in % angegeben. Beispiel: Bei $n = 2\,000$ Bauelementen und $r = 2$ Ausfällen ergibt sich ein Ausfallsatz = 0,1 %.	Tatsächlicher Zeitpunkt des Ausfalls. Ist der tatsächliche Ausfallzeitpunkt nicht feststellbar, muss ein fiktiver Ausfallzeitpunkt festgelegt werden.	Umstände während der Entwurfs-, der Fertigungs- oder der Nutzphase einer Einheit, die zu einem Ausfall geführt haben.

Zuverlässigkeitsfunktion	Ausfallhäufigkeit
■ Die Zuverlässigkeitsfunktion $R(t)$ gibt an, mit welcher Wahrscheinlichkeit eine Betrachtungseinheit im Zeitraum von 0 bis t funktionsfähig ist (Betriebszeiten $T > t$).	Für nichtinstandzusetzende Einheiten gilt:

$$R = 1 - \frac{N_a}{N}$$

$$R = e^{-(\lambda \cdot t)} = e^{-\left(\frac{1}{MTBF}\right) \cdot t}$$

$$L(\Delta t) = \frac{n_g(t_1) - n_g(t_2)}{n_0}$$

mit $\Delta t = t_2 - t_1 > 0$ und Nenner konstant

λ: Ausfallrate
$MTBF$: Mean Time Between Failures
N_a: Anzahl ausgefallener Einheiten
N: Gesamtzahl der Einheiten

$L(\Delta t)$: Ausfallhäufigkeit im Betrachtungszeitraum
$n_g(t_1)$: Anzahl der „Guten" Einheiten zum Zeitpunkt t_1
$n_g(t_2)$: Anzahl der „Guten" Einheiten zum Zeitpunkt t_2
n_0:   Anzahl der Einheiten bei Anwendungsbeginn (Anfangsbestand)

Anwendungsklassen und Zuverlässigkeitsangaben für Bauelemente
Utilization Classes and Reliability Data for Components

DIN 40040: 1987-04

Beispiel Klimatischer Bereich	G P E / L T / W N Z	
Untere Grenztemperatur		**Mechanische Anwendung**
Obere Grenztemperatur		Sonderbeanspruchung
Feuchtebeanspruchung		(Einzelbestimmung)
Zuverlässigkeit Ausfallquotient		Luftdruck
Beanspruchungsdauer		mechanische Beanspruchung

1. Buchstabe: Untere Grenztemperatur ϑ_{min} in °C

A – D	frei	J	– 10
E	–65	K	0
F	–55	L	+5
G	–40	Z	Einzelbestimmung der Hersteller
H	–25		

5. Buchstabe: Beanspruchungsdauer in Stunden

Q	300 000	U	3000
R	100 000	V	1000
S	30 000	W	300
T	10 000	Z	Einzelbestimmung der Hersteller

2. Buchstabe: Obere Grenztemperatur ϑ_{max} in °C

A	400	N	90
B	350	P	85
C	300	Q	80
D	250	R	75
E	200	S	70
F	180	T	65
G	170	U	60
H	155	V	55
J	140	W	50
K	125	Y	40
L	110	Z	Einzelbestimmung der Hersteller
M	100		

6. Buchstabe: Grenzwerte der mechanischen Beanspruchung

	Schwingungsbeanspruchung		Schockbeanspruchung	
	Frequenz in Hz 10 Hz bis …	Beschleunigung in m/s²	Beschleunigung in m/s²	Zeit in ms
Q	2000	500	1000	6
R	2000	200	1000	6
S	2000	100	500	11
T	500	100	300	18
U	55	50	300	18
V	55	50	150	11
W	55	20	150	11
Z	Einzelbestimmung der Hersteller			

3. Buchstabe: Feuchtebeanspruchung

	Höchstwerte der relativen Luftfeuchtigkeit in %				Bemerkungen
	Jahresmittel [1]	30 Tage im Jahr[1]	60 Tage im Jahr[1]	Übrige Tage[2]	
A	≤ 100	–	–	–	andauernde Nässe
B	frei				
C	≤ 95	100	–	100	
R	≤ 90	100	–	95	Betauung
D	≤ 80	100	–	90	
E	≤ 75	95	–	85	[3]
F	≤ 75	95	–	85	
G	≤ 65	–	85	75	keine Betauung
H	≤ 50	–	75	65	
J	≤ 50				
Z	Einzelbestimmung der Hersteller				

[1] Über das ganze Jahr verteilt
[2] Unter Einhaltung des Jahresmittels
[3] Seltene und leichte Betauung

7. Buchstabe: Luftdruck

	Untere Druckgrenze in mbar	Entspricht einer Betriebshöhe in m über NN
N	840	1000
R	700	2200
S	600	3500
T	530	4300
U	300	8500
V	85	16 000
W	44	20 000
Y	20	26 000
Z	Einzelbestimmung der Hersteller	

8. Buchstabe: Sonderbeanspruchung Z

Beispiele
- Spritzwasser, Regen, Schnee, Vereisung, Schwall-, Strahl-, Druckwasser
- Trockenheit, Meeres-, Industrieluft, Isolierstoffausdünstung in abgeschlossenen Räumen
- Staub, Sandsturm
- Sonnenstrahlung, andere Strahlung

4. Buchstabe: Ausfallquotient in Ausfällen je 10^9 Bauelementestunden

D	0,1	J	30	P	10 000	U	3 000 000
E	0,3	K	100	Q	30 000	V	10 000 000
F	1	L	300	R	100 000	W	30 000 000
G	3	M	1000	S	300 000	Z	Einzelbestimmung der Hersteller
H	10	N	3000	T	1 000 000		

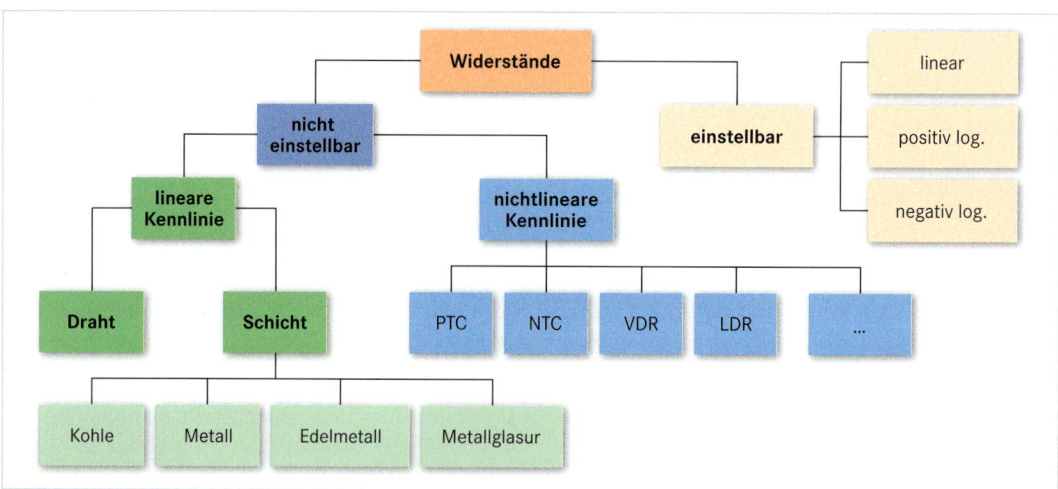

Drahtwiderstände

Anforderungen	
▪ Hoher spezifischer Widerstand ▪ Große spezifische Wärmekapazität ▪ Schlechte Wärmeleitfähigkeit ▪ Gute Korrosionsbeständigkeit ▪ Gute Zunderbeständigkeit ▪ Kleiner Ausdehnungskoeffizient	▪ Kleiner Temperaturkoeffizient (gewünscht bei Messwiderständen) ▪ Gute mechanische Eigenschaften (z. B. elastisch, stoßfest) ▪ Gute technologische Eigenschaften (lötbar, warmfest, u. U. schweißbar)

Wertebereich	Toleranz	Werkstoffe	Temperaturbereich	Belastbarkeit bei 70 °C	Temperatur-koeffizient
0,1 Ω bis 300 kΩ	±0,01 % bis ±20 %	Chrom-Nickel Kupfer-Nickel Kupfer-Mangan	−50 °C bis +500 °C	0,25 W bis 100 W	$\pm 1 \cdot 10^{-6}$ K^{-1} bis $\pm 200 \cdot 10^{-6}$ K^{-1}

Lineare Schichtwiderstände

Merkmale	Kohle, C	Metall, Cr/Ni	Edelmetall, Au/Pt
Herstellverfahren	Thermischer Zerfall von Kohlenwasserstoffen	Aufdampfen im Hochvakuum	Reduktion von Edelmetall-salzen durch Einbrennen
Spezifischer Widerstand	$3000 \cdot 10^{-6}$ Ω · cm	$\approx 100 \cdot 10^{-6}$ Ω · cm	$\approx 40 \cdot 10^{-6}$ Ω · cm
Schichtdicke	$10 \dots 30\,000 \cdot 10^{-9}$ m	$10 \dots 100 \cdot 10^{-9}$ m	$10 \dots 1000 \cdot 10^{-9}$ m
Widerstand	$1 \dots 5000$ Ω	$20 \dots 1000$ Ω	$0,5 \dots 100$ Ω
Temperaturkoeffizient	$(-200 \dots -800) \cdot 10^{-6} \cdot$ K^{-1}	$\pm 100 \cdot 10^{-6} \cdot$ K^{-1}	$(+250 \dots +350) \cdot 10^{-6} \cdot$ K^{-1}
maximale Schichttemperatur	125 °C	175 °C	155 °C
Drift nach 10^4 h Lagerung bzw. bei Belastung auf 125 °C in %	−0,5 … +1,5	−0,6 … +1	−0,5
Stromrauschen	klein	sehr klein	sehr klein
Nichtlinearität	klein	sehr klein	sehr klein
Anwendungen	Vermittlungstechnik, Datentechnik, Weitverkehrstechnik, Elektronik	Für extreme klimatische und elektrische Bean-spruchungen, Luft- und Raumfahrt, Messgeräte	Kompensation in Transistorschaltungen, Hochlastwiderstände mit Sicherungswirkung

Farbkennzeichnung von Widerständen

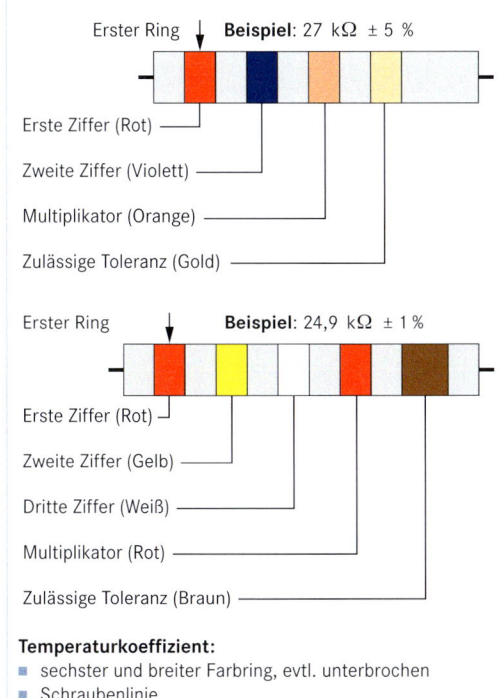

Erster Ring ↓ **Beispiel:** 27 kΩ ± 5 %

Erste Ziffer (Rot)
Zweite Ziffer (Violett)
Multiplikator (Orange)
Zulässige Toleranz (Gold)

Erster Ring ↓ **Beispiel:** 24,9 kΩ ± 1 %

Erste Ziffer (Rot)
Zweite Ziffer (Gelb)
Dritte Ziffer (Weiß)
Multiplikator (Rot)
Zulässige Toleranz (Braun)

Temperaturkoeffizient:
- sechster und breiter Farbring, evtl. unterbrochen
- Schraubenlinie

Vorzugsreihen für Bemessungswerte bis ±5 % zulässige Abweichung DIN IEC 63: 1985-12

E3 (> ±20 %)	E6 (±20 %)	E12 (±10 %)	E24 (±5 %)
1,0	1,0	1,0	1,0
			1,1
		1,2	1,2
			1,3
	1,5	1,5	1,5
			1,6
		1,8	1,8
2,2			2,0
	2,2	2,2	2,2
			2,4
		2,7	2,7
			3,0
	3,3	3,3	3,3
			3,6
		3,9	3,9
4,7			4,3
	4,7	4,7	4,7
			5,1
		5,6	5,6
			6,2
	6,8	6,8	6,8
			7,5
		8,2	8,2
			9,1

Farbschlüssel

Kennfarbe		Widerstandswert in Ω		Zulässige relative Abweichung des Widerstandswertes	Temperatur-Koeffizient (10^{-6}/K)
		zählende Ziffern	Multiplikator		
silber		–	10^{-2}	±10 %	–
gold		–	10^{-1}	± 5 %	–
schwarz		0	10^{0}	–	±250
braun		1	10^{1}	± 1 %	± 100
rot		2	10^{2}	± 2 %	± 50
orange		3	10^{3}	–	± 15
gelb		4	10^{4}	–	± 25
grün		5	10^{5}	± 0,5 %	± 20
blau		6	10^{6}	± 0,25 %	± 10
violett		7	10^{7}	± 0,1 %	± 5
grau		8	10^{8}	–	± 1
weiß		9	10^{9}	–	–
keine		–	–	± 20 %	–

Wertkennzeichnung durch Buchstaben DIN EN 60 062: 1994-10

Kennbuchstabe	Multiplikator		Beispiele		
p	Pico	10^{-12}	3µ3	=	3,3 µF
n	Nano	10^{-9}	m33	=	330 µF
µ	Mikro	10^{-6}	33m	=	33 000 µF
m	Milli	10^{-3}	R33	=	0,33 Ω
R, F		10^{0}	3R3	=	3,3 Ω
K	Kilo	10^{3}	33K	=	33 kΩ
M	Mega	10^{6}	330K	=	330 kΩ
G	Giga	10^{9}	M33	=	0,33 MΩ
T	Tera	10^{12}	3M3	=	3,3 MΩ

Buchstabenkennzeichnung der zulässigen Abweichungen

Symmetrische Abweichung in %	
zulässige Abweichung	Kennzeichen
± 0,1	B
± 0,25	C
± 0,5	D
± 1	F
± 2	G
± 5	J
±10	K
±20	M
±30	N
Unsymmetrische Abweichung in %	
+30 ... –10	Q
+50 ... –10	T
+50 ... –20	S
+80 ... –20	Z
Symmetrische Abweichung in absoluten Werten (Kapazitätswerte unter 10 pF)	
± 0,1	B
± 0,25	C
± 0,5	D
± 1	F

Kondensatoren

Beispiele: 27 nF, 10 % Toleranz, 400 V

- 1. Ring
- 2. Ring
- 3. Ring
- 4. Ring

Verschiedene Bauformen

Farbe		Ring				
	1.	2.	3.	4.		5.
	Ziffer		Multipli-kator	Toleranz		Betriebs-spannung in V
	1.	2.		C < 10pF	C > 10pF	
schwarz ◼	0	0	x 1pF		20 %	
braun ◼	1	1	x 10pF	0,1pF	1 %	100
rot ◼	2	2	x 100pF	0,25pF	2 %	200
orange ◻	3	3	x 1nF			300
gelb ◻	4	4	x 10nF			400
grün ◼	5	5	x 100nF	0,5 %	5 %	
blau ◼	6	6				600
violett ◼	7	7				700
grau ◼	8	8	x 0,01pF			800
weiß ◻	9	9	x 0,1pF	1pF	10 %	
gold ◻						1000
silber ◻						2000
keine ⊠				20 %		500

Tantalkondensatoren

Beispiele: 5,6 μF; 6,3 V

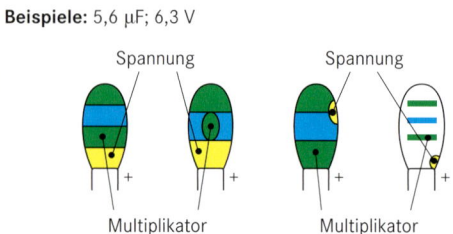

Spannung — Spannung

Multiplikator — Multiplikator

Farbe		Ring		
	1	2	3	4
	Ziffer		Multipli-kator	Betriebs-spannung in V
	1.	2.		
schwarz ◼	0	0	x 1	10
braun ◼	1	1	x 10	1,5
rot ◼	2	2	x 100	(rosa) 35
orange ◻	3	3		(rosa) 35
gelb ◻	4	4		6,3
grün ◼	5	5		16
blau ◼	6	6		20
violett ◼	7	7	x 0,001	
grau ◼	8	8	x 0,01	5
weiß ◻	9	9	x 0,1	3

Induktivitäten

Farbe		Ring		
	1	2	3	4
	Ziffer		Multiplikator	Toleranz
	1.	2.		
schwarz ◼		0	1 μH	
braun ◼	1	1	10 μH	
rot ◼	2	2	100 μH	
orange ◻	3	3		
gelb ◻	4	4		
grün ◼	5	5		
blau ◼	6	6		
violett ◼	7	7		
grau ◼	8	8		
weiß ◻	9	9		
gold ◻			0,1 μH	5 %
silber ◻			0,01 μH	10 %
keine ⊠				20 %

Dioden

Pro Electron

Farbe		Ring		
	1. breit Katode	2.	3.	4.
	Buchstabe		Ziffer	
	1. und 2.	3.	1.	2.
schwarz ◼		X	0	0
braun ◼	AA		1	1
rot ◼	BA		2	2
orange ◻		S	3	3
gelb ◻		T	4	4
grün ◼		V	5	5
blau ◼		W	6	6
violett ◼			7	7
grau ◼		Y	8	8
weiß ◻		Z	9	9

Beispiele (Pro Electron): BAX 35

1. Ring   2. Ring

3. Ring   4. Ring

JEDEC (Joint Electronic Devices Engineering Council)

Farbe		Ring		
	1. breit Katode	2.	3.	4.
	Ziffer			
	1.	2.	3.	4.
schwarz ◼	0	0	0	0
braun ◼	1	1	1	1
rot ◼	2	2	2	2
orange ◻	3	3	3	3
gelb ◻	4	4	4	4
grün ◼	5	5	5	5
blau ◼	6	6	6	6
violett ◼	7	7	7	7
grau ◼	8	8	8	8
weiß ◻	9	9	9	9

Unterscheidungen und Begriffe

Betätigung durch		Widerstandsmaterial aus	
Schieben	Drehen ①②④	Draht ②④	Schicht ①

- eingängig ①
- mehrgängig ②
  (Wendelpotenziometer)

- Kohle ①
- Cermet[1] ③
- Leitplastik

[1] **Cermet: ce**ramic **met**al, Werkstoff aus Metallkeramik (große Härte, elektrisch leitfähig)

Potenziometer:
- Ursprünglicher Begriff für Spannungsteiler zur Einstellung von Spannungen (Potenziale)
- Heute: Allgemeine Verwendung für einstellbaren Widerstand (Schieben, Drehen)

Trimmer: ③
- Einstellbarer Widerstand mit entsprechendem Werkzeug (z. B. Schraubendreher)

Ausführungen

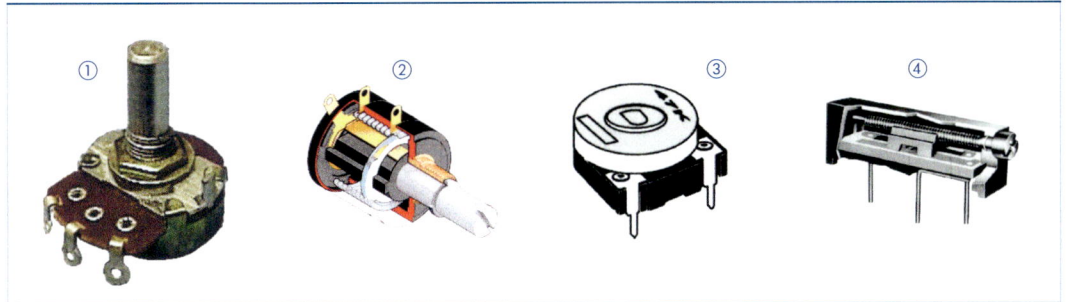

① ② ③ ④

Kennlinien

linear

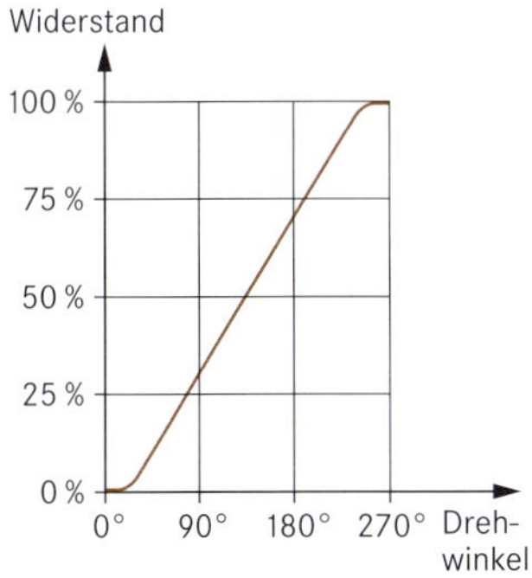

Widerstand

100 %, 75 %, 50 %, 25 %, 0 %

0° 90° 180° 270° Drehwinkel

linear mit Drehschalter

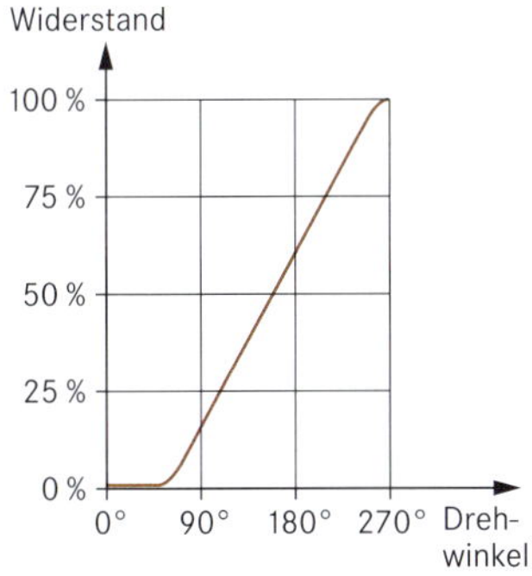

Widerstand

100 %, 75 %, 50 %, 25 %, 0 %

0° 90° 180° 270° Drehwinkel

linear mit Drehschalter

Widerstand

erweiterter Drehwinkel

100 %, 75 %, 50 %, 25 %

50° 0° 90° 180° 270° Drehwinkel

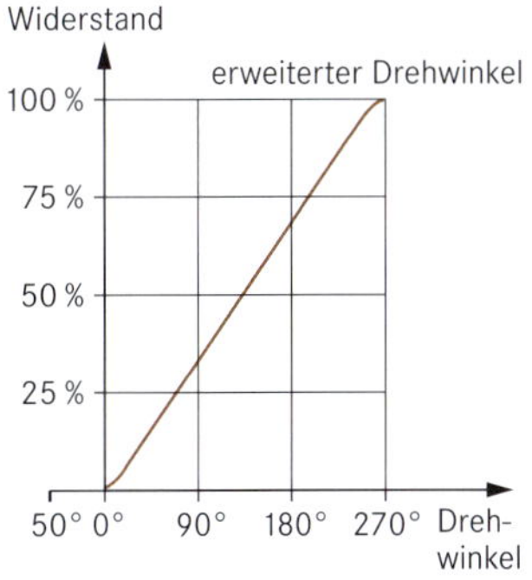

negativ logarithmisch

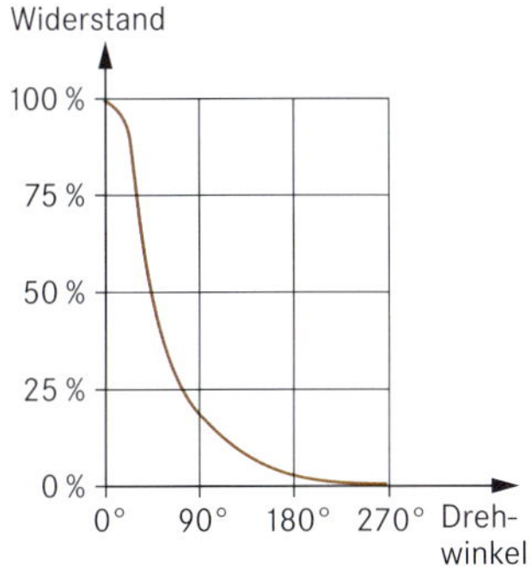

Widerstand

100 %, 75 %, 50 %, 25 %, 0 %

0° 90° 180° 270° Drehwinkel

positiv logarithmisch

Widerstand

100 %, 75 %, 50 %, 25 %, 0 %

0° 90° 180° 270° Drehwinkel

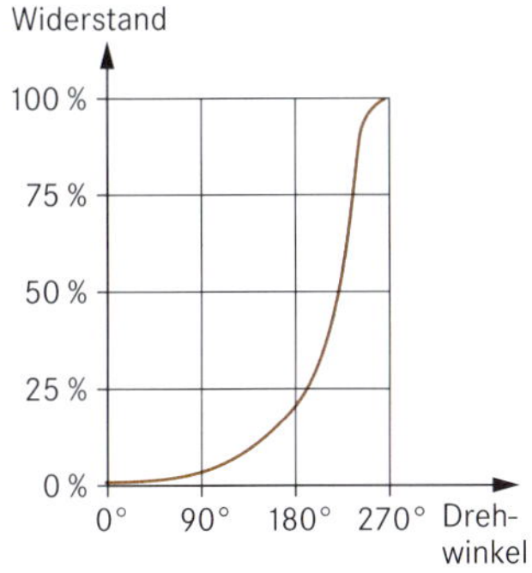

linear positiv logarithmisch

Widerstand

mit Abgriff

100 %, 75 %, 50 %, Abgriff, 25 %, 0 %

0° 90° 180° 270° Drehwinkel

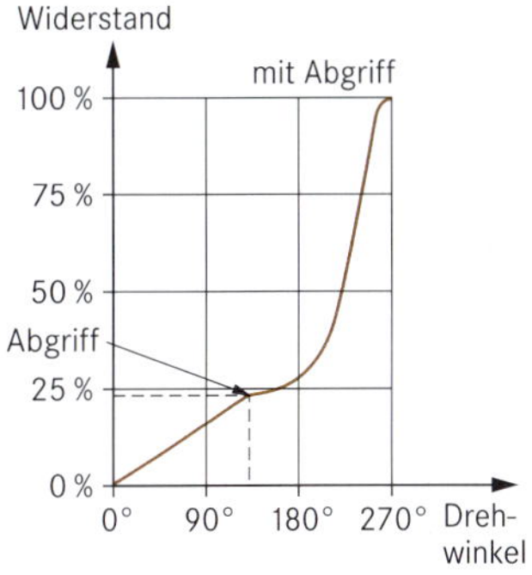

Temperatur- und spannungsabhängige Widerstände
Temperature and Voltage Dependent Resistors

Heißleiter NTC-Widerstand (**N**egative **T**emperature **C**oefficient)	Kaltleiter PTC-Widerstand (**P**ositive **T**emperature **C**oefficient)	Varistoren VDR-Widerstand (**V**oltage **D**ependent **R**esistor)
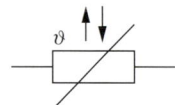	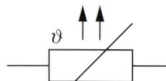	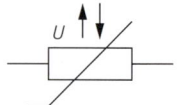
Heißleiter sind temperaturabhängige Halbleiterwiderstände, deren Widerstandswerte sich mit steigender Temperatur verringern.	Kaltleiter sind temperaturabhängige Widerstände, deren Widerstandswerte bei ansteigender Temperatur annähernd sprungförmig ansteigen, sobald eine bestimmte Temperatur überschritten wird.	Varistoren sind Widerstände, deren Widerstandswerte sich bei ansteigender Spannung verringern.
Material: polykristalline Mischoxidkeramik	Material: ferroelektrische Keramik, z. B. TiO_3	Material: Siliciumkarbid, $\alpha < 5$, Zinkoxid, $\alpha < 30$

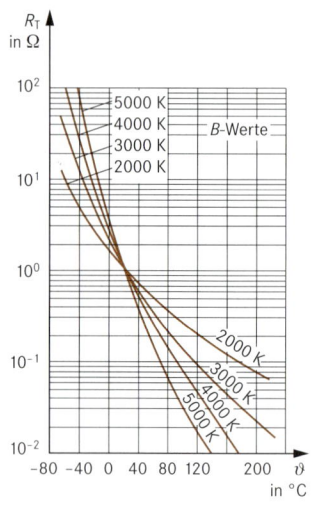

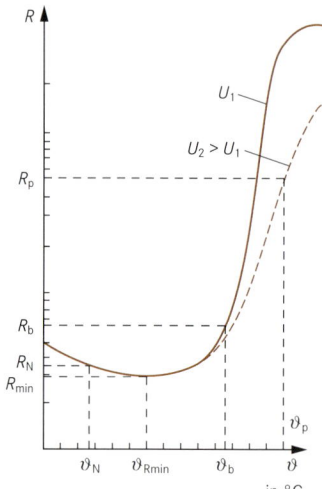

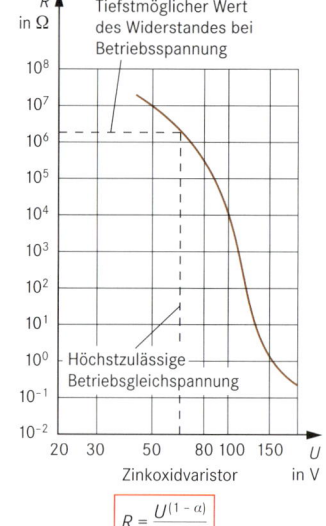

Temperatur-Koeffizient α_R

$$\boxed{\alpha_R = \frac{-B \cdot 100}{T_2}} \qquad [\alpha_R] = \% \qquad [T] = K$$

T: Temperatur in Kelvin

B-Wert

B: B-Wert als Maß für die Temperaturabhängigkeit des Heißleiters in K (Kelvin), Materialkonstante

$$\boxed{B = \frac{T_1 \cdot T_2}{T_2 - T_1} \ln \frac{R_1}{R_2}}$$

R_1: Widerstandswert in Ω bei T_1 in K (Kelvin)

R_2: Widerstand in Ω bei T_2 in K (Kelvin)

R_N: Bemessungswiderstandswert bei $\vartheta_N = 25\ °C$

R_{min}: Kleinster Widerstandswert

R_p: Widerstandswert bei der höchstzulässigen Spannung

α_R: Temperaturkoeffizient

β: Spannungsabhängigkeit (der Widerstandswert des Kaltleiters ist spannungsabhängig)

Beispiele:

$R_{min} = 50\ \Omega$
$\vartheta_{Rmin} = 20\ °C$
$R_b = 100\ \Omega$
$\vartheta_b = 60\ °C$
$R_p \geq 50\ k\Omega$
$\vartheta_p = 110\ °C$

$U_{max} = 30\ V$
$\alpha_R = 20\ \%/K$

$$\boxed{R = \frac{U^{(1-\alpha)}}{K}}$$

K: Elementarkonstante in Ampere, von der Geometrie abhängig

α: Nichtlinearitätsexponent

Kennwerte

Beispiele:

$\alpha > 30$ bei ZnO (Zinkoxidvaristoren)
Betriebstemperatur: $-40\ °C \dots +85\ °C$

Betriebsspannung: $14 \dots 1500\ V$

Ansprechzeit: $< 50\ ns$

Stoßstrom: bis $4000\ A$

Dauerbelastbarkeit: $0,8\ W$

Temperatur- und spannungsabhängige Widerstände
Temperature and Voltage Dependent Resistors

Heißleiter	Kaltleiter	Varistoren

Heißleiter

Heißleiter in Scheibenform

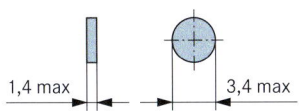

6^{0}_{-2} 5,5 max

■ Form A

30 min

■ Form AB

≈ 5

Maße in mm

Betriebs-bedingungen	Klimatische Anwendungsklasse		
	FKF	HKF	HHH
untere Grenz-temperatur	–55 °C	–25 °C	–25 °C
obere Grenz-temperatur	125 °C	125 °C	155 °C

Bemessungswiderstandswert
10 Ω bis 100 kΩ
R_N bei 25 °C (R_{25})

zulässige Abweichung vom Bemessungswiderstand ± 10 %; ±20 %

Belastbarkeit P_{max} bei 25 °C: 0,6 W

Kaltleiter

■ ohne Umhüllung, metallisierte Stirnseiten

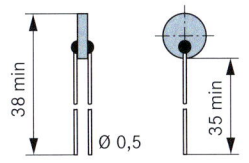

1,4 max   3,4 max

■ ohne Umhüllung, radiale Anschlussdrähte

38 min

35 min

Ø 0,5

■ mit Kunststoffumhüllung

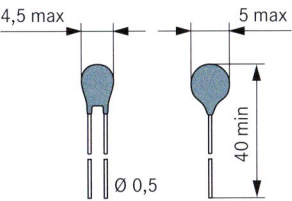

4,5 max   5 max

40 min

Ø 0,5

Bezugstemperatur:
–30 °C ... +180 °C
Endtemperatur: Maße in mm
+40 °C ... +220 °C

Varistoren

Scheibenform

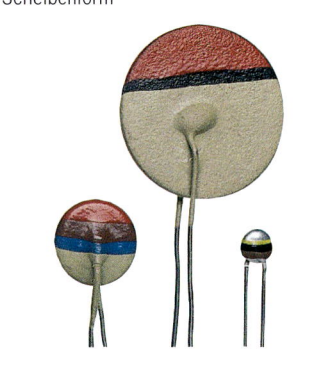

Blockform

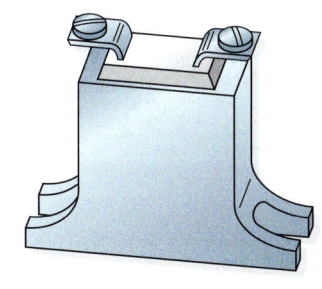

Anwendungen

Arbeitspunkt-stabilisierung	Flüssigkeitsniveaufühler	Überspannungsschutz von Halbleiterschaltungen

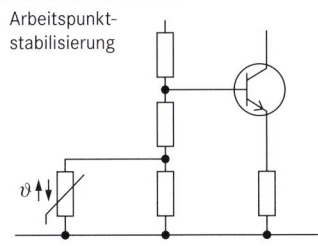

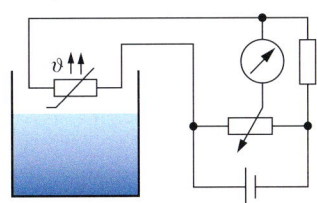

L+

U

L–

Temperaturmessung

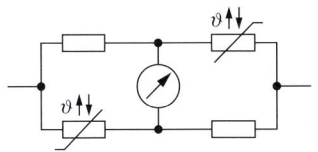

Temperaturregelung für eine Heizung

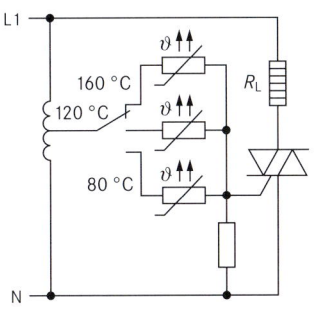

L1

160 °C
120 °C

R_L

80 °C

N

Spannungsstabilisierung

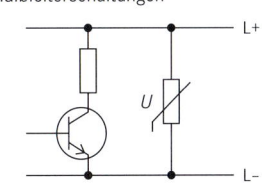

u u

R

U

t t

Anzugs-verzögerung   Abfallverzögerung

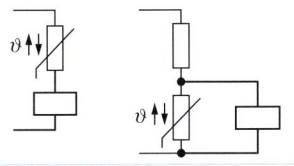

Absorption von Schaltenergie (Überspannungsableiter)

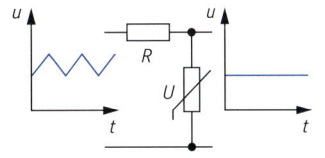

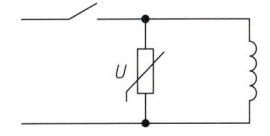

U

Übersicht

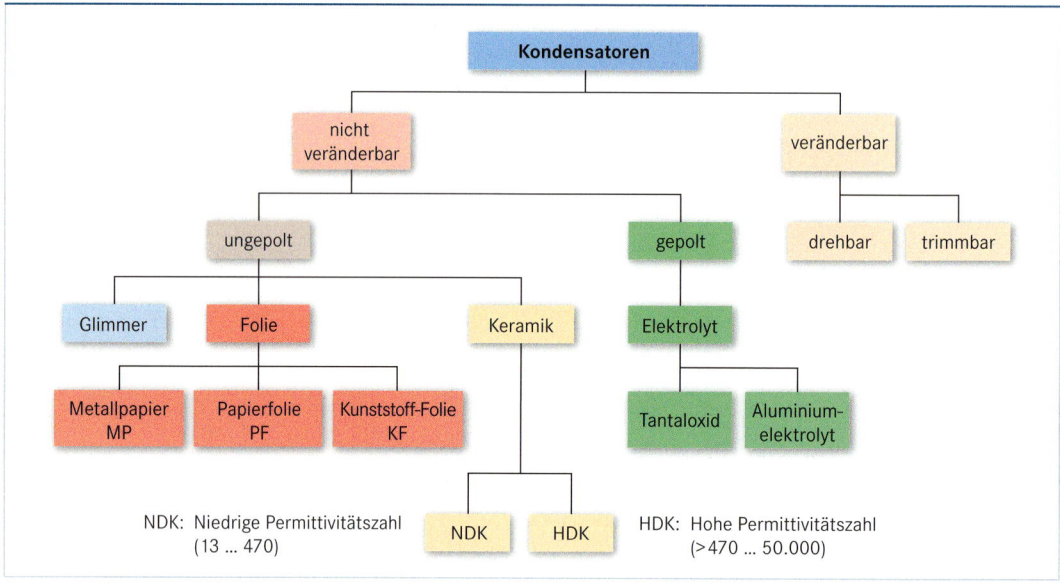

NDK: Niedrige Permittivitätszahl
(13 ... 470)

HDK: Hohe Permittivitätszahl
(>470 ... 50.000)

Kennzeichnung der Anschlüsse für Kondensatoren bis 1000 V
Designation of Capacitors up to 1000 V

Kondensator	Bauform, Gehäuse, Anschlüsse	Kennzeichnung	
Papier-, Metallpapier-, Kunststoff-, Folienkondensatoren (KS-Kondensatoren)	Gehäuse: Zylinder- oder quaderförmig Anschlüsse: Axiale Draht- oder Lötfahnen	Außenbelag durch Strich (Umfang) Farbring zur Kennzeichnung der Bemessungsspannung: Blau: 25 V, Gelb: 63 V, Rot: 160 V, Grün: 250 V, Violett: 400 V, Schwarz: 630 V, Braun: 1000 V	
	Gehäuse: Zylinder- oder quaderförmig Anschlüsse: Einseitige Draht- oder Lötfahnen	Außenbelag durch Strich (Umfang)	
	Gehäuse: Zylinder- oder quaderförmig	Außenbelag:	
Glimmerkondensator	alle Bauformen vorhanden		
Keramik-Kondensatoren	Rohrkondensatoren, Scheibenkondensatoren mit axialen oder radialen Anschlüssen	Der Innenbelag wird durch ein Farbzeichen gekennzeichnet (Temperaturkoeffizient), Typ I A: weißer Punkt für den Außenbelag	
Aluminium-Elektrolytkondensatoren	Gehäuse: Zylinder- oder quaderförmig mit einseitigen Anschlüssen	Pluspol: +	
	Gehäuse: Zylindrisch mit axialen Anschlüssen	Pluspol: + Minuspol: Strich auf dem Umfang	
	Verschiedene Bauformen und Anschlüsse (Schraubenanschluss, Lötfahnen usw.)	Minuspol: – Pluspol: +; Kennzahl 1 oder rote Farbe	
Kennzeichnung nach Stromart		ungepolte Kondensatoren	gepolte Kondensatoren
Gleichstrom	Stranganfang und Strangende	A-B, C-D, ...	+ und – bzw. A-B, C-D, ...
	Sternende	A, B, C, ...	A, B, C, ...
	Mittelpunkt	MP	MP
Einphasenstrom		U-V	
Zweiphasenstrom	verkettet	U, XY, V	
	unverkettet	U-X, V-Y	
Drehstrom	verkettet	U, V, W	
	unverkettet	U-X, V-Y, W-Z	
	Mittel- bzw. Sternpunkt	MP	

Kondensatorart	Temperaturbereich in °C [1]	Verlustfaktor tan δ in 10^{-3}	Bevorzugte Anwendung
Papierkondensatoren			
Papierkondensator	–55 … +125	50 Hz: 2 … 2,7	Glättungs- und Hochspannungskondensator, Stoß- und Stützkondensatoren, besonders für 50 Hz, bis 10 kHz möglich
Metallpapier-Gleichspannungskondensatoren			
MP	–55 … +85	50 Hz: 7 … 8 1 kHz: 12	Nachrichtentechnik: Koppel-, Glättungs-, Hochspannungs-, Stoß- und Stützkondensatoren
Metallisierte Kunststoffkondensatoren			
MKU	–55 … +70/+85	1 kHz: 12 … 15	Für Gleichspannung, aber auch für reduzierte Wechselspannung, Miniaturtechnik, Hochtemperatur, Glättung, Kopplung, Ablenkstufen von CRT-Fernsehgeräten, besonders verlustarmer Kondensator, viele Bauformen (auch in Schichtausführung mit Rastermaß)
MKT	–55/–40 … +100	1 kHz: 5 … 7	
MKC	–55/–40 … +85/+100	1 kHz: 1 … 3	
MKP	–40 … +85	1 kHz: 0,25	
Verlustarme Kondensatoren			
KS	–55/–10 … +70	1 MHz: 0,4 … 1	Schwingkreiskondensatoren in frequenzbestimmenden Kreisen, Filter, hochisolierte Kopplung und Entkopplung, Miniaturtechnik, Hochtemperatur (Glimmer- und Glaskondensatoren), Blockkondensatoren, Messkondensatoren, Glas: sehr hohe Konstanz und Strahlungsfestigkeit
MKS	–55 … +70	1 kHz: 0,5 … 1	
KP	–55/–25 … +85	1 MHz: 0,3 … 1	
Glimmer-kondensator	–40 … +80	1 MHz: ≤ 0,2 (< 1 nF)	
MK	–55 … +85	1 kHz: ca. 1	
Keramik-Kondensatoren			
NDK-Kondensator (ε_r = 13 … 470)	–55/– 25 … +85/+125	1 MHz: 0,4 … 1	In frequenzstabilisierten Schwingkreisen zur Temperaturkompensation, Filter-, Hochspannungs-, Impuls-Kondensatoren, auch als Chip
HDK-Kondensator (ε_r = 700 … 50 000)	–55/+10 … +70/+125	1 kHz: 10 … 20	Kopplung, Siebung, Hochspannungs-, Impulskondensator, auch als Chip
Elektrolyt-Kondensatoren			
Aluminium-Elektrolytkondensator	–55/–25 … +70/+125	50 Hz: 80 … 300 (bis 1000 µF)	Sieb-, Koppel-, Glättungs-, Block-, Motorkondensator, Energiespeicher
Tantal-Elektrolytkondensator	–55 … +85 (+125)	120 Hz: ≤ 40 … 350	Nachrichtentechnik, Mess- und Regelungstechnik, Chip-Kondensator für Hybridschaltung, Glättung und Kopplung

[1] je nach Anwendungsklasse ergeben sich unterschiedliche Temperaturbereiche

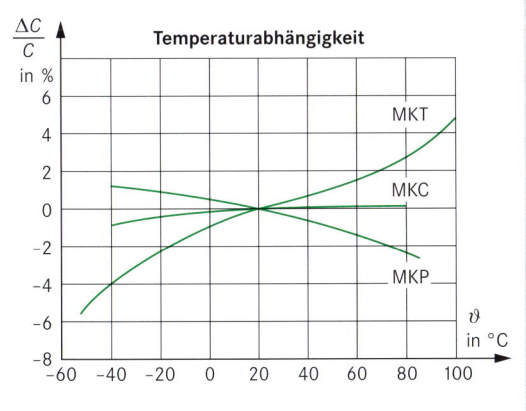

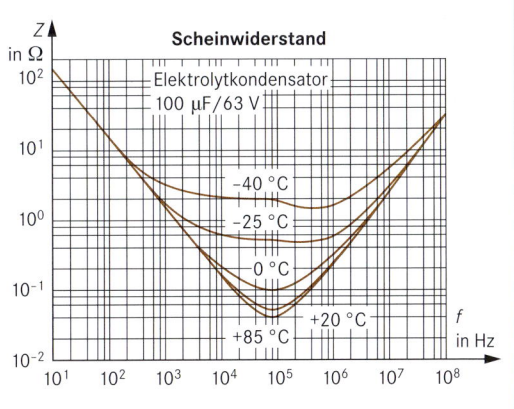

Merkmale

- **S**urface **M**ounted **D**evices (**SMD**) sind elektrische Bauelemente, die
  - in den mechanischen Abmessungen wesentlich verkleinert und
  - ohne Drahtanschlüsse
  ausgeführt sind.
- Die Befestigung auf den Leiterplatten erfolgt durch Lötflächen, die in der Regel stirnseitig an den Bauteilen angebracht sind.
- Die **Gehäusegröße** wird durch eine vierstellige Bezeichnung (z. B. 0207) angegeben. Dabei geben die ersten beiden Ziffern die Länge und die beiden folgenden Ziffern die Breite des Bauelementes an (Bauelementhöhe ist nicht darin enthalten).

- Die Einheit für die Maße ist entweder [Zoll/100] (wobei eine 1 inch Einheit für Zoll 25,4 mm entsprechen) oder auch metrisch (Angabe in mm).
- Bedingt durch die geringen Abmessungen der Bauelemente wird die Kennzeichnung in unterschiedlichen Varianten (zum Teil herstellerspezifisch) ausgeführt.
- Die Bauformen sind entweder rechteckig oder zylindrisch.
- Eine eindeutige Identifikation bei Halbleitern ist in der Regel nur durch die Anwendung von Datenblättern oder durch Identifikationslisten (z. B. aus dem Internet) möglich.

Bauformbenennung

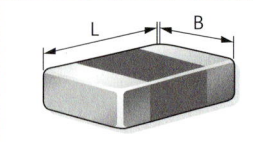

Benennung Zoll	Länge in inch	Breite in inch	Benennung metrisch	Länge in mm	Breite in mm
0603	0.063 ± 0.004	0.031 ± 0.004	1608	1,60 ± 0,1	0,80 ± 0,1
1210	0.126 ± .006	0.098 ± .006	3225	3,20 ± 0,15	2,50 ± 0,15
2512	0.250 ± .005	0.126 ± .003	6330	6,35 ± ,13	3,20 ± ,08

Widerstände (zylindrisch)

- Widerstände sind in quader- und zylinderförmiger Bauform verfügbar
- Die zylindrische Bauform wird mit **MELF** bezeichnet (**M**etal **E**lectrode **L**eadle **F**aces: Metallelektroden „Gesichter")

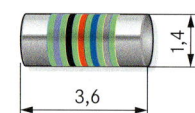
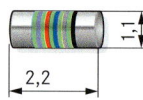

Maße in mm

MMB (MELF; 1 Watt, 500 V)
Gehäuseform (metrisch) 0207

MMA (MiniMELF; 0,5 Watt, 200 V)
Gehäuseform (metrisch) 0204

MMU (MicroMELF; 0,2 Watt, 100 V)
Gehäuseform (metrisch) 0102

Farbcodierung

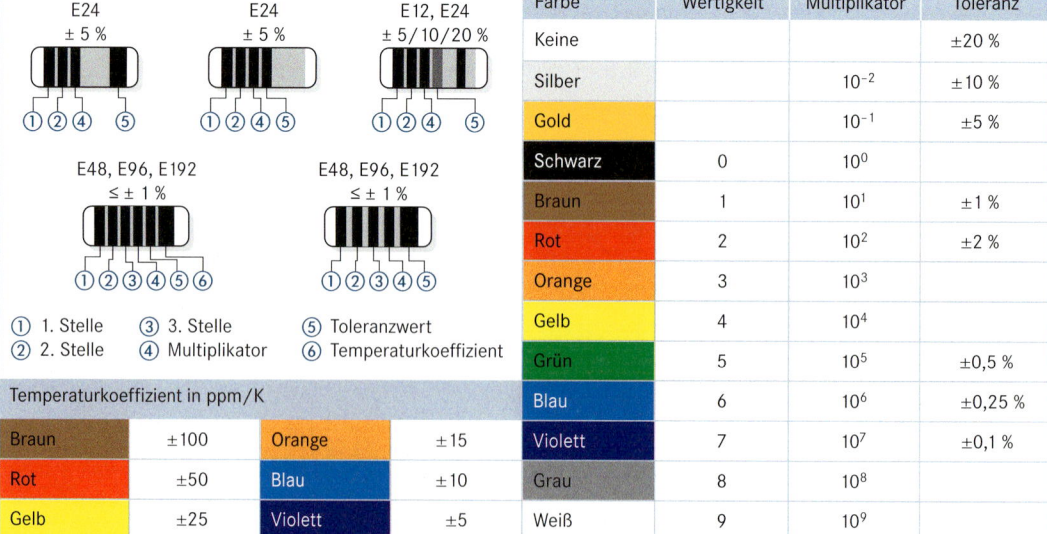

Farbe	Wertigkeit	Multiplikator	Toleranz
Keine			±20 %
Silber		10^{-2}	±10 %
Gold		10^{-1}	±5 %
Schwarz	0	10^0	
Braun	1	10^1	±1 %
Rot	2	10^2	±2 %
Orange	3	10^3	
Gelb	4	10^4	
Grün	5	10^5	±0,5 %
Blau	6	10^6	±0,25 %
Violett	7	10^7	±0,1 %
Grau	8	10^8	
Weiß	9	10^9	

① 1. Stelle ③ 3. Stelle ⑤ Toleranzwert
② 2. Stelle ④ Multiplikator ⑥ Temperaturkoeffizient

Temperaturkoeffizient in ppm/K			
Braun	±100	Orange	±15
Rot	±50	Blau	±10
Gelb	±25	Violett	±5

Widerstände (quaderförmig)

- Die rechteckige Bauform wird auch als Chipbauform (kurz „Chip") bezeichnet.
- Die Codierung des Widerstandswertes erfolgt dabei mit Ziffern und Buchstaben.
- Die Anzahl der verwendeten Stellen deutet auf den jeweiligen Toleranzbereich (Genauigkeit) hin.
- Bei Widerständen mit **Standardtoleranzen** sind drei Stellen aufgedruckt, wobei die

- ersten beiden Stellen den Grundwert und
- dritte Stelle die Anzahl der Zehnerpotenzen angibt.
- Widerstände mit **engeren Toleranzen** werden mit vierstelligem Aufdruck versehen, wobei die
  - ersten drei Stellen den Grundwert und
  - vierte Stelle die Anzahl der Zehnerpotenzen angibt.
- Der **Buchstabe R** wird als Ersatz für das Komma verwendet.

Codierung

Reihe E24 mit 2 %, 5 % und 10 % Toleranz		Reihe E24, E48, E96 mit <1 % und 2 % Toleranz	
Bemessungswert	Bezeichnung	Bemessungswert	Bezeichnung
0,01 Ω … 0,091 Ω	R010 … R091	0,01 Ω … 0,091 Ω	R010 … R091
0,1 Ω … 0,91 Ω	R10 … R91	0,1 Ω … 0,976 Ω	R100 … R976
1 Ω … 9,1 Ω	1R0 … 9R1	1 Ω … 9,76 Ω	1R00 … 9R76
10 Ω … 91 Ω	100 … 910	10 Ω … 97,6 Ω	10R0 … 97R6
100 Ω … 910 Ω	101 … 911	100 Ω … 976 Ω	1000 … 9760
1 kΩ … 9,1 kΩ	102 … 912	1 kΩ … 9,76 kΩ	1001 … 9761
10 kΩ … 91 kΩ	103 … 913	10 kΩ … 97,6 kΩ	1002 … 9762
100 kΩ … 910 kΩ	104 … 914	100 kΩ … 976 kΩ	1003 … 9763
1 MΩ … 9,1 MΩ	105 … 915	1 MΩ … 9,76 MΩ	1004 … 9764
10 MΩ … 91 MΩ	106 … 916	10 MΩ … 97,6 MΩ	1005 … 9765
100 MΩ … 910 MΩ	107 … 917	100 MΩ … 976 MΩ	1006 … 9766

Beispiele:

 0,10 Ω

 10×10^5 Ω = 1 MΩ

 10,0 Ω

 100×10^2 Ω = 10 kΩ

Kondensatoren

- Kondensatoren in SMD-Bauform gibt es u. a. als Tantal-, Keramik-, Aluminium- und Folien-Kondensatoren.
- Die jeweiligen Gehäusegrößen werden, wie bei den Chip-Widerständen, mit einem vierstelligen Zahlencode definiert.
- Verfügbare Kapazitätswerte und Spannungsfestigkeiten sind den jeweiligen Datenblättern zu entnehmen.
- Die Kennzeichnung erfolgt in der Regel durch einen **Zahlencode** (Ausnahme Keramikkondensatoren).
- Keramikkondensatoren sind überwiegend nicht gekennzeichnet und somit nur durch Messung zu ermitteln.

Beispiel: Tantalkondensator

Gehäuseform: 6032–28

Polaritätsindikator (+)

Wert in pF
47×10^5
pF = 4,7 µF

475

25   X

905

Hersteller

Spannung in V

Herstellungsdatum
9: 2009; 05: Woche 05

Maße in mm

Dioden

- Dioden in SMD-Technik sind in verschiedenen Gehäuseformen und -materialien verfügbar.
- Bei den Kunststoffgehäusen sind die Anschlüsse als Lötanschluss ausgeführt.
- Die Glasgehäuseversion sind als MiniMELF oder MicroMELF (**MELF: M**etal **El**ectrode **L**eadless **F**aces) mit stirnseitigen Lötanschlüssen (wie bei den Widerständen) ausgeführt.
- Die vorhandenen Technologien sind u. a. Kleinsignaldioden, Leistungsdioden und Z-Dioden.
- Der Diodentyp wird bei Kunststoffgehäusen mit einem herstellerspezifischen Code ausgeführt und bei Glasgehäusen nicht dargestellt.
- Jeweilige Werte sind den Datenblättern zu entnehmen.

Beispiele:
MiniMELF, Typ BAV 100
Gehäuseform: SOD80

Typ BAT 43W
Gehäuseform: SOD123

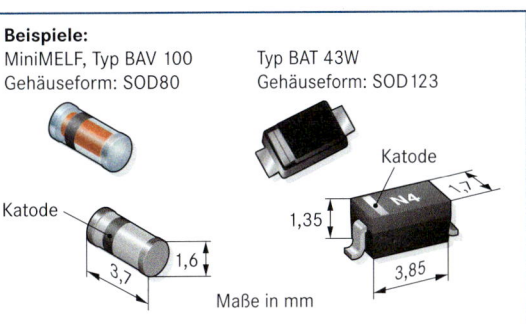

Katode

Katode

Maße in mm

Transistoren

- Transistoren (z. B. bipolar, MOS) werden u. a. in Kunstoff- oder Keramikgehäusen mit unterschiedlichen Anschlüssen geliefert.
- Die Gehäuseformen sind klassifiziert nach **JEDEC** (**J**oint **E**lectron **D**evice **E**ngineering **C**ouncil), **JEIDA** (**J**apan **E**lectronic **I**ndustry **D**evelopment **A**ssociation) oder auch herstellerspezifisch.

- Für die Kennzeichnung des Transistors gibt es keine einheitlichen Regeln.
- Die Identifikation des jeweiligen Typs ist daher nur über die Datenblätter des Herstellers oder über Referenzlisten (im Internet) möglich.
- Neben Einzeltransistoren sind auch komplexe Transistorkombinationen oder auch andere Halbleiter in den unterschiedlichen Gehäusen untergebracht.

Beispiele:

JEDEC SOT 23

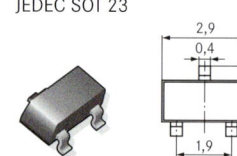
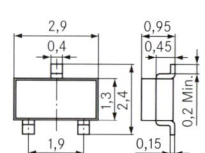

JEDEC SOT 428   JEIDA SC 63

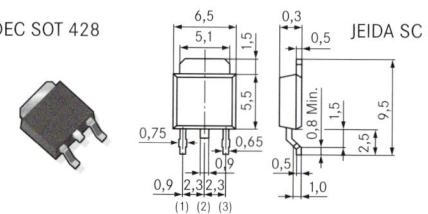

JEDEC MO 240

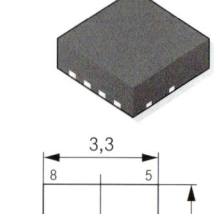
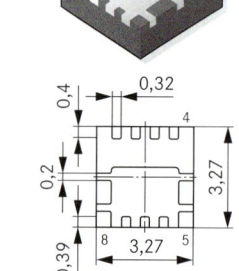

Abmessungen in mm

Herstellerspezifische Gehäuse

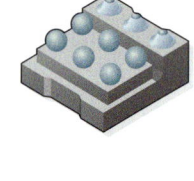

Indexkennzeichnung

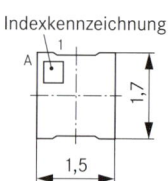
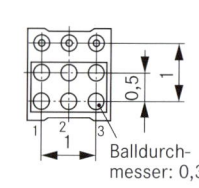

Balldurchmesser: 0,3

Induktivitäten

- Induktivitäten sind in geschirmter und ungeschirmter Bauform verfügbar.
- Der Wertebereich liegt zwischen 1 nH und 10 mH.
- Die Kennzeichnung des Induktivitätswertes erfolgt herstellerspezifisch mit Ziffern und Buchstaben.
- Die Gehäuseabmessungen werden mit vierstelligen Zahlen angegeben.

Beispiel: Ungeschirmte Leistungsinduktivität

Gehäuseform: 1608
Induktivitätswert: 10 µH
$I_{Sät.}$:   1,1 A

Maße in mm

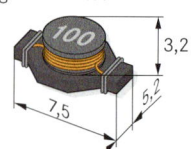

Sicherungen

- Die Kennzeichnung von **Schmelzsicherungen** erfolgt entweder durch einen entsprechenden „lesbaren Aufdruck" oder durch einen Kennbuchstaben bzw. Ziffer, der herstellerspezifisch die typischen Daten der Sicherung angibt.
- Die Gehäusebauformen sind vierstellig klassifiziert.
- **Selbstrückstellende Sicherungen (PTC Fuses: P**ositive **T**emperature **C**oefficient**)**
  - dienen als sekundärer Schutz von Elektronikkomponenten und
  - wirken durch Widerstandserhöhung bei erhöhtem Stromfluss und kehren nach Abkühlung in den Ausgangszustand zurück (keine galvanische Unterbrechung).

Beispiele:

Schmelzsicherung
U_{max}:   250 V AC
I_{BC}:   100 A
I_{Trip}:   1,0 A
Charakteristik: T (träge)

PTC Fuse
Gehäuse 2029
U_{max}: 16 V DC
I_{max}: 100 A
I_{Hold}: 1,36 A
I_{Trip}: 2,7 A

Maße in mm

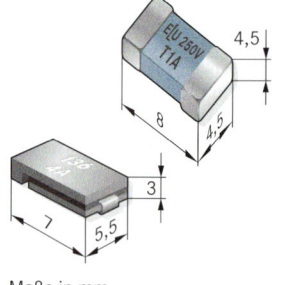

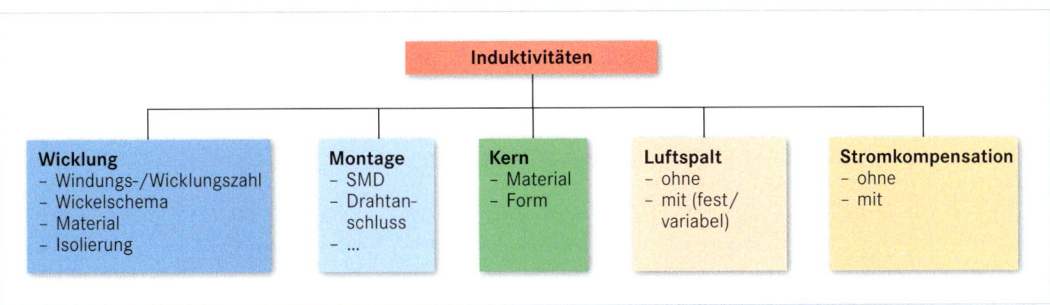

Induktivitäten

Wicklung
- Windungs-/Wicklungszahl
- Wickelschema
- Material
- Isolierung

Montage
- SMD
- Drahtan-
  schluss
- ...

Kern
- Material
- Form

Luftspalt
- ohne
- mit (fest/
  variabel)

Stromkompensation
- ohne
- mit

Kernmaterialien

Ferromagnetische Kernmaterialien werden vorzugsweise bei Spulen im niedrigen Frequenzbereich eingesetzt.
- Hohe Permeabilitäten
- Betrieb bis zur Sättigungsmagnetisierung

Oxidkeramische Ferrite finden bei Spulen im höheren Frequenzbereich ihren Einsatz.
- Hoher spezifischer Widerstand verhindert spürbare Wirbelstromverluste.
- Mn-Zn-Ferrite bis 1,5 MHz
- Ni-Zn-Ferrite bis 600 MHz

Elektrische Kenndaten

U_R: Bemessungsspannung
I_R: Bemessungsstromstärke
L_R: Bemessungsinduktivität
L_S: Streuinduktivität
R: Gleichstromwiderstand
C_R: Wicklungskapazität
    Kapazität zwischen Leitungen; wirksam bei sehr hohen Frequenzen
Q: Güte ($Q \approx L_R/R$)

Kernformen (Auswahl)

P (**P**ot/Schalenkern)
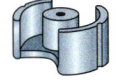
- magnetisch geschlossen und daher streufeldarm
- präzise Abstimmung möglich (durch Abgleichschraube)
- Schwingkreisspulen
- klirrarme, breitbandige Kleinsignalübertrager

E
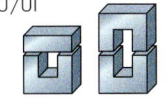
- mehrere E-Kerne zu einem größeren aneinanderreihbar
- für verbesserte Wicklung auch mit rundem Schenkel verfügbar (ER)
- je nach Werkstoff für Frequenzen von 10 kHz bis > 500 kHz

RM (**R**ectangular **M**odular)
- automatengerechte Fertigung
- verlustarme Filter
- hochstabile Filter
- klirrarme Breitbandübertrager
- Leistungsanwendung (Speicherdrosseln)

PM (**P**ot core and **M**odular)
- großer Flussquerschnitt
- hohe Leistung bei wenigen Windungen
- Leistungsübertragung bis 300 kHz

U/UI
- leicht kombinierbar
- große Sättigungsinduktivität
- geringe Verlustleistung
- Leistungsübertragung >1 kW

Ring

- aufwändige Fertigung der Wicklung
- Anwendung bis MHz-Bereich
- EMV-Drossel

Stromkompensation

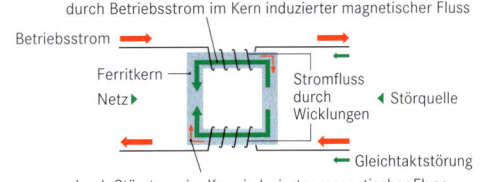

durch Betriebsstrom im Kern induzierter magnetischer Fluss

Betriebsstrom

Ferritkern

Netz ▶

Stromfluss durch Wicklungen

◀ Störquelle

◀ Gleichtaktstörung

durch Störstrom im Kern induzierter magnetischer Fluss

- Elektronische Geräte erzeugen häufig Gleichtaktstörungen
- Magnetischer Fluss des Betriebsstromes kompensiert sich zu Null → keine Kernsättigung
- Auf Betriebsstrom wirkt nur die Streuinduktivität.
- Die Induktivität ist nur für den Störstrom wirksam.

Beispiel:

Schaltzeichen:
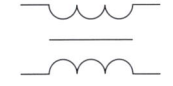

Wicklung

Einlagenwicklung

Wildwicklung

Zweilagenwicklung

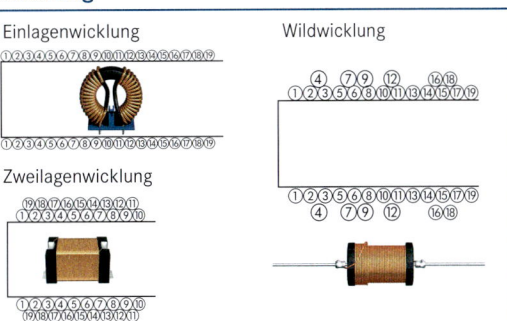

Übertrager, allgemein

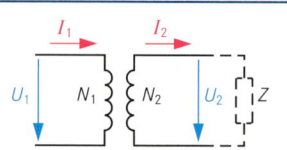

$$\ddot{u} = \frac{N_1}{N_2} \qquad \ddot{u}^2 = \frac{Z_1}{Z_2}$$

$$\frac{I_1}{I_2} = \frac{N_2}{N_1} = \frac{U_2}{U_1}$$

$\ddot{u}$: Übersetzungsverhältnis
Z_1: Eingangs-Scheinwiderstand
Z_2: Ausgangs-Scheinwiderstand

Kenngrößen

Magnetische Formgrößen pro Kernsatz
l_e: mittlere magnetische Weglänge im Kern
$\Sigma l/A$: magnetischer Formfaktor
A_e: effektiver magnetischer Querschnitt

Elektrische Kenngrößen
f: Schaltfrequenz
A_N: Wickelquerschnitt
A_L: Induktivitätsfaktor $A_L = L/N^2$
(Spezifische Induktivität für $N = 1$)

Typ/ Anwendung	Hauptmaße (Größtwerte)						Magnetische Kenngrößen		Elektrische Kenngrößen	
	Kern				Spulenkörper					
	Größe	a in mm	b in mm	c in mm	d in mm	l_e in mm	$\Sigma l/A$ in mm^{-1}	A_e in mm^2	A_N in mm^2	A_L-Wert in nH
P-Kern										Ferrit N30
■ Kleinsignal- ■ Breitband- übertrager	P 4,6 x 4,1	4,65	4,1	2,05	0,49	7,6	2,60	2,8	0,8	800
	P 5,8 x 3,3	5,8	3,3	1,65	0,67	7,9	1,68	4,7	0,95	1500
	P 7 x 4	7,35	4,2	2,15	1,05	10,0	1,43	7,0	2,2	2000
	P 9 x 5	9,3	5,4	2,8	1,30	12,2	1,25	9,8	3,6	2500
	P 11 x 7	11,3	6,6	3,4	1,60	15,9	1,00	15,9	4,2	3500
	P 14 x 8	14,3	8,5	4,9	2,20	20,0	0,80	25	8,4	4600
	P 18 x 11	18,4	10,6	6,0	3,05	25,9	0,60	43	16,0	5900
	P 22 x 13	22,0	13,6	7,8	3,55	31,6	0,50	63	23,4	7600
	P 26 x 16	26,0	16,3	6,9	4,05	37,2	0,40	93	32,0	9700
	P 30 x 19	30,5	19,0	11,4	4,85	45,0	0,33	136	48,0	11 500
	P 36 x 22	36,0	22,0	12,8	5,85	52,0	0,26	202	63,0	15 200
RM-Kern										Ferrit N30
■ Kleinsignal- ■ Breitband-, ■ Leistungs- übertrager	RM 4	9,8	10,5	5,78	1,50	22,0	1,7	13	7,7	1900
	RM 5	12,3	10,5	4,88	2,07	22,1	0,93	23,8	15	3500
	RM 6	14,7	12,5	6,53	2,42	28,6	0,78	36,6	9,5	4300
	RM 7	17,2	13,5	7,05	3,17	30,4	0,7	43	30	5000
	RM 8	19,7	16,5	9,15	3,47	38	0,59	64	21,4	5700
	RM 10	24,7	18,7	10,7	4,25	44	0,45	98	41,5	7600
	RM 12	29,8	24,6	14,8	5,1	57	0,39	146	73	8400
	RM 14	34,6	30,2	18,7	6,0	70	0,35	200	107	9500
ETD-Kern										Ferrit N87
■ Leistungs- übertrager	ETD 29	30,6	9,8	19,4	4,90	71	0,92	76	97	2200
	ETD 34	35,0	11,1	20,9	5,80	78,6	0,81	97,1	122	2600
	ETD 39	40,0	12,8	25,7	6,90	92,2	0,74	125	178	2800
	ETD 44	45	15,2	29,5	7,10	103	0,60	173	210	3500
	ETD 49	49,8	16,7	32,7	8,25	114	0,54	211	269	3800
	ETD 54	55,8	19,3	36,8	8,57	127	0,49	280	315	4450
	ETD 59	61,2	22,1	41,2	8,87	139	0,38	368	365	5300
U-Kern										Ferrit N27
■ Leistungs- übertrager	U 15	15,9	6,7	10,3	3,7	48	1,5	32	37	1200
	U 20	21,4	7,7	14,7	4,5	68	1,23	55	70	1600
	U 25	25,0	13	20,0	5,9	86	0,82	105	138	2500

P-Kern

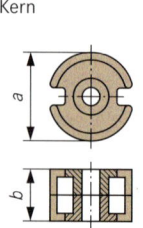

RM-Kern

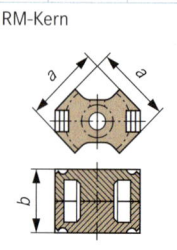

ETD-Kern (Halber Kernsatz)

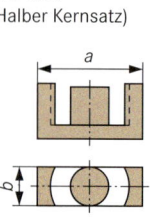

U-Kern (Halber Kernsatz)

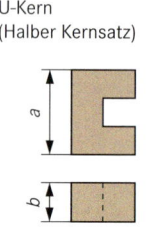

Spulenkörper

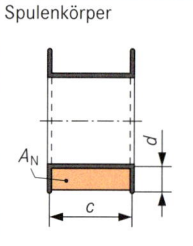

Arten

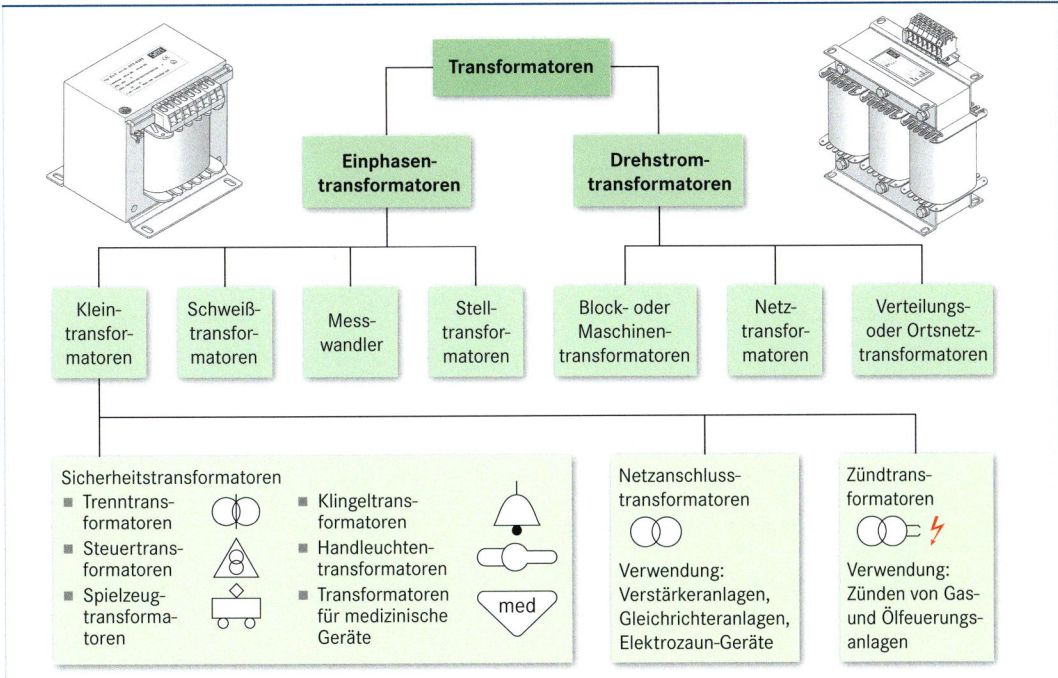

Transformatoren

Einphasentransformatoren | **Drehstromtransformatoren**

Kleintransformatoren | Schweißtransformatoren | Messwandler | Stelltransformatoren | Block- oder Maschinentransformatoren | Netztransformatoren | Verteilungsoder Ortsnetztransformatoren

Sicherheitstransformatoren
- Trenntransformatoren
- Steuertransformatoren
- Spielzeugtransformatoren
- Klingeltransformatoren
- Handleuchtentransformatoren
- Transformatoren für medizinische Geräte

Netzanschlusstransformatoren

Verwendung: Verstärkeranlagen, Gleichrichteranlagen, Elektrozaun-Geräte

Zündtransformatoren

Verwendung: Zünden von Gas- und Ölfeuerungsanlagen

Betriebszustände

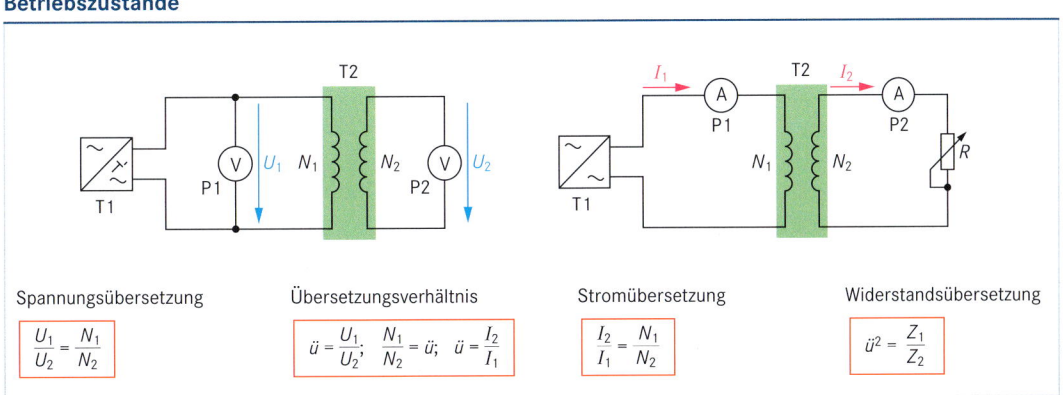

Spannungsübersetzung

$$\frac{U_1}{U_2} = \frac{N_1}{N_2}$$

Übersetzungsverhältnis

$$ü = \frac{U_1}{U_2}; \quad \frac{N_1}{N_2} = ü; \quad ü = \frac{I_2}{I_1}$$

Stromübersetzung

$$\frac{I_2}{I_1} = \frac{N_1}{N_2}$$

Widerstandsübersetzung

$$ü^2 = \frac{Z_1}{Z_2}$$

Energieumwandlung

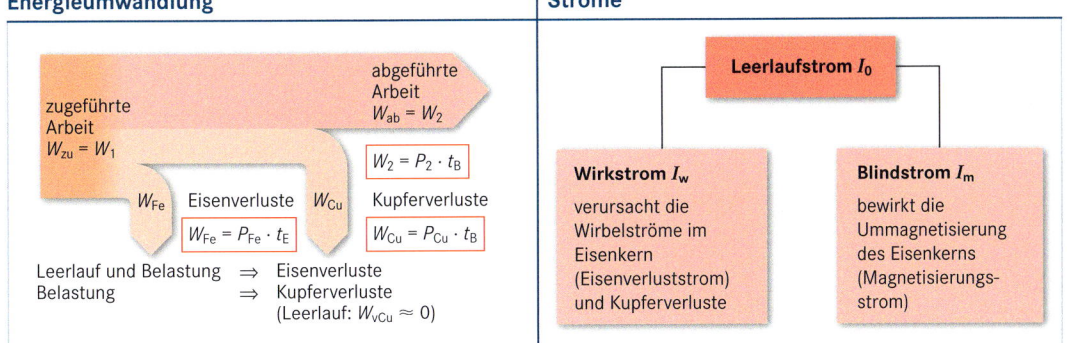

zugeführte Arbeit
$W_{zu} = W_1$

abgeführte Arbeit
$W_{ab} = W_2$

$$W_2 = P_2 \cdot t_B$$

W_{Fe} Eisenverluste W_{Cu} Kupferverluste

$$W_{Fe} = P_{Fe} \cdot t_E$$

$$W_{Cu} = P_{Cu} \cdot t_B$$

Leerlauf und Belastung ⇒ Eisenverluste
Belastung ⇒ Kupferverluste
(Leerlauf: $W_{vCu} \approx 0$)

Ströme

Leerlaufstrom I_0

Wirkstrom I_w

verursacht die Wirbelströme im Eisenkern (Eisenverluststrom) und Kupferverluste

Blindstrom I_m

bewirkt die Ummagnetisierung des Eisenkerns (Magnetisierungsstrom)

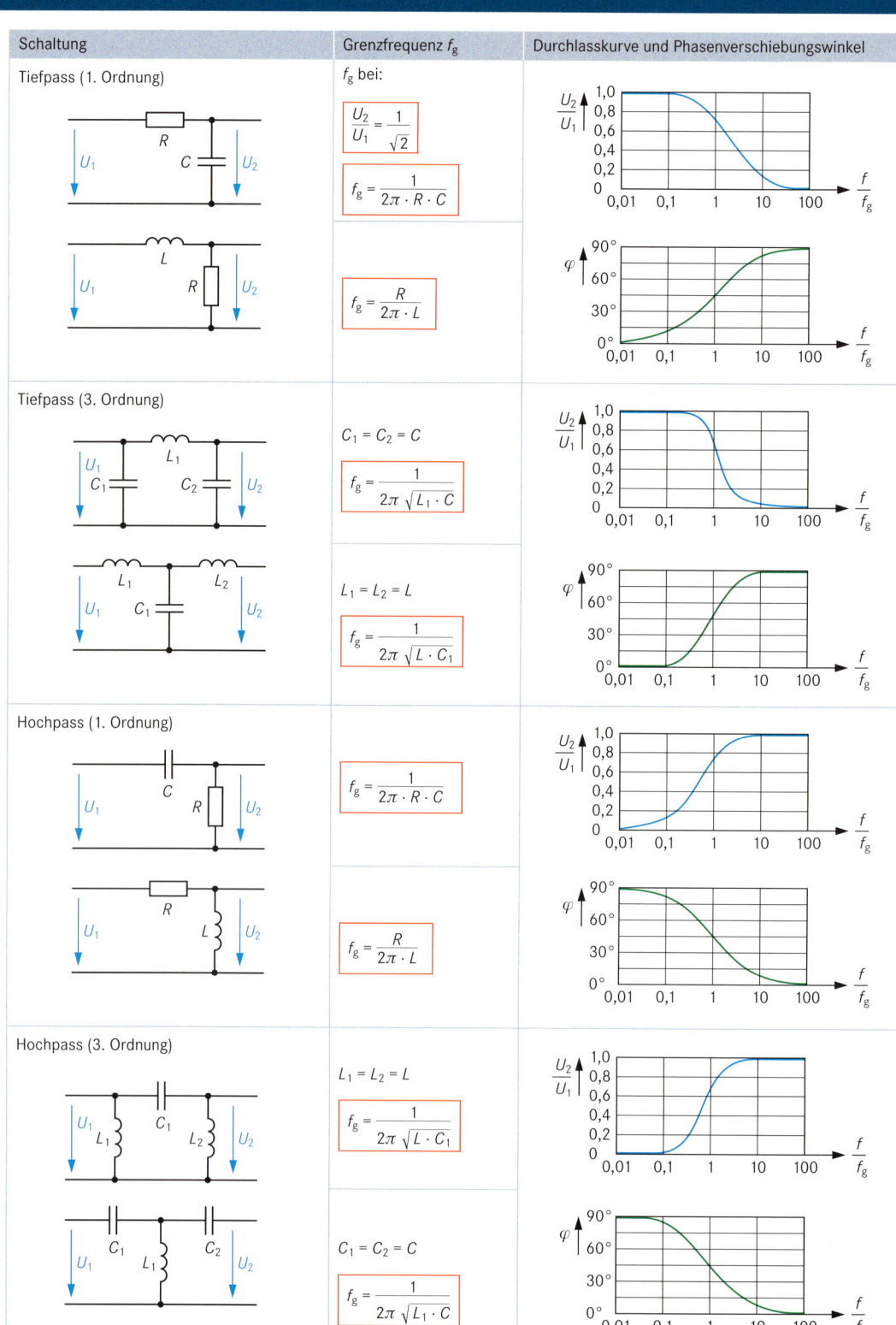

Schaltung	Grenzfrequenz f_g	Durchlasskurve und Phasenverschiebungswinkel

Tiefpass (1. Ordnung)

f_g bei:

$$\frac{U_2}{U_1} = \frac{1}{\sqrt{2}}$$

$$f_g = \frac{1}{2\pi \cdot R \cdot C}$$

$$f_g = \frac{R}{2\pi \cdot L}$$

Tiefpass (3. Ordnung)

$C_1 = C_2 = C$

$$f_g = \frac{1}{2\pi \sqrt{L_1 \cdot C}}$$

$L_1 = L_2 = L$

$$f_g = \frac{1}{2\pi \sqrt{L \cdot C_1}}$$

Hochpass (1. Ordnung)

$$f_g = \frac{1}{2\pi \cdot R \cdot C}$$

$$f_g = \frac{R}{2\pi \cdot L}$$

Hochpass (3. Ordnung)

$L_1 = L_2 = L$

$$f_g = \frac{1}{2\pi \sqrt{L \cdot C_1}}$$

$C_1 = C_2 = C$

$$f_g = \frac{1}{2\pi \sqrt{L_1 \cdot C}}$$

- Digitale Filter sind Filterschaltungen, die mit digital arbeitenden Schaltungskomponenten aufgebaut sind.
- Sie werden eingesetzt im Rahmen der digitalen Signalverarbeitung, z.B. bei CD-Playern, Digital-Audio Tape (DAT) oder HDTV (High Definition Television).
- Sie sind insbesondere bei niedrigen Frequenzen vorteilhaft gegenüber Filtern mit analogen Bauelementen (kleiner und stabiler).

- Die Grundformen digitaler Filter werden bezeichnet mit FIR und IIR.
- **FIR**: **F**inite **I**mpulse **R**esponse (endliche Anzahl von Impulsantworten).
- **IIR**: **I**nfinite **I**mpulse **R**esponse (unendliche Anzahl von Impulsantworten).
- Eine Realisierung mit digitalen Signalprozessoren erlaubt die freie Programmierbarkeit der Filtereigenschaften.

Finite Impulse Response-Filter (FIR)

Blockschaltbild

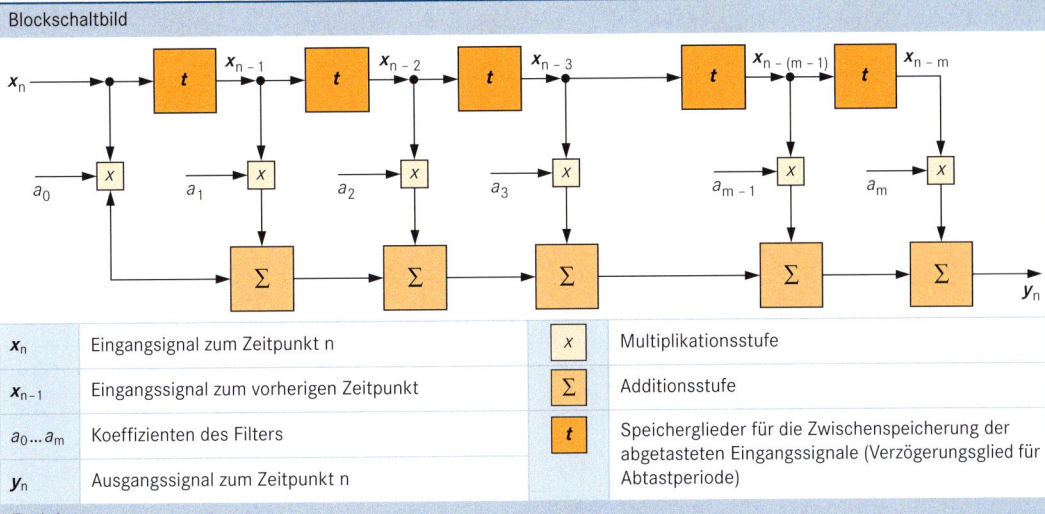

x_n	Eingangssignal zum Zeitpunkt n	x	Multiplikationsstufe
x_{n-1}	Eingangssignal zum vorherigen Zeitpunkt	Σ	Additionsstufe
$a_0 ... a_m$	Koeffizienten des Filters	t	Speicherglieder für die Zwischenspeicherung der abgetasteten Eingangssignale (Verzögerungsglied für Abtastperiode)
y_n	Ausgangssignal zum Zeitpunkt n		

Funktion

- Am Filtereingang stehen die aktuell abgetasteten digitalen Datenwerte des gewandelten Analogsignals an.
- Mit jedem Abtastschritt werden diese Datenwerte um eine Stufe weitergeschoben.
- Die Ausgänge der Speicherglieder führen zu Multiplikationsstufen, in denen die Multiplikation mit den Filterkoeffizienten stattfindet.
- Das Ergebnis steht am Ausgang (y_n) als Additionsergebnis der einzelnen Stufen an.
- Die Filtercharakteristik wird bestimmt durch die Koeffizienten (a) und die Ordnungszahl (m + 1).

- m + 1 bestimmt die erreichbare Dämpfung, aber auch den erforderlichen Rechenaufwand im digitalen Signalprozessor (DSP).

Funktionsgleichung

$$y_n = a_0\, x_n + a_1\, (x_{n-1}) + a_2\, (x_{n-2}) + ... + a_{m-1}\, x_{n-(m-1)} + a_m\, x_{n-m}$$

Kurzschreibweise: $\quad y_n = \sum_{i=0}^{m} a_i\, x_{n-1}$

Infinite Impulse Response (IIR)

Blockschaltbild

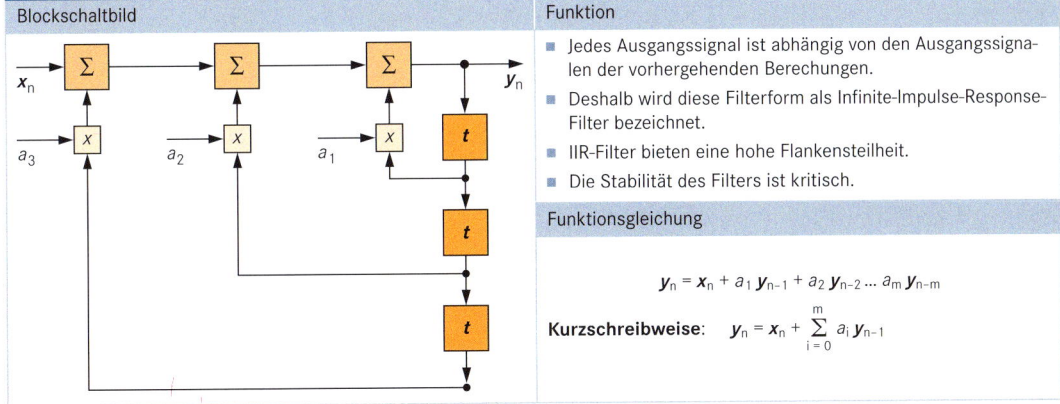

Funktion

- Jedes Ausgangssignal ist abhängig von den Ausgangssignalen der vorhergehenden Berechungen.
- Deshalb wird diese Filterform als Infinite-Impulse-Response-Filter bezeichnet.
- IIR-Filter bieten eine hohe Flankensteilheit.
- Die Stabilität des Filters ist kritisch.

Funktionsgleichung

$$y_n = x_n + a_1\, y_{n-1} + a_2\, y_{n-2} ... a_m\, y_{n-m}$$

Kurzschreibweise: $\quad y_n = x_n + \sum_{i=0}^{m} a_i\, y_{n-1}$

Tiefpass 1. Ordnung

A_0: Verstärkung bei $f = 0$ Hz
f_g: Grenzfrequenz

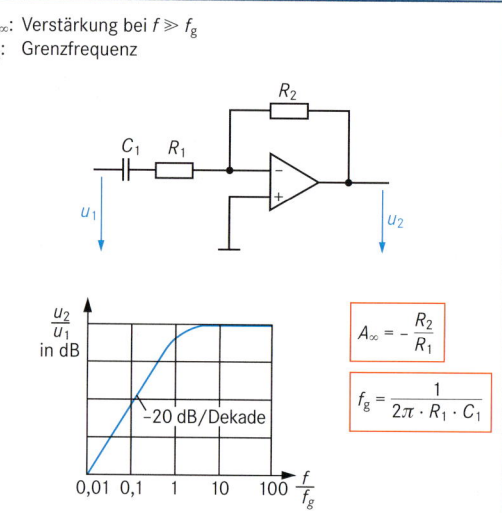

$$A_0 = -\frac{R_2}{R_1}$$

$$f_g = \frac{1}{2\pi \cdot R_2 \cdot C_2}$$

Hochpass 1. Ordnung

A_∞: Verstärkung bei $f \gg f_g$
f_g: Grenzfrequenz

$$A_\infty = -\frac{R_2}{R_1}$$

$$f_g = \frac{1}{2\pi \cdot R_1 \cdot C_1}$$

Tiefpass 2. Ordnung

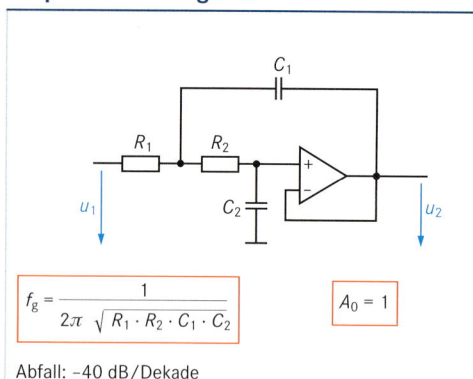

$$f_g = \frac{1}{2\pi \sqrt{R_1 \cdot R_2 \cdot C_1 \cdot C_2}}$$

$$A_0 = 1$$

Abfall: –40 dB/Dekade

Hochpass 2. Ordnung

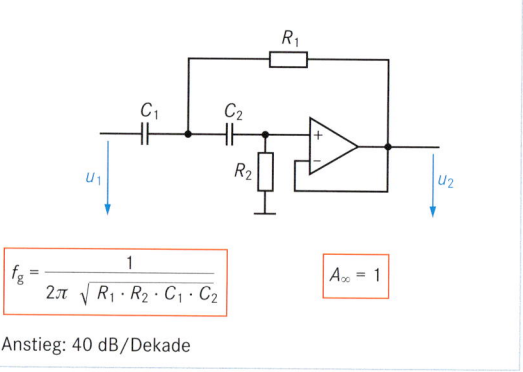

$$f_g = \frac{1}{2\pi \sqrt{R_1 \cdot R_2 \cdot C_1 \cdot C_2}}$$

$$A_\infty = 1$$

Anstieg: 40 dB/Dekade

Bandpass aus Tief- und Hochpass

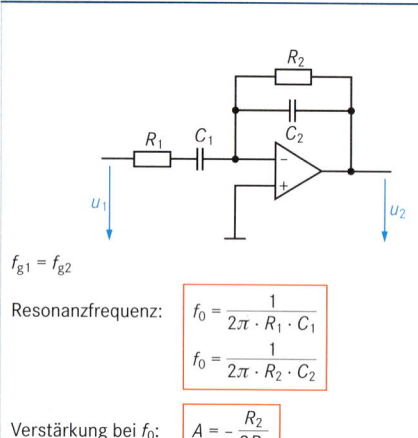

$f_{g1} = f_{g2}$

Resonanzfrequenz:
$$f_0 = \frac{1}{2\pi \cdot R_1 \cdot C_1}$$
$$f_0 = \frac{1}{2\pi \cdot R_2 \cdot C_2}$$

Verstärkung bei f_0:
$$A = -\frac{R_2}{2R_1}$$

Bandpass mit Mehrfachgegenkopplung

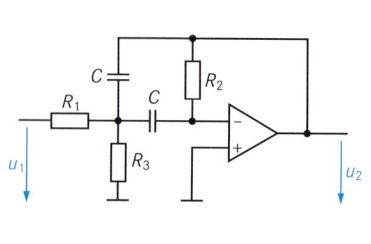

Resonanzfrequenz:
$$f_0 = \frac{1}{2\pi C} \sqrt{\frac{R_1 + R_3}{R_1 R_2 R_3}}$$

Verstärkung bei f_0:
$$A = -\frac{R_2}{2R_1}$$

Parallelschwingkreis

Konstante Spannung

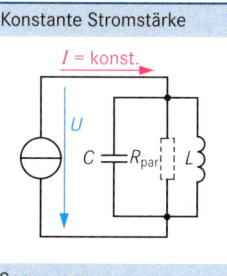

Konstante Stromstärke

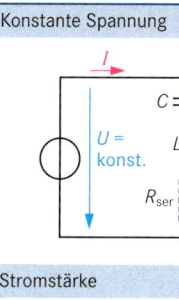

Serienschwingkreis

Konstante Spannung

Konstante Stromstärke

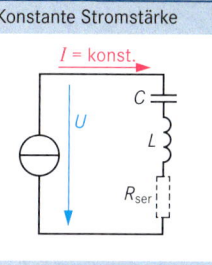

Stromstärke

Spannung

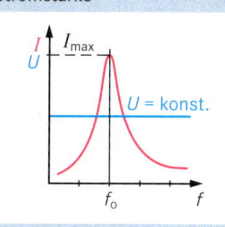

Stromstärke

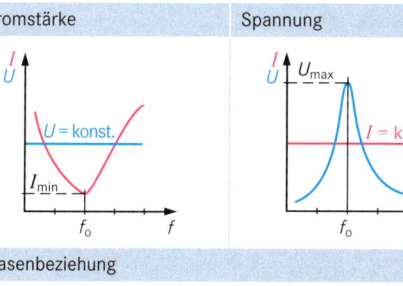

Spannung

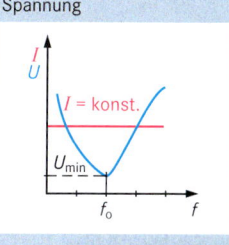

Phasenbeziehung

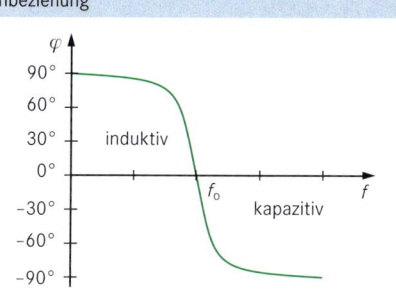

Phasenbeziehung

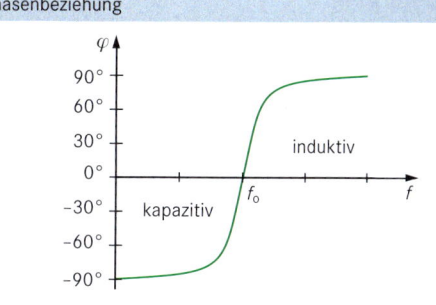

Impedanz

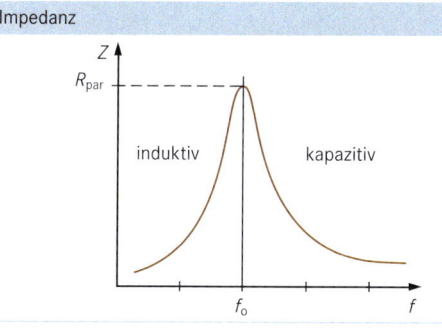

Impedanz

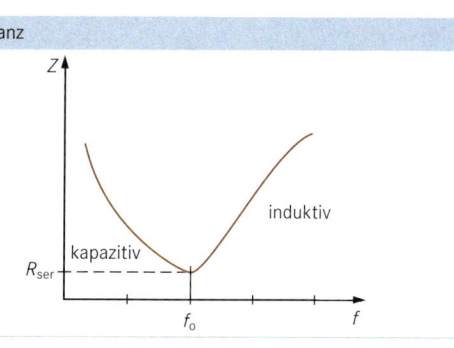

Resonanz

$X_L = X_C$

$$f_o = \frac{1}{2\,\pi\,\sqrt{L \cdot C}}$$

f_o: Resonanzfrequenz

R_o: Resonanzwiderstand

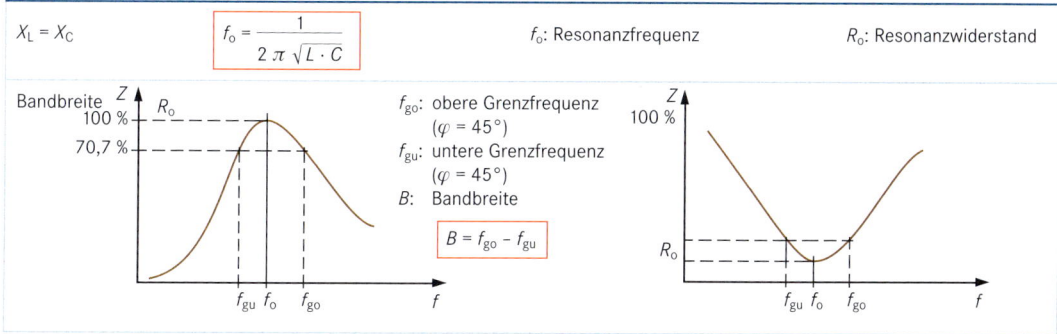

Bandbreite

f_{go}: obere Grenzfrequenz ($\varphi = 45°$)

f_{gu}: untere Grenzfrequenz ($\varphi = 45°$)

B: Bandbreite

$$B = f_{go} - f_{gu}$$

Merkmale

- Schwingquarze bestehen aus einem dünnen Quarzplättchen (SiO$_2$: Siliziumdioxid).
- Bei Anlegen eines elektrischen Wechselfeldes entstehen Deformationsschwingungen, wenn die Anregungsfrequenz mit der Eigenfrequenz des Plättchens übereinstimmt (Resonanzkreis mit geringer Dämpfung).
- Schwingquarze können in **Serien-** oder **Parallelresonanz** betrieben werden.

Schaltung

Schaltzeichen

Ersatzschaltung

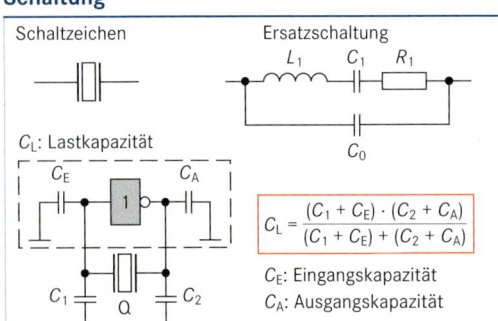

C_L: Lastkapazität

$$C_L = \frac{(C_1 + C_E) \cdot (C_2 + C_A)}{(C_1 + C_E) + (C_2 + C_A)}$$

C_E: Eingangskapazität
C_A: Ausgangskapazität

Characteristische Größen

Serienresonanzfrequenz
Blindwiderstand = 0 Ω, C_0 oder R_1 vernachlässigt

$$f_s = \frac{1}{2\pi \sqrt{L_1 C_1}}$$

Parallelresonanzfrequenz
Scheinwiderstand = ∞, R_1 vernachlässigt

$$f_p = \frac{1}{2\pi \sqrt{L_1 \dfrac{C_1 \cdot C_0}{C_1 + C_0}}}$$

Lastresonanzfrequenz
Scheinwiderstand: reell, Quarz einschließlich parallel oder in Serie geschaltete Lastkapazität C_L

$$f_L = f_s \sqrt{1 + \frac{C_1}{C_0 + C_L}}$$

$$= f_s \left(1 + \frac{C_1}{2 (C_0 + C_L)}\right)$$

Ziehbereich
relative Frequenzänderung zwischen zwei Lastkapazitätswerten

$$PR = \left|\frac{f_{L1} - f_{L2}}{f_r}\right|$$

$$= \left|\frac{C_1 (C_{L2} - C_{L1})}{2 \cdot (C_0 + C_{L1}) \cdot (C_0 + C_{L2})}\right|$$

Ziehempfindlichkeit
Frequenzänderung pro pF Lastkapazitätsänderung, angegeben in 10^{-6}/pF

$$S = - \frac{C_1}{2 (C_0 + C_L)^2}$$

Güte

$$Q = \frac{2\pi f_s L_1}{R_1}$$

C_L: Lastkapazität: die für den Quarz wirksame Eingangskapazität der Oszillatorschaltung

Temperaturgang

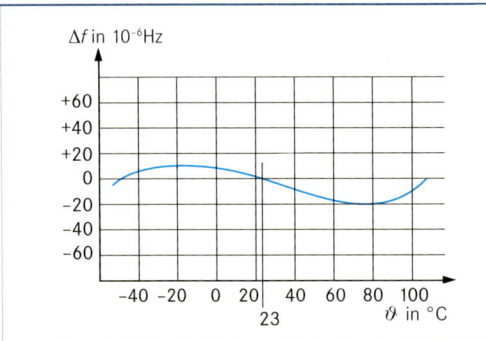

Δf in 10^{-6}Hz

Interner Aufbau

Beispiel: 28 MHz Quarz

Keramikträger

Quarzscheibe (ca. 8 mm Durchmesser, 0,3 mm Dicke)

Elektrodenanschluss

integrierte Oszillatorschaltung

Gehäuseboden

Bauformen

Bezeichnung	K3A (DIN)	SMD 03025/4s
	HC-48U (USA)	
■ Grundtonquarz: Schwingquarz ist für den Betrieb auf einer Grundschwingung ausgelegt ■ Obertonquarz: Schwingquarz ist für den Betrieb auf einer Oberschwingung ausgelegt	9,3 max; 19,6 max; 19,8 max; 12,7 min; 12,35 ± 0,2; Ø 0,8 Maße in mm	0,6 ± 0,1; 3,2 ± 0,1; 3,2 ± 0,1 Maße in mm
Grundton in MHz	0,8 … 40	12 … 40
3. Oberton in MHz	16 … 90	–
Güte Q	Grundton: 1 … 2 · 10^6	1 … 2 · 106
Toleranz der Bemessungsfrequenz Δf	±100 · 10^{-6} Hz (23 °C)	±5 · 10^{-6} Hz (23 °C)
Frequenzstabilität	±50 · 10^{-6} Hz (0 … +50 °C)	±3 · 10^{-6} Hz (0 … +50 °C)
Lastkapazität C_L	16 … 32 pF	

Sinusoszillatoren
Sine-Wave Oscillators

Prinzip der Schwingungserzeugung

v: Verstärkungsfaktor

k: Rückkopplungsfaktor

$v \cdot k = 1$ (komplexe Größen, Amplituden- und Phasenlage spielen eine Rolle)

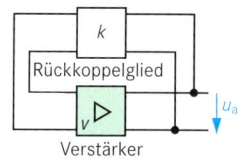

Amplitudenbedingung:
Amplitude der zurückgeführten Spannung muss so groß sein, dass alle Wirkverluste ausgeglichen werden.

Phasenbedingung:
Die Phasenlage der zurückgeführten Spannung muss so sein, dass nach der Verstärkung die Phasenlage von u_a wieder erreicht wird.

Meißner-Oszillator	Colpitts-Oszillator	Hartley-Oszillator

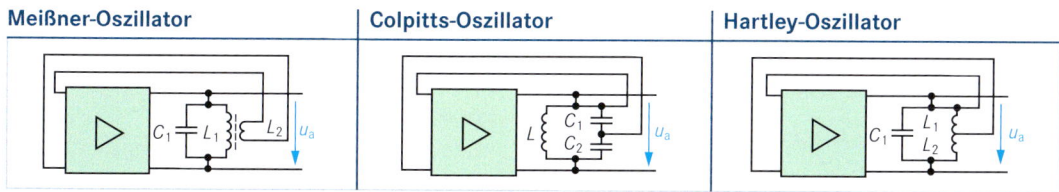

RC-Phasenschieberoszillatoren

Prinzip

Schaltungsbeispiel

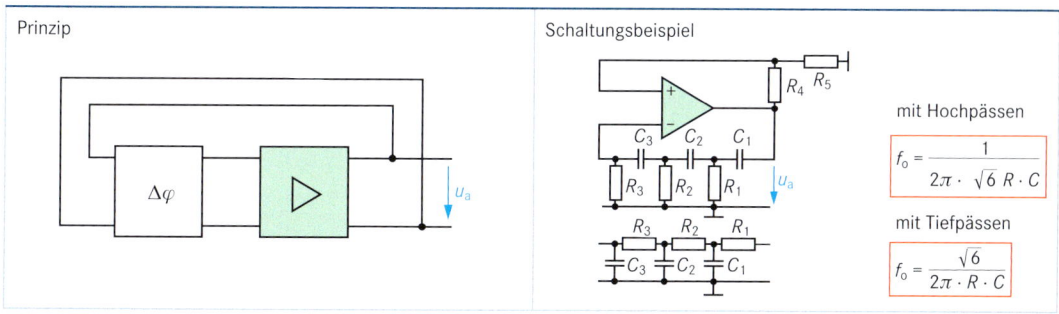

mit Hochpässen

$$f_o = \frac{1}{2\pi \cdot \sqrt{6}\, R \cdot C}$$

mit Tiefpässen

$$f_o = \frac{\sqrt{6}}{2\pi \cdot R \cdot C}$$

Wien-Robinson-Oszillator

Prinzip

Schaltungsbeispiel

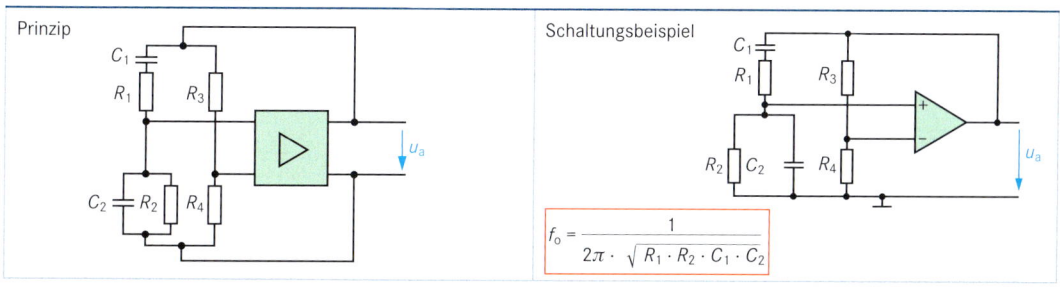

$$f_o = \frac{1}{2\pi \cdot \sqrt{R_1 \cdot R_2 \cdot C_1 \cdot C_2}}$$

Quarzoszillator
Crystal Oscillators

Prinzip

Schwingquarz

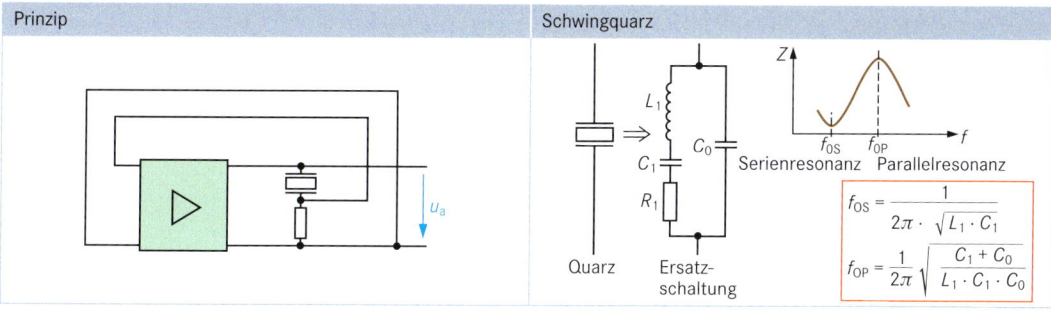

Quarz Ersatzschaltung

Serienresonanz Parallelresonanz

$$f_{OS} = \frac{1}{2\pi \cdot \sqrt{L_1 \cdot C_1}}$$

$$f_{OP} = \frac{1}{2\pi} \sqrt{\frac{C_1 + C_0}{L_1 \cdot C_1 \cdot C_0}}$$

- Hochfrequenz-Hohlleiter sind Leiter für Hochfrequenz-Energie.
- Die Energie wird als ebene Welle im umschlossenen Raum des Hohlleiters reflektiert.
- Die Wellen werden an den ebenen (hochglanzpolierten) Wänden des Hohlleiters reflektiert.
- Sie übertragen die Energie in Form von *H*-Wellen (magnetischen Wellen) und *E*-Wellen (elektrischen Wellen).
- Die *H*-Welle wird als *TE*-Welle (transversal-elektrisch) bezeichnet, da das elektrische Feld nur in Querrichtung vorkommt.
- Die *E*-Welle wird als *TM*-Welle (transversal-magnetisch) bezeichnet, das das magnetische Feld nur transversal vorkommt.
- *H*- oder *E*-Wellen werden nach den Querschnittsbildern eines Hohlleiters bezeichnet.

- Hohlleiter sind in quadratischer, rechteckiger, runder oder elliptischer Form aufgebaut (starre oder flexible Bauform).
- Der Rundhohlleiter ist dämpfungsärmer als ein Rechteckhohlleiter.
- Der Rundhohlleiter (elliptischer Hohlleiter) lässt die gleichzeitige Übertragung von zueinander senkrecht polarisierten Wellen zu.
- Hohlleiter werden so betrieben, dass nur die gewünschte Wellenform ausbreitungsfähig ist (Grundwelle).
- Die Wellen werden in einem Hohlleiter nur dann übertragen, wenn deren Wellenlänge unterhalb der **kritischen Wellenlänge** λ_k liegt.
- Hohlleiter werden eingesetzt als Zuleitung zu Sende-/Empfangsantennen bei Frequenzen ab ca. 2 GHz.

Bezeichnung von *E*- und *H*-Wellen

H-Wellen	*E*-Wellen
- H_{mn}-Welle: *m*: Anzahl der Betragsmaxima der elektrischen Feldkomponente E_y längs der x-Richtung. *n*: Anzahl der Betragsmaxima der elektrischen Feldkomponente E_x längs der y-Richtung.	- E_{mn}-Welle: *m*: Anzahl der Betragsmaxima der elektrischen Feldkomponente H_y längs der x-Richtung. *n*: Anzahl der Betragsmaxima der elektrischen Feldkomponente H_x längs der y-Richtung.

H_{01}-Welle	H_{12}-Welle	E_{11}-Welle	E_{12}-Welle

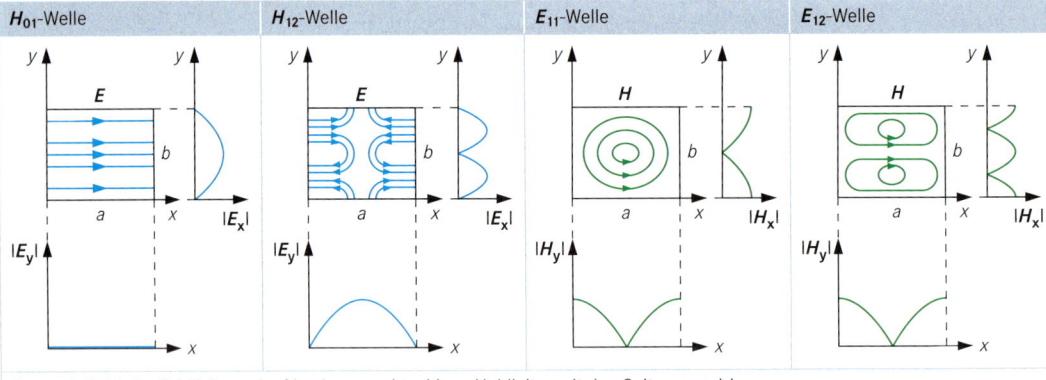

Dargestellt ist der Feldlinienverlauf in einem rechteckigen Hohlleiter mit den Seiten *a* und *b*.

Kritische Wellenlänge λ_k

- Wellen eines bestimmten Typs werden nur dann in einem Hohlleiter vorgegebener Größe übertragen, wenn deren Wellenlänge unterhalb der kritischen Wellenlänge liegt.
- Die Wellenform mit der größten kritischen Wellenlänge heißt Grundwelle.

Rechteckhohlleiter

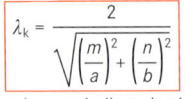

$$\lambda_k = \frac{2}{\sqrt{\left(\frac{m}{a}\right)^2 + \left(\frac{n}{b}\right)^2}}$$

λ_k: kritische Wellenlänge

m bzw. *n*: Indizes der *H*- bzw *E*-Welle
a bzw. *b*: Seiten des Rechteckhohlleiters (in mm)

Rundhohlleiter

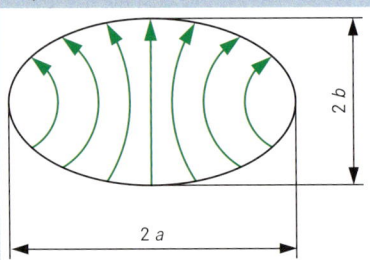

Kritische Wellenlänge bei H_{11}-Welle:

$l_k = 1,7065 \cdot d$

d: Durchmesser in mm

Elliptischer Hohlleiter

Kritische Wellenlänge bei H_{11}-Welle:

$l_k = 1,68 \cdot a$

bei Achsenverhältnis $b/a = 0,6$

a und *b* in mm

Oberflächenwellenresonator (OFWR)
Surface Acoustic Wave Filter

Aufbau

- Piezoelektrischer Einkristall ist das Grundmaterial.
- Strichgitterreflektoren und Interdigitalwandler werden in planaren Metallstrukturen aufgedampft.

Einsatzbereiche

- Oberflächenwellenresonatoren werden eingesetzt als
  - schmalbandige Filter und
  - frequenzbestimmende Bauelemente in Oszillatorschaltungen.

Wirkungsweise

- Die Strichgitterreflektoren bilden für die Oberflächenwelle einen Resonanzraum.
- Ein oder zwei Interdigitalwandler (Eintor- bzw. Zweitor-Resonatoren) zwischen den Reflektoren koppeln die akustische Energie ein bzw. aus.
- Die Vielfachreflexionen im Resonator ergeben stehende akustische Wellen mit ausgeprägter Resonanzüberhöhung.
- Die Anpassung an die Resonatorimpedanzen erfolgt über Quell- und Lastwiderstände.
- Die Resonanzüberhöhung und Güte nehmen ab.
- Die Einfügungsdämpfung sinkt, die Bandbreite wächst.

Merkmale

- Hohe Güte ($Q_{typ} \geq 5000$)
- Hohe Langzeitstabilität
- Geringe Alterungsraten ($\leq 5 \cdot 10^{-6}$ Hz/Jahr)
- Hohe spektrale Reinheit des Ausgangssignals (geringes Einseitenband-Phasenrauschen)
- Grundwellenbetrieb zwischen 200 MHz und 1000 MHz

Dämpfung

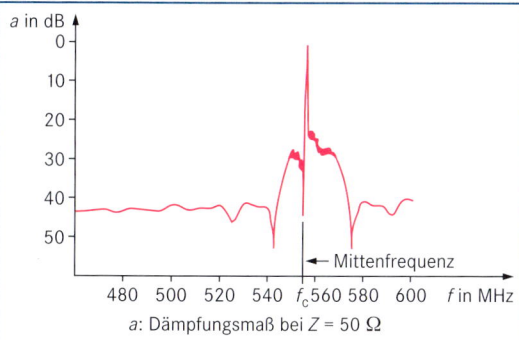

a: Dämpfungsmaß bei $Z = 50\ \Omega$

f_c: Mittenfrequenz,
arithmetisches Mittel von zwei Frequenzen, bei denen die Dämpfung einen bestimmten Wert hat (wird jeweils festgelegt).

Einseitenband (ESB)-Phasenrauschen

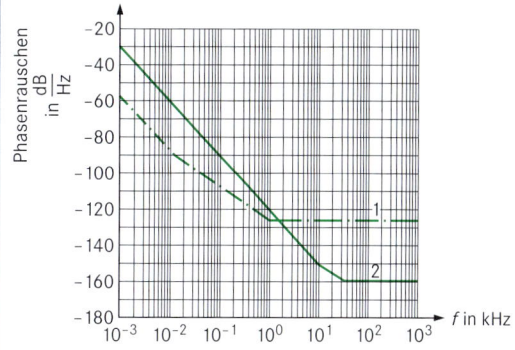

Kurve 1: Referenzoszillator eines Synthesizers bei 10 MHz auf 500 MHz transformiert

Kurve 2: 500 MHz OFW-Oszillator

Anwendung

HF-Oszillator für 433,92 MHz mit OFW-Resonator R 2554

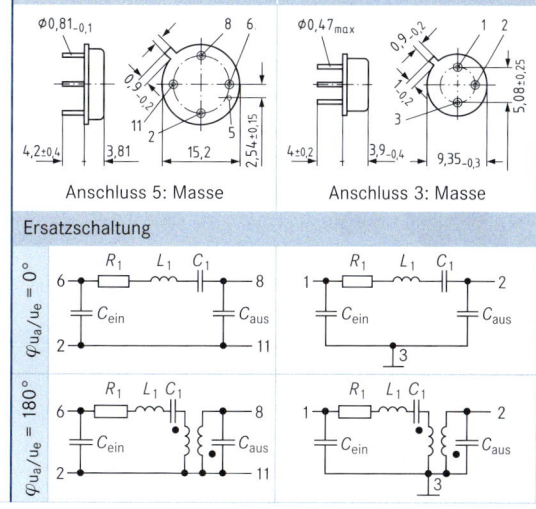

$f_c = 433{,}920$ MHz, $\Delta f_c = \pm 300 \cdot 10^{-6}$ MHz
$Q_{typ} = 7000$, $a = 9{,}0$ dB

Gehäuseformen und Anschlussbelegungen

TO 8	TO 39
Anschluss 5: Masse	Anschluss 3: Masse

Ersatzschaltung

Kennzeichnungen

Beispiel:

B   C   X   70

Ausgangsmaterial ──────┘   │   │   └── Registriernummer (2 oder 3 Ziffern)
Hauptfunktion ──────────────┘   └──── Hinweis auf kommerziellen Einsatz (X, Y, Z)

1. Kenn-buchstabe	Ausgangsmaterial	2. Kenn-buchstabe	Bedeutung	2. Kenn-buchstabe	Bedeutung
A	Germanium	A	Diode, allgemein	N	Optokoppler
B	Silizium	B	Kapazitätsdiode	P	z. B. Fotodiode, Fotoelement
C	z. B. Gallium-Arsenid (Energieabstand ≥ 1,3 eV)	C	NF-Transistor	Q	z. B. Leuchtdiode
		D	NF-Leistungstransistor	R	Thyristor
D	z. B. Indium-Antimonid (Energieabstand ≥ 0,6 eV)	E	Tunneldiode	S	Schalttransistor
		F	HF-Transistor	T	z. B. steuerbare Gleichrichter
R	Fotohalbleiter- und Hallgeneratoren-Ausgangsmaterial	G	z. B. Oszillatordiode	U	Leistungsschalttransistor
		H	Hall-Feldsonde	X	Vervielfacher-Diode
		K (M)	Hallgenerator	Y	Leistungsdiode
1) 1 eV = 1,6 · 10⁻¹⁹ J		L	HF-Leistungstransistor	Z	Z-Diode

$$^{1)}\ 1\ eV = 1{,}6 \cdot 10^{-19}\ J$$

Dioden

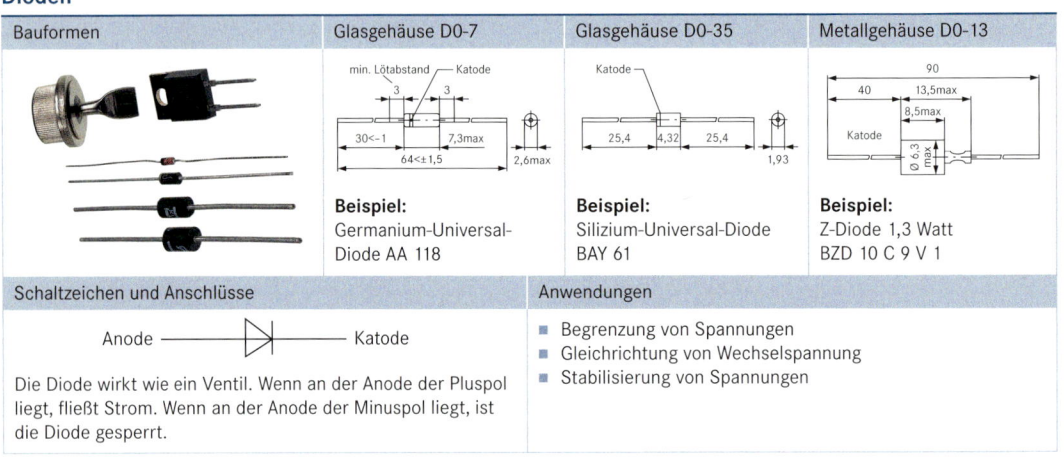

Bauformen	Glasgehäuse D0-7	Glasgehäuse D0-35	Metallgehäuse D0-13

Beispiel:
Germanium-Universal-Diode AA 118

Beispiel:
Silizium-Universal-Diode BAY 61

Beispiel:
Z-Diode 1,3 Watt BZD 10 C 9 V 1

Schaltzeichen und Anschlüsse

Anode ──────▷|──────── Katode

Die Diode wirkt wie ein Ventil. Wenn an der Anode der Pluspol liegt, fließt Strom. Wenn an der Anode der Minuspol liegt, ist die Diode gesperrt.

Anwendungen

- Begrenzung von Spannungen
- Gleichrichtung von Wechselspannung
- Stabilisierung von Spannungen

Transistoren

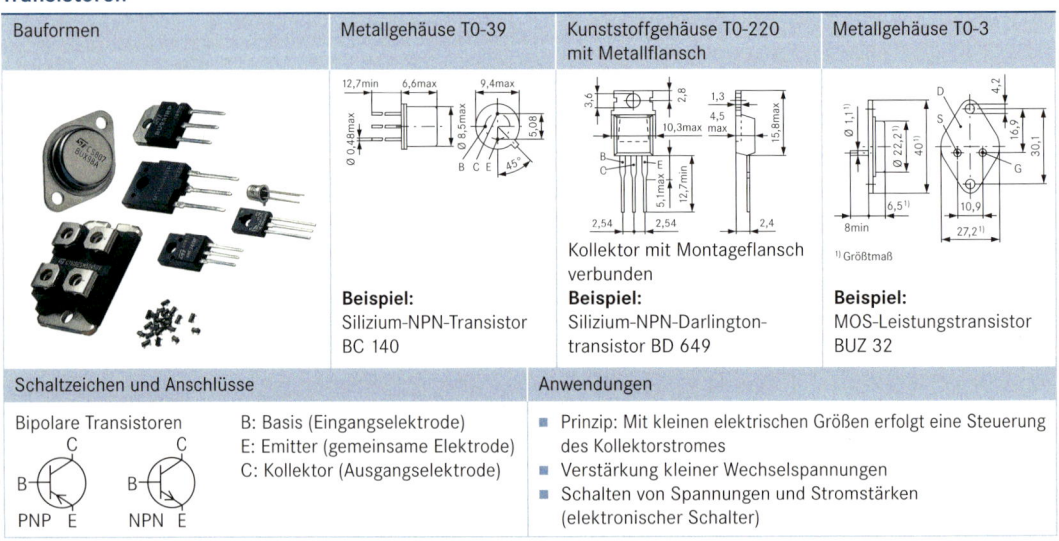

Bauformen	Metallgehäuse T0-39	Kunststoffgehäuse T0-220 mit Metallflansch	Metallgehäuse T0-3

Kollektor mit Montageflansch verbunden

1) Größtmaß

Beispiel:
Silizium-NPN-Transistor BC 140

Beispiel:
Silizium-NPN-Darlington-transistor BD 649

Beispiel:
MOS-Leistungstransistor BUZ 32

Schaltzeichen und Anschlüsse

Bipolare Transistoren

PNP   NPN

B: Basis (Eingangselektrode)
E: Emitter (gemeinsame Elektrode)
C: Kollektor (Ausgangselektrode)

Anwendungen

- Prinzip: Mit kleinen elektrischen Größen erfolgt eine Steuerung des Kollektorstromes
- Verstärkung kleiner Wechselspannungen
- Schalten von Spannungen und Stromstärken (elektronischer Schalter)

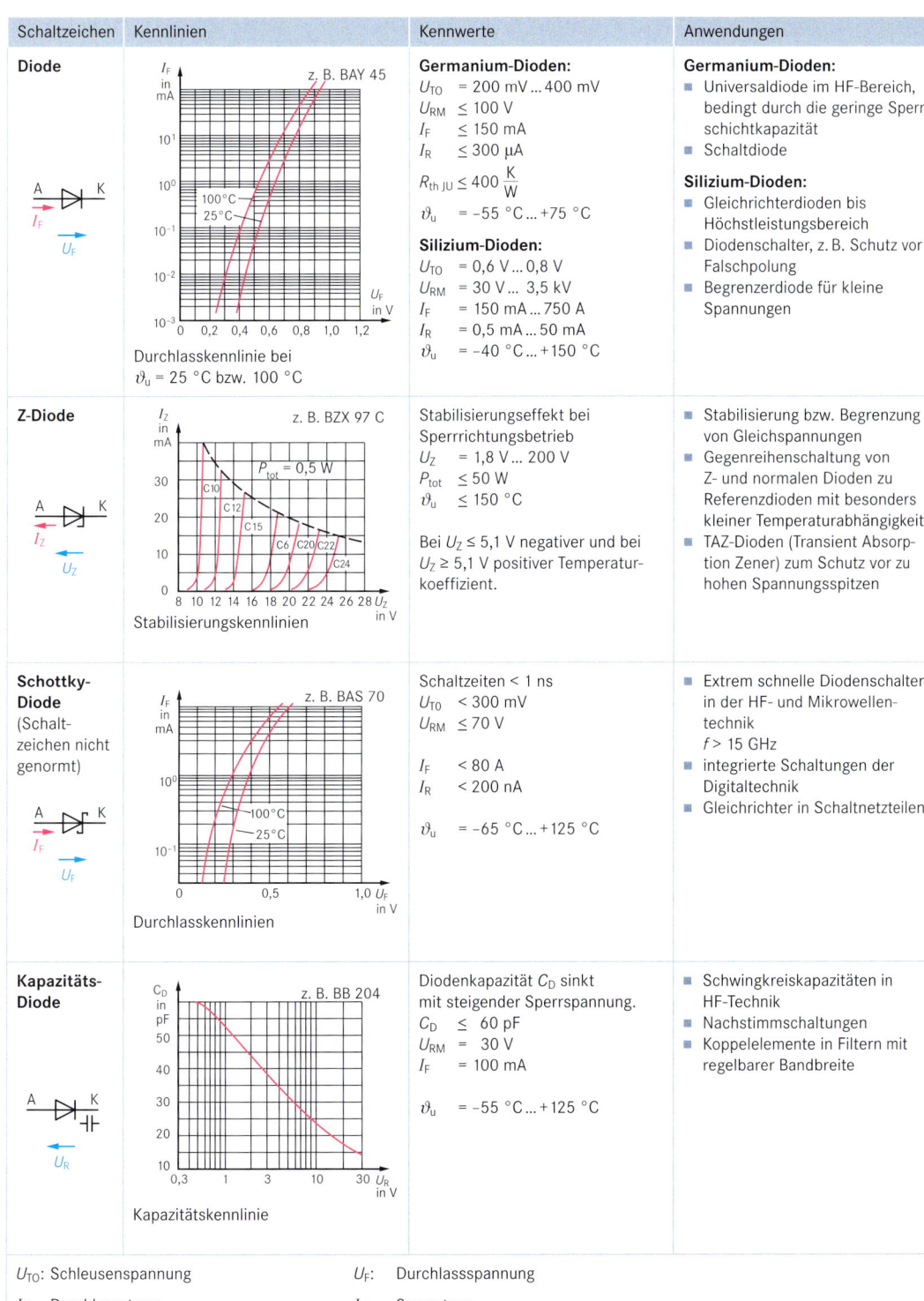

Schaltzeichen	Kennlinien	Kennwerte	Anwendungen
Diode	Durchlasskennlinie bei ϑ_u = 25 °C bzw. 100 °C	**Germanium-Dioden:** U_{TO} = 200 mV ... 400 mV U_{RM} ≤ 100 V I_F ≤ 150 mA I_R ≤ 300 µA $R_{th\,JU}$ ≤ 400 $\frac{K}{W}$ ϑ_u = –55 °C ... +75 °C **Silizium-Dioden:** U_{TO} = 0,6 V ... 0,8 V U_{RM} = 30 V ... 3,5 kV I_F = 150 mA ... 750 A I_R = 0,5 mA ... 50 mA ϑ_u = –40 °C ... +150 °C	**Germanium-Dioden:** ■ Universaldiode im HF-Bereich, bedingt durch die geringe Sperrschichtkapazität ■ Schaltdiode **Silizium-Dioden:** ■ Gleichrichterdioden bis Höchstleistungsbereich ■ Diodenschalter, z. B. Schutz vor Falschpolung ■ Begrenzerdiode für kleine Spannungen
Z-Diode	Stabilisierungskennlinien	Stabilisierungseffekt bei Sperrrichtungsbetrieb U_Z = 1,8 V ... 200 V P_{tot} ≤ 50 W ϑ_u ≤ 150 °C Bei U_Z ≤ 5,1 V negativer und bei U_Z ≥ 5,1 V positiver Temperaturkoeffizient.	■ Stabilisierung bzw. Begrenzung von Gleichspannungen ■ Gegenreihenschaltung von Z- und normalen Dioden zu Referenzdioden mit besonders kleiner Temperaturabhängigkeit ■ TAZ-Dioden (Transient Absorption Zener) zum Schutz vor zu hohen Spannungsspitzen
Schottky-Diode (Schaltzeichen nicht genormt)	Durchlasskennlinien	Schaltzeiten < 1 ns U_{TO} < 300 mV U_{RM} ≤ 70 V I_F < 80 A I_R < 200 nA ϑ_u = –65 °C ... +125 °C	■ Extrem schnelle Diodenschalter in der HF- und Mikrowellentechnik f > 15 GHz ■ integrierte Schaltungen der Digitaltechnik ■ Gleichrichter in Schaltnetzteilen
Kapazitäts-Diode	Kapazitätskennlinie	Diodenkapazität C_D sinkt mit steigender Sperrspannung. C_D ≤ 60 pF U_{RM} = 30 V I_F = 100 mA ϑ_u = –55 °C ... +125 °C	■ Schwingkreiskapazitäten in HF-Technik ■ Nachstimmschaltungen ■ Koppelelemente in Filtern mit regelbarer Bandbreite

U_{TO}: Schleusenspannung

I_F: Durchlassstrom

ϑ_u: Umgebungstemperatur

U_Z: Z-Spannung

U_F: Durchlassspannung

I_R: Sperrstrom

U_{RM}: max. Sperrspannung

$R_{th\,JU}$: thermischer Widerstand zwischen Sperrschicht und Umgebung

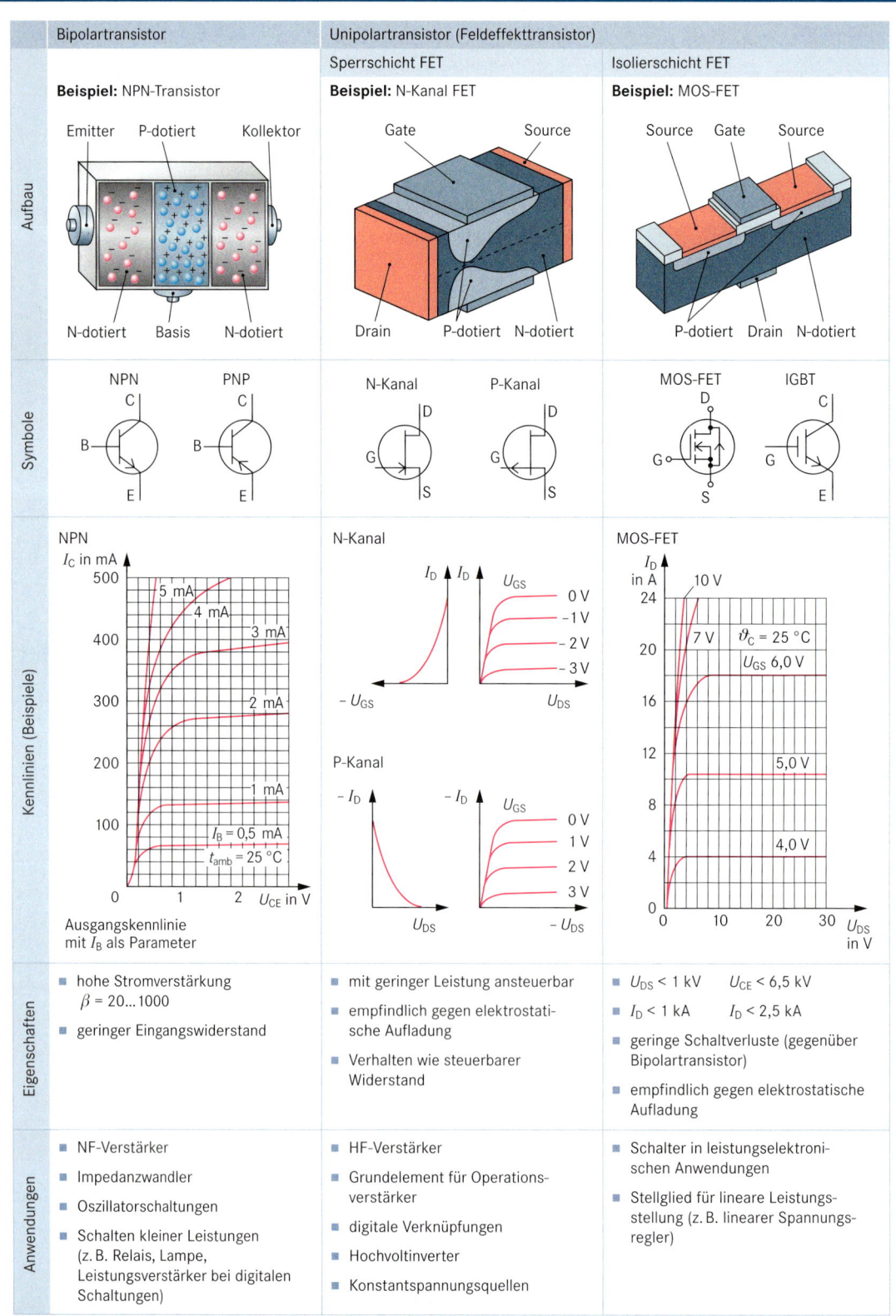

	Bipolartransistor	Unipolartransistor (Feldeffekttransistor)	
		Sperrschicht FET	Isolierschicht FET

Aufbau

Bipolartransistor — Beispiel: NPN-Transistor

Emitter   P-dotiert   Kollektor

N-dotiert   Basis   N-dotiert

Sperrschicht FET — Beispiel: N-Kanal FET

Gate   Source

Drain   P-dotiert   N-dotiert

Isolierschicht FET — Beispiel: MOS-FET

Source   Gate   Source

P-dotiert   Drain   N-dotiert

Symbole

NPN   PNP
C   C
B   B
E   E

N-Kanal   P-Kanal
D   D
G   G
S   S

MOS-FET   IGBT
D   C
G   G
S   E

Kennlinien (Beispiele)

NPN
I_C in mA
500 — 5 mA — 4 mA
400 — 3 mA
300 — 2 mA
200
100 — 1 mA — $I_B = 0{,}5$ mA — $t_{amb} = 25\ °C$
0   1   2 U_{CE} in V

Ausgangskennlinie mit I_B als Parameter

N-Kanal
I_D I_D U_{GS}
0 V, –1 V, –2 V, –3 V
$-U_{GS}$ U_{DS}

P-Kanal
$-I_D$ $-I_D$ U_{GS}
0 V, 1 V, 2 V, 3 V
U_{DS} $-U_{DS}$

MOS-FET
I_D in A   10 V
24
20 — 7 V — $\vartheta_C = 25\ °C$ — U_{GS} 6,0 V
16
12 — 5,0 V
8
4 — 4,0 V
0   10   20   30 U_{DS} in V

Eigenschaften

Bipolartransistor:
- hohe Stromverstärkung $\beta = 20...1000$
- geringer Eingangswiderstand

Sperrschicht FET:
- mit geringer Leistung ansteuerbar
- empfindlich gegen elektrostatische Aufladung
- Verhalten wie steuerbarer Widerstand

Isolierschicht FET:
- $U_{DS} < 1$ kV $U_{CE} < 6{,}5$ kV
- $I_D < 1$ kA $I_D < 2{,}5$ kA
- geringe Schaltverluste (gegenüber Bipolartransistor)
- empfindlich gegen elektrostatische Aufladung

Anwendungen

Bipolartransistor:
- NF-Verstärker
- Impedanzwandler
- Oszillatorschaltungen
- Schalten kleiner Leistungen (z. B. Relais, Lampe, Leistungsverstärker bei digitalen Schaltungen)

Sperrschicht FET:
- HF-Verstärker
- Grundelement für Operationsverstärker
- digitale Verknüpfungen
- Hochvoltinverter
- Konstantspannungsquellen

Isolierschicht FET:
- Schalter in leistungselektronischen Anwendungen
- Stellglied für lineare Leistungsstellung (z. B. linearer Spannungsregler)

Bipolartransistor (Gleichstromverhalten)
Bipolar Transistor (D.C. Behaviour)

Arbeitspunkteinstellung

Vorwiderstand zwischen Betriebsspannung und Basis

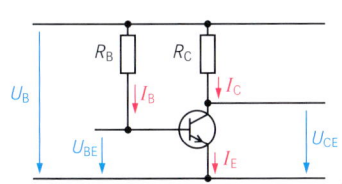

$$R_B = \frac{U_B - U_{BE}}{I_B} \qquad R_C = \frac{U_B - U_{CE}}{I_C}$$

Vorwiderstand zwischen Kollektor und Basis

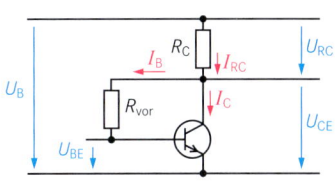

$$I_{RC} = I_B + I_C \qquad U_{RC} = (I_B + I_C) \cdot R_C$$

$$U_{CE} = U_B - U_{RC} \qquad R_{vor} = \frac{U_{CE} - U_{BE}}{I_B}$$

Basisspannungsteiler

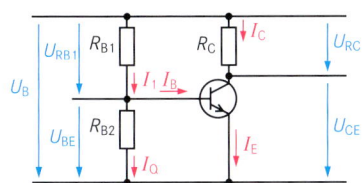

$$U_{RB1} = I_1 \cdot R_{B1} \qquad U_{RC} = I_C \cdot R_C$$

$$R_{B1} = \frac{U_B - U_{BE}}{I_1} \qquad R_{B2} = \frac{U_B - U_{RB1}}{I_Q}$$

$$I_1 = I_B + I_Q \qquad I_Q = 5 \ldots 10 \cdot I_B$$

Arbeitspunkt bei halber Betriebsspannung

Schaltungen wie in linker Spalte!

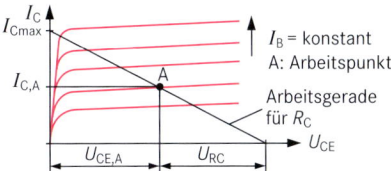

I_B = konstant
A: Arbeitspunkt
Arbeitsgerade für R_C

$$U_{CE,\,A} = \frac{U_B}{2} \qquad U_B = I_{C,\,A} \cdot R_C + U_{CE,\,A}$$

$$I_{CA} = \frac{I_{Cmax}}{2} \qquad U_{RC} = I_{C,\,A} \cdot R_C \qquad R_C = \frac{U_B}{2 \cdot I_{C,\,A}}$$

Emitterwiderstand

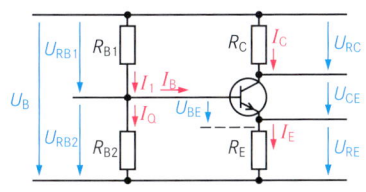

$$U_{RE} = \frac{1}{5} U_B \ldots \frac{1}{4} U_B \qquad U_{RE} = U_B - U_{RC} - U_{CE}$$

$$U_{RB1} = U_B - U_{RB2} \qquad U_{RB2} = U_{BE} + U_{RE}$$

$$R_{B1} = \frac{U_{RB1}}{I_1} \qquad R_{B2} = \frac{U_{RB2}}{I_Q} \qquad R_E = \frac{U_{RE}}{I_E} ; \qquad R_C = \frac{U_{RC}}{I_C}$$

Differenzverstärker

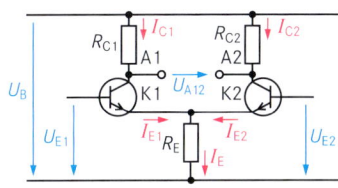

Spannungsverstärkung $v_U = \dfrac{U_{A1} - U_{A2}}{U_{E1} - U_{E2}} = \dfrac{U_{A12}}{U_D}$

$$-U_{A1} = v_U \cdot U_{E1} \qquad -U_{A2} = v_U \cdot U_{E2}$$

$$I_E = I_{E1} + I_{E2}$$

Darlington-Schaltung

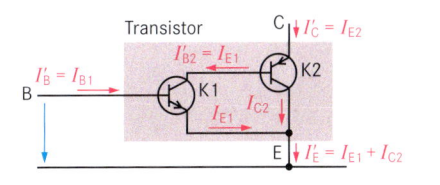

$$U'_{BE} = U_{BE1} + U_{BE2} \qquad r'_{BE} \approx 2 \cdot r_{BE1}$$

$$B' = B_1 \cdot B_2 \qquad \beta' = \beta_1 \cdot \beta_2 \qquad r'_{CE} = r_{CE2} \parallel \frac{2 r_{CE1}}{\beta_2}$$

Komplementär-Darlington-Schaltung

$$U'_{BE} = U_{BE1} \qquad r'_{BE} = r_{BE1}$$

$$B' = B_1 \cdot B_2 \qquad \beta' = \beta_1 \cdot \beta_2 \qquad r'_{CE} = r_{CE2} \parallel \frac{r_{CE1}}{\beta_2}$$

Strichwerte, wie z. B. U'_{BE} oder r'_{CE} beziehen sich auf den Darlington-Transistor

Bipolartransistor (Wechselstromverhalten)
Bipolar Transistor (A.C. Behaviour)

Emitterschaltung

Schaltung	Wechselstrom-Ersatzschaltung

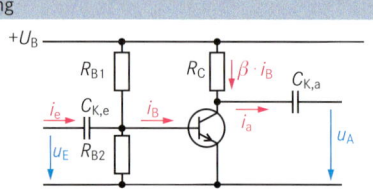

Eigenschaften

$$R_B = \frac{R_{B1} \cdot R_{B2}}{R_{B1} + R_{B2}}$$

$$v_u = -\beta \, \frac{R_C}{r_{BE}}$$

$$r_e = \frac{r_{BE} \cdot R_B}{r_{BE} + R_B}$$

$$r_a = \frac{r_{CE} \cdot R_C}{r_{CE} + R_C}$$

$$v_i = \beta$$

$$v_p = v_u \cdot v_i$$

$$f_{gu} = \frac{1}{2 \, \pi \, C_{K,e} \cdot r_e}$$

$$f_{go} = \frac{1}{2 \, \pi \, C_{BE} \cdot r_{BB}}$$

Anwendungen, Werte[1]

- Universelle Schaltung zur Spannungs- und Stromverstärkung im NF- und HF-Bereich.

$r_e = 20\ \Omega \dots 5\ \text{k}\Omega$ $r_a = 5\ \text{k}\Omega \dots 20\ \text{k}\Omega$
$v_u = 300 \dots 1000$ $v_i = 50 \dots 300$
$\varphi = 180°$ $f_{gu} \approx 20\ \text{Hz}$

Kollektorschaltung

Schaltung	Wechselstrom-Ersatzschaltbild

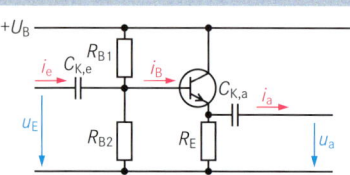
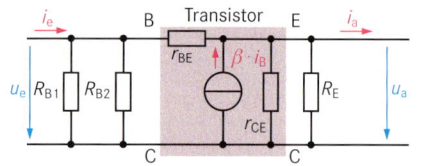

Eigenschaften

$$r_e = \frac{(r_{BE} + \beta \cdot R_E) \cdot R_B}{r_{BE} + \beta \cdot R_{BE} + R_B}$$

$$R_B = \frac{R_{B1} \cdot R_{B2}}{R_{B1} + R_{B2}}$$

$$v_u = \frac{\beta \cdot R_E}{\beta \cdot R_E + r_{BE}} < 1$$

$$r_a = \frac{\frac{r_{BE}}{\beta} \cdot R_E}{\frac{r_{BE}}{\beta} + R_E} \qquad f_{go} < f_\beta$$

$$v_i \approx \beta$$

Anwendungen, Werte[1]

- NF-Eingangsverstärker
- Impedanzwandler

$r_e = 10\ \text{k}\Omega \dots 200\ \text{k}\Omega$ $r_a = 4\ \Omega \dots 100\ \Omega$
$v_u = 0{,}9 \dots 0{,}98$ $v_i = 30 \dots 500$
$v_p = (0{,}9 \dots 0{,}98)$ $f_{gu} \approx 20\ \text{Hz}$
$v_{i\varphi} = 0°$

Basisschaltung

Schaltung	Wechselstrom-Ersatzschaltung

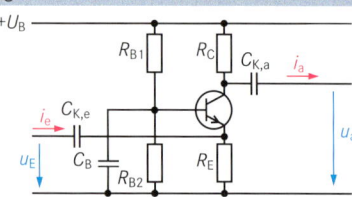
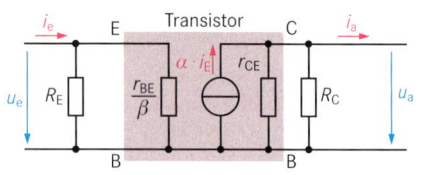

Eigenschaften

$$r_e = \frac{\frac{r_{BE}}{\beta} \cdot R_E}{\frac{r_{BE}}{\beta} + R_E}$$

$$r_a = \frac{r_{CE} \cdot R_C}{r_{CE} + R_C}$$

$$v_i \approx \frac{\beta}{\beta + 1} < 1$$

$$v_u = \beta \, \frac{R_C}{r_{BE}}$$

$$f_{go} \approx \beta \cdot f_b$$

Anwendungen, Werte[1]

- Oszillatorschaltungen
- HF-Verstärker

$r_e = 10\ \Omega \dots 100\ \Omega$ $r_a = 50\ \text{k}\Omega \dots 1\ \text{M}\Omega$
$v_u = 100 \dots 500$ $v_i \leq 1$
$\varphi = 0°$ $v_p \approx v_u$
$f_{gu} \approx 20\ \text{Hz}$

---

[1] Werte können ggf. deutlich abweichen.
r_{BB}: Basisbahnwiderstand,
r_e, r_a: Wechselstrom-Eingangs-/ -Ausgangswiderstand,

v_u: Wechselspannungsverstärkung,
v_i: Wechselstromverstärkung,
v_p: Leistungsverstärkung, Phasenverschiebung zwischen

u_A und u_E, f_{gu}, f_{go}: Untere/obere Grenzfrequenz, β: Transistor-Wechselstromverstärkung, f_b: Frequenz mit 70,7 % der Stromverstärkung bei Transitfrequenz f_T.

Schaltung	Wechselstrom-Ersatzschaltbild	Eigenschaften, Werte[1]

Sourceschaltung mit Sperrschicht-FET

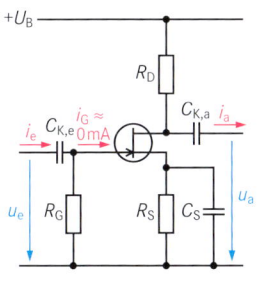

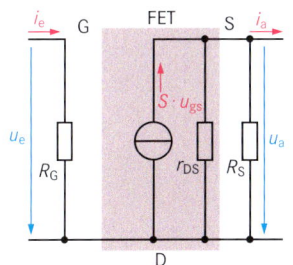 FET, G, D, $S \cdot u_{gs}$, u_e, R_G, r_{GS}, r_{DS}, R_D, u_a, S

- Nahezu leistungslose Ansteuerung, da $r_{GS} \geq 10\ \mathrm{G\Omega}$
- Einsatz als Verstärkerschaltung im NF- und HF-Bereich

$$r_e = \frac{r_{GS} \cdot R_G}{r_{GS} + R_G} \qquad r_e = 1\ \mathrm{M\Omega} \dots 10\ \mathrm{M\Omega}$$

$$r_a = \frac{r_{DS} \cdot R_D}{r_{DS} + R_D} \qquad r_a = 2\ \mathrm{k\Omega} \dots 10\ \mathrm{k\Omega}$$

$$S = \frac{\Delta I_D}{\Delta U_{GS}} \qquad v_u = \frac{\Delta U_{DS}}{\Delta U_{GS}}$$

$$v_u = -S \cdot r_a \qquad v_u = 5 \dots 20$$

$$v_i \to \infty \qquad \varphi = 180°$$

Drainschaltung mit Sperrschicht-FET

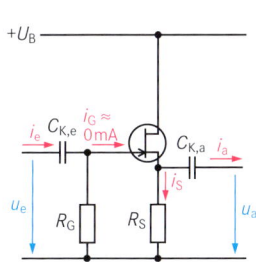

FET, G, S, u_e, R_G, r_{DS}, R_S, u_a, D, $S \cdot u_{gs}$

- Erzeugung der negativen Gatespannung (wie oben) über R_S
  $-U_{GS} = R_S \cdot I_D$
- Einsatz als Vorverstärker und Impedanzwandler

$$r_e \approx R_G \qquad r_e = 1\ \mathrm{M\Omega} \dots 20\ \mathrm{M\Omega}$$

$$r_a \approx \frac{1}{S} \qquad r_a = 100\ \Omega \dots 1\ \mathrm{k\Omega}$$

$$v_u = \frac{S \cdot R_S}{1 + S \cdot R_S} \leq 1$$

$$\varphi = 0°$$

Sourceschaltung mit Isolierschicht-FET (selbstleitend, N-Kanal)

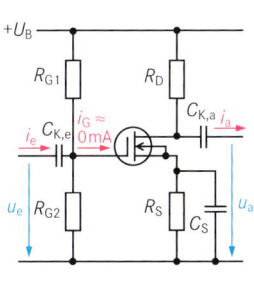

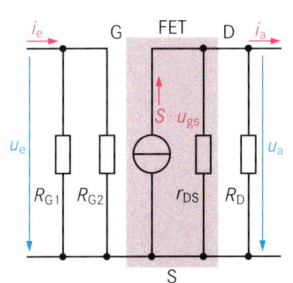 FET, G, D, u_e, R_{G1}, R_{G2}, r_{DS}, R_D, u_a, S, $S \cdot u_{gs}$

- Leistungslose Ansteuerung, da $r_{GS} \geq 10\ \mathrm{T\Omega}$
- Bei $U_{GS} = 0\ \mathrm{V}$ ist Drain-Source-Strecke bereits leitend

$$r_e = \frac{R_{G1} \cdot R_{G2}}{R_{G1} + R_{G2}} \qquad r_e = 1\ \mathrm{M\Omega} \dots 10\ \mathrm{M\Omega}$$

$$r_a = \frac{r_{DS} \cdot R_D}{r_{DS} + R_D} \qquad r_a = 10\ \mathrm{k\Omega} \dots 100\ \mathrm{k\Omega}$$

$$v_u = -S \cdot r_a, \text{ mit } r_a \approx R_D$$

$$v_u \approx -S \cdot R_D \qquad v_u = 5 \dots 20$$

$$\varphi = 180°$$

Drainschaltung mit Isolierschicht-FET (selbstsperrend, N-Kanal)

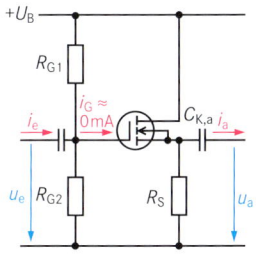

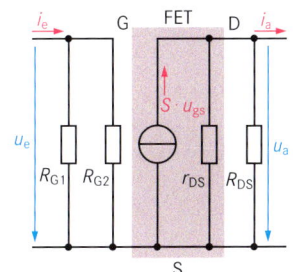 FET, G, D, u_e, R_{G1}, R_{G2}, r_{DS}, R_{DS}, u_a, S, $S \cdot u_{gs}$

- Leistungslose Ansteuerung, da $r_{GS} \geq 10\ \mathrm{T\Omega}$
- Bei $U_{GS} = 0\ \mathrm{V}$ ist Drain-Source-Strecke gesperrt

$$r_e = \frac{R_{G1} \cdot R_{G2}}{R_{G1} + R_{G2}} \qquad r_e = 1\ \mathrm{M\Omega} \dots 10\ \mathrm{M\Omega}$$

$$r_a \approx \frac{1}{S} \parallel R_S \qquad r_a \approx \frac{1}{S} \text{ für } R_s > 1\ \mathrm{k\Omega}$$

$$v_u \approx \frac{S \cdot R_S}{1 + S \cdot R_S} \qquad v_u \leq 1$$

$$\varphi = 0°$$

[1] Die angegebenen Kennwerte können im Einzelfall deutlich unter- bzw. überschritten werden.
S: Steilheit, ca. $1\ \mathrm{mS} \dots 50\ \mathrm{mS}$ für Sperrschicht-FET, $4\ \mathrm{mS} \dots 20\ \mathrm{mS}$ für Isolierschicht-FET

- Mehrstufige Verstärker entstehen durch Kettenschaltung zweier oder mehrerer Einzelverstärker.

- Das Verhalten des Gesamtverstärkers wird durch die jeweiligen Kopplungsarten bestimmt.
- Die Bandbreite des Gesamtverstärkers ist kleiner als die Bandbreite einer Verstärkerstufe.

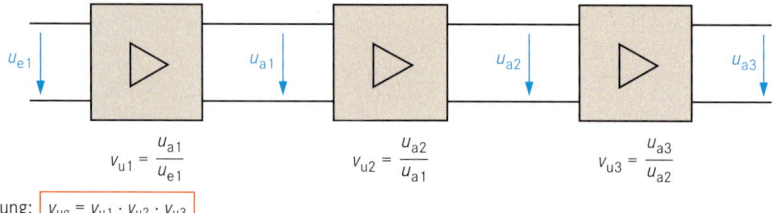

$$v_{u1} = \frac{u_{a1}}{u_{e1}} \qquad v_{u2} = \frac{u_{a2}}{u_{a1}} \qquad v_{u3} = \frac{u_{a3}}{u_{a2}}$$

Gesamtverstärkung: $\boxed{v_{ug} = v_{u1} \cdot v_{u2} \cdot v_{u3}}$

Gleichstromkopplung (Galvanische Kopplung)

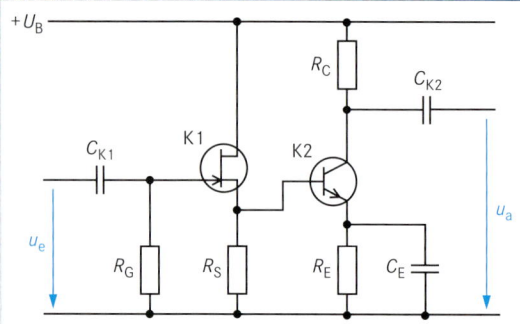

- Einsatz als Verstärker im Gleichspannungs- und NF-Bereich.
- Bei Verstärkeraufbau mit NPN-Transistoren nimmt die Aussteuerbarkeit der Folgestufen durch Erhöhung der Ruhespannung ab.
- Vermieden wird dieser Nachteil durch Einsatz von komplementären Transistoren.
- Die Schaltung hat in der 1. Stufe eine Drainschaltung mit hohem Eingangswiderstand für schwach belastbare Signalquellen.
- Die Spannungsverstärkung erfolgt in der Emitterschaltung der 2. Stufe.
- Es gibt eine gegenseitige Beeinflussung der Stufen bei Arbeitspunktverschiebungen.

Kapazitive Kopplung (RC-Kopplung)

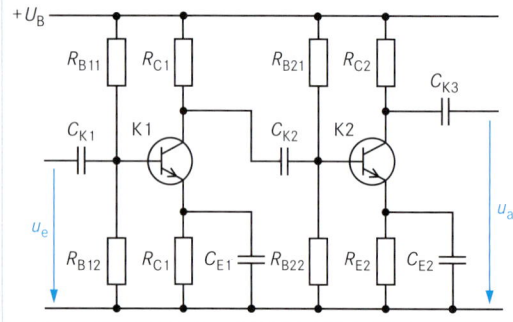

- Einsatz als NF-Verstärker mit frequenzabhängiger Kopplung.
- Durch gleichspannungsmäßige Trennung entfällt gegenseitige Beeinflussung bei einzelnen Arbeitspunktverschiebungen.
- Die Bandbreite B' des mehrstufigen Verstärkers ist kleiner als die Bandbreite B der einzelnen Stufen.

$$\boxed{f'_{gu} \approx \sqrt{n} \cdot f_{gu}} \qquad \boxed{f'_{go} \approx \frac{1}{\sqrt{n}}\, f_{go}}$$

- Bei unterer bzw. oberer Grenzfrequenz ist:

$$\boxed{v_{ug} = \left(\frac{1}{\sqrt{2}}\right) n \cdot (v_{u1} \cdot v_{u2} \cdot \ldots \cdot v_n)}$$

Übertragerkopplung

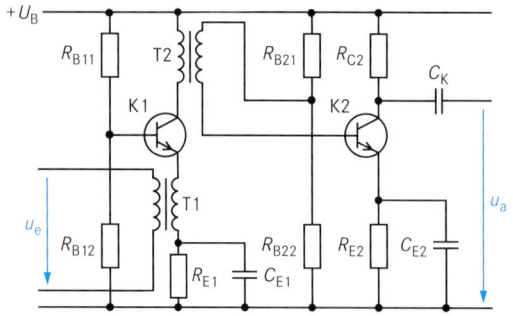

- Einsatz als HF-Verstärker mit optimales Anpassung der einzelnen Stufen durch Widerstandstransformation bei hohem Wirkungsgrad.

$$\boxed{\ddot{u} = \frac{N_1}{N_2} = \sqrt{\frac{Z_e}{Z_a}} \qquad Z_a = Z_e \left(\frac{N_2}{N_1}\right)^2}$$

- Die erste Stufe ist als Basisschaltung wirksam. Die Primärwicklung von T2 wirkt als Arbeitswiderstand.
- Ein linearer Amplitudengang über ein großes Frequenzspektrum ist nur bei kleinen Streuinduktivitäten und Wicklungskapazitäten möglich.

f'_{gu}, f'_{go}: Untere, obere Grenzfrequenz der einzelnen Stufen, n: Anzahl der Stufen

- Gegenphasige Rückkopplung des Ausgangssignales von Verstärkern bewirkt Linearisierung und Stabilisierung der Verstärkung.
- Durch Gegenkopplung können die Verstärkereigenschaften v_u, v_i, t_e und r_a beeinflusst werden.
- Grundsätzlich wird nach Strom- oder Spannungsgegenkopplung unterschieden.
- Das rückgeführte Signal kann dem Eingang parallel als Gegenkopplungsstrom oder seriell als Gegenkopplungsspannung zugeführt werden.

Gegenkopplungsfaktor: $k = \dfrac{u_{GK}}{u_a^*}$ bzw. $k = \dfrac{i_{GK}}{i_a^*}$

Gegenkopplungsgrad: $1 + k \cdot v$

$$v_u^* = \frac{v_u}{1 + k \cdot v_u}$$

$$v_i^* = \frac{v_i}{1 + k \cdot v_i}$$

Bei $v \gg 1$ gilt: Bandbreite $\boxed{B^* = B \cdot \dfrac{v}{v^*}}$

$v_u^* = \dfrac{1}{k}$ bzw. $v_i^* = \dfrac{1}{k}$

Kennzeichnung der bei Gegenkopplung wirsamen Größen mit *

Stromgegenkopplung

Strom-Serien-Gegenkopplung

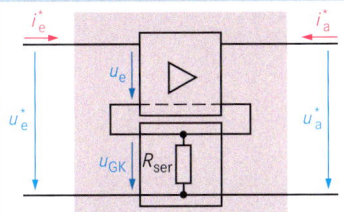

- Vergrößerung von r_e^* und r_a^*
- Reduzierung der Spannungsverstärkung v_u^*

Strom-Parallel-Gegenkopplung

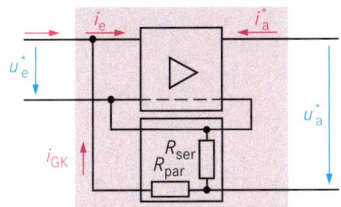

- Verkleinerung von r_e^*
- Vergrößerung von r_a^*
- Reduzierung der Stromverstärkung v_i^*

Spannungsgegenkopplung

Spannungs-Serien-Gegenkopplung

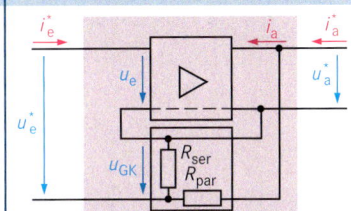

- Vergrößerung von r_e^*
- Verkleinerung von r_a^*
- Reduzierung der Spannungsverstärkung v_u^*

Spannungs-Parallel-Gegenkopplung

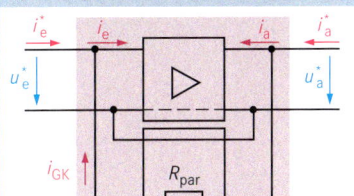

- Verkleinerung von r_e^* und r_a^*
- Reduzierung der Stromverstärkung v_i^*

Gegenkopplungsarten von Transistorschaltungen

Strom-Serien-Gegenkopplung

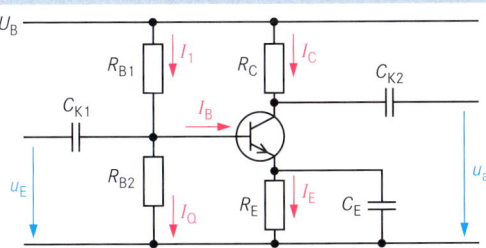

- Der Emitterwiderstand R_E stabilisiert den Arbeitspunkt gegen thermischen Einfluss.
- Der Emitterkondensator C_E hebt bei höheren Frequenzen Verstärkungsverlust auf.

$$U_{RE} = \frac{1}{5} \cdots \frac{1}{4} U_B$$

$$C_E = \frac{r_{BE} + \beta \cdot R_E}{2\,\pi \cdot f_{gu} \cdot r_{BE} \cdot R_E} \qquad R_C = \frac{U_B - (U_{RE} + U_{CEsat})}{I_{C,\,A}}$$

$$R_{B1} = \frac{U_B - (U_{BE} + U_{RE})}{I_Q + I_B} \qquad R_{B2} = \frac{U_{BE} + U_{RE}}{I_Q}$$

$$r_e^* = (r_{BE} + \beta \cdot R_E) \parallel R_{B1} \parallel R_{B2} \cdot r_a^* = R_C$$

$$v_u^* \approx -\frac{R_C}{R_E}$$

Spannungs-Parallel-Gegenkopplung

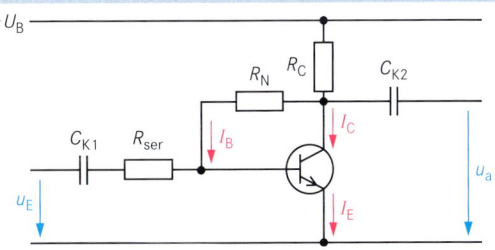

- Der Nebenwiderstand R_N stabilisiert den Arbeitspunkt gegen thermischen Einfluss.
- Der Serienwiderstand R_{ser} verhindert Kurzschluss der rückgekoppelten Spannung durch Signalquelle.

$$R_N = \frac{U_{CE} - U_{BE}}{I_B} \qquad R_C = \frac{U_B - U_{CE}}{I_C + I_B}$$

$$r_a^* \approx R_{ser} \qquad r_a^* \approx \frac{R_C \parallel r_{CE}}{v_u} \cdot v_u^*$$

$$v_u^* \approx \frac{R_N}{R_{ser}}$$

Aufbau

Operationsverstärker enthalten einen Differenzverstärker und einen nachgeschalteten, meist mehrstufigen Verstärker.

Blockschaltbild

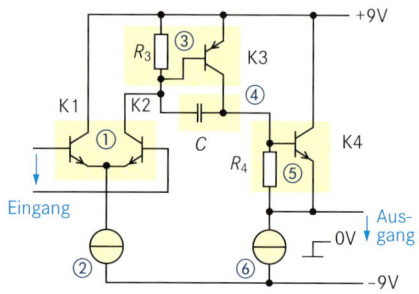

①: Differenz-Verstärker   ④: Kompensations-Kapazität
②, ⑥: Konstantstromquellen   ⑤: Ausgangsstufe
③: Verstärkerstufe

Frequenzverhalten

Infolge interner Phasendrehung bei hohen Frequenzen besteht Schwingneigung.
Daher ist eine Reduzierung der Verstärkung um 20 dB/Dekade mittels C_K und R notwendig (häufig bereits intern vorhanden).

Frequenzkompensation

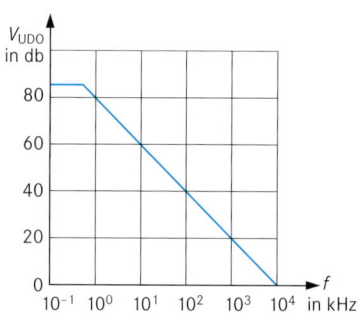

Schaltzeichen

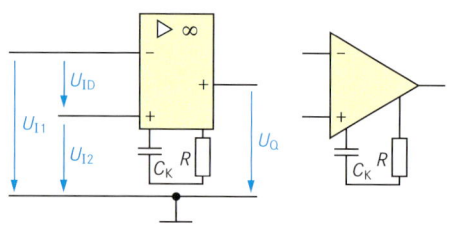

$U_{ID} = U_{I1} - U_{I2}$
Darstellung: einpolig, ohne Speisespannungsanschlüsse
−: Invertierender Eingang
+: Nichtinvertierender Eingang
C_K, R: Frequenzkompensation
U_{ID}: Differenz-Eingangsspannung

Übertragungskennlinie

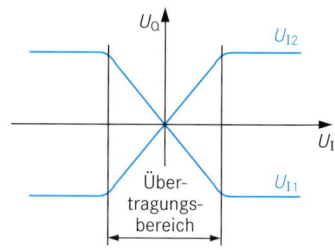

Anwendungsbereiche

Industrielle Elektronik, Regelungstechnik, NF-Technik

Begriff, Formelzeichen	Definition	Beziehung	Typ. Werte
Eingangs-Null-Spannung (input-offset-voltage) U_{I0}	Spannungsdifferenz, die an den Eingängen angelegt werden muss, damit die Ausgangsspannung Null ist.	$U_{I0} = U_{I1} - U_{I2}$ bei $U_Q = 0$ V und Generatorwiderstand $R_G = 50\ \Omega$	maximal ± 6 mV
Gleichtakt-Eingangsspannung (common mode input voltage) U_{IC}	Arithmetischer Mittelwert der Eingangsspannungen, wenn die Ausgangsspannung Null ist.	$U_{IC} = \dfrac{U_{I1} + U_{I2}}{2}$	
Eingangs-Null-Strom (input-offset-current) I_{I0S}	Differenz der Eingangsströme im Arbeitsbereich, wenn die Ausgangsspannung Null ist.	$I_{I0S} = I_{I1} - I_{I2}$	80 nA
Eingangs-Ruhestrom (input-bias-current) I_I	Mittlerer statischer Eingangsstrom, der für die Funktion des OP notwendig ist.	$I_I = \dfrac{I_{I1} + I_{I2}}{2}$	80 nA
Differenz-Leerlaufspannungs-Verstärkung (open-loop-voltage-gain) v_{UD0}	Verstärkung einer Differenz-Eingangsspannung ohne Gegenkopplung	$v_{UD0} = \dfrac{U_Q}{U_{ID}}$ $= 20\ \log \dfrac{U_Q}{U_{ID}}$ in dB	80 dB
Gleichtakt-Leerlaufspannungs-Verstärkung (common-mode-voltage gain) v_{UC0}	Verhältnis der Ausgangsspannung zur Gleichtakt-Eingangsspannung	$v_{UC0} = \dfrac{U_Q}{U_{IC}}$	

Invertierer

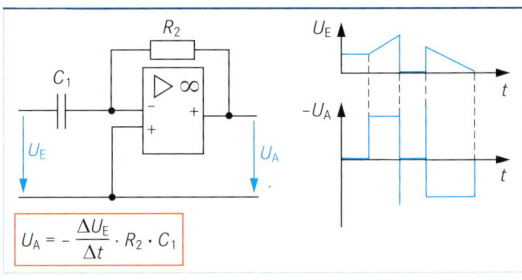

$$U_A = -U_E \frac{R_2}{R_1}$$

Nichtinvertierer

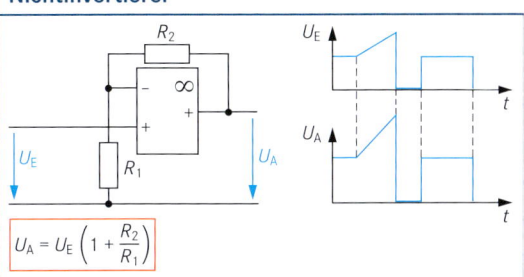

$$U_A = U_E \left(1 + \frac{R_2}{R_1}\right)$$

Differenzierer

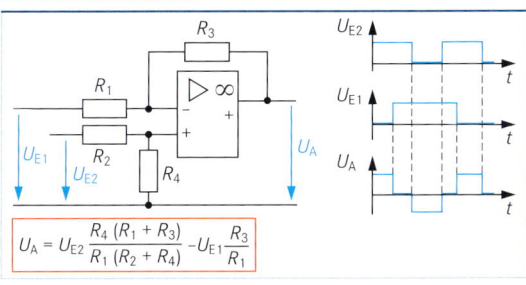

$$U_A = -\frac{\Delta U_E}{\Delta t} \cdot R_2 \cdot C_1$$

Integrierer

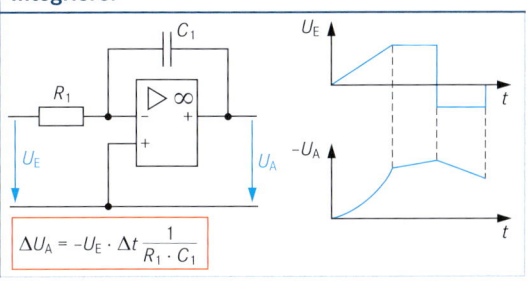

$$\Delta U_A = -U_E \cdot \Delta t \frac{1}{R_1 \cdot C_1}$$

Differenzverstärker

$$U_A = U_{E2} \frac{R_4 (R_1 + R_3)}{R_1 (R_2 + R_4)} - U_{E1} \frac{R_3}{R_1}$$

Summierer

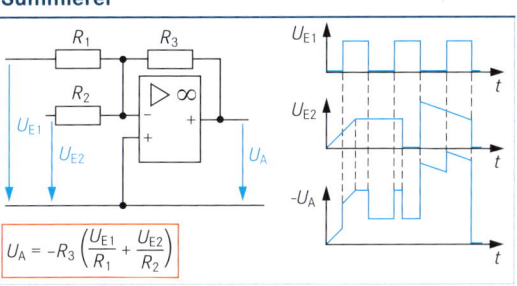

$$U_A = -R_3 \left(\frac{U_{E1}}{R_1} + \frac{U_{E2}}{R_2}\right)$$

Impedanzwandler

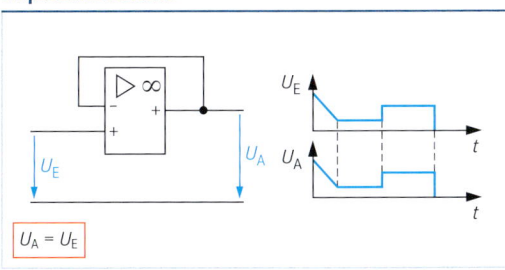

$$U_A = U_E$$

Strom-Spannungswandler

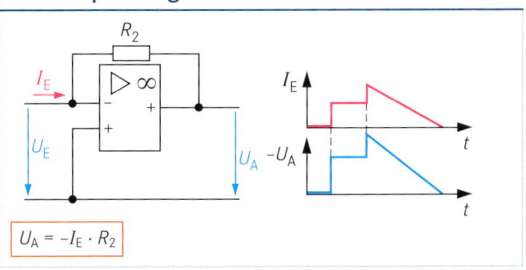

$$U_A = -I_E \cdot R_2$$

Spannungs-Komparator

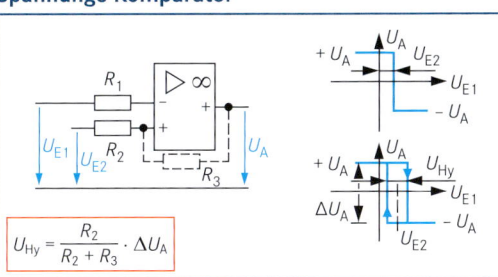

$$U_{Hy} = \frac{R_2}{R_2 + R_3} \cdot \Delta U_A$$

Spannungs-Stromwandler

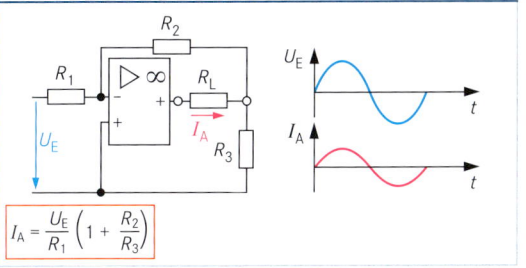

$$I_A = \frac{U_E}{R_1} \left(1 + \frac{R_2}{R_3}\right)$$

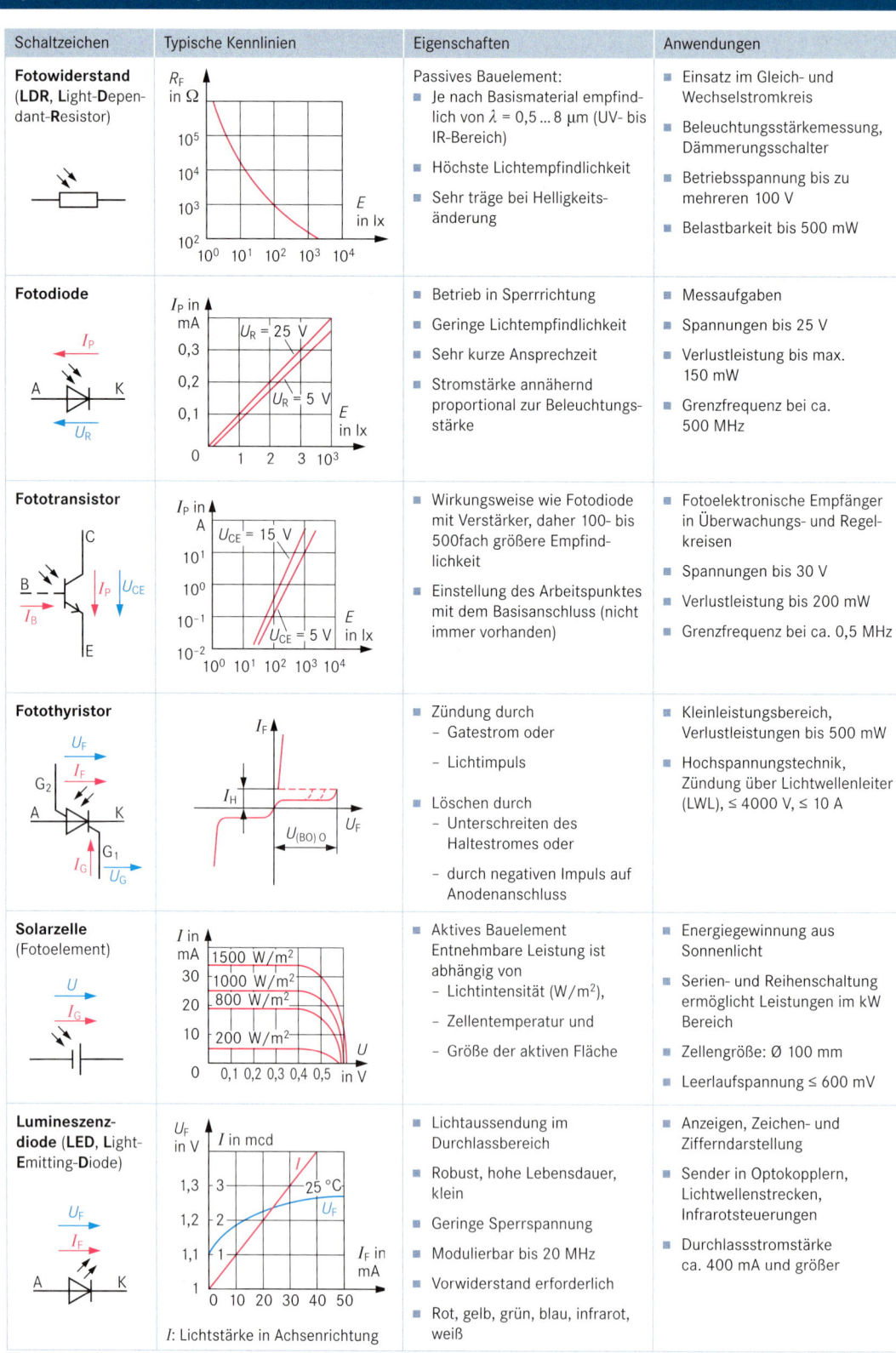

Schaltzeichen	Typische Kennlinien	Eigenschaften	Anwendungen
Fotowiderstand (**LDR**, **L**ight-**D**epen-dant-**R**esistor)	R_F in Ω	Passives Bauelement: ■ Je nach Basismaterial empfind-lich von $\lambda = 0,5 \ldots 8\ \mu m$ (UV- bis IR-Bereich) ■ Höchste Lichtempfindlichkeit ■ Sehr träge bei Helligkeits-änderung	■ Einsatz im Gleich- und Wechselstromkreis ■ Beleuchtungsstärkemessung, Dämmerungsschalter ■ Betriebsspannung bis zu mehreren 100 V ■ Belastbarkeit bis 500 mW
Fotodiode	I_P in mA	■ Betrieb in Sperrrichtung ■ Geringe Lichtempfindlichkeit ■ Sehr kurze Ansprechzeit ■ Stromstärke annähernd proportional zur Beleuchtungs-stärke	■ Messaufgaben ■ Spannungen bis 25 V ■ Verlustleistung bis max. 150 mW ■ Grenzfrequenz bei ca. 500 MHz
Fototransistor	I_P in A	■ Wirkungsweise wie Fotodiode mit Verstärker, daher 100- bis 500fach größere Empfind-lichkeit ■ Einstellung des Arbeitspunktes mit dem Basisanschluss (nicht immer vorhanden)	■ Fotoelektronische Empfänger in Überwachungs- und Regel-kreisen ■ Spannungen bis 30 V ■ Verlustleistung bis 200 mW ■ Grenzfrequenz bei ca. 0,5 MHz
Fotothyristor	I_F	■ Zündung durch – Gatestrom oder – Lichtimpuls ■ Löschen durch – Unterschreiten des Haltestromes oder – durch negativen Impuls auf Anodenanschluss	■ Kleinleistungsbereich, Verlustleistungen bis 500 mW ■ Hochspannungstechnik, Zündung über Lichtwellenleiter (LWL), $\leq$ 4000 V, $\leq$ 10 A
Solarzelle (Fotoelement)	I in mA	■ Aktives Bauelement Entnehmbare Leistung ist abhängig von – Lichtintensität (W/m^2), – Zellentemperatur und – Größe der aktiven Fläche	■ Energiegewinnung aus Sonnenlicht ■ Serien- und Reihenschaltung ermöglicht Leistungen im kW Bereich ■ Zellengröße: Ø 100 mm ■ Leerlaufspannung $\leq$ 600 mV
Lumineszenz-diode (**LED**, **L**ight-**E**mitting-**D**iode)	U_F in V, I in mcd I: Lichtstärke in Achsenrichtung	■ Lichtaussendung im Durchlassbereich ■ Robust, hohe Lebensdauer, klein ■ Geringe Sperrspannung ■ Modulierbar bis 20 MHz ■ Vorwiderstand erforderlich ■ Rot, gelb, grün, blau, infrarot, weiß	■ Anzeigen, Zeichen- und Zifferndarstellung ■ Sender in Optokopplern, Lichtwellenstrecken, Infrarotsteuerungen ■ Durchlassstromstärke ca. 400 mA und größer

Optoelektronische Bauelemente
Optoelectronic Components

7-Segment-Anzeige

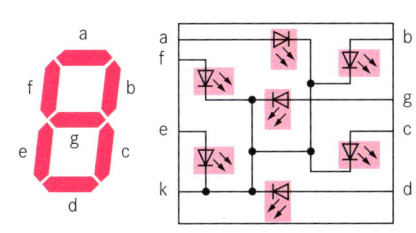

$$0123456789$$

- Zusammengesetzt aus einzelnen LEDs; mit gemeinsamer Anode bzw. Katode verfügbar.

Laserdiode

Light **A**mplification by **S**timulated **E**mission of **R**adiation

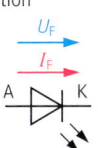

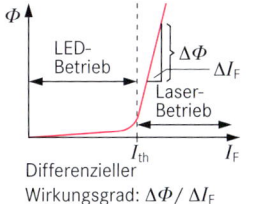

Differenzieller Wirkungsgrad: $\Delta\Phi/\Delta I_F$

- LED mit Laserresonator emittiert Laserstrahlung
- Farben: rot, gelb, grün, infrarot
- Gefahr der Augenschädigung!
- Anwendung bei LWL-Sendern, Laserdruckern, CD-/DVD-Geräten
- Φ: Lichtstrom

Flüssigkristall-Anzeigen (LCD-Anzeigen)

Funktionsprinzip	Erklärung

1: Vertikal orientierter Polarisator
2: Transparente Elektroden
3: Flüssigkristallschicht
4: Horizontal orientierter Polarisator

30...100 Hz

LCDs sind je nach Reflektorart mit oder ohne Hintergrundbeleuchtung betreibbar.

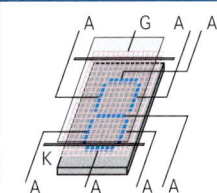

transmissiv

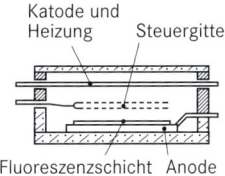

reflektiv   Reflektor

Reflektor

transflektiv

- **Ohne Spannung:** Licht wird durch Flüssigkristalle um 90° gedreht und kann beide Polarisationsfilter passieren: Symbole hell, Umfeld hell
- **Mit Spannung:** Keine Drehung der Lichtpolarisation: Symbole dunkel, Umfeld hell
- **Parallelorientierte Polarisatoren:** umgekehrter Effekt (Symbole hell, Umfeld dunkel)
- **Schaltzeit** ist stark temeperaturabhängig, für extreme Temperaturbereiche verschiedene Flüssigkeiten
- **Farbige** LCDs: Aufdruck farbiger Tinten
- **Betriebsspannung:** ca. 3...15 V AC, $f = 30...100$ Hz

Vakuum-Fluoreszenz-Anzeigen (VF-Anzeigen)

Katode und Heizung   Steuergitter

Fluoreszenzschicht   Anode

- Aufbau und Funktion wie direktgeheizte Triode
- Anoden leuchten, wenn Anoden an Pluspotenzial liegen und Gitter gegen Katode positiv ist
- Gitter gegen Katode negativ: Segment dunkel
- Segmentanode abgeschaltet: Segment dunkel
- **Farben:** blau/grün, grün, gelb, rot, orange (je nach Anodenbeschichtung)
- **Betriebsspannung** (Anodenspannung): 25...50 V

Optokoppler

Kenngrößen	Ausführungen	

Kenngrößen:

CTR: Koppelfaktor, auch Stromübertragungsverhältnis (**CTR**: **C**urrent-**t**ransfer-**r**atio)

$$CTR = \frac{I_C}{I_F} \text{ (in \%)} \quad \text{bei } I_F = 10 \text{ mA und } U_{CE} = 5 \text{ V}$$

U_{ISOL}: Isolationsprüfspannung   (max. $\approx$ 10 kV)

I_F: Dioden-Durchlassstromstärke (max. $\approx$ 80 mA)

I_C: Kollektorstromstärke   (max. $\approx$ 100 mA)

f_g: Grenzfrequenz   (typ. 250 kHz)

Ausführungen:

Schaltung	Bemerkung
A 1 4 E K 2 3 C	Basisanschluss nicht vorhanden
A 1 6 B K 2 5 C 3 4 E	Darlington-Fototransistor $\frac{I_C}{I_F} > 500 \%$
A 1 6 A2 K 2 5 3 4 A1	Triac-Koppler, Schaltverhalten, für Wechselspannung, Spitzensperrspannung bis 600 V

Hallgenerator

Halleffekt

Ein Halbleiterplättchen wird von einem Steuerstrom I_1 durchflossen und von einem Magnetfeld durchsetzt. Eine Spannung U_2 (Hallspannung) entsteht an den Anschlüssen 3–4.

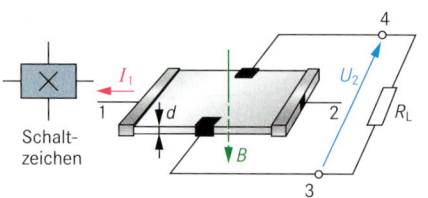

Schaltzeichen

Lineare Anpassung

Abschlusswiderstand für lineare Anpassung R_L:
Widerstand R_L, bei dem Linearität zwischen der steuerstrombezogenen Hallspannung U_2/I_1 und dem Steuerfeld erreicht wird.

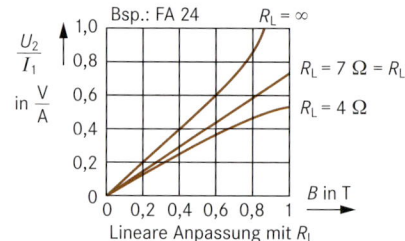

Lineare Anpassung mit R_L

Charakteristische Größen

- Leerlaufhallspannung U_{20}: Spannung U_2 bei $R_L = \infty$, Bemessungsinduktion (z. B. 1 T) und Bemessungssteuerstromstärke I_{1N}.

$$U_{20} = \frac{A_h}{d} \cdot I_1 \cdot B$$ Typ. Werte 50 ... 1000 mV

- Hallkonstante A_h:
  Material- und formgebungsabhängige Konstante in $\frac{m^3}{As}$

- Induktionsempfindlichkeit K_{BO}:
  Material- und formgebungsabhängige Konstante

$$K_{BO} = \frac{U_{20}}{I_{1N} \cdot B}$$ Typ. Wert: 0,5 ... 100 $\frac{V}{AT}$

Steuerbemessungsstrom I_{1N}, Typ. Wert: 10 ... 400 mA

Anwendung

- Feldregelung
- Sensor
- Multiplikation
- Feldmessung (auch bei tiefen Temperaturen)

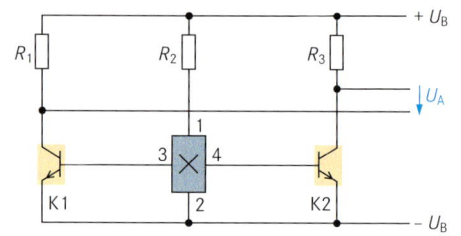

Feldplatte

Aufbau

- Der Widerstand eines Halbleitermaterials nimmt bei wachsendem magnetischen Feld beliebiger Polarität zu.
- Die Struktur des Materials bewirkt Umlenken der Strombahnen bei Feldeinwirkung.
- Bei konstanter Feldstärke sind Strom und Spannung linear.
- Mit der Gestaltung des Mäanders wird der Grundwiderstand R_o beeinflusst.

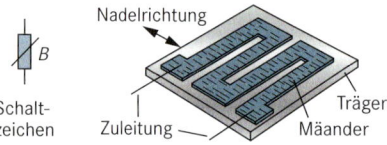

Schaltzeichen   Zuleitung   Nadelrichtung   Träger   Mäander

Charakteristische Größen

- Grundwiderstand R_o:
  Widerstand der Feldplatte ohne Einwirkung eines Magnetfeldes

- Widerstand R_B im Magnetfeld:
  Widerstand bei senkrecht einwirkendem Magnetfeld

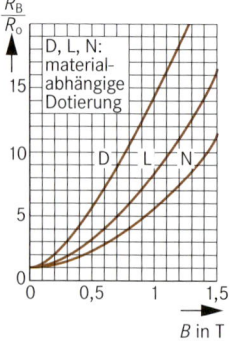

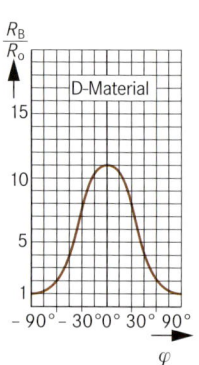

φ: Neigungswinkel des Magnetfeldes (D-Halbleitermaterial)

Anwendung

- Positionserfassung
- Drehzahl- und Drehsinnerfassung
- Winkelschrittgeber
- Potenziometer

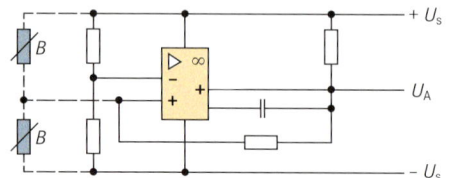

Beispiel: Schaltung für Differenzial-Feldplatten-Positionssensoren

Triggerdioden, UJT

Schaltzeichen	Kennlinie	Eigenschaften	Anwendung, Kennwerte
Zweirichtungsdiode (**Di**ode **a**lternating **c**urrent) U I A_1 ⧓ A_2	I / U	Stetiger Übergang im Durchbruchbereich Hohe Durchlassspannung	■ Triggern von Zünd-strömen für Triacs Kippspannung ca. 35 V ■ Durchlassstromstärke stark von Impulslänge abhängig ■ Maximale Verlustleistung ca. 300 mW
Unijunktion-Transistor UJT, (auch Doppelbasis-diode) I_E — E U_{EB1} $\quad$ B_2 U_{B2B1} B_1	I_E, $I_{B2}=0\ A$, U_v, $U_{2B1}=10\ V$, I_v, I_p, U_p, I_{E0}, U_p, U_{EB1}	Mit steigender Spannung U_{EB1} kehrt sich der Sperr-strom um. Ab Höckerspannung U_p wird die Emitter-B1-Strecke leitend.	■ Ansteuern von Triacs und Thyristoren ■ RC-Generatoren ■ Spannung: max. 30 V ■ Stromstärke: max. 50 mA

Thyristoren, Triac

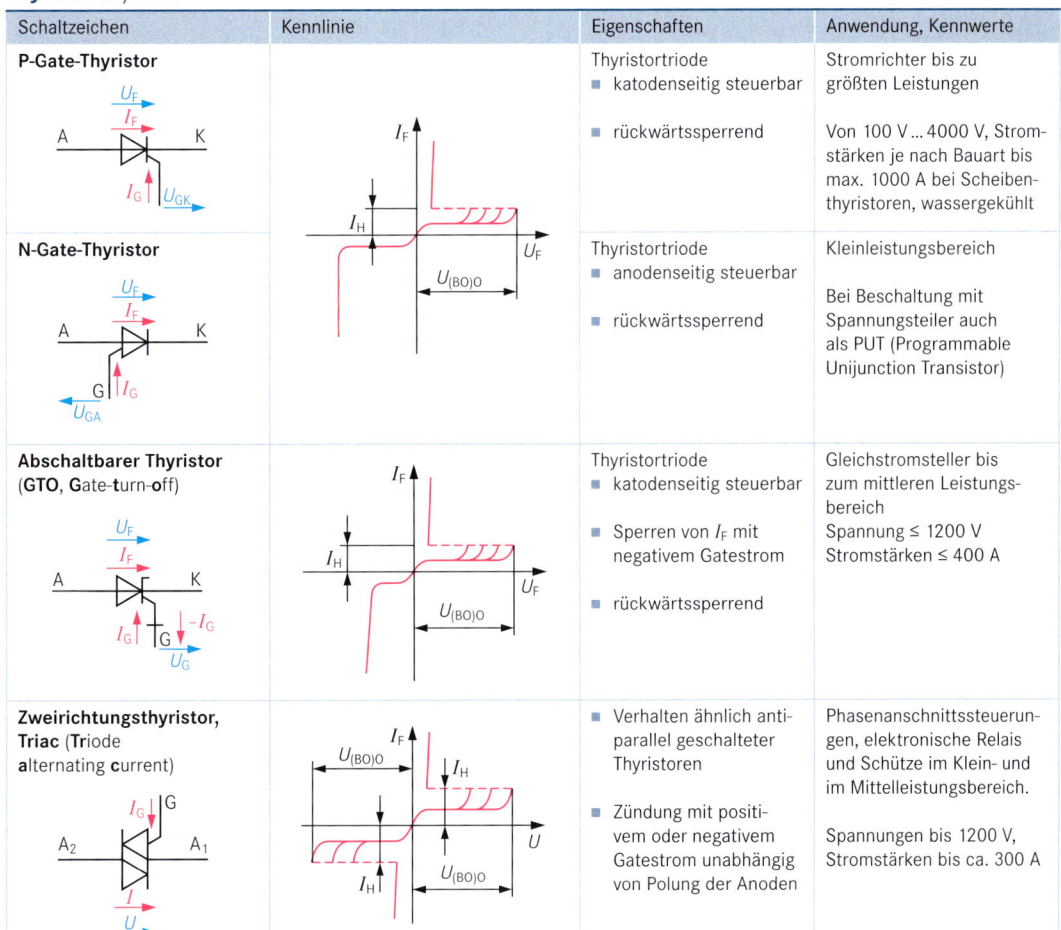

Schaltzeichen	Kennlinie	Eigenschaften	Anwendung, Kennwerte
P-Gate-Thyristor U_F I_F A ◁ K I_G U_{GK}	I_F, I_H, U_F, $U_{(BO)O}$	Thyristortriode ■ katodenseitig steuerbar ■ rückwärtssperrend	Stromrichter bis zu größten Leistungen Von 100 V … 4000 V, Strom-stärken je nach Bauart bis max. 1000 A bei Scheiben-thyristoren, wassergekühlt
N-Gate-Thyristor U_F I_F A ◁ K G I_G U_{GA}		Thyristortriode ■ anodenseitig steuerbar ■ rückwärtssperrend	Kleinleistungsbereich Bei Beschaltung mit Spannungsteiler auch als PUT (Programmable Unijunction Transistor)
Abschaltbarer Thyristor (**G**ate-**t**urn-**o**ff) U_F I_F A ◁ K I_G G $-I_G$ U_G	I_F, I_H, U_F, $U_{(BO)O}$	Thyristortriode ■ katodenseitig steuerbar ■ Sperren von I_F mit negativem Gatestrom ■ rückwärtssperrend	Gleichstromsteller bis zum mittleren Leistungs-bereich Spannung ≤ 1200 V Stromstärken ≤ 400 A
Zweirichtungsthyristor, Triac (**Tr**iode **a**lternating **c**urrent) I_G G A_2 ⧓ A_1 I U	I_F, $U_{(BO)O}$, I_H, U, $U_{(BO)O}$, I_H	■ Verhalten ähnlich anti-parallel geschalteter Thyristoren ■ Zündung mit positi-vem oder negativem Gatestrom unabhängig von Polung der Anoden	Phasenanschnittssteuerun-gen, elektronische Relais und Schütze im Klein- und im Mittelleistungsbereich. Spannungen bis 1200 V, Stromstärken bis ca. 300 A

Verknüpfungsbausteine

Schaltzeichen	Schaltfunktion, Benennung	Wertetabelle a	b	x
UND-Verknüpfung (Konjunktion) $x = a \wedge b$ $x = a \cdot b$ (a und b)[1]		0	0	0
		0	1	0
		1	0	0
		1	1	1
ODER-Verknüpfung (Disjunktion) $x = a \vee b$ $x = a + b$ (a oder b)[1]		0	0	0
		0	1	1
		1	0	1
		1	1	1
NICHT (Negation) $x = \overline{a}$ ¬ a (nicht a)[1]		0	–	1
		1	–	0
		–	–	–
		–	–	–
NAND-Verknüpfung $x = \overline{a \wedge b}$ $x = a \overline{\wedge} b$ (a nand b)[1]		0	0	1
		0	1	1
		1	0	1
		1	1	0
NOR-Verknüpfung $x = \overline{a \vee b}$ $x = a \overline{\vee} b$ (a nor b)[1]		0	0	1
		0	1	0
		1	0	0
		1	1	0
Exklusiv-ODER (Antivalenz) $x = (a \wedge \overline{b}) \vee (\overline{a} \wedge b)$ $x = a \leftrightarrow b$ (a xor b)[1]		0	0	0
		0	1	1
		1	0	1
		1	1	0
Exklusiv-NOR (Äquivalenz) $x = (a \wedge b) \vee (\overline{a} \wedge \overline{b})$ $x = a \leftrightarrow b$ (a Doppelpfeil b)[1]		0	0	1
		0	1	0
		1	0	0
		1	1	1
Sperrgatter (Inhibition) $x = \overline{a} \wedge b$		0	0	0
		0	1	1
		1	0	0
		1	1	0
Subjunktion (Implikation) $x = \overline{a} \vee b$ $x = a \rightarrow b$ (a Pfeil b)[1]		0	0	1
		0	1	1
		1	0	0
		1	1	1

[1] Benennung nach DIN 66000

Schaltalgebra

Konjunktion (UND-Funktion)	Disjunktion (ODER-Funktion)	Negation (NICHT-Funktion)
$x = a \wedge 0 = 0$	$x = a \vee 0 = a$	$x = \overline{a}$
$x = a \wedge 1 = a$	$x = a \vee 1 = 1$	$x = \overline{\overline{a}} = a$
$x = a \wedge a = a$	$x = a \vee a = a$	$x = \overline{\overline{\overline{a}}} = \overline{a}$
$x = a \wedge \overline{a} = 0$	$x = a \vee \overline{a} = 1$	

Rechenregeln

Vertauschungsregel (Kommutatives Gesetz)

$x = a \wedge b = b \wedge a$
$x = a \vee b = b \vee a$

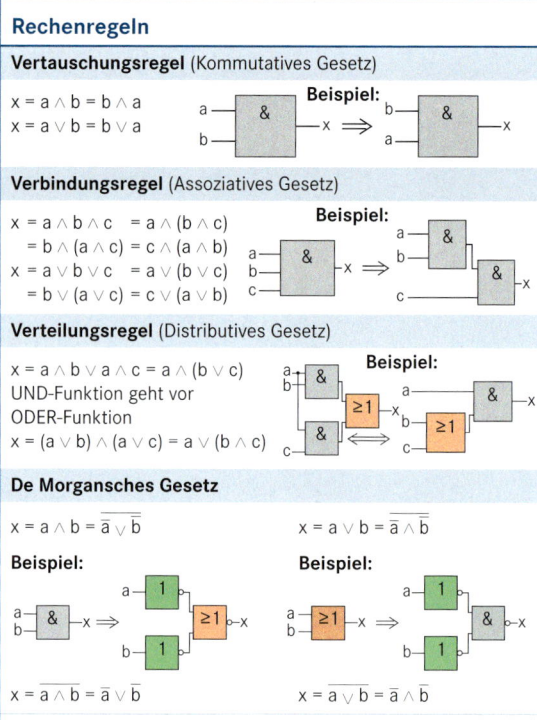

Beispiel:

Verbindungsregel (Assoziatives Gesetz)

$x = a \wedge b \wedge c = a \wedge (b \wedge c)$
$= b \wedge (a \wedge c) = c \wedge (a \wedge b)$
$x = a \vee b \vee c = a \vee (b \vee c)$
$= b \vee (a \vee c) = c \vee (a \vee b)$

Beispiel:

Verteilungsregel (Distributives Gesetz)

$x = a \wedge b \vee a \wedge c = a \wedge (b \vee c)$
UND-Funktion geht vor ODER-Funktion
$x = (a \vee b) \wedge (a \vee c) = a \vee (b \wedge c)$

Beispiel:

De Morgansches Gesetz

$x = a \wedge b = \overline{\overline{a} \vee \overline{b}}$
$x = a \vee b = \overline{\overline{a} \wedge \overline{b}}$

Beispiel:

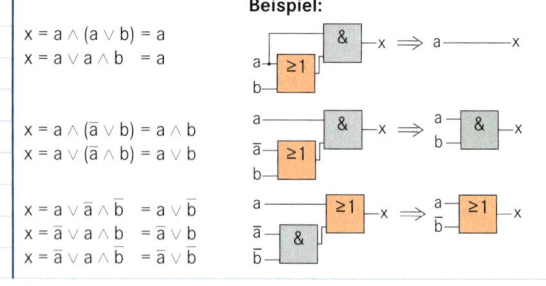

Beispiel:

$x = \overline{a \wedge b} = \overline{a} \vee \overline{b}$
$x = \overline{a \vee b} = \overline{a} \wedge \overline{b}$

Vereinfachungen

Beispiel:

$x = a \wedge (a \vee b) = a$
$x = a \vee a \wedge b = a$

$x = a \wedge (\overline{a} \vee b) = a \wedge b$
$x = a \vee (\overline{a} \wedge b) = a \vee b$

$x = a \vee \overline{a} \wedge \overline{b} = a \vee \overline{b}$
$x = \overline{a} \vee a \wedge b = \overline{a} \vee b$
$x = \overline{a} \vee a \wedge \overline{b} = \overline{a} \vee \overline{b}$

Ersetzen

UND durch ODER

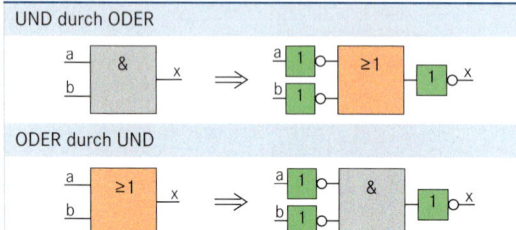

ODER durch UND

Ersetzen von Verknüpfungsgliedern
Man erhält gleichwertige Verknüpfungsglieder, wenn

1. alle UND durch ODER,

2. alle ODER durch UND ersetzt und

3. alle Anschlüsse gegenüber dem Ausgangszustand invertiert werden.
   (Ausnahme: NICHT-Glied)

Bezeichnungsschema[1]

Beispiel:

SN74LS244N	SN	74	LS				244		N	
	①	②	③	④	⑤	⑥	⑦	⑧	⑨	⑩

① Kennzeichnung Standard (SN)	
SN	Standard Vorzeichen
SNJ	Entspricht MIL-PRF-38535 (QML)
② Temperaturbereich	
54	Militärisch, 74 Kommerziell
④ Spezielle Funktionen (Beispiele)	
Leer	Keine speziellen Funktionen
C	Einstellbare Versorgungsspannung
D	Level-Shifting Diode (CBTD)
H	Bus Hold (ALVCH) Schaltung (CBTK)
S	Schottky Clamping Diode (CBTS)
⑤ Bit-Breite (Beispiele)	
Leer	Gates, MSI, and Octals
1G	Single Gate
2G	Dual Gate
8	Octal IEEE 1149.1 (JTAG)
16	Widebus (16-, 18- and 20-bit)
32	Widebus+ (32- and 36-bit)
⑥ Optionen (Beispiele)	
Leer	Keine Optionen
2	Serielle Dämpfungswiderstände am Ausgang
4	Pegelanpassung
25	25 Ω Leitungstreiber
⑦ Funktion (Beispiele)	
244	Nichtinvertierende Puffer/Treiber
374	D-Typ Flip-Flop
640	Invertierender Empfänger
⑧ Ausgabestand (Beispiele)	
Leer	Kein geänderter Ausgabestand
Buchstabe	A bis Z kennzeichnet Ausgabestand
⑨ Gehäusebauform	
N	Plastic-Dual-In-Line Package (PDIP)
⑩ Verpackung	

[1] nach Texas Instruments

③ Familie	
Leer	Transistor-Transistor Logic (TTL)
ABT	**A**dvanced **Bi**CMOS **T**echnology
ABTE/ETL	**A**dvanced **Bi**CMOS **T**echnology/ **E**nhanced **T**ransceiver **L**ogic
AC/ACT	**A**dvanced **C**MOS Logic
AHC/AHCT	**A**dvanced **H**igh-Speed **C**MOS Logic
ALB	**A**dvanced **L**ow-Voltage **B**iCMOS
ALS	**A**dvanced **L**ow-Power **S**chottky Logic
ALVC	**A**dvanced **L**ow-**V**oltage **C**MOS Technology
ALVT	**A**dvanced **L**ow-**V**oltage BiCMOS **T**echnology
AS	**A**dvanced **S**chottky Logic
AUC	**A**dvanced **U**ltra-Low-Voltage **C**MOS Logic
AUP	**A**dvanced **U**ltra-Low-**P**ower CMOS Logic
AVC	**A**dvanced **V**ery Low-Voltage **C**MOS Logic
BCT	**B**i**C**MOS Bus-Interface Technology
CB3Q	**C**ross**b**ar Bus-Switch 2.5 V/3.3 V Low-Voltage High-Bandwidth Technology Logic
CB3T	**C**ross**b**ar Bus-Switch 2.5 V/3.3 V Low-Voltage **T**ranslator Technology Logic
CBT	**C**ross**b**ar **T**echnology
CBT-C	**C**ross**b**ar 5-V Bus-Switch **T**echnology Logic with 0,2 V Undershoot Protection
CBTLV	**C**ross**b**ar **T**echnology **L**ow-**V**oltage Logic
F	**F** Logic
FB	Backplane Transceiver Logic/**F**uturebus+
GTL	**G**unning **T**ransceiver **L**ogic
GTLP	**G**unning **T**ransceiver **L**ogic **P**lus
HC/HCT	**H**igh-Speed **C**MOS Logic
HSTL	**H**igh-**S**peed **T**ransceiver **L**ogic
LS	**L**ow-Power **S**chottky Logic
LV-A	**L**ow-**V**oltage CMOS Technology
LV-AT	**L**ow-**V**oltage CMOS Technology – **T**TL Comp
LVC	**L**ow-**V**oltage **C**MOS Technology
LVT	**L**ow-**V**oltage BiCMOS **T**echnology
PCA/PCF	I²C Inter-Integrated Circuit Applications
S	**S**chottky Logic
SSTL	**S**tub **S**eries-**T**erminated **L**ogic
SSTU	**S**tub **S**eries-**T**erminated **U**ltra-Low-Voltage Logic
TVC	**T**ranslation **V**oltage **C**lamp Logic
VME	**VERSAm**odule **E**urocard Bus Technology

Kenndaten einiger Logikfamilien

Technologie		AHC	AUC	CBT	F	LS	LVC	LVT
Betriebsspannung	in V	5	0,8…2,5	5	5	5	2,0…3,6	2,7…3,3
Betriebsspannungsbereich	in V	4,5…5,5	0,8…2,7	4,0…5,5	4,5…5,5	4,75…5,25	1,65…3,6	2,7…3,6
Temperaturbereich	in °C	−40…+85	−40…+85	−40…+85	0…+70	0…+70	−40…+85	−40…+85
U_{IH}	in V	2	[2]	2	2	2	[2]	2
U_{IL}	in V	0,8	0…0,7	0,8	0,8	0,8	[2]	0,8
I_{OH}	in mA	−8	−9[2]	−	−1	−0,4	−24	−12
I_{OL}	in mA	8	9[2]	−	20	8	24	12
t_{pd} (max.)	in ns	8,5	2,2[2]	0,25	6	15	4,5	5,3

[2] abhängig von der Betriebsspannung

Regeln

- Karnaugh-Veitch-Diagramme (K-V-Diagramme, K-V-Tafeln) sind grafische Verfahren zur Vereinfachung von Schaltfunktionen.

- Die Anzahl a der Felder in der K-V-Tafel ist abhängig von der Anzahl n der Eingangsvariablen: $a = 2^n$.

- Angeordnet werden die Eingangsvariablen in der Form, dass jeweils von Spalte zu Spalte und von Zeile zu Zeile nur eine Variable geändert wird.

- In die Felder werden die Werte aus der Wertetabelle eingetragen.

- Felder, die nicht belegt sind, können je nach gewählter Methode mit 0 oder 1 ergänzt werden.

- **Mintermmethode:** Möglichst viele Felder, die eine 1 enthalten (Vollkonjunktionen), zu 2er-, 4er-, 8er- oder 16er-Blöcken zusammenfassen.

- Es dürfen nur die Vollkonjunktionen zusammengefasst werden, die mit einer Seite aneinanderstoßen (nicht mit Ecken).

- Variable innerhalb eines Blockes, die negiert und nicht negiert auftreten, entfallen.

- Die je Block verbleibenden Variablen werden UND-verknüpft.

- Diese UND-Verknüpfungen werden durch ODER-Verknüpfungen zusammengefasst und ergeben die Schaltfunktion in Disjunktiver Minimalform.

- **Maxtermmethode:** Die Vereinfachung erfolgt durch Zusammenfassen und Reduzieren wie bei der Mintermmethode mit den Feldern, die eine 0 enthalten.

- Die Umwandlung in die konjunktive Minimalform erfolgt durch nochmalige Negation und Anwendung des de Morganschen Theorems.

- K-V-Tafeln werden nur für bis zu 5 Eingangsvariable aufgestellt.

Wertetabelle			Funktionsgleichung		K-V-Tafel (Minimierte Funktionsgleichung)	
Beispiel für 2 Variable			Vollkonjunktion	Volldisjunktion	Mintermmethode	Maxtermmethode
	a	b	x			
1	0	0	1	$x = \bar{a} \wedge \bar{b}$		
2	0	1	0		$\bar{x} = a \vee \bar{b}$	
3	1	0	1	$x = a \wedge \bar{b}$		
4	1	1	0		$\bar{x} = \bar{a} \vee \bar{b}$	

Mintermmethode: $x = \bar{b}$

Maxtermmethode: $\bar{x} = b$

Wertetabelle				Funktionsgleichung	
Beispiel für 3 Variable					
	a	b	c	x	Vollkonjunktion	Volldisjunktion
1	0	0	0	1	$x = \bar{a} \wedge \bar{b} \wedge \bar{c}$	
2	0	0	1	1	$x = \bar{a} \wedge \bar{b} \wedge c$	
3	0	1	0	1	$x = \bar{a} \wedge b \wedge \bar{c}$	
4	0	1	1	0		$\bar{x} = a \vee \bar{b} \vee \bar{c}$
5	1	0	0	1	$x = a \wedge \bar{b} \wedge \bar{c}$	
6	1	0	1	0		$\bar{x} = \bar{a} \vee b \vee \bar{c}$
7	1	1	0	0		$\bar{x} = \bar{a} \vee \bar{b} \vee c$
8	1	1	1	0		$\bar{x} = \bar{a} \vee \bar{b} \vee \bar{c}$

Mintermmethode — Disjunktive Minimalform

$x = (\bar{a} \wedge \bar{c}) \vee (\bar{b} \wedge \bar{c}) \vee (\bar{a} \wedge \bar{b})$

Maxtermmethode — Disjunktive Minimalform

$\bar{x} = (a \wedge c) \vee (b \wedge c) \vee (a \wedge b)$

Konjunktive Minimalform

$x = (\bar{a} \vee \bar{c}) \wedge (\bar{b} \vee \bar{c}) \wedge (\bar{a} \vee \bar{b})$

K-V-Tafel für 4 Variable

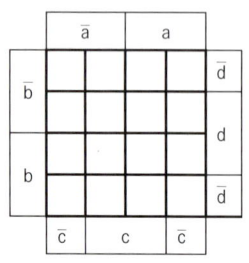

K-V-Tafel für 5 Variable

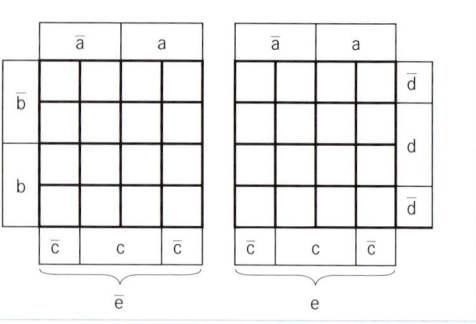

Schmitt-Trigger

- Digitale Schnittstellen, insbesondere Eingangsinterfaces, verlangen Signale mit bestimmten maximalen Anstiegs- bzw. Abfallzeiten.
- Zur Erfüllung dieser Forderung werden in der Regel Impulsformerstufen eingebaut.

- Diese Impulsformerstufen werden mit Schmitt-Trigger-Schaltungen realisiert und erzeugen aus langsam ansteigenden Eingangssignalen schlagartig umschaltende Signale.

Sechsfach invertierend (74LS14)

$$y = \overline{A}$$

Schaltverhalten (Abhängigkeiten)

U_H: Hystereseschaltspannung U_a: Ausgangsspannung
U_{T+}: obere Schaltschwelle U_{T-}: untere Schaltschwelle

Analog-Digital-Umsetzer

- Sie setzen analoge Signale, die in der Regel gefiltert sind, in digitale Signale um.
- Sie arbeiten nach unterschiedlichen Umsetzungsverfahren.

Parallelverfahren

- Die Eingangsspannung wird **gleichzeitig** mit n festen Referenzspannungen verglichen.
- Das Ergebnis wird in einem Schritt ermittelt.

Wägeverfahren

- Eingangsspannung wird **nacheinander** mit n-Referenzspannungen verglichen.
- Anzahl der Referenzspannungen entspricht der Stellenzahl der dualen Ausgangszahl.

Zählverfahren

- Eingangsspannung wird mit einer Referenzspannung verglichen (kleinster Wert $\triangleq$ LSB).
- Dieser Wert wird so oft aufaddiert, bis der Wert der Eingangsspannung erreicht ist.

Direkt-Umsetzer

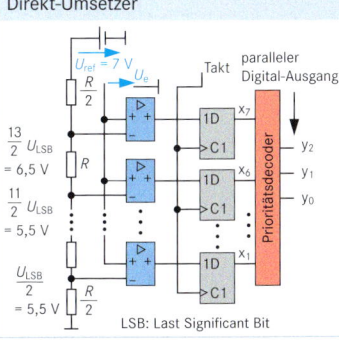

LSB: Last Significant Bit

Stufenrampen-Umsetzer

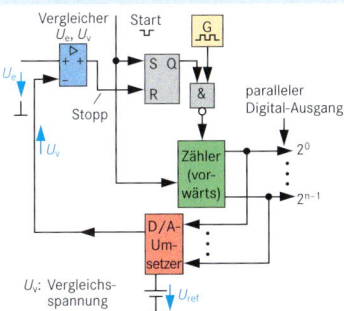

U_v: Vergleichsspannung

Dual-Slope-Umsetzer

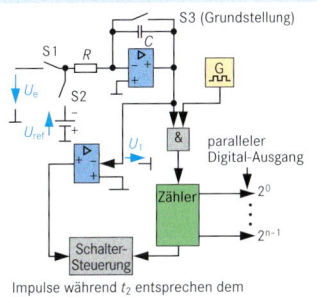

Impulse während t_2 entsprechen dem Wert der Eingangsspannung

Digital-Analog-Umsetzer

- Digital-Analog Umsetzer setzen digitale Signale in analoge Signale um.
- Sie arbeiten nach unterschiedlichen Umsetzungsverfahren.

Direktes Verfahren

- Für jede umzusetzende digitale Zahl ist eine diesem Wert entsprechende Spannungsquelle erforderlich.
- Die Spannungsquellen werden einzeln oder getrennt eingeschaltet.

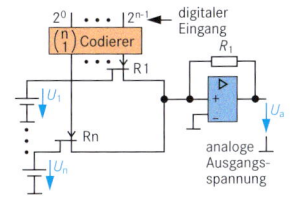

Paralleles Verfahren

- Jedem Digitaleingang ist eine unterschiedlich gewichtete Spannungs- oder Stromquelle zugeordnet.
- Sie werden entsprechend der anliegenden Dualzahl eingeschaltet und aufsummiert.

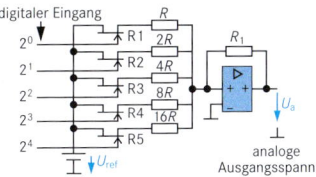

Sägezahnverfahren (Dual-Slope)

- Beim Sägezahnverfahren wird nur eine Referenzspannung benötigt.
- Digitalwert wird im Zähler auf Null gezählt. Benötigte Zeit ist proportional zum Digitalwert.

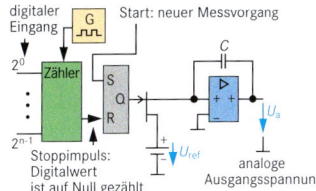

BCD- zu Dezimal-Decoder

Schaltzeichen

74 45

Negative Logik

Wertetabelle

Nr.	Eingänge				Ausgänge									
	1	2	4	8	0	1	2	3	4	5	6	7	8	9
0	0	0	0	0	0	1	1	1	1	1	1	1	1	1
1	1	0	0	0	1	0	1	1	1	1	1	1	1	1
2	0	0	1	0	1	1	0	1	1	1	1	1	1	1
3	0	0	1	1	1	1	1	0	1	1	1	1	1	1
4	0	1	0	0	1	1	1	1	0	1	1	1	1	1
5	0	1	0	1	1	1	1	1	1	0	1	1	1	1
6	0	1	1	0	1	1	1	1	1	1	0	1	1	1
7	0	1	1	1	1	1	1	1	1	1	1	0	1	1
8	1	0	0	0	1	1	1	1	1	1	1	1	0	1
9	1	0	0	1	1	1	1	1	1	1	1	1	1	0
ungültig	1	0	1	0	1	1	1	1	1	1	1	1	1	1
	1	0	1	1	1	1	1	1	1	1	1	1	1	1
	1	1	0	0	1	1	1	1	1	1	1	1	1	1
	1	1	1	0	1	1	1	1	1	1	1	1	1	1
	1	1	1	1	1	1	1	1	1	1	1	1	1	1

Prioritäts-Decoder 8 zu 3

Schaltzeichen

74 LS 148

Negative Logik

Wertetabelle

Eingänge									Ausgänge				
EN	0	1	2	3	4	5	6	7	2α	1α	0α	α	$\overline{1B}$
1	x	x	x	x	x	x	x	x	1	1	1	1	1
0	1	1	1	1	1	1	1	1	1	1	1	1	0
0	x	x	x	x	x	x	x	0	0	0	0	0	1
0	x	x	x	x	x	x	0	1	0	0	1	0	1
0	x	x	x	x	x	0	1	1	0	1	0	0	1
0	x	x	x	x	0	1	1	1	0	1	1	0	1
0	x	x	x	0	1	1	1	1	1	0	0	0	1
0	x	x	0	1	1	1	1	1	1	0	1	0	1
0	x	0	1	1	1	1	1	1	1	1	0	0	1
0	0	1	1	1	1	1	1	1	1	1	1	0	1

x: Wert beliebig

Synchroner Zähler

Schaltzeichen

Vier-Bit-Binär-Zähler (74 LS 161 A)

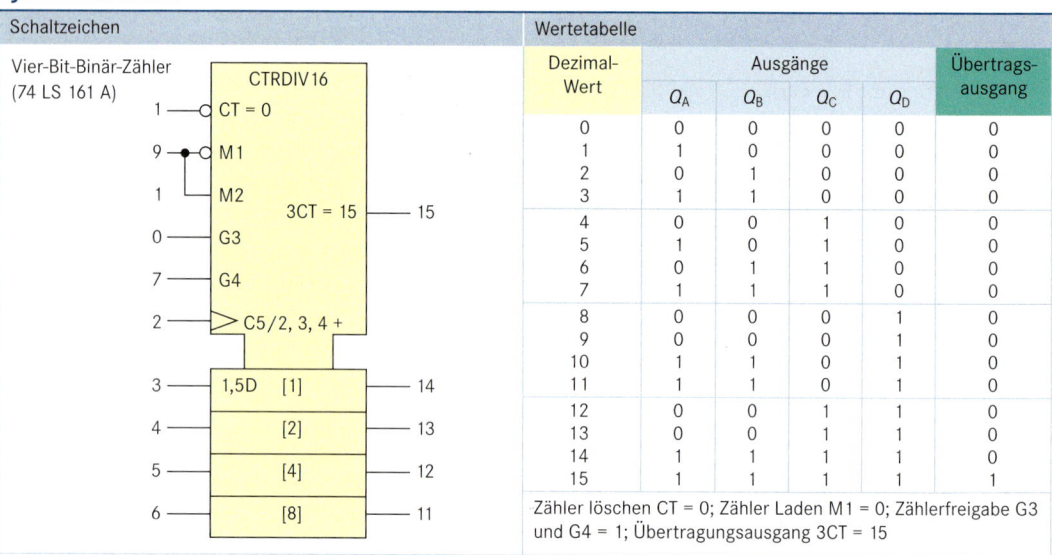

Wertetabelle

Dezimal-Wert	Ausgänge				Übertragsausgang
	Q_A	Q_B	Q_C	Q_D	
0	0	0	0	0	0
1	1	0	0	0	0
2	0	1	0	0	0
3	1	1	0	0	0
4	0	0	1	0	0
5	1	0	1	0	0
6	0	1	1	0	0
7	1	1	1	0	0
8	0	0	0	1	0
9	0	0	0	1	0
10	1	1	0	1	0
11	1	1	0	1	0
12	0	0	1	1	0
13	0	0	1	1	0
14	1	1	1	1	0
15	1	1	1	1	1

Zähler löschen CT = 0; Zähler Laden M1 = 0; Zählerfreigabe G3 und G4 = 1; Übertragungsausgang 3CT = 15

Demultiplexer

Schaltzeichen

74 LS 138

Wertetabelle

Eingänge					Ausgänge							
Freigabe		Auswahl										
G1	G2*	C	B	A	Y0	Y1	Y2	Y3	Y4	Y5	Y6	Y7
6	4/5	3	2	1	15	14	13	12	11	10	9	7
x	1	x	x	x	1	1	1	1	1	1	1	1
0	x	x	x	x	1	1	1	1	1	1	1	1
1	0	0	0	0	0	1	1	1	1	1	1	1
1	0	0	0	1	1	0	1	1	1	1	1	1
1	0	0	1	0	1	1	0	1	1	1	1	1
1	0	0	1	1	1	1	1	0	1	1	1	1
1	0	1	0	0	1	1	1	1	0	1	1	1
1	0	1	0	1	1	1	1	1	1	0	1	1
1	0	1	1	0	1	1	1	1	1	1	0	1
1	0	1	1	1	1	1	1	1	1	1	1	0

DSP – Digitale Signalprozessoren
DSP – Digital Signal Processors

Merkmale

- Digitale Signalprozessoren werden zur digitalen Bearbeitung von analogen Signalen mit **numerischen Methoden** verwendet.
- Filtern unerwünschte Signalkomponenten aus einem Signalgemisch
- Erzeugen gewünschte Wellenformen
- Verändern Amplitudeneigenschaften
- Ermitteln bestimmte Inhalte aus einem Signalgemisch

- Arbeiten in Echtzeit
- Verarbeiten die einzelnen Befehle des Befehlssatzes in einem Taktzyklus
- Führen vollständige Multiplikation und Akkumulation in einem Taktzyklus durch
- Sind intern in der Harvard-Architektur aufgebaut (getrennte Programm- und Datenspeicher)

Anwendungen

- Digitale Filtertechnik (Ersatz von analogen Filtern)
- Spracherkennung, Sprachsynthese
- Bildübertragung, Bilddatenkompression
- Robotersteuerung, Motorsteuerung

- Digitale Vermittlungsanlagen
- Freisprechtelefone, Funktelefon
- Mustererkennung, Radartechnik
- Spektralanalyse, Ultraschall-Geräte

Anwendungsprinzip

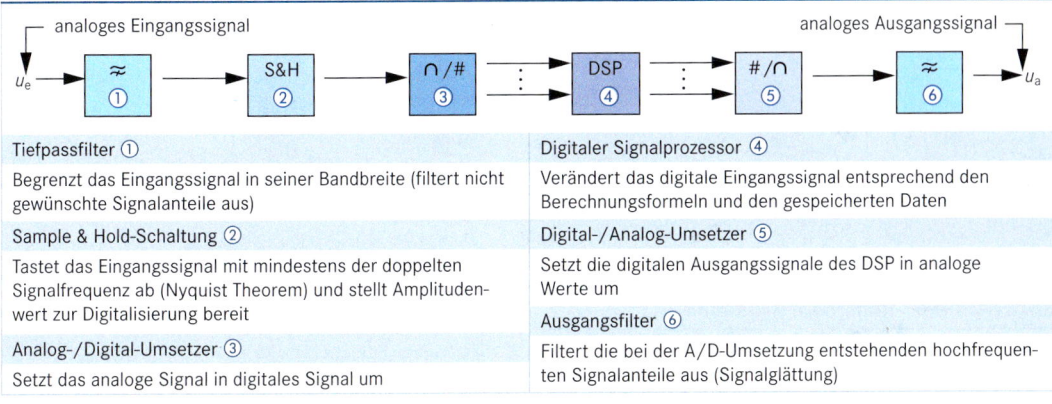

Tiefpassfilter ①

Begrenzt das Eingangssignal in seiner Bandbreite (filtert nicht gewünschte Signalanteile aus)

Sample & Hold-Schaltung ②

Tastet das Eingangssignal mit mindestens der doppelten Signalfrequenz ab (Nyquist Theorem) und stellt Amplitudenwert zur Digitalisierung bereit

Analog-/Digital-Umsetzer ③

Setzt das analoge Signal in digitales Signal um

Digitaler Signalprozessor ④

Verändert das digitale Eingangssignal entsprechend den Berechnungsformeln und den gespeicherten Daten

Digital-/Analog-Umsetzer ⑤

Setzt die digitalen Ausgangssignale des DSP in analoge Werte um

Ausgangsfilter ⑥

Filtert die bei der A/D-Umsetzung entstehenden hochfrequenten Signalanteile aus (Signalglättung)

Architektur

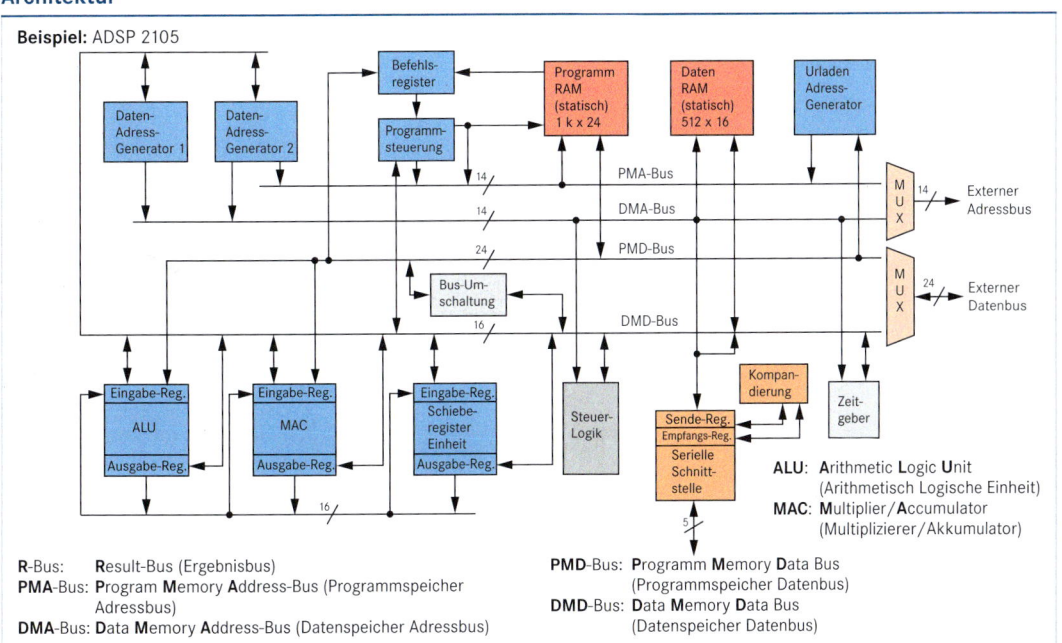

R-Bus: **R**esult-Bus (Ergebnisbus)
PMA-Bus: **P**rogram **M**emory **A**ddress-Bus (Programmspeicher Adressbus)
DMA-Bus: **D**ata **M**emory **A**ddress-Bus (Datenspeicher Adressbus)

PMD-Bus: **P**rogramm **M**emory **D**ata Bus (Programmspeicher Datenbus)
DMD-Bus: **D**ata **M**emory **D**ata Bus (Datenspeicher Datenbus)

Übersicht

Feldprogrammierbare Logikbausteine (**F**ield **P**rogrammable **L**ogic **D**evice) zählen zu den integrierten Schaltungen, die sich wie folgt einordnen lassen:

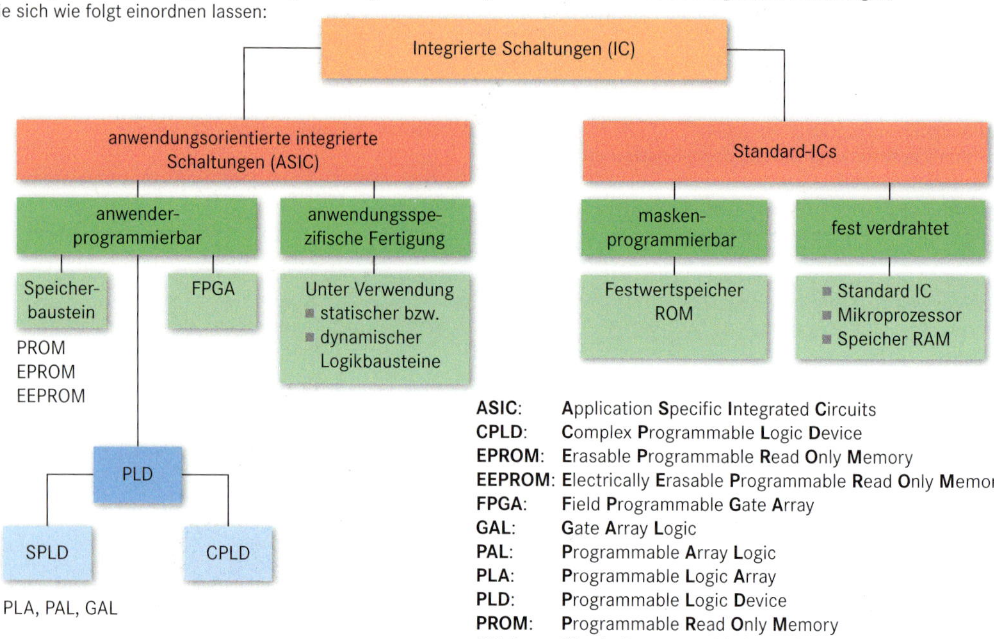

Integrierte Schaltungen (IC)

anwendungsorientierte integrierte Schaltungen (ASIC) — Standard-ICs

anwender-programmierbar — anwendungsspe-zifische Fertigung — masken-programmierbar — fest verdrahtet

Speicher-baustein — FPGA — Unter Verwendung ▪ statischer bzw. ▪ dynamischer Logikbausteine — Festwertspeicher ROM — ▪ Standard IC ▪ Mikroprozessor ▪ Speicher RAM

PROM
EPROM
EEPROM

PLD

SPLD — CPLD

PLA, PAL, GAL

ASIC:	**A**pplication **S**pecific **I**ntegrated **C**ircuits
CPLD:	**C**omplex **P**rogrammable **L**ogic **D**evice
EPROM:	**E**rasable **P**rogrammable **R**ead **O**nly **M**emory
EEPROM:	**E**lectrically **E**rasable **P**rogrammable **R**ead **O**nly **M**emory
FPGA:	**F**ield **P**rogrammable **G**ate **A**rray
GAL:	**G**ate **A**rray **L**ogic
PAL:	**P**rogrammable **A**rray **L**ogic
PLA:	**P**rogrammable **L**ogic **A**rray
PLD:	**P**rogrammable **L**ogic **D**evice
PROM:	**P**rogrammable **R**ead **O**nly **M**emory
SPLD:	**S**imple **P**rogrammable **L**ogic **D**evice

Speicherprogrammierbare Bausteine

Merkmale

- Die Bausteine werden anwendungsunabhängig produziert.
- Die Programmierung erfolgt elektrisch durch den Benutzer und wird je nach Typ unterschieden:
  PROM – Sicherungen selektiv durchbrennen
  EPROM – Löschen mittels UV-Bestrahlung
  EEPROM – Elektrisches beschreiben und löschen
- Die Zuordnung der Funktion zwischen Eingangs- und Ausgangsvariablen erfolgt über den Speicherinhalt.
- Alle möglichen Kombinationen der Eingangsvariablen müssen dabei berücksichtigt werden.

Struktur eines Speicherblocks

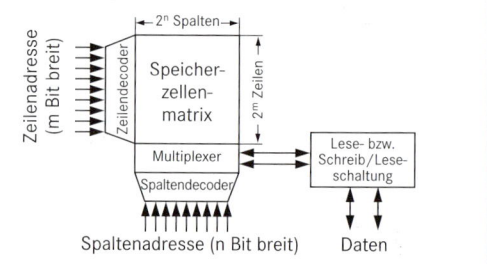

Anwenderprogrammierbare logische Felder (SPLD)

Programmable Array Logic (PAL)

- Diese Bausteine werden eingesetzt, wenn nicht alle Kombinationen der Eingangsvariablen h benötigt werden.
- Bei einem PAL steht zur Programmierung nur ein Feld von UND-Verknüpfungen zur Verfügung.

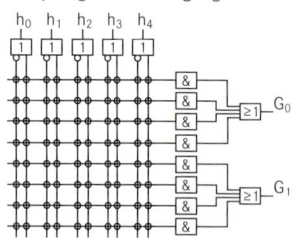

$h_0 \ldots h_n$: Eingänge
$G_0 \ldots G_{nm}$: Ausgänge

Programmable Logic Array (PLA)

- Diese Bausteine können nur einmal programmiert werden (OTP: One Time Programmable).
- Bei einem PLA-Baustein erfolgt die Programmierung über ein Feld (Array) aus UND- sowie ODER-Verknüpfungen.

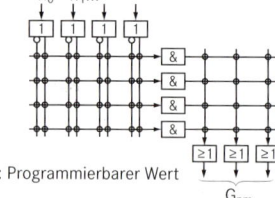

⊣ : Programmierbarer Wert

Merkmale

- FPGAs sind wiederprogrammierbare Chips und ersetzen zunehmend herkömmlich benutzerdefinierte ASICs sowie Prozessoren für Steuerungs-, Regel- und Signalverarbeitungsanwendungen.
- Die Funktionsart der einzelnen Blöcke eines FPGA sowie die Verbindungsleitungen zwischen diesen Blöcken wird programmiert.
- FPGA-Chips werden dort eingesetzt, wo ein hohe Signalverarbeitungsgeschwindigkeit bei einer maximalen Flexibilität in der Anpassung der Schaltung erforderlich wird (z. B. FFT-Analyse).
- Sie gestatten eine flexible und kostengünstige Fertigung für anwenderspezifische Schaltungen in geringen Stückzahlen.
- Die Programmierung erfolgt durch eine logisch funktionelle Beschreibung mit Hilfe einer Hardwarebeschreibungssprache (z. B. VHDL).

Aufbau

- Im wesentlichen bestehen FPGAs aus einer Anordnung von Logikzellen und der Verdrahtung auf dem Chip.
- Die Anordnung der Zellen sowie der Verdrahtung entscheidet über die Architektur des Chips (z. B. symmetrisches Array, Sea-of-Gates).
- Die **IO-Zellen** (IOB) stellen die Verbindung zur Außenwelt her.
- Die Logikblöcke (**CLB**: **C**onfigurable **L**ogic **B**lock) werden über eine Routing-Matrix auf unterschiedliche Art miteinander verbunden.
- Die Verdrahtung nimmt den wesentlichen Anteil (90 %) der Chipfläche ein.
- Die CLBs stellen den eigentlichen Kern des FPGA dar. Sie bestehen mindestens aus einer so genannten **L**ook-**U**p-**T**able (**LUT**) mit einer bestimmten Anzahl von Flip-Flops.
- Die LUT enthält die Wahrheitstabelle der programmierten Binärfunktion.

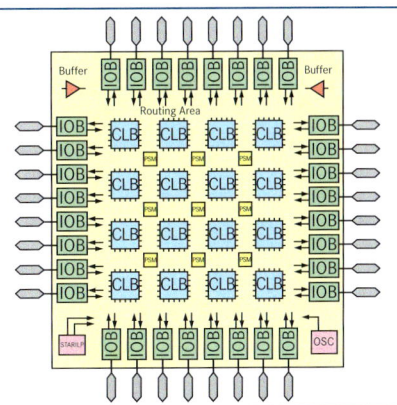

Vorteile

- Höhere Leistungsfähigkeit und Geschwindigkeit durch Hardwareparallelität
- Niedrigere Kosten gegenüber kundenspezifischen **ASICs** (**A**pplication **S**pecific **I**ntegrated **C**ircuit) bei geringeren Stückzahlen. Insbesondere treten bei ASICs hohe Kosten für das **N**on-**R**ecovering-**E**ngineering (**NRE-Kosten**) auf.
  NRE-Kosten: Einmaliger Investitionsaufwand für Neuentwicklung, z. B. Vorbereitungskosten der Fertigung, Designtest oder Prototypenherstellung.
- Durch flexible Technologie sind sie gut geeignet für die Prototypenherstellung (kurze Markteinführungszeiten).
- Durch die Programmausführung in Hardware sind FPGAs zuverlässiger. Sie benötigen kein Betriebssystem.

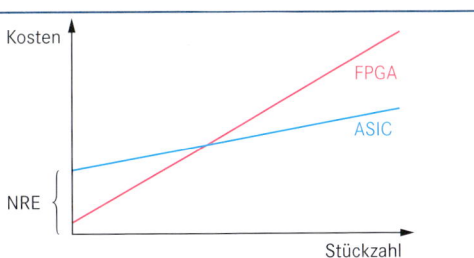

- FPGA-Chips eignen sich für den Langzeiteinsatz, da sie durch die Rekonfigurierbarkeit den zukünftigen Anforderungen angepasst werden können.

Auswahlkriterien

- Zur Auswahl eines FPGA-Chips sollten folgende Leistungsfaktoren berücksichtigt werden:
  - Anzahl und Aufbau der Logikblöcke
  - Größe der Logikblöcke (Granularität, z. B. feinkörnig)
  - Anordnung der Zellen und Verbindungselemente
  - Art der Verbindungsleitungen
  - Anzahl der Verbindungsleitungen
  - Programmierverfahren
- Weiterhin können Besonderheiten des jeweiligen Chips (z. B. RAM-Kapazität) die Auswahl beeinflussen.

Beispiel: Xilinx FPGA Virtex-6, Typ XCE6VLE760
  - Logische Zellen 758784
  - Slices 118560
  - Flip-Flops 948480
  - Max. RAM 8280 Kbit/s
  - Konfigurationsspeicher 176,3 Mbit/s

Merkmale

- Mikrocontroller sind Mikroprozessoren, die mit **zusätzlichen Funktionseinheiten** auf einem einzigen Halbleiterkristall integriert sind.

- Sie sind Bestandteil fast aller elektronischen Geräte (z. B. Waschmaschinen) bzw. Steuerungen und in unterschiedlichen Ausprägungen von einer Reihe von Halbleiterherstellern verfügbar.

- Die **grundsätzlichen** Bestandteile eines Mikrocontrollers sind:
  - CPU (Central Processing Unit: Zentrale Verarbeitungseinheit)
  - Programm- und Datenspeicher (program and data memory)
  - Takterzeugung/Taktverstärkung
  - Unterbrechungssteuerung

- Als **ergänzende** Funktionseinheiten sind mindestens integriert:
  - Ein-/Ausgaberegister (Ports)
  - Timer für Zeitfunktionen
  - spezifische Register für die Programmbearbeitung bzw. Zwischenspeicherung von Daten

- Je nach Anwendungsgebiet sind **optionale** Funktionseinheiten integriert, wie z. B.
  - Digital-/Analogwandler
  - Pulsweitenmodulationssteuerung
  - Kommunikationsschnittstellen

- Die Verarbeitungsbreite (Wortbreite) beträgt 4 Bit, 8 Bit, 16 Bit oder 32 Bit.

- Die Taktfrequenzen reichen bis zu 200 MHz.

- Die auf dem Chip integrierten **Speicher** sind in unterschiedlichen Größen und Technologien verfügbar.

- Der **Programmspeicher** wird überwiegend als Flash-Speicher (EEPROM) und der Datenspeicher als statischer Speicher (Datenverlust nach Spannungsausfall) integriert.

- Programme sind in der Regel durch Programmierungssteuerung auf dem Chip im System ladbar (**ISP: In System Programming**).

- Der Befehlsvorrat ist optimiert auf die internen Registerstrukturen (**RISC: Reduced Instruction Set Computer**).

- Die **Programm- und Ein-/Ausgabesteuerung** ist im Rahmen der Programmerstellung zu realisieren.

- Die **Programmierung** erfolgt in Assembler, einer höheren Programmiersprache (z. B. C) oder unter Anwendung von grafischen Editoren.

- Die angebotenen **Entwicklungssysteme** ermöglichen einen Programmtest sowohl auf der Simulationsebene als auch in entsprechenden Ablaufumgebungen mit der zugehörigen Hardware.

- Mit dem Begriff **Embedded Controller** (eingebettete Controller) werden Mikrocontroller bezeichnet, die als Bestandteil in Geräten integriert sind.

- Der größte Marktanteil wird derzeit durch 8 Bit Mikrocontroller belegt, wobei die 16 Bit Controller zunehmend angewendet werden (bedingt durch höhere funktionale Anforderungen).

- Die Anwendung von Mikrocontrollern erfolgt **funktionsspezifisch** für eine definierte Aufgabe (z. B. Ansteuerung eines Displays oder Motors).

- Bedingt durch die verfügbaren Speichergrößen sind Betriebssysteme, wie vom PC bekannt, nicht anwendbar.

Marktsegmentierung

- Eine grobe Marktsegmentierung ist anhand der Prozessor-Wortbreite für die interne Verarbeitung möglich.

- Bedingt durch die unterschiedlichen Leistungsmerkmale in den jeweiligen Segmenten ist eine exakte Abgrenzung zu benachbarten Segmenten nur schwer möglich

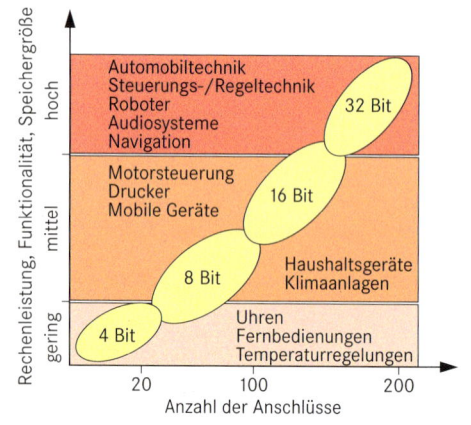

Funktionseinheiten

Beispiel:
Renesas R8C
(mit 16 Bit CPU)

V$_{CC}$	Positive Betriebsspannung
RES (Reset)	Rücksetzeingang
GND (Ground)	0 V Betriebsspannung
X$_{IN}$/X$_{OUT}$	Taktanschluss
POR (Power on Reset)	Spannungseinschaltung Rücksetzsteuerung
LVD (Low Voltage Detection)	Unterspannungserkennung
User Flash	Programmspeicher
Timer	Zeitgeber
RAM	Arbeitsspeicher
Peripherals	Ein-/Ausgabeschaltungen

Merkmale

- Für kleine Steuerungsaufgaben ist der Mikrocontroller Typ 16Fxx der Fa. Microchip geeignet.
- Dieser Controller verfügt u. a. über
  - 8-Bit Wortbreite
  - 35 Befehle
  - 1024 Worte Programmspeicher (Flash)

- 68 Byte RAM-Datenspeicher
- 64 Byte Daten EEPROM
- Direkte, indirekte und relative Adressierung
- 13 I/O Anschlüsse mit individueller Richtungssteuerung
- Betriebsspannungsbereich 2,0 V bis 5,5 V
- Stromstärke < 2 mA bei 5 V und 4 MHz Taktfrequenz

Anschlussbelegung

Gehäuse 18-pin PDIP

PIC16Fxx

RA2 ◄►	1	18	◄► RA1
RA3 ◄►	2	17	◄► RA0
RA4/T0CKI ◄►	3	16	◄ OSC1/CLKIN
$\overline{MCLR}$ ►	4	15	► OSC2/CLKOUT
V_{SS} ►	5	14	◄ V_{DD}
RB0/INT ◄►	6	13	◄► RB7
RB1 ◄►	7	12	◄► RB6
RB2 ◄►	8	11	◄► RB5
RB3 ◄►	9	10	◄► RB4

RA0 ... RA4	Bidirektionale Ein-/Ausgänge
RB0 ... RB7	Bidirektionale Ein-/Ausgänge
RB6	Takteingang für Programmierung
RB7	Dateneingang für Programmierung
OSC1/CLKIN	Quarzanschluss Eingang/externer Takteingang
OSC2/CLKOUT	Quarzanschluss Ausgang/Taktausgang in Betriebsart RC
$\overline{MCLR}$	Rücksetzeingang oder Programmier-spannungseingang
TOCKI	Takteingang für Timer (TMR0)
INT	Externe Unterbrechungsanforderung
V_{SS} ($+U_B$)	0 V für Logik und I/O Anschlüsse
V_{DD} (0 V)	Positive Versorgungsspannung für Logik und I/O Anschlüsse

Interner Aufbau

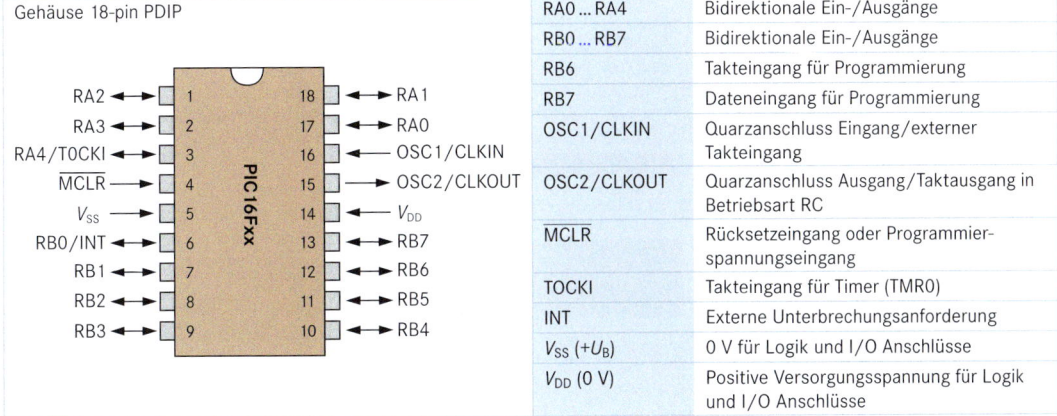

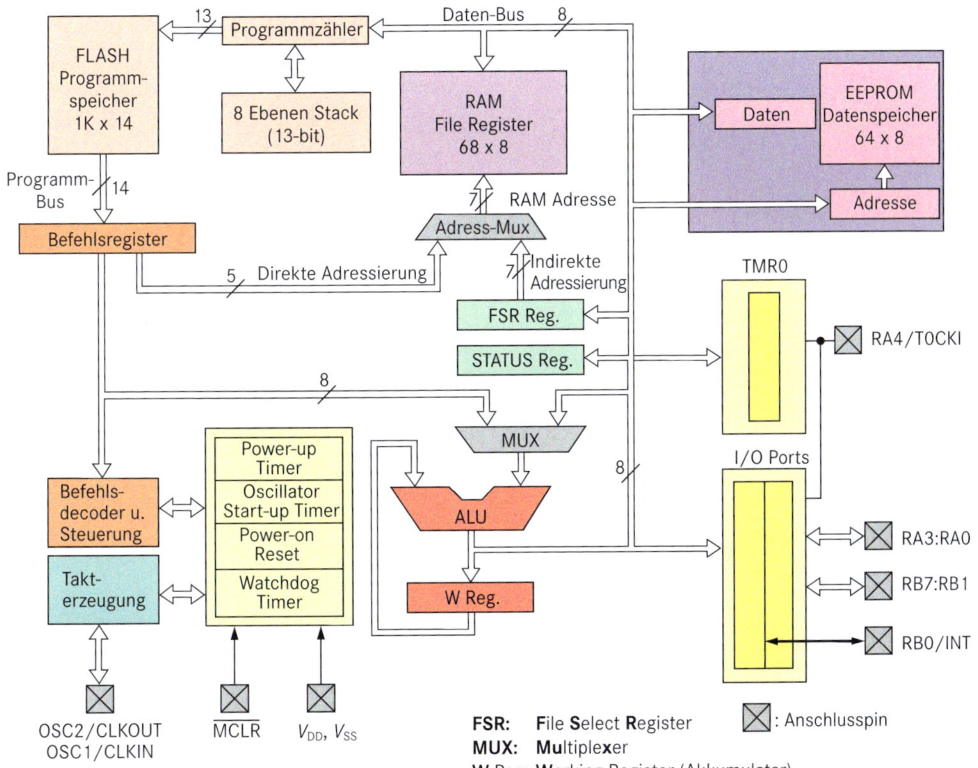

FSR: File Select Register
MUX: Multiplexer
W Reg: Working Register (Akkumulator)

⊠ : Anschlusspin

Merkmale

- Im PIC 16F84A sind die drei Speicherbereiche
  - Flash-Programmspeicher,
  - RAM-Datenspeicher und
  - EEPROM-Datenspeicher

  physikalisch implementiert.
- Der Flash-Datenspeicher beinhaltet das Anwenderprogramm und die Programmkonstanten (dauerhaft).

- Der RAM-Datenspeicher beinhaltet die errechneten Zwischenergebnisse zur weiteren Programmbearbeitung (flüchtig).
- Der EEPROM-Datenspeicher beinhaltet z. B. Parametrierdaten (dauerhaft).

Flash-Programmspeicher

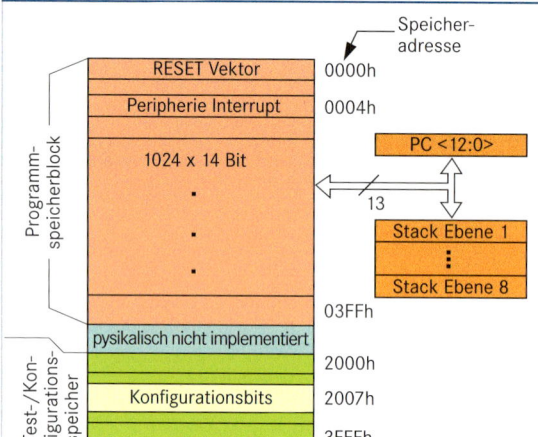

- Das Anwenderprogramm wird elektrisch mit einem Programmiergerät über zwei Pins geladen (**ICSP**: **I**n **C**ircuit **S**erial **P**rogramming).
- Garantiert werden 10000 Programmierzyklen
- Daten bleiben nach Spannungsabschaltung dauerhaft gespeichert
- Verfügt über 1024 Speicherzellen, mit jeweils 14 Bit
- Der Reset Vektor (**Startadresse** nach Einschalten der Versorgungsspannung) liegt auf der Adresse 0000h.
- Interruptanforderungen von extern (Peripherie) werden über die Adresse 0004h gesteuert.
- Die Adressierung erfolgt über den Program-Counter (PC) bzw. über den Stackbereich (mit CALL, RETURN, RETFIE, RETLW).
- Der Test-/Konfigurationsspeicher ist nur während der Programmierung ansprechbar.

RAM-Datenspeicher

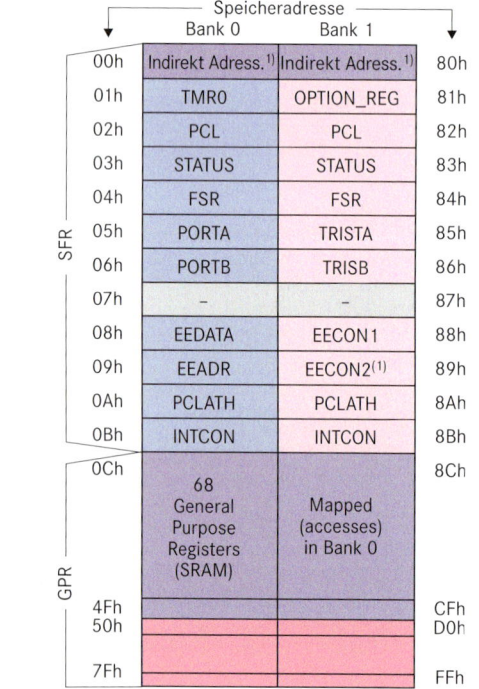

[1] kein physikalisches Register, xxh: xx (hexadezimal)

- Der RAM-Datenspeicher ist als statischer RAM aufgebaut (Datenverlust nach Spannungsabschaltung).
- Jede Speicherzelle verfügt über 8 Bit.
- Ist aufgeteilt in die beiden Bereiche
  - **S**pecial **F**unction **R**egisters (**SFR**) und
  - **G**eneral **P**urpose **R**egisters (**GPR**).
- SFRs steuern den Ablauf im Mikrocontroller.
- STATUS, OPTION, INCON, PCLund PCLATH steuern die interne Bearbeitung.
- EEADR, EEDATA, EECON dienen zur Bearbeitung des EEPROM-Speichers (schreiben/lesen).
- PORTA, PORTB, TRISA, TRISB steuern die Ports.
- TMR0 steuert den Taktgeber bzw. Zähler.
- GPRs stehen als allgemeiner Speicherbereich für den Anwender zur Verfügung.
- Beide Speicherbereiche sind in Banken unterteilt.
- Die Auswahl der jeweiligen Speicherbank erfolgt über spezielle Steuerbits, die im Statusregister festgelegt sind (RP0).
- Register Bank Select bits
  - RP0 = 00h adressiert die Bank 0 von 00h bis 7Fh (Adressen von 50h bis 7Fh werden als 0 gelesen),
  - RP1 = 01h adressiert die Bank 1 von 80h bis FFh (Adressen von D0h bis FFh werden als 0 gelesen)
- Die Speicherzellen können angesprochen werden
  - direkt über eine absolute Adresse oder
  - indirekt über FSR (File Select Register).
- Die GPR-Adressen in Bank 1 werden auf den Adressen in Bank 0 abgebildet; somit greifen die Adressen auf die identische Speicherzelle zu (z. B.: 0Ch und 8Ch).

Ungepoltes Relais

Grundsätzlicher Aufbau

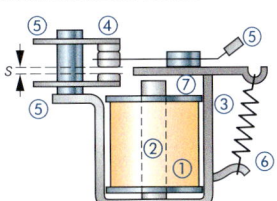

- Spule ①
- Ferromagnetischer Kern ②
- Joch ③
- Kontakte ④
- Zuführungen ⑤
- Rückstellfeder ⑥
- Beweglicher Anker ⑦

Relais in Kompaktbauweise

- Der Ankerluftspalt liegt in der Mitte der Spule.
- Das Innere der Spule ist die schutzgasgefüllte Kontaktkammer.

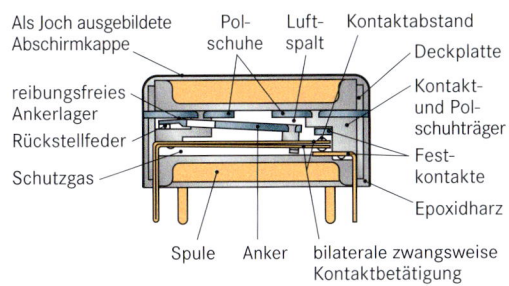

Als Joch ausgebildete Abschirmkappe — Polschuhe — Luftspalt — Kontaktabstand — Deckplatte — Kontakt- und Polschuhträger — Festkontakte — Epoxidharz — reibungsfreies Ankerlager — Rückstellfeder — Schutzgas — Spule — Anker — bilaterale zwangsweise Kontaktbetätigung

Reed-Relais

Grundsätzlicher Aufbau

- Verschlossenes Glasröhrchen mit zwei eingeschmolzenen ferromagnetischen Kontaktzungen (engl.: reed)
- Erregerspule umschließt das Glasröhrchen

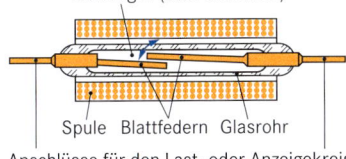

Schutzgas (oder evakuiert) — Spule — Blattfedern — Glasrohr
Anschlüsse für den Last- oder Anzeigekreis

Sicherheitsrelais

- Mindestens zwei voneinander unabhängige in Serie geschaltete Kontakte ①. Wenn einer der Kontakte verschweißt, so muss der in Serie liegende zweite Kontakt die Abschaltung übernehmen.
- Die Kontakte im Kontaktsatz sind miteinander zwangsgeführt ②.

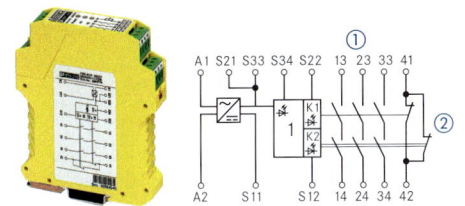

Schutzarten

- **RT 0** (Unenclosed relay)
  Offenes und somit ungeschütztes Relais
- **RT I** (Dust protected relay)
  Staubgeschützt mit Kapselung, bewegliche Teile sind geschützt
- **RT II** (Flux proof relay)
  Gegen Flussmittel geschützt (bei Lötarbeiten)
- **RT III** (Wash tight relay)
  Waschdicht, geeignet für Lötbadverarbeitung mit anschließendem Waschverfahren
- **RT IV** (Sealed relay)
  Das Relais ist so gekapselt, dass keine Umgebungsatmosphäre eindringen kann.
- **RT V** (Hermetically sealed relay)
  Hermetisch dichtes Relais, höchste Qualitätsstufe
  (EN 116000-3: 1996, IEC 61810-7: 2006-03)

Schutzbeschaltungen

Funktion:
- Belastung der Kontakte reduzieren
- Schutz der elektronischen Bauelemente vor hohen Induktionsspannungen (Stromänderung in der Spule)
- Gleichstromschutzbeschaltung einsetzen

Gleichstromschutzbeschaltung
- **Freilaufdiode**

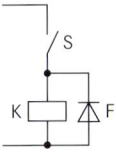 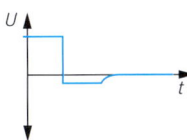

Abschaltspannung 0,7 V (Silizium-Diode), geringe Kosten, geringer Platzbedarf

Wechselstrom- und Gleichstromschutzbeschaltung
- **RC**

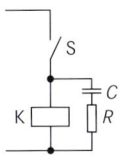 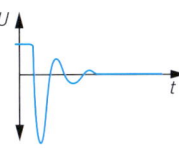

Hohe Stromspitze, großer Platzbedarf

- **Varistor**

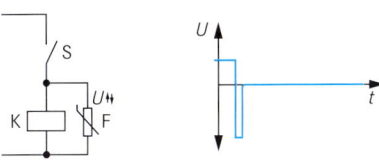

Hohe Überspannung, großer Platzbedarf

Bezeichnungen und Aufbau

- **ELR**: (**E**lektronisches **L**ast**r**elais)
- Halbleiterrelais
- Halbleiterlastrelais
- Halbleiterschütz
- **SSR** (**S**olid **S**tate **R**elay)

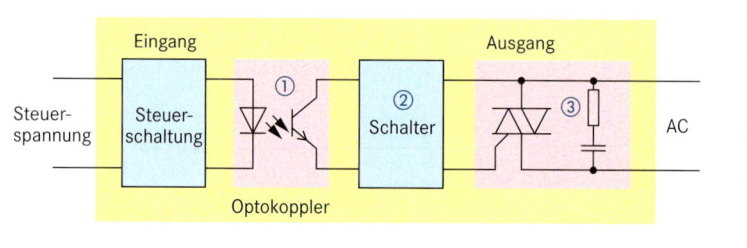

Funktion und Schaltverhalten

- Eingangsschaltung mit Optokoppler ① (galvanische Trennung zwischen Ein- und Ausgang)
- Schalter ② (bei Wechselspannung in der Regel Nullspannungsschalter)

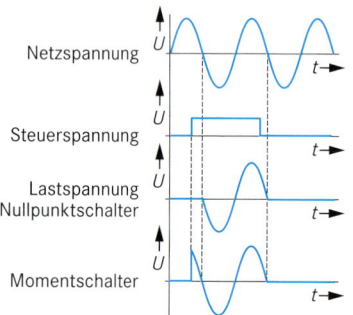

- Ausgangsschaltung mit Leistungshalbleiter ③ bei
  - Gleichspannung: Bipolarer Transistor, MOSFET, Thyristor
  - Wechselspannung: Triac, antiparallele Thyristoren

Vor- und Nachteile von Schaltgeräten

Eigenschaft	mechanisch	elektronisch
Steuerleistung	–	+
Lebensdauer	–	+
Prellverhalten	–	+
Schaltzeiten	–	+
Schalthäufigkeit	–	+
Kontaktzahl und -art	+	–
Galvanische Trennung, Leckstrom	+	–
Lebensdauer	–	+
Schaltgeräusch	–	+
Korrosionsfestigkeit	–	+
Verlustleistung	+	–
Nullpunktschaltend	–	+

Eingangsschaltungen (Prinzip)

Gleichspannung	Wechselspannung

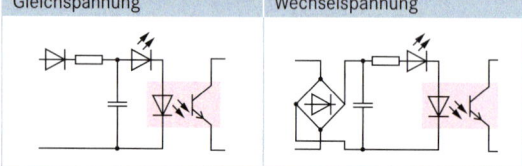

Ausgangsschaltungen Gleichspannung

- Zweileiterausgang

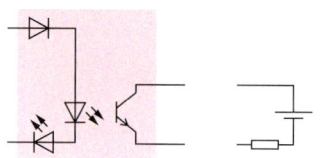

- Dreileiterausgang

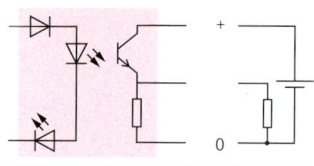

Schutzbeschaltungen bei induktiver Last

Gleichspannung	Wechselspannung

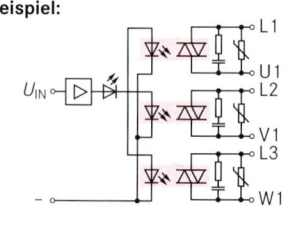

Elektronisches Relais für 3 Phasen

Beispiel:

Eingangsdaten

Steuerspannung:	24 V DC ± 20 %
Eingangsstromstärke:	ca. 8 mA

Ausgangsdaten

Betriebsspannung:	400 V AC, 50/60 Hz
Betriebsspannungsbereich:	110 ... 440 V AC
Max. Dauerlaststromstärke:	3 × 9 A
Sperrspannung:	800 V
Prüfspannung Ein-/Ausgang:	2,5 kV$_{eff}$

Farbe	Bedeutung	Anwendungen		Beispiele
		Drucktaster	Signalleuchten	
ROT	Gefahr	NOT-AUS	Gefahrbringender Zustand, sofort Ausschalten (Störung)	
GELB	Achtung Anormal	Beseitigung von anormalen Bedingungen bzw. unerwünschten Änderungen	Beseitigung von anormalen Bedingungen bzw. unerwünschten Änderungen	
GRÜN	Normal	Vorbereiten/Bestätigen/ START/EIN Verboten bei STOPP/AUS	Die physikalische Größe liegt im normalen Bereich.	
BLAU	Zwingend	Vorbestimmte Maßnahme wird durchgeführt, z. B. Rückstellen	Vorbestimmte Maßnahmen durchführen, z. B. Werte eingeben.	
WEISS / GRAU / SCHWARZ	Keine bestimmte Bedeutung	Bevorzugt anwenden für **START/EIN STOPP/AUS**	Kontrolle, ob Umschaltung notwendig	

Hauptschaltglieder, Schutzeinrichtungen	Ziffern	Bedeutung	Beispiele
	1 2	Schaltglied 1	
	3 4	Schaltglied 2	
	5 6	Schaltglied 3	
	7 8	Schaltglied 4	
	9 0	Schaltglied 5	

Hilfsschaltglieder	Funktionsziffer	Kontaktart	Beispiele
	1 2 / 5 6	Öffner ① / Öffner mit besonderer Funktion, z. B. verzögert	
	3 4 / 7 8	Schließer ② / Schließer mit besonderer Funktion, z. B. blinkend	
	1 2 4 / 5 6 8	Wechsler ③ / Wechsler ③ mit besonderer Funktion, z. B. Schutz	

Antriebe und Auslöser	Antrieb	Anschlussart	Beispiele
	A Spule / B 2. Spule ④	Spulenanfang: 1 / Spulenende: 2 / Anzapfungen: 3, 4, …	
	C Arbeitsstromauslöser / D Unterspannungsauslöser ⑤ / E Verriegelungsauslöser		
	U Motoren ⑥ / X Leuchtmelder ⑦		

Aufbau und Funktion

- Schütze sind Schalter, die durch einen Elektromagneten betätigt werden. Bei Stromfluss (Gleich- oder Wechselstrom) durch eine Spule wird ein Eisenanker angezogen, Kontakte (**Schaltglieder**) werden geschlossen oder geöffnet.
- Bevorzugte Betriebsspannungen: 24 V, 48 V, 110 V, 230 V
- **Hauptschütze (Lastschütze, Leistungsschütze)** werden für das direkte Schalten von elektrischen Maschinen oder elektrischen Geräten in Stromkreisen eingesetzt und besitzen dafür vorhandene bzw. nachrüstbare Hauptschaltglieder. Zusätzlich sind Hilfsschaltglieder (in der Regel bis 10 A belastbar) vorhanden bzw. nachrüstbar.
- **Hilfsschütze (Steuerschütze)** sind im Prinzip wie Hauptschütze aufgebaut. Mit den Schaltgliedern können Ströme bis 10 A bzw. 16 A geschaltet werden. Mit ihnen werden im Wesentlichen Steuerungsaufgaben realisiert.

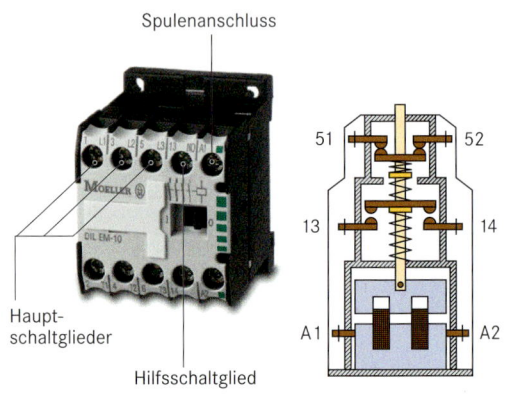

Spulenanschluss

Hauptschaltglieder

Hilfsschaltglied

Anschlussbezeichnungen

- **Spule:**
  A1 und A2

- **Hauptschaltglieder:**
  eine Ziffer, z. B. 1 und 2, 3 und 4, …

- **Hilfsschaltglieder:**
  zwei Ziffern, z. B. für Öffner 21 und 22, für Schließer 13 und 14
  1. Ziffer: Ordnungsziffer (Klemmenreihenfolge von links nach rechts)
  2. Ziffer: Funktionsziffer (1 und 2 für Öffner, 3 und 4 für Schließer)

Beispiel:
Hauptschütz mit 3 Hauptschaltgliedern und 4 Hilfsschaltgliedern (2 Schließer und 2 Öffner)

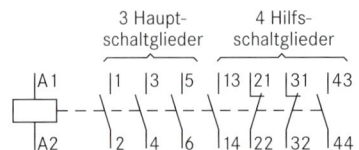

Kennzahl des Schützes 22 (2 Schließer und 2 Öffner)

Beispiel:
Hilfsschütz mit zwei Etagen
Untere Etage: 2 Schließer und ein Öffner
Obere Etage: 4 Schließer und ein Öffner

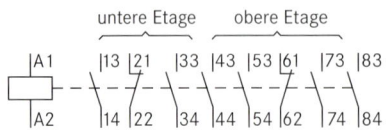

Kennzahl des Schützes 62 (6 Schließer und 2 Öffner)

Schütze mit Zeitverhalten (Zeitrelais)

Ansprechverzögerung

- Der Steuerbefehl wird erst nach Ablauf der voreingestellten Zeit t wirksam.
- Die Umschaltung bleibt bis zum Abschalten des Spulenstroms bestehen.

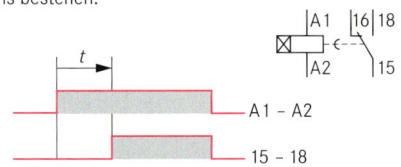

Abfallverzögerung

- Das Zeitrelais wird ständig mit Spannung versorgt.
- Durch den potenzialfreien Schließer erfolgt die Umschaltung.
  Sie bleibt bis zum Ablauf der Zeit t bestehen.

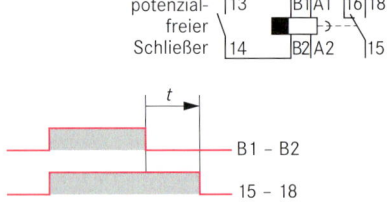

Blinkverhalten (Blinkrelais)

- Nach Ablauf der eingestellten Blinkzeit t erfolgt das ständige Umschalten.

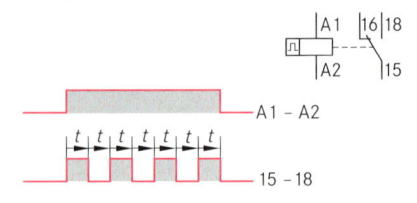

Signalverarbeitung und -übertragung

Signalarten
Signal Types

wertkontinuierlich, zeitkontinuierlich (analog)

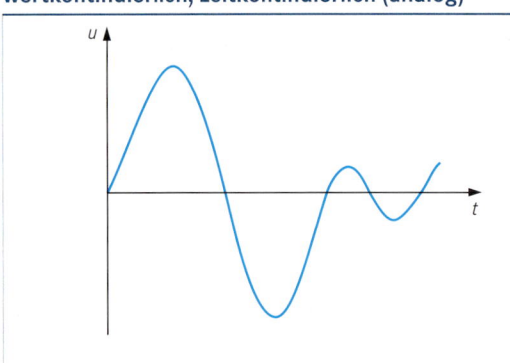

wertkontinuierlich, zeitdiskret

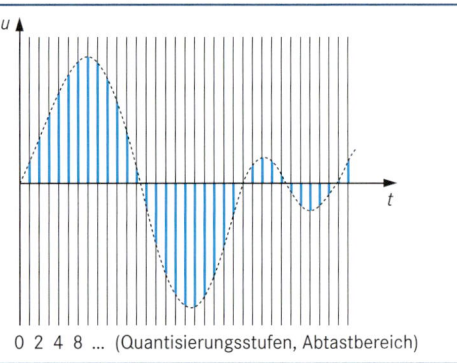

0 2 4 8 ... (Quantisierungsstufen, Abtastbereich)

wertdiskret, zeitkontinuierlich

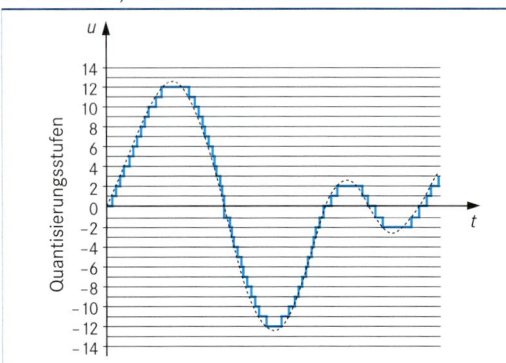

wertdiskret, zeitdiskret

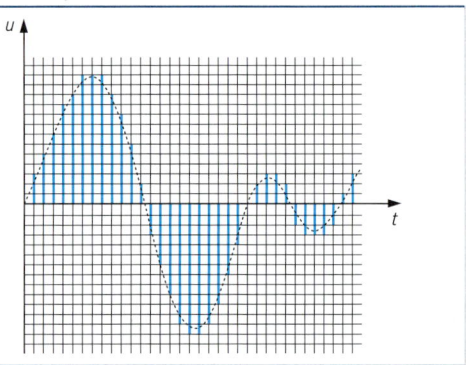

Verzerrungen
Distortions

Lineare Verzerrungen

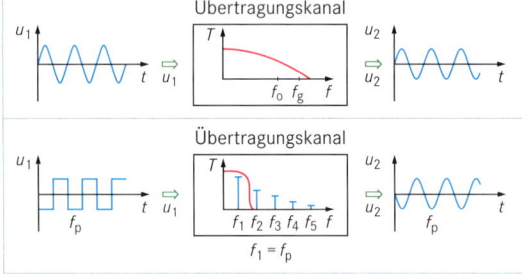

Nichtlineare Verzerrungen

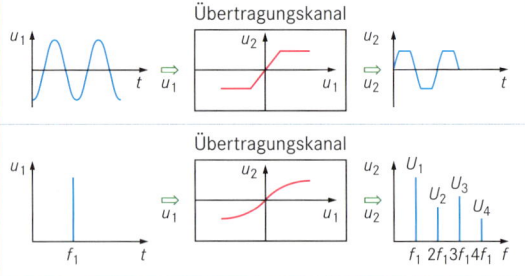

Klirrfaktor k

$$k = \sqrt{\frac{U_2^2 + U_3^2 + ... + U_n^2}{U_1^2 + U_2^2 + U_3^2 + ... + U_n^2}}$$

1 ... n: Index für Schwingungen (laufende Nummern)

Teilklirrfaktor

$$k = \frac{U_m}{\sqrt{U_1^2 + U_2^2 + U_3^2 + ... + U_n^2}}$$

Klirrdämpfungsmaß a_k

$$a_k = 20 \cdot \log \frac{1}{k} \, \text{dB}$$

Teilklirrdämpfungsmaß

$$a_{km} = 20 \cdot \lg \frac{1}{k_m} \, \text{dB}$$

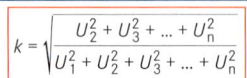

Modulationsverfahren
Modulation Principles

Analoges Modulationssignal		Quantisiertes und codiertes Modulationssignal	Digitales Modulationssignal	
Träger			**Träger**	
sinusförmig	pulsförmig		sinusförmig	pulsförmig
Amplituden-modulation **AM**	Pulsamplituden-modulation **PAM**	Pulscode-modulation **PCM**	Amplituden Shift Keying **ASK**	Orthogonal Frequency Division Multiplexing **OFDM**
Frequenz-modulation **FM**	Pulsfrequenz-modulation **PFM**	Delta-modulation **DM**	Frequency Shift Keying **FSK**	
Phasen-modulation **PM**	Pulsphasen-modulation **PPM**		Phase Shift Keying **PSK**	Coded Orthogonal Frequency Division Multiplexing **COFDM**
	Pulsdauer-modulation **PDM**		Quadratur Amplituden-modulation **QUAM**	

Mischung
Mixing

Prinzip

Mischstufe

f_1 (Eingangs-frequenz) → f_2 (Misch-frequenz)

u_1 ↓ u_2, i_2 ↓

Eingang f_0 Ausgang

(Hilfsfrequenz, Oszillator-frequenz)

Größen

Mischsteilheit S_m

$$S_m = \frac{i_2}{u_1}$$

Mischverstärkung v_m

$$v_m = \frac{u_2}{u_1}$$

Frequenzumsetzung

$$f_2 = |\, f_0 \pm f_1 \,|$$

bzw.

$$f_2 = |\, n \cdot f_0 \pm f_1 \,| \qquad n = 0, 1, 2, \ldots$$

u_2 axis with lines at $f_0 - f_1$, f_0, f_1, $f_0 + f_1$, f

Mischschaltungen

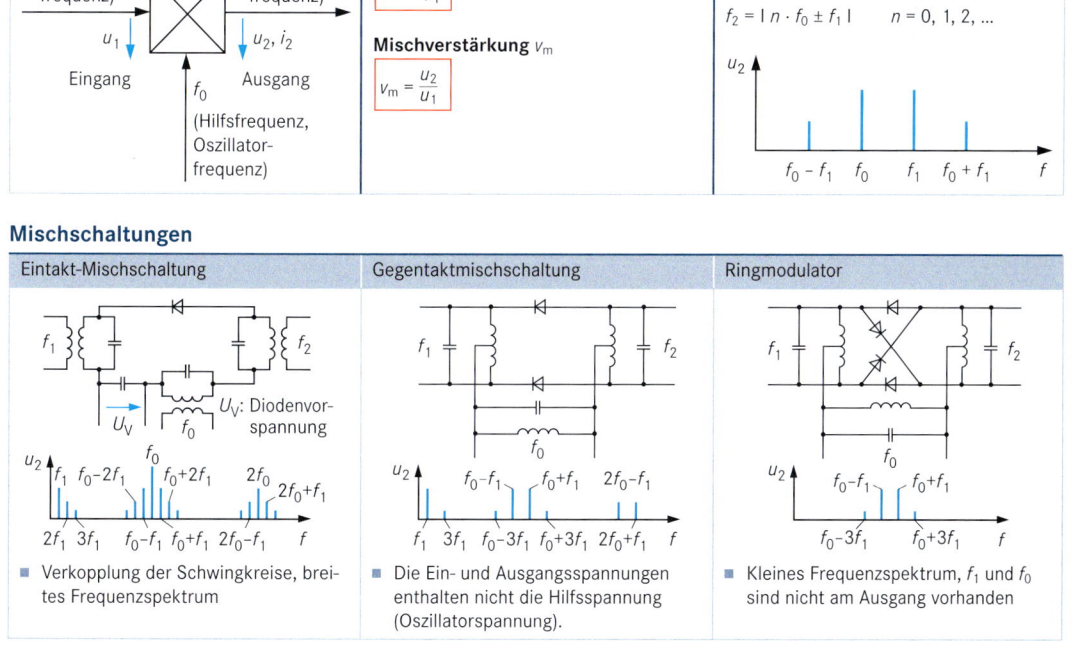

Eintakt-Mischschaltung

U_V: Diodenvor-spannung

- Verkopplung der Schwingkreise, breites Frequenzspektrum

Gegentaktmischschaltung

- Die Ein- und Ausgangsspannungen enthalten nicht die Hilfsspannung (Oszillatorspannung).

Ringmodulator

- Kleines Frequenzspektrum, f_1 und f_0 sind nicht am Ausgang vorhanden

AM – Amplitudenmodulation
AM – Amplitude Modulation

Prinzip

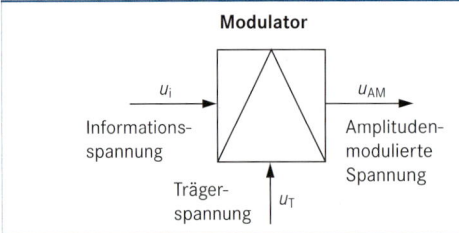

Modulator

u_i → | Informations-spannung

u_{AM} → Amplituden-modulierte Spannung

Träger-spannung u_T

Frequenzsspektrum

Seitenfrequenzen
B: Bandbreite
f_i: Frequenz der Informationsspannung

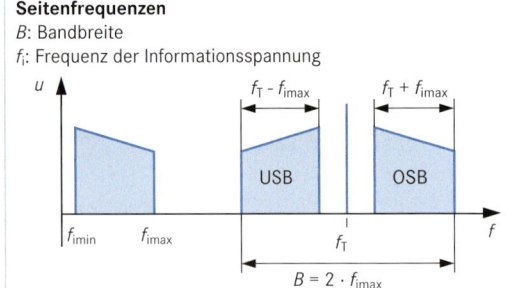

$f_T - f_{imax}$ $f_T + f_{imax}$

USB OSB

f_{imin} f_{imax} f_T

$B = 2 \cdot f_{imax}$

Liniendiagramme

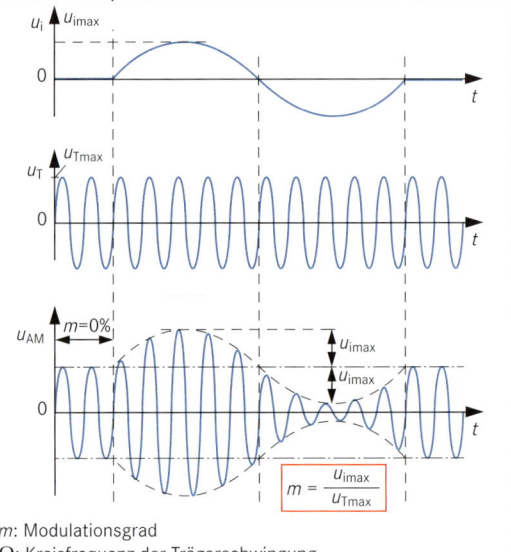

m: Modulationsgrad
Ω: Kreisfrequenz der Trägerschwingung
ω: Kreisfrequenz der Informationsschwingung

$$m = \frac{u_{imax}}{u_{Tmax}}$$

FM – Frequenzmodulation
FM – Frequency Modulation

Frequenzmoduliertes Signal

u_i: Informationsspannung

u_T: Trägerspannung

u_{FM}: Frequenzmodulierte Spannung

f_i: Informationsfrequenz

f_{imin}: minimale Informationsfrequenz

f_{imax}: maximale Informationsfrequenz

ω_i: Kreisfrequenz Informationsspannung

m: Modulationsindex

f_T: Trägerfrequenz

ω_T: Kreisfrequenz der Trägerspannung

Amplitude ist konstant

Trägerfrequenz Träger unmoduliert

Träger frequenzmoduliert

$$u_{FM} = \hat{u}_T \sin(\omega_T + m \cdot \sin \omega_i) \cdot t$$

Frequenzhub Δf_T

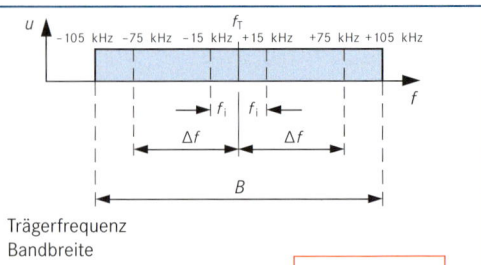

$$m = \frac{\Delta f_T}{f_i}$$

UKW-Sender: $\Delta f = 75$ kHz
Fernsehton: $\Delta f = 50$ kHz

m: Modulationsindex
Δf_T: Frequenzhub
f_i: Informationsfrequenz

Bandbreite B

f_T
-105 kHz -75 kHz -15 kHz $+15$ kHz $+75$ kHz $+105$ kHz

f_i f_i

Δf Δf

B

f_T: Trägerfrequenz
B: Bandbreite
Δf_T: Frequenzhub
f_i: Informationsfrequenz

$$B = 2(\Delta f_T + f_{max})$$

Ringmodulator zur Trägerunterdrückung

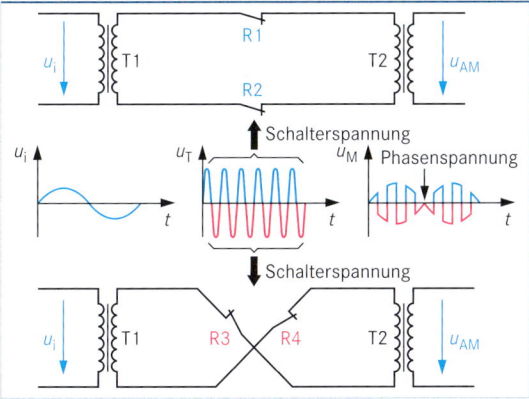

Frequenzspektrum

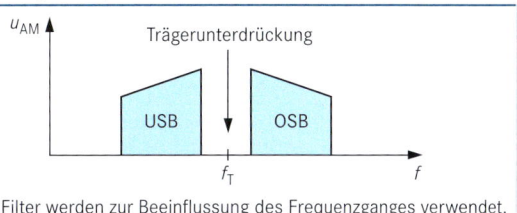

Filter werden zur Beeinflussung des Frequenzganges verwendet.

Arbeitsweise des Ringmodulators

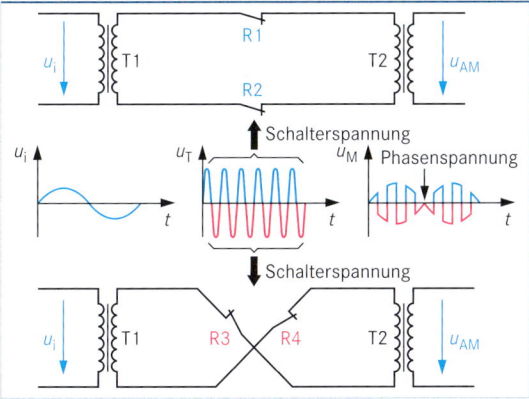

Demodulation mit Ringmodulator

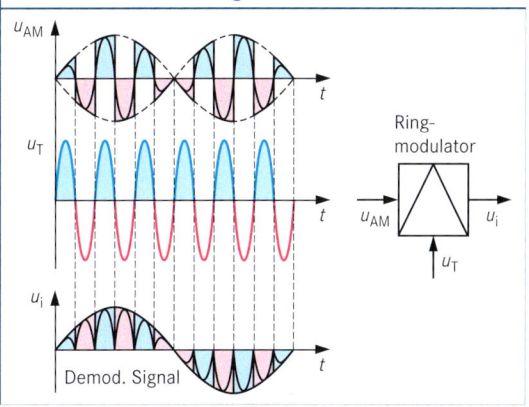

Phasenmodulation
Phase Modulation

Phasenmoduliertes Signal

u_i: Informationsspannung

u_T: Trägerspannung

u_{PM}: Phasenmodulierte Spannung

f_i: Informationsfrequenz

f_T: Trägerfrequenz

ω_T: Kreisfrequenz Träger

ω_i: Kreisfrequenz Informationsspannung

$\Delta\varphi_T$: Phasenhub

φ_T: Phasenwinkel des Trägers

u_{PM}: $\hat{u}_T \sin(\omega_T + \Delta\varphi_T \sin\omega_i) \cdot t$
(ohne Berücksichtigung eines Nullphasenwinkels)

Phasenhub $\Delta\varphi_T$

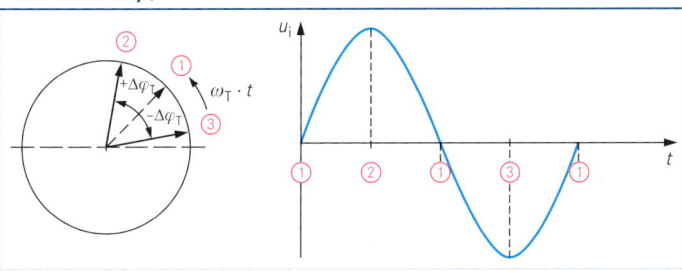

Frequenzhub $\Delta\varphi_T$

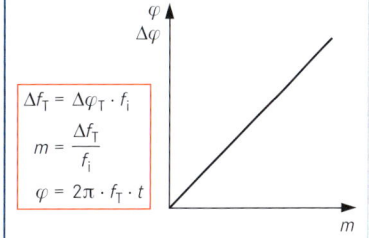

$$\Delta f_T = \Delta\varphi_T \cdot f_i$$

$$m = \frac{\Delta f_T}{f_i}$$

$$\varphi = 2\pi \cdot f_T \cdot t$$

Digitalisierung

1. Die Quelle liefert ein analoges Signal ①.

2. Durch **Abtastung** wird ein pulsamplitudenmoduliertes Signal gebildet ② .

3. Jeder Pulsamplitude wird in der **Quantisierungsstufe** ③ ein bestimmter Wert zugeordnet. Wenn der Abtastwert zwischen den Stufen liegt, ergeben sich Fehler. Sie sind um so kleiner, je größer die Zahl der Quantisierungsstufen ist.

4. Jeder Stufe wird danach eine bestimmte Bitfolge zugeordnet (Codierung ④ durch ein Codewort). In diesem Fall sind es 3 Bit.

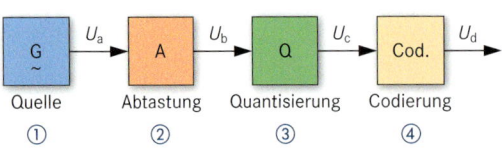

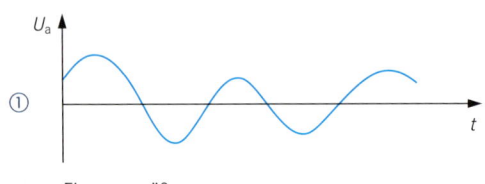

Eingangsgröße

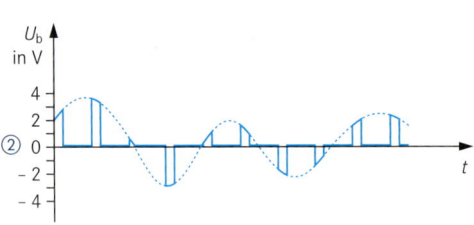

Pulsamplitudenmoduliertes Signal

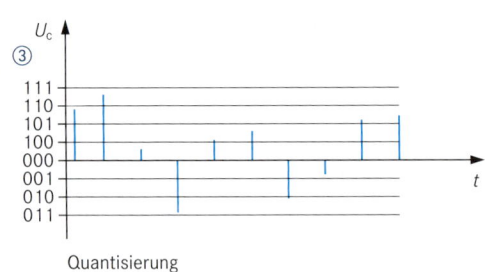

Quantisierung

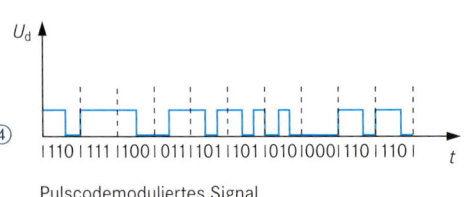

Pulscodemoduliertes Signal

Bit und Byte

- **Bit: Bi**nary Digi**t**, Binärziffer
  Kleinste Informationeinheit der Computertechnik und anderer digital arbeitender Systeme.

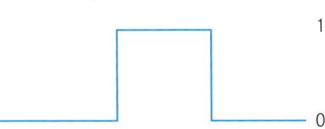

- **Byte:** Einheit von 8 Bit

z. B.   01101011

Jedes Bit kann die Zustände 0 und 1 annehmen. Demzufolge ergibt sich die folgende Zahl an Kombinationen:
$$2^8 = 256$$

1 B (Byte)	= 8 Bit
1 KB (Kilobyte)	= 1.024 Byte
1 MB (Megabyte)	= 1.024 KB (etwa 1 Million Bytes)
1 GB (Gigabyte)	= 1.024 MB (etwa 1 Milliarde Bytes)

Umsetzer

Analog-Digital-Umsetzer

Beispiel:
Ein rampenförmiges Signal (analog) wird mit binären Signalen (0 und 1) in einen Signalfluss von 4 Bit (Dual-Code) umgesetzt.

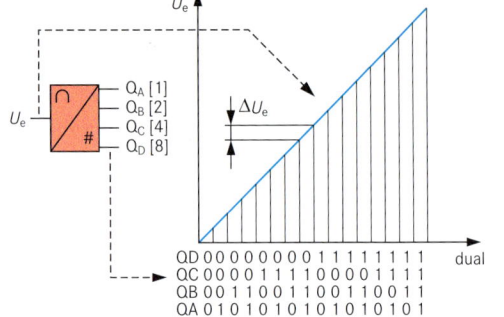

Digital-Analog-Umsetzer

Beispiel:
Eine 4 Bit Signalfolge (Dual-Code) wird in ein treppenförmiges Signal umgesetzt. Nach anschließender Glättung ist wieder ein analoges Signal vorhanden.

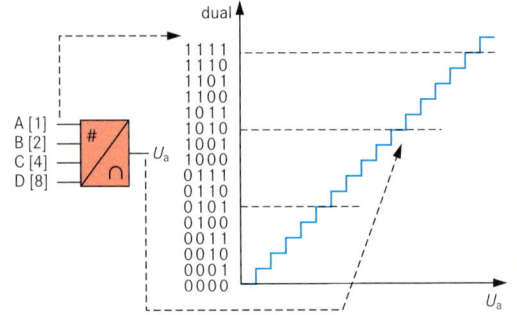

Bewertbarkeit

Jeder Stelle der Binärzeichen ist hierbei eine definierte Wertigkeit zugeordnet.
Beispiel: Mögliche Wertigkeiten von BCD-Codes.

Nr.	Wertigkeit					Nr.	Wertigkeit			
1	8	4	2	1		9	4	3	2	1
2	7	4	2	1		10	3	3	2	1
3	6	4	2	1		11	6	2	2	1
4	5	4	2	1		12	5	2	2	1
5	4	4	2	1		13	4	2	2	1
6	7	3	2	1		14	6	3	1	1
7	6	3	2	1		15	5	3	1	1
8	5	3	2	1		16	4	3	1	1
						17	5	2	1	1

Zusammenhang zwischen Wertigkeit und Dezimalzahl bei BCD-Codes:

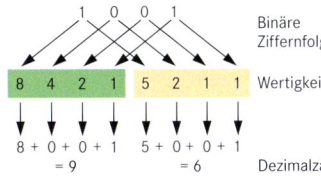

Fehlererkennbarkeit

Codes, die einfache oder mehrfache Verfälschungen von Stellen innerhalb eines Codewortes aufzeigen, sind fehlererkennbar (z. B. 1 aus 10- und 2 aus 5-Code).

Parität

Jedem Codewort kann durch Hinzufügen einer einzelnen Prüfstelle die Fähigkeit zum Erkennen einfacher Fehler gegeben werden.

- **Gerade Parität:** Paritätsbit wird auf 0 gesetzt, wenn Quersumme der mit 1 besetzten Stellen im Codewort gerade ist; Paritätsbit = 1, wenn Quersumme ungerade ist
- **Ungerade Parität:** Paritätsbit = 1, wenn Quersumme gerade; Paritätsbit = 0, wenn Quersumme ungerade ist

Beispiel:

Parität	gerade (even)	ungerade (odd)
Codewort 1	0110 0	0110 1
Codewort 2	1110 1	1110 0
Paritätsbit		

Rechenfähigkeit

Beispiel: Aiken-Code

	Subtraktion		Addition durch Neunerkomplement
Dezimal-zahlen	Aiken-Code	Aiken-Code	
8	1110	1110	
–	+	+	
5	1011	0100	Invertieren
=	=	=	
		1 0010	Abtrennen der ersten Stelle
		+	
		0001	Addition von 1
3	0011	0011	

Blockprüfung

Die Blockprüfung wird auch als Longitudinale Redundanzprüfung bezeichnet.

- Sie sichert durch **BCC** (**B**lock **C**heck **C**haracter: Paritätszeichen) einen Datenblock.
- Alle Bitstellen mit derselben Bitnummer innerhalb des Blockes werden addiert.
  Dafür wird jeweils ein Paritätsbit gebildet.
- Die zusammengefassten Paritätsbits ergeben das BCC.

Beispiel:

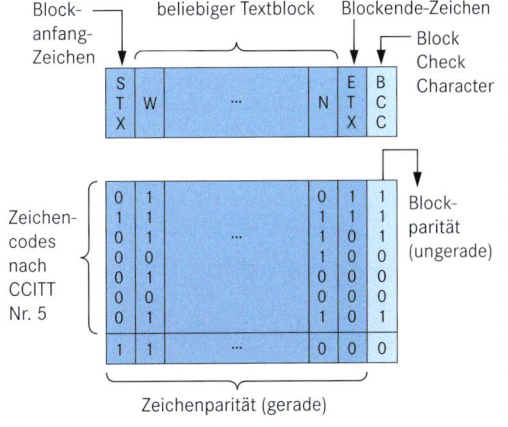

Zyklische Redundanzprüfung

- Beim **CRC**-Verfahren (**C**yclic **R**edundancy **C**heck) wird die gesamte Nachricht als serieller Bitstrom betrachtet.
- Alle Bits werden an einen CRC-Generator gegeben.
- Hier wird der Bitstrom durch ein Generatorpolynom dividiert und eine Kontrollzahl erzeugt.
- Daten und Kontrollzahl werden vom Empfänger ebenfalls durch ein Generatorpolynom dividert.
- Wenn der Divisionsrest gleich 0 ist, dann hat keine Verfälschung stattgefunden.
- CRC-Generator besteht aus Schieberegistern, die an bestimmten Stellen über Exklusiv-Oder-Gatter zurückgekoppelt sind.

Übertragungsprinzip mit CRC-Verfahren

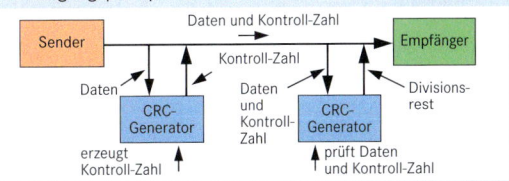

Generatorpolynome für CRC-Generator

ITU-T:	CRC-12:
$G(x) = x^{16} + x^{12} + x^5 + 1$	$G(x) = x^{12} + x^{11} + x^3 + x^2 + x + 1$
CRC-16 (IBM):	CRC-8 (LRC):
$G(x) = x^{16} + x^{15} + x^2 + 1$	$G(x) = x^8 + 1$

- Codieren bedeutet, den gegebenen Vorrat an Symbolen eines Zeichensatzes den Symbolen eines anderen Zeichensatzes zuzuordnen.
- Codieren erfolgt aus verschiedenen Gründen:
  - Bei Datenübertragung: Einfache und zeitsparende Übertragung der Symbole
  - Für Datensicherheit: Daten möglichst schwer entschlüsselbar (kryptologische Codierungen)

- Für Datenverarbeitung: Mathematische Operationen mit geringem technischen Aufwand durchführen
- Überwiegend werden binäre Codes verwendet.
- Besondere Bedeutung haben die Codes, bei denen die Codewörter aus gleich vielen Elementen bestehen (z. B. vier Bit).
- Bei n Elementen pro Codewort und v unterscheidbaren Zuständen pro Element sind $M = v^n$ Codewörter darstellbar (Binärsystem mit $v = 2$ ist $M = 2^n$)

Tetradische Codes

- Bestehen aus vier Bit (**Tetrade**) je Codewort
- Codieren die Dezimalziffern 0...9

- Enthalten sechs Codewörter (Dezimalzahlen 10...15), die **nicht** verwendet werden (**Pseudotetraden**)

Mehrschrittige Tetradische Codes

- Bei ihnen ändern sich mehrere Binärstellen beim Übergang von einem Codewort zum Folgenden.
- **BCD**-Code: **B**inary-**C**oded **D**ecimals (binärcodierte Dezimalziffern), geeignet für Addition
- **Aiken**-Code: geeignet für Addition und Subtraktion

Einschrittige Tetradische Codes

- Bei ihnen ändert sich nur eine Binärstelle beim Übergang von einem Codewort zum Folgenden.
- Anwendung bei Analog-Digital-Umsetzern (z. B. Winkelcodierern)

Dezimal-Ziffer	BCD-Code	Aiken-Code	Gray-Code	Glixon-Code	O'Brien-Code
0	0 0 0 0	0 0 0 0	0 0 0 0	0 0 0 0	0 0 0 1
1	0 0 0 1	0 0 0 1	0 0 0 1	0 0 0 1	0 0 1 1
2	0 0 1 0	0 0 1 0	0 0 1 1	0 0 1 1	0 0 1 0
3	0 0 1 1	0 0 1 1	0 0 1 0	0 0 1 0	0 1 1 0
4	0 1 0 0	0 1 0 0	0 1 1 0	0 1 1 0	0 1 0 0
5	0 1 0 1	1 0 1 1	0 1 1 1	0 1 1 1	1 1 0 0
6	0 1 1 0	1 1 0 0	0 1 0 1	0 1 0 1	1 1 1 0
7	0 1 1 1	1 1 0 1	0 1 0 0	0 1 0 0	1 0 1 0
8	1 0 0 0	1 1 1 0	1 1 0 0	1 1 0 0	1 0 1 1
9	1 0 0 1	1 1 1 1	1 1 0 1	1 0 0 0	1 0 0 1
Wertigkeit	8 4 2 1	2 4 2 1			
Stelle	4 3 2 1	4 3 2 1	4 3 2 1	4 3 2 1	4 3 2 1

Höherstellige Codes

- Verwenden mehr als vier Stellen zur Darstellung eines Codewortes
- 2 aus 5-Code: gleichgewichtiger Code; jeweils zwei von fünf Stellen sind in jedem Codewort mit 1 besetzt; fehlererkennbar

- 1 aus 10-Code: fehlererkennbar
- Libaw-Craig-Code: einschrittiger Code
- Biquinär-Code: 2 aus 7-Code

Dezimal-Ziffer	2 aus 5-Code	1 aus 10-Code	Libaw-Craig-Code	Biquinär-Code
0	0 0 0 1 1	0 0 0 0 0 0 0 0 0 1	0 0 0 0 1	1 0 0 0 0 0 1
1	0 0 1 0 1	0 0 0 0 0 0 0 0 1 0	0 0 0 1 1	1 0 0 0 0 1 0
2	0 0 1 1 0	0 0 0 0 0 0 0 1 0 0	0 0 1 1 1	1 0 0 0 1 0 0
3	0 1 0 0 1	0 0 0 0 0 0 1 0 0 0	0 1 1 1 1	1 0 0 1 0 0 0
4	0 1 0 1 0	0 0 0 0 0 1 0 0 0 0	1 1 1 1 1	1 0 1 0 0 0 0
5	0 1 1 0 0	0 0 0 0 1 0 0 0 0 0	1 1 1 1 0	0 1 0 0 0 0 1
6	1 0 0 0 1	0 0 0 1 0 0 0 0 0 0	1 1 1 0 0	0 1 0 0 0 1 0
7	1 0 0 1 0	0 0 1 0 0 0 0 0 0 0	1 1 0 0 0	0 1 0 0 1 0 0
8	1 0 1 0 0	0 1 0 0 0 0 0 0 0 0	1 0 0 0 0	0 1 0 1 0 0 0
9	1 1 0 0 0	1 0 0 0 0 0 0 0 0 0	0 0 0 0 0	0 1 1 0 0 0 0
Stelle	5 4 3 2 1	9 8 7 6 5 4 3 2 1 0	5 4 3 2 1	6 5 4 3 2 1 0

Nichtdekadische Codes

- Zahlen werden vollständig in einem Codewort dargestellt.
- Codes müssen auf die Menge der zu codierenden Zahlen ausgelegt sein.

Dezimal-Ziffer	Dual-Code	Hamming-Code	Dezimal-Ziffer	Dual-Code	Hamming-Code
0	0 0 0 0	0 0 0 0 0 0 0	8	1 0 0 0	1 0 0 1 0 1 1
1	0 0 0 1	0 0 0 0 1 1 1	9	1 0 0 1	1 0 0 1 1 0 0
2	0 0 1 0	0 0 1 1 0 0 1	10	1 0 1 0	1 0 1 0 0 1 0
3	0 0 1 1	0 0 1 1 1 1 0	11	1 0 1 1	1 0 1 0 1 0 1
4	0 1 0 0	0 1 0 1 0 1 0	12	1 1 0 0	1 1 0 0 0 0 1
5	0 1 0 1	0 1 0 1 1 0 1	13	1 1 0 1	1 1 0 0 1 1 0
6	0 1 1 0	0 1 1 0 0 1 1	14	1 1 1 0	1 1 1 1 0 0 0
7	0 1 1 1	0 1 1 0 1 0 0	15	1 1 1 1	1 1 1 1 1 1 1

Spalte / Zeile	00	01	02	03	04	05	06	07
00	NUL — hex 0 — dec 0 — P000 0000 — oct 000	DLE — hex 10 — dec 16 — P001 0000 — oct 020	SP — hex 20 — dec 32 — P010 0000 — oct 040	0 — hex 30 — dec 48 — P011 0000 — oct 060	@ — hex 40 — dec 64 — P100 0000 — oct 100	P — hex 50 — dec 80 — P101 0000 — oct 120	` — hex 60 — dec 96 — P110 0000 — oct 140	p — hex 70 — dec 112 — P111 0000 — oct 160
01	SOH — hex 01 — dec 1 — P000 0001 — oct 001	DC$_1$ — hex 11 — dec 17 — P001 0001 — oct 021	! — hex 21 — dec 33 — P010 0001 — oct 041	1 — hex 31 — dec 49 — P011 0001 — oct 061	A — hex 41 — dec 65 — P100 0001 — oct 101	Q — hex 51 — dec 81 — P101 0001 — oct 121	a — hex 61 — dec 97 — P110 0001 — oct 141	q — hex 71 — dec 113 — P111 0001 — oct 161
02	STX — hex 02 — dec 2 — P000 0010 — oct 002	DC$_2$ — hex 12 — dec 18 — P001 0010 — oct 022	" — hex 22 — dec 34 — P010 0010 — oct 042	2 — hex 32 — dec 50 — P011 0010 — oct 062	B — hex 42 — dec 66 — P100 0010 — oct 102	R — hex 52 — dec 82 — P101 0010 — oct 122	b — hex 62 — dec 98 — P110 0010 — oct 142	r — hex 72 — dec 114 — P111 0010 — oct 162
03	ETX — hex 03 — dec 3 — P000 0011 — oct 003	DC$_3$ — hex 13 — dec 19 — P001 0011 — oct 023	# — hex 23 — dec 35 — P010 0011 — oct 043	3 — hex 33 — dec 51 — P011 0011 — oct 063	C — hex 43 — dec 67 — P100 0011 — oct 103	S — hex 53 — dec 83 — P101 0011 — oct 123	c — hex 63 — dec 99 — P110 0011 — oct 143	s — hex 73 — dec 115 — P111 0011 — oct 163
04	EOT — hex 04 — dec 4 — P000 0100 — oct 004	DC$_4$ — hex 14 — dec 20 — P001 0100 — oct 024	$ — hex 24 — dec 36 — P010 0100 — oct 044	4 — hex 34 — dec 52 — P011 0100 — oct 064	D — hex 44 — dec 68 — P100 0100 — oct 104	T — hex 54 — dec 84 — P101 0100 — oct 124	d — hex 64 — dec 100 — P110 0100 — oct 144	t — hex 74 — dec 116 — P111 0100 — oct 164
05	ENQ — hex 05 — dec 5 — P000 0101 — oct 005	NAK — hex 15 — dec 21 — P001 0101 — oct 025	% — hex 25 — dec 37 — P010 0101 — oct 045	5 — hex 35 — dec 53 — P011 0101 — oct 065	E — hex 45 — dec 69 — P100 0101 — oct 105	U — hex 55 — dec 85 — P101 0101 — oct 125	e — hex 65 — dec 101 — P110 0101 — oct 145	u — hex 75 — dec 117 — P111 0101 — oct 165
06	ACK — hex 06 — dec 6 — P000 0110 — oct 006	SYN — hex 16 — dec 22 — P001 0110 — oct 026	& — hex 26 — dec 38 — P010 0110 — oct 046	6 — hex 36 — dec 54 — P011 0110 — oct 066	F — hex 46 — dec 70 — P100 0110 — oct 106	V — hex 56 — dec 86 — P101 0110 — oct 126	f — hex 66 — dec 102 — P110 0110 — oct 146	v — hex 76 — dec 118 — P111 0110 — oct 166
07	BEL — hex 07 — dec 7 — P000 0111 — oct 007	ETB — hex 17 — dec 23 — P001 0111 — oct 027	' — hex 27 — dec 39 — P010 0111 — oct 047	7 — hex 37 — dec 55 — P011 0111 — oct 067	G — hex 47 — dec 71 — P100 0111 — oct 107	W — hex 57 — dec 87 — P101 0111 — oct 127	g — hex 67 — dec 103 — P110 0111 — oct 147	w — hex 77 — dec 119 — P111 0111 — oct 167
08	BS — hex 08 — dec 8 — P000 1000 — oct 010	CAN — hex 18 — dec 24 — P001 1000 — oct 030	(— hex 28 — dec 40 — P010 1000 — oct 050	8 — hex 38 — dec 56 — P011 1000 — oct 070	H — hex 48 — dec 72 — P100 1000 — oct 110	X — hex 58 — dec 88 — P101 1000 — oct 130	h — hex 68 — dec 104 — P110 1000 — oct 150	x — hex 78 — dec 120 — P111 1000 — oct 170
09	HT — hex 09 — dec 9 — P000 1001 — oct 011	EM — hex 19 — dec 25 — P001 1001 — oct 031	) — hex 29 — dec 41 — P010 1001 — oct 051	9 — hex 39 — dec 57 — P011 1001 — oct 071	I — hex 49 — dec 73 — P100 1001 — oct 111	Y — hex 59 — dec 89 — P101 1001 — oct 131	i — hex 69 — dec 105 — P110 1001 — oct 151	y — hex 79 — dec 121 — P111 1001 — oct 171
10	LF — hex 0A — dec 10 — P000 1010 — oct 012	SUB — hex 1A — dec 26 — P001 1010 — oct 032	* — hex 2A — dec 42 — P010 1010 — oct 052	: — hex 3A — dec 58 — P011 1010 — oct 072	J — hex 4A — dec 74 — P100 1010 — oct 112	Z — hex 5A — dec 90 — P101 1010 — oct 132	j — hex 6A — dec 106 — P110 1010 — oct 152	z — hex 7A — dec 122 — P111 1010 — oct 172
11	VT — hex 0B — dec 11 — P000 1011 — oct 013	ESC — hex 1B — dec 27 — P001 1011 — oct 033	+ — hex 2B — dec 43 — P010 1011 — oct 053	; — hex 3B — dec 59 — P011 1011 — oct 073	K — hex 4B — dec 75 — P100 1011 — oct 113	[— hex 5B — dec 91 — P101 1011 — oct 133	k — hex 6B — dec 107 — P110 1011 — oct 153	{ — hex 7B — dec 123 — P111 1011 — oct 173
12	FF — hex 0C — dec 12 — P000 1100 — oct 014	FS — hex 1C — dec 28 — P001 1100 — oct 034	, — hex 2C — dec 44 — P010 1100 — oct 054	< — hex 3C — dec 60 — P011 1100 — oct 074	L — hex 4C — dec 76 — P100 1100 — oct 114	\ — hex 5C — dec 92 — P101 1100 — oct 134	l — hex 6C — dec 108 — P110 1100 — oct 154	| — hex 7C — dec 124 — P111 1100 — oct 174
13	CR — hex 0D — dec 13 — P000 1101 — oct 015	GS — hex 1D — dec 29 — P001 1101 — oct 035	- — hex 2D — dec 45 — P010 1101 — oct 055	= — hex 3D — dec 61 — P011 1101 — oct 075	M — hex 4D — dec 77 — P100 1101 — oct 115	] — hex 5D — dec 93 — P101 1101 — oct 135	m — hex 6D — dec 109 — P110 1101 — oct 155	} — hex 7D — dec 125 — P111 1101 — oct 175
14	SO — hex 0E — dec 14 — P000 1110 — oct 016	RS — hex 1E — dec 30 — P001 1110 — oct 036	. — hex 2E — dec 46 — P010 1110 — oct 056	> — hex 3E — dec 62 — P011 1110 — oct 076	N — hex 4E — dec 78 — P100 1110 — oct 116	^ — hex 5E — dec 94 — P101 1110 — oct 136	n — hex 6E — dec 110 — P110 1110 — oct 156	~ — hex 7E — dec 126 — P111 1110 — oct 176
15	SI — hex 0F — dec 15 — P000 1111 — oct 017	US — hex 1F — dec 31 — P001 1111 — oct 037	/ — hex 2F — dec 47 — P010 1111 — oct 057	? — hex 3F — dec 63 — P011 1111 — oct 077	O — hex 4F — dec 79 — P100 1111 — oct 117	_ — hex 5F — dec 95 — P101 1111 — oct 137	o — hex 6F — dec 111 — P110 1111 — oct 157	DEL — hex 7F — dec 127 — P111 1111 — oct 177

Erklärung: ASCII-Zeichen — DLE; 20 — Wert hexadezimal; 16 — Wert dezimal; Wert binär — P001 0000; 020 — Wert oktal.

P: Paritätsbit (P = 0 oder P = 1 muss vereinbart sein; vgl. DIN 66022).

LSB (**L**east **S**ignificant **B**it: niederwertiges Bit)
MSB (**M**ost **S**ignificant **B**it: höchstwertiges Bit)

Steuerzeichen

Befehl	Art des Befehls	Bedeutung englisch	Bedeutung deutsch
NUL	–	NULL	Null, Nichts
SOH	TC	START OF HEADING	Kopfzeilenbeginn
STX	TC	START OF TEXT	Textanfangszeichen
ETX	TC	END OF TEXT	Textendezeichen
EOT	TC	END OF TRANSMISSION	Ende der Übertragung
ENQ	TC	ENQUIRY	Aufforderung zur Datenübertragung
ACK	TC	ACKNOWLEDGE	Positive Rückmeldung
BEL	–	BELL	Klingelzeichen
BS	FE	BACKSPACE	Rückwärtsschritt
HT	FE	HORIZONTAL TABULATION	Horizontal-Tabulator
LF	FE	LINE FEED	Zeilenvorschub
VT	FE	VERTICAL TABULATION	Vertikal-Tabulator
FF	FE	FORM FEED	Formularvorschub
CR	FE	CARRIAGE RETURN	Wagenrücklauf
SO	–	SHIFT OUT	Dauerumschaltungszeichen

Befehl	Art des Befehls	Bedeutung englisch	Bedeutung deutsch
SI	–	SHIFT IN	Rückschaltungszeichen
DLE	TC	DATALINE ESCAPE	Datenübertragungsumschaltung
DC 1...4	DC	DEVICE CONTROL 1...4	Gerätesteuerzeichen 1...4
NAK	TC	NEGATIVE ACKNOWLEDGE	Negative Rückmeldung
SYN	TC	SYNCHRONOUS IDLE	Synchronisierung
ETB	TC	END OF TRANSMISSION BLOCK	Ende des Übertragungsblocks
CAN	–	CANCEL	Ungültig
EM	–	END OF MEDIUM	Ende der Aufzeichnung
SUB	–	SUBSTITUTE	Substitution
ESC	–	ESCAPE	Umschaltung
FS	IS	FILE SEPARATOR	Hauptgruppen-Trennzeichen
GS	IS	GROUP SEPARATOR	Gruppentrennzeichen
RS	IS	RECORD SEPARATOR	Untergruppen-Trennzeichen
US	IS	UNIT SEPARATOR	Teilgruppen-Trennzeichen
SP	–	SPACE	Leerzeichen
DEL	–	DELETE	Löschen

PCM – Pulscodemodulation
PCM – Pulse Code Modulation

Prinzip

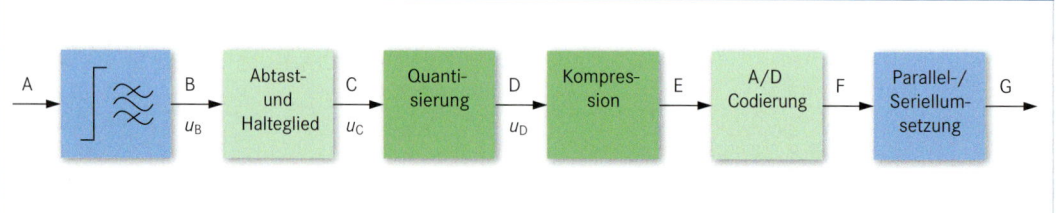

Erläuterungen (Sprachsignale)

A: Analoges Signal ist das Eingangssignal.

B: Das Sprachsignal ist auf 3,4 kHz begrenzt (Bandbreite B).

C: **Abtastung**: Erzeugung eines PAM-Signals (zeitdiskret amplituden-analog),
Abtastfrequenz $f \geq 2 \cdot B$ (8 kHz, CCITT); Signalspeicherung

D: **Quantisierung**: Zuordnung der Analogwerte zu diskreten Werten, 256 Quantisierungsabschnitte

E: **Kompandierung** (nichtlineare Quantelung): Kleine Quantisierungsstufen in der Mitte und große am Ende des Aussteuerbereichs (vgl. Kompressionskennlinie).

F: **Codierung**: 256 Code-Wörter, PCM-Bitrate, 64 kbit/s je Sprachkanal

G: Serielle Bitfolge zur Signalübertragung

Kompressionskennlinie

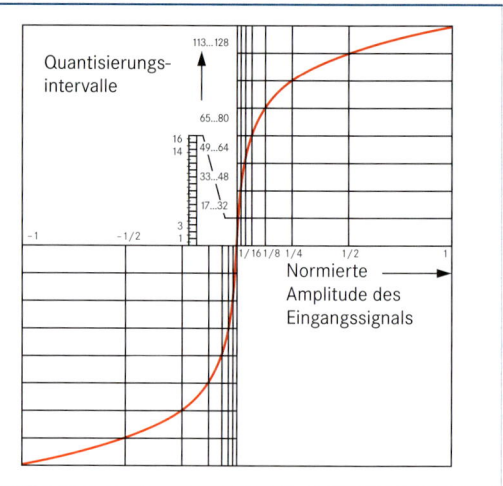

Quantisierung eines Signals und Zuordnung zu Code-Wörtern

Stufe	Code-wort
8	111
7	110
6	101
5	100
4	011
3	010
2	001
1	000

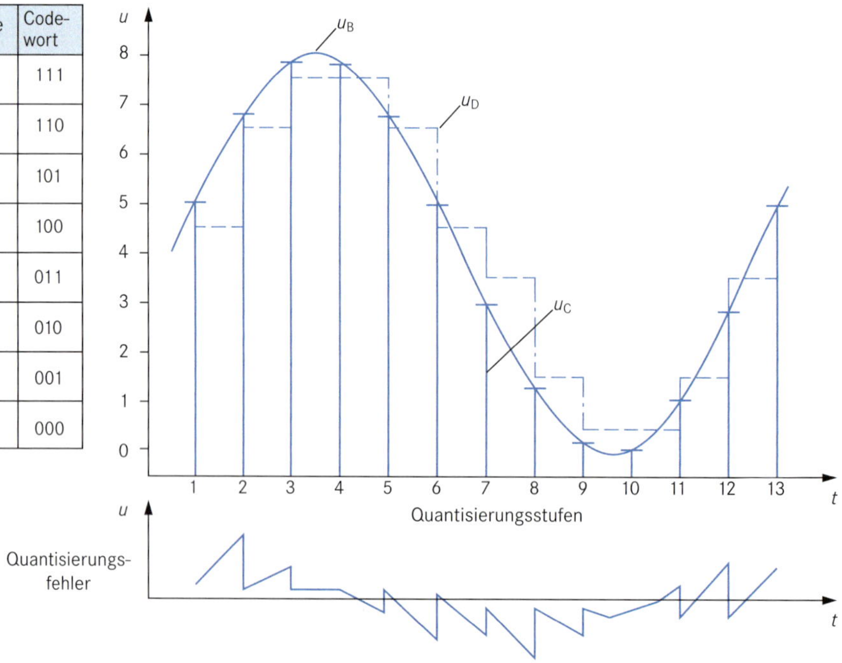

Amplitudenumtastung, ASK (Amplitude Shift Keying)

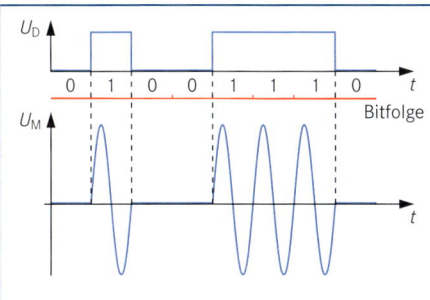

- Amplitude des Trägers wird geändert
  (Ein- und Ausschalten des Trägers, **ON-Off-Keying**, OOK,
  digitale Glasfasersysteme).

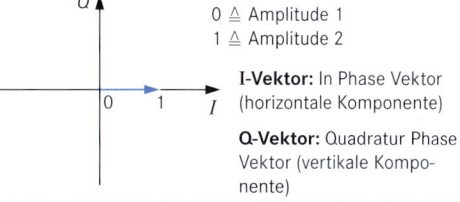

0 $\triangleq$ Amplitude 1
1 $\triangleq$ Amplitude 2

I-Vektor: In Phase Vektor
(horizontale Komponente)

Q-Vektor: Quadratur Phase
Vektor (vertikale Komponente)

Frequenzumtastung, FSK (Frequency Shift Keying)

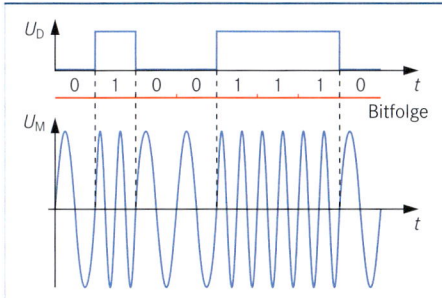

- Umschaltung von zwei Oszillatoren (Phasensprünge)
- Umschaltung eines Oszillators (phasenkontinuierliche FSK,
  CPFSK, **C**ontinuous **P**hase **F**requency **S**hift **K**eying)

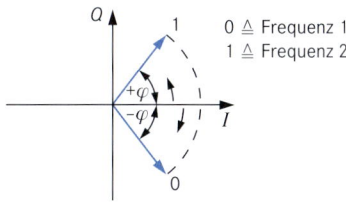

0 $\triangleq$ Frequenz 1
1 $\triangleq$ Frequenz 2

Phasenumtastung, PSK (Phase Shift Keying)

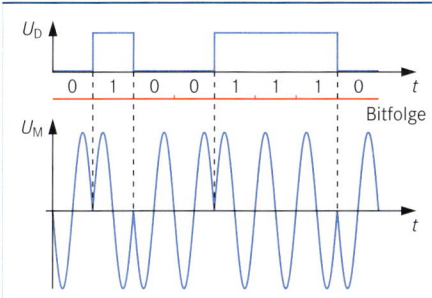

- Umschaltung zwischen zwei verschiedenen Phasen
  (**binäre PSK, BPSK**)

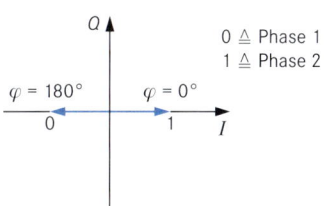

0 $\triangleq$ Phase 1
1 $\triangleq$ Phase 2

$\varphi = 180°$ $\varphi = 0°$

Höherwertige Verfahren der Phasenumtastung

- **Quadrature PSK, QPSK (Vierphasenumtastung)**

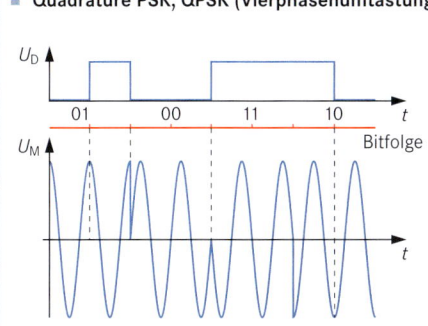

01 $\quad$ 00
$\varphi = 135°$ $\quad$ $\varphi = 45°$
$\varphi = 225°$ $\quad$ $\varphi = 315°$
11 $\quad$ 10

Zusammenfassung
von je 2 Bits (Dibit)
für vier verschiedene
Phasenlagen
(Satellitenübertragung).

Bit	Phase	I-Komp.	Q-Komp.
00	45°	+1	+1
01	135°	−1	+1
11	225°	−1	−1
10	315°	+1	−1

- **8-PSK** (Zusammenfassung von 3 Bits)
  000 $\triangleq$ 45°; 001 $\triangleq$ 90°; 010 $\triangleq$ 135° usw. (360°/8 = 45°)
- **16-PSK** (360°/16 = 22,5°)

Anwendung: UMTS (4-PSK)
$\qquad$ **EDGE**: **E**nhanced **D**ata Rates for
$\qquad$ GSM **E**volation (8-PSK)

Höherwertige Verfahren der Phasenumtastung

■ **Quadratur PSK, QPSK (Vierphasenumtastung)**

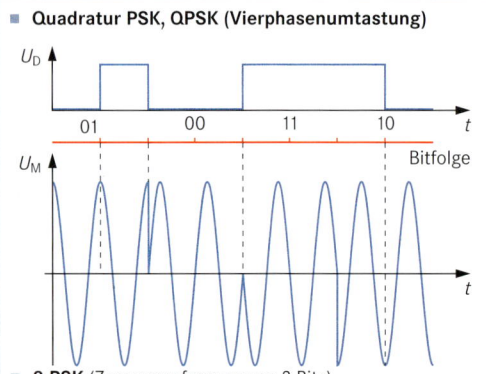

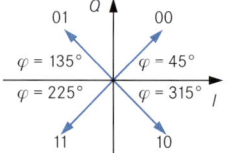

Zusammenfassung von je 2 Bits (Dibit) für vier verschiedene Phasenlagen (Satellitenübertragung).

Bit	Phase	I-Komp.	Q-Komp.
00	45°	+1	+1
01	135°	−1	+1
11	225°	−1	−1
10	315°	+1	−1

■ **8-PSK** (Zusammenfassung von 3 Bits)
000 ≙ 45°; 001 ≙ 90°; 010 ≙ 135° usw. (360°/8 = 45°)
■ **16-PSK** (360°/16 = 22,5°)

Anwendung: UMTS (4-PSK)
EDGE: **E**nhanced **D**ata rate for **G**lobal **E**volation (8-PSK)

Offset QPSK, OQPSK

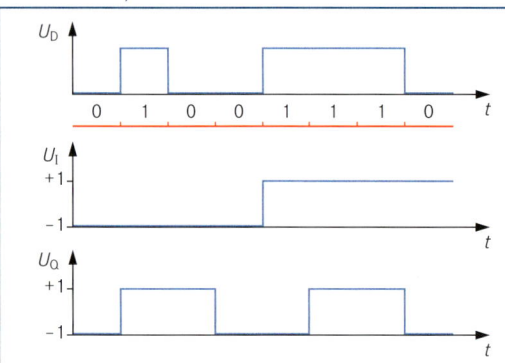

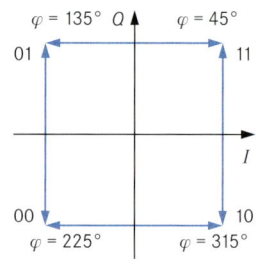

Die Übergänge zwischen den verschiedenen Phasenlagen erfolgen zeitlich versetzt in jeder Achsenrichtung.

Vorteil:
Geringere Schwankung der Amplitude als bei QPSK.

Differenzielle QPSK, DQPSK

DPSK: **D**ifferential **P**hase **S**hift **K**eying

Bitfolge	Δφ (Phasenänderung)
11	−3 π/4
01	3 π/4
00	π/4
10	−π/4

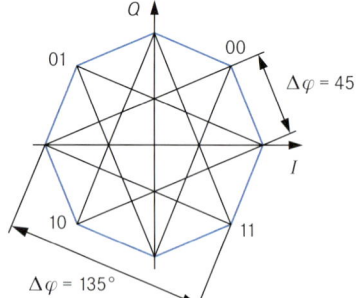

Die Information ist in der Phasenänderung enthalten (Δφ).

Anwendungen:

■ Mobilfunk ADC/JDC (amerikanisch/japanisch)

■ WLAN-Standard IEEE 802-11b

Minimum Shift Keying, MSK

■ **CPFSK** mit Modulationsindex 0,5 (Optimale Unterscheidung von Bit 1 und 0).

■ **Gauß'sche MSK, GMSK**
Keine Rechteckimpulse für die Daten, sondern Gaußimpulse (Vorteil: günstigeres Spektrum als bei MSK).
Anwendung: Mobilfunk, GSM

Quadratur Amplitudenmodulation, QAM

■ Phasen- und Amplitudenumtastung kombiniert

■ Zusammenfassung mehrerer Bits; z. B. 16 QAM (16 Symbole, jeweils 4 Bit)

■ Systeme: 16-, 64-, 256-, 1024-QAM

■ Anwendung: DVB (64- und 256 QAM)

Übersicht

- Multiplexverfahren dienen der **Mehrfach-nutzung** von Übertragungskanälen.

- Mehrere Signale werden dabei zusammengefasst und gleichzeitig (simultan) über
  - Leitungen oder
  - Funkstrecken

  übertragen.

- Ein noch höherer Nutzen wird erreicht, wenn Multiplexverfahren kombiniert werden.

- Die Zusammenführung der Signale erfolgt im **Multiplexer** (MUX).

- Die Trennung erfolgt beim Empfänger im **Demultiplexer** (DEMUX).

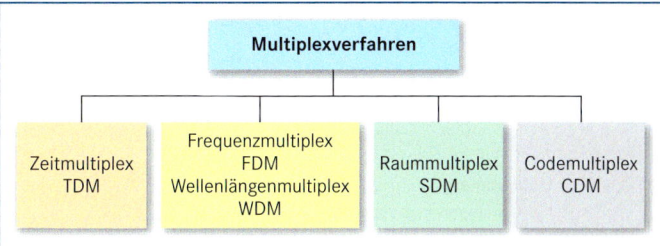

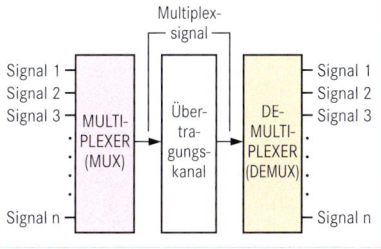

TDM:	Time Division Multiplexing	
TDMA:	Time Division Multiple Access	
STDM:	Synchronous Time Division Multiplexing (synchrones Verfahren)	
ATDM:	Asynchronous Time Division Multiplexing (asynchrones Verfahren)	
FTDMA:	Flexible Time Division Multiple Access (flexibles Verfahren)	
FDM:	Frequency Division Multiplexing	
FDMA:	Frequency Division Multiple Access	
WDM:	Wavelength Division Multiplexing	
WDMA:	Wavelength Division Multiple Access	
DWDM:	Dense Wavelength Division Multiplexing (Dichtes Wellenlängenmultiplex)	
CWDM:	Coarse Wavelength Division Multiplexing (Grobes Wellenlängenmultiplex)	
WWDM:	Wide Wavelength Division Multiplexing (Weites Wellenlängenmultiplex)	
SDM:	Space Division Multiplexing	
SDMA:	Space Division Multiple Access	
CDM:	Code Division Multiplexing	

Zeitmultiplexverfahren (TDM)

- Prinzip:
  Mehrere Signale werden zeitlich gestaffelt (zeitversetzt) in bestimmten Zeitabschnitten (**Zeitschlitzen**) übertragen.

- Abtasttheorem:

$$T_A = \frac{1}{2 \cdot f_{imax}}$$

T_A: Abtastfrequenz
f_{imax}: Maximale Informationsfrequenz

Es sind mindestens zwei Abtastungen innerhalb einer Periodendauer der Übertragungsfrequenz erforderlich.

Synchrones Verfahren (STDM)

- Zur Übertragung werden Übertragungsrahmen definiert, die aus einer bestimmten Anzahl von Zeitschlitzen fester Größe bestehen. Für jeden Sender ist ein fester Zeitschlitz vorgesehen (feste Position des Senders).

- Vorteile:
  Für jede Verbindung kann eine konstante Datenrate genutzt werden. Jeder Sender ist durch seine Position im Übertragungskanal identifizierbar.

- Nachteil:
  Wenn nicht gesendet wird, bleiben die reservierten Zeitabschnitte ungenutzt (keine optimale Ausnutzung).

Asynchrones Verfahren (ATDM)

- Bei diesem Verfahren dürfen nur diejenigen Sender auf den Übertragungskanal zugreifen, die senden wollen.

- Damit noch eine eindeutige Zuordnung von Senderdaten und Zeitabschnitt bestehen bleibt, werden jedem Datenpaket eine Kanalinformation hinzugefügt (Header, Channel Identifier). Das Verfahren wird deshalb auch als Adressen-Mulitplexing (Label-Multiplexing) bezeichnet.

- Mit der Kanalinformation können im Demultiplexer die Datenpakete dem richtigen Strom zugeordnet werden.

- Freie Zeitabschnitte können durch andere Sender mitbenutzt werden (dynamisches Multiplexing).

- Vorteil:
  Ökonomische Nutzung des Datenübertragungskanals.

Beispiel: PCM 30

- 30 Fernsprechkanäle in PCM-codierter Form
- Informationsfrequenz f_{imax} = 3,4 kHz
  Trägerfrequenz f_T = 8 kHz
- Periodendauer der Abtastung 125 µs
- 32 Kanäle, zwei für Synchronisier-, Kennzeichen- und Alarminformationen (Kanal 0 und Kanal 16)

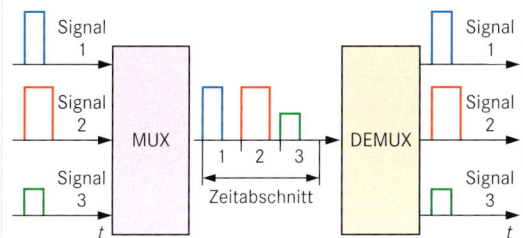

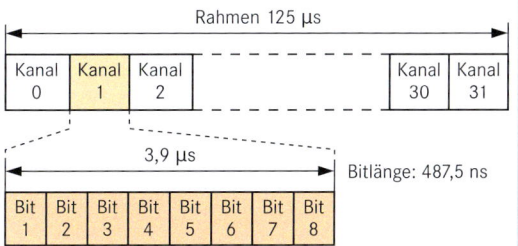

Frequenzmultiplexverfahren (FDM)

- **Leitungsübertragung**
  Mehrere Signale werden frequenzmäßig gestaffelt übertragen.

- **Funkübertragung**
  Mehrere Signale werden mit unterschiedlichen Frequenzen übertragen.

- **Optische Übertragung**
  (Optisches Wellenlängenmultiplexverfahren)
  - **WDM: W**avelength **D**ivision **M**ultiplex
  - Licht mit unterschiedlichen Spektralfarben (Lichtfrequenzen) wird zur Übertragung in einem Lichtwellenleiter verwendet.
  - Unterscheidungen: **DWDM, CWDM** und **WWDM**

- **Beispiel Trägerfrequenztechnik (TF), Sprachkanal mit 300 Hz bis 3,4 kHz**

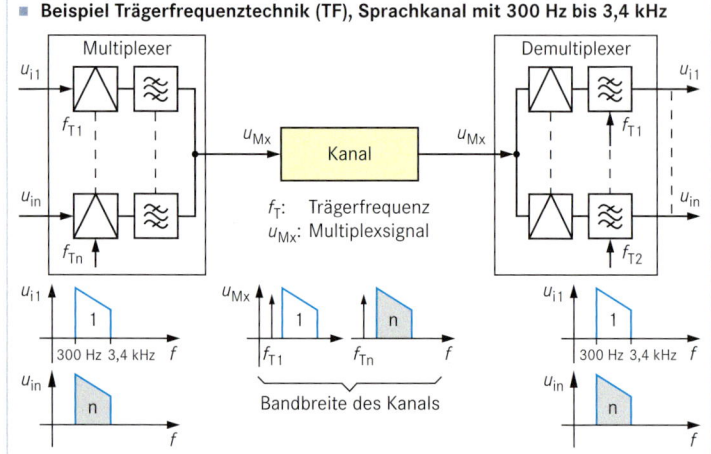

f_T: Trägerfrequenz
u_{Mx}: Multiplexsignal

Bandbreite des Kanals

Wellenlängenmultiplexverfahren (WDM)

- **DWDM**
  Dense **W**avelength **D**ivision **M**ultiplex
  (Dichtes Wellenlängenmultiplex)
  - Dichter Wellenlängenabstand (C- oder L-Band) von 0,4 nm (50 GHz) bis 1,6 nnm (200 GHz)
  - Datenraten 10 Gbit/s bis 40 Gbit/s pro Kanal

- **CWDM**
  Coarse **W**avelength **D**ivision **M**ultiplex
  (Grobes Wellenlängenmultiplex)
  - 18 genormte Wellenlängen zwischen 1311 nm und 1611 nm
  - Kanalbreite 20 nm
  - Datenraten 10 Gbit/s pro Kanal

- **WWDM**
  Wide **W**avelength **D**ivision **M**ultiplex
  (Weites Wellenlängenmultiplex)
  - Einfachstes und am häufigsten verwendetes Verfahren
  - Gleichzeitige Übertragung bei 1310 nm und 1550 nm in einer Faser

Raummultiplexverfahren (SDM)

- **Prinzip:**
  Mehrere Nachrichten werden über parallel eingerichtete Wege (Kanäle) übertragen (vermittelt):
  - **leitungsgebunden**
  - **drahtlos**

- **Leitungsgebundenes Raummultiplex**
  - Mehrere Leitungen werden parallel installiert (Leitungsbündel)
  - Bei der Kreuzschienenverteilung (Koppelfeld, cross bar switching) wird eine Matrix aus mehreren Leitungen mit Schaltern verwendet. Dadurch lassen sich Übertragungsmedien zu- und abschalten.
  - Vorteil:
    Wenn Leitungen frei und die Schalter aktiviert sind, kann jeder Sender jeden Empfänger erreichen.

- **Drahtloses Raummultiplex**
  - Zu einer bestehenden Funkverbindung (Richtfunkstrecke) werden weitere Funkstrecken hinzugeschaltet.
  - Es erfolgt auch eine Mehrfachnutzung der Funkstrecke mit Hilfe von Zeit- oder Frequenzmultiplexverfahren.
  - Für jede Gruppe von Verbindungen wird ein eigenes Gebiet verwendet. Dadurch lassen sich mit einer Sendefrequenz mehrere Gebiete gleichzeitig versorgen.
  - Beispiele: Frequenzzuteilungen beim Rundfunk, Fernsehen, Funkzellen

gleiche Sendefrequenz
für alle Sender

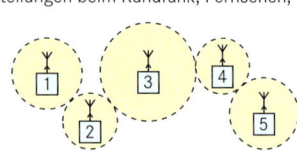

Codemultiplexverfahren (CDM)

- **Prinzip:**
  - Jedem Teilnehmer wird ein bestimmter Code zugewiesen und die Signale entsprechend codiert.
  - Damit sich die Codes nicht beeinträchtigen, ist jeder Code vom anderen unabhängig (zueinander orthogonal).
  - Die Übertragung der Signale erfolgt gemeinsam über einen Kanal bzw. ein Medium.
  - Am Ende der Übertragung werden aus dem Signalgemisch die einzelnen Signale entsprechend ihrem Code herausgefiltert.
  - Durch dieses Verfahren lässt sich die Datenmenge für die Übertragung erhöhen.

- Beispiele für serielle Übertragung:
  RS 485, PROFIBUS und andere Feldbusse

- Beispiel für parallele Übertragung: PCI-Bus im PC

- Zur Unterscheidung mehrerer Teilnehmer arbeitet UMTS mit CDM. Die Sende- und Empfangsrichtung sind aber auf zwei verschiedenen Frequenzen verteilt.

- Funk-Fernsteuerungen (z. B. Zentralverriegelung beim KFZ) und Infrarot-Fernsteuerungen arbeiten mit CDM.

Datenreduktion und Datenkompression

Ziel: Verringerung der zu speichernden oder zu übertragenden Daten ohne wahrnehmbaren Qualitätsverlust.
Die Begriffe Reduktion und Kompression werden häufig synonym verwendet.

Unterschiede:

- **Kompression** bedeutet eine „Verdichtung" der Daten (gepackte Daten). Die ursprünglichen Daten können ohne Verluste wiederhergestellt werden (verlustfreie Kompression).

- **Reduktion** bedeutet, dass unwichtige oder nicht wahrnehmbare Daten entfernt werden. Die ursprünglichen Daten können nicht wiederhergestellt werden (eingeplante Verluste, verlustbehaftete Kompression).

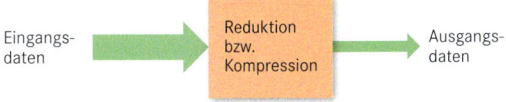

Eingangs-daten → Reduktion bzw. Kompression → Ausgangs-daten

Kompressionsrate bzw. Reduktionsrate: Verhältnis von Eingangsdaten zu Ausgangsdaten (z. B.: 12 : 1)

Kompressionsfaktor bzw. Reduktionsfaktor: Verhältnis von Ausgangsdaten zu Eingangsdaten (z. B.: 1 : 12)

Erforderliche Datenraten für Medien

Medium	Annahmen	Datenrate
Text	■ 1 Seite mit 80 Zeichen/Zeile ■ 64 Zeilen/Seite ■ 1 Byte/Zeichen	$80 \times 64 \times 1 \times 8$ = **41 kbit/Seite**
Audio	CD-Qualität: ■ Abtastrate 44,1 kHz ■ 16 Bit/Abtastwert	$44 \times 100 \times 16 \times 2$ = **1,4 Mbit/s**
Standbild	■ 512 x 512 Pixel/Bild ■ 24 Bit/Pixel	$512 \times 512 \times 24$ = **6,1 Mbit/Bild**
Video	Vollbild: ■ 1.024 x 1.024 Pixel/Bild ■ 24 Bit/Pixel ■ 30 Bilder/s	$1.024 \times 1.024 \times 24 \times 30$ = **755 Mbit/s**

Folgerung:
Besonders bei Bildern und Videosequenzen muss die Datenrate erheblich verringert werden, um die Daten mit einem vertretbaren Aufwand speichern bzw. übertragen zu können.

Anwendung der Psycho-Akustik für die Audiodatenreduktion

- **Ruhehörschwelle:**
  Das menschliche Ohr kann nur Töne oberhalb einer bestimmten Schwelle wahrnehmen (①, oberhalb der Kennlinie).

- **Frequenzabhängige Lautstärkeempfindung:**
  Bei unterschiedlichen Frequenzen besitzt das Ohr eine unterschiedliche Lautstärkeempfindung (②, nichtlinearer Kurvenverlauf).

- **Mithörschwelle:**
  Bei lauten Tönen werden die frequenzmäßig in der „Nähe" liegenden leisen Töne vom Ohr nicht wahrgenommen. Die Hörschwelle wird angehoben (③ Maskierung).

- **Verdeckungseffekt:**
  Leise Töne werden durch zeitlich voreilende oder nacheilende laute Töne „verdeckt" und damit vom Ohr nicht wahrgenommen ④.

- **Redundanz-Reduktion:**
  Mehrfach vorhandene Teile oder Informationen werden nicht übertragen.

- **Irrelevanz-Reduktion:**
  Nicht wahrnehmbare Teile oder Informationen werden nicht übertragen.

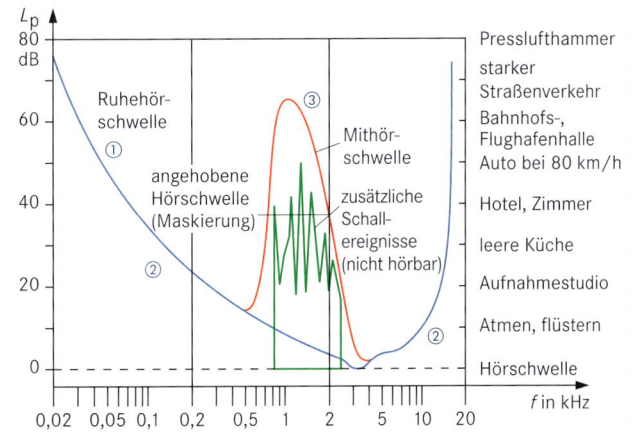

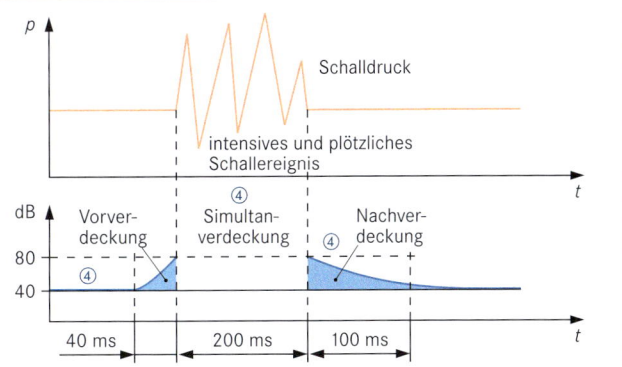

Möglichkeiten der Datenreduktion

- Nebeneinanderliegende Bildpunkte sind mitunter in Farbe und Helligkeit ähnlich. Es können Pixelblöcke mit Mittelwerten gebildet werden.

- Gröbere Bildstrukturen werden besser erkannt als feinere. Bei der Bildanalyse kann deshalb eine obere Grenze festgelegt werden.

- Helligkeitsunterschiede werden intensiver wahrgenommen als Farbunterschiede. Die Farbauflösung kann deshalb geringer sein als die Hell-Dunkel-Auflösung.

- Aufeinanderfolgende Bilder (Video) sind häufig ähnlich. Es müssen lediglich Änderungen übertragen werden.

- Informationen in der Mitte eines Bildes werden stärker wahrgenommen als am Rand. Deshalb ist eine verminderte Bildqualität am Rand zulässig.

- Strukturen von bewegten Objekten werden weniger gut wahrgenommen, als wenn sich das Objekt in Ruhe befindet. Deshalb kann die Übertragungsqualität von bewegten Bildern geringer sein als die von Standbildern.

- In Ruhe bleibende Bildteile (z.B. Hintergrund) müssen nicht ständig, sondern nur einmal übertragen werden.

MPEG-1 (ISO/ICE 11172)

- **MPEG:**
  Motion **P**icture **E**xpert **G**roup (auch Moving Pictures Experts Group);
  Expertengruppe, die Vorschläge für die Datenreduktion erarbeitet (MPEG-Standards).

- Einzelstandards für
  Video (Videocodierung und Reduktion),
  Audio (Reduktion mit psychoakustischem Modell) und
  System (Synchronisation und Multiplexing).

- MPEG-1 wird auch allein für Audiodaten verwendet.

- Innerhalb des Standards werden drei Schichten (**Layer**) unterschieden:

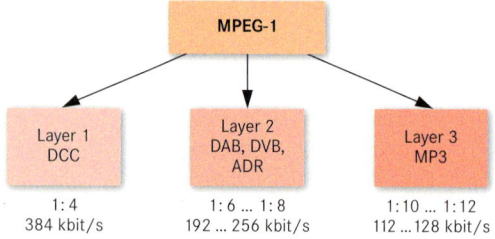

DCC: **D**igital **C**ompact **C**assette (Digitale Tonaufzeichnung),

DAB: **D**igital **A**udio **B**roadcasting (Digitale Übertragung von Audiodaten,Verfahren: MUSICAM)

DVB: **D**igital **V**ideo **B**roadcasting (Digitale Übertragung von Video-Daten)

MP3: Digitale Übertragung von Audiodaten über das Internet mit hoher Datenreduktion (1:12)

MPEG-2 (ISO/IEC 13818)

MPEG-2 ist eine Weiterentwicklung des MPEG-1 Standards und baut auf ihn auf. Die erreichbare Bildqualität erfüllt die Anforderungen gängiger FS-Normen (PAL, NTSC, HDTV).

Unterschiede zu MPEG-1:
- Die Bewegungsanalyse erfolgt halbbildbezogen und nicht bildbezogen. Das Zeilensprungverfahren kann also verarbeitet werden.

- 8 x 8 Pixel werden zu Makroblöcken zusammengefasst.

- Auflösung der Helligkeits- und Farbinformationen: 4:2:2 und 4:4:4.

- Maximale Bildgröße: 16383 x 16383 Pixel.

- Skalierbarkeit (scalability), der Endnutzer kann entscheiden, welche Teile der Übertragung er empfangen möchte (Zeit- und Qualitäts-Scalability).

Unterschiedliche Qualitätsebenen durch Levels:

Level	Bildgröße in Pixel x Pixel	Übertragungsraten		Anwendung
		M Pixel/s	Daten in Mbit/s	
Low	352 x 288	3	4	Konsumelektronik, rückwärtskompatibel zu MPEG 1
Main	720 x 480	10	15	Studio TV
High 1440	1440 x 1152	47	60	Konsumelektronik, HDTV
High	1920 x 1080	63	80	Filmproduktion

Hauptanwendungen von MPEG-2:
- Digitale Video-, Übertragungs- und Fernsehtechnik bei Datenraten von 1,5 Mbit/s bis 15 Mbit/s

- Codieren von Kinofilmen auf DVD

- Digitales Fernsehen

- DVD-ROM

Qualitätsebenen der Audiodaten:
- Verbesserte Tonqualität bei niedrigen Datenraten (64 kbit/s pro Kanal)

- 5 + 1 Tonkanäle (3 Front- und 2 Surroundkanäle)

- Ein optionaler „Low Frequency Enhancement"-Kanal (unterhalb 120 Hz)

- 7 Sprachkanäle für Dialoge bzw. mehrsprachige Kommentare

- Erweiterte Abtastfrequenzen (16; 22,05; 24 kHz)

MPEG-4

Der Inhalt eines Bildes wird in seine wesentlichen Szenenobjekte zerlegt (z.B. Vordergrund, Hintergrund, Bewegung) und übertragen. Dadurch besteht die Möglichkeit der Veränderung auf der Empfängerseite. Die Datenreduktion ist bei diesem Verfahren hoch.

JPEG – Joint Photographic Experts Group

Merkmale

- **JPEG:** Vereinigte Gruppe von Fotografen
  - Datenreduktionsverfahren für digitalisierte Einzelbilder

- Maximale Bildformate:
  16.384 x 16.384 Pixel

- Das Ausgangsbild wird in kleine Bildelemente (Pixel) zerlegt.

- Jedes Pixel wird in die Farbanteile Rot, Grün und Blau zerlegt (Farbsystem RGB).

- Bei JPEG wird ein reduziertes Farbsystem verwendet:
  YC_RC_B ①
  Y: Helligkeitskomponente
  C_R: Rote Chrominanzkomponente
  C_B: Blaue Chrominanzkomponente
  Jede Komponente kann unabhängig voneinander reduziert werden.

- Farbinformationen werden mit geringerer Auflösung übertragen (Unterabtastung, Subsampling).
  Beispiel: $Y:C_R:C_B = 4:2:2$

- Ausgangsbild wird in Blöcken zu 8 x 8 Pixel zusammengefasst ②, Beispiel: Blockbildung beim 625-Zeilen-Fernsehbild (4:3).

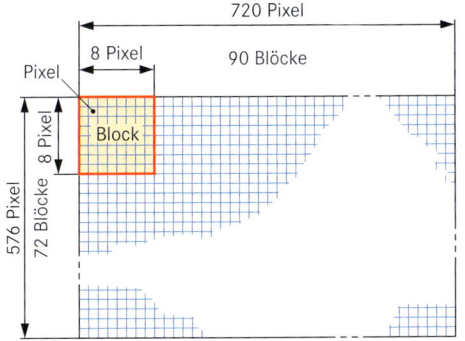

- Verwandlung der Helligkeits- und Farbinformationen in einen digitalen Datenstrom durch Diskrete Cosinus-Transformation (**DCT:** **D**iscrete **C**osine **T**ransformation).
  Prinzip:
  Örtlich verteilte Bildinformationen werden in den Frequenzbereich transformiert (**Ortsfrequenzen** werden ermittelt).

- DCT-Koeffizienten werden reduziert und quantisiert. In jedem Block werden alle 64 Koeffizienten durch Quantisierungskonstanten (in Tabellen festgelegte Werte, Gewichtung) und die Ergebnisse dann als Zahl gerundet.

- Der **DC-Koeffizient** gibt die tiefste Frequenz an (Gleichanteil, 0 Hz), die **AC-Koeffizienten** stellen höhere Frequenzen dar.

- Anschließend erfolgt eine Zick-Zack-Abtastung (ZigZag Scan), vom DC-Koeffizienten bis zum höchsten AC-Koeffizienten (DCT-Koeffizienten werden frequenzmäßig geordnet).

Prinzip der Datenreduktion bei JPEG

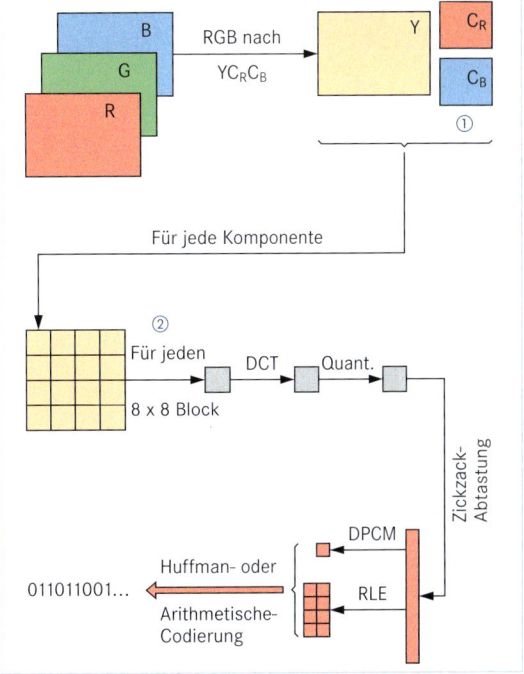

Verlustfreie Kompression

- Wenn die Informationen benachbarter Blöcke ähnlich sind, werden nur die Differenzen der DC-Koeffizienten codiert. Sie werden als AC-Anteile behandelt (**DPCM: D**ifferential **P**ulse **C**ode **M**odulation).

- Bei den AC-Koeffizienten wird die Lauflängencodierung (**RLE**) angewendet (gleiche Daten werden zusammengefasst und nur die Anzahl übertragen).

- Häufig vorkommende Informationen erhalten ein kurzes und selten vorkommende Informationen ein langes Codewort (**Huffman-Codierung**).

Zick-Zack-Abtastung

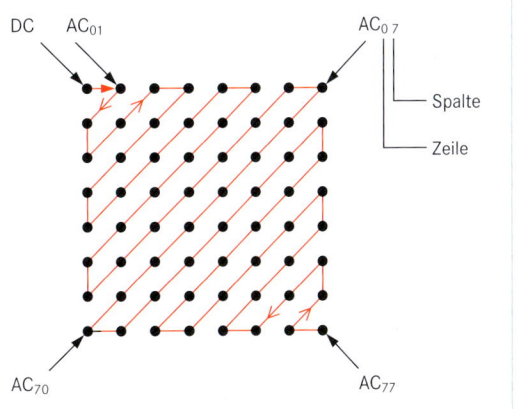

Möglichkeiten

■ **Ähnlichkeit bei aufeinanderfolgenden Bildern**
Bildfolgen unterscheiden sich häufig nur geringfügig,
so dass oft nur die Unterschiede zwischen den Bildern
übertragen werden müssen.

■ **Ähnlichkeit benachbarter Bildpunkte**
In vielen Flächen ändern sich Helligkeits- und Farbinformationen nicht oder nur geringfügig, so dass nicht jedes Pixel
übertragen werden muss.

■ **Ähnlichkeit der Grauwerte bei nachfolgenden Bildern**
Bei technisch „guten" Aufnahmen ändern sich die Grauwerte (Helligkeit) zwischen den einzelnen Bildern nur
geringfügig, so dass nicht für jedes Bild der Helligkeits-
umfang übertragen werden muss.

■ **Strukturen**
Gröbere Strukturen werden besser erkannt als feinere,
so dass Letztere nur bis zu einem Grenzwert übertragen
werden müssen.

■ **Diagonale Strukturen**
Senkrechte und waagerechte Strukturen werden besser
wahrgenommen als diagonale. Sie können deshalb reduziert
übertragen werden.

■ **Farb- und Helligkeitswahrnehmung**
Helligkeitsunterschiede werden intensiver als Farbänderun-
gen wahrgenommen, so dass eine geringere Farbauflösung
gewählt werden kann.

■ **Mittenwahrnehmung**
Informationen in der Mitte eines Bildes werden intensiver
wahrgenommen als Randinformationen. Eine Qualitäts-
verringerung am Rand ist deshalb zulässig.

■ **Bewegte Objekte**
Strukturen bewegter Objekte werden weniger gut wahrgenommen als ruhende Objekte. Die Informationen von
bewegten Bildelementen können deshalb reduziert werden.

Datenreduktion bei MPEG

Prinzip:
■ Es werden nicht die vollständigen Informationen jedes
Einzelbildes übertragen.

■ Es genügt oft, ein Ausgangsbild vollständig und nachfolgend
nur die Differenzen zwischen dem Ausgangsbild und
nachfolgenden Bildern zu übertragen.

■ Die vollständige Bildinformation jedes Einzelbildes lässt sich
dann aus den vorliegenden Daten im Empfänger rekonstru-
ieren ① ②.

■ Es werden I-, P- und B-Bildtypen unterschieden.

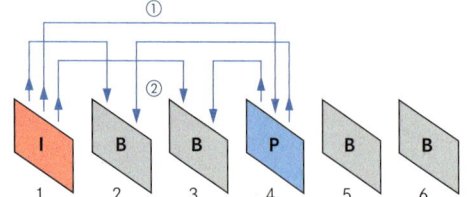

Bildtypen

I-Bild (Intra Picture)

■ Das I-Bild enthält die vollständigen Bildinformationen.

■ Es dient als Referenzbild für die nachfolgenden
Differenzbilder.

■ I-Bilder sind Zugriffspunkte für den Videoschnitt und
sie dienen als Orientierungspunkte für den Zugriff auf
bestimmten Szenen.

■ Typischerweise ist jedes fünfzehnte Bild ein I-Bild.

■ Die Reduktion entspricht dem JPEG-Standard.

P-Bild (Predicted Picture)

■ P-Bilder nehmen Bezug auf das vorhergehende I-Bild.

■ Im P-Bild sind lediglich die inhaltliche und örtliche Differenz
(Bewegungsvektor) enthalten.

■ Die Differenz erhält man durch Einteilung des Bildes in
gröbere Blöcke (Makroblöcke, 16 x 16 Pixel ⑤).

■ Für die Farbinformation dieses Differenzbildes wird nur
jedes 4. Pixel verwendet (Subsampling, 4 : 1 : 1).

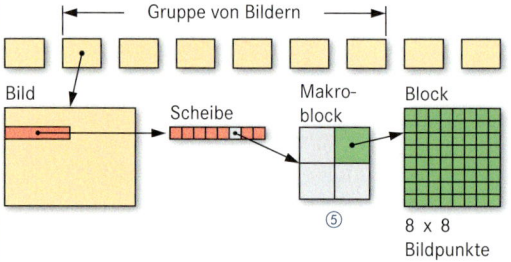

■ Die Differenz zum vorangegangenen I-Bild ② wird
gewonnen, indem der Makroblock im Zielbild ① solange
verschoben wird, bis größtmögliche Übereinstimmung
besteht.

■ Die Differenz ③ wird dann wie beim I-Bild codiert ④.

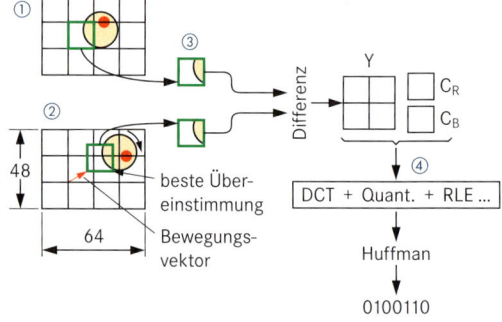

B-Bild (Bidirectional Picture)

■ Für das B-Bild wird das P-Bild (Makroblöcke des P-Bildes)
verwendet.

■ Weil ein Differenzbild verwendet wird, ist die Datenmenge
am geringsten.

■ Zur Rekonstruktion des Ursprungsbildes wird auf die Daten
des vorangegangenen I-Bildes und des nachfolgenden
P-Bildes zurückgegriffen.

Prinzip

Bei der verlustfreien Datenkompression (**Lossless Compression**) wird durch die Codierung der ursprüngliche Informationsgehalt nicht verändert. Es werden keine Informationen aus dem Datenbestand entfernt. Die vorliegenden Daten werden in ein „dichteres" Ordnungssystem überführt (**Entropiecodierung, Entropy Coding**).

Lauflängencodierung

RLE: Run **L**ength **E**ncoding
Prinzip:
Mehrfachsymbole werden durch ein Symbol und die Angabe eines Zählers ersetzt.

Beispiele:
- YYYYYY → 6Y

- 00000001111111100000 → 709150
  Die Zähler werden binär codiert.

- Übertragung auf Bildelemente: Große Flächen mit gleicher Farbe werden nicht pixelweise übertragen, sondern lediglich Anfangswert und Pixelanzahl.

LZW-Codierung

LZW: Lempel-**Z**iv-**W**elch
(Abraham Lempel, Jakob Ziv, Terry Welch)
Prinzip:
- Die vorliegenden Daten werden in Abschnitte zerlegt und dann in einer Tabelle eingetragen.

- Beim wiederholten Auftreten desselben Abschnittes wird nur der Tabellenverweis geschrieben, ohne dass eine neue Tabellenzeile eingetragen wird.

- Die Codetabelle wird im Laufe der Zeit immer länger, bis eine obere Grenze erreicht ist.

- Anwendung: Geeignet für jede Form von digitalen Daten (Text und Bild), z.B. GIF-, TIFF-, PostScript-Format.

Muster ersetzen (Pattern Substitution)

Prinzip:
Die im Datenstrom wiederkehrenden Muster werden durch neue Zeichen ersetzt.

Beispiel:
ABCDEABCEEABCEE

1. Muster: ABC ersetzen durch das Zeichen „1"
   → 1DE1EE1EE

2. Muster: ABCEE ersetzen durch das Zeichen „1"
   → ABCDE11

Arithmetische Codierung

Prinzip:
- Die Zeichen werden durch Häufigkeitsintervalle codiert.
- Die Zeichenfolgen werden durch bedingte (geschachtelte) Häufigkeitsintervalle codiert.
Das Verfahren ist patentiert und darf nicht ohne Lizenzierung verwendet werden.
Der Code nähert sich bei sehr langen Nachrichten einer optimalen Codierung an.

Huffman-Codierung

Prinzip:
Den Zeichen eines Datenstroms werden Codewörter verschiedener Länge zugewiesen. Am häufigsten vorkommende Zeichen erhalten das kürzeste und die am seltensten vorkommenden das längste Codewort.

Beispiel: Textcodierung des Wortes Kernenergie

Buchstabe	Häufigkeit	Codewort
E	4	0
R	2	10
N	2	110
K	1	1110
G	1	11110
I	1	11111

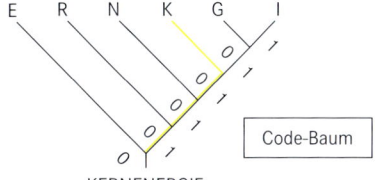

Code-Baum

KERNENERGIE

Codierung:

1110	0	10	110	0	110	0	10	11110	11111	0
K	E	R	N	E	N	E	R	G	I	E

- **Statische Codierung:** Gleiche Tabellen für Codierer und Decodierer werden verwendet.

- **Dynamische Codierung:** Relative Häufigkeit der vorliegenden Daten wird festgestellt und danach der Code festgelegt.

- **Adaptive Codierung:** Zunächst wird von festen Codes aus Tabellen ausgegangen, danach erfolgt eine dynamische Anpassung.

Anwendung (modifizierte Huffman-Codierung):
Übertragung von Faxdaten (Schwarz-Weiß) über das TK-Netz. Von der CCITT sind folgende Verfahren festgelegt:

- **Group 3, G31D (1-dimensional):**
  Das Bild besteht aus einer Folge schwarzer und weißer Pixel mit unterschiedlichen Längen (runs). Der Code wird aus festen Wertetabellen (statistische Erhebungen über Häufigkeiten) entnommen.
  Jede Zeile wird dabei unabhängig von der anderen betrachtet (1-dimensionale Betrachtung).

- **Group 3, G32D (2-dimensional):**
  Aufeinanderfolgende Zeilen ähneln sich (2-dimensionale Betrachtung), so dass prinzipiell nur Unterschiede übertragen werden müssen. Die Anzahl der gemeinsam betrachteten Zeilen werden durch den K-Faktor angegeben. Bei z.B. K = 4 werden drei aufeinanderfolgende Zeilen 2-dimensional codiert, die 4. Zeile dann 1-dimensional.

- **Group 4, G42D (2-dimensional):**
  Der K-Faktor wird auf unendlich gesetzt. Die Codierung wird dadurch komplexer und die Rechenleistung steigt.

Schwingung

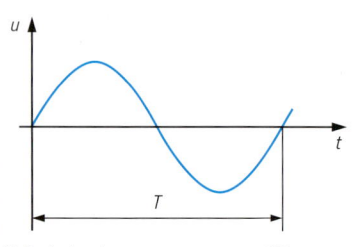

T: Periodendauer $\quad [T] = s$

f: Frequenz $\quad [f] = Hz$

$$f = \frac{1}{T}$$ $\quad 1\ Hz = \frac{1}{s}$

Wellen

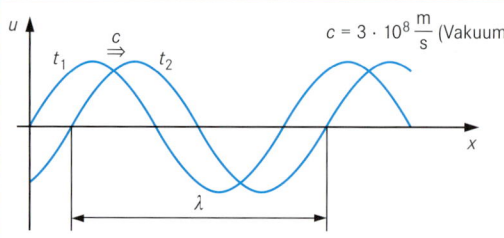

$c = 3 \cdot 10^8 \frac{m}{s}$ (Vakuum)

c: Ausbreitungsgeschwindigkeit, Lichtgeschwindigkeit $\quad [c] = \frac{m}{s}$

λ: Wellenlänge $\quad [\lambda] = m$

f: Frequenz $\quad [f] = Hz$

x: Weg, Strecke $\quad \boxed{\lambda = \frac{c}{f}} \quad \boxed{\lambda = c \cdot T}$

Wellenabstrahlung

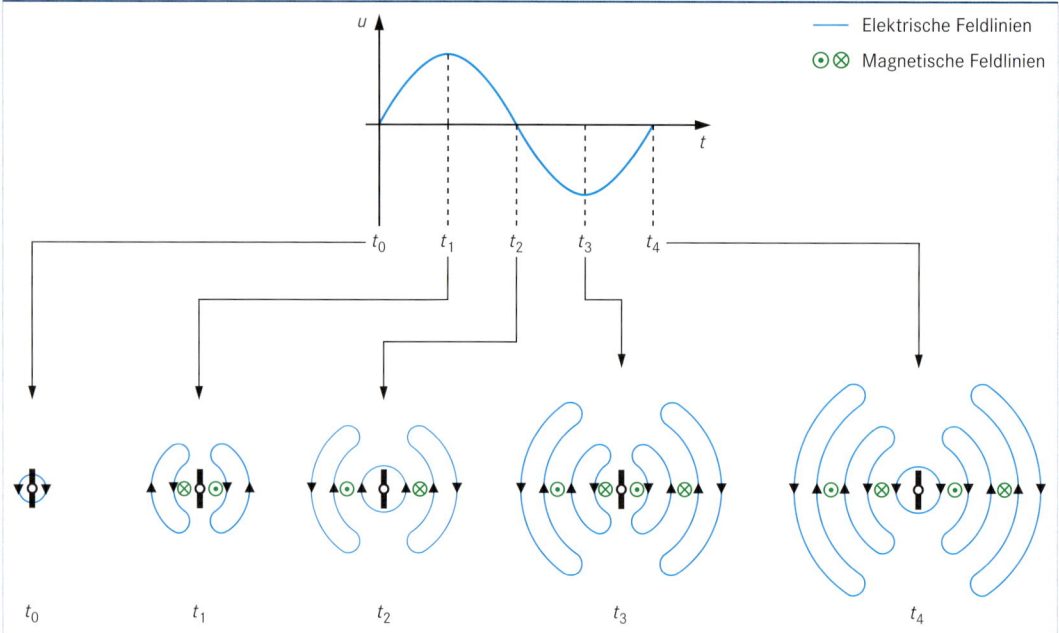

— Elektrische Feldlinien

⊙⊗ Magnetische Feldlinien

Elektromagnetisches Feld

E: Elektrische Feldstärke $\quad [E] = V/m$

H: Magnetische Feldstärke $\quad [H] = A/m$

Z_0: Feldwellenwiderstand $\quad [Z_0] = \Omega$

ε_0: Elektrische Feldkonstante $\quad \varepsilon_0 = 8{,}86 \cdot 10^{-12}\ As/Vm$

μ_0: Magnetische Feldkonstante $\quad \mu_0 = 1{,}257 \cdot 10^{-6}\ Vs/Am$

$$\boxed{E = Z_0 \cdot H} \quad \boxed{Z_0 = \sqrt{\frac{\mu_0}{\varepsilon_0}}} \quad Z_0 = 376{,}68\ \Omega$$

Feldberechnung (Kugelstrahler)

P: Strahlungsleistung der Antenne (abgestrahlte Energie pro Zeit) $\quad [P] = W$

S: Strahlungsdichte $\quad [S] = W/m^2$

E: Elektrische Feldstärke $\quad [E] = V/m$

H: Magnetische Feldstärke $\quad [H] = A/m$

$$\boxed{S = \frac{P}{4\ \pi \cdot r^2}} \quad \boxed{S = E \cdot H} \quad \boxed{S = \frac{E^2}{Z_0}}$$

Ausbreitungszonen

Nahempfangszone	Tote Zone	Interferenzzone (Fadingzone)	Fernempfangszone
Nur Bodenwelle vorhanden	Bodenwelle und Raumwelle sind nicht vorhanden	Bodenwelle und Raumwelle sind vorhanden, Auslöschung möglich	Nur Raumwelle vorhanden

Feldarten

Nahfeld: $r < \lambda$; $E \sim \dfrac{1}{r^3}$ r: Radius (Kugelstrahler)

Fernfeld: $r > \lambda$; $E \sim \dfrac{1}{r}$ (r ca. 10 λ)

Im Fernfeld sind die magnetische und die elektrische Komponente des elektromagnetischen Feldes in Phase und stehen senkrecht aufeinander.

Einteilung der Atmosphäre

Troposphäre: bis ca. 12 km
Stratosphäre: von 12 km bis ca. 80 km
Ionosphäre: von 80 km bis ca. 1000 km

Schichten der Ionosphäre

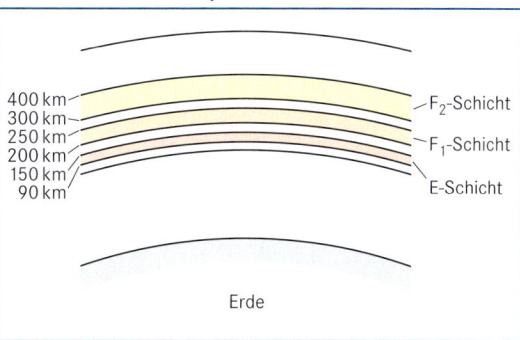

400 km — F₂-Schicht
300 km
250 km — F₁-Schicht
200 km
150 km
90 km — E-Schicht

Erde

Ausbreitungseigenschaften verschiedener Wellenlängenbereiche

Längstwellen, Langwellen

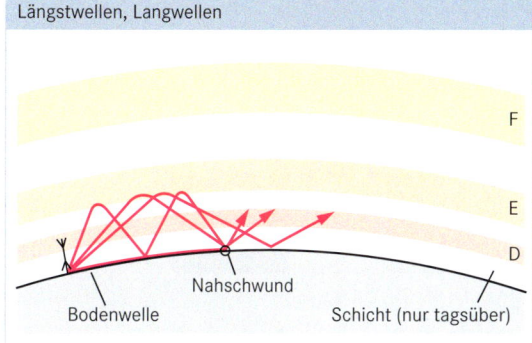

F

E
D

Nahschwund

Bodenwelle   Schicht (nur tagsüber)

Vorwiegend nur **Bodenwellen**

Mittelwellen

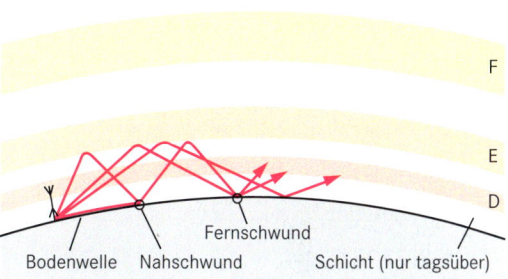

F

E
D

Fernschwund

Bodenwelle   Nahschwund   Schicht (nur tagsüber)

Tag: Vorwiegend Bodenwellen
Nacht: **Boden-** und **Raumwellen**
Ausbreitung ist abhängig von Tages- und Jahreszeit.

Kurzwellen

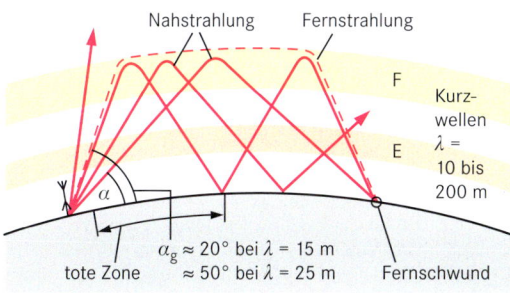

Nahstrahlung   Fernstrahlung

F

Kurz-
wellen
$\lambda =$
10 bis
200 m

E

α

$\alpha_g \approx 20°$ bei $\lambda = 15$ m
  $\approx 50°$ bei $\lambda = 25$ m

tote Zone   Fernschwund

Vorwiegend **Raumwellen**
Die Ausbreitung ist abhängig von der Tages- und Jahreszeit sowie der Sonnenaktivität, Mehrfachreflexion ist möglich.

Ultrakurzwellen

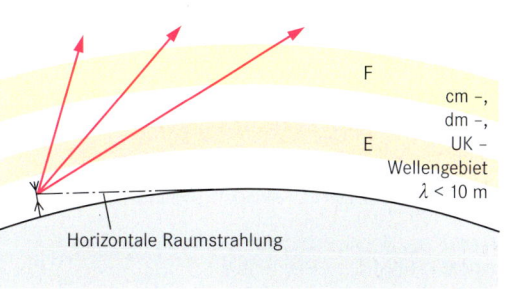

F

cm –,
dm –,
UK –
Wellengebiet
$\lambda < 10$ m

E

Horizontale Raumstrahlung

Quasioptische Wellen

Elektromagnetischer Frequenz- und Wellenlängenbereich

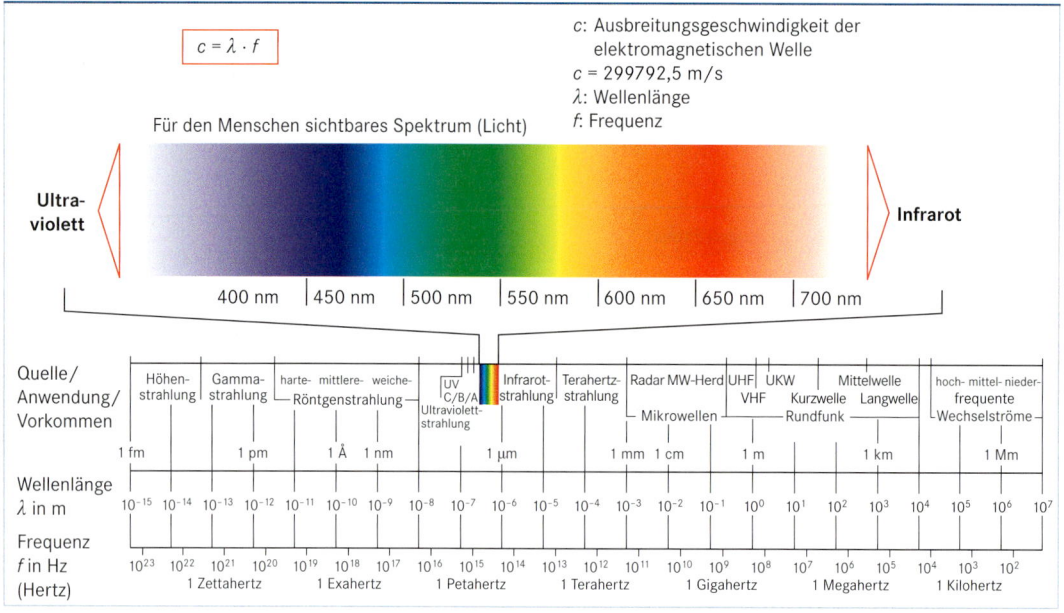

$$c = \lambda \cdot f$$

c: Ausbreitungsgeschwindigkeit der elektromagnetischen Welle
$c = 299792{,}5$ m/s
λ: Wellenlänge
f: Frequenz

Für den Menschen sichtbares Spektrum (Licht)

Ultra-violett

Infrarot

400 nm   450 nm   500 nm   550 nm   600 nm   650 nm   700 nm

Frequenzbänder von Mobilfunksystemen

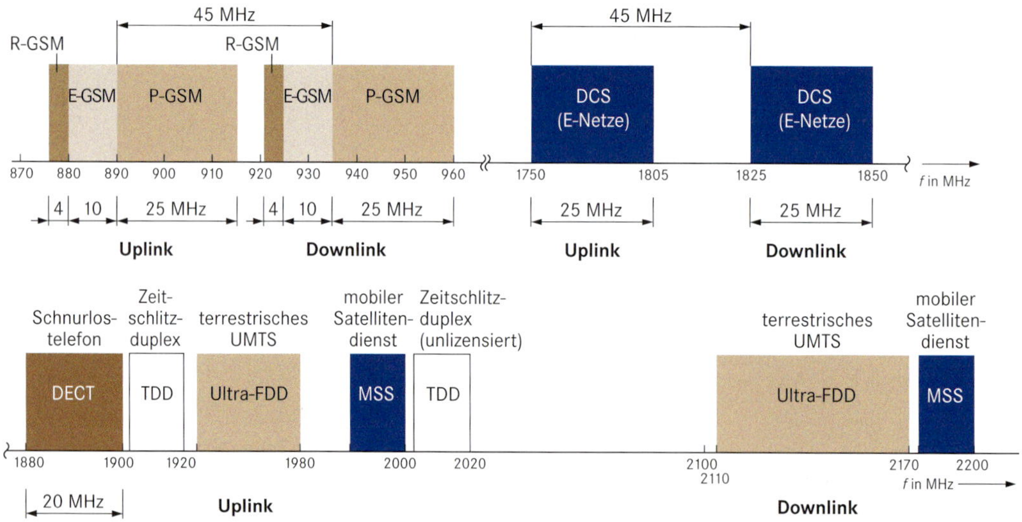

GSM:	Global System for Mobile Communication (Mobilfunksystem)	TDD:	Time Divison Duplex (Zeitmultiplex-Zugriff mit zeitgesteuertem Duplexbetrieb)
R-GSM:	Rail (Eisenbahn) GSM		
E-GSM:	Extended (erweitert) GSM	Ultra-FDD:	Ultra Frequency Division Duplexing (Verfahren im Verkehrsfunk)
P-GSM:	Public (öffentlich) GSM		
DCS:	Digital Communication Systems (GSM-System im E-Netz)	MSS:	Mobile Satellite Service (Versorgung ländlicher Gebiete mit Internet, Fernsehen und Radio)
DECT:	Digital Enhanced Cordless Telephone (schnurlose Telekommunikation)	UMTS:	Universal Mobile Telecommunications System

Institutionen und Organisationen

- International werden für die einzelnen Frequenzbänder verschiedene Bezeichnungen verwendet, die mitunter willkürlich oder nach dem jeweiligen technischen Entwicklungsstand festgelegt wurden. Verschieden Institutionen und Organisationen befassen sich mit der Festlegung der Frequenzbänder.

- **ITU:** International **T**elecommunication **U**nion, Internationale Fernmeldeunion
  - Es handelt sich hierbei um eine Sonderorganisation der Vereinten Nationen die sich weltweit mit technischen Aspekten der Telekommunikation beschäftigt.
  - Sie ist **WRC**-Veranstalter (**W**orld **R**adiocommunication **C**onference), in der über die Zuweisung von Frequenzbändern entschieden wird.

- **Struktur der ITU**
  - **ITU-T** (**T**elecommunication **S**tandardization **S**ector), früher **CCITT** (**C**omité **C**onsultatif **I**nternational **T**éléphonique et **T**élégraphique, Beratender Ausschuss für den Telegrafen- und Telefondienst)
  - Wesentliches Aufgabengebiet der ITU-T: Herausgabe von technischen Normen, Standards und Empfehlungen für alle Gebiete der Telekommunikation, die weltweit anerkannt werden.
  - **ITU-R** (**R**adiocommunication **S**ector), früher **CCIR** (**C**omité **C**onsultatif **I**nternational des **R**adiocommunication, Internationaler Beratender Ausschuss für den Funkdienst)
  - **ITU-D** (**T**elecommunication **D**evelopment **S**ector)

- **FCC** (**F**ederal **C**ommunications **C**ommission)
Es handelt sich um eine unabhängige Fernmeldebehörde der US-Regierung. Sie hat die Aufgabe, Richtlinien für die Rundfunk-, Fernseh-, Satelliten- und Kabel-Kommunikation zu erarbeiten und regulierend einzugreifen.

- **CEPT** (**C**onférence **E**uropéenne des Administrations des **P**ostes et des **T**élécommunications, Europäische Konferenz der Verwaltungen für Post und Telekommunikation)
  - Es handelt sich um eine Dachorganisation für die Zusammenarbeit der **Regulierungsbehörden** aus 48 Staaten Europas.
  - Für Deutschland ist die **Bundesnetzagentur** die Regulierungsbehörde für das Postwesen und für Telekommunikation.

- Nach **IEEE** (**I**nstitute of **E**lectrical and **E**lectronics **E**ngineers) werden die Frequenzbänder systematisch gemäß den unterschiedlichen Eigenschaften annähernd logarithmisch eingeteilt.
  - Die Einteilung erfolgt in alphabetischer Reihenfolge, beginnend mit dem A-Band.
  - Beim M-Band ist die obere Bandgrenze nicht festgelegt.

Terrestrische Rundfunkbänder (ITU und CEPT)

Band	Frequenz Bereich in MHz	Rundfunkdienste und Nutzung
I	47–68	[1], feste Funkdienste; Amateurfunk
II	87,5–108	Hörfunk, UKW (FM)
III	174–230	[1], [2], T-DAB, DVB-T, DMB
IV	470–582	[1], [2], DVB-T, DVB-H
V	582–960	[1], [2], DVB-T, DVB-H
L	1000–2000	T-DAB, DMB

[1] Analoges Fernsehen (auslaufend)   [2] drahtlose Mikrofone

Frequenzbänder nach ITU und FCC

- Das Frequenzband ist dekadisch von 3 Hz bis 3 THz unterteilt.
- Die Unterteilung erfolgt durch Bandnummern von 1 bis 12.

Band-nummer	Frequenzbereich und Bezeichnung
1	3 Hz–30 Hz **ELF** (**E**xtremly **L**ow **F**requencies), Niederfrequenz
2	30 Hz–300 Hz **SLF** (**S**uper **L**ow **F**requencies)
3	300 Hz–3 kHz **ULF** (**U**ltra **L**ow **F**requencies)
4	3 kHz–30 kHz **VLF** (**V**ery **L**ow **F**requencies), Myriameterwellen, Längstwellen
5	**LF** (**L**ow **F**requencies), Kilometerwellen, Langwellen
6	0,3 MHz–3 MHz **MF** (**M**edium **F**requencies), Hektometerwellen, Mittelwellen
7	3 MHz–30 MHz **HF** (**H**igh **F**requencies), Dekameterwellen, Kurzwellen
8	30 MHz–300 MHz **VHF** (**V**ery **H**igh **F**requencies), Meterwellen, Ultrakurzwellen
9	300 MHz–3 GHz **UHF** (**U**ltra **H**igh **F**requencies), Dezimeterwellen, Ultrakurzwellen
10	3 GHz–30 GHz **SHF** (**S**uper **H**igh **F**requencies), Zentimeterwellen
11	30 GHz–300 GHz **EHF** (**E**xtremly **H**igh **F**requencies), Millimeterwellen
12	300 GHz–3 THz **THF** (**T**remendously **H**igh **F**requencies), Dezimeterwellen

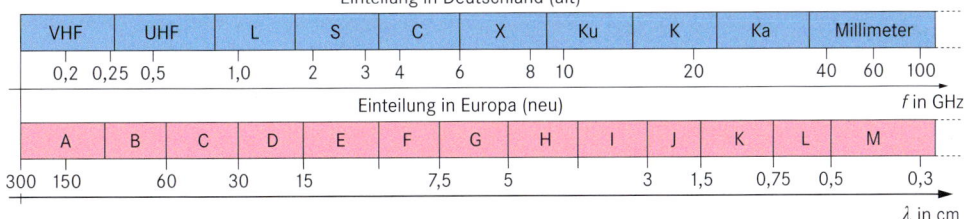

Einteilung in Deutschland (alt)

| VHF | UHF | L | S | C | X | Ku | K | Ka | Millimeter |

0,2 0,25 0,5   1,0   2   3 4   6   8 10   20   40 60 100

Einteilung in Europa (neu)   f in GHz

| A | B | C | D | E | F | G | H | I | J | K | L | M |

300 150   60   30   15   7,5   5   3   1,5 0,75 0,5   0,3

λ in cm

Dämpfungs- und Übertragungsfaktoren

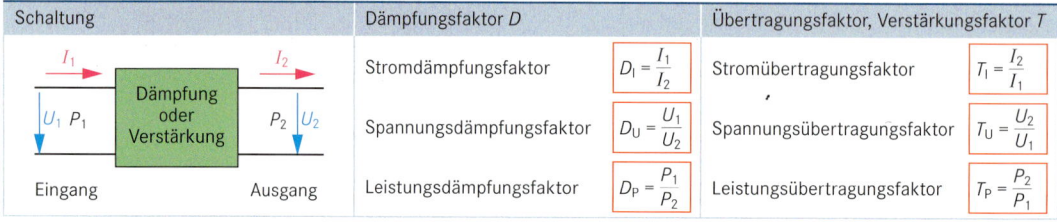

Schaltung	Dämpfungsfaktor D		Übertragungsfaktor, Verstärkungsfaktor T	
Eingang — Dämpfung oder Verstärkung — Ausgang	Stromdämpfungsfaktor	$D_\mathrm{I} = \dfrac{I_1}{I_2}$	Stromübertragungsfaktor	$T_\mathrm{I} = \dfrac{I_2}{I_1}$
	Spannungsdämpfungsfaktor	$D_\mathrm{U} = \dfrac{U_1}{U_2}$	Spannungsübertragungsfaktor	$T_\mathrm{U} = \dfrac{U_2}{U_1}$
	Leistungsdämpfungsfaktor	$D_\mathrm{P} = \dfrac{P_1}{P_2}$	Leistungsübertragungsfaktor	$T_\mathrm{P} = \dfrac{P_2}{P_1}$

Dämpfungs- und Übertragungsmaße

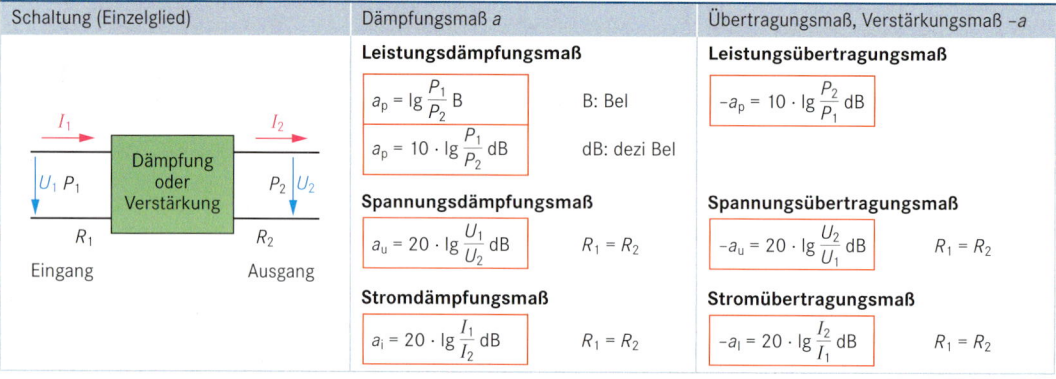

Schaltung (Einzelglied)	Dämpfungsmaß a	Übertragungsmaß, Verstärkungsmaß $-a$
	Leistungsdämpfungsmaß	**Leistungsübertragungsmaß**
	$a_\mathrm{p} = \lg \dfrac{P_1}{P_2}$ B B: Bel	$-a_\mathrm{p} = 10 \cdot \lg \dfrac{P_2}{P_1}$ dB
	$a_\mathrm{p} = 10 \cdot \lg \dfrac{P_1}{P_2}$ dB dB: dezi Bel	
	Spannungsdämpfungsmaß	**Spannungsübertragungsmaß**
	$a_\mathrm{u} = 20 \cdot \lg \dfrac{U_1}{U_2}$ dB $R_1 = R_2$	$-a_\mathrm{u} = 20 \cdot \lg \dfrac{U_2}{U_1}$ dB $R_1 = R_2$
	Stromdämpfungsmaß	**Stromübertragungsmaß**
	$a_\mathrm{i} = 20 \cdot \lg \dfrac{I_1}{I_2}$ dB $R_1 = R_2$	$-a_\mathrm{i} = 20 \cdot \lg \dfrac{I_2}{I_1}$ dB $R_1 = R_2$

Zusammenhang zwischen Dämpfungsfaktoren und Dämpfungsmaßen

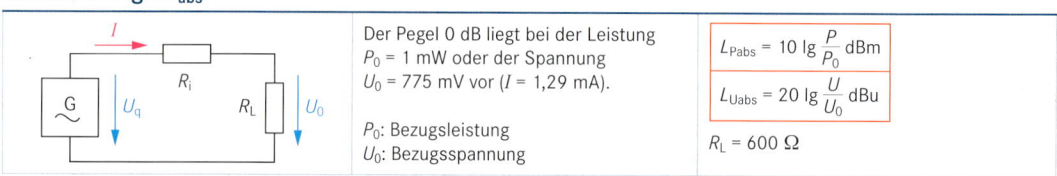

Dämpfungsmaß in dB	a	0	1	3	6	10	20	30	40
Leistungsdämpfungsfaktor	D_p	0	1,26	2	4	10	100	1000	10000
Spannungsdämpfungsfaktor	D_u	1	1,12	1,41	2	3,16	10	31,6	100

Absoluter Pegel L_abs

Der Pegel 0 dB liegt bei der Leistung
$P_0 = 1$ mW oder der Spannung
$U_0 = 775$ mV vor ($I = 1{,}29$ mA).

P_0: Bezugsleistung
U_0: Bezugsspannung

$$L_{\mathrm{Pabs}} = 10 \lg \frac{P}{P_0} \text{ dBm}$$

$$L_{\mathrm{Uabs}} = 20 \lg \frac{U}{U_0} \text{ dBu}$$

$R_\mathrm{L} = 600\ \Omega$

Pegelplan

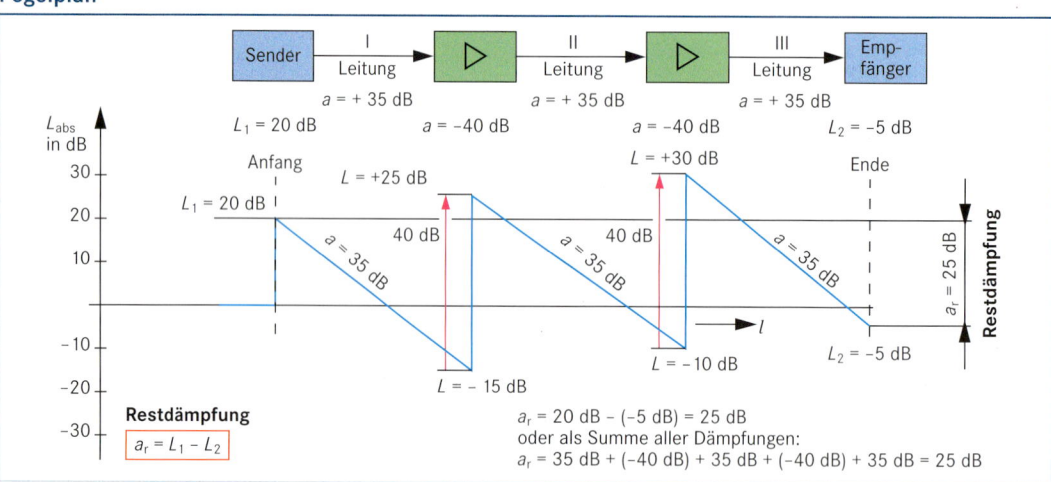

Restdämpfung

$a_\mathrm{r} = L_1 - L_2$

$a_\mathrm{r} = 20$ dB $- (-5$ dB$) = 25$ dB
oder als Summe aller Dämpfungen:
$a_\mathrm{r} = 35$ dB $+ (-40$ dB$) + 35$ dB $+ (-40$ dB$) + 35$ dB $= 25$ dB

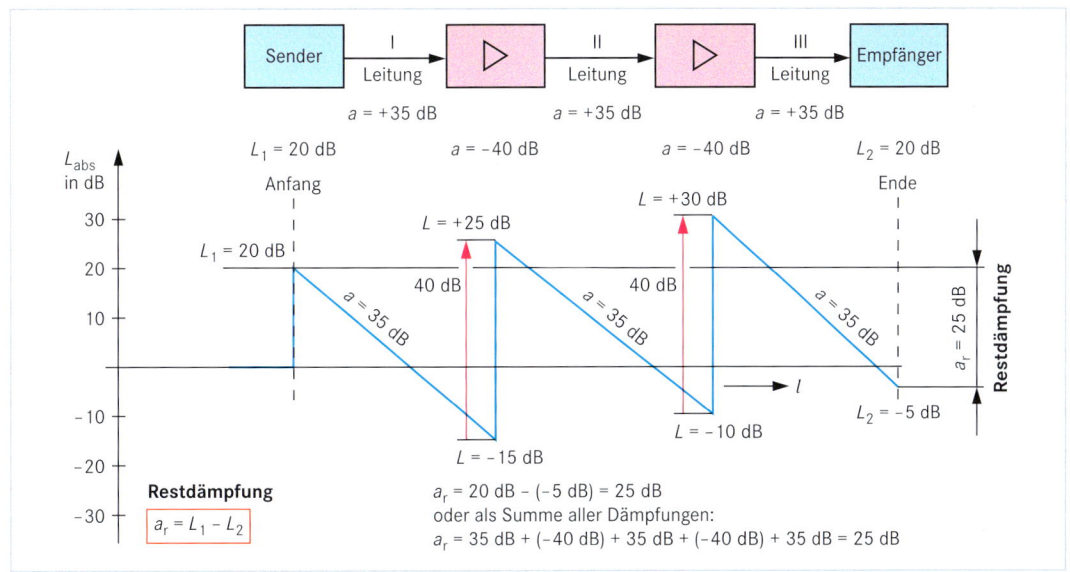

Restdämpfung
$$a_r = L_1 - L_2$$

$a_r = 20\ dB - (-5\ dB) = 25\ dB$
oder als Summe aller Dämpfungen:
$a_r = 35\ dB + (-40\ dB) + 35\ dB + (-40\ dB) + 35\ dB = 25\ dB$

Rauschen
Noise

Rauschleistung, Rauschspannung

Rauschabstandsmaß, Signal-Rausch-Verhältnis (SNR)

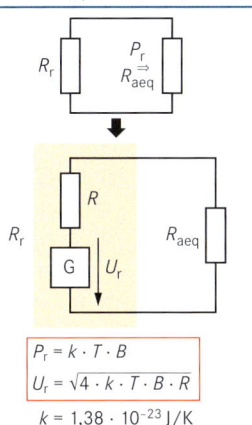

$$P_r = k \cdot T \cdot B$$
$$U_r = \sqrt{4 \cdot k \cdot T \cdot B \cdot R}$$
$$k = 1,38 \cdot 10^{-23}\ J/K$$

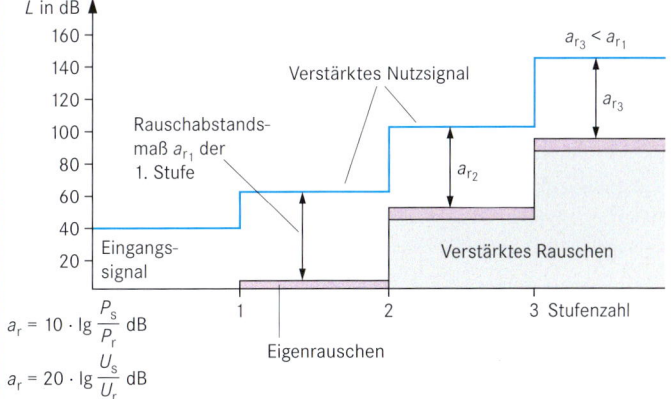

$$a_r = 10 \cdot \lg \frac{P_s}{P_r}\ dB$$
$$a_r = 20 \cdot \lg \frac{U_s}{U_r}\ dB$$

P_r: Rauschleistung
P_s: Leistung des Nutzsignals
U_r: Rauschspannung
U_s: Spannung des Nutzsignals

R_r: Rauschender Widerstand
(Rauschquelle)
R_{aeq}: Nichtrauschender
Widerstand

T: Absolute Temperatur
in Kelvin
B: Bandbreite in Hz
k: Boltzmann-Konstante

Rauschzahl F

$$F = \frac{P_{se}}{P_{re}} : \frac{P_{sa}}{P_{ra}} \qquad F = \frac{P_{se} \cdot P_{ra}}{P_{re} \cdot P_{sa}}$$

Eingangsgrößen: P_{se}; P_{re}
Ausgangsgrößen: P_{sa}; P_{ra}

Rauschzahl a_F

$$a_F = 10 \cdot \lg F\ dB$$

Übertragungsqualität und Rauschabstandsmaß a_r

Übertragungsqualität	P_s/P_r	U_s/U_r	a_r in dB
Untere Wahrnehmungsgrenze	1	1	0
Untere Sprachverständlichkeitsgrenze	10	3,2	10
Ausreichende Musikwiedergabe	1000	32	30
Rauschfreie Bildqualität	10000	100	40

Ersatzschaltbild

Widerstandsbelag
$$R' = \frac{R}{l}$$

Leitwertbelag
$$G' = \frac{G}{l}$$

Induktivitätsbelag
$$L' = \frac{L}{l}$$

Kapazitätsbelag
$$C' = \frac{C}{l}$$

Wellenwiderstand

tiefe Frequenzen

$(R > \omega \cdot L)$

$$Z = \sqrt{\frac{R}{\omega \cdot C}}$$

hohe Frequenzen

$(R < \omega \cdot L)$

$$Z = \sqrt{\frac{L}{C}}$$

Paralleldrahtleitung

$$Z = \frac{\ln \frac{2a}{d}}{\sqrt{\varepsilon_r}} \cdot 120\ \Omega$$

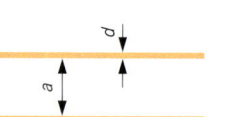

a: Leiterabstand
d: Leiterdurchmesser
ε_r: Permittivitätszahl

Leitung als Übertragungsstrecke

Ausbreitungsgeschwindigkeit		Verkürzungsfaktor
$$v = \frac{c}{\sqrt{\varepsilon_r}}$$	c: Lichtgeschwindigkeit, $c = 3 \cdot 10^8$ m/s ε_r: Permittivitätszahl	$$K = \frac{1}{\sqrt{\varepsilon_r}}$$ (bei Koaxialkabel: 0,65 … 0,82)

Abschlüsse am Leitungsende

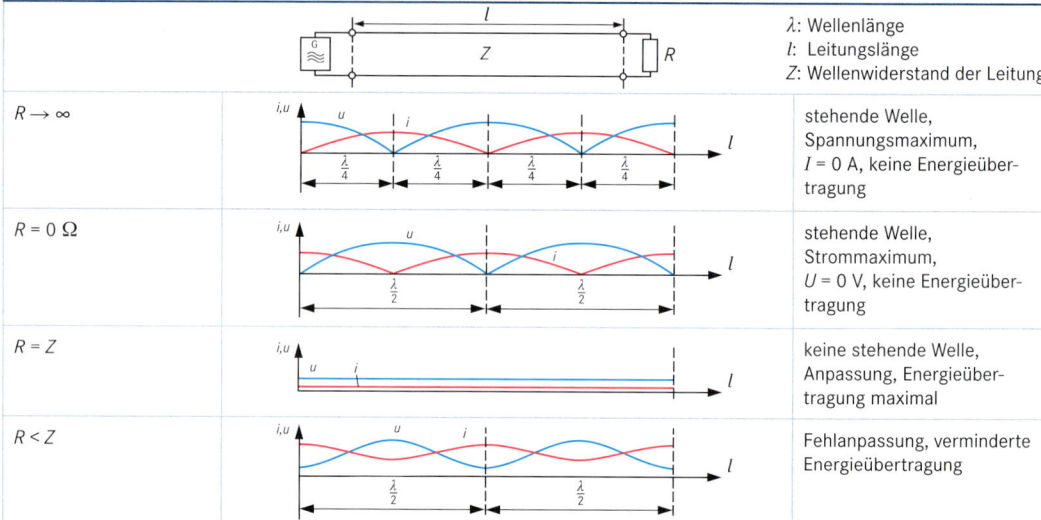

λ: Wellenlänge
l: Leitungslänge
Z: Wellenwiderstand der Leitung

$R \to \infty$		stehende Welle, Spannungsmaximum, $I = 0$ A, keine Energieübertragung
$R = 0\ \Omega$		stehende Welle, Strommaximum, $U = 0$ V, keine Energieübertragung
$R = Z$		keine stehende Welle, Anpassung, Energieübertragung maximal
$R < Z$		Fehlanpassung, verminderte Energieübertragung

Leitung als Bauteil

Leitung am Ende offen			
Länge	**Verhalten**	**Länge**	**Verhalten**
$l = \lambda/4$	Serienschwingkreis	$l = \lambda/2$	Parallelschwingkreis
$l > \lambda/4$		$l > \lambda/2$	
$l < \lambda/4$		$l < \lambda/2$	
Leitung am Ende kurzgeschlossen			
$l = \lambda/4$	Parallelschwingkreis	$l = \lambda/2$	Serienschwingkreis
$l > \lambda/4$		$l > \lambda/2$	
$l < \lambda/4$		$l < \lambda/2$	

Verwendung

Verwendung		Hausverlegung				Außen-verlegung	Erdkabel
Koaxialkabel Impedanz 75 Ω							
Innenleiter	Ø in mm	0,75 Cu	0,4 Staku	1,13 Cu	0,75 Cu	1,13 Cu	1,63 Cu	1,1 Cu
Isolation	Ø in mm	3,2 Cell-PE	2,65 PE	4,8 Cell-PE	4,8 PE	4,8 Cell-PE	7,2 Cell-PE	7,25 PE
Außenleiter	Ø in mm	3,8 Al + CuSn[1]	3,3 Al + CuSn[1]	5,3 Al + CuSn[1]	5,5 Al + CuSn[1]	5,3 Al + CuSn[1]	7,9 Al + CuSn[1]	7,5 Cu
Außenmantel	Ø in mm	5,0 PVC weiß	4,1 PVC weiß	6,8 PVC weiß	6,8 PVC weiß	6,8 PE schwarz	10,4 PE schwarz	10,2 PE schwarz
Kupferanteil	in kg/km	10,6	3,6	14,0	8,3	30,0	42,0	41,0
Biegeradius	in mm	≥ 25	≥ 30	≥ 35	≥ 35	≥ 35	≥ 50	≥ 110
Dämpfung in dB/100 m bei 20 °C	5 MHz	2	4	1	3	1	1	1
	50 MHz	7	10	4	6	4	3	4
	100 MHz	9	15	6	9	6	4	5
	450 MHz	18	32	13	19	12	9	12
	1000 MHz	28	48	21	29	19	14	19
	2050 MHz	40	72	31	43	28	21	30
	3000 MHz	50	88	39	53	36	28	–
Gleichstromwiderstand in /km		≤ 90	≤ 375	≤ 45	≤ 100	≤ 30	≤ 20	≤ 25,5
Schirmungs-maß in dB	47–108 MHz	≥ 70	≥ 70	≥ 75	≥ 70	≥ 90	≥ 90	≥ 90
	108–470 MHz	≥ 75	≥ 75	≥ 75	≥ 75			
	1000–2400 MHz	≥ 65	≥ 65	≥ 65	≥ 65			

[1] Folie beidseitig mit Aluminium beschichtet + verzinntes Kupfergeflecht   Cell-PE: Aufgeschäumtes Polyethylen
[2] **IEC:** **I**nternational **E**lectrotechnical **C**ommission

F-Stecker

schraubbar	crimpbar

IEC-Stecker[2]

Maße in mm

U/UTP Cat.5

U: **U**nshielded (ungeschirmt)
UTP: **U**nshielded **T**wisted **P**air (ungeschirmtes Aderpaar)

Außenmantel FR/PVC[1) grau
Ader 0,94 mm Ø, PE

Innenleiter AWG24 Cu-Draht blank

PE: **P**ol**y**ethylen
AWG: **A**merican **W**ire **G**auge

F/UTP Cat.5/Cat.5e

F: **F**oiled (Gesamtschirm Folie)
UTP: **U**nshielded **T**wisted **P**air (ungeschirmtes Aderpaar)

Außenmantel FRNC/LSOH[3) orange
Abschirmung Aluminium-Polyesterfolie
Polyester-folie
Ader 1,0 mm Ø, PE-Foam-Skin

Aufreiss-zwirn
Beilaufdraht Cu-Draht verzinnt
Innenleiter AWG24 Cu-Draht blank

AWG: **A**merican **W**ire **G**auge

U/FTP Cat.6

U: **U**nshielded (ungeschirmt)
FTP: **F**oiled **T**wisted **P**air (Folienschirm je Aderpaar)

Außenmantel FRNC/LSOH[3) orange
Schirm-abnahmeleiter CU verzinnt
Ader 1,3 mm Ø

Folienschirm Aluminium PETP[2)-Folie
Innenleiter AWG 23 Cu blank

AWG: American Wire Gauge

S/FTP Cat.7$_A$

S: **S**hielded (Gesamtschirm Schirmgeflecht)
FTP: **F**oiled **T**wisted **P**air (Folienschirm je Aderpaar)

Außenmantel FRNC/LSOH[3) orange
Ader 1,6 mm Ø

Abschirmung Cu-Geflecht verzinnt
Abschirmung Paar Aluminium PETP[2)-Folie
Innenleiter AWG22 Cu-Draht blank

AWG: American Wire Gauge

[1) **FR**/PVC: **F**lame **R**etardant/Polyvinylchlorid (flammwidrig/Polyvinylchlorid)
[2) **PETP**: **P**ol**y**e**t**hylen**t**ere**p**hthalat

[3) **FRNC**/LSOH: **F**lame **R**etardant **N**on **C**orrosive/Low Smoke Zero Halogen (flammwidrig, nicht korrosiv/raucharm, halogenfrei)

Anschlussbelegung

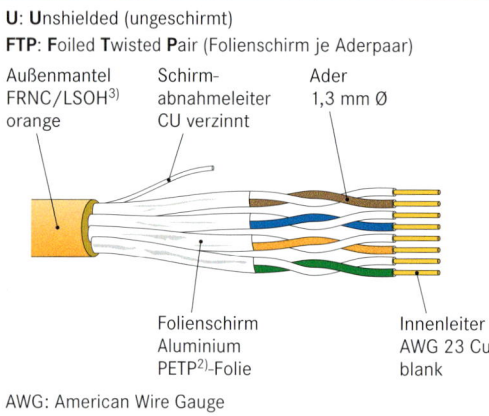

Stecker	EIA/TIA 568A	EIA/TIA 568B
PIN ►1 · · · 8	Paar-Nr. 3 2 4 / 1 2 3456 7 8	Paar-Nr. 2 3 4 / 1 2 3456 7 8
RJ45		

EIA/TIA: Electr.-/Telecomm. Ind. Association

Crossover-Kabel		
TRANSCEIVER	1- TX+ ⨯ TX+ -1 2- TX- ⨯ TX- -2 3- RC+ ⨯ RC+ -3 6- RC- ⨯ RC- -6	TRANSCEIVER
HUB	1- RC+ ⨯ RC+ -1 2- RC- ⨯ RC- -2 3- TX+ ⨯ TX+ -3 6- TX- ⨯ TX- -6	HUB

1 zu 1-Kabel		
HUB	1- RC+ ——— TX+ -1 2- RC- ——— TX- -2 3- TX+ ——— RC+ -3 6- TX- ——— RC- -6	TRANSCEIVER

Kontaktbelegung Endgerät

Dienst	Steckeranschluss-Nr.			
	1 und 2	3 und 6	4 und 5	7 und 8
Analoges Telefon	n	T/R	n	n
ISDN, Token Ring	n	T	R	n
10Base-T (802.3)	T	R	n	n
100Base-TX (802.u)	T	R	n	n
100Base VG (812.12)	B	B	B	B
100Base-T4 (802.3u)	T	R	B	B
FDDI 100 Mbit/s (TP)	T	O	O	R
ATM User Device	T	O	O	R
ATM Network Equipm.	R	O	O	T
1000Base-T (802.3ab)	B	B	B	B

T: Transmit; R: Receive; B: Bidirectional; O: Optional
n: nicht verwendet

Begriffe

Brechzahl (Refractive Index)

c: Lichtgeschwindigkeit im Vakuum
c_1: Lichtgeschwindigkeit im Medium

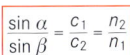

$$n_1 = \frac{c}{c_1}$$

Brechungsgesetz (Law Of Reflection)

$$\frac{\sin \alpha}{\sin \beta} = \frac{c_1}{c_2} = \frac{n_2}{n_1}$$

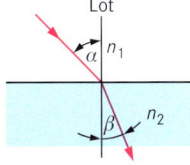

n_1, n_2: Brechzahl der Medien

c_1, c_2: Lichtgeschwindigkeit
in den Medien

Numerische Apertur (Numerical Aperture) A_N

n: Brechzahl
Θ_A: Akzeptanzwinkel,
Öffnungswinkel

$$A_N = n \cdot \sin \Theta_A$$

Moden (Mode)

Mögliche Ausbreitungswege in einem Lichtwellenleiter.

Dispersion (Dispersion)

Streuung der Signallaufzeiten im Lichtwellenleiter.
Modendispersion: Unterschiedliche Ausbreitungswege
Materialdispersion: Hervorgerufen durch wellenlängen-
abhängige Brechzahl

Akzeptanzwinkel, Öffnungswinkel Θ_A (Acceptance Angle)

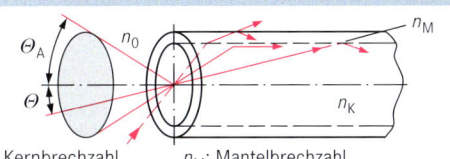

n_K: Kernbrechzahl n_M: Mantelbrechzahl

Dämpfung (Attenuation)

Hervorgerufen durch:
- Absorption
- Streuung

- abstrahlende Moden
- Abstrahlung durch Krüm-
mungen
- Leckmoden

Optische Fenster (Optical Windows)

Wellenlängenbereiche für Lichtwellenleiter mit geringer
Dämpfung:
850 nm; 1300 nm; 1550 nm

Empfangselemente

Fototransistor

Einsatzbereich bis
einige Kilohertz

Aufbau: Foto-
diode mit nach-
geschaltetem
Verstärker

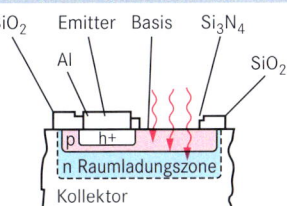

PIN-Fotodiode

Hochdotierte p- und n-Be-
reiche durch eigenleitende
i-Zone getrennt, Spannung
in Sperrichtung anlegen.
Durch die i-Zone ist die
wirksame Raumladungs-
zone, in der durch die
Photonen freie Elektro-
nen und Löcher ent-
stehen, erweitert worden.

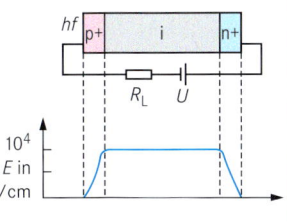

Lawinen-Fotodiode

Durch Stoßionisation
werden zusätzliche
Elektronen und
Löcher erzeugt.

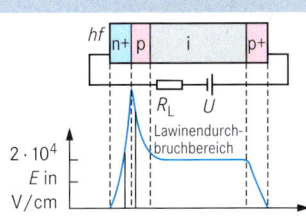

Sendeelemente

Lumineszenz-Diode (LED)   Laser-Diode (LD)

Prinzip

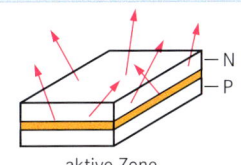

aktive Zone

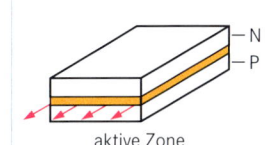

aktive Zone

Abstrahlung

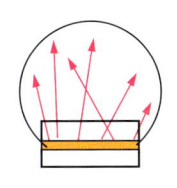

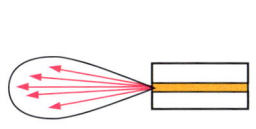

Spektrum

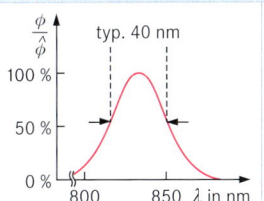

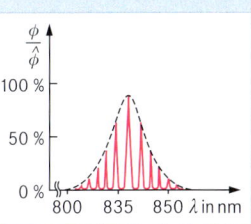

Signalübertragung mit Lichtwellenleitern

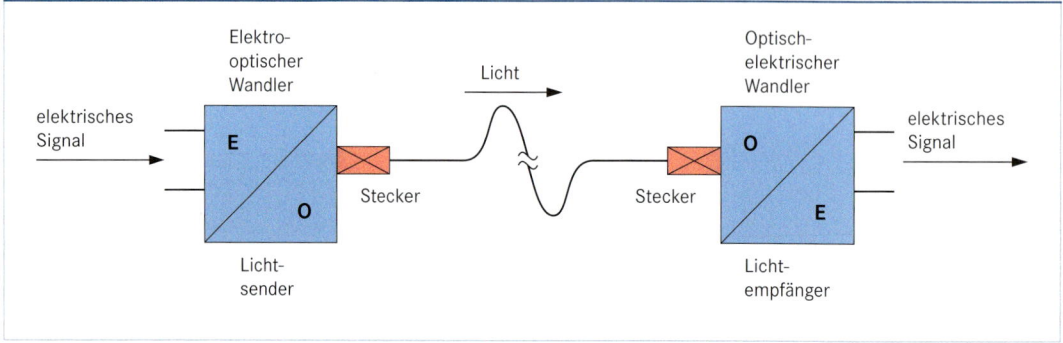

Dämpfung

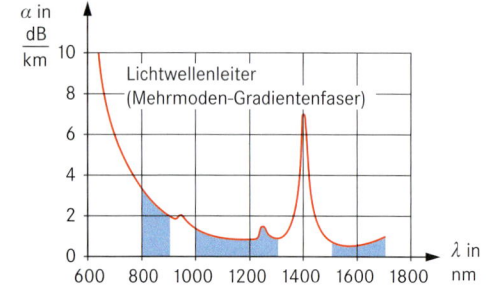

Dämpfung wird hervorgerufen durch:
- Abstrahlende Moden
- Abstrahlung durch Krümmung
- Absorption
- Streuung
- Leckmoden

Optische Fenster:
Wellenlängenbereiche mit geringer Dämpfung bei 850 nm, 1300 nm und 1550 nm.

Querschnitt

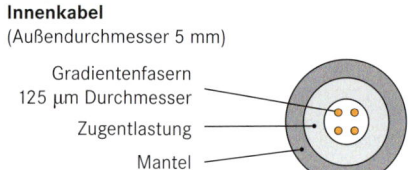

Beispiele:
Innenkabel
(Außendurchmesser 5 mm)

Gradientenfasern
125 µm Durchmesser
Zugentlastung
Mantel

Außenkabel
(Außendurchmesser 12 mm)

Gefüllte Bündelader
5 Monomodefasern
125 µm Durch-
messer
Stützelement
Zugentlastung
Mantel

Steckverbinder

Befestigungsarten:
Gewinde, Bajonettverschluss, Schnappvorrichtung Beispiel ST (Single Terminator): Faser wird durch Drücken und Verdrehen des Bajonettverschlusses mit der Kupplung verrastet (in der Regel Drehverhinderung).

Einfügeverluste durch:
Radialer Versatz, Winkelfehler, Lücken

Grundsätzlicher Aufbau:
Der zylinderförmige Steckerhals (**Ferul**) aus Silbermetall, Hartmetall oder Keramik (auch Kombinationen verschiedener Materialien) enthält in einer zentrischen Bohrung die meist eingeklebte Faser.
Ein schlupffreier, aber nicht klemmender Sitz zwischen Steckerhals und Kupplung wird durch eine geschlitzte Kupplungshülse gewährleistet.

Simplex (eine einzige Faser)					Duplex (zwei Fasern für Sender und Empfänger)		
FC	ST	SC	DIN	FSMA	Escon	SC Duplex	FDDI Duplex

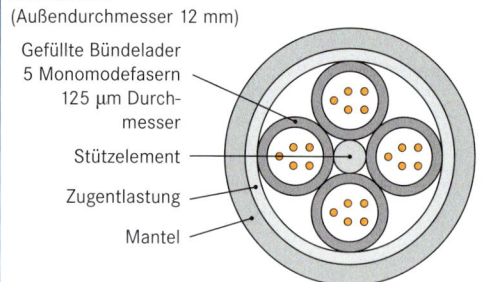

Aufbau und Kenndaten | Modenausbreitung

Mehrmoden-Stufenfaser

Stufenindex-Profil

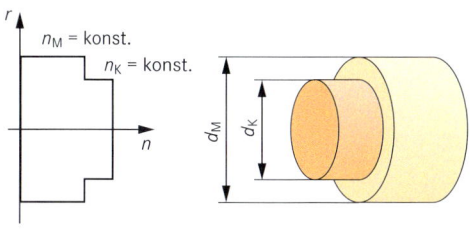

Multimode

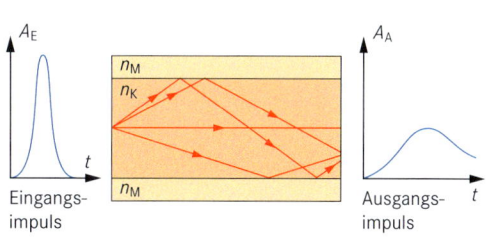

Eingangs-impuls   Ausgangs-impuls

Typische Werte:
n_M = 1,517 (Mantel)
n_K = 1,527 (Kern)

n: Brechzahl

Typische Werte:
d_K { 100 µm / 200 µm / 400 µm }

d_M { 200 µm / 300 µm / 500 µm }

- ■ Große Laufzeitunterschiede der Lichtstrahlen
- ■ Starke Impulsverbreiterung
- ■ Bandbreite–Reichweite–Produkt
  $B \cdot l > 100$ MHz · km
- ■ Einsatzbereich: Kurzstrecken, in Gebäuden

Mehrmoden-Gradientenfaser

Gradientenindex-Profil

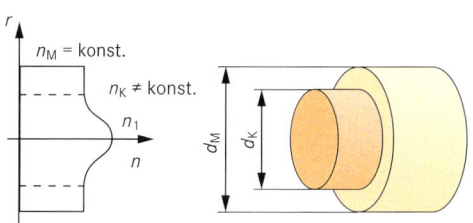

Multimode

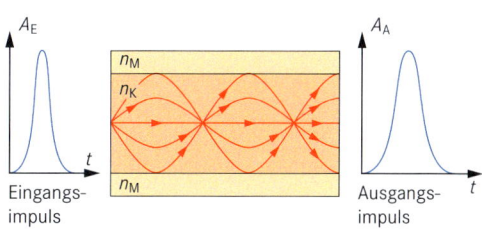

Eingangs-impuls   Ausgangs-impuls

Typische Werte:
n_M = 1,417 (Mantel)
n_K = 1,457 (Kern)

Typische Werte:
d_K = 50 µm
d_M = 125 µm

- ■ Geringe Laufzeitunterschiede der Lichtstrahlen
- ■ Geringe Impulsverbreiterung
  $B \cdot l > 1$ GHz · km
- ■ Einsatzbereich: Ortsnetz, Bezirksnetz

Einmoden-Stufenfaser

Stufenindex-Profil

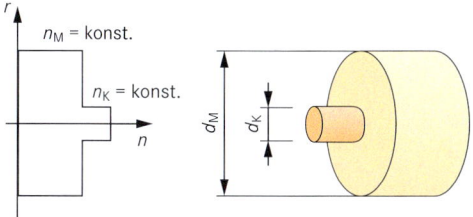

Singlemode

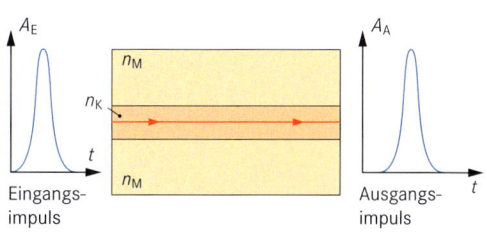

Eingangs-impuls   Ausgangs-impuls

Typische Werte:
n_M = 1,417 (Mantel)
n_K = 1,457 (Kern)

Typische Werte:
d_K = 10 µm
d_M = 125 µm

- ■ Keine Laufzeitunterschiede, da nur eine Ausbreitungsrichtung
- ■ Formtreue Impulsübertragung
  $B \cdot l > 10$ GHz · km
- ■ Einsatzbereich: Fernverkehr

Aufbau

Anwendungen	Beispiel	Aufbau
■ Verbindung zwischen Endverteilern und/oder Endgeräten ■ kurze Übertragungswege ■ direkte Steckermontage möglich (häufig vorkonfektioniert)	Duplex-Patchkabel (innen) 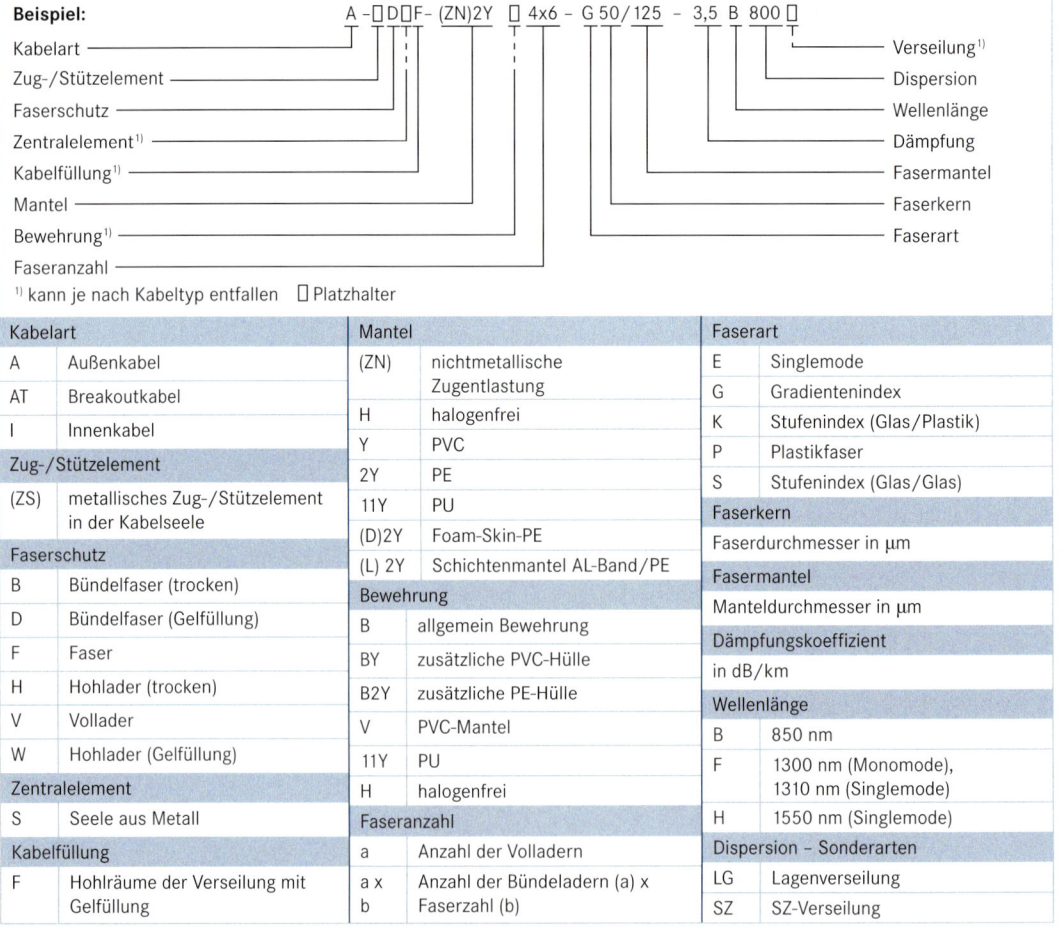	① LWL-Faser mit Primärcoating (Primärbeschichtung) ② Sekundärcoating ③ Zugentlastung (Aramid oder Glasfaser)
■ Verbindung zwischen Haupt- und Nebenverteiler ■ direkte Steckermontage je Faser möglich ■ aufspleißbar für Kabelendverteiler	Breakout-Innenkabel mit Kompaktadern	④ Außenmantel (ggf. mit Nagetier-schutz) ⑤ nummerierter Mantel ⑥ Polyesterfolie
■ Telekommunikations-/Kabelfernseh-anwendung ■ Computernetzwerke ■ große Entfernungen/Datenmengen	Zentral-Bündeladerkabel (außen)	⑦ LWL-Faserbündel mit Primärcoating ⑧ mit Gel gefüllte Zentralbündelader

Kurzbezeichnung

Beispiel:

A – □ D □ F – (ZN)2Y □ 4x6 – G 50/125 – 3,5 B 800 □

- Kabelart
- Zug-/Stützelement
- Faserschutz
- Zentralelement[1]
- Kabelfüllung[1]
- Mantel
- Bewehrung[1]
- Faseranzahl

- Verseilung[1]
- Dispersion
- Wellenlänge
- Dämpfung
- Fasermantel
- Faserkern
- Faserart

[1] kann je nach Kabeltyp entfallen   □ Platzhalter

Kabelart		Mantel		Faserart	
A	Außenkabel	(ZN)	nichtmetallische Zugentlastung	E	Singlemode
AT	Breakoutkabel	H	halogenfrei	G	Gradientenindex
I	Innenkabel	Y	PVC	K	Stufenindex (Glas/Plastik)
Zug-/Stützelement		2Y	PE	P	Plastikfaser
(ZS)	metallisches Zug-/Stützelement in der Kabelseele	11Y	PU	S	Stufenindex (Glas/Glas)
		(D)2Y	Foam-Skin-PE	**Faserkern**	
Faserschutz		(L) 2Y	Schichtenmantel AL-Band/PE	Faserdurchmesser in µm	
B	Bündelfaser (trocken)	**Bewehrung**		**Fasermantel**	
D	Bündelfaser (Gelfüllung)	B	allgemein Bewehrung	Manteldurchmesser in µm	
F	Faser	BY	zusätzliche PVC-Hülle	**Dämpfungskoeffizient**	
H	Hohlader (trocken)	B2Y	zusätzliche PE-Hülle	in dB/km	
V	Vollader	V	PVC-Mantel	**Wellenlänge**	
W	Hohlader (Gelfüllung)	11Y	PU	B	850 nm
Zentralelement		H	halogenfrei	F	1300 nm (Monomode), 1310 nm (Singlemode)
S	Seele aus Metall	**Faseranzahl**		H	1550 nm (Singlemode)
Kabelfüllung		a	Anzahl der Volladern	**Dispersion – Sonderarten**	
F	Hohlräume der Verseilung mit Gelfüllung	a x b	Anzahl der Bündeladern (a) x Faserzahl (b)	LG	Lagenverseilung
				SZ	SZ-Verseilung

Grundlagen

- Verfahren zur Erhöhung der Datenübertragungsrate auf Lichtwellenleitern
- Verwendet die Verfahren **WDM** und **DWDM**

WDM

WDM:
Wavelength **D**ivision **M**ultiplex (Wellenlängenmultiplex)

- Übertragung erfolgt in unterschiedlichen optischen Fenstern (1310 nm und 1550 nm)

- Wellenlängen werden mit optischen Filtern zusammengefügt, auf einer Faser übertragen und am Empfänger durch optische Filter wieder in ursprüngliche Wellenlängen zerlegt

- Wird auch als **Breitband WDM** bezeichnet, da pro Wellenlänge nur ein Kanal übertragen wird

Prinzip

ohne WDM

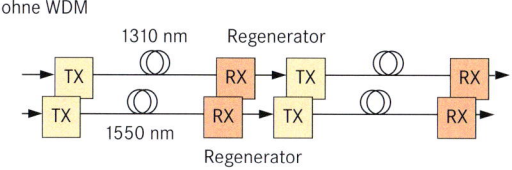

mit WDM

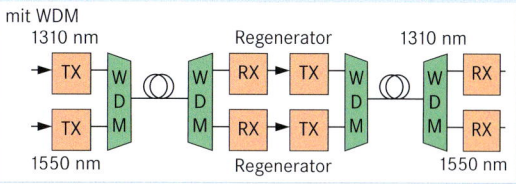

DWDM

DWDM:
Dense **W**avelength **D**ivision **M**ultiplex
(Schmalband Wellenlängenmultiplex)

- Mehrkanalübertragung auf geringfügig unterschiedlichen Wellenlängen

- Wellenlängen liegen im dritten optischen Fenster (1530 nm bis 1565 nm)

- Verwendet **optische Verstärker** mit erbiumdotierter Glasfaser und Pumplaser

- Nutzsignale lassen sich somit um 20 dB bis 30 dB verstärken

- Übertragungsstrecken sind, je nach überbrückbarer Entfernung, in **Kategorien** eingeteilt (**L, V, U**)

- Standardisiert von ITU in G.692 mit 4 und 8 Nutzkanälen bei Bitraten bis zum STM-16 Standard. Geplant sind 16 und 32 Kanalsysteme (STM-64) und bidirektionale Übertragung

- Nutzkanäle liegen im 100 GHz Raster

- Bietet die Möglichkeit, vorhandene LWL-Strecken kostengünstig auf höhere Übertragungsleistung aufzurüsten

Prinzip

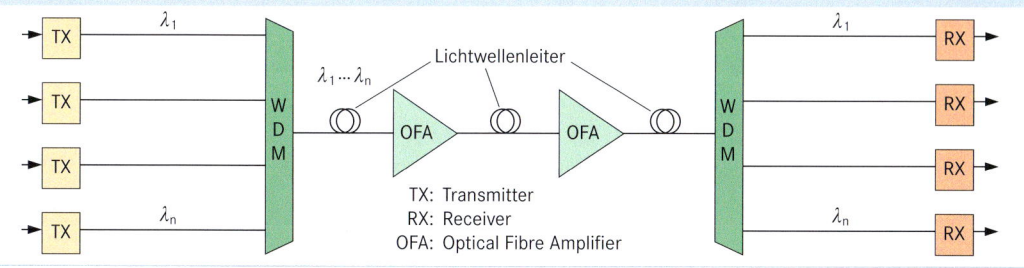

TX: Transmitter
RX: Receiver
OFA: Optical Fibre Amplifier

Kategorien Übertragungsstrecken

			Teilstrecke	Dämpfung
L	**L**ong Haul	L: TX—RX	~ 80 km	22 dB
		3L: TX—OFA—OFA—RX		3 x 22 dB
V	**V**ery Long Haul	V: TX—RX	~ 120 km	33 dB
		3V: TX—OFA—OFA—RX		3 x 33 dB
U	**U**ltra Long Haul	U: TX—RX	~ 160 km	44 dB

Prinzipien

- Die Eingangsgrößen werden auf der Steuerstrecke durch Störgrößen beeinflusst. Die Ausgangsgröße ist eine beeinflusste Eingangsgröße.

- Die **Steuerkette** besteht aus einer **Steuereinrichtung**, einem **Stellglied** und der **Steuerstrecke**.

- Die Art der Beeinflussung der Ausgangsgröße ist von der Steuerstrecke abhängig.

- Im Gegensatz zur Regelungstechnik besitzt die Steuerkette einen **offenen Wirkungskreis**.

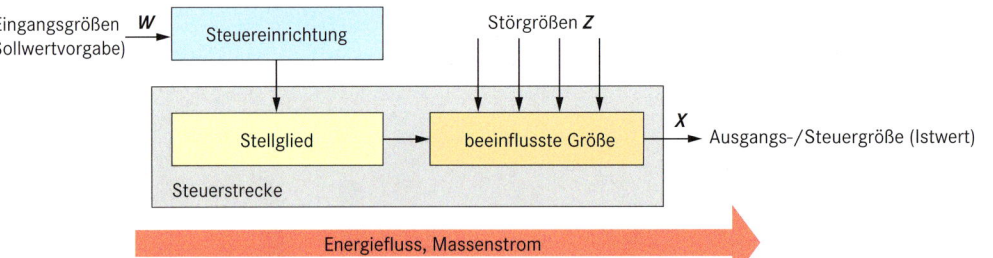

Bezeichnung	Erklärung	Beispiele
Steuereinrichtung	Die Steuereinrichtung bildet in Abhängigkeit der Sollwertvorgaben am Eingang die Stellgröße.	Taster, logische Schaltung, Zeitglied
Stellglied	Das Stellglied wird von der Stellgröße beeinflusst und steuert so den Energiefluss der Steuerstrecke. Es ist ein Teil der Steuerstrecke.	Relais, Transistor, Triac
Steuerstrecke	Die Steuerstrecke ist ein Anlagenteil, der das Stellglied und die aufgabenmäßig beeinflussten Größen enthält.	elektrischer Antrieb

Steuerungsarten

Unterscheidung	Erklärung	Unterscheidung	Erklärung
Signalverarbeitung		Programmierung	
Synchrone Steuerung	Die Signalverarbeitung erfolgt taktsynchron.	Verbindungsprogrammierte Steuerung (**VPS**)	Die Funktion der Steuerung wird durch die Verdrahtung der Elemente realisiert.
Asynchrone Steuerung	Die Signaländerungen werden nur von der Änderung der Eingangssignale ausgelöst. Es gibt kein Taktsignal.	Speicherprogrammierbare Steuerung (**SPS**)	Die Steuerungsfunktion wird durch die Ausführung eines Steuerungsprogramms ausgelöst. Das Steuerungsprogramm ist in einem Speicher abgelegt.
Verknüpfungssteuerung	Den Zuständen der Eingangsgrößen werden über Boolsche Verknüpfungen definierte Zustände der Ausgangssignale zugeordnet.	Steuerungen mit Mikrocontroller	Die Steuerfunktion wird durch die Befehlsfolge des Mikrocontrollers realisiert.
Steuerungsablauf		Hierarchische Zuordnung	
Ablaufsteuerung	Steuerungen, die einen schrittweisen Ablauf voraussetzen. Die Übergangsbedingungen steuern die Abfolge von einem Schritt zum Nachfolgenden.	Einzelsteuerung	Es handelt sich um eine Funktionseinheit zur Steuerung eines einzelnen Stellgliedes.
Zeitgeführte Ablaufsteuerung	Ablaufsteuerung, deren Übergangsbedingung nur von der Zeit abhängt	Gruppensteuerung	Funktionseinheit zur Steuerung eines Teilprozesses, der aus mehreren Einzelsteuerungen besteht
Prozessabhängige Ablaufsteuerung	Ablaufsteuerungen, deren Übergangsbedingungen von den zu steuernden Prozesssignalen abhängen	Prozesssteuerung	Eine Funktionseinheit zur Steuerung eines Prozesses, die den Gruppensteuerungen übergeordnet ist.

Eigenschaften

- Kleinsteuerungen enthalten alle Komponenten zur Lösung von Aufgaben aus dem Bereich der Steuerungs- und Automatisierungstechnik in einem kompakten Gehäuse.
- Die Geräte sind modular aufgebaut und lassen sich durch eine Vielzahl von Komponenten (z. B. Display, Kommunikationsmodule, usw.) erweitern.

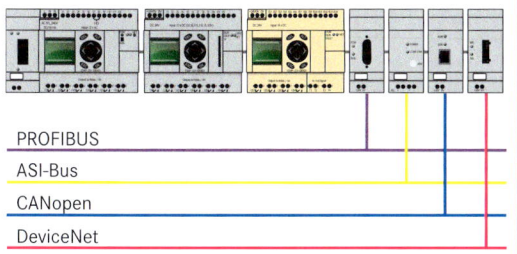

PROFIBUS
ASI-Bus
CANopen
DeviceNet

- Die Programmierung erfolgt wahlweise direkt am Gerät oder komfortabler über eine Software in den Programmiersprachen AWL, KOP, FBS, ST, AS oder mit einem grafischen Funktionsplaneditor.
- Über ein externes grafisch orientiertes Display lassen sich Texte, Grafiken usw. visualisieren und zusätzlich notwendige Steuer- und Regelfunktionen anzeigen bzw. bedienen.
- Die Vorteile einer Kleinsteuerung liegen neben der kompakten Bauform, im Preis und der einfacheren Programmierung und Parametrierung.

Beispiel

Typ easyControl EC4-200

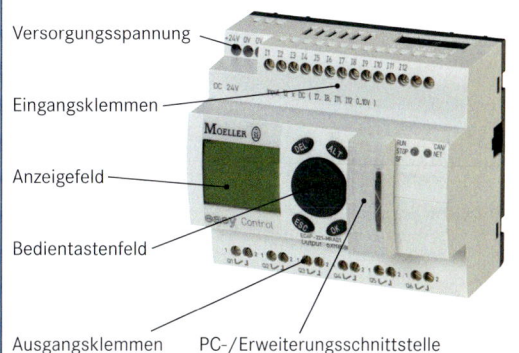

Versorgungsspannung

Eingangsklemmen

Anzeigefeld

Bedientastenfeld

Ausgangsklemmen   PC-/Erweiterungsschnittstelle

Technische Daten

- Versorgungsspannung: 24 V DC
- Leistung: 7 W
- Eingänge: 12 digitale, davon 4 auch als analog nutzbar
- Ausgänge (wahlweise):
  - 6 Relaisausgänge bzw.
  - 8 Transistorausgänge
  - 1 Analogausgang optional
- Ausgangsstromstärke:
  - 8 A (Relais)
  - 0,5 A (Transistor)
- Weitere Optionen: z. B. CANopen, Ethernet

Sicherheitsgerichtete Kleinsteuerungen

- Spezielle Kleinsteuerungen bieten zusätzlich die Möglichkeit, sicherheitsgerichtete Funktionen in einer Anlage zu überwachen und auszuwerten.
- Realisierung der Sicherheitsfunktion bis zur Steuerungskategorie 4 nach DIN EN 62061 und EN ISO 13849-1.
- Einfache Programmierung durch Zuweisung von vorprogrammierten Sicherheitsbausteinen, die vorab geprüft und zugelassen wurden:
  - Stillsetzen im Notfall
  - Bedienung durch Zweihandschaltung
  - Sicheres Starten
  - Zustimmschalter
  - Überwachung von Sicherheitseinrichtungen (Schutztür, Lichtvorhang)
  - Betriebsartenwahl
  - Stillstandsüberwachung
  - Höchstdrehzahlüberwachung
  - Sichere Zeitrelais
- Erweiterungen und Kommunikation mit Kleinsteuerungen ohne Sicherheitsfunktionen sind möglich.

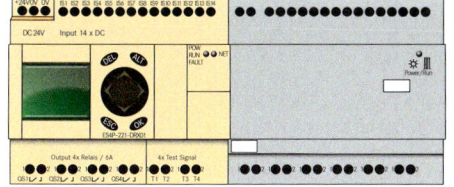

Beispiel

Typ easyControl ES4P

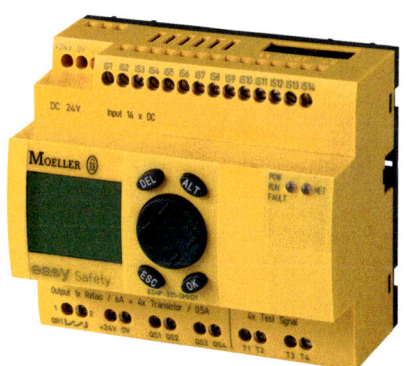

Technische Daten

- Versorgungsspannung: 24 V DC
- Leistung: < 6 W
- Eingänge: 14 sichere Eingänge
- Ausgänge (wahlweise):
  - 4 Relaisausgänge bzw.
  - 4 Transistorausgänge
  - 4 Testsignale (24 V DC)
- Bemessungsstromstärke:
  - Thermischer Strom 6 A (Relais) bei „1"-Zustand (Transistor)

Sensoren in Steuerungen

- Sensoren sind in der Regel Bestandteile eines modularen Steuerungs-Systems.
- Die Module sind in vielen Fällen autonom funktionsfähig. Sie lassen sich separat überprüfen.
- Module haben definierte Schnittstellen.
- Die Ausgangsgröße (Aktor) ist eine Funktion der Eingangsgröße (Sensor).

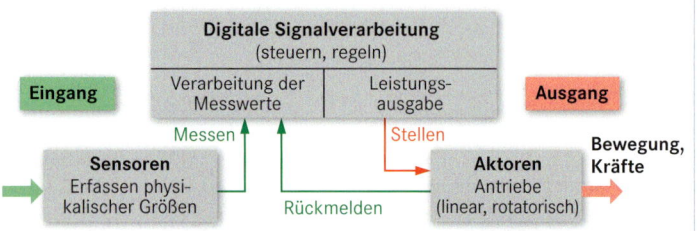

Aktive Sensoren

Die mit dem Sensor zu messende Größe wird **direkt** in eine elektrische Größe umgewandelt (bevorzugt elektrische Spannung).

Beispiele:

- Temperatur → Spannung (Thermoelement)
- Magn. Flussdichte → Spannung (Hallsonde)
- Kraft → Ladung (Piezokristall)
- Beleuchtungsstärke → Stromstärke (Fotodiode)

Passive Sensoren

Zur Umwandlung der zu messenden Größe benötigt der passive Sensor elektrische Energie (**indirekte Umwandlung**). Die elektrische Energie (Stromstärke, Spannung) wird durch die Sensorgröße beeinflusst.

Beispiele:

Resistive Änderung bei
- Dehnmessstreifen
- Temperaturabhängigen Widerständen
- Feldplatten
- Fotowiderständen
- Leitfähigkeitsmesszellen

Kapazitive Beeinflussung durch
- Abstandsänderung der Platten
- Flächenänderung
- Veränderung des Dielektrikums
- Veränderung des elektrischen Feldes

Induktive Beeinflussung durch
- Änderung der geometrischen Abmessungen von Spulen
- Permeabilitätsveränderung
- Veränderung des Dielektrikums
- Veränderung des magnetischen Feldes

Lichtstrombeeinflussung durch Änderung der
- Intensität
- Wellenlänge bzw. Frequenz
- Polarisation

Sensoreinteilung nach der Art des Ausgangssignals

- **Analogausgang**
  Das Messsignal wird in ein stetiges Ausgangssignal umgewandelt.

  Beispiele:
  - Spannung 0 V…10 V; 2 V…10 V
  - Stromstärke 0 mA…20 mA; 4 mA…20 mA

- **Binärausgang (schaltende Sensoren)**
  Am Ausgang sind nur zwei Zustände möglich, zwischen denen bei Über- bzw. Unterschreitung eines Schwellwertes gewechselt wird. Wenn die beiden Schwellwerte verschieden sind, ergibt sich im Schaltverhalten eine **Hysterese**.

  Beispiele:
  - Näherungsschalter durch kapazitive, induktive oder optische Beeinflussung (Lichtschranken)
  - Ultraschall-Näherungsschalter
  - Mechanische Endschalter (Schnappschalter)

- **Digitalausgang**
  Das Ausgangssignal ist ein digital codiertes Signal, das über diese Schnittstelle direkt in Bus-Systeme eingekoppelt werden kann.

Sensoreinteilung nach der Art der Messgröße

Geometrisch	Bewegung	Kraft
Länge	Weg	Masse
Volumen	Geschwindigkeit	Kraft
Winkel	Drehzahl	Druck
Füllstand	Beschleunigung	Drehmoment
Anwesenheit	Vibration	Dehnung
Kontur	Phasenlage	Härte
Position …	Frequenz …	Elastizität …
Hydrostatisch, hydrodynamisch	Thermisch, kalorisch	Chemisch, biologisch
Druck	Temperatur	Leitfähigkeit
Durchfluss	Wärmemenge	pH-Wert
Strömungs-geschwindigkeit	Wärmeströmung	Feuchtigkeit
Teilchendichte	Leitfähigkeit	Substanzart
Viskosität …	Spezifische Wärmekapazität …	Anwesenheit von Substanzen …
Optisch	Elektrisch	Strahlung
Beleuchtungs-stärke	Ladung	Strahlungsart
Absorption und Emission	Spannung	Aktivität
Brechung	Stromstärke	Dosis
Farbart	Leistung	Energiedichte
Polarisation …	Leitfähigkeit	…
	Feldstärke	
	Potenzial …	

Merkmale:

- Ein Aktor (Aktuator) ist ein System (Stellglied), mit dem eine physikalische Größe beeinflusst wird.

- Die Steuerung (Stellsignal, Eingangsinformation) erfolgt in der Regel mit elektrischen Signalen.

- Die Eingangsinformation wird verarbeitet.

- Zur Funktion muss in der Regel Energie separat zugeführt werden (Hilfsenergie). Die Hilfsenergie wird in eine andere Energie umgewandelt.

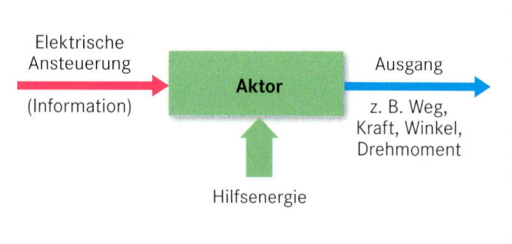

Einteilung nach der Hilfsenergie

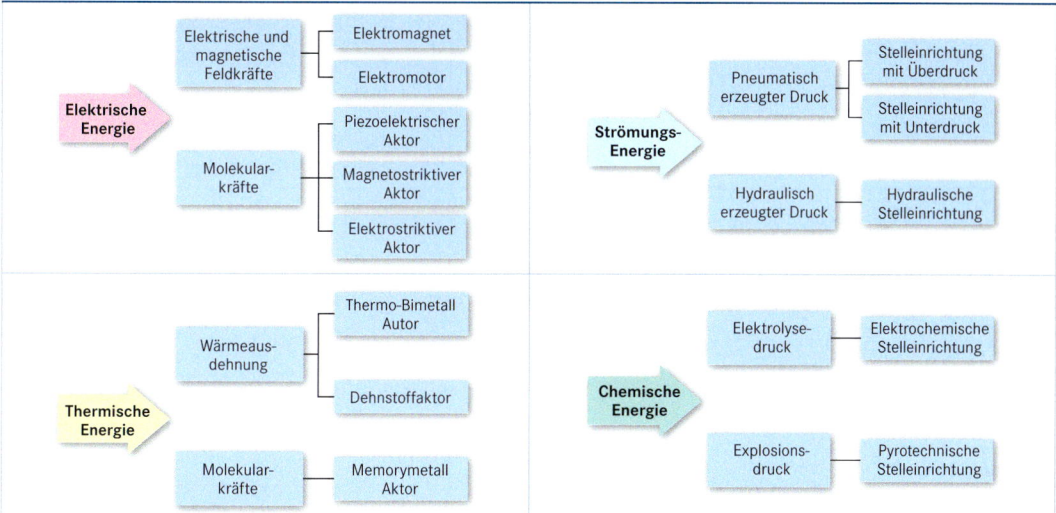

Funktionen von Aktoren

- Bewegen
  - Translation
  - Rotation
  - Schwingung
  - Bremsen
  - Bewegung in Bahnen
  - ...
- Halten
- Positionieren
- Bearbeiten

- Fördern
  - Gase
  - Flüssigkeiten
  - feste Körper, Partikel
  - ...
- Heizen und Kühlen
- Beschallen
- Beleuchten
- Ionisieren, Bestrahlen
- ...

Fluidische Aktoren

Mit Hilfe von gasförmigen oder flüssigen Medien lassen sich Kräfte und Bewegungen erzeugen. Die Medien besitzen dabei kinetische (Strömung) oder potenzielle Energie.

- Geradlinige Bewegung wird erzeugt mit
  - einfachwirkenden und
  - doppeltwirkenden Zylindern.

- Drehbewegung (Rotation) wird erzeugt mit
  - Luft- bzw. Hydromotoren,
  - Drehzylindern und
  - Schwenkantrieben.

Physikalische Effekte bei Aktoren

- **Piezoelektrisch**
  Bei bestimmten Kristallen lassen sich durch ein äußeres elektrisches Feld geometrische Veränderungen hervorrufen.

- **Elektrodynamisch**
  Auf einen stromdurchflossenen Leiter im Magnetfeld wirkt eine Kraft (z. B. Motor).

- **Elektromagnetisch**
  Zwischen ungleichnamigen Polen eines Magneten treten Anziehungskräfte und zwischen gleichnamigen Polen Abstoßungskräfte auf (z. B. Reluktanzmotor, Hubmagnet).

- **Elektrostriktiv**
  Durch ein externes elektrisches Feld kommt es zur Polarisation in bestimmten Kristallen. Die Symmetrie der Kristalle ändert sich und es verändern sich die geometrischen Abmessungen.

- **Magnetostriktiv**
  Durch ein externes Magnetfeld werden Moleküle in bestimmten ferromagnetischen Werkstoffen (z. B. Terfenol TbDyFe) ausgerichtet. Es kommt zu geometrischen Veränderungen.

- **Magneto- und elektrorheologisch**
  Die Viskosität von Flüssigkeiten lässt sich durch magnetische bzw. elektrische Felder verändern.

Begriffe und Formelzeichen

n	Drehzahl, Umdrehungsfrequenz
z	Schrittzahl, Schritte je Umdrehung
α	Schrittwinkel, Winkel je Steuerimpuls
p	Polpaarzahl
m	Phasenzahl
f_z	Schrittfrequenz, Schritte je Sekunde (f_s = konstant)
f_s	Steuerfrequenz entspricht f_z, wenn kein Schrittfehler
f_{AOm}	Maximale Steuerfrequenz, höchste Steuerfrequenz, bei welcher der unbelastete Motor ohne Schrittfehler starten und stoppen kann.
M_L	Lastdrehmoment
J_{Lm}	Grenz-Lastträgheitsmoment im Startbereich

$$n = 60\,\frac{f_z}{z} \qquad \alpha = \frac{360°}{z} \qquad \alpha = \frac{360°}{2 \cdot m \cdot p}$$

Kennlinien

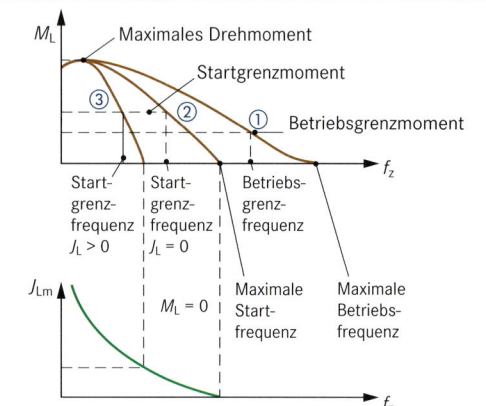

① Begrenzung für Betriebsbereich

② Begrenzung für Startbereich, $J_L = 0$

③ Begrenzung für Startbereich, $J_L > 0$

Eigenschaften der Ansteuerungsarten

Ansteuerungsart	Vorteile
unipolar	Einfache Leistungsschaltstufen (einfacher Umschalter)
bipolar	Cu-Volumen gut genutzt, höheres Drehmoment, höhere Schrittfrequenz
Konstantspannungs-(L/R-)Steuerung	Höhere Schrittfrequenz durch kleinere Zeitkonstante L/R, preiswerte Stromstärkebegrenzung durch Widerstand
Konstantstrom-(Chopper-)Steuerung	Optimale Motorleistung, hohe Schrittfrequenz, hohes Drehmoment, hoher Wirkungsgrad
Vollschrittbetrieb	Höheres Drehmoment
Halbschrittbetrieb	Doppelte Schrittzahl gegenüber Vollschrittbetrieb, geringeres Überschwingen

Ansteuerungsarten

unipolar
mit R_s: L/R-Steuerung

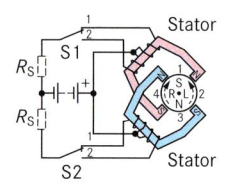

bipolar
mit R_s: L/R-Steuerung

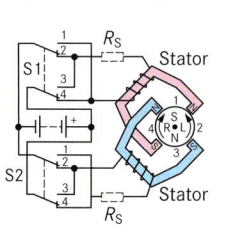

Schritt-Nr. bei Drehrichtung		Halbschrittbetrieb							
		unipolar				bipolar			
		S1	S1	S2	S2	S1	S1	S2	S2
R	L	1	2	1	2	1,3	2,4	1,3	2,4
1	1	x	–	x	–	–	x	–	x
1 ½	½	x	–	–	–	–	x	–	–
2	4	x	–	–	x	–	x	x	–
2 ½	3 ½	–	–	–	x	–	–	x	–
3	3	–	x	–	x	x	–	x	–
3 ½	3 ½	–	x	–	–	x	–	–	–
4	2	–	x	x	–	x	–	–	x
½	1 ½	–	–	x	–	–	–	–	x
1	1	x	–	x	–	–	x	–	x

Vollschrittbetrieb ergibt sich, wenn die roten Zahlen entfallen.

Konstantstrom-(Chopper-)Steuerung

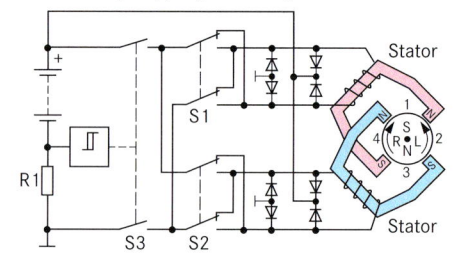

Schalter S3 wird nach Erreichen des zulässigen Steuerstromes geöffnet. Die Freilaufdioden führen den abklingenden Strom, bis S3 nach Erreichen der unteren Schaltschwelle schließt usw.

Schrittmotorsteuerung, bipolar

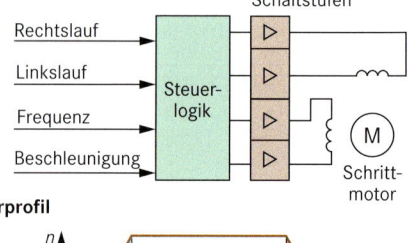

Fahrprofil

Kommunikationstechnik und -netze

Nachricht und Information

Unter einer Nachricht versteht man jede Art von Mitteilungen. Beispiele: Ampelsignal, gesprochener Text, Mitteilung auf einer Tonkassette, …
In die Nachricht ist immer eine Information eingebettet.
Es wird unterschieden:

- **Syntaktischer Aspekt**[1] einer Nachricht:
  Aufbau der Nachricht nach seinen formalen Regeln, Zeichen, Zeichenfolge usw.

- **Semantischer Aspekt**[2] einer Nachricht:
  Bedeutung der Nachricht für den Empfänger (z. B. das Rot der Ampel bedeutet Stopp)

[1] Syntax (gr.): Lehre vom Satzbau, Satzlehre
[2] Semantik (gr.): Wortbedeutungslehre

Prinzip der Nachrichtenübertragung

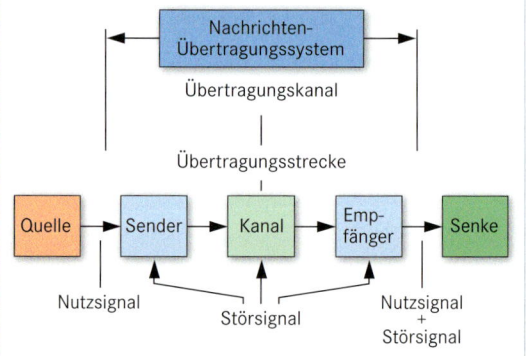

Informationsformen

Töne:
Sprache, Musik, Geräusche

Bilder:
Feste Bilder, bewegte Bilder (farbig, monochrom)

Text:
Alphanumerische Zeichen

Daten:
Elektrische oder optische Signale, die nicht direkt vom Menschen wahrgenommen werden können

Kommunikation

Einseitiger oder wechselseitiger Austausch zwischen Menschen, technischen Einrichtungen (Endeinrichtungen) oder zwischen Menschen und technischen Einrichtungen

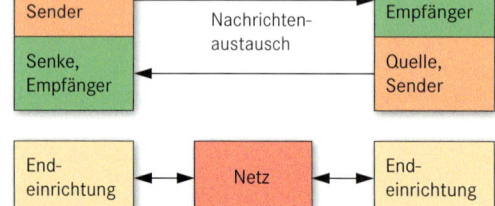

Informationsübertragung

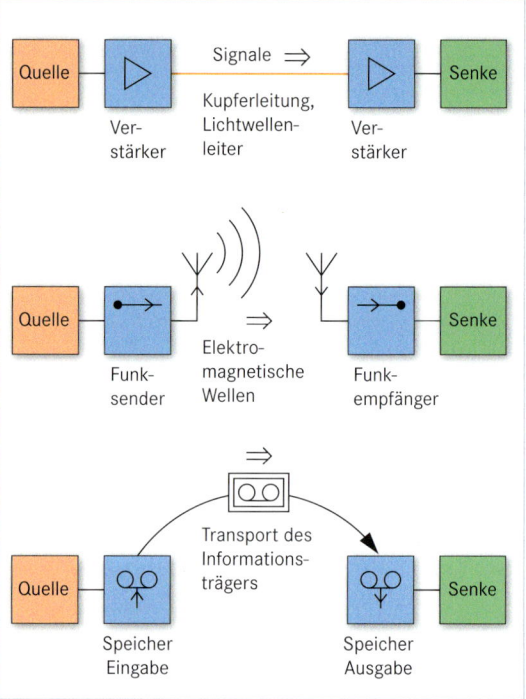

Betriebsarten der technischen Kommunikation

Duplex-Betrieb (Gegenbetrieb)
Beide Partner sind gleichberechtigt. Sie können gleichzeitig senden und empfangen (z. B. Telefon).

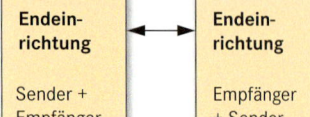

Halbduplex-Betrieb (Wechselbetrieb)
Die Kommunikationspartner können abwechselnd (alternierend) senden und empfangen (z. B. Sprechfunk).

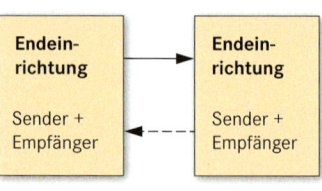

Simplex-Betrieb (Richtungsbetrieb)
Der Empfänger kann keine Signale zum Sender schicken (z. B. Verteilkommunikation bei Rundfunk-Sendungen).

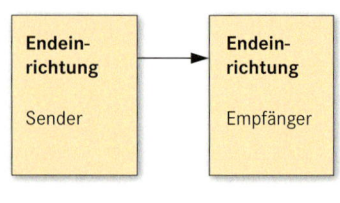

Festnetze

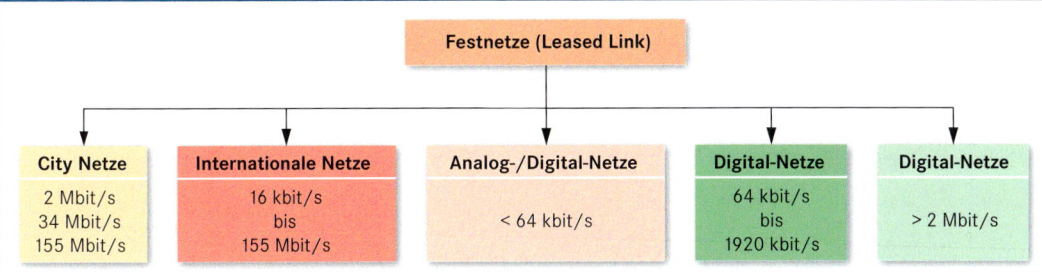

City-Netze
- Hochgeschwindigkeitsnetze für Kommunikation in Wirtschaftszentren
- Netzaufbau als **Ringstruktur** mit Verfügbarkeiten von bis zu 99,0 %
- Im Zugangsbereich niedrigere Geschwindigkeiten möglich
- **Punkt- zu Punkt-Verbindungen** für Übertragung von Sprache und Fax (analog und digital)
- Kopplung von LANs über Multi-Protocol-Router

Internationale Netze
- Exklusive transparente weltweite Übertragungskanäle
- Sprach-, Daten- und Videoübertragungen
- Kopplung von LANs oder Rechenzentren
- Weltweite **Internet-/Intranet**-Netzplattform
- Dialoganwendung
- **Sprachübertragung analog** mit 16 kbit/s
- **Digitale Übertragung** mit n x 64 kbit/s bis 155 Mbit/s

Digital-Netze 64 kbit/s bis 1920 kbit/s
- Sprach- und Datenkommunikation mit ISDN-Endgeräten mit einem oder zwei 64 kbit/s Kanälen (B-Kanal)
- Verbindung geeignet für die Datenübertragung zwischen PCs oder Anbindung PC an Host-Rechner
- Geeignet für die Verbindung kleinerer TK-Anlagen
- Über X.21 Schnittstellen ist die Anschaltung von EDV-Anlagen zur Übertragung mittlerer Datenmengen realisierbar
- Standardmäßige Verfügbarkeit von 98,8 % kann durch ISDN-Backup auf 99,5 % erhöht werden.

Digital-Netze > 2 Mbit/s
- **Unstrukturierte Verbindung** arbeitet mit einer Nettobitrate von 2,048 Mbit/s. Geeignet für Netze mit großen Datenmengen.
- **Telefondienstgeeignete Verbindung** arbeitet mit Nettodatenrate von 1984 Mbit/s und Signallaufzeit von 12 ms
- Verbindung mit 1,92 Mbit/s für bittransparente Übertragung von Sprache, Daten und Video

Vermittelnde Netze

T-InterConnect
- Zugang zum Internet

T-Net-ATM
- **Vermittelter ATM** Service mit Zugangsgeschwindigkeiten von 2,34 und 165 Mbit/s
- Übertragung von Sprache, Daten und Video mit flexibler Bitrate
- Bitraten sind für die Übertragungsrichtungen definierbar
- Aufbau mehrerer Verbindungen zu unterschiedlichen Kommunikationspartnern mit verschiedenen Anwendungen über einen einzigen Teilnehmeranschluss
- Verkehrskategorien mit **konstanter Bitrate** (**CBR**: **C**onstant **B**it **R**ate) für geringe Verzögerungen (z. B. bei Anschaltung einer TK-Anlage) und **variabler Bitrate** (**VBR**: **V**ariable **B**it **R**ate) für hohe Zuverlässigkeit (geringe Datenfehler bzw. Verlustrate)

Datex-P
- **Paketorientierte Übermittlung** von Daten mit **garantierter Vollständigkeit und Richtigkeit** der Daten
- Tarifgestaltung entweder entfernungs- und zeitabhängig oder nach festem Datenvolumen
- Asynchrone **Einwahl vom D1 Funknetz** möglich
- Gateway zu FrameLink Plus

Telex
- Weltweit verbreitete Textkommunikation mit 400 Zeichen/Minute (**Minitelex** oder **T-Online Telex**)

FrameLink Plus
- Dient zum Aufbau **individueller Weitverkehrsnetze** von Unternehmen zur Daten- und Sprachübertragung
- **Verbindungsorientierter Datenübermittlungsdienst**, basierend auf Fast Packet Switching der Frame Relay Technik
- Ständig **garantierte Bandbreiten**
- Datendurchsatz je Verbindung ist bis zur maximalen physikalischen Anschlussgeschwindigkeit möglich
- **Nationale Portgeschwindigkeiten**: 19,2 kbit/s bis zu 2 Mbit/s (garantierte Bandbreiten 4 kbit/s bis 1024 kbit/s)
- **Internationale Portgeschwindigkeiten**: 64 kbit/s bis 2 Mbit/s (garantierte Bandbreite wie oben)
- Netzverfügbarkeit von 99,99 %
- Intergration von Sprache und Fax gegeben

Satellitennetze (z. B. **BGAN**: **B**roadband **G**lobal **A**rea **N**etwork)
- dienen der weltweiten Abdeckung von Kommunikationsanforderungen
- werden von verschiedenen Betreibern (z. B. Inmarsat, Iridium) angeboten
- ermöglichen die Übertragung von Sprache, Daten (BGAN-Modem ca. 492 kbit/s), Telefax und Internet-Verbindungen
- arbeiten auf Basis geostationärer Satelliten
- Abrechnung erfolgt anhand der übertragenen Datenvolumina oder der Kanalzeit

Prinzip

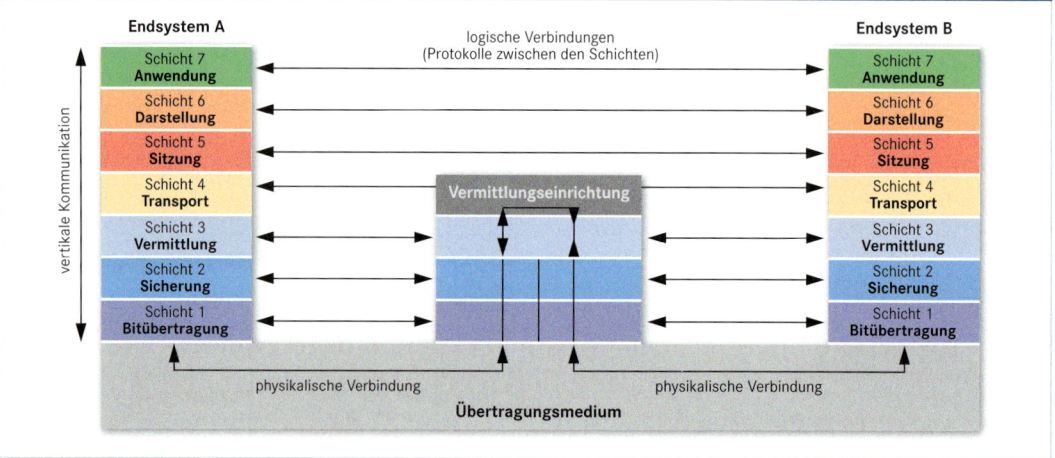

Erläuterungen

- Das OSI Schichtenmodell ist Referenzmodell für herstellerunabhängige Kommunikationssysteme.
- Jede Schicht bietet der darüberliegenden Schicht definierte Dienste an und seinerseits die Dienste für die darunterliegende Schicht.
- Schichteneinteilung erfolgt mit definierten Schnittstellen.
- Einzelne Schichten können ohne große Gesamtsystemänderungen ausgetauscht und angepasst werden.

- Schichten 1 ... 4 sind die transportorientierten Schichten (physikalischer Datentransport bis zu den physikalischen Endpunkten der Systeme).
- Schichten 5 ... 7 sind anwendungsorientierte Schichten (Handhabung der Schnittstellen).
- Übertragungsmedium (Verbindungskabel) ist nicht im OSI-Modell festgelegt.

Bitübertragungsschicht

Schicht 1 (Physical)
- Zuständig für den physikalischen Transport der digitalen Informationen.
- Überwacht die Funktion dieser Schicht durch zyklisches Prüfen von Steuerleitungen (getrennt von den Datenleitungen).

Datensicherungsschicht

Schicht 2 (Link)
- Zuständig für den unverfälschten Datentransport über einen einzelnen Übermittlungsabschnitt.
- Flusssteuerung überwacht die vollständige und richtige Übertragung der Daten von der darunter liegenden Schicht.

Vermittlungsschicht

Schicht 3 (Network)
- Zuständig für die Überbrückung geografischer Entfernungen zwischen den Endsystemen durch Einbeziehung von Vermittlungssystemen.
- Steuert die zeitlich und logisch getrennte Kommunikation zwischen verschiedenen Endsystemen.

Transportschicht

Schicht 4 (Transport)
- Zuständig für die Erweiterung von Verbindungen zwischen Endsystemen zu Teilnehmerverbindungen.
- Bildet die Verbindungsschicht zu den anwendungsorientierten Schichten.

Sitzungsschicht

Schicht 5 (Session)
- Zuständig für den geordneten Ablauf des Dialoges zwischen den Endsystemen.
- Festlegen und verwalten der Berechtigungsmarken für die Kommunikation.

Darstellungsschicht

Schicht 6 (Presentation)
- Zuständig für den gemeinsamen Zeichensatz und die gemeinsame Syntax.
- Umwandeln der lokalen Syntax in die für den Transport festgelegte Syntax und umgekehrt.

Anwendungsschicht

Schicht 7 (Application)
- Zuständig für die Steuerung der untergeordneten Schichten.
- Übernimmt die Anpassung an die jeweilige Anwendung.
- Stellt dem Anwenderprogramm die Verbindung zur Außenwelt zur Verfügung.

Klassifikation

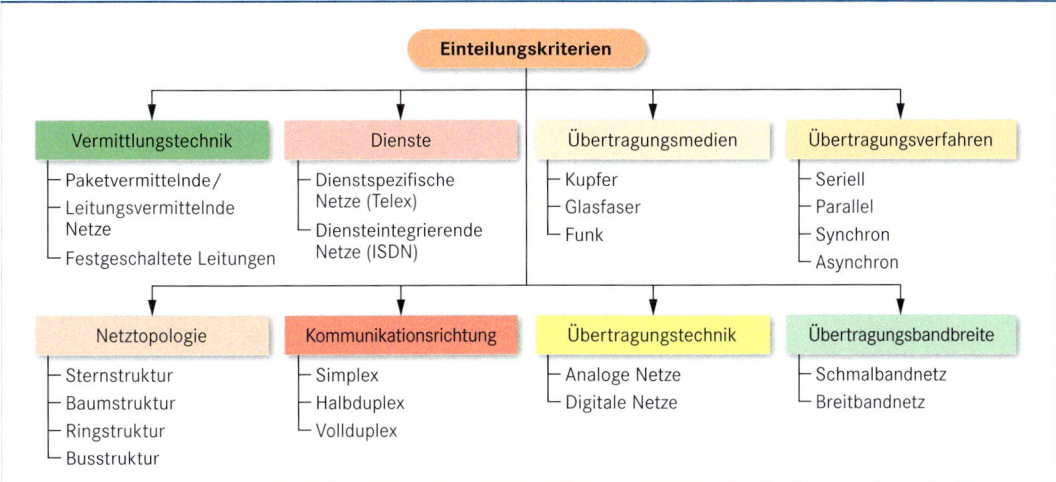

Netztopolgien

Bus (Linie)	Ring

Bus (Linie): 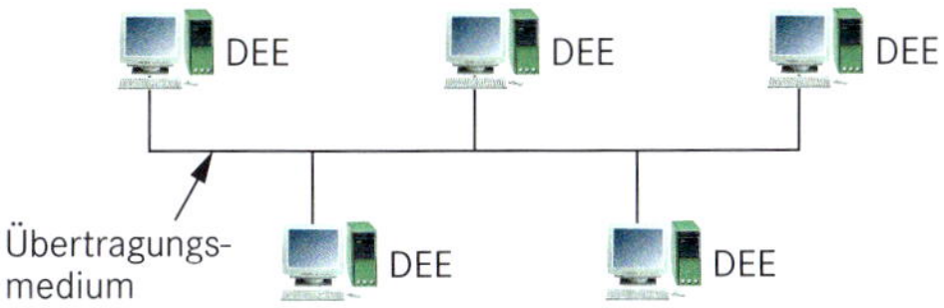
- Stationen verwenden ein einziges Übertragungsmedium
- Datenaustausch erfolgt direkt zwischen den Stationen

Ring: 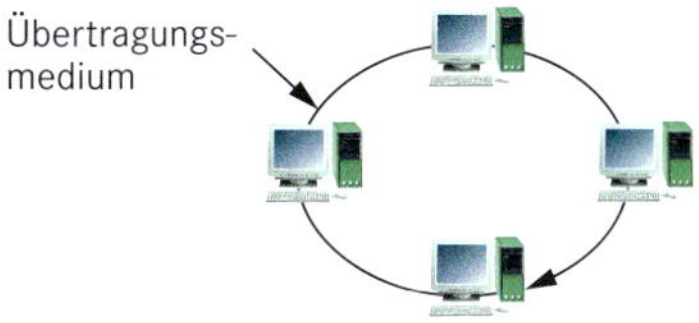
- Stationen sind ringförmig untereinander verbunden
- Datenaustausch erfolgt von Station zu Station

Stern	Baum

Stern: 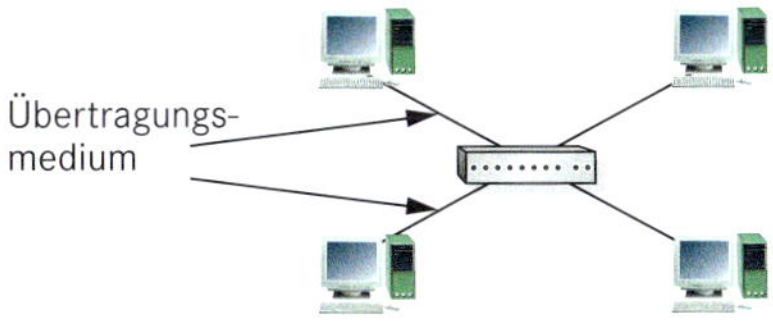
- Stationen sind sternförmig an eine Zentrale angeschlossen
- Datenaustausch erfolgt immer über die Zentrale

Baum: 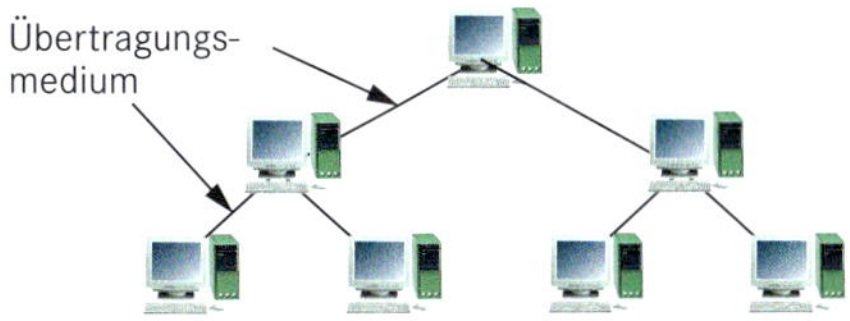
- Stationen sind jeweils mit der darüberliegenden Station verbunden
- Datenaustausch erfolgt über die jeweiligen Pfade.

Vermascht	Beispiele

Vermascht: 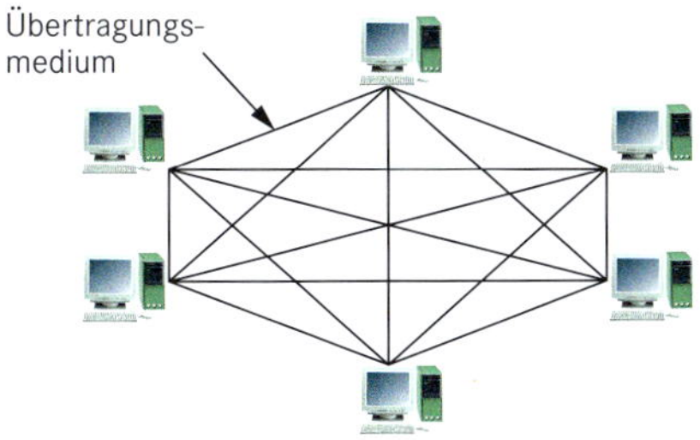
- Stationen sind mehrfach direkt untereinander verbunden
- Datenübertragung erfolgt als Punkt-zu-Punkt-Verbindung

Beispiele

Bus (Linie):
- Lokale Netzwerke (**LAN: L**ocal **A**rea **N**etwork)
- **MAN (M**etropolitan **A**rea **N**etwork)
- Token Bus Netzwerk
- Mikroprozessor-Bus (z. B. PCI oder **CAN: C**ontroller **A**rea **N**etwork)

Ring: Lokale Netzwerke als Token-Ring

Stern: Lokale Netzwerke mit Hub oder Switch

Baum:
- Lokale Netzwerke
- Terminalnetzwerke
- Fernsehverteilungsnetze

Vermascht: Telekommunikationsetze (voll- oder teilvermascht)

Hub

- Sternkoppler/-verteiler (Kabelkonzentrator)
- Gesendete Informationen werden von allen angeschlossenen Teilnehmern empfangen (Multiport Repeater)
- Eine Kollisionsdomäne
- Nicht beliebig kaskadierbar (Einhaltung der Signallaufzeiten [RTDT])
- Uplink-Port zum Anschluss weiterer Hubs oder Switch
- Wirkt auf OSI-Schicht 1 (Physical Layer)
- Datentransport byteweise
- Keine Datenfilterung
- Protokolltransparent
- Keine Flusskontrolle

Repeater

- **Wiederholverstärker** zur Regenerierung der empfangenen Signale
- Eingesetzt zur Verlängerung einer Übertragungsstrecke
- Verbindung von zwei gleichartigen LAN-Netzsegmenten
- Remote Repeater sind über LWL-Strecke gekoppelt (Distanz abhängig von LWL-Typ)
- Wirkt auf OSI-Schicht 1 (Physical Layer)
- Datentransport bitweise
- Keine Datenfilterung
- Protokolltransparent
- Keine Flusskontrolle

Bridge

- **MAC-Bridge** (Brücke) verbindet LAN-Segmente mit gleichen Zugriffsverfahren
- **LLC-Bridge** verbindet LAN-Segmente mit unterschiedlichen Zugriffsverfahren
- Realisiert die Aufteilung des Netzes in verschiedene Kollisionsdomänen
- Multiport-Bridges vermitteln LAN-Verkehr untereinander
- Selbstlernende Bridges legen automatisch Adresstabellen an
- Wirkt auf OSI-Schicht 2 (Link Layer)
- Datentransport paketweise
- Datenfilterung
- Keine Flusskontrolle

Router

- Koppeln **unterschiedliche Rechnernetze**
- Verarbeiten unterschiedliche Protokollstacks (Multiprotokoll-Router)
- Verwenden eigene Managementprotokolle (Routingprotokolle z.B. RIP) zur Kommunikation (Austausch von Routingtabellen) untereinander
- Vermittelt zielgerichtet Datenpakete, die **routingfähig** sind (z.B. IPv4, IPv6) anhand der Routingstabellen
- Wirkt auf OSI-Schicht 3 (Network Layer)
- Datentransport paketweise
- Datenfilterung
- Flusskontrolle

Gateway

- Realisiert **umfassenden Netzübergang** zwischen inkompatiblen Netzwerken
- Adressübersetzungen
- Transportgeschwindigkeitsanpassung
- Protokollumsetzungen
- Ermöglicht Sicherheitsfunktionen
- Arbeitet auf OSI-Schicht 7 (Application Layer)
- Datenfilterung
- Flusskontrolle

Switch

- Wirkt als **Vermittlungseinrichtung** zwischen den angeschlossenen Endsystemen
- Paralleler Datenaustausch zwischen den Teilnehmern durch Punkt-zu-Punkt-Verbindung
- **Store-and-Forward**-Prinzip (Speichern und Weiterleiten): Datenpaket wird komplett eingelesen, vollständige Fehlerfreiheit überprüft und anhand der Zieladresse weitergeleitet (automatischer Verwurf fehlerhafter Pakete)
- **Cut-Through**-Prinzip (Durchschneiden): Zieladressenauswertung (MAC-Adresse) bereits nach Einlesen derselbigen, keine Überprüfung auf Fehlerfreiheit; hoher Durchsatz
- **Fragment-Free** Prinzip (Fragmentfrei): Prüft Datenpaket lediglich auf minimale Länge von 64 Byte, sendet unmittelbar weiter auf Zielport; keine Überprüfung auf Fehlerfreiheit
- Kombination der drei Verfahren möglich (z.B. abhängig von unterschiedlichen Übertragungsmedien)
- Leistungskriterien:
  - **Durchleitrate** (Forwarding Rate) in Paketen pro Sekunde
  - **Filterrate** (Filter Rate) in Paketanzahl pro Sekunde
  - **Adressanzahl** (verwaltete MAC-Adressen)
  - **Backplanedurchsatz** (Rückwand; Transportkapazität auf den internen Vermittlungsbussen)

Beispiel:
Desktop Switch mit 8 Ports
100 Mbit/Vollduplex

Forwarding Rate
bei 100BASE-TX: 148 800 Pakete pro Sekunde je Port

Backplanedurchsatz: 1,6 Gbit/s

MAC-Adresstabelle: 1024 Adressen

Übertragungsprinzip: Store-and-Forward

Verfahren

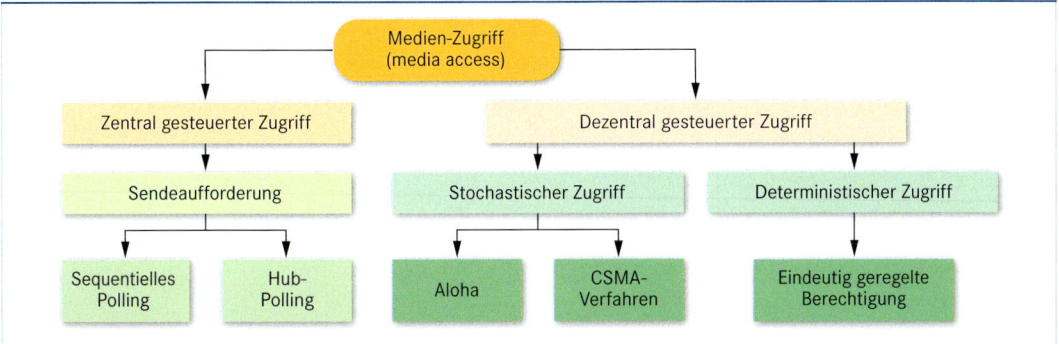

Zentrale Verfahren	Dezentrale Verfahren
■ Zentral gesteuerter Zugriff – setzt eine Station (Zentrale) im Netzwerk als Verwalter für die Kommunikation zwischen den vorhandenen Stationen voraus und – verwendet **Sequentielle-** und **Hub**-Polling-Methoden. ■ Bei sequentiellem Polling ruft die Zentrale die einzelnen Stationen zeitlich nacheinander zur Übertragung der Daten auf. ■ Bei Hub-Polling erfolgt der Aufruf zur Datenübertragung von einer Station zur nächsten.	■ Dezentral gesteuerte Zugriffsverfahren – werden unterschieden in **stochastische** (zufallsgesteuerte) und **deterministische** (vorhersagbare) Verfahren und – verwenden keinen zentralen Koordinator für die Steuerung der Kommunikation. ■ Angewendete stochastische Verfahren sind – Aloha, – CSMA-Verfahren und – Verfahren mit eindeutig geregelter Berechtigung (z. B. priorisierte Teilnehmerklassen).

CSMA-Verfahren

CSMA/CD	CSMA/CA
■ Bei **CSMA/CD** (**C**arrier **S**ense **M**ultiple **A**ccess/**C**ollision **D**etection: Abhören des Trägers mit Mehrfachzugriff/**Kollisionserkennung**) – kann jede Station unabhängig von den anderen eine Datenübertragung starten, – können **Kollisionen** auftreten, wenn Stationen gleichzeitig mit der Aussendung beginnen, – wird die Übertragung durch vorheriges Abhören des Übertragungsmediums auf Vorhandensein einer Übertragung überwacht, – stellt die sendende Station, die eine Kollision von Daten erkennt, die eigene Übertragung durch Aussenden eines **jam**-Signals ein, – beginnt die erneute Übertragung nach Ablauf einer zufälligen Wartezeit und – ist die Laufzeitlänge der Datenpakete mindestens gleich dem zweifachen Stationsabstand.	■ Bei **CSMA/CA** (**C**arrier **S**ense **M**ultiple **A**ccess/**C**ollision **A**voidance: Abhören des Trägers mit Mehrfachzugriff/**Kollisionsvermeidung**) – wird Übertragungswunsch den anderen Stationen durch Aussenden eines **RTS**-Signals (**R**eady **t**o **S**end) angezeigt, – führt ein von einer anderen Station empfangenes RTS-Signal zum Aufschub des eigenen Sendewunsches, – übermitteln die mit RTS angesprochenen Stationen ein **CTS**-Signal (**C**lear **t**o **S**end) und reservieren damit die Verbindung und – wird das Ende der Übertragung mit **ACK**-Signal (**Ack**nowledge) allen Stationen angezeigt. ■ Anwendung z. B. bei Wireless LAN

Leistungsmerkmale

Eigenschaft Verfahren	Effizienz bei geringem Verkehr	Effizienz bei hohem Verkehr	Determinismus (vorhersagbar)	Priorisierung (vorrang)	Robustheit
CSMA/CD	+	–	–	0	+
CSMA/CA	+	+	+	+	+
Token Ring	+	+	+	+	0
Token Bus	0	+	+	0	0
TDMA	–	+	+	–	–
Polling	–	0	+	–	0
Punkt-zu-Punkt-Verbindung	0	–	+	0	+
TDMA: **T**ime **D**ivision **M**ultiple **A**ccess		**+**: gut	**0**: normal	**–**: weniger gut	

Referenzmodell		LAN-Anwendung				WAN-Anwendung
ISO - OSI Schicht	IEEE-Local Area Network	TCP/IP	TCP/IP-Protokollstruktur		SNA	Anwendungen
Anwendungsschicht	Höhere Protokolle	Process/Application Layer	FTP, SMTP, Telnet, SNMP	NFS, XDR, RPC	Transaction Services	Anwendungen
Darstellungsschicht					Presentation Services	
Kommunikationssteuerungs (sitzungs)schicht					Data Flow Control	
Transportschicht		Host-to-Host-Layer	TCP	UDP	Transmission Control	
Vermittlungsschicht		Internet-Layer	Routing — IP — ICMP		Path Control — X.25 PLP	
Sicherungsschicht	2d-Bridging 2c-Secure Data Exchange	Network Access oder Local Network Layer	ARP — RARP		Data Link Control	LAPB — FRAME RELAY — HDLC — PPP — SDLC
	2b-Logical Link Control (Verbindungssteuerungsschicht) 2a-Media Access Control (MAC) (Medienzugriffsschicht)		X.25 Arcnet TOKEN BUS (IEEE 802.4) Ethernet CSMA/CD (IEEE 802.3) TOKEN RING (IEEE 802.5) FDDI			
Bitübertragungsschicht	Physical Layer				Physical Layer	X.21 bis — EIA/TIA-232 EIA/TIA-449 V.24/V.35/G.703 HSSI/EIA-530

Abkürzungen

ARP	Address Resolution Protocol	OSI	Open Systems Interconnection
CD	Collision Detection	PLP	Packed Layer Protocol
CSMA	Carrier Sense Multiple Access	PPP	Point-to-Point Protocol
EIA	Electronic Industry Association	RARP	Remote Address Resolution Protocol
FDDI	Fibre Distributed Data Interface	RPC	Remote Procedure Call
FTP	File Transfer Protocol	DLC	Synchronous Data Link Control Protocol
HDLC	High Level Data Link Control	SNA	Systems Network Architecture (IBM)
HSSI	High Speed Serial Interface	SMTP	Simple Mail Transfer Protocol
IEEE	Institute of Electrical and Electronic Engineers	SNMP	Simple Network Management Protocol
ICMP	Internet Control Message Protocol	TCP	Transport Control Protocol
IP	Internet Protocol	Telnet	Telecommunication Network
ISO	International Standardization Organisation	TIA	Telecommunication Industry Association
LAPB	Link Access Protocol Balanced	UDP	User Datagram Protocol
NFS	Network File System	XDR	External Data Representation

Anwendung

- Digitale Signale werden bei der Übertragung im Basisband nicht moduliert.

- Die Signale werden als rechteckförmige Impulse auf den Leitungen übertragen.

- Es wird eine hohe Bandbreite oberhalb 0 Hz auf den Leitungen (Übertragungswegen) benötigt.

- Bei galvanischer Kopplung zwischen Sender und Empfänger dürfen die Signale Gleichstromanteile beinhalten.

- Bei galvanischer Trennung zwischen Sender und Empfänger (Übertragerkopplung), wird Gleichstromfreiheit der Signale durch spezielle Codierung der Signale erreicht.

- Die Taktinformationen können in der Signalcodierung enthalten sein und werden auf der Empfängerseite zurückgewonnen.

NRZ-Code (Non Return to Zero)

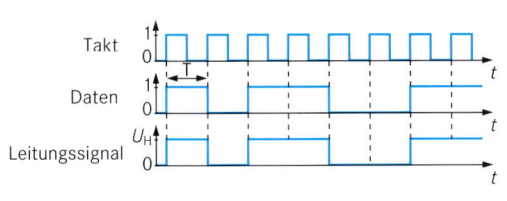

log. 0 $\triangleq$ 0-Signal   log. 1 $\triangleq$ +U_H-Signal

- Leitungssignal nicht gleichstromfrei
- Keine Taktrückgewinnung auf der Empfängerseite

RZ-Code (Return to Zero)

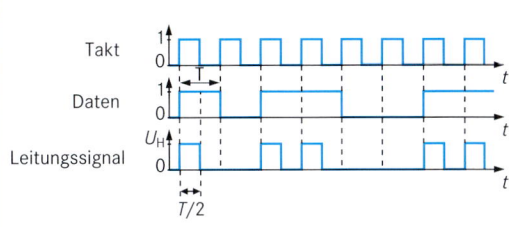

log. 0 $\triangleq$ 0-Signal   log. 1 $\triangleq$ +U_H-Signal während $T/2$

- Leitungssignal nicht gleichstromfrei
- Taktinformation nur bei 1-Signalen mitübertragen

AMI (Alternate Mark Inversion), Bipolar-Verfahren

Tastverhältnis 1:1

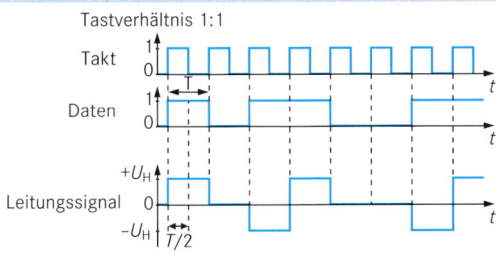

log. 0 $\triangleq$ 0-Signal   log. 1 $\triangleq$ alternierend +U_H-Signal und −U_H-Signal

- Signal ist gleichstromfrei
- Taktinformation nur in 1-Signal

Tastverhältnis 1:2

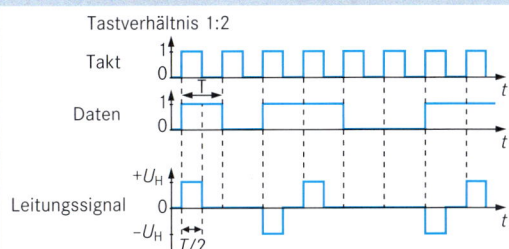

log. 0 $\triangleq$ 0-Signal   log. 1 $\triangleq$ alternierend +U_H-Signal und −U_H-Signal bei $T/2$

- Signal ist gleichstromfrei
- Taktinformation nur in 1-Signal

Manchester-Code

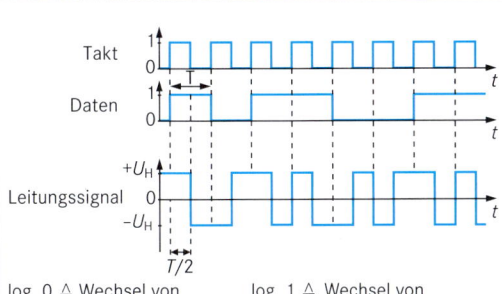

log. 0 $\triangleq$ Wechsel von −U_H-Signal nach +U_H-Signal bei $T/2$ log. 1 $\triangleq$ Wechsel von +U_H-Signal nach −U_H-Signal bei $T/2$

- Signal ist gleichstromfrei und selbsttaktend

Differenzial-Manchester-Code

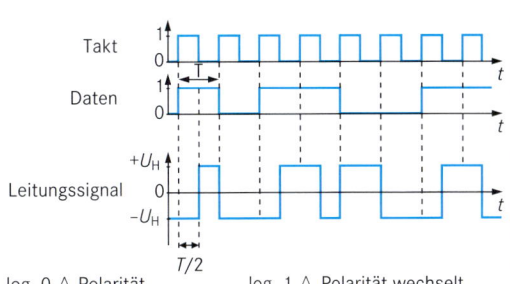

log. 0 $\triangleq$ Polarität wechselt am Schrittanfang   log. 1 $\triangleq$ Polarität wechselt nicht am Schrittanfang

- Signal ist gleichstromfrei und selbsttaktend

Funktionelle Einteilung einer Datenstation

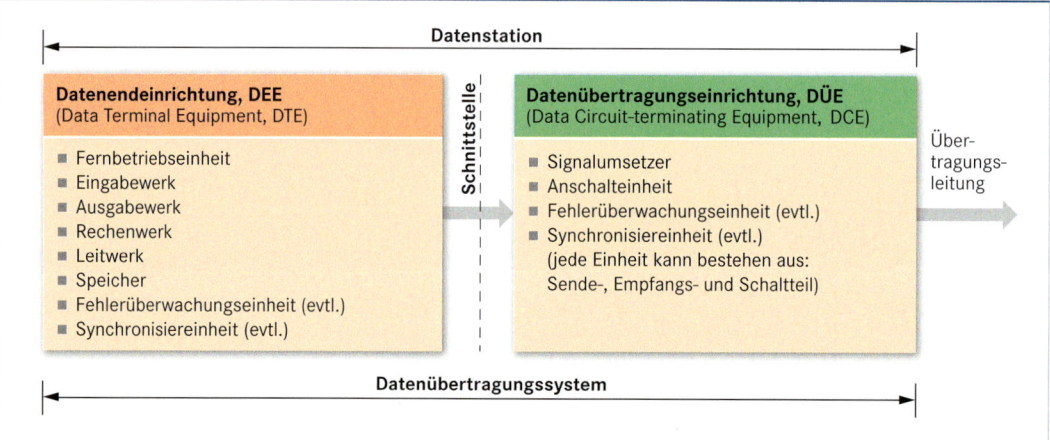

Schrittgeschwindigkeit

$$v_s = \frac{1}{T_s}$$

$[v_s]$ Baud[1]   Baud in $\frac{1}{s}$

T_s: Schrittdauer $[T_s] = s$

[1] Abkürzung von Baudot, franz. Telegrafentechniker

Zeichengeschwindigkeit

$$v_z = \frac{1}{T_z}$$ $T_z = Z \cdot T_s$

T_z: Übertragungsdauer eines Zeichenrahmens
Z: Anzahl der Einheitsschritte in einem Zeichenrahmen

Beispiel:

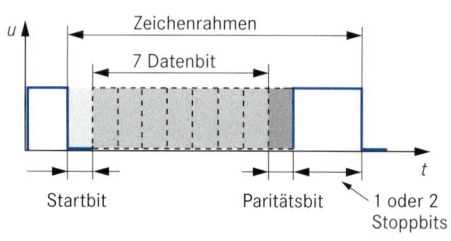

1 Sta. + 7 Dat. + 1 Par. + 1 Sto.: $Z = 10$

Übertragungsgeschwindigkeit (Baudrate)

$$v_\ddot{u} = v_s \cdot lb\, n$$ $[v_\ddot{u}] = \frac{bit}{s}$

$$v_\ddot{u} = Z \cdot v_z \cdot lb\, n$$

$n = 2$ (binäre Übertragung)

lb: Logarithmus zur Basis 2
lg: Logarithmus zur Basis 10

Z: Anzahl der Einheitsschritte in einem Zeichenrahmen

v_z: Zeichengeschwindigkeit

$$lb\, n = \frac{lg\, n}{lg\, 2}$$

Beispiele

bit/s	Zeichen/s	Bitdauer in µs
1 200	120	833
2 400	240	416
4 800	480	208
9 600	960	104
19 200	1 920	52

Wirkungsgrad (Datendurchsatz)

$$n_\ddot{u} = \frac{n_{Dat}}{n_{Sta} + n_{Dat} + n_{Par} + n_{Sto}}$$

n_{Dat}: Anzahl der Datenbits
n_{Sta}: Startbit
n_{Par}: Paritätsbit
n_{Sto}: Anzahl der Stoppbits

Maximale Datenübertragungsrate

Im **rauschfreien** Kanal (Nyquist-Theorem)

$$C = 2 \cdot B\, lb\,(M)$$

C: Übertragungsrate (bit/s)
B: Bandbreite (Hz) z.B. 3 000 Hz bei TK-Leitung
M: Anzahl Signalpegel (bei Digitalsignal = 2)

Im **nicht rauschfreien** Kanal (nach Shannon)

$$C = B \cdot lb\,(1 + SN)$$

SN: Verhältnis Signal zu Rauschen (noise)
(Angabe in absoluten Werten, nicht in dB;
z.B. 1 000 für 30 dB)

Datennetze	Möglichkeiten	Standard
■ Sind räumlich abgegrenzt ■ Werden von einem Betreiber verwaltet und organisiert ■ Ermöglichen einen direkten Datenaustausch zwischen den Teilnehmern des Netzes ■ Übertragungsmedien sind Kupferleitungen, Lichtwellenleiter oder Funkwellen. Sie bieten hohe Datenübertragungsgeschwindigkeiten.	■ Zentrale Datenhaltung auf großen Massenspeichern ■ Elektronischer Datenaustausch zwischen den einzelnen Stationen untereinander bzw. mit der Zentralstation ■ Gemeinsame Nutzung von Programmen, Geräten und Kommunikationsschnittstellen zu externen Datenübertragungseinrichtungen	■ Nach IEEE–802; in verschiedenen Versionen ■ Eingeteilt nach verwendeten Zugriffssteuerverfahren auf das Übertragungsmedium ■ Unterteilt in die verschiedenen Systeme

Einteilung lokaler Netze

OSI-Referenzmodell[1]		IEEE-Standard (Institute of Electrical and Electronic Engineers-Standard)		
Ebene	Funktion	Ebene	Funktion	Standardisiert durch
3	Vermittlungsschicht (Network-Layer) (Packet)	3 (HILI)	Netzwerkverwaltung Netz-/Netz-Verwaltung (Higher-Layer-Interface)	IEEE 802.1
2	Sicherungsschicht (Data-Link-Layer) (Frame)	2b (LLC)	Logische Verknüpfungssteuerung (Logical-Link-Control)	IEEE 802.2
		2a (MAC)	Mediumszugriff-Steuerung (Medium-Access-Control)	IEEE 802.3
1	Bitübertragungsschicht (Bitstrom) (Physical-Layer)	1 (Phy)	Elektronischer und mechanischer Aufbau (Physical-Layer)	① ② ③ ④ ⑤ ⑥ ⑦ ⑧ ⑨

IEEE 802.3 CSMA/CD

1 Base 5	10 Base 2	10 Base 5	10 Base F	10 Base T	10 Broad 36	100 Base-T	1000 Base-X	10 GBase-X
Starlan	Thin Ethernet (Cheapernet)	Ethernet	Ethernet with Fibre (mit LWL)	Ethernet with UTP-cable (mit ungeschirmten verdrillten Zweidraht-Leitungen)	Breitband-Ethernet	100 Mbit/s auf LWL und Cu (802.3u)	1 Gbit/s LWL und Cu (802.3z) Twisted Pair (802.3ab)	10 Gbit/s auf Basis LWL (802.3ae)
①	②	③	④	⑤	⑥	⑦	⑧	⑨

Erläuterung zum Bezeichnungsschema	10		Base		5		
	Datenrate in Mbit/s		Übertragungsverfahren		max. Segmentlänge · 100 m		
	10 Mbit/s		Basisband		500 m Segmentlänge		

IEEE 802.5 Token Ring	IEEE 802.11	IEEE 802.12	IEEE 802.15	IEEE 802.16
Basisband mit 1 Mbit/s, 4 Mbit/s und 16 Mbit/s	Wireless LAN (Drahtloses LAN)	VG-AnyLAN (Voice Grade LAN) 100 Mbit/s	Wireless Personal Area Network (WPAN)	Breitbandiger, drahtloser Zugang

IEEE 802.17	IEEE 802.18	IEEE 802.19	IEEE 802.20	IEEE 802.21	IEEE 802.22
Resilient Packet Ring Access Protocol	LAN/MAN Radio Regulatory Technical Advisory Group	Coexistance Technical Advisory Group	Mobile Wireless Access	Media Independent Handover	Wireless Regional Networks (WRANs)

[1] OSI; Open System Interconnection: Referenzmodell für allgemeine herstellerunabhängige Kommunikationsstruktur 1983 von der ISO (International Standard Organisation) festgelegt.

Merkmale

- Es handelt sich um die Bezeichnung für eine **serielle** Datenübertragung zwischen mehreren Teilnehmern, die an einem gemeinsam genutzten Medium über Netzwerkkarten angeschlossen sind.

- Die Datenübertragung erfolgt dabei im **Rahmenformat** (Frames).

- Die Zuteilung der Sendeerlaubnis wird durch **CSMA/CD** (**C**arrier **S**ense **M**ultiple **A**ccess/**C**ollision **D**etection: Trägererkennung mit Mehrfachzugriff/Kollisionserkennung) gesteuert.

- Ethernet ist verfügbar in verschiedenen Übertragungsge-schwindigkeiten (10 Mbit/s, 100 Mbit/s, 1000 Mbit/s und 10 Gbit/s).

- 100 bit Ethernet überträgt die Daten auf dem physikalischen Medium im **Basisband** als Manchester-Kodierung.

- Die existierenden **Rahmenformate** stammen aus der Entwicklungsgeschichte und werden bezeichnet als
  - IEEE 802.3 (Ethernet 802.2)
  - IEEE 802.3 SNAP (Ethernet SNAP)
  - Ethernet Version II (Ethernet II)
  - IEEE 802.3 RAWS (Novell Proprietary)

- Jeder zu übertragende Rahmen beginnt mit einer **Präambel** (Rahmeneinleitung) und dient zur Synchronisation der angeschlossenen asynchron betriebenen Netzwerkbau-gruppen.

Rahmenformate

Rahmendefinitionen

- **Destination MAC**
  (**D**estination **M**edium **A**ccess **C**ontrol: Zieladresse)
  - definiert die Zieladresse (Netzwerkkarte), zu der die Daten gesendet werden sollen,
  - beinhaltet in den ersten drei Byte die Kennzeichnung des **Kartenherstellers**, wobei das niederwertigste Bit des ersten Bytes nachfolgendes Bit definiert:
    Bit = 0 bedeutet Adresse für **individuelle** Zielstation,
    Bit = 1 bedeutet Adresse für **logische Gruppe** von Zielstationen und das **zweite Bit** wird zur Unterscheidung zwischen lokaler und globaler Adresse verwendet und
  - definiert mit den folgenden drei Byte den Typ der Netzwerkkarte.
  - Sonderfall: alle 48 Bit = 1 bedeutet **Broadcasting** (Rundsendung) an alle Stationen

- **Source MAC**
  (**S**ource **M**edium **A**ccess **C**ontrol: Absender-Adresse)
  - beinhaltet die Absender-Adresse mit drei Byte als feste Kennung für den Kartenhersteller

- **Length** (Länge)
  - dient zur Angabe der Anzahl von Byte im Logical Link Control (LLC) Feld
  Hinweis: Ethernetrahmen dürfen nicht kürzer als 64 Byte bzw. länger als 1518 Byte sein.

- **DSAP**
  (**D**estination **S**ervice **A**ccess **P**oint: Dienstzugangspunkt)
  - entspricht einem Zeiger auf dem Pufferspeicher im empfangenden Netzwerkadapter zur Ablage der Daten

- **SSAP**
  (**S**ource **S**ervice **A**ccess **P**oint: Dienstausgangspunkt)
  - definiert die Quelle des sendenden Prozesses

- **Control Byte** (Kontroll-Byte)
  - spezifiziert den Type des LCC-Rahmens

- **Data** (Daten)
  - beinhaltet die Daten (Header und Daten) der höher liegenden Protokollschichten von z. B. TCP/IP oder IPX/SPX
- **FCS**
  (**F**rame **C**heck **S**equence: Rahmenprüfbits)
  - dient zur Sicherung der übertragenen Bits gegen Verfälschung mittels **CRC-Verfahren** (**C**yclic **R**edundancy **C**heck) und
  - verwendet Generatorpolynom $G(x) = x^{32} + x^{26} + x^{23} + x^{22} + x^{16} + x^{12} + x^{11} + x^{10} + x^8 + x^7 + x^5 + x^4 + x^2 + x + 1$

- **SNAP**
  - beinhaltet auf den ersten drei Byte die Herstellerkennung (wie in der Absender-Adresse), die normalerweise auf Null gesetzt ist.
  - Die folgenden zwei Byte beinhalten eine Kennung zum Ethertyp, um die Abwärtskompatibilität zu Ethernet II zu erhalten.

- **Type** (Typenfeld)
  - kennzeichnet den Typ des darüber liegenden Protokolls.
  - Werte sind grundsätzlich größer als 05DC (Hex) bzw. 1500 (Dez.) zur Kennzeichnung, ob der nachfolgende Rahmen ein Ethernet II-Rahmen oder z. B. ein IEE 802.3 Rahmen ist.

- **Novell-Daten-Rahmen**
  - beginnen in den Anwender-Daten mit einem IPX-Protokollkopf,
  - beinhalten in den ersten beiden Bytes optional eine Prüfsumme (FFFF),
  - zeigen damit an, dass die Prüfsumme nicht verwendet wird und
  - Netzwerkkarten unterscheiden damit zwischen Novell-Rahmen und anderen Rahmen.

10 Mbit Ethernet Parameter

Parameter	Bezeichnung Formel	Einheit	10 Base 5	10 Base 2	10 Base T	10 Base FL
Übertragungsrate	u	bit/s	10 000 000			
Lichtgeschwindigkeit	c	m/s	299 792 458			
Ausbreitungskoeffizient	n		0,77	0,65	0,75	0,68
Maximale Segmentlänge	l_{max}	m	500	185	100	2000
Maximale Signallaufzeit	$t_{max} = l_{max}/n \cdot c$	µs	2,166	0,949	0,445	9,811
Dauer eines Bits	$t_{bit} = 1/u$	µs	0,1	0,1	0,1	0,1
Länge eines Bits	$l_{bit} = n \cdot c \cdot t_{bit}$	m	23,08	19,49	22,48	20,39
Anzahl Bits pro Segment	$b_{Segment} = l_{max}/l_{bit}$		21,66	9,49	4,45	98,09
Dauer von 64 Bytes	$t_{64Byte} = t_{bit} \cdot 8 \cdot 64$	µs	51,2	51,2	51,2	51,2

Grundlagen

- Gigabit Ethernet ist eine Erweiterung des 10 Mbit/ 100 Mbit-Ethernet Standards auf eine Übertragungsrate von 1 Gbit/s

- IEEE-Spezifikation beinhaltet die unteren beiden Schichten des OSI-Modells

- Übertragungsmedien sind Lichtwellenleiter und Kupferkabel

- Arbeitet bei **Kupferkabel** im Halb- und im Vollduplexbetrieb

- Rahmenformat wie bei 10 Mbit/ 100 Mbit-Ethernet (64 Byte Rahmengröße automatisch auf 512 Byte verlängert)

- **Cat. 5 (Category)** Übertragung verwendet 4B/5B Leitungscodierung (4 Bit auf 5 Bit umgesetzt)

- Verwendet 4 Aderpaare [pro Aderpaar 125 Mbit Symbolrate, 5-stufige Pegelcodierung (PAM 5) mit 2 Bit pro Symbol]

- Bei **Einsatz auf Cat. 5 (Category)** ist die Leistungsfähigkeit der Verkabelung zu berücksichtigen:
  - **FEXT** (**F**ar-**E**nd Cross **T**alk: Fernübersprechen)
  - **Return Loss** (Rücklaufverluste)
  - **NEXT** (**N**ear-**E**nd Cross **T**alk: Nahübersprechen)
  - **Attenuation** (Dämpfung)

- **Delay** (Laufzeitverzögerung)

- Anwendungsbereiche sind z. B.:
  - Kopplung von Switches
  - Verbindung von Switch mit Servern

Übertragungsmedien

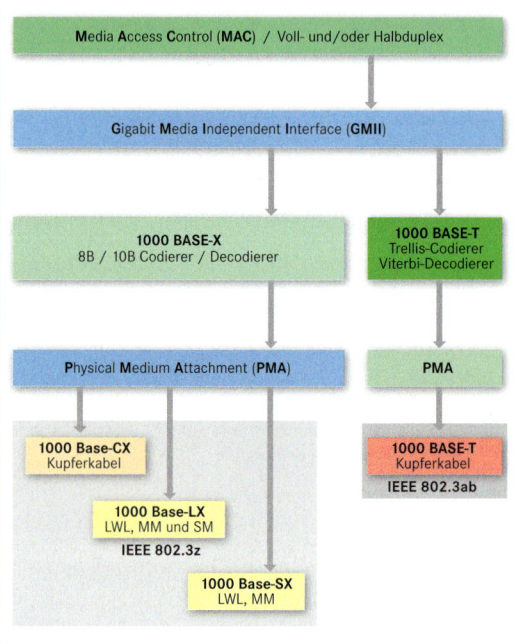

Medien-Spezifikationen

Transceiver-Typ	Medien-Typ	Bandbreiten-Längen-Produkt in MHz x km	Zulässige Länge in m	Typische Anwendung
1000 Base-CX	Kupferkabel, 150 , symmetrisch, geschirmt	–	25	Verkabelungsschrank
1000 Base-LX (1300 nm)	LWL MM 62,5 µm	500	2 bis 550	Horizontale Verkabelung
	LWL MM 50 µm	400	2 bis 550	Kurzes Backbone
	LWL MM 50 µm	500	2 bis 550	Kurzes Backbone
	LWL SM 10 µm	–	2 bis 5000	Gelände Backbone
1000 Base-SX (850 nm)	LWL MM 62,5 µm	160	2 bis 220	Horizontale Verkabelung
	LWL MM 62,5 µm	200	2 bis 274	Horizontale Verkabelung
	LWL MM 50 µm	400	2 bis 500	Kurzes Backbone
	LWL MM 50 µm	500	2 bis 550	Kurzes Backbone
1000 BASE-T	Cat 5 Kupferkabel	–	100	Horizontale Verkabelung

MM: Multi-**M**ode Faser   **SM**: **S**ingle-**M**ode Faser (Mono-Mode)

Anwendung

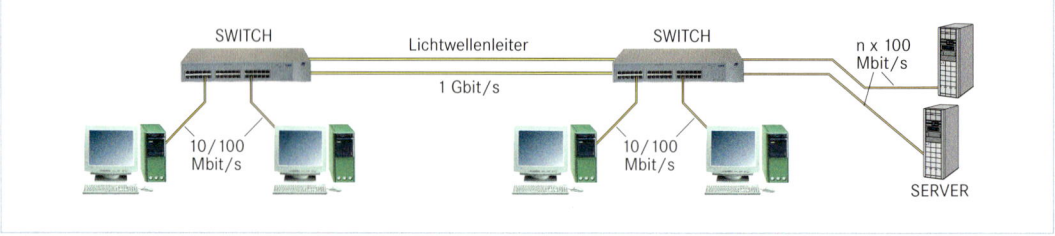

Merkmale

- 10 Gbit-Ethernet ist die Erweiterung der Ethernet-Technologie auf eine Übertragungsrate von 10 Gbit/s

- Standard ist spezifiziert in IEEE 802.3ae und 802.3an

- Arbeitet nur im **Vollduplex-Betrieb** als **Punkt-zu-Punkt Verbindung** (ohne Kollisionen)

- Verwendet als **Übertragungsmedium**
  - **LWL** (Single- und Multi-Mode mit Wellenlängen 850 nm, 1310 nm, 1550 nm) und
  - **Kupferkabel** (4 Paare, Twisted Pair, 55 m über Klasse E/Cat 6 und 100 m über Klasse F/Cat 7.

- Kupferkabel **Übertragungsparameter** (pro Aderpaar):
  - 2,5 Gbit/s bei 833 Mega-Symbolen/s (1,25 ns Symboldauer)
  - 3 bit Nutzdaten pro Symbol

- Verwendet **16-stufige Pulsamplitudenmodulation** als Leitungscodierung

- Amplitudenwerte liegen zwischen +1 V und −1 V

- Amplitudenabstand zwischen zwei benachbarten Signalen beträgt 0,13 V

- **Bitfehlerrate** spezifiziert auf max. 1×10^{-12} pro Sekunde über alle unterstützten Klassen und Entfernungen

Architektur

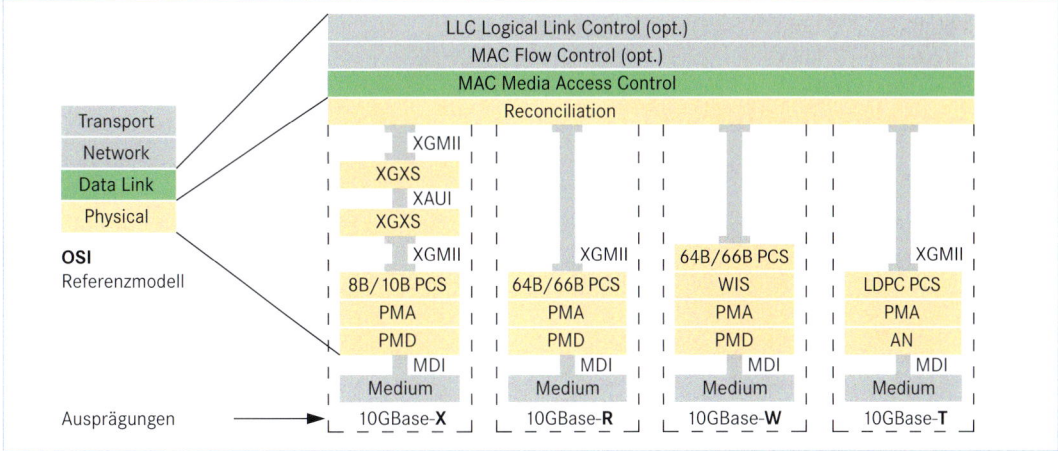

AN: Auto Negotiation	**PCS:** Physical Coding Sublayer	**XGMII:** X Medium Independant Interface
LDPC: Low Density Parity Check	**PMD:** Physical Medium Dependant	**XGXS:** XGMII EXtender Sublayer
MDI: Medium Dependet Interface	**WIS:** WAN Interface Sublayer	
PMA: Physical Medium Attached	**XAUI:** X Attachment Unit Interface	X entspricht der römischen 10

Bezeichnungsschema

Bezeichnung	Wellenlänge in nm	Codierung	Typ	Multi-Mode LWL	Single-Mode LWL
10GBase-S R	850	64b/66b	seriell	65 (300) m	nicht unterstützt
10GBase-S W	850	64b/66b	SONET/SDH	65 (300) m	nicht unterstützt
10GBase-L X 4	1310	8b/10b	WWDM	300 m	10 km
10GBase-L R	1310	64b/66b	seriell	nicht unterstützt	10 km
10GBase-L W	1310	64b/66b	SONET/SDH	nicht unterstützt	10 km
10GBase-E R	1550	64b/66b	seriell	nicht unterstützt	40 km
10GBase-E W	1550	64b/66b	SONET/SDH	nicht unterstützt	40 km
10GBase-T	–	64b/65b	–	–	–

Wellenlängen-Multiplex: 1 → serielle Übertragung
n → Anzahl der Wellenlängen (4 für WWDM)

Codierung: **X** → LAN 8B/10B; **R** → LAN 64B/66B Blockcodierung; **W** → WAN

Wellenlänge: **S**(hort) → 850 nm; **L**(ong) → 1310 nm; **E**(xtra long) → 1550 nm

T: Kupferkabel (4 Paare, Twisted Pair)

Merkmale

- Power over Ethernet (Leistung über Ethernet)
  - ist IEEE 802.3af-Standard,
  - auch bezeichnet als Power Over LAN und
  - dient zur Versorgung von Ethernet-Geräten (z. B.: IP-Telefon, Wireless Access Points, WEB-Kameras usw.) gleichzeitig mit Strom und Daten über das Kupfer-Netzwerkkabel.

- Endgeräte werden als **PD** (**P**owered **D**evice: mit Energie versorgte Geräte) bezeichnet.

- Die Energie für alle versorgten Geräte wird von dem **PSE** (**P**ower **S**ourcing **E**quipment) bis zu einer maximalen Leistung pro Anschluss bereitgestellt.

- Netzanschlüsse für Endgeräte entfallen.

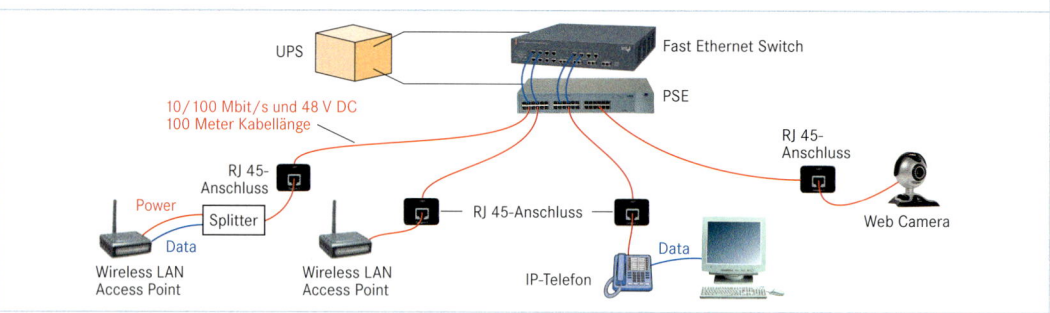

Übertragungsprinzip

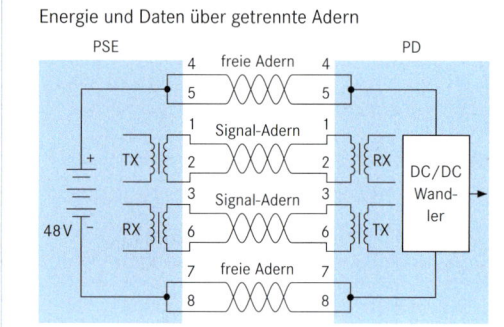
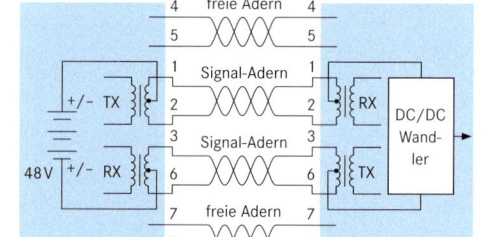

Energie und Daten über getrennte Adern

Energie und Daten über gemeinsame Adern

PSE: **P**ower **S**ourcing **E**quipment – Leistungsquelle   **PD:** **P**owered **D**evice – Versorgtes Gerät

Geräteklassen

Klasse nach 802.3af	Erkennungsstrom in mA	PD-Leistung (maximal in W)	PSE-Leistung (minimal in W)	Klassenbeschreibung
0	0 bis 4	12,95	15,4	Unbekannt, PD entspricht nicht der Klassifikation
1	9 bis 12	3,84	4,0	PD mit niedriger Leistung
2	17 bis 20	6,49	7,0	PD mit mittlerer Leistung
3	26 bis 30	12,95	15,4	PD mit hoher Leistung
4	36 bis 44	12,95	15,4	Reserviert

Verbindungsaufbau PSE-PD

PSE Spannungsbereich in V	PD Spannungsbereich in V	Zustand	Funktion
0 bis 2,8	–	Ruhe	PSE liefert Leistung
2,8 bis 10	2,7 bis 10,1	Erkennung	PSE testet PD auf 25 kΩ Widerstand
15,5 bis 20,5	14,5 bis 20,5	Klassifikation	PSE erhöht Spannung und misst PD Stromaufnahme
30 bis 44	30 bis 42	Start	PSE schaltet Leistung
44 bis 57	36 bis 57	Dauerversorgung	PSE schaltet auf Dauerversorgung

Merkmale

- **FC** (Faserkanal) ist ein Hochgeschwindigkeitsübertragungskanal mit Datenraten von 133 Mbit/s, 266 Mbit/s, 531 Mbit/s und 1,062 Gbit/s
- Übertragungsmedium sowohl Kupfer (STP) als auch LWL
- Kupferübertragung erfordert zwei Aderpaare, eines zum Senden, eines zum Empfangen, deshalb ist ‚full duplex' möglich
- Übertragungsentfernungen:
  - Kupfer maximal 47 m zwischen zwei Knoten
  - LWL (9 μm single mode bzw. 50/60 μm multimode) maximal 10 km
- Mischung der Medien ist möglich

Topologien

- Topologien können sein:
  - Punkt-zu-Punkt-Verbindung
  - **Arbitrated Loop** (gesteuerter Ring)
  - **Fabric-Switching** (Fibre Channel Switching)
- Punkt-zu-Punkt-Verbindungen verlangen gleiche Datenraten bei den Teilnehmern.
- Bei Switching Ports können unterschiedliche Datenraten gefahren werden.
- Übertragung ist protokollunabhängig

Dienste

- Dienste werden in Klassen eingeteilt:
  - **Service Class 1** (Dienstklasse)
    Punkt-zu-Punkt-Verbindung mit Standleitung; Anwendung bei Kopplung von Servern mit Massenspeichern
  - **Service Class 2** (Dienstklasse 2)
    Verbindungslose Übertragung, gesteuert über Rahmenaufbau, mit Rückmeldung; Anwendung in gemischten Systemen mit Netzwerken und Massenspeichern
  - **Service Class 3** (Dienstklasse 3)
    Ähnlich wie Klasse 2; Anwendung für ‚one to many' (einer für viele); keine Rückmeldung über versendete Daten; keine Datenwiederholung
  - **Service Class 4** (Dienstklasse 4)
    Verbindungsgesteuerter Dienst mit garantierter Bandbreite und garantiertem Zeitverhalten; isochrone Datenübertragung für realtime Video und Daten

Anwendung

Übertragung großer Datenmengen wie z. B. bei Bilddaten, 3-D Rendering, CAD-Daten, Video-Erstellung, Massenspeicherkopplung mit Netzwerken

Topologie

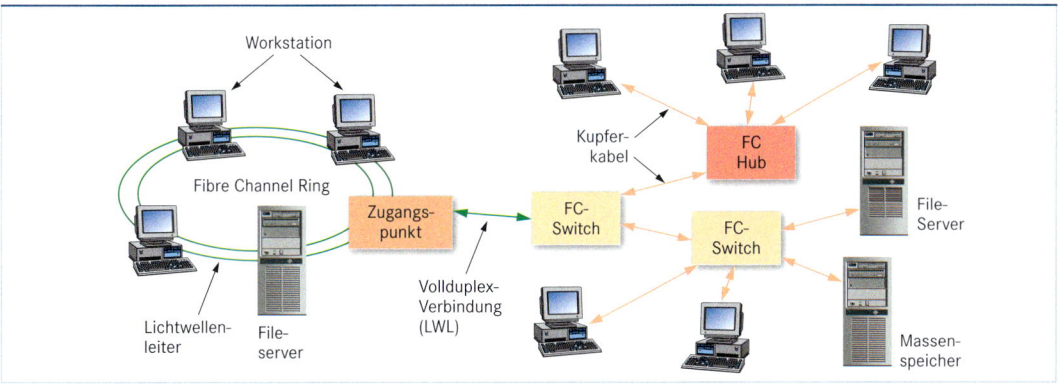

Kommunikationsstruktur

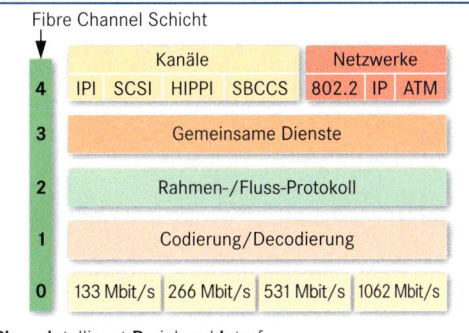

Fibre Channel Schicht

4	Kanäle				Netzwerke		
	IPI	SCSI	HIPPI	SBCCS	802.2	IP	ATM
3	Gemeinsame Dienste						
2	Rahmen-/Fluss-Protokoll						
1	Codierung/Decodierung						
0	133 Mbit/s	266 Mbit/s		531 Mbit/s	1062 Mbit/s		

IPI: Intelligent Peripheral Interface
HIPPI: High Performance Parallel Interface

Rahmenstruktur

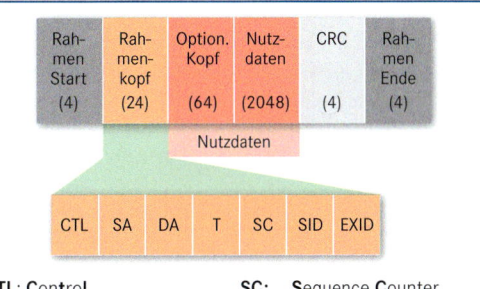

Rahmen Start (4)	Rahmenkopf (24)	Option. Kopf (64)	Nutzdaten (2048)	CRC (4)	Rahmen Ende (4)

Nutzdaten

CTL	SA	DA	T	SC	SID	EXID

CTL: Control
SA: Source Address
DA: Destination Address
T: Type

SC: Sequence Counter
SID: Sequence Identifier
EXID: Exchange Identifier
(n) entspricht Anzahl der Bytes

Grundlagen

- Das anwendungsneutrale **Verkabelungssystem** dient zur Vereinheitlichung des Aufbaues von Kabelnetzwerken für die **Integration unterschiedlicher Dienste** (z. B. Sprache, Daten).

- **Kategorie**: Sie definiert die Anforderungen an die eingesetzten Komponenten (z. B. Datenkabel, Steckverbinder).

- **Klasse**: Sie definiert die Leistungsmerkmale der gesamten Übertragungsstrecke.

- Die Verkabelungsstruktur wird eingeteilt in:
  - **Tertiären Bereich** (Stockwerk, horizontal) mit Einteilung in **Übertragungsstrecke** und **Installationsstrecke** (permanent link)
  - **Sekundären** Bereich (Stockwerksverbindung, vertikal)
  - **Primären** Bereich (Gebäudeverbindung)

- Eingesetzt werden Kupferkabel mit einem Bemessungs-Wellenwiderstand von 100 Ω und einem Gleichstrom-Schleifenwiderstand von z. B. 25 Ω (Klasse E) oder Lichtwellenleiter (Mehrmoden oder Einmoden) für 850 nm, 1300 nm, 1310 nm und 1550 nm Wellenlänge.

- **Steckerverbindungen**: Bis Cat. 6 RJ45; für Cat. 7/Cat. 7$_A$ GG45 oder TERA

- Jeder Arbeitsplatz soll mindestens zwei informationstechnische Anschlüsse erhalten (Anschluss 1: Kupfer, symmetrisch, Cat. 6, s. u.; Anschluss 2: wie zuvor oder LWL)

- **Tertiäre** Verkabelung mit Kupferkabel oder LWL

- **Sekundäre** Verkabelung mit Kupfer oder LWL

- **Primäre** Verkabelung erfolgt mit LWL

- **Parameter** für Übertragungs- und Installationsstrecken sind abhängig von der Verkabelungsklasse und sind spezifisch festgelegt.

- Höhere Klasse unterstützt jeweils niedrigere Klassen

- Installationsverfahren zur Berücksichtigung der elektromagnetischen Verträglichkeit, Erdung und Potenzialausgleich sind in EN 50174 und EN 50310 festgelegt.

Übertragungsstrecken-Klassifikation

Kupfer-Verkabelung				Lichtwellenleiter-Verkabelung		
Category (Cenelec/ISO)	Class (Cenelec/ISO)	Frequenzbereich in MHz	Netz-Anwendung	Unterscheidung nach Streckenlänge		
				Bezeichnung	LWL-Typ	Länge in m (min.)
–	A	0,1	Analoge Sprache	OF-25	Plastikfaser	25
Cat. 3	B	1	Digitales Telefon	OF-50	Plastikfaser	50
Cat. 4	C	16	Einfache Datendienste	OF-100	Plastikfaser/kunststoffbeschichtete Quarzglasfaser	100
Cat. 5	D	100	100 Base-T 1000 Base-T	OF-200	Plastikfaser/kunststoffbeschichtete Quarzglasfaser	200
Cat. 6	E	250	100 Base-T 1000 Base-T	OF-300	Quarzglasfaser	300
Cat. 6$_A$	E$_A$	500	10GBase-T	OF-500	Quarzglasfaser	500
Cat. 7	F	600	10GBase-T Breitband Kabel-TV	OF-2000	Quarzglasfaser	2000
Cat. 7$_A$	F$_A$	1000	10 GBase-T >10 GBase-T	OF-5000	Quarzglasfaser	5000
				OF-10000	Quarzglasfaser	10000

A: **A**ugmented (verstärkt)

- Faser-Kategorien sind entsprechend dem jeweiligen Dämpfungskoeffizienten festgelegt, z. B.:
  - Mehrmoden-LWL in OM 1–3 (3,5 dB/km bzw. 1,5 dB/km)
  - Einmoden-LWL in OS 1 (1 dB/km) und OS 2 (0,4 dB/km)

Verkabelungsstruktur

Prinzip

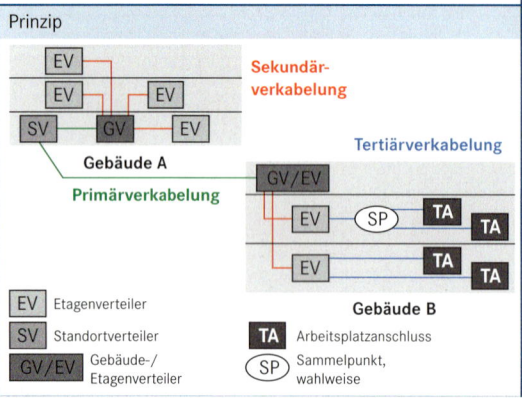

EV Etagenverteiler
SV Standortverteiler
GV/EV Gebäude-/Etagenverteiler
TA Arbeitsplatzanschluss
SP Sammelpunkt, wahlweise

Symmetrische Tertiärverkabelung

Anwendung: Kupferkabel mit Etagenverteiler

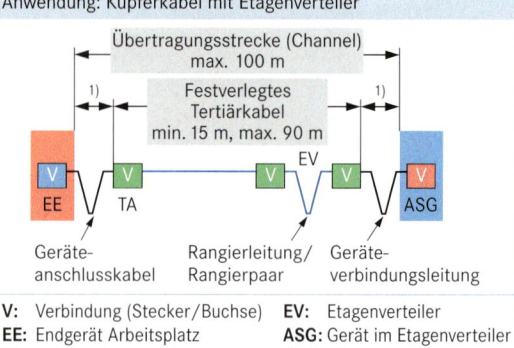

Geräteanschlusskabel
Rangierleitung/Rangierpaar
Geräteverbindungsleitung

V: Verbindung (Stecker/Buchse) **EV:** Etagenverteiler
EE: Endgerät Arbeitsplatz **ASG:** Gerät im Etagenverteiler
TA: Arbeitsplatzanschluss [1)] min. 2 m, max. 5 m

Merkmale

- Drahtlose Netzwerk-Technologien basieren für die Datenübertragung auf der Anwendung von Funktechniken und verwenden somit die Luft als Übertragungskanal.

- Damit besteht die Möglichkeit, bisher nicht erschlossene Regionen ohne die Verlegung von Kabeln (Kupfer, LWL) kostengünstig zu vernetzen.

Einteilung

- Die unterschiedlichen Technologien bieten spezifische Leistungsmerkmale und werden, wie die drahtgebundenen Netzwerke, in folgende Segmente eingeteilt:
  - **PAN** (**P**ersonal **A**rea **N**etwork)
  - **LAN** (**L**ocal **A**rea **N**etwork)
  - **MAN** (**M**etropolitan **A**rea **N**etwork)
  - **WAN** (**W**ide **A**rea **N**etwork)

- Die segmentspezifischen Leistungsmerkmale unterscheiden sich in
  - erforderliche Bandbreite
  - Übertragungsentfernungen
  - Funkleistung
  - angebotene Dienste
  - Netzbetreiber

Standards

- Standardisiert werden die Technologien durch
  - **IEEE** (**I**nstitute of **E**lectrical and **E**lectronics **E**ngineers)
  - **ETSI** (**E**uropean **T**elecommunications **S**tandards **I**nstitute)
  - **3GPP** (**T**hird-**G**eneration **P**artnership **P**roject)

- IEEE- und ETSI-Standards sind
  - interoperabel
  - konzentrieren sich hauptsächlich auf paketbasierende Netzwerke

- 3GPP-Standards konzentrieren sich auf zellulare Netzwerke mobiler Systeme der 3. Generation.

- Zwischen den Segmenten gibt es Überlappungen, die aus der jeweiligen Implementierung resultieren.

Anwendungen

- PAN: Vernetzung von lokalen Rechnern, Rechnerperipherie, Digital Video usw.

- WiFi: Überbrückung der letzten Meile als Alternative zu DSL

- WiMAX: Überbrückung der letzten Meile mit optimierter Service-Qualität

Einteilung

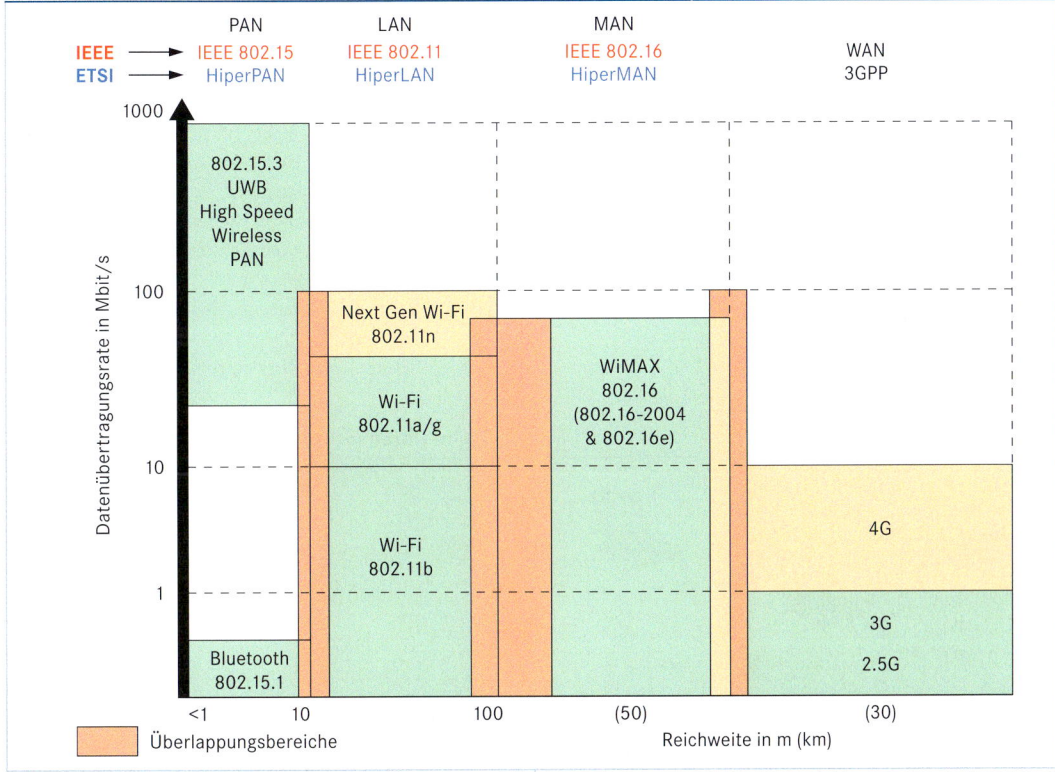

UWB: **U**ltra-**W**ide **B**and (Ultra Breitband)
PAN: **P**ersonal **A**rea **N**etwork
Wi-Fi: **Wi**reless **Fi**delity (Allgemeiner Begriff für drahtlose Netzwerke, wie 802.11b, 802.11a usw.)

WiMAX: **W**orldwide **I**nteroperability for **M**icrowave **A**ccess (Weltweite Interoperabilität für Netzzugang auf Mikrowellen-Basis)
IEEE: **I**nstitute of **E**lectrical and **E**lectronics **E**ngineers

Merkmale

- **WLAN** (**W**ireless **LAN**: drahtloses LAN) sind lokale Netzwerke, die auf Funkbasis arbeiten.
- Endgeräte werden mit Funkeinrichtungen ausgerüstet.
- Der Zugang zu ortsfestem LAN erfolgt über Zugangspunkte (**AP**: **A**ccess **P**oint).
- Wireless LAN sind spezifiziert nach **IEEE 802.11**, dem **DECT**-Standard oder nach **HIPER** LAN (**Hi**gh **Per**formance LAN) oder **WPAN** (**W**ireless **P**ersonal **A**rea **N**etwork: drahtloses persönliches Netzwerk).
- WLAN-Funktionen sind auf OSI-Schicht 1 und 2 geregelt.
- Gegen **externe Störungen** sind Maßnahmen im Funkkanal und in den Kommunikationsprotokollen realisiert.
- Die **Reichweiten** dieser Netzwerke sind durch HF-Leistungsbeschränkungen begrenzt.
- Bedingt durch die Übertragung der Daten über eine Luftschnittstelle sind besondere **Schutzmaßnahmen** gegen Abhören (z. B. hochwertige Verschlüsselung) vorzusehen.
- **Vorteile** von WLAN-Einrichtungen sind u. a.
  - weltweite Standardisierung,
  - lizenzfreier Betrieb,
  - große Flexibilität (anpassbar z. B. an Baulichkeiten) und
  - einfache Administration in den Endgeräten.

IEEE 802.11

- In WLAN nach IEEE 802.11 sind eine Reihe von Einzelspezifikationen enthalten, die unterschiedliche Anforderungen abdecken.
- Als Grundlage sind folgende Architekturelemente spezifiziert:
  - **BSS** (**B**asic **S**ervice **S**et: Basis-Dienstelement) ist das grundlegende Architekturelement.
  - **STA** (**Sta**tion: Station) ist das Mitglied eines BSS
  - **IBSS** (**I**ndependent **BSS**: unabhängiges BSS) ist ein BSS, in dem die Kommunikation der STA direkt untereinander erfolgt
  - **DS** (**D**istribution **S**ystem: Verteilungssystem) ist das Element zur Verbindung mehrerer BSS untereinander oder der Zugang zum Festnetz.
  - **AP** (**A**ccess **P**oint: Zugangspunkt) ist der Zugang zum DS; nutzt das Wireless Medium (WM) sowie das Distributed System Medium (DSM).
  - **ESS** (**E**xtended **S**ervice **S**et: erweiterte Dienstelemente) ist die Zusammenschaltung mehrerer BSS über DS.
  - **Portal** realisiert den Übergang zu einem anderen LAN.
- Grundsätzlich wird bei IEEE 802.11 das CSMA/CA-Verfahren angewendet (Kollisionsvermeidung).

IEEE 802.11 Standards

Standard	Inhalt	Standard	Inhalt
802.11	1 Mbit/s und 2 Mbit/s im 2,4 GHz Band	802.11j	4,9 GHz bis 5,1 GHz für Japan
802.11a	54 Mbit/s im 5 GHz Band	802.11k	System Management
802.11b	11 Mbit/s im 2,4 GHz Band	802.11m	Maintainance von 802.11 Version 2003 zu Version 2007
802.11c	Wireless Bridging	802.11n	Datenraten > 540 Mbit/s
802.11d	Regionsspezifische Anpassungen	802.11p	Drahtloser Zugang für Fahrzeugeinsatz
802.11e	Quality of Service und Streaming-Erweiterung für IEEE 802.11a/g/h	802.11r	Schneller Zellenwechsel
		802.11s	Erweiterte Dienste vermaschter Netze
802.11g	54 Mbit/s im 2,4 GHz Band	802.11t	Leistungsvorhersage, Testmethoden
802.11h	54 Mbit/s im 5 GHz Band mit Frequency Selection (DFS) und Transmit Power Control (TPC)	802.11u	Vernetzung mit nicht 802 Netzwerken
		802.11v	Netzwerk-Management
802.11i	Authentifizierung und Verschlüsselung für IEEE 802.11a/g/h	802.11w	Geschützte Managementrahmen
		802.11y	3,65 GHz bis 3,7 GHz in USA
		802.11z	Erweiterung für Direktverbindungsaufbau
Buchstaben: l, o, q und x sind nicht verwendet, um Verwechselungen zu vermeiden			

Betriebsarten

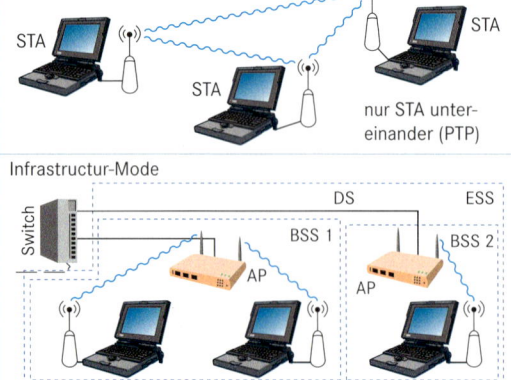

ad hoc-Mode (IBSS)

STA STA STA

nur STA untereinander (PTP)

Infrastructur-Mode

Switch DS ESS BSS 1 BSS 2 AP AP

Typische Daten (Europa)

Bezeichnung	802.11a/h	802.11b	802.11g	802.11n[1]
Frequenzbereich in GHz laut Bundesnetzagentur	5,10 … 5,7	2,40 … 2,472	2,40 … 2,472	2,40 … 2,40 5,150 … 5,7
Datenrate brutto (Mbit/s)	54	11	54	bis 600
Codierung	OFDM	DSSS CCK	OFDM CCK DSSS	OFDM CCK DSSS
Kanäle (max.) (in Europa)	19	13	13	13[1] 19[2]
ohne Überlappung	19	3	3	13[1] 19[2]

OFDM: **O**rthogonal **F**requency **D**ivision **M**ultiplex   [1] im 2,4 GHz-Band
CCK: **C**omplementary **C**ode **K**eying   [2] im 5 GHz-Band
DSSS: **D**irect **S**equence **S**pread **S**pectrum

Grundlagen

- Die **Einrichtung** (Anwendung) von WLAN-Technik erfordert eine **detaillierte Planung** u. a. in den Bereichen
  - der einzusetzenden WLAN-Technik,
  - des Aufbaus und
  - des Betriebes.
- Die einzusetzende **WLAN-Technik** wird bestimmt durch
  - Leistungsanforderungen und
  - Verfügbarkeit der Systemtechnik (Stabilität des Standards).
- Der **Aufbau** (Architektur) eines WLANs ist in hohem Maße abhängig von

- betrieblichen Anforderungen und
- örtlichen Gegebenheiten.
- Beim **WLAN-Betrieb** sind neben den funktionalen Aspekten die Anforderungen an die systemtechnische Sicherheit (z. B. Manipulation von außen und innen) zu berücksichtigen.
- Hierzu gehören neben den **technischen Maßnahmen** auch die entsprechenden **organisatorischen Maßnahmen** in Form von Anwendungs- und Sicherheitsrichtlinien (Security Policy), die jedem Anwender bekannt sein müssen und eingehalten werden müssen.

Ablauf

 **1. Klärung**

Anforderungen spezifizieren
- Welche Anwendungen sollen betrieben werden, wie viele Anwender (Anwendergruppen) sind zu berücksichtigen?
- Welche Zugriffs- bzw. Durchsatzzeiten sind erforderlich?
- Welche rechtlichen Grundlagen sind zu berücksichtigen?
- Welche Sicherheitsmaßnahmen sind erforderlich?
- Welche zukünftigen Änderungen (Erweiterungen/Rückbauten) sind zu erwarten?
- …

2. Standortbesichtigung

Objektbesichtigung durchführen
- Gebäudestruktur (Wand- und Deckenaufbau) ermitteln
- Einrichtungen (Mobiliar) feststellen
- Raumgrößen und auszuleuchtende Flächen erfassen
- vorhandene Funknetze ermitteln
- Verkabelungswege und Aufstellmöglichkeiten der Access Points ermitteln
- Umweltbedingungen (Temperatur, Staub, Feuchte, …) ermitteln
- Energieversorgung klären
- …

3. Planen

Planung/Projektierung durchführen
- Funkausleuchtung berechnen, simulieren, modellieren
- WLAN-Standards auswählen und festlegen
- Ortsfeste Verkabelung planen
- Aufstellorte der APs festlegen
- Energieversorgung (Spannungen, Leistungsbedarf) ermitteln
- Schutzmaßnahmen (Zugangsschutz, Blitzschutz, …) festlegen
- Baustellenbelieferung und Montageablauf festlegen
- …

 4. Beschaffen

Beschaffung organisieren
- Ausschreibung für zu liefernde Geräte, Materialien, Bauleistungen, erstellen und herausgeben
- Angebote einholen und auswerten
- Lieferanten beauftragen
- Materialien auf Baustelle ausliefern und sachgerecht lagern
- …

 5. Realisieren

Montage/Einrichtung/ Inbetriebsetzung durchführen
- Technik installieren
- Schutzmaßnahmen einbauen
- Systeme einrichten
- Abnahmemessung realisieren (Funkausleuchtung, Datendurchsatz, …)
- Redundanzmaßnahmen überprüfen
- …

 6. Betreiben

Betrieb/Überwachung/Wartung
- Aktive Überwachung (Monitoring) des Systems auf Funktionstüchtigkeit
- Störfallerkennung und Behebung
- Sabotageerkennung betreiben
- Zyklische Wartungsmaßnahmen (Sicherheitsüberprüfung) durchführen
- Umbauten, Rückbauten vorbereiten
- …

Funkausleuchtung

- Ein wesentlicher Aspekt bei der Einrichtung eines WLANs ist die **Funkausleuchtung** innerhalb bzw. außerhalb von Gebäuden.
- Die Funkwellen des WLANs können durch lokale Gegebenheiten in der Ausbreitung gestört werden.
- **Störfaktoren** sind u. a.
  - Abschattung durch Wände oder Büroschränke,
  - Reflexion durch große Metallteile und
  - erhöhte Dämpfung durch Wände und Decken.
- Insgesamt kommt es durch diese Eigenschaften zu **Ausbreitungsverzögerungen** und **Mehrwegausbreitung** der ausgesendeten Funksignale.
- Eine sorgfältige Auswahl der einzusetzenden **Antennen** und der **Aufstellstandorte** der Access Points ist daher erforderlich.
- Die **Antennenarten** unterscheiden sich durch die Abstrahlungscharakteristik (Antennengewinn).

Beispiel: Büroraum

Abstrahlungscharakterisitik

Antenne   Horizontal   Vertikal

● Antennenstandorte

Grundlagen

- WLANs auf Basis IEEE 802.11 sind mit geringem Aufwand schnell aufzubauen und bieten eine große Flexibilität in der Konfigurierbarkeit.
- **Nachteilig** ist allerdings die **Angreifbarkeit** der Systeme, da die Übertragung der Daten über die Luftschnittstelle erfolgt.
- Diese Schnittstelle wird als **shared medium** (geteiltes Medium) verwendet und ist somit jedem Angreifer zugänglich.

- **Angriffe** bzw. Beeinflussungen auf diese Systeme sind mit relativ **einfachen Mitteln** realisierbar und ermöglichen Manipulationen in unterschiedlichster Art und Weise.
- Die erforderlichen **Schutzmaßnahmen** werden anhand der möglichen Gefährdungen ermittelt und sind auf **unterschiedlichen Ebenen** zu realisieren.

Gefährdungen

Höhere Gewalt
- Ausfall oder Störung eines Funknetzes
- Ausfall oder Störung in der Stromversorgung
- Witterungsbedingte Störungen

Vorsätzliche Handlungen
- Vertraulichkeitsverlust schützenswerter Informationen
- Auswertung von Verbindungsdaten der drahtlosen Kommunikation
- Angriffe auf WLAN-Komponenten
- Abhören der WLAN-Kommunikation

Organisatorische Mängel
- Fehlende oder unzureichende Regelungen
- Unzureichende Kenntnis über Regelungen
- Unzureichende Kontrolle der IT-Sicherheitsmaßnahmen
- Fehlende oder unzureichende Planung des WLAN-Einsatzes
- Unzureichende Regelungen zum WLAN-Einsatz
- Ungeeignete Auswahl von WLAN-Authentifikationsverfahren

Gefähr-dungen

Menschliche Fehlhandlung
- Nichtbeachtung von IT-Sicherheitsmaßnahmen
- Fehlerhafte Administration des IT-Systems
- Konfigurations- und Bedienungsfehler
- Ungeeigneter Umgang mit Passwörtern
- Fehlerhafte Konfiguration der WLAN Infrastruktur

Technisches Versagen
- Unkontrollierte Ausbreitung der Funkwellen
- Unzuverlässige oder fehlende WLAN-Sicherheitsmechanismen

Schutzmaßnahmen

- Die **Absicherung** von WLANs
  - ist **gesetzlich erforderlich** (verhindern von Missbrauch durch Unbekannte)
  - kann unter Anwendung verschiedener Maßnahmen realisiert werden und ist u. a. abhängig von der Größe des Netzwerkes
- Grundlegende Maßnahmen für ein **SOHO**-WLAN (**S**mall **O**ffice **H**ome **O**ffice) sind
  - WLAN-Geräte nur **kabelgebunden konfigurieren**
  - **Benutzername** und **Passwort** für das WEB-Interface am Access Point (Router) **ändern**
  - **Starke Passwörter** verwenden (max. Länge nutzen, Buchstaben und Symbole verwenden)
  - Aktuelle Firmware des Geräteherstellers installieren
  - **Zugriffskontrollliste** (ACL) aktivieren und nur eingetragene MAC-Adressen vom AP zulassen (MAC-Filter)
  - **Leistungsfähige Verschlüsselung** (WPA: Wi-Fi protected Access oder WPA2) aktivieren;
    falls nur WEP von den Geräten unterstützt wird, dann mit 128 Bit Schlüssellänge verwenden
  - **SSID ändern** in unverfänglichen Namen (z. B. WLAN), damit keine Rückschlüsse auf Anwender oder Einsatzort möglich sind und die Aussendung abschalten
  - **Fernkonfiguration** im Access Point **abschalten**
  - WLAN-**Reichweite begrenzen** durch Einstellung der Sendeleistung (überprüfen mit frei verfügbaren Programmen wie z. B. NetStumble)
  - **Schlüssel** zur Verschlüsselung **regelmäßig ändern**
  - Firewall einrichten
  - Backup der Einstellungen auf externem Medium speichern (z. B. Memory Stick)
  - **LOG**-Dateien regelmäßig auf unbekannte MAC-Adressen **überprüfen,** um Zugriffe durch Fremde zu erkennen

Sicherheitsmechanismen

- Die **grundsätzlichen Sicherheitsmechanismen**, die in Form von Verfahren und Kommunikationsprotokollen angewendet werden, dienen zur Sicherstellung der
  - **Vertraulichkeit** (confidentiality),
  - **Integrität** (integrity) und
  - **Authentizität** (authenticity)
  der Daten im WLAN.
- **Vertraulichkeit:** Informationen (Daten) nur für Berechtigte zugänglich machen
- **Integrität:** Datensicherheit (Schutz vor Verlust) und Fälschungssicherheit (Schutz vor vorsätzlicher Veränderung)
- **Authentizität:** Sichere Zuordnung einer Information zum Absender
- Zur Anwendung kommen dafür
  - **WEP** (**W**ired **E**quivalent **P**rivacy),
  - **WPA** oder WPA2 (**Wi-Fi P**rotected **A**ccess) und/oder
  - IEEE 802.11i.
- **WEP** ist in der Anfangsphase der WLAN-Technik angewendet worden, bietet allerdings keinen hinreichenden Schutz und wird somit als **ungenügend** eingestuft.
- **WPA** ist ein Standard
  - der von der Wi-Fi Alliance veröffentlicht wurde und
  - wird unterschieden in WPA-Personal (kleines WLAN im Bereich SOHO) und WPA-Enterprise (größere WLAN im Unternehmensbereich).
- **WPA** für SOHO-Anwendungen verwendet für die
  - Verschlüsselung: **TKIP** (**T**emporal **K**EY **I**ntegrity **P**rotocol),
  - Integritätsprüfung: **Michael** (MIC: Message Integrity Check) und
  - Authentisierung: **PSK** (**P**re-**s**hared **K**eys).
- Bei größeren Netzen erfolgt die Authentisierung und das Schlüsselmanagement mit **IEEE 802.1x.**
- **WPA2** ist **nicht abwärtskompatibel** zu den vorhandenen Verfahren; verwendet wird **CCMP** (**C**ounter mode with **C**BC-**MAC P**rotocol) [CBC-MAC: Cipher Block Chaining Message Authentication Code]

Merkmale

- **WiMAX** (**W**orldwide **I**nteroperability for **M**icrowave **A**ccess: Weltweite Interoperabilität für Netzzugang auf Mikrowellen-Basis) ist der Vermarktungsname (WiMAX-Forum) für den Standard IEEE 802.16.

- Wird als Alternative zu DSL und Leitungsmodems eingesetzt

- Dieser Standard definiert eine Technologie
  - für eine Funktechnik (Radio interface)
  - mit einem drahtlosen Breitband-Zugang zur Anbindung von Endkunden.

- Stellt eine Ergänzung bzw. Erweiterung von WLAN (IEEE 802.11) dar

- Die Anschlüsse sind vorgesehen für
  - stationären Betrieb (fixed)
  - portablen Betrieb (mobile)
  - wandernden Betrieb (roaming)

- Betrieb ist dabei möglich
  - ohne Sichtverbindung (**N**on **L**ine of **S**ight) und
  - mit Sichtverbindung (**L**ine of **S**ight) zur Basisstation.

- Die verwendeten Frequenzbereiche liegen zwischen 2 GHz und 68 GHz.

- Reichweiten bis zu 50 Kilometer

- Datenraten bis zu 70 Mbit/s

- Der Physical-Layer beinhaltet mehrere Sub-Standards, um eine leichte Anpassung an die jeweiligen landesspezifischen Vorgaben und Einschränkungen für die Nutzung von Frequenzbändern zu ermöglichen.

- Wird bevorzugt in Ländern und Regionen eingesetzt, in denen keine drahtgebundene Infrastruktur vorhanden ist bzw. aufgebaut wird.

Standard-Übersicht

Bezeichnung	802.16	802.16a	802.16REV d	802.16e
Frequenzband in GHz	10 ... 66	2 ... 11		2 ... 6
Anwendung	Rücktransportver-bindung (Backhaul)	Drahtloses DSL Rücktransportverbindung		Mobiles Internet
Kanalanforderungen	Sichtverbindung	Keine Sichtverbindung		Keine Sichtverbindung
Datenrate in Mbit/s	32 ... 134	bis zu 75		bis zu 15
Modulationsprinzip	QPSK, 16 und 64 QAM	OFDM 256 Unterträger QPSK, 16 und 64 QAM		Skalierbares OFDM
Kanal-Bandbreite in MHz	20, 25, 28	1,5 u 20 (wählbar)		802.16a mit Unterkanälen
Zellradius (typ.) in km	1,6 ... 4,8	6,4 ... 9,6 (max. 48, abhängig von Masthöhe und Sendeleistung)		1,6 ... 4,8

Netzaufbau

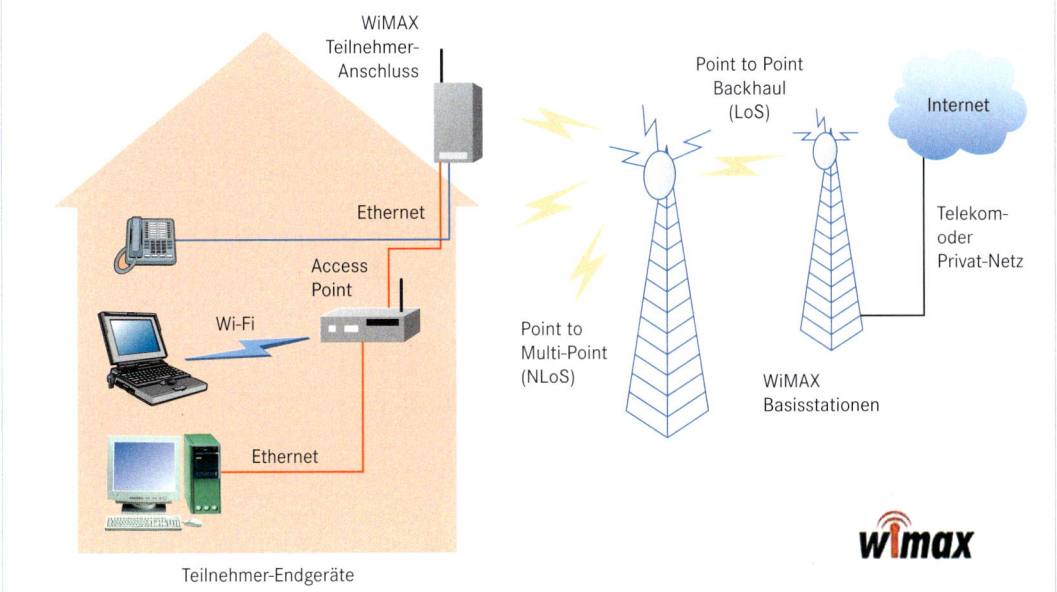

Teilnehmer-Endgeräte

Merkmale

- Wireless **USB** (**WUSB**)
  - ist die drahtlose Version von USB (Universal Serial Bus)
  - arbeitet auf Funkbasis
  - verwendet den Polling-Betrieb auf TDMA-Basis
- Analog zu USB werden die Verbindungen zwischen dem Host und den Teilnehmern (max. 127) grundsätzlich vom Host gesteuert.
- Basis für die Funktechnik ist die **UWB**-Technologie (**U**ltra **W**ide **B**and: Ultra Breitband).
- UWB verwendet OFDM (Orthogonal Frequency Division Multiplex).
- Bedingt durch die von den Regulierungsbehörden zugelassenen Sendeleistungen in den vorgegebenen Frequenzbereichen sind bei kurzen Entfernungen sehr hohe Datenraten übertragbar (z. B. 480 Mbit/s bei 3 m Distanz).

- Durch diese Begrenzung wird die Beeinflussung anderer Funktechniken (z. B. drahtlose Telefone, Bluetooth, IEEE 802.11) verhindert.
- Die verwendeten Frequenzbänder liegen im GHz-Bereich.
- Die Bandbreiten der jeweiligen Kanäle liegen bei 528 MHz.
- Die begrenzte Reichweite ermöglicht auch eine einfache Wiederverwendbarkeit der Frequenzen durch benachbarte Systeme.
- Die bei Funkanwendungen erforderliche Sicherheit (z. B. gegen Abhören) wird u.a. erreicht durch
  - Authentifizierung der Teilnehmer
  - Verschlüsselung der Kommunikation
- Wesentlicher Vorteil von WUSB ist die Kommunikation z. B. zwischen PC und Multimedia-Geräten ohne die bisher erforderlichen Verbindungskabel mit den unterschiedlichsten Steckeinrichtungen.

Spektrale Leistungsdichte

Kommunikations-Architektur

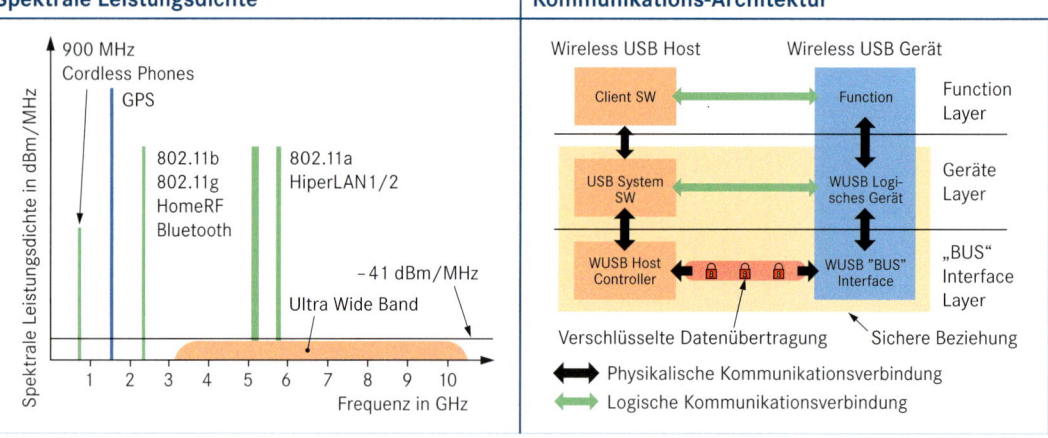

Frequenzbandeinteilung

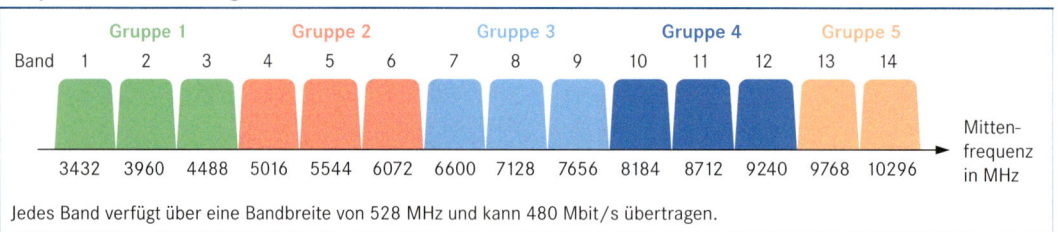

Jedes Band verfügt über eine Bandbreite von 528 MHz und kann 480 Mbit/s übertragen.

Bus-Protokoll

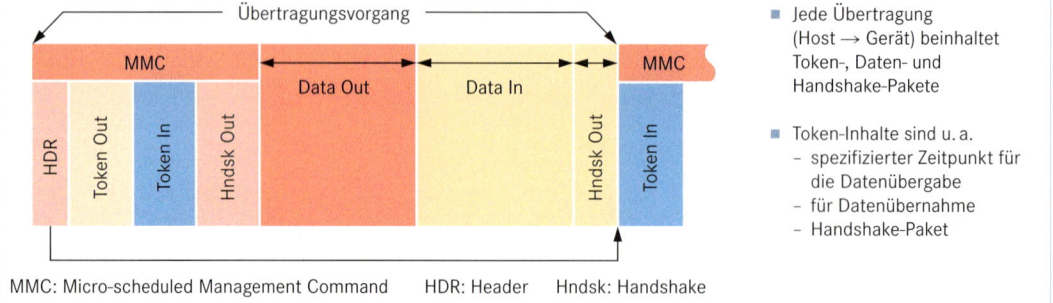

- Jede Übertragung (Host → Gerät) beinhaltet Token-, Daten- und Handshake-Pakete

- Token-Inhalte sind u. a.
  - spezifizierter Zeitpunkt für die Datenübergabe
  - für Datenübernahme
  - Handshake-Paket

MMC: Micro-scheduled Management Command   HDR: Header   Hndsk: Handshake

ZigBee

Grundlagen

- ZigBee ist ein offener Funkstandard
  - auf der Basis von IEEE 802.15.4 und
  - wird dem Bereich der WPAN (Wireless Personal Area Network: drahtloses persönliches Netzwerk) zugeordnet.
- Systemdesign ist ausgelegt auf minimalen Energieverbrauch und einfache Implementierung

Anwendungsbereiche

- Anwendungen liegen z. B. im Bereich
  - Heim- und Gebäudeautomatisierung
  - drahtlose Patientenüberwachung
  - Sensor-/Aktornetzwerke in der Industrie-Automatisierung
  - Steuerung von Unterhaltungselektronik und Computerperipherie

Kenndaten

Frequenzbereiche in MHz (Ländern)	915 (Amerika)	868 (Europa)	2400 (Weltweit)	Geräteklassen	Full Function Device (FFD)/ Reduced Function Device (RFD)
Datenraten in kbit/s	40	20	250	Netzzugriff	CSMA/CA
Kanäle	10	1	26	Adressierung	64 Bit bzw. 16 Bit
Reichweite in m	typ. 30 (5 bis 500, abhängig von Umgebung)			Kodierung Luftschnittstelle	Direct Sequence Spread Spectrum (DSSS)

Protokollstruktur

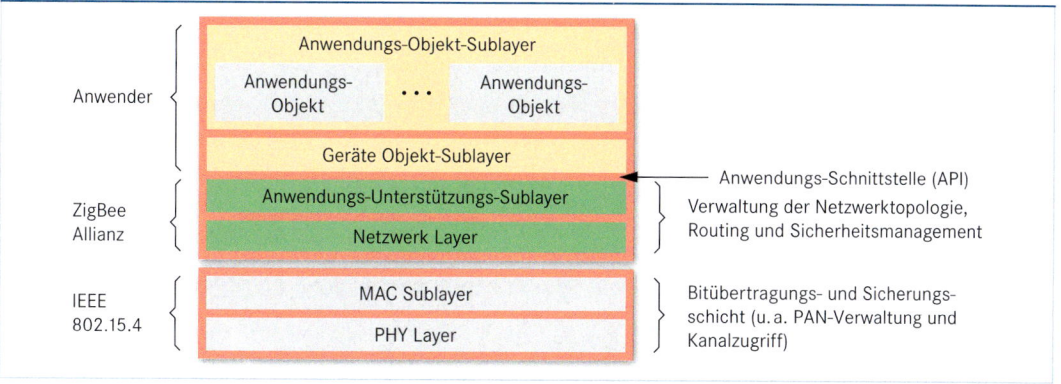

MAC Rahmenformat

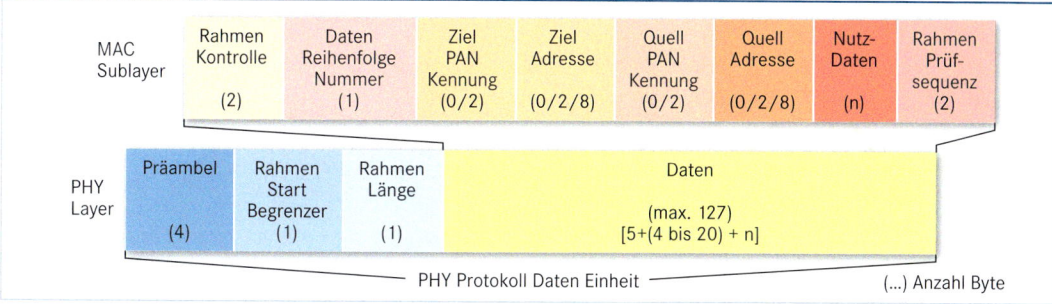

Netztopologien

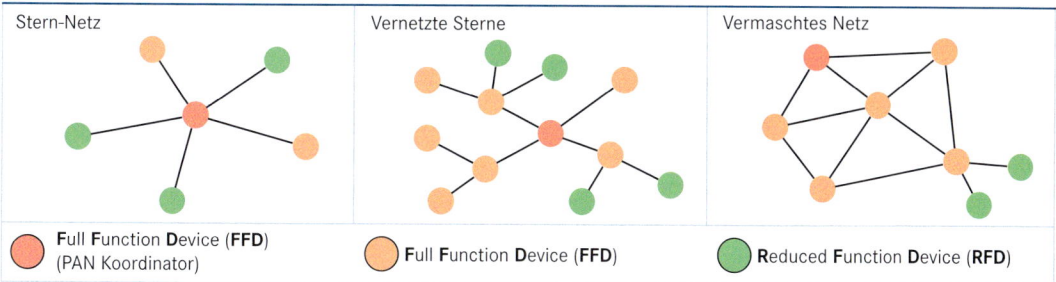

Grundlagen

- Bei drahtlosen Kommunikationssystemen gehen die Forderungen in Richtung höherer Datenraten mit entsprechend hoher Dienstgüte (Quality of Service).
- Die vorhandenen Frequenzspektren sind deshalb so effizient wie möglich auszunutzen.
- Freiheitsgrade für die Effizienzsteigerung liegen in den Bereichen
  - Zeit (**TDMA: T**ime **D**ivision **M**ultiple **A**ccess)
  - Frequenz (**FDMA: F**requency **D**ivision **M**ultiple **A**ccess)
  - Code (**CDMA: C**ode **D**ivision **M**ultiple **A**ccess)
  - Raum (**SDMA: S**pace **D**ivision **M**ultiple **A**ccess)
- TDMA, FDMA und CDMA werden in bestehenden Systemen z. T. auch in Kombination entsprechend eingesetzt.

- SDMA verwendet den Freiheitsgrad Raum (Space) und wird realisiert durch die Anwendung mehrerer Antennen, sowohl auf der Sende- als auch der Empfangsseite.
- Es wird dabei der Effekt des Mehrwegeempfangs des ausgestrahlten Signals zur Erhöhung der Empfangsleistung ausgenutzt.
- Gesendet wird gleichzeitig auf derselben Frequenz.
- Je nach Anzahl der Übertragungskanäle (Antennen) werden die Systeme bezeichnet als
  - **SISO** (**S**ingle **I**nput **S**ingle **O**utput)
  - **SIMO** (**S**ingle **I**nput **M**ultiple **O**utput)
  - **MISO** (**M**ultiple **I**nput **S**ingle **O**utput)
  - **MIMO** (**M**ultiple **I**nput **M**ultiple **O**utput)
- Die Bezeichnungen Input bzw. Output beziehen sich dabei immer auf den Übertragungskanal.

Übersicht

SISO

Eine Sendeantenne, **eine** Empfangsantenne
- Einfachster Fall
- Nachteile:
  - geringer Datendurchsatz
  - störanfällige Datenübertragung
  - geringe Reichweite (Abdeckung)
- Vorteile:
  - geringer Hardwareaufwand
  - einfache Codierung bzw. Decodierung

S: Sender   E: Empfänger

MISO

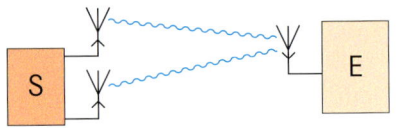

Mehrere Sendeantennen, **eine** Empfangsantenne
- Unterschiedliche Sendeverfahren
  - **Sendediversität:** Gleiches Signal über räumlich nah angeordnete Sendeantennen
  - **Space Time Block Coding:** Im ersten Schritt gleichzeitig zwei unterschiedliche Datenblöcke, im zweiten Schritt identische Datenblöcke konjugiert komplex über vertauschte Antennen
- Nachteil: Keine Erhöhung der Übertragungsrate
- Vorteil: Verbesserte Zuverlässigkeit und höherer Abdeckungsgrad

SIMO

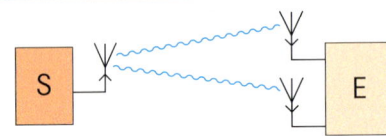

Eine Sendeantenne, **mehrere** Empfangsantennen
- Möglichkeiten der Signalauswertung:
  - **Switched Diversity:** Nur das stärkste Empfangssignal wird ausgewertet; übrige Signale werden ignoriert
  - **MCR** (**M**aximum **R**atio **C**ombining) wertet Sie die Summe aller Signale aus
- Nachteil: Keine Erhöhung der Datenübertragungsrate, da nur eine Sendeantenne
- Vorteile
  - geringere Störanfälligkeit
  - höhere Reichweite, da alle empfangenen Signalanteile ausgewertet werden

MIMO

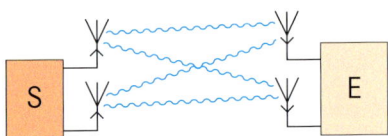

Zwei oder **mehr** Sendeantennen
Zwei oder **mehr** Empfangsantennen
- Nachteile
  - erhöhter Aufwand an Sende- und Empfangsantennen
  - umfangreiche Sende- und Empfangselektronik mit entsprechendem Leistungsbedarf erforderlich
- Vorteile:
  - höhere Datenübertragungsrate
  - höhere Reichweite
  - hoher Abdeckungsgrad
  - geringe Störanfälligkeit
- Anwendung z. B. in WLAN (IEEE 802.11n)

Theoretische Kanalkapazität

$$C_{\text{SISO}} = f_{\text{G}} \cdot \log_2 (1 + S/N)$$

$$C_{\text{MIMO}} = M \cdot f_{\text{G}} \cdot \log_2 (1 + S/N)$$

f_{G}: Grenzfrequenz

M: Anzahl der symmetrischen Sende- und Empfangsantennen Kombination (z. B. 2 S x 2 E ergibt $M = 2$)

S/N Verhältnis Nutzsignal (**S**: Signal) zu Störsignal (**N**: Noise)

C: Kanalkapazität

Grundlagen

- **ITU** (**I**nternational **T**elecommunication **U**nion) wurde 1865 als International Telegraph Union gegründet

- Ist Teil der **Vereinten Nationen**

- Weltweit zuständig für die Entwicklung der Telekommunikation

- Organisiert die Verwendung der **Frequenzspektren** im terrestrischen-, Raum- und geostationären Satelliten Bereich

- Tätigkeitsbereiche liegen u. a.
  - bei der **Entwicklung** und dem **Einsatz** effizienter Telekommunikationseinrichtungen

  - bei der Unterstützung von **Entwicklungsländern** bei der Einführung und dem Betrieb von Telekommunikationseinrichtungen

- ITU beinhaltet u. a.
  - ITU-**T**: **T**elecommunication Standardization Sector
  - ITU-**R**: **R**adiocommunication Sector

- ITU erarbeitet **Empfehlungen**, die in Serien zusammengefasst sind

- Empfehlungen sind keine **Dienstvorschriften**, werden aber in der Regel berücksichtigt

ITU-T

Serie	Inhalt	Serie	Inhalt
A	Organisation der Arbeit der CCITT	M	Unterhaltung von Fernsprechleitungen und Trägerfrequenzsystemen
B	Ausdrucksmittel (Definitionen, Vokabular, Symbole, Klassifizierung)	N	Unterhaltung von Ton- und Fernsehübertragungswegen
C	Statistiken	O	Eigenschaften von Messgeräten
D	Vermietung internationaler Fernmeldewege	P	Fernsprechübertragungsgüte, Teilnehmereinrichtungen und Fernsprechortsnetze
E	Fernsprechbetrieb, Tarife		
F	Telegrafenbetrieb, Tarife	Q	Fernsprech-Zeichengabe, Fernsprechvermittlung
G	Fernsprechübertragung über drahtgebundene Verbindungen, Satelliten- und Funkverbindungen	R	Telegrafenkanäle
		S	Apparate der alphabetischen Telegrafie
H	Einsatz von Leitungen für Telegrafie (einschließlich Bildtelegrafie)	T	Faksimileapparate und Telematikprotokolle
		U	Telegrafievermittlung
I	Diensteintegrierende Netze (ISDN)	V	Datenübertragung über das Fernsprechnetz
J	Ton- und Fernsehübertragung	X	Datenübertragung über öffentliche Datenübermittlungsnetze
K	Schutz gegen Störungen		
L	Schutz gegen Korrosion	Z	Programmiersprachen für rechnergesteuerte Vermittlungen

V-Serie (Datenübertragung über das Telefonnetz)

V.1 ... V.7	Grundlagen und allgemeine Festlegungen	V.50 ... V.57	Übertragungsqualität und Unterhaltung
V.10 ... V.32	Schnittstellen und Modems im Fernsprechband	V.100	Verknüpfung von öffentlichen Daten- und Telefonnetzen
V.35 ... V.37	Breitbandmodems	V.110	Unterstützung von Datenendeinrichtungen mit V-Schnittstellen durch ein ISDN
V.40 ... V.41	Fehlersicherung		
Beispiele einzelner Empfehlungen:			
V.1	Äquivalenz zwischen den Binärzeichen 0 und 1 und den Kennzuständen eines Zwei-Zustands-Codes	V.22	Duplex-Modem mit 1200 bit/s zur Benutzung im öffentlichen Telefonwählnetz und auf festgeschalteten Zweidrahtleitungen
V.2	Leistungspegel für Datenübertragung über Fernsprechleitungen	V.24	Liste der Definitionen der Schnittstellenleitungen zwischen Datenend- und Datenübertragungseinrichtungen
V.5	Normierung der Übertragungsgeschwindigkeit für synchrone Datenübertragung über das öffentliche Telefonwählnetz		
		V.90	Digitales und analoges Modem-Paar zur Anwendung im öffentlichen Telefonnetz. Übertragungsraten bis zu 56 kbit/s in Empfangs- und 33,6 kbit/s in Senderichtung
V.15	Anwendung von akustischer Kopplung für die Datenübertragung		
V.21	Modem mit 300 bit/s zur Benutzung im öffentlichen Telefonwählnetz	V.92	Erweiterung der V.90 Empfehlung mit bis zu 48 kbit/s in Senderichtung und „Modem on hold" Funktion

ITU-T

Empfehlungen der X-Serie (Datenübermittlungsnetze)

X.1... **X.4**	Dienste und Leistungsmerkmale in Datennetzen	**X.200...** **X.229**	OSI-Modell, Dienste und Protokolle
X.20... **X.32**	Schnittstellen in Datennetzen	**X.300...** **X.330**	Zusammenarbeit von verschiedenen Netzen
X.40... **X.87**	Übertragung, Kennzeichengabe und Vermittlung in Datennetzen	**X.400...** **X.430**	Nachrichten Behandlungs-Systeme
X.92... **X.141**	Netzaspekte in Datennetzen		

Beispiele einzelner Empfehlungen

X.1	Internationale Klassen für Benutzer in öffentlichen Datennetzen	**X.21**	Schnittstelle zwischen Datenendeinrichtung und Datenübertragungseinrichtung für Synchronverfahren zur Anwendung in öffentlichen Datennetzen
X.2	Internationale- und Leistungsmerkmale für Benutzer in öffentlichen und ISDN-basierenden Netzen		
		X.21 bis	Betrieb von Datenendeinrichtungen, die für den Anschluß an synchrone Modems der V.-Serie konzipiert sind in öffentlichen Datennetzen
X.4	Allgemeine Struktur von Signalen, die nach dem internationalen Alphabet Nr. 5 codiert sind und zur Übertragung in öffentlichen Datennetzen verwendet wird (entspricht im wesentlichen der Empfehlung V.4)	**X.25**	Schnittstelle zwischen Datenendeinrichtung und Datenübertragungseinrichtung für Endeinrichtungen, die im Paketmodus in öffentlichen Netzen arbeiten. (Hier werden u. a. die Eigenschaften der DEE/DÜE-Schnittstelle, die Zugriffsprozeduren und der Paketierungs-Modus beschrieben.)
X.20	Schnittstelle zwischen Datenendeinrichtung (DEE) und Datenübertragungseinrichtung (DÜE) für Start-Stop-Verfahren in öffentlichen Datennetzen		

Beispiele der I-Serie (ISDN)

I.112	Verzeichnis der Begriffe des ISDN	I.254	Zusätzliche Dienste mit mehreren Teilnehmern
I.120	Diensteintegrierte digitale Netze		
I.121	Breitbandaspekte für ISDN	I.310	ISDN; funktionelle Netzprinzipien
I.150	Asynchrone Übertragungsform im B-ISDN; Funktionsbeschreibung	I.320	ISDN Protokoll-Referenzmodell
		I.324	ISDN Netz-Architektur
I.210	Grundsätze der durch ein ISDN unterstützten Telekommunikationsdienste und Mittel zu deren Beschreibung	I.327	Funktions-Architektur des B-ISDN
		I.330	ISDN Nummern- und Adressierungs-Prinzipien
I.211	Diensteaspekte des B-ISDN	I.340	ISDN Verbindungsarten
I.230	Definition der Kategorien von Träger-Diensten	I.361	Spezifikation der ATM-Schicht des B-ISDN
I.240	Definition der Tele-Dienste	I.375	Netzwerkfähigkeiten für Multimedia-Dienste
I.241	Von einem ISDN unterstützte Tele-Dienste		
I.250	Definition zusätzlicher Dienste	I.380	Internet Protokoll Datenübertragungs-Dienst
I.251.2	ISDN Mehrfachrufnummer		
I.251.7	Identifizierung böswilliger Anrufe	I.420	Basis-Nutzer-Netz-Schnittstelle

ITU-R Serien

BO	Broadcasting-satellite service (sound and television)	RA	Radioastronomy
BR	Sound and television recording	S	Fixed-satellite service
BS	Broadcasting service (sound)	SA	Space applications and meteorology
BT	Broadcasting service (television)	SF	Frequency sharing between the fixed-satellite service and the fixed service
F	Fixed service		
IS	Interservice sharing and compatibility	SM	Spectrum management
M	Mobile, radiodetermination, amateur and related satellite service	SNG	Satellite news gathering
		TF	Time signals and frequency standards emissions
P	Radiowave propagation	V	Vocabulary and related subjects

Merkmale

- **DECT** ist ein europäischer Standard für schnurlose Telekommunikation.

- Ist standardisiert durch ETSI in ETS 300175

- Anwendungsbereiche sind
  - Telefonie, Datenübertragung

- Anwendungsgebiete werden definiert für
  - Privathaushalte
  - Klein-, Mittel- und Großbetriebe
  - öffentliche Netze

- Die Reichweiten innerhalb von Gebäuden liegen zwischen 20 m und 50 m, außerhalb bis zu 300 m. DECT ist multizel-lenfähig und unterstützt Verfahren wie Roaming und Handover.

- Übergänge in das ISDN sind realisiert; für GSM in der Realisierungsphase.

- Verkehrswerte von bis zu 10000 Erlang/km², d. h. 100000 Teilnehmer pro Quadratkilometer.

- Die Sprachqualität aufgrund der verwendeten Codierung (**ADPCM: A**daptive **P**uls **C**ode **M**odulation; nach G.726) ist besser als bei GSM.

- Die Sprachcodierung erfolgt mit 32 kbit/s.

- Der verwendete Frequenzbereich liegt europaweit zwischen 1880 MHz und 1900 MHz mit 10 Trägerfrequenzen bei 1,8 MHz Bandbreite pro Träger.

- Übertragungsverfahren verwenden **TDMA** (**T**ime **D**ivision **M**ultiple **A**ccess) und **TDD** (**T**ime **D**ivision **D**uplex).

- Jede Trägerfrequenz arbeitet mit 12 Duplex- bzw. 24 Simplex-Übertragungskanälen; insgesamt also 120 Übertragungskanäle bidirektional.

- Durch Zeitmultiplexverfahren können mehrere Mobilgeräte gleichzeitig mit einer Basisstation und untereinander kommunizieren.

- Mobilteile können an mehreren Basisstationen angemeldet werden und sind dann über verschiedene Rufnummern erreichbar (Multilink); angewendet überwiegend bei schnurlosen Telekommunikationsanlagen.

- Die Grundlage für alle Sprachanwendungen in DECT sind im **GAP** (**G**eneric **A**ccess **P**rofile) festgelegt.

- Durch die verwendeten Zugriffsverfahren ist eine hohe Übertragungssicherheit gegen Abhören gegeben.

- Für Datenübertragungen ist die Möglichkeit von Kanalbündelungen mit n x 24 kbit/s bis auf max. 552 kbit/s gegeben.

Rahmenstruktur

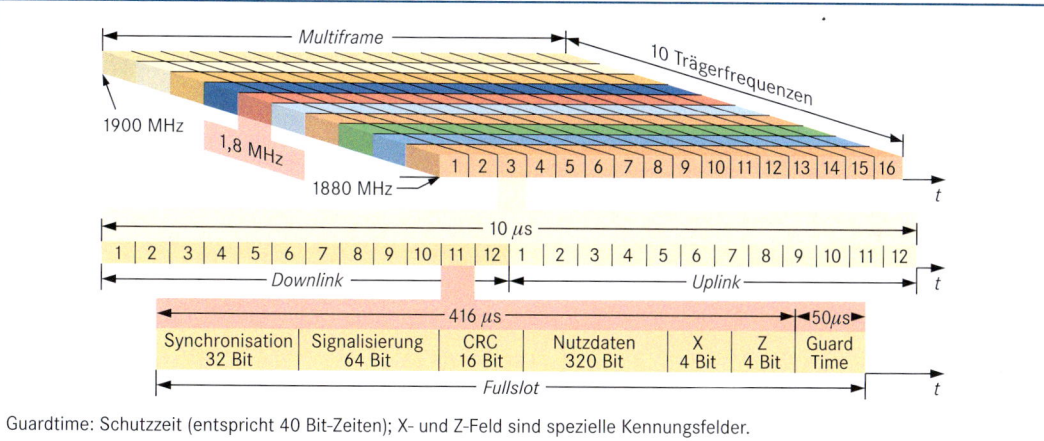

Guardtime: Schutzzeit (entspricht 40 Bit-Zeiten); X- und Z-Feld sind spezielle Kennungsfelder.

Mobilgerät

Systemaufbau

Merkmale

- **ATM** ist eine verbindungsorientierte Multiplex- und Vermittlungstechnik

- Findet Anwendung im Bereich **globaler Netze** und lokaler **multimediafähiger Netze**

- Ist eine Kombination der Vorteile von **paket-** und **leitungsvermittelnden** Netzen (paketvermittelt bietet variable Datenraten; leitungsvermittelt bietet Echtzeit)

- Ist derzeit die Grundlage für **B-ISDN** (**B**reitband **ISDN**)

- Dient zur Übertragung von digital codierten Informationen, wie z. B.
  - Sprache
  - Stand- und Bewegungsbilder
  - Daten und Texte
  - Datenströme jeder Kapazität (z. B. **Video on Demand** Video auf Anfrage)

- Arbeitet mit Nutz- und Steuerungskanälen, über die **Nutzzellen** und **Steuerungszellen** übertragen werden

- Zellen haben das einheitliche Format mit 53 Byte (Kopffeld 5 Byte, Informationsfeld 48 Byte)

- Im **Kopffeld** sind die Adressierungsdaten zur Vermittlung enthalten.

- Die Vermittlungsknoten werten lediglich die Adressinformationen (mit Hardwareschaltungen) aus, wodurch die hohe Vermittlungsgeschwindigkeit erreicht wird.

- Für die Teilnehmer-Schnittstelle (**UNI: U**ser Network Interface) sind Datenraten spezifiziert mit 2, 34, 140, 155 und 622 Mbit/s.

- Zwischen den Netzknoten (**NNI: N**etwork **N**ode Interface) und dem Übergang zwischen Netzen verschiedener Betreiber (**BICI: B**roadband Intercarrier Interface) sind Datenraten mit 34, 140, 155 und 622 Mbit/s festgelegt.

- ATM arbeitet nach OSI-Referenzmodell auf der Schicht 1 und Teilen von Schicht 2.

Schichtenmodell

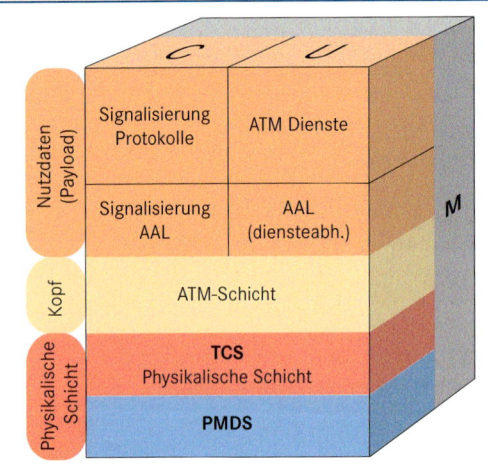

- **U-Plane** (**U**ser-Plane: Anwender-Säule) enthält Regeln und Protokolle für die Übertragung der Nutzinformationen über ATM-Verbindungen.

- **C-Plane** (**C**ontrol-Plane: Signalisierungssäule) enthält Regeln und Protokolle für die Übertragung der Steuerung, die für die Signalisierung benötigt werden.

- **M-Plane** (**M**anagement-Säule) enthält Regeln und Protokolle für die Übertragung der Managementinformationen der Nutz- und Signalisierungsverbindungen.

- **ATM**-Schicht realisiert den dienstunabhängigen Transport von ATM-Zellen sowie die Identifikation virtueller ATM-Verbindungen.

- **AAL**-Schicht (**A**TM **A**daptation **L**ayer: ATM Anpassung) realisiert Funktionen zur Unterstützung unterschiedlicher Telekommunikationsdienste; bildet die ATM-Zellen.

Physikalische Schicht

- Die physikalische Schicht ist wegen der Abhängigkeit vom Übertragungsmedium in zwei Schichten unterteilt.

- **TCS** (**T**ransmission **C**onvergence **S**ublayer) erzeugt beim Senden
  - Prüfsumme für den Zellkopf (**HEC: H**eader **E**rror **C**heck); wird auf Empfangsseite zur Fehlererkennung verwendet;
  - Leerzellen für einen kontinuierlichen Zellenstrom

- Leerzellen werden besonders markiert und an der Empfangsseite wieder entfernt.

- **PMDS** (**P**hysical **M**edium **D**ependent **S**ublayer) realisiert:
  - Leitungscodierung
  - Timing und Synchronisation auf dem Signalniveau

Zellenaufbau

Beispiel: UNI-Schnittstelle

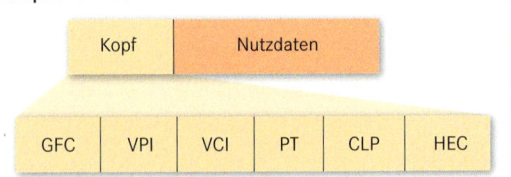

GFC: Generic **F**low **C**ontrol (Flusskontrolle)
VPI: Virtual **P**ath Identifier (virtuelle Pfadkennung)
VCI: Virtual **C**hannel Identifier (virtuelle Kanalkennung)
PT: **P**ayload **T**ype (Nutzlastkennung)
CLP: Cell **L**oss **P**riority (Zellen Verlustpriorität)
HEC: Header **E**rror **C**ontrol (Kopfprüfsumme)

Merkmale

- Frame Relay (FR) ist ein **schnelles paket- und verbindungs-orientiertes Übermittlungsverfahren** für Breitbandanwendung im Punkt- zu Punkt-Betrieb.
- Vereinigt die Eigenschaften des X.25-Protokolls in Verbindung mit statistischen Multiplexern.
- FR bietet in der Regel die **geringste Durchlaufverzögerung** gegenüber anderen Protokollen; maximale Grenze der Durchlaufverzögerung kann nicht garantiert werden.
- Für **Sprach- und Videoübertragung** nur begrenzt verwendbar.
- FR stellt **hohe Anforderungen** an Qualität der Übertragungsleitungen (Bit Error Rate: Bitfehlerrate).
- **Vermittlung** der Frames erfolgt anhand der Daten im Header (**DLCI:** **D**ata **L**ink **C**onnection **I**dentifier).
- Ermöglicht **gleichzeitig mehrere virtuelle Übertragungskanäle** über ein Übertragungsmedium.
- Die Datenübermittlung erfolgt abschnittsweise zwischen den Netzknoten ohne Quittung.
- FR-Verbindungen sind **duplexfähig**.
- Die Netzknoten prüfen lediglich auf **Übertragungsfehler** mittels CRC-Verfahren.
- Die Überprüfung der Vollständigkeit der Daten muss von den Endteilnehmern durchgeführt werden.
- **Fehlerhafte** oder **verlorene Datenpakete** müssen von den Partner-Endgeräten erneut angefordert bzw. übertragen werden.
- Verkehrsparameter definieren u. a. die **garantierte Informationsrate** (**CIR:** **C**ommitted **I**nformation **R**ate).

- Die **logische Struktur** von FR-Netzen ist ähnlich der von X.25-Netzen.
- FR arbeitet auf den OSI-Schichten 1 und 2.
- Die Netzzugangsschnittstelle wird als **FR-UNI** (**FR-U**ser **N**etwork **I**nterface) bezeichnet.
- Der Anschluss ans Netz kann mit allen üblichen physikalischen Schnittstellen (z. B. X.21, V.35, E1) aus dem Bereich der Datenkommunikation erfolgen.
- Die **Paketlänge** ist variabel von 261 Byte (Grundeinstellung) bis 8192 Byte.
  Angewendet werden in der Regel 1512 Byte.
- **Übertragungsgeschwindigkeiten** sind einstellbar von
  - 56 kbit/s bzw. 64 kbit/s
  - n x 64 kbit/s
  - bis 1,544 Mbit/s bzw. 2,048 Mbit/s
- Die wesentlichen **Steuerungsmechanismen** sind im Rahmenkopf enthalten (z. B. **Zieladresse**).
- FR unterstützt **permanente** und **geschaltete virtuelle** Verbindungen.
- **Überlastkontrolle** im Netz erfolgt durch Verfahren wie
  - **BECN** (**B**ackward **E**xplicit **C**ongestion **N**otification: Überlast-Rückwärtsanzeige)
  - **FECN** (**F**orward **E**xplicit **C**ongestion **N**otification: Überlast-Vorwärtsanzeige)
  - **DE** (**D**iscard **E**ligibility: Wegwerf-Erlaubnis)
- FR wird eingesetzt zur Kopplung von LANs, als Backbone für X.25-Systeme und in privaten Datennetzen.

Übermittlungsprinzip

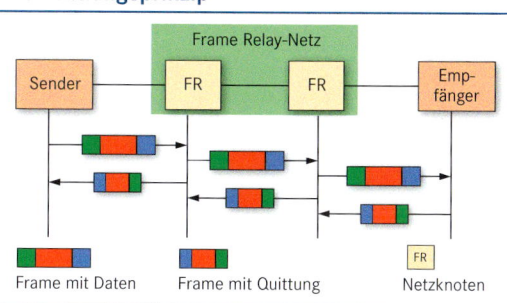

Frame mit Daten   Frame mit Quittung   Netzknoten

Netzknotenaufbau

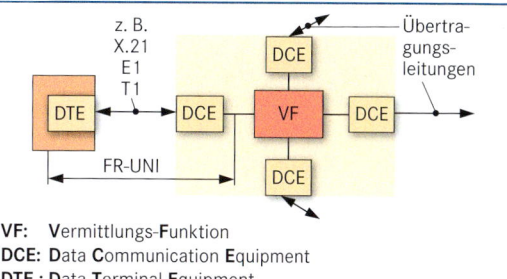

VF: **V**ermittlungs-**F**unktion
DCE: **D**ata **C**ommunication **E**quipment
DTE : **D**ata **T**erminal **E**quipment

Rahmenaufbau

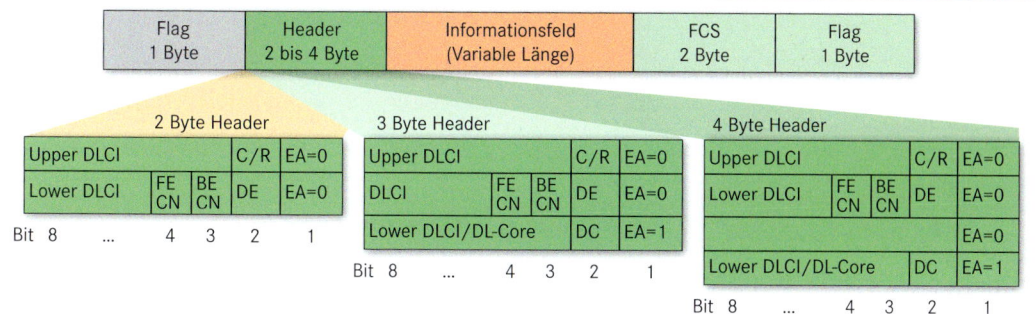

BECN: **B**ackward **E**xplicit **C**ongestion **N**otification
C/R: **C**ommand/**R**esponse Field
DC: **D**LCI oder DL-**C**ore Control Indicator
DE: **D**iscard **E**ligibility Indicator

DLCI: **D**ata **L**ink **C**onnection **I**dentifier
EA: **A**ddress **E**xtension
FECN: **F**orward **E**xplicit **C**ongestion **N**otification
Flag: 01111110

Merkmale

- **GSM:** **G**lobal **S**ystem for **M**obile Communication (Mobilfunksystem)
- Weltweit sind drei Frequenzbänder für GSM freigegeben:
  - GSM 900 (Up: 890 MHz...915 MHz/Down: 935 MHz... 960 MHz)
  - GSM 1800 (Up: 1710 MHz...1785 MHz/Down: 1805 MHz... 1880 MHz)

- GSM 1900 (Up: 1850 MHz...1910 MHz/ Down: 1930 MHz... 1990 MHz)
- Dienste im GSM orientieren sich an den Diensten im ISDN
- Neben Sprachdiensten werden auch Datendienste angeboten, z. B. GPRS: General Packet Radio Service (Paketorientierter Datendienst)
- Versorgungsgebiet ist in Funkbereiche aufgeteilt (Funkzelle max. 35 km Durchmesser)

Netzarchitektur

Wabenförmige Anordnung der Funkzellen

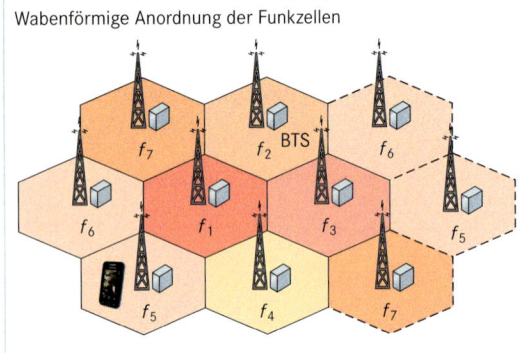

f_1 ... f_7: Funkzellen mit fest zugeteilten Frequenzbündeln. Wegen begrenzter Reichweite können Frequenzbündel in anderen Zellen wieder verwendet werden.

Technische Daten

Funkübertragung erfolgt nach **TDMA**-Prinzip (**T**ime **D**ivision **M**ultiple **A**ccess: Zeitschlitz mit Vielfachzugriff)	
Frequenzen	
Uplink (UL) Mobilstation → Basisstation	890 ... 915 MHz
Downlink (DL) Basisstation → Mobilstation	935 ... 960 MHz
Kanalraster	200 kHz
Trägerfrequenzen (gesamt)	2 x 124
Bitrate (gesamt)	270,833 kBit/s
Sprachkanal	13 kBit/s
Anzahl Sprachkanäle/Träger	8
Modulationsverfahren	GMSK
Modulationsindex	0,3

Netzkonfiguration

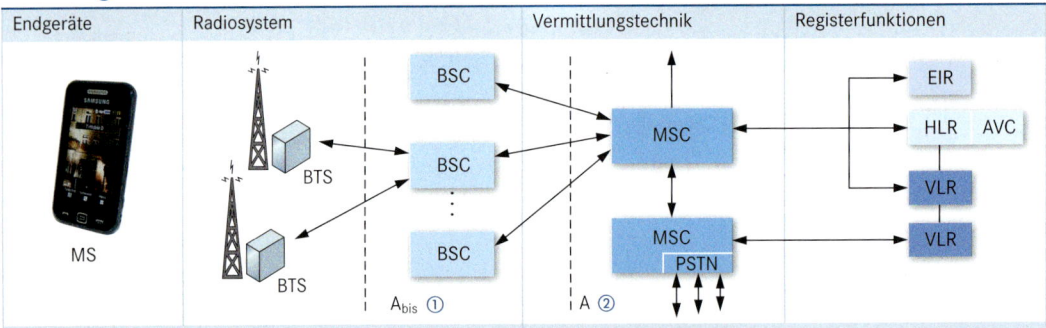

MS (**M**obile **S**tation)

Die Teilnehmereinrichtung bzw. der Teilnehmer wird unabhängig vom Gerät über **SIM** (**S**ubscriber **I**dentity **M**odule: Teilnehmer Erkennungs-Modul) identifiziert.

BTS (**B**ase **T**ransceiver **S**tation)

Die Basisstation versorgt jeweils eine Funkzelle und wickelt Funkverkehr mit Mobilstationen über Luftschnittstelle ab.

BSC (**B**ase **S**tation **C**ontroller)

- Steuert eine oder mehrere BTS
- Ist über Datenleitungen (A_{bis}-Schnittstelle) ① mit den BTS verbunden
- Verwaltet die Funkkanäle
- Steuert HF-Leistung der Basis- und Mobilstationen und Handover zwischen BTS

MSC (**M**obile **S**witching **C**entre)

- Die Mobilfunkvermittlungsstelle verwaltet die BSCs und stellt den Übergang in das Drahtnetz (PSTN-Public Switched Telephone Network) her.

- Verbindung zwischen MSC und BSC mit Kupferleitungen oder Richtfunkverbindungen erfolgen über A-Schnittstelle ②.

- Führt zentrale Steuerung durch, z. B. für
  - Gesprächsaufbau und Gesprächsabbau
  - Location Update (Orts-Aktualisierung)
  - Handover (Gesprächsweitergabe) zwischen verschiedenen BSCs bzw. MSCs
  - Wegesuche im Netz
  - Schaltung von Echokompensatoren
  - Gebührenermittlung

Merkmale

- **UMTS** (**U**niversal **M**obile **T**elecommunications **S**ystem: Universelles mobiles Telekommunikations System) wird als **Mobilfunk der dritten Generation** (3G) bezeichnet und wurde von **ETSI** (**E**uropean **T**elecommunication **S**tandards **I**nstitut: Europäisches Telekommunikations Standardisierungs Behörde) spezifiziert.

- International wird UMTS von der ITU mit **IMT** (**I**nternational **M**obile **T**elecommunication: Internationale Mobile Kommunikation) bezeichnet.

- UMTS erlaubt weltweit angeglichene drahtlose **paketorientierte** Kommunikation mit im Wesentlichen zwei Endgeräten.

- Endgeräte müssen in der Lage sein, im **Multi-Band-Betrieb** arbeiten zu können.

- Insgesamt realisiert UMTS ein modulares Kommunikationskonzept mit terrestrisch festen und mobilen Bestandteilen und auch satellitengestützten Bestandteilen.

- Luftschnittstelle **UTRA** (**U**niversal **T**errestrial **R**adio **A**ccess: Universeller terrestrischer Funkzugriff) wird realisiert über
  - **W-CDMA** (**W**ideband **C**ode **D**ivision **M**ultiple **A**ccess) für Versorgung größerer Bereiche und
  - **TD-CDMA** (**T**ime **D**ivision **CDMA**) für lokale Gebiete.

- **Angebotene Dienste** sind:
  - Sprachübertragung (hohe Qualität)
  - E-Mail Versand
  - SMS (short message service)
  - Informationsdienste (Nachrichten, Wetter, Verkehr)
  - Internet-Zugriff (mittels WAP)
  - electronic shopping
  - Multimedia-Dienste (interaktiv)
  - Verteildienste, breitbandig (Video- und Audiodaten in Echtzeit)
  - Bildtelefonie
  - elektronische Finanzdienstleistungen (electronic bankingelectronic cash, Börsendienste)

- **Gebietseinteilung** erfolgt in vier Bereichen:
  - **Piko-Zelle, Heim-Zelle:** Hohe Teilnehmerzahlen, hoher Kommunikationsverkehr, Radius ca. 500 m, Datenrate bis 2 Mbit/s
  - **Mikro-Zelle:** Innerstädtischer Betrieb, erhöhter Kommunikationsaufwand, Radius ca. 3 km, Datenrate bis 384 kbit/s
  - **Makro-Zelle:** Außerstädtische Gebiete, niedriges Verkehrsaufkommen, höhere Mobilität der Teilnehmer, Datenrate deutlich über 144 kbit/s
  - **Welt-Zelle:** Uneingeschränkte Mobilität (Kommunikation auch aus Flugzeugen), Übertragungsraten noch oberhalb 144 kbit/s

Gebietseinteilung

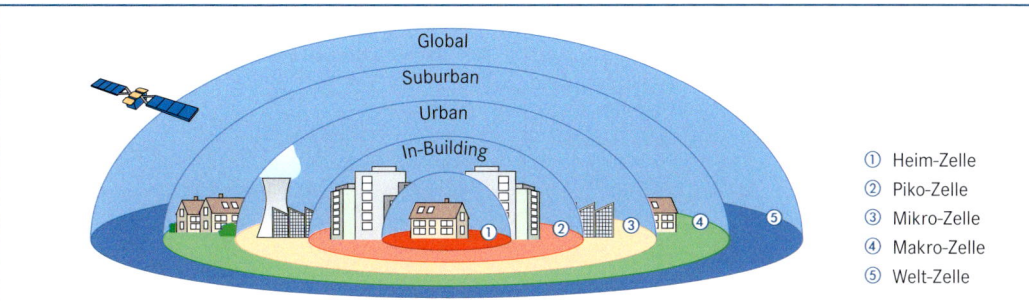

① Heim-Zelle
② Piko-Zelle
③ Mikro-Zelle
④ Makro-Zelle
⑤ Welt-Zelle

Frequenzbereichseinteilung

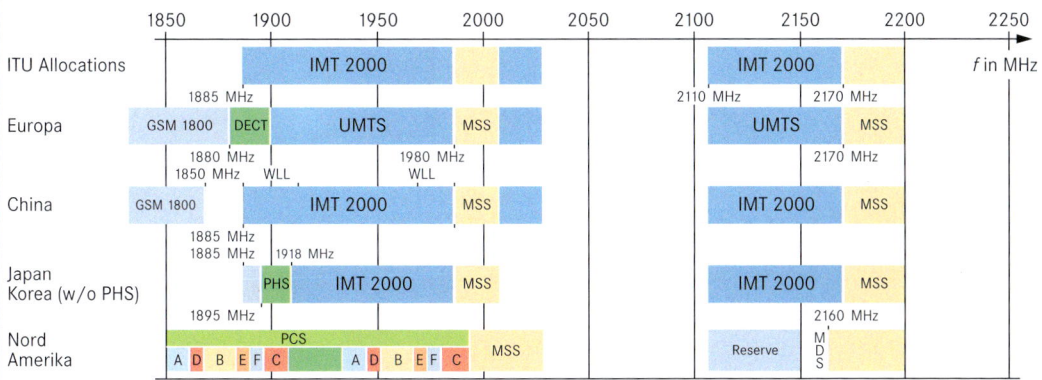

Dargestellt ist der Stand im Jahr 2000. Ab dem Jahr 2010 kommen die Bänder **MSS** (**M**obile **S**atellite **S**ystem) und **PCS** (**P**ersonal **C**ommunication **S**ystem) hinzu: 806 ... 960 MHz; 1710 ... 1885 MHz und 2500 ... 2690 MHz.

Merkmale

- **WAP** (**W**ireless **A**pplication **P**rotocol: Drahtloses Anwendungsprotokoll) ist ein Stamdard für drahtlose Informationsdienste über digitale mobile Telefone und andere drahtlose Terminals, z. B. **PDA** (**P**ersonal **D**igital **A**ssistant)
- Überträgt Internet-Inhalte, E-Mail und FTP-Dienste
- Unterstützt verschiedene **Übermittlungsdienste** und **Übertragungssysteme**
- Spezifikation beschreibt die Architektur als Client-Server-Modell
- Schichtenmodell lehnt sich an OSI an
- Nutzt Standardaufrufe des WWW mit URLs
- Verwendet HTML, Java Script und HTTP
- Endgeräte enthalten **Mikro-Browser** (arbeiten analog zu Standard WEB-Browsern)
- Kommunikation zwischen Client (Endgerät) und Server erfolgt über **WAP-Proxy**
- WAP-Proxy arbeitet als **Protokoll-Gateway** und Codierer bzw. Decodierer
- Übersetzt Anfragen (requests) aus dem WAP-Protokoll-Stack (z. B. **WSP: W**ireless **S**ession **P**rotocol) in WWW Protocol-Stacks wie HTTP oder TCP/IP
- Kodierfunktion übersetzt u.a. den WAP-Inhalt in kompaktes Format zur Reduzierung des Datenaufkommens im Netz
- **WTA** (**W**ireless **T**elephony **S**erver: Drahtloser Telefon Server) für normale Sprachkommunikation dient zum Übergang vom digitalen Mobilfunknetz in entsprechendes Festnetz
- **WML** (**W**ireless **M**ark-up **L**anguage: Drahtlose Darstellungssprache) ist eine spezielle Sprache zur Wiedergabe von Informationen auf Displays von mobilen Endgeräten

Protokolle

- **WDP** (**W**ireless **D**atagram **P**rotocol: Drahtloses Daten-Protokoll) ist das Transport-Layer-Programm
- WDP verwendet unterschiedliche Anpassungen (Profile) für die Übermittlungsdienste
- Enthält **WCMP** (**W**ireless **C**ontrol **M**essaging **P**rotocol: Drahtloses Kontroll-Nachrichten-Protokoll) zur Übertragung von Fehlermeldungen an Netzknoten
- **WTLS** (**W**ireless **T**ransport **L**ayer **S**ecurity) ist ein Sicherheitsprotokoll mit der Realisierung folgender Funktionen:
  - Daten-Integrität zwischen Server und Client
  - Privacy (Vertraulichkeit)
  - Authentication (Schutz vor unberechtigtem Zugriff)
  - Denial of Service Protection (Zugriffsverweigerung auf Dienste) zum Entdecken und Zurückweisen unkorrekt verifizierter Daten
- **WTP** (**W**ireless **T**ransaction **P**rotocol) realisiert den Datagramm-Dienst, arbeitet transaktionsorientiert und bietet drei Dienstklassen:
  - **Erste Klasse:**
    Unzuverlässige Einwege-Kommunikation für gelegentlichen Datenverkehr ohne Antwort
  - **Zweite Klasse:**
    Zuverlässige Einwege-Kommunikation mit Antwort
  - **Dritte Klasse:**
    Zuverlässige Zweiwege-Kommunikation für gegenseitigen Datenaustausch mit wechselseitiger Bestätigung
- **WSP** (**W**ireless **S**ession **P**rotocol) bietet WAE zwei Dienste zur Datenübertragung:
  - **Erster Dienst:**
    Sicher, verbindungsorientiert
  - **Zweiter Dienst:**
    Verbindungslos, sicher oder nicht sicher

Protokollstruktur

Wireless Application Layer (**WAE**)

Wireless Session Layer (**WSP**)

Wireless Transaction Layer (**WTP**)

Wireless Security Layer (**WTLS**)

Wireless Transport Layer (**WDP**)

Andere Anwendungen und Dienste

WCMP

Träger: SMS | GSM | CSD | PDC-P | IS-136 | CDMA | andere

WAP-Modell

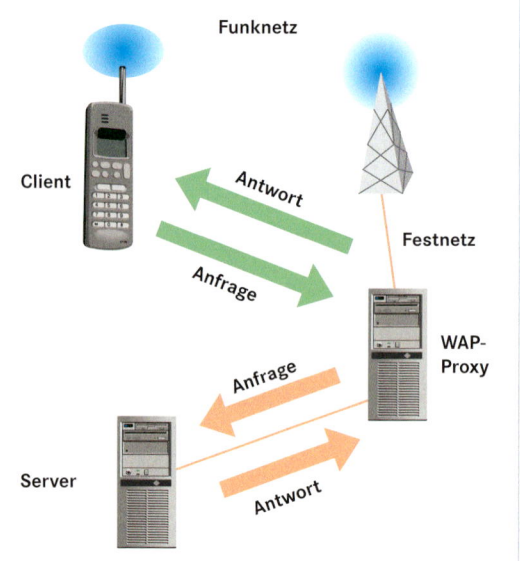

Funknetz

Client — Antwort / Anfrage — Festnetz — WAP-Proxy

Anfrage / Antwort — Server

Merkmale

- **GPRS** (**G**eneral **P**acket **R**adio **S**ervice) ist eine Erweiterung des **circuit switched** zum **packet switched** GSM-Netz.

- Realisiert die **Funk-Datenübertragung** mit bis zu 171,2 kbit/s

- Arbeitet als **paketorientierter** Dienst

- Der Datenstrom wird dabei in Pakete aufgeteilt, die über momentan freie GSM-Kanäle übertragen werden.

- Der Empfänger setzt die Datenpakete in der richtigen Reihenfolge wieder zusammen.

- Für GPRS ist das GSM-Netz erweitert worden um
  - **paketorientiertes Protokoll** für die Luftschnittstelle und
  - **Core Netzwerk**, auf Internet-Protokoll basierendes Netzwerk, das über Standardschnittstellen an GSM angeschlossen wird.

- Standards (ETSI) für GPRS sind spezifiziert in z.B.:
  - GSM 02.60 (GPRS Überblick)
  - GSM 03.60; 03.64; 03.61; 03.62 (Systemarchitektur und Dienste-Definitionen)

- GPRS ist erster Dienst im Rahmen der **GSM-Phase 2+**

- Bietet Zugang zu paketorientierten Datendiensten wie z.B. Internet oder Intranet

- Codierungsverfahren auf der Luftschnittstelle ist in vier Gruppen eingeteilt (**CS 1** bis **CS 4**)

- CS 1: Geringste Datenrate, beste Fehlerkorrektur

- CS 4: Höchste Datenrate ohne Fehlerkorrektur

- **Nettodatenrate** wird bestimmt durch:
  - Verfügbarkeit von Zeitschlitzen (speziell in Spitzenzeiten)
  - Qualität der Funkübertragung (Wiederholung von fehlerhaften Datenpaketen)
  - Verhältnis von Overhead- zu Nutz-Daten

- GSM-Netze mit GPRS-Funktionen enthalten neue Netzelemente wie
  - **SGSN** (**S**erving **G**PRS **S**upport **N**ode)
  - **GGSN** (**G**ateway **G**PRS **S**upport **N**ode)
  - **BG** (**B**order **G**ateway)
  - **PTM-SC** (**P**oint-**t**o-**M**ultipoint **S**ervice **C**entre)

Datenrate

Kanal-Codierungsverfahren	CS 1	CS 2	CS 3	CS 4
Einfacher Zeitschlitz (kbit/s)	9,05	13,4	15,6	21,4
Achtfacher Zeitschlitz (kbit/s)	72,0	107,2	124,8	171,2

Endgeräteklassen

Class	Merkmal
A	Sprach- und Datenverbindungen **gleichzeitig**
B	**Entweder** Sprach- oder Datenverbindung (automatische Umschaltung)
C	Manuelle Auswahl von Sprach- oder Datenverbindung

Referenzmodell

Schnittstellenspezifikationen:
C, D, E, Gb, Gd, Gf, Gi, Gn, Gp, Gr, Gs, R, Um

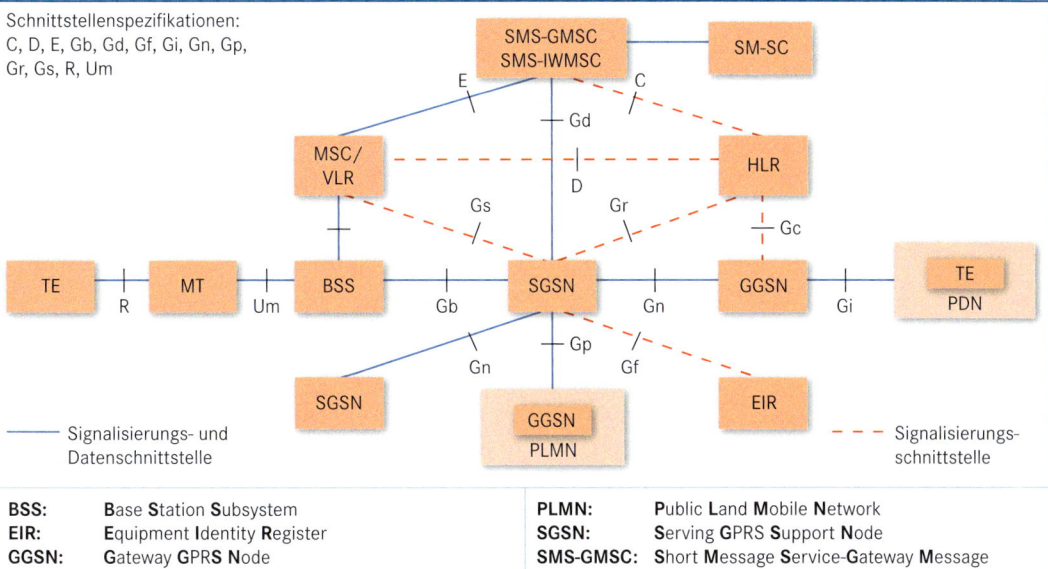

— Signalisierungs- und Datenschnittstelle

- - - Signalisierungs-schnittstelle

BSS:	**B**ase **S**tation **S**ubsystem
EIR:	**E**quipment **I**dentity **R**egister
GGSN:	**G**ateway **G**PRS **N**ode
HLR:	**H**ome **L**ocation **R**egister
MSC/VLR:	**M**obile **S**witching **C**entre/ **V**isitors **L**ocation **R**egister
MT:	**M**obile **T**erminal
PDN:	**P**ublic **D**ata **N**etwork
PLMN:	**P**ublic **L**and **M**obile **N**etwork
SGSN:	**S**erving **G**PRS **S**upport **N**ode
SMS-GMSC:	**S**hort **M**essage **S**ervice-**G**ateway **M**essage **S**ervice **C**entre
SMS-IWMSC:	**S**hort **M**essage **S**ervice-**I**nter**w**orking **M**essage **S**ervice **C**entre
SM-SC:	**S**hort **M**essage-**S**ervice **C**entre
TE:	**T**erminal **E**quipment

Merkmale

- **TETRA** (**Te**rrestrial **T**runked **Ra**dio: „gebündelter irdischer Funk") ist ein zellulares digitales **Bündelfunksystem** für Sprach- und Datenübertragung

- TETRA wird eingesetzt für private und öffentliche **Betriebsfunknetze** (z. B. Taxi- und Fuhrunternehmen) und für Sicherheitsfunkanwendungen (z. B. Polizei und Feuerwehr) in Form geschlossener Benutzergruppen

- Standardisiert durch ETSI in
  - ETS 300 392 TETRA **V**oice + **D**ata
  - ETS 300 383 TETRA **P**acket **D**ata **O**ptimised
  - ETS 300 396 TETRA **D**irect **M**ode **O**peration
  - ETS 300 394 TETRA **T**esting

- Im Gegensatz zu öffentlichen Mobilfunksystemen bietet TETRA einen schnellen Verbindungsaufbau (max. 500 ms)

- Angebotene Dienste (Teledienste):
  - Individual Call (Individualruf)
  - Group Call (Gruppenruf)
  - Broadcast Call (Punkt-zu Multipunkt-Ruf)
  - Emergency Call (Notruf)
  - Open Channel (Offener Sprechkanal)

- **Datendienste:**
  - Status Transmission (Zustandsmeldung)
  - Short Data Service (Kurz-Daten Dienst)
  - Leitungsvermittelte Datendienste (ungeschützte, geschützte und hochgeschützte Datenübertragung)
  - Paketvermittelte Datendienste (verbindungsorientiert, verbindungslos und TCP/IP-Zugriff)

- **Zusatzdienste** sind u. a. Priority Call (Vorrangruf), Discreet (diskretes Mithören) und Ambience Listening (Umgebungs-Mithören).

- Frequenzbereiche in Europa:
  - 410 ... 430 MHz; 450 ... 470 MHz
  - 870 ... 876 MHz gepaart mit 915 ... 921 MHz
  - 385 ... 390 MHz gepaart mit 395 ... 399,9 MHz

- Pro Zelle werden typisch vier bis fünf Träger (16 bis 20 logische Kanäle) aufgebaut.

Netzstruktur

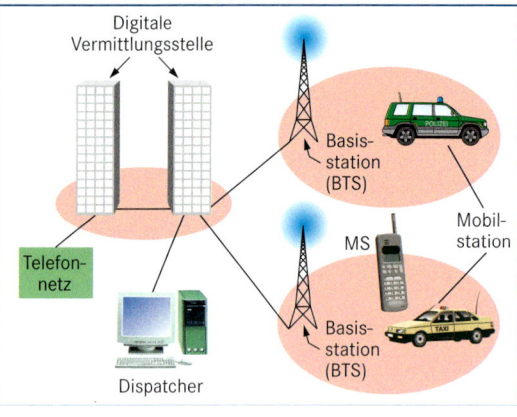

Betriebsarten

DMO (Direct **M**ode **O**peration)

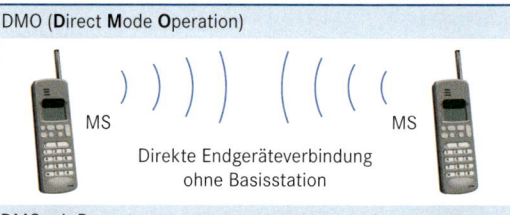

Direkte Endgeräteverbindung ohne Basisstation

DMO mit Repeater

Fahrzeuggerät als Repeater (Reichweitenerhöhung)

Kenndaten

Parameter	Wert
Kanalraster	25 kHz
Sendeleistung Basisstation pro Trägerfrequenz (typisch)	25 W Equivalent Radiated Power
Sendeleistung Mobilgerät	1 W, 3 W, 10 W
Empfängerempfindlichkeit statisch (Bit Error Rate = 1,2 %; 4,8 kBit/s)	MS: – 113 dBm BTS: – 115 dBm
Empfängerempfindlichkeit dynamisch (TU50; Bit Error Rate = 1,2 %; 4,8 kBit/s)	MS: – 104 dBm BTS: – 106 dBm
Betriebsart	Semi-, Vollduplex
Kanalzugriffsverfahren	TDMA
Modulation	$\pi/4$-DQPSK
Kanalbitrate	36 kbit/s
Maximale Datenrate, ungeschützt (gross bit rate)	28,8 kbit/s

Parameter	Wert
Netto-Datenrate: – non-protected – low-protected – high-protected	(n = 1, 2, 3, 4) n x 7,2 kbit/s n x 4,8 kbit/s n x 2,4 kbit/s
Sprachcodierung (**A-CELP: A**lgebraic **C**ode-**E**xcited **L**inear **P**redictive)	4,567 kbit/s
Spektrumseffizienz in interferenzbegrenzter Umgebung (viel Verkehr, viele Zellen)	50 bit/(s · kHz · Zelle)
Spektrumseffizienz in rauschbegrenzter Umgebung (eine isolierte Zelle)	384 bit/(s · kHz)
Reichweite: – Rural (ländlich) – Suburban (Vorort)	 ca. 14 km ca. 14,5 km

Merkmale

- Bei Richtfunk wird eine Funkstrecke zwischen zwei festen Punkten (Antennen) aufgebaut.

- Die elektromagnetische Energie wird gebündelt im Freiraum übertragen.

- Durch starke Bündelung bleibt der Einfluss auf gleicher Frequenz sehr klein und ermöglicht kleine Sendeleistungen.

- Unterer anwendbarer Frequenzbereich liegt bei 200 MHz.

- Allgemein verwendet wird der Frequenzbereich zwischen 2 GHz und 60 GHz.

- Übertragungskapazitäten: 2 Mbit/s, 4 Mbit/s, 8 Mbit/s, 2 x 8 Mbit/s, 34 Mbit/s, 140 Mbit/s.

- Modulationsverfahren: 4 PSK, 4 FSK, 16 QAM, 64 QAM, 128 TCM

- Übertragungsentfernungen liegen zwischen 5 km und 50 km (freie Sichtverhältnisse); größere Entfernungen werden durch hintereinander geschaltete Stationen erreicht.

- Reichweite wird begrenzt durch:
  - **Flachschwund**; entsteht durch Änderung des Brechungsindexes der Luft (breitbandige Reduzierung des Empfängersignals), Niederschläge (Regen oder Nassschnee).
  - **Mehrwegeschwund**; entsteht durch Beugung oder Reflexion an Luftschichten oder Reflexionen an der Erdoberfläche (Verzerrungen).

- Freiraumausbreitung bedeutet freie optische Sicht zwischen den Antennen (Fresnelzone).

- Die Fresnelzone beschreibt ein Ellipsoid mit den Antennen als Brennpunkte.

Frequenzbandeinteilung

- Schwerpunktmäßig genutzter Bereich im Richtfunk sind 4 GHz bis 38 GHz mit Teilbändern von 200 MHz bis 2 GHz.

- Die Frequenzbereiche werden in **Ober-** und **Unterband** eingeteilt.

- Teilbänder werden durch Mittenlücke getrennt (in der Regel größer als der Nachbarkanalabstand).

- Bänder mit gleichen Ziffern in beiden Bändern bilden Frequenzpaare für die Hin- und Rückübertragung einer Verbindung.

Fresnel-Zone

- Reflexionsfreie Übertragung ist gegeben, wenn keine Hindernisse in die 1. Fresnelsche Zone ragen.

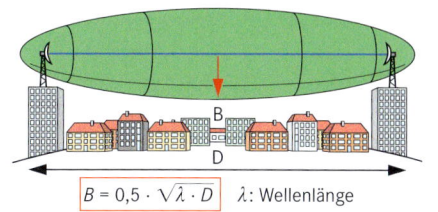

$$B = 0{,}5 \cdot \sqrt{\lambda \cdot D}$$ λ: Wellenlänge

Antennen

- Sendeantennen wandeln die Leitungswelle in eine Raumwelle um.

- Empfangsantennen wandeln die Raumwelle in eine Leitungswelle um.

- Die abgestrahlte Energie wird durch die Bauform der Antenne scharf gebündelt und in bevorzugter Richtung abgestrahlt.

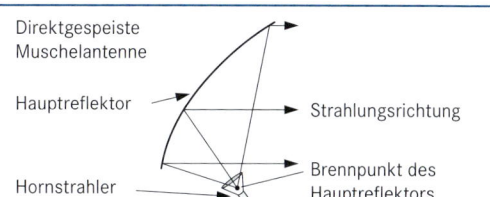

Direktgespeiste Muschelantenne

Hauptreflektor

Strahlungsrichtung

Hornstrahler

Brennpunkt des Hauptreflektors

Beispiel Standortvernetzung

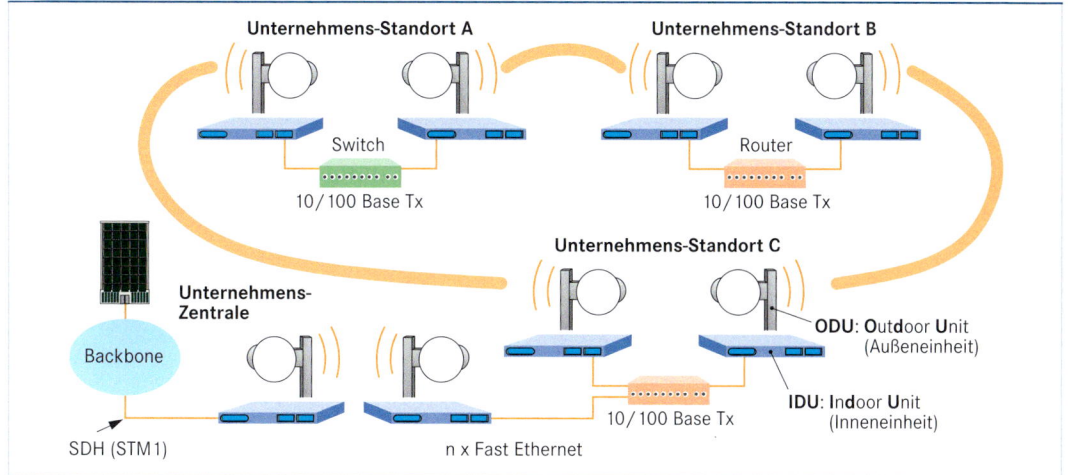

Merkmale

- Die Frequenzbereiche des Kurzstreckenfunks (**SRD**) können lizenzfrei von jeder Person für Sprach- und Datenübertragung genutzt werden.
- Die effektive Sendeleistung **ERP** (**E**ffective **R**adiated **P**ower) in Watt ist das Produkt der in eine Sendeantenne eingespeisten Leistung P multipliziert mit dem Antennengewinn G, bezogen auf einen Halbwellendipol ($ERP = P \cdot G$). Ein Halbwellendipol besitzt einen Antennengewinn von 1. Dies entspricht einem Wert von 0 dB.
- Je nach Umgebungsbedingungen können Entfernungen bis 2 km überbrückt werden.
- Die verwendeten Geräte besitzen eine geringe Sendeleistung. Sie werden als **LPD**-Geräte (**L**ow **P**ower **D**evices) bezeichnet. Merkmale sind
  - 10 mW Sendeleistung,
  - im Frequenzbereich von 433,075 MHz bis 434,775 MHz 69 schaltbare Frequenzen und
  - Frequenzmodulation.
- Empfehlung: Keine Audio- und Sprachanwendungen im Frequenzbereich von 433,05 MHz bis 434,79 MHz

Frequenzbereiche, Bundesnetzagentur, November 2005

Frequenzbereiche in MHz		Maximal zulässige Sendeleistung *ERP* bzw. magnetische Feldstärke
6,765 ... 6,795	ISM-Band	42 dBµA/m in 10 m Entfernung
13,553 ... 13,567		42 dBµA/m in 10 m Entfernung
26,957 ... 27,283		42 dBµA/m in 10 m Entfernung oder 10 mW
40,660 ... 40,700		10 mW
433,050 ...434,790		10 mW
868,000 ...870,000		s. Diagramm unten
Frequenzbereiche in GHz		
2,400 ... 2,4835	ISM-Band	10 mW
5,725 ... 5,875		25 mW
24,000 ... 24,250		100 mW
61,000 ... 61,500		100 mW
122,000 ...123,000		100 mW
244,000 ...246,000		100 mW

Es bestehen keine Einschränkungen hinsichtlich der Kanalbandbreite.

ISM-Band

- **ISM**-Bänder (**I**ndustrial, **S**cientific and **M**edical Band) Frequenzbereiche, in denen Hochfrequenz-Geräte in Industrie, Wissenschaft, Medizin, in häuslichen und ähnlichen Bereichen genutzt werden können.
- ISM-Geräte (z. B. Mikrowellenherde, medizinische Geräte zur Kurzwellenbestrahlung) benötigen keine spezielle Zulassung.
- Nutzungsbeispiele:
  - **13,56 MHz:** Funketiketten (RFID), Kunststoffschweißen, CO_2-Gasentladung für Laser
  - **27 MHz:** Babyphone, Modellbau-Fernsteuerung
  - **433 MHz:** Babyphone, Funk-Thermometer, Funk-Schalter (Autoschlüssel), Funk-Steckdosen, Funk-Alarmanlagen, Funk-Kopfhörer und Funk-Lautsprecher (auslaufend)
  - **2,4 GHz:** Drahtlose Videoübertragung, Mikrowellengerät, CO_2-Gasentladung für Laser, Modellbau-Fernsteuerung
  - **24 GHz:** Radar-Bewegungsmelder
  - WLAN (IEEE 802.11b, 802.11g), Bluetooth und IEEE 802.15.4 (z. B. in Verbindung mit ZigBee) sind keine ISM-Anwendungen. Diese Anwendungen unterliegen eigenen Bestimmungen.
- Das ISM-Band von 433 MHz darf in Deutschland noch bis 2013 für die Sprach- und Datenübertragung verwendet werden. Danach ist das Band nur für technische Anwendungen reserviert.
- Das Band von 433,05 MHz bis 434,90 MHz kann gebührenpflichtig mit 500 mW betrieben werden (25 kHz Kanalraster). Es liegt innerhalb des 70 cm-Amateurfunkbandes.
- Audio- und Videoanwendungen:
  - Der Frequenzbereich von 868 MHz bis 870 MHz ist für die Übertragung von Audio- und Videosignalen nicht erlaubt.
  - Video-Anwendungen sind nur oberhalb von 2,4 GHz erlaubt.
- Die Einhaltung der Bestimmungen wird durch das CE-Kennzeichen dokumentiert.

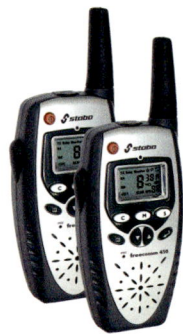

Frequenzbereich von 868 MHz bis 870 MHz

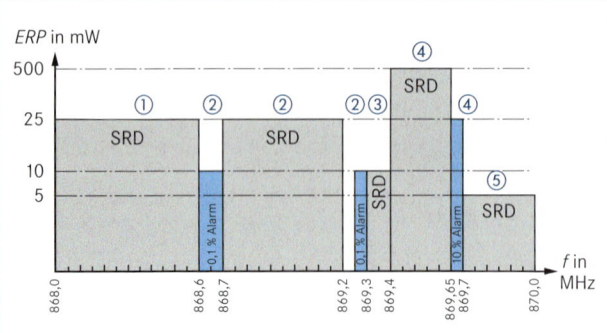

- Durch **Duty Cycle (relative Frequenzbelegungsdauer)** wird sichergestellt, dass das Band nur für eine bestimmte Zeit belegt wird. Der in Prozent angegebene Wert legt fest, wie lange das einzelne Funkgerät bezogen auf eine Stunde senden darf.
- Duty Cycle:
  - ① ≤ 1,0 %[1]
  - ② ≤ 0,1 %[1]
  - ③ keine Einschränkung (100 %)
  - ④ ≤ 10 %[1]
  - ⑤ keine Einschränkung (100 %)

[1] wenn kein **LBT** (**L**isten **b**efore **T**alk, Prüfung der Kanalbelegung) angewendet wird.

Merkmale

- **R**adio **F**requency **I**dentification (funkbasierte Erkennung) gehört zu den kontaktlosen Erkennungssystemen.
- RFID besteht aus passiven oder aktiven Transpondern (transceive und respond) und Lesegeräten.

- Der Datenaustausch erfolgt über magnetische bzw. elektrische Felder.
- Die Transponder beinhalten dabei codierte Daten von Personen oder Gegenständen, die von den Lesestellen kontaktlos empfangen und ausgewertet werden.

Transponderarten

- **Passive Transponder** [auch als Tag (Anhänger)] bezeichnet
  - bestehen aus einem Siliziumchip
  - einer integrierten Antenne
  - entnehmen die Energie zum Senden aus dem HF-Feld des Lesegerätes
- Bauformen passiver Tags sind u.a.
  - Plastikkarten
  - Münzformen
  - Glasröhrchen
  - Armbänder
- Der Aktivierungsbereich bei passiven Transpondern ist auf kurze Entfernungen zwischen Lesegerät und Transponder begrenzt
- Aktive Transponder
  - beinhalten eine zusätzliche Energiequelle (Batterie), die nach entsprechender Betriebszeit ausgetauscht werden muss
  - bieten größere Reichweiten als passive Transponder
  - beinhalten zusätzliche elektronische Schaltungsteile
  - sind in der Regel mechanisch größer aufgebaut
- Transponder können fest codiert oder wiederbeschreibbar sein.
- Die Arbeitsfrequenzen liegen im Bereich von 100 kHz bis ca. 30 MHz.

- Niederfrequente Systeme bieten eine wesentlich geringere Dämpfung als hochfrequente Systeme.
- Die Luftschnittstelle wird gegen mögliche Übertragungsstörungen geschützt durch
  - Prüfsummenverfahren oder
  - Mehrfachübertragungen.
- Der zulässige Schreib-Leseabstand zwischen Transponder und Lesegerät ergibt sich aus der
  - verwendeten Frequenz
  - Geschwindigkeit des Transponders
  - Aufenthaltsdauer im Ansprechbereich
- Transponder sind im Allgemeinen unempfindlich unter anderem gegen
  - Staub
  - Feuchtigkeit
  - Gase
- Glas- oder Kunststofftransponder sind darüber hinaus
  - vollkommen staub- und wasserdicht
  - werden als Implantate eingesetzt
- Anwendung finden RFID-Systeme u. a. bei
  - Zugangskontrolle
  - Warenverfolgung
  - Dokumentenkennzeichnung
  - Mautstellen (z. B. Skilifte)
  - Personen-Nahverkehr

Systemaufbau

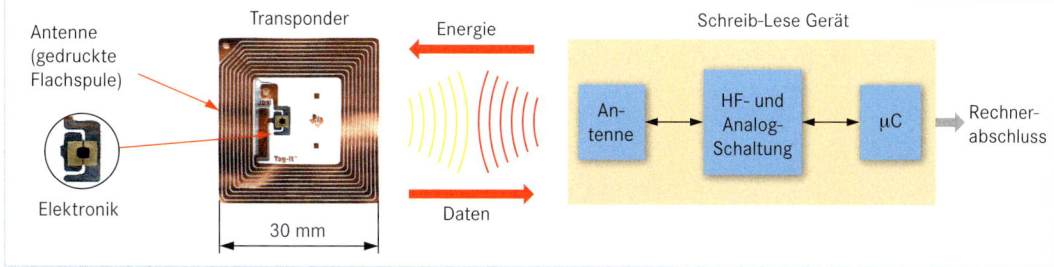

Antenne (gedruckte Flachspule) · Transponder · Energie · Schreib-Lese Gerät · Elektronik · 30 mm · Daten · Antenne · HF- und Analog-Schaltung · µC · Rechnerabschluss

Richtdiagramm

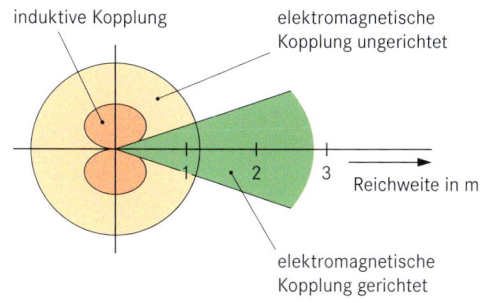

induktive Kopplung · elektromagnetische Kopplung ungerichtet · Reichweite in m · elektromagnetische Kopplung gerichtet

Beispiele

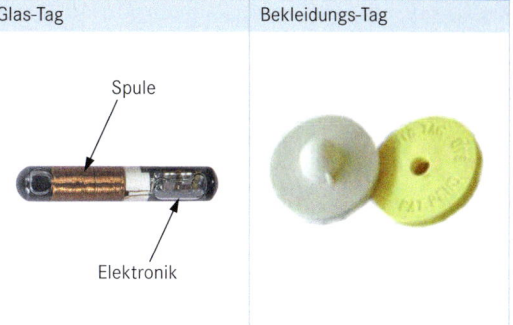

Glas-Tag · Bekleidungs-Tag · Spule · Elektronik

Ortungsprinzip

Nacheinander werden zwei Entfernungen zu einem sich bewegenden Satelliten gemessen (Messung der **Entfernungsänderung**).

a_1: Entfernung zum Satelliten zum Zeitpunkt t_1
a_2: Entfernung zum Satelliten zum Zeitpunkt t_2
$\Delta a = a_2 - a_1$

Diese Entfernungsänderung ist ein Messgröße, die für eine Ortung verwendbar ist.

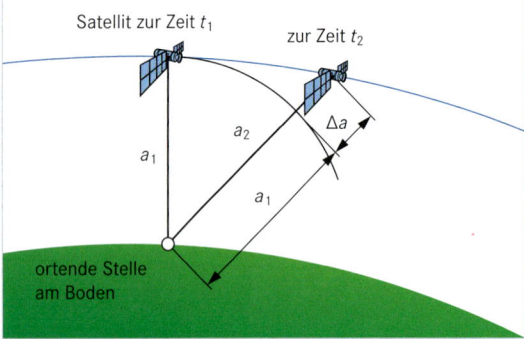

Segmente im GPS-System

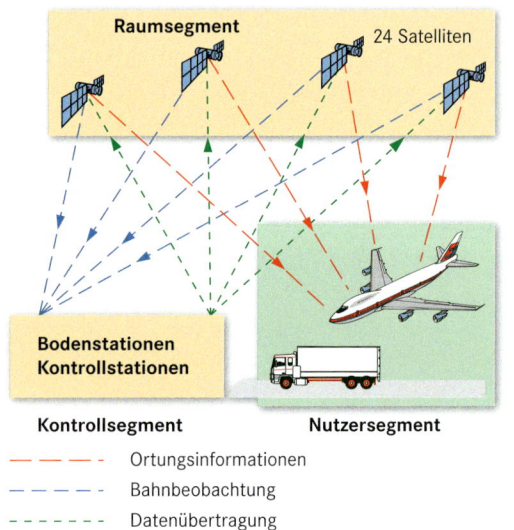

GPS-Grundkonzeption

Aufgaben	Positionsbestimmung (Ortung), Geschwindigkeitsbestimmung, Zeitinformationsbestimmung
Ortungsverfahren	Entfernungsmessung, dreidimensional
Satelliten	24 umlaufende Satelliten (21 aktiv, 3 Ersatz)
Bahnhöhe	20 230 km
Sendefrequenzen (Träger)	Träger L1: f_1 = 1575,42 MHz Träger L2: f_2 = 1227,60 MHz (aus Atomfrequenznormal f_0 = 10,23 MHz abgeleitet)
Messgrößen	Entfernung durch Messen von **Signallaufzeiten** (Impulslaufzeitverfahren), **Trägerphasendifferenz** (kontinuierliche Schwingungen, CW-Verfahren)
Positionsbestimmung	Genauigkeit: Signallaufzeitmessung: 30 bis 100 m Trägerphasendifferenz: 3 bis 30 cm
Geschwindigkeit	Genauigkeit: Fehler 3 m/s
Zeitinformation	Genauigkeit: Fehler 100 ns

Anwendung von GPS im zivilen Bereich

Ortung und Navigation:

- **C/A**-Code (**C**oarse **A**cquisation) des Trägers L1 wird empfangen, ausgewertet und daraus die Position berechnet.

- Zur Berechnung muss der Standort des Satelliten bekannt sein. Die Daten liefern 5 auf der Erde verteilte Kontrollstationen (Kontrollsegmente).

- Zur dreidimensionalen Positionsbestimmung sind Signale von drei Satelliten erforderlich.

- Voraussetzung für eine exakte Messung ist die mitgesendete „Uhrzeit" (GPS-Zeit).

Differenzial-GPS (DGPS)

Bei der Auswertung der GPS-Signale können Abweichungen von 30 bis 500 m auftreten. Eine verbesserte Positionsbestimmung wird durch eine **Differenzialmessung** erreicht.

Prinzip:

- Genau vermessene Referenzstation mit GPS-Empfänger, Referenzprozessor, Referenzsender.

- Die Differenz zwischen den über die GPS-Daten ermittelten Koordinaten und den geodätischen Koordinaten wird ständig ermittelt, ausgewertet und Korrekturdaten errechnet.

- Die Korrekturdaten werden über einen Sender abgestrahlt (z. B. über RDS, Langewelle).

- Der GPS-Nutzer kann beide Signale verwenden, um seine Position zu bestimmen. Genauigkeit bis zu 10 m.

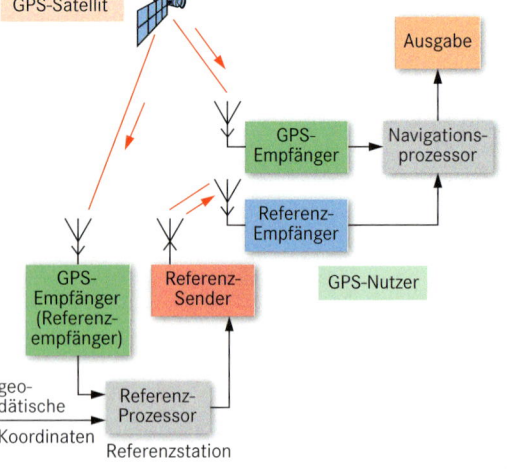

Zielführungssytem

Prinzip:
Kontinuierliche Positionsbestimmung und Vergleich mit digital gespeicherter Straßenkarte

Messgrößen:
- Empfang und Auswertung der GPS oder DGPS-Signale
- Der zurückgelegte Weg wird mit einem Radsensor (Radumdrehung und Radumfang) ermittelt
- Die Fahrtrichtung liefert ein Kompass

Effektivität:
Sie hängt im Wesentlichen von der Genauigkeit der digitalen Straßenkarte ab.

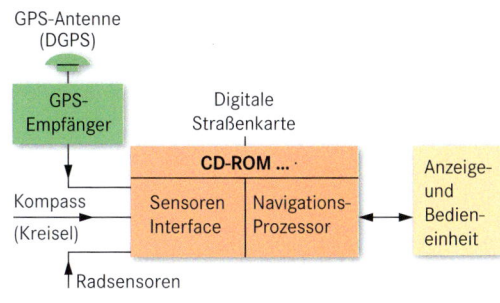

Positionsmeldesystem

Prinzip:
- Positionsbestimmung mit GPS.
- Kommunikation über das Mobilfunknetz oder über einen Kommunikationssatelliten (z. B. INMARSAT)

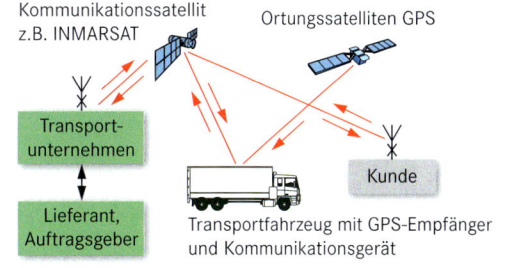

Transportfahrzeug mit GPS-Empfänger und Kommunikationsgerät

Verkehrsleitsystem

Prinzip:
- Verkehrsteilnehmer bestimmen ihre Position aus den Satellitensignalen.
- Position wird der Verkehrsleitzentrale übermittelt.
- Zwischen Zentrale und Fahrzeugen besteht zur Steuerung eine Funksprechverbindung.

Mobilfunknetze
Mobile Radio Networks

	D-Netz (D1 und D2)	E-Netz (E1 und E2)
Leistungsmerkmale (je nach Ausstattung)	<ul><li>Telefonie, Notruf, Kurznachrichten, Rufnummernanzeige, Gesprächsdaueranzeige</li><li>Anrufumleitung, Anrufsperrung, Anklopfen, Halten, Konferenz</li><li>Persönliche Anrufbeantwortung, Telefonauskunft, Weitervermittlung</li><li>Pannenhilfe, Auftragsdienst für Kurznachrichten, Mailbox, Fax, Datendienste, …</li></ul>	
Standard	GSM-900 (Global Systems for Mobile communications) GSM-1800	
Frequenzband: uplink downlink	890 MHz–915 MHz 935 MHz–960 MHz	1710 MHz – 1785 MHz 1805 MHz – 1880 MHz
Duplexabstand	45 MHz	95 MHz
Bandbreite	2 x 25 MHz	2 x 75 MHz
Trägerfrequenzen	124	372
Kanalabstand	200 kHz	200 kHz
Kanäle (full rate)	992	2976
Kanäle (half rate)	1984	5952
Zellgröße	0,2 km–35 km	0,2 km–8 km (0,25 W), 10 km (1 W)
Sendeleistung max. (Handy)	1 W	0,25 W–1 W
Reichweite (freies Gelände)	bis zu 50 km	bis zu 8 km (Stadtgebiet unter 1 km) Dämpfung größer als im D-Netz: 6–8 dB
Vorwahlnummer	D1: z. B. 0171 …; D2: z. B. 0172 …	E1: z. B. 0177…; E2: z. B. 0176 …
Betreiber	z. B.: T-Mobile Vodafone	z. B.: E-Plus
Abhörsicherheit	Gewährleistet durch digitale Verschlüsselung (Codierung und Decodierung in der SIM-Karte festgelegt).	
Fax, Datenübertragung	9600 bit/s	

Desktopsysteme

- Alle notwendigen Komponenten sind am PC vorhanden oder eingebaut (Lautsprecher, Mikrofon evtl. als Headset und Kamera, Webcam).
- Die Codierung/Decodierung erfolgt über eine Software bzw. Hardware (Steckkarte).
- Geringe Kosten
- Zugriff auf die PC-Daten
- Hauptanwendung: Point-to-Point-Verbindung vom Schreibtisch aus oder vom Heimarbeitsplatz

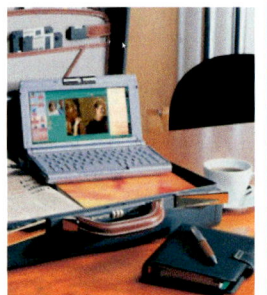

Gruppen-Videokonferenzsysteme (Settop-Systeme)

- Alle Hardware- und Software-Komponenten sind als Einheit zusammengefasst (Kompaktanlage).
- Wiedergabegeräte können handelsübliche Fernsehgeräte sein (CRT, LCD).
- Vielfältige Zusatzgeräte sind möglich (Dokumentenkamera, zweiter Monitor).
- Die Übertragung (Bild und Ton) ist steuerbar.
- Eine Bildschirmteilung ist möglich. Die Teilnehmer können dadurch ausgewählte Szenen sehen.
- Die **MCU** (**M**ultipoint **C**ontrol **U**nit, Vielfachverbindungs- und Steuerungseinheit) ist häufig integriert und dient als Sternverteiler für Gruppenvideokonferenzen. Es gibt sie als Hard- und/oder Softwarelösungen. Die MCU ist mit allen Teilnehmern verbunden ①, verwaltet und regelt die ein- und ausgehenden Datenströme.
- Steuerungsarten:
  - **Continuous Presence**
    Alle Videodatenströme werden zusammengefasst und an alle Teilnehmer zurück gesendet. So können sich mehrere Teilnehmer gleichzeitig gegenseitig sehen.
  - **Voice Switching**
    In dieser Betriebsart wird immer nur der Videostrom des momentan sprechenden Teilnehmers an alle anderen Teilnehmer gesendet.

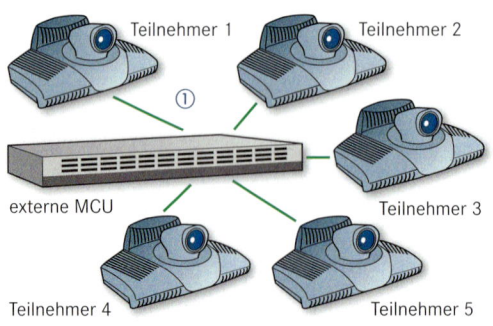

Teilnehmer 1 Teilnehmer 2

① externe MCU Teilnehmer 3

Teilnehmer 4 Teilnehmer 5

Standards nach ITU-T[2]

Standard	H.320	H.322	H.323
Datennetz	ISDN	LAN mit QoS[1]	LAN ohne QoS[1]
Videocodierung	H.261 H.263	H.261	
Audiocodierung	G.711, G.722, G.728		
Kontrolle, MCU	H.230 H.243	H.230 H.242	H.245
Mehrpunktverbindung	H.231 H.243	H.231 H.243	H.323
Datenübertragung	T.120		
Schnittstelle	I.400	I.400 TCP/IP	I.400 TCP/IP

[1] **QoS: Q**uality **o**f **S**ervice
[2] **ITU: I**nternational **T**elecommunication **U**nion

Videocodierung

- **H.261**
  - Bildwiederholrate 7,5; 10; 15 oder 30 Bilder pro Sekunde
  - n x 64 kbit/s (64 kbit/s bis 1920 kbit/s)
  - **CIF** (**C**ommon **I**ntermediate **F**ormat, Bezeichnung für das Bildformat 352 x 288 Pixel)
  - QCIF (Quarter CIF: 176 x 144 Pixel)
- **H.263**
  - Nachfolger von H.261
  - Zusätzlich SQCIF (128 x 96 Pixel)
  - 4CIF (4-fach CIF, 704 x 576 Pixel)
  - 16CIF (16-fach CIF, 1.408 x 1.152 Pixel)
- **H.264**
  - HD Anwendungen (hochauflösend)

Audiocodierung

- **G.711:** 3,4 kHz (Frequenzobergrenze), 64 kbit/s
- **G.728:** 3,4 kHz (Frequenzobergrenze), 16 kbit/s
- **G.722:** 7 kHz (Frequenzobergrenze), 64 kbit/s

Kontrolle, MCU

- **H.243**
  Kommunikationsaufbau zwischen mindestens drei Videokonferenzsystemen, Steuerung der MCU von einem Endgerät aus (Chairman-Steuerung)

Datenübertragung

- **T.120**
  Protokoll zum Datenaustausch zwischen Videokonferenzsystemen

Anschlüsse an einem Videokonferenzsystem

- Netzanschluss, Netzteil ①
- Netzschalter ②
- Zusätzliches Anzeigegerät (Monitor, Projektor) ③
- Videorecorder- oder DVD-Eingang ④
- S-Videoausgang ⑤
- Audioausgang ⑥
- Composite-Videoausgang ⑦
- Netzwerk (LAN-Port, IP) ⑧
- Konferenzverbindung (Mikrofon) ⑨

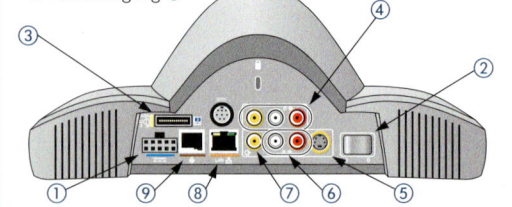

Netzhierarchie

Beispiele für Vorwahl:

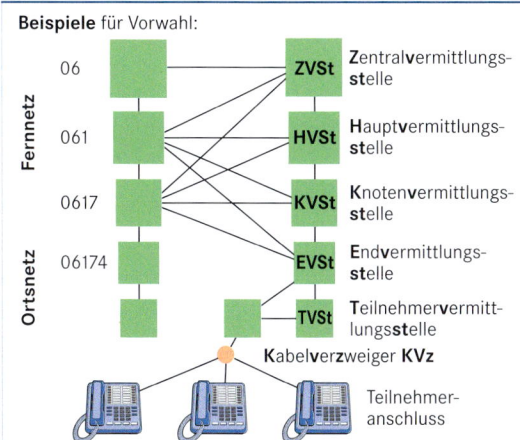

06	ZVSt	Zentralvermittlungsstelle
061	HVSt	Hauptvermittlungsstelle
0617	KVSt	Knotenvermittlungsstelle
06174	EVSt	Endvermittlungsstelle
	TVSt	Teilnehmervermittlungsstelle

Fernnetz / Ortsnetz

Kabelverzweiger **KVz**

Teilnehmeranschluss

Analoges Telefon (Fernsprechapparat)

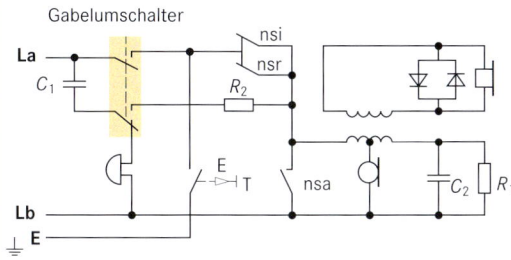

Gabelumschalter

- **Gabelumschalter:**
  Einleiten oder Aufheben der Verbindung.

- **Kontakt nsr:**
  Der **N**ummern**s**chalter-**R**uhekontakt überbrückt die letzten zwei Impulse.

- **Kontakt nsa:**
  Der **N**ummern**s**chalter-**A**rbeitskontakt überbrückt beim Betätigen der Wähleinrichtung den Hör-/Sprechkreis.

- **Kontakt nsi:**
  Durch den **N**ummern**s**chalter-**I**mpulskontakt werden Wählimpuse beim Rücklauf der aufgezogenen Scheibe erzeugt.

Wählablauf für die Ziffer 4 (IWV)

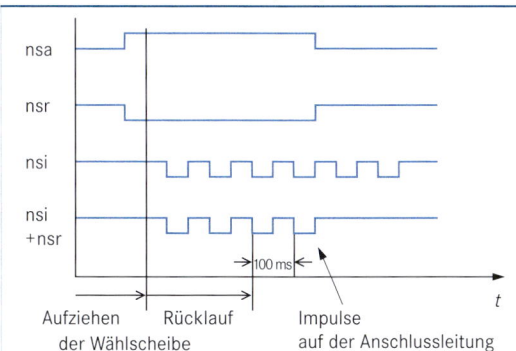

nsa

nsr

nsi

nsi +nsr

→ 100 ms ←

Aufziehen der Wählscheibe — Rücklauf — Impulse auf der Anschlussleitung

t

Netzknotenaufbau

- **Vermittlungseinrichtung:**
  Auf- und Abbau von Verbindungen, Erfassen von Gebühren
- **Endeinrichtungen:**
  Fernsprechapparate, Anrufbeantworter, Fax-Geräte
- **Wählverfahren:**
  Impuls**w**ahl**v**erfahren (**IWV**)
  Mehr**f**requenz**w**ahl (**MFW**)
- **Übertragungseinrichtungen:**
  Leitungen (Kupfer, Glasfaser) zwischen den Endeinrichtungen und der jeweiligen Vermittlung, Richtfunkstrecken oder Funkstrecken über Satelliten
- **Bandbreite:** 300 Hz bis 3,4 kHz

Mehrfrequenzwahl (MFW)

Durch Betätigen der Ziffern wird mindestens 40 ms lang ein niederfrequentes Tonsignal (Mischung aus zwei Frequenzen) erzeugt.

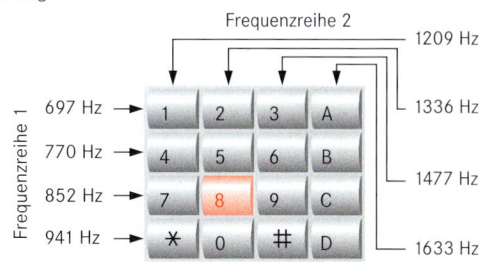

Frequenzreihe 2

Frequenzreihe 1

697 Hz, 770 Hz, 852 Hz, 941 Hz

1209 Hz, 1336 Hz, 1477 Hz, 1633 Hz

Spannungen und Stromstärken

- Speisespannung im öffentlichen Netz:
  Gleichspannung 60 V, Minuspol an La

- Gleichspannung bei abgehobenem Hörer am Endgerät
  10 V bis 20 V

- Gleichstrom (Schleifenstrom): 25 mA bis 40 mA
  Rufwechselspannung: 50 V bis 90 V (Spitze-Spitze-Wert bis 200 V), f = 25 Hz ± 8 %, Impulsdauer 1 s, Impulspausen 4 s bis 5 s
  Sie wird unterbrochen, wenn der angerufene Teilnehmer abhebt oder der Verbindungsaufbau abgebrochen wird.

- Zählimpulse: 16 kHz

Signaltöne

t_D: Zeit für den Dauerton; t_P: Zeit für die Pause

- **Wählton**
  Dauerton von 425 Hz; Vermittlungsstelle kann die Rufnummer aufnehmen
- **Rufton**
  Impulston von 425 Hz (t_D = 1s; t_P = 4 s); Verbindungsweg wird vorbereitet, Anschluss wird angerufen
- **Besetztton**
  Impulston von 425 Hz (t_D = 150 ms; t_P = 425 ms); Verbindung kommt nicht zustande
- **Aufschalteton**
  Impulston von 425 Hz (t_{D1} = 125 ms; t_{P1} = 150 ms; t_{D2} = 125 ms; t_{P2} = 425 ms, usw.); Netzbetreiber hat sich aufgeschaltet

TAE

TAE:
- Steckdose zum Anschluss analoger Endgeräte an das **TK**-Netz (**Tele**kommunikations-Netz).
- Es dürfen nur vom **BZT** zugelassene Geräte angeschlossen werden (**B**undesamt für **Z**ulassung in der **T**elekommunikation).

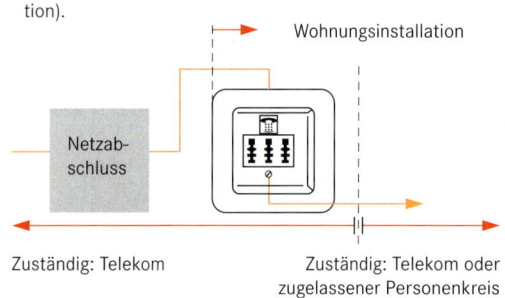

Zuständig: Telekom Zuständig: Telekom oder zugelassener Personenkreis

TAE 3 x 6 NFN

Mechanische Codierung:

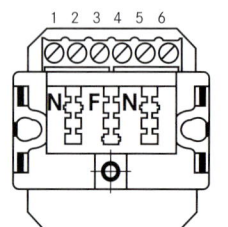

- **N: N**icht-Fernsprechbetrieb, z. B. Anrufbeantworter, Fax, Modem
- **F: F**ernsprechbetrieb, z. B. Telefon, TK-Anlage

Innenschaltung der TAE 3 x 6 NFN

Durch die Stecker werden in der Dose Schalter betätigt (Schaltbuchsen), die den Signalfluss unterbrechen.

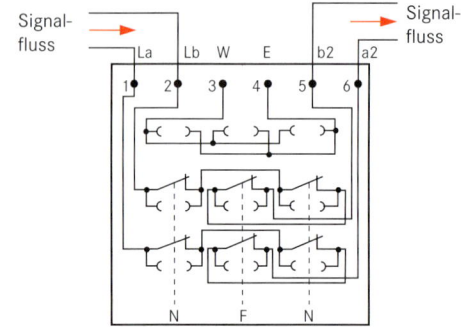

Kontakte der TAE-Stecker

Kontakt	Bedeutung der Anschlüsse	Farbe DIN 47100
1	La, a-Ader, Signalleitung	weiß (ws)
2	Lb, b-Ader, Signalleitung	braun (br)
3	W, Tonrufzweitgerät	grün (gn)
4	E, Erde, Nebenstelle	gelb (ge)
5	b2, b-Ader, Weiterführung	grau (gr)
6	a2, a-Ader, Weiterführung	rosa (rs)

TAE-Stecker

F-Codierung

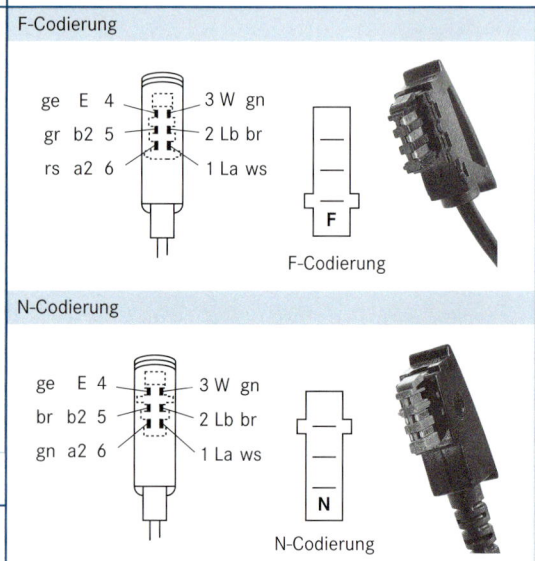

F-Codierung

N-Codierung

N-Codierung

Western-Steckverbindung

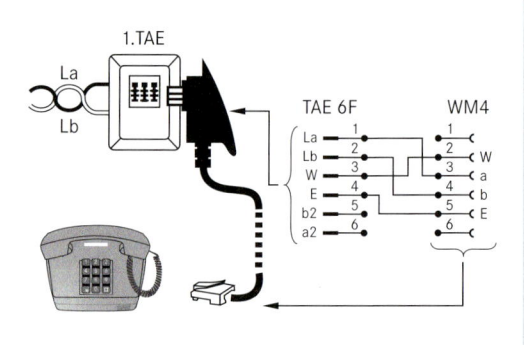

Telefonkabel (Sternvierer)

Ringcodierung bei einem Sternvierer (Farbe: Rot)
1. Paar: 1a, a-Ader, ohne Ring
   1b, b-Ader, ein Ring
2. Paar: 2a, a-Ader, zwei Ringe mit großen Intervallen
   2b, b-Ader, zwei Ringe mit kleinen Intervallen

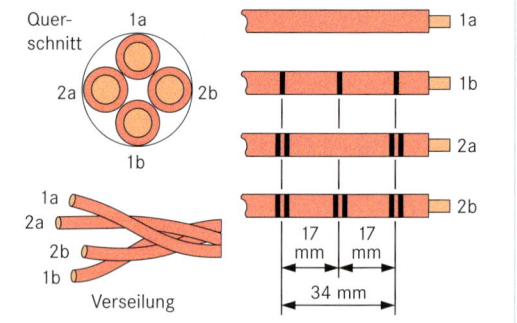

ISDN-Anschlussarten

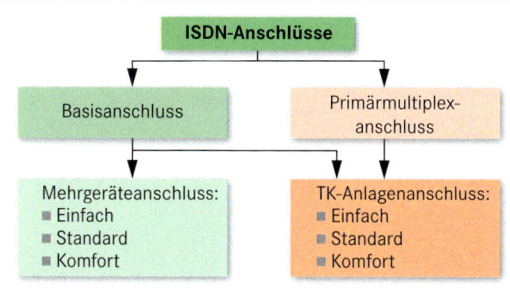

Schnittstelle für Basisanschluss

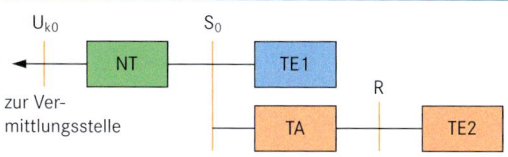

NT: Netzabschluss (Network Terminator)
TE1: ISDN-Endgerät
TA: Endgeräteanpassung (Terminaladapter)
TE2: Nicht-ISDN-Endgerät (z. B. analoges Telefon)
R, S, U: Schnittstellen

Basisanschluss (BaAs)

NTBA: Network **T**ermination for ISDN **B**asic **A**ccess
(Netzabschlussgerät für den ISDN-Basisanschluss)
- U_{k0}: Netzseitige ISDN-Schnittstelle
- S_0: Kundenseitige ISDN-Schnittstelle
- B1, B2: Nutzkanäle mit jeweils 64 kbit/s
- D: Steuer- und Zeichengabekanal mit 16 kbit/s
  (DSS1-Protokoll)

U_{k0} S_0

NTBA

B1: 64 kbit/s

B2: 64 kbit/s

D: 16 kbit/s

Primärmultiplexanschluss

NTPMA: Network **T**ermination for ISDN **Prim**ary Rate **A**ccess
- U_{2M}: Netzseitige ISDN-Schnittstelle
- S_{2M}: Kundenseitige ISDN-Schnittstelle
- Synchronisationskanal mit 64 kbit/s
- B1 bis B15: Nutzkanäle mit jeweils 64 kbit/s
- B16 bis B30: Nutzkanäle mit jeweils 64 kbit/s
- D-Kanal: 64 kbit/s (DSS1-Protokoll)

U_{2M} S_{2M}

NTPMA

	PCM-Kanäle:
Synchronisation: 64 kbit/s	0
B1 bis B15: je 64 kbit/s	1 bis 15
D64: 64 kbit/s	16
B16 bis B30: je 64 kbit/s	17 bis 31

Mehrgeräteanschluss

- Bis zu zwölf Anschlusssteckdosen (IEA) können installiert werden.
- Acht ISDN-Endgeräte oder eine TK-Anlage können gleichzeitig eingesteckt/angeschlossen sein (maximal vier Telefone).
- Drei Rufnummern (**Mehrfachnummern, MSN: M**ultiple **S**ubscriber **N**umber) stehen zur Verfügung. Sieben weitere können beantragt werden.
- Entfernung vom NTBA zur letzten Dose: ≤ 180 m

Beispiel:

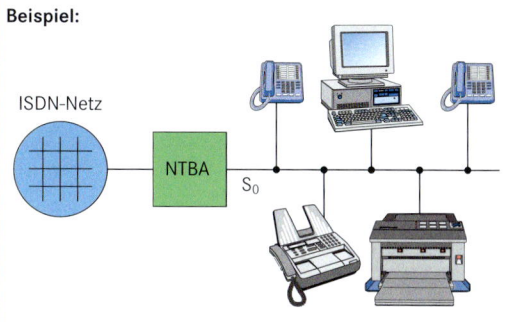

Anlagenanschluss

- Anschluss einer TK-Anlage:
  – Eine Durchwahl zu jedem Teilnehmer der Nebenstelle ist möglich.
  – Entfernung vom NTBA zur letzten Dose: ≤ 1 km
  – Keine Einschränkung der Zahl der anzuschließenden Telefone
  – Kostenlose interne Gespräche
  – Mehrere Basiskanäle sind möglich

Beispiel:

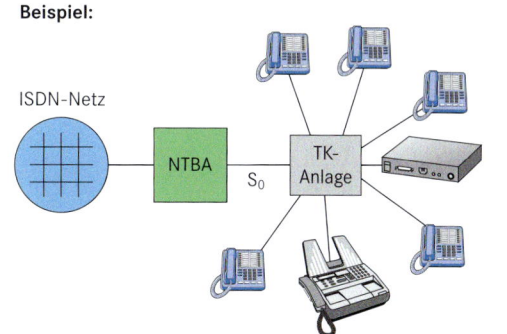

Anschluss analoger Endgeräte

Analoge Endgeräte können über a/b-Terminal-Adapter angeschlossen werden. In TK-Anlagen sind a/b-Adapter mitunter integriert.

NTBA

NTBA: Network **T**ermination for ISDN **B**asic **A**ccess
(Netzabschlussgerät für den ISDN-Basisanschluss)
Mit ihm erfolgt die Umsetzung der 2-Draht-Leitung in eine
hausinterne 4-Draht-Leitung (S_0-Schnittstelle).

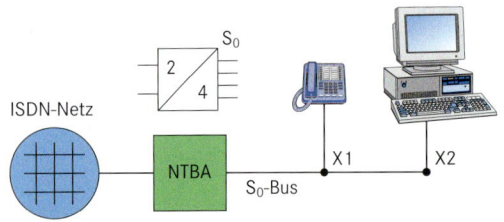

S_0-Bus

- Für die Leitungsverlegung vom NTBA muss die Busstruktur
  eingehalten werden (s. Abb. unten).

- Leitungen:
  - 1a und 1b (Sendeleitungen)
  - 2a und 2b (Empfangsleitungen)

- Die Anschlussdosen werden mit **IAE** (**I**SDN-**A**nschlussein-
  heiten) bezeichnet.

- Zwölf IAEs sind möglich, acht ISDN-Endgeräte können
  gleichzeitig angeschlossen sein, zwei können gleichzeitig
  betrieben werden.

- Die Leitung in der letzten IAE muss mit zwei Widerständen
  von 100 Ω ± 5 % abgeschlossen werden.

- Die Anschlussleitung für ein Gerät darf 10 m nicht
  überschreiten.

- Die Gesamtlänge des Busses darf 180 m nicht überschreiten (hängt vom Leitungstyp ab).

Bus-Strukturen

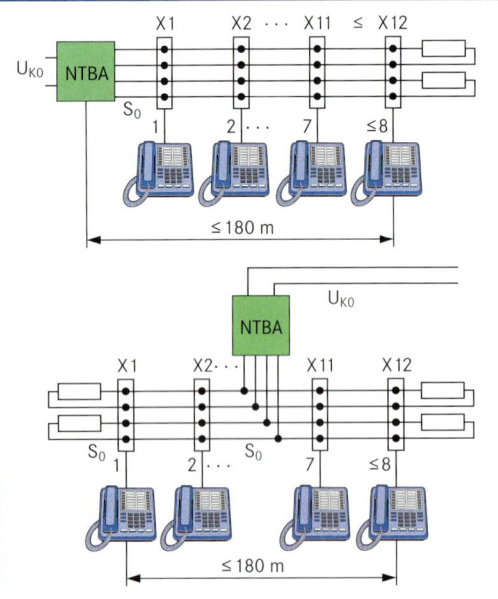

ISDN-Anschlusseinheit IAE

Beispiel: IAE 8 (4) (8-polig, 4 Buchsenkanäle)

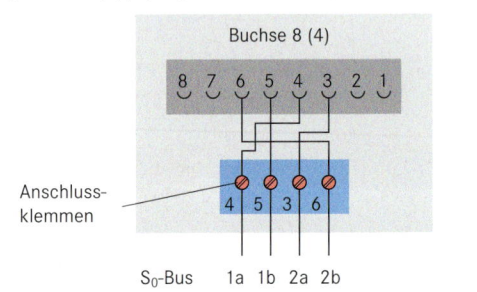

Universal-Anschlusseinheit UAE

UAE: Universal **A**nschluss**e**inheit

Beispiel: UAE 8 (4)
(8-polig, 4 Buchsenkontakte)

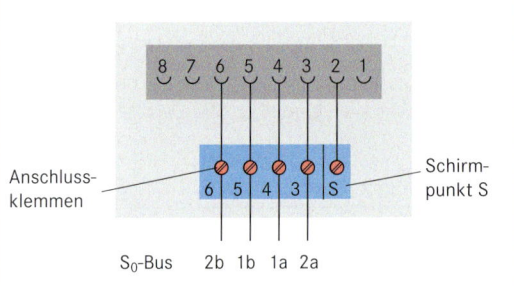

Western-Steckverbinder

- Sie wurden von der US-Telefongesellschaft Western Bell
  entwickelt.
- Die Steckerform entspricht einem 8-poligen Stecker, wie
  sie für ISDN-Geräte zum Anschluss an die IAE bzw. UAE
  verwendet werden.
- Andere Bezeichnung: RJ-45.
- Verwendet werden auch Stecker mit 4 (IAE-Stecker) oder
  6 Kontakten.
- Vierpolige Stecker werden auch für Telefonhörer verwendet.

Belegung der Buchsenkontakte

Klemmen-Nummer	4	5	3	6
ISDN-Anschluss	1a	1b	2a	2b
Analoger Anschluss	a	b	E	W

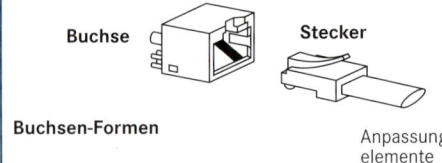

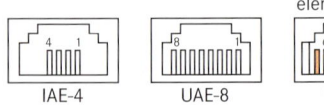

Merkmale

- Es ist eine Übertragungstechnik zur Erhöhung des Datendurchsatzes auf Teilnehmeranschlussleitungen im Ortsnetz.
- DSL verwendet die vorhandene Teilnehmer-Kupferleitung mit der gesamten verfügbaren Leitungsbandbreite.
- Übertragenes Signal ist nicht digital, sondern definiertes analoges Signal
- Signalcodierung/-decodierung erfolgt durch entsprechende Endgeräte beim Teilnehmer und in der Vermittlungsstelle
- Angewendete **Leitungscodes** sind
  - **2B1Q** (**2** **B**inary **1** **Q**uaternary), 4B3T und TCPAM
  - **PAM** (**P**ulse-**A**mplitude **M**odulation)
  - **CAP** (**C**arrierless **A**M/**P**M: Trägerloses AM/PM)

  - **QAM** (**Q**uadrature **A**mplitude **M**odulation)
  - **DMT** (**D**iscrete **M**ulti **T**one: Einzelne Vielfach-Träger)
- Filter übernehmen die Aufteilung des Frequenzspektrums in Sprach- und Datenband
- Übertragungsrichtungen werden bezeichnet mit
  - **Upstream** (aufwärts): Teilnehmer zur Vermittlungsstelle
  - **Downstream** (abwärts): Vermittlungsstelle zum Teilnehmer
- **DSL Varianten** werden durch vorangestellten Buchstaben gekennzeichnet: z. B. **A**DSL: **A**symmetric DSL (asymmetrisches DSL)
- Anwendung bei **Video on Demand** (Video auf Anforderung), interaktive Multimedia Dienste, **SOHO** (**S**mall **O**ffice – **H**ome **O**ffice: Kleines Büro – Heimbüro)

Frequenzbandaufteilung

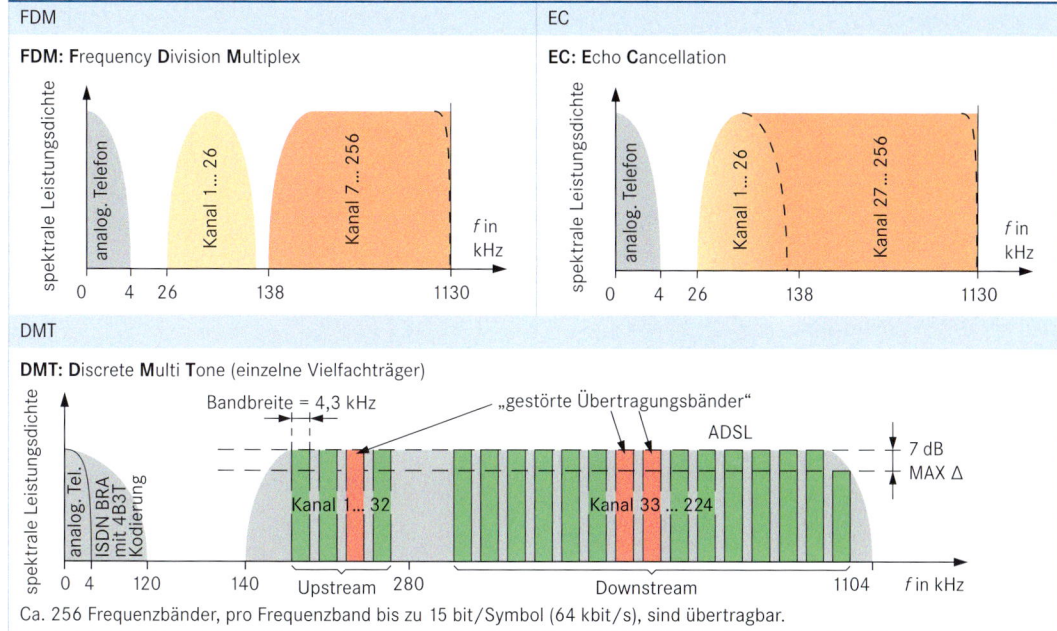

Ca. 256 Frequenzbänder, pro Frequenzband bis zu 15 bit/Symbol (64 kbit/s), sind übertragbar.

Varianten

Variante	Bezeichnung	Übertragungsart	Upstream-Datenrate in Mbit/s[1]	Downstream-Datenrate in Mbit/s[1]	Reichweite in km ca.[1]
Standard		Leitungspaare			
ADSL	**A**symmetric **D**igital	asymmetrisch	0,768	8	5
TS 101388	**S**ubscriber **L**ine	1			
SDSL	**S**ymmetric **D**igital	symmetrisch	2,048	2,048	2,5
TS 101524	**S**ubscriber **L**ine	1			
HDSL	**H**igh Data Rate **D**igital	symmetrisch	2,048	2,048	4
ETSI TS 101135	**S**ubscriber **L**ine	3 bei 2,048 Mbit/s			
VDSL	**V**ery High Data Rate	sym./asymmtr.	2,3	52	1,5
ETSI TS 1011270	**D**igital **S**ubscriber **L**ine	1			
SHDSL	Single-Pair **H**igh-Speed	symmetrisch	2,3	2,3	3
ITU G.991.2	**D**igital **S**ubscriber **L**ine	1			
VDSL2	**V**ery High Data Rate	sym./asymmtr.	100	100	0,5
ITU G.993.2	**D**igital **S**ubscriber **L**ine	1			

[1] Die Datenraten und Entfernungen sind abhängig von Leitungsqualität und vom Leitungsquerschnitt.

Begriffe und Merkmale

- Die Begriffe DSL und ADSL werden häufig synonym verwendet. Auf dieser Seite werden asymmetrische Übertragungsverfahren (ADSL) besprochen.
- **ADSL-Prinzip (A**symmetric **D**igital **S**ubscriber **L**ine)

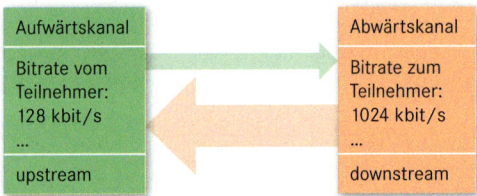

Aufwärtskanal	Abwärtskanal
Bitrate vom Teilnehmer: 128 kbit/s ...	Bitrate zum Teilnehmer: 1024 kbit/s ...
upstream	downstream

- **POTS**
  Plain **O**ld **T**elephone **S**ervice: Analoger Bereich der Telekommunikation (300 Hz bis 3,4 kHz)
- **BBAE, Splitter** ①
  Die **B**reit**b**and**a**nschluss**e**inheit wird zur Trennung der Signale (POTS, ISDN, ADSL) verwendet.

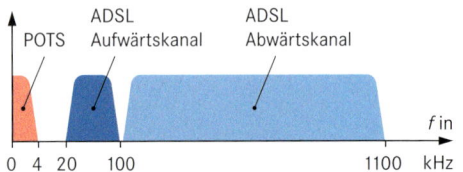

- **Upstream-Kanal**
  - Aufwärtskanal vom Teilnehmer aus
  - bei ADSL von 20 kHz bis 100 kHz
- **Downstream-Kanal**
  - Abwärtskanal zum Teilnehmer
  - bei ADSL von 100 kHz bis 1,1 MHz
- **NTBBA** ②
  Netzwerk**t**erminationspunkt **B**reit**b**and**a**nschluss: ADSL-Modem zur bidirektionalen Verarbeitung der ADSL-Signale. Die Verbindung zum PC erfolgt über RJ 45 Steckverbinder und Netzwerkanschluss.
- **ISDN-NTBA** ③
  Weiterleitung der ISDN-Signale zur TK-Anlage
- **Datenraten**

Datenrate in kbit/s	ADSL 1000	ADSL 2000	ADSL 3000	ADSL 2 6000
Downstream	1024	2084	3072	6016
Upstream	128	193	384	576

- **Theoretische Datenraten**
  Die tatsächlich erreichte Datenrate hängt von der Leitungsdämpfung, der Entfernung des Nutzers bis zum DSL-Multiplexer (**DSLAM**) und vom Übersprechen zwischen den Leitungen ab.

ADSL 8 Mbit/s	ADSL 2 12 Mbit/s	ADSL 2+ 25 Mbit/s	VDSL 52 Mbit/s

- **ADSL 2+**
  - Der Frequenzbereich wurde gegenüber ADSL 2 auf 2,2 MHz erweitert.
  - Es stehen dadurch doppelt so viele Multiträger zur Verfügung.
  - Die erreichbare Datenrate beträgt 25 Mbit/s.

Anschlussbeispiele

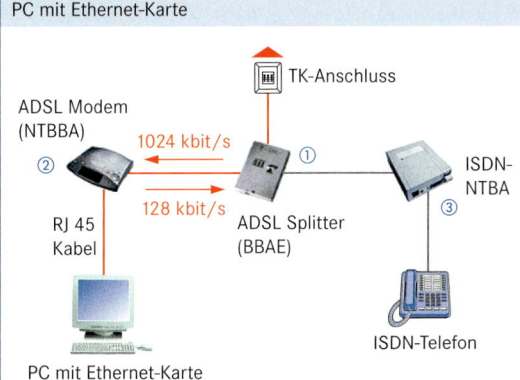

PC mit Ethernet-Karte

PC mit Ethernet-Karte

Anschluss über einen Hub

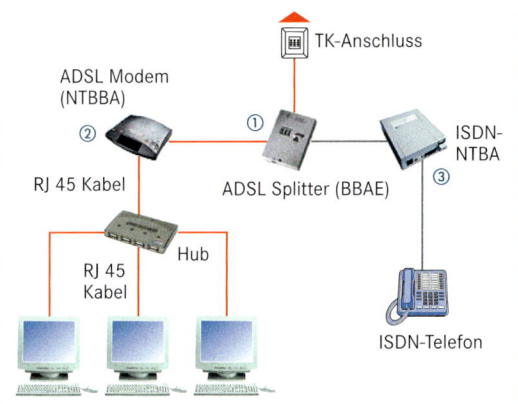

PC mit Ethernet-Anschluss

- Der Hub verbindet mehrere PCs mit individuellen Zugangsdaten über einen ADSL-Anschluss mit dem Internet.
- Die PCs stellen eigenständig und unabhängig voneinander ihre Verbindung her.

Anschluss über einen Router

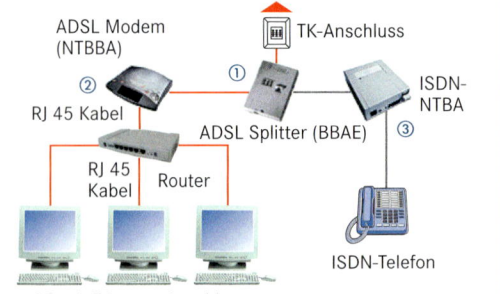

PC mit Ethernet-Anschluss

- Der Router verbindet über einen gemeinsamen ADSL-Zugang mehrere PCs mit dem Internet.
- Er übernimmt auf Anforderung eines PC die Einwahl.
- Er sorgt für die Verteilung der Datenströme zwischen den einzelnen PCs.
- Alle PCs verwenden dieselben Zugangsdaten.

Merkmale

- VDSL-Techniken werden besonders in hybriden Netzen (Glasfaser-/Kupferkabelnetzen) für Datenraten bis 100 Mbit/s bei Downstream (Downlink) und Upstream (Uplink) eingesetzt.
- Die Datenrate von 100 Mbit/s ist ein theoretischer Wert ①. Die tatsächliche Datenrate hängt von der Entfernung sowie von der Länge und Qualität der Kupferleitung vom Kabelverzweiger ② bis zum Teilnehmeranschluss ab.

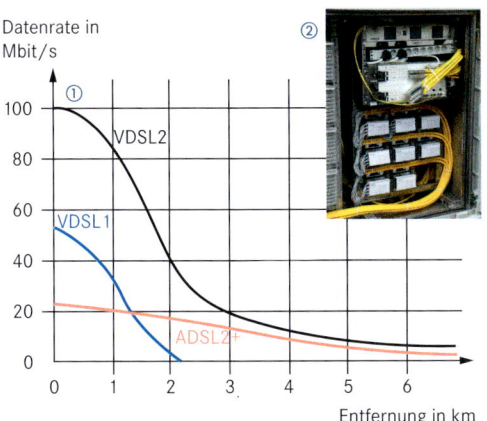

- Das schnelle VDSL-Übertragunsverfahren wird auch als Breitband-Internet bezeichnet und bei **Triple Play** eingesetzt (gemeinsames Angebot von Internet, Telefonie (VoIP) und Fernsehen (IPTV)).
- VDSL1 hat sich in Deutschland nicht durchgesetzt. Es ist nicht kompatibel zu VDSL2.
- VDSL2 reicht bis zum Frequenzbereich von 30 MHz, ist zu ADSL, ADSL2 und ADSL2+ abwärtskompatibel und kann mit symmetrischer oder asymmetrischer Übertragung arbeiten.
- Die symmetrische Übertragung wird vor allem von Unternehmen genutzt, die nicht nur Informationen aus dem Internet beziehen, sondern auch als Informationsanbieter agieren.

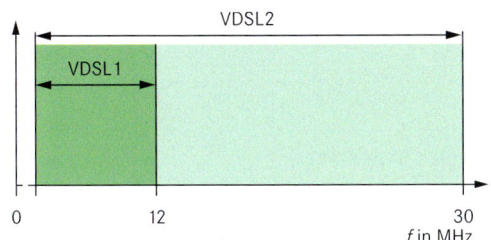

- VDSL2 ermöglicht garantierte Datenraten (**QoS: Q**uality of **S**ervice).
- Das Netz wird vorwiegend in Baumstruktur aufgebaut. Die DSL-Vermittlungsstelle (**DSLAM: D**igital **S**ubscriber **L**ine **A**ccess **M**ultiplexer) befindet sich nicht in der Ortsvermittlungsstelle, sondern in den Kabelverzweigern (KVz, Ortsverteiler), z. B. am Straßenrand (FTTC).
- Ein DSLAM kann ca. 100 Haushalte versorgen.

VDSL-Profile und Frequenzen

- In den Profilen sind u. a. die Grenzfrequenz, der Trägerabstand und die Signalstärke definiert.
- Der Netzbetreiber legt sein jeweiliges Profil fest.
- Zusätzlich zum Profil gibt es einen Frequenzbandplan, in dem die gemeinsame Nutzung der Frequenzen mit POTS, ISDN, ADSL … festgelegt ist.

Profil	Band-breite in MHz	Anzahl der genutzten Frequenzen ③	Fre-quenzab-stand in kHz ④	Über-tragungs-pegel in dBm[2]	Max. Daten-rate ⑤ [1]
8a	8,832	2047	4,3125	+ 17,5	50
8b	8,832	2047	4,3125	+ 20,5	50
8c	8,5	1971	4,3125	+ 11,5	50
8d	8,832	2047	4,3125	+ 14,5	50
12a	12	2782	4,3125	+ 14,5	68
12b	12	2782	4,3125	+ 14,5	68
17a	17,6604	4096	4,3125	+ 14,5	100
30a	30	3478	8,625	+ 14,5	200

[1] symmetrisch   [2] dB Milliwatt

- Die Modulation erfolgt mit **DMT** (**D**iscrete **M**ultitone **T**ransmission, **QAM: Q**uadratur**a**mplituden**m**odulation). Dabei wird der genutzte Frequenzbereich in bis zu 4096 Träger unterteilt ③. Die Bandbreite beträgt 4,3125 bzw. 8,625 kHz ④.
- Der gesamte Frequenzbereich wird in unterschiedliche Downstream- und Upstream-Bereiche aufgeteilt ⑤.
- In Deutschland wird der Frequenzbereich bis mindestens 138 kHz für POTS (analoges Telefon) und ISDN ausgeblendet, um gegenseitige Störungen zu vermeiden.

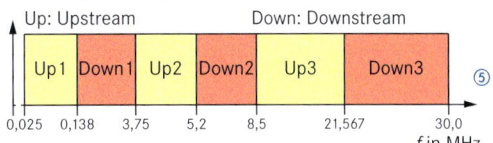

Netzarchitekturen

- **FTTN** (**F**iber-**t**o-**t**he-**n**ode, node: Knoten) Das Glasfaserkabel ist weit entfernt vom Endkunden, bis zu mehreren Kilometern.
- **FTTC** (**F**iber-**t**o-**t**he-**c**abinet, cabinet: Schrank) Das Glasfaserkabel endet in einer Straße (am Bürgersteig), typischerweise 300 m von dem Standort des Kunden. Die endgültige Anschlussleitung ist aus Kupfer (städtischer Bereich) ⑥.
- **FTTP** (**F**iber-**t**o-**t**he-**p**remises, premises: Gelände) Glasfaserkabel reicht bis zum Gelände
- **FTTB** (**F**iber-**t**o-**t**he-**b**uilding, building: Gebäude) Glasfaserkabel reicht bis zur Grenze des Gebäudes
- **FTTH** (**F**iber-**t**o-**t**he-**h**ome, home: Wohnraum) Glasfaserkabel reicht bis zur Grenze des Wohnraums ⑦

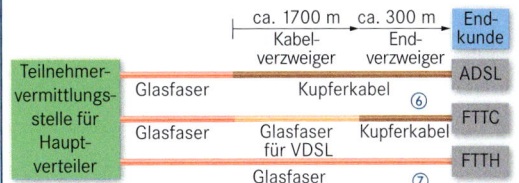

Merkmale

- Im Fernsprechnetz werden Telefongespräche zwischen den Teilnehmern durch Vermittlungseinheiten (Vermittlungsanlagen) hergestellt.
- Für die Gesprächsdauer ist die Verbindung zwischen zwei Teilnehmern eine leitungsvermittelte (exklusiv) Durchschalteverbindung (Kanal fester Bandbreite).
- Die Verbindung erfolgt über Wählvermittlungsanlagen
  - **VE:O** (**V**ermittlungs**e**inheit **O**rtsnetz),
  - **VE:F** (**V**ermittlungs**e**inheit **F**ernnetz),
  - **VE:A** (**V**ermittlungs**e**inheit **A**usland) und
  - **VE:N** (**V**ermittlungseinheit mit **N**etzübergangsfunktion).

- Die Funktionen sind u. a.
  - Auf- und Abbau von Wählverbindungen,
  - Leitweglenkung,
  - Teilnehmerspeisung,
  - Teilnehmer- und Leitungsüberwachung,
  - Signalisierungsaufnahme und -abgabe,
  - Signalisierung von freien und besetzten Leitungen (Töne),
  - Gebührenerfassung,
  - Durchschalten von Notrufen und
  - Hinweise anschalten.

Vermittlungsstelle

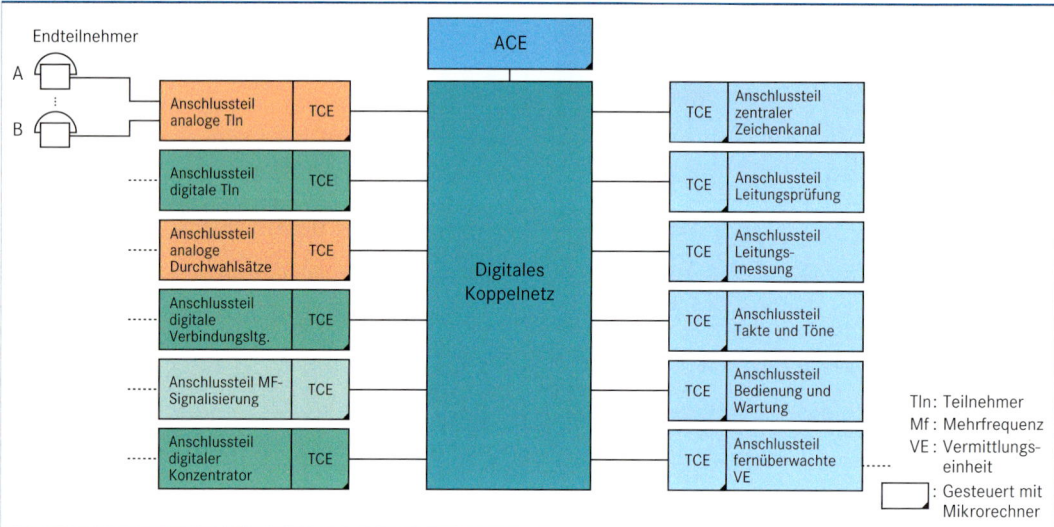

ACE (Auxiliary Control Element)

Funktionssteuereinheit für übergeordnete Steuerungsaufgaben, aufgeteilt in Vermittlungs- und System-Steuereinheit

Vermittlungssteuereinheit

- Bearbeitet die Vermittlungsaufträge
- Führt Verbindungsauf- und -abbau durch
- Erfasst die Gebühren

Systemsteuereinheit

- Führt Ziffernauswertung durch
- Ermittelt die Teilnehmeranschlusslage
- Zuständig für Verkehrslenkung und Tarifermittlung
- Gebührenerfassung
- Fehlerbearbeitung und Fehlermeldung

TCE (Terminal Control Element)

Es handelt sich um eine Moduleinheit für die Steuerung der Funktionen der jeweiligen Anschlussteile.
- Bearbeitung der physikalischen Signalisierung des Anschlussteils
- Verwaltung der angeschlossenen Peripherie (z. B. Teilnehmerschaltungen)
- Erzeugt Gebührenimpuls (bei Analog-Teilnehmern)

Anschlussstelle

Schnittstellen zu den jeweiligen angeschlossenen Endeinrichtungen, z. B. für analoge Teilnehmer mit folgenden Funktionen:

- Zweidraht-/Vierdraht-Wandlung
- Wandlung analoge Sprach- in PCM-Signale
- Erkennen von Schleifenschluss
- Rufstromerzeugung und -einspeisung
- Gleichstromspeisung der Teilnehmer

Digitales Koppelnetz

Besteht aus digitalen Schaltgliedern (UND-Gattern) und hat folgende Aufgaben:
- Durchschalten der Verbindungswege zwischen Teilnehmeranschlüssen
- Teilnehmeranschluss und ACE
- Semipermanente Festverbindungen zwischen TCEs und zentralem Zeichenkanal.

Die Informationsübertragung erfolgt mittels PCM-Signalen. Der Aufbau erfolgt mehrstufig (je nach Größe der Vermittlungsstelle) mit **Z**eit- und **R**aumstufen (**Z**-**R**-**Z**- für kleine und **Z**-**RRR**-**Z**- Struktur für große Vermittlungsstellen).

Merkmale

- Die Verkehrstheorie beinhaltet Methoden und Konzepte für
  - den Entwurf,
  - die Planung und
  - den Betrieb von
  Kommunikationsnetzen.
- Die Grundlage sind geforderte Qualitäts- und Leistungsaspekte.
- Die Berechnungen zur Bildung und Überprüfung von **Verkehrsmodellen** erfolgen auf Basis der
  - Wahrscheinlichkeitstheorie und
  - mathematischen Statistik.
- Grundsätzlich basiert der Fernsprechverkehr auf **zufälligen Ereignissen** bei den ankommenden Anrufen.

Begriffe

- **Leitung**: Eingangs-, Zubringer-, Ausgangs-, Abnehmer- oder Zwischenleitung
- **Gerät**: Vermittlungstechnische Einrichtung mit speziellen Funktionen (z. B. Koppelnetzanordnung)
- **Bündel** (Trunk): Anzahl von Leitungen, die untereinander gleichwertig sind
- **Erreichbarkeit**: **Volle Erreichbarkeit** ist gegeben, wenn jede Zubringerleitung jede Abnehmerleitung erreichen kann. **Begrenzte Erreichbarkeit** ist gegeben, wenn die Zubringerleitungen nur einen Teil der Abnehmerleitungen erreichen.
- **Hauptverkehrsstunde**: Sie ist die mittlere Verkehrsbelastung (keine zeitliche Lage); viertelstündliche Messungen an fünf bis zehn aufeinanderfolgenden Werktagen; vier aufeinanderfolgende Messwerte dienen zur Mittelwertbildung.

Leitungsbelegung

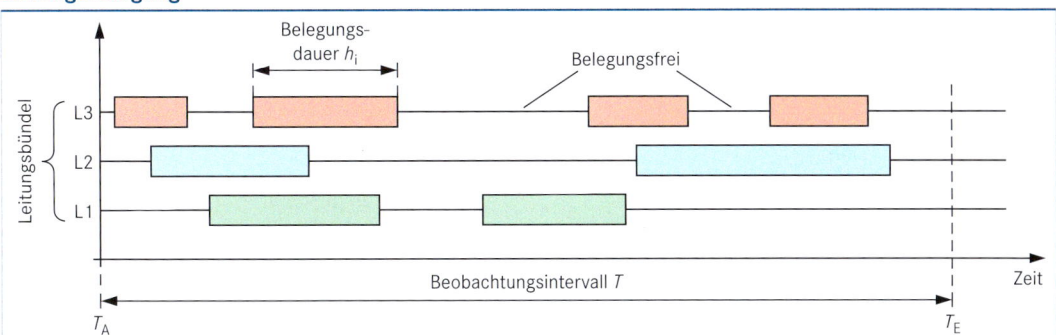

Verkehrsmenge

Die Verkehrsmenge ist die Summe der Belegungsdauer. (Zeitabschnitte der Belegungen werden addiert)

$$Y = \sum_{i=1}^{c} h_i = c \cdot h \qquad Y = [h] \qquad h = [h]$$

c: Anzahl der Belegungen im Beobachtungsintervall

h_i: Belegungsdauer

Angebot

Es ist der tatsächlich zugeführte Verkehrswert, unabhängig von einer Vermittlung.

$$A_0 = c_a \cdot h \qquad A_0 = [Erl]$$

c_a: Belegungsversuche

Mittlere Belegungsdauer

Sie ist die Summe der Belegungsdauer dividiert durch Anzahl der Belegungen im Beobachtungsintervall.

$$h = \frac{Y}{c} \qquad h = [h]$$

Verkehrswert A

Sie ist die Summe der Belegungsdauer dividiert durch Anzahl der Belegungen im Beobachtungsintervall.

$$A = \frac{Y}{T} \qquad A = [Erlh]$$

Beispiel:
Eine Leitung mit dauerhafter Belegung im Beobachtungsintervall hat einen Verkehrswert von 1 Erl.

ISDN S_0 (2 B-Kanäle): 2 Erl

Praktischer Bemessungswert für die Dimensionierung: 0,1 Erl pro Teilnehmer an einer Vermittlungsstelle.

Verlustwahrscheinlichkeit

Die Verlustwahrscheinlichkeit beschreibt den Verlust für ankommende Anrufe, die nicht vermittelt werden (Erlang-B Modell).

Sie dient u. a. zur Ermittlung der Anzahl der erforderlichen Leitungen für eine vorgegebene Verlustwahrscheinlichkeit.

$$B(N, A_0) = \frac{\dfrac{(A_0)^N}{N!}}{1 + \displaystyle\sum_{X=1}^{N} \dfrac{(A_0)^X}{X!}}$$

N: Anzahl der belegten Abnehmer-Leitungen
A_0: angebotener Verkehr

Beispiel:
10 Leitungen mit A_0 = 4,46 Erl ergeben eine Verlustwahrscheinlichkeit von 0,01 %.

Kabelnetze und Antennen für Fernsehsignale

Inhalt	DIN	VDE
▪ Kabelnetze für Fernsehsignale, Tonsignale und interaktive Dienste	Beiblatt zu DIN EN 50083	
▪ Sicherheitsanforderungen (z. B. Erdung, Blitzschutz, Potenzialausgleich, mechanische Festigkeit)	DIN EN 50083-1 DIN EN 50083-1/A1 DIN EN 50083-1/A2	VDE 0855 Teil 1 VDE 0855 Teil 1/A1 VDE 0855 Teil 1/A2
▪ Elektromagnetische Verträglichkeit von Geräten (z. B. Schirmungsmaß, Störabstrahlung, Störeinstrahlung, Funkentstörung)	DIN EN 50083-2 DIN EN 50083-2/A1	VDE 0855 Teil 200 VDE 0855 Teil 200/A2
▪ Aktive Breitbandgeräte für koaxiale Verteilnetze ▪ Passive Breitbandgeräte für koaxiale Verteilnetze ▪ Geräte für Kopfstellen ▪ Optische Geräte ▪ Systemanforderungen	DIN EN 50083-3 DIN EN 50083-4 DIN EN 50083-5 DIN EN 50083-6 DIN EN 50083-7	VDE 0855 Teil 3 VDE 0855 Teil 4 VDE 0855 Teil 5 VDE 0855 Teil 6 VDE 0855 Teil 7
▪ Elektromagnetische Verträglichkeit von Kabelnetzen ▪ Schnittstellen für CATV-/SMATV-Kopfstellen und vergleichbare professionelle Geräte für DVB-/MPEG-2-Transportströme ▪ Rückkanal-Systemanforderungen	DIN EN 50083-8 DIN EN 50083-9 DIN EN 50083-10	VDE 0855 Teil 8 VDE 0855 Teil 9 VDE 0855 Teil 10
▪ Empfangsantennen	DIN EN 50083-11	
▪ Allgemeine Kriterien für Konformitätserklärungen von Anbietern	DIN EN 45014	
▪ Sicherheitsanforderungen für Audio-, Video- und ähnliche elektronische Geräte	DIN EN 60065	VDE 0860
▪ Normen für mechanische Festigkeit – Lastannahmen für Bauten – Antennentragwerke aus Stahl	 DIN 1055 Teil 4 DIN 4131	
▪ Technische und betriebliche Bedingungen für Breitbandanschlüsse FTZ-Richtliniensammlung **1 R8-15**		

Intermodulation
Intermodulation

Entstehung, Begriffe

- Mit Intermodulation wird ein Vorgang bezeichnet, bei dem durch niochtlineare Übertragungskomponenten (z. B. Halbleiterbauelemente, Verstärker) unerwünschte Oberschwingungen (**Intermodulationsprodukte**) entstehen.

- **Intermodulationsprodukte 2. Ordnung** (IM$_2$ ①)
  Störungen dieser Art spielen besonders in Breitbandkabelnetzen und CATV-Systemen eine Rolle). Sie werden auch als **CSO** (**C**omposite **S**econd **O**rder) bezeichnet.
  $f_a \pm f_b$

- **Intermodulationprodukte 3. Ordnung** (IM$_3$)
  Sie werden auch als **CTO** (**C**omposite **T**hird **O**rder) bezeichnet.
  $f_a \pm f_b \pm f_c$

- Um Empfangsstörungen zu vermeiden, muss ein bestimmter Störabstand eingehalten werden.
  Beispiele:
  – Hausanschlussverstärker, Breitbandverstärker:
  DIN EN 50083-3, -5; IM$_2$ und IM$_3$ 60 dB
  – Sat-Verstärker:
  DIN-EN 50083-3; IM$_2$ und IM$_3$ 35 dB
  – TV-Kanalverstärker
  DIN EN 50083-5; IM3 54 dB

- Messung nach DIN EN 50083-3:
  Die Störsignale 3. Ordnung besitzen gleiche Pegel wie das Nutzsignal ②.

Messungen

- DIN EN 50083-5 ①
  Die Pegel der Störsignale sind kleiner als die Pegel der Nutzsignale.

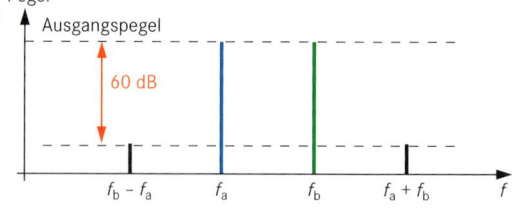

- DIN EN 50083-3
  Die Pegel der Nutz- und Störsignale sind gleich.

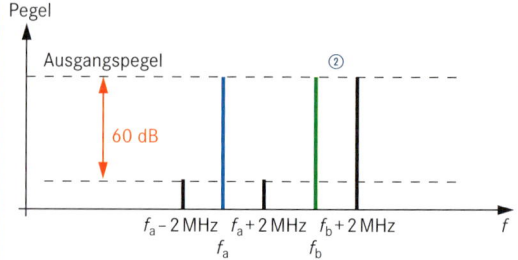

Arten von Dipolen

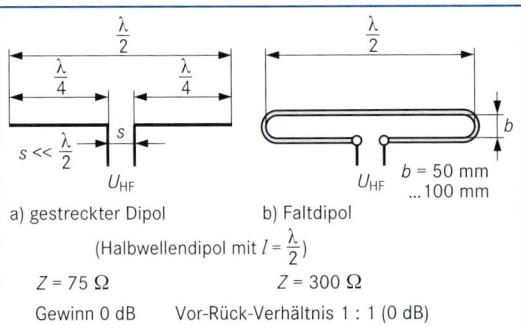

a) gestreckter Dipol

b) Faltdipol

(Halbwellendipol mit $l = \frac{\lambda}{2}$)

$b = 50$ mm ...100 mm

$Z = 75\ \Omega$

$Z = 300\ \Omega$

Gewinn 0 dB

Vor-Rück-Verhältnis 1 : 1 (0 dB)

Arten einer Yagi-Antenne

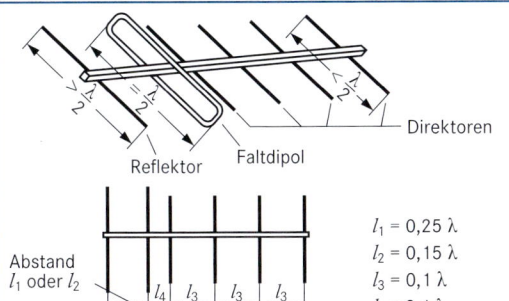

Direktoren

Reflektor   Faltdipol

Abstand l_1 oder l_2

$l_1 = 0{,}25\ \lambda$
$l_2 = 0{,}15\ \lambda$
$l_3 = 0{,}1\ \lambda$
$l_4 < 0{,}1\ \lambda$

Mehrelement-Antennen

Antennen			
	3-Element-antenne mit gestrecktem Dipol	5-Element-Richtantenne	Winkel-Reflektor mit V-Dipol Band IV + V
Richt-charak-teristik			
Gewinn-maß	5 dB	7 dB	12 dB (bei 470 MHz)
Vor-Rück-verhält-nis	5,6:1 (15 dB)	8:1 (18 dB)	30,6:1 (30 dB)
Öff-nungs-winkel horizon-tal	70°	65°	40°
ver-tikal	110°	80°	27°

Montage

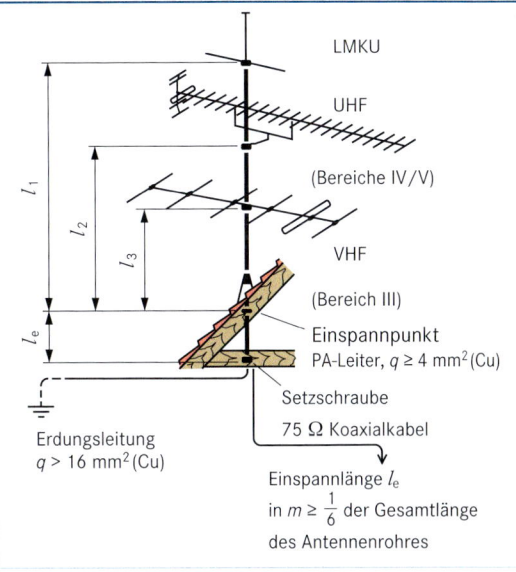

LMKU

UHF

(Bereiche IV/V)

VHF

(Bereich III)

Einspannpunkt
PA-Leiter, $q \geq 4$ mm^2 (Cu)

Setzschraube

75 Ω Koaxialkabel

Erdungsleitung
$q > 16$ mm^2 (Cu)

Einspannlänge l_e
in $m \geq \frac{1}{6}$ der Gesamtlänge
des Antennenrohres

Antennenanlagen (Kenngrößen)

Verteiler — Verteilungsdämpfungsmaß

$a_v = 4$ bis 13 dB

Abzweiger — Abzweigdämpfungsmaß
$a_A = 10$ bis 50 dB
Durchgangsdämpfungsmaß
$a_D = 0{,}5$ bis 2 dB

Durchgangsdose — Anschlussdämpfungsmaß
$a_A = 11$ bis 14 dB
Durchgangsdämpfungsmaß
$a_D = 1$ bis 2 dB

Enddosen — Anschlussdämpfungsmaß
$a_A = 11$ bis 14 dB
für Einzelanlagen
$a_A = 0$ dB

Bandpässe und **Bandsperren**

Sperrdämpfungsmaß
$a_{sp} = 15$ bis 28 dB
$a_D = 0{,}5$ bis 2 dB

Antennenweiche — für Bereichsweiche
$a_D = 1$ dB
für Kanalweiche
$a_D = 2$ dB

Zulässiger Betriebspegel
Störstrahlunsleistung $4 \cdot 10^{-9}$ W
bzw. Störpegel 55 dBµV
(je max. Werte für elektronische Bauteile)

Beispiel: Schirmungsmaß 35 dBµV (gemessener Wert)
Zulässiger Betriebspegel: Schirmungsmaß + Störpegel
Zulässiger Betriebspegel: 35 dBµV + 55 dBµV = 90 dBµV

Antennenanlage (Hausgemeinschaft)

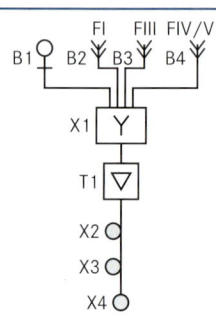

Potenzial-Ausgleichsleitungen 4 mm^2 Cu

Potenzialausgleichs-schienen

Erdungsleitung 16 mm^2 Cu

Haupterdungsschiene

Erder

Erdungsleitungen

Verlegung innerhalb und außerhalb von Gebäuden:

- Cu, Querschnitt ≥ 16 mm^2 ($d ≥ 4,6$ mm) blank oder isoliert
- Al, Querschnitt ≥ 25 mm^2 ($d ≥ 5,7$ mm) blank, nur Verlegung in Innenräumen oder isoliert

Leitungen, ein- oder mehrdrähtig (nicht feindrähtig):

- Al-(Knet)-Legierung, Querschnitt ≥ 50 mm^2 ($d ≥ 8,0$ mm)
- Stahldraht, verzinkt, $d ≥ 8$ mm
- Stahlband, verzinkt, 2,5 mm · 20 mm

Die Antennenanlage ist in den Schutzpotenzialausgleich einzubeziehen.

Einzel-Antennenanlage mit Steckdosen

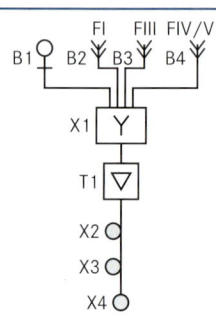

Stammleitungssystem

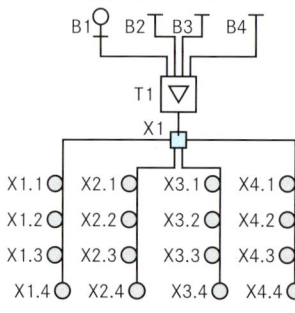

Stichleitungssystem

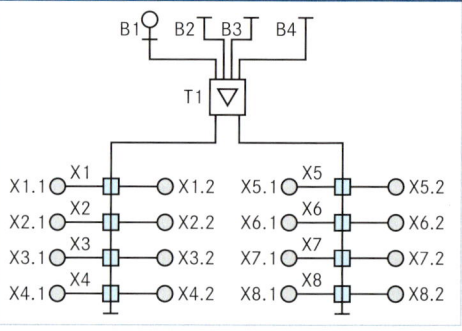

Parabol-Antenne

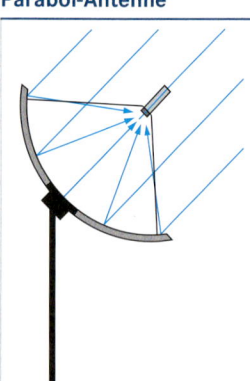

- Elektromagnetische Wellen werden im Brennpunkt vereinigt.
- Flächenwirkungsgrad: 50 – 60 %

Parabol-Offsetantenne

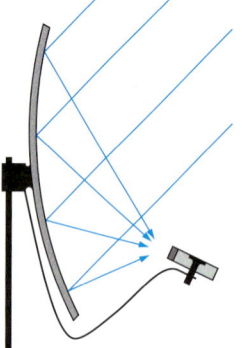

- Ausschnitt aus einer Parabol-Antenne.
- Flächenwirkungsgrad: 60 – 65 %

Cassegrain-Antenne

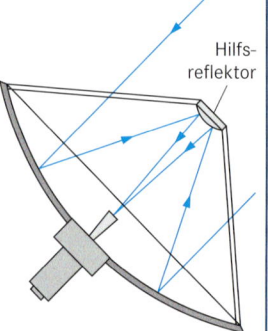

Hilfs-reflektor

- Symmetrische Parabol-Antenne mit Hilfsreflektor.
- Flächenwirkungsgrad: 60 – 70 %

Flachantenne

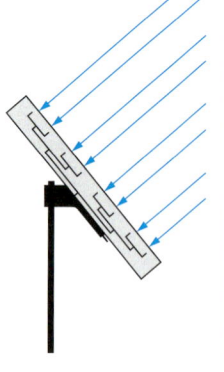

- Empfangssystem in der Antenne integriert.
- Flächenwirkungsgrad: 40 – 80 %

Komponenten

① Offset-Parabolantenne	⑤ Terrestrische Antennen	⑨ Umschaltmatrix
② Speisesystem/-systeme	⑥ Antennensteckdosen	⑩ 5-fach Verbinder
③ DiSEqC Umschaltmatrizen	⑦ Sat-ZF-Verstärker	⑪ Einschleuseweiche
④ Weichen	⑧ Umsetzer/Matrix	

Einzelanlagen

Zwei Satelliten-Empfang (Multifeed-Empfang), Twin-Betrieb, 2 Teilnehmer

- 2 Satelliten-Empfang
- 2 Polarisationen, horizontal und vertikal
- Low-/Highband
- Analog und digital
- Terrestrisches Signal
- DiSEqC, 8xSat-ZF

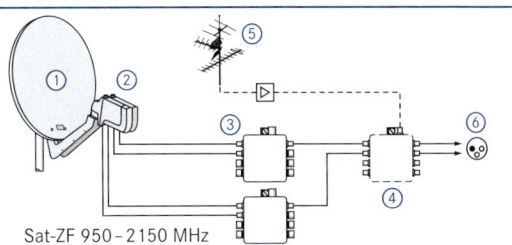

Sat-ZF 950 – 2150 MHz

Ein Satelliten-Empfang, Erweiterung für 4 Anschlüsse

- 1 Satelliten-Empfang
- 2 Polarisationen, horizontal und vertikal: 14/18 V
- Low-/Highband: 0/22 kHz
- Analog und digital
- Terrestrisches Signal
- 4 Anschlüsse (auf 8 erweiterbar)

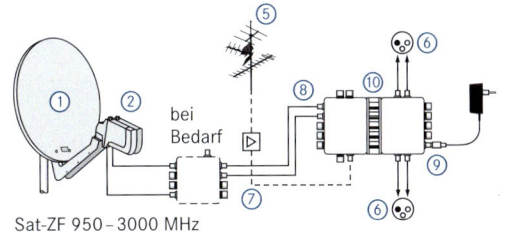

bei Bedarf

Sat-ZF 950 – 3000 MHz

Gemeinschaftsanlagen

2xSat-ZF, 8 Teilnehmer

- 1 Satelliten-Empfang
- 2 Polaisationen, horizontal und vertikal: 14/18 V
- Lowband
- Terrestrisches Signal
- Erweiterbar

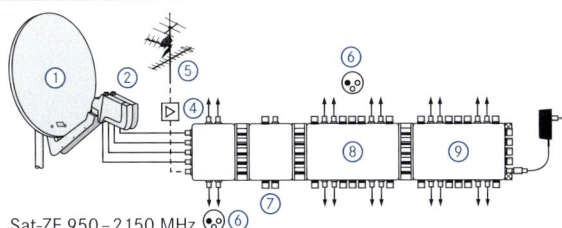

Sat-ZF 950 – 2150 MHz

4xSat-ZF, Multifeed, 20 Teilnehmer

- 2 Satelliten-Empfang
  Satellit A: 0 kHz
  Satellit B: 22 kHz
- 2 Polarisationen, horizontal und vertikal: 14/18 V
- Lowband
- Terrestrisches Signal

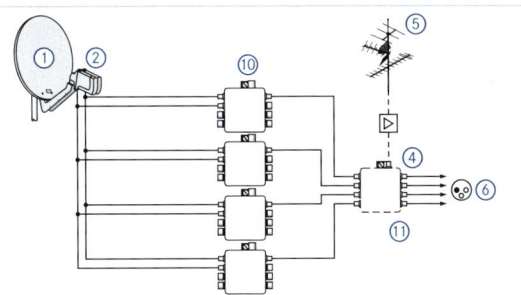

Sat-ZF 950 – 2150 MHz

8xSat-ZF, 4 Teilnehmer

- 2 Satelliten-Empfang
- 2 Polarisationen, horizontal und vertikal
- Analog und digital
- Low- und Highband
- Terrestrisches Signal
- DiSEqC: 8xSat-ZF

Einstellungen der Antenne und Satellitenstandorte

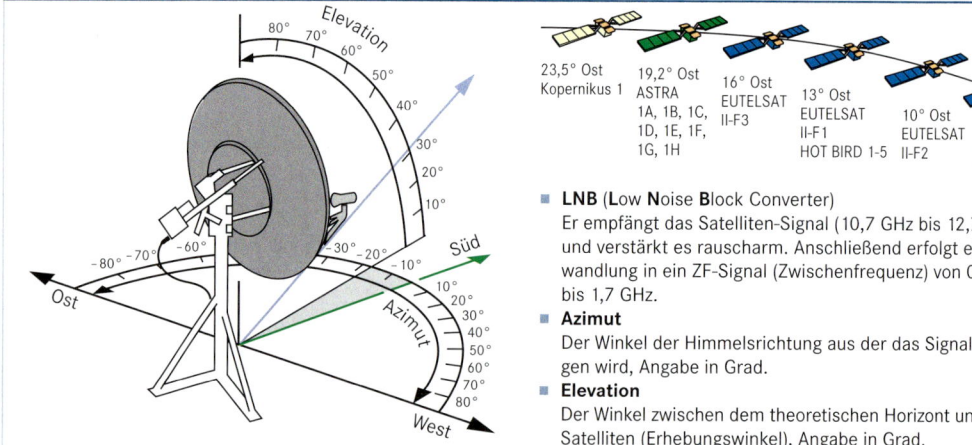

23,5° Ost
Kopernikus 1

19,2° Ost
ASTRA
1A, 1B, 1C,
1D, 1E, 1F,
1G, 1H

16° Ost
EUTELSAT
II-F3

13° Ost
EUTELSAT
II-F1
HOT BIRD 1-5

10° Ost
EUTELSAT
II-F2

7° Ost
EUTELSAT
II-F4

- **LNB** (**L**ow **N**oise **B**lock Converter)
  Er empfängt das Satelliten-Signal (10,7 GHz bis 12,75 GHz)
  und verstärkt es rauscharm. Anschließend erfolgt eine Um-
  wandlung in ein ZF-Signal (Zwischenfrequenz) von 0,95 GHz
  bis 1,7 GHz.
- **Azimut**
  Der Winkel der Himmelsrichtung aus der das Signal empfan-
  gen wird, Angabe in Grad.
- **Elevation**
  Der Winkel zwischen dem theoretischen Horizont und dem
  Satelliten (Erhebungswinkel), Angabe in Grad.

Montageschritte

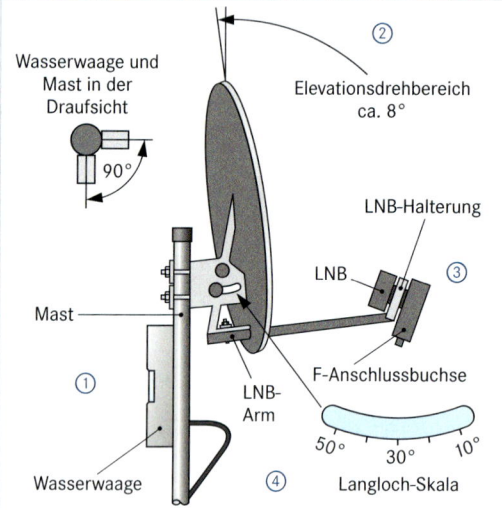

1. Geeigneten Standort wählen („freie Sicht" zum Satelliten).
2. Mast mit Wasserwaage absolut senkrecht montieren ①.
3. Voreinstellung des Elevationswinkels ②, Wert aus Tabelle für
   den jeweiligen Standort entnehmen.
4. Mit dem Kompass die Südrichtung ③ festlegen.
5. Receiver mit FS-Gerät verbinden und Empfang mit Testbild
   überprüfen (evtl. akustischen Satelliten-Finder einsetzen).
6. Testbild abschalten und Receiver auf Kanal 1 (in der Regel
   ARD) einstellen.
7. Azimut für den zu empfangenden Satelliten einstellen ④
   (aus Tabelle).
8. Feinabgleich der Antennenrichtung mit FS-Bild bzw. Messgerät.

Beispiel für die Einstellungen auf die Astra-Stelliten (19,2° Ost)
für den Standort Braunschweig.

Azimut: 10,7°
Elevation: 29,7°

Montage der F-Stecker

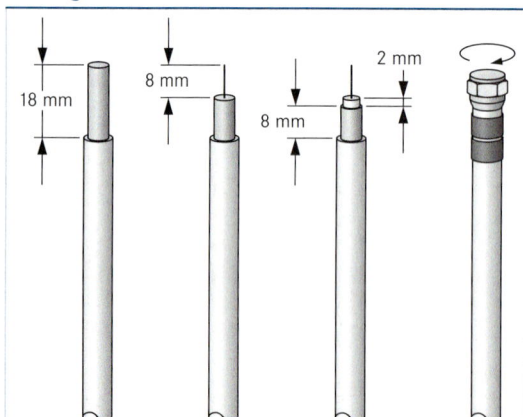

Koaxialkabel-Montage und Steckdose

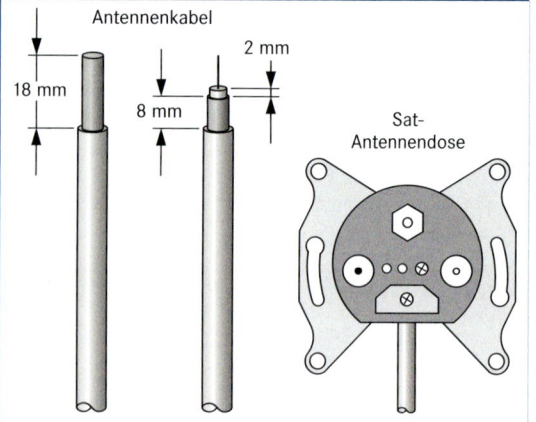

du die oben beschriebene Diagonale vom Anfang der langen bis zur Mitte der kurzen Seite und gehst wieder auf dieselbe Hand, bis dein Pferd sich nicht mehr aufregt. Erst dann wechselst du den Galopp und die Hand.
● Übe den Wechsel nicht zu oft an derselben Stelle.

Problem Das Pferd springt nach den Hilfen (verspätet — ca. ein bis zwei Galoppsprünge).

Tip ● Du stimmst es erneut fein auf die Hilfen zum Angaloppieren ab, z. B. durch häufige einfache Wechsel. Vor allem im Hinblick auf spätere Serienwechsel mußt du darauf bestehen, daß der Wechsel unmittelbar auf die Hilfen erfolgt.

Problem Dein Pferd springt den Wechsel mit hoher Kruppe.

Tip ● Du erhöhst das Tempo, legst also für den Wechsel etwas zu. Damit hilfst du dir auch, wenn der Wechsel zu flach gesprungen wird.

5.3.2. Serienwechsel

Voraussetzung für das Einüben der Serienwechsel ist das einwandfreie Gelingen der einzelnen Wechsel an beliebigen Punkten.
● Grundsätzliches Kriterium auch für die Serienwechsel ist, daß die oben genannten vier Punkte in Ordnung sind. Du erinnerst dich:
— Takt
— Losgelassenheit
— Geraderichtung
— Gleichgewicht
● Reite beim Weiterentwickeln von einzelnen zu mehrfachen Wechseln diese vorwiegend ganze Bahn, also auf dem Hufschlag.
● Nur wenn die Wechsel von innen nach außen noch nicht geläufig sind, gehst du dabei anfangs auf den zweiten Hufschlag.
● Am Anfang reitest du die Wech-

144

sel in Abständen von ca. einer halben Bahnrunde oder 10 Galoppsprüngen.
● Verkürze im Verlauf des Trainings diese Abstände bis zum Wechseln bei jedem fünften, dann jedem vierten Galoppsprung. *Das Steigern der Anforderung machst du immer davon abhängig, wie viele Sprünge du brauchst, bis die vier Punkte wieder in Ordnung sind.*
● Reite dabei anfangs keinen Wechsel nach außen in der Ecke.
● Nach einigen Viererwechseln reitest du diese vom Hufschlag weg, also auf der Diagonalen.
● Erst wenn die Viererwechsel in ihrer Feinform gelingen, beginnst du mit Dreier- und schließlich mit Zweierwechseln.
● Sobald Schwierigkeiten auftauchen, das Pferd beispielsweise schief geht, reitest du auf den Hufschlag zurück, unterbrichst die Serie, reitest Schultervor und dann wieder einige einzelne Wechsel im Schultervor.
● Bei beginnender Schiefe auf der Diagonalen oder der Mittellinie achte darauf, dich genau nach vorne auf einen Punkt zu orientieren und genügend vorwärts zu reiten.

Bei den Serienwechseln *nicht zu kurz galoppieren* — mache dem Pferd die Sache durch Verkürzen der Schwebephase nicht unnötig schwer!   **Denke daran**

● Deine Hilfen zum Wechsel dürfen nicht zu stark sein und dadurch das Pferd stören. *Setze dir zum Ziel, immer feiner zu werden.* Das gilt auch für den äußeren Schenkel, den du in immer geringerem Maß zurücknimmst.
● Übe die Serienwechsel nie zu lange und vergiß nicht, immer wieder eine Galoppverstärkung im Handgalopp einzuschalten.
● Nach einem ersten gelungenen Serienwechsel hörst du — aus demselben Grund wie beim Einüben der einzelnen Wechsel — sofort auf und lobst.
● Springt dein Pferd die Zweier-

Frequenzen und ihre Umsetzung

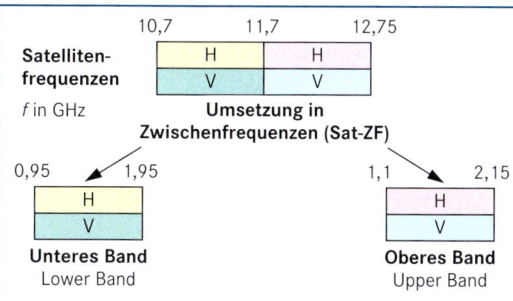

Die Umsetzung erfolgt im LNB mit Hilfe eines Oszillators.

LNB: **L**ow **N**oise **B**lock Converter; Empfangskopf (Empfangskonverter)

H: Horizontal polarisierte Wellen

V: Vertikal polarisierte Wellen

Umschaltmöglichkeiten

Prinzip der Umschaltung

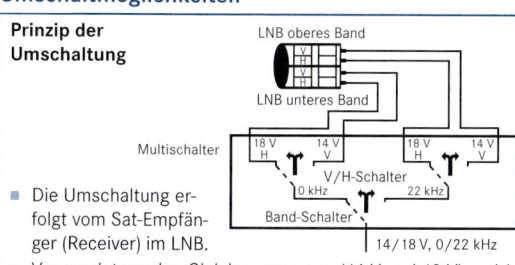

- Die Umschaltung erfolgt vom Sat-Empfänger (Receiver) im LNB.
- Verwendet werden Gleichspannungen (14 V und 18 V) und/oder Wechselspannungen (22 kHz).
- Die Wechselspannung wird der Gleichspannung überlagert.
- Die Zuführung erfolgt über die Koaxial-Leitung.

U in V	f in kHz	Polarisation	Band
14	0	H	unteres
14	22	H	oberes
18	0	V	unteres
18	22	V	oberes

LNB

- **Single-LNB**
  - Zwei interne Umschalter für Bänder und Polarisation
  - Ein Ausgang für die Sat-ZF ⇒ Es kann jeweils nur ein Band eingespeist werden.
- **Twin-LNB**
  - Zwei Single-LNBs werden zu einer Funktionseinheit zusammengeschaltet.
  - Zwei Sat-ZF Ausgänge mit Umschaltmöglichkeit für Bänder und Polarisation.
- **Dual-Output-LNB**
  - Zwei Umschalter im LNB
  - Zwei Sat-ZF Ausgänge mit Umschaltmöglichkeit für Bänder und Polarisation.
- **Quattro-LNB, Universal-LNB**
  - Jedes Band mit jeder Polarisation steht an getrennten Ausgängen zur Verfügung.
  - Vier Sat-ZF Ausgänge

Multischalter für vier Teilnehmer

Multischalter werden eingesetzt, wenn mehrere Teilnehmer auf eine Sat-Antenne zugreifen.

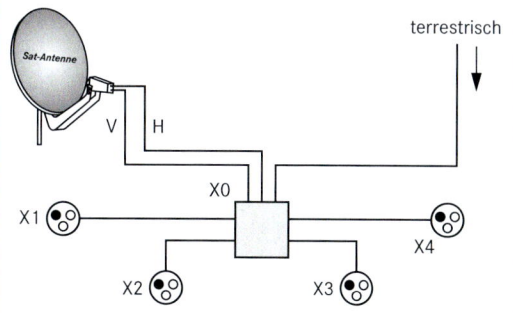

X0: Vierfach Multischalter

Übersichtsschaltplan

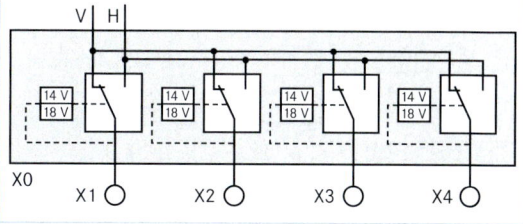

DiSEqC

DiSEqC

– **Di**gital **S**atellite **Eq**uipment **C**ontrol (sprich: Disäck)
– Digitales Steuerungsverfahren für Satelliteneinrichtungen
– 0- und 1-Zustände werden durch getastetes 22-kHz-Signal erzeugt (0,6 V Spitze-Spitze).

Bitstruktur:

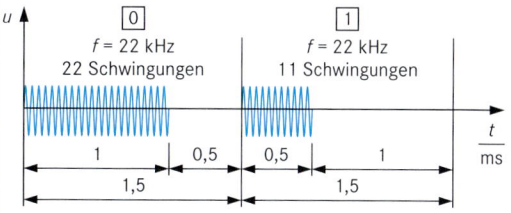

Logo: **Versionen:**

1,0   1,1   1,2
2,0   2,1   2,2

Erste Ziffer: Art der Kommunikation

1: Übertragung von Befehlen vom analogen oder digitalen Empfänger zur Funktionseinheit (unidirektional)

2: Bidirektionale Kommunikation zwischen analogem oder digitalem Empfänger und der Funktionseinheit

Zweite Ziffer: Umfang der Kommunikation

0: Schaltvorgänge für vier Satelliten, jeweils beide Bänder, Polarisation und weitere Optionen

1: Wie Ziffer 0, zusätzliche Befehle über eine Leitung

2: Wie Ziffer 0 und 1, zusätzliche Befehle für eine drehbare Satellitenantenne

BK-Rundfunk-Übertragung

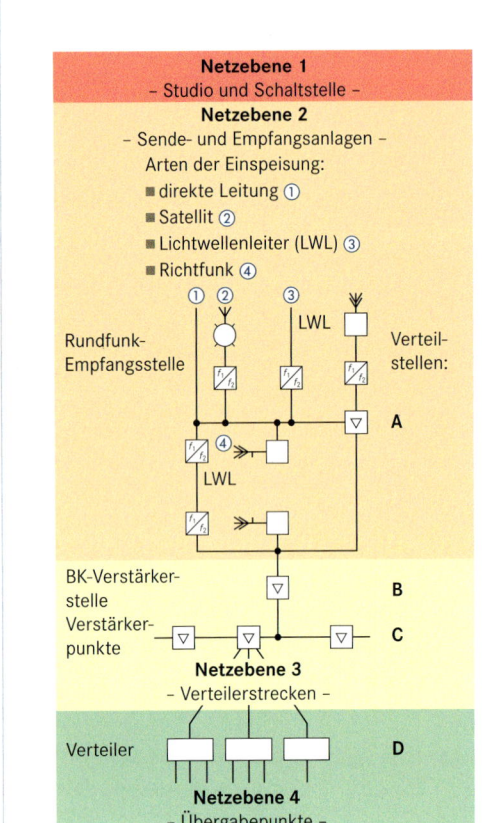

Netzebene 1
– Studio und Schaltstelle –

Netzebene 2
– Sende- und Empfangsanlagen –
Arten der Einspeisung:
- direkte Leitung ①
- Satellit ②
- Lichtwellenleiter (LWL) ③
- Richtfunk ④

Rundfunk-Empfangsstelle

Verteilstellen:

LWL

A

LWL

BK-Verstärker-stelle

B

Verstärker-punkte

C

Netzebene 3
– Verteilerstrecken –

Verteiler

D

Netzebene 4
– Übergabepunkte –

Einspeisung in das Hausnetz

- **Systemarten**

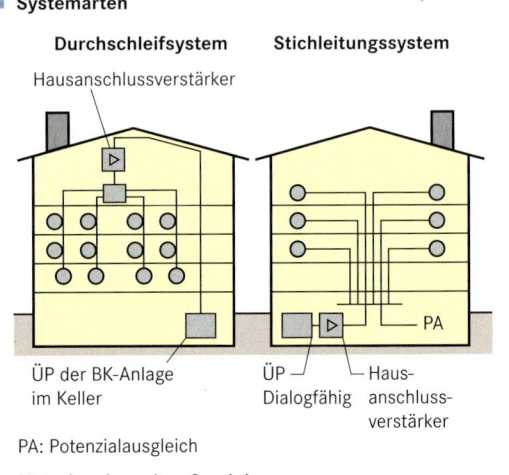

Durchschleifsystem

Stichleitungssystem

Hausanschlussverstärker

ÜP der BK-Anlage im Keller

ÜP Dialogfähig

Haus-anschluss-verstärker

PA: Potenzialausgleich

- **Nutzsignalpegel an Steckdosen**

Art der Signale	Grenzwerte in dBµV	
	BK-Anl.	konv. Anl.
Tonsignale:		
- UKW-FM	56 bis 80	50 bis 80
– Mono bzw. Stereo –		
- Digitaler Tonrundfunk	56 bis 80	–
- MW-LW	40 bis 80	40 bis 94
FS-Signale:		
- FI		52 bis 84
- USB		–
- FIII	60 bis 84	54 bis 84
- OSB		–
- ESB		–
- FIV/V		57 bis 84

Kanalraster des BK-Netzes

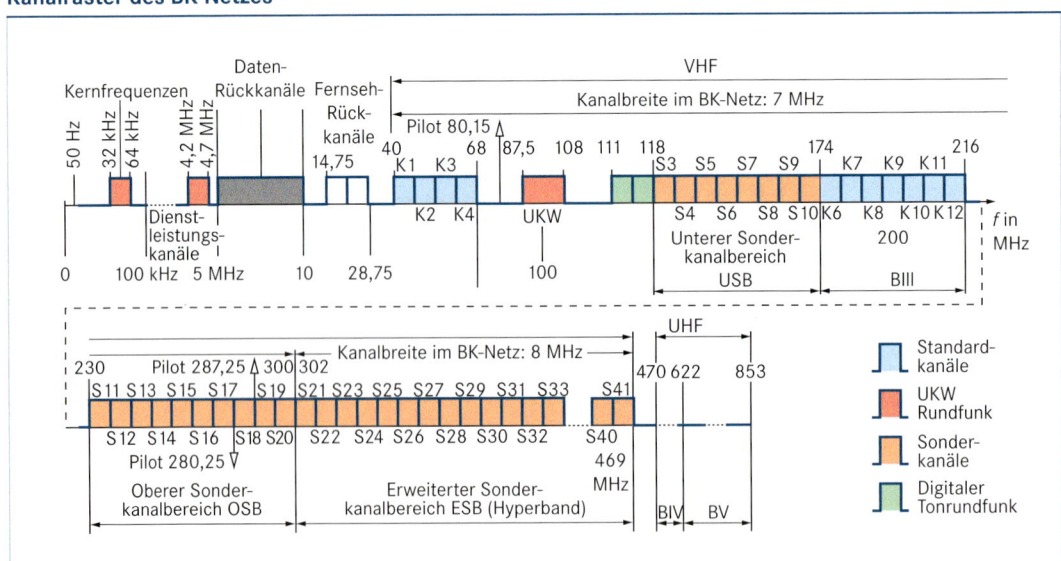

Merkmale

- Triple Play (dreifach Spiel) ist eine Marketingbezeichnung und man versteht darunter die **Dreifachnutzung** eines Medienanschlusses für die audio und visuelle Übertragung (Fernsehen und Radio), Internet und Telefonie. Wenn das Angebot zusätzlich den Mobilfunk enthält, spricht man von Quadruple Play (vierfaches Spiel).
- Für die Dreifachnutzung sind für die Übertragung mindestend folgende Datenraten erforderlich:
  - Fernsehen 2 – 3 Mbit/s bei Empfang eines Programms
  - Internet 2 Mbit/s
  - Telefonie 64 kbit/s
- Triple Play lässt sich grundsätzlich im Kabelnetz, im Telekommunikationsnetz und im Mobilfunknetz realisieren.
- **Breitbandkabelnetz** (BK-Netz)

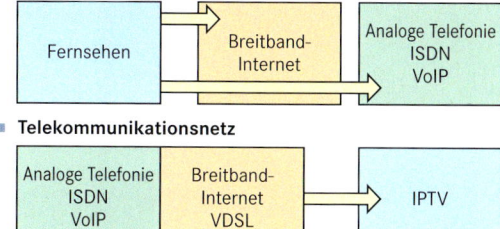

- **Telekommunikationsnetz**

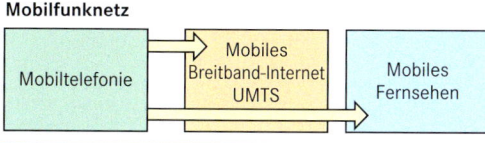

- **Mobilfunknetz**

Anforderungen an Wohneinheiten (Multimedia)

- Wohneinheiten sind Wohnungen in Ein- und Mehrfamilienhäusern sowie Gebäude mit gemischter Nutzung (z. B. Arztpraxen, Hotels, Seniorenwohnheime).
- In der DIN EN 50173-12 werden nach Verwendung und Erfordernis drei Gruppen von Netzanwendungen festgelegt.
- **IuK:** **I**nformations- **u**nd **K**ommunikationsanschluss, basierend auf symmetrischer Kupferverkabelung (bzw. **ICT:** Information and **C**ommunications **T**echnologies)
  - Sternstruktur
  - Paarweise verdrillte Kupferkabel, mind. Cat. 5 ungeschirmt oder geschirmt
  - 1 x RJ45 (EN 60603-7) Netzwerkanschluss, tauglich für Gigabit Ethernet
  - Mindestens ein Anschluss pro Raum (pro 10 m²)
- **RuK:** **R**undfunk- **u**nd **K**ommunikationsanschluss, basierend auf koaxialer Kupferverkabelung (bzw. **BCT:** **B**roadcast and **C**ommunications **T**echnologies)
  - Sternstruktur
  - Kabel BCT-C (75 Ω Koaxialkabel, 3 GHz, max. 100 m); BCT-S (symmetrisches Multimediakabel, 1 GHz, max. 50 m) oder LWL max. 100 m
  - Mindestens ein Anschluss pro Raum (pro 10 m²)
- **SRKG:** **S**teuerung, **R**egelung und **K**ommunikation in **G**ebäuden (bzw. **CCCB:** **C**ontrol/**C**ommand **C**ommunication in **B**uildings)
  - Audio, Radio, TV, Gebäudeautomation
  - Keine konkrete Netzstruktur vorgegeben (z. B. Bus, Abzweigung)

Elemente einer strukturierten Heimverkabelung

- Funktion der Wohneinheitenverteiler (WV)
  - Versorgung jeder einzelnen Wohnung
  - Aufnahme der Verkabelung
  - Schnittstelle zwischen der internen Wohnungsverkabelung und der externen Netzzugangsverkabelung
- Multimediakabel
- Anschlussdose (**PVD-Unit**: **P**icture **V**oice **D**ata Unit) **MATO**: **M**ulti-**A**pplication **T**elecommunication **O**utlett Sie wird im deutschsprachigen Raum auch als **TATA** (**T**elekommunikations**a**nschluss, **R**undfunk**a**nschluss) bezeichnet.
- Beispiel für eine Multimediadose
  - Zwei Kabel: Koaxialkabel und Twisted-Pair-Kabel, Cat. 5 gesplittet
  - 5 Dienste: Fast Ethernet LAN, ISDN- bzw. Analog-Telefon, IPTV, Radio, Kabelmodem (CATV) bzw. SAT-Empfang

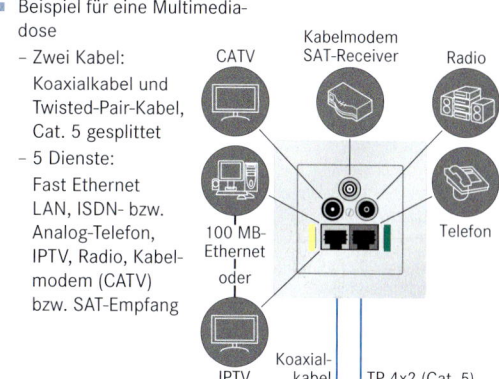

Versorgungsbeispiele

- **Versorgung über die TK-Leitung**

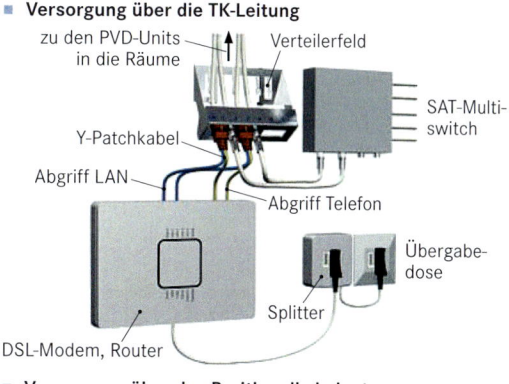

- **Versorgung über das Breitbandkabelnetz**

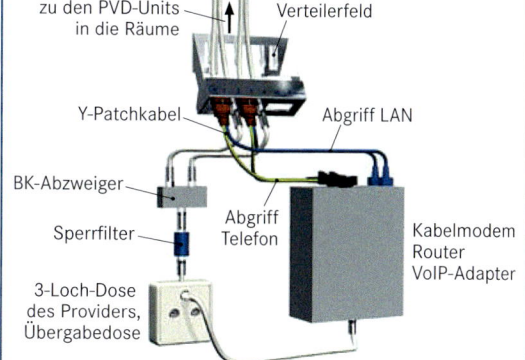

Breitbandkabelnetz

- Breitbandkabelnetze (BK-Netze) sind in der Regel Hausverteilanlagen bis zu einer Frequenz von 862 MHz mit einem Rückkanal (z. B. das bestehende analoge Kabelnetz) in Baumtopologie.
- Anbieterseite:
  CMTS (**C**able **M**odem **T**ermination **S**ystem)
  Diese Einheit befindet sich in der Regel an oder in der Nähe der Kopfstelle und ist für die bidirektionale Datenübertragung im Hin- und Rückkanal verantwortlich. Sie arbeitet wie eine Vermittlungsstelle.
- Jede CMTS besitzt nur eine bestimmte Anzahl von Modulatoren für die Hinkanäle und eine entsprechende Zahl von Demodulatoren für die Rückkanäle. Deshalb kann nur eine begrenzte Teilnehmerzahl angeschlossen werden (z. B. 5000 bis 10000).
- Bei großen Kabelnetzen werden Teilnetze (Cluster) gebildet.
- Die Up- und Downstreamdaten liegen in unterschiedlichen Frequenzbändern.
  - Downstream: Kanäle oberhalb 450 MHz, Quadraturamplitudenmodulation (QAM)
  - Upstream (Rückkanal): 10 MHz bis 65 MHz, Quadraturphasenumtastung (QPSK)
- Auf der Teilnehmerseite befindet sich das Kabelmodem.

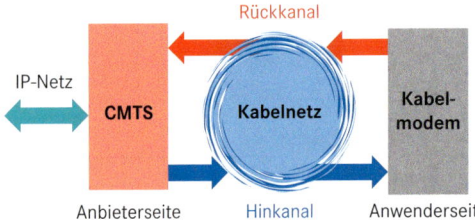

- Für das Zusammenwirken zwischen CMTS und Kabelmodem wird der **DOCSIS**-Standard (**D**ata **O**ver **C**able **S**ervice **I**nterface **S**pecification) verwendet. Mit DOCSIS werden Kabelinternet und -telefonie realisisert (Voice over Cable, Variante von IP-Telefonie).
- Die DOCSIS-Komponente **MAC** (**M**edia **A**ccess **C**ontrol) steuert folgende Funktionen:
  - Konfiguration des Kabelmodems
  - Aktivierung und Deaktivierung der Dienste
  - Verschlüsselung (Data Encryption Standard)
- DOCSIS 3.0:
  - Hinkanal max. 200 Mbit/s bei Bündelung von vier Kanälen
  - Rückkanal max. 120 Mbit/s

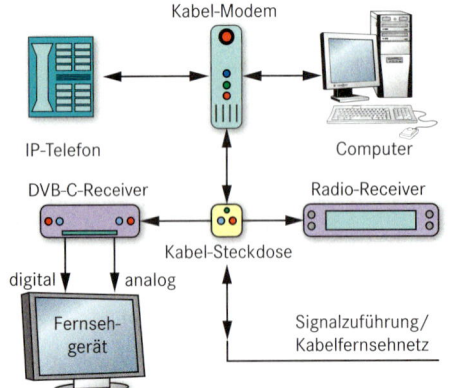

Kabelmodem

- Das Kabelmodem ist ein Gerät, mit dem Daten im Breitbandkabelnetz übertragen werden. Es befindet sich zwischen dem Kabelanschluss und dem Router bzw. PC.
- Ein Splitter zur Frequenztrennung ist nicht erforderlich.
- Die Verbindung mit dem Netz erfolgt über Ethernet oder die USB-Schnittstelle.
- Der Netzwerkanschluss für den PC wird nicht benötigt.

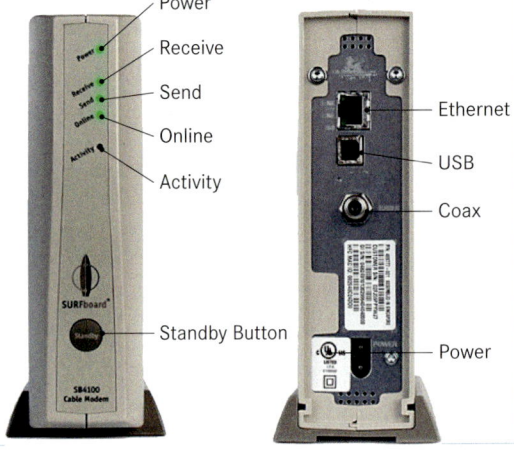

TK-Netz

- Breitbandige, zuverlässige und verzögerungsarme IP-basierte Zugänge (ADSL, VDSL, Glasfasern) sind für die Übertragung erforderlich.
- Leistungsfähige Datenreduktionen werden angewendet (z. B. MPEG-4, AVC).

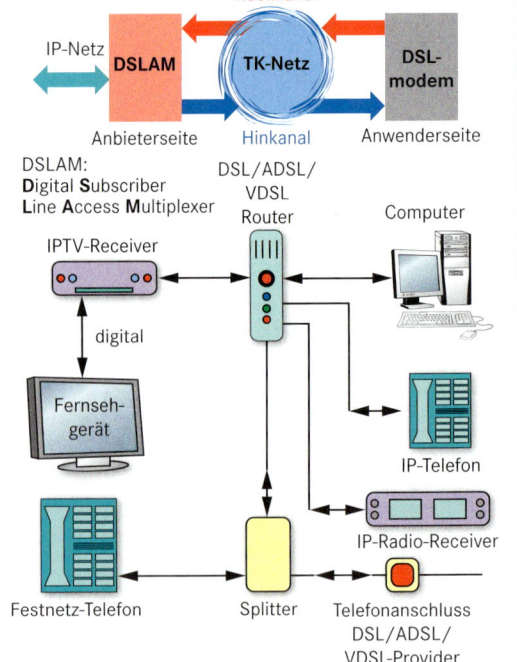

Vorschriften

- DIN EN 50083-1 und DIN EN 50083-1/A1 (VDE 0855 Teil 1 und Teil 1/A1)
  Kabelnetze für Fernsehsignale, Tonsignale und interaktive Dienste
  (Leitfaden für Potenzialausgleich in vernetzten Systemen)
  Teil 1: Sicherheitsanforderungen
- DIN EN 60728-11: 2005-10 (VDE 0855-1)
  Kabelnetze und Antennen für Fernsehsignale, Tonsignale und interaktive Dienste
  Teil 11: Sicherheitsanforderungen (Einzelempfangsanlagen (z. B. Satellitenantenne), Verteilanlagen (z. B. Gemeinschaftsantennenanlagen), Großgemeinschaftsantennenanlagen, Satelliten-Gemeinschaftsantennenanlagen, Breitbandkabel mit allen Netzebenen bis zum Signaleingang des Empfängers
- DIN EN 62305 (VDE 0185-305: 2006): 2006-10
  Blitzschutznorm

Antennenbereiche

- **Geschützter Bereich**
  Die Erdung kann entfallen, wenn
  – die Antenne mehr als 2 m unterhalb der Dacheindeckung oder Dachkante liegt und weniger als 1,5 m vom Gebäude herausragt
  – oder wenn sich die Antenne innerhalb des Gebäudes befindet.
  Metallene Teile (z. B. Leitungsabschirmungen) sollten mit dem Potenzialausgleich verbunden werden ①.

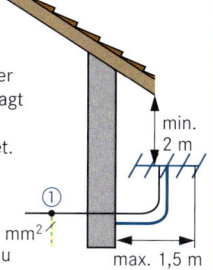

4 mm² Cu   max. 1,5 m   min. 2 m

- **Außenbereich**
  – Bei Gebäuden mit einer Blitzschutzanlage muss die Antennenanlage in das Blitzschutzkonzept einbezogen werden.
  – Bei Gebäuden ohne Blitzschutzanlage sind der Mast ② und Kabelabschirmungen ③ zu erden (Erdungsleitungen s. Tabelle rechte Spalte).
  – Kabelabschirmungen und alle metallenen Teile der Antennenanlage (Gehäuse von Verteilern, Multischalter usw.) sind über einen Potenzialausgleichsleiter (≥ 4 mm²) mit dem Schutzpotenzialausgleich des Gebäudes zu verbinden (Haupterdungsschiene ④).

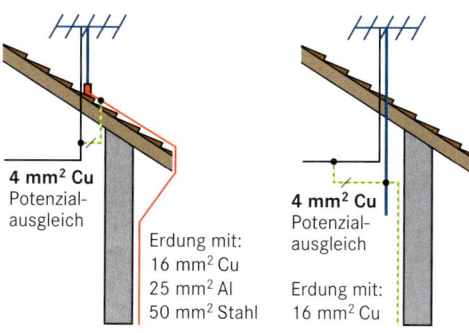

4 mm² Cu Potenzialausgleich
Erdung mit:
16 mm² Cu
25 mm² Al
50 mm² Stahl

4 mm² Cu Potenzialausgleich
Erdung mit:
16 mm² Cu

Beispiel

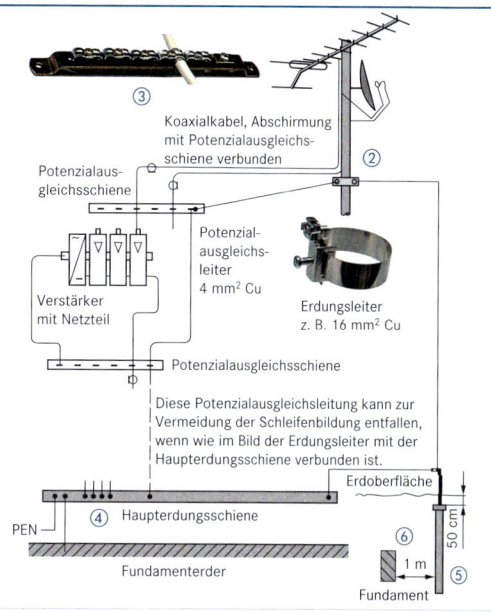

Koaxialkabel, Abschirmung mit Potenzialausgleichsschiene verbunden ②

Potenzialausgleichsschiene ③

Potenzialausgleichsleiter 4 mm² Cu

Verstärker mit Netzteil

Erdungsleiter z. B. 16 mm² Cu

Potenzialausgleichsschiene

Diese Potenzialausgleichsleitung kann zur Vermeidung der Schleifenbildung entfallen, wenn wie im Bild der Erdungsleiter mit der Haupterdungsschiene verbunden ist.

Erdoberfläche

PEN   ④ Haupterdungsschiene

Fundamenterder   ⑥   1 m ⑤   50 cm   Fundament

Erdungs- und Schutzpotenzialausgleichsleiter

Erdungsleiter

Material	Querschnitt	Durchmesser	Beschaffenheit
Kupfer[1]	≥ 16 mm²	≥ 4,6 mm	blank oder isoliert
Aluminium[2]	≥ 25 mm²	≥ 5,7 mm	
Aluminium	≥ 50 mm²	≥ 8,0 mm	Knet-Legierung
Stahldraht Stahlband	– 2,5 x 20 mm	≥ 8,0 mm	verzinkt verzinkt

Schutzpotenzialausgleichsleiter

Kupfer[3]	mind. 4 mm²	2,3 mm	blank oder isoliert

Beispiele: [1] H 07 V-U, H 07 V-R (NYA); [2] NAYY, NYM
[3] H07 V-U (NYA)

Erdungsanlage

- **Mindestquerschnitte der Erder**
  – Kupfer: 50 mm²
  – Stahl: 80 mm², bevorzugt verzinkter Bandstahl (30 x 3,5 mm), Kreuzerder ⑤ (50 x 50 x 3 mm) oder Tiefenerder (20 mm)
- **Aufbau** (Beispiele)
  – Ein Erder von mindestens 2,5 m Länge wird vertikal oder schräg im Erdreich verlegt; Abstand vom Fundament 1 m ⑥.
  – Zwei Erder von mindestens 1,5 m Länge werden in 3 m Abstand senkrecht im Erdreich verlegt; Abstand vom Fundament 1,5 m.
  – Zwei Erder von mindestens 2,5 m Länge werden horizontal mit einem Winkel von 60°, 0,5 m tief und mindestens 1 m vom Fundament entfernt verlegt.

Merkmale

- **Blitzschutzanlagen** sind stets erforderlich, z. B. bei
  - Krankenhäusern,
  - Hochhäusern,
  - Schulen,
  - Bahnhöfen und
  - Ex-Anlagen.
- Im Rahmen einer **Risikoabschätzung** werden die Notwendigkeit und die spezifische Ausprägung der zu errichtenden Blitzschutzanlage ermittelt.
- Die **Risikoberechnung** setzt sich aus einer Vielzahl von einzelnen Parametern zusammen, die aus

vorliegenden Tabellen bzw. durch Anwendung von Berechnungsformeln gewonnen werden.
- **Grundsatz:**
  Falls das ermittelte Schadensrisiko höher ist als das akzeptierte Schadensrisiko, sind geeignete Schutzmaßnahmen zu installieren.

Hinweis: Für die Durchführung der umfangreichen Berechnungen ist im Anhang J der Norm DIN EN 62 305-2 ein Berechnungsprogramm enthalten (IEC-Blitz-Risiko-Rechner SIRAC).

Arten

- Der **Überspannungsschutz** ist eine Ergänzung des inneren Blitzschutzes und wird im **Blitz-Schutzzonen-Konzept** berücksichtigt.

Äußerer Blitzschutz	Innerer Blitzschutz
Fangeinrichtungen Ableiteinrichtungen Erdungsanlage	Schutzpotenzialausgleich Geschirmte Räume Blitzstrom-/Überspannungsableiter

Gefährdungspegel

- Blitzschutzsysteme sind in vier **Gefährdungspegel** (**LPL: L**ightning **P**rotection **L**evel; frühere Bezeichnung Blitzschutzklasse) eingeteilt.

Gefähr-dungspegel	Scheitelwert der Blitzstrom-stärke max./min. in kA	Radius der Blitzkugel in m
I	200/3	20
II	150/5	30
III	100/10	45
IV	100/16	60

Äußerer Blitzschutz

- **Fangeinrichtungen**
  - Stangen, gespannte Seile/Drähte und vermaschte Leiter
  - Sie werden dimensioniert nach dem **Blitzkugelverfahren** (universell anwendbare Planungsmethode), dem **Maschen-** oder dem **Schutzwinkelverfahren**.
- **Ableiteinrichtungen**
  - Massive Leiter bilden **parallele Strompfade** vom Einschlagpunkt zur Erdungslage (**Stromaufteilung**) mit möglichst **kurzen Stromwegen** (gerade, senkrechte Anordnung).

Beispiel: Gebäude mit Flachdach und aufgesetztem Aufbau

- Die **Erdungsanlage** ist abhängig von der Bodenleitfähigkeit und wird unterschieden in
  - **Oberflächen-** bzw. **Tiefenerder** (Typ A) und
  - **Ring-** bzw. **Fundamenterder** (Typ B).
- Empfohlener **Erdwiderstand** < 10 Ω (bei Messung mit Niederfrequenz)
- **Wiederholungsprüfung**

Gefährdungspegel	Sichtprüfung	Umfassende Prüfung
I und II	1 Jahr	2 Jahre
III und IV	2 Jahre	4 Jahre

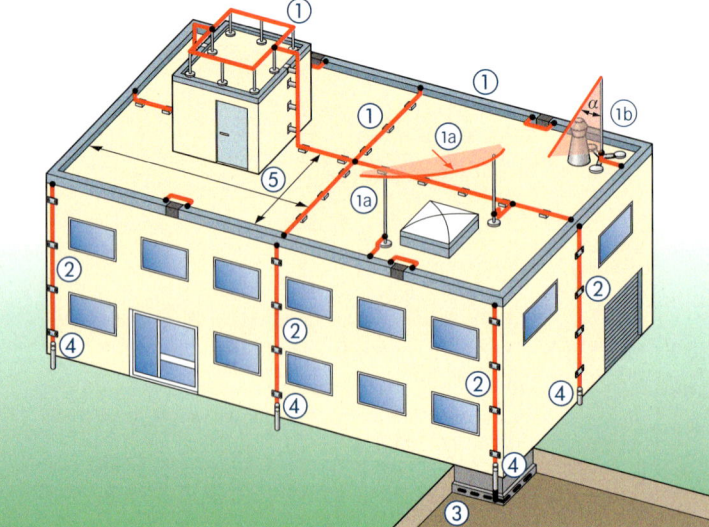

① Fangeinrichtung

Gefährdungspegel	Maschenweite in m
I	5 x 5
II	10 x 10
III	15 x 15
IV	20 x 20

ⓐ Fangeinrichtung; Standort ermittelt nach Blitzkugelverfahren
ⓑ Fangstangenhöhe abhängig von Schutzwinkel α (z. B. α = 70° bei Gefährdungspegel I ergibt Höhe von 2 m)
② Ableiteinrichtung
③ Erdungsanlage
④ Verbindungspunkt Ableiteinrichtung mit Erdungsanlage (Messstelle, mit Werkzeug trennbar, zur Überprüfung z. B. des Erdausbreitungswiderstandes)
⑤ Maschenweite (z. B. 20 m x 20 m bei Gefärdungspegel IV)

Konzept

- Dieses **EMV-gerechte** Blitzschutzkonzept umfasst den
  - äußeren Blitzschutz
  - inneren Blitzschutz und
  - Überspannungsschutz
  für energie- und informationstechnische Geräte bzw. Einrichtungen.
- Es werden unterschiedliche **Schutzzonen** (Schutzbereiche) mit abgestimmten Schutzmaßnahmen für den insgesamt

zu schützenden Bereich definiert. Grundlage sind die zu erwartenden Gefährdungen bei Blitz- und Überspannungseinflüssen.

- Die erforderlichen **Schutzmaßnahmen** für die jeweiligen Zonen können somit unter **wirtschaftlichen Gesichtspunkten** entsprechend geplant, ausgeführt und überwacht werden.

Zoneneinteilung

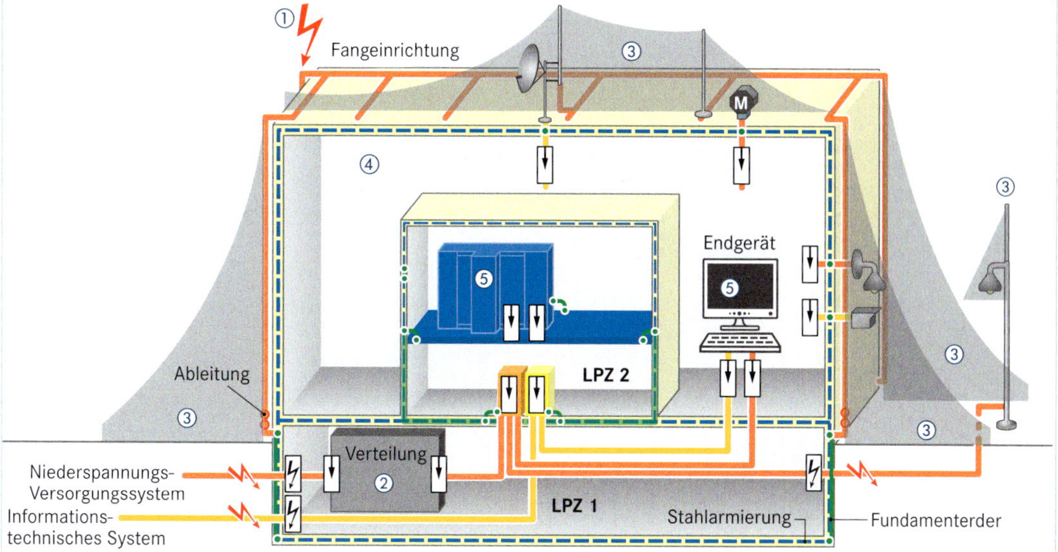

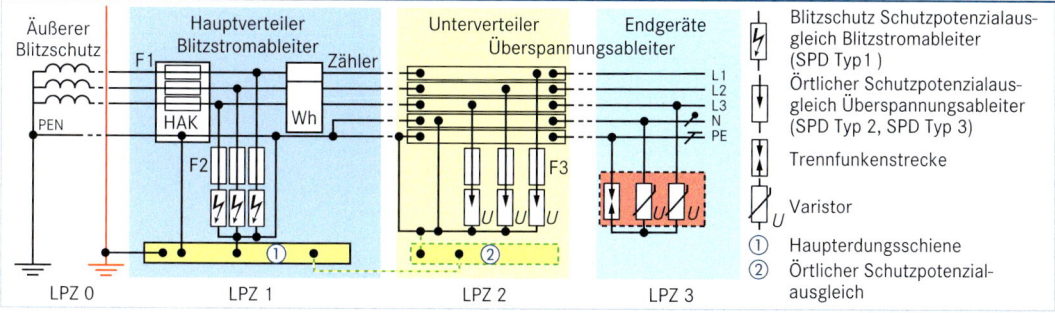

LEMP: ①	**L**ightning **E**lectromagnetic **P**ulse (elektromagnetischer Blitzimpuls)	
SEMP: ②	**S**witching **E**lectro**m**agnetic **P**ulse (elektromagnetischer Schaltimpuls)	
LPZ: **L**ighting **P**rotection **Z**one (Blitzschutzzone)		
LPZ 0_A	■ Gefährdet durch direkte Blitzeinschläge, ■ Impulsströme bis zum vollen Blitzstrom und ■ das volle Feld des Blitzes	
LPZ 0_B ③	Gefährdet durch ■ Impulsströme bis zu anteiligen Blitzströmen und ■ das volle Feld des Blitzes.	

Korrektur: siehe unten.

LPZ 0_B ③ — Geschützt
  ■ gegen direkten Blitzeinschlag.

LPZ 1 ④ — Impulsströme begrenzt durch
  ■ Stromaufteilung und
  ■ **SPD**s (**S**urge **P**rotective **D**evice: Überspannungsschutzgeräte) an den Zonengrenzen.
  (Das Feld des Blitzes kann durch räumliche Schirmung gedämpft sein.)

LPZ 2...n ⑤ — Impulsströme weiter begrenzt durch
  ■ Stromaufteilung und
  ■ SPDs an den Zonengrenzen.

Anordnung Überspannungsschutzgeräte

Merkmale

- Fernwirksysteme dienen zur Überwachung und Steuerung geografisch ausgedehnter Prozesse unabhängig von den jeweils lokal ablaufenden Prozessen.

- Sie werden eingesetzt z. B. in
  - Energieverteilungsanlagen,
  - Wasser-/Abwasseraufbereitungsanlagen,
  - Verkehrssteuerung,
  - Pipelineüberwachung oder als
  - Gebäudemanagement.

- Fernwirksyteme bestehen aus **Unterstationen** (Fernwirkkopf) und mindestens einer **Leitzentrale**, die mit einem oder mehreren Bedienplätzen ausgerüstet sind.

- Die Unterstationen sind über Kommunikationsverbindungen mit der Leitzentrale verbunden.

- Eingesetzte Übertragungsmedien sind u. a.
  - Kupferleitungen (analoges oder digitales TK-Netz, GSM),
  - Lichtwellenleiter und
  - Funkstrecken (Richtfunk, Radialfunk).

- Zur Sicherstellung eines ungestörten Betriebes muss die Informationsübertragung dabei mit

  - hoher Datensicherheit,
  - hoher Verfügbarkeit und
  - kurzer Übertragungszeit

  erfolgen.

- Die Festlegung der zu verwendenden Protokolle für die Übertragung muss u. a. den Einfluss schwieriger Umgebungsbedingungen wie z. B.
  - elektromagnetische Beeinflussungen,
  - Erdpotenzialdifferenzen sowie
  - Stör- und Rauschquellen auf den Leitungen berücksichtigen.

- Schutzmaßnahmen für die zu übertragenden Daten sind u. a. zu treffen gegen
  - unerkannten Informationsverlust,
  - Entstehen von ungewollten Informationen,
  - unerkannte Bitfehler und
  - Trennung oder Störung zusammenhängender Informationen.

- Für die Datenübertragung werden drei unterschiedliche **Daten-Integritätsklassen** (I1, I2, I3) festgelegt, wobei die Anwendung jeder Klasse von der Art der Daten abhängt.

Kommunikationsstruktur

Beispiel:
Kläranlage

Integritätsklassen

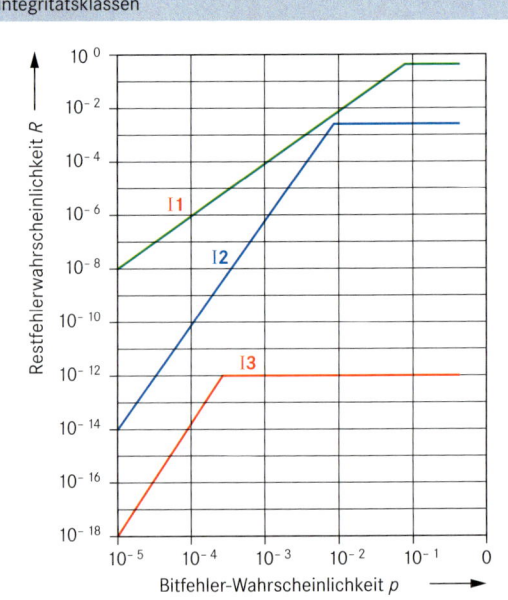

Integritätswerte

- Die mittlere Zeit T zwischen unerkannt fehlerhaften Nachrichten wird berechnet nach

$$T = \frac{n}{v \cdot R}$$

n: Telegrammlänge in Bit
v: Übertragungsgeschwindigkeit in bit/s
R: Restfehlerwahrscheinlichkeit

Anwendungsbeispiel	Integritäts-klasse	Rest-fehlerrate	Zeit T (in Jahren)
Zyklisch aktualisierende Systeme	I1	10^{-6}	$2{,}6 \cdot 10^{-3}$
Ereignisgesteuerte Übertragung	I2	10^{-10}	26
Kritische Informationsübertragung	I3	10^{-14}	$260 \cdot 10^3$
Werte bei n = 100 bit, v = 1200 bit/s, p = 10^{-4}			

Merkmale

- Mittels Telemetrie (**Fernmessung**) werden Messwerte an entfernten Orten erfasst und zur Verarbeitung an eine Auswertestelle (z. B. Leitstelle) übertragen.
- Die Erfassungsorte sind entweder
  - schwer zugänglich (Maschinenwelle),
  - beweglich (Fahrzeuge) oder
  - unbemannt (Raumstation).
- Es wird prinzipiell unterschieden in
  - Nahfeldtelemetrie und
  - Fernfeldtelemetrie.
- Bei der **Nahfeldtelemetrie** beträgt der Abstand zwischen Erfassungs- und Empfangseinheit maximal einige Meter.
- Sie wird angewendet z. B. bei der Erfassung von
  - Kräften an drehenden Wellen,
  - Reifendruck und
  - Schwingungen an beweglichen Teilen.
- Die Datenübertragung erfolgt dabei bevorzugt PCM-codiert (störfeste Übertragung).
- Die **Fernfeldtelemetrie** (Entfernungen bis einige tausend Kilometer) wird z. B. eingesetzt zur Erfassung von

  - Wetterdaten,
  - Diagnosedaten von Fahrzeugen und
  - Patientenüberwachung.
- Als **Übertragungskanal** werden
  - leitungsgebundene Kanäle (z. B. Zweidrahtleitungen) oder
  - Funkkanäle (z. B. GSM)
  eingesetzt.
- Die **Messdatenübertragung** erfolgt entweder
  - zyklisch (Zeitraster),
  - ereignisgesteuert (Störungseintritt) oder
  - auf Anforderung.
- Die Erfassungseinheit ist entsprechend den Umgebungsbedingungen und mit eigener (Batterie) oder extern zugeführter Energieversorgung (Solarversorgung, induktive Kopplung) aufgebaut.
- Zusätzlich zu den reinen Telemetriefunktionen können Steuerungsfunktionen (z. B. Kontaktausgaben) in der Erfassungseinheit implementiert sein. Hierfür ist der Kommunikationskanal bidirektional ausgelegt.

Prinzip

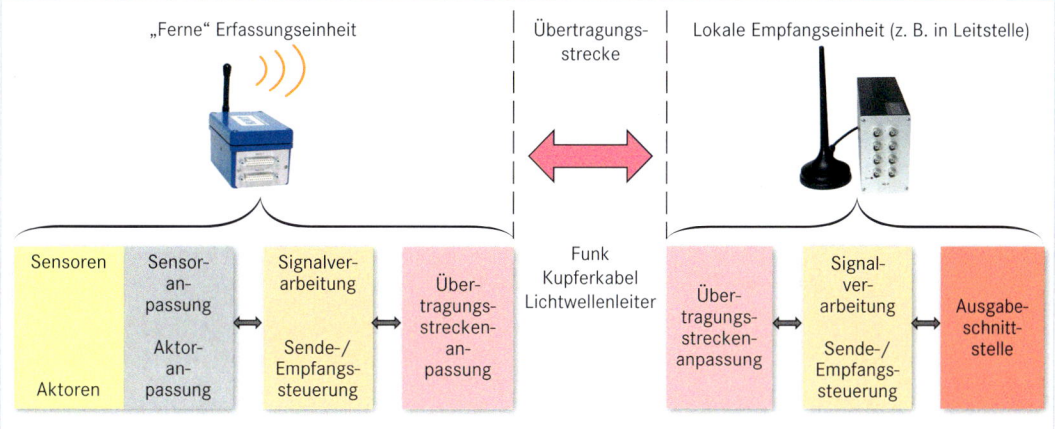

"Ferne" Erfassungseinheit — Übertragungsstrecke — Lokale Empfangseinheit (z. B. in Leitstelle)

| Sensoren | Sensor-anpassung | Signalver-arbeitung | Über-tragungs-strecken-an-passung | Funk Kupferkabel Lichtwellenleiter | Über-tragungs-strecken-anpassung | Signal-ver-arbeitung | Ausgabe-schnitt-stelle |
| Aktoren | Aktor-an-passung | Sende-/Empfangs-steuerung | | | | Sende-/Empfangs-steuerung | |

Nahfeldtelemetrie

Beispiel: Berührungslose Drehmomentmessung an Kardanwelle

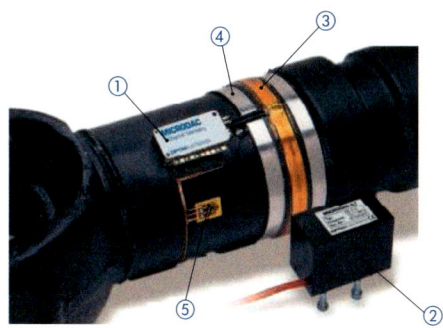

Funktionen

- Die Energieversorgung für die Erfassungseinheit (Rotorelektronik ①) erfolgt über eine induktive Einkopplung (Induktivkopf ②, Frequenz 22 kHz) in die Ringantenne ③ (einzelner Kupferring um die Welle).

- Das Messsignal wird von der Rotorelektronik mittels HF-Sender über den Kupferring frequenzmoduliert abgestrahlt (Frequenzbereich: 10,7 MHz bis 30 MHz).

- Die Mu-Metallschirmung ④ dient zur magnetischen Entkopplung des Antennenkupferringes gegenüber der Metallwelle.

⑤ Dehnmessstreifen (Messsignalaufnehmer)

Bestimmungen und Vorschriften

- DIN VDE 0833: 2009
  Gefahrenanlagen für Brand, Einbruch und Überfall

  Gefahrenmeldeanlagen (GMA)
  Sie sind Fernmeldeanlagen, die Gefahren für Leben und
  Sachwerte melden. Dazu gehören auch die
  – Erfassung von Störungen in der Anlage und
  – Überwachung der Übertragungswege.

  Brandmeldeanlagen (BMA)

  **Einbruch- (EMA) und Überfallmelde-
  anlagen (ÜMA)**

- **V**erband **d**er **S**chadensversicherer (**VdS**)
  – Prinzip, Aufbau, Installation und Betrieb von GMA
  – Unterschieden werden dabei die Sicherheitsklassen
    A, B und C.
- Unfallverhütungsvorschriften
- Polizei-Richtlinien, Landeskriminalamt
- Bundesamt für Sicherheit in der Informationstechnik (BSI)
- EX-Schutz
- Baurecht

Brandmeldeanlage

- Aufgabe: Brand und Feuer sollen frühzeitig erkannt und ge-
  meldet werden. Die automatischen bzw. nichtautomatischen
  Sensoren sind ständig aktiv und mit der Zentrale verbunden.
- Eine zusätzliche Löschanlage kann ggf. durch die BMA
  ausgelöst werden.
- Energieversorgung:
  – Wechselspannungsnetz mit separatem und rot
    gekennzeichneten Leitungs-Schutzschalter
  – Unterbrechungsfreie Stromversorgung bei Netzausfall
    (Akkumulatoren)
  – Der Ausfall einer der beiden Energiequellen muss
    akustisch und optisch signalisiert werden.
- Die in der Peripherie angeschlossenen Geräte müssen mit
  einem eigenen Leitungsnetz betrieben werden.
- Die Leitungen sind in der Regel rot gekennzeichnet.
- Bei Verlegung von Brandmeldeleitungen mit anderen
  Leitungen müssen diese besonders gekennzeichnet werden.

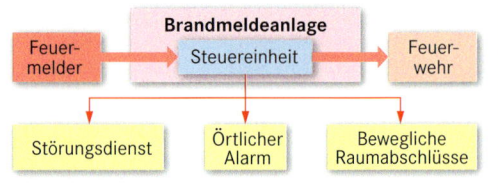

Gefahrenmeldeanlage

- **Primärleitungen:**
  Eine Leitung, die ständig auf Unterbrechung und
  Kurzschluss überwacht wird.
- **Sekundärleitung:**
  Eine nicht überwachte Leitung, die als Signal- und
  Meldeleitung verwendet wird.
- **Scharfschaltung:**
  Über einen mechanischen oder automatischen Schlüssel-
  schalter wird die Anlage in Alarmbereitschaft geschaltet.
- **Stiller Arm:**
  Alarmauslösung erfolgt ohne optische oder akustische
  Signalisierung bei der örtlichen Meldeanlage.

Einbruchmeldeanlage

- Aufgabe:
  Automtische Überwachung von Gegenständen auf Diebstahl
  oder Flächen bzw. Räumen auf unbefugtes Eindringen.
- Sensoren in Meldegruppen sind ständig aktiv oder werden
  über eine Scharfstellung ein- bzw. ausgeschaltet.
- Die Ergebnisse der Sensorüberwachung werden ausgewertet, signalisiert oder weitergeleitet.
- Zugängliche Türen und die Deckel der Anlage müssen im
  scharf geschalteten Zustand gegen Sabotage überwacht
  werden.

Überfallmeldeanlage

- In der Regel ist sie Bestandteil einer Einbruchmeldeanlage
  und dient dem direkten Hilferuf von Personen bei einem
  Überfall.
- Die Anlage hat die Aufgabe, die Meldung von einem
  Alarmauslöser bzw. Überfallmelder auszuwerten und
  weiterzuleiten, in der Regel an die Polizei.

Einbruchmelder

- **Kontaktüberwachung**
  - **M**agnet**k**ontakte (**MK**)
  - Schließblechkontakte
  - Elektromechanische Kontakte
  - Übergangskontakte
- **Flächenüberwachung**
  - Vibrationskontakte
  - Folien (aus Metallstreifen)
  - Alarmdrahttapeten, Bespannungen und Kunststoff-Folien mit Alarmdrahteinlage
  - Alarmglas
  - Fadenzugkontakte
  - Passive **G**lasbruch**m**elder (**GM**)
  - Aktive Glasbruchmelder
  - Körperschallmelder
- **Feldmäßige Überwachung**
  - Kapazitive Feldänderungsmelder
- **Streckenüberwachung**
  - Lichtschranken
- **Räumliche Überwachung**
  - Bewegungsmelder
  - Mikrowellen-Bewegungsmelder
  - Ultraschall-Bewegungsmelder
  - Infrarot-Bewegungsmelder

Melder mit 4-Leiter-Anschluss

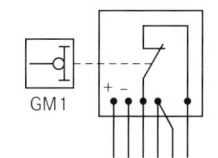

Vorteil: Höhere Sabotagesicherheit durch Einbindung der zusätzlichen Anschlüsse in die Meldelinien.

Melder mit Betriebsspannung

Elektronischer Glasbruchmelder in 4-Leiter-Technik.

Meldelinien

Ruhestromprinzip mit Magnetkontakten

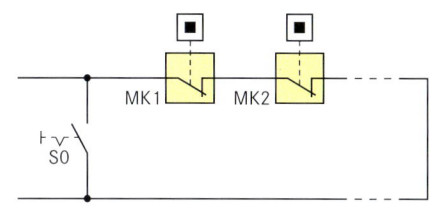

Nachteil:
Sabotagemöglichkeit durch Überbrückung der Melder.

Arbeitsstromprinzip mit Glasbruchmeldern

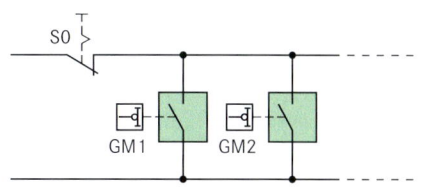

Nachteil:
Sabotagemöglichkeit durch Unterbrechung am Melder.

Differenzialprinzip

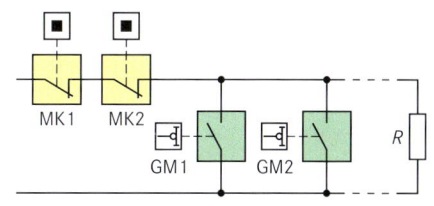

Ein oder mehrere Widerstände werden in die Meldelinie eingefügt. Der Widerstandswert wird von der Zentrale (Brückenschaltung) ständig überwacht.

Symbole für Einbruchmeldeanalgen (EMA)

Symbol	Bezeichnung	Symbol	Bezeichnung	Symbol	Bezeichnung	Symbol	Bezeichnung
■	Magnetkontakt **MK**	⊓⊔⊓	Flächenschutz **FÜ**	♟	Schließblechkontakt **SK**	▢···▢	Lichtschranke **LS**
●	Öffnungskontakt **ÖK**	▥	Alarmglas **ADG**	⊳o	Glasbruchmelder, passiv **GMp**	Z	Zentrale **Z**
◀	Vibrationskontakt **VK**	▼	Druckmelder **DM**	⊱o	Körperschallmelder **KM**	V	Verteiler **V**
↓	Pendelkontakt **PK**	⊚	Bildermelder **BM**	◎	Überfallmelder **ÜM**	🔔	Optischer Signalgeber **SO**
⊶	Fadenzugkontakt **FK**	⊠	Schalteinricht. mit materiellem Informationsmerkmalträger **SM**	⇌	Feldänderungsmelder **FM**	▯▯	Hochfrequenzschranke **HFS**
⟨⟨	Ultraschall-Bewegungsmelder **UM**	◁ː	Infrarot-Bewegungsmelder **IM**	◁	Mikrowellen-Bewegungsmelder **MM**	◇	Mikrowellenschranke **MS**

Begriffe

- **Alarmschleife**
  Ein Stromkreis, der bei einer Unterbrechung oder bei einer definierten Widerstandsänderung zu einer Meldung führt.
- **AWAG**
  Automatisches **W**ähl- und **A**nsage**g**erät (Telefonwählgerät, bei dem die Information durch Sprache übertragen wird).
- **Blockschloss**
  Ein Schloss für das Scharf- bzw. Unscharfschalten von Einbruchmeldeanlagen mit gleichzeitiger mechanischer Ver- bzw. Entriegelung sowie mit Möglichkeiten der Sperrung des Zu- bzw. Aufschließvorganges.
- **Klassifizierung**
  Einteilung der Einbruchmeldeanlagen in Klassen (A: einfacher Schutz; B: mittlerer Schutz; C: erhöhter Schutz).

- **Sabotagemeldung**
  Meldung des Ansprechens von Sabotagemeldern (z. B. Deckelkontakt).
- **Scharfschalten**
  Durchschalten der Einbruchmeldeanlage oder von Teilen der Anlage zu den Alarmierungseinrichtungen (z. B. Melder).
- **Schließblechkontakt**
  Am Schließblech angeordnete Einrichtung (z. B. Kontakt, Sensor), der bei der Verriegelung des Schlosses durch den Riegel betätigt wird.
- **Überfallmeldeanlage (ÜMA)**
  Eine Anlage, die Personen zum direkten Hilferuf bei Überfällen dient.
- **Unscharfschalten**
  Rücknahme der Durchschaltung der Einbruchmeldeanlage oder von Teilen der Anlage zu den Alarmierungseinrichtungen

Beispiel für Melder im Fensterbereich

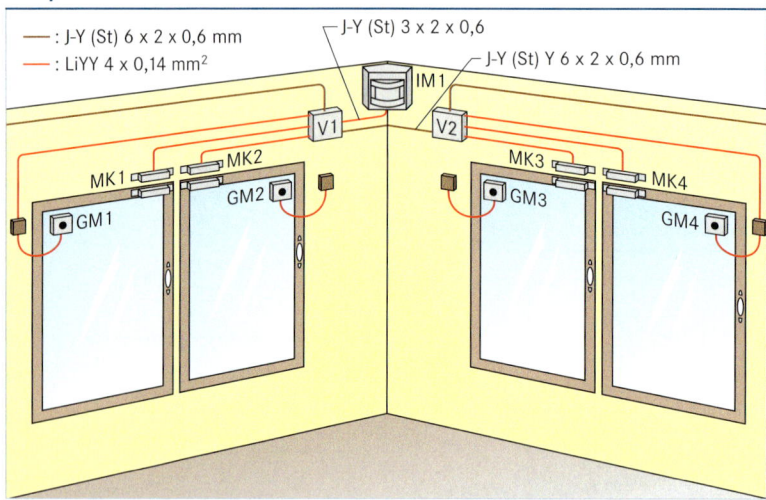

— : J-Y (St) 6 x 2 x 0,6 mm
— : LiYY 4 x 0,14 mm²
J-Y (St) 3 x 2 x 0,6
J-Y (St) Y 6 x 2 x 0,6 mm

Leitung LiYY

0,14 mm² x Aderzahl	Durchmesser in mm
2 x 2	4,9
3 x 2	5,0
4 x 2	5,4
5 x 2	5,9
6 x 2	6,3

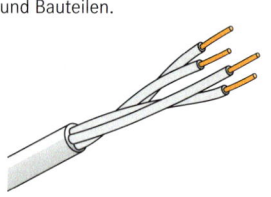

Flexible PVC Signalleitung für den Anschluss von Geräten und Bauteilen.

Beispiel für Melder an Türen

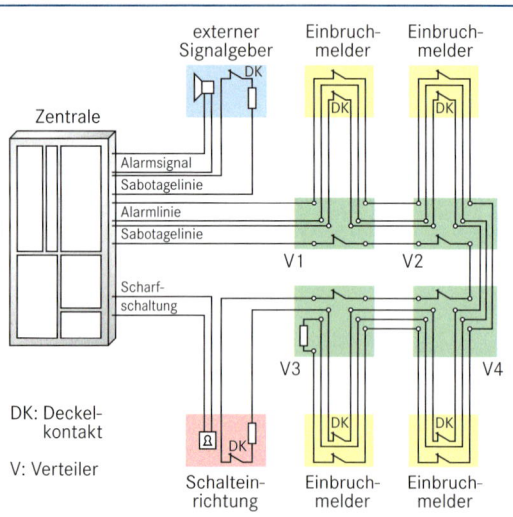

DK: Deckel-kontakt

V: Verteiler

Stromlaufplan einer Einbruchmeldeanlage

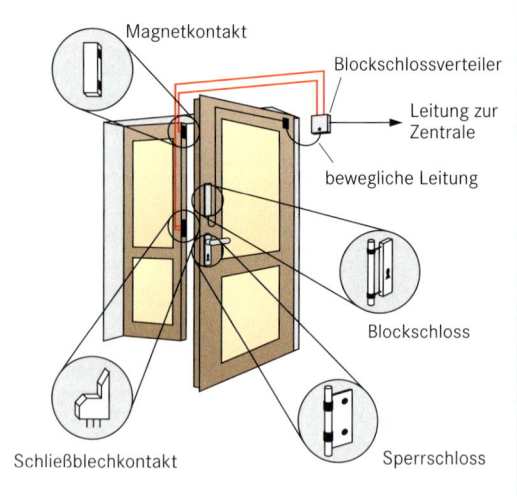

Merkmale

- **Brandmeldeanlagen** (BMA) bestehen aus
  - der Brandmeldezentrale (**BMZ**; als Steuereinrichtung),
  - den automatischen/manuellen **Brandmeldern** und
  - einer entsprechenden **Leitungsanlage**.
- Die **automatischen Brandmelder** unterscheiden sich
  - in der Art der Erkennung verschiedener **Brandkenngrößen** und
  - in unterschiedlichem **Ansprechverhalten**.
- **Manuelle Meldeeinrichtungen** werden durch Handauslösung bedient.

- Zur **Brandbekämpfung** können automatisch wirkende **Brandlöschanlagen** mit Brandmeldeanlagen gekoppelt werden.
- **Rechtliche Grundlagen** für die Errichtung einer BMA sind in den Landesbauverordnungen zu finden und z. B. vorgeschrieben für Versammlungsstätten mit mehr als 200 Personen in einem Raum, Schulen, Krankenhäuser, Pflegeeinrichtungen, Flughafengebäuden.
- Bei der **Planung**, **Errichtung** und **Prüfung** sind die Normen und Vorschriften u. a. der lokalen Aufsichtsbehörde (Bauamt, Feuerwehr), des VdS (Verband der Sachversicherer), DIN/VDE-Normen zu berücksichtigen.

Struktur

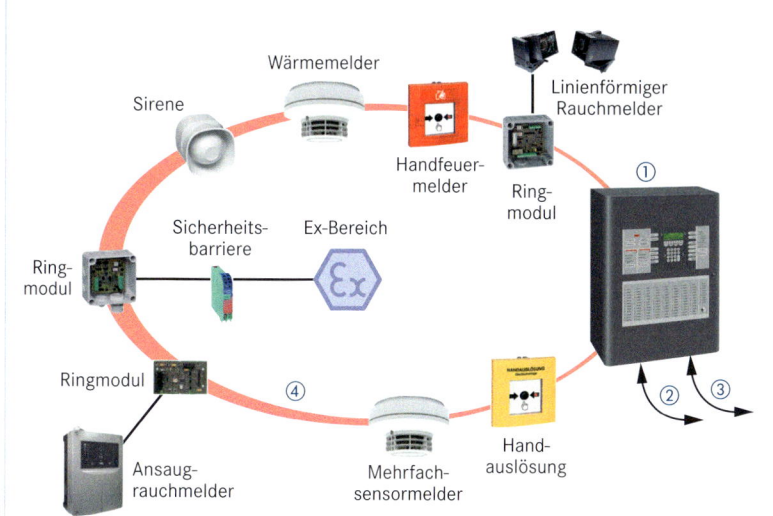

① BMZ mit
  - Bedien- und Anzeigefeld,
  - Ansteuer-, Überwachungs- und Auswerteelektronik für die Meldeschleifen und
  - Stromversorgung (Netz und Batterie).

② Kommunkationsschnittstelle (z. B. Ethernet)

③ Standardschnittstelle zur Feuerlöschanlage

④ Meldeschleife mit
  - Standardbrandmeldekabel J-Y (ST)Y 2 x 2 x 0,8 mit Aufschrift: Brandmeldekabel
  - bis zu 2000 m Länge bei
  - maximal 126 Teilnehmer pro Schleife

Brandmelderarten

Art	Wirkprinzip	Anwendung
Optische Rauchmelder	Erkennen von Rauchaerosolen; Streulichtmessung	Private Haushalte; Büroräume; Hotels
Differenzial-Maximal-Wärmemelder	Temperaturerhöhung bzw. Maximaltemperatur	Werkstätten; Hotelküchen
Ionisations-Rauchmelder	Erkennen von sicht- und unsichtbaren Rauchpartikeln; Leitfähigkeitserhöhung der ionisierten Strahlung	Offene Flamme; Brandausbruch mit Glimmerscheinungen; nicht im privaten Bereich
Funken-/Flammenmelder	Erkennen optischer Strahlung	Schnelle Entwicklung offener Flammen; Absauganlagen
Brandgasmelder	Erkennen von Brandgasen (Kohlenstoffmonoxid, Kohlenstoffdioxid)	Brandfrüherkennung; Rechenzentrum; Industriebetrieb

Beispiel: Handfeuermelder für Gleichstromlinientechnik (Prinzip Stromerhöhung)

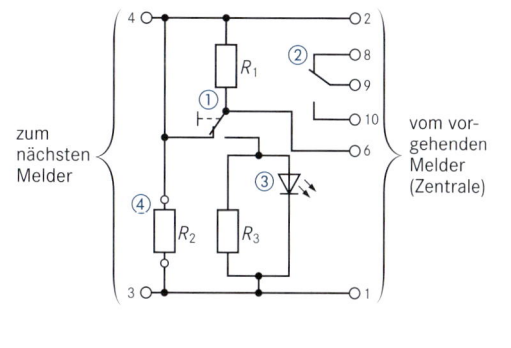

① S1: Auslösetaster
② S2: Hilfskontakte von S1
③ LED
④ Abschlusswiderstand nur im letzten Melder

R_1: 820 Ω
R_3: 150 Ω
R_2: 3,9 kΩ

Überwachungsanlage

- Für Videoüberwachungsanlagen wird der Begriff **CCTV**-Überwachungsanlage (**C**losed **C**ircuit **Tele**vision) verwendet. Es handelt sich um eine **geschlossene Fernsehanlage**.

- Bei der Auswahl der Übertragungsart der Signale sollen die in der Quelle (Videokamera) erzeugten Signale möglichst verlustarm an den Empfänger (Monitor) übertragen werden.

- Eine CCTV-Überwachungsanlage lässt sich in folgende Funktionsgruppen einteilen:

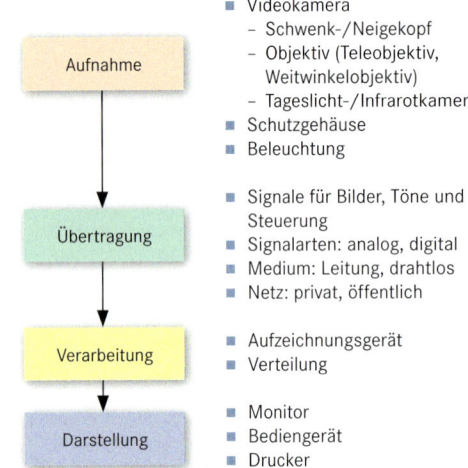

- **Aufnahme**
  - Videokamera
    - Schwenk-/Neigekopf
    - Objektiv (Teleobjektiv, Weitwinkelobjektiv)
    - Tageslicht-/Infrarotkamera
  - Schutzgehäuse
  - Beleuchtung

- **Übertragung**
  - Signale für Bilder, Töne und Steuerung
  - Signalarten: analog, digital
  - Medium: Leitung, drahtlos
  - Netz: privat, öffentlich

- **Verarbeitung**
  - Aufzeichnungsgerät
  - Verteilung

- **Darstellung**
  - Monitor
  - Bediengerät
  - Drucker

CCD-Kamera und Anforderungen

- **CCD: C**harge **C**oupled **D**evice (Halbleitersensor, der mit Ladungsverschiebungen arbeitet)

- Konstante optische und elektrische Eigenschaften

- Keine Schäden durch Überbelichtung und Einbrennen

- Keine Beeinflussung durch elektrische oder magnetische Felder

- Stoß- und vibrationsfest

- Genormte Anschlüsse (Objektiv, Videoausgang)

- Bild wird in horizontale und vertikale Bildelemente zerlegt (Pixel) und zeilenweise ausgelesen.

- Anzahl der Pixel ist ein Maß für die Qualität der Bildauflösung.

- Bildauflösungsbereiche in Horizontallinien.
  - 220 bis 400 Linien: Einsatz für nahen und mittleren Aufnahmebereich, Standardübertragung (2 bis 25 m)
  - 400 bis 500 Linien: Für eine sehr gute Erkennbarkeit
  - > 500 Linien: Für den professionellen Einsatz.

- Frequenzbereich bei 400 Linien etwa 5 MHz

- Sensorformate der Kameras (in Zoll): $\frac{1}{2}$"-, $\frac{1}{3}$"-, $\frac{1}{4}$"- Format

- Kameratypen und Ausgangssignale
  - Analoge Kamera mit FBAS-Signal (Farb-Bild-Austast-Synchronsignal), S- und/oder Composite-Ausgang
  - Digitale Kamera mit analogem und/oder digitalem Ausgang (Datenreduktion, z. B. MPEG); IP

Datenübertragung

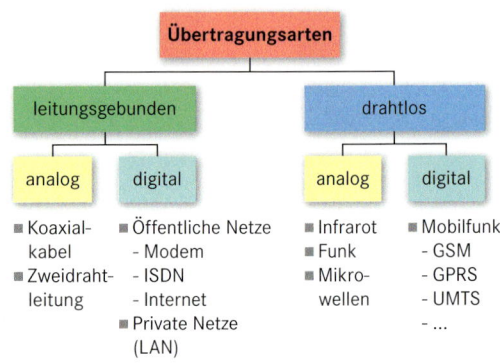

leitungsgebunden		drahtlos	
analog	digital	analog	digital
■ Koaxial-kabel ■ Zweidraht-leitung	■ Öffentliche Netze – Modem – ISDN – Internet ■ Private Netze (LAN)	■ Infrarot ■ Funk ■ Mikro-wellen	■ Mobilfunk – GSM – GPRS – UMTS – ...

- **Koaxialkabel**
  Die Dämpfung hängt vom Leitungstyp und der Länge ab.
  - Bis 3 dB ist keine Beeinträchtigung wahrnehmbar.
  - Bei > 6 dB werden feine Strukturen weniger gut erkannt.
  - Bei größeren Strecken ist ein Verstärker erforderlich.

- **Zweidrahtleitung** (verdrillte Kupferleitung)
  - Das unsymmetrische Videosignal muss in ein symmetrisches Videosignal umgewandelt werden.
  - „Zweidraht-Sender" und „Zweidraht-Empfänger" sind erforderlich.

- **Lichtwellenleiter**
  Vorteile gegenüber Kupferleitungen:
  - Abhörsicher und störstrahlungsfrei, geringes Gewicht, große Reichweite (ca. 15 km ohne Verstärker)
  - Unempfindlich gegenüber elektrischen und magnetischen Störfeldern
  Nachteil gegenüber Kupferleitungen:
  - Höhere Kosten durch Leitungspreis und aufwändigere Anschlusstechnik als bei der Zweidrahtleitung

- **Funkübertragung**
  - Frequenz 2,4 GHz; 4 Kanäle
  - Zulässig ist nur eine geringe Sendeleistung.
  - Die Reichweite beträgt innerhalb von Gebäuden ca. 50 m, außerhalb ca. 300 m.

Rechtlicher Rahmen

- Unterscheidung:
  - **Öffentlich zugänglicher Raum**, z. B. Plätze, Straßen, Tiefgaragen, Kauf- und Warenhäuser
  - **Privater Raum** (nicht öffentlicher Raum), z. B. private Wohnungen, Grundstücke, Büros, Werkhallen

- Grundgesetz (Artikel 2, Abs. 1 in Verbindung mit Artikel 1, Abs. 1)

- Recht auf Privatheit (Artikel 8 der Grundrechte-Charta der EU)

- Europäische Datenschutzrichtlinie

- Rechte des Betroffenen (Bundesdatenschutzgesetz § 6b)

- Bürgerliches Gesetzbuch (§ 1004: Beseitigungs- und Überlassungsanspruch)

- Arbeitsrecht

Analoges CCTV

- Der Anschluss der Kameras und Geräte erfolgt mit Koaxialkabeln (Abschlusswiderstand 75).
- Zur Bilddarstellung kann ein Multiplexer verwendet werden ①, so dass auf dem Bildschirm (CCTV-Monitor) vier Bilder erscheinen ②.
- Die Aufzeichnung erfolgt mit einem Video-Recorder ③.
- Nachteile:
  - Kein Fernzugriff und keine Fernverwaltung
  - Bildspeicherung erfolgt auf Videokassetten
  - Begrenzte Reichweite durch Leitungsdämpfung

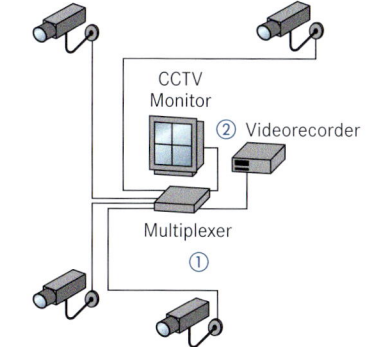

Signalverarbeitung

- Die Geräte (Aufzeichnungsgerät, Monitor, Steuerung, ...) sind in der Regel in der **Überwachungszentrale** untergebracht.
- Bei der Signalwiedergabe werden im Wesentlichen folgende Funktionen unterschieden:
  - Umschalten
  - Darstellen in Quadranten (Quads)
  - Multiplexen
  - Aufzeichnen (zeit- oder ereignisgesteuert)
- Umschalten
  - **Manueller Modus**: Die Kamera kann direkt gewählt und das Bild dann einzeln angezeigt werden.
  - **Automatischer Modus**: Das Bild jeder Kamera wird in einer bestimmten Reihenfolge für einen kurzen Zeitabschnitt angezeigt bzw. aufgenommen.

- **Quads**
  Mit diesen Umschaltern können gleichzeitig mehrere Bilder von unterschiedlichen Kameras auf einem geteilten Bildschirm angezeigt werden. Jedes Bildschirmviertel kann für die volle Bildschirmanzeige einzeln oder in einer Reihenfolge genutzt werden (mit Umschaltfunktion).

IP-CCTV

- Die Übertragung kann mit UTP-Netzwerkkabeln (Unshielded Twisted Pair) erfolgen. Eine gleichzeitige Übertragung von verschiedenen Kameras (IP-Adresse) ist möglich.
- Ein vorhandenes IP-Netz (auch WLAN) kann genutzt werden.
- Dem System können weitere Netzwerk-Kameras hinzugefügt werden.
- Das Betrachten (mit Standard-Browser), Aufzeichnen und Verwalten von Live-Bildern ist mit Netzwerk-PCs möglich, an einem beliebigen Ort, auch über das Internet.
- Die Bilder können auf einer Festplatte aufgezeichnet werden (Suchlauf, einfaches Speichern ohne Verschlechterung der Bildqualität ist möglich). Aus Sicherheitsgründen kann sich die Festplatte an einem entfernten Ort befinden.
- Die Bildqualität ist nicht wie bei der analogen Übertragung von der Leitungslänge abhängig.
- Probleme: Datensicherheit, Datenschutz

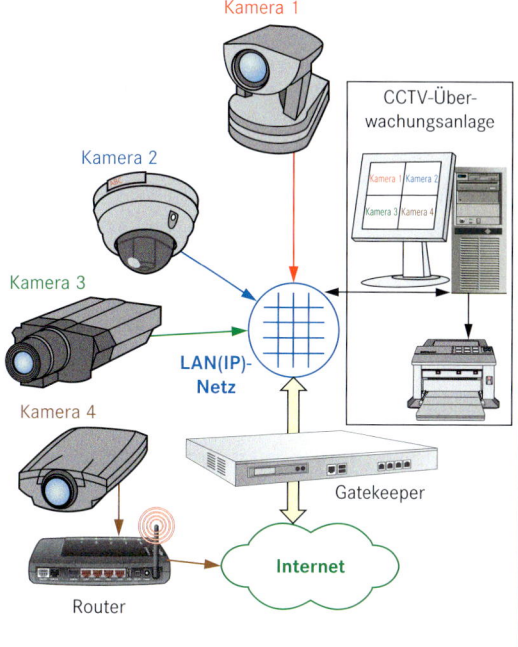

Multiplexing

- Beim Multiplexing können gleichzeitig Bilder von einer bis zu 16 Kameras auf dem Anzeigegerät abgebildet werden. Die Bilder können im Vollbild-, Quad- oder im geteilten Anzeigemodus mit bis zu 16 Teilen (Splits) dargestellt werden.
- Der Multiplexer kann zur Bildaufzeichnung an einen Videorecorder angeschlossen werden.
- Alle Kamerabilder können gleichzeitig in voller Größe aufgezeichnet werden.
- Die Aufnahme wird durch das Umschalten des Anzeigemodus nicht beeinflusst. Auch während des Abspielens können alle Anzeigemodi, also Vollbild, Quad oder Split, nachträglich ausgewählt werden.
- Multiplexer sind in der Anschaffung teurer als Quads und besitzen eine geringfügig niedrigere Auflösung.

Aufbau und Funktion

- Internet: **Inter**connected **net**work
- Weltumspannendes Netzwerk von Computern durch den Zusammenschluss voneinander unabhängiger internationaler, nationaler, regionaler und lokaler Subnetze
- Nichtkommerzielle Einrichtung
- Keine zentrale Verwaltung oder Koordinierung
- Wesentliche Verwendung: Austausch von Daten über **Internetdienste** (WWW, E-Mail, usw.)
- Einheitliche Netzwerktopologie
- Die Beschreibung der Technik und Funktionen erfolgt durch die **RFCs** (**R**equest **f**or **C**omments) der **IETF** (**I**nternet **E**ngineering **T**ask **F**orce).
- Einheitliches Übertragungsprotokoll (**TCP/IP**, **T**ransmission **C**ontrol **P**rotocol/**I**nternet **P**rotocol)

Browser (Web-Browser)

- Es handelt sich um Anwendungsprogramme zum „Blättern" und Recherchieren im WWW. Die einzelnen und auf verschiedenen Wegen gesendeten Datenpakete (Text, Bild, Ton usw.) werden beim Empfänger entsprechend den übertragenen Vorschriften zusammengesetzt.
- Beispiele: Microsoft Internet Explorer, Firefox, Opera

- Die Seiten sind in der Regel Hypertext-Seiten, da die Informationen durch Querverweise (**Links**) verbunden sind.
- Begonnen werden die Seiten in der Regel mit der Leitseite (Homepage) des jeweiligen Anbieters.

URL

- **URL: U**niform **R**esource **L**ocater
- Über die URL ist ein Dokument im Internet eindeutig identifizierbar (Internetadresse).
- Beispiel: http://www.westermann.de/buecher.html
  - **http://**
  Die Identifizierung und Lokalisierung erfolgt über das verwendete Netzwerkprotokoll, z. B. **HTTP** (**H**yper **T**ext **T**ransfer **P**rotocol als Beschreibungssprache im WWW zur Formatierung von Seiten, Kennzeichnung http://) oder FTP.
  Lässt man den Dienst und die Zeichen :// weg, ergänzen die Browser den Dienst.
  - **www.westermann.de**
  Es handelt sich um den Namen des Servers, auf dem sich das Dokument befindet.
  An Stelle des Namens könnte auch die IP-Adresse stehen.
  - **/buecher**
  Hierdurch wird das Verzeichnis gekennzeichnet, in dem sich die gewünschte Datei auf dem Server befindet. Es können mehrere Verzeichnisnamen angegeben werden (Verzeichnisstruktur .../.../...)
  - **.php**
  Es handelt sich um ein Protokoll zum gesicherten Multicasting.
  Die Empfänger können Datenpakete erneut anfordern, wenn Datenpakete fehlen.

Internetdienste

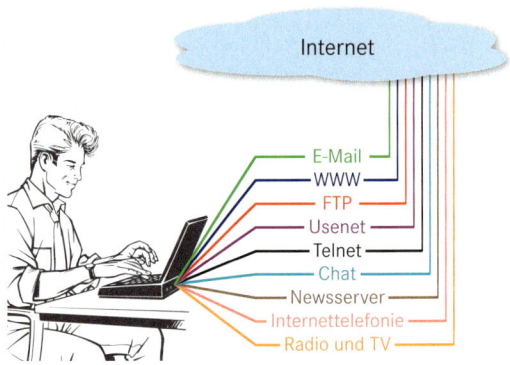

- **E-Mail** (**E**lectronic **M**ail)
  - Elektronisches Versenden oder Empfangen von Nachrichten, die gespeichert, ausgedruckt oder sofort beantwortet werden können.
  - Alle Teilnehmer besitzen eine elektronische Postadresse. Beispiel: Schulservice@westermann.de
- **WWW** (**W**orld-**W**ide-**W**eb)
  - Multimediale Benutzeroberfläche des Internets, deren Angebote und Informationen aufgerufen, gespeichert oder ausgedruckt werden können.
  - Die Informationen können umfassen: Texte, Bilder, grafische Symbole, Ton- und Videosequenzen.
- Dateiverwaltung mit **FTP** (**F**ile-**T**ransfer-**P**rotokoll)
  - Abkürzung für ein Verfahren zur Verwaltung von Dateien und Ordnern sowie zum Datentransfer.
  - Mit FTP können aus dem weltweiten Softwarepool des Internets Dateien direkt ausgetauscht werden.
  - Hochschulen und größere Firmen bieten entsprechende Software über ihre FTP-Server an.
- **Usenet** (**Us**ers **Net**work)
  - Im Internet finden sich Gruppen (**Diskussionsforen**) zum Gedanken- und Meinungsaustausch zusammen.
  - In diesen Diskussionsforen stellen Teilnehmer ihre Nachricht allen anderen als elektronische Post zur Verfügung („schwarzes Brett").
- **Telnet** (**Tel**ecommunication **Net**work)
  - Netzwerkprotokoll, mit dem man sich bei einem beliebigen Host (Gastgeber, Hauptcomputer) einwählen kann, um dort Programme abzuarbeiten, Datenbanken zu nutzen usw.
  - Der eigene PC arbeitet dann wie ein Terminal (Fernbedienung, Fernanzeige) des Gastgeber-Computers.
- **Chat** (engl.: plaudern, sich unterhalten)
  - Schriftliche Kommunikation in Echtzeit mit beliebig vielen Nutzern
- **Newsserver**
  - Es handelt sich um Computer, auf deren Festplatten Nachrichten gespeichert sind und abgerufen werden können oder
  - um die entsprechende Software.
- **Internettelefonie**
  - **VoIP** (**Vo**ice over **IP**), Telefonie über das Internet
- **Radio und Fernsehen**
  - Live-Übertragung (**Livestream**)
  - Übertragung auf Abruf (**Video-on-Demand**)

Grundlagen

- RFC-Dokumente werden erstellt von
  - Spezialisten und
  - Arbeitsgruppen
  auf freiwilliger Basis in Form einer Empfehlung (**Internet Drafts**), die im Internet zur Diskussion veröffentlicht wird.
- Nach Abschluss der Diskussion werden diese Dokumente durch offizielle Bekanntgabe im Internet zur Umsetzung in Hard- und/oder Software freigegeben.
- Die offiziellen Spezifikationsdokumente für die **Internet Protocol Suite** werden
  - durch **IETF** (**I**nternet **E**ngineering **T**ask **F**orce) und
  - **IESG** (**I**nternet **E**ngineering **S**teering **G**roup) als standard tracks RFCs veröffentlicht

- **R**equest **f**or **C**omments („Bitte um Stellungnahme") beschreiben
  - sämtliche Internetprotokolle,
  - Standards,
  - Verfahren,
  - Algorithmen,
  - Regeln und
  - Strategien
  der Kommunikationstechnik in Netzwerken.
- Die Herausgabe und Verwaltung der RFCs erfolgt vom RFC Editor.
  (http://www.rfc-editor.org/)

Beispiele

RFC-Nr.	Kurzform	Bezeichnung
3700	–	Internet Official Protocol Standards
791	P∨4	Internet Protocol , Version 4
792	ICMP	Internet Control Message Protocol
919	–	Broadcasting Internet Datagrams
950	–	Internet Standard Subnetting Procedure
1112	IGMP	Host extensions for IP multicasting
768	UDP	User Datagram Protocol
793	TCP	Transmission Control Protocol
854	TELNET	Telnet Protocol Specification
855	TELNET	Telnet Option Specifications
959	FTP	File Transfer Protocol
821	SMTP	Simple Mail Transfer Protocol
1034	DOMAIN	Domain names – concepts and facilities
1035	DOMAIN	Domain names – implementation and specification
1155	SMI	Structure and identification of management information for TCP/IP-based internets
1001	NETBIOS	Protocol standard for a NetBIOS service on a TCP/UDP transport
862	ECHO	Echo Protocol
866	USERS	Active users
867	DAYTIME	Daytime Protocol
856	TOPT-BIN	Telnet Binary Transmission
857	TOPT-ECHO	Telnet Echo Option
1350	TFTP	The TFTP Protocol (Revision 2)

RFC-Nr.	Kurzform	Bezeichnung
1006	TP-TCP	ISO Transport services on top of the TCP: Version 3
1390	IP-FDDI	Transmission of IP and ARP over FDDI Networks
826	ARP	Ethernet Address Resolution Protocol
907	IP-WB	Host Access Protocol specification
894	IP-E	Standard for the transmission of IP datagrams over Ethernet networks
895	IP-EE	Standard for the transmission of IP datagrams over experimental Ethernet networks
1055	IP-SLIP	Nonstandard for transmission of IP datagrams over serial lines: SLIP
1088	IP-NETBIOS	Standard for the transmission of IP datagrams over NetBIOS networks
1132	IP-IPX	Standard for the transmission of 802.2 packets over IPX networks
1661	PPP	The Point-to-Point Protocol (PPP)
1662	PPP-HDLC	PPP in HDLC-like Framing
1209	IP-SMDS	Transmission of IP datagrams over the SMDS Service
1939	POP3	Post Office Protocol – Version 3
2328	OSPF2	OSPF Version 2
2460	IPv6	Internet Protocol, Version 6
2865	RADIUS	Remote Authentication Dial In User Service
3853	SIP S/MIME	AES Requirement for the Session Initiation Protocol (SIP)

Merkmale

- Sie bestehen aus einer Vielzahl (ca. 500) einzelner Protokolle und realisieren die **Datenkommunikation** zwischen Endgeräten (Rechnern) über das Internet.
- Die Protokolle
  - sind als Softwarepakete in jedem Teilnehmer implementiert und
  - in bestimmte Ebenen (Layer) eingeordnet.
- Das **TCP/IP-Referenzmodell** ist in vier Ebenen
  - **Application Layer** (Anwendungsebene),
  - **Host to Host Layer** (Übertragungsebene),
  - **Internet Layer** (Vermittlungsebene) und
  - **Network Access Layer** (Netzzugangsebene)
  eingeteilt.
- Die **Kernprotokolle** sind
  - **IP**v4/IPv6 (**I**nternet **P**rotocol Version 4 bzw. 6),
  - **TCP** (**T**ransmission **C**ontrol **P**rotocol) und
  - **UDP** (**U**ser **D**atagram **P**rotocol).
- Mit TCP erfolgt u. a. eine **gesicherte** (zuverlässige) und **verbindungsorientierte** Übertragung von Anwendungsdaten (Bytestream).
- Das UDP Protokoll beinhaltet u. a.
  - **keine** Sicherungsfunktionen (Datenverlust möglich),
  - **keinen** Verbindungsaufbau vor der Übertragung,
  - **keine** Zeitüberwachung der Verbindung,
  - direkten Zugang des Application Layers zum IP und
  - eine hohe Übertragungsgeschwindigkeit.
- Die Funktionen von **IPv4** (IPv6) realisieren u. a.
  - eine verbindungslose und keine garantierte Zustellung der Daten,
  - das Routing von Daten durch das Netz und
  - die Definition des Adressierungsschemas (IP-Adressen).
- Auf dem Application Layer werden die Anwenderprogramme (z. B. Dateiübertragung FTP) abgewickelt.
- Jede Ebene stellt der darüber liegenden Ebene die erforderlichen Funktionen (Dienste) zur Verfügung.

Referenzmodell

Ebene	Protokolle (Beispiele)			
Process/ Application Layer	File Transfer	E-Mail	Terminal	Network Management
	FTP [File Transfer Protocol] HTTP [WWW-Hyper-Text Transfer Protocol]	SMTP [Simple Mail Transfer Protocol]	Telnet [Emulation]	SNMP [Simple Network Management Protocol]
Host-to-Host Layer	TCP [Transmission Control Protocol]		UDP [User Datagram Protocol]	
Internet Layer	ARP [Address Resolution Protocol]	IP [Internet Protocol]	ICMP [Internet Control Message Protocol]	
Network Access Layer	Point-to-Point-Protocol		LAN-/ WLAN-/ WAN-Hardwaretreiber	

IPv4 Aufbau

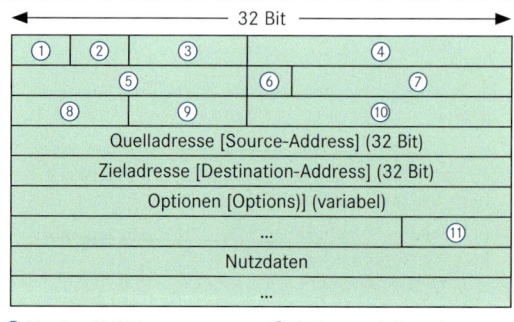

- ① Version (4 Bit)
- ② Kopflänge (4 Bit)
- ③ Dienstart (8 Bit)
- ④ Gesamte Datagram-Länge (16 Bit)
- ⑤ Identifikation (16 Bit)
- ⑥ Fragmentsteuerung (3 Bit)
- ⑦ Fragment-Positionsinformation (13 Bit)
- ⑧ Datagram Lebensdauer (Time to Life) (8 Bit)
- ⑨ Protokollkennzeichnung (z. B. TCP, UDP) für Internet Layer (8 Bit)
- ⑩ Prüfsumme für Protokollkopf (16 Bit)
- ⑪ Füllbits

IPv6 Aufbau

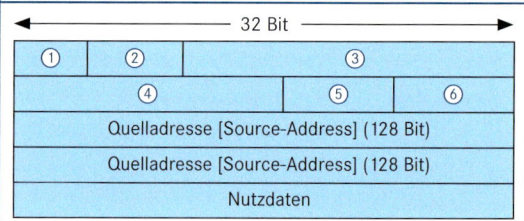

- ① Version (4 Bit)
- ② Priorität (4 Bit)
- ③ Flusskontrolle (24 Bit)
- ④ Anzahl der Nutzlast-Pakete (16 Bit)
- ⑤ Angaben zum Kopf des nächsten Datagrams (16 Bit)
- ⑥ Anzahl der Router zwischen Quelle und Senke [Hop Limit] (8 Bit)

TCP Aufbau

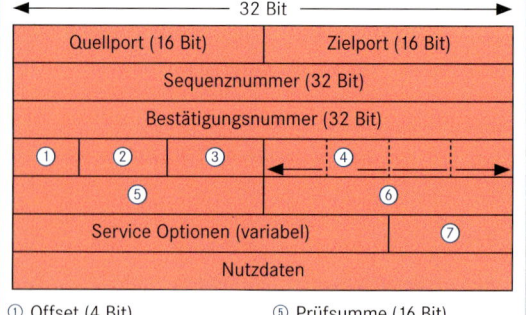

- ① Offset (4 Bit)
- ② Reservierter Bereich (6 Bit)
- ③ Flags (6 Bit)
- ④ Fenstergröße (16 Bit)
- ⑤ Prüfsumme (16 Bit)
- ⑥ Dringlichkeit (16 Bit)
- ⑦ Füllbits (8 Bit bis 24 Bit)

Grundfunktionen

- Die Kommunikation (Austausch von Daten) im Internet erfolgt anhand einer **Client-Server-Architektur**.
- Der Kommunikationsablauf erfolgt in drei Phasen.
- Im Rahmen der jeweiligen Phase werden **Primärmeldungen** als Steuerungsinformationen zwischen den Teilnehmern ausgetauscht.
- Als **Kommunikationsprotokoll** wird u. a. das TCP/IP Protokoll eingesetzt.
- Zur weltweit eindeutigen Kennzeichnung der Kommunikationspartner werden IP-Adressen (Rechnernummern, Host-Adressen) verwendet.
- Diese bestehen aus einer Folge von 0 und 1 mit einer Gesamtlänge von 32 Bit bei IPv4 (theoretischer Adressbereich: 4 294 967 296 Adressen).
- Diese Adressen werden weltweit durch eine zentrale Vergabebehörde (**IANA**: **I**nternet **A**ssigned **N**umbers **A**uthority) verwaltet.
- Von der IANA werden Adressbereiche an regionale Vergabestellen (**RIR**: **R**egional **I**nternet **R**egistries) vergeben.
- Für den Bereich Europa (Deutschland) und naher Osten ist die **RIPE** (**R**éseaux **IP** **E**uropéens) zuständig.
- Hier können qualifizierte Internetprovider (**LIR**: **L**ocal **I**nternet **R**egistry) Adressbereiche beantragen, die bei Zuteilung auch entsprechend verwaltet werden müssen (Dokumentation z. B. der Adressweitergabe).

Kommunikationsablauf

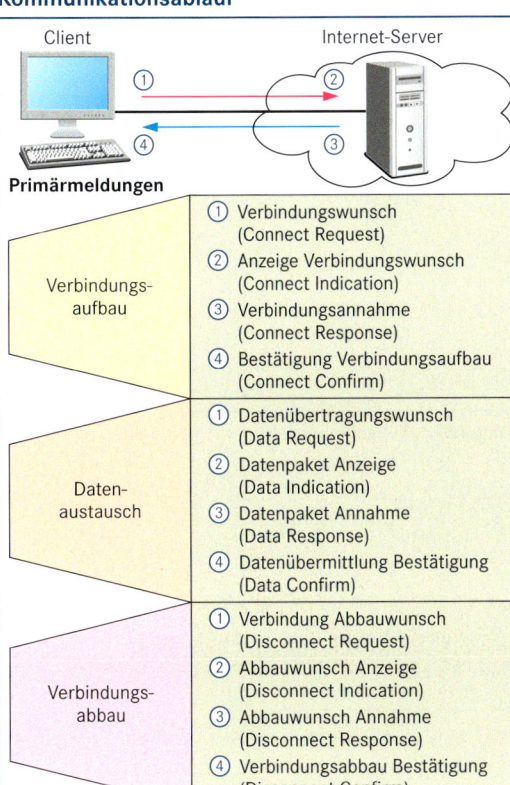

Client   Internet-Server

Primärmeldungen

Verbindungsaufbau
- ① Verbindungswunsch (Connect Request)
- ② Anzeige Verbindungswunsch (Connect Indication)
- ③ Verbindungsannahme (Connect Response)
- ④ Bestätigung Verbindungsaufbau (Connect Confirm)

Datenaustausch
- ① Datenübertragungswunsch (Data Request)
- ② Datenpaket Anzeige (Data Indication)
- ③ Datenpaket Annahme (Data Response)
- ④ Datenübermittlung Bestätigung (Data Confirm)

Verbindungsabbau
- ① Verbindung Abbauwunsch (Disconnect Request)
- ② Abbauwunsch Anzeige (Disconnect Indication)
- ③ Abbauwunsch Annahme (Disconnect Response)
- ④ Verbindungsabbau Bestätigung (Disconnect Confirm)

IP-Adressen

Darstellung (IPv4, 32 Bit)

Bereich (Dezimal)	0…255	0…255	0…255	0…255
Oktett	1	2	3	4
Binär	00101011	00000011	01101000	01011100
Dezimal		91.3.104.92		
Oktal		0133.0003.0150.0134		
Hexadezimal		0x5B.0x03.0x68.0x5C		

Netzeinteilung

- Die effiziente Nutzung des gesamten Adressbereiches wird durch die Aufteilung des gesamten Adressbereiches in Netzwerkadressen und Host-Adressen erreicht.
- Bisherige Praxis war die Einteilung in Netzwerkklassen (Klasse A, Klasse B, Klasse C, Klasse D, Klasse E).
- Die Netzklasse wird durch die ersten 4 Bit der primären IP-Adresse bestimmt.
- Dieses Prinzip wurde abgelöst durch die Einführung von **CIDR** (**C**lassless **I**nter**d**omain **R**outing) und hebt die feste Zuordnung einer IP-Adresse zu einer Netzwerkklasse auf.
- Der Darstellung erfolgt durch Angabe der IP-Adresse mit nachfolgendem Schrägstrich und der Angabe der Anzahl der 1-Bit in der Netzmaske:

IP-Adresse (Dezimal) mit Suffix   172.17.0.0/24   Suffix: gibt Anzahl (hier 24) der 1-Bits in der Netzmaske an

Die Angabe 24 bedeutet: 24 Bit der Netzmaske sind auf 1 gesetzt. (Binär: 11111111.11111111.11111111.00000000)

Adressen insgesamt für das Subnetz: 256
Nutzbare IPv4-Adressen für Hosts: 254

CIDR-Darstellung	Adressen		Netzmaske
	Gesamt	Nutzbar	
… /8	16777216	16777214	255.0.0.0
… /12	16 x 65536	1048574	255.240.0.0
… /32	1 x 1	1	255.255.255.255

- **Private Adressbereiche** werden verwendet zur Adressierung von lokalen Netzen, die keinen direkten Internetzugang haben (z. B. Intranet).

CIDR-Darstellung	Netzadressbereich (Anzahl Netze/Adressen)
10.0.0.0/8	10.0.0.0 bis 10.255.255.255 (1/16.777.216)
172.16.0.0/12	172.16.0.0 bis 172.31.255.255 (6/mit je 65536)
192.168.0.0/16	192.168.0.0 bis 192.168.255.255 (256/mit je 256)

DHCP

- Mit **DHCP** (**D**ynamic **H**ost **C**onfiguration **P**rotocol): Dynamisches Host-Konfigurationsprotokoll) wird die automatische Einbindung eines Computers in ein bestehendes Netzwerk ohne dessen manuelle Konfiguration realisiert.

- Bei Rechnerstart werden vom DHCP-Server (muss sich im selben Netzwerk befinden) u. a. die IP-Adresse, die Netzmaske, das Gateway und der DNS-Server bezogen.

Ablauf

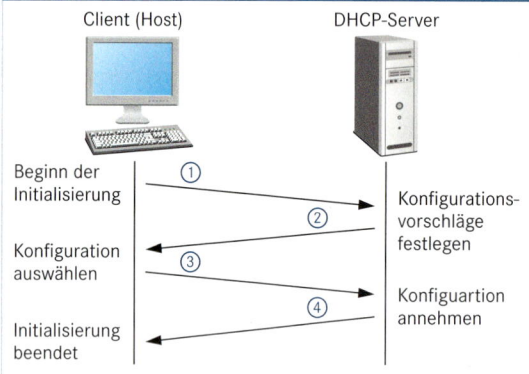

① Client sendet Anforderung mit DHCPDISCOVER (mit eigener, einmaliger Netzwerkkartenadresse) als Broadcast an 255.255.255.255 mit der Absenderadresse 0.0.0.0

② Alle erreichbaren DHCP-Server senden mit DHCPOFFER (Angebot) an 255.255.255.255 Vorschläge für eine Konfiguration (IP-Adresse) und weitere Parameter (z. B. Lease Time: Mietdauer).

③ Client wertet Vorschläge aus und sendet als Broadcast an ausgewählten Server DHCPREQUEST (Annahme). Vorschläge anderer DHCP-Server werden damit abgelehnt.

④ Der ausgewählte DHCP-Server sendet mit DHCPACK die Bestätigung der IP-Adresse (oder zieht diese gegebenenfalls zurück).

DNS

- Der **DNS** (**D**omain **N**ame **S**ervice) ist eine Anwendung (Dienst) im Internet und wird zur Umwandlung von Host-Namen in nummerische IP-Adressen verwendet. (Beispiel: www.westermann.de hat die IP-Adresse 217.13.73.10)
- Der **Domain-Namensraum** ist hierarchisch organisiert und beginnt bei der Wurzel (root).
- Ein Domain-Name darf maximal 255 ASCII-Zeichen (einschließlich der Trennpunkte) lang sein.
- Als einziges Sonderzeichen ist "-" zugelassen.
- Zur Bekanntgabe eines Domain-Namens muss dieser vorher registriert werden (zuständig für .de Namen ist das DENIC (Deutsches Network Information Center).
- Grundlage für die Namenskonvertierung sind vernetzte Datenbanken auf DNS-Servern (enthalten Adress- und Namensinformationen), die über das DNS-Protokoll abgefragt werden.
- Die Auflösung eines Namens erfolgt dabei immer von rechts nach links (je weiter rechts, desto höher in der Hierarchie).

DNS-Hierarchie

Rootzonen
①

Wurzel (Root); „.“

com   net   gov   ...   org   uk   de   edu

②

<firma>   ...   .   uni-<xyz>

③

...   .
www   www ... mail

Rootzonen: ① Top Level Domain
② Second Level Domain
③ Third Level Domain

HTTP

- **HTTP** (**H**ypertext **T**ransfer **P**rotocol) ist ein Protokoll zur Übertragung von Daten (Texten, Bildern) über das Internet.
- Es wird eingesetzt um Webseiten aus dem World Wide Web (WWW) in einen Webbrowser zu laden.

Beispiel:
Eingabe der **URL** (**U**niform **R**esource **L**ocator: Quellenanzeiger) im Internetbrowser.

http://www.westermann.de/berufsschule/

Protokoll-   Host-Name   Angefordertes
kennung   Dokument

Aktion:
Ruft vom Server Westermann das Dokument berufsschule ab und zeigt es im Browser an.

- **Statusmeldungen** werden vom Server zum Client gesendet und kennzeichnen den Ablaufzustand.

Status-Mitteilungen (Beispiele)

1XX – eine nur informative Nachricht (Informational)	
100 – Continue	101 – Switching Protocols
2XX (Sucessfull)	

200 – OK	201 – Created	202 – Accepted

3XX – Die Client-Anfrage geht an eine andere URL	
300 – Multiple Choices	301 – Moved Permanently
4XX – Es liegt ein Clientfehler vor (Client Error)	
400 – Bad Request	401 – Unauthorized
5XX – Es liegt ein Servicefehler vor (Server Error)	
500 – Internal Server Error 503 – Service Unavailable	

VPN – Virtuelles privates Netzwerk
VPN – Virtual Private Network

Merkmale

- **VPN**
  - ist ein **geschlossenes** logisches Netzwerk zur **sicheren** Datenübertragung über öffentlich zugängliche Übertragungsnetzwerke (z. B. Internet), bei denen die Verbindungen durch einen öffentlichen **ISP** (**I**nternet **S**ervice **P**rovider) bereitgestellt werden.
  - erzeugt zur Übertragung im Internet einen sogenannten **Tunnel** (tunneling).

- Grundprinzip des Tunneling ist das Verpacken (encapsulation) von Anwendungspaketen in die Datenpakete des Transportprotokolls.

- Angewendete **Sicherheitsmechanismen** wie Identifikation, Authentifikation und Verschlüsselung der Daten verhindern den Zugang durch Unbefugte.

- **Vorteile** gegenüber echten privaten Netzen (z. B. Corporate Network) sind
  - höhere Flexibilität (u. a. eigene Adressierung) und
  - niedrigere Kosten für die Übertragung.

Anwendungen

- **Einsatzfelder** von VPN sind
  - **Remotezugriff** auf Unternehmensdaten über das öffentliche Internet durch Außendienstmitarbeiter oder Heimarbeiter,
  - Verbindung von Netzwerken (Zweigstelle mit Unternehmenszentrale) und
  - Verbinden von Computern über ein **Intranet** (firmeneigenes Netzwerk) zum Aufbau geschlossener Benutzergruppen.

Protokolle

- Protokolle zur Implementierung eines VPN sind z. B.:
  - **PPTP**
    (**P**oint-to-**P**oint **T**unnelling **P**rotocol: Punkt-zu-Punkt-Tunnel Protokoll)
  - **L2TP**
    (**L**ayer **2** **T**unneling **P**rotocol: Ebene 2 Tunnel Protokoll)
  - **IPSec**
    (**IP** **Sec**urity Protocol: Internet Sicherheits Protokoll)

- **PPTP**
  - Transport von IP, IPX oder NetBEUI über IP-Netzwerke
  - Arbeitet auf Schicht 2 des OSI-Modells und nur über IP-Netzwerke
  - Packt die Datenpakete in Rahmen des PPP (Point-to-Point Protokoll)

- **L2TP**
  - Transport von IP, IPX oder NetBEUI über beliebige Medien wie z. B. X25, Frame Relay, ATM (Punkt-zu-Punkt Datagramm Übertragung) oder IP-Netzwerke
  - arbeitet auf Schicht 2 des OSI-Modells
  - packt die Datenpakete in Rahmen des PPP

- **IPSec**
  - Transport von IP-Daten über ein IP-Netzwerk
  - Arbeitet auf Schicht 3 des OSI-Modells
  - Verwendet Transport- oder Tunnelmodus
  - Protokolle sind **AH** (**A**uthentication **H**eader: Authentifikations-Kopf) und/oder **ESP** (**E**ncapsulated **S**ecurity **P**ayload: verschlüsselter Kopf und Anhang)
  - Kann auch als normales Transportprotokoll verwendet werden (nur Nutzlast verschlüsselt, Header bleibt original erhalten, ergibt geringere Bandbreitenbelastung)

Heimarbeiter-Anbindung

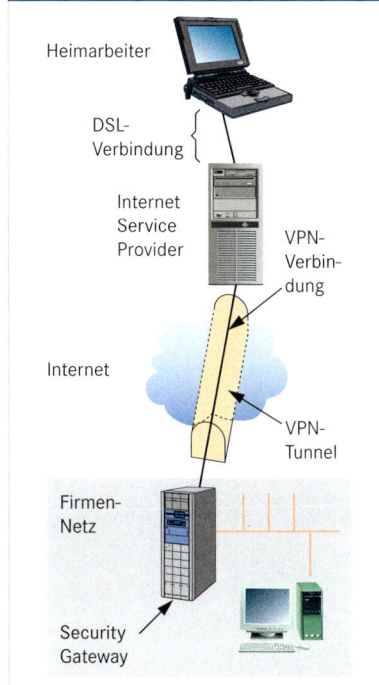

Protokoll-Struktur

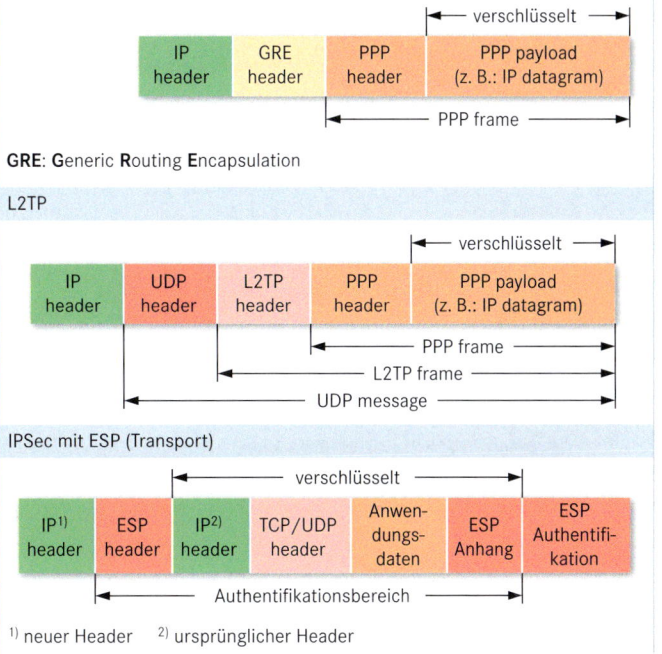

Merkmale

- **VoIP** (**V**oice **o**ver **IP**: Sprache über IP) ist die Bezeichnung für Sprachübertragung über IP-Netzwerke (Internet, Intranet, LAN).

  Es wird auch als **IP-Telefonie** bezeichnet.

- Anwendung zwischen:
  - PC zu Telefon (und umgekehrt)
  - Telefon zu Telefon

- Im Gegensatz zu ISDN wird die codierte Sprache in Daten-Paketen über das Netz übertragen.

Standards

- Wesentliche Standards:
  - **ITU-T** (**I**nternational **T**elecommunication **U**nion)
  - **IETF** (**I**nternet **E**ngineering **T**ask **F**orce)

- ITU-T normiert die Standards nach **H.323** (Packet Based Multimedia Communication Systems: Paket basierende Multimedia-Kommunikation)

- **H.323** ist die Zusammenfassung einer Reihe von Standards und definiert die technischen Voraussetzungen für
  - die Komponenten (z. B.: Terminal)
  - Verarbeitung von Sprache, Daten und Video
  - Verbindungsmanagement
  - Internetworking verschiedener Netze

- Die Architektur von H.323 beinhaltet
  - **Terminal** (z. B. IP-Telefon)

- **Gateway** (Verbindung von paketorientiertem Netz mit leitungsvermitteltem Netz)
- **Gatekeeper** (Terminal Registrierung, Verbindungsaufbau und -abbau, Zugriffskontrolle)
- **Multipoint Control Unit** (**MCU**) (Aushandlung der Terminaleigenschaften und Steuerung von Multimedia-Konferenzen)

- **SIP** (**S**ession **I**nitiation **P**rotocol: Sitzungs-Initiierungs-Protokoll) ist ein von der IETF entwickeltes Signalisierungs-protokoll auf OSI Schicht 5 bis 7.

- SIP dient zum Aufbau, zur Veränderung und Abbau von Sitzungen mit einem oder mehreren Teilnehmern und kann sowohl TCP als auch UDP verwenden.

- SIP ist einfacher strukturiert und schneller als H.323.

H.323 Architektur

Anwendung

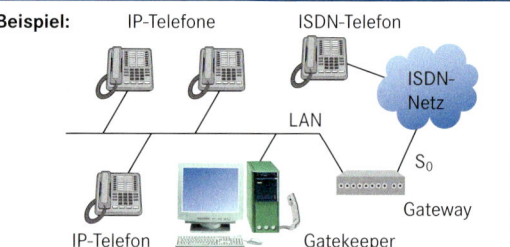

Beispiel:

H.323 Protokoll-Übersicht

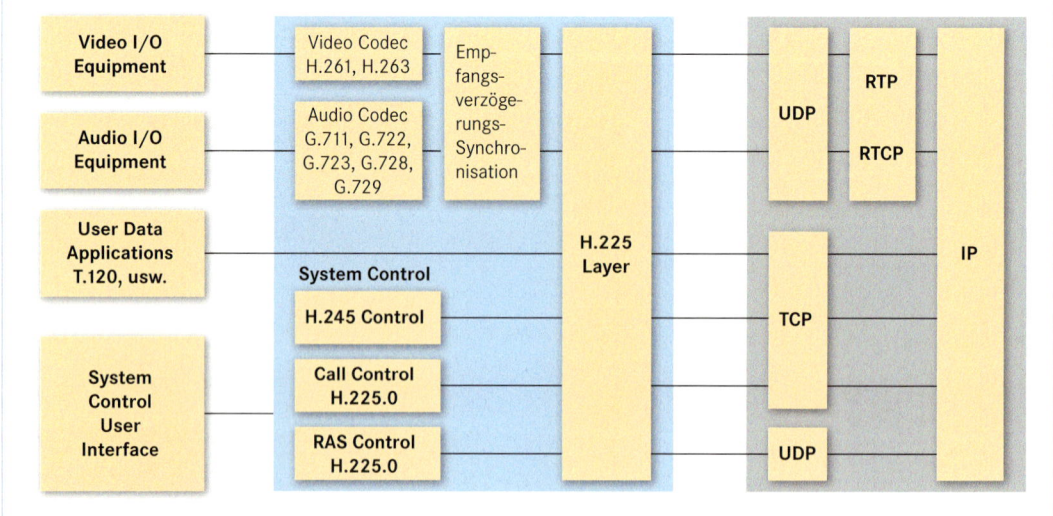

UDP: **U**ser **D**atagram **P**rotocol
RTP: **R**eal **T**ime **P**rotocol

RTCP: **R**eal **T**ime **C**ontrol **P**rotocol
TCP: **T**ransport **C**ontrol **P**rotocol

IP: **I**nternet **P**rotocol
RAS: **R**emote **A**ccess **S**ervice

Grundsätzliche Arbeitsweise

- Mit Streaming-Verfahren ist es möglich, über das Internet Multimediadaten in Echtzeit zu übertragen. Die Dateien werden schon während des Downloads mit entsprechenden Playern wiedergegeben.

- Zwei Arten von Streaming werden unterschieden:
  - **On-Demand:** Die auf einem Server liegenden Dateien werden wiedergegeben.
  - **Live-Streaming:** Live-Aufnahmen werden direkt in das Netzwerk eingespeist.

- **Problem**
  Die Daten aus Audio- und Videoquellen sind in der Regel zu groß, um direkt über das Internet übertragen werden zu können. Lange Downloadzeiten wären erforderlich. Eine Datenreduktion führte außerdem zu Qualitätseinbußen.

- **Lösung**
  Die Multimediadaten werden in Datenpakete zerlegt und einzeln übertragen. Während der Ladezeit können Daten betrachtet bzw. angehört werden.

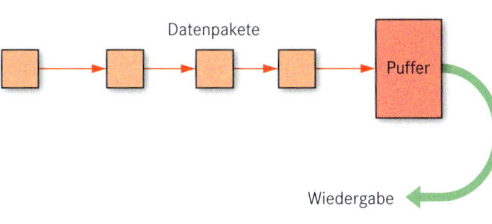

- **Nachteile**
  - Geringere Wiedergabequalität
  - Schnelle Internetverbindung ist erforderlich
  - Streaming-Server sind erforderlich
  - Große Übertragungsbandbreite ist nötig

Beispiele

QuickTime　　　RealMedia　　　Windows Media

　　QuickTime　　real player　　 Windows Media Player

- Die Wiedergabe kann erfolgen durch:
  - Plugins (herunterladbar)
  - Player (z. B. Real Player von Real Networks oder Media Player von Microsoft)

- **QuickTime-Komponenten**
  - Movie Toolbox
  - Image Compression Manager
  - Component Manager
  - Format: *.mov

- **Real Streaming-Architektur**
  - Serverbasiertes Streaming
  - Serverloses Streaming
  - Formate: *ra, *rv, *rm

- **Windows Media-Technologie**
  - Codec-Unabhängigkeit
  - Dateien unterschiedlicher Formate werden zu einem Paket zusammengefasst.
  - Erweiterbar um andere Codecs
  - Datei besteht aus drei Objekten: Header, Data, Index
  - Formate: *.wmv, *wma, *asf

Übertragungstechnik

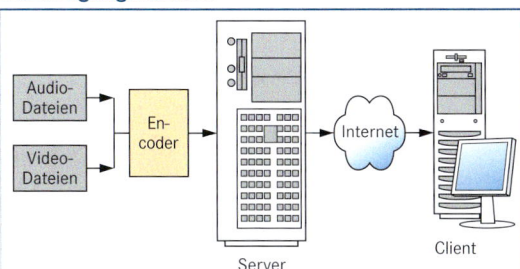

- Aufgabe des Encoders ist es, Daten in eine über das Netzwerk versendbare Form zu codieren.

- Arten der Kommunikation:
  - **Unicast:** Ein oder mehrere Sender schicken Datenpakete an einen Empfänger.
  - **Broadcast:** Ein Sender schickt Datenpakete an mehrere Empfänger.
  - **Concast:** Viele Sender schicken Daten an einen Empfänger.
  - **Multipeer:** Viele Sender schicken Daten an viele Empfänger (z. B. Konferenz).

Übertragungsstandards

Bei Streaming-Verfahren in Echtzeitübertragung reicht ein einziges Übertragungsprotokoll nicht aus.

- **RSVP (R**esource **Re**servation **P**rotocol)
  - Mit diesem Protokoll werden die erforderlichen Netzressourcen für den Datenstrom reserviert.
  - Die Reservierung erfolgt vom Empfänger, von Router zu Router bis zum Sender.

- **RTP (R**ealtime **T**ransport **P**rotocol)
  - Mit diesem Protokoll wird der Datentransport organisiert.
  - Beispiele: Zwischenpufferung, Erkennung der Reihenfolge der Datenpakete, Korrektur

- **RTSP (R**ealtime **S**treaming **P**rotocol)
  - Mit diesem Protokoll wird der Datenstrom gesteuert.

- **SMIL (S**ynchronized **M**ultimedia **I**ntegration **L**anguage)
  - Diese Programmiersprache dient der Stream-Beschreibung und der Formatierung.
  - Sie basiert auf XML und ermöglicht eine einfache, textgesteuerte Synchronisation von Multimedia-Anwendungen.

Merkmale

- H.264 ist der Standard eines blockbasierten Videokompressionsverfahrens (2003) mit unterschiedlichen Profilen (z. B. Main und High Profil) und eine Weiterentwicklung von MPEG-4 mit hoher Codiereffizienz und höherer Komplexität. Das HD-Video-Format mit bis zu 1920 x 1080 Pixel wird unterstützt.

- Bei Datenraten von 1 Mbit/s wird DVD-Qualität erreicht. Artefakte bei bewegten Szenen treten kaum auf.

- Bezeichnungen bei
  ITU-T: H.264
  ISO/IEC: MPEG-4/**AVC** (**A**dvanced **V**ideo **C**oding)

- Codierung (Entropiecodierung):
  - **CAVLC: C**ontext **A**daptive **V**ariable **L**ength **C**oding (Huffman)
  - **CABAC: C**ontext **A**daptive **B**inary **A**rithmetic **C**oding (arithmetische Codierung)

- Makroblöcke (16 x 16 Pixel) können in Unterblöcke von bis zu 4 x 4 Pixel unterteilt werden. Für jeden Block lassen sich Bewegungsvektoren speichern, so dass komplexe Bewegungen besser kompensiert werden können. Die Bewegungskompensation ist auf ¼ Pixel genau.

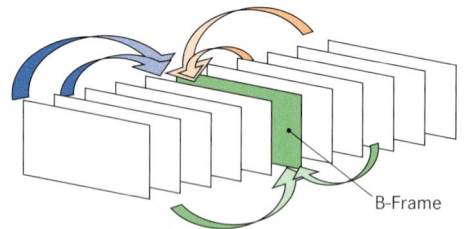

- Wie bei MPEG werden I-, P- und B-Frames verwendet.

- P- und B-Frames können auf beliebig viele vorhergehende Frames als Referenz zurückgreifen (Long-Term Prediction).

B-Frame

- Makroblöcke innerhalb eines Frames bzw. Slices können in freier Reihenfolge angegeben werden (Flexible Macroblock Ordering).

- Deblocking-Filter (gegen Block-Artefakte) ist integriert.

Codec

Als **Codecs** (**co**der und **dec**oder) bezeichnet man Verfahren bzw. Programme, mit denen Daten oder Signale digital codiert und decodiert werden können.

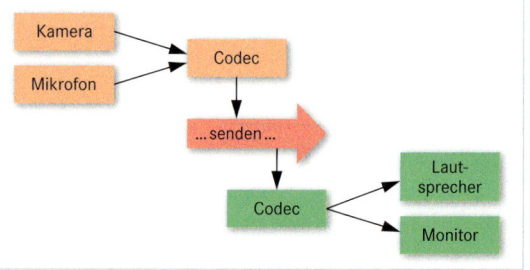

Vergleich mit MPEG-2 und MPEG-4

90 Minuten DVD-Qualität

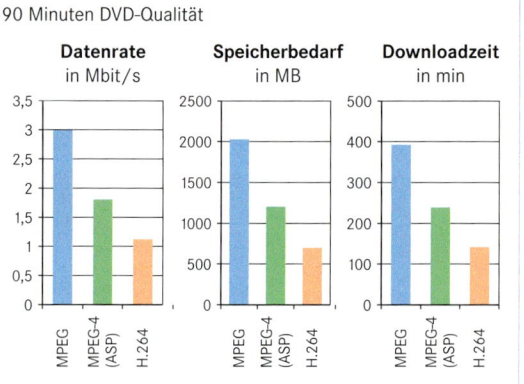

Einsatzbereiche

- HD DVD

- Blu-ray Disc

- DVB-S2 (Digitale Videoübertragung per Satellit)

- DVB-H (mobile Geräte)

- Videotelefonie, PDAs

- QuickTime ab Version 7

Video-Streaming-System mit Codec H.264

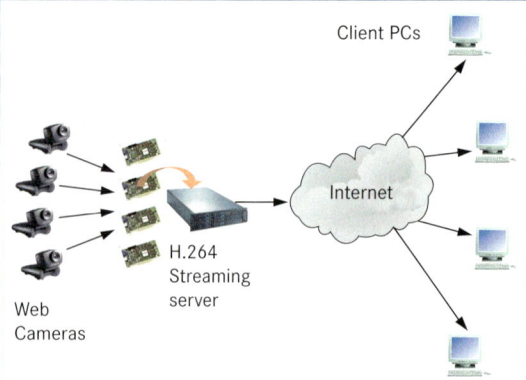

Merkmale

- Unter IPTV versteht man eine Fernsehübertragung unter Verwendung des Internetprotokolls (IP).
- Weitere Protokolle sind
  - **IGMP** (**I**nternet **G**roup **M**anagement **P**rotocol) für die Kanal-Signalisierung beim Livestream ① (s. Abb. unten) und
  - **RSTP** (**R**apid **S**panning **T**ree **P**rotocol) für zeitversetztes ② On-Demand (auf Anforderung, bei Bedarf).

Videoangebot auf dem
Server bzw. Provider

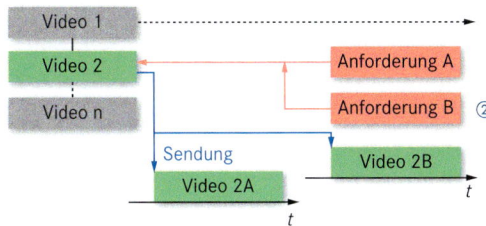

- Der Datenstrom setzt sich aus Paketen konstanter Größe zusammen, die auf verschiedenen Wegen den Empfänger über das Internet erreichen. Durch die IP-Adressen erfolgt ein gezielter Informationsaustausch zwischen dem Provider und den jeweiligen Endgeräten.
- Im Gegensatz zum Digital-TV ist IPTV **interaktiv** verwendbar:
  - Bereitgestellte Programme können gleichzeitig von vielen Teilnehmern abgerufen werden ②.
  - Die Sendungen lassen sich bedarfsgerecht und zeitversetzt (On-Demand, Timeshift-TV) abrufen bzw. speichern ④.
- Für die Übertragung von IPTV werden die Daten in Videocodecs komprimiert. Verwendet werden z. B. MPEG-2, MPEG-4, H.264/AVC, XviD, DivX oder WMV9.
- Für die Qualität und Abbildungsgröße auf dem Bildschirm ist die benutzte Hard- und Software sowie die im Netz verfügbare Datenübertragungsrate (Bandbreite) entscheidend. ADSL ist für IPTV gerade ausreichend. Eine höhere Qualität wird mit ADSL2+ und VDSL erzielt. Es können aber auch optische Netze oder die Funknetztechnik (WiMAX) eingesetzt werden. Für HDTV (1920 x 1080 Pixel) ist eine Datenübertragungsrate von 8 Mbit/s erforderlich.

Unterschied zum TV-Empfang über ein Kabelnetz

- Im TV-Kabelnetz (BK-Netz) sind alle Programme und Dienste bestimmten Frequenzbereichen zugeordnet. Sie können deshalb von den Abnehmern gleichzeitig genutzt werden.
- IPTV erfolgt in der Regel über den DSL-Anschluss des TK-Netzes. Grundsätzlich ist auch eine Überragung über das BK-Netz und über Funknetze möglich.
- Bei IPTV hängt die gleichzeitige Nutzung von der zur Verfügung gestellten Daterate (Bandbreite) des Anbieters ab. Bei z. B. 2 Mbit/s kann nur auf ein Programm bzw. einen Dienst gleichzeitig zugegriffen werden.

Streaming-Verfahren

- Beim Streaming ③ (Strömung) handelt sich um eine kontinuierliche Übertragung von Daten, bei der diese im Endgerät sofort für die Wiedergabe aufbereitet werden (Echtzeit).
- Für die Laufzeitunterschiede der Datenpakete werden je nach Bedarf Zwischenspeicher von einigen Sekunden eingesetzt.
- Im Gegensatz zum Rundfunk werden beim Streaming jedem Empfänger die Daten direkt zugeführt.
- Für die Wiedergabe wird entsprechende Software eingesetzt, die als Player bezeichnet werden. Beispiele: Windows Media Player, Real Player, Quicktime Player, Flash Player

Podcasting

- Allgemein wird beim Podcasting ④ (Kunstwort aus i**Pod** und Broad**casting**) auf gespeicherte Daten eines Servers zurückgegriffen.
- Die Wiedergabe kann in der Regel erst dann erfolgen, wenn die Speicherung abgeschlossen ist.
- Wenn die gespeicherten Daten eines Servers genutzt werden, kann dieses als On-Demand oder als Download erfolgen.
- Unter Podcasting wird auch das Anbieten und abonnieren von Multimediadateien (Audio und Video) über das Internet verstanden. Das Abonnieren kann automatisiert werden, so dass der Abnehmer stets auf dem neusten Stand gehalten wird. Das Aufrufen der Webseite und das manuelle Abrufen der Daten entfallen.

Möglichkeiten für IPTV

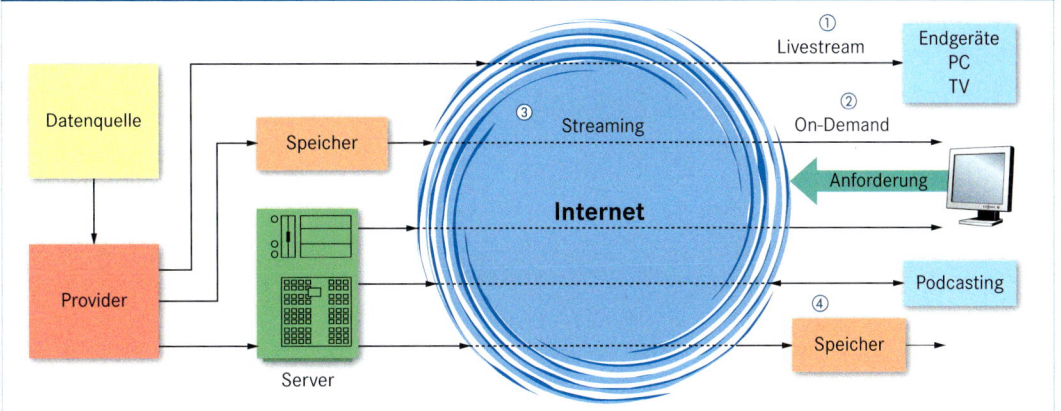

Merkmale

- Das Internetradio wird auch als **Webradio** bezeichnet. Mit ihm lassen sich Radiosendungen über das Internet empfangen.
  - Vorteil gegenüber dem terrestrischen Rundfunk: Radiosendungen über das Internet können weltweit, fast an jedem Internetanschluss, empfangen werden.
  - Einschränkung: Die Anzahl der gleichzeitig möglichen Empfänger über das Internet hängt von der verfügbaren Bandbreite ab. Dagegen können mit dem terrestrischen Rundfunk unbegrenzt viele Empfänger erreicht werden.
- Für den Betrieb eines Internetradios ist keine Betriebslizenz erforderlich.
- Die meisten terrestrischen Radiosender verbreiten Programme auch über das Internet. Darüber hinaus gibt es reine Internetanbieter. Das laufende Programm wird häufig durch Archivierung und Bereitstellung früher gesendeter Beiträge ergänzt.
- Um Angebote mit dem PC nutzen zu können, ist eine spezielle Software erforderlich. Grundsätzlich gibt es zwei Möglichkeiten:
  - Ein **Plug-in** wird in einen Web-Browser integriert, dass automatisch aufgerufen wird, sobald eine angeforderte Web-Seite Streaming-Media-Daten enthält.
  - Ein eigenständiges Wiedergabeprogramm installiert einen entsprechenden **Player**.
- Die Plug-ins und Wiedergabeprogramme werden in der Regel kostenlos angeboten.
- Der Empfang kann auch mit Hilfe eines externen Gerätes erfolgen, das mit dem Internet verbunden ist.

Externes Internetradio

- Aufbau

  - Mikrocontroller
  - Energieversorgung über PoE (Power over Ethernet)
  - Audio Codec Baustein VS 1053 für die Decodierung folgender Audioformate: MP3, AAC, WMA Ogg Vorbis, FLAC, WAV, MIDI

- Blockschaltbild

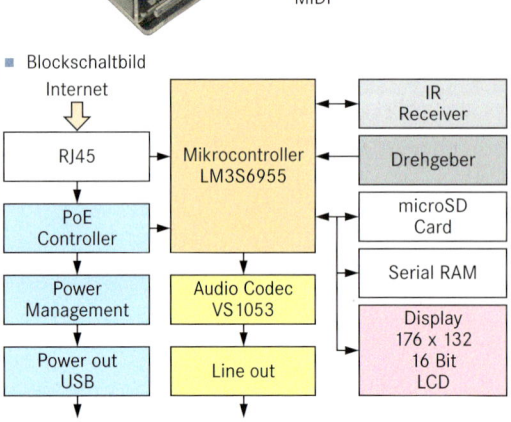

Streaming

- Die Datenübertragung wird auch als **Streaming** bezeichnet und erfolgt mit
  - **Streaming-Protokollen** (Live-Streaming) RTP (Real-Time Transport Protocol), RTCP (Real-Time Control Protocol), RTSP (Real-Time Streaming Protocol) oder
  - **Datenübertragungs-Protokollen** HTTP und FTP (On-Demand-Streaming).
- Beim Live-Streaming wird das Angebot in Echtzeit bereitgestellt und gleichzeitig wiedergegeben.
- Beim On-Demand-Streaming erfolgt die Wiedergabe während der Übertragung. Durch Zwischenspeicherung ist die Übertragung lückenlos, aber leicht verzögert (2 bis 6 Sekunden). Vorlauf, Rücklauf und Pausen sind möglich.
- Für die Streaming-Protokolle ist eine hohe Fehlertoleranz erforderlich. Etwa fünf Prozent an Paketverlusten sollten ohne hörbare Qualitätseinbußen kompensiert werden können.
- Mit einem Breitbandanschluss lässt sich eine Streaming-Qualität erreichen, die annähernd einer CD-Qualität entspricht.
- Zur Verringerung der Datenmenge werden verlustbehaftete Datenreuktionsverfahren verwendet, deren Dateien häufig in Containerformaten eingebettet sind.

Containerformate

- In der Datentechnik enthält ein Containerformat (Behälter) verschiedenen Dateiformate (Codecs). es können darin z. B. Audio- und Videostreams enthalten sein, die durch einen Multiplexer zusammengefügt worden sind.
- Beispiel für Container

Kopfdaten			Kopfdaten			Kopfdaten
				Untertitel		Eingebettete Schriften
Videodaten	Audiodaten		Videodaten	Audiodaten Sprache 1	Audiodaten Sprache 2	Text und Markup[1]
						Bild
						Formular
						Text und Markup[1]

AVI-Datei · Matroska-Datei · PDF-Datei
[1] Auszeichnungen

- Beispiele für Containerformate
  - **Audio Video Interleave**, AVI (.avi)
  - **DivX Networks** (.divx)
    DivXMedia Format basiert auf AVI, enthält mit DivX codierte MPEG-4-ASP-Videostreams
  - **Matroska** (.mkv; .mka)
    Open-Source-Containerformat für fast alle Videoformate (russisch: Matrjoschka)
  - **Ogg Vorbis** (.ogg)
    Verwendung für verlustbehaftete Audiodatenreduktion, freier Codec von der Xiph.Org Foundation, als Alternative zu MP3
  - **Quicktime** (.mov)
    Containerformat und Abspielsoftware der Fa. Apple
  - **RealMedia** (.rm; .rmvb; .ra; .ram)
    Verwendung für RealAudio- und RealVideo-Streams von Real Networks, basierend auf MPEG-2 oder MPEG-4
  - **Video Objects** (.vob)
    Format für DVD-Video, Datenreduktion mit MPEG-1 und MPEG-2

PC-Technik und Peripheriegeräte

Von-Neumann-Architektur

- John v. Neumann: US-amerikanischer Mathematiker, 1903–1957
- Zeitlich nacheinander (sequenziell) werden die aus dem Speicher stammenden Befehle und Daten innerhalb einer bestimmten Zeit (**Taktzyklus**) verarbeitet. Die wichtigsten Phasen sind:
  - Laden des Befehls (Fetch)
  - Decodierung (Decode)
  - Ausführen des Befehls (Execute)
- Daten und der Programmcode (Befehle) befinden sich in einem **gemeinsamen** Speicher.

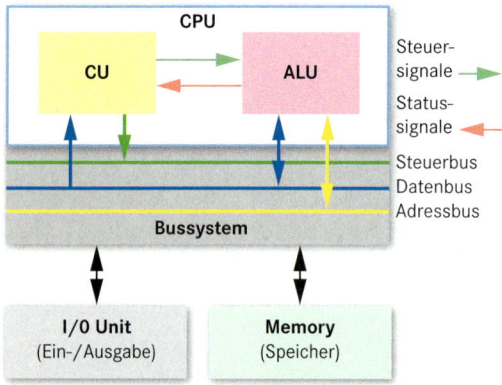

- **Funktionseinheiten:**
  - **CPU: C**entral **P**rocessing **U**nit, Prozessor
    Diese Einheit wird oft auch als Prozessorkern (Core) bezeichnet.
    Ein Mikroprozessor kann aus mehreren Kernen bestehen (Multi-Core-Prozessor).
  - **CU: C**ontrol **U**nit, Steuerwerk (Leitwerk)
    Steuerung von Prozessen und Abläufen im Innern und Kommunikation mit der „Außenwelt"; verantwortlich für die Zusammenarbeit der einzelnen Teile des Prozessors
  - **ALU: A**rithmetic **L**ogic **U**nit, Arithmetisch Logische Einheit (Rechenwerk)
    Durchführung arithmetischer und logischer Operationen
  - **I/O Unit:** Ein- und Ausgabeeinheit für Daten
  - **Memory**: Speicher für Daten und Befehle
  - **Bussystem**: Es handelt sich um Leitungen, über die der Austausch der Adressen und Daten erfolgt.

Harvard-Architektur

- Daten und das Programm (Befehle) sind in voneinander **getrennten** Speicher- und Adressräumen abgelegt und werden über getrennte Busse gesteuert (Einsatz im Bereich der Mikrocontroller).
- Daten und Befehle können dadurch gleichzeitig (unabhängig) geladen bzw. geschrieben werden (schnellere Verarbeitung als bei der Von-Neumann-Architektur).

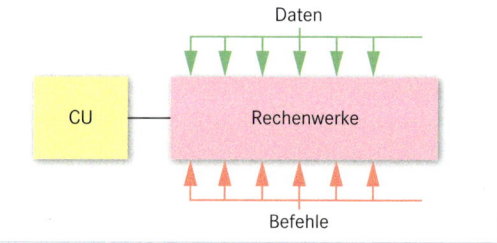

Cache

Damit der Prozessor bei der Verarbeitung bestimmter Prozesse nicht auf die „langsamen" Arbeitsspeicher und die Festplatte zugreifen muss, sind dem Prozessor Zwischenspeicher (Cache) zugeordnet.

- **L1-Cache (First Level-Cache)**
  Er ist ein kleiner Zwischenspeicher (16 kB bis 64 kB zwischen Prozessor und Arbeitsspeicher) für die am häufigsten benötigten Daten (Data-Cache) und Befehle (Code-Cache) und ist in der Regel auf dem Prozessorchip untergebracht. Durch ihn lässt sich die Anzahl der Zugriffe auf den langsamen Arbeitsspeicher reduzieren.
- **L2-Cache (Second-Level-Cache)**
  In ihm werden die Daten des Arbeitsspeichers (RAM) zwischengespeichert. Er ist entweder auf dem CPU-Chip integriert oder befindet sich als externer Baustein auf der Hauptplatine (z. B. 512 MB, Pentium III ... 3072 MB, Core 2 Duo).
- **L3-Cache (Third-Level-Cache)**
  Er ist in der Regel auf dem Prozessor-Chip integriert und unterstützt durch entsprechende Protokolle die Zusammenarbeit zwischen den Kernen.

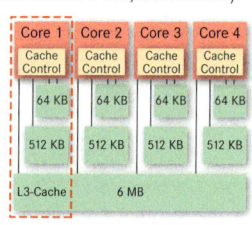

Bussysteme

- **BUS: B**idirectional **U**niversal **S**witch
- **Adressbus**
  Über ihn werden die Daten der Speicheradressen übertragen. Durch die Anzahl der Verbindungsleitungen wird festgelegt, wie viele Speicherplätze direkt adressiert werden können.
- **Datenbus**
  Über ihn werden Daten gesendet und empfangen. Je mehr Leitungen, desto mehr Daten können pro Taktzyklus verarbeitet werden.
- **Steuerbus**
  Mit ihm wird die Steuerung des Bussystems bewerkstelligt (z. B. Lese-/Schreib-Steuerung, Unterbrechungssteuerung (Interrupt), Buszugriffssteuerung, Reset, ...).

Leistungsmerkmale

- Die **Wortbreite** der Arbeits- oder Datenregister bestimmt die maximale Größe der verarbeitbaren Ganz- und Gleitkommazahlen.
- Der **Datenbus** bestimmt, wie viele Bits (4 ... 64 Bit) gleichzeitig aus dem Arbeitsspeicher gelesen werden können.
- Der **Adressbus** legt die maximale Größe einer Speicheradresse fest.
- Die Anzahl der Operationen pro Sekunde ist von der **Taktfrequenz** (clock rate, z. B. 3 GHz) und der Datenwortbreite abhängig (Vielfaches des Motherboard-Grundtaktes).
- Die **Verarbeitungsgeschwindigkeit** des ganzen Systems ist auch von der Größe der Caches und der Kapazität des Arbeitsspeichers abhängig.

Merkmale

- Mikroprozessoren bestehen aus einer Ansammlung von Logik-/Funktionseinheiten, die auf einem Halbleiterchip integriert und durch entsprechende Verbindungen zusammengeschaltet sind.
- Die Einteilung der Prozessoren erfolgt nach der verarbeitbaren Wortbreite in 4 Bit, 8 Bit, 16 Bit oder 32 Bit.
- Wesentliche Funktionseinheiten aller Prozessoren sind u. a.
  - die Arithmetik- und Logik-Einheit
    (**ALU**: **A**rithmetic and **L**ogic **U**nit),
  - der Befehlszähler und Befehlsdekoder
    (**PC**: **P**rogramm **C**ounter; **ID**: **I**nstruction **D**ecoder) und
  - Registersätze (Register Sets).
- Das grundsätzliche Arbeitsprinzip bei der Programmbearbeitung läuft wie folgt ab:

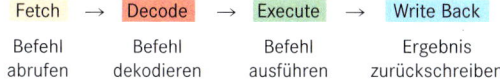

Fetch	→	Decode	→	Execute	→	Write Back
Befehl abrufen		Befehl dekodieren		Befehl ausführen		Ergebnis zurückschreiben

- Um die Verarbeitungsleistung der Prozessoren zu steigern, sind in aktuellen Prozessor-Architekturen verschiedene Maßnahmen realisiert, wie z. B.
  - **ILP** (**I**nstruction **L**evel **P**arallelism: paralle Befehlsverarbeitung) und
  - **TLP** (**T**hread **L**evel **P**arallelism: parallele Aufgabenbearbeitung).

- Bei ILP werden mehrere Befehle in einer mehrstufigen Pipeline parallel verarbeitet.
- **Superskalare** Prozessoren verfügen über lange **Instruction Pipelines** und identische Ausführungseinheiten, die über einen Verteiler (**Scheduler**) mit den entsprechenden Teilaufgaben versorgt werden.
- Bei TLP (auch als **Multi-Threading** bezeichnet) werden die Ausführungseinheiten und die Speichereinheiten (Hauptspeicher, Cache-Speicher) auf die jeweiligen Threads (Aufgaben) aufgeteilt.
- Die wiederholte Bearbeitung von Datensätzen mit einem einzelnen Befehl (z. B. Summenbildung oder die Bearbeitung von Multi-Media-Daten) erfolgt über **Daten-Parallelisierung** (**Data Parallelism**).
- Diese Art der Bearbeitung wird von Funktionseinheiten ausgeführt, die auf die Bearbeitung von **Vektoren** optimiert sind.
- Die Art der Behandlung von Daten wird generell bezeichnet als
  - **SISD** (**S**ingle **I**nstruction **S**ingle **D**ata: Ein Befehl, ein Datensatz) und
  - **SIMD** (**S**ingle **I**nstruction **M**ultiple **D**ata: Ein Befehl, mehrere Datensätze).

Beispiel

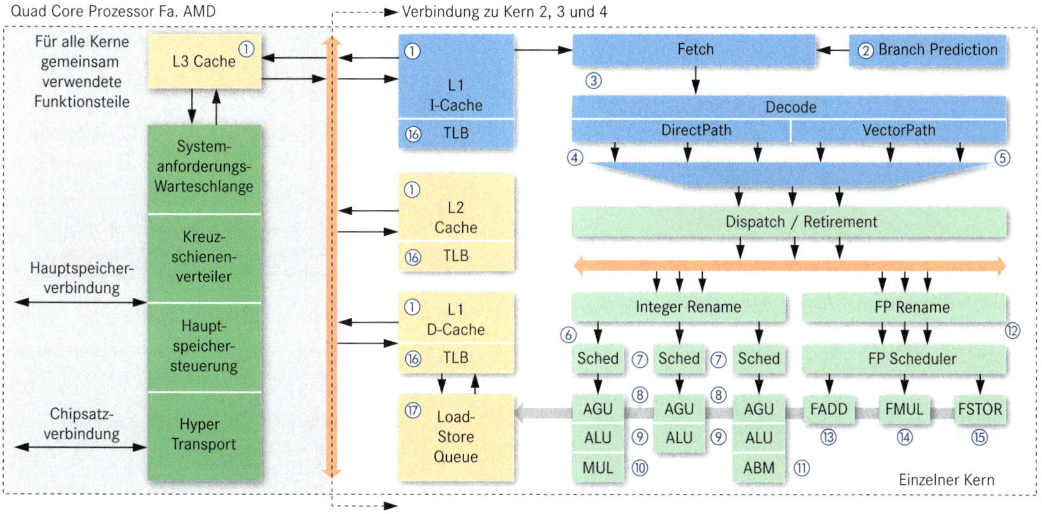

Quad Core Prozessor Fa. AMD — Verbindung zu Kern 2, 3 und 4

①	Cache	(schneller) Zwischenspeicher
②	Branch Prediction	Sprung-Vorhersage
③	Fetch-Decode Unit	Abruf-Dekodiereinheit
④	Direct Path	Direkter Pfad
⑤	Vector Path	Vektor-Pfad
⑥	Integer Unit	Festkomma-Einheit
⑦	Integer Scheduler	Festkomma-Verteiler
⑧	**AGU** (**A**ddress **G**eneration **U**nit)	Adress-Erzeugungs-Einheit

⑨	**ALU** (**A**rithmetic **L**ogic **U**nit)	Arithmetik- und Logik-Einheit
⑩	**MUL** (**Mul**tiplication Unit)	Multiplikations-Einheit
⑪	**ABM** (**A**dvanced **B**it **M**anipulation)	Verbesserte Bit-Bearbeitung
⑫	**FPU** (**F**loating **P**oint **U**nit)	Fließkomma-Einheit
⑬	**FADD** (**F**loating **P**oint **A**dd Unit)	Fließkomma-Additions-Einheit
⑭	**FMUL** (**F**loating **P**oint **Mul**tiply Unit)	Fließkomma-Multiplikations-Einheit
⑮	**FSTOR** (**F**loating **P**oint **S**tore Unit)	Fließkomma-Speichereinheit
⑯	**TLB** (**T**ranslation **L**ookaside **B**uffer)	Adress-Übersetzungs-Puffer
⑰	Load Store Queue	Laden/Speichern-Warteschlange

Merkmale

- Steigende Anforderungen an die Verarbeitungsleistung von Mikroprozessor-Systemen in allen Anwendungsbereichen (Desktop, Laptop, Server) werden durch den Einsatz von Mikroprozessoren mit mehren Rechnerkernen (Multi-Core) erfüllt.

- Gründe für die Entwicklung von Multi-Core Prozessoren sind:
  - reduzieren der elektrischen Verlustleistung im Vergleich zu Einzelkern-Prozessoren,
  - keine wirtschaftliche Steigerung des Prozessortaktes bei Einzelkern-Prozessoren mehr möglich und
  - parallele Verarbeitung von Prozessen (threads) zur Erhöhung der Verarbeitungsleistung.

- Je nach Hersteller und Herstellungsprozess werden dabei unterschiedliche Wege in der Realisierung der Chips beschritten:
  - Einbau identischer Einzelkern-Prozessoren in ein Gehäuse, z. B. als Dual-Core oder Quad-Core Prozessor oder
  - Integration von Prozessor-Kernen auf ein gemeinsames Silizium-Substrat.

- Im Anwendungsbereich Desktop, Laptop und Server sind derzeit Mikroprozessoren mit bis zu vier Kernen (Quad-Core) eingesetzt.

- Prozessoren mit darüber hinausgehender Anzahl an Rechnerkernen sind u. a. im Anwendungsbereich Multimedia oder drahtloser Datenübertragung zu finden.

- Damit die Architekturen die gewünschte Leistungsfähigkeit erreichen können, ist die entsprechende Unterstützung durch das Betriebssystem bzw. die entsprechende Programmierung erforderlich.

Architekturen

Dual-Core	Quad-Core
Externer Memory Controller **Beispiel:** Intel	Integrierter Memory Controller **Beispiel:** AMD

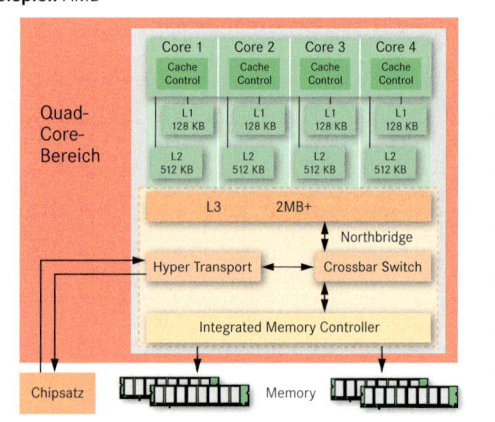

Funktionseinheiten

Die Architekturunterschiede liegen im Wesentlichen in der Anordnung bzw. in der Anzahl der Cache-Speicher und der Schnittstellen zum Hauptspeicher und zum Chipsatz auf dem Motherboard.

Quad-Core Merkmale

- Zur Erhöhung der Verarbeitungsgeschwindigkeit ist z. B. im Quad Core ein zusätzlicher Cache (L3) integriert.

- **L1-Cache** ist unmittelbar am Rechenwerk angeordnet und kann somit sehr schnell Daten (Level 1 Data Cache) bzw. Befehle (Level 1 Instruction Cache) liefern. Falls L1 Cache Line aus dem L1 entfernt wird, wird sie im **L2-Cache** (Victim Cache) aufgefangen.

- L1- und L2-Caches operieren mit der Taktfrequenz der Kerne.

- **L3-Cache**
  - wird als Shared Cache für alle Kerne verwendet (puffert Daten aus L1 und L2),

  - wird von den Kernen nach dem Round-Robin-Verfahren verwendet,
  - organisiert zusammen mit dem Memory Controller die Kohärenz der Daten und
  - operiert mit der Taktfrequenz der Northbridge.

- **Memory Controller**
  - realisiert im Ganged Mode ein 128 Bit breites Speicherinterface und
  - im Unganged Mode stehen zweimal 64 Bit zur unabhängigen Adressierung von zwei Speicherbereichen zur Verfügung.

- **Crossbar Switch**
  - ist die zentrale Vermittlungsstelle zwischen Hypertransport-Interface, Memory Controller sowie L3 Cache und
  - wickelt die erforderliche Zusammenschaltung der Verbindungswege zwischen diesen ab.

- **Hypertransport**-Schnittstelle führt derzeit einen Port mit 16 Lanes zur Anbindung des Chipsatzes nach außen.

Merkmale

- Es handelt sich um Mikroprozessoren mit reduziertem Befehlssatz und vereinfachter interner Hardwareorganisation.
- Ausgelegt auf hohe Verarbeitungsleistung
- Verfügen über einheitliches Befehlsformat
- Alle Befehle sind gleich lang
- Operationscode liegt immer an der gleichen Stelle
- Wenige Adressierungsarten
- Optimiert auf Lade- und Speicheroperationen
- Arbeitet mit Befehls-Pipeline (Warteschlange)
- Großer physikalischer Adressraum (z. B. 4 GB bei MIPS R3000)

- Beinhalten keinen Mikrosequenzer
- Befehle werden direkt decodiert
- Verfügen intern über eine Vielzahl von Registern zur schnellen Zwischenspeicherung von Daten
- Interne Struktur ist als **Harvard-Architektur** aufgebaut.
- Offene Systeme sind z. B. **MIPS** (**M**icroprocessor without **I**nterlocked **P**ipe **S**tages: Mikroprozessor ohne verriegelte Warteschlange) und **SPARC** (**S**calable **P**rocessor **A**rchitecture: Skalierbare Prozessorarchitektur)
- Eingesetzte Compiler arbeiten laufzeitoptimiert
- Anwendungen u. a. in Workstations (Hochleistungsrechner), Servern oder Maschinensteuerungen (Roboter) als Embedded Controller (eingebettete Controller)

Blockschaltbild

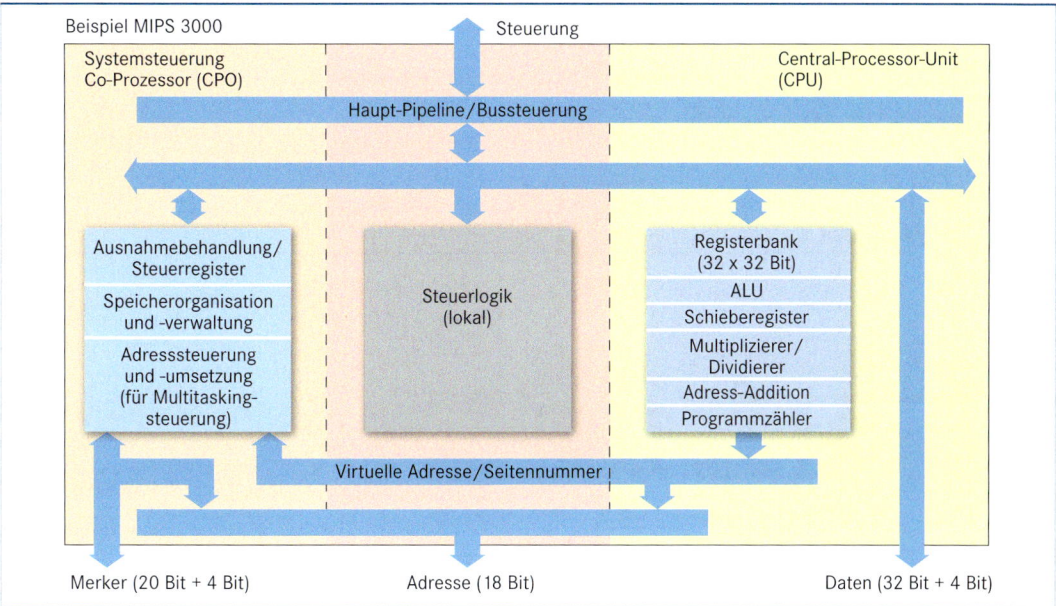

Befehls-Pipeline

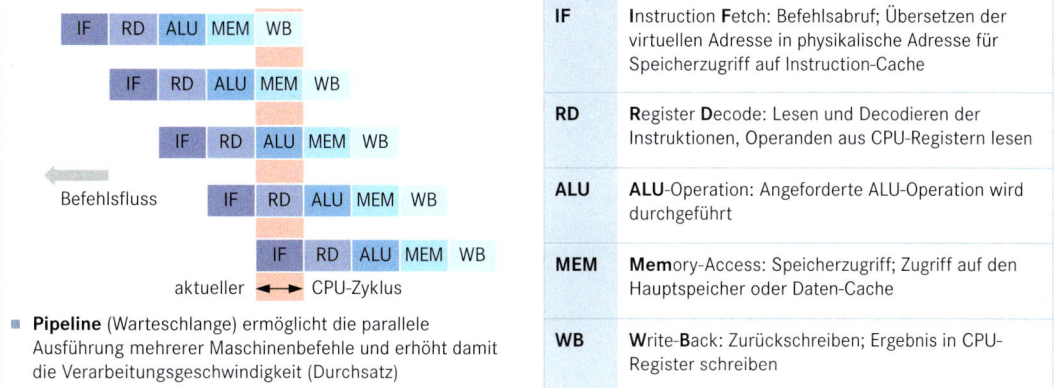

IF	**I**nstruction **F**etch: Befehlsabruf; Übersetzen der virtuellen Adresse in physikalische Adresse für Speicherzugriff auf Instruction-Cache
RD	**R**egister **D**ecode: Lesen und Decodieren der Instruktionen, Operanden aus CPU-Registern lesen
ALU	**ALU**-Operation: Angeforderte ALU-Operation wird durchgeführt
MEM	**Mem**ory-Access: Speicherzugriff; Zugriff auf den Hauptspeicher oder Daten-Cache
WB	**W**rite-**B**ack: Zurückschreiben; Ergebnis in CPU-Register schreiben

- **Pipeline** (Warteschlange) ermöglicht die parallele Ausführung mehrerer Maschinenbefehle und erhöht damit die Verarbeitungsgeschwindigkeit (Durchsatz)

Aufbau

Beispiel: ASUS P5WDG2 WS

PCI:
Peripheral
Component
Interconnect

PCIX:
Peripheral
Component
Interconnect
Express

LAN:
Local
Area
Network

IDE:
Intelligent
Device
Electronics

DDR:
Double
Data
Rate

ESATA:
External
Serial
ATA

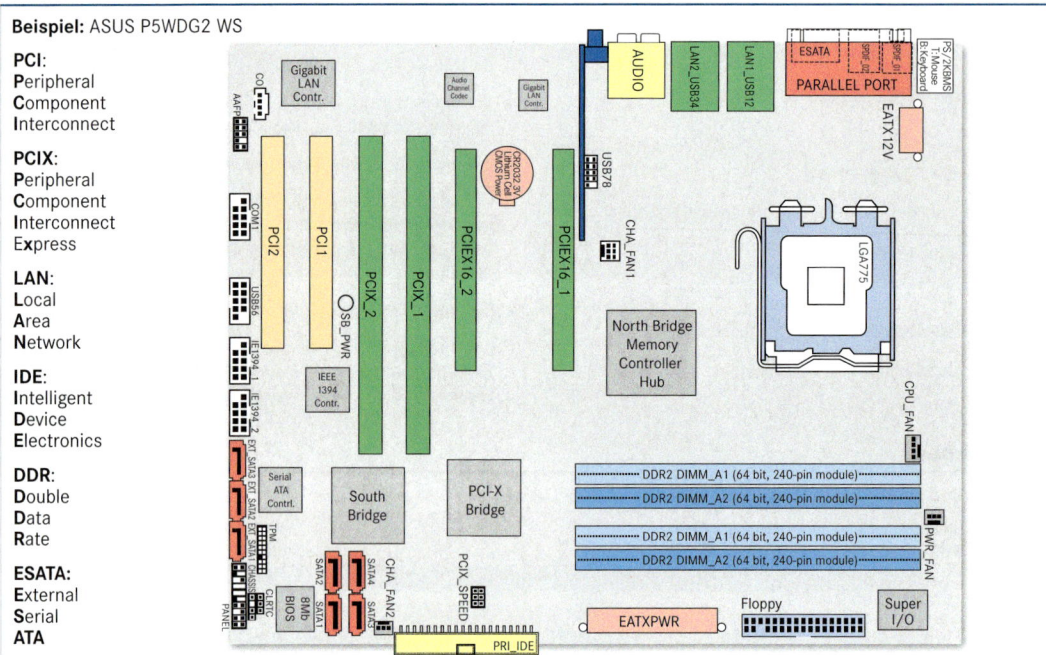

Rückseitige Anschlüsse

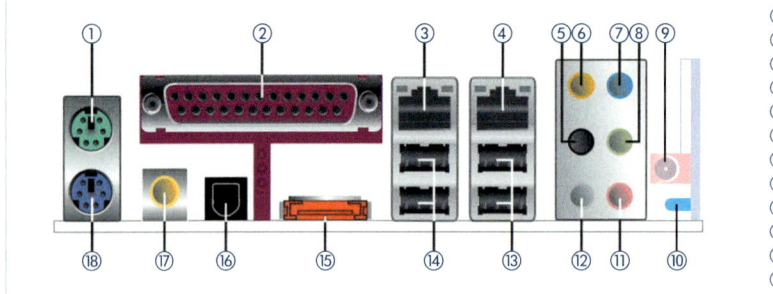

① PS/2-Mausanschluss
② Paralleler Anschluss, LPT
③ LAN 1 Anschluss
④ LAN 2 Anschluss
⑨ Antennen-Anschluss WLAN
⑩ WLAN LED-Anzeige
⑬ USB 2.0 Ports 3 und 4
⑭ USB 2.0 Ports 1 und 2
⑮ Externer SATA-Anschluss
⑯ Optischer S/PDIF-Ausgang
⑰ Koaxialer S/PDIF-Ausgang
⑱ PS/2 Tastaturanschluss

Audio-Konfiguration

An-schluss	Kopf-hörer	4 Kanal	6 Kanal	8 Kanal
⑤	–	Hinterer Lautsprecher-Ausgang	Hinterer Lautsprecher-Ausgang	Hinterer Lautsprecher-Ausgang
⑥	–	–	Mitte/Subwoofer	Mitte/Subwoofer
⑦	Line In	Line In	Line In	Line In
⑧	Line Out	Vorderer Lautsprecher-ausgang	Hinterer Lautsprecher-Ausgang	Hinterer Lautsprecher-Ausgang
⑪	Mic In	Mic In	Mic In	Mic In
⑫	–	–	–	Seitenlaut-sprecher-Ausgang

S/PDIF

- **S/PDIF: S**ony/**P**hilips **D**igital **I**nter**f**ace (IEC 958 Type II) ist eine serielle Schnittstelle für die Übertragung digitaler Audio-Daten von z. B. CD oder DVD über Verstärker an TV.
- Wurde abgeleitet aus dem professionellen Audiobereich (AES/EBU: Audio Engineering Society/European Broadcasting Union) und findet Anwendung im Consumer-Bereich.
- Verwendet werden entweder Koaxialkabel mit 75 Ω (max. 10 m) oder Lichtwellenleiter (TOSLINK:Toshiba Link).
- Das Übertragungsformat hat keine festgelegte Datenrate und kann somit unterschiedliche Datenströme (z. B. DAT mit 48 kHz Abtastrate oder CD-Audio mit 44,1 kHz Abtastrate) übertragen.
- Datencodierung erfolgt mittels BMC (Biphase Marking Code) und ermöglicht somit die Taktrückgewinnung aus dem Datenstrom.
- Audio-Daten werden auf 32 Zeitschlitze (ein Bit pro Zeitschlitz) aufgeteilt und beinhalten neben den Daten auch Zustands- und Steuerinformationen (z. B. Präambel).

Chipsatz Intel 975x

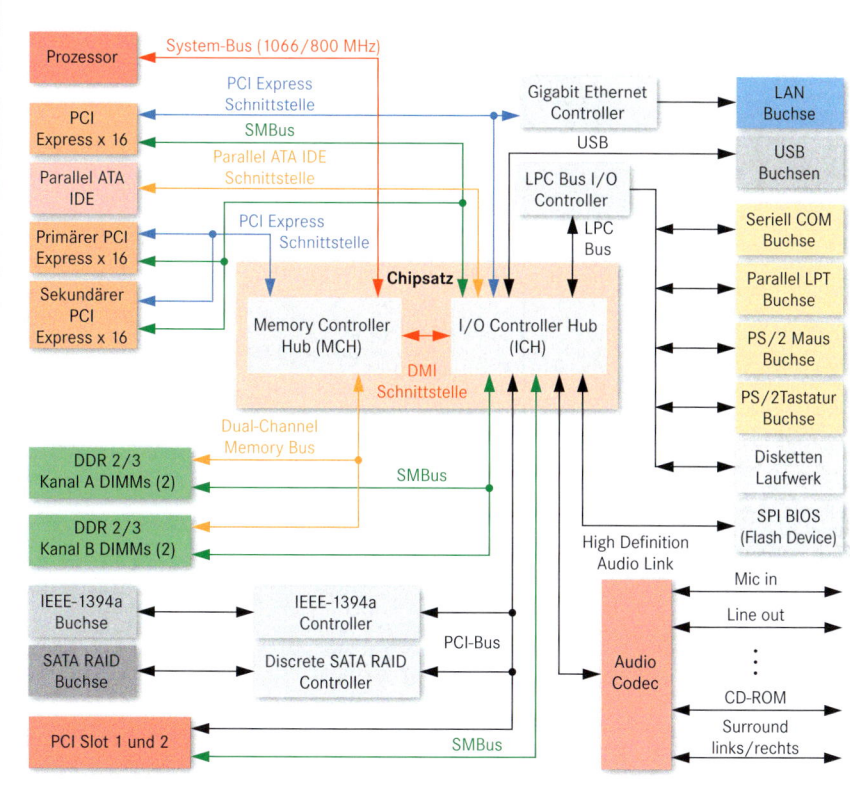

DMI:
Desktop **M**anagement **I**nterface (Schnittstelle)

LPC:
Legacy **P**ort **C**ontroller, entspricht dem seriellen ISA-Bus mit geringer Leitungszahl, „alte" PC-Schnittstellen

PCI:
Peripheral **C**omponent **I**nterconnect, für die interne Erweiterung durch Steckkarten

SMBus:
System **M**anagement **Bus**, Steuerbus, der dem I²C-Bus entspricht

Systembus:
verbindet Zentralspeichereinheit mit Hauptspeicher und Cache (Datenbus, Steuerbus, Adressbus)

Erläuterungen

- **AT: A**dvanced **T**echnology; fortschrittliche Technologie, Bezeichnung für PCs mit 80286 Prozessor oder höher
- **ATA: AT-A**ttachment; Synonym für IDE
- **BIOS: B**asic **I**nput **O**utput **S**ystem; Basis-Eingangs-Ausgangs-System, im BIOS werden wichtige Einstellungen für den PC in einem wieder beschreibbaren Speicher (EEPROM, meist als Flash-Speicher, 64 oder 128 Byte) auf der Hauptplatine abgelegt.
- **Chipsatz:** Er dient der Unterstützung der CPU bei der Steuerung und dem Datentransfer der einzelnen Komponenten des Mainboards und der peripheren Geräte. Er besteht hauptsächlich aus den Komponenten MCH und ICH.
- **Codec: Co**der und **Dec**oder; Einrichtung, Verfahren oder Programm, mit denen Daten oder Signale digital codiert und decodiert werden können
- **COM: Com**munication; serielle Schnittstelle zum Anschluss von Peripheriegeräten mit geringem Datentransfer (z. B. Maus, Tastatur, Modem)
- **DDR-RAM: D**ouble **D**ata **R**ate **RAM**; Arbeitsspeicher, dessen Daten bei der ansteigenden und abfallenden Flanke gelesen werden (doppelte Datenrate)
- **DIMM: D**ual **I**nline **M**emory **M**odul; Speichermodul mit 64 Bit breitem Datenbus
- **EIDE: E**nhanced **IDE**-Schnittstelle; erweiterte IDE-Schnittstelle, andere Bezeichnungen Fast-ATA, ATA-2

- **IEEE-1394a: I**nstitute of **E**lectrical and **E**lectronics **E**ngineers; serielle Schnittstelle zur Kopplung peripherer Geräte (z. B externe Festplatten, Videogeräte) an einen Rechner oder zur Kopplung von Geräten untereinander
- **ICH: I**/O **C**ontroller **H**ub; früher als Southbridge bezeichnet
- **IDE: I**ntegrated **D**evice **E**lectronics; Schnittstelle für Geräte mit integriertem Controller, andere Bezeichnungen ATA, AT-Bus
- **LPT: L**ine **P**rin**t**er; parallele Schnittstelle zum Anschluss von Peripheriegeräten, z. B. Scanner, Drucker
- **MCH: M**emory **C**ontroller **H**ubs; früher als Northbridge bezeichnet
- **PCI Express (PCIe);** Schnittstelle für Peripheriegeräte an die CPU, höhere Datenrate als PCI
- **PS/2: P**ersonal **S**ystem/**2**; serielle Schnittstelle für Tastatur und Maus
- **RAID: R**edundant **A**rray **I**ndependent **D**isc; redundante Anordnung von unabhängigen Festplatten (virtueller Massenspeicher)
- **USB: U**niversal **S**erial **B**us; serieller Bus-Anschluss zum vereinfachten Anschalten von Peripheriegeräten (Geräte während des Betriebs einsteckbar), bis zu 127 Geräte

Speicherbausteine

- **RAM: R**andom **A**ccess **M**emory
  Speicher mit wahlfreiem Zugriff, kann beliebig gelesen und beschrieben werden.

- **DRAM: D**ynamic RAM
  Speicherinhalt muss nach kurzer Zeit wieder aufgefrischt werden (Refresh).

- **EDO-RAM: E**xtended **D**ata **O**utput RAM (erweiterte Datenausgabe)
  Kein Refresh erforderlich, Daten werden zwischengespeichert, bevor die CPU die Daten abruft.
  Vorteil: Der Prozessor kann die nächste Speicherzelle bereits adressieren (Geschwindigkeitsvorteil beim Lesen); 66 MHz Taktfrequenz.

- **SDRAM: S**ynchronous DRAM
  Der Speicher verfügt über einen Taktgeber, der mit dem Systemtakt synchronisiert ist (Taktfrequenzen: 66, 100, 133 MHz). Dadurch entstehen geringe Zugriffszeiten, Betriebsspannung 2,5 V

- **RDRAM: R**ambus DRAM
  Speicher der Fa. Rambus mit hoher Datenrate, 10mal schneller als bei SDRAM. Daten werden auf der ansteigenden und abfallenden Flanke gelesen (doppete Datenrate). Taktfrequenz bis 400 MHz, Betriebsspannung 2,5 V

- **DDR-RAM: D**ouble **D**ata **R**ate RAM
  Daten werden auf der ansteigenden und abfallenden Flanke gelesen (doppelte Datenrate), Betriebsspannung 1,8 V; 2,5 V

Modulkennzeichnungen

- Speicherkapazität (z. B. 64, 128, 256, 512 MB, 1 GB ...)
- Taktfrequenz (z. B. 100, 133, 400, 800 MHz)
- Maximale Datentransferrate (z. B. 1,6 GB/s)

- **Module mit SDRAMs**
  Beispiele:
  - PC 100 (= 100 MHz Taktfrequenz)
  - PC 133 (= 133 MHz Taktfrequenz)

- **Module mit DDR-RAMs**
  Beispiele:
  - PC 1.600 (= 1.600 MB/s maximale Datentransferrate)
  - PC 2.100, PC 2.700, PC 3.200 oder höher

  Berechnung des Zahlenwertes für 2100:
  133 MHz Takt x 2 Flanken x 8 Byte = 2.128

- **Module mit RDRAMs**
  Beispiele:
  - PC 800 (2 x 400 MHz, 800 MB/s Datentransferrate)
  - PC 1.066 (2 x 533 MHz, 1.066 MB/s Datentransferrate)

Module mit Speicherbausteinen

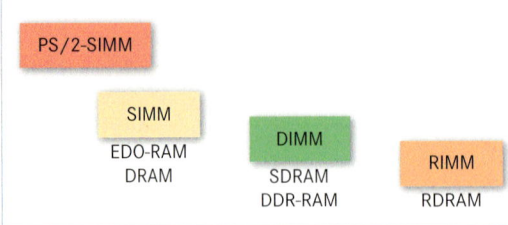

PS/2-SIMM

SIMM
EDO-RAM
DRAM

DIMM
SDRAM
DDR-RAM

RIMM
RDRAM

DIMM

- **DIMM: D**ual **I**n-line **M**emory **M**odule
  64 Bit breiter Datenbus

- **DIMM mit SDRAM** (PC 100, PC 133)
  - 168 Kontakte auf beiden Seiten der Platine,
  - zwei Kerben

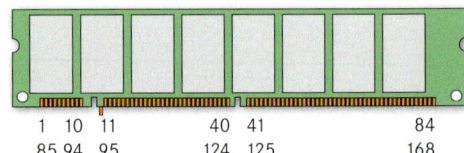

| 1 | 10 | 11 | | 40 | 41 | | 84 |
| 85 | 94 | 95 | | 124 | 125 | | 168 |

- **DIMM mit DDR-RAM** (PC 1600, PC 2.100, ...)
  - 184 Kontakte auf beiden Seiten der Platine, eine Kerbe
  - 2,5 V bis 2,7 V

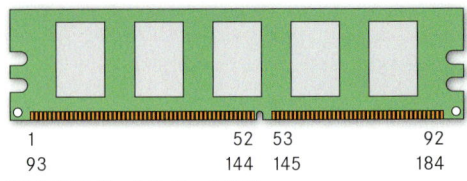

| 1 | | 52 | 53 | | 92 |
| 93 | | 144 | 145 | | 184 |

- **SO-DIMM: S**mall **O**utline DIMM
  - Kleine kompakte Module für Notebooks
  - 72 Kontakte, Datenbreite 32 Bit
  - 144 Kontakte, Datenbreite 64 Bit

RIMM

RIMM: Rambus **I**n-line **M**emory **M**odule
- Busbreite 16 Bit, hohe Taktfrequenz, bis 800 MHz
- 184 Kontakte auf beiden Seiten der Platine
- 2,5 V

- **RIMM mit RDRAM** (PC 800, PC 1.066)

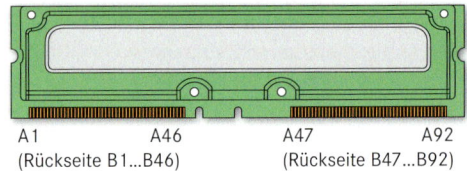

A1   A46   A47   A92
(Rückseite B1...B46)   (Rückseite B47...B92)

- **SO-RIMM: S**mall **O**utline RIMM
  - Kleine kompakte Module für Notebooks
  - 160 Kontakte

SIMM

SIMM: Single **I**n-line **M**emory **M**odule
- 30 Kontakte, 8 Datenbits, in der Regel auf zwei Speicherbänke aufgeteilt (einreihig)
- 72 Kontakte, 32 Bit Datenbreite
- Seitliche Einbuchtung
- Bestückung mit EDO-RAM bzw. DRAM

PS/2-SIMM

PS/2SIMM: Personal **S**ystem/**2** SIMM
(IBM-Bezeichnung, PC-Nachfolger)
- Kerbe in der Mitte (einreihig)
- 72 Kontakte, 32 Bit Datenbreite

SDRAM (Single Data Rate)

Beispiel: PC133

- Chip-Kern (Memory Core), I/O-Buffer (im Speicherchip integrierter Zwischenspeicher) und der externe Speicherbus arbeiten mit gleicher Frequenz von 133 MHz.
- Nur bei aufsteigender Flanke werden Daten übertragen.

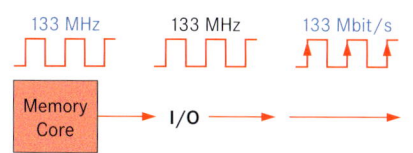

- Berechnung der Speicherbandbreite für PC133:
  $\rightarrow$ 1 Bit · 133 MHz · 64 Bit = 8.512 Mbit/s
  1 Byte besteht aus 8 Bit.
  $\rightarrow$ 8.512 Mbit/s · (1B/8bit) = 1.064 MB/s = 1 GB/s

DDR1 (DDR I, Double Data Rate)

Beispiel: PC3200

- Chip-Kern, I/O-Buffer und externer Speicherbus arbeiten mit gleicher Frequenz von 200 MHz.
- Bei steigender und fallender Flanke werden Daten übertragen.

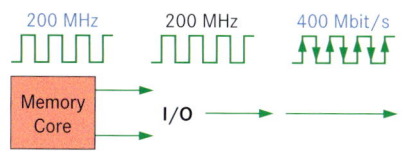

- Berechnung der Speicherbandbreite für DDR1–400:
  $\rightarrow$ 2 Bit · 200 MHz · 64 Bit = 25.600 Mbit/s
  $\rightarrow$ 3.200 MB/s (PC3200)
- Es werden Taktfrequenzen von 100 MHz, 133 MHz, 166 MHz und 200 MHz verwendet.
- Die Versorgungsspannung beträgt 2,5 V.

DDR2 (DDR II, Double Data Rate)

Beispiel: PC2-4200

- I/O-Buffer taktet mit doppelter Frequenz von 266 MHz.
- Bei steigender und fallender Flanke werden Daten übertragen.
- Die Schnittstelle zwischen Chip-Kern und I/O-Buffer ist auf vier Leitungen (Prefetch of 4) verbreitert.

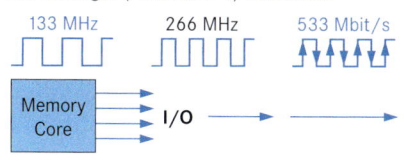

$\rightarrow$ 2 Bit · 266 MHz · 64 Bit = 34.048 Mbit/s
$\rightarrow$ 4.256 MB/s (PC4200)
- Taktfrequenzen 400 MHz, 533 MHz, 667 MHz
- Die Versorgungsspannung beträgt 1,8 V.
- Modulkontakte 200, 214, 240 und 244
- Geringere Leistung als bei DDR1 (247 mW gegenüber 527 mW).
- Die Chips sind um 50 % kleiner als bei DDR1.

DDR2-Varianten

Chip	DDR2-400	DDR2-533	DDR2-667	DDR2-800
Modul	PC2-3.200	PC2-4.200	PC2-5.300	PC2-6.400
Speichertakt	100 MHz	133 MHz	166 MHz	200 MHz
I/O-Takt	200 MHz	266 MHz	333 MHz	400 MHz
Effektiver Takt	400 MHz	533 MHz	667 MHz	800 MHz
Bandbreite pro Modul	3,2 GB/s	4,2 GB/s	5,3 GB/s	6,4 GB/s
Bandbreite Dual-Channel	6,4 GB/s	8,6 GB/s	10,6 GB/s	12,8 GB/s

Bus-Terminierung

- **DDR1**
  - Der Terminierungswiderstand befindet sich am Ende der Busleitung auf dem Motherboard.
  - Störungen durch Reflexionen werden erst dort abgefangen (Nachteil).

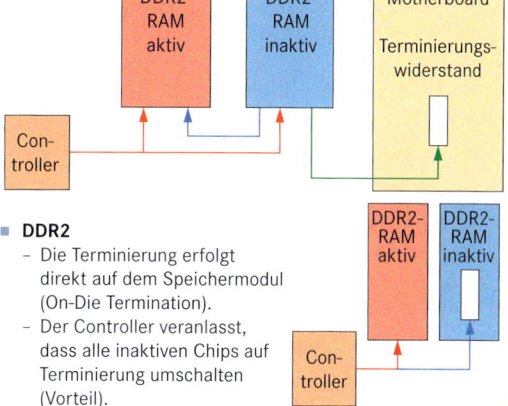

- **DDR2**
  - Die Terminierung erfolgt direkt auf dem Speichermodul (On-Die Termination).
  - Der Controller veranlasst, dass alle inaktiven Chips auf Terminierung umschalten (Vorteil).

SPD (Serial Presence Detect)

- Standardisiertes Verfahren für die Erkennung der Speicherkonfiguration beim Booten eines PCs.
- Daten sind in einem EEPROM implementiert.
- Gespeicherte Daten:
  - Informationen über das Speichermodul
  - Speichergröße
  - Versorgungsspannung
  - Adressierung
  - Herstellerdaten, Codes und Teilenummern

DDR3

- Es handelt sich um eine Weiterentwicklung von DDR2.
- DDR3 arbeitet mit einem achtfachen Prefetch. Dadurch wird eine höhere Taktung des I/O-Puffers erreicht.

Aufbau

- Die Scheiben einer Festplatte sind über eine Zentral-verankerung miteinander verbunden.
- Oberhalb und unterhalb jeder Scheibe befindet sich mindestens ein Arm mit einem Schreib- und Lesekopf.
- Der Arm kann an jeder beliebigen Stelle der Platte positioniert werden.

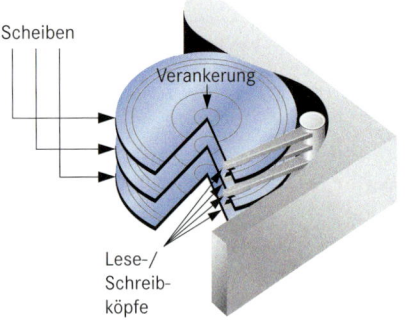

Scheiben
Verankerung
Lese-/
Schreib-
köpfe

Physikalische Formatierung

Diese **Datenträgerorganisation** wird vom Hersteller durchgeführt.

Grundbausteine: Spuren, Sektoren und Zylinder.

- **Spuren:** Konzentrische Kreispfade auf jeder Scheibenseite; jede Spur erhält eine Nummer; die Spur 0 liegt am äußeren Rand.

- **Zylinder:** Der Spurensatz, der auf allen Seiten der Platten im gleichen Abstand von der Mitte angelegt wird, sind die Zylinder. Hardware und Software arbeiten häufig mit diesen Zylindern.

- **Sektoren:** Die Ausschnitte der Spuren werden als Sektoren bezeichnet. In ihnen kann eine bestimmte Datenmenge gespeichert werden.

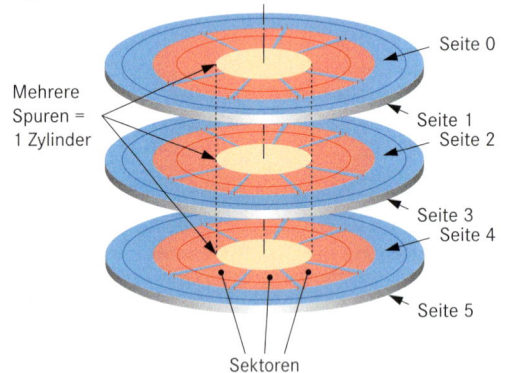

Mehrere
Spuren =
1 Zylinder

Seite 0
Seite 1
Seite 2
Seite 3
Seite 4
Seite 5

Sektoren

SMART

- **SMART: S**elf-**M**onitoring, **A**nalysis and **R**eporting **T**echnologie (Technologie zur Selbstüberwachung, Analyse und Statusmeldung)
- Die Festplatten protokollieren wichtige Systemwerte nach SMART. Die Auswertung kann mit entsprechender Software erfolgen.

Partitionen

Eine Festplatte kann in einzelne in sich zusammenhängende Bereiche (Partitionen) aufgeteilt werden.
Sie wirken wie separate Laufwerke und werden deshalb durch fortlaufende eigene Buchstaben gekennzeichnet.

Vorteile:
- Organisation der Dateien
- Schnellerer Datenzugriff
- Datensicherung durch Verlagerung
- Effizientere Nutzung der Festplattenkapazität

Primärpartitionen

Gespeichert sind:
- Betriebssystem
- Anwendungsprogramme, Dateien usw.

Der PC wird von einer Primärpartition (C) aus gebootet. Auf der Festplatte können mehrere Primärpartitionen für verschiedene Betriebssysteme eingerichtet sein. Es kann allerdings nur eine aktiv sein.

Erweiterte Partitionen

Es handelt sich dabei um weitere physikalische Unterteilungen der Festplatte, für die eine logische Formatierung (logische Laufwerke) vorgenommen wird.

Logische Formatierung

Es handelt sich um die Einrichtung eines Dateisystems für Partitionen.

Aufgaben eines Dateisystems:
- Verwaltung der belegten und freien Speicher.
- Verwaltung der Verzeichnisse und Dateinamen.
- Festhalten, wo die unterschiedlichen Teile einer Datei auf der Festplatte gespeichert sind.

Dateisysteme:
- **FAT 16** (**F**ile **A**llocation **T**able: Dateizuordnungstabelle für DOS, Windows, NT, OS/2)
- **FAT 32** (für Win 95 ab OSR2, Win 98, Linux)
- **NTFS** (**N**ew **T**echnology **F**ile **S**ystem für NT, Win XP, Vista, 7)
- **HPFS** (**H**igh **P**erformance **F**ile **S**ystem für OS/2)

Beispiel:

drei primäre Partitionen

DOS/Windows 95/98 (FAT) c:\ sofern aktiv
Windows XP (NTFS) c:\ sofern aktiv
OS/2 (HPFS) c:\ sofern aktiv
Logische Partition (FAT)

Logische Partition (FAT)

Boot-Programme der einzelnen Partitionen

eine erweiterte mit zwei logischen Partitionen

Partitionieren von Festplatten
Partitioning Hard Disks

Vorgang

- **Partitionieren** ist das Aufteilen eines Datenträgers (Festplatte) in einzelne, voneinander unabhängige Speicherbereiche.

- Die einzelnen Partitionen werden vom Betriebssystem wie **logische Laufwerke** behandelt, deren Verwaltung durch eigene **Dateisysteme** erfolgt.

- Ein Betriebssystem kann bis zu vier Partitionen verwalten ① : drei bootfähige Partitionen ② und eine **erweiterte Partition** ③.

- Die erweiterte Partition kann in nicht bootfähige logische Laufwerke ④ aufgeteilt werden.

- Jede primäre Partition und jedes logische Laufwerk können unabhängig voneinander formatiert werden und durch unterschiedliche Dateiformate (z. B. NTFS, FAT32) organisiert werden.

- Jede Partition erhält zur **Kennzeichnung** einen Buchstaben mit Doppelpunkt (C bis Z).

- Die Partitionierung kann durch Programme (z. B. bei DOS mit fdisk-Befehl) oder direkt über das Betriebssystem (Vista) erfolgen.

Beispiel

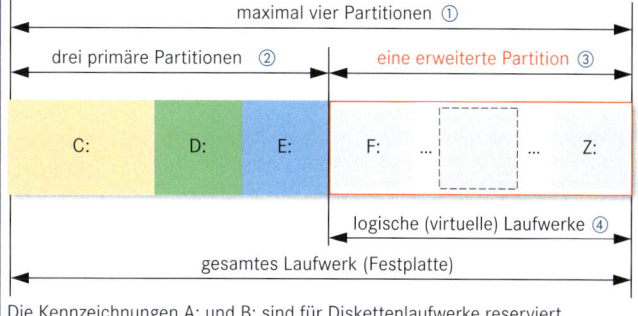

Die Kennzeichnungen A: und B: sind für Diskettenlaufwerke reserviert.

Gründe und Aufteilung

- Die Installation mehrerer Betriebssysteme ist möglich (z. B. Windows Vista, Windows 7 und Linux).
- In den einzelnen Partitionen können verschiedene Dateisysteme angelegt werden.
- Separate Partitionen können für die Speicherung bestimmter Daten (Texte, Bilder, …) verwendet oder für Mitbenutzer reserviert werden.
- Datensicherheit wird durch Partitionierung erreicht. Wenn eine Partition Fehler aufweist, sind andere Partitionen nicht davon betroffen.
- Die Partition C: wird häufig für das Betriebssystem und die Programme verwendet.

Serial ATA (SATA)

Merkmale

- **S**erial **A**dvanced **T**echnology **A**ttachment ist eine Weiterentwicklung (ab 2000) der parallelen ATA-Schnittstelle für Festplatten zu einer seriellen Schnittstelle.

- Vorteile gegenüber ATA:
  - vereinfachte Leitungsführung
  - Luftzirkulation im PC wird durch dünnere Leitungen weniger behindert
  - höhere Datenrate
  - Austausch von Datenträgern im laufenden Betrieb (Hot-Plug)

- Serial ATA ist nicht auf Festplatten beschränkt (Bandlaufwerke, DVD-Laufwerke, DVD-Brenner).

- Es ist kein externer Taktgenerator zur Datensynchronisation erforderlich. Das Taktsignal wird aus dem Datensignal generiert.

Versionen	Datenrate in MB/s	Geräte-anzahl	Einführungs-jahr
Serial ATA I	150	4	2002
Serial ATA II (2)	300	16	2005
Serial ATA III (3)	600	16	2007

Datenleitung und Steckverbinder

- 8 mm breit (1/4"), flexibel, 7 Adern, max. 6 m lang
- Punkt-zu-Punkt-Verbindung
- Terminierung nicht erforderlich
- Signalspannung 250 mV (LVDS: Low Voltage Differential Signaling), +250 mV und –250 mV

- **Beispiel:**

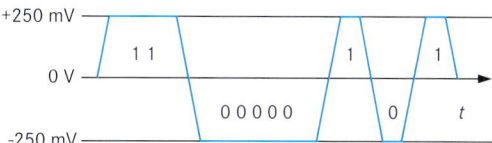

- Übertragungsfenster:
  666 ps, Zeitspanne von ansteigender bis abfallender Flanke

- Steckverbinder:
  - 15 Pins
  - 3 Spannungen: 3,3 V; 5 V; 12 V
  - Stecker für 2½-Zoll-Notebook- und für 3½-Zoll-Festplatte

Merkmale

- **SSD**s (auch als **S**olid **S**tate **D**isk bezeichnet) sind Speichermedien, die nur aus Halbleiterchips aufgebaut sind. Sie lassen sich wie Festplatten datenmäßig ansprechen.

- Aufgebaut sind die Zellen in NAND-Technik (**NAND-Flash**).

- Die Speicherung der Bits erfolgt, indem man Ladungen in einer isolierten Zone eines Halbleiterbausteins (Flash-FET) deponiert (Flash = Blitz).

- Wenn eine herkömmliche Festplatte (HDD) mit einer SSD kombiniert ist, handelt es sich um eine **Hybridfestplatte** (**HHD**).

- Die Kapazitäten von SSDs sind noch erheblich kleiner als die von herkömmlichen Festplatten, bei einem höheren Preis.

- Bisherige Einsatzgebiete sind Notebooks.

- Der Flash-Speicher ist in Pages und Blöcken organisiert. Ein Page besteht in der Regel aus 512 Bytes. Mehrere Pages werden zu einem Block gruppiert. Ein Block besitzt eine Größe von 16 kB. Pages lassen sich einmal beschreiben, ein weiterer Schreibvorgang ist erst nach dem Löschen möglich.

- Lesevorgänge sind unbegrenzt möglich. Die erreichbaren Schreibzyklen liegen zwischen 100.000 und 5 Millionen. Um die Lebensdauer zu erhöhen, werden durch einen Controller im Speichermedium die Schreibvorgänge gleichmäßig auf alle Speicherzellen verteilt. Dazu wird mit der Speichersteuerung die Speicherhäufigkeit aller Blöcke überwacht. Fehlerhafte Blöcke werden ausgeblendet.

- Benötigte Leistung im aktiven Zustand:
  - HDD 9 W
  - SSD 1,0 W

Flash-Technik

- **NOR**
  - Aufbau aus NOR-Gattern
  - Anwendung für Geräte des Alltags für Programm- und Codespeicherung
  - Die Speicherzellen werden parallel ausgelesen und können dadurch schnell ausgelesen werden.

- **NAND**
  - Aufbau aus NAND-Gattern
  - Anwendung für die Speicherung großer Datenmengen
  - Die Speicherzellen sind in Reihe geschaltet. Der wahlfreie Lesezugriff ist langsamer als beim NOR-Flash. Das Löschen und Schreiben erfolgt bei blockweiser Bearbeitung schneller als beim NOR-Flash.
  - NAND-Speicherzellen können dichter gepackt werden als NOR-Zellen.
  - Gemischter Betrieb von NAND- und NOR-Flash ist möglich (MCP: Multi-Chip Package).

3,5-Zoll-Diskette

Mechanische Eigenschaften

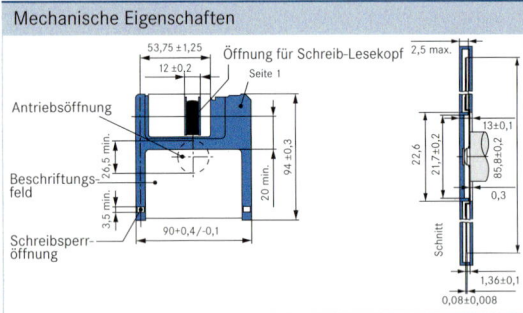

Steckverbinder

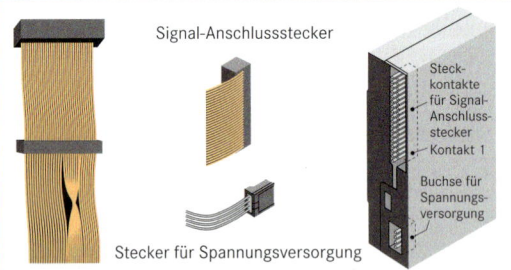

Merkmale und Anschlüsse

- Aufteilung in 9–36 Sektoren und 80 Spuren
- Spurbreite 0,33 mm (360 kB) und 0,115 mm (1,44 MB)
- Drehzahl: 300 1/min
- Datentransferrate: 500 kB/s (HD), 250 kB (DD)
- Spannungsversorgung:
  +5 V (1, Rot); GND (2, 3, Schwarz); +12 V (Gelb)
- Datentransfer: Controlleranschluss auf der Hauptplatine (33polig)

Diskettentypen

- Zweiseitige magnetische Abtastung

Typ	Sektoren	Horizontale Dichte	Kapazität
DS/DD	9	135 TPI	0,72 MB
DS/HD	18	135 TPI	1,44 MB
DS/HD	36	96 TPI	2,88 MB

TPI: **T**racks **P**er **I**nch (Spuren pro Zoll)

DS: **D**ouble **S**ided
DD: **D**ouble **D**ensity

Lineare Aufzeichnung

**Kopf bei
linearen Systemen**

S   L

L   S

Bandbewegung →

L: Löschkopf   S: Schreibkopf

Das Magnetband (mit Eisenoxid) wird in Vorwärts- und Rückwärtsrichtung beschrieben.
Die Daten werden auf Spuren abgelegt (z. B. 208 bei DLT, hohe Kapazität).
Die aufgezeichneten Daten werden gelesen und mit den zwischengespeicherten Daten verglichen. Neben den eigentlichen Daten werden auch Daten- und Servicespuren (z. B. für die Kopfnachführung) auf dem Band gespeichert.

- Bandbreite: 6 mm (QIC)
- Kapazitätsbeispiele: DLT 4.000 20 GB; DLT 7.000 35 GB.
- Vorteil: Hohe Geschwindigkeit (z. B. DLT 7.000 4 m/s, vier Spuren werden gleichzeitig gelesen).
- Geringere Zugbelastung und dünneres Bandmaterial als bei DAT.

Schrägspuraufzeichnung (Helical Scan)

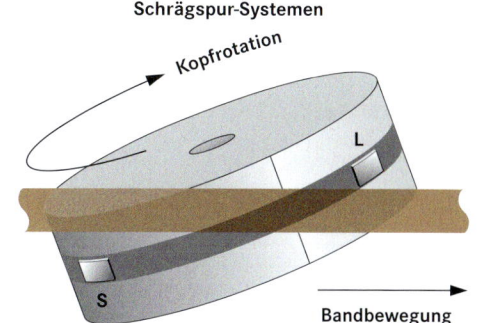

**Kopftrommel bei
Schrägspur-Systemen**

Kopfrotation

L

S

Bandbewegung →

L: Löschkopf   S: Schreibkopf

Das Magnetband (mit Eisenoxid) bewegt sich langsam an den Schreib- und Leseköpfen der schräg angebrachten Kopftrommel vorbei.
Die aufgezeichneten Daten werden nach dem Schreiben gelesen und mit den zwischengespeicherten Daten verglichen. Bei Fehlern werden sie beim nächsten Durchgang noch einmal geschrieben. Durch die diagonale Spur wird erreicht, dass die Spur etwa achtmal so lang ist wie die Breite des Bandes.

- Bandbreite: 4 mm, 8 mm, 19 mm
- Kapazitätsbeispiele: DAT DDS-3 8 GB, AIT 25 GB
- Vorteil: Dicht aneinander liegende Spuren und somit hohe Kapazität
- Nachteile: Aufwendige Mechanik, da das Band straff gespannt sein muss
- Suchvorgänge sind langsam, Abhilfe durch Partitionierung des Bandes

QIC

QIC: Quarter **I**nch **C**artridge
¼ Zoll = 0,635 cm Bandbreite

- Es gibt verschiedene Aufzeichnungsformate:
  QIC-40, QIC-80, QIC-113, QIC-117, QIC-3010, QIC-3080 bis QIC-5010
- Anschluss an Floppy-Controller, IDE-Controller, Parallel-Port, SCSI-Schnittstelle (je nach Ausführung).
- Kapazitäten: 40 MB bis 16 GB

Travan

- Mini Cartridges, längere Bänder als bei QIC
  TR-1 bis TR-5: 400 MB bis 10 GB
- Anschluss an Floppy-Controller, IDE-Controller, Parallel-Port, SCSI-Schnittstelle (je nach Ausführung).

DLT

DLT: Digital **L**inear **T**ape

Eine einzige Wickelspule, die zweite befindet sich im Laufwerk (aufwendige Motorsteuerung); hohe Kapazität (40–80 GB); Bandbreite 13 mm.

DAT

DAT: Digital **A**udio **T**ape (Digitales Tonband)
DDS: Digital **D**ata **S**torage
Anschluss an SCSI-Schnittstelle
Kleine Kassetten: 73 x 54 x 10,5 mm

Standard	Bandlänge	Kapazität unkomprimiert/ komprimiert
DDS-1 (DDS1)	90 m	2/4 GB
DDS-2 (DDS2)	120 m	4/8 GB
DDS-3 (DDS3)	125 m	12/24 GB
DDS-4 (DDS4)	150 m	20/40 GB
DDS-5 (DDS5)	170 m	36/72 GB

Super DLT (SDLT)

- Laufwerke sind abwärts lesekompatibel mit DLT tape IV-Medien, die mit DLT 8.000-, 7.000- oder 4.000-Laufwerken beschrieben wurden.
- Kapazität 110 GB unkomprimiert (11 MB/s) und 220 GB komprimiert (22 MB/s)
- Aufzeichnungsart: 448 Spuren, linear
- Aufzeichnungsdichte: 133.000 Bit/Inch
- Durchschnittliche Dateizugriffszeit: 70 s
- Spurdichte: 896 Spuren/Inch

Merkmale und Anwendungen

- Nichtflüchtige Wechselspeicher (Flash-Speicherung)

- Kompatibel zu PC und Laptop (ggf. Kartenlesegerät)

- Vorwiegend eingesetzt in Kleingeräten: Digitalkamera, Videokamera, MP3-Player

- Es werden unterschieden:
  - Speicherkarten mit integriertem Controller (CF-, MMC- und SD-Karten)
  - Speicherkarten ohne Controller (SM-Karten)

Flash-Speicherung

- Die Bytes können einzeln adressiert und gelesen werden.

- Das Schreiben und Löschen kann nur blockweise erfolgen.

- Ein Überschreiben einzelner Daten ist nicht möglich. Bei jeder Änderung muss der Block komplett gelöscht werden. Zugriffszeit ca. 100 ns.

- Lebensdauer ca. 100.000 Schreib- und Löschzyklen.

- Hohe Widerstandsfähigkeit, geringe Energieaufnahme.

Die Speicherung erfolgt über das Floating-Gate ① des Flash-FETs. Es isoliert das Gate von der Source-Drain-Strecke. Wenn das Floating Gate geladen ist, ist der Stromfluss zwischen Drain und Source abgeschnürt (0-Zustand). Beim Programmieren springen Elektronen vom Gate über (Blitz = Flash), es fließt Strom (1-Zustand).

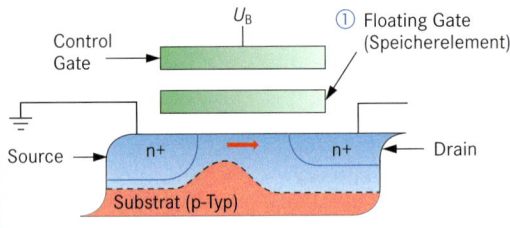

Vergleich von Abmessungen

Microdrive

- Magnetische Speicherung auf einer Miniaturfestplatte mit 3.600 Umdrehungen pro min

- Abmessungen in mm: 42,8 x 36,4 x 5

- Kapazität: 340, 512, 1.024, 2.200 MB

- Datenrate: max. 4,2 MB/s

Kenndaten

Speicherkarten	Abkürzung	Abmessungen in mm			Kapazität in GB
		Breite	Länge	Höhe	
CompactFlash I	CF I	42,8	36,4	3,3	... 64 ...
CompactFlash II ②	CF II	42,8	36,4	5	...64...
Memory Stick	MS	21,5	50	2,8	... 0,128 ...
Memory Stick Pro ⑦	MSPro	21,5	50	2,8	... 4 ...
Memory Stick Duo	MSDuo	20	32	1,6	... 8 ...
Memory Stick Micro	M2	15	12,5	1,2	... 8 ...
miniSD (SD: Secure Digital)	miniSD	20	21,5	1,4	... 2 ...
microSD ⑤	microSD	11	15	1	... 2 ...
MultiMediaCard ④	MMC	24	32	1,4	... 8 ...
MultiMediaCardMicro	MMCmicro	18	24	1,4	... 2 ...
Reduced Size MultiMedia Card	RS-MMC	24	18	1,4	... 4 ...
Secure Digital Card ⑥	SD	24	32	2,1	...32...
SmartMedia ③	SM	37	45	0,76	... 0,128 ...
xD-Picture Card ⑧	xD	25	20	1,7	... 2 ...

Merkmale

- **CF: C**ompact **F**lash (CompactFlash)
- Neben dem Flash-Speicher befindet sich auf dem Chip ein Controller, der den Speicher verwaltet und die Schnittstelle realisiert.
- Typ I:
  42,8 mm x 36,4 mm x 3,3 mm
  Typ II:
  42,8 mm x 36,4 mm x 5 mm
- Standardspeicherkarte für digitale Fotoapparate (Spiegelreflexkameras, Profibereich), PCs, PDAs, ...
- Der Anschluss (50-polig) ist kompatibel mit der ATA Schnittstelle und baut auf diese auf.
- Standardkarten besitzen häufig keine Angaben über ihre Datenübertragungsraten. Sie beträgt dann etwa 10 MB/s. Bezeichnungsvarianten sind: Pro, Ultra, Extreme, Highspeed. Die Unterschiede bestehen beim Lesen und Schreiben der Daten.
- Dateisystem:
  Meist FAT 32
- Lesezugriff < 1 ms
- Schreibzugriff 10 ms bis 35 ms
- Betriebsspannungen (CF I und CF II) 3,3 V ± 5 % oder 5 V ± 10 %
- Stromstärke im Ruhezustand 0,5 mA bis 1 mA

Standards

- CF+ und CompactFlash 2.0
  - Datenübertragungsrate 16,6 MB/s
  - Schnittstelle ATA-2 PIO Mode 4 (Programmed I/O)
  - Max. 128 GB Kapazität
- CF+ und CompactFlash 3.0
  - Datenübertragungsrate 66 MB/s
  - Schnittstelle UltraDMA/66 (Direct Memory Access)
  - 25 MB/s Datentransfer im PC-Card-Steckplatz
  - Passwortschutz
- CF+ und CompactFlash 4.0
  - Datenübertragungsrate 133 MB/s
  - Schnittstelle UltraATA/133
  - Max. 137 GB Kapazität

Kartenadapter

Beispiel: SATA

SD Karte
SD Card

Merkmale

- **SD: S**ecure **D**igital (Memory Card); sichere digitale Speicherkarte
- Flash Speicherung
- Standardspeicherkarte für Mobiltelefone, Digitalkameras, MP3-Player, mobile Navigationsgeräte, ...
- Bezeichnung SD für Standardformate
- Bezeichnung SD**HC** für **H**igh-**C**apacity-Formate
- **SDXC: SD** e**X**tended **C**apacity (ab 2009)
  - Erhöhte Speicherkapazität 32 GB bis 2 TB
  - Erhöhte Schreib-/Lesegeschwindigkeit 104 MB/s bis 300 MB/s

Geschwindigkeitsklassen

- In der SD-2.0-Spezifikation werden drei Speed-Klassen (2, 4 und 6) unterschieden.
- Die Kennzeichnung der Speed-Klasse erfolgt auf der Karte.

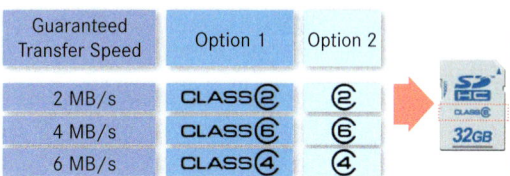

Typen

Merkmale	SD	SDHC	miniSD	miniSDHC	microSD	microSDHC
	Abmessungen in mm		Abmessungen in mm		Abmessungen in mm	
Masse	ca. 2 g		ca. 1 g		ca. 0,5 g	
Pins	9-polig		11 Pins		8 Pins	
Spannung	2,7 V–3,6 V		2,7 V–3,6 V		2,7 V–3,6 V	
Schreibschutzschalter	ja		nein		nein	
Kopierschutz	CPRM[1]		CPRM[1]		CPRM[1]	
Kompatibilität	–		ja mit Adapter		ja mit Adapter	
Dateisystem	FAT16/32	FAT32	FAT16/32	FAT32	FAT16/32	FAT32
Kapazität	bis 2 GB	4 GB bis 32 GB	bis 2 GB	4 GB bis 32 GB	bis 2 GB	4 GB bis 32 GB

[1] **CPRM: C**ontent **P**rotection for **R**ecordable **M**edia

EEPROM

- **E**lectrically **E**rasable **P**rogrammable **R**ead **O**nly **M**emory: elektrisch lösch- und programmierbare Nur-Lese-Speicher
- Aufbau ähnlich der EPROM-Speicherzelle.
- Dünnere Oxydschicht zwischen schwebendem Gate und Auswahlgate.
- Elektronen können durch äußere elektrische Spannung in beide Richtungen verschoben werden.
- Nachteile: Geringe Anzahl von Schreibvorgängen ($\leq 10^3 \ldots 10^4$); lange Schreib- und Löschzeiten für die Datenbytes
- Speicherinhalte bleiben nach Spannungsabschaltung erhalten.

NV-RAM

- **N**on **V**olatile **R**andom **A**ccess **M**emory: RAM mit unverlierbaren Daten
- Sie bestehen aus SRAM-Zellen und angekoppelten EEPROM-Zellen.
- Solange Betriebsspannung vorhanden ist, wird RAM-Bereich aktiv.
- Bei Spannungsausfall werden Daten des RAM-Bereichs in EEPROM-Bereich automatisch übertragen.
- Nach Spannungsrückkehr werden Daten zurückgeschrieben.

Flash EEPROM

- Speicherzellen sind ähnlich aufgebaut wie bei EEPROM.
- Oxydschichtdicke für schwebendes Gate ca. 120 nm.
- Ladungsträger zwischen schwebendem Gate und Substrat sind durch elektrische Spannung in beiden Richtungen verschiebbar.
- Löschen des Speicherinhaltes nur gesamt durch Löschimpuls möglich.
- Betriebsarten für die Bausteine werden über Kommandoregister gesteuert.
- Speicherinhalte bleiben nach Spannungsabschaltung erhalten.

ROM/PROM

- **R**ead **O**nly **M**emory: Nur-Lese-Speicher.
- **P**rogrammable **R**ead **O**nly **M**emory: programmierbarer Nur-Lese-Speicher.
- Informationen sind remanent gespeichert.
- **ROM:** Programmierung erfolgt beim Halbleiterhersteller durch Einbringen von leitenden Verbindungen zwischen Zeile und Spalte in der Speichermatrix.
- Anwendung von ROMs nur bei großen Stückzahlen günstig.
- **PROM:** Programmierung erfolgt beim Anwender durch Aufschmelzen der programmierbaren Verbindung zwischen Zeile und Spalte in der Speichermatrix.

Anwendungsspezifische ICs (ASIC)
Application Specific Integrated Circuits

Kundenspezifisch	Standardzellen	Gate Array	PLD
- ICs werden speziell für einen Kunden von einem Halbleiterhersteller angefertigt. - Grundlage sind Logikpläne, die die Schaltfunktionen beschreiben. - Funktionen werden als Transistorschaltungen auf Halbleiterkristall realisiert.	- Schaltfunktionen werden nicht auf Transistorebene entworfen. - Halbleiterhersteller bieten Bausteinbibliotheken zur Umsetzung der Logikfunktionen. - Bibliotheken enthalten z. B. Gatter, Schieberegister und Zähler als Makrozellen.	- Gatter-Felder sind vorgefertigte Schaltungen (Gatter). - Kundenspezifische Schaltungen werden durch Aufbringen von Metallisierungsverbindungen realisiert. - Neben Digitalschaltungen sind auch Analog-Arrays realisierbar.	- **P**rogrammable **L**ogic **D**evice: Programmierbare Logikeinheiten - **PLA:** **P**rogrammable **L**ogic **A**rray - **PAL:** **P**rogrammable **A**rray **L**ogic - **FPLA:** **F**ield **P**rogrammable **L**ogic **A**rray - **EPLD:** **E**rasable **P**rogrammable **L**ogic **D**evice

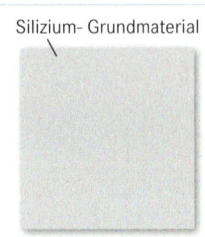

Silizium- Grundmaterial

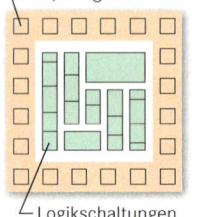

Ein-/Ausgabe-Treiber — Logikschaltungen

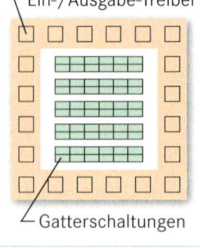

Ein-/Ausgabe-Treiber — Gatterschaltungen

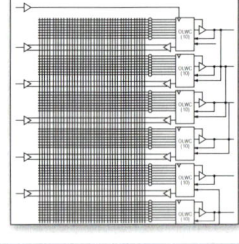

Merkmale

- Der **PCI**-Bus ist ein **paralles taktsynchrones Bussystem** auf dem Motherboard zur Verbindung von Peripheriekomponenten (z. B. SCSI, LAN) untereinander und mit der CPU.
- Er ist unabhängig vom CPU-Typ.
- Er überträgt Adressen und Daten im **Zeitmultiplex** (32 Bit oder 64 Bit).
- Mit zusätzlichen Steuersignalen (C/BE) wird zwischen Kommando und Bytefreigaben unterschieden.
- Devices (Geräte) am Bus werden unterschieden in **Initiator** und **Target**, wobei der Initiator die Aktionen steuert und verwaltet.
- Geräte verfügen über einen **Konfigurationsspeicher**, der die spezifischen Anforderungen des Gerätes beschreibt (z. B. Adressbereich).
- Realisiert werden u.a.
  - Autokonfiguration (Interruptbelegung, Geräte-Erkennung) und
  - Multi-Master-Fähigkeiten.
- PCI wird allgemein unterschieden in **PCI Conventional** und **PCI-X**.
- Verschiedene Versionen sind funktional kompatibel; spezifische Ausprägungen der Steckverbinder sind zu berücksichtigen.

Versionen

Typ	I/O Spannung in V	64 Bit		32 Bit		Fehler-korrek-tur
		Steck-plätze	MByte/s	Steck-plätze	MByte/s	
PCI 33	5/3,3	4	266	4	133	P
PCI 66	3,3	2	533	2	266	P
PCI-X 66	3,3	4	533	4	266	P/ECC
PCI-X 133	3,3	2	800	2	400	P/ECC
PCI-X 133	3,3	1	1066	1	533	P/ECC
PCI-X 266	1,5	1	2133	1	1066	ECC
PCI-X 533	1,5	1	4266	1	2133	ECC

■ PCI Conventional ■ PCI-X (Mode 1) ■ PCI-X (Mode 2)
P: Parity   ECC: Error Correction Code

Baugruppen Codierungen

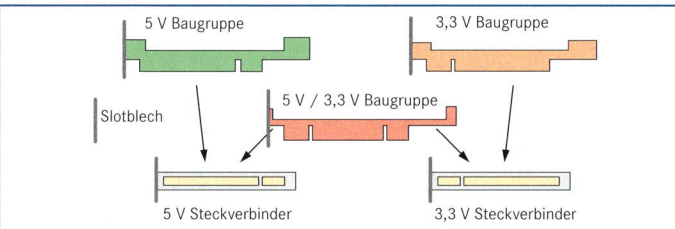

5 V Baugruppe   3,3 V Baugruppe

Slotblech

5 V / 3,3 V Baugruppe

5 V Steckverbinder   3,3 V Steckverbinder

Signale

Name	Funktion	Name	Funktion
AD[....]	Adresse/Daten	GNT#	Freigabe (Bus-)
C/BE(...)#	Bus - Kommando/Bytefreigabe	PERR#	Paritätsfehler
INT (A...D)#	Interruptleitung (Kanal A, B, C, D)	SERR#	Systemfehler
		PRSNT#	Anwesenheit
PAR	Parität für AD und C/BE	M66EN	66 MHz Freigabe
CLK/RST	Takt/Reset	PME#	Stromversorgungsereignis
Frame#	Zyklus Rahmen		
IRDY#/TRDY#	Initiator bereit/Target bereit	SMBCLK	SMBus Takt
STOP#	Unterbrechung	SMBDAT	SMBus Daten
LOCK#	Sperre	Txx	Test-Signale
IDSEL	Initialisierung	REQ64#	Anforderung 64 Bit Transfer
DEVSEL#	Geräteauswahl		
REQ#	Anforderung	ACK64#	Bestätigung 64 bit

Steckverbinder 32 Bit/3,3 V

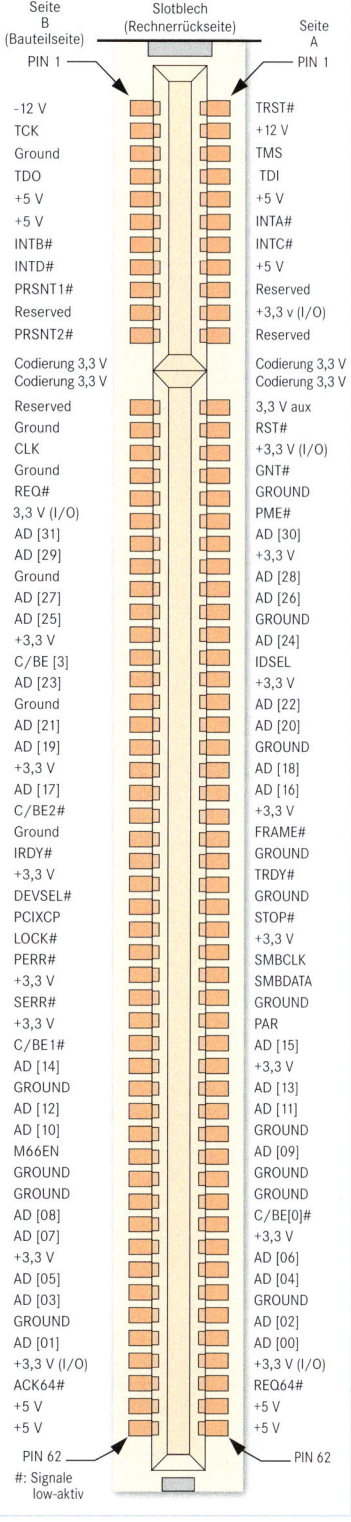

Seite B (Bauteilseite) Slotblech (Rechnerrückseite) Seite A

PIN 1 PIN 1

Seite B	Seite A
-12 V	TRST#
TCK	+12 V
Ground	TMS
TDO	TDI
+5 V	+5 V
+5 V	INTA#
INTB#	INTC#
INTD#	+5 V
PRSNT1#	Reserved
Reserved	+3,3 v (I/O)
PRSNT2#	Reserved
Codierung 3,3 V	Codierung 3,3 V
Codierung 3,3 V	Codierung 3,3 V
Reserved	3,3 V aux
Ground	RST#
CLK	+3,3 V (I/O)
Ground	GNT#
REQ#	GROUND
3,3 V (I/O)	PME#
AD [31]	AD [30]
AD [29]	+3,3 V
Ground	AD [28]
AD [27]	AD [26]
AD [25]	GROUND
+3,3 V	AD [24]
C/BE [3]	IDSEL
AD [23]	+3,3 V
Ground	AD [22]
AD [21]	AD [20]
AD [19]	GROUND
+3,3 V	AD [18]
AD [17]	AD [16]
C/BE2#	+3,3 V
Ground	FRAME#
IRDY#	GROUND
+3,3 V	TRDY#
DEVSEL#	GROUND
PCIXCP	STOP#
LOCK#	+3,3 V
PERR#	SMBCLK
+3,3 V	SMBDATA
SERR#	GROUND
+3,3 V	PAR
C/BE1#	AD [15]
AD [14]	+3,3 V
GROUND	AD [13]
AD [12]	AD [11]
AD [10]	GROUND
M66EN	AD [09]
GROUND	GROUND
GROUND	GROUND
AD [08]	C/BE[0]#
AD [07]	+3,3 V
+3,3 V	AD [06]
AD [05]	AD [04]
AD [03]	GROUND
GROUND	AD [02]
AD [01]	AD [00]
+3,3 V (I/O)	+3,3 V (I/O)
ACK64#	REQ64#
+5 V	+5 V
+5 V	+5 V

PIN 62 PIN 62

#: Signale low-aktiv

Merkmale

- cPCI ist ein industrieller Standard der **PICMG** (**P**CI **I**ndustrial **C**omputers **M**anufacturer's **G**roup); in Europa vertreten durch PICMG Europe. Er
  - verwendet den PCI-Bus,
  - ist aufgebaut in 19" Aufbautechnik mit senkrechtem Baugruppeneinbau und
  - verwendet einen passiven Rückwandbus (backplane).
- Besondere Kennzeichen sind die hochpoligen Steckverbinder in 2 mm Stiftabstand (metrische Steckverbinder), wobei die Messerleisten in der Rückwandleiterplatte und die Federleisten auf den Baugruppen angeordnet sind.
- Die Steckverbinder sind in verschiedenen Typen (A, B, AB) verfügbar.
- Als Baugruppenformat werden das
  - einfache Europaformat (3U; 100 mm x 160 mm) und das
  - doppelte Europaformat (6U; 230 mm x 160 mm) verwendet.

- Die Anzahl der Steckverbinder ist abhängig von der Art der Baugruppe.
- Die CPU-Baugruppe enthält mindestens die Steckverbinder J1 und J2. ④
- Peripheriebaugruppen (z. B. I/O-Baugruppen) können auch nur mit dem Steckverbinder J1 ausgerüstet sein.
- Externe Signale (z. B. USB- oder Ethernetanschluss) werden über die Frontplatten herausgeführt.
- Über die Rückseite der backplane können zusätzliche Baugruppen angesteckt werden.
- Pro Rückwandbus-Einheit sind bis zu 8 PCI Einbauplätze realisierbar (über Brückenbaugruppen erweiterbar).
- Vorteile von cPCI sind u. a.
  - weltweiter herstellerunabhängiger Standard,
  - robuste Aufbauform (Zuverlässigkeit, Verfügbarkeit) und
  - breites Anwendungsspektrum, insbesondere im industriellen Bereich, wie z. B. Mess- und Steuerungstechnik.

Baugruppenformate · Steckverbinderaufbau

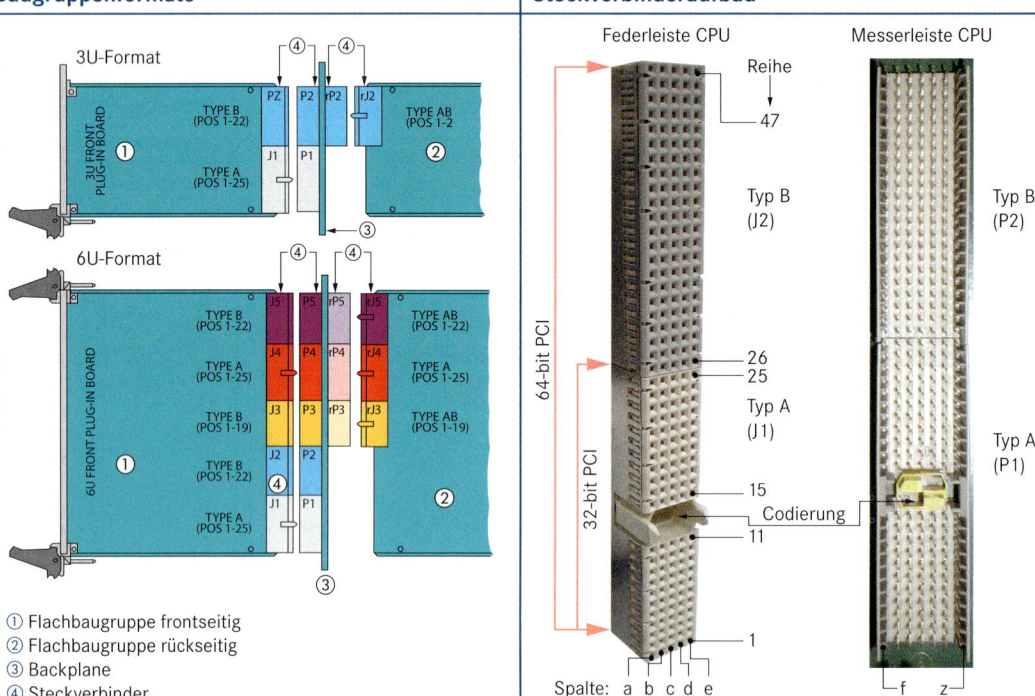

① Flachbaugruppe frontseitig
② Flachbaugruppe rückseitig
③ Backplane
④ Steckverbinder

Aufbaubeispiel

CPU mit Backplane und rückseitiger Baugruppe

19" Gehäuse

Merkmale

- **PCIe**
  - dient zur Anbindung von Peripherie-Einheiten (-Gruppen) an die CPU und
  - ist der Ersatz des bisherigen PCI-Busses.

- Die Datenübertragung erfolgt im Gegensatz zum PCI in serieller Form über sogenannte **Lanes** (unidirektionale Leitungspaare), wobei jeweils ein Paar zum Senden und das andere Paar zum Empfangen dient (Punkt zu Punkt).

- Die Anzahl der Lanes ist skalierbar mit x1, x2, x4, x8, x12, x16 und x32.
- Die Datenübertragung erfolgt in Paketen.
- Version 1.0 realisiert pro Lane 2,5 Gigatransfer pro Sekunde und Richtung.
- Version 2.0 realisiert pro Lane 5 Gigatransfer pro Sekunde und Richtung.
- Beide Versionen verwenden eine 8 Bit/10 Bit Codierung.
- Version 3.0 realisiert pro Lane 8 Gigatransfer pro Sekunde und Richtung bei 8 Bit Codierung.

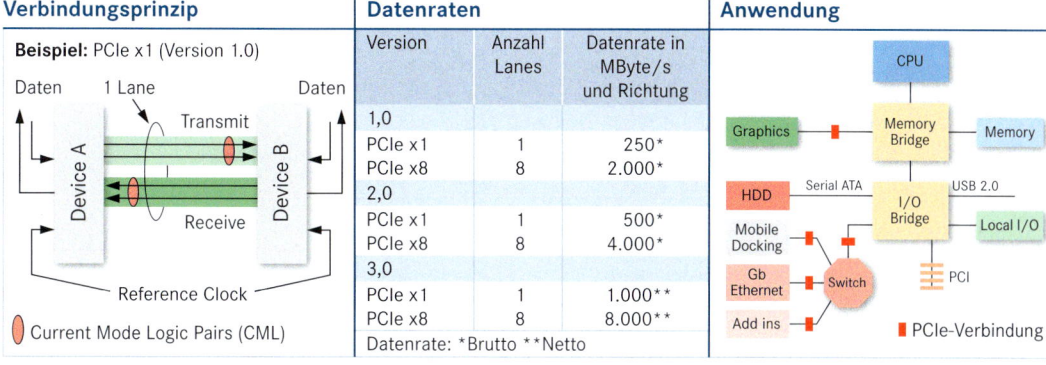

Verbindungsprinzip

Beispiel: PCIe x1 (Version 1.0)

Daten — 1 Lane — Daten

Device A — Transmit / Receive — Device B

Reference Clock

Current Mode Logic Pairs (CML)

Datenraten

Version	Anzahl Lanes	Datenrate in MByte/s und Richtung
1,0		
PCIe x1	1	250*
PCIe x8	8	2.000*
2,0		
PCIe x1	1	500*
PCIe x8	8	4.000*
3,0		
PCIe x1	1	1.000**
PCIe x8	8	8.000**

Datenrate: *Brutto **Netto

Anwendung

CPU, Graphics, Memory Bridge, Memory, HDD, Serial ATA, I/O Bridge, USB 2.0, Mobile Docking, Gb Ethernet, Switch, PCI, Local I/O, Add ins

■ PCIe-Verbindung

Steckverbinderbelegung PCIe 1x

Pin #	Side B Name	Description	Side A Name	Description
1	+12 V	12 V power	PRSNT1#	Hot plug presence detect
2	+12V	12 V power	+12V	12 V power
3	RSVD	Reserved	+12V	12 V power
4	GND	Ground	GND	Ground
5	SMCLK	SMBus (System Management Bus) clock	JTAG2	TCK (Test Clock), clock input for JTAG interface
6	SMDAT		JTAG3	TDI (Test Data Input)
7	GND	Ground	JTAG4	TDO (Test Data Output)
8	+3,3 V	3,3 V power	JTAG5	TMS (Test Mode Select)
9	JTAG1	TRSAT# (Test Reset) resets the JTAG interface	+3,3 V	3,3 V power
10	3,3 Vaux	3,3 V auxiliary power	+3,3 V	3,3 V power
11	WAKE#	Signal for link reactivation	PWRGD	Power good
		Mechanical Key		
12	RSVD	Reserved	GND	Ground
13	GND	Ground	REFCLK+	Reference clock
14	HSOp(0)	Transmitter differential pair, Lane 0	REFCLK−	(differential pair)
15	HSOn(0)		GND	Ground
16	GND	Ground	HSIp(0)	Receiver differential pair, Lane 0
17	PRSNT2#	Hot plug presence detect	HSIn(0)	
18	GND	Ground	GND	Ground
		End of the x1 Connector		

Mechanischer Aufbau

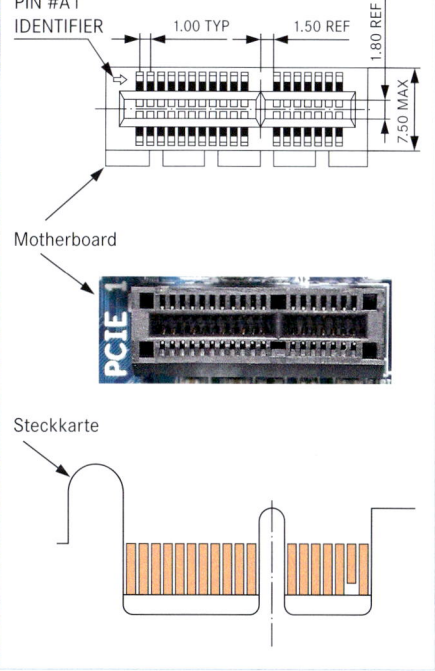

PIN #A1 IDENTIFIER

1.00 TYP 1.50 REF 1.80 REF 7.50 MAX

Motherboard

Steckkarte

Steckverbinder PCIe x16

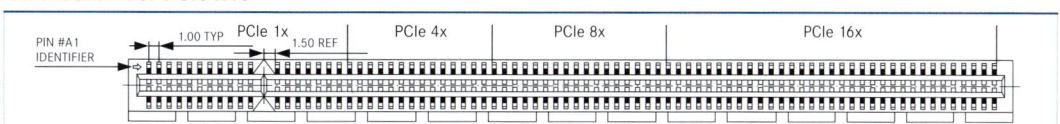

PIN #A1 IDENTIFIER

1.00 TYP PCIe 1x 1.50 REF PCIe 4x PCIe 8x PCIe 16x

Merkmale

- SCSI ist ein geräteunabhängiger **paralleler Peripheriebus** (8 Bit oder 16 Bit breit).
- Der Bus dient zum Anschluss verschiedenartiger Peripheriegeräte (Festplatten, Scanner, Drucker) an Rechnersysteme (PC, Server).
- Bis zu 16 externe Geräte (SCSI-Devices) sind an ein Bussystem anschließbar.
- Die Geräte können **Initiatoren** und/oder **Targets** sein.
- Initiator veranlasst die Aktionen.
- Target führt die Aktionen aus.
- Anschluss an Rechner erfolgt über **Host-Adapter** (z. B. PC-Einsteckkarte).
- Adresseinstellung der Teilnehmer erfolgt mit Schaltern, Brücken oder softwaremäßig.
- Jede Adresse darf nur einmal vorkommen.
- **Höchste Priorität** (1) hat in allen Versionen die Ident-Adressse (ID) 7 (in der Regel der Host).

- Über die Entwicklungszeit entstanden mehrere Versionen (SCSI 1, SCSI 2, SCSI 3) mit unterschiedlichen Übertragungsgeschwindigkeiten, Kabellängen und Steckverbindern.

Version	Busgeschwindigkeit in MByte/s	Busbreite in Bit	Peripheriegeräte
SCSI-2	10	8	Scanner, CD-ROM
Ultra	20	8	Tape, DVD-drives
Ultra Wide	40	16	HDD
Ultra2	80	16	HDD
Ultra160	160	16	HDD
Ultra320	320	16	HDD

- Eine Weiterentwicklung von SCSI zu höheren Übertragungsraten ist nur mit einer seriellen Kopplung erreichbar (**SAS: S**erial **A**ttached **S**CSI).

Standard-Übersicht

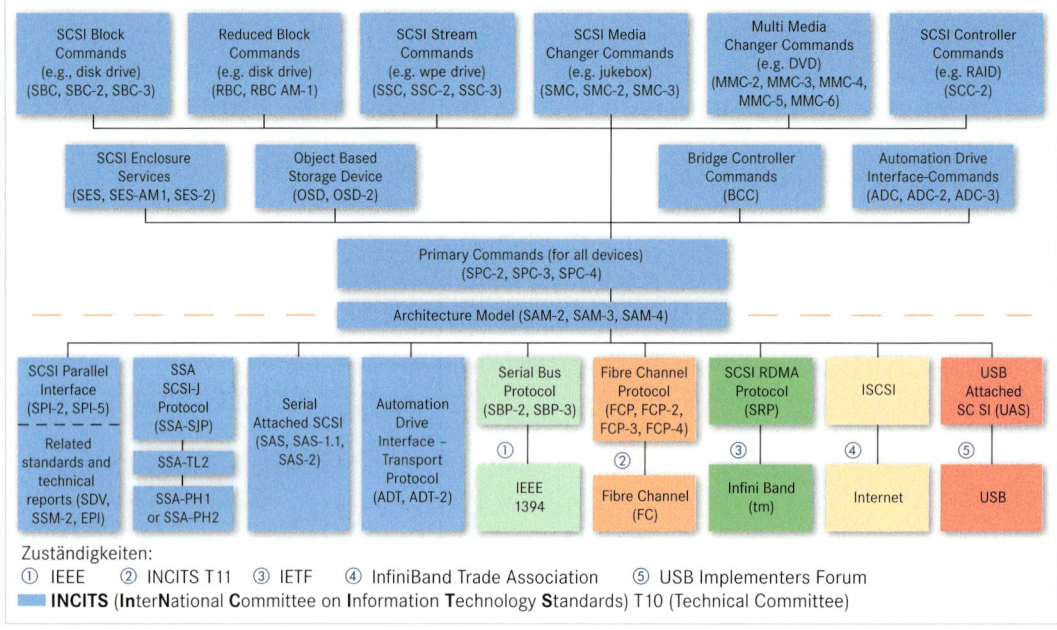

Zuständigkeiten:
① IEEE ② INCITS T11 ③ IETF ④ InfiniBand Trade Association ⑤ USB Implementers Forum
INCITS (**I**nter**N**ational **C**ommittee on **I**nformation **T**echnology **S**tandards) T10 (Technical Committee)

Anschaltung

- Externe Schnittstelle
- Interne Schnittstelle
- Parallelbus
- DVD-Drive CD-Drive HDD
- **HBA** (**H**ost **B**us **A**dapter)

Steckverbinder

SCSI-1	SCSI-2	SCSI-3		
Centronics 50-polig	Micro-D 50-polig	Micro-D 68-polig	Micro Ribbon 60	Micro Ribbon 68

Merkmale

- SAS ist die Weiterentwicklung von SCSI.
- Verwendet wird ein **serielles Buskonzept** mit Punkt-zu-Punkt-Verbindungen.
- Pro Verbindung werden
  - zwei Aderpaare mit **LVDS** (**L**ow **V**oltage **D**ifferential **S**ignal) und
  - im Vollduplex-Betrieb mit bis zu 3 Gbit/s pro Richtung (Receive und Transmit) verwendet.
- SAS-Laufwerke sind standardmäßig mit zwei getrennten Controllern über zwei Steckverbinder ausgerüstet und vermeiden somit den „**single point of failure**" (Ausfall aufgrund eines einzelnen Fehlers).
- Über Expander lassen sich 128 Geräte ansteuern.
- Insgesamt können in einem System 16384 Geräte (128 Expander x 128 Geräte/Expander) betrieben werden.

- Geräte werden mit **WWN** (**W**orld **W**ide **N**ame) adressiert.
- Stecker und Kabelspezifikationen sind abgestimmt auf den Einsatz in Backplanes und ermöglichen den Einsatz in 1 U Servern, Blade-Servern und JBOD Speicherarrays (**JBOD:** **J**ust a **B**unch **o**f **D**isks).
- Auf der Protokollebene gibt es drei verschiedene Protokollvarianten:
  - **SSP** (**S**erial **S**CSI **P**rotocol) überträgt Steuerkommandos und Daten (SAS-Betrieb),
  - **SMP** (**S**CSI **M**anagement **P**rotocol) dient der Steuerung der Expander und
  - **STP** (**S**ATA **T**unnelling **P**rotocol) ermöglicht den Betrieb von SATA-HDDs an SAS-Controllern.
- Ein Mischbetrieb von SATA- und SAS-HDDs ist an SAS-Controllern somit möglich (umgekehrt nicht!).

Standard-Übersicht

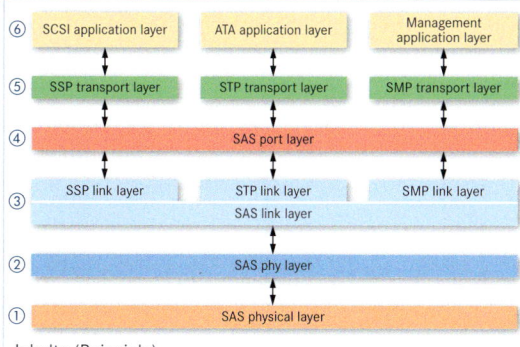

Inhalte (Beispiele)
① Steckverbinder, Kabel, elektrische Eigenschaften von Sender und Empfänger
② 8b/10b-Codierung, Bitreihenfolge, Rücksetzabläufe
③ CRC-Bildung, Adressrahmen, Erkennungsablauf
④ Port-Ebene (Verbindungsebene zwischen verschiedenen Transport- und Verbindungsebenen)
⑤ Rahmendefinition für SSP, STP und SMP
⑥ SCSI Protokolldienste, Betriebsartenparameter

Datenrahmen

4 Bytes	24 Bytes	Variable Länge	4 Bytes	4 Bytes
SOF	Header	Information Unit	CRC	EOF

SOF:	Start of Frame (Rahmenanfang)
Header:	Kopf (Daten-Vorspann)
Information Unit:	Nutzdaten
CRC:	Cyclic Redundancy Check (Prüfsumme)
EOF:	End of Frame (Rahmenende)

Verbindungsprinzip

Beispiel: Narrow Link (schmale Verbindung)

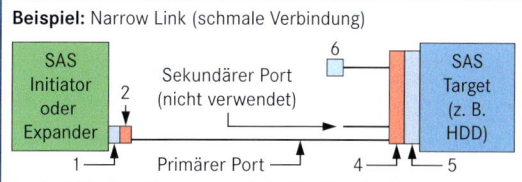

1: Host Steckverbinder
2: Host-Kabel Stecker
3: Einfach-Port Verbindungskabel
4: Festplattenstecker
5: Festplattensteckverbinder
6: Stecker für Stromversorgung i.O. Anzeige (LED)

Steckverbinder Festplatte intern

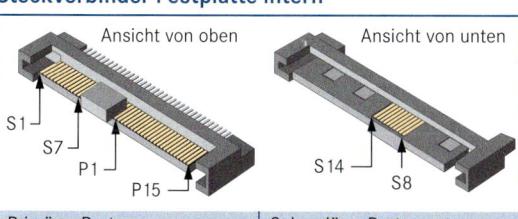

Ansicht von oben   Ansicht von unten

Primärer Port		Sekundärer Port	
PIN	Bezeichnung	PIN	Bezeichnung
S 1	Signal Ground	S 8	Signal Ground
S 2	RP +	S 9	RS +
S 3	RP –	S 10	RS –
S 4	Signal Ground	S 11	Signal Ground
S 5	TP –	S 12	TS +
S 6	TP +	S 13	TS –
S 7	Signal Ground	S 14	Signal Ground

RP: **R**eceive **P**rimary   **TP:** **T**ransmit **P**rimary

Stecker Festplatte intern

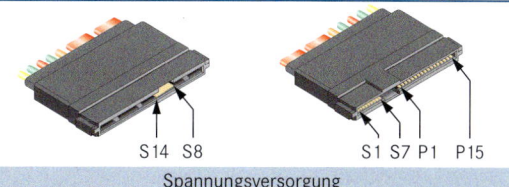

	Spannungsversorgung		
PIN	Bezeichnung	PIN	Bezeichnung
P 1	3,3 V	P 9	5 V
P 2	3,3 V	P 10	Ground
P 3	3,3 V	P 11	Ready LED
P 4	Ground	P 12	Ground
P 5	Ground	P 13	12 V Precharge
P 6	Ground	P 14	12 V
P 7	5 V Precharge	P 15	12 V
P 8	5 V		

RS: **R**eceive **S**econdary   **TS:** **T**ransmit **S**econdary

Serielle Schnittstelle (RS 232)

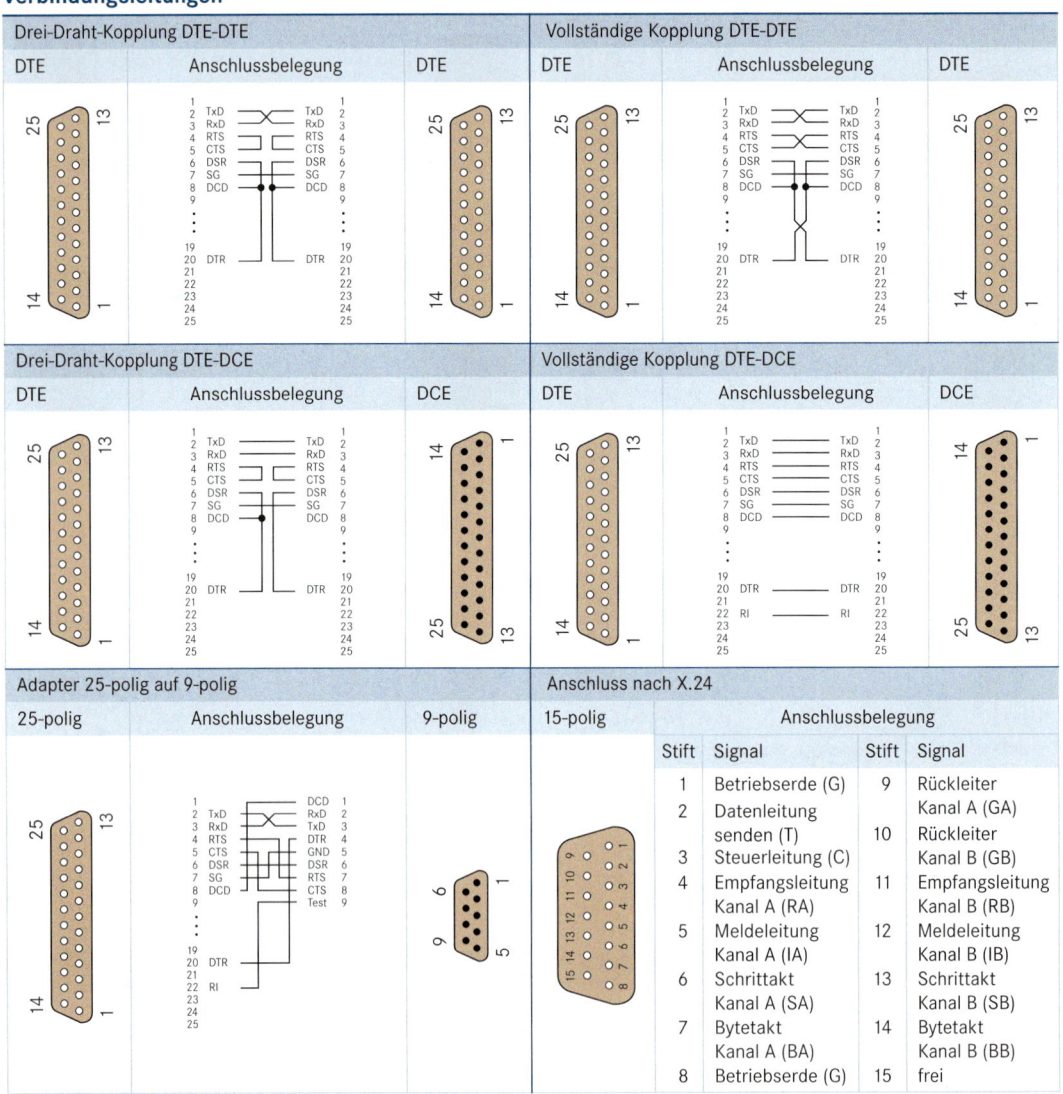

Steckverbinder 25-polig

PC-Anschluss (DTE)	Anschlussbelegung				Endgerät (DCE)
	Stift	Signal	Stift	Signal	
	1	PG	13	SCTS	
	2	TxD	14	STxD	
	3	RxD	15	TxC	
	4	RTS	16	SRxD	
	5	CTS	17	RxC	
	6	DSR	18	NC	
	7	SG	19	SRTS	
	8	DCD	20	DTR	
	9	Test	21	SQ	
	10	Test	22	RI	
	11	NC	23	CH/CI	
	12	SCD	24	XTC	
			25	NC	

Steckverbinder 9-polig

PC-Anschluss (DTE)	Anschlussbelegung		Endgerät (DCE)
	Stift	Signal	
	1	DCD	
	2	RxD	
	3	TxD	
	4	DTR	
	5	GND	
	6	DSR	
	7	RTS	
	8	CTS	
	9	Test	

Verbindungsleitungen

Drei-Draht-Kopplung DTE-DTE

DTE — Anschlussbelegung — DTE

Vollständige Kopplung DTE-DTE

DTE — Anschlussbelegung — DTE

Drei-Draht-Kopplung DTE-DCE

DTE — Anschlussbelegung — DCE

Vollständige Kopplung DTE-DCE

DTE — Anschlussbelegung — DCE

Adapter 25-polig auf 9-polig

25-polig — Anschlussbelegung — 9-polig

Anschluss nach X.24

15-polig	Anschlussbelegung		
Stift	Signal	Stift	Signal
1	Betriebserde (G)	9	Rückleiter Kanal A (GA)
2	Datenleitung senden (T)	10	Rückleiter Kanal B (GB)
3	Steuerleitung (C)	11	Empfangsleitung Kanal B (RB)
4	Empfangsleitung Kanal A (RA)	12	Meldeleitung Kanal B (IB)
5	Meldeleitung Kanal A (IA)	13	Schrittakt Kanal B (SB)
6	Schrittakt Kanal A (SA)	14	Bytetakt Kanal B (BB)
7	Bytetakt Kanal A (BA)	15	frei
8	Betriebserde (G)		

Gegenüberstellung

Stift Nr.	Kurzzeichen			Bedeutung, Beschreibung	Signalrichtung	
	CCITT[1] V.24	EIA[2] RS-232	DIN 66 020		DEE → DÜE	DÜE → DEE
Erde						
1	101	AA	E1	Schutzerde, Protective Ground (PG)	x	x
7	102	BB	E2	Signal-, Betriebserde, Signal Ground (SG)	x	x
Daten						
2	103	BA	D1	Sendedaten, Transmitted Data (TD)	x	
3	104	BB	D2	Empfangsdaten, Received Data (RD)		x
Steuer- und Meldesignale						
4	105	CA	S2	Sendeteil einschalten, Request to Send (RTS)	x	
5	106	CB	M2	Sendebereitschaft, Clear to Send (CTS)		x
6	107	CC	M1	Betriebsbereitschaft, Data Set Ready (DSR)		x
20	108.2	CD	S1.2	Endgerät betriebsbereit, Data Terminal Ready (DTR)	x	
22	125	CE	M3	Ankommender Ruf, Ring Indicator (RI)		x
8	109	CF	M5	Empfangssignalpegel, Data Channel Received Line Signal Detector (DCD)		x
21	110	CG	M6	Empfangsgüte, Signal Quality Detector (SQ)	x	
23	111	CH	S4	Hohe Übertragungsgeschwindigkeit (Wahl von DEE), Data Signal Rate Selector (DTE)	x	
23	112	CI	M4	Hohe Übertragungsgeschwindigkeit (Wahl von DÜE), (DCE)		x
11	126	CK	S5	Hohe Sendefrequenz ein, Select Transmit Frequency	x	
Takte						
24	113	DA	T1	Sendeschrittakt zur DÜE, Transmitter Signal Element Timing (DTE)	x	
15	114	DB	T2	Sendeschrittakte von DÜE, Transmitter Signal Element Timing (DCE)		x
17	115	DD	T4	Empfangsschrittakt von DÜE, Receiver Signal Element Timing (DCE)		x
Zusatzkanal						
14	118	SBA	HD1	Sendedaten Rückkanal, Secondary Transmitted Data	x	
16	119	SBB	HD2	Empfangsdaten Rückkanal, Secondary Received Data		x
19	120	SCA	HS2	Rückkanal Sendeteil einschalten, Secondary Request to Send	x	
13	121	SCB	HM2	Rückkanal Sendebereitschaft, Secondary Clear to Send		x
12	122	SCF	HM5	Rückkanal Empfangssignalpegel, Secondary Carrier Detector		x
9, 10, 11, 18, 25				Testspannung, Prüfgeräte, nicht belegt, Reserved for Data Set Testing, unassigned		

DEE: **D**aten**end**einrichtung (z. B. Rechner), **DÜE**: **D**aten**übertragungse**inrichtung (z. B. Modem)
[1] **CCITT** (ITU): **C**omité **C**onsultatif **I**nternational **T**élégrafique et **T**éléfonique (Internationales Standardisierungsgremium im Fernmeldebereich)
[2] **EIA**: **E**lectronics **I**ndustry **A**ssociation, Normungsverband der Elektroindustrie USA

Steckerleiste, Buchsenleiste

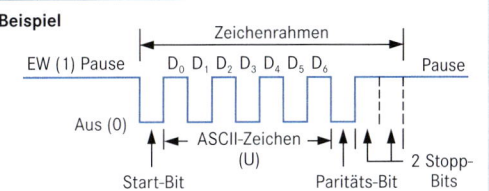

Mindestumfang
Anschluss-Nr.
Anschluss-Nr.
Schutzerde
Sendedaten
Empfangsdaten
Betriebserde
25-pol. Steckerleiste DEE
25-pol. Buchsenleiste DÜE

Signalpegel

Signalname	Pegel	Betriebszustand
Datenleitung	−3 V … −15 V +3 V … +15 V	EIN (1) AUS (0)
Steuer- bzw. Meldeleitung	−3 V … −15 V +3 V … +15 V	AUS EIN

Asynchroner Zeichenrahmen

Beispiel

Zeichenrahmen
EW (1) Pause — D_0 D_1 D_2 D_3 D_4 D_5 D_6 — Pause
Aus (0)
ASCII-Zeichen (U)
Start-Bit
Paritäts-Bit
2 Stopp-Bits

Steckverbindungen

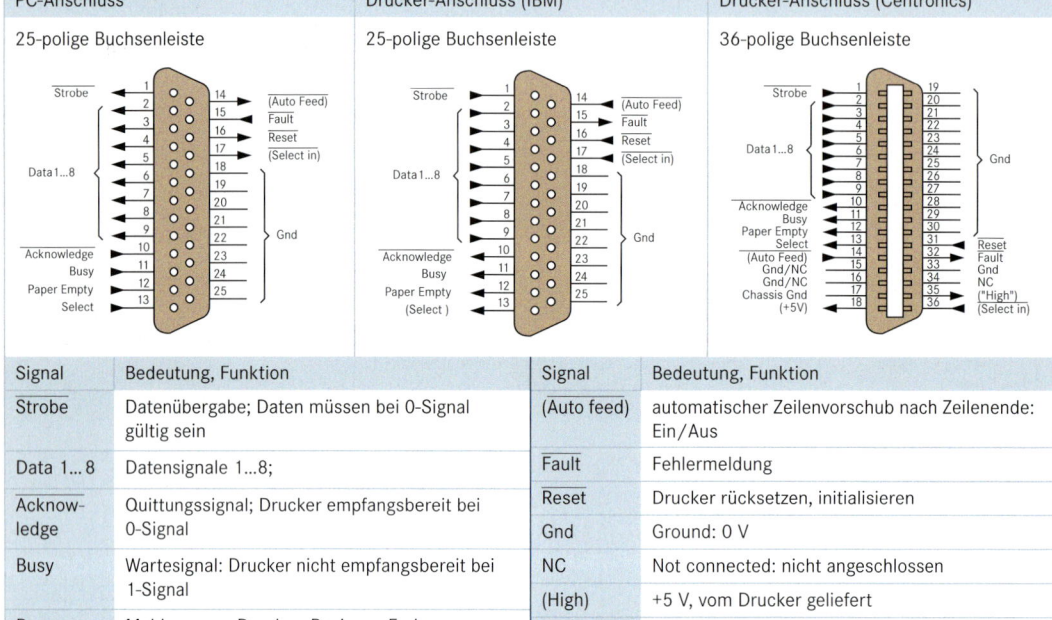

	Drucker-Anschluss (IBM)		Drucker-Anschluss (Centronics)
PC-Anschluss			
25-polige Buchsenleiste	25-polige Buchsenleiste		36-polige Buchsenleiste

Signal	Bedeutung, Funktion	Signal	Bedeutung, Funktion
Strobe	Datenübergabe; Daten müssen bei 0-Signal gültig sein	(Auto feed)	automatischer Zeilenvorschub nach Zeilenende: Ein/Aus
Data 1…8	Datensignale 1…8;	Fault	Fehlermeldung
Acknow-ledge	Quittungssignal; Drucker empfangsbereit bei 0-Signal	Reset	Drucker rücksetzen, initialisieren
		Gnd	Ground: 0 V
Busy	Wartesignal: Drucker nicht empfangsbereit bei 1-Signal	NC	Not connected: nicht angeschlossen
		(High)	+5 V, vom Drucker geliefert
Paper Empty	Meldung vom Drucker: Papier zu Ende	(Select in)	Drucker auswählen
Select	Drucker ist online	Signale in Klammern werden nicht von allen Druckern ausgewertet. Pfeile geben die Signalrichtung an.	

Betriebsarten

- **SPP Mode** (**S**tandard **P**arallel **P**ort oder Compatibility Mode: kompatibler Betrieb)
  - entspricht der Ansteuerung wie Centronics–Schnittstelle,
  - auch als **Fast Centronics** bezeichnet, wenn die Daten-flussteuerung durch FIFOs, die in den I/O-Controllern eingebaut sind, durchgeführt wird.
  - **Übertragungsrate** bis zu 500 kByte/s.
- **Nibble Mode** (Halbbyte Betrieb)
  - Übertragung von 8 Datenbit erfolgt in zwei Zyklen zu jeweils 4 Bit
  - Übertragungsrate bis zu 50 kByte/s.
- **Byte Mode** (Byte Betrieb)
  - Übertragung von 8 Datenbit in einem Zyklus
  - Übertragungsrate ähnlich Compatibility-Mode

- **EPP Mode** (**E**nhanced **P**arallel **P**ort: Verbesserter paralleler Port) verwendet vier Methoden zur Datenübertragung:
  - Data-Write,   – Data-Read,
  - Address-Write,   – Address-Read.
  - Übertragungsrate bis 2 Mbyte/s.
- **ECP Mode** (**E**xtended **C**apability **P**arallel Mode: Port mit erweiterten Fähigkeiten):
  - Protokoll verwendet Daten- und Befehlszyklen.
  - Befehlszyklen werden unterteilt in **Run Lenght Count** (Lauflängen Zähler) und **Channel Address** (Kanal Adresse).
  - RLC erlaubt Datenkompression (max. 64 : 1).
  - CA erlaubt unabhängige und gleichzeitige Bedienung verschiedener Funktionen in einem Gerät (z. B. Fax, Modem, Drucker).

Schnittstellendefinitionen

PIN (DB25)	In/Out	SPP-Signal	Nibble-Mode	Byte Mode	EPP Mode	ECP Mode
1	Out	Strobe	Strobe	HostClk	Write	HostClk
14	Out	AutoFeed	HostBusy	HostBusy	DataStb	HostAck
17	Out	SelectIn	1284Active	1284Active	AddrStb	1284Active
16	Out	Init	Init	Init	Reset	ReverseRequest
10	In	Ack	PtrClk	PtrClk	Intr	PeriphClk
11	In	Busy	PtrBusy	PtrBusy	Wait	PeriphAck
12	In	PE	AckDataReq	AckDataReq	UserDefined	AckReverse
13	In	Select	Xflag	Xflag	UserDefined	Xflag
15	In	Error	DataAvail	DataAvail	UserDefined	PeriphRequest
2–9		Data (8:1)	NotUsed	Data (8:1)	AD (8:1)	Data (8:1)

Merkmale

- Der Standard TIA-EIA-485 (alte Bezeichnung: RS 485) definiert die **elektrischen Eigenschaften** einer Datenübertragungsschnittstelle (Sender, Empfänger, Leitung), die
  - leitungsgebunden,
  - digital (ohne Modulation) und
  - seriell
  arbeitet.
- Übertragungssignal: **Differenzielles Signal** (invertiertes und nicht invertiertes Datensignal) über ein verdrilltes, geschirmtes **Aderpaar**.
- Die Signalamplitude beträgt +/– 200 mV bezogen auf die halbe Betriebsspannung.
- **Punkt-zu-Punkt-** und **Multipunktverbindungen** ist realisierbar.
- Multipunktverbindungen: Mehrere Teilnehmer sind an die gemeinsame Verbindungsleitung angeschlossen.
- Halbduplexkommunikation erfordert ein Aderpaar.
- Vollduplexkommunikation benötigt zwei Aderpaare.
- Die Anzahl der gemeinsam an einem Verbindungskabel betreibbaren Transceiver (Transmitter/Receiver) ist abhängig von dem Eingangswiderstand (**Unit Load**) der einzelnen Transceiver.
- Ursprünglich waren max. 32 Transceiver mit je 1 Unit Load spezifiziert.

Aufbaurichtlinie

- Bei Transceivern mit z. B. 1/8 Unit Load sind bis zu 256 Transceiver an einem Bus betreibbar.
- Die max. **Leitungslänge** ist auf 1200 m (max. 90 kbit/s) festgelegt.
- Als max. **Datenrate** sind 10 Mbit/s spezifiziert (Leitungslänge von max. 12 m).
- Der Aufbau des Verbindungsnetzes ist als Liniennetz vorzunehmen (kurze Stichleitungen zulässig).
- Als **Verbindungsleitung** ist eine verdrillte Bauform mit 120 Ω Leitungswiderstand anzuwenden.
- Die Verbindungsleitung ist an beiden Enden mindestens mit je einem **passiven Abschlusswiderstand** (120 Ω) zu versehen, um Signalreflexionen zu vermeiden.
- Bei räumlich ausgedehnten Netzen sind die entsprechenden **Potenzialunterschiede** und **Spannungsfälle** zu berücksichtigen.
- Angewendet werden u. a. die Trennung über Optokoppler oder zusätzliche Masseverbindungen zum Potenzialausgleich (zusätzliche Ausgleichsverbindung).
- Repeater werden zur Reichweitenverlängerung eingesetzt.
- Der Standard spezifiziert **keine Festlegung** für die Art des Datenaustausches (Übertragungsprotokolle) und auch keine Belegung der Verbindungsstecker.
- Diese Informationen sind, sofern erforderlich, aus den einschlägigen Dokumenten zu entnehmen.

Halbduplex–Bus

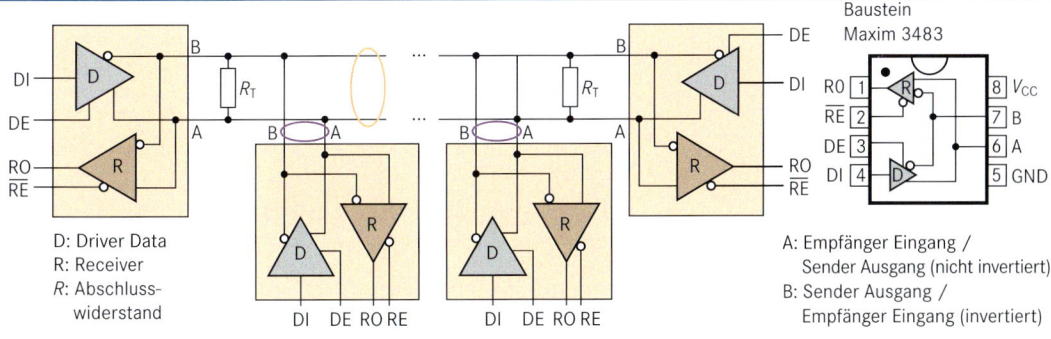

D: Driver Data
R: Receiver
R: Abschlusswiderstand

Baustein Maxim 3483

A: Empfänger Eingang / Sender Ausgang (nicht invertiert)
B: Sender Ausgang / Empfänger Eingang (invertiert)

Vollduplex–Bus

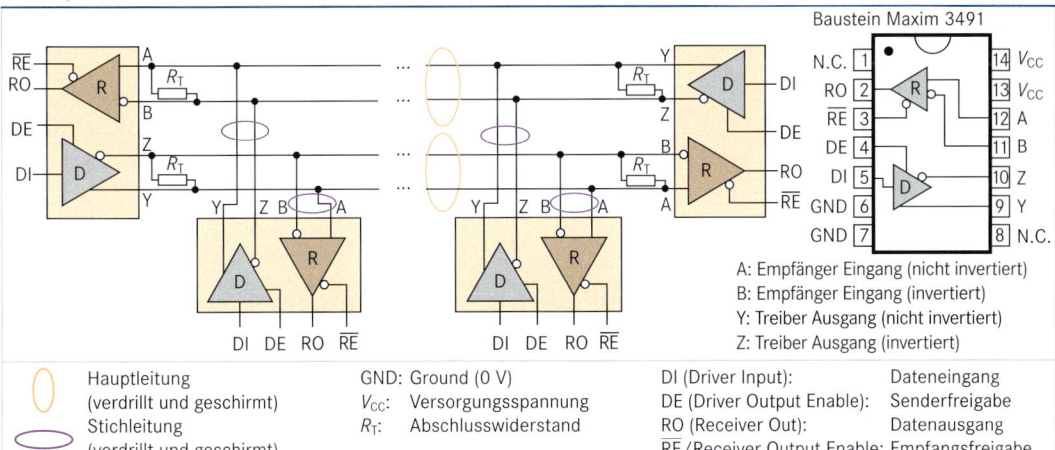

Baustein Maxim 3491

A: Empfänger Eingang (nicht invertiert)
B: Empfänger Eingang (invertiert)
Y: Treiber Ausgang (nicht invertiert)
Z: Treiber Ausgang (invertiert)

Hauptleitung (verdrillt und geschirmt)	GND: Ground (0 V)
Stichleitung (verdrillt und geschirmt)	V_{CC}: Versorgungsspannung
	R_T: Abschlusswiderstand

DI (Driver Input): Dateneingang
DE (Driver Output Enable): Senderfreigabe
RO (Receiver Out): Datenausgang
$\overline{RE}$/Receiver Output Enable: Empfangsfreigabe

- ExpressCard ist
  - Nachfolger für die bisher verwendete PC-Card und
  - dient zur modularen Erweiterung von Desktop- und Notebook-PCs.
- Verwendet werden zwei Formfaktoren (Maße kleiner als bei PC-Card).
- Die Kartendicke beträgt 5 mm.
- Die Schnittstelle unterstützt
  - USB 2.0-Schnittstelle und
  - eine PCI-Express Schnittstelle (single PCI-Express lane, x1, mit 2,5 Gbit/s je Richtung).
- **SMB** (**S**ide **B**and **M**anagement – **B**us) dient zur Steuerung getrennter Funktionen.
- Karten können im laufenden Betrieb gewechselt werden (hot-plug-fähig).
- Steckerverbindung besteht aus 26 Anschlüssen im Raster von 1 mm.
- Der elektrische Leistungsbedarf ist spezifiziert auf
  - 2,1 W für ExpressCard/54-Modul und
  - 1,6 W für ExpressCard/34-Modul.

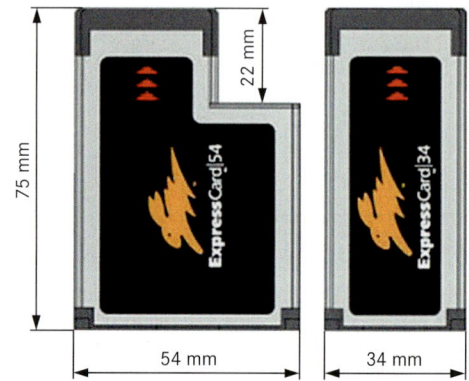

- ExpressCard/34-Module können in ExpressCard/54-Module gesteckt werden.
- Einbauplätze sind nicht kompatibel zu PC-Card.

Steckplatz

Signal	Bedeutung
USBD+ USBD–	Differenzielle USB-Datenleitungen
SMB-DATA	Side Band Management – Bus Daten
SMB-CLK	Side Band Management – Bus Takt
PERn0 PERp0	Differenzielle PCI-Express Datenleitung (zum Host)
PETn0 PETp0	Differenzielle PCI-Express Datenleitung (zum Host)
WAKE#	Wecksignal von ExpressCard an PCI-Express Bus
PERST#	PCI-Express System-Reset
CPUSB#	USB-Erkennung

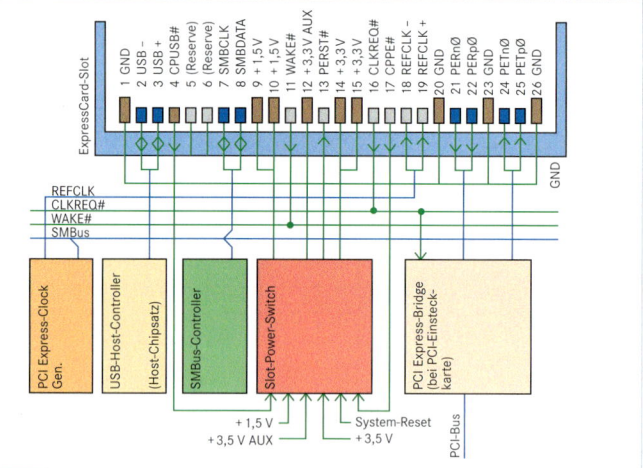

- **PCMCIA**: **P**ersonal **C**omputer **M**emory **C**ard **I**nternational **A**ssociation ist die Herstellervereinigung für scheckkartengroße PC-Erweiterungskarten
- Aktuelle Bezeichnung: PC-Card
- Verfügbar z. B. als Speicher-, E/A-, ISDN-, MODEM- oder Festplattenkarte

- Karten mit Versionsstand größer 2.x sind identisch mit dem **JEIDA**-Standard (**J**apanese **E**lectronic **I**ndustry **D**evelopment **A**ssociation).
- Version mit 32 Bit verwendet den gleichen Stecker (68 Pin) und wird als Cardbus-Interface bezeichnet.

Abmessungen

Version	Typ	Länge in mm	Breite in mm	Höhe in mm Anschluss	Körper
1	–	85,6	54,0	3,3	3,3
2	I	85,6	54,0	3,3	3,3
2	II	85,6	54,0	3,3	5,0
2	III	85,6	54,0	3,3	10,5

Anschlüsse

Ansicht auf Steckverbinder der Karte

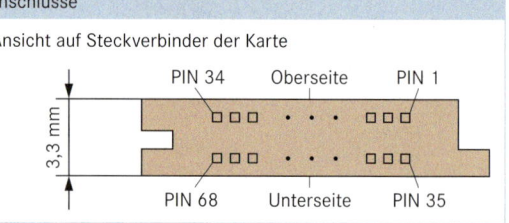

I²C - Bus

Merkmale

- I²C - Bus (**I squared C**; auch Inter IC-Bus) ist ein einfaches serielles
  - byteorientiertes,
  - taktgesteuertes,
  - halbduplex

  Bussystem zur Verbindung von integrierten Schaltkreisen über kürzere Entfernungen.
- Der Master (z. B. Mikrocontroller) steuert die gesamte Kommunikation über Start–Bedingung (S), Stopp–Bedingung (P) und Takterzeugung.
- Der Bus kann auch als **Multi-Master-System** aufgebaut werden.
- Er basiert auf einer Zweidrahtleitung als Übertragungsmedium mit den beiden Verbindungsleitungen
  - **SDA** (**S**erial **Da**ta Line: serielle Datenleitung) und
  - **SCL** (**S**erial **Cl**ock Line: serielle Taktleitung).

- SDA- und SCL-Ausgänge aller Schaltkreise sind als **open drain**-Ausgänge ausgeführt und werden über zentrale **pull-up**-Widerstände (wired AND: verdrahtete UND-Schaltung) gespeist.
- Die Steuerung der **Datenrichtung** (Master-Slave oder Slave-Master) erfolgt über das Richtungsbit R/W (Read/ Write, vom Master erzeugt), wobei 0: schreiben in den Slave und 1: lesen vom Slave bedeutet.
- Die **Quittierung** des empfangenen Bytes erfolgt durch Ansteuerung von SDA durch den Slave zum Zeitpunkt des neunten Taktimpulses (0: positiv; 1: negativ).
- Der Bus arbeitet mit 7 Bit- und 10 Bit-Adressierung.
- Er kann bei 7 Bit-Adressierung bis zu 121 Teilnehmer in einem Bussystem ansprechen.
- **Übertragungsraten** sind spezifiziert mit bis zu 100 kbit/s (Standard Mode), 400 kbit/s (Fast Mode), 1 Mbit/s (Fast Mode Plus) oder 3,4 Mbit/s (High-Speed Mode).

Anschaltung

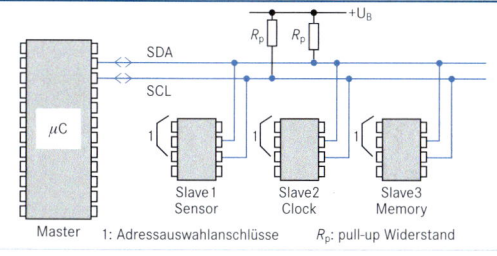

Master   1: Adressauswahlanschlüsse R_p: pull-up Widerstand

Innenschaltung

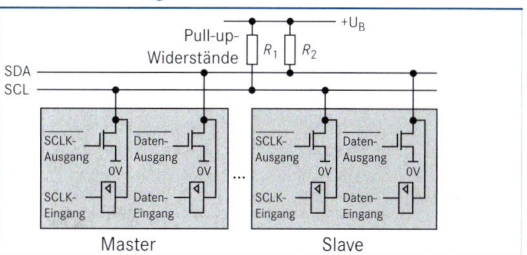

Rahmenformat

Beispiel: Datenausgabe (1 Byte) an Slave

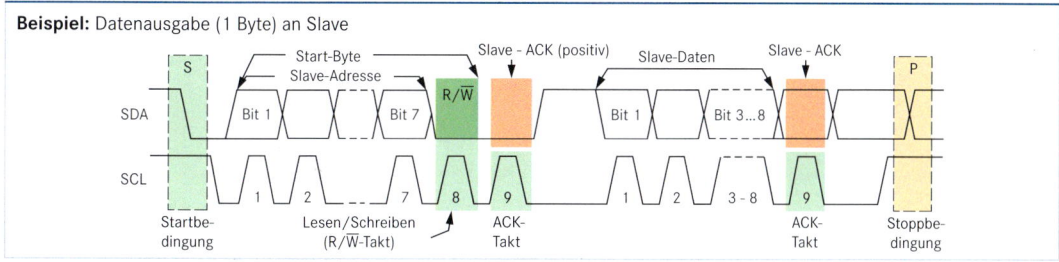

Adressaufbau/Subadressen

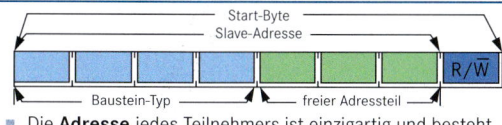

- Die **Adresse** jedes Teilnehmers ist einzigartig und besteht aus 7 Bit oder 10 Bit.
- Aus dem gesamten Adressbereich sind **8 Adressen** für **spezielle Funktionen** vergeben.
  Die übrigen Adressen sind frei verwendbar.
- Die verfügbaren Slaves werden bei der Herstellung in Typen eingeteilt (z. B. Sensoren, D/A-Wandler) und mit einer Hardwaregrundadresse bei der Herstellung belegt. Hierzu gibt es **Typ-Adresslisten**. Die übrigen 3 Bit aus der Adresse werden in der jeweiligen Schaltung über entsprechende Anschlüsse am Chip programmiert.
  Dadurch besteht die Möglichkeit, maximal 8 gleichartige Chip-Typen an einem Bus zu betreiben.

Reservierte Adressen

Slave-Adresse	R/W̄ BIT	Bedeutung
0000 000	0	Rundruf-Adresse
0000 000	1	Start-Byte
0000 001	X	CBUS-Adresse
0000 010	X	Reserviert für verschiedene Busformate
0000 011	X	Reserv. für zukünftige Anwendung
0000 1XX	X	HS-Betrieb Master Codierung
1111 1XX	X	Reserv. für zukünftige Anwendung
1111 0XX	X	10-Bit Slave-Adressierung

Merkmale

- **USB**: **U**niversal **S**erial **B**us (Universeller serieller Bus) ist ein Bussystem zur vereinfachten Anschaltung von Peripherie (z. B. Tastatur, Monitor, Drucker, Modem, Telefon) an den PC.
- **Versionen 1.1 und 2.0** verwenden gleiche Schnittstellen und können gemischt betrieben werden, da sie vorwärts-/rückwärtskompatibel sind.
- Das System ist als
  - **kaskadierte Sterntopologie** ausgelegt und kann
  - bis zu 127 Geräte (Functions, incl. Hubs) verwalten.
- Die Peripherie wird über **Hub** (Verteiler) angeschlossen.
- Das System wird zentral verwaltet und gesteuert vom **Host-Controller (mit Root-Hub)** im PC.
- USB bietet '**Hot Plugging**' Funktion, d. h., Geräte können während des Betriebes hinzugefügt bzw. entfernt werden.
- Jede Verbindung, z. B. Host-Hub oder Hub-Hub, stellt eine logische Punkt-zu-Punkt-Verbindung dar.
- **Übertragungsraten (brutto)** bei USB V 1.1: 1,5 Mbit/s (low speed) und 12 Mbit/s (full speed), bei USB V 2.0 zusätzlich 480 Mbit/s (high speed) mit Nettodatenrate von ca. 40 Mbyte/s.
- Host-Controller Chips enthalten die Interfaces
  - **UHCI** (**U**niversal **H**ost **C**ontroller **I**nterface) für 1,5 Mbit/s und 12 Mbit/s,
  - **OHCI** (**O**pen **H**ost **C**ontroller **I**nterface), wie UHCI mit mehr Funktionen in Hardware realisiert und

- **EHCI** (**E**nhanced **H**ost **C**ontroller **I**nterface), für USB 2.0 Funktionalität.
- **Geräteklassen** für z. B. Tastaturen sind durch generische Treiber **sofort startbereit**.
- **Übertragungsarten** sind
  - isochroner Transfer (garantierte Datenrate),
  - Interrupt Transfer (kleine Datenmengen zu nicht genau bestimmten Zeitpunkten, z. B. Tastaturen),
  - Bulk-Transfer (große Datenmengen, nicht priorisiert) und
  - Control-Transfer (zum Erkennen von USB-Geräten).
- **Kabeltypen:**
  - Shielded Twisted Pair (STP) für 12 Mbit/s und 480 Mbit/s bei max. 5 m Kabellänge
  - Unshielded Twisted Pair (UTP) für 1,5 Mbit/s bei max. 3 m Kabellänge
- Das Verbindungskabel enthält vier Adern, zwei Adern für Stromversorgung und zwei Adern für Signalübertragung (Differenzsignale).
- **Leitungscode** ist NRZI (Non Return to Zero Inverted).
- Die Fehlererkennung erfolgt durch das CRC-Verfahren.
- **USB OTG** (**USB O**n **T**he **G**o) bietet die Möglichkeit, bei entsprechend ausgerüsteten Geräten, eine direkte Kopplung ohne Host-Computer zu realisieren. Dabei übernimmt eines der Geräte eine eingeschränkte Host-Funktionalität.

Topologie

Kommunikationsmodell

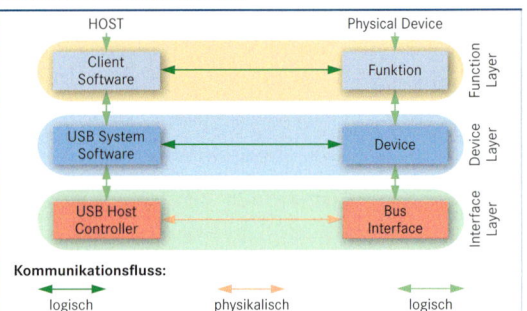

Kommunikationsfluss: logisch / physikalisch / logisch

Steckverbindungen

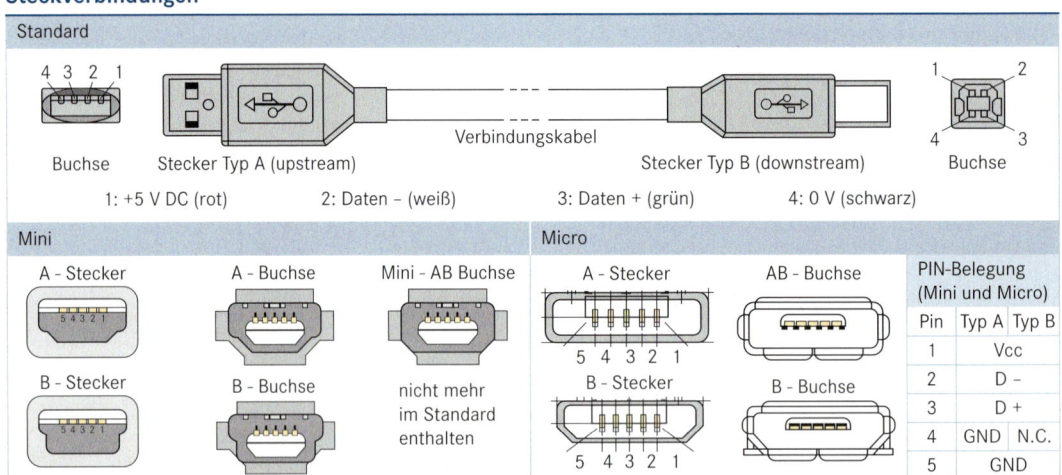

Standard

Buchse — Stecker Typ A (upstream) — Verbindungskabel — Stecker Typ B (downstream) — Buchse

1: +5 V DC (rot)   2: Daten – (weiß)   3: Daten + (grün)   4: 0 V (schwarz)

Mini

A - Stecker   A - Buchse   Mini - AB Buchse

B - Stecker   B - Buchse   nicht mehr im Standard enthalten

Micro

A - Stecker   AB - Buchse

B - Stecker   B - Buchse

Pin	Typ A	Typ B
PIN-Belegung (Mini und Micro)		
1	Vcc	
2	D –	
3	D +	
4	GND	N.C.
5	GND	

Merkmale

- USB 3.0 (auch als **Superspeed** bezeichnet) ist eine Weiterentwicklung von USB 2.0, hauptsächlich in Richtung höherer Übertragungdatenraten (max. 5 Gbit/s).
- Die Datenübertragung erfolgt jeweils unidirektional über getrennte Sende- und Empfangsaderpaare (**doppelter serieller Bus**).
- Die Steuerung der Datenübertragung erfolgt wie bei USB 2.0 vom USB Host.
- Im Gegensatz zu USB 2.0 werden Datenpakete für den jeweiligen Empfänger nicht als Broadcast-Information an alle Teilnehmer gesendet, sondern direkt an den Endteilnehmer vermittelt (geroutet).

- Die mitgeführte Stromversorgung kann bis zu 900 mA liefern.
- Die Energiesteuerung der Teilnehmer realisiert die Funktionen **idle** (ruhend), **sleep** (schlafend) und **suspend** (abgeschaltet).
- Die Verbindungsleitungen sind (gegenüber USB 2.0) mit 5 zusätzlichen Kontakten (Stecker/Buchse) und zwei zusätzlichen geschirmten Aderpaaren (im Kabel) ausgerüstet.
- Für **Kombinationsmöglichkeiten** von USB 2.0 und USB 3.0 siehe unten die Kompatibilitätsliste.
- USB 3.0 Hubs bestehen grundsätzlich aus USB 2.0 Hub und dem zusätzlichen Superspeed-Hub.
- Gleichzeitiger Betrieb ist nicht möglich.

Architektur

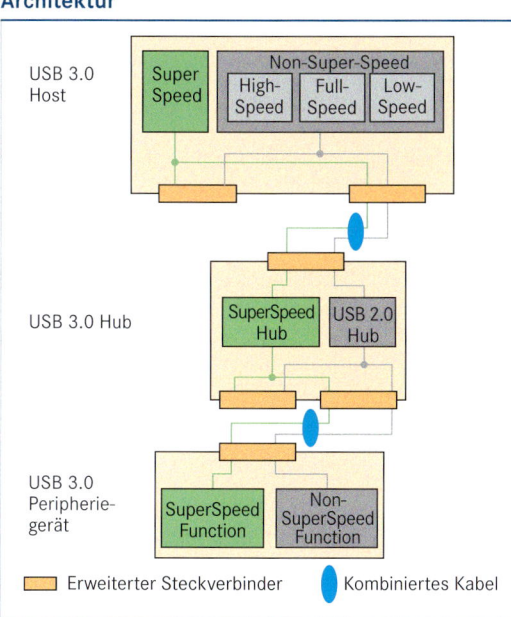

USB 3.0 Host

Super Speed	Non-Super-Speed		
	High-Speed	Full-Speed	Low-Speed

USB 3.0 Hub

SuperSpeed Hub | USB 2.0 Hub

USB 3.0 Peripheriegerät

SuperSpeed Function | Non-SuperSpeed Function

▭ Erweiterter Steckverbinder　⬭ Kombiniertes Kabel

Kabelaufbau

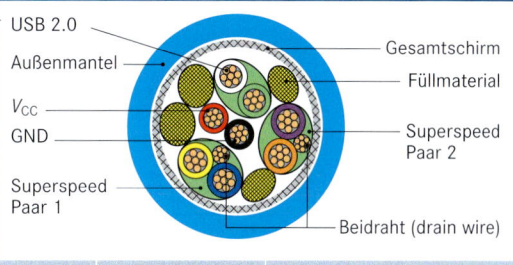

USB 2.0 — Gesamtschirm
Außenmantel — Füllmaterial
V_{CC}
GND — Superspeed Paar 2
Superspeed Paar 1 — Beidraht (drain wire)

Aderfarbe	Signalname	Funktion
Rot	PWR	Stromversorgung ext. Geräte
Schwarz	GND_PWRrt	Stromversorgung Rückleiter
Weiß	UTP_D–	USB 2.0., negativ[1]
Grün	UTP_D+	USB 2.0., positiv[1]
Blau	SDP1–	Paar 1, negativ[2]
Gelb	SDP1+	Paar 1, positiv[2]
Purpur	SDP2–	Paar 2, negativ[2]
Orange	SDP2+	Paar 2, positiv[2]

[1] ungeschirmt　[2] geschirmt

Stecker und Buchse Standard A

Buchse　　　　Stecker

Kontaktbelegung

Pin-Nr.	Signalname	Funktion
1	UBUS	Stromversorgung
2	D–	USB 2.0
3	D+	differenziell
4	GND	Stromversorgungsmasse
5	StdA_SSRX–	USB 3.0 Empfänger
6	StdA_SSRX+	differenziell
7	GND_DRAIN	Rückleitung für Signaladern
8	StdA_SSTX–	USB 3.0 Sender
9	StdA_SSTX+	differenziell
Shell	Shield	Schirmung

Kompatibilitätsliste

M: Micro
P: Powered
A: Typ A
B: Typ B
AB: Typ AB

			Buchse										
				USB 2.0					USB 3.0				
			A / M	A	B	B / P	B / M	AB / M	A / M	A	B	B / P	B / M	AB / M
Stecker USB 2.0	A	M						✓						✓
	A			✓					✓				
	B				✓					✓	✓		
	B	P											
	B	M				✓	✓						✓	✓
	AB	M											
USB 3.0	A	M												✓
	A			✓					✓				
	B										✓	✓	
	B	P										✓	
	B	M											✓	✓
	AB	M	Nur für Geräte mit USB On The Go										

Nur für Geräte mit USB On The Go (vertikale Beschriftung, USB 3.0 A/M-Spalte)

Merkmale

- IEEE 1394 definiert eine **serielle Schnittstelle** zur Kopplung peripherer Geräte (z. B. externe Festplatten, Videogeräte) an einen Rechner oder zur Kopplung von Geräten untereinander.
- Verwendete Produktnamen sind FireWire (Apple), i.Link (Sony) und mLAN (Yamaha).
- Der Standard besteht aus mehreren Teilen: IEEE 1394a, IEEE 1394b und IEEE 1394c.
- Allgemeine Bezeichnungen sind FireWire 400 und FireWire 800.
- IEEE 1394 basiert auf einer **seriellen Punkt-zu-Punkt-**Datenübertragung (peer to peer) zwischen benachbarten Geräten bzw. über mehrere Geräte hinweg zum Zielgerät.
- Es ist kein Host im System (Gegensatz: USB) erforderlich.
- Jedes Gerät kann die Masterfunktion übernehmen.
- Adressierung der Geräte in einem Bus erfolgt durch 6 Bit; die einzelnen Busstränge werden über zusätzliche 10 Bit adressiert.
- Pro Bussystem sind 63 Geräte (Knoten) adressierbar.
- Geräte werden in Reihe (**Daisy Chain**) geschaltet.
- Bei Verwendung von Kupferverbindungskabeln können max. 17 Geräte (16 Kabelsegmente, je 4,5 m) in eine Reihe geschaltet werden (72 m Gesamtlänge).
- Durch Verwendung von Hubs (oder Mehrport-Geräten) können **Baumtopologien** aufgebaut werden.

- Max. sind 1023 Bussegmente über **Brücken** zusammen schaltbar.
- Realisiert werden Funktionen, wie z. B.:
  - **plug and play** (keine Adresseinstellung, keine Terminierung eforderlich),
  - **automatische Buskonfiguration** bei Hinzufügen oder Entfernen eines Gerätes,
  - **asynchroner** Datentransfer (zwischen zwei direkt adressierten Geräten, mit variablen Übertragungsintervallen und Handshake-Verfahren),
  - **isochroner** Datentransfer (feste, garantierte Übertragungsintervalle für jede teilnehmende Verbindung, ohne Wiederholung bei Datenverlust; 80 % der Bandbreite für einen oder mehrere isochrone Kanäle verfügbar) und
  - bis zu 45 W elektrische Leistung bei Verwendung des 6- und 9-poligen Kabels übertragbar (**bus power**).
- **Übertragungsgeschwindigkeiten** (IEEE 1394a): **S 100** (98,304 Mbit/s), **S 200** (196,608 Mbit/s), und **S 400** (393,216 Mbit/s), bidirektional und halbduplex.
- IEEE 1394b ist abwärtskompatibel zu 1394a über bilinguale Verbindung; realisiert zusätzlich die Übertragungsgeschwindigkeit **S 800** mit 9-poliger Beta-Verbindung, bidirektional und vollduplex.
- IEEE 1394c realisiert Verbindungen mit S 800 (786,432 Mb/s) über Cat. 5 UTP.

Topologie

Daisy Chain-Prinzip

single port   dual port

Übertragungszyklus

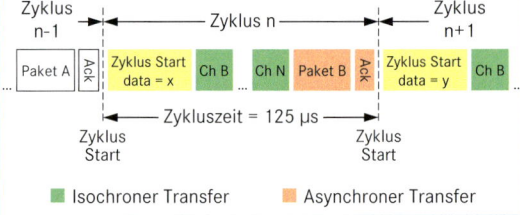

■ Isochroner Transfer   ■ Asynchroner Transfer

Verbindungskabel 6-polig

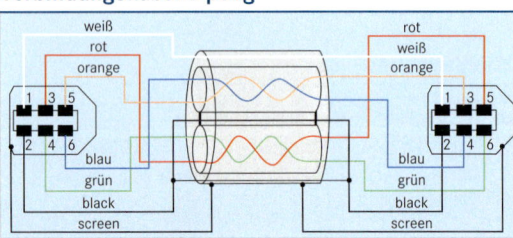

Geräteschnittstellen

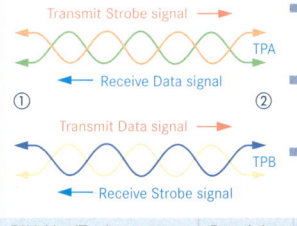

4-polig   6-polig

unterschiedlich breite Vertiefungen

9-polig Bilingual   9-polig Beta

Übertragungsrichtung (DS-mode)

Transmit Strobe signal →   TPA
← Receive Data signal
① ②
Transmit Data signal →   TPB
← Receive Strobe signal

- Im DS-Mode werden Daten- und Strobesignale übertragen.
- Übertragung von ① nach ②: Strobe auf TPA und Daten auf TPB.
- Überrtagung von ② nach ①: Strobe auf TPB und Daten auf TBA.

PIN-Nr. (Typ)			Bezeichnung	Funktion	Aderfarbe
(4-pin)	(6-pin)	(9-pin)			
–	1	8	Power	max. 30 V DC ohne Last	white
	2	6	Ground	Ground Po. innerer Schirm	black
1	3	1	TPB –	Twisted Pair B	orange
2	4	2	TPB +	Twisted Pair B	blue
3	5	3	TPA –	Twisted Pair A	red
4	6	4	TPA +	Twisted Pair A	green
		6/9	A/B shield		
–	–	7	N.C.		
		Gehäuse		Äußerer Schirm	

Merkmale

- **IRDA**: Vereinigung für Datenübertragung auf infraroter Basis definiert Standards (IrDA 1.0 und 1.1) für **serielle Datenübertragung** mittels **infrarotem Licht** in Sichtverbindung zwischen Sender und Empfänger.
- **Übertragungsraten** können (bei PC-interner Schnittstelle) im BIOS eingestellt werden.
- **Übertragungsstrecke** beträgt standardmäßig 1 m; größere Entfernungen sind möglich (abhängig von eingesetzten optischen Sendern und Empfängern).
- **Übertragungsart** ist halbduplex; Punkt-zu-Punkt und Punkt-zu Mehrpunkt.

- Der Grundstandard enhält Spezifikationen für Verbindungszugriff (Link Access Protocol: IrLAP), Verbindungssteuerung (Link Management Protocol: IrLMP) und Physical Interface.
- **Anwenderprotokolle** bieten spezifische Ausführungen für unterschiedliche Anwendungen.
- Durch spezielle Kodierung des optischen Signals wird eine energiesparende und gegenüber optischen Beeinflussungen (Tageslicht, Reflexionen) zuverlässige Übertragung erreicht.
- Preiswerte **kabellose Kopplung** u. a. zwischen PCs, Notebooks, PDAs, Kamera, Drucker, Mobile usw.

Protokoll-Stack

Application	IrTran	IrMC	IrPM	IrLAN
	IrComm	IrOBEX		
IAS	TinyTP	SMP (für IrSimple)[1]		
	IrLMP	IrLMP (für IrSimple)[1]		
	IrLAP	IrLAP (für IrSimple)[1]		
SIR	MIR	FIR	VFIR	
IrPHY				

Erläuterungen

IrPHY	**IrDA Phy**sical Layer definiert die physikalischen Übertragungseigenschaften (z. B. Strahlungsstärke, Abstrahlwinkel, Datenrate).
IrLAP	**IrDA Link Access Protocol** definiert die Übertragungsrate und Datengröße.
IrLMP	**IrDA Link Managment Protocol** regelt u. a. den Datenaustausch für mehrere paralell laufende Anwendungen.
Tiny TP	**IrDa Transport Protocol** verwaltet u. a. die Puffer für jede logische Verbindung.
IrCOMM	**Infrared Comm**unication Protocol emuliert u. a. die RS 232 Schnittstellenfunktion.
IrOBEX	**Infrared Object Exchange Protocol** vereinheitlicht die Eigenschaften von Objekten zur Übertragung zwischen unterschiedlichen Geräten.
IrTran-P	**Infrared Transfer Protocol**-Picture steuert die Übertragung von Bildern; verwendet UPF (Universal Picture Format).
IrMC	**Infrared Mobile Communication** (mobile Kommunikationsgeräte) definiert die Objekt-Austauscheigenschaften bei mobilen Geräten (z. B. PDA)
IrFM	**Infrared Financial Messaging** steuert elektronische Bezalverfahren.
IrLAN	**Infrared LAN** definiert LAN-Verbindungen über IrDA.

[1] **IrSimple**: regelt effiziente Übertragung großer Datenmengen (z. B. Bilddateien). Erfordert die unter [1] genannten Ergänzungen: **SMP (Sequence Management Protocol)**, **Ir LMP** und **IrLAP (für IrSimple)**. Damit werden hohe Übertragungsraten und vereinfachter Aufbau und Abbau der Verbindung erreicht (z. B. 1 MByte JPEG über VFIR mit IrSimple in 0,6 s).

Übertragungsraten

Bezeichnung		
SIR (**S**low)	kbit/s	2,4; 9,6; 19,2; 38,4; 57,6; 115,2
MIR (**M**edium)	kbit/s	576; 1152
FIR (**F**ast)	Mbit/s	4
VFIR (**V**ery **F**ast)	Mbit/s	16
UFIR (**U**ltra **F**ast)	Mbit/s	100 (in Entwicklung)

Optische Parameter

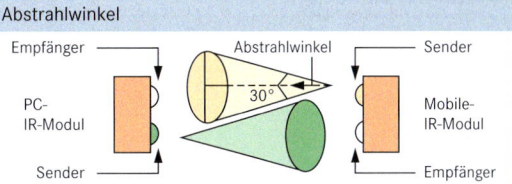

Abstrahlwinkel

Leistungsparameter

Übertragungsrate in kbit/s	Betriebsart	Sendeleistung in mW/sr	Empfangsempfindlichkeit in µW/cm²
< 115,2	Standard	40	4
	Low Power	3,6	9
> 115,2	Standard	100	10
	Low Power	9	22,5

Modulationsarten

SIR und **MIR** (< 115,2 kbit/s) verwenden RZI
Daten „0": Lichtimpuls; Daten „1": Kein Lichtimpuls

SIR sendet Lichtimpuls mit 3/16 T (Impulsdauer)

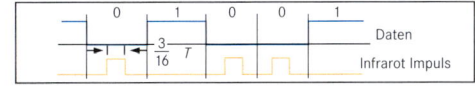

MIR sendet Lichtimpuls mit 1/4 T (Impulsdauer)

FIR verwendet **4 PPM** (**P**ulse **P**osition **M**odulation).
Jeweils 2 Datenbit werden einer bestimmten Pulsposition im Übertragungsraster zugeordnet.

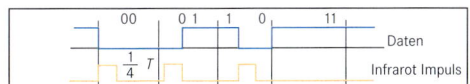

Merkmale

- **Drahtlose** Kommunikationsverbindung für **Kurzstrecken** auf Funkbasis
- Arbeitet im Bereich von 2,402 GHz bis 2,480 GHz (2,4 GHz **ISM-Band**)
- Frequenzband ist unterteilt in **79 Kanäle** mit je 1 MHz Abstand
- Übertragung erfolgt durch **Frequenzsprungverfahren** (**FHSS: F**requency **H**opping **S**pread **S**pectrum)
- Insgesamt werden 79 **HOPS** (Sprünge) mit einer maximalen **Hopping-Frequenz** von 1600 Hz realisiert.
- **Hopping-Sequenz** wird über die Geräteadresse des Masters ausgewählt

- Kommunikation erfolgt zwischen Master und Slave erfolgt im **T**ime **D**ivision **D**uplex (**TDD**).
- Sendeleistung ist in drei Klassen eingeteilt:
  - **Klasse 1:** 100 mW (20 dBm); automatische Sendeleistungsanpassung ist erforderlich
  - **Klasse 2:** 2,5 mW (4 dBm)
  - **Klasse 3:** 1 mW (0 dBm)
- Reichweite 10 cm bis 10 m (100 m)
- Pro **Pico-Netz** werden 8 aktive Geräte (1 Master und 7 Slaves) unterstützt (zusätzlich noch bis zu 255 passive Slaves möglich).
- Pro System sind maximal 10 Pico-Netze möglich (**Scatter**-Netz).

Datenübertragungsarten

- Punkt zu Punkt (**SCO: S**ynchronous **C**onnection **O**riented)
- Punkt zu Multipunkt (**ACL: A**synchronous **C**onnection**less**)
- SCO dient der synchronen Sprachübertragung mit symmetrischen Datenraten (64 kbit/s)
- Sprachcodierung erfolgt mittels **C**ontinuous **V**ariable **S**lope **D**elta Verfahren (**CVSD**)
- ACL-Übertragung ist asynchron und verbindungsunabhängig

- Datenpakete können dabei auch 3 oder 5 Zeitschlitze beanspruchen (ohne Frequenzwechsel)
- Symmetrie der Datenraten wird vom Master festgelegt:
  - asymmetrisch: max. 721 kbit/s vorwärts und 57,6 kbit/s rückwärts
  - symmetrisch: 432,6 kbit/s in beiden Richtungen
- Maximal **7 Datenkanäle** und **3 Sprachkanäle** pro Pico-Netz

Schutzmaßnahmen

- Schutz gegen **Übertragungsstörungen** durch
  - **FEC**-Codierung (**F**orward **E**rror **C**orrection: Vorwärts-Fehlerkorrektur) und
  - **ARQ** (**A**utomatic **R**etransmission **Q**uery: Wiederholungs-anforderung).
- Header jedes Paketes sind grundsätzlich mit FEC geschützt
- Datenschutz für die Übertragung auf physikalischer Schicht durch **Authentifizierung** und **Verschlüsselung**
- Verschlüsselung erfolgt mit **Stream-Cipher**-Verfahren über Schlüssellängen von 40 Bit oder 60 Bit

- Jedes Bluetooth-Gerät verfügt über eine eindeutige **Geräte-Adresse** mit **48 Bit** (ähnlich MAC-Adresse bei LAN-Netzwerken):
  - **LAP** (**L**ower **A**ddress **P**art) 24 Bit
  - **UAP** (**U**pper **A**ddress **P**art) 8 Bit
  - **NAP** (**N**on Significant **A**ddress **P**art) 16 Bit
- **Profile** definieren die gemeinsame Basis für Geräte mit identischen Diensten und ermöglichen damit die Interoperabilität zwischen den Geräten.
- Die **Leistung** der Geräte wird über Betriebsarten (Active, Sniff, Park, Hold) gesteuert.

Netzstruktur

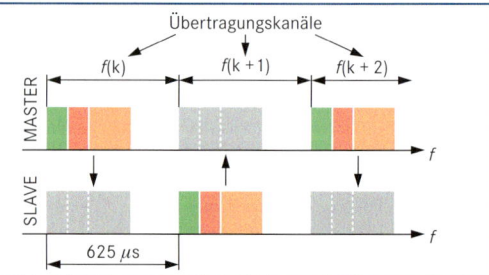

Time Division Duplex

Rahmenformat

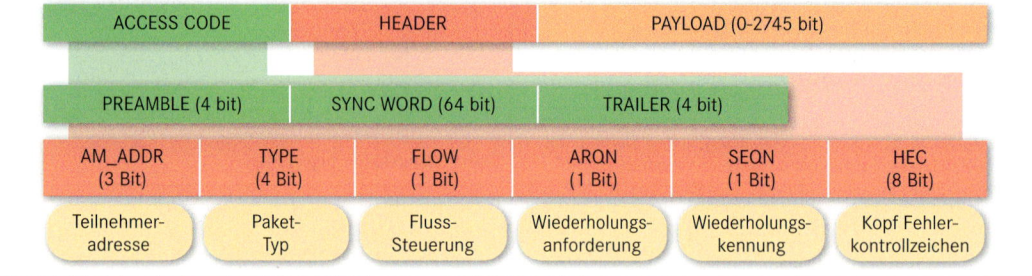

Funktion

- **Ein-/Ausgabe und Bearbeitung akustischer Signale**
  - Umformen (Sampling) der analogen Signale (Sprache, Musik oder Geräusche aus verschiedenen Quellen) in digitale Signale durch **PCM** (**P**ulse **C**ode **M**odulation).
  - Bearbeiten der Signale durch Software: Verändern, Teile löschen bzw. kopieren, Klangdateien zusammenfügen/hinzufügen, mischen, speichern usw.
  - Umformen der digitalen Signale in analoge Signale (Digital-Analog-Umsetzung) und Wiedergabe
- **Erzeugung (Synthese) von akustischen Signalen**
  - FM-Synthesizer:
    Elektronische Musik wird mit Hilfe interner Tongenera-toren erzeugt (Frequenzmodulation FM).
  - Wavetable-Synthese:
    Proben von Originalklängen einzelner Instrumente sind gespeichert. Die Erzeugung erfolgt mit Software-Synthesizern.
- **Digitale Signalprozessoren** (DSP) übernehmen die Aufgaben auf der Soundkarte. Sie entlasten den Prozessor des Computersystems bei der Bearbeitung der großen Sound-Dateien. Er übernimmt auch die Datenreduktion und Komprimierung. Die Daten (z. B. WAV, MP3) werden vom Arbeitsspeicher auf die Festplatte geschrieben.

Einbaumöglichkeiten bzw. Orte im PC

- **Steckkarten:**
  - Ältere PCs: ISA-Bus
  - PCI- bzw. PCI-Express
  - PCMCIA, ExpressCard
- **Schnitttellen:**
  - USB
  - FireWire (professioneller Bereich)
- **Motherboard:**
  - Integrierte Chips (kostengünstig, geringere Qualität, für einfache Aufgaben)

Anschlüsse

- **Analog**
  - Stecker/Buchse: Klinke, Cinch
  - Farben der Buchsen:

⬛	Blau	Line-in für Aufnahmen (Stereo)
⬛	Rosa	Mic-in, Mikrofoneingang (Mono)
⬛	Orange	Center speaker, subwoofer-Center und Tiefbass-Lautsprecher-Ausgang
⬛	Grün	Line-out, Kopfhörer- oder (Front-) Lautsprecher-Ausgang (Stereo)
⬛	Schwarz	Rear speakers, Rücklautsprecher-Ausgang (Stereo)
⬛	Silber	Side speakers, Seitenlautsprecher-Ausgang (Stereo)

- **Digital**
  - Übertragungsformat: S/P-DIF-Format (**S**ony/**P**hilips **D**igital **I**nter**f**ace), verkürzt: **SPDIF**-Format
    Typ I: Professional mode, für professionellen Einsatz
    Typ II: Consumer mode, für heimische Endverbraucher
  - Steckverbinder für Koaxialkabel (Cinch)
  - Optischer 3,5 mm Klinkenstecker
  - Optische Steckverbinder (TOSLINK-Anschluss)

Qualitätsmerkmale

- **Auflösung beim Digitalisieren:**
  8, 16, 24 Bit
- **Abtastrate (Samplingrate):**
  22; 44 (CD-Qualität); 96 oder 192 kHz
- **Weitere Qualitätsmerkmale:**
  Anzahl der Kanäle, Rauschverhalten, Frequenzgang, Abschirmung gegen Störsignale

Gameport/MIDI-Schnittstelle

- **Gameport (Joystick)**
  - Anschluss von Spielekonsolen
  - Analoge Datenübertragung

- **MIDI: M**usical **I**nstrument **D**ata **I**nterface
  - Schnittstelle, über die elektronische Musikinstrumente angeschlossen werden können. Mit dem PC können die Klangdaten koordiniert werden.
  - Digitale Datenübertragung

Auf gegenwärtigen Soundkarten wird in der Regel auf diesen Anschluss verzichtet, da entsprechende Geräte über die USB Schnittstelle angeschlossen werden.

Pinbelegung Gameport, MIDI

Pin	Funktion	Pin	Funktion
1	+5 V DC	9	+5 V DC
2	Joystick 1, erster Button	10	Joystick 2, erster Button
3	Joystick 1, X-Position	11	Joystick 2, X-Position
4	Masse	12	Masse (MIDI-Out)
5	Masse	13	Joystick 2, X-Position
6	Joystick 1, Y-Position		
7	Joystick 1, zweiter Button	14	Joystick 2, zweiter Button
8	+5 V DC	15	+ 5 V DC (MIDI-In)

15-polige Sub-D-Buchse

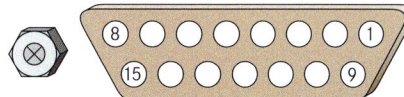

Steckkartenbeispiel

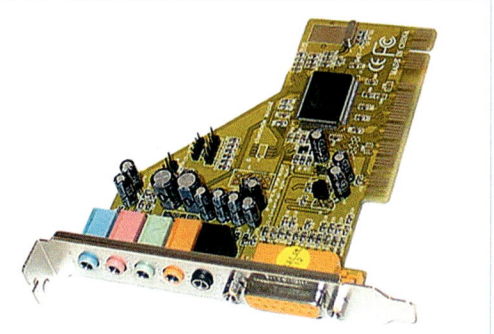

Arbeitsweise (Analogausgang)

Grafik-Karte und Monitor bilden eine Einheit.
1. Die CPU legt das Bild im Video-RAM (**VRAM**) ab (schnellere Zugriffszeiten als bei normalen RAMs).
2. Ein Grafik-Chip (Video-Chipsatz) erzeugt daraus ein digitales Bildsignal.
3. Digital-Analog-Umsetzer (**RAMDAC: RAM-D**igital-**A**nalog-**C**onverter) wandelt die digitalen Signale in analoge Signale um.
4. Die Übertragung der Signale erfolgt über einen Anschluss zum Monitor.

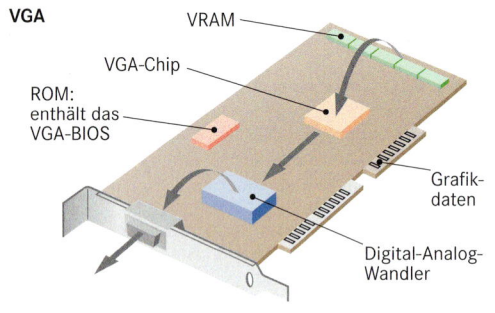

VGA · VRAM · VGA-Chip · ROM: enthält das VGA-BIOS · Grafik-daten · Digital-Analog-Wandler

VGA-Standard

VGA: Video **G**raphic **A**rray
- Farben: Maximal 16 Farben.
- Auflösung: Maximal 25 Zeilen x 80 Zeichen, 640 x 480 Pixel.
- Modi/Verwendung: Text- und Grafikmodus.

Heutige Grafik-Karten bieten in Abhängigkeit von der jeweiligen Speicherausstattung wesentlich höhere Auflösungen.

Pinbelegung VGA 9polig (VGA-DSUB)

Pin	Funktion	Pin	Funktion
1	Masse	8	Horizontale Synchronisation
2	2. Rot	9	Vertikale Synchronisation
3	Rot		
4	Grün		Buchse
5	Blau		
6	2. Grün		
7	2. Blau		

Pinbelegung VGA 15polig

Pin	Funktion	Pin	Funktion
1	Rot	12	Monitor ID1[1]
2	Grün	13	Horizontale Synchronisation
3	Blau	14	Vertikale Synchronisation
4	Monitor ID 2[1]	15	nicht belegt
5	Digit. Masse		
6	Rot-Masse		Buchse
7	Grün-Masse		
8	Blau-Masse		
9	nicht belegt		
10	Synchr.-Masse		
11	Monitor ID 0[1]		[1] Identifikations-Bit

Video-Standards

Bezeichnung	Auflösung (Pixel) horizontal x vertikal
VGA	640 x 480
SVGA	800 x 600
XGA	1.024 x 768
SXGA	1.280 x 1.024
UXGA	1.600 x 1.200
HDTV	1.920 x 1.080
HDTV plus	1.920 x 1.200
QXGA	2.048 x 1.536

DVI (Digital Visual Interface)

Schnittstelle zur Übertragung der digitalen Daten der Grafikkarte z. B. an ein TFT-Display.

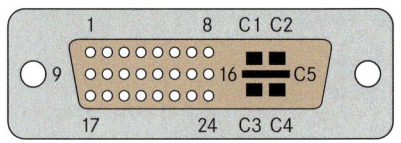

1...24: Digitale Signale
C1...C4: Analoge Signale
C5: Masse

- **DVI-I** (DVI-Integrated):
  Digitale und analoge Übertragung (s. Abbildung)
- **DVI-D:**
  Rein digitale Übertragung (nur Pin 1 bis 24, ohne C1 bis C5)
- **DVI-A:**
  Rein analoge Übertragung (C1 bis C5)

DVI-Standard

TMDS: Transition **M**inimized **D**ifferential **S**ignalling
Prinzip:
- Parallel/seriell Wandlung ①
- Spannungsdifferenzen zur Übertragung digitaler Daten
- Sender und Empfänger verfügen über einen Decoder für jede Farbe (6 Kanäle)
- Decoder verarbeiten 8 Pixeldatenbits und 2 Bit Steuersignale
- Bandbreite bis 330 MHz
- Ungeschirmte Leitung bis zu 2 Metern
- Auflösung bis zu 2.048 x 1.536 Pixeln

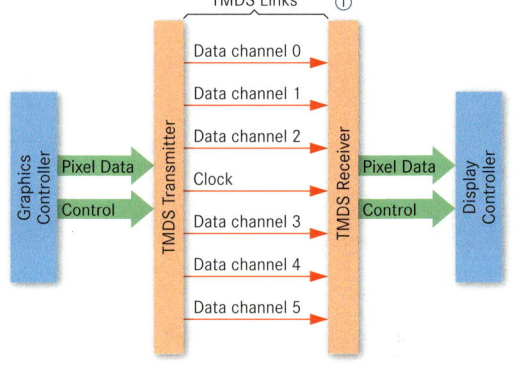

Kenndaten

- Universeller digitaler Verbindungsstandard für die Übertragung von Bild- und Tonsignalen des **VESA**-Gremiums (**V**ideo **E**lectronics **S**tandards **A**ssociation, April 2007).
- Anwendung: Verbindung von Bildschirmen und Fernsehgeräten mit PC, DVD, ... zur Übertragung hoher Datenraten.
- Gedacht als Ersatz für VGA und DVI, mit vergleichbaren Funktionen wie HDMI.
- Die Verschlüsselung erfolgt wie bei HDMI und DVI mittels **HDCP** 1.3 (**H**igh **B**andwidth **D**igital **C**ontent **P**rotection) und **DPCP** (**D**isplay**P**ort **C**ontent **P**rotection).
- Die Datenübertragung erfolgt seriell, (skalierbare Punkt-zu-Punkt-Verbindung), die sich an die Eigenschaften des Übertragungskanals anpassen kann.
- Bei Verbindung zwischen Sender (z. B. Grafikkarte) und Empfänger (Display) erfolgt eine Synchronisation (ohne Taktleitung), bei der sich Signalpegel zwischen 200 mV und 600 mV einstellen.
- Mit dem DisplayPort-Anschluss können für die Übertragung 1, 2 oder 4 Kanäle (Bahnen, Leitungspaar) eingerichtet werden.
- **Video-Signal**: Die maximale Auflösung wird durch die verfügbare Bandbreite (Leitungslänge) begrenzt.

Kanäle	Leitungslängen	
	bis 2 m	bis 15 m
1	1280 x 1024 [1]	1024 x 768 [1]
2	1920 x 1200	1280 x 1024
4	2560 x 1600	1920 x 1200

[1] Pixel x Pixel

- **Datenraten** (maximal)
  1,62 Gbit/s; 2,7 Gbit/s oder 5,4 Gbit/s pro Kanal
  Beispiel:
  Mit 4 Kanälen mit jeweils 2,7 Gbit/s erreicht man bis zu 10,8 Gbit/s (max. 2 m Leitungslänge). Diese Datenrate reicht aus für ein WQXGA-Display mit 2560 x 1600 Pixeln und 30 Bit Farbtiefe pro Pixel.
- **Audio-Signal**
  1 bis 8 Kanäle, 16 oder 24-Bit-PCM, 32 bis 192 kHz Abtastrate, maximale Datenrate 49152 kbit/s
- **Zusatzkanal**
  - Verwendung zur bidirektionalen Datenkommunikation
  - **DDC** (**D**isplay **D**ata **C**hannel) für die Übertragung der Monitor-Daten
  - Übertragung der Daten von Webcams, Mikrofon, Lautsprecher
  - Datenraten: 1 Mbit/s bis 720 Mbit/s
- Die Steckverbindung ist im Vergleich zu VGA und DVI kompakter und verriegelbar.

- Ausgänge an Grafikkarte

Pinbelegung

Pin	Bezeichnung	Pin	Bezeichnung
1	ML_Lane 0 (p)	11	GND
2	GND	12	ML_Lane 3 (n)
3	ML_Lane 0 (n)	13	Config 1 [1]
4	ML_Lane 1 (p)	14	Config 2 [1]
5	GND	15	AUX CH (p) [2]
6	ML_Lane 1 (n)	16	GND
7	ML_Lane 2 (p)	17	AUX CH (n) [2]
8	GND	18	Hot-Plug [3]
9	ML_Lane 2 (n)	19	Zurück
10	ML_Lane 3 (p)	20	DP_PWR [4]

- Lane: Spur, Bahn, Straße
- ML: Main Link (Hauptverbindung)
- p: positive
- n: negative

[1] kann direkt geerdet sein
[2] Zusatzkanal (AUX: Auxiliary-Wege: Hilfswege)
[3] Hot-Plug-Erkennung (Komponenten können während des Betriebs ausgetauscht werden)
[4] Anschluss 3,3 V 500 mA

20	18	16	14	12	10	8	6	4	2

19	17	15	13	11	9	7	5	3	1

Adapter

- Die DisplayPort-Schnittstelle ist elektrisch kompatibel zu VGA- und DVI-Schnittstellen.
- In der Regel reicht zum Anschluss von Geräten mit VGA-, DVI- oder HDMI-Schnittstellen ein einfacher (fast) passiver Adapter.

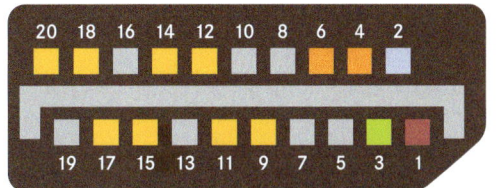

- Befindet sich auf dem Weg zum Endgerät ein Adapter, erkennt die Grafikkarte eine andere Schnittstelle. Intern erzeugt die Grafikkarte dann ein Signal im richtigen Format und schickt es an den DisplayPort-Ausgang. Der Adapter sorgt dafür, dass die Signale zu den richtigen Kontakten geleitet werden.

Mini-DisplayPort

- Einführung vor allem für Notebooks
- Stecker und Buchsen sind kleiner
- Elektrische Kompatibilität zum „normalen" DisplayPort

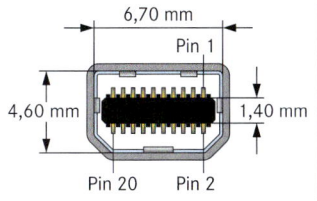

Farbräume und Farbmodelle

- Ein Farbraum umfasst alle möglichen Farben, die innerhalb eines Farbmodells darstellbar sind.
- Farbräume dienen zur Visualisierung und können Unterschiede zwischen Idealzustand und Realität verdeutlichen.
- Farben eines Farbraumes werden durch Farbmodelle quantifizierbar.
- Zur Normierung von Farben hat die **CIE** (**C**ommission **I**nternationale de l'**E**clairage) 1976 den Referenz-Farbraum **CIE-Lab** entwickelt, der sich an der menschlichen Farbwahrnehmung orientiert. Er ist somit unabhängig von der Art des Gerätes und dient als Referenzsystem für Farbmanagement-Prozesse (Konvertierung von Farbinformationen).
  Im Gegensatz dazu sind die RGB- (z.B. Monitor) und CMYK-Modelle (Drucker) geräteunabhängig. Sie dienen zur technischen Darstellung von Farben.

Lab-Farbraum

- Jede Farbe wird durch den Farbort mit den Koordinaten L, a und b definiert.
- Bedeutung der Koordinaten (dreidimensional, Kugelform).
  - a-Achse: Grün und Rot liegen gegenüber (Gegenfarbentheorie)
  - b-Achse: Blau und Gelb als Gegenfarben
  - L-Achse: Sie steht senkrecht auf der durch die a- und b-Achse gebildete Ebene und gibt die Helligkeit (Luminanz) wieder. Sie wird auch als Neutrakgrauachse bezeichnet, da die Endpunkte Schwarz (L = 0) und Weiß (L = 100) sind.

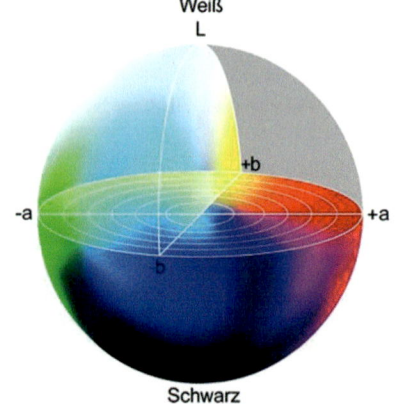

CIE-Normfarbraum (Normalfarbtafel)

- Der Farbraum wurde mit Hilfe von farbnormalsichtigen und durchschnittlichen Testpersonen entwickelt (physiologischen Eigenschaften menschlicher Wahrnehmungen).
- In der hufeisenförmigen Darstellung sind alle für den Menschen sichtbaren Farben wiedergegeben.
- Die Spektralfarben liegen auf der gekrümmten Außenlinie. Die blauen Zahlenangaben sind die Wellenlängen des Lichts.
- Das schwarze Dreieck in der Mitte zeigt den **sRGB** (**S**tandard **RGB**) Farbraum.
- Das gelbe Dreieck kennzeichnet den **CMYK**-Offset-Druckbereich. In dieser Darstellung wird deutlich, dass satte, leuchtende Blautöne nicht darstellbar sind.
- Das blaue Dreieck umfasst den „Adobe-RGB-Farbraum" (Fa. Adobe, 1998). Es handelt sich um einen erweiterten sRGB-Bereich, der mehr Grünanteile besitzt. Dadurch wird der gesamte CMYK Raum eingeschlossen. Das ist dann vorteilhaft, wenn das Bild sowohl für die Ausgabe auf dem Bildschirm (sRGB) als auch für den Offset-Druck (CMYK) verwendet werden soll.

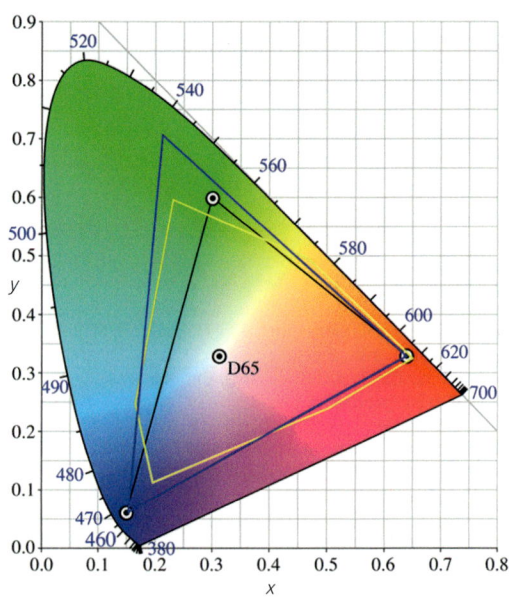

Farbraumanpassung

- Damit in den verschiedenen Farbräumen der Farbeindruck gleich bleibt, müssen Farbraumanpassungen vorgenommen werden.
- Der Lab-Farbraum dient dabei als Referenzfarbraum. Die Farbwerte vom Quellfarbraum werden dazu in einen Zielfarbraum konvertiert.
- Beispiel:
  Relative farbmetrische Farbumwandlung (**Rendering Intents**)
  - Der Weißpunkt des Quellfarbraums wird mit dem Weißpunkt des Zielfarbraums verrechnet und alle Farben entsprechend verschoben.
  - Damit wird berücksichtigt, dass Augen immer das Weiß adaptieren, das auf dem jeweiligen Medium zu sehen ist.

- Die Farben, die außerhalb des Farbbereichs liegen, werden den in Richtung der am ähnlichsten reproduzierbaren Farbe im Zielfarbraum verschoben.

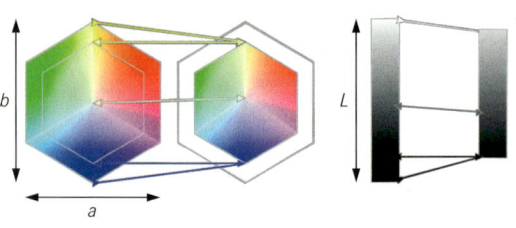

RGB

Funktion von Farbmodellen:
Sie beschreiben einzelne Farben durch Zahlenwerte.

Anwendung von RGB:
Farbdarstellung auf Displays, Farbmonitoren
(aktiv lichterzeugende Medien)

RGB:
- **Additives** Farbmodell

- Primärfarben (Grundfarben)
  - **R**ot 610 nm (R)
  - **G**rün 535 nm (G)
  - **B**lau 470 nm (B)

- Die Primärfarben ergeben zusammen Weiß.
  0,3 R + 0,59 G + 0,11 B = 1

- Weitere Farben lassen sich aus Mischung der drei
  Primärfarben erzeugen.

- Der Farbraum des RGB-Modells lässt sich in Form eines
  Würfels mit der Kantenlänge 1 darstellen.
- Vorteil:
  Alle Farben lassen sich durch Vektoren mit ihren Komponen-
  ten darstellen.

Beispiele:

Schwarz	(0, 0, 0)	Magenta	(1, 0, 1)
Blau	(0, 0, 1)	Weiß	(1, 1, 1)
Gelb	(1, 1, 0)	Grün	(0, 1, 0)
Rot	(1, 0, 0)	Cyan	(0, 1, 1)

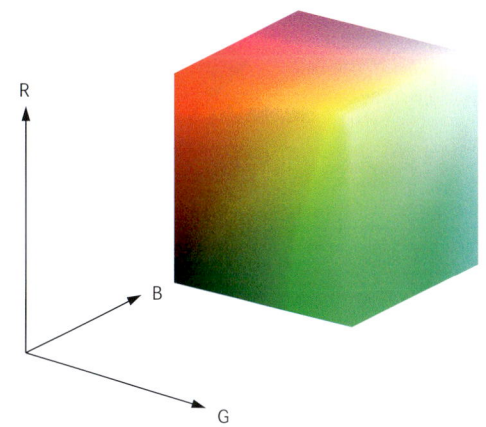

CYM

Anwendung:
Malerei und Farbausgabe durch Drucker (reflektierende
Medien)

CYM:
- **Subtraktives** Farbmodell
- Grundfarben
  - **C**yan (C)
  - **Y**ellow (Y)
  - **M**agenta (M)
- Alle Grundfarben zusammen ergeben Schwarz.

CMYK

Neben den Grundfarben Cyan, Magenta und Yellow wird für
den Farbdruck Schwarz eingesetzt (**Vierfarbendruck**).

Vorteile:
- Schwarz lässt sich klarer darstellen.
- Druckpapier würde durch das Auftragen der drei Farben zu
  stark durchnässt werden.

YUV

Verwendung beim PAL-Fernsehen.
Y: Leuchtdichtesignal, Helligkeitssignal (Luminanz)
U: Reduziertes Farbdifferenzsignal (R–Y)
V: Reduziertes Farbdifferenzsignal (B–Y)

$$Y = 0{,}299\,R + 0{,}587\,G + 0{,}114\,B$$
$$U = -0{,}169\,R - 0{,}0331\,G - 0{,}5\,B$$
$$V = 0{,}5\,R - 0{,}419\,G - 0{,}081\,B$$

Variante: **YCbCr (YC$_B$C$_R$)**
Y: Leuchtdichtesignal, Helligkeitssignal
Cb: Blaue Chrominanzkomponente
Cr: Rote Chrominanzkomponente

Zusammenhang mit dem RGB-Farbsystem:

$$Y = 0{,}299\,R + 0{,}587\,G + 0{,}114\,B$$
$$Cr = 0{,}60\,R - 0{,}28\,G - 0{,}32\,B$$
$$Cb = 0{,}21\,R - 0{,}52\,G + 0{,}31\,B$$

YIQ

Verwendung beim NTSC-Fernsehen.

Y: Leuchtdichtesignal, Helligkeitssignal
I, Q: Reduzierte Farbdifferenzsignale

Kalibrieren und Profilieren

- Wenn in einer Produktionskette in Geräten Farben verarbeitet bzw. dargestellt werden (z. B. mit Scanner, Monitor, Drucker), treten Farbfehler auf, die sich fortpflanzen. Ziel des Farbmanagements ist es, diese Fehler zu korrigieren.
- **Kalibrieren** bedeutet, dass bestimmte Werte bei einem Gerät eingestellt werden.
- **Profilieren** bedeutet, dass die Eigenschaften eines Gerätes gemessen und als Profil gespeichert werden.
- Mit einem **Profil** (in Form eines Datensatzes) wird der Farbraum eines Gerätes für seine Farbeingabe bzw. Farbausgabe beschrieben.
- Genormte Profile wurden von dem 1993 gegründeten **ICC** (**I**nternational **C**olor **C**onsortium) erstellt. Bei dem ICC handelt es sich um einen Zusammenschluss zahlreicher Hersteller von Grafik-, Bildbearbeitungs- und Layoutprogrammen, mit dem Ziel, Farbmanagementsysteme zu vereinheitlichen.
- Folgende **Profilklassen** werden unterschieden:
  - **Monitor** (mntr): Anzeigegeräte, z. B. Monitor (LCD, CRT)
  - **Eingabe** (scnr): Eingabegeräte, z. B. Scanner, Digitalkameras
  - **Ausgabe** (prtr): Ausgabegeräte, z. B. Tintenstrahldrucker, Laserdrucker, Druckmaschinen
- Je nach Aufbau werden zwei Arten von ICC-Profilen unterschieden:
  - **Matrix-Profile** (ca. 1 kByte) enthalten 3 x 3-Matritzen und Kurvendefinitionen. Sie sind für die Beschreibung von Standard-Farbräumen und Ausgabegeräten (z. B. Monitore) geeignet.
  - **LUT-Profile** (**L**ook-**U**p-**T**able, Tabellen zum Nachschlagen, größer 1 MByte) enthalten Daten über konkrete Ausgabegeräte (z. B. Drucker).

Scanner-Profilierung

- Für die Scanner-Profilierung wir kein zusätzliches Messgerät benötigt.
- Zum Vermessen wird eine genormte Vorlage (**Target**) benötigt. Die Vorlagen werden als **IT8-Targets** bezeichnet. Sie dienen zum Kalibrieren von Scannern, Digitalkameras, Monitoren und Druckern.
- Für die Scanner-Profilierung werden Durchsicht-Targets (IT8.7/1) bzw. Aufsicht-Targets (IT8.7/2) verwendet.

- Ein IT8-Target enthält 24 Graufelder sowie 264 Farbfelder in 22 Spalten.
- Profilierungsablauf:
  - Das IT8-Target wird mit der entsprechenden Software gescannt ①. Dadurch erhält der PC Daten über die Farben.
  - Im PC sind Referenzdaten ② von der Software (Referenztabelle) über die Farben gespeichert.
  - Aus dem folgenden Vergleich wird das ICC-Profil des Scanners ③ berechnet.

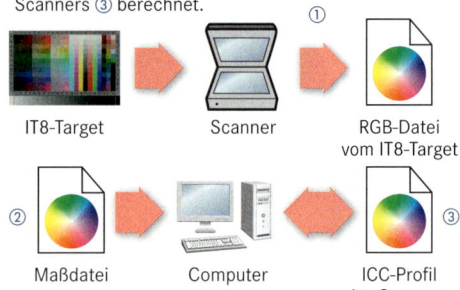

| IT8-Target | Scanner | RGB-Datei vom IT8-Target |
| Maßdatei | Computer | ICC-Profil des Scanners |

Monitor-Kalibrierung und -Profilierung

- Kalibrierungsvorbereitung durch Rücksetzung in den Hersteller-Zustand: Luminanzwert, Farbtemperatur (6500 K), Gammakorrektur (Übertragungsfunktion für eine Eingangs- in eine Ausgangsgröße als Potenzfunktion mit einem Exponenten, beim Monitor üblich 2,2)
- Messung mit einem **Kolorimeter** (Absorptions- oder Spektralfotometer)
  - Mit Hilfe einer Profilierungssoftware werden charakteristische Farben auf dem Bildschirm dargestellt (Soll-Werte).
  - Das Messgerät (z. B. über USB-Anschluss mit PC verbunden) wird vor dem Bildschirm befestigt und die Farben werden vermessen (Ist-Werte).
  - Aus dem Vergleich zwischen Soll- und Ist-Werten wird im PC das ICC-Profil berechnet und gespeichert.

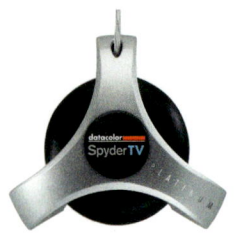

Drucker-Profilierung

- Die Profilierung des Druckers entspricht der Profilierung des Monitors.
- Mit einer Profilierungssoftware werden Testfarben ausgedruckt.
- Danach wird der Testausdruck mit einem Spektralfotometer vermessen (s. Abbildung) und die Werte mit den Soll-Farbwerten im PC verglichen.
- Aus dem Vergleich wird dann das ICC-Profil des Druckers berechnet.

Zusätzliche Einflussfaktoren

- Zusätzliche Einflussfaktoren bestimmen das ICC-Profil. Aus diesem Grunde muss für jede Situation ein eigenes Profil erstellt werden.
- Einflüsse
  - Monitor: Lichtbedingungen (Tageslicht, Fremdlicht)
  - Scanner: Unterschiedliche Film- und Papiersorten
  - Drucker: Verwendetes Druckerpapier, verwendete Tinte

Bildarten

Schwarzweißbild	Graustufen- oder Halbtonbild	Farbbild
	Information neu pro Bildpunkt	
▪ 1 Bit → 2^1 = 2 2 verschiedene Werte, Schwarz oder Weiß	▪ 4 Bit → 2^4 = 16 16 verschiedene Werte möglich ▪ 8 Bit → 2^8 = 256 256 verschiedene Werte möglich	▪ 8 Bit für jeweils Rot, Grün und Blau 24 Bit → 2^{24} = 16.777.216 16,78 Millionen verschiedene Werte möglich (Truecolor)

Farbtiefe (Farbumfang Image Depth)

$C = 2^D$

C: Anzahl der verschiedenen Farben (bzw. Graustufen)

D: Farbtiefe in Bit/Pixel

Farbinformationen

▪ **Farbton** (Hue)
Wellenlänge des Lichtes

▪ **Helligkeit** (Brightness)
Wie nah an Schwarz (0 %), wie nah an Weiß (100 %)

▪ **Farbsättigung** (Chroma)
Leuchtkraft der Farbe, Weißanteil

Beispiele für Farbtiefen

 2 Bit pro Farbkanal

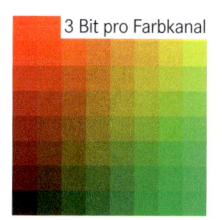 3 Bit pro Farbkanal

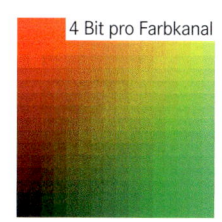 4 Bit pro Farbkanal

 8 Bit pro Farbkanal

Auflösung und Bildpunkte

Auflösung:
Zwei Zahlen, die die Anzahl der darstellbaren Bildpunkte in horizontaler und vertikaler Richtung angeben.

Auflösung	Bildpunkte	Dateigröße im RGB in MB
320 x 240	76.800	0,225
640 x 480	307.200	0,900
800 x 600	480.000	1,37
1.280 x 1.024	1.310.720	3,67
1.528 x 1.146	1.751.088	5,01
1.600 x 1.200	1.920.000	5,49
2.048 x 2.048	4.194.304	12,29
3.060 x 2.036	6.230.160	17,85
6.144 x 6.144	37.748.736	110,00

Vektor-Grafiken

▪ Bei Vektor-Grafiken werden geometrische Formen (z. B. Kreise, Rechtecke) gespeichert. Ein Rechteck besitzt z. B. einen Ursprungspunkt und eine Ausdehnung in Form von Längen- und Breitenangaben.
▪ Vektor-Grafiken können ohne Qualitätsverlust frei gedreht und vergrößert werden (Skalierbarkeit).
▪ Anwendung: Konstruktionsbereich (CAD)
▪ Beispiele für Dateiendungen:
　.ai: **A**dobe **I**llustrator
　.cdr: **C**orel **Dr**aw
　.eps: **E**ncapsulated **P**ost**s**cript

Rastergrafik, Pixelgrafik

▪ Bilder in Pixel-Formaten werden als Bitmaps bezeichnet.

▪ Die Speicherung erfolgt wie bei einem Mosaik. Jedes Pixel (Bildpunkt) wird mit Informationen über Lage (x-y-Achsen) und Farbe gespeichert.

▪ Pixel-Grafiken verlieren beim Skalieren (Vergrößern) stark an Qualität, da die Pixel vergrößert werden. Stufungen sind erkennbar.

▪ Anwendung:
Wiedergabe von Fotos und Grafiken mit feinen Farbabstufungen

▪ Beispiele für Dateiendungen:

　.bmp: **B**it**m**ap
　.fif: **F**ractal **I**mage **F**ormat
　.gif: **G**raphics **I**nterchange **F**ormat
　.jpeg: **J**oint **P**hotographic **E**xperts **G**roup
　.pcx: Paint Brush Format
　.pdf: **P**ortable **D**ocument **F**ormat
　.psd: Adobe Photoshop
　.tif: **T**agged **I**mage **F**ile Format

Tonwert

- Jedem Pixel (R, G, B) kann ein bestimmter Helligkeitswert zugeordnet werden. Er wird als **Tonwert** bezeichnet.
- Bei einer 8 Bit Auflösung (Farbtiefe) ergeben sich im RGB-Modus 256 Abstufungen.

Tonwert 0: Schwarz   Tonwert 255: Weiß

- Die Anzahl der möglichen Farben berechnet sich wie folgt:
  $256_R \times 256_G \times 256_B = 16.777.216_{RGB}$

  In der Darstellung oben sind vereinfachend gleiche Höhen (Häufigkeiten) dargestellt.

- Die Verteilung der Tonwerte eines Bildes sowie die vorkommende Häufigkeit werden in einem **Histogramm** grafisch dargestellt.
- Je öfter ein bestimmter Tonwert im Bild vorkommt (Häufigkeit), desto höher ist die Anzeige.

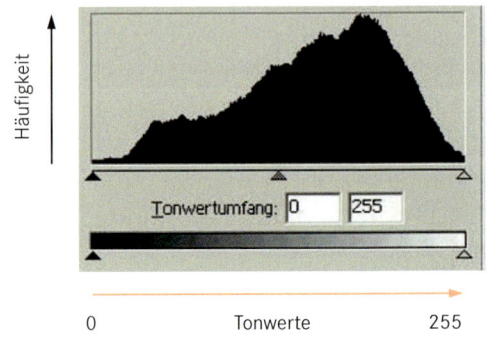

Tonwertkorrektur

Ohne Korrektur

 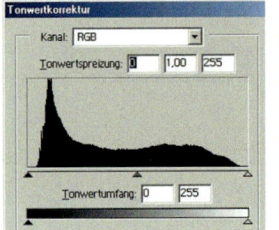

Bildbeurteilung:
Das Bild ist insgesamt recht dunkel. Es überwiegen Pixel im dunklen Bereich. Der Tonwertbereich ist nicht voll ausgeschöpft.

Automatische Tonwertkorrektur

 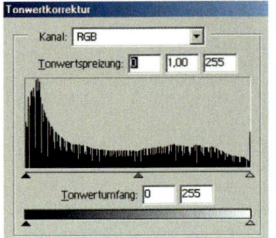

Ergebnis:

Korrektur mit Tonwertspreizung

Neue Verteilung der Häufigkeit der Tonwerte

Ergebnis:

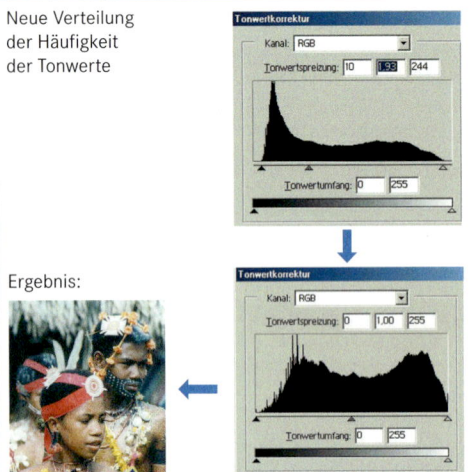

Korrektur durch Verändern der Gradation

Gradationskurve (Gammawert)
Durch Verändern der Kurve werden Helligkeitswerte verändert.

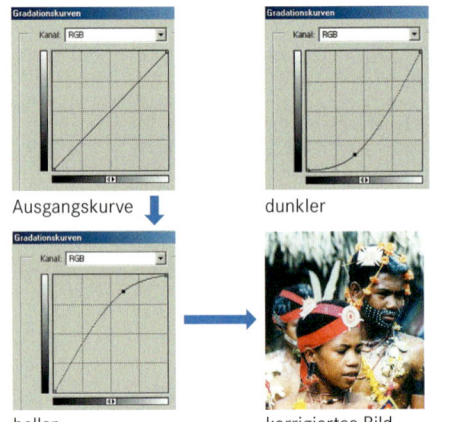

Ausgangskurve   dunkler

heller   korrigiertes Bild

Gruppen

- **Gruppe 1 und 2**
  Heute keine Bedeutung mehr, technisch veraltet

- **Gruppe 3**
  Standardfaxgerät mit dem, die Vorlage als Schwarz-Weiß-Bild in Form digitaler Daten über das analoge TK-Netz übertragen wird.
  Anschlusssteckdose: TAE mit N-Codierung

- **Gruppe 4**
  Digitales Faxgerät, die Vorlage wird als Graustufenbild in Form digitaler Daten über das ISDN-Netz übertragen.
  Anschlussdose: IAE oder UAE

Senden

- Text bzw. Bild wird zeilenweise abgetastet (Scanvorgang) und in einzelne schwarze bzw. weiße Pixel zerlegt ①.

- Auflösungsbeispiel:
  Horizontal:
     8 Pixel/mm (200 dpi)
  Vertikal:
     Normalauflösung 3,85 Zeilen/mm (100 dpi),
     Feinauflösung 7,7 Zeilen/mm (200 dpi)
     Superfeinauflösung 15,4 Zeilen/mm
     dpi: dots **p**er **i**nch (Bildpunkte pro Zoll)

- Zeichenfolge wird codiert

- Die Modulation erfolgt durch Tonfrequenzsignale innerhalb der analogen Bandbreite von 3,1 kHz ③.
  Modem: Modulator + **Dem**odulator

Empfangen

- Tonfrequente Signale werden im Modem demoduliert ③.
- Digitale Signale werden decodiert.
- Der Drucker gibt den Text bzw. das Bild in Form von schwarzen und weißen Pixeln wieder ②.

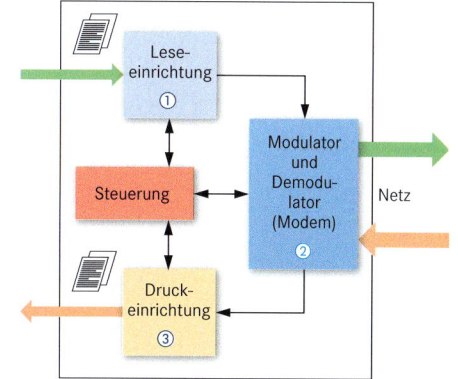

Kennung des Fernkopierers (im Ausdruck):
Beispiel: + 49 4141 935762

1. Pluszeichen (+)
2. Landeskennzahl
3. Vorwahlnummer ohne Null
4. Rufnummer

Weitere zusätzliche Angaben z. B. über den Anschlussinhaber können angefügt werden.

Kommunikationsvorgang beim Fernkopieren

1. Verbindungsaufbau
- Sendegerät meldet sich mit 2,1 kHz Rufsignal
- Empfangsgerät meldet sich mit 1,1 kHz Signal

2. Informationsaustausch
- Telefaxnummer des Absenders
- Rufnummer des Empfängeranschlusses
- Übertragungsparameter:
  Übertragungsgeschwindigkeit
  (z. B. Einigung auf 9600 bit/s), Codierung usw.
- Herstellerspezifische Funktionen

3. Kontrolle und Übertragung
- Verbindungskontrolle, Synchronisation
- Fehlerbehandlung
- Datenübertragung

4. Seitenende bzw. Fortsetzung der Übertragung
- Übertragung beendet – Bestätigung, bzw.
  Seite folgt noch (Mehrseitensignal)
- Ende der Übertragung

5. Ende der Verbindung
- Absender sendet Meldung zur Trennung
- Empfänger schließt sich der Trennung an

Übertragungsstandards

ITU/TS	Modulation	Bitrate
V.27ter[1]	**PSK** Phasen-umtastung	4 Phasenänderungen: 2400 bit/s 8 Phasenänderungen: 4800 bit/s
V.29	**QAM** Quadratur-Amplituden-modulation	2 Amplitudenstufen: 7200 bit/s 4 Amplitudenstufen: 9600 bit/s

[1] ter bedeutet 3. Version dieser Empfehlung
(ter: französisch „die Dritte")

Datenkompression

- **Modified Huffman Codierung (MHC)**
  Codiert wird nicht jedes einzelne Pixel, sondern in jeder Zeile wird ermittelt (eindimensionales Verfahren), wie viele weiße und schwarze Pixel an welcher Stelle vorkommen (Lauflängen-Codierung).

- **Modified Read Code (MRC)**
  Für eine begrenzte Zahl von Zeilen werden nur die Änderungen codiert, die sich aus der vorangegangenen Zeile ergeben (zweidimensionales Verfahren).

- **Modified Modified Read (MMR)**
  Ab der zweiten Zeile werden nur die Unterschiede zur vorangegangenen Zeile übertragen.

Tintenstrahldrucker

Thermo-Verfahren	Piezoelektrisches Verfahren

Thermo-Verfahren

- Druckdüsen mit Heizelementen
- Temperatur ca. 300 °C
- Dampfblase entsteht
- Tinte wird herausgespritzt (ca. 80 ms)
- Geschwindigkeit ca. 15 m/s
- Schussfrequenz bis 18 kHz

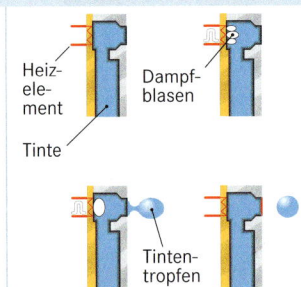

Heizelement — Dampfblasen — Tinte — Tintentropfen

Druckdüse in Kartusche integriert

Piezoelektrisches Verfahren

- Druckdüse mit Piezo-Element
- Elektr. Spannung verformt das Element
- Zunächst Sog, dann Druck
- Tinte wird herausgedrückt
- Tropfengröße kann durch Spannung gesteuert werden

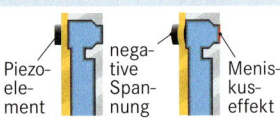

Piezoelement — negative Spannung — Meniskuseffekt

positive Spannung

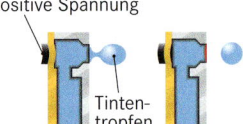

Tintentropfen

Druckdüsen befinden sich nicht in der Kartusche, sondern im Gerät

Druckvorgang

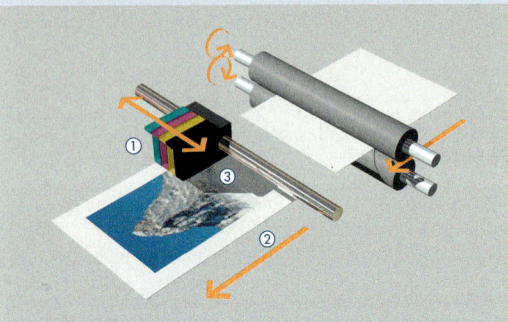

- Druckkopf bewegt sich zeilenweise über das Papier ①.
- Das Papier wird schrittweise in Längsrichtung durch den Drucker gezogen ②.
- Alle Druckfarben werden gleichzeitig auf das Papier gesprüht ③.
- Mehrere Druckpunkte bilden einen Rasterpunkt. Beispiel: Grüner Rasterpunkt besteht aus mehreren dicht nebeneinander oder übereinander gedruckten gelb- und cyanfarbigen Druckpunkten.

Druckauflösung (Auflösung):
Angabe in Druckpunkte pro Zoll (**dpi: D**ots **p**er **I**nch)
1 Zoll (Inch) = 2,54 cm

Beeinflussung der Druckqualität

- Erweiterung der vier Farben (CYMK) um weitere Farben (z. B. Cyan und Magenta) zur besseren Darstellung von Hauttönen.
- Für hochwertige Drucke sollte beschichtetes Papier verwendet werden, damit die Farbtropfen nicht zu tief eindringen.
- Das tiefe Eindringen der Tinte in das Papier kann durch vorheriges Aufbringen einer farblosen Flüssigkeit verringert werden.
- Größere farbige Flächen werden mit wenigen, aber größeren Tropfen schneller bedruckt.
- Die Tinte wird in mehreren Durchgängen aufgetragen. Ein Verlaufen der Tinte wird verringert.

- Pigmentierte Tinte verringert das zu tiefe Eindringen in das Papier.
- Für helle Farben (Farben mit geringer Sättigung) entstehen zwischen den Farbpunkten große störende weiße Flächen. Kleinere Druckpunkte verringern diese Störungen.
- Um das Verlaufen der Tinte aufgrund der Faserstruktur des Papiers zu verringern, wird schnelltrocknende Tinte eingesetzt.
- Neben diesen Hardwarelösungen werden von Herstellern verschiedene Softwarelösungen zur Steuerung der Druckpunkte eingesetzt.

Farblaserdrucker

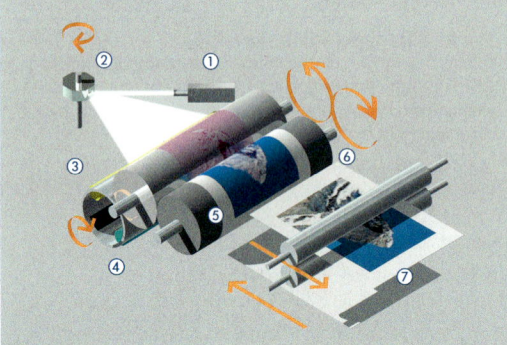

- Unbedrucktes Papier wird schrittweise zugeführt.
- Licht aus dem Laser ① gelangt über einen rotierenden Spiegel ② auf die lichtempfindliche Trommel ③.
- Die Trommel ist elektrostatisch aufgeladen.
- Sie dreht sich an der Tonerkartusche ④ vorbei. Der Toner gelangt durch elektrostatische Anziehungskräfte auf das Papier ⑤.
- Die Papiertrommel ⑥ läuft an der Belichtungstrommel vorbei.
- Für den Vierfarbendruck sind vier Durchläufe erforderlich.
- Am Ende wird das fertig bedruckte Papier ausgegeben ⑦.

Handscanner	Einzugscanner	Flachbettscanner	Trommelscanner	Dia- und Negativscanner
■ Die Vorlage wird manuell abgefahren. ■ Es entstehen Scanstreifen von einigen cm Breite. ■ Problem: Passgenaues Zusammenfügen der Streifen (Software).	■ Die Vorlage wird an den fest platzierten Sensoren entlang bewegt. ■ Problem: Vorlagen dürfen eine bestimmte Dicke nicht überschreiten.	■ Die Sensoren werden an der Vorlage entlang geführt. ■ Die Qualität des Scanners hängt von der Auflösung und der genauen Führung der Sensoren ab.	■ Die Vorlage wird innerhalb einer rotierenden Trommel von einer Lichtquelle abgetastet. ■ Problem: Vorlagen dürfen eine bestimmte Dicke nicht überschreiten.	■ Die durchscheinende Vorlage wird vom Licht abgetastet, das dann auf die Sensoren fällt. ■ Aufgrund der kleinen Vorlage ist eine hohe Auflösung erforderlich.

Arbeitsweise des Flachbettscanners

Arbeitsweise des Trommelscanners

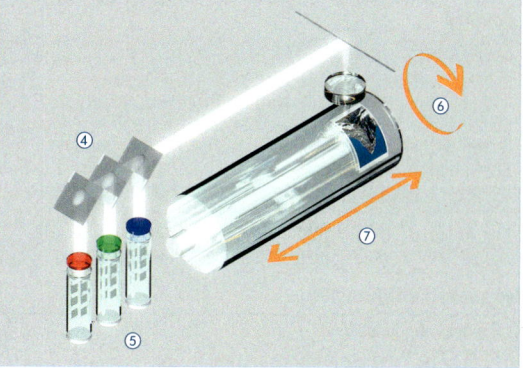

- Licht wird von der Aufsichtsvorlage reflektiert.
- Dieses Licht gelangt dann über Spiegel ① und Linsen ② auf die lichtempfindlichen und zeilenmäßig angeordneten Sensoren ③ (CCD-Zellen, **CCD: C**harge **C**oupled **D**evice).
- Vor den Sensoren befinden sich Farbfilter für rotes, grünes und blaues Licht.
- Helligkeitsinformationen werden in den Sensoren in unterschiedlich große elektrische Ladungen umgewandelt, als Spannungen verstärkt und mit Hilfe von Analog-Digital-Umsetzern in einen Datenstrom umgeformt.

- Das von der Vorlage reflektierte oder durchgelassene Licht (je nach Vorlage) gelangt über Spiegel ④ an die Photomultiplier ⑤ (Sekundärelektronenvervielfacher).
- Durch Rot-, Grün- und Blaufilter erhält man die Farbinformationen der einzelnen Pixel.
- Die Trommel ⑥ rotiert, so dass die Vorlage zeilenweise abgetastet wird.
- Zusätzlich erfolgt nach jeder Zeile eine Bewegung der Trommel in Längsrichtung ⑦.
- Die Auflösung hängt von der Anzahl der Schritte bei der Trommelbewegung ab.

Auflösung

- **Optische Auflösung**
  Sie hängt von der Anzahl der CCD-Elemente ab.
  Einheit: Pixel pro Zoll: **ppi** (**p**ixel **p**er **i**nch)
  Punkte pro Zoll: **dpi** (**d**ots **p**er **i**nch)
  Beispiel: 600 ppi
  → auf einer Länge von 1 Zoll (2,54 cm) werden 600 Pixel erfasst.
- **Interpolierte Auflösung**
  Pixel werden durch eine Software berechnet. Ihre Zahl ist größer als die optische Auflösung und kann zu fehlerhaften Ergebnissen führen.

Beispiel:

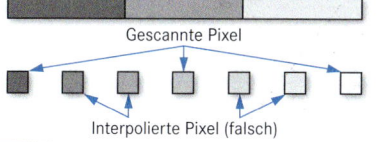

Schnittstelle

- Je nach PC- und Scannerausführung: Parallele Schnittstelle, USB- oder SCSI-Schnittstelle.
- Zwischen dem Scanner als Hardware und den Anwendungsprogrammen ist oft ein **TWAIN**-Treiber in Form einer Software-Schnittstelle erforderlich.

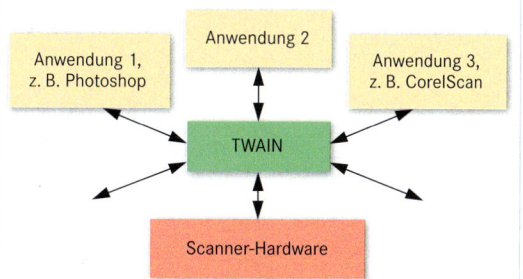

Kartengrößen

Kartenformate

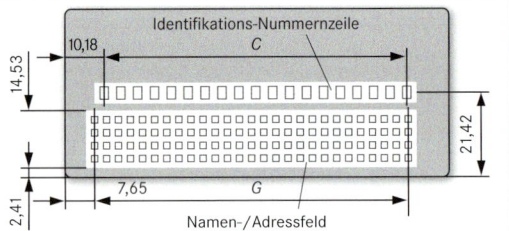

ID 000
3
3
ID 00
ID 1

Kartenmaße

Kartenformat	Breite in mm	Höhe in mm	Dicke[1] in mm
ID 000	25	15	0,76
ID 00	66	33	0,76
ID 1	85,6	53,98	0,76
ID 2	105	74	0,76
ID 3	125	88	0,76

[1] Für Karten ohne Prägung und ohne magnetische Aufzeichnung dürfen andere Dickenwerte festgelegt werden.

Hochgeprägte Karten

Die geprägten Schriftzeichen sind für die Datenübertragung (durch Druckvorrichtung oder visuelles/maschinelles Lesen) bestimmt.

Identifikationsnummernzeile

Zeile für Schriftzeichen nach ISO 7811-1 mit maximal 19 Schriftzeichen-Positionen mit einer Nominaldichte von 7 Schriftzeichen je 25,4 mm. Die Zahl der benutzten geprägten Schriftzeichenpositionen hängt von den Erfordernissen der Anwender ab.

Namen- und Adressfeld

Vier Zeilen mit je 27 Schriftzeichen nach ISO 7811-1 mit einer Nominaldichte von 10 Schriftzeichen je 25,4 mm.

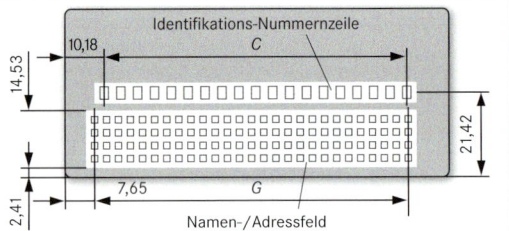

Identifikations-Nummernzeile
10,18
C
14,53
21,42
7,65
G
2,41
Namen-/Adressfeld

Größte kumulierte Grenzabweichung zwischen den Mittellinien des ersten und des letzten Schriftzeichens jeder Zeile +0,08 mm (Grenzabweichung von C und G).

Magnetstreifenkarten

Lage des Magnetstreifens

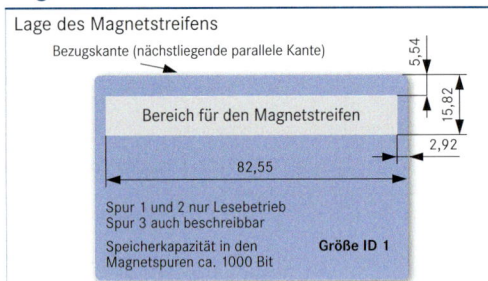

Bezugskante (nächstliegende parallele Kante)
5,54
15,82
Bereich für den Magnetstreifen
2,92
82,55
Spur 1 und 2 nur Lesebetrieb
Spur 3 auch beschreibbar
Speicherkapazität in den Magnetspuren ca. 1000 Bit
Größe ID 1

Lage der Spuren 1, 2 und 3

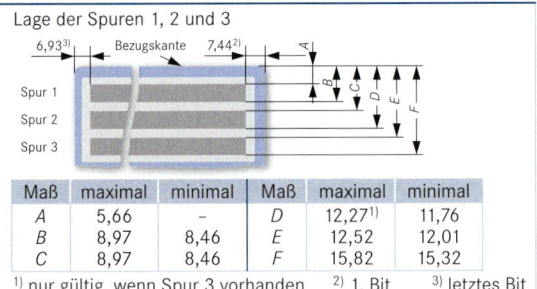

6,93[3] Bezugskante 7,44[2]
Spur 1
Spur 2
Spur 3

Maß	maximal	minimal	Maß	maximal	minimal
A	5,66	–	D	12,27[1]	11,76
B	8,97	8,46	E	12,52	12,01
C	8,97	8,46	F	15,82	15,32

[1] nur gültig, wenn Spur 3 vorhanden   [2] 1. Bit   [3] letztes Bit

Chip-Karten
Chip-Cards

- **Speicherchipkarten**
  Ohne Sicherheitslogik, z. B. Krankenversicherungskarte (meist EEPROM)

- **Intelligente Speicherchipkarten**
  mit festverdrahteter Sicherheitslogik, z. B. Telefonkarte

- **Prozessorchipkarte**
  Intelligente Chipkarte (smartcard) mit Mikroprozessor, RAM, ROM, EEPROM und seriellem Ein- und Ausgabeport.

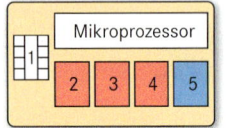

Mikroprozessor
1
2 3 4 5

Prozessorchipkarte
1 Kontaktfelder des Chip
2 RAM
3 ROM
4 EEPROM
5 Serielle Ein-/Ausgabe-
  Schnittstelle

- **Cryptokarte mit mathematischem Coprozessor**

Kontaktbehaftete Karte

Kontakt-belegung	Kontakt	Signal-name	Funktion
C1 C5	C1	V_{CC}	Versorgungsspannung
C2 C6	C2	RST	Reseteingang
C3 C7	C3	CLK	Takteingang
C4 C8	C4	RFU	Reserviert
	C5	GND	Masse
	C6	V_{PP}	Programmierspannung
	C7	I/O	Ein-/Ausgang, seriell
	C8	RFU	Reserviert

Kontaktlose Karte

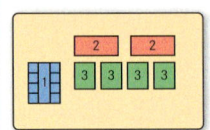

2   2
3 3 3 3

Energieübertragung meist induktiv, Datenübertragung induktiv oder kapazitiv
1 Interne Anschlüsse des Chip
2 Koppelspulen in der Chipkarte
3 Kapazitive Koppelflächen in der Chipkarte

Biometrische Authentifizierung
Biometric Authentication

Merkmale

- Biometrische Authentifizierung (Erkennung) dient
  - zur Überprüfung der behaupteten mit der tatsächlichen **Identität,**
  - Einhaltung der **Vertraulichkeit** und
  - Realisierung der **Integrität.**
- Grundsätzlich verwenden biometrische Verfahren Eigenschaften **menschlicher** (körperliche) **Merkmale** wie
  - Universalität,
  - Einzigartigkeit,
  - Dauerhaftigkeit und
  - Erfassbarkeit und Messbarkeit.
- Die spezifischen Merkmale sind einer einzigen Person zugeordnet.
- Vorteile gegenüber anderen Erkennungsverfahren sind:
  - Kein Verlust der Eigenschaften (Gegensatz z. B.: Chipkarten),
  - keine Erinnerung notwendig (Gegensatz: Geheimzahl) und
  - keine Geheimhaltung erforderlich.
- Das Verfahren wird verwendet für
  - Durchführung elektronischer Transaktionen,
  - Zutrittskontrolle zu Gebäuden/Räumen,
  - Überwachung der Verweildauer in Gebäuden,
  - Zugriffsüberwachung auf Daten und
  - Überprüfung von Berechtigungen.

- Die Betriebsarten werden unterschieden nach **Verifikation** und **Identifikation.**
- Die Verifikation
  - beinhaltet die Bestätigung der Identität der Person, für die sie sich ausgibt und
  - führt einen Abgleich der präsentierten Daten mit einem zuvor abgelegten Datensatz durch (1:1-Vergleich).
- Bei der Identifikation
  - wird ermittelt, um welche Person es sich handelt und es
  - werden die aktuellen Benutzerdaten mit allen gespeicherten Daten der anderen Benutzer verglichen (1:n-Vergleich).
- Die Sicherheit biometrischer Systeme basiert im Wesentlichen auf
  - dem Schutz der Referenzdaten (personenbezogene Daten) und
  - dem Vergleichsverfahren.
- Wesentliche Kriterien dabei sind:
  - Merkmale und Person müssen tatsächlich zusammen gehören.
  - Unverfälschtheit der Daten beim Einlesen und bei der Anwendung muss gewährleistet sein.
  - Biometrische Sensoren dürfen nicht abgehört und mit oder ohne Hilfe des Nutzers einfach reproduziert werden.

Einteilung

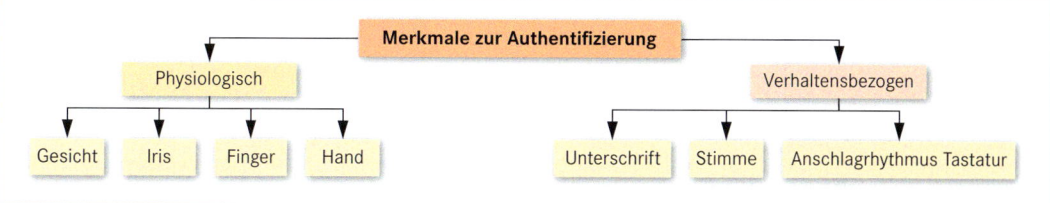

Iriserkennung

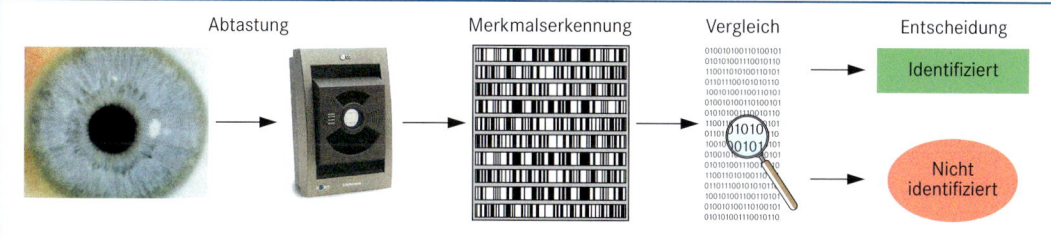

Fingerabdruckerkennung

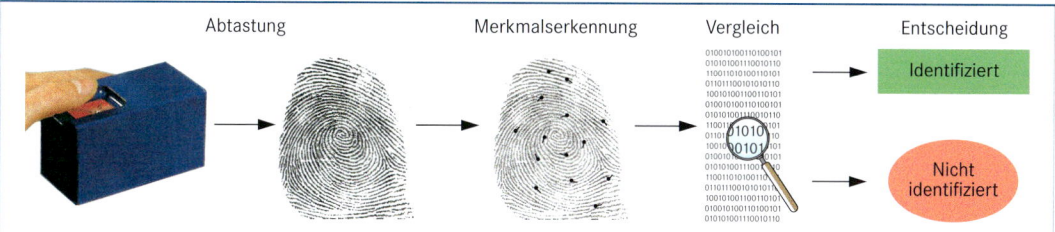

ATX-Format und ATX-Standards

- **ATX: A**dvanced **T**echnology **Ex**tended (Formfaktor)
- Es handelt sich um eine Norm für Gehäuse, Netzteile, Hauptplatinen und Steckkarten.
- Der ATX-Formfaktor wurde 1996 für den AT-Formfaktor (Advanced Technology) eingeführt. Motherboardabmessungen: 305 mm x 244 mm (12" x 9,6")
- Im ATX-Standard verfügen die Netzteile mindestens über folgende Stecker:
  - ATX 1.0: 20 Pin-Stecker und FDPC-Stecker
  - ATX 1.3: 20 Pin-Stecker, FDPC-Stecker und APC-Stecker
  - ATX EPS: 24 Pin-Stecker, FDPC-Stecker und EPS-Stecker
  - ATX 2.0: 24 Pin-Stecker, FDPC-Stecker und PCI-Express-Stecker
  - ATX 2.2: 24 Pin-Stecker, FDPC-Stecker und PCI-Express-Stecker
- Ab ATX 2.0 sind zusätzlich SATA-Stecker vorhanden
- Die in den Abbildungen verwendeten Farben sind die gängigen Farben. Abweichungen sind möglich.
- Der 20-Pin-Stecker passt auch in die 24-Pin-Buchse (ggf. Adapter). Bei einem hohen Energieverbrauch ist eine stabile Funktion jedoch nicht gewährleistet.
- Der 24-Pin-Stecker passt auch in die 20-Pin-Buchse, wenn genügend Platz auf dem Motherboard vorhanden ist.

Netzteil

- Leistung P in Watt (W):
  Dabei muss beachtet werden, dass die Gesamtstromstärke auf verschiedene Leitungen bzw. Geräte/Erweiterungskarten (z. B. Grafikkarte) verteilt wird.
- Eingangsgrößen AC:
  Wechselspannungsbereich U in Volt (V) und Frequenz f in Hertz (Hz)
- Ausgangsgrößen DC:
  Gleichspannung U in Volt (V), Polarität (+ oder –) gegenüber einem gemeinsamen Bezugspunkt (Masse), maximale Stromstärke I in Ampere (A)

ATX-Stecker für das Motherboard

- **20 Pin**

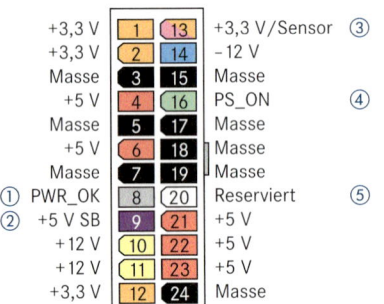

+3,3 V	1 / 11	+3,3 V/Sensor ③
+3,3 V	2 / 12	– 12 V
Masse	3 / 13	Masse
+5 V	4 / 14	PS_ON ④
Masse	5 / 15	Masse
+5 V	6 / 16	Masse
Masse	7 / 17	Masse
① PWR_OK	8 / 18	–5 V
② +5 V SB	9 / 19	+5 V
+12 V	10 / 20	+5 V

① Power OK (Indikationssignal +5 V und +3,3 V stabil)
② 5 V DC, Spannung für Stand By
③ Sensor-Anschluss für verschiedene Funktionen
④ Power Supply On, Netzteil wird eingeschaltet, wenn eine Verbindung mit Masse hergestellt wird (Steuereingang)
⑤ Reserve, meist unbelegt

- **24 Pin**

+3,3 V	1 / 13	+3,3 V/Sensor ③
+3,3 V	2 / 14	– 12 V
Masse	3 / 15	Masse
+5 V	4 / 16	PS_ON ④
Masse	5 / 17	Masse
+5 V	6 / 18	Masse
Masse	7 / 19	Masse
① PWR_OK	8 / 20	Reserviert ⑤
② +5 V SB	9 / 21	+5 V
+12 V	10 / 22	+5 V
+12 V	11 / 23	+5 V
+3,3 V	12 / 24	Masse

Stecker für die Spannungsversorgung von Peripheriegeräten des Motherboards

FDPC: Floppy **D**isk **P**ower **C**onnector
Spannungsversorgung für Peripheriegeräte, 3,5"-Geräte, z. B. Diskettenlaufwerk

Pins: +5 V, Masse, Masse, +12 V

PPC: Power **P**eripheral **C**onnector (Molex-Stecker)
Spannungsversorgung für Peripheriegeräte, 5,25"-Geräte, z. B. Festplatte, CD-ROM, DVD-Laufwerk

Pins: +12 V, Masse, Masse, +5 V

APC: Auxilary **P**ower **C**onnector, Aux Power Stecker für Hilfsspannungsversorgung (Pentium 4) Entlastung des Steckers für das Motherboard

Pins: Masse, Masse, Masse, +3,3 V, +3,3 V, +5 V

12 V Power
Zusätzliche Spannungsversorgung für Prozessoren ab 60 W

| Masse | 1 / 3 | +12 V |
| Masse | 2 / 4 | +12 V |

PCI-Express
12 V Spannungsversorgung für Erweiterungskarten PCI-Express

+12 V	1 / 4	Masse
+12 V	2 / 5	Masse
+12 V	3 / 6	Masse

EPS Power: Extended **P**ower **S**upply
Erweiterte 12 V Spannungsversorgung für Multiprozessor-Motherboards

Masse	1 / 5	+12 V
Masse	2 / 6	+12 V
Masse	3 / 7	+12 V
Masse	4 / 8	+12 V

SATA Stecker
Spannungsversorgung für Serial-ATA-Geräte (z. B. Festplatte)

Pins: +3,3 V, +3,3 V, +3,3 V, Masse, Masse, Masse, +5 V, +5 V, +5 V, Masse, +12 V, +12 V, +12 V

Begriffsbestimmung

- Quelle:
  Ergänzung der Richtlinie 2010/30/EU des Europäischen Parlamnets und des Rates im Hinblick auf die Kennzeichnung von Fernsehgeräten in Bezug auf den Energieverbrauch vom 28.09.2010
- **Fernsehapparat**
  ist ein Gerät, das vorwiegend zur Anzeige und zum Empfang audiovisueller Signale verwendet wird mit
  - Bildschirm,
  - einem oder mehreren Signalempfängern (Tuner/Receiver) sowie mögliche
  - Komponenten mit Zusatzfunktionen für Datenspeicherung (z. B. Festplatte) und/oder -anzeige (z. B. DVD-Laufwerk) als Einheit oder getrennt sind.
- **Videomonitor**
  ist ein Gerät zur Anzeige eines Videosignals auf einem integrierten Bildschirm, gespeist aus unterschiedlichen Quellen, einschließlich Fernsehsignalen. Fakultativ können Audiosignale von einer externen Quelle wiedergegeben und gesteuert werden.

Energieeffizienzklassen (EEI)

Energieeffizienzklasse	Energieeffizienzindex
A+++ höchste Effizienz	$EEI < 0{,}10$
A++	$0{,}10 \leq EEI < 0{,}16$
A+	$0{,}16 \leq EEI < 0{,}23$
A	$0{,}23 \leq EEI < 0{,}30$
B	$0{,}30 \leq EEI < 0{,}42$
C	$0{,}42 \leq EEI < 0{,}60$
D	$0{,}60 \leq EEI < 0{,}80$
E	$0{,}80 \leq EEI < 0{,}90$
F	$0{,}90 \leq EEI < 1{,}00$
G geringste Effizienz	$1{,}00 \leq EEI$

Berechnungsformeln: $EEI = \dfrac{P}{P_{ref}}$ (A)

$$P_{ref}\,(A) = P_{basic} + A \cdot 4{,}3224\ \text{W/dm}^2$$

P: Leistung des Fernsehgerätes im Ein-Zustand, gerundet auf eine Dezimalstelle

A: Sichtbare Bildschirmfläche in dm^2

P_{basic} in W	Gerät, Ausstattung
20	Fernsehapparate mit einem Signalempfänger und ohne Festplatte
24	Fernsehapparate mit Festplatte(n)
24	Fernsehapparate mit zwei oder mehr Signalempfängern
28	Fernsehapparate mit Festplatte(n) und zwei oder mehr Signalempfängern
15	Videomonitore

Jährlicher Energieverbrauch E im Ein-Zustand in kWh:
$$E = 1{,}46 \cdot P \cdot h$$

Label

- Nutzung:
  - Freiwillig: ab 20.12.2010
  - Verpflichtend: ab 30.11.2011

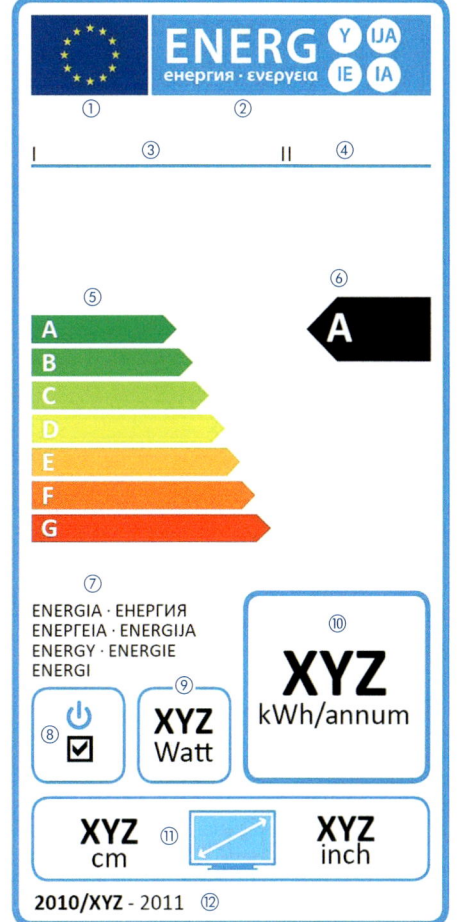

- Elemente des Labels:

①	EU-Logo	⑦	Energie
②	Etiketten-Logo	⑧	Schalter-Logo (ja/nein)
③	Name oder Warenzeichen des Lieferanten	⑨	Text zur Leistung im Ein-Zustand
④	Modellkennung des Lieferanten	⑩	Text zum jährlichen Energieverbrauch in kWh/Jahr [1]
⑤	Skala A bis G	⑪	Bildschirmdiagonale
⑥	Energieeffizienzklasse	⑫	Bezugszeitraum

[1] Täglich vierstündiger Betrieb an 365 Tagen

- Weitere Kennzeichnung:
  Geräte, die neben energiesparenden Eigenschaften weiterer strengen Umweltanforderungen des Europäischen Umweltzeichens entsprechen, tragen zusätzlich das EU Eco-Label (stilisierte Blume).

Aufgaben

Grundsätzlich:
Verwaltung der technischen Komponenten eines Computers sowie Steuerung und Überwachung des Einsatzes der Software (Programme).

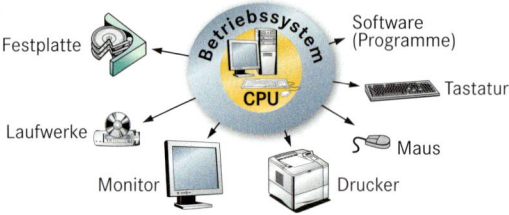

Wichtige Einzelaufgaben

- Starten und Beenden des Computerbetriebs

- Organisation und Verwalten der Arbeitsspeicher

- Verwalten der Dateien in den Verzeichnissen

- Steuern der Hardwarekomponenten (Soundkarte, Drucker, usw.)

- Organisieren und Verwalten der verschiedenen Speicher (z. B. Festplatten, CD-ROM)

- Laden und Kontrollieren der Anwenderprogramme (z. B. Weitergabe von Benutzereingaben, Verwalten von Benutzerrechten)

- Verwaltung und Bedienung mehrerer Nutzer (z. B. Zugriffs-rechte, Nutzungsprofil)

- Bereitstellen von Dienstprogrammen (z. B. Datensicherung, Datenfernübertragung)

- **Präemptives Multitasking (Mehrprozessbetrieb)**
  Wenn mehrere Programme benutzt werden, aktiviert das System diese in so kurzen Abständen abwechselnd, so dass für den Benutzer der Eindruck der gleichzeitigen (parallelen) Abarbeitung entsteht.

- **Multithreading (Mehrprozessfähigkeit)**
  Mehrere Ausführungsstränge innerhalb eines Prozesses (Threads) werden ähnlich dem präemptiven Multitasking gleichzeitig abgearbeitet (parallel).

- **Multiusing (Mehrbenutzung)**
  Auf einem PC können sich unterschiedliche Nutzer eine individuelle Arbeitsumgebung schaffen, auf die nur sie passwortgeschützt zugreifen können.

Startvorgang (BOOT-Vorgang)

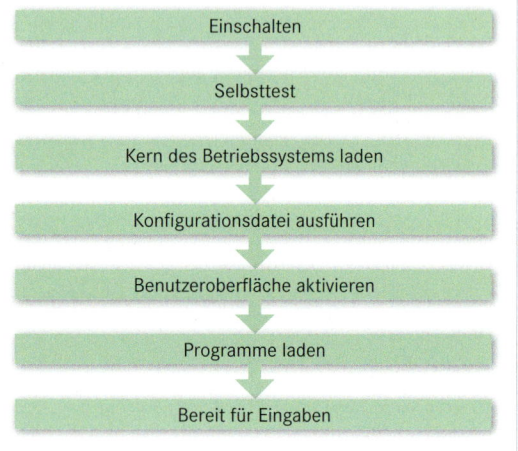

BIOS

BIOS: Basic **I**nput **O**utput **S**ystem
(Grundlegendes Eingabe-Ausgabe-System)

- Das BIOS ist ein grundlegendes Systemprogramm im PC, das nach dem Einschalten zur Verfügung steht.
- Es ist im Festwertspeicher (ROM) vom Hersteller abgelegt und dem Betriebssystem vorgelagert.

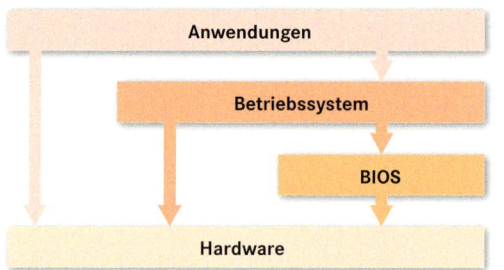

POST: Power **O**n **S**elf **T**est
- Beim Booten führt das BIOS einen Selbsttest durch.
- Es sucht ein Betriebssystem und ruft dieses auf.
- Es lädt grundlegende Treiber (Laufwerk, Grafikkarte und Schnittstellen).

Betriebssysteme

Bei Personal Computern sind folgende Betriebssysteme verbreitet:

- **Windows** (Microsoft), am weitesten verbreitet
  Windows XP (E**x**perience), Vista, 7

- **MacOS** (Apple Macintosh)
  MAC OS X 10.6 Snow Leopard

- **Linux** (**Linu**s Torwalds UNI**X**, Finnischer Software-Entwickler)
  Debian, RedHat, SUSE

Sie verfügen über eine grafische Benutzeroberfläche und sind als 32 Bit- bzw. 64 Bit-Versionen erhältlich.

Hardwareanforderungen für Betriebssysteme

Betriebssystem	Empfohlene Systemvoraussetzungen
Windows XP Service Pack 3 Professional	■ Pentium oder kompatibler Prozessor > 300 MHz Taktfrequenz ■ Arbeitsspeicher mindestens 128 MB ■ Festplattenspeicher mind. 1,5 GB
Windows Vista Service Pack 2 Ultimate	■ Prozessor mit mindestens 1 GHz ■ Arbeitsspeicher mindestens 1 GB ■ Festplattenspeicher mind. 15 GB
Windows 7	■ Prozessor mit mindestens 1 GHz ■ Arbeitsspeicher mindestens 1 GB ■ Festplattenspeicher mind. 16 GB

Merkmale

- Es ist ein Betriebssystem mit Konzepten einer Entwicklung von AT+T aus den 70er Jahren.
- Es existieren mehrere Unix-artige Systeme (MAC OS X, HP-UX, AIX, Linux, ...).
- UNIX (Großbuchstaben) wird als Name für zertifizierte Systeme verwendet.
- UNIX ist ein eingetragenes Warenzeichen der Open Group (www.opengroup.org).

Eigenschaften	Komponenten
Multitaskingfähigkeit: Mehrere Prozesse können gleichzeitig ausgeführt werden. **Multiuserfähigkeit:** Mehrere Bemutzer können gleichzeitig bedient werden (z. B. über serielle Terminals, X-Terminals oder weitere Rechner). Jeder Nutzer erhält einen eigenen Speicherbereich.	**Kernel:** Er verwaltet die Prozesse und stellt das Dateisystem zur Verfügung. **Kommandointerpreter (Shell):** Er wird auch automatisch vom Login-Prozess gestartet und ermöglicht die Eingabe von Kommandos.

Timesharing in UNIX

Rechenzeit unter UNIX für die einzelnen Benutzer

Das Progamm D kommt hinzu

Programm A	Programm B	Programm C	Programm A	Programm B	Programm C	Programm D	Programm A

Rechenzeit

Merkmale

- Linus Torvald begann 1991 in Finnland die Entwicklung eines Betriebssystems mit UNIX als Vorbild (LINUX).
- Quellcode ist veröffentlicht und wird von zahlreichen Programmierern weiterentwickelt (open source project).
- Herstellerunabhängiges Betriebssystem
- Auf mehreren Computersystemen lauffähig (Power Mac, PC, Sparks, ...)
- Multitasking-/Multiuserfähiges Betriebssystem
- Frei im Internet verfügbar.
- Über Distributoren zu kaufen, die eine Installationssoftware zur Verfügung stellen.

Befehle (UNIX und LINUX)

login	Anmeldung am System mit Angabe von Benutzername und Passwort.	**kill**	Beenden eines einzelnen Prozesses.
logout	Abmelden des aktuellen Benutzers.	**ls**	(**lis**t) zeigt den Inhalt des aktuellen Verzeichnisses an.
shutdown	Beenden des Betriebssystems, vor Ausschalten des Computers unbedingt notwendig.	**cd**	(**c**hange **d**irectory) Wechsel des aktuellen Verzeichnisses
		mkdir	(**m**ake **dir**ectory) erstellt ein neues Verzeichnis.
chown	Ändern des Eigentümers einer Datei/Verzeichnis.	**rmdir**	(**r**e**m**ove **dir**ectory) löscht ein Verzeichnis.
chmod	Ändern der Zugriffsrechte einzelner Dateien oder Verzeichnisse.	**cp**	(**c**o**p**y) kopieren von Dateien
		mv	(**m**o**v**e) verschiebt Dateien/Verzeichnisse oder benennt sie um.
ps	(**p**ro**ces**ses) zeigt alle laufenden Prozesse des angemeldeten Benutzers an.	**rm**	(**r**e**m**ove) löscht Dateien

Zugriffsrechte (UNIX und LINUX)

- Dateien und Verzeichnisse werden Eigentümern zugeordnet.
- Mehrere Nutzer können zu Gruppen zusammengefasst werden.
- Eigentümer kann Zugriffsrechte für jede seiner Dateien und Verzeichnisse bestimmen.
- Rechte können für Eigentümer, Gruppe und Allgemeinheit unterschiedlich vergeben werden.

Struktur	Beispiel
	Anzeige nach Eingabe von ls

Filetyp	Lesen	Schreiben	Ausführen	Lesen	Schreiben	Ausführen	Lesen	Schreiben	Ausführen
	r	w	x	r	–	x	r	–	–
	Eigentümerrechte			Gruppenrechte			Rechte sonst. Nutzer		

Filetyp: – Datei, d Verzeichnis, l Link, s socket
Rechte: r read (Lesen), w write (Schreiben),
x execute (Ausführen), – keine Rechte

Anzeige nach Eingabe von ls
drwx------ 2 paul freund 1024 Dec 17 13:16 data/
-rwxr-xr-- 5 paul gast 1024 Feb 27 17:29 start
Der Benutzer „paul" ist Besitzer des Verzeichnisses „data" und darf dort lesen, schreiben und ausführen. Benutzer der Gruppe „freund" und andere haben in diesem Verzeichnis keine Rechte. Die Datei „start" gehört dem Benutzer „paul". Er darf lesen, schreiben, ausführen. Die Benutzergruppe „gast" darf nur lesen und ausführen, aber nicht schreiben. Andere Nutzer dürfen nur lesen.

Einstellungen

- **BIOS: B**asic **I**nput **O**utput **S**ystem (Basis-Eingangs-Aus-gangs-System)
- Im BIOS werden wichtige Einstellungen für den PC in einem wieder beschreibbaren Speicher (EEPROM, meist als Flash-Speicher, 64 oder 128 Byte) ① auf der Hauptplatine abge-legt. Der Speicher wird permanent durch einen Akku oder eine Batterie ② mit Spannung versorgt. Der Speicher ist oft mit der Echtzeituhr des Systems kombiniert.
- Nach dem Einschalten wird das Programm unmittelbar aus-geführt. Der Start des Betriebssystems wird eingeleitet.
- BIOS-Einstellungen können über das BIOS-Setup vorgenom-men werden.
- Das BIOS-Setup kann kurz nach dem Start durch eine be-stimmte Tastenkombination aufgerufen werden, z. B.
  - „Press F1 to enter SETUP" oder
  - „Press DEL (deutsch: Entf) to enter SETUP"
    (vom Hersteller abhängig)
- Es gibt verschiedene BIOS-Hersteller, z. B.: AMI, ATI, Award Software, Phoenix Technologies
- Es empfiehlt sich aus Sicherheitsgründen, die bestehenden Einstellungen vor der Änderung zu notieren oder auszudru-cken (Taste „Druck" oder „Print").
- Beispiel BIOS-Hauptmenü (Hersteller Award):

```
     CMOS Setup Utility - Copyright (C) 1984-2001 Award Software

  ▶ Standard CMOS Features    ③      Load Fail-Safe Defaults

  ▸ Advanced BIOS Features            Load Optimized Defaults  ④

  ▸ Advanced Chipset Features         Set Supervisor Password

  ▸ Integratet Peripherals            Set User Password

  ▸ Power Management Setup             Save & Exit Setup

  ▸ PaP/PCI Configurations            Exit Without Saving


   Esc:  Quit                    ↑ ↓ · ·   : Select Item
   F18:  Save & Exit Setup    ⑤

              Time, Date, Hard Disk Type...
```

- Es sind Menüeinträge ③ mit Untermenüs vorhanden, bei denen der ausgewählte Eintrag farblich hervorgehoben wird. Der Menüpunkt wird durch „Enter" gewählt.
- Allgemeine Steuerungsfunktionen ④ (z. B. Speichern der Einstellungen, Verlassen der BIOS-Einstellungen)
- Informationen zur Navigation innerhalb des Menüs ⑤, Bewegung um jeweils einen Schritt nach oben, unten, rechts und links
- Sicherheitsabfragen werden durch die Tasten „Y" oder „N" und anschließend durch „Enter" durchgeführt.
  Achtung: Es wird die englische Tastaturbelegung verwendet, „Y" und „Z" sind vertauscht.

```
     SAVE to CMOS an EXIT (Y/N)? Y
```

- Mit „ESC" kann man das Menü bzw. jeden Dialog im BIOS verlassen.

Menüs und ihre Bedeutung (Auswahl)

Award	AMI	Bedeutung
Standard CMOS Features	Standard CMOS Setup	Einstellungen für Datum und Uhrzeit; Parameter für Laufwerke und Grafikkarte
Advanced BIOS Features	Advanced CMOS Setup	Besondere BIOS-Einstellun-gen: Bootreihenfolge, Cache- und Prozessoreinstel-lungen, Tastatur, Speicher
Advanced Chipset Features	Advanced Chipset Setup	Einstellungen für den Chipsatz: Speicherzyklus, AGP und PCI-Optionen, Onboardkomponenten
Integrated Peripherals	Peripheral Setup	Kommunikationssteuerung mit angeschlossenen Geräten: Festplatten, Parallelport usw.
Power Management Setup	Power Management Setup	Einstellungen der Stromsparfunktionen im PC
PnP/PCI Configu-ration	PCI/Plug and Play Setup	Verteilung der System-ressourcen für Erweiterungs-karten (IRQ, DMA)

Wichtige Steuerungsfunktionen ④

Award	AMI	Bedeutung
Load Fail-Safe Defaults	Autoconfig. with Fail-Safe Settings	BIOS-Einstellungen werden auf Standardeinstellung zurückgesetzt
Load Optimized Defaults	Autoconfig. with optimal Settings	BIOS-Einstellungen werden auf Optimal-Einstellungen zurückgesetzt
Set Supervisor Password	Change Supervisor Password	Passwort für den Zugang zum BIOS-Setup wird festgelegt (Supervisor)
Set User Password	Change User Password	Passwort für den Zugang zum BIOS-Setup wird festgelegt (User)
Save & Exit Setup	Save Settings and Exit	Verlassen des BIOS-Setup, Speichern der Änderungen

CMOS-Speicher mit Spannungsquelle

Aufbau und Struktur

- Bei der Registry (Windows Registrierungsdatenbank) handelt es sich um eine Datenbank, in der wichtige Informationen über das Betriebssystem und die installierten Programme gespeichert sind.
- Die Einträge sind in einer Baumstruktur angeordnet und werden als **Schlüssel (keys)** bezeichnet. Sie stammen von **fünf Hauptschlüsseln** ab.
- In der Registry können die Schlüssel und ihre Werte angelegt, bearbeitet und gelöscht werden. Teile können exportiert und importiert werden.
  Vorsicht bei Änderungen: Gefahren durch Instabilität des Systems, Sicherheitskopien sind sinnvoll
- Neben direkten Änderungen können Programme verwendet werden, mit denen sich bestimmte Einstellungen bearbeiten lassen (z. B. Gratis-Tool von Microsoft: Tweak UI). Vor Änderungen sollte die ursprüngliche Registry gesichert werden.
- Ein Schutz vor ungewollten Änderungen durch Benutzer erreicht man durch die Funktion „Berechtigungen".

Registry-Editor

- Er wird standardmäßig zur Bearbeitung von Registry-Einträgen verwendet und wird über die Eingabe von **regedit** unter Start/Ausführen geöffnet.

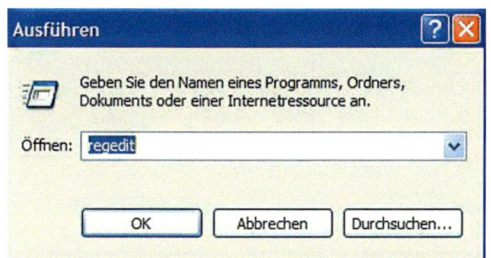

- Eine Schlüsselgruppe bzw. -kategorie kann geöffnet werden, inden man auf das Minuszeichen klickt ① ②.

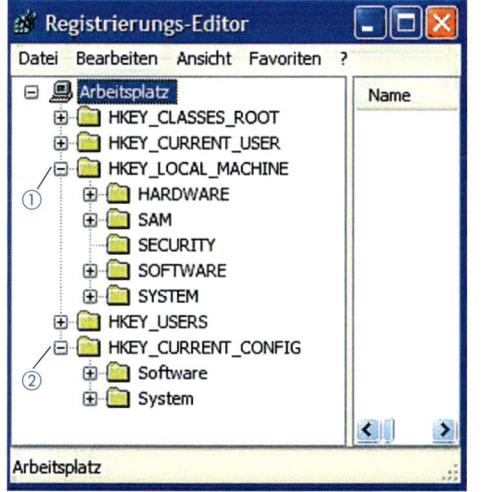

Fünf Schlüsseldateien

Name	Abkürzung
HKEY_CLASSES_ROOT	HKCR

- In dieser „Wurzel" sind alle Verknüpfungen von Dateitypen mit Anwendungen enthalten.
- Zusammengeführt sind HKEY_LOCAL_MACHINE\Software\Classes und HKEY_CURRENT_USER\Software\Classes.
- Jeder Dateityp verfügt über einen Unterschlüssel.
- In der Regel sind hier keine Änderungen erforderlich, da sich diese Einstellungen einfacher über den Explorer vornehmen lassen.

Name	Abkürzung
HKEY_CURRENT_USER	HKCU

- Es sind hier die benutzerspezifischen Konfigurationsdaten für aktuell angemeldete Benutzer gespeichert.
- Es handelt sich um einen Teil von HKEY_USERS.
- Der Unterschlüssel „Software" enthält benutzerbezogene Anwendungseinstellungen.
- Für jeden Softwarehersteller wird ein eigener Unterschlüssel angelegt (z. B. Microsoft).

Name	Abkürzung
HKEY_LOCAL_MACHINE	HKML

- Enthalten sind alle computerspezifischen Einstellungen (komplette Hardware- und Softwarekonfiguration, einschließlich der peripheren Geräte).

Name	Abkürzung
HKEY_USERS	HKU

- Enthalten sind die benutzerspezifische Konfigurationsdaten der Benutzer (Benutzerprofil), die sich im System angemeldet haben, z. B. die Liste der installierten Software.

Name	Abkürzung
HKEY_CURRENT_CONFIG	HKCC

- Gespeichert sind hier die Informationen über das jeweilige Hardwareprofil, mit dem der PC gestartet wurde.

- Die Daten werden in mehreren Dateien (Hives) in einem speziellen Datenbank-Format gespeichert.
  Beispiele:
  - HKEY_LOCAL_MACHINE bei Windows XP in den Verzeichnissen „%windir%\System32\Config"
  - HKEY_CURRENT_USER ist im Benutzerprofilverzeichnis gespeichert

- Da die Unversehrtheit dieser Dateien wesentlich für ein funktionierendes System ist, wird bei Windows automatisch eine Sicherheitskopie angelegt.

Registry Einträge finden

- Einträge können vom Typ her als Zeichenkette (REG_SZ ③), Binärwert (REG_BINARY) oder DWORD (REG_DWORD ④) vorkommen.
- Einträge können mit einem Doppelklick oder über das Untermenü (Rechtsklick) über „Ändern" angepasst werden.
- Beispiel für einen Suchvorgang zum Internetexplorer.
  Einstellung:
  Arbeitsplatz\HKEY_LOCAL_MACHINE\Software\Microsoft\InternetExplorer\Setup\7.0
  Ergebnis:

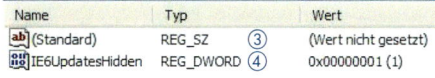

Name	Typ		Wert
(Standard)	REG_SZ	③	(Wert nicht gesetzt)
IE6UpdatesHidden	REG_DWORD	④	0x00000001 (1)

ActiveX

Merkmale

- Es handelt sich um eine Technologie, über die Softwarekomponenten miteinander in Netzwerkumgebung interagieren können (Softwarekomponenten für aktive Inhalte).

- ActiveX-Komponenten sind unabhängig einsetzbar von der Sprache, in der die Komponenten erstellt wurden.

- ActiveX ist eine Entwicklung von Microsoft und als solche im Internet Explorer implementiert.

- Die Verwaltung und Konfiguration erfolgt über den Internet Explorer (Add-Ons).

- WWW-Seiten können mit ActiveX um eine Vielzahl von multimedialen Effekten, unterschiedliche Layouts und ausführbare Applikationen geladen und erweitert werden.

ActiveX-Techniken im Internet

- **ActiveX-Steuerelemente**
  Komponenten oder Objekte, die in eine Webseite oder eine andere Anwendung eingefügt werden können.

- **ActiveX-Dokumente**
  Dateien, die nicht als HTML-Dateien gespeichert sind (z. B. Excel-, Word-Dateien), können mit Webbrowser geöffnet werden.

- **ActiveX-Scripting**
  Unterstützung von gängigen Skriptsprachen (einschließlich Visual Basic Script, JavaScript)

Gefahren

- ActiveX-Komponenten unterliegen keinerlei Einschränkungen bezüglich der Systemfunktionalität. Deshalb besteht ein hohes Sicherheitsrisiko.

- Bei Einsatz besteht die Gefahr, dass sicherheitsrelevante Daten ausgelesen, gelöscht oder manipuliert werden. Der Rechner kann umkonfiguriert, ein Virus oder ein Trojaner installiert werden.

- Lösung: ActiveX-Komponenten bei Bedarf aktivieren bzw. deaktivieren.

DirectX

Merkmale

- DirectX ist eine multimediale Schnittstelle.

- Sie besteht aus einer Sammlung von **DLL**s (**D**ynamic **L**ink **L**ibraries) zur Erweiterung des Betriebssystems.

- Es erfolgt ein Zugriff auf die Hardware, ohne die Programme von der Hardware abhängig zu machen.

- Folgende Programmiersprachen werden unterstützt:
  - MS Visual C und C++
  - MS Visual Basic
  - Borland Delphi
  - Smalltalk MT
  - Java

- **DirectX-Foundation**
  Sie stellt den Hardware Abstraction Layer (HAL) zur Verfügung, der die Anwendung mit der Hardware verbindet.

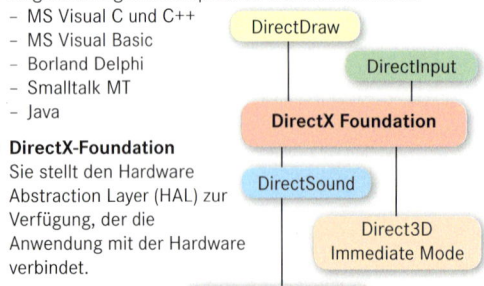

Komponenten (ab Version 8.1)

- **DirectGraphics**
  (Grafikprogrammierung, 2D, 3D)

- **DirectAudio**
  Audioprogrammierung (Wave-Aufnahme, Steuerung von MIDI, ...)

- **DirectInput**
  Zugriff auf Eingabegeräte (Joystick, Maus, ...)

- **DirectShow**
  Aufnahme und Wiedergabe von Multimedia- Streams (z. B. MPEG, Video)

- **DirectPlay**
  Regelt die Netzwerkkommunikation

- **DirectSetup**
  Überprüft DirectX-Komponenten im Betriebssystem und installiert bei Bedarf neue Updates

- **DirectX Media Objects**
  Audio- und Video-Ströme lassen sich damit verändern.

Arten

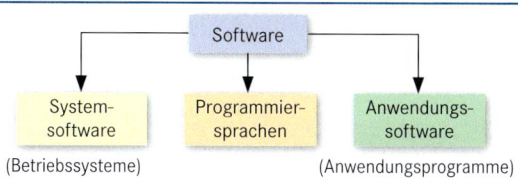

Software

System-software (Betriebssysteme)

Programmier-sprachen

Anwendungs-software (Anwendungsprogramme)

Unter Software versteht man Programme (Anweisungen in Form von Daten), die den Computer zur Ausführung von Aktionen veranlassen.

Dateiformate

Die innerhalb der Anwendersoftware erstellten Dateien werden am Ende des Dateinamens durch einen Punkt und das Dateiformat gekennzeichnet:

Beispiel: Dateiname.Dateiformat   Brief.doc

Anwendungssoftware zur Bürokommunikation

- **Textverarbeitungsprogramme:**
  z. B. Word (.doc, **Doc**ument: Dokument)
- **Kalkulationsprogramme:**
  z. B. Excel (.xls, **Ex**cel **S**heet: Arbeitsblatt in Excel)
- **Datenbankprogramme:**
  Erstellung relationaler Datenbanken, z. B. Access (Zugang). Dateiformate: .mdb; .adp; .ade
- **Organisationsprogramme:**
  z. B. Outlook (Ausblick) besteht aus Terminplaner, Adressverwaltung, Aufgabenliste (zu erledigende Aufgaben, Termine usw.), Journal (Dokumentation von Aktivitäten und Ereignissen), E-Mail-Programm
- **Präsentationsprogramme:**
  Programm zur Erstellung von Folien- und Bildschirm-präsentationen, z. B. PowerPoint.
  .ppt für PowerPoint-Präsentationen;
  .pot für Präsentationsvorlagen;
  .pps für Pack-and-go-Präsentationen (selbstlaufend);
  .ppa für Zusatzmodule
- **Office-Programme (Office Pakete):**
  Zusammenfassung verschiedener Programme zur Bürokom-munikation, z. B. Microsoft Office, Open Office.

Desktop-Publishing-Programme

DTP: Desk**t**op-**P**ublishing (Publizieren vom Schreibtisch) Software zur Herstellung von Druckvorlagen. Eingebunden sind Texte, Grafiken, Formeln und Tabellen zu einem gemeinsamen Layout, z. B. Publisher, Quark Xpress, Corel Ventura, Adobe Indesign.

CAD

CAD: Computer-**A**ided **D**esign (Computergestütztes Zeichnen bzw. Konstruieren)
- Grafikprogramm (Vektorgrafik) für die Erstellung technischer Zeichnungen in professioneller Qualität.
- Mit Layertechnik (Schichten) können verschiedene Zeichnungsebenen unabhängig voneinander erstellt und kombiniert werden.
- Umfangreiche Programmbibliotheken (Zeichenvorlagen) er-leichtern die Erstellung der Zeichnungen.

Grafiksoftware

Rastergrafiken, Pixel-Grafiken

- Bilder in Pixel-Formaten werden auch als Bitmaps bezeichnet.
- Die Speicherung erfolgt wie bei einem Mosaik. Jeder Pixel (Bildpunkt) wird mit Informationen über Lage (x-y-Achse) und Farbe gespeichert.
- Pixel-Grafiken verlieren beim Skalieren (vergrößern) stark an Qualität, da die Pixel vergrößert werden. Stufungen sind mitunter erkennbar.
- Anwendung: Wiedergabe von Fotos mit feinen Abstufungen, z. B. Photoshop, Photodraw

Beispiele für Dateiformate:
.**BMP** (**Bit**map); .**JPEG** (**J**oint **P**hotographic **E**xperts **G**roup); .**PDF** (**P**ortable **D**ocument **F**ormat); .**TIF** (**T**aged **I**mage **F**ormat)

Vektor-Grafiken

- Bei Vektor-Grafiken werden geometrische Formen (z. B. Kreise, Rechtecke) gespeichert. Ein Rechteck besitzt z. B. einen Ursprungspunkt und eine Ausdehnung in Form von Längen- und Breitenangaben.
- Vektorgrafiken können deshalb ohne Qualitätsverlust frei gedreht und vergrößert werden (Skalierbarkeit).
- Anwendung im Konstruktionsbereich (CAD), z. B. CorelDraw, Adobe Illustrator

Beispiele für Dateiformate:
.**AI** (**A**dobe **I**llustrator); .**CDR** (**C**orel **D**raw); .**EPS** (**E**ncapsulated **P**ost**s**cript)

Programmiersprachen

- **Algol** (**Alg**orithmic **L**anguage)
  Algorithmische Formelsprache zur strukturierten Programmierung

- **Basic** (**B**eginners **A**ll Purpose **S**ymbolic **I**nstruction **C**ode)
  Leicht erlernbare problemorientierte Programmiersprache in naturwissenschaftlichen und technischen Bereichen.

- **C** (entwickelt aus Basic Combined Programming Language)
  Maschinennahe Programmierung mit kompaktem Code für strukturierte Programmierung.

- **C++**
  Objektorientierte Variante von C

- **Cobol** (**Co**mmon **B**usiness **O**riented **L**anguage)
  Problemorientierte Programmiersprache für kaufmännische und administrative Bereiche, Programmcode ist lesbar wie ein englischer Text.

- **Fortran** (**For**mula **Tran**slation)
  Geeignet für die Programmierung mathematischer Formeln.

- **JAVA**
  Plattformunabhängige Programmiersprache; lässt sich mit Browsern ausführen, Anwendung im Internet.

- **Pascal** (benannt nach Blaise Pascal)
  Ursprünglich als Universalsprache gedacht; gute Strukturie-rung möglich, leichte Dokumentation, wenige Grundbefehle.

- **PL/1** (**P**rogramming **L**anguage No. 1)
  Problemorientierte Programmiersprache von IBM. Anwendung auf Großrechnern, enthält Elemente von Fortran und Cobol.

Eigenschaften

- Firmware (engl. firm = fest) steuert die Grundfunktionen eines Gerätes.

- Sie ist die Verbindung zwischen der Gerätehardware (physikalischen Geräteteil) und den austauschbaren Programmen (z. B. BIOS eines PC).

- Die Firmware befindet sich z. B. in geräteinternen programmierbaren Speicherbausteinen: Flash-Speicher, EEPROM, EPROM, ROM

- Diese Speicher sind sehr häufig in Mikrocontrollern integriert.

- Firmware wird auch als Geräte- oder Embedded Software (eingebundene Software) bezeichnet.

- Es werden gerätespezifische Konfigurationen und Funktionen hinterlegt, die bei der Inbetriebnahme zur Initialisierung und zum Test der Hardware dienen.

- Im Fehlerfall erhöhen in der Firmware enthaltenen Fehlerbehandlungsroutinen die Betriebssicherheit der Geräte.

- Firmware lässt sich durch spezielle Programme aktualisieren, wodurch der Funktionsumfang des Gerätes verbessert wird bzw. Fehler behoben werden.

- Unter Linuxsystemen wird Firmware zur Gerätesteuerung auch in Form einer Datei (Firmwaredatei) auf der Festplatte gespeichert und bei jedem Neustart zum Gerät übertragen.

- Durch den Einsatz von Firmware ergeben sich Vorteile für den Benutzer des Gerätes, da sich die Funktionen der Hardware schneller an die veränderten Bedürfnisse der Technik anpassen lassen bzw. Fehler schneller beseitigt werden können.

Gerätebeispiele

- Computerbereich:
  Hauptplatine eines Computers, CD/DVD-Laufwerk, Grafikkarte, Router, Switch

- Konsumerelektronik:
  Mobiltelefon, Fernsehgerät, DVD-Player, Festplattenrekorder, Haushaltsgeräte, Digitalkamera

- Messtechnik: Oszilloskop, Mess- und Prüfsysteme

- Automobiltechnik:
  Steuergeräte zur Motorsteuerung, Bordcomputer, Fahrzeugassistenten (ESP, ABS usw.)

Open Firmware

- Open Firmware (OFW) ist im Standard IEEE 1275: 1994 genormt und im Gegensatz zur herkömmlichen Firmware (BIOS) ein offener plattformunabhängiger Standard zur Definition der Bootumgebung für Computersysteme.

- Durch den Einsatz von OFW ist eine hardwareneutrale Definition einer Bootumgebung möglich, unabhängig vom verwendeten Prozessor.

- OFW unterstützt eine Kommandozeile (Bootprompt).

- Durch OFW ist das Booten von Plug-In Karten ohne eine betriebssystemspezifische Unterstützung bzw. den Einsatz von Maschinencode direkt auf der Karte möglich.

- OFW kommt in Rechnersystemen von Sun Microsystems und Apple zum Einsatz.

Schichtenmodell

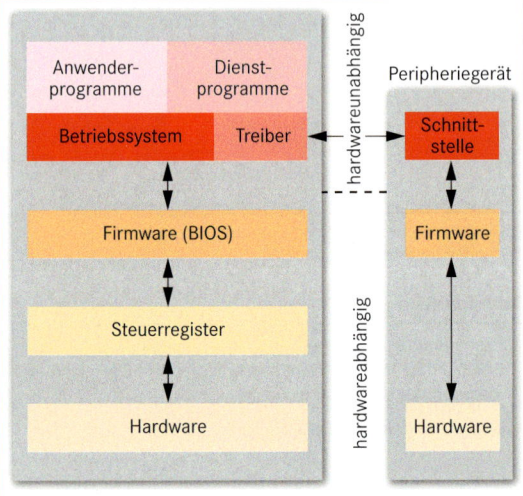

Firmwareaktualisierung

- Die im Gerät eingebettete Firmware lässt sich in der Regel durch spezielle Software aktualisieren (Upgrade).

- Hersteller stellen dazu für ihre Geräte Firmwareupdates zur Verfügung.

- Mit diesen Aktualisierungen werden Nachrüstungen möglich und Fehler behoben.

- Achtung: Ein Fehler während der Aktualisierung der Firmware (z. B. Stromausfall) kann zur Unbrauchbarkeit des Gerätes führen.

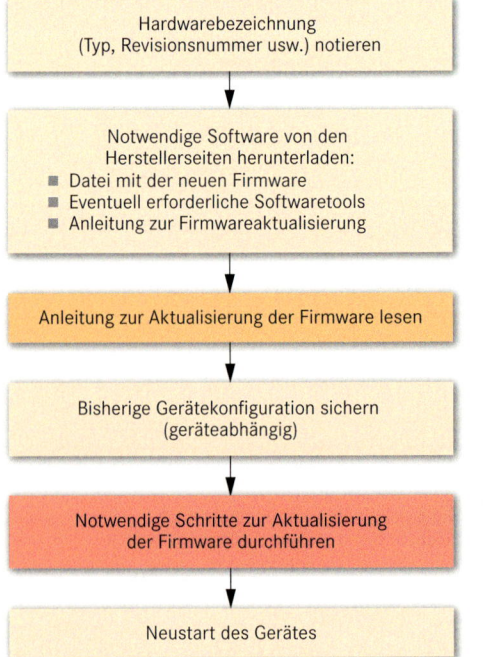

Name	Anwendung/Eigenschaften	Name	Anwendung/Eigenschaften
Ada benannt nach Ada Byron	■ leichtes Programmieren durch klare Ausdrücke ■ gute Fehlererkennung ■ assemblernahe Programmierung ■ andere Programmiersprachen lassen sich leicht einbinden ■ echte Realtime-Sprache	**Lisp** **Lis**t **P**rocessing	■ listenverarbeitende Sprache (Listen: Aufzählung von Zahlen oder Zeichenfolgen) ■ nicht prozedural (keine Aneinanderreihung von Befehlen) ■ Programmaufbau besteht aus Funktionen ■ Anwendung in der künstlichen Intelligenz
Algol **Algo**rithmic-**L**anguage DIN 66026	■ algorithmische Formelsprache ■ strukturiertes Programmieren möglich ■ Ursprache für neuere Programmiersprachen ■ keine Realtime-Sprache	**Modula** Modulare Sprache	■ Anwendung in der Prozesstechnik, Text-, Datei-Verarbeitung ■ maschinennahe Programmierung ■ Syntax ähnlich Pascal ■ Ablaufgeschwindigkeit ähnlich C-Programmen ■ für PCs verfügbar
Basic **B**eginners **A**ll **P**urpose **S**ymbolic **I**nstruction **C**ode DIN 66284	■ leicht erlernbar ■ problemorientierte Sprache ■ Einsatz im technisch-wissenschaftlichen Bereich ■ vielfältige Abwandlungen verfügbar (GW-Basic, Turbo-Basic, …) ■ bedingtes Realtime-Verhalten	**Pascal** benannt nach Blaise Pascal (1623 – 1662)	■ ursprünglich als Universalsprache gedacht ■ gute Strukturierung möglich ■ leichte Dokumentation ■ wenige Grundbefehle ■ mit Turbo-Pascal annähernd Realtime-Programmierung
C entwickelt aus Basic **C**ombined **P**rogramming **L**anguage	■ maschinennahe Programmierung ■ kompakter Code ■ Einsatz u. a. für Programmiersprachenentwicklung ■ Syntax sehr kompakt ■ strukturiertes Programmieren möglich ■ andere Programmiersprachen können eingebunden werden	**Pearl** **P**rocess and **E**xperiment **A**utomation **R**ealtime **L**anguage DIN 66253	■ problemorientiert ■ rechnerunabhängig ■ Realtime Programmierung ■ Anwendung in Prozesssteuerung ■ Syntax ähnlich wie Pascal ■ unterstützt echtes paralleles Multitasking auf Multipozessor-Anlagen
C++	■ objektorientierte Variante von C	**PL/1** **P**rogramming **L**anguage No. **1**	■ problemorientierte Programmiersprache entwickelt von IBM ■ Anwendung auf Großrechnern ■ geeignet für technisch-wissenschaftliche und kaufmännische Anwendungen ■ enthält Elemente von Fortran und Cobol ■ weiterentwickelt zu PL/M
Cobol **Co**mmon **B**usiness **O**riented **L**anguage	■ problemorientierte Programmiersprache für kaufmännischen und administrativen Bereich ■ Programmcode ist lesbar wie englischer Text ■ entwickelt von der Mathematikerin Grace Murray Hopper ■ Cobol 85 ist standardisiert durch ANSI (ANSI-Cobol)		
Fortran **For**mula **Tran**slation DIN 66027	■ geeignet für Programmierung mathematischer Formeln ■ keine leistungsfähigen Sprachelemente für Ein-/Ausgaben ■ Buchstaben oder Zahlenfolgen nur umständlich programmierbar ■ strukturiertes Programmieren kaum möglich ■ Realtime-Verhalten bedingt ■ große Programmbibliotheken	**Prolog** **Pro**gramming in **Log**ic	■ nichtalgorithmisch ■ anstelle von Prozeduren stehen Funktionen, die „wahr" oder „falsch" sein können ■ Anwendung bei der objektorientierten Programmierung
		Simula **Simul**ation **La**nguage	■ erste objektorientierte Programmiersprache ■ einsetzbar für komplexe Anwendungen und zur Durchführung von Simulationen ■ entwickelt in Norwegen in den 60er Jahren
JAVA	■ baut auf C++ auf ■ kleiner, portabler und leichter anwendbar als C++ ■ plattformneutral ■ Programme werden in Bytecode compiliert	**SMALLTALK**	■ objektorientierte Programmiersprache ■ entwickelt von der Firma Rank Xerox (1970) ■ durch objektorientierte Entwicklungsumgebung (Editor, Compiler usw.) sehr benutzerfreundlich

Allgemeines	Nomenklatur
▪ Entwicklung Anfang der 70er Jahre in den Bell Laboratories von Dennis Ritchie. ▪ Maschinennahe Programmierung ▪ Betriebssystemunabhängig ▪ Seit 1989 Standard durch ANSI festgelegt.	▪ Groß-/Kleinschreibung wird unterschieden. ▪ Kommentare werden von /*Kommentar*/ eingeschlossen. ▪ Befehle mit „;" abschließen

Programmstruktur		Standardbibliotheken	

Beispiel: # include <stdio.h>
        int main(void)
        {
         int i;
           i = 1;
           print(„i =", i);
        }
	Bibliotheken einbinden
	Beginn des
	Hauptprogramms
	Variablendeklaration
	Programmcode
	
	Hauptprogrammende
		<math.h>	Mathematische Funktionen

		<ctype.h>	Charakterbildung
		<signal.h>	Signalbehandlung
		<stdio.h>	Ein-, Ausgabe-, Dateibehandlung
		<string.h>	Zeichenfolge

Datentypen		Vektoren/Felder arrays	
char	ein Zeichen (z. B. ASCII-Code), meist 1 Byte	char b [n]	Definition einer eindimensionalen Zeichenvariable b mit n Elementen
int	ganze Zahl (je nach Rechner 2 oder 4 Byte)	int c [n] [m]	Definition einer zweidimensionalen Integervariable c mit n x m Elementen
float	Gleitkommazahl (meist 4 Byte)		
double	Gleitkommazahl (meist 8 Byte)		
void	Leeres Element (z. B. bei Zeigern)	b [5]	Zugriff auf 5. Element des Vektors b

Bedingte Anweisungen, Verzweigung		Schleifen	
if (Bed.) Code1 Else Code2	Wenn die Bedingung Bed. erfüllt, wird code1 ausgeführt, andernfalls code2. Else-Anweisung kann entfallen	Block (Code)	Umklammerter Code wird zu einem Verbund. Im Verbund können lokale Variablen deklariert werden.

switch (var)
{case „x":
    code1
case „y":
    code2
default
    code3}
	Wenn Variable var = „x", dann wird code1 ausgeführt und anschliessend code2. Wenn var = „y", dann wird nur code2 ausgeführt. Mit „code1 break" kann ausschließlich code1 ausgeführt werden. Wenn var weder „x" noch „y", dann Ausführung von code3.	while (Bed.)
		Code
			Solange die Bedingung Bed. erfüllt ist, wird der Programmteil wiederholt. Erst Überprüfung, dann Ausführung.

		do Code while (Bed.)	Solange die Bedingung Bed. erfüllt, wird der Programmteil wiederholt. Erst Ausführung, dann Überprüfung.
		break	Innerste Schleife wird sofort verlassen.

Merkmale

Allgemeines	Nomenklatur
▪ C++ ist eine um objektorientiertes Programmieren erweiterte Variante von C. ▪ Für sehr große Softwarepakete geeignet.	▪ Kommentare können durch // eingeleitet werden und enden am Zeilenende. ▪ Deklarationen sind überall im Quellcode möglich.

Begriffe	
Objekte Sie fassen zusammengehörige Daten und Programmlogik zusammen. **Kapselung** Objekte können gegenseitig nur über definierte Schnittstellen kommunizieren. Zugriff oder Veränderungen interner Objektzustände ist ausgeschlossen.	**Klassen** Gleichartige Objekte werden zu Klassen zusammengefasst. Aus den Klassen können während der Programmlaufzeit neue Objekte definiert werden. **Vererbungen** Objektarten werden auf Basis bestehender definiert Ergänzung oder Überlagerung vorhandener Definitionen möglich.

Kapselungsarten	Klassendefinition

▪ **public:**
  Alle Objekte können zugreifen.
▪ **private:**
  Nur Objekte der eigenen Klasse können zugreifen.
▪ **protected:**
  Nur Objekte der eigenen Klasse und Ausprägungen (→ Vererbung) können zugreifen.
▪ **package:**
  Alle Elemente eines Pakets haben Zugriff.
	class name
	  {
	  private:
	    // klasseninterne Komponenten
	  public:
	    // allgemein zugängliche Komponenten
	  protected:
	    // geschützte Abschnitte
	  };
	▪ **class:** Schlüsselwort zu Beginn einer Klassendefinition mit Name der Klasse (name).

VHDL – Very High Speed Integrated Circuit Hardware Description Language

Eigenschaften

- Mit **VHDL** können digitale Schaltungen und Systeme von der Definition bis zum Schaltungsentwurf beschrieben und simuliert werden.

- VHDL ist als IEC-Standard IEC 61691-1 weltweit normiert.

- VHDL beschreibt das Verhalten einer Schaltung auf einer höheren Abstraktionsebene ohne auf konkrete logische Bauelemente zurückzugreifen.

- Eine schnelle Entwicklung komplexer und großer Schaltungen (z. B. Mikrocontroller) ist möglich.

- Am Ende des Systementwurfs steht eine **Netzliste**. Diese Liste lässt sich entweder in eine Maske zur Herstellung eines Chips überführen oder sie kann z. B. in einen FPGA-Chip geladen werden.

- Die Hersteller von programmierbaren Bausteinen bieten zum Entwurf eines VHDL-Modells speziell auf die jeweiligen Chips abgestimmte Entwicklungs- und Simulationssoftware an.

- Neben der Hardwarebeschreibungssprache VHDL existieren noch **Verilog** und **ABEL** (**A**dvanced **B**oolen **E**quation **L**anguage) als weitere Sprachen.

VHDL-Modell

- Der Code eines VHDL-Modells besteht aus den Teilen **Entity** (Einheit) und **Architecture** (Architektur).

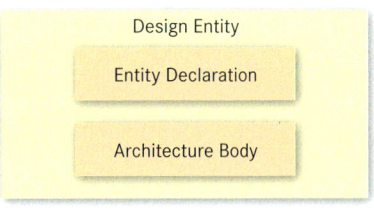

- Eine Entity bezeichnet hierbei ein in sich abgeschlossenes und zusammenhängendes System. Dort werden z. B. die Signale definiert, mit denen das VHDL-Modell mit der Umwelt kommuniziert.

- Die Architecture beschreibt hingegen die Funktion und den Inhalt des Systems und gehört immer zu einer bestimmten Entity.

- Eine Entity kann beliebig viele Architecturen enthalten, womit unterschiedliche Versionen eines Modells verwaltet werden können.

Sprachkonzepte

- In VHDL können alle Elemente innerhalb einer Architekturbeschreibung parallel ausgeführt werden (Konkurrente oder nebenläufige Anweisungen).

- Alle Komponenten und Prozesse laufen gleichzeitig.

- Innerhalb eines Prozesses werden die Anweisungen nacheinander (sequenziell) ausgeführt.

- Modul- und Hierarchiestrukturen erlauben dem Programmierer ein VHDL-Modell zu strukturieren.

Datentypen

- Als Standardtypen sind in VHDL folgende Datentpyen definiert:
  - BIT: '0' oder '1'
  - BOOLEAN: true oder false
  - INTEGER: –2147483647...+2147483647
  - REAL: –1,0E38...+1,0E38

- Zusätzlich können weitere eigene komplexe Datentypen definiert werden, z. B. einen 8-Bit breiten Datenbus: TYPE bus IS ARRAY (0 TO 7) OF BIT;

Syntaxregeln

- Allgemeine Regeln:
  - keine Unterscheidung von Groß-/Kleinschreibung
  - Umlaute (ä, ö, ü) sind nicht zulässig
  - Anweisungen werden mit ';' abgeschlossen
  - Kommentare werden mit '- -' eingeleitet

- Operatoren
  - = gleich
  - < kleiner als
  - > größer als
  - /= ungleich
  - <= kleiner gleich
  - >= größer gleich

- Zuweisungen
  - := Variablenzuweisung
  - <= Signalzuweisung

Programmbeispiel

- Einfaches NAND-Gatter mit zwei Eingängen

- Die Entity spezifiziert im Bereich PORT ① die elektrischen Anschlüsse (Signale) des Bausteins.

- Der Architecture-Abschnitt ② enthält die eigentliche Funktion einer Komponente. Dieser Abschnitt kann mehrere Abstraktionsebenen ein und derselben Komponente enthalten. Es ist jedoch nur eine Ebene gleichzeitig aktiv.

- Die Funktion des Bausteins besteht darin, dem Ausgangssignal y das Ergebnis der logischen Verknüpfung der Signaleingänge a und b zuzuweisen ③.

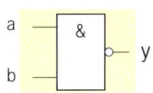

```
-- VHDL- Nand-Gatter

   library IEEE;
   use IEEE.std_logic_1164.ALL;

   entity nand_gatter is
①  port (
   a, b: in std_logic;
   y: out std_logic);
   end nand_gatter;

②  architecture behavior of nand-gatter
   is begin
③  y <= a nand b;
   end behavior

-- Ende VHDL-Code
```

Allgemeines

- **HTML** (**H**yper **T**ext **M**arkup **L**anguage)

- Beschreibungssprache für den Aufbau von Internetseiten (Web-pages)

- Es wird der logische Aufbau der Seite beschrieben. Das Aussehen kann je nach Größe des Programmfensters variieren.

- HTML-Dokumente haben die Dateiendung „htm" oder „html".

- Wird ergänzt durch Style

Ergänzungen

- **Dynamisches HTML**
  HTML-Dokumente ändern sich während der Anzeige, Programmierung mit JavaScript

- **Stylesheets** beschreiben das Layout einer Seite mit Cascading Stile Sheets (css), so dass der Seiteninhalt in getrennter Datei gepflegt und gespeichert wird.

- **XHTML** (**E**xtensible **H**ypertext **M**arkup **L**anguage) löst den HTL-Standard ab, verwendet XML, Daten sind auch auf anderen Geräten darstellbar (z. B. Mobiltelefon)

Begriffe

- Befehle (**Tags**) befinden sich zwischen spitzen Klammern und können Parameter enthalten.
  `<BEFEHL Z=45>`

- Einzelbefehle weisen dem Bereich zwischen dem umgebenden Text eine Eigenschaft zu, z. B. Linie.

- Paarweise Befehle weisen dem eingeschlossenen Text eine Bedeutung zu. Sie bestehen aus einem Start- und Endtag.

- Mehrere paarweise Befehle können verschachtelt werden. Es ist auf die korrekte Reihenfolge der Endtags zu achten.

  Beispiel: `<BEFEHL 1>` Starttag
  `<BEFEHL 2>` Starttag
  Text
  `</BEFEHL 2>` Endtag
  Text
  `</BEFEHL 1>` Endtag

Dokumentstruktur

- HTML-Dokumente haben eine feste Grundstruktur.

```
<html>
  <head>
    <title>Haupt-Überschrift</title>
  </head>
  <body>
    <h1>Haupt-&Uuml;berschrift</h1>
  </body>
</html>
```

`<html>`	Kennzeichnet das HTML-Dokument
`<head>`	Ermöglicht allgemeine Angaben zum Dokument (Titel, Autor, Stichwörter, …)
`<title>`	Weist der Seite einen Titel zu
`<body>`	Umschließt den Quelltext für die eigentliche Internetseite

Befehle

Text-Formate		Absatz-Formate	
`<b> </b>`	Fettdruck	`<p>`	Beginnt neuen Ansatz mit automatischem Zeilenwechsel
`<u> </u>`	Unterstreichung		
`<i> </i>`	Kursiv	` `	Fester Zeilenwechsel
`<font size = …>`	Schriftgröße	`<hx> </hx>`	Überschrift verschiedener Hierarchie mit x = 1, 2, …
Tabelle		`<ul> </ul>`	Liste mit Aufzählungspunkten
`<table> </table>`	Tabelle	`<ol> </ol>`	Nummerierte Liste
`<tr> </tr>`	Tabellenzeile	`<li>`	Befehl für neue Listenelemente
`<td> </td>`	Tabellenspalte	`<hr>`	Trennlinie mit Absatzwechsel

Hyperlinks	
`<a href="URL">Text</a>`	Der *Text* ist ein Hyperlink auf die neue URL. URL kann absolut oder relativ sein.
`<a href="mailto:mailadresse?Betreff">Text</a>`	Der Text Hyperlink von Text erzeugt eine E-Mail an *mailadresse* mit dem Betreff *Betreff*.

Bilder	
`<img src="URL" alt="Text">`	Grafik wird von URL geladen/dargestellt. Bis die Grafik geladen ist, wird der *Text* angezeigt.
`<a href="big.jpg"><img src="small.jpg" alt="Text">Bild_big (45k)</a>`	Zeigt das Bild "small.jpg" als Hyperlink, nach Anklicken z. B. für kleine Vorschaubilder (Thumbnails). wird das Bild "big.jpg" geladen; Anwendung

Merkmale von PostScript

- Eine geräteunabhängige und stackorientierte Programmiersprache zur **Seitenbeschreibung** (Versionen 1 bis 3).

- 1983 von Adobe Systems entwickelt.

- Grundlegende Sprache für computer-unterstütztes Publishing und die digitale Drucktechnik.

- Mit PostScript ist eine Ausgabe von
  - Text,
  - geometrischen Figuren und
  - gerasterten Bildern möglich.

- Eine PostScript-Datei liefert eine **geräteunabhängige** Schnittstelle für die Ausgabe der Dateien auf Drucker, Kopierer, Bildschirm, Belichtungs- oder Publishing-Geräten (Vorstufe für den Druck).

- Eine PostScript-Datei besteht aus ASCII-Text.

- Da Ausgabegeräte in der Regel rasterorientiert arbeiten, muss die programmierte Seite in Bildpunkte umgewandelt werden. Dazu ist ein **PS-Interpreter** (**RIP: R**aster **I**mage **P**rocessor) erforderlich. Er führt PS-Anweisungen aus und erzeugt die jeweilige Ausgabe.

- PS-Interpreter analysieren die Anweisungen und wandeln diese in eine Sprache um, die das Ausgabegerät versteht. Er ist gewissermaßen das Betriebssystem des Ausgabegerätes und analysiert die PS-Datei zeilenweise. Vom Ausgabegerät hängt es ab, ob der Interpreter Rasterformate (z. B. TIFF, GIF) oder objektorientierte Grafikformate (z. B. WMF, PICT) erzeugt.

- Grundlage für die Struktur einer Seite in PostScript ist ein kartesisches Koordinatensystem, in das mathematische Objekte eingefügt werden. Der Ursprung ist in der Regel die linke untere Blattecke. Das Koordinatensystem besitzt für den Programmierer keine Begrenzungen. Erst bei der Ausgabe wird dieses Benutzerkoordinatensystem in ein gerätespezifisches Koordinatensystem umgerechnet. Folgende Manipulationen des Koordinatensystems sind möglich:
  - Translation
  - Rotation
  - Skalierung (Streckung, Stauchung)

- Schriften werden als PostScript-Informationen dargestellt. Der Umriss wird durch Linien- und Kurvensegmente geometrisch beschrieben. Dadurch wird die Schrift in der Ausgabe beliebig skalierbar.

PostScript-Interpreter

- **Hardware-RIP**
  PS-Controller befindet sich auf einer Platine im Drucker mit Speicher und ROM.

- **Software-RIP**
  Interpretation wird durch Software im Rechner geleistet, z. B. mit Ghostscript.

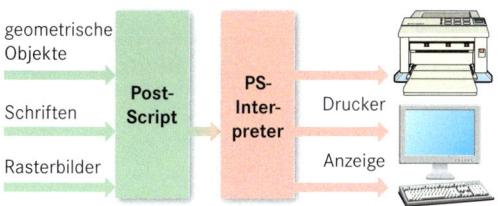

Erzeugung von PS-Dateien

- **Quelltext erstellen**
  Lesbare Anweisungen, die den Aufbau der auszugebenden Seite beschreibt (Prolog, Strukturkommentar, Autor, Titel, Seitenzahl, PS-Version und Skript zur Seitenbeschreibung).

- **Systemtreiber**
  Verwendet werden hierbei Treiber, die im Betriebssystem verankert sind. Über standardisierte und aktualisierbare Schnittstellen (Windows GDI, Mac QuickDraw) aktiviert die Anwendungssoftware den Systemtreiber und erstellt ausgabefähige Seiten.

- **Anwendungsprogramm**
  PS-Treiber werden durch das Anwendungsprogramm (z. B. Adobe Illustrator, Photoshop) zur Verfügung gestellt. Dadurch ist das Verfahren unabhängig vom Betriebssystem.

- **PS-Konverter (Filter)**
  Das Eingangsformat wird durch Filter in PostScript übersetzt. Man unterscheidet Text- und Grafikkonverter. Das Ergebnis ist häufig eine **EPS**-Datei (Encapsulated PostScript).

Das Ergebnis in allen Fällen ist eine **geräteunabhängige** PS-Datei.

PDF

- **P**ortable **D**ocument **F**ormat

- Offenes Dateiformat zum Austausch elektronischer Dokumente. Schriftarten, Bilder, Grafiken und Layout jedes Ausgangsdokuments bleiben unverändert, unabhängig von der Anwendung und der Plattform (z. B. MacOS, Windows), die zur Erstellung verwendet wurde. Zum Öffnen der Datei ist ein „Leseprogramm" erforderlich, z. B. Adobe Acrobat.

- PDF ist keine Programmiersprache. Es sind keine Kontrollstrukturen wie z. B. Schleifen oder Abfragen vorhanden.

- PDF baut auf PostScript auf, verwendet jedoch nur einen eingeschränkten Befehlssatz.

- Die Dateien sind kleiner (komprimiert) als PS-Dateien und lassen sich dadurch einfacher auswerten.

- Die Verwendung von hierarchisch geordneten Lesezeichen ist möglich (Hypertext Funktionaltät).

- Vorschaugrafiken einzelner Seiten können erstellt werden.

- PDF-Dokumente können mit speziellen Zugriffsrechten und digitalen Signaturen versehen werden.

- Die mit Tags versehenen Dateien enthalten Informationen zum Inhalt und der Struktur eines Dokuments. Sie können abgerufen und dargestellt werden.

- Dokumentenerstellung: Beliebiges Dokument → Speicherung als PostScript-Datei → Interpretation der Datei z. B. durch Acrobat Distiller (ein Post-Script RIP) und Speicherung als PDF-Datei.

Seitengeometrie

- Bei Druckelementen, die bis an den Rand gedruckt werden, sind Zugaben im **Beschnitt** erforderlich ①. Der Beschnitt ist der Randbereich eines fertigen Druckproduktes, der nach dem Druck durch Beschneiden des Papiers wegfällt.

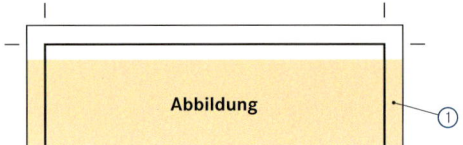

- Für die Drucktechnik sind die Angaben zur Seitengeometrie wichtig. Es werden verschiedene Bereiche unterschieden, die als **Boxen** bezeichnet werden. Mit ihnen wird beschrieben, in welchem Bereich einer Seite sich derjenige Inhalt befindet, der dem beschnittenen Endformat entspricht und wo ein weiterverarbeitendes Programm mit einer Beschnittzugabe rechnen kann.

Boxen

- Die **Media Box** (Medien-Rahmen) gibt die Größe des Ausgabemediums und den Medienrahmen des PDF-Dokumentes an (Ausdehnung der PDF-Seite). Das Dokument ist noch nicht beschnitten und enthält in der Regel die im PDF-Generator eingestellte PostScript-Seitengröße. Diese Box ist die größte aller Boxen, da sie alle anderen Boxen mit einschließt.
- Die **Crop Box** (Beschnitt(Masken)-Rahmen) beschreibt den Bereich einer PDF-Seite, der auf dem Bildschirm bzw. dem Drucker ausgegeben werden soll. Er ist der sichtbare und druckbare Bereich der PDF-Seite. Beschnittmarken, Passkreuze, Farbkontrollbalken oder Seiteninformationen können enthalten sein.
- Eine **Bleed Box** (Anschnitt-Rahmen) beinhaltet Informationen über die Anschnittrahmen, die die Größe des Endformates zuzüglich des vorgesehenen Beschnitts definiert. In der Druckindustrie wird ein Beschnitt in der Regel von 3 mm bis 5 mm pro Seite A4 benötigt.

- Die **Trim Box** (Endformat-Rahmen) ist das Endformat einer PDF-Seite nach dem Zuschnitt (ohne Beschnitt). Die Trim Box wird auch als „Endformatrahmen" bezeichnet.
- Die **Art Box** (Objektrahmen, Bounding Box) ist ein frei definierbarer Rahmen zum Auslesen und Verarbeiten von Seiteninhalten, z. B. in einem anderen Programm.

PDF-Formate

- **PDF/A** ist eine ISO-Normenreihe (International Organization for Standardization), in der Anforderungen für die **Langzeitarchivierung** elektronischer Dokumente definiert sind. PDF-Dateien sollen dadurch langfristig lesbar bleiben. Entsprechend den Hauptzielen der Norm werden die zwei Stufen PDF/-1a und PDF/-1b unterschieden.
- **PDF/A-1a** (ISO 19005-1:2005) Es sind Anforderungen für eine eindeutige Reproduzierbarkeit, Abbildbarkeit von Texten (aus verschiedenen Geräten, z. B. auch PDA) und logische Strukturierung eines Dokuments festgelegt. Es wird also bestimmt, welche Inhalte erlaubt und welche nicht erlaubt sind.
- **PDF/A-1b** Es sind Anforderungen für eine korrekte Anzeige des gesamten Seiteninhalts festgelegt (visuelle Langzeit-Reproduktion). Lesbarkeit und Verständlichkeit müssen nicht gewährleistet sein.
- **PDF/X** (ISO 19005) enthält Anforderungen für den Datenaustausch in der **Druckvorstufe** (Druckindustrie). Es werden darin PDF-Inhalte untersagt, die das Druckergebnis beeinträchtigen können.
- **PDF/H** (H: Healthcare, Gesundheitspflege) ist für den Einsatz im Gesundheitswesen vorgesehen, besonders in der mit Bildern arbeitenden Diagnostik und für die Speicherung von Patientendaten und medizinischen Befunden.

Eigenschaften von PDF/A

Vollständigkeit

- Weil bestimmte Ressourcen irgendwann nicht mehr zugänglich sein könnten, sind Referenzen auf Ressourcen untersagt, die nicht in der Datei selbst enthalten sind.
  In einer PDF/A-1-Datei müssen also integriert sein,
  - alle benutzten Schriftarten mit ihren Untergruppen,
  - alle Bilder und
  - die Kennzeichnung als PDF/A-1-Datei mit Metadaten in XMP (Extensible Metadata Platform-Format).

Eindeutigkeit

- Damit eine eindeutige Farbdarstellung gewährleistet ist, müssen Farben ausreichend definiert sein.
- Bei den Schriftarten dürfen nur eindeutige Codierungsinformationen verwendet werden. Beispiel: Die Angaben zu den Zeichenbreiten der grafisch dargestellten Schriftzeichen müssen mit den Daten im eingebetteten Font selbst übereinstimmen.
- Alternative Bilder sind nicht zulässig. Beispiel: Niedrige Auflösung für die Bildschirmausgabe, hohe Auflösung für die Druckausgabe.

Zugänglichkeit

- Es sind Verschlüsselungen untersagt und damit auch teilweises Sperren von Funktionen der Datei. Beispiele: Drucken, Daten herauskopieren.

Kontextabhängige oder dynamische Funktionen

- Da Multimedia-Funktionen und dynamische Elemente den Inhalt oder die Darstellung verändern oder beeinflussen könnten, sind sie nicht zugelassen. Beispiele: JavaScript, Ausio- oder Videodaten.

Digitale Signatur

- Die Einbettung von digitalen Signaturen wird unterstützt.

Allgemeine Prinzipien des Datenschutzes

Vertraulichkeit
Daten nur für Befugte!

Integrität
Keine Verfälschungen!

Revisionsfähigkeit
Wer hat wann welche
Daten in welcher Weise
verändert?

Verfügbarkeit
Zeitgerecht für eine
ordnungsgemäße
Verarbeitung!

Authentizität
Jederzeit ist
eine Zuordnung
zum Ursprung
möglich!

Transparenz
Verfahrensweisen vollständig
und aktuell dokumentiert
(nachvollziehbar)!

Rechtsgrundlage: Bundesdatenschutzgesetz (Anlage zu § 9 BDSG)

Recht der Betroffenen auf …

Benachrichtigung § 33

des Betroffenen über:
Speicherung, Datenart, Zweck-
bestimmung der Erhebung,
Verarbeitung, Nutzung;
Identität der verantwortlichen
Stelle.
Ausnahme:
Wenn Rechtsvorschriften bzw.
Gesetze dafür bestehen.

Auskunft § 34

über
- gespeicherte Daten,
- ihre Herkunft und
- Zweck der Speicherung.

Berichtigung, § 35

wenn die
- Daten unrichtig sind.

Löschung, § 35

wenn die
- Speicherung unzulässig ist,
- Richtigkeit von der verantwortlichen Stelle nicht bewiesen
  werden kann oder
- Speicherung nicht mehr
  erforderlich ist.

Sperrung, § 35

wenn die
- Daten unrichtig sind,
- schutzwürdige Interessen
  beeinträchtigt würden,
- Richtigkeit von dem Be-
  troffenen bestritten wird oder
- Löschung zu aufwändig wäre.

Technisch-organisatorischer Datenschutz (Anlage zu § 9 BDSG)

Kontrollmaßnahmen	Technische Realisierung	Kontrollmaßnahmen	Technische Realisierung
Zutritt Unbefugten wird der Zutritt zur Datenverarbeitungsanlage verwehrt.	Gebäude- bzw. Raumsiche-rung, Zutrittsvermerk, Schlüsselregelung, …	**Eingabe** Es muss nachträglich fest-stellbar sein, ob und von wem Daten eingegeben, verändert oder entfernt worden sind.	Dokumentation: Bevollmäch-tigter, Zeit, Änderungen, …
Zugang Es wird verhindert, dass Unbefugte Daten nutzen.	Identifikation durch Passwort, Protokollierung der Zugänge, …	**Auftrag** Es ist zu gewährleisten, dass die Daten nur entsprechend den Weisungen des Auftrag-gebers bearbeitet werden.	Auftragsbeschreibung, Lasten- und Pflichtenheft, …
Zugriff Es wird gewährleistet, dass nur auf die der Zugriffsbe-rechtigung unterliegenden Daten zugegriffen werden kann.	Festlegung und Prüfung der Zugriffsberechtigten, Proto-kollierung von Zugriffen, zeitliche Verschlüsselung, …	**Verfügbarkeit** Die Daten sind gegen zufällige Zerstörung oder Verlust zu schützen.	Gebäudeschutz, Diebstahl-schutz, Datensicherung, …
Weitergabe Es wird gewährleistet, dass bei der Weitergabe Daten nicht unbefugt gelesen, kopiert oder verändert werden können.	Festlegung der Transportwege, Quittierung, Verschlüsselung, …	**Organisation** Die zu unterschiedlichen Zwecken erhobenen Daten müssen getrennt verarbeitet werden können.	Aufgabenteilung, Funktions-trennung, Richtlinien für Verfahren und Dokumen-tation, …

Prinzip

Ordnungsgemäßer Betrieb einer Datenverarbeitung durch Sicherung der

- Hardware
- Software
- Daten

gegen

- Verlust
- Beschädigung
- Missbrauch

Schädigende Einflüsse

- **Wanzen:**
  Fehler in der Software (auch ohne Absicht), keine selbstständige Ausbreitung
- **Manipulationen:**
  Absichtliche Verfälschungen in der Software
- **Hacker:**
  Personen, die in spielerischer, amateurhafter Weise Schwachstellen aufdecken
- **Cracker:**
  Personen, die professionell Schwachstellen aufdecken, um Schäden anzurichten
- **Würmer:**
  Übertragen sich selbstständig von Rechner zu Rechner über Netze, z. B. als Anlage einer E-Mail
- **Trojaner:**
  Programme (z. B. als Bildschirmschoner oder Tools) zum Einschmuggeln von getarnten Viren. Der Virus wird gesondert aktiviert.
- **Viren:**
  Eigenständiges Programmelement in einem Wirtsprogramm. Ein Virus besitzt die Fähigkeit, sich selbst zu kopieren und dadurch in ein zuvor nicht infiziertes Programm einzudringen.
  - Bootsektorviren setzen sich im Bootbereich fest und nehmen damit einen festen Platz in der Konfiguration des Betriebssystems ein.
  - Makroviren sind direkt im Dokument gespeichert.
- **Backdoor:**
  „Hintertür" in einem Anwenderprogramm für eine später erfolgende Manipulation

Sicherheitsmaßnahmen

Virenschutz durch
- Virenscanner (im Server, beim Client)
- Laufwerke sperren
- Organisatorische Maßnahmen

Kryptographie durch
- Verschlüsselung
- Asymmetrische Verfahren (Public key: Öffentlicher Schlüssel, Private key: Privater Schlüssel)
- Signatur (Authentizität, Integrität)

Datensicherung
- Kontinuierlich (Spiegelfestplatten (RAID), Backupserver)
- Periodisch (Voll-/Komplettsicherung, Differenzsicherung)

Schutz vor Computerviren aus dem Internet

Einstellungen am PC
- Sicherheitsfunktionen aktivieren
- Aktuelles Virenschutz-Programm einsetzen
- Anzeige aller Dateitypen aktivieren
- Makro-Virenschutz von Anwenderprogrammen aktivieren
- Sicherheitseinstellungen am Browser auf gewünschte Stufe einstellen (z. B. Deaktivieren von aktiven Inhalten (ActiveX, Java, JavaScript) und Skript-Sprachen (z. B. Visual Basic)).

Verhalten beim Empfang von E-Mails
- Nicht sinnvolle E-Mails von unbekannten Absendern nicht öffnen und löschen (SPAM).
- Prüfen, ob der Text der Nachricht auch zum Absender passt.
- E-Mails mit gleichlautendem „Betreff" prüfen.
- Ausführbare Programme (*.COM, *.EXE), Skript-Sprachen (*.VBS, *.BAT) oder Bildschirmschonern (*.SCR) nicht durch „Doppelklick" öffnen.
- Vorsicht bei Dateien im HTML-Format.
- Datei-Anhänge nur von vertrauenswürdigen Absendern öffnen.

Verhalten beim Versenden von E-Mails
- Öfter prüfen, ob sich E-Mails im Postausgang befinden, die nicht vom Benutzer verfasst sind.
- Der Aufforderung zur Weiterleitung von Warnungen, Mails oder Anhänge an Freunde usw. nicht nachkommen.

Verhalten bei Downloads aus dem Internet
- Programme nur von vertrauenswürdigen Seiten laden.
- Angabe über die Größe der Datei mit der tatsächlichen Größe der Datei nach dem Download überprüfen.
- Vor der Installation Dateien mit aktuellem Viren-Schutzprogramm überprüfen.
- Gepackte Dateien erst entpacken und dann auf Viren überprüfen.

Firewall
Schutzmaßnahme (Filter), die einen unerlaubten Zugriff von außen auf ein privates Netzwerk verhindert.
- **Paketfilterung** (Packet Filter):
  Inhalte der Datenpakete werden nach festgelegten Regeln überprüft.
- **Application Gateway** (in Verbindung auch mit Proxy-Servern):
  PC oder Software, die die Verbindung zwischen zwei Netzen herstellt und Sicherheitsüberprüfungen vornimmt.

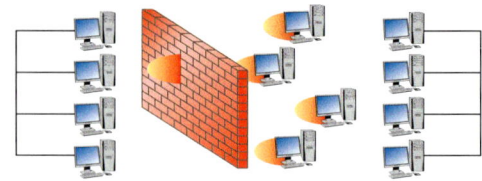

RAID-Systeme

- **RAID: R**edundant **A**rray of **I**nexpensive **D**isks

- Prinzip:
  Festplatten sind über Controller bzw. Software zu Organisationseinheiten zusammengefasst.

- Funktion:
  – Erhöhung der Lesegeschwindigkeit
  – Datensicherung

- Verschiedene Variationen von RAID-Systemen werden als **Raid-Level** bezeichnet (0 bis 5 und Kombinationen).

RAID 0

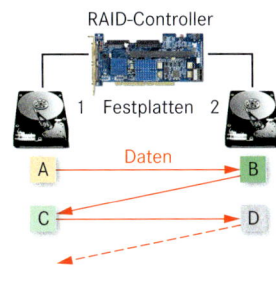

- Mindestens zwei gleichgroße Festplatten

- Daten werden in Datenblöcke (Stripes A, B, ...) aufgeteilt und wechselseitig geschrieben

- Lesegeschwindigkeit größer

- Datensicherheit ist geringer

RAID 1

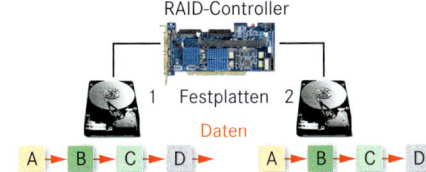

- Mindestens zwei Festplatten sind erforderlich.

- Unterschiedlich große Festplatten sind möglich, die Festplatte mit der kleineren Kapazität bestimmt die Gesamtspeicherkapazität.

- Daten der Festplatte 1 werden auf Festplatte 2 kopiert.

- Datensicherheit ist gewährleistet. Fällt eine Festplatte aus, können die Daten von der gespiegelten Festplatte gelesen werden.

RAID 5

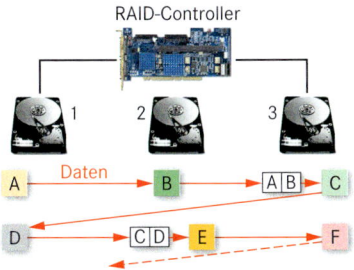

- Mindestens 3 Festplatten werden zu einem Laufwerk zusammengefasst.

- Neben den Daten (z. B. A und B) werden auf der Festplatte 3 aus den Daten A und B Parity-Daten (AB) gespeichert, die das Wiederherstellen verlorener Daten ermöglichen.

RAID 10 (RAID 0 + 1)

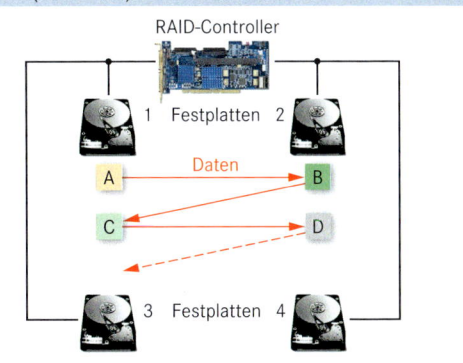

- Kombination aus RAID 0 und 1 mit mindestens 4 Festplatten

- Daten der Festplatten 1 und 2 werden auf Festplatten 3 und 4 gespiegelt

- Erhöhte Lesegeschwindigkeit und Datensicherheit

RAID 1.5

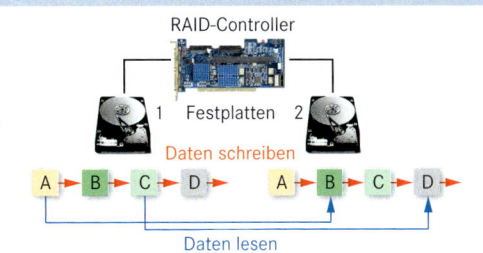

- Zwei identische Festplatten, die wie RAID 1 untereinander gespiegelt werden

- Beim Lesen wird auf beide Festplatten gleichzeitig zugegriffen (erhöhte Lesegeschwindigkeit)

Sicherheit durch Verschlüsselung (Encryption)

Symmetrisch

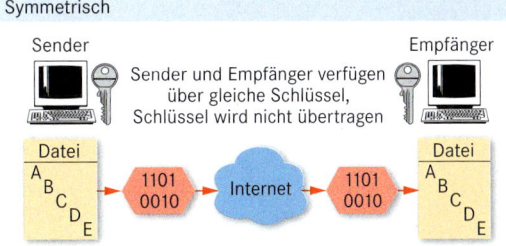

Sender und Empfänger verfügen über gleiche Schlüssel, Schlüssel wird nicht übertragen

Asymmetrisch

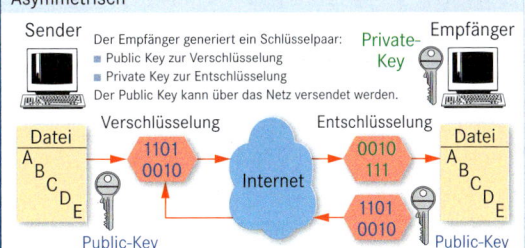

Der Empfänger generiert ein Schlüsselpaar:
- Public Key zur Verschlüsselung
- Private Key zur Entschlüsselung
Der Public Key kann über das Netz versendet werden.

Aufgaben

Kryptografische Verfahren dienen zur Verschlüsselung von Daten und Informationen. Sie schützen diese gegen den Verlust von

- **Verfügbarkeit** (Vorenthalten von Informationen oder Beeinträchtigung von Funktionen),
- **Vertraulichkeit** (unbefugte Kenntnisnahme),
- **Echtheit** (Vortäuschen einer falschen Identität), Unversehrtheit (Verändern der Daten durch Manipulation) und
- **Verbindlichkeit** (Nichterfüllen einer Zusage oder Anweisung).

Anwendung

Kryptografische Verfahren sind Bestandteil der Datensicherheit im Rahmen der Informationssicherheit und werden angewendet bei z. B.

- Datenübertragung über öffentliche und private Rechnernetze,
- Speicherung von Daten (auf Festplatten),
- Sprachkommunikation (z. B. GSM-Netze),
- Schutz von Endgeräten (PC-Servern, PCs gegen unerlaubte Zugriffe),
- Multi-Media-Kommunikation und
- Chipkarten.

Verschlüsselungsverfahren

Symmetrische Verschlüsselung

Unsymmetrische Verschlüsselung

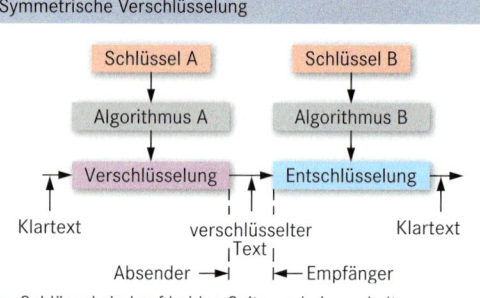

- Schlüssel sind auf beiden Seiten geheim zu halten (secret-key-Methode).
- Schlüssel A und Schlüssel B sind identisch.
- Algorithmen zum Ver-/Entschlüsseln sind identisch und umkehrbar.
- Anwendung findet der **Data Encryption Standard** (**DES**); veröffentlicht vom NBS (National Bureau of Standards, Amerika).
- Angewendet bei Banken und Versicherungen

- Schlüssel A ist öffentlich
- Schlüssel B ist geheim
- Algorithmus A ist verschieden von Algorithmus B
- Verfahren wird als public-key-System bezeichnet
- Angewendet wird das RSA-Verfahren (benannt nach den Erfindern Rivest, Shamir und Adleman).

Data Encryption Standard (DES)

Funktion

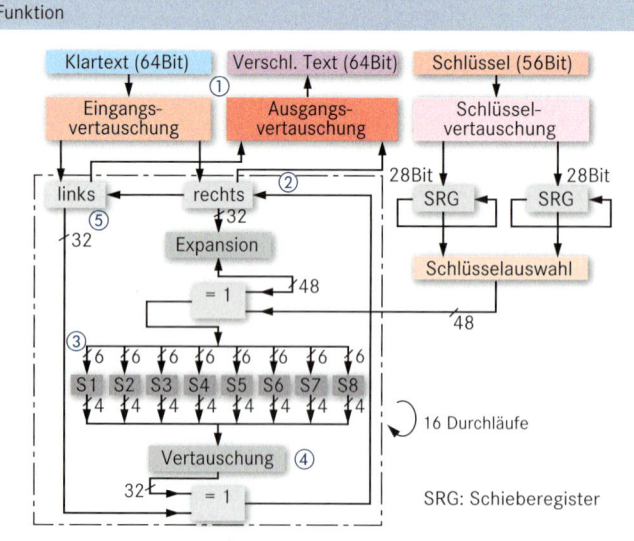

- DES verwendet 16 Durchläufe für die Verschlüsselung der 64 Bit Klartext.

- ① Vertauschen der Ein-/Ausgangsbits an festgelegte Bitpositionen.

- ② Rechter Teilblock wird auf 48 Bit erweitert und mit Teilschlüssel Exclusiv-Oder verknüpft.

- ③ Datenblock wird in acht 6 Bit breite Teilblöcke zerlegt und an S1 bis S8 gelegt. Die 6 Bit dienen als Adresse der 4 Bit breiten Datenblöcke in S1 bis S8.

- ④ Vertauschen des 32 Bit Datenblocks und Exclusiv-Oder verknüpfen mit dem linken Teil des Klartextes ergibt neuen rechten Teilblock des verschlüsselten Textes.

- ⑤ Rechter Teilblock wird zum neuen linken Teilblock.

Merkmale

- Als **Firewall**-Systeme werden alle Schutzmaßnahmen bezeichnet, die einen unerlaubten Zugriff von außen auf ein **Privates Netzwerk** verhindern.
- Diese Systeme können in Form von Hardware, Software oder einer Kombination von beidem realisiert werden.
- Hauptsächlicher Anwendungsbereich liegt im Schutz von **Intranets** (firmenspezifischen Netzwerken), die mit unsicheren Netzwerken (z. B. **Internet** oder Remote-Zugriff über ISDN Router) verbunden sind.
- Firewalls werden auch zur Strukturierung eigener Netze verwendet, um **Domänen** mit unterschiedlichem Schutzbedarf zu realisieren.
- Die Schutzfunktion eines Firewall-Systems ist das Blockieren von Kommunikationsdaten zwischen den Netzen, wenn bestimmte festgelegte Sicherheitskriterien verletzt werden.

- Firewall-Systeme sollen verhindern (**Schutzziel**):
  - Unerlaubten Zugriff auf Daten,
  - Datenverlust und
  - Einschleppen von Viren.
- Grundsätzlich werden diese Systeme nach ihrer Funktion unterschieden in
  - **Packet filter,**
  - **Application gateway und**
  - **Proxy server.**
- **DMZ** (**De**militarized **Z**one: entmilitarisierte Zone) ist ein abgegrenztes Netzwerk, das z. B. Dienste für Internet-Nutzer bereitstellt.
- Das eingesetzte Firewall-System stellt bei der Kopplung verschiedener Netze den **Common Point of Trust** (gemeinsamer Punkt des Vertrauens) dar.

Aufbau

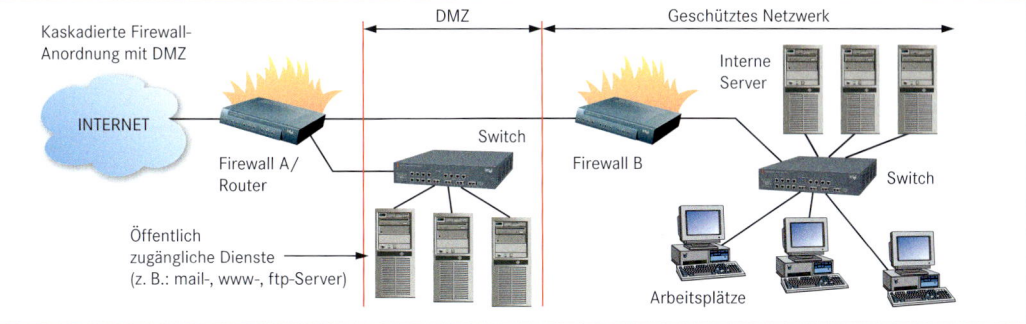

Packet filter

- **Packet filter** (Paketfilter) ist ein Softwarepaket, das in der Regel auf Routern läuft, die zur Netzwerkkopplung eingesetzt werden.
- Es analysiert und kontrolliert alle ein- und ausgehenden Datenpakete auf der
  - **Netzzugangsebene,**
  - **Netzwerkebene und**
  - **Transportebene.**
- Es wertet die Inhalte der Pakete aus und überprüft die Einhaltung der festgelegten Regeln.
- Geprüft werden die
  - **Quelladressen,**
  - **Zieladressen,**

  - **Portnummern** von **TCP**- und **UDP** Paketen und
  - Richtung des Datenverkehrs.
- Die zugehörigen Regeln werden vom Systemadministrator in entsprechenden Tabellen im Router (Verbindungsrechner) abgelegt.
- Die Erstellung der Überwachungstabellen ist zeitaufwändig und fehleranfällig, insbesondere bei größeren Netzen.
- Dieses Verfahren schützt nicht gegen gezielte Datenverfälschung (z. B. **Address Spoofing:** Adressenvortäuschung).
- Es ist das schwächste Verfahren gegen unerlaubte Netzwerkeinbrüche.

Application gateway

- **Application Gateways** (Anwendungs-Verbinder) sind eigene Kommunikationrechner.
- Sie sind in der Regel mit zwei Netzwerkanschlüssen (auch zwei Adressen) ausgestattet (**dual homed gateway**).
- Eine Adresse gehört zum geschützten Netzwerk, die zweite Adresse ist die Ansprechadresse von außerhalb.
- Das Application Gateway trennt die Netze sowohl logisch als auch physikalisch.
- Da alle Kommunikationsabläufe über diesen einen Rechner laufen, bleiben die internen Netzwerkstrukturen nach außen hin verborgen.
- Jeder externe Kommunikationspartner benötigt auf dem Gateway eine Zugangskennung (**Identifikation** und **Authentisierung**).

- Ist der Partner akzeptiert, arbeitet das Gateway transparent für die weitere Kommunikation.
- Weitere Kontrollmechanismen sind:
  - **Passworterkennung** und -verwaltung sowie
  - **Nutzerprofilüberwachung**
- Nutzerprofile sind z. B.:
  - Unterschiedliche Zugriffsrechte für verschiedene Personen oder Gruppen und
  - Zeitpunkt des Zugriffs.
- Application Gateways sind wegen der Vielfalt der Dienste zwar relativ langsam, bieten aber den höchsten Zugangsschutz.
- **Proxy** (sinngemäß: Stellvertreter-Funktionen) sind zusätzliche Softwarepakete, die u. a. zur Analyse und Kontrolle der Kommandos der Anwenderprotokolle eingesetzt werden.

Merkmale

- Dienen zur
  - Beschreibung,
  - Speicherung und
  - Wiedergewinnung

  von Daten, die von Anwendern oder Anwendungsprogrammen gleichzeitig genutzt werden können.

- Sie bestehen aus
  - **Datenbasis** (Datenbank: data base), die die abgelegten
    Daten beinhalten und
  - **Datenbank-Verwaltungsprogramm** (**D**ata **B**ase **M**anage-
    ment **S**ystem: **DBMS**) als Schnittstelle zum Benutzer.

- DBMS
  - speichert und
  - organisiert

  die abgelegten Daten entsprechend der vorgegebenen
  Beschreibung.

- Datenbanksysteme
  - können große Datenmengen effizient verwalten,
  - bieten parallelen Zugriff durch parallel arbeitende
    Benutzer auf einheitliche Datensätze,
  - verhindern Datenredundanz (mehrfaches Speichern
    derselben Daten),
  - realisieren Datenschutz und Datensicherheit

- garantieren Datenkonsistenz und
- ermöglichen beliebige Verknüpfungen der Daten nach
  inhaltlichen Gesichtspunkten.

- Das Grundprinzip von Datenbanksystemen beruht auf der
  3-Ebenen-Architektur (ANSI SPARC-Modell) mit
  - physischer und
  - logischer

  Datenunabhängigkeit.

- **Relationale** DBMS (**RDBMS**)
  - stellen die Inhalte in Beziehungen und Verhältnisse
    zueinander dar,
  - speichern die Inhalte in Zeilen und Spalten einer Tabelle
    ab und
  - stellen den Zugriff über Beziehungen untereinander her.

- Structured Query Language (**SQL**) ist eine standardisierte,
  systemunabhängige Sprache für die Erstellung, Bearbeitung
  und Anfrage von Datenbanken.

- Beispiele für Datenbanksystem-Anwendungen:
  - Relationale DBS (Buchhaltungs-, Buchungs- Bibliotheks-
    systeme)
  - Objektorientierte DBS (CAD-Systeme, CASETool-Daten)
  - Deduktive DBS (Expertenwissen)

3-Ebenen-Modell	Begriffe
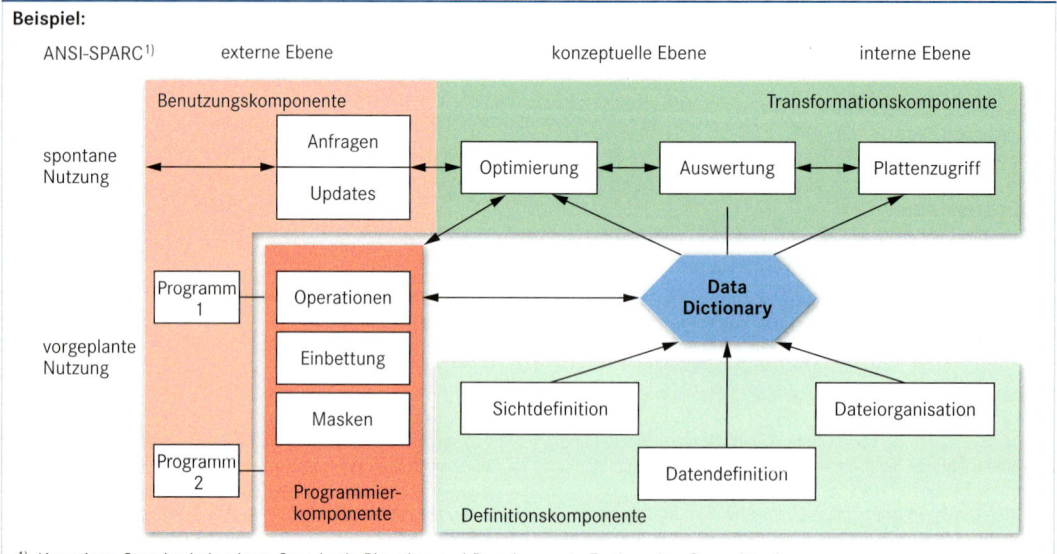	**Data Dictionary:** Sie enthält alle Informationen über Struktur und Aufbau einer Datenbank (Informationsquelle für DB Administrator und abrufende Clients). **Open Data Base Connectivity** (ODBC): Es handelt sich um eine standardisierte Softwareschnittstelle von Microsoft für Zugriff von Anwendungsprogrammen auf unterschiedliche Datenbanken. **Transaktion:** Ein Bearbeitungsvorgang innerhalb der Datenbank.

Systemarchitektur-Komponenten

Beispiel:

ANSI-SPARC[1]   externe Ebene   konzeptuelle Ebene   interne Ebene

Benutzungskomponente   Transformationskomponente

spontane Nutzung — Anfragen / Updates — Optimierung ↔ Auswertung ↔ Plattenzugriff

vorgeplante Nutzung

Programm 1 — Operationen ↔ Data Dictionary

Einbettung

Masken

Sichtdefinition   Dateiorganisation

Programm 2 — Programmierkomponente

Datendefinition

Definitionskomponente

[1] (American Standards Institute-Standards Planning and Requirements Engineering Committee)

Multimedia

Kommunikation

- Kommunikation des Menschen mit anderen Menschen und ihrer Umwelt erfolgt über verschiedene Kanäle des menschlichen Wahrnehmungsbereichs.
- Mit Hilfe von Wissenschaft und Technik sollen diese Kanäle als Gesamtheit zu einer ganzheitlichen Wahrnehmung nutzbar gemacht werden (Integration).

Medien

- **Zeitunabhängige Medien**
  Merkmal:
  Die im Medium enthaltenen Informationen haben keinen Zeitbezug.
  Beispiele:
  Text, Zeichnung (Linien-Grafik), Einzelbild (Foto, Pixel-Bild)

- **Zeitabhängige Medien**
  Merkmal:
  Die Informationen dieser Medien haben einen Zeitbezug, sie liegen z. B. als kontinuierlicher Datenstrom zu bestimmten Zeiten vor.
  Beispiele:
  Schallereignisse, Video (Bewegtbilder und Schallereignisse), Animationen

- **Medienströme**
  Die Medien werden in der Regel nicht direkt, sondern als binäre Informationen übertragen, verarbeitet und gespeichert. Dieses geschieht in der Regel computergestützt.

Menschliche Kommunikationskanäle

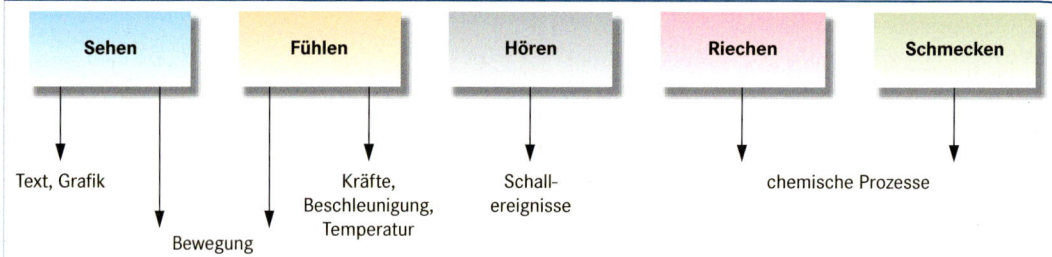

Definition

Multimedia ist gekennzeichnet durch die
- computerunterstützte und
- integrierte
  - Erzeugung,
  - Verarbeitung,
  - Speicherung,
  - Darstellung und
  - Übertragung von
- mehreren zeitabhängigen und
- zeitunabhängigen Medienströmen.

Merkmale multimedialer Datenströme

- Es treten große Datenmengen und dementsprechend große Datenströme auf. Aus ökonomischen Gründen müssen diese reduziert werden.
- Die Reduktion der Daten ist auf den Menschen als Endabnehmer zugeschnitten. Die menschlichen Wahrnehmungs- und Interaktionsfähigkeiten werden berücksichtigt.
- Die Daten müssen in der Regel in Echtzeit übertragen und dargestellt werden.
- Die unterschiedlichen Daten müssen in der Regel miteinander und anderen Ereignissen synchronisiert werden.

Qualität der Übertragung

QoS: **Q**uality **o**f **S**ervices
Sie ist abhängig von der bereitgestellten Bandbreite im Übertragungskanal.

Mit QoS:
Es wird eine festgelegte Bandbreite bereitgestellt, so dass eine definierte Qualität der Übertragung eingehalten wird.

Ohne QoS:
Es wird keine bestimmte Bandbreite bereitgestellt. Die Qualität der Übertragung kann sich ändern.

Repräsentations-Medien

Ausgabe
Papier, Bildschirm, Lautsprecher

Eingabe
Tastatur, Mikrofon, Kamera, Scanner

Speicherung
Papier, Magnetspeicher, CD-ROM, DVD, BD

HDMI – High Definition Multimedia Interface

Merkmale

- HDMI ist eine digital arbeitende Schnittstelle für die Übertragung multimedialer Daten (Video, Audio und Steuersignale der Unterhaltungselektronik, home entertainment).
- Durch HDMI wird eine bisherige komplexe Leitungsverbindung zwischen Geräten vereinfacht.
- HDMI ist abwärtskompatibel zu **DVI-D** (**D**igital **V**isual **I**nterface).
- Es ist keine Analog-Digital- oder Digital-Analog-Wandlung erforderlich.
- Bei der Übertragung erfolgt keine Datenkompression.
- In HDMI ist der Kopierschutz **HDCP** implementiert (**H**igh-**B**andwidth **D**igital **C**ontent **P**rotection).

- Die Übertragung erfolgt mit großer Bandbreite (HDMI 1.2):
  - Audioübertragung bis 192 kHz mit 24 Bit auf bis zu 8 Kanälen und Videoübertragung bis 165 MHz
  - Dadurch lassen sich HDTV-Signale (Auflösung bis 1080 p) übertragen.
- Die Datenrate beträgt bis zu 8 GB/s (HDMI 1.4). Dadurch treten keine übertragungsbedingten Artefakte bei schnellen Bewegungsabläufen und komplexen Bildinhalten auf.
- Eine Fernbedienungsfunktion ist integriert. Unterstützt werden die Protokolle **CEC** (**C**onsumer **E**lectronics **C**ontrol) und **AV.link**. Damit lassen sich mehrere durch HDMI-Kabel verbundene Geräte nur über eine Fernbedienung steuern.

HDMI-Spezifikationen

Spezifikation	1.2	1.3	1.4
Stecker	A, B	A, C	A, C, Micro HDMI
Maximale Bildformate	1080p/ 60 Hz	1440p/ 60 Hz	2160p/ 100 Hz
Farbraum	24 Bit RGB, 36 Bit YUV		
		Deep Color 30, 36 und 48 Bit RGB/YUV, xvYCC-Farbraum (IEC 61966-2-4)	
			sYCC601, Adobe RGB, Adobe YCC601
Tonformate	8 PCM, Dolby Digital, DTS, MPEG, DVD-Audio, SACD		
		Dolby Digital Plus, TrueHD und dts-HD	
Maximale Datenrate	A: 3,96 GBit/s (165 MHz x 8 Bit x 3) B: 7,92 GBit/s (165 MHz x 8 Bit x 6)	A + C: 8,16 GBit/s (340 MHz x 8 Bit x 3)	A + C: 8,16 GBit/s (340 MHz x 8 Bit x 3)

Stecker, Buchsen und Leitungen

- HDMI 1.1 und 1.2 Steckertypen A und B
- HDMI 1.3 mit zusätzlichem kleinen Stecker Typ C (Mini HDMI) für kompakte Geräte
- Stecker A und C ermöglichen eine single-link Verbindung, bei der drei TMDS-Leitungspaare zur Verfügung stehen.
- Stecker B ermöglicht eine dual-link Verbindung mit sechs TMDS-Signalleitungspaaren (doppelte Datenrate als Stecker A und C).
- Leitungslänge bis 15 m
- Kategorie-1-Leitung bis 74,25 MHz
- Kategorie-2-Leitung bis 340 MHz

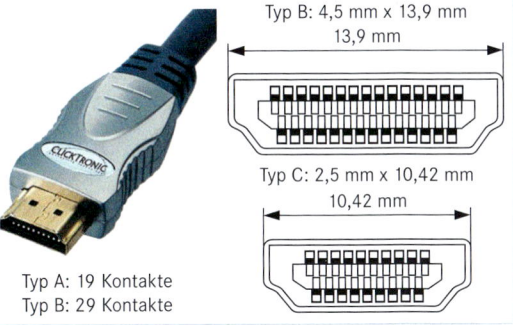

Typ B: 4,5 mm x 13,9 mm
13,9 mm

Typ C: 2,5 mm x 10,42 mm
10,42 mm

Typ A: 19 Kontakte
Typ B: 29 Kontakte

Datenübertragung

- **TMDS** (**T**ransition-**M**inimized **D**ifferential **S**ignaling) ist ein Standard für die Übertragung von unkomprimierten Multimediadaten von einer Quelle (source) zu einem Gerät (Senke, sik) in Kanälen (TMDS Channel 0, 1, 2), Datenrate max. 1,65 Gbit/s.
- **TMDS Clock**: Taktfrequenz mit 1/10 der Datenrate (max. 165 MHz)
- Über **HPD** (**H**ot **P**lug **D**etect) wird beim Erkennen eines Hot-Plugging ein entsprechendes Steuersignal übertragen.

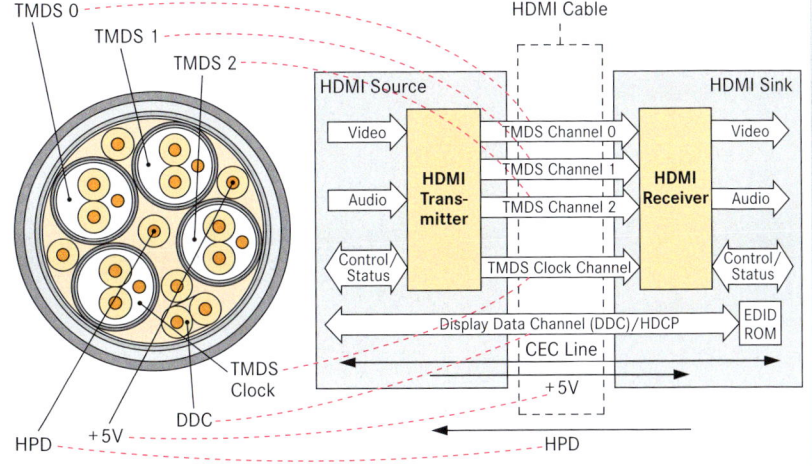

SCART

- **SCART: S**yndicat des **c**onstructeurs d'**a**pparails **r**adio, **r**ecepteurs et **t**éléviseurs
- Anschluss für analoge Fernsehsignale (Bild-, Ton- und Steuersignale

Pin	Signal	Pin	Signal
1	Ausgang Stereo, Audio L (links) oder Monosignal	11	Grünsignal 0,7 Vss
		12	frei
		13, 14	0
2	Eingang Stereo, Audio L (links) oder Monosignal	15	Rotsignal 0,7 Vss
		16	Austastsignal
3	Ausgang Stereo, Audio R (rechts) oder Monosignal	17, 18	0
		19	Compositesignal[1] Ausgang
4, 5	0	20	Compositesignal[1] Eingang
6	Eingang Stereo, Audio R (rechts) oder Monosignal		
		21	0
7	Blausignal 0,7 Vss	[1]	Farb- und Helligkeitssig-
8	Schaltspannung		nale werden gemeinsam
9	0		übertragen
10	frei		

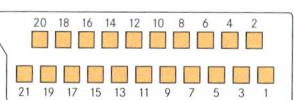

20 18 16 14 12 10 8 6 4 2
21 19 17 15 13 11 9 7 5 3 1

VGA

- **VGA: V**ideo **G**raphics **A**rray
- **DDC: D**isplay **D**ata **C**hannel (Anzeigedatenkanal) Die Signale dienen der Identifikation des angeschlossenen Monitor-Typs (z. B. Farbe, VGA, SVGA)

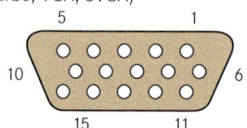

Pin	Signal, Funktion
1	Rot-Signal analog
2	Grün-Signal analog oder analoges Monochrom-Signal
3	Blau-Signal analog
4	Monitor Identifikations-Bit 2, Masse
5	Digitale Masse für DDC
6	Rot-Masse
7	Grün-Masse
8	Blau-Masse
9	Nicht belegt, DDC 1 (+5 V)
10	Synchronisations-Masse
11	Monitor Identifikations-Bit 0
12	Monitor Identifikations-Bit 1, DDC 1-Signal
13	Horizontale Synchronisation
14	Vertikale Synchronisation
16	Monitor Identifikations-Bit 3, DDC 1-Signal

S-Video

- Über den S-Video-Anschluss (**S: S**eparate Video, **Y/C**) werden die analogen Helligkeits- ③ und Farbinformationen ④ (Luminanz Y, Chrominanz C) getrennt übertragen. ①: Masse Y, ②: Masse C

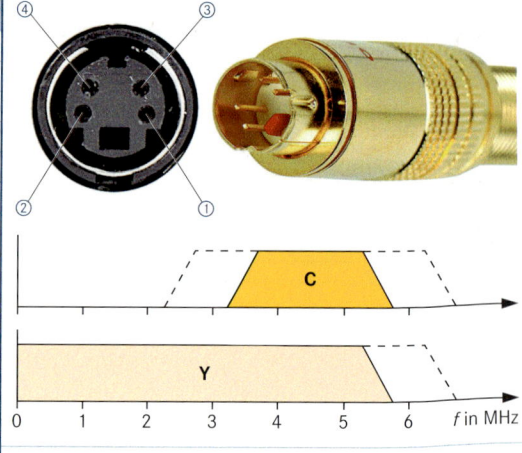

Composite-Video

- Die analogen Helligkeits- und Farbinformationen (**FBAS: F**arb-**B**ildinhalt-**A**ustast-**S**ynchronsignal) werden gemeinsam übertragen.
- Steckverbinder: Cinch (häufig gelb), oft in Kombination mit weißer und roter Cinch-Buchse für linke und rechte Tonwiedergabesignale (to cinch: festzurren).

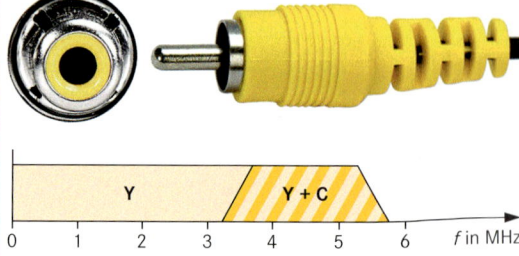

Component-Video (Komponenten Anschlüsse)

- **RGB**-Anschlüsse (**R**ot, **G**rün, **B**lau)
- Jede Grundfarbe beinhaltet die vollständigen Farbinformat´onen Helligkeit, Farbton und Farbsättigung.
- Cinch-Steckverbinder, mitunter farbig

- **YUV**-Anschlüsse, auch als YCbCr oder YPbPr beze´
  - Y: Helligkeitsinformation
  - U, Cb bzw. Pb: Farbdifferenzsignal Y – B (Blau)
  - V, Cr bzw. Pr: Farbdifferenzsignal Y – R (Rot)
- Cinch-Steckverbinder

Merkmale

- Der Begriff „Universal Plug and Play" wird in Verbindung mit einem Netz verwendet, in dem verschiedene Geräte (z. B. PC, Stereoanlage, Fernsehgerät, Videorecorder, Haussteuerungsgeräte) über ein IP-basiertes Netz miteinander verbunden sind und kommunizieren können. Die Ansteuerung der Geräte kann mit oder ohne zentrale Kontrolle erfolgen. Nach der Netzinstallation können Geräte eingesteckt (plug), entfernt und benutzt (play) werden.
- Für die Vernetzung ist Ethernet nicht festgelegt. Es sind Verbindungen über Funk, FireWire, USB oder serielle Verbindungen möglich.
- Geräte (Devices) sind in diesem System lediglich „Behälter" für Dienste, die abgerufen werden können. Dienste können z. B. sein das Drucken von Informationen, Einlesen von Bildern, Ausgeben von Dateien sowie Ein- und Ausschalten von Beleuchtungen.
- In dem Netz sind mindestend vorhanden
  - Control Point,
  - Media-Server und
  - Mediarenderer.
- Ein **Control Point** ① kann z. B. ein PC oder ein Handheld sein. Der Control Point bietet keine Dienste an, sondern fordert diese ab bzw. löst sie aus.
  Beispiel: Es wird ein Gerät aufgefordert, sich zu melden.
- **Media-Server** ② sind Geräte, die Medien bereitstellen können (z. B. CD-/DVD-Player, Digitalkamera, Receiver).
- **Mediarenderer** ③ sind Wiedergabegeräte, die über keinen eigenen Speicher verfügen.
  Beispiele: Audio Player, Monitor, Fernsehgerät, HiFi-Anlage, Lautsprecher, Uhrenradio, Drucker
- Mischformen sind möglich, z. B. kann ein Handheld als Control Point und Renderer arbeiten.

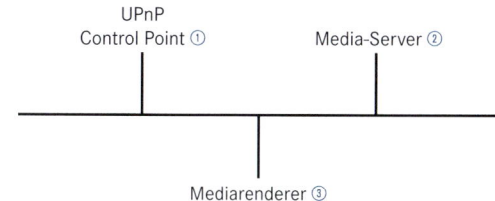

UPnP
Control Point ①   Media-Server ②

Mediarenderer ③

Kommunikationsprozess

- **Adresszuweisung** (Addressing)
  Die Adresszuweisung für Geräte und Control Points erfolgt über **DHCP** (**D**ynamic **H**ost **C**onfiguration **P**rotocol), sobald diese an das Netz angeschlossen sind.
- **Lokalisierung** (Discovery)
  Die Meldung der Existenz eines Gerätes erfolgt durch Senden der IP-Adresse an den Control Point. Mit **SSDP**-Nachrichten präsentiert sich jedes Gerät mit seinen Diensten regelmäßig. Dadurch ist gewährleistet, dass alle Geräte über die Möglichkeiten der Dienste im Netz informiert sind. Eine übergreifende Nutzung ist möglich.
- **Beschreibung** (Description)
  Wenn ein Kontakt zwischen dem Control Point und einem Gerät hergestellt wurde, erfolgt ein Datenaustausch über ihre Geräte- (device description) und Dienstebeschreibungen (service description) im XML-Format. Für jeden Service werden Kommandos und Aktionen sowie Datentypen und -bereiche definiert.
- **Steuerung** (Control)
  Über SOAP (beruht auf HTTP) erfolgt die Steuerung der Geräte durch den Control Point.
- **Ereignismeldung** (Eventing)
  Zustandsänderungen werden dem Control Point mit GENA gemeldet, z. B. Gerät wird gerade genutzt und steht somit nicht zur Verfügung.
- **Präsentation** (Presentation)
  Es handelt sich hierbei um die Webseite des gewählten Gerätes. Sie kann unter Umständen interaktiv sein.
- Beispiel für einen Kommunikationsablauf:

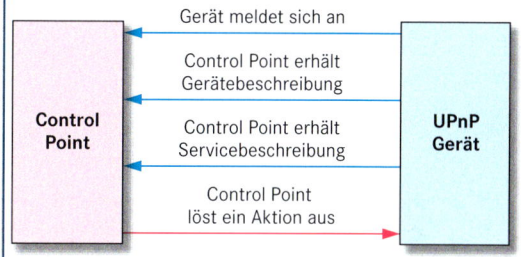

Gerät meldet sich an

Control Point erhält
Gerätebeschreibung

Control Point   **UPnP Gerät**

Control Point erhält
Servicebeschreibung

Control Point
löst ein Aktion aus

Protokolle

- **IP**: **I**nternet **P**rotocol
- **TCP**: **T**ransmission **C**ontrol **P**rotocol
- **UDP** (**U**ser **D**atagram **P**rotocol): Verbindungsloses Transportprotokoll
- **HTTP** (**H**ypertext **T**ransfer **P**rotocol): Anwendungsprotokoll (Darstellung von Webseiten)
- **HTTPU**: Erweiterung von HTTP
- **HTTPMU**: Variante von HTTPU, nutzt IP-Multicast
- **GENA** (**G**eneral **E**vent **N**otification **A**rchitecture): Information über den gegenseitigen Status
- **SOAP** (**S**imple **O**bject **A**ccess **P**rotocol): Datenaustauschprotokoll
- **SSDP** (**S**imple **S**ervive **D**iscovery **P**rotocol): Protokoll zum Suchen von UPnP-Geräten

Protokollstruktur und Dienste

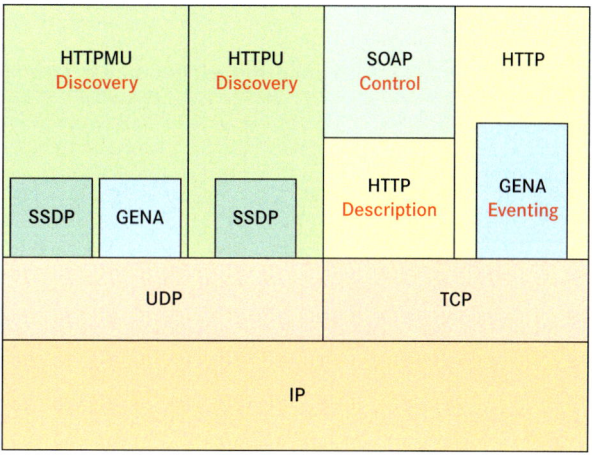

Kenngrößen

Übertragungsfaktor T

$$T = \frac{U}{p} \qquad f = 1 \text{ kHz}$$

U: Ausgangsspannung in mV
p: Schalldruckänderung in Pa

Übertragungsmaß G

$$G = 20 \cdot \lg \frac{T}{T_0} \qquad f = 1 \text{ kHz}$$

T in $\frac{\text{V}}{\text{Pa}}$ $\qquad T_0 = 1 \frac{\text{V}}{\text{Pa}}$

Richtcharakteristik

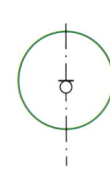 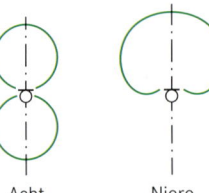 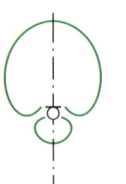 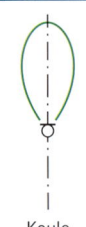

| Kugel | Acht | Niere | Kardioide | Keule |

Arten

Mikrofontyp	Eingangs-größen	Übertragungsfaktor T in mV/Pa (z.B.)	Frequenzgang	Klirrfak-tor in %	Anwendungen, Besonderheiten
Kohle	100…500 Ω	1000	700 Hz…4 kHz	25	Telefon, Sprachübertragung, Betriebsspannung erforderlich
Elektromagnetisch	z.B. 2 kΩ	20	400 Hz…6 kHz	10	Telefon, Wechselsprechanlage
Tauchspul	200 Ω	2	50 Hz…14 kHz	1	Tonaufzeichnung, Tonübertragung
Bändchen	0,1 Ω, mit Übertrager 200 Ω	0,1	50 Hz…18 kHz	0,4	hochwertige Tonaufzeichnung und -übertragung, Studio
Kristall	1 MΩ…5 MΩ $C_e \approx 1$ nF	1	30 Hz…10 kHz	1…2	Tonaufzeichnung und -übertragung
Kondensator	50 MΩ (ohne Verstärkung) $C_e \approx 100$ pF	10	20 Hz…20 kHz	0,1	hochwertige Aufzeichnung und Übertragung, Hilfsspannung erforderlich

Schaltungen von Tauchspulmikrofonen

symmetrisch	unsymmetrisch

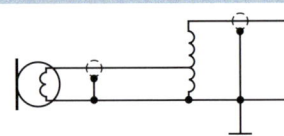 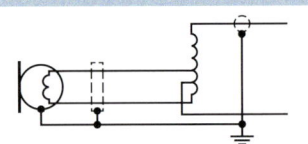

| Studiobetrieb, auch bei längeren Leitungen störungsfreie Übertragung | Nur bei nicht allzu großen Leiterlängen störungsfrei, wird im Konsumelektronik-Bereich häufig verwendet (entspricht | den Eingangsschaltungen der Verstärker), besonders für hochohmige Ausgänge von Mikrofonen. |

Schaltungen für Mikrofone ohne und mit getrennter Stromversorgung

Phantomspeisung	Tonader-Speisung

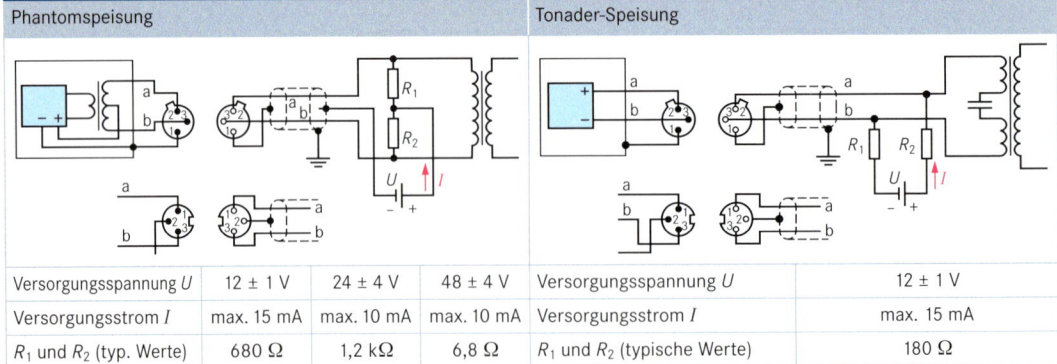

				Versorgungsspannung U	
Versorgungsspannung U	12 ± 1 V	24 ± 4 V	48 ± 4 V	Versorgungsspannung U	12 ± 1 V
Versorgungsstrom I	max. 15 mA	max. 10 mA	max. 10 mA	Versorgungsstrom I	max. 15 mA
R_1 und R_2 (typ. Werte)	680 Ω	1,2 kΩ	6,8 Ω	R_1 und R_2 (typische Werte)	180 Ω

Kenngrößen

Nennscheinwiderstand Z_n:
Der Scheinwiderstand darf bei keiner Frequenz innerhalb des Übertragungsbereichs mehr als 20 % unter dem angegebenen Nennscheinwiderstand liegen.

Übertragungsmaß G:
$$G = 20 \cdot \lg \frac{T}{T_o} \text{ dB}$$

$$T_o = 1 \frac{\text{Pa}}{\text{V}}$$

Bezugsabstand: 1 m

Grundresonanzfrequenz f_{res}:
niedrigste Eigenfrequenz

Übertragungsbereich:
$f_u \dots f_o$ (Abfall 10 dB vom Mittelwert)

Übertragungsfaktor T:
$$T = \frac{p}{U} \quad \text{in } \frac{\text{Pa}}{\text{V}} \qquad \text{Bezugsabstand: 1 m}$$

p: Schalldruck
U: Klemmenspannung des Lautsprechers

Nennbelastbarkeit:
maximale Leistung im Dauerbetrieb

Impulsbelastbarkeit:
maximale Leistung bei getasteten Sinustönen

Arten

- Dynamische Lautsprecher (Tauchspul-Lautsprecher, Bändchen-Lautsprecher)
- Magnetische Lautsprecher
- Elektrostatische Lautsprecher (Kondensator-Lautsprecher)
- Piezoelektrische Lautsprecher (Kristall-Lautsprecher)
- Ionen-Lautsprecher

Breitband-Lautsprecher:
Übertragungsbereich mindestens 90 Hz bis 11200 Hz, Toleranz 10 dB

Tiefton-Lautsprecher:
Nennresonanzfrequenz ≤ 50 Hz

Hochton-Lautsprecher:
Obere Grenzfrequenz ≥ 14 kHz

Elektrische Weichen

Weiche mit 6 dB Spannungsfall pro Oktave

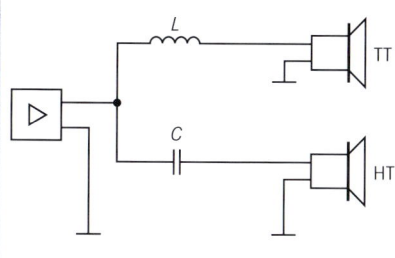

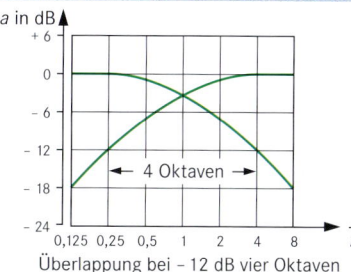

Überlappung bei – 12 dB vier Oktaven

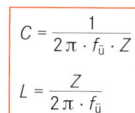

$$C = \frac{1}{2 \pi \cdot f_{\ddot{u}} \cdot Z}$$

$$L = \frac{Z}{2 \pi \cdot f_{\ddot{u}}}$$

$f_{\ddot{u}}$: Übernahmefrequenz
Z: Lautsprecherimpedanz

Weiche mit 12 dB Spannungsfall pro Oktave

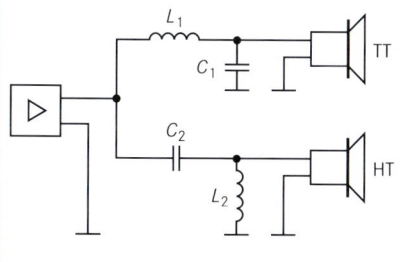

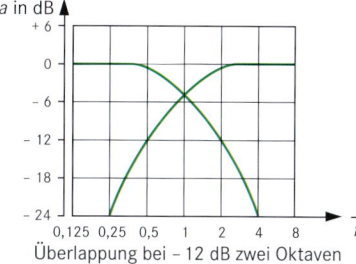

Überlappung bei – 12 dB zwei Oktaven

$$C_1 = C_2 = \frac{1}{\sqrt{2} \cdot 2 \pi \cdot f_{\ddot{u}} \cdot Z}$$

$$L_1 = L_2 = \frac{\sqrt{2} \cdot Z}{2 \pi \cdot f_{\ddot{u}}}$$

$f_{\ddot{u}}$: Übernahmefrequenz
Z: Lautsprecherimpedanz

Lautsprecherbox mit 3-Wege-Weiche

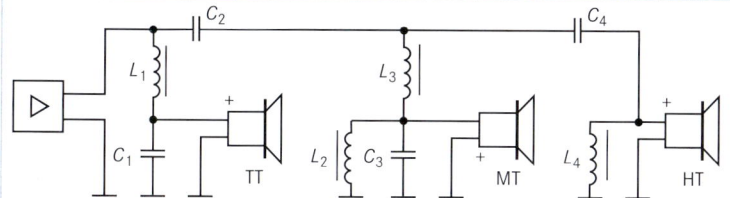

Wertebeispiele:
$Z_1 = Z_2 = Z_3 = 4\ \Omega$

$C_1 = 40\ \mu F$	$C_3 = 7{,}5\ \mu F$
$C_2 = 20\ \mu F$	$C_4 = 4{,}7\ \mu F$
$L_1 = 2{,}5\ mH$	$L_3 = 550\ \mu H$
$L_2 = 250\ \mu H$	$L_4 = 150\ \mu H$

Muschelkopfhörer

- Die Kopfhörer sind groß und werden über die Ohrmuschel gelegt.
- **Geschlossene Formen**
  - Die Ohrmuschel ① liegt fest am Kopf an, umschließt das Ohr vollkommen (**circumaural**) oder sitzt auf dem Ohr auf (**supra-aural**).
  - Durch weiches Material werden Umgebungsgeräusche gut abgeschirmt und der Druckausgleich mit der Umgebung verhindert.
  - Bei tiefen Tönen entsteht ein großer Innendruck (Bassdruck), Verfälschungen des Signals treten auf.
  - Bei langem Einsatz entsteht ein Wärmestau. Die Druckwahrnehmung ist geringer als bei anderen Bauformen.

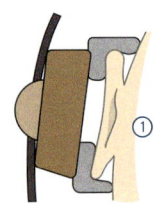

- **Halboffene ② und offene ③ Formen**
  - Zur Dämmung wird weiches und schalldurchlässiges Material am Kopf verwendet. Das Luftvolumen ist somit nicht geschlossen. Ein Druckausgleich mit der Umgebung ist möglich.
  - Der geringere Druck bei tiefen Tönen wird durch eine entsprechende Membrangestaltung ausgeglichen.
  - Der Klang ist sehr natürlich und unverfälscht.

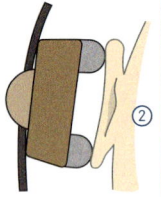

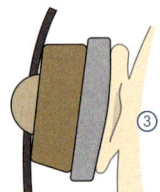

Ohrhörer

- **In der Ohrmuschel** (ear bubs)
  - Der Ohrhörer wird in die Ohrmuschel eingesetzt und leitet den Schall direkt in den Gehörgang.
- **Im Gehörgang**
  - Der Ohrhörer wird direkt in den Gehörgang eingefügt (in-ear headphones, canalphones). Dadurch wird eine optimale Abschirmung der Außengeräusche erreicht.
  - Anwendung: In-Ear-Monitoring.
  - Individuelle Anpassungen sind möglich. Dazu wird der Hörer in eine Optoplastik aus Silikon eingearbeitet.

Kopfhörer mit Antischall (aktive Geräuschunterdrückung)

- Außerhalb des Kopfhörers (meist geschlossene Formen) sind kleine Mikrofone angebracht, die den Umgebungsschall aufnehmen.
- Eine elektronische Schaltung erzeugt davon ein invertierendes Signal (Gegensignal, Antischall), das dem Audiosignal beigemischt wird. Es kommt zur Kompensation der Störsignale.
- Das Verfahren arbeitet vorwiegend bei tiefen Frequenzen und gut bei gleichförmigen Störsignalen (z. B. Fluglärm, Fahrgeräusche).

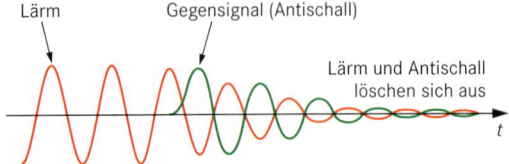

Schallwandlung

- **Magnetisch bzw. elektromagnetisch**
  - Der Wechselstrom fließt durch zwei Spulen mit Eisenkernen, die mit einem Permanentmagneten vormagnetisiert sind.
  - Über den Magnetpolen befindet sich eine Stahlmembran, die durch den Wechselstrom zum Schwingen angeregt wird.
  - Anwendung: Wiedergabe von Sprache
- **Elektrodynamisch**
  - Die Spule befindet sich in einem ringförmigen Luftspalt eines Dauermagneten (Lautsprecherprinzip), **Tauchspulsystem**).
  - An der Spule ist eine Membran befestigt.
  - Durch den Stromfluss kommt es zu Anziehungs- und Abstoßungskräften zwischen den Magnetfeldern.
  - Anwendung: Hochwertige Wiedergabe von Sprache und Musik (weit verbreitet)

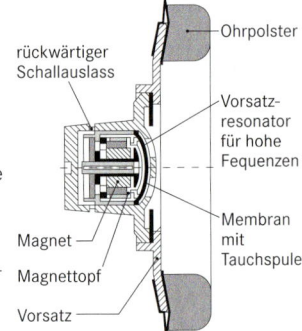

- **Elektrostatisch**
  - Zwei Platten liegen gegenüber (Kondensatorprinzip).
  - Wenn an die Platten die Wechselspannung (mit hoher DC-Vorspannung) gelegt wird, kommt es aufgrund der unterschiedlichen Ladungen zu Anziehungs- und Abstoßungskräften.
  - Anwendung: Originalgetreue Wiedergabe ohne Verzerrungen
- **Piezoelektrisch**
  - Durch die Wechselspannung wird ein Kristall angeregt, seine Form zu verändern. Eine an ihm befestigte Membran überträgt diese Änderung an die umgebende Luft.
  - Die Klangqualität ist gering (geringe Wiedergabe tiefer Frequenzen, ausgeprägte Resonanzfrequenzen).

Impedanzen (bei 1 kHz)

Niederohmig	Mittelohmig	Hochohmig
4 Ω bis 100 Ω	100 Ω bis 1000 Ω	1 kΩ bis 4 kΩ[1]
Kopfhörer, elektromagnetisch und elektrodynamisch		Kopfhörer, elektromagnetisch
Ohrhörer		

[1] Piezoelektrische Kopfhörer größer (z. B. 100 kΩ)

Drahtlose Übertragungstechniken

- **Infrarot** (870 nm)
  - Analoge Frequenzmodulation (meistens)
  - Sichtverbindung zwischen Sender und Empfänger
  - Im Kopfhörer ist ein IR-Empfänger integriert.
- **Funk** (ISM-Bänder 27 MHz und 37 MHz; 433 MHz ... 434 MHz; 2,54 GHz)
  - Analog: Frequenzmodulation
  - Digital: Z. B. Bluetooth oder DECT-Verfahren, im Kopfhörer ist ein D/A-Wandler integriert

Merkmale

- Elektroakustische Anlagen (**ELA**) sind fest installiert und dienen der Weitergabe von Informationen (vorwiegend Sprache, Signale) oder werden zur Übertragung von Hintergrundmusik verwendet.
- Wesentliche Kriterien für die Auswahl der Komponenten sind verständlichkeit, Reichweite und Betriebssicherheit (z.B. Redundanzen vorsehen, mehrere Lautsprecherkreise, Notstromversorgung, USV).
- Anwendungsbereiche sind vorwiegend größere Räume, öffentliche Gebäude, Bahnhöfe, Kaufhäuser, Sportstätten usw.
- Für die Lautsprechersysteme wird die 100 V-Technik verwendet.
- Elektroakustische Anlagen besitzen in der Regel nur einen Tonkanal (Mono-Betrieb) für Sprechstellen bzw. andere Tonquellen.
- Steuereingänge für Signalisierungen (z.B. Alarmierung) können vorgesehen sein.
- Die Audio- und Steuersignale können digital mit Kommunikationsnetzen (z.B. LAN, WAN) übertragen werden.
  Beispiel:
  EtherSound (lizenzpflichtig): **AoE** (**A**udio **o**ver **E**thernet)
  – 64 synchronisierte Kanäle
  – Pulscodemodulation, Abtastfrequenz 48 kHz, Auflösung 24 Bit
  – Twisted-Pair-Kabel Cat 5 oder Cat 6 oder LWL

Verstärkerleistungen

- **Geschlosse Räume**

Raum	Fläche in m^2	Geräuschpegel	
		mittel	niedrig
		ca. Leistung in W	
Büro	30	5 – 8	2 – 4
Verkaufsraum	50	10 – 20	3 – 5
Konferenzraum	100	20 – 30	10 – 20
Turnhalle	200	20 – 30	10 – 20
Theater	500	100 – 120	50 – 60
Werkshalle	1000	40 – 50	10 – 20

- **Freiflächen**

Freifläche	Fläche in m^2	Geräuschpegel	
		hoch	niedrig
		ca. Leistung in W	
Tennisplatz	700	40 – 50	10 – 20
Schulhof	1500	50 – 80	10 – 20
Industriehof	3000	100 – 200	20 – 30
Fußballplatz	15000	400 – 500	80 – 150

- Verstärker- und Sprechstellensystem, 5 Lautsprecherlinien

Beispiel für eine kleine Sportanlage

- Lautsprecher und Geräteanordnung

Nebenräume/WC   Vereinsheim

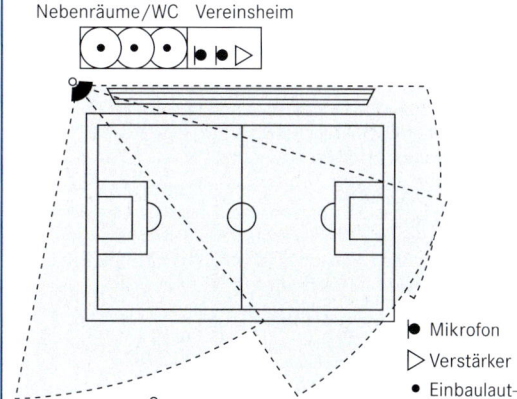

- Mikrofon
- ▷ Verstärker
- Einbaulautsprecher

Druckkammerlautsprecher

- Anlagenschema

Nebenräume/WC

Sportplatz

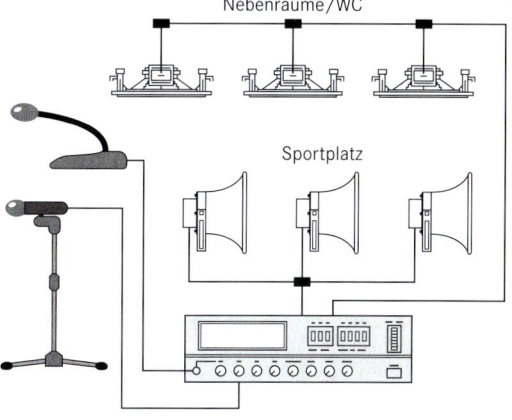

- Geräte:
  1 x Handmikrofon, 1 x Tischmikrofon, 1 x Mikrofonstativ, 1 x Kleinzentrale, 1 x CD-Tunermodul, 3 x Einbaulautsprecher, 3 x Druckkammerlautsprecher

Druckkammerlautsprecher, Hornlautsprecher

- Es handelt sich um Kalottenlautsprecher mit einem vorgesetzten Exponentialtrichter.
- Der Wirkungsgrad ist bei hohen und mittleren Frequenzen sehr hoch.
- Die Kalotte presst die Luft in eine geschlossene Kammer und erhöht dadurch die Geschwindigkeit der Luftteilchen (Geschwindigkeitstransformation).

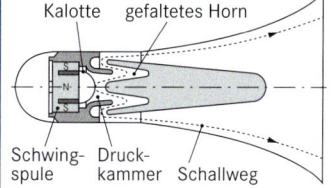

Kalotte   gefaltetes Horn

Schwingspule   Druckkammer   Schallweg

10 W, 100 V, 115 dB, 350 – 6000 Hz

Merkmale

- Beschallungsanlagen werden verkürzt auch als **PA** (**P**ublic **A**ddress) bezeichnet. Es handelt sich um mobile Anlagen in der Veranstaltungstechnik (z. B. für eine Disco-, Live- oder Konzertbeschallung). Den Begriff „elektroakustische Anlagen" (**ELA**) verwendet man für fest installierte Anlagen.

- Beschallungsanlagen werden dort eingesetzt, wo es um eine möglichst gleichmäßige Beschallung großer Flächen geht (z. B. Bühnen, Stadien).

- PA-Anlagen verstärken Tonsignale aus Mikrofonen, elektronischen bzw. elektromagnetischen Musikinstrumenten oder Aufzeichnungsgeräten. Die Signale werden über Lautsprecher wiedergegeben. Steuernde (Mischpult) und Effekte erzeugende Geräte sind Bestandteile einer PA-Anlage.

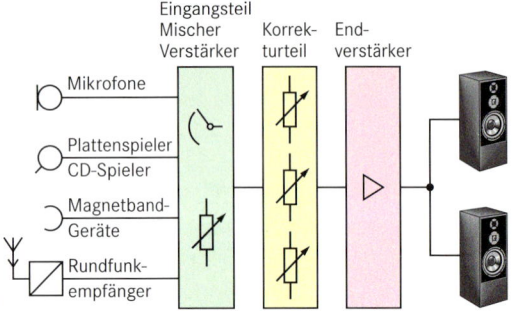

- Zu einem PA-System gehört die **Backline**. Es handelt sich dabei um technische Geräte (z. B. Gitarrenverstärker, Bassverstärker) der auftretenden Künstler. Sie sind den individuellen Bedürfnissen angepasst.

- Da die Beschallung in Richtung Zuhörer gerichtet ist, können die Künstler auf der Bühne ihre Stimme bzw. die Musik nur mit einem begrenzten Frequenzspektrum wahrnehmen. Es wird deshalb **Monitoring** eingesetzt, dass aus Lautsprechern besteht, deren Schallausbreitung auf die Bühne gerichtet ist. Häufig werden auch Ohrhörer (**In-Ear-Monitoring**) mit einer drahtlosen Übertragung eingesetzt.

Leistungsangaben für Lautsprecher und Leistungsverstärker

- **Bemessungsleistung** (**Rating Power**, Nennleistung)
  Sie ist die effektive Leistung (Effektivwert: RMS) über den gesamten Frequenzbereich zwischen 20 Hz und 20 kHz und liegt in der Regel bei etwa 60 % der Sinusleistung.

- **Sinusleistung**
  Die Sinusleistung ist ein Effektivwert und entspricht der Dauerleistung eines sinusförmigen Dauertons von 1 kHz. Sie ist größer als die Bemessungsleistung.

- **Spitzenleistung** (**Peak Power**)
  Es ist die nicht genormte maximale Leistung, die ein Verstärker für eine kurze Zeit an den Lastwiderstand bzw. den Lautsprecher abgeben kann. Sie wird für eine Zeitspanne von ca. 10 ms gemessen.

- **Spitzenmusikleistung** (**PMPO**: **P**eak **M**usic **P**ower **O**utput)
  Diese nicht genormte Spitzenleistung wird in der sehr kurzen Belastungszeit von ca. 1 ms ermittelt. Der PMPO-Wert ist etwa um den Faktor 100 größer als die Bemessungsleistung.

100 V-Technik

- Für größere Lautsprecheranlagen verwendet man Verstärker mit Spannungsanpassung. Die Ausgangsspannung beträgt 100 V bei der Bemessungsleistung. Da der Innenwiderstand des Verstärkers klein ist, bleibt die Ausgangsspannung belastungsunabhängig.

- Die Lautsprecher können unterschiedliche Innenwiderstände besitzen. Sie werden durch Übertrager angepasst. Die Gesamtleistung der angeschlossenen Lautsprecher darf nicht größer als die Bemessungsleistung des Verstärkers sein.

- Schaltungsbeispiel mit 3 Lautsprechern:

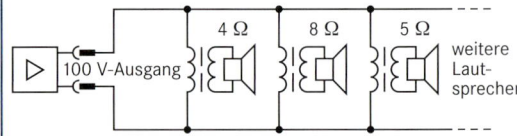

- **Vorteile**
  - Alle Lautsprecher liegen parallel. Dadurch ist die Installation einfach. Änderungen (zu- und abschalten) sind problemlos möglich.
  - Da die Stromstärke gering ist, können die Leitungsquerschnitte klein und die Leitungslängen groß sein (geringe Leitungsverluste). Beispiel: $P = 100\ W \Rightarrow I = 1\ A$

- **Sicherheit**
  Auf der 100 V-Seite der Anlage dürfen nur Materialien und Werkzeuge verwendet werden, die für diese Spannung zugelassen sind (Berührungsschutz beachten).
  Bei Tätigkeiten an offenen Lautsprechern sind die Geräte abzuschalten.

Lautsprecherboxen (Auswahl)

- **Geschlossene Box**
  - Der nach hinten abgestrahlte Schall bleibt im Gehäuse und wird nicht genutzt.
  - Die eingeschlossene Luft wirkt wie eine dämpfende Feder.

- **Bassreflexbox**
  - Der rückwärtige Schall wird zur Wiedergabe genutzt.
  - Das Rohr wirkt wie ein Resonator für tiefe Töne, der an den Lautsprecher gekoppelt ist (eigene Schallquelle).

- **Bandpassgehäuse**
  - Das System wirkt wie eine geschlossene Box, mit einer Bassreflexöffnung.
  - Das Bandpassgehäuse eignet sich für Subwoofer.

- **Transmissionline-Box**
  - Das System wirkt wie eine geschlossene Box, mit einem sehr langen Kanal.
  - Der Kanal wirkt wie ein Resonator für bestimmte Frequenzen.

- **Dipolgehäuse**
  - Der Schall wird nach vorne und nach hinten mit entgegen gesetzter Phasenlage abgestrahlt.
  - Wenn diese Wellen aufeinander treffen, entstehen akustische Kurzschlüsse.

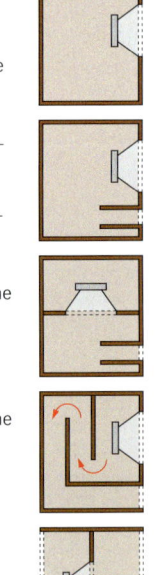

Merkmale

- Die Beleuchtung ist eine Hauptkomponente bei allen Veranstaltungen, da sie wesentlich die Qualität z.B. einer Fernsehaufnahme bestimmt.
- Die **lichttechnische Anlage** ist daher sorgfältig zu planen (z.B. mit Berechnungsprogrammen) und aufzubauen.
- Die lichttechnischen Mindestanforderungen für **Sportstättenbeleuchtung** sind in der DIN EN 12193 festgelegt.
- Grundsätzlich wird unterschieden zwischen Veranstaltungen im
  - Hallenbereich (Indoor) und
  - Aussenbereich (Outdoor).

Beleuchtungsqualität

Faktoren: Lichtdichteverteilung, Lichtrichtung, Farbwiedergabe, Lichtfarbe, Beleuchtungsstärke, Schattigkeit, Blendungsbegrenzung, Wartungswert/-faktor

Hallenbereich

Wettbewerbsniveau	Beleuchtungsklasse		
	I	II	III
International/National	•		
Regional	•	•	
Lokal	•	•	•
Training		•	•
Schul-/Freizeit			•

Sportart		
Gruppe 1	Gruppe 2	Gruppe 3
Fechten Hockey Badminton Squash Tischtennis	Schulsport Rad-/Rollsport Ballsport Gewichtheben Kampfsport Ringen Tennis	Klettern Gymnastik Turnen

Beleuchtungsklasse		Horizontale Beleuchtungsstärke		Vertikale Beleuchtungsstärke	
		E_{av} in lx	E_{min}/E_{av}	E_{av} in lx	E_{min}/E_{av}
Gruppe 1	I	750	0,7	500	0,7
	II	500	0,7	300	0,7
	III	300	0,7	200	0,7
Gruppe 2	I	750	0,7		
	II	500	0,7		
	III	200	0,5		
Gruppe 3	I	500	0,7	500	0,7
	II	300	0,6	300	0,6
	III	200	0,5	200	0,5

Außenbereich

Wettbewerbsniveau	Beleuchtungsklasse
Hochleistungs-Wettkämpfe (hohe Zuschauerzahlen)	I
Wettkämpfe auf mittlerem Niveau (mittlere Zuschauerzahlen)	II
einfache Wettkämpfe, Training, Schulsport, Freizeitsport	III

Sportart/ Beleuchtungsklasse	Horizontale Beleuchtungsstärke E_{av} in lx	Gleichmäßigkeit der horizontalen Beleuchtungsstärke E_{min}/E_{av}
Fußball, Handball, Basketball und Volleyball		
I	500	0,7
II	200	0,6
III	75	0,5
Tennis		
I	500	0,7
II	300	0,7
III	200	0,6

Begrenzung der Beleuchtungsstärke

Immissionsort (Einwirkungsort) (Gebietsart nach § BauNVO)	Beleuchtungsstärke E_F in lx		
	6 h–20 h	20 h–22 h	22 h–6 h
Kurgebiete, Krankenhäuser, Pflegeanstalten, reine Wohngebiete (§ 3)	1	1	1
allgemeine Wohngebiete (§ 4) besondere Wohngebiete (§ 4a) Kleinsiedlungsgebiete (§ 2) Dorfgebiete (§ 2) Erholungsgebiete (§ 10)	3	3	1
Mischgebiete (§ 6)	5	3	1
Kerngebiete (§ 7) Gewerbegebiete (§ 6) Industriegebiete (§ 9)	15	15	5

Fernsehaufnahmen

- Für eine fernsehgerechte Beleuchtung sind u.a.
  - die horizontale und vertikale Lichtrichtung und
  - der Farbwiedergabeindex
  entscheidend.
- Die Höhe der Beleuchtungsstärke ist bei Sportveranstaltungen u.a. abhängig von
  - dem Aufnahmeort (Innen-/ Aussenaufnahme) und
  - der Sportart (Fußball, Schwimmen).
- Bei Fußballaufnahmen sind für hochauflösende Fernsehbilder (HDTV) mindestend 800 lx mittlere Beleuchtungsstärke in Richtung einer Kamera erforderlich (für Zoom bzw. Superzeitlupe mindestens 2.000 lx).

Notbeleuchtung

- Die Notbeleuchtung wird unterteilt in
  - Sicherheitsbeleuchtung und
  - Ersatzbeleuchtung.
- Die **Sicherheitsbeleuchtung** (DIN EN 1838) beinhaltet
  - Sicherheitsbeleuchtung für **Rettungswege**,
  - **Antipanikbeleuchtung** und
  - Sicherheitsbeleuchtung für **Arbeitsplätze** mit besonderer Gefährdung.
- Die **Ersatzbeleuchtung** (DIN EN 12193) soll eine geordnete Beendigung einer Veranstaltung innerhalb einer vorgegebenen Zeit ermöglichen.

Klinkenstecker

Anwendungen	Bauformen		
■ Klinkenstecker sind Steckverbinder zur Übertragung von Wechsel- oder Gleichspannung im **SELV**-Bereich (**S**afety **E**xtra **L**ow **V**oltage, Schutzkleinspannung).	**Zweipoliger Mono-Stecker**	 ① ④	① Tonsignal ④ Masse, Rücklei-tung, GND
■ Englische Bezeichnung: TRS Connector, audio jack	**Dreipoliger Stereo-Stecker**	① ② ④	① Tonsignal links ② Tonsignal rechts ④ Masse, Rücklei-tung, GND
■ **2,5 mm** Schaftdurchmesser (1/10 Zoll, Mikroklinke) für besonders kleine Geräte Beispiele: Headsets, Mobiltelefone, Fotoapparate, Datenübertragung bei Taschenrechnern, Kabelauslöser	**Vierpoliger Stereo-Stecker mit Zusatz-funktion**	① ② ③ ④	① Tonsignal links ② Tonsignal rechts ③ Zusatzsignal AUX ④ Masse, Rücklei-tung, GND
■ **3,5 mm** Schaftdurchmesser (1/8 Zoll, Miniklinke) für tragbare Geräte Beispiele: MP3-Player, Discman, Soundkarten, Lautsprecher, Kopfhörer	**Stecker für symmetrische verbindung**[3]	① ② ④	① + Phasenrichtiges Tonsignal[1] ② – Phasenumge-kehrtes Tonsignal[1] ④ Masse, Rücklei-tung, GND[2]
■ **6,35 mm** Schaftdurchmesser (1/4 Zoll, große Klinke) für zahlreiche Geräte der Musikbranche Beispiele: Effektgeräte, Synthesizer, Keyboards, E-Pianos, Gitarrenverstärker			
■ Klinkenstecker mit 2,5 mm und 3,5 mm Schaftdurchmesser werden auch für die Spannungsversorgung von Kleingeräten verwendet. Die Polarität an den Kontakten ist nicht genormt. Durch die offen liegenden Kontakte kann es beim Einstecken zum Kurzschluss kommen. Deshalb werden oft Hohlstecker eingesetzt.	[1] Hinleitung für Phantomspeisung [2] Rückleitung für Phantomspeisung [3] Anwendung in der professionellen Audiotechnik		

XLR Steckverbinder

- Abkürzung:
  X: e**x**tern (Schirm), **L**: live, **R**: Return
- 3-polig: Professioneller Beschallungs- und Tonstudiobereich für Mikrofon und Lautsprecheranschluss
- 5-polig: Zusätzlich Übertragung von Daten der Lichtsteuerung
- Pinbelegung (Pin 2 ist mit einer „Nase" markiert)

3-polig

männlich  weiblich

Pin	Signalübertragung	
	symmetrisch	unsymmetrisch
1	Abschirmung, Masse	
2	Signalader positiv (+, hot, heiß)	Signal
3	Signalader negativ (–, cold, kalt)	unbelegt, mit Pin 1 gebrückt

- Vorteil gegenüber Klinken-Steckverbindern:
  - Beim Stecken wird das Signal nicht kurzzeitig mit Masse verbunden
  - Steckverbindung ist in der Regel verriegelbar und trittsicher

DIN Steckverbinder

- Rundsteckverbinder für Rundfunk und verwandte elektroakustische Geräte (unter 3 MHz), DIN EN 60130-9: 2001-06
- 3-polig und 5-polig

	Plattenspieler		Audiogerät	
	Mono	Stereo	Mono	Stereo
	1 und 3: Wiedergabe	1: R 3: L	1: Aufnahme 3: Wieder-gabe	1: Aufn. L 2: Masse 3: Wiederg. L 4: Aufn. R 5: Wiederg. R
		2: Masse		

	Plattenspieler			Kopfhörer
	Mono	Stereo	Stereo	
	1, 4: NC 2: Masse 3: L 5: R	1: NC 2: Masse 3: L 4: NC 5: R	1: Masse 2: L 3: R 4: Verb. mit 2 5: Verb. mit 3	1: NC 2: L Masse 3: R Masse 4: L 5: R

R: Rechts, rechtes Signal   L: Links, linkes Signal
NC: Not connected (nicht verbunden)

Prinzip

- Mit Mehrkanal-Tonverfahren will man ein möglichst räumlich-realistisches Klangerlebnis mit mehreren Lautsprechern erzeugen (**Raumklang**, **Surround-Klang**).
- Wiedergabe bzw. Speicherung der Daten: Im Kino, in der Fernsehtechnik, auf Laserdiscs, DVDs, Blu-ray Discs, spezielle Audio-CDs, D-VHS
- Es gibt analoge und digital arbeitende Mehrkanal-Tonverfahren. Beispiele für digitale Verfahren:
  - **Dolby-Digital** (**DD**, Firmen- bzw. Marketingname)
  - **Digital Theatre Sounds** (**DTS**, Firmenname)
- **Kennzeichnungsprinzip**: Ziffer, Punkt, Ziffer Beispiel 5.1 bedeutet:
  - 5 Lautsprecher (Fullrange Kanäle)
  - 1 Tieftöner (Subwoofer, **LFE**: **L**ow **F**requency **E**nhancement)
- Schallspeicherung nach dem **Diskret-Verfahren**:
  - Jeder Kanal wird einzeln gespeichert (z. B. DTS ES 6.1 Discrete).
  - Vorteil: Kanäle sind besser voneinander getrennt, höhere Dynamik ist möglich.
  - Nachteil: Mehr Speicherplatz ist erforderlich.
- Schallspeicherung nach dem **Matrix-Verfahren**:
  - Die Signale mehrerer Kanäle werden miteinander verschachtelt.
  - Vorteil: Geringerer Speicherbedarf als beim Diskret-Verfahren
  - Nachteil: Dialoge können sich mitunter vermischen.

Lautsprecherpositionierung beim 5.1 System

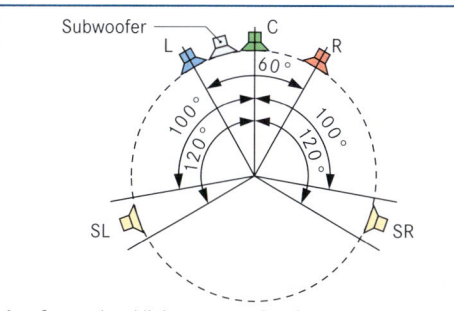

L: Stereosignal links   R: Stereosignal rechts
SR: Surround rechts   SL: Sourround rechts
C: Zentrum, Sprachkanal
S: Hintergrund und Nebengeräusche (Surround)

Dolby-Digital (DD)

- Verlustbehaftetes Verfahren (Komprimierung auf ca. 10 % der Originaldaten); Bezeichnung: **AC-3** (**A**daptive **T**ransform **C**oder **3**)
- Bis zu sechs Kanäle
- Datenübertragungsraten
  - 32 kbit/s bis 640 kbit/s
  - DVD mit 5.1 Ton: 384 kbit/s oder 448 kbit/s
  - Kino 320 kbit/s
- Frequenzumfang:
  - Vollbereichskanäle 20 Hz bis 20 kHz
  - Basskanal 20 Hz bis 120 Hz
- Beispiele:

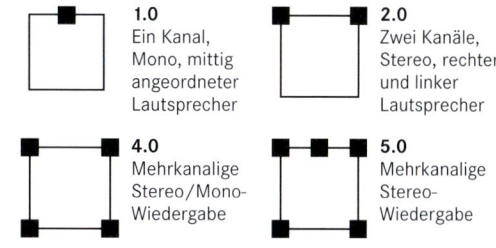

1.0 Ein Kanal, Mono, mittig angeordneter Lautsprecher

2.0 Zwei Kanäle, Stereo, rechter und linker Lautsprecher

4.0 Mehrkanalige Stereo/Mono-Wiedergabe

5.0 Mehrkanalige Stereo-Wiedergabe

Digital Theatre Sounds (DTS)

- Verlustbehaftetes Verfahren (Komprimierung auf ca. 30 %); Datenrate:
  - Laserdiscs und CD 1.235 kbit/s
  - DVD 754,5 kbit/s bis 1.509,75 kbit/s, die Tonspur kann einen Bass-Kanal (LFE) enthalten
- Frequenzumfang:
  - Vollbereichskanäle 20 Hz bis 22 kHz
  - Basskanal (LFE) bis 80 Hz
- Beispiele:
  - **DTS ES Discrete 6.1**
    Diskrete (voneinander unabhängige) Kanäle
  - **DTS-96/24**
    Erhöhte Abtastfrequenz (96 kHz, Quantisierung mit 24 Bit) zur qualitativ hochwertigen Wiedergabe von 5.1 Kanalton
  - **DTS-HD** (DTS High Definition, früher DTS++)
    Format für den Einsatz bei HDTV und Blu-ray Discs, Datenraten 769 kbit/s bis 64 Mbit/s, Abtastrate 192 kHz, 24 Bit

Zusammenhang zwischen Dolby Digital und DTS

Dolby Digital 5.1		DTS 5.1	Sechs einzelne, voneinander unabhängige Kanäle
	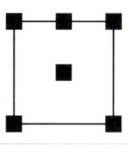		<ul><li>Front: Links, Rechts, Center</li><li>Surround: Links, Rechts</li><li>Subwoofer</li></ul>
Dolby Digital Surround EX		**DTS ES 6.1 Matrix**	DD und DTS arbeiten wie ihre 5.1 Verfahren. Zusätzlich ist ein dritter Surround-Center-Kanal (**Backround** oder **Center Surround**) vorhanden, dessen Signale im linken und rechten Surroundkanal encodiert sind.
			Die Signale sollten über zwei Lautsprecher wiedergegeben werden.

Nadeltonverfahren

Schriftarten

- **Tiefenschrift** (Edison 1877)
  Schneidstichel wird senkrecht zur Plattenebene bewegt.
- **Seitenschrift** (E. Berliner)
  Schneidstichel wird in Richtung der Plattenebene bewegt.

- **Flankenschrift** (Stereoschrift)
  Stereosignale steuern den Stichel in um 90° versetzte Bewegungskomponenten. Jede Komponente ist um 45° gegen die Plattenebene geneigt.

Schallplatte

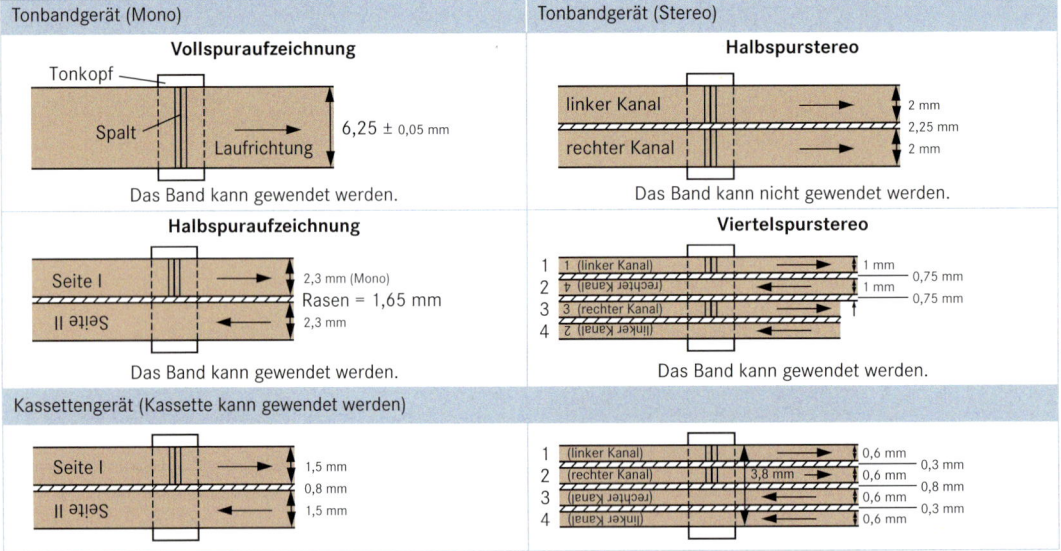

Symbole	Mono/Stereo	M 45 · 45 · St 45	M 33 · 33 · St 33
Abtastnadel		**Mono** ≥ 55 mm, R ≤ 8 mm, 90°	**Stereo** ≥ 35 µm, R ≥ 8 µm, Durchschnittswert Minimum 25 mm, L-Information, R-Information, 90°
Drehzahl in 1/min		45	33 1/3
Nenndurchmesser in cm		17,5	30
Spielzeit in min		6 … 9	bis 40
Rillenbreite in µm	Mono	50	50
	Stereo	40	40
DIN Normen	Mono	45 537	45 537
	Stereo	45 546	45 547

Magnettonverfahren

Tonbandgerät (Mono)	Tonbandgerät (Stereo)
Vollspuraufzeichnung Tonkopf, Spalt, Laufrichtung, $6,25 \pm 0,05$ mm. Das Band kann gewendet werden.	**Halbspurstereo** linker Kanal, rechter Kanal, 2 mm, 2,25 mm, 2 mm. Das Band kann nicht gewendet werden.
Halbspuraufzeichnung Seite I, Seite II, 2,3 mm (Mono), Rasen = 1,65 mm, 2,3 mm. Das Band kann gewendet werden.	**Viertelspurstereo** 1 (linker Kanal), 2 (rechter Kanal), 3 (rechter Kanal), 4 (linker Kanal), 1 mm, 1 mm, 0,75 mm, 0,75 mm. Das Band kann gewendet werden.

Kassettengerät (Kassette kann gewendet werden)	
Seite I, Seite II, 1,5 mm, 0,8 mm, 1,5 mm	1 (linker Kanal), 2 (rechter Kanal), 3 (rechter Kanal), 4 (linker Kanal), 3,8 mm, 0,6 mm, 0,3 mm, 0,6 mm, 0,8 mm, 0,6 mm, 0,3 mm, 0,6 mm

Bandsorten

Beschichtung	Merkmale
Eisenoxid (Fe-Bänder) Fe_2O_3	Signal-Rauschzustand gering, damit geringe Dynamik, Höhenaussteuerbarkeit gering
Chromdioxid (Cr-Bänder) CrO_2	Höhenaussteuerbarkeit gut, Tiefenaussteuerbarkeit gering, größte Dynamik
Doppelschichtband (Fe-Cr) Eisenoxid und Chromdioxid	Gute Höhen- und Tiefenaussteuerbarkeit, Dynamikwerte zwischen denen der Fe- und Cr-Bänder
Reineisen (Me-Band, kein Oxid)	Sehr gute Höhenaussteuerbarkeit, Dynamik ähnlich Fe-Band, nur auf speziell ausgerüsteten Geräten zu verwenden

Display-Technologien
Display-Technologies

Einteilung

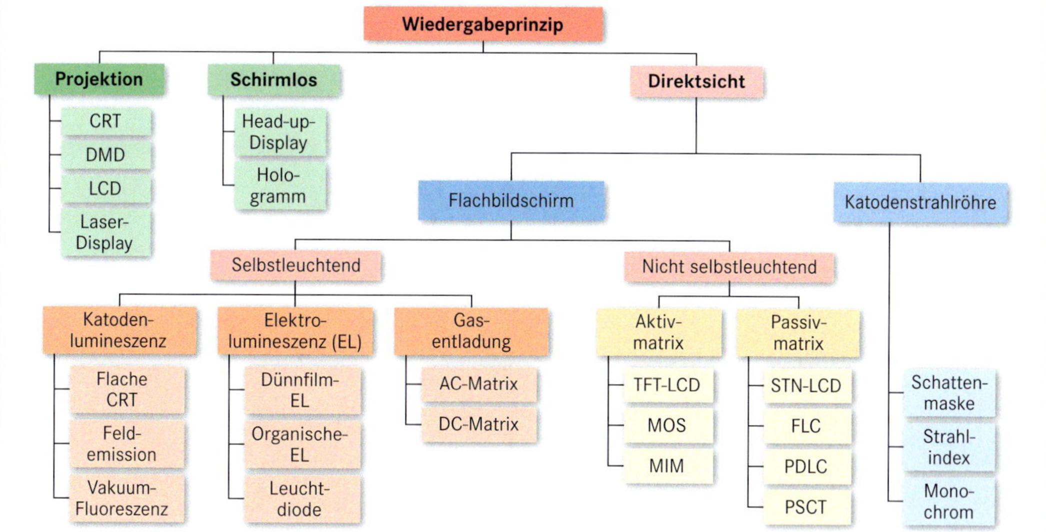

```
                              Wiedergabeprinzip

        Projektion        Schirmlos                        Direktsicht

         CRT           Head-up-
                       Display                    Flachbildschirm          Katodenstrahlröhre
         DMD
                       Holo-
         LCD           gramm
                                    Selbstleuchtend              Nicht selbstleuchtend
         Laser-
         Display

     Katoden-      Elektro-        Gas-          Aktiv-        Passiv-
   lumineszenz    lumineszenz (EL) entladung     matrix        matrix

     Flache        Dünnfilm-      AC-Matrix      TFT-LCD      STN-LCD      Schatten-
     CRT           EL                                                      maske
                                   DC-Matrix     MOS          FLC
     Feld-         Organische-                                             Strahl-
     emission      EL                            MIM          PDLC         index

     Vakuum-       Leucht-                                     PSCT         Mono-
     Fluoreszenz   diode                                                   chrom
```

CRT: **C**athode **R**ay **T**ube (Katodenstrahlröhre)
DMD: **D**ense **M**irror **D**isplay (Mikrospiegel)
LCD: **L**iquid **C**rystal **D**isplay (Flüssigkristall)
FLC: **F**erro **L**iquid **C**rystal (Ferroelektrischer Flüssigkristall)
MOS: **M**etall **O**xid **S**emiconductor (Metall-Oxid)
MIM: **M**etall **I**solator **M**etall (Metall Isolator Metall)

PDLC: **P**olymer **D**isperged **L**iquid **C**rystal
      (Polymer dispergierter Flüssigkristall)
PSCT: **P**olymer **S**tabilised **C**holestric **T**exture
      (Polymer stabilisierte cholestrische Texture)
STN: **S**uper **T**wisted **N**ematic (Super gedreht)
TFT: **T**hin **F**ilm **T**ransistor (Dünnschicht Transistor)

LCD (Liquid Crystal Display)

- Flüssigkristall-Anzeigen
  - basieren auf anorganischen Komponenten mit stäbchen-haften **Molekülen** und benötigen externe Lichtquellen,
  - wirken nach dem **Durchlicht-** oder **Reflexionsverfahren** oder einer Kombination aus beidem und
  - bilden im Temperaturbereich von –20 °C bis +85 °C **Kristallstäbchen**, die verschiebbar sind.
- Durch Anlegen elektrischer Spannungen wird die Ausrichtung der Moleküle beeinflusst.

- **Normal-White Zelle** ist ohne Spannung weiß.
- **Normal-Black Zelle** ist ohne Spannung dunkel.
- **Passiv-Matrix-Displays** beeinflussen auch Nachbarzellen (geringer Kontrast).
- **Aktiv-Matrix-Displays** sind in jeder Zelle mit einem Dünnschichttransistor als Schalter ausgerüstet und werden als **TFT-Displays** (**T**hin-**F**ilm-**T**ransistor) bezeichnet.

Leuchtverfahren | Funktion

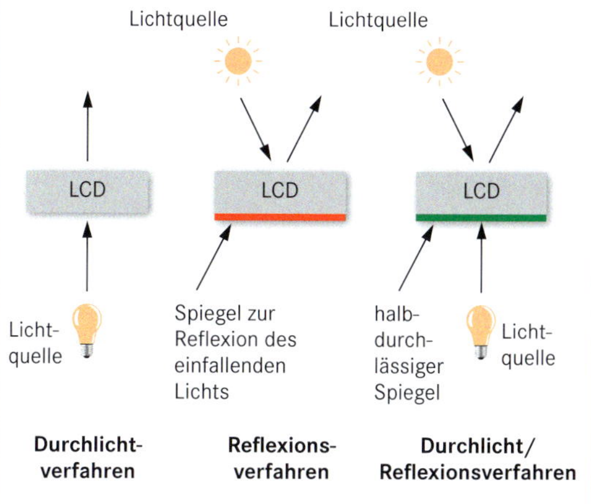

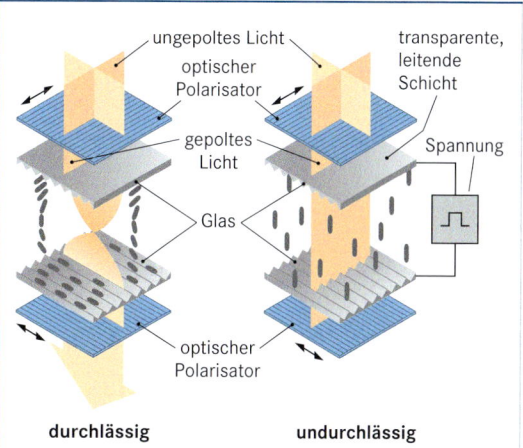

Lichtquelle   Lichtquelle

LCD   LCD   LCD

Licht-quelle   Spiegel zur Reflexion des einfallenden Lichts   halb-durch-lässiger Spiegel   Licht-quelle

Durchlicht-verfahren   **Reflexions-verfahren**   **Durchlicht/Reflexionsverfahren**

ungepoltes Licht   transparente, leitende Schicht
optischer Polarisator
gepoltes Licht   Spannung
Glas
optischer Polarisator

durchlässig   **undurchlässig**

TFT-LCD

Funktion

- **TFT**-LCD (**T**hin-**F**ilm-**T**ransistor LCD)
  - bestehen aus LC-Zellen mit einem integrierten **Dünnschicht-Transistor** pro Farbe in jeder Zelle und werden deshalb als **Aktiv-Matrix-Displays** bezeichnet und
  - sind in der Bauform wesentlich dünner als Passiv-Displays.

- Die Transistoren steuern den Grad der Kristallablenkung und somit die Helligkeit der einzelnen Farben.

- Die **Refresh-Rate** liegt annähernd bei der von Bildröhren.

- Defekte Pixel sind entweder dauernd leuchtend bei schwarzem Hintergrund oder dunkel bei weißem Hintergrund.

Aufbau

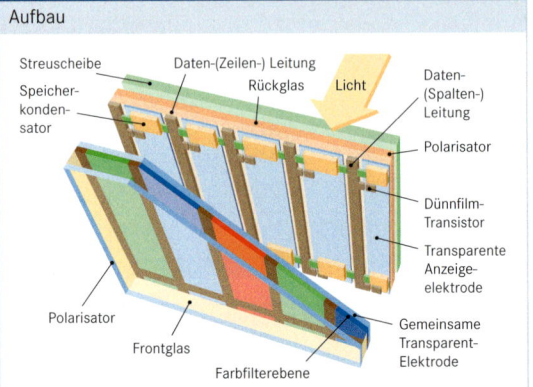

PLD

Funktion

- **Pl**asma-**D**isplays (**PLD**)
  - sind selbstleuchtend,
  - beinhalten eine Mischung aus Edelgasen (Argon, Neon) zur **Plasmaerzeugung**,
  - verwenden Phosphor (rot, grün, blau) als Leuchtmittel,
  - werden über eine x/y-Matrix angesteuert und
  - erzeugen durch **Stoßionisation** frei bewegliche Ionen und Elektronen.

- Gebundene Elektronen im Plasma werden durch die freien Elektronen auf höheres Energieniveau angehoben und erzeugen bei Rückfall auf normales Niveau **Ultraviolett-Strahlung**, die den Phosphor zum Leuchten anregt.

- Die Steuerung der Helligkeit erfolgt durch zeitabhängige Anschaltung der Zellen.

Zellen-Aufbau

Display-Aufbau

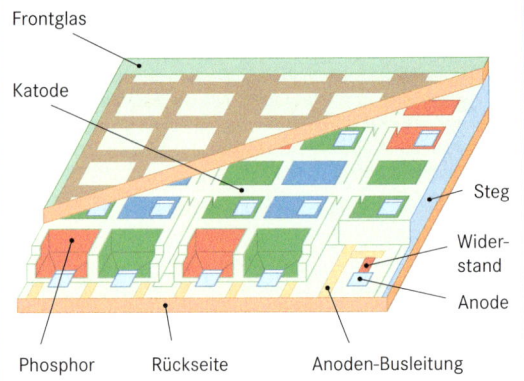

OLED

Funktion

- **O**rganic-**L**ight **E**mitting **D**iode (**OLED**) verwenden als Leuchtschicht organische Leuchtstoffe, in denen die positiven und negativen Ladungsträger beim Zusammentreffen sichtbares Licht erzeugen.

- OLED
  - sind selbstleuchtend (Elektrolumineszenz),
  - benötigen wenig elektrische Energie,
  - bieten hohe Kontrastverhältnisse,
  - werden als Passiv- und Aktiv-Matrix Displays eingesetzt (Mobiltelefone, Leuchtsymbole) und
  - können als Fläche leuchten.

Zellen-Aufbau

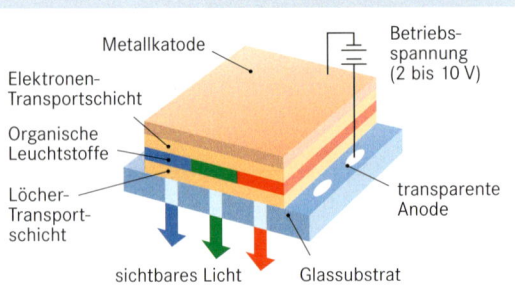

Funktionsprinzip

- Die Bildröhre verwendet zur Umsetzung von elektrischen Signalen in optisch sichtbare Informationen **Elektronenstrahlen**.
  Die Farbbildröhre besteht aus
  - einem **evakuierten** Glaskolben,
  - Elektronenstrahlsystem je Farbkanal,
  - **Ablenkeinrichtungen** für Horizontal- und Vertikalablenkung und
  - **Leuchtschirm**, beschichtet mit **Leuchtstoffen** für die drei Primärfarben Rot, Grün und Blau.

- Die in den **beheizten Katoden** erzeugten Elektronen werden elektrisch beschleunigt, fokussiert und durch die Ablenkeinrichtungen zeilenweise auf die Leuchtschicht gelenkt.

- Beim Aufprall der Elektronen wird die Bewegungsenergie in **Lichtenergie** umgesetzt.

- Bildröhren werden unterschieden nach Art der **Maskenformen**, die vor der Leuchtschicht liegt.

- Bei **Deltaröhren** sind die Strahlerzeugersysteme um 120° versetzt angeordnet.

- Bei **In-Line-Röhren** liegen die drei Strahlerzeugungssysteme in einer Ebene nebeneinander.

Aufbau

Funktionseinheiten

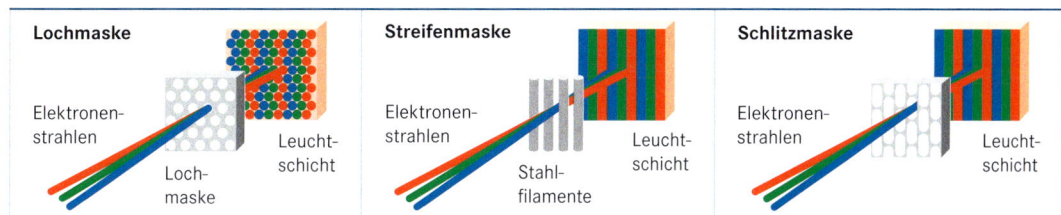

Maskenformen

Lochmaske — Elektronenstrahlen, Lochmaske, Leuchtschicht

Streifenmaske — Elektronenstrahlen, Stahlfilamente, Leuchtschicht

Schlitzmaske — Elektronenstrahlen, Leuchtschicht

Leuchtstoffe

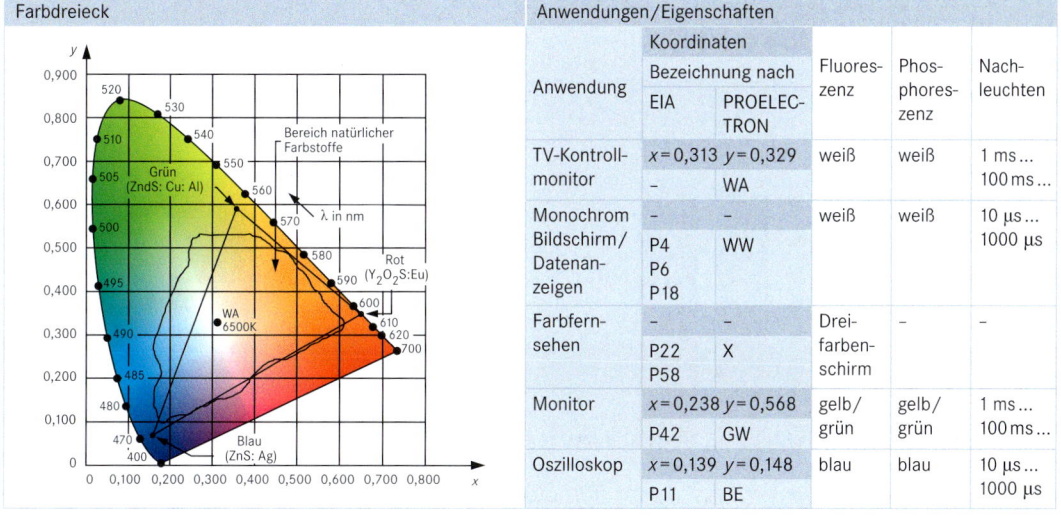

Farbdreieck

Anwendungen/Eigenschaften

Anwendung	Koordinaten Bezeichnung nach		Fluoreszenz	Phosphoreszenz	Nachleuchten
	EIA	PROELECTRON			
TV-Kontrollmonitor	$x = 0,313$ $y = 0,329$		weiß	weiß	1 ms … 100 ms …
	–	WA			
Monochrom Bildschirm/ Datenanzeigen	–	–	weiß	weiß	10 μs … 1000 μs
	P4 P6 P18	WW			
Farbfernsehen	–	–	Dreifarbenschirm	–	–
	P22 P58	X			
Monitor	$x = 0,238$ $y = 0,568$		gelb/ grün	gelb/ grün	1 ms … 100 ms …
	P42	GW			
Oszilloskop	$x = 0,139$ $y = 0,148$		blau	blau	10 μs … 1000 μs
	P11	BE			

Bildaufnahmeröhren

Bildwandler, Bildverstärker

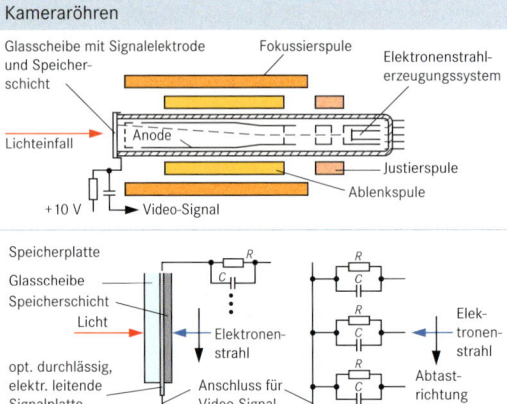

GaAs-aktive Schicht
GaAlAs-Schutzschicht
Si$_3$N$_4$-Antireflexbelag
CrNi-Kontaktierung
Glasträger (Eingangsfenster)
Cu-Bedampfung
Cr-Bedampfung

- Sie nehmen die für das menschliche Auge primär nicht sichtbaren Bildinformationen auf.
- Photonen der Objektstrahlung werden in Elektronen umgesetzt (äußerer lichtelektrischer Fotoeffekt), verstärkt und auf Leuchtschirm sichtbar als Bild wiedergegeben.
- Der **Bildwandler** besteht aus Fotokatode, elektronenoptischem Wandler und Leuchtschirm.
- Der **Bildverstärker** enthält ein elektronenoptisches Verstärkersystem.
- Die **Fotokatode** besteht aus unterschiedlichen Materialien (z. B. Gallium-Arsenid, mit hoher Infrarotempfindlichkeit).

Kameraröhren

Glasscheibe mit Signalelektrode und Speicherschicht
Fokussierspule
Elektronenstrahlerzeugungssystem
Lichteinfall
Anode
Justierspule
Ablenkspule
+10 V
Video-Signal

Speicherplatte
Glasscheibe
Speicherschicht
Licht
Elektronenstrahl
Elektronenstrahl
Abtastrichtung
opt. durchlässig, elektr. leitende Signalplatte
Anschluss für Video-Signal

- **Vidikon** (vide, lat. = sehe, Ikon, griech. = Bild) arbeitet mit innerem Fotoeffekt.
- Die Halbleiterschicht am Röhreneingang (Antimonsulfid) ändert seinen Widerstand durch äußere Belichtung (Photoneneinfall).
- Über den Elektronenstrahl erfolgt zeilenweises Abtasten der Speicherschicht.
- Der Aufladeimpuls des Elektronenstrahls wird kapazitiv ausgekoppelt und ist die Videoinformation.
- Die Röhre ist bei hohen Beleuchtungsniveaus einsetzbar.
- Der **Plumbicon** hat als Wandlerschicht fotoleitendes Bleioxid.
- Einsatz bei Farbfernsehtechnik, da hohe Empfindlichkeit und niedriger Dunkelstrom.

Halbleiter-Bildaufnehmer

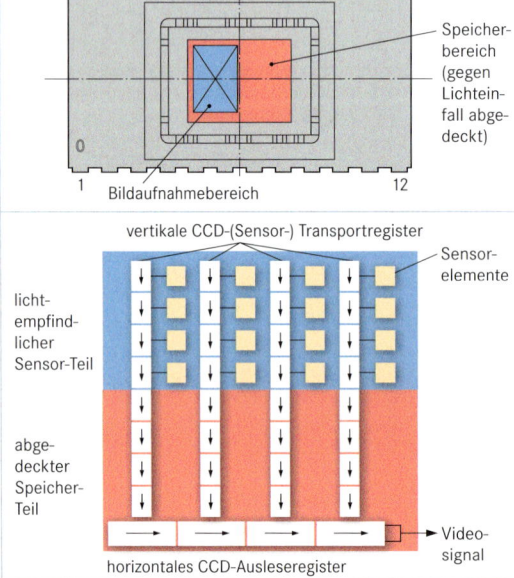

Frame-Transfer-Bildaufnehmer in Dual-Inline-Gehäuse
24
13
Speicherbereich (gegen Lichteinfall abgedeckt)
0
1
Bildaufnahmebereich
12

vertikale CCD-(Sensor-) Transportregister
Sensorelemente
lichtempfindlicher Sensor-Teil
abgedeckter Speicher-Teil
horizontales CCD-Ausleseregister
Videosignal

- Sensorelemente bestehen aus MOS-Kondensatoren oder pn-Dioden aus Silizium.
- Das Prinzip der Ladungsspeicherung wird verwendet.
- Der Signalstrom ist linear abhängig von der Beleuchtungsstärke.
- **Zeilensensoren:** Aufgeladene Sperrschichtkapazitäten der Dioden werden durch Belichtung entladen, anschließend werden Speicherkapazitäten bildpunktweise über MOS-Transistoren wieder aufgeladen.
  Der Ladestrom erzeugt am Arbeitswiderstand das Videosignal. Der Ladungstransport kann auch über analoge CCD-Transportregister (Charged Coupled Device: Ladungsgekoppelte Einheiten) erfolgen.
- **Interline-Transfer-Bildaufnehmer:** Sie beinhalten Bildaufnehmer und Speicherbereich auf der optisch wirksamen Fläche. Sensoren sind spaltenförmig angeordnet. Die Anzahl entspricht der aufzulösenden Zeilenzahl. Vertikale CCD-Transportregister lesen Informationen aus und transportieren sie über horizontale Ausleseregister zum Verstärker.
- **Frame-Transfer-Bildaufnehmer:** Bildbereich und Speicherbereich sind voneinander getrennt.
- **x-y-adressierte Bildaufnehmer:** Matrixförmige Anordnung der Fotoelemente.

Anschlüsse

Abhängig von der Geräteausstattung

Beispiele:
- **Computer**
  15-polig D-Sub (RGB), DVI
- **Monitor**
  15-polig D-Sub (RGB), DVI
- **Maus/serielle Schnittstelle**
  9-polig D-Sub (RS232C), USB
- **Video** (PAL, SECAM, NTSC, HDTV)
  – Video in   Cinch, Composite (S-VHS)
  – Audio in (Stereo)   Cinch/Miniklinke
  – Audio out (Stereo) Cinch

Auflösung

VGA:	640 x 480 Pixel
SVGA:	800 x 600 Pixel
XGA:	1024 x 768 Pixel
SXGA:	1280 x 1024 Pixel (Workstation-Auflösung, z. B. CAD)
UXGA:	1600 x 1200 Pixel
QXGA:	2048 x 1536 Pixel
WQXGA:	2560 x 1600 Pixel

Resizing

- Es handelt sich um einen Komprimierungsvorgang, wenn eine Vollbilddarstellung von einem höher auflösenden Format auf Projektoren mit geringerer Auflösung erfolgt (z. B. XGA ⇒ SVGA).
- Prinzip:
  Ein Mittelwert wird aus zwei nebeneinander liegenden Zeilen gebildet ⇒ Qualitätsverlust.

Ausleuchtung

- Vergleich der Helligkeit:
  Die Helligkeit in der Projektionsmitte wird mit der Helligkeit am Rand verglichen. Je größer der Wert in %, desto gleichmäßiger ist die Ausleuchtung.

Gute Werte > 80 %

Kontrastverhältnis

- Eine Verhältniszahl, die aussagt, wie viel mal heller das projizierte Weiß gegenüber Schwarz ist.
- Je größer die Zahl, desto besser der Kontrast.
- Die Messung erfolgt mit einem Schachbrettmuster.

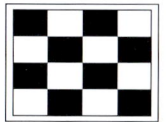

Gute Werte:
300:1, 400:1

Helligkeit

Die Angabe erfolgt durch den Lichtstrom in Lumen. Das Messverfahren ist durch ANSI festgelegt:
(**ANSI**: **A**merican **N**ational **S**tandard **I**nstitutes)
1. Einstellung (Kontrast und Helligkeit) des Projektors mit einem Testbild.
2. Einblendung eines weißen Bildes.
3. Einteilung des weißen Bildes in 9 gleich große Felder und Messung der Helligkeit im Mittelpunkt der Felder.
4. Berechnung eines Durchschnittwertes und Multiplikation mit der Bildgröße (in m^2).

Optimale Helligkeiten
- Kleine Räume (ca. 2 m Bildbreite):
  ... 1400 Lumen (ANSI)
- Mittlere Räume (ca. 3 m Bildbreite):
  1400 ... 2000 Lumen (ANSI)
- Große bzw. sehr helle Räume (> 3 m Bildbreite):
  2000 Lumen (ANSI)

Keystone-Korrektur (Keystone-Shift)

- Bei einer Aufwärtsprojektion treten Trapezverzerrungen auf (Keystone-Effekt).

z.B.:
$\alpha = 0 ... 12°$

Maßnahmen:
- Optische Korrektur (mechanische Einstellung)
- Digitale Korrektur: Durch die Umrechnung des Bildschirminhaltes kann sich die Bildschärfe und der Kontrast verringern (Auflösungsverlust).

Zoom

- Manueller Zoom durch das optische System.
  Brennweitenbeispiele: 49 – 63 mm, 52 – 66 mm
- Digitaler Zoom (Enlarge)
  Elektronische Bildausschnittsvergrößerung, z. B. 4 fach (Auflösungsverlust)

Farbtemperatur

Als Maß für die Farbwiedergabe wird die Farbtemperatur (weißes Licht, in Kelvin, K) angegeben.
- Tageslicht: 5600 K
- Halogen-Glühlampe: 3400 K
- Metalldampflampe: 6000 K

Ablenkfrequenzen

- Zeilenfrequenz (horizontal)
  Zeilen pro Sekunde (z. B. 15 kHz – 100 kHz)
- Bildwiederholfrequenz (vertikal)
  Bilder pro Sekunde (z. B. 43 Hz – 120 Hz)

LCD-Projektoren

Transmissive LCD-Projektoren

LCD: **L**iquid **C**rystal **D**isplay
- Weißes Licht ① wird mit dichroitischen (selektiv lichtdurchlässig) Spiegeln ② in die Grundfarben Rot, Grün und Blau zerlegt.
- Für jede Grundfarbe (3 Panel) ist ein transmissives (lichtdurchlässiges) Polysilizium-LCD-Panel ③ (Psi-LCD) vorhanden (Diagonale: 0,7; 0,9; 1,3 oder 1,8 Zoll).
  Umrechnung: 0,9 Zoll = 23 mm
  Es entstehen einfarbige Teilbilder.
- Vor den LCDs sind zur Lichtbündelung Mikrolinsen (**MLA**: **M**icro **L**ens **A**rray) angebracht.
- Ein Prisma ④ mischt die Einzelbilder zu einem vollfarbigen Bild zusammen (additive Farbmischung), das durch ein Objektiv auf die Leinwand projiziert wird.

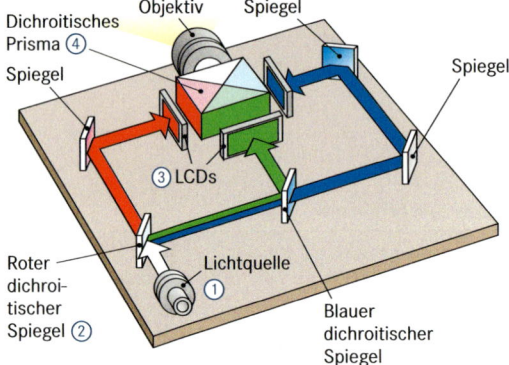

Vorteile:
- Da die Psi-LCDs klein sind, können kleine und lichtstarke Projektoren hergestellt werden.
- Die Farben werden gleichzeitig erzeugt.

Nachteil:
- Große Lichtabsorption und Wärmeentwicklung (Lüfter erforderlich)

Reflexive LCD-Projektoren

- Es werden anstelle von transmissiven reflexive LCDs verwendet ⑤ (**LCoS**: **L**iquid **C**rystal **o**n **S**ilizium).
- Hinter jedem LCD befindet sich ein fester Spiegel ⑥.

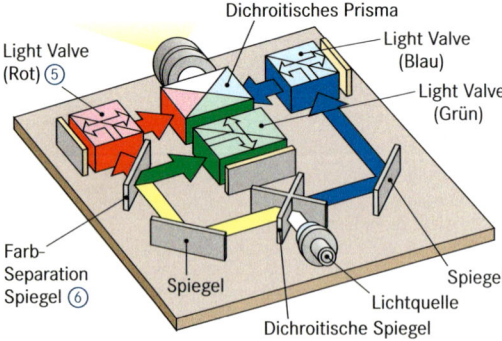

Vorteile:
- Hohe Lichtausbeute, da auch der Ansteuerungstransistor hinter jedem Pixel liegt.
- Aufgrund der Reflexion geringere Licht- und Wärmeverluste

DLP-Projektoren

DLP: **D**igital **L**ight **P**rocessing

Logo von Texas Instruments (Patent)

- Das Licht der Projektionslampe ① wird durch ein rotierendes Farbrad ② (3600 1/min, mindestens drei Farbsegmente für Rot, Grün und Blau; RGB) zerlegt. Es entstehen in schneller Folge rote, grüne und blaue Einzelbilder.
- Die Einzelbilder treffen auf den **DMD**-Chip (**D**igital **M**icromirror **D**evice, z. B. 15 x 13 mm). Auf der Chipoberfläche sind bis zu 2,4 Millionen beweglich gelagerte und einzeln angesteuerte Mikrospiegel ③ angebracht (16 µm, 14 µm, 12 µm).
- Speicherzellen (ähnlich SRAM) kippen über elektrostatische Anziehung die beweglichen Spiegel, so dass ein Bildpunkt hell oder dunkel projiziert werden kann. Die Spiegel können um etwa ± 10° bis ± 12° gekippt werden (20 µs).
- Die SRAM-Zellen werden zeilen- und spaltenweise mit einem Byte pro Pixel angesteuert (256 Helligkeitsabstufungen, 16,7 Millionen Farben).
- Durch die schnelle Folge der Einzelbilder entsteht für den Betrachter ein vollfarbiges Gesamtbild.
- Besonders hochwertige Projektoren verfügen über drei DMD-Chips.

Vorteile:
- Durch extrem geringe Abstände (1 µm) zwischen den Spiegeln werden störende Effekte wie Flimmern, Pixelrasterung und Rauschen weitgehend vermieden.
- Das Bild erscheint aufgrund der Reflexion besonders kontrastreich (1400:1), naturgetreu und in der Regel heller als bei LCD-Projektoren.
- DLP-Projektoren sind in der Regel leichter als LCD-Projektoren.

Nachteile:
- DLP-Projektoren sind in der Regel teurer als LCD-Projektoren.
- Mechanische Teile sind vorhanden.

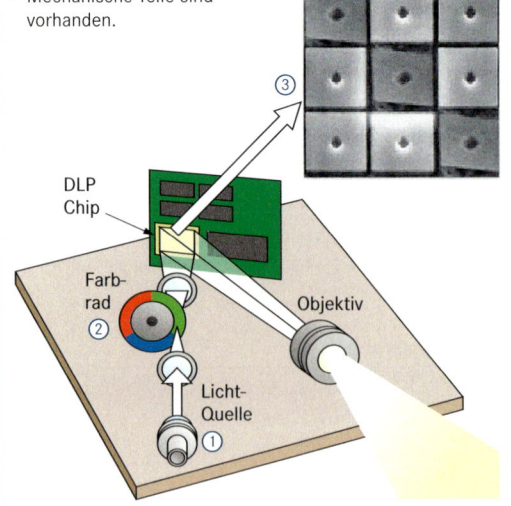

Merkmale

- Mit der Großbildprojektion werden Videos, Bilder und Liveaufnahmen großflächig dargestellt.
- Die Art der Projektion wird grundsätzlich unterschieden in
  - **Frontprojektion** (Projektor strahlt von vorn auf die Projektionsfläche) oder
  - **Rückprojektion** (Projektor strahlt auf die Rückseite der Projektionsfläche).
- Die Projektionsebene (Projektionsfläche) ist
  - passiv (wird von Projektor beleuchtet) oder
  - aktiv (ist selbstleuchtend).
- Die **passive** Projektion kann auf reflektierenden Oberflächen, wie z. B.
  - Leinwänden,
  - Gebäuden oder
  - Glasflächen
  erfolgen.
- Bei der **aktiven** Projektion (Bilderzeugung in der Projektionsfläche) wird in der Regel die Projektionsfläche als
  - ebene oder gebogene Wand,
  - in Kugelform oder
  - in einer anderen, der vorliegenden geometrischen Form angepassten Ausführung
  realisiert.

Projektoren

- Bei den eingesetzten Projektoren wird unterschieden nach der Technik für die Bilderzeugung in
  - Katodenstrahlröhren
  - Plasma-Projektor
  - **LCD**-Projektor (**L**iquid **C**rystal **D**isplay)
  - **LED**-Projektor (**L**ight **E**mitting **D**iode)
  - **LCoS**-Projektor (**LCD o**n **S**ilicon)
  - Laser Projektor

Projektionsmethoden

- Als Projektionsmethoden sind sowohl **zweidimensionale** als auch **dreidimensionale** Darstellungen möglich.
- Die zweidimensionale Darstellung wird hauptsächlich bei
  - Großveranstaltungen (Sport, Fernsehen, Konzert),
  - Verkehrsleitzentralen und
  - Leitzentralen im industriellen Bereich
  angewendet.
- Die dreidimensionale Darstellung kommt zum Einsatz in den Bereichen
  - Forschung und Entwicklung (3-D Modellierung),
  - Ausbildung (Flugsimulator, Wehrtechnik) und
  - Planetarien.
- Hierfür sind spezielle Verfahren für die Bilddarstellung (Bildaufbereitung, Bildwiedergabe) erforderlich.

Kriterien

- Bei der Auswahl eines geeigneten Projektionssystems sind einige Kriterien zu berücksichtigen, wie z. B.
  - Bildinhalte (z. B. Bewegtbild/Standbild),
  - erforderl. Helligkeit des Bildes (Innen-/Außenprojektion),
  - Projektionsgröße (Anzahl Zuschauer),
  - Projektionsformat (Auflösung),
  - Mobile oder Stationäre Projektion,
  - Betriebsdauer, Wartungsfreundlichkeit und
  - elektrischer Energiebedarf.

Passive Projektion

Frontprojektion

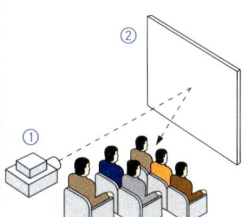

Rundum-Projektion mit mehreren Projektoren

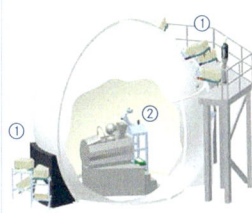

Rückprojektion

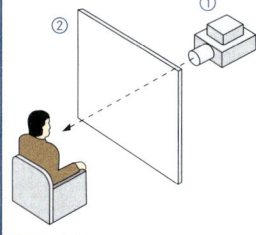

Rückprojektion mit Umlenkspiegel

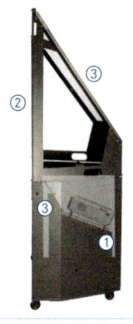

① Projektor
② Projektionsfläche
③ Umlenkspiegel

Aktive Projektion

Projektionswand aufgebaut mit einzelnen aktiven Projektionsflächen auf LED Basis.

Aufbausystem	Einzelmodul

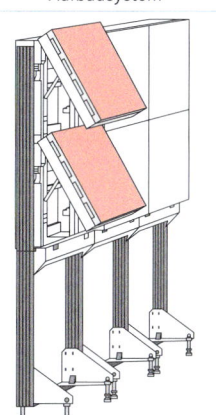

Einzel-LED: RGB in SMD-Ausführung
Anzahl der LEDs: 5632 pro Modul
Punktabstand: 10 mm
Modulabmessungen: Breite: 88 cm
Höhe: 64 cm

Beispiel

Sicherheitszentrale mit mehreren Bedienplätzen und Großbildprojektion

Prinzip

- Bei der 3-D Projektion (dreidimensionale Projektion) wird eine **räumliche Tiefenwirkung** der dargestellten Abbildung im Gehirn erzeugt.
- Grundlage ist der Mittenabstand zwischen den Augen (ca. 6,5 cm).
- Jedes Auge nimmt ein betrachtetes Bild mit einem anderen **Blickwinkel** auf.

- Im Gehirn erfolgt die Zusammensetzung dieser „Halbbilder" zu einer räumlichen Darstellung.
- Bei der 3-D Projektion werden deshalb zwei leicht unterschiedliche Bilder von einem Objekt erzeugt und mittels Projektor auf die Projektionsfläche abgebildet.
- Das Projektionssystem muss beim Betrachter den Empfang der Halbbilder realisieren.

Farbtrennung

- Zwei **unterschiedlich eingefärbte** Darstellungen (Komplementärfarben) des aufgenommenen Bildes werden auf der projektionsfläche gleichzeitig (perspektivisch versetzt) überlagert dargestellt (**Anaglyphenbild**).
- Mit einer Brille, die mit eingefärbten Folien (rot für das linke Auge, cyan für das rechte Auge) ausgestattet ist, erfolgt die Trennung des empfangenen Bildes in die beiden Halbbilder für das linke Auge (rotes Bild) und das rechte Auge (cyan Bild).
- Vorteil: Die Farbfilterbrille ist kostengünstig; es ist kein spezielles Anzeigegerät erforderlich. Das Prinzip ist mit vielen Medien (Print, Foto, Video) kompatibel.
- Nachteil: Eine realistische Farbdarstellung ist nicht möglich; Intensitäts- und Schärfeverlust.

Anaglyphenbild

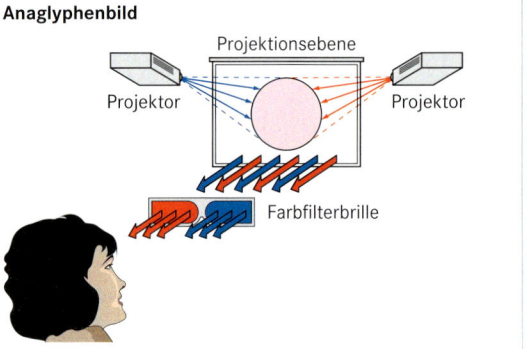

Polarisationstechnik

- Bei der **passiven Polarisationstechnik** wird das darzustellende Bild über zwei Projektoren, die mit **linearen Polarisationsfiltern** ausgestattet sind, gleichzeitig ausgesendet.
- Ein Projektor sendet ein **horizontal polarisiertes** Bild, während der andere Projektor ein **vertikal polarisiertes** Bild aussendet.
- Mit einer **Polfilterbrille**, deren Gläser nur jeweils eine Polarisationsrichtung durchlassen, erfolgt beim Empfänger die Aufteilung in die zwei erforderlichen Halbbilder.
- Zur Vermeidung von Geisterbildern muss der Empfänger die Blickrichtung möglichst rechtwinklig auf die Projektionsfläche ausrichten.
- Bei der **Kinoprojektion** ist eine Leinwand mit einer speziellen Oberflächenbeschichtung (Silber) erforderlich.
- Vorteil: Die Polfilterbrille wirkt passiv und ist kostengünstig.
- Nachteil: Eine Kopfneigung verändert die 3-D Wirkung.
- Bei der **aktiven Polarisationstechnik** wird die **Shutter-Technik** (Verschluss) angewendet.
- Die zusammengehörigen Halbbilder werden dabei **zeitlich nacheinander** in voller Auflösung mit **perspektivischem Versatz** ausgesendet.
- Eine Modifikation der Polarisation am Projektor ist nicht erforderlich.
- Mit der Empfangsbrille (ausgestattet mit LCD-Gläsern) wird abwechselnd das linke bzw. das rechte Auge abgedunkelt.
- Die Ein-/ Ausschaltung der Brillengläser erfolgt über einen Infrarotsender, der vom Projektionssystem angesteuert wird.
- Erforderlich ist eine hohe Wiedergabegeschwindigkeit, damit das Gehirn die zeitlich nacheinander eintreffenden Bildinformationen nicht mehr trennen kann und als fließende Information aufnimmt.
- Vorteil: Hohe Wiedergabequalität (Kontrast, Farbe)
- Nachteil: Hohe Bildwiedergaberaten erforderlich

Passive Polarisation

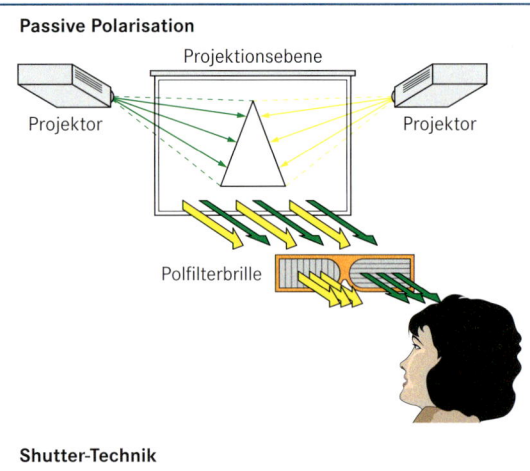

Shutter-Technik

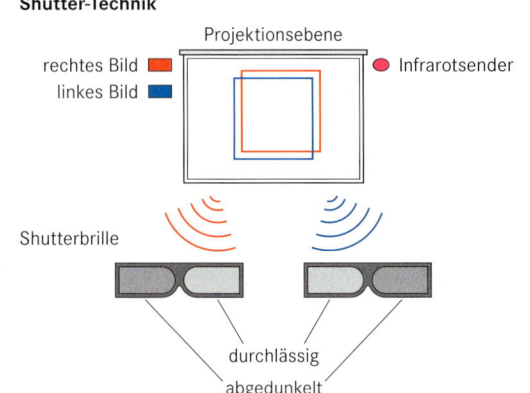

Überlagerungsempfänger (Prinzip)

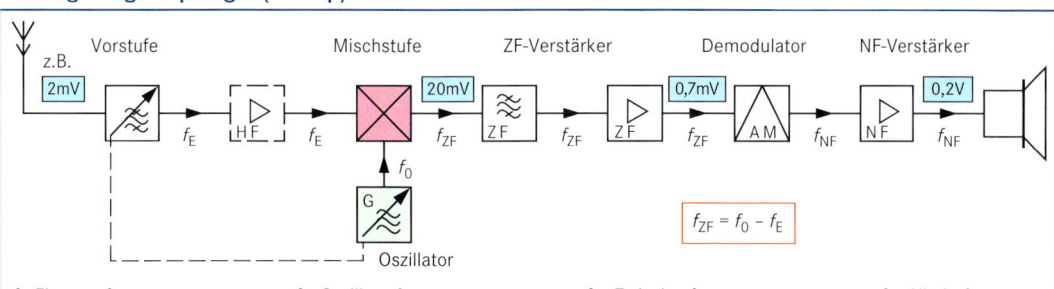

$$f_{ZF} = f_0 - f_E$$

f_E: Eingangsfrequenz f_0: Oszillatorfrequenz f_{ZF}: Zwischenfrequenz f_{NF}: Niederfrequenz

- **Eingangsstufe**, **Vorstufe**: Selektiert das zu empfangende Signal, unterdrückt die Spiegelfrequenz, eventuell Verstärkung
- **Oszillator**: Erzeugt eine Spannung mit konstanter Amplitude und einer Frequenz, die um die Zwischenfrequenz höher liegt als die Eingangsfrequenz
- **Mischstufe**: Bildet eine konstante Zwischenfrequenz für jede Sendereinstellung

- **ZF-Verstärker**: Verstärkt die Zwischenfrequenz mit der notwendigen Bandbreite, erzeugt steile Flanken an den Bandgrenzen
- **Demodulator**: Löst das Nachrichtensignal (NF) vom Träger
- **NF-Verstärker**: Verstärkt die niederfrequente Spannung und steuert den Lautsprecher

Gleichlaufbedingung zwischen Vor- und Oszillatorkreis

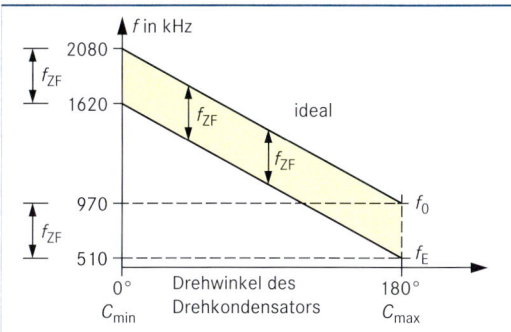

Spiegelfrequenz

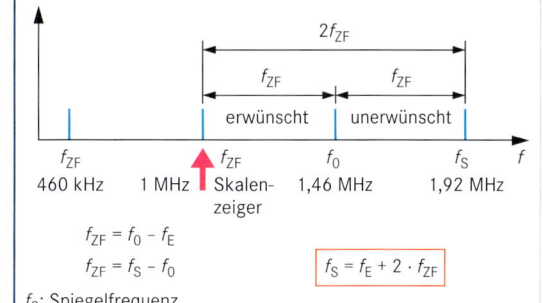

$$f_{ZF} = f_0 - f_E$$
$$f_{ZF} = f_S - f_0$$

$$f_S = f_E + 2 \cdot f_{ZF}$$

f_S: Spiegelfrequenz

AM-FM-Empfänger

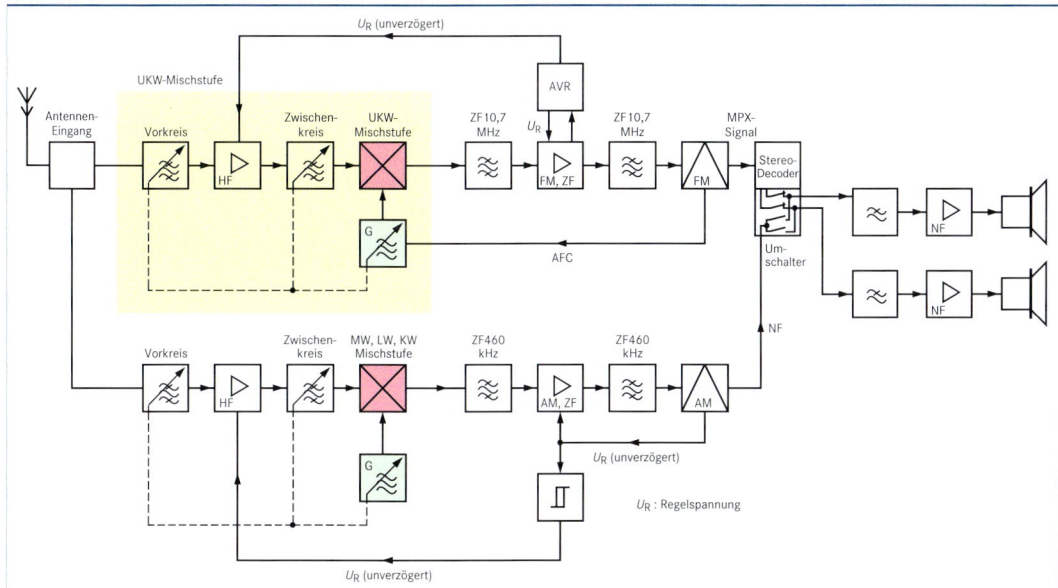

Radio-Daten-System (RDS)
Radio Data System

Dienste

- **PI**: **P**rogram-**I**dentification-Code, Stationsinterner Informationscode (vierstellige Hexadezimalzahl), z. B. WDR I, zusätzlich Länder- und Bereichskennung
- **PS**: **P**rogram **S**ervice Name, Programmname, er wird mit 8 Zeichen (ASCII) übertragen
- **PTY**: **P**rogramme **Ty**pe, Einteilung der Sender nach Sparten
- **TP**: **T**raffic-**P**rogramme-Signale, Verkehrsfunk-Durchsagekennung
- **TA**: **T**raffic **A**nnouncement, Verkehrsdurchsage bewirkt z. B. Erhöhung der Lautstärke, Wechsel von CD zum Radio
- **AF**: **A**lternative **F**requencies: Alternative Frequenzen, Liste von Frequenzen wird übertragen, auf denen der gleiche Programminhalt abgestrahlt wird
- **ON**: **O**ther **N**etworks, Information über andere Dienste
- **CT**: **C**lock, **T**ime and Date, Uhrzeit und Datum
- **PIN**: **P**rogra**m**item **N**umber: Programmbeitragserkennung
- **RT**: **R**adio**t**ext: Radiotext
- **TDC**: **T**ransparent **D**ata**c**hannel, Datenkanal für Schaltfunktionen
- **DI**: **D**ecoder **I**dentfication, Decoder Identifikation
- **MS**: **M**usic/**S**peech, Musik/Sprache-Kennung
- **IH**: **I**n**h**ouse Information, Rundfunkinterne Information
- **RP**: **R**adio **P**aging, Rundfunk-Fernruf (Personenruf)
- **TMC**: **T**raffic **M**essage **C**hannel: Verkehrsdatenkanal

Frequenzspektrum

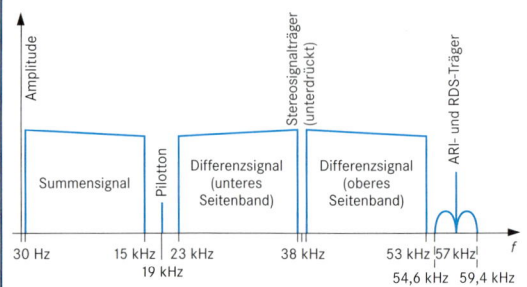

Träger: 57 kHz, mit 1,1875 kHz frequenzmoduliert, Hub auf 1,2 kHz reduziert (ARI: 3,5 kHz Hub)

Datenformat

- Daten sind in einem 16 Bit Datenwort enthalten.
- Datenwort wird durch ein 10 Bit Kontrollwort und einem Offset kontrolliert.
- Datenwort und Kontrollwort werden zu einem 26 Bit langen Block zusammengefasst.
- 4 Blöcke bilden eine 104 Bit Gruppe.
- 15 Gruppen sind möglich.
- Die Versionen A und B werden unterschieden.

Datenformat der Gruppe 4A (Zeit und Datum)

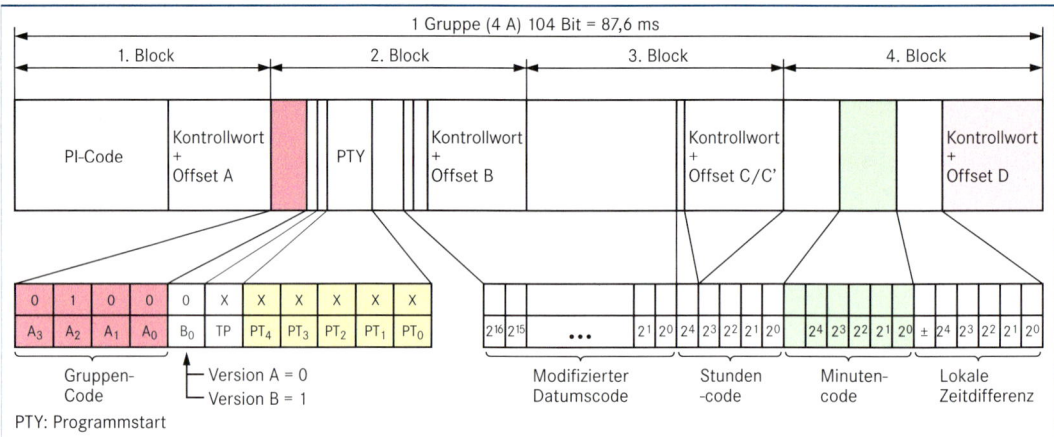

Gruppeninhalt

Gruppe	A_3	A_2	A_1	A_0	B_0	Anwendung	Gruppe	A_3	A_2	A_1	A_0	B_0	Anwendung
0						Info für Abstimmung und Schaltvorgänge	5						transparenter Kanal (Text, Grafik)
0A	0	0	0	0	0	PI, PTY, TP, TA, DI, MS, PS, AF	5A/B	0	1	0	1	X	PI, PTX, TP, TDC
0B	0	0	0	0	1	PI, PTY, TP, TA, DI, MS, PS	6						rundfunkinterne Übertragungen
1						Programmbeitragserkennung	6A/B	0	1	1	0	X	PI, PTY, TP, INH
1A/B	0	0	0	1	X	PI, PTY, TP, PIN	7						Radio Paging
2						Radiotext	7A/B	0	1	1	1	X	PI, PTY, TP, Radio Paging
2A/B	0	0	1	1	X	PI, PTY, TP, RT	8 – 13						nicht definiert
3						nicht definiert	14						Andere Dienste
4						Zeit, Datum	14A/B	1	1	1	0	X	PI, PTY, TP, Other Networks
							15						schnelles Info für Abstimmen und Schalten
4A	0	1	0	0	0	PI, PTY, TP, CT	15B	1	1	1	1	1	PI, PTY, TP, DI, MS

Fernsehnormen

Standard	System-Bezeichnung	Zeilen	Vertikal-frequenz	Kanal-breite	Differenz Ton-Bild-träger	Kanal-grenze, bzgl. Bildträger	Seitenband		Modulation	
							oberes	unteres	Video	Ton
A	Englisch, s/w, alt	405	50 Hz	5 MHz	– 3,5 MHz	+ 1,25 MHz	3 MHz	0,75 MHz	AM pos.	AM
B	CCIR[1), Westeuropa	625	50 Hz	7 MHz	+ 5,5 MHz	– 1,25 MHz	5 MHz	0.75 MHz	AM neg.	FM ± 50 kHz
C	VHF	625	50 Hz	7 MHz	+ 5,5 MHz	– 1,25 MHz	5 MHz	0,75 MHz	AM pos.	AM
D	Belgisch, VHF	625	50 Hz	8 MHz	+ 6,5 MHz	– 1,25 MHz	6 MHz	0,75 MHz	AM neg.	FM ± 50 kHz
E	OIRT, Osteuropa	819	50 Hz	14 MHz	± 11,15 MHz	± 2,83 MHz	10 MHz	2 MHz	AM pos.	AM
G	Französisch, s/w, alt, VHF	625	50 Hz	8 MHz	+ 5,5 MHz	– 1,25 MHz	5 MHz	0,75 MHz	AM neg.	FM ± 50 kHz
H	CCIR[1), Westeuropa, UHF	625	50 Hz	8 MHz	+ 5,5 MHz	– 1,25 MHz	5 MHz	1,25 MHz	AM neg.	FM ± 50 kHz
I	CCIR[1), Westeuropa	625	50 Hz	8 MHz	+ 6 MHz	– 1,25 MHz	5,5 MHz	1,25 MHz	AM neg.	FM ± 50 kHz
K	Englisch, UHF	626	50 Hz	8 MHz	+ 6,5 MHz	– 1,25 MHz	6 MHz	0,75 MHz	AM neg.	FM ± 50 kHz
K1	OIRT, Osteuropa	625	50 Hz	8 MHz	+ 6,5 MHz	– 1,25 MHz	6 MHz	1,25 MHz	AM neg.	FM ± 50 kHz
L	OIRT, Osteuropa	625	50 Hz	8 MHz	+ 6,5 MHz	– 1,25 MHz	6 MHz	1,25 MHz	AM pos.	AM
M	Französisch, UHF	525	60 Hz	6 MHz	+ 4,5 MHz	– 1,25 MHz	4,2 MHz	0,75 MHz	AM neg.	FM ± 50 kHz
N	Amerikanisch	625	50 Hz	6 MHz	+ 4,5 MHz	– 1,25 MHz	4,2 MHz	0,75 MHz	AM neg.	FM ± 50 kHz

[1) **CCIR**: **C**omité **C**onsultarif **I**nternational des **R**adiocommunications
(Zwischenstaatlicher beratender Ausschuss für das Funkwesen des Internationalen Fernmeldevereins)

Fernsehkanäle

Standard B, Europa						
Bereich	Kanal	Frequenz-bereich in MHz	Bildträger-frequenz in MHz	Farbträger-frequenz in MHz	Tonträgerfrequenz	
					Ton 1 in MHz	Ton 2 in MHz
VHF Band I	2	47 … 54	48,25	52,68	53,75	54,00
	3	54 … 61	55,25	59,68	60,75	61,00
	4	61 … 68	62,25	66,68	67,75	68,00
USB **U**nterer **S**onder-**k**analbereich	S2	111 … 118	Satelliten-Rundfunk			
	S3	118 … 125				
	S4	125 … 132	126,25	130,68	131,75	132,00
	…	…	…	…	…	…
	S10	167 … 174	168,25	172,68	173,25	174,00
VHF Band III	5	174 … 181	175,25	179,68	180,75	181,00
	…	…	…	…	…	…
	12	223 … 230	224,25	228,68	229,75	230,00
OSB **O**berer **S**onder-**k**analbereich	S11	230 … 237	231,25	235,68	236,75	237,00
	…	…	…	…	…	…
	S20	293 … 300	294,24	298,68	299,75	300,00
ESB (8 MHz) **E**rweiterter **S**on-der**k**analbereich	S21	302 … 310	303,25	307,68	308,75	310,00
	…	…	…	…	…	…
	S38	438 … 446	439,25	443,68	444,75	446,00
Standard G, H, I, K, L						
UHF Band IV und V	21	470 … 478	471,25	475,68	476,75	477,00
	…	…	…	…	…	…
	69	854 … 862	855,25	859,68	860,75	861,00

Kanalbelegung und Signale des analogen Fernsehens
Channel Occupancy of Analog Television

Standard B, USB, BIII und OSB

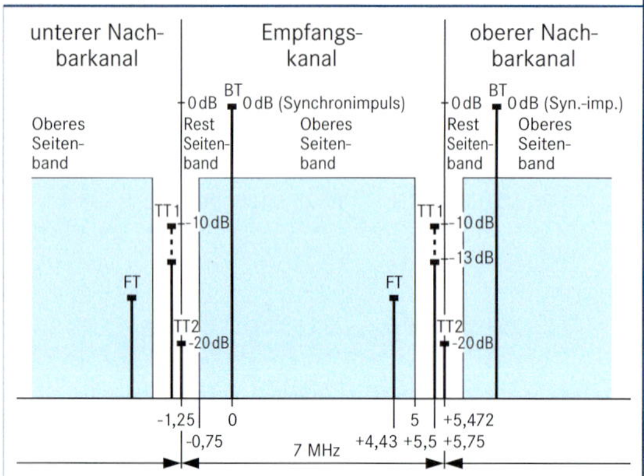

unterer Nach-barkanal	Empfangs-kanal	oberer Nach-barkanal
Oberes Seitenband	Rest Seitenband / Oberes Seitenband	Rest Seitenband / Oberes Seitenband

0 dB BT, 0 dB (Synchronimpuls), 0 dB BT, 0 dB (Syn.-imp.)

TT1 −10 dB, TT1 −10 dB, −13 dB

FT, FT

TT2 −20 dB, TT2 −20 dB

−1,25 | 0 | 5 | +5,472
−0,75 | 7 MHz | +4,43 +5,5 +5,75

BT: Bildträger TT: Tonträger FT: Farbträger

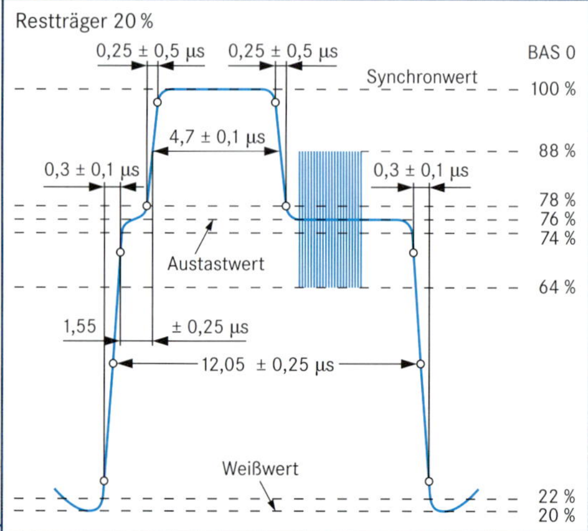

Standard G, ESB und Band IV/V

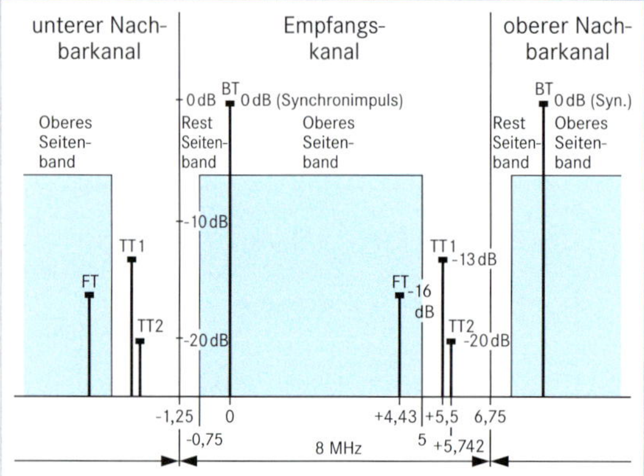

unterer Nach-barkanal	Empfangs-kanal	oberer Nach-barkanal
Oberes Seitenband	Rest Seitenband / Oberes Seitenband	Rest Seitenband / Oberes Seitenband

0 dB BT, 0 dB (Synchronimpuls), BT 0 dB (Syn.)

−10 dB

TT1, TT1 −13 dB

FT, FT −16 dB

TT2 −20 dB, TT2 −20 dB

−1,25 | 0 | +4,43 +5,5 6,75
−0,75 | 8 MHz | 5 +5,742

BT: Bildträger TT: Tonträger FT: Farbträger

Synchronsignal Norm I

Restträger 20 %

0,25 ± 0,5 µs 0,25 ± 0,5 µs BAS 0

Synchronwert — 100 %

4,7 ± 0,1 µs — 88 %

0,3 ± 0,1 µs, 0,3 ± 0,1 µs — 78 % / 76 % / 74 %

Austastwert — 64 %

1,55 ± 0,25 µs

12,05 ± 0,25 µs

Weißwert — 22 % / 20 %

Modulationssignal

U_{HF} in %

Synchronpegel 100 %

100, 75

Schwarzpegel

Austastpegel 76 %

10, 0 — Weißpegel 10 %

Restträger

t in ms

Träger unmoduliert

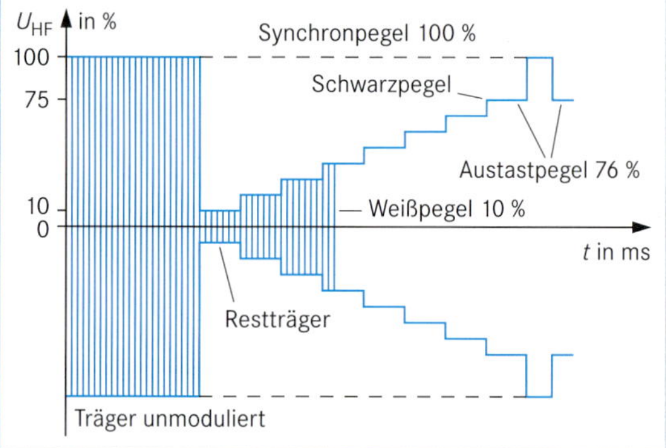

Vertikalsynchronisation

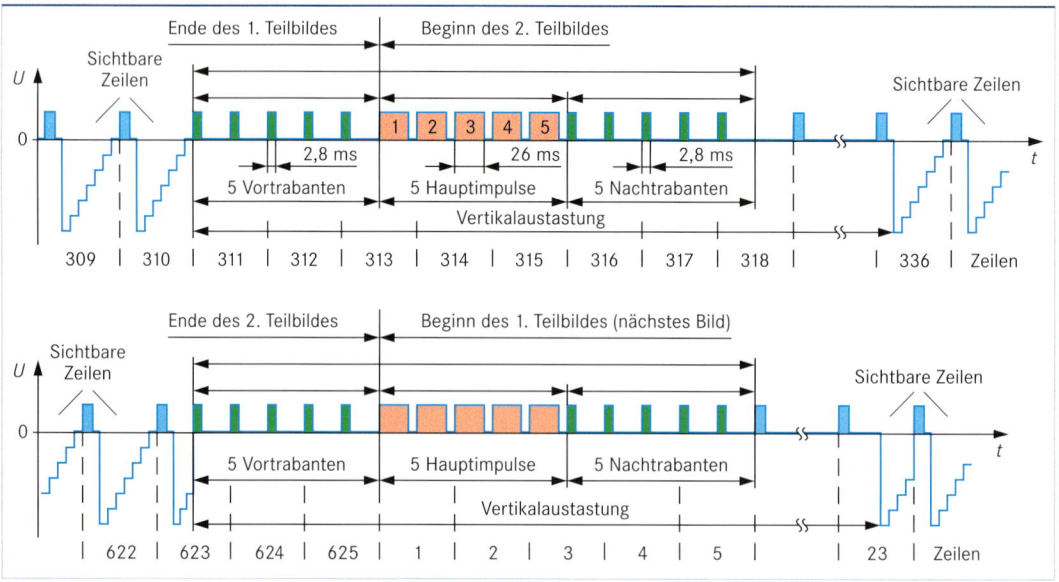

Ende des 1. Teilbildes   Beginn des 2. Teilbildes

U Sichtbare Zeilen   Sichtbare Zeilen

0

2,8 ms   26 ms   2,8 ms

5 Vortrabanten   5 Hauptimpulse   5 Nachtrabanten

Vertikalaustastung

309 | 310 | 311 | 312 | 313 | 314 | 315 | 316 | 317 | 318 | 336 | Zeilen

Ende des 2. Teilbildes   Beginn des 1. Teilbildes (nächstes Bild)

U Sichtbare Zeilen   Sichtbare Zeilen

0

5 Vortrabanten   5 Hauptimpulse   5 Nachtrabanten

Vertikalaustastung

622 | 623 | 624 | 625 | 1 | 2 | 3 | 4 | 5 | 23 | Zeilen

Begriffe

R:	Farbauszug Rot
G:	Farbauszug Grün
B:	Farbauszug Blau
Y:	Leuchtdichtesignal (Luminanz) Y = 0,3 R + 0,59 G + 0,11 B
B – Y:	Farbdifferenzsignal
R – Y:	Farbdifferenzsignal
V:	Reduziertes R-Y-Signal (Reduzierungsfaktor 0,877)
U:	Reduziertes B-Y-Signal (Reduzierungsfaktor 0,493)
F_V, F_U:	Farbartsignale, 90° gegeneinander phasenverschoben
F:	Farbartsignal $F^2 = F_V^2 + F_U^2$
FBAS:	Farb-Bild-Austast-Synchron-Signal

Entstehung der Farbdifferenzsignale

Y – Matrix
Rot
Grün
Blau
0,3 R
0,59 G
0,11 B
Y
+Y
Phasen-drehung 180°
–Y
R – Y
B – Y

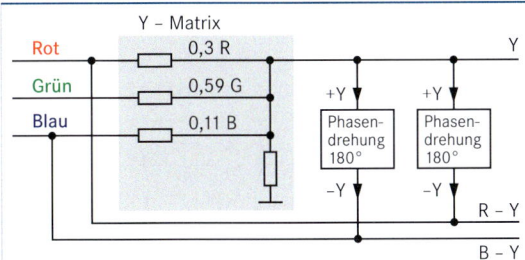

Farbkreis mit reduzierten Farbdifferenzsignalen

Farbsättigung
Rot 104°
Purpur 61°
Gelb 167°
Blau 347°
Grün 241°
Cyan 284°
U
0,7
0,6
0,1
0,2
0,4
0,6
0,5
0,3
0,1
0,3
0,4
0,5
0,6

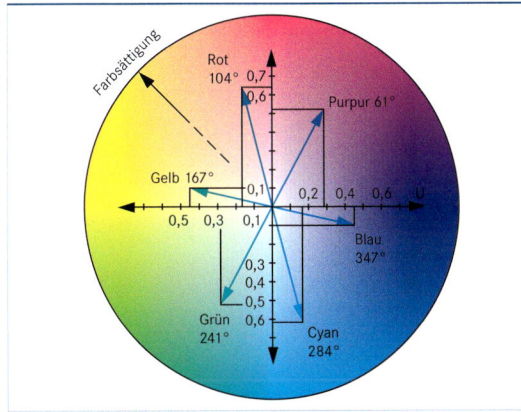

FBAS-Signal (Farbbalkenvorlage)

t
10%
75%
100%
U
1,0
±0,33
±0,47
±0,44
±0,44
±0,47
±0,33
0
F – Signal
Farbsättigung: 75 %

Zusammenhang zwischen Farbsignalen

Farbbalkenvorlage

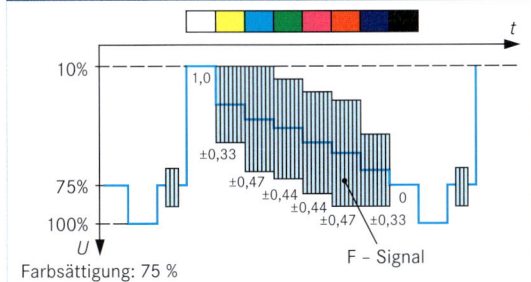

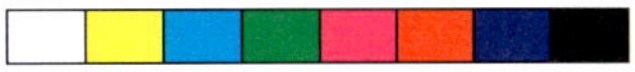

Kamera-Ausgangssignale

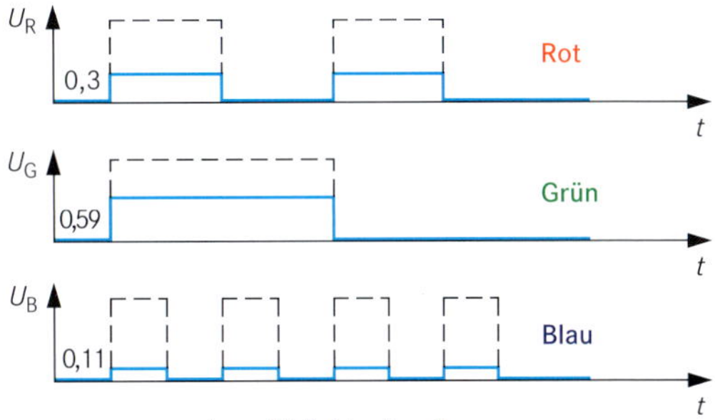

U_R
0,3
Rot
t
U_G
0,59
Grün
t
U_B
0,11
Blau
t

Leuchtdichtesignale

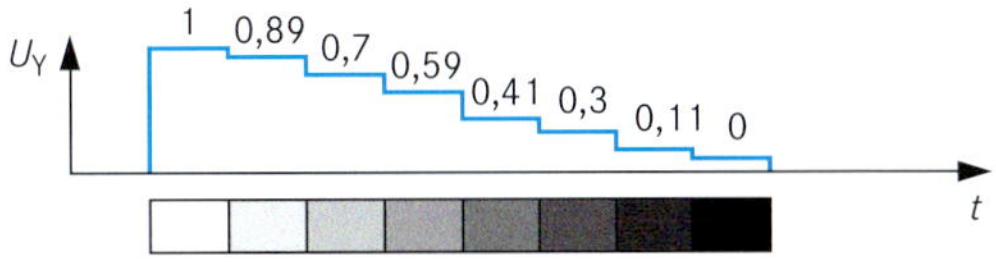

U_Y
1
0,89
0,7
0,59
0,41
0,3
0,11
0
t

Farbdifferenzsignale

U_{R-Y}
0
0,11
0,59
0,7
–0,11
–0,7
–0,59
t
U_{B-Y}
0,3
0,59
0,89
–0,89
–0,59
–0,3
t

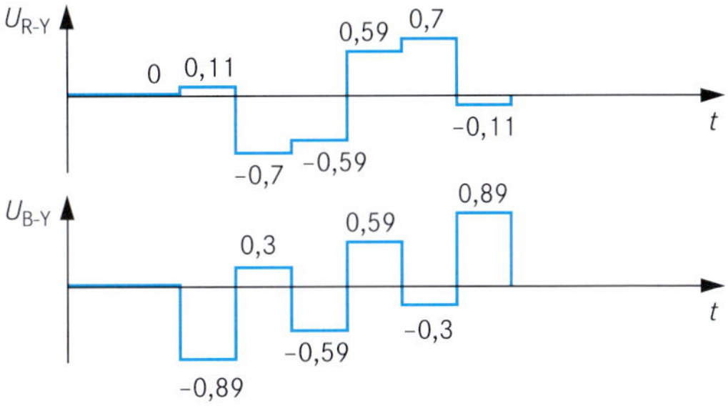

Reduzierte Farbdifferenzsignale

U_u
0,15
0,29
0,44
–0,44
–0,29
–0,15
t
U_v
0,1
0,52
0,62
–0,62
–0,52
–0,1
t

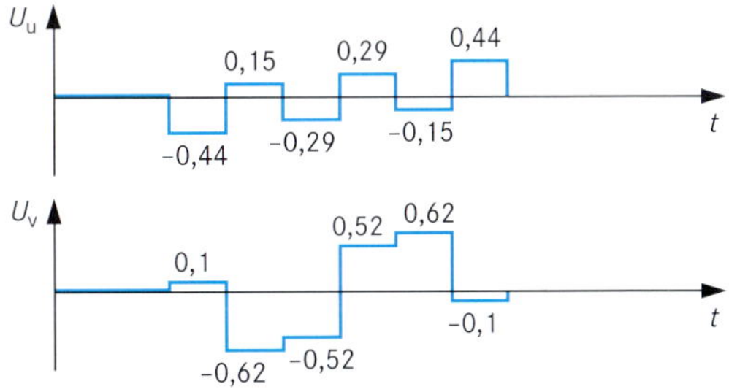

Farbartsignale

U_{FV}
± 0,1
± 0,52
± 0,62
± 0,1
± 0,62
± 0,52
t
U_{FU}
± 0,15
± 0,29
± 0,44
± 0,44
± 0,29
± 0,15
t

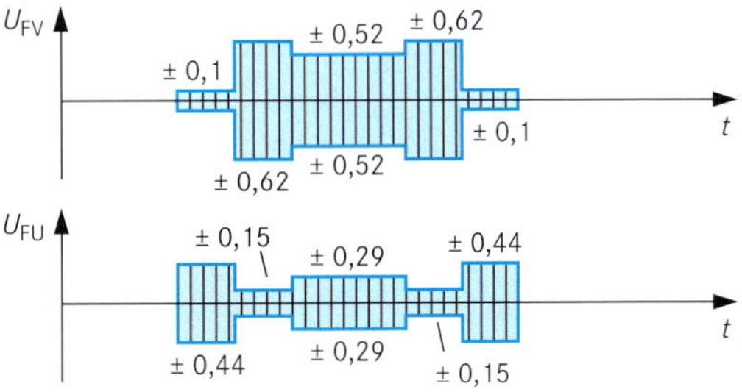

Quadraturmodulation für die Farbart Purpur (Sender)

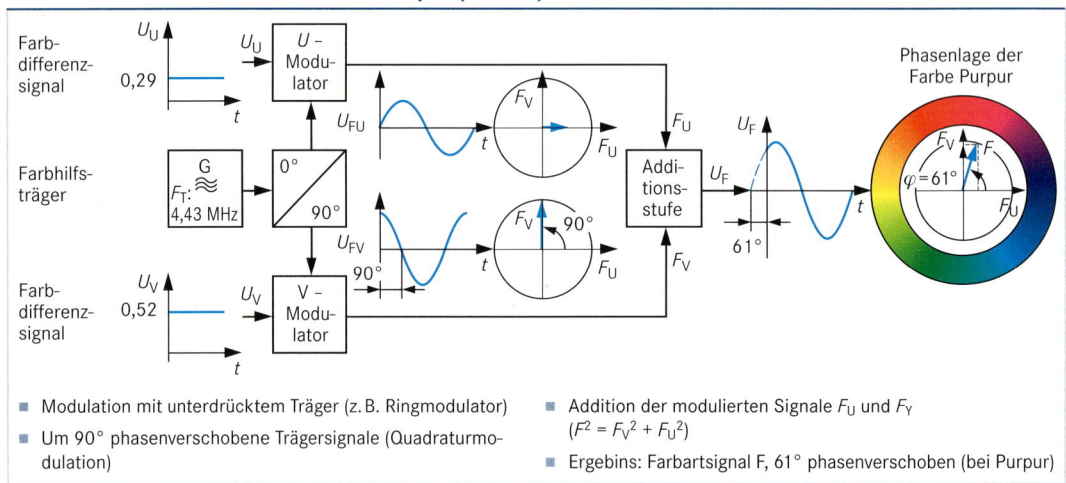

- Modulation mit unterdrücktem Träger (z. B. Ringmodulator)
- Um 90° phasenverschobene Trägersignale (Quadraturmodulation)

- Addition der modulierten Signale F_U und F_Y $(F^2 = F_V{}^2 + F_U{}^2)$
- Ergebnis: Farbartsignal F, 61° phasenverschoben (bei Purpur)

Spannungen bei Farbbalkenvorlage

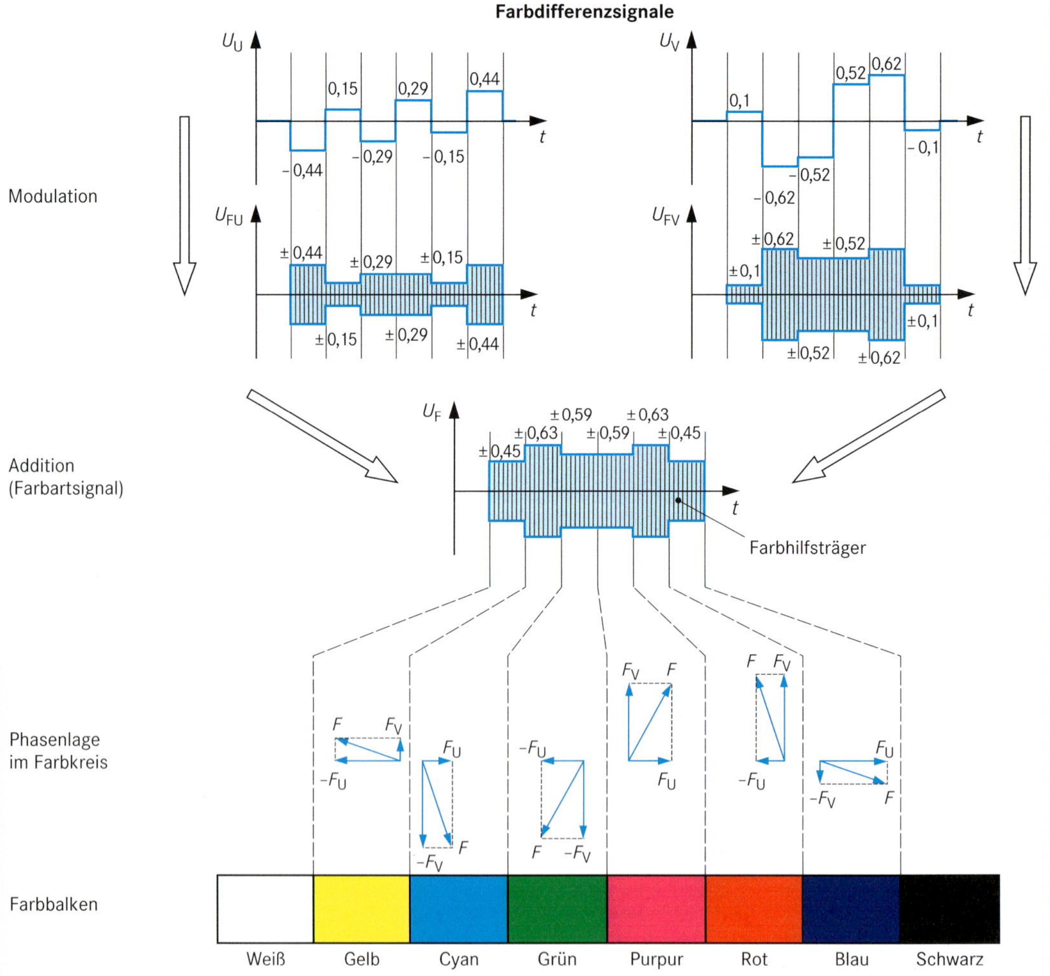

Farbdifferenzsignale

Modulation

Addition
(Farbartsignal)

Farbhilfsträger

Phasenlage
im Farbkreis

Farbbalken

| Weiß | Gelb | Cyan | Grün | Purpur | Rot | Blau | Schwarz |

Prinzip der Phasenfehlerkompensation (Empfänger)

F_V F_1 (Purpur)
nicht geschaltet
61°
F_U
Zeile n
64 ms später
Sender
F_V
geschaltet 180°
299°
F_U
Zeile (n + 1)
F_2 (Cyan)
Ist 15° Soll
F_1'
$\Delta\varphi$
$\varphi = 61°$
Übertragungs-strecke
mit Phasenfehler $\Delta\varphi = 15°$
$\varphi = 299°$
F_2'
Ist
Soll
$\Delta\varphi = 15°$
Verzö-gerung 64 ms
F_1'
76°
Zeile n
Empfänger
Zeile (n + 1)
180° Schalter
F_2^*
Ist
46°
F_2'
+
geringe Entsättigung
F_V
F
F_1'
F_2^*
76°
46°
61°
F_U
Kompensation des Phasenfehlers

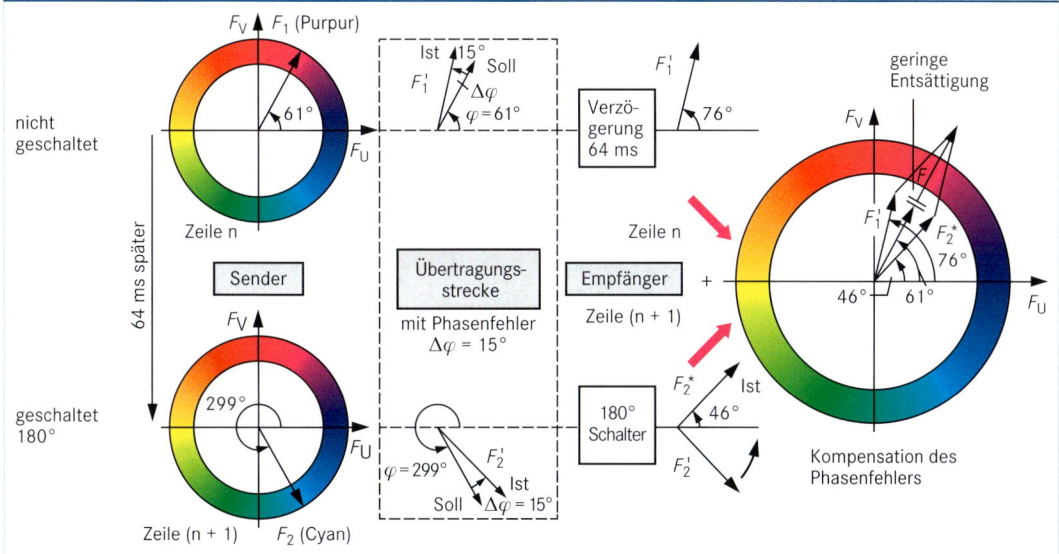

- Ausgangsposition: Zwei benachbarte Zeilen unterscheiden sich kaum in der Farbinformation.
- Sender: Zeile n wird ohne Phasendrehung übertragen, Zeile n + 1 mit Phasendrehung 180°.
- Strecke: Angenommener Phasenfehler 15°
- Empfänger: Zeile n + 1 wird zurückgeschaltet und mit Zeile n addiert, Phasenfehler ist kompensiert, etwas geringere Farbsätigung

PAL-Farbcoder (Sender)

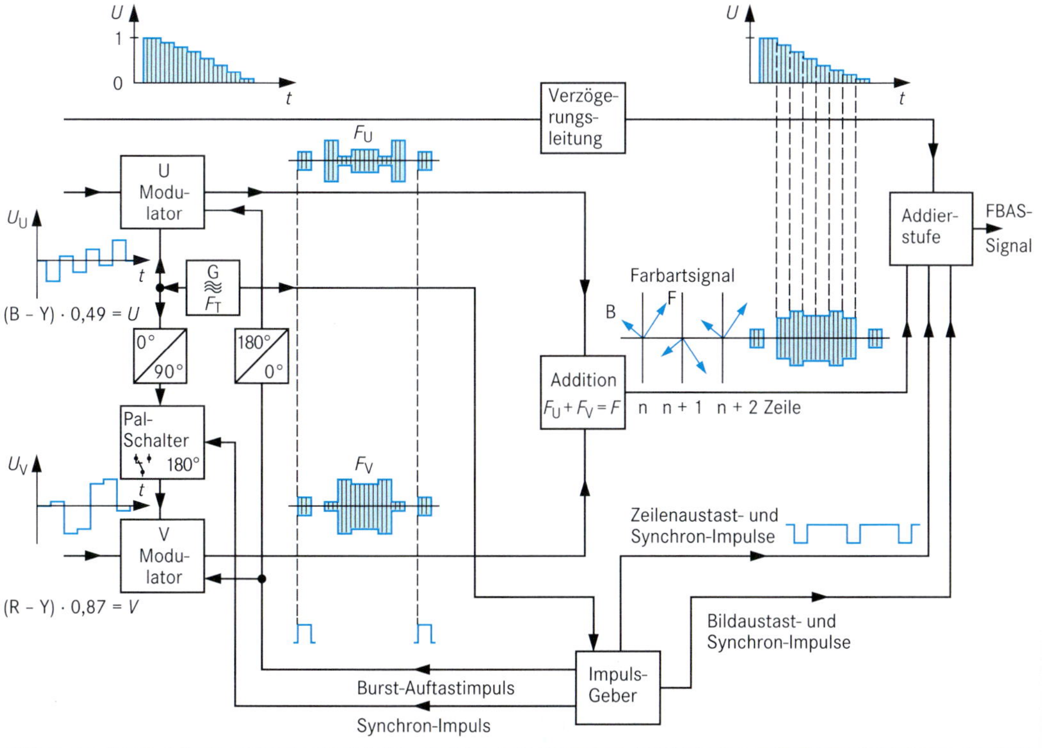

U
1
0
t
Verzöge-rungs-leitung
U
t
F_U
U Modu-lator
U_U
t
(B – Y) · 0,49 = U
G ≈ F_T
0° 90°
180° 0°
Pal-Schalter 180°
U_V
t
F_V
V Modu-lator
(R – Y) · 0,87 = V
Addier-stufe
FBAS-Signal
Farbartsignal
B
F
Addition
$F_U + F_V = F$
n n + 1 n + 2 Zeile
Zeilenaustast- und Synchron-Impulse
Bildaustast- und Synchron-Impulse
Impuls-Geber
Burst-Auftastimpuls
Synchron-Impuls

[1] **P**hase-**A**lternation-**L**ine (in der Phase wechselnde Zeile)

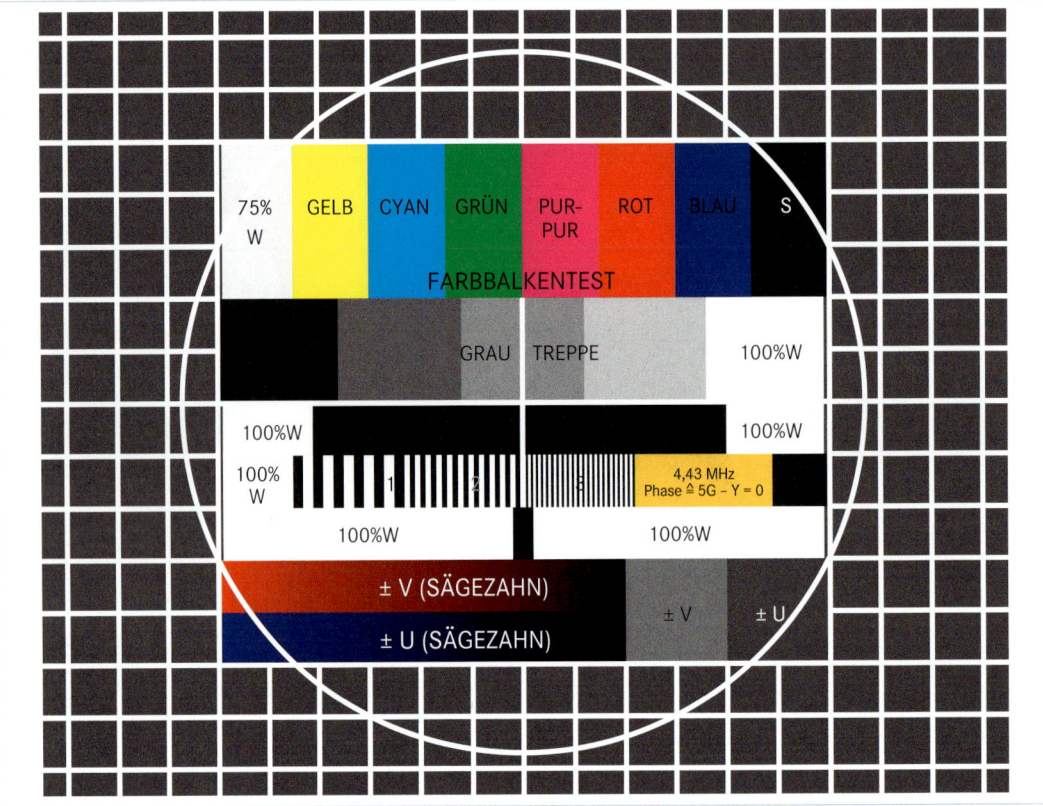

Bedeutung der Bereiche und Einstellmöglichkeiten

Weißer Kreis	**Weiß-Schwarz-Sprung und Schwarz-Weiß-Sprung**
▪ Einstellen und Kontrollieren der Bildlinearität und Bildzentrierung	▪ Beurteilung der tiefen Videofrequenzen ▪ Bei Amplituden- bzw. Phasenfehlern treten Fahnen bzw. unscharfe Konturen auf
Umgebendes Gitter	**Videosignale mit 1 MHz, 2 MHz und 3 MHz**
▪ Grauwerte mit 20 % bis 30 % der Weißwerte ▪ Einstellen und Kontrollieren der dynamischen Konvergenz	▪ Kontrolle der Übertragungsfrequenzen von Tuner und ZF-Verstärker
Sich kreuzende und hellgetastete Gitterlinien (Bildmitte)	**(G – Y) = 0 Feld**
▪ Einstellen und Kontrollieren der statischen Konvergenz	▪ Farbton entspricht der Gesichtsfarbe und dient deshalb zur Einstellung des richtigen Farbgrundkontrastes ▪ Kontrolle der (G – Y)-Matrix ▪ Beurteilung linearer Verzerrungen
Farbbalken (oben)	**Weißbalken mit 100 % Amplitude (Y-Signal)**
Reihenfolge: Weißbalken mit 75 %, 6 Farbbalken (gelb, cyan, grün, purpur, rot, blau) mit 75 % Sättigung, Schwarzbalken	▪ Kontrolle und Einstellen der Videostufe (Weißpegel, Lage der Schwarzschulter) ▪ Schwarzimpuls von 1 µs Länge in der Mitte ▪ Beurteilung von Reflexionen
▪ Kontrolle der Farbübertragungsstufen	**PAL-Testsignal mit Sägezahn ± V, + U (links untereinander) und + V mit + U (rechts nebeneinander)**
▪ Feststellen von Phasen- und Amplitudenfehlern	
▪ Einstellen des Farbkontrastes	▪ Einstellen von Amplitude und Phase
▪ Einstellen der Amplitudenverhältnisse der Farbdifferenzsignale	▪ Sie wird so eingestellt, dass kein „Jalousieeffekt" auftritt und die – V- und ± U-Felder keine Paarigkeit aufweisen. Bei falscher Phasenlage sind die + V- und ± U-Felder farbig
Fünfstufige Grautreppe	
▪ Weißabgleich, Grauabgleich	

Kinoformate

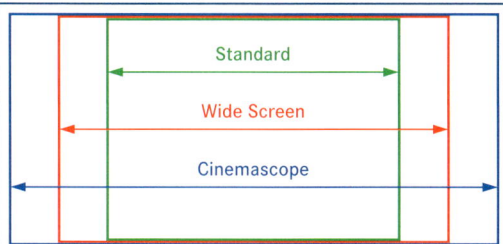

Standard: Breite : Höhe = 1,33 : 1

Wide Screen: Breite : Höhe = 1,8 : 1
entspricht dem Fernsehbild 16 : 9

Cinemascope: Breite : Höhe = 2,35 : 1

Darstellung von 16:9 Bild auf 4:3 Bildschirm

Bildhöhe formatfüllend	Bildbreite formatfüllend	Bildhöhe formatfüllend, verzerrt
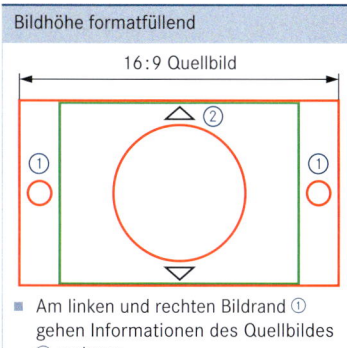	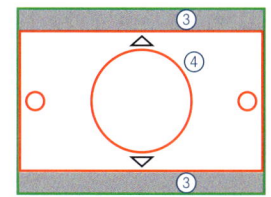	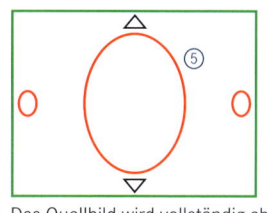
■ Am linken und rechten Bildrand ① gehen Informationen des Quellbildes ② verloren.	■ Das Quellbild wird vollständig abgebildet ④. ■ Am oberen und unteren Rand entstehen schwarze Streifen ③.	■ Das Quellbild wird vollständig abgebildet. ■ Das Bild ist vertikal verzerrt ⑤.

Darstellung von 4:3 Bild auf 16:9 Bildschirm

Quellbild
(Übertragungsbild)
in 4 : 3

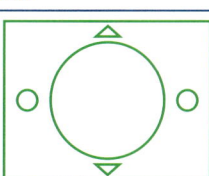

Wiedergabe in 4:3	Wiedergabe in Option Cinema
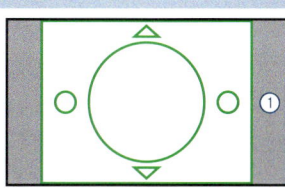	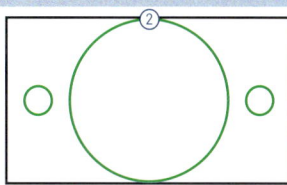
■ Das Quellbild wird ohne Verzerrungen vollständig abgebildet. ■ Links und rechts entstehen schwarze Streifen ①.	■ Die Bildbreite wird formatfüllend und unverzerrt dargestellt. ■ Am oberen und unteren Rand gehen Informationen verloren ②.
Wiedergabe in Option Breitbild	Wiedergabe in Option Panorama Zoom
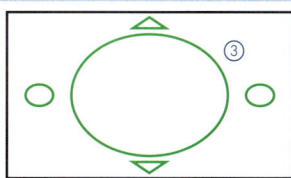	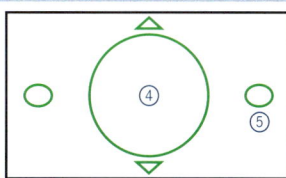
■ Die Bildhöhe wird formatfüllend dargestellt. ■ Das Bild ist horizontal verzerrt ③.	■ Die Bildinformationen werden so verändert, dass im wichtigen mittleren Bildbereich ④ die Proportionen erhalten bleiben. ■ Die weniger kritischen Randbereiche ⑤ werden formatfüllend gedehnt.

Aufzeichnungsprinzip

- Das Videosignal wird im Schrägspurverfahren mit rotierenden Videoknöpfen aufgezeichnet.
- Neigungswinkel der Kopfspalte (Azimut):
  VHS, VHS-C $\pm 6°$, Video 8 $\pm 10°$
- Der Ton wird im Längsspurverfahren oder im Schrägspurverfahren (HiFi) aufgezeichnet.

Schrägspurverfahren

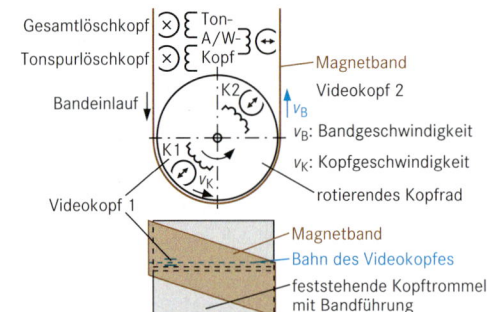

VHS, S-VHS

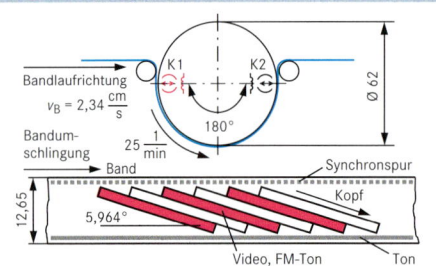

VHS-C

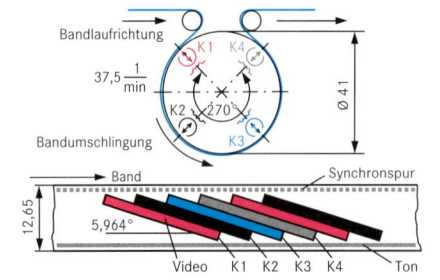

Video 8, Hi 8

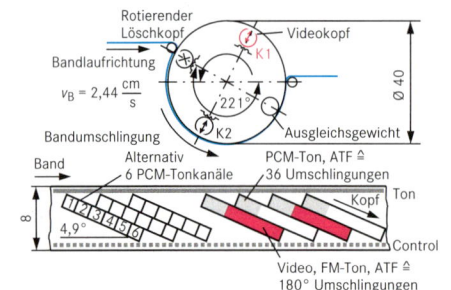

Frequenzverteilung und Kenndaten

VHS

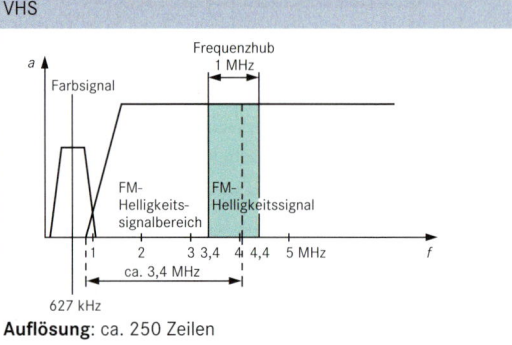

Auflösung: ca. 250 Zeilen

S-VHS

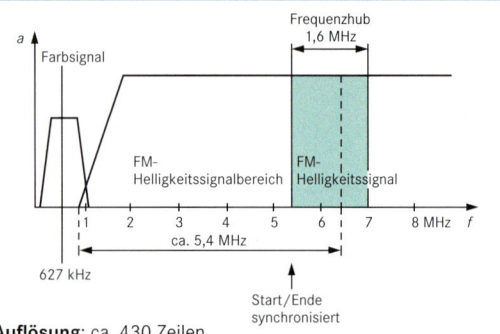

Auflösung: ca. 430 Zeilen

Video 8

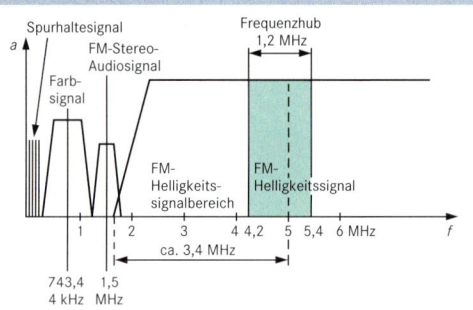

Auflösung: ca. 270 Zeilen

Hi 8

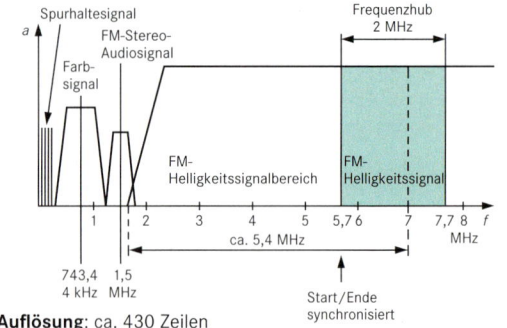

Auflösung: ca. 430 Zeilen

Kassettenvergleich

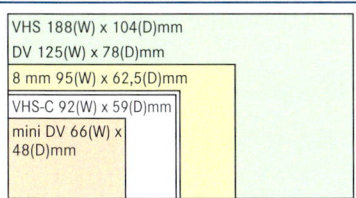

VHS 188(W) x 104(D)mm

DV 125(W) x 78(D)mm

8 mm 95(W) x 62,5(D)mm

VHS-C 92(W) x 59(D)mm

mini DV 66(W) x 48(D)mm

Bandvergleich

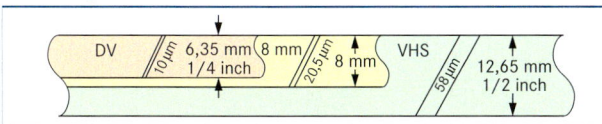

DV | 6,35 mm (8 mm) | 8 mm | VHS
10 µm | 1/4 inch | 20,5 µm | 12,65 mm
| | | 58 µm | 1/2 inch

DV-Spuren

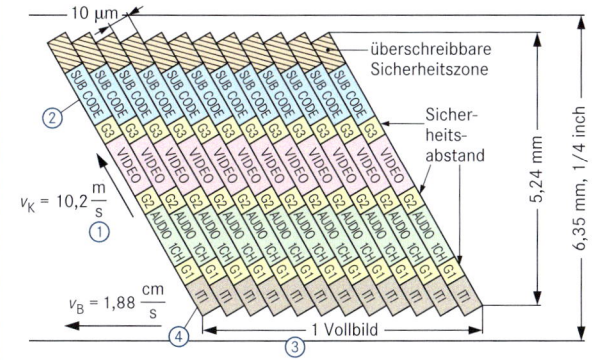

10 µm

überschreibbare Sicherheitszone

② SUB CODE (C3)

Sicherheitsabstand

VIDEO

$v_K = 10,2 \frac{m}{s}$ ①

(C2) AUDIO (CH1) (C1)

TTI

$v_B = 1,88 \frac{cm}{s}$

④ 1 Vollbild

③

5,24 mm

6,35 mm, 1/4 inch

Spielzeiten

	DV	DV-M[3]
Spielzeit (SP[1]); 7,0 µm Band)	bis 4,5 h	bis 60 min
Bandgeschwindigkeit SP	1,88 cm/s	1,88 cm/s
Spielzeit (LP[2]); 7,0 µm Band)	bis 7 h	bis 90 min
Bandgeschwindigkeit LP	1,25 cm/s	1,25 cm/s

[1] **SP**: **S**tandard **P**lay   [2] **LP**: **L**ong **P**lay
[3] DV-Mini, mDV, mini DV (Einsatz im Camcorder)

Aufzeichnung

- **Luminanzsignal** (Y)
  Abtastung mit 13,5 MHz, 8 Bit PCM
- **Chrominanzsignale** C_B und C_R
  Abtastung mit 6,75 MHz, 8 Bit PCM
  Subsampling 4:2:0
  ⇒ Auflösung ist höher als bei S-VHS
     (ca. 500 Linien)
  ⇒ Farbsignale mit größerer Bandbreite als bei
     S-VHS.
- **Audiosignal**
  Bild und Ton werden vollkommen getrennt aufge-
  zeichnet ①.
  – Abtastung 48 kHz, 16 Bit (DAT-Qualität),
    keine Kompression, oder
  – Abtastung 32 kHz, 12 Bit
    2 Kanäle Stereoton, 2 Kanäle für Nachvertonung
- **Integrierter Time Base Correktor** (TBC)
  Jitter von der Kopftrommel oder vom Bandtrans-
  port werden eliminiert.
- **Timecode**
  Im SUB-Codebereich ② werden Zusatzinforma-
  tionen (Spurnummer, Index) gespeichert.
- **DV-Spuren**
  Vollbild ③ besteht aus 12 Teilstücken, die von
  zwei Köpfen mit 6 Kopftrommelumdrehungen
  aufgezeichnet werden.
- **ITI-Bereich** (**I**nsert **T**racking **I**nformation)
  Hier werden ein Referenzsignal für die absolute
  Spurhöhe (Beginn und Ende) sowie ein Track-
  signal aufgezeichnet ④.
- **Video-Datenreduktion**
  Y-Signal
  13,5 MHz x 8 Bit   = 108 Mbit
  ohne Synchronisation
  720 x 576 x 8 Bit x 25 Vollbilder
                       = 82,99 Mbit

  C-Signale
  R-Y 6,75 MHz x 8 Bit = 54 Mbit
  B-Y 6,75 MHz x 8 Bit = 54 Mbit
  ohne Synchronisation
  360 x 288 x 8 Bit x 25 Vollbilder
                       = 41,472 Mbit
  Es werden nicht wie bei MPEG-2 P- und B-Bilder
  gebildet, sondern nur I-Bilder.

Kassettencodierung

Die Kassette enthält an der Rückseite vier Kontakte. Über sie werden
Widerstände gemessen, die Informationen über das verwendete Band
liefern. Optional kann in der Kassette ein Speicherchip integriert sein, in
dem zusätzlich benutzerspezifische Daten wie das Inhaltsverzeichnis ab-
gespeichert werden können (**MIC**: **M**emory **i**n **C**assette).

An-schluss	Inhalt	Angabe	Wider-stand	Erkennungs-wert
1	Banddicke	7 µm	offen	> 22 kΩ
2	Bandart	ME-Band	offen	> 22 kΩ
		Reinigungsband	1,8 kΩ	3,7...13,2 kΩ
		MP-Band	0 Ω	> 0,49 kΩ
3	Bandsorte	Consumer-Anwendung	offen	> 22 kΩ
		Industrie-Anwendung	6,8 kΩ	3,7...13,2 kΩ
		Computer-Anwendung	0 Ω	> 0,49 kΩ
4	Masse (GND: Ground)			

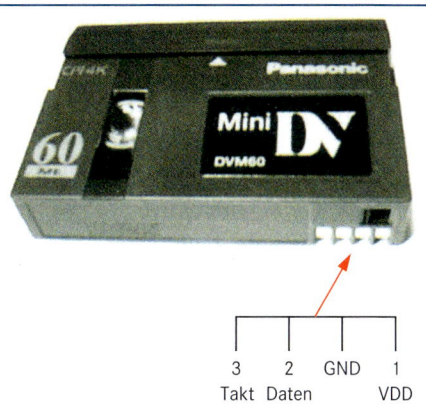

3   2   GND   1
Takt Daten   VDD

DAB – Digital Audio Broadcasting

Entwicklung

- DAB ist ein digitaler Übertragungsstandard für den terrestrischen Radioempfang.
- In Deutschland wurde für DAB der allgemeinverständliche Begriff „**Digital Radio**" eingeführt.
- DAB soll den analogen UKW-Rundfunk in Deutschland bis zum Jahr 2012 ablösen. Dieses Ziel wird voraussichtlich nicht erreicht werden.
- Ab 2011 wird der Ausbau des Sendernetzes fortgesetzt und als Weiterentwicklung DAB+ eingesetzt. Realistische Schätzungen gehen davon aus, dass bis etwa 2017 der Ausbau abgeschlossen sein wird.

Vorzüge gegenüber dem analogen UKW-Radioempfang

- Die Wiedergabe erfolgt immer mit der gleichen Lautstärke und Tonqualität (kein Fading). Bei zu geringer Signalstärke bricht der Empfang ab.
- Kein störendes Rauschen oder Knistern.
- Je nach Datenrate wird eine Audio-CD-Qualität erreicht.
- Datendienste für die Verbreitung von Zusatzinformationen sind in das Rundfunkprogramm integriert.
- Reflexionen führen nicht zu Störungen, sondern können die Empfangsleistung erhöhen (**Gleichwellennetz**).
- Die Datenraten können den Erfordernissen angepasst werden (z. B. klassische Musik – Nachrichten).

Prinzip der DAB-Signalaufbereitung

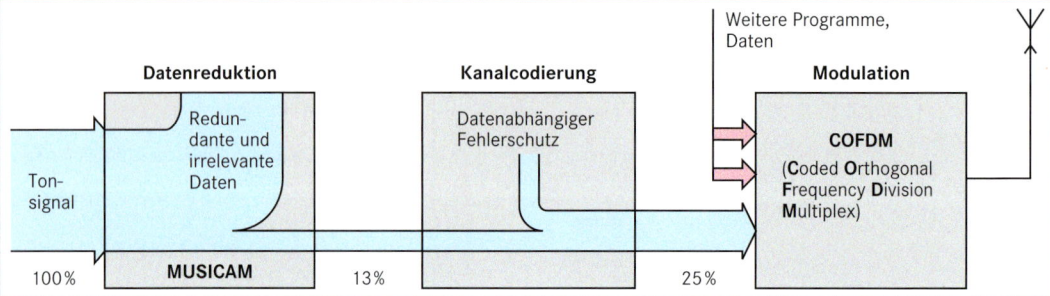

- Mit **MUSICAM** (**M**asking pattern adapted **U**niversal **S**ubband **I**ntegrated **C**oding **a**nd **M**ultiplexing, MPEG-1 Audio Layer 2, MP2) werden die Eingangsdaten auf ca. 13 % reduziert.
- Durch den datenabhängigen Fehlerschutz bei der Kanalcodierung erhöht sich die Datenrate (ca. 1/4).
- Die Übertragung der Programme erfolgt nicht einzeln, sondern es werden mehrere Programme ineinander verschachtelt und gleichmäßig über den Frequenzbereich verwürfelt (**Ensemble**), z. B. 6 Stereoprogramme.

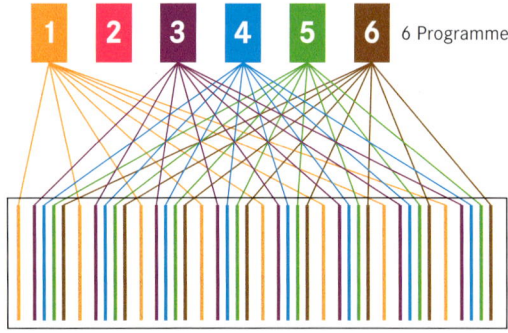

Verschachtelung:

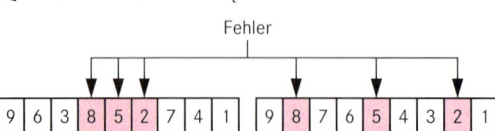

Verschachtelte Übertragung

Fehlerverteilung in Bereiche ungestörter Übertragung

- Datenraten von 32 kbit/s bis 256 kbit/s sind möglich.
- Die Modulation erfolgt durch COFDM.
- **C** (**C**oded)
  Durch Frequenz-Interleaving liegen aufeinander folgende Symbole eines Programms frequenzmäßig weit auseinander. Wird ein Symbol von frequenzselektivem Fading verfälscht, wird wahrscheinlich das darauf folgende Symbol nicht verfälscht.
- **OFD** (**O**rthogonal **F**requency **D**ivision)
  - Ein DAB-Kanal besitzt eine Bandbreite von 1,536 MHz.
  - Es werden je nach Modus 192, 384, 768 oder 1536 Träger verwendet, die mit DQPSK (Differential Phase Shift Keying) moduliert werden.
  - Die Trägerfrequenzen sind Vielfache einer Grundschwingung. Dadurch lassen sich trotz Frequenzüberlappung die Signale voneinander trennen.
- DAB kann theoretisch auf allen VHF- und UHF-Frequenzen zwischen 30 MHz und 3 GHz übertragen werden.
- Verwendbare Frequenzbereiche:

Band	VHF I	VHF III	VHF III	L
Frequenzbereich	47 bis 68 MHz	174 bis 230 MHz	230 bis 240 MHz	1452 bis 1492 MHz
Kanal	2 – 4	5 – 12	13	–
Blöcke	12 2A – 4D	32 5A – 12D	6 13A – 13F	9 LA – LI

- Zur Übertragung wird ein **Gleichwellennetz** verwendet, wobei
  - alle Sender dieselbe Trägerfrequenz besitzen,
  - die Senderdichte gering ist (durchschnittlich 60 km),
  - eine geringere Sendeleistung möglich ist, da auch Signale der Nachbarsender am Empfangsort ausgewertet werden und
  - die Synchronisation über Satellit erfolgt.

Datendienste

Protokolle, Kanäle und Funktionen

- **MOT** (**M**ultimedia **O**bject **T**ransfer Protocol):
  Es handelt sich um ein Protokoll zur Übertragung von beliebigen Multimedia-Dateien. Die Dateien werden als Segmente übertragen, die wiederholt übertragen werden können. Bei fehlerhaften Übertragungen kann der Empfänger innerhalb einer bestimmten Zeitspanne die Daten vervollständigen.
- **FIC** (**F**ast **I**nformation **C**hannel):
  Es ist ein Systemsteuerkanal und beinhaltet alle Informationen über den Inhalt sowie die Struktur des Ensembles.
  Beispiele: Sendernamen, Zugehörigkeit der PADs zu passenden Radioprogrammen.
- **FIDC** (**F**ast **I**nformation **D**ata **C**hannel):
  Er ist Bestandteil des FIC und wird für diverse Arten von Anwendungen verwendet, die nicht direkt mit dem Inhalt oder der Struktur des Ensembles im Zusammenhang stehen.
  Beispiele: Verkehrsinformationen des TMC

- **TMC** (**T**raffic **M**essage **C**hannel):
  Es ist ein Datenkanal innerhalb des FIC. In ihm sind stark komprimierte Verkehrsinformationen enthalten, die ohne Verzögerungen gesendet werden.
  Beispiel: Falschfahrer
- **TPEG** (**T**raffic **P**rotocol **E**xpert **G**roup):
  Es handelt sich um ein erweitertes Protokoll, das ausführlicher und strukturierter als TMC arbeitet, mit einem wesentlich höheren Datenvolumen.
- **DLS** (**D**ynamic **L**abel **S**egment):
  Es wird zur Übertragung von Kurztexten (128 Zeichen) und dynamischen Informationen verwendet.
  Beispiel: Stationsname
- **textSCAN** (**TM**):
  Mit dieser Funktion können Lauftexte angehalten und kontrolliert werden.
  Beispiele: Songtitel, Interpret, Telefonnummer

DAB-Familien

Merkmale	DAB	DAB+	DMB
Verwendung	Radio und Datendienste		Radio und visuelle Elemente
Audiocodec	MUSICAM	HE AAC v2	HE AAC v2
Durchschnittliche Datenrate	128 bis 192 kbit/s	64 bis 96 kbit/s	96 bis 160 kbit/s
Programme/Ensemble	6 bis 9	12 bis 18	6 bis 12
Frequenz	VHF, L-Band	VHF, K5 bis K12	VHF, L-Band

- **DAB+**
  - Weiterentwicklung von DAB
  - Verbesserter Audiocodec, mehr Programme bei gleich bleibender Bandbreite des Kanals
- **DMB** (**D**igital **M**ultimedia **B**roadcasting)
  - Der Schwerpunkt liegt auf qualitativ hochwertiger Audioübertragung und der Einbindung von visuellen und grafischen Elementen.
  - In Europa wird DMB kaum kommerziell verwendet.
  - Einsatz vorwiegend bei asiatischen Mobilfunkanbietern.
- **HE AAC v2** (**H**igh **E**fficiency **A**dvanced **A**udio **C**oding)
  Mit diesem Codec wird eine verbesserte Datenreduktion unter Anwendung von MPEG-4 erzielt.

DAB-Datenrahmen

DAB-Empfänger

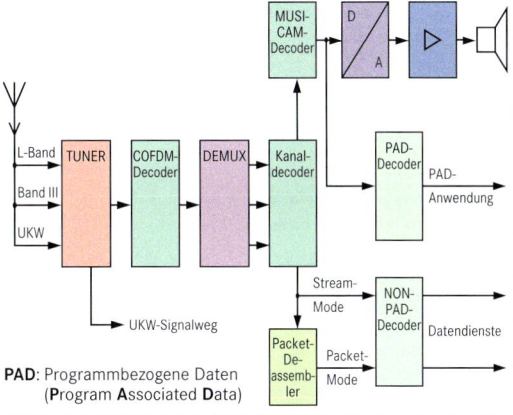

PAD: Programmbezogene Daten (**P**rogram **A**ssociated **D**ata)

DVB-S	DVB-C	DVB-T
Verbreitung über **Satelliten**	Verbreitung über **Kabelnetze**	**Terrestrische Verbreitung**
950 MHz ... 2150 MHz	47 MHz ... 862 MHz	47 MHz ... 862 MHz
Modulation: **QPSK**	Modulation: **QAM**	Modulation: **OFDM**

QPSK
Quadratur Phase Shift Keying
Quadratur-Phasenumtastung

QAM
Quadratur-Amplituden-modulation

QFDM
Qrthogonal Frequency Division Multiplex (Coded OFDM)
Quadratur-Phasenumtastung

Der sinusförmige Träger ① hat je nach binärem Zustand des Informationssignals vier verschiedene Phasenzustände. Den vier Phasenzuständen sind jeweils zwei Bits zugeordnet ②.

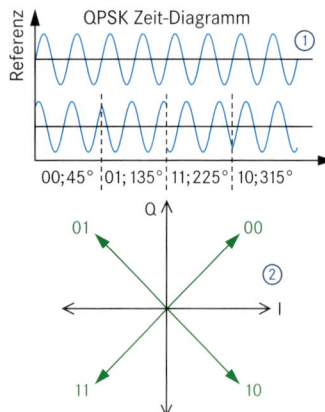

QPSK Zeit-Diagramm

Bei der Modulation werden Phase und Amplitude gleichzeitig verändert.

Anwendung:
16-QAM, 32-QAM, 64-QAM

Beispiel: 16-QAM

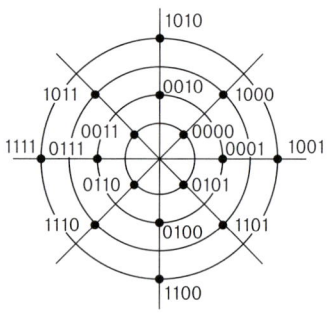

Der Abstand vom Nullpunkt bis zum Endpunkt entspricht der Amplitude des Signals.

Problem beim herkömmlichen terrestrischen Empfang:

- Die Empfangssignale gelangen auf verschiedenen Wegen zum Empfänger (Mehrwegeempfang, **Multipath**). Die Laufzeitunterschiede verursachen Störungen. Konventionelle Modulationsverfahren sind deshalb nicht geeignet.
- Als Bandbreite stehen die analogen FS-Kanäle mit 7 bzw. 8 MHz zur Verfügung.

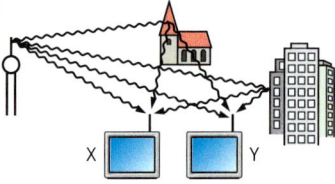

Abhilfe:
Verteilung der Signale auf viele Träger durch OFDM.

Modulator

Modulator

Prinzip von OFDM

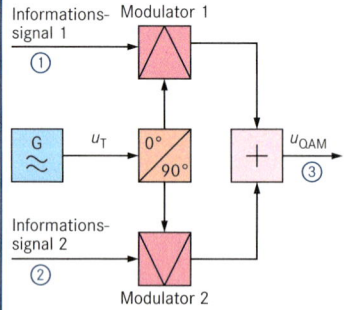

- Durch Umcodierung wird der Datenstrom in zwei Datenströme aufgeteilt (Dibit ③).
- Die Dibitsignale werden zwei Modulatoren zugeführt (0° und 90° ④ ⑤).
- Das I- und Q-Signal ⑥ werden in einer Addierstufe zum QPSK-Signal zusammengeführt ⑦.
  I: In Phase; Q: Quadratur Phase

- Die beiden Informationssignale ① ② werden getrennt moduliert.
- Der I-Vektor stellt die horizontale Komponente dar.
- Der Q-Vektor stellt die vertikale Komponente dar.
- Beide modulierten Signale werden zum QAM-Signal addiert ③.

- Aufteilung der Signale auf ca. 1700 (2K-Mode) oder 6800 (8K-Mode, 2^{13} = 8192) Träger.
- Der Abstand der Träger beträgt 4,4 kHz (2K-Mode) bzw. 1,1 kHz (8K-Mode).
- Die Träger werden mit QPSK oder QAM moduliert. Die übertragbare Datenrate hängt von diesen Modulationsarten ab.
- Vor der Modulation werden die Daten in Pakete zusammengefasst und durch ein zeitliches Schutzintervall getrennt (**Guard-Intervall**). Störende Überlagerungen können während der Schutzintervalldauer abklingen.
- Das Netz ist ein **Gleichwellennetz** (alle Sender besitzen dieselbe Trägerfrequenz).

Merkmale

- Wenn ein Fernsehgerät für den Empfang analoger Signale eingerichtet ist, wird zum Empfang digitaler Signale ein Umsetzungsgerät (Settop-Box) benötigt.

- Der Aufbau der Settop-Box hängt davon ab, ob die Signale über Satellit (DVB-S), über das Kabelnetz (DVB-C) oder terrestrisch (DVB-T) empfangen werden.

- Grundsätzlich übernimmt die Settop-Box die Aufgabe der Demodulation und Decodierung der DVB-Signale. Unabhängig von der Modulationsart wird immer ein MPEG-2 Datenstrom erzeugt.

- TV-Schnittstelle (SCART):
  - Y/C (S-VHS)
  - RGB, FBAS
  - Audio (HiFi), (z. B. 2 RCA/Cinch)

- Serielle Daten-Schnittstelle:
  - RS 232 C, Sub-D (z. B. 115 kbit/s)

- Empfang von verschlüsselten (**Pay-TV**: Gebührenpflichtige Programme) und unverschlüsselten (**Free-TV**) Sendungen.

- Bedingter Programmzugang (**CA**: **C**onditional **A**ccess): Bestimmte Programme können nur nach entsprechender Entschlüsselung empfangen werden. Die Empfangsberechtigung des Kunden ist auf einer Smartcard gespeichert.

- Betriebs-Software:
  Sie befindet sich auf einem Flash-RAM und kann über die serielle Schnittstelle oder direkt über das Sendesignal von außen aktualisiert werden.

- SI-Daten (Programmübersicht, Zusatzdaten, …):
  Sie werden während des Betriebs in einem Speicher abgelegt, so dass sie ohne Zeitverzögerung zur Verfügung stehen.

Prinzip der Umsetzung

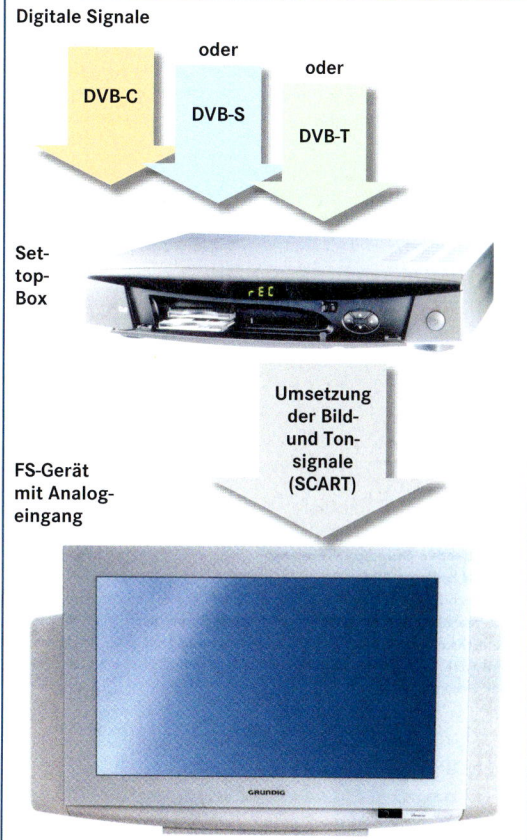

Digitale Signale

oder · oder

DVB-C · DVB-S · DVB-T

Set-top-Box

Umsetzung der Bild- und Tonsignale (SCART)

FS-Gerät mit Analogeingang

Blockschaltbild

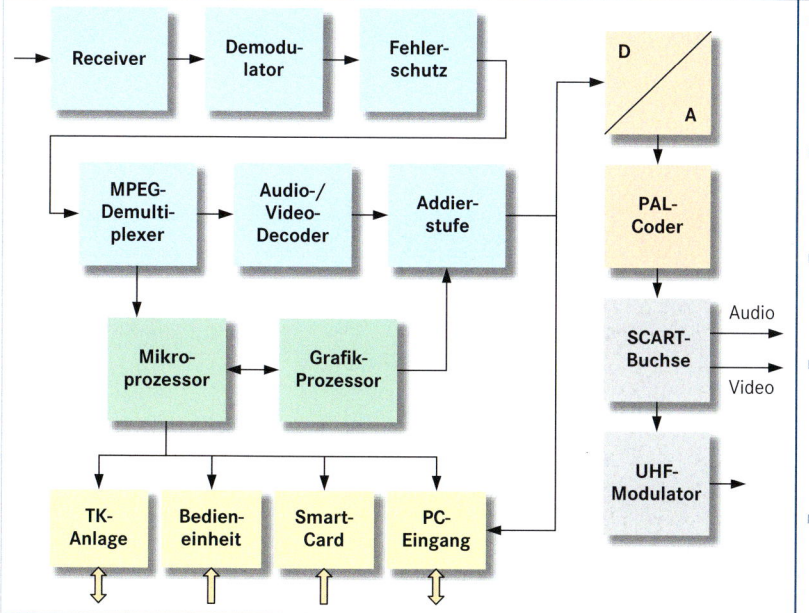

Receiver → Demodulator → Fehlerschutz

MPEG-Demultiplexer → Audio-/Video-Decoder → Addierstufe

Mikroprozessor ↔ Grafik-Prozessor

TK-Anlage · Bedieneinheit · Smart-Card · PC-Eingang

D / A

PAL-Coder

SCART-Buchse — Audio — Video

UHF-Modulator

Nachteile

- Der wesentliche Nachteil basiert auf der Tatsache, dass ein weiteres Gerät zum Empfang benötigt wird.

- Zur Steuerung wird eine zusätzliche Fernbedienung bzw. eine Universalfernbedienung benötigt.

- Mit einer Universalfernbedienung lassen sich in der Regel nur die Grundfunktionen steuern.

- Mit einfachen Geräten kann nicht gleichzeitig ein Fernsehprogramm aufgenommen und ein anderes angesehen werden (Ausnahme: Twin-Receiver).

- Da VPS-Signale fehlen, ist eine zeitgenaue Aufzeichnung digitaler Sendungen nicht möglich.

Merkmale

- Digitale Fernsehübertragung über das Kabelnetz.
- Die Sendebandbreite ist gering. Sie beträgt 7 bzw. 8 MHz.
- Im Kabelnetz treten weniger Störungen auf als bei einer Satellitenübertragung. Für den Fehlerschutz ist kein großer Aufwand erforderlich. Unter Berücksichtigung aller Einflüsse kann mit einem Träger/Rauschabstand von 28 dB gerechnet werden.
- Höherwertige Modulationsverfahren können eingesetzt werden, 16-QAM, 32-QAM und 64-QAM.
- Eine Datenrate von 38 Mbit/s wird erreicht.
- Da häufig Satellitenprogramme in das Kabelnetz eingespeist werden, bestehen viele Gemeinsamkeiten zwischen den Empfangseinrichtungen.

Einspeisung digitaler Signale in das Kabelnetz

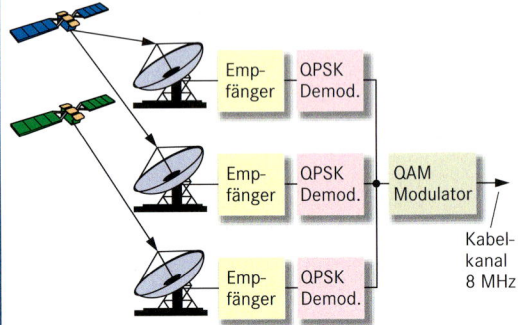

Signalaufbereitung

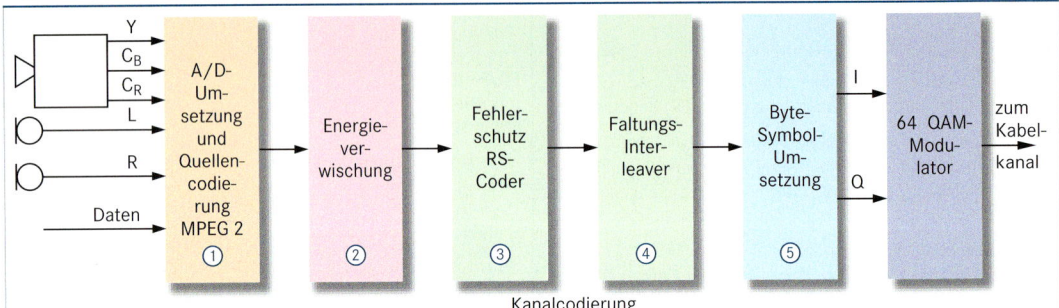

Kanalcodierung

- Die Verteilung von DVB-C erfolgt im Hyperband (303 MHz ... 446 MHz, heute S 21, 22 und 23).
- Die Quellencodierung erfolgt wie bei DVB-S ①.
- Nach der MPEG-2 Codierung erfolgt die Energieverwischung ②.
- Als Fehlerschutz wird eine Blockcodierung mit einem Reed-Solomon-Code vorgenommen (RS-Coder ③).
- Als innerer Fehlerschutz wird eine Faltungscodierung (Faltungsinterleaver) vorgenommen ④.
- Die 8 Bit breiten Datenwörter werden jetzt im Byte/Symbolumsetzer ⑤ in Symbolwörter (4, 5, 6, 8 je nach gewählter QAM) umgesetzt. Dazu müssen die Bits neu organisiert werden. Der Datenstrom ändert sich z. B. bei 64-QAM (6 Symbole) von 204 Byte auf 272 Symbole.
- Als Modulation werden 16-, 32-, 64- oder 256-QAM verwendet. Die Tabelle verdeutlicht die Leistungsmerkmale.

QAM	Bit/ Symbol	Bandbreiten-ausnutzung in (bit/s)/Hz	Bitrate in Mbit/s	
			netto[1]	brutto[2]
16	4	3,2	25,67	27,84
32	5	4,0	32,09	34,80
64	6	4,8	38,50	41,76
256	8	6,4	51,34	55,68

[1] Nettodatenrate: Die reinen Informationsbits, ohne Kanal- und Fehlerschutzcodierung

[2] Bruttodatenrate: Nettodatenrate plus Kanal- und Fehlerschutzcodierung

Service-informationen[1] bei DAB

Tabelle	Name	Funktion
PAT	**P**rogram **A**ssociation **T**able	Liste der Programme im Transport-Multiplex
PMT	**P**rogram **M**ap **T**able	Verweis auf die Packet-ID eines Programms
CAT	**C**onditional **A**ccess **T**able	Verweis auf die Entschlüsselungsdaten
NIT	**N**etwork **I**nformation **T**able	Daten einzelner Netzbetreiber, z. B. Satellitenpositionen
BAT	**B**ouquet **A**ssociation **T**able	Informationen über das Angebot einzelner Anbieter
SDT	**S**ervice **D**escription **T**able	Beschreibung der angebotenen Programme
EIT	**E**vent **I**nformation **T**able	Programmtafeln und -kennungen, z. B. für Jugendschutz
TDT	**T**ime and **D**ata **T**able	Enthält die augenblickliche Uhrzeit
RST	**R**unning **S**tatus **T**able	Angaben der laufenden Sendung zur Steuerung von VCR

[1] Erweiterungen des FS-Empfangs, der in Tabellen festgelegt ist.

DVB-C2

Zielsetzungen

- Allgemein: Über Satellit oder terrestrischen Antennen sollen mehr Multiplexe mit effektiveren Modulationsverfahren im bestehenden Kabelnetz verbreitet werden.
- Die Kabelkanäle sollen hinsichtlich Übertragungskapazität (um ca. 30%), Robustheit gegenüber Störeinflüssen und flexibler Nutzung optimiert werden.
- Die vorhandene Koaxialtechnik im Hause soll berücksichtigt werden. DVB-S2-Empfänger sollen auch für DVB-C verwendbar sein.
- Einführung neuer Dienste: HDTV, Video on Demand, interaktive Angebote (IP-Daten) usw.
- Diensteabhängige Codierung, Modulation und **QoS** (**Q**uality **of S**ervice, Güte des Kommunikationsdienstes aus der Sicht des Anwenders)

Leistungsmerkmale

- Quellencodierung mit MPEG-4 (H.264)
- Kanalcodierung zur Fehlerkorrektur mit **LDPC**-Codierung (**L**ow-**D**ensity-**P**arity-**C**heck Code) und **BCH**-Codes (**B**ose-**C**haudhuri-**H**ocquenghem-Codes, zyklische fehlerkorrigierende Codes)
- Modulationsverfahren **COFDM** (**C**oded **O**rthogonal **F**requency **D**ivision **M**ultiplex, mit Erweiterung auf 1024-QAM und 4096-QAM (Quadrature Amplitude Modulation), bei DVB-C 256-QAM
- COFDM ist ein Vielträgerverfahren mit Vorwärtsfehlerkorrektur

Einspeisung und Transport

- Es lässt sich ein vielfältiger Transportstrom (große Pakete mit variabler Länge) mit **GSE** (**G**eneric **S**tream **E**ncapsulation) erzeugen. Unter GSE versteht man ein Datenprotokoll, das zur Kapselung und Komprimierung des IP-Protokolls verwendet wird.
- **Interleaving**
  Bit-, Zeit- und Frequenzinterleaving (Umsortierung bzw. Verschachtelung)
- **Guard-Intervall**
  Die Datenpakete werden durch ein zeitliches Schutzintervall getrennt. Mögliche Störungen (z. B. Echos), die in das Intervall fallen, haben keinen Einfluss auf die Decodierung (1/64 oder 1/128 Teile von T).

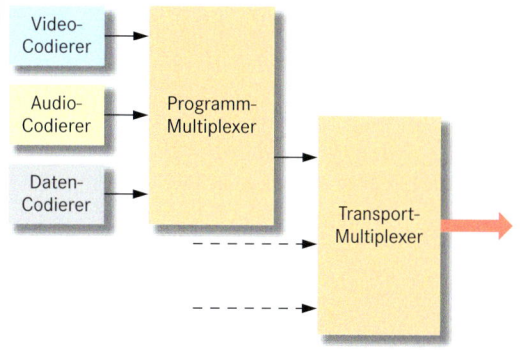

DVB-T2

Änderungen gegenüber DVB-T

- **LDPC**-Vorwärtsfehlerschutz in Kombination mit dem **BCH**-Code (s. DCB-C2)
- Unterschiedliche Interleavings mit variablen Coderaten
- MPEG-2 Eingangsdatenstrom sowie GSE (s. DVBC-2)
- Mehrere Eingangsströme lassen sich parallel verarbeiten (**PLP**: **P**hysical **L**ayer **P**ipes) und in einem Kanal übertragen. Beispiel: 3 – 4 HDTV-Sender, 16 SDTV-Sender

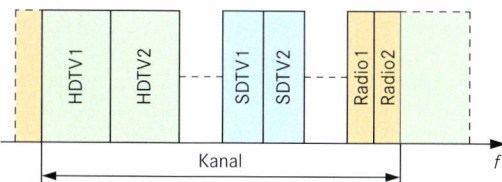

- Die Modulation **COFDM** von DVB-T wird beibehalten. Die Anzahl der Träger 2K (2048 Träger) und 8K (8192 Träger) wird erweitert um 1K (853 Träger), 4K (4096 Träger), 16K und 32K (27841 Träger).
  Jeder Träger wird dann mit QPSK, 16-QAM, 64-QAM und 256-QAM moduliert (rotierte Signal-Konstellationen).
- Die Kanalbandbreite kann 5 MHz, 7 MHz, 8 MHz und 10 MHz betragen.
- Das Guard-Intervall kann 1/128 bis 1/4 betragen.
- bei Eonsatz von MPEG-4 kann die Senderkapazität in den einzelnen Kanälen vergrößert werden.

Empfänger

- DVB-T-Empfänger sind nicht für den Empfang von DVB-T2 geeignet.
- DVB-T2-Empfänger werden in der Regel die DVB-T Sendungen empfangen können.
- DVB-T2-Empfänger können das jeweils gewählte Programm decodieren und nicht das ganze Multiplex (Energieeinsparung auf der Empfängerseite).
- Mit Time-Frequency-Slicing können mehrere Kanäle zu einem virtuellen Kanal gebündelt werden, auch nicht benachbarte.
- Konventionelle Sende- und Empfangsanlagen verwenden eine Sende- und eine Empfangsantenne (**SISO**: **S**ingle **I**nput – **S**ingle **O**utput). Wenn ein System über mehrere Eingangs- und Ausgangsgrößen verfügt, bezeichnet man dieses als **MIMO**-System (**M**ultiple **I**nput – **M**ultiple **O**utput). Der Vorteil liegt darin, dass mehrere Antennen auf der Empfängerseite mehr Energie aus dem elektromagnetischen Feld entziehen können. Für DVB-T bietet sich das **MISO**-System an (**M**ultiple **I**nput – **S**ingle **O**utput), da auf der Empfängerseite nur eine Antenne sinnvoll ist.
- Für MISO können sich die Sendeantennen des Gleichwellennetzes an verschiedenen Orten oder am selben Ort mit horizontaler und vertikaler Polarisation befinden.

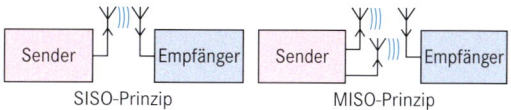

SISO-Prinzip   MISO-Prinzip

Merkmale

- DVB-S ist digitale Fernsehübertragung über Satelliten.
- Die Sendebandbreite ist groß.
  Beispiel: 30 MHz pro Kanal bei Astra.
- Die Sendeleistung muss innerhalb eines Kanals möglichst konstant sein ⇒ **Energieverwischung**.
- Die Senderöhren im Satelliten werden voll ausgesteuert. Sie werden bis im gekrümmten teil der Kennline betrieben. Da-

durch entstehen Amplitudenverzerrungen, so dass QAM nicht angewendet werden kann. Verwendet wird deshalb **QPSK** (Quadratur-Phasenumtastung).

- Im erdnahen Bereich werden die Signale stark gedämpft und gestört. Deshalb ist ein möglichst störsicheres Modulationsverfahren erforderlich.
- Weil der Störabstand im Empfänger gering ist, muss ein hochwertiger Fehlerschutz verwendet werden.

Signalaufbereitung

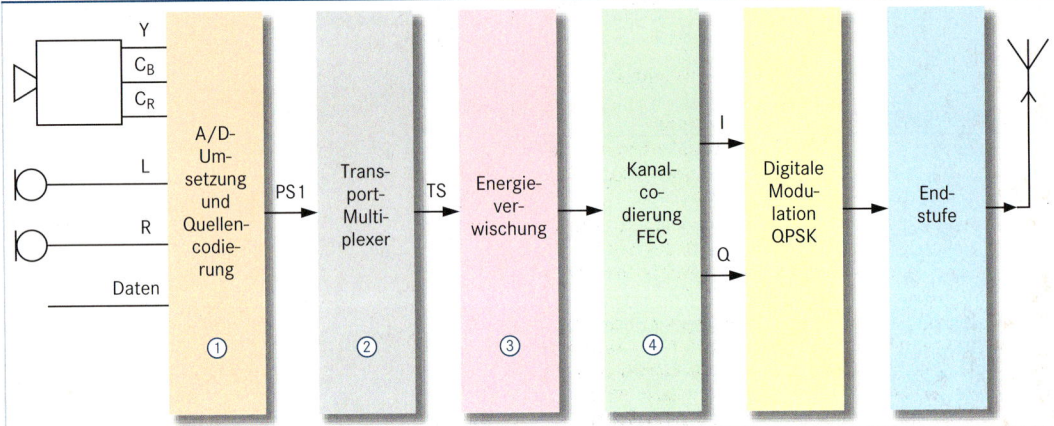

Quellencodierung:

- Die analogen Luminanzsignale Y, die farbreduzierten Chrominanzsignale C_R und C_B sowie die Audio-Stereoinformationen werden zunächst digitalisiert und danach entsprechend dem MPEG-2 Standard codiert ①.
- Diese Datenströme werden als **Elementar-Ströme** (**ES**) bezeichnet und paketiert (**PES**: **P**aketized **E**lementary **S**tream) sowie mit einem Header versehen (188 Byte).
- Bildsignale, Tonsignale und zusätzliche Daten (z. B. Videotext) werden zu einem Datenstrom im Programm-Multiplexer zusammengefasst (**PS**: **P**rogramm-**S**trom).
- Vom Transport-Multiplexer ② gelangen die Signale in den **Energieverwischer** ③ (**Energy Dispersial Scrambling**). Die Daten werden mit Hilfe eines rückgekoppelten Schieberegisters in eine Pseudozufallsfolge gebracht, um ein möglichst gleich verteiltes Leistungsspektrum zu erzielen.

Kanalcodierung:

An den Fehlerschutz (Erkennung und Korrektur) werden hohe Anforderungen gestellt (**FEC**: **F**orworth **E**rror **C**orrection ④). Eingesetzt werden:

| Block-codierung | Inter-leaving | Faltungs-codierung |

- **Blockcodierung (Block Coding)**
  Der Datenstrom besteht aus festen Blöcken (Datenbit, i-Bit). Jedem Block werden Redundanzbits angehängt (r-Bit), so dass beim verwendeten Reed-Solomon-Code zu den 188 i-Byte weitere 16 r-Byte zum Fehlerschutz hinzugefügt werden (Summe 204 Byte).

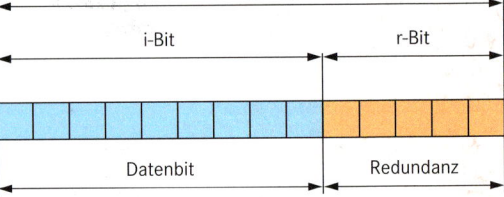

- **Interleaving**
  Hierbei werden die einzelnen Bits eines Datenwortes nach einem mathematischen Verfahren zeitlich in eine andere Reihenfolge gebracht (Zeitinterleaving). Dadurch wird verhindert, dass im Fehlerfall ein einzelnes Datenwort vollständig fehlerhaft wird oder fehlt.

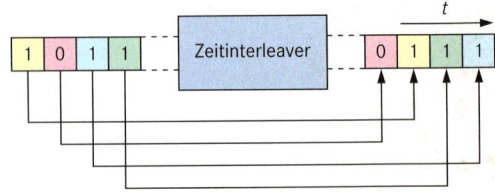

- **Faltungscodierung (Convolution Coding)**
  Die Faltungscodierung ist im Gegensatz zur Blockcodierung bitorientiert. Die einzelnen Bits eines Datenwortes werden nacheinander mit Redundanz versehen.
  Die Eingangsdatenbits werden in einem Schieberegister gespeichert, das verschiedene Abgriffe besitzt. Durch paarweise Multiplikation und Addition wird das Signal an den Abgriffen mit dem Eingangssignal zu einem erweiterten Datenstrom verarbeitet.

Merkmale und Unterschiede zu DVB-S

- DVB-S2 ist eine Weiterentwicklung von DVB-S und gilt als Nachfolgestandard (entwickelt durch **ETSI**: **E**uropean **T**ele-communications **S**tandards **I**nstitute).
- Da bei DVB-S2 andere Modulationsverfahren als bei DVB-S verwendet werden, sind andere Receiver erforderlich.
- Im DVB-S2 Standard ist es möglich, die Übertragung mehrerer unabhängiger Transportströme auf einem Transponder unterzubringen.
  Beispiel: Übertragung eines HDTV-Programms gleichzeitig mit einem SDTV-Programm.
- Bei DVB-S2 können verschiedene Codecs eingesetzt werden. Beispiele für Eingangsdaten:
  – Kontinuierliche Bit-Ströme
  – Einzelne oder mehrere MPEG-Transport-Ströme
  – IP-Daten (Internet Protkoll)
  – ATM-Daten (Asynchronous Transfer Mode)
- Die Datenübertragungsrate ist um etwa 30 % höher als bei DVB-S. Erreicht wird dieses durch verbesserte Codierungs-, Fehlerkorrektur- und Modulationsverfahren.
- Zur Fehlerkorrektur wird die **LDPC**-Codierung (**L**ow-**D**ensity-**P**arity-**C**heck Code) verwendet. LDPC-Codes sind Blockcodes, mit denen zusammenhängende Paritätschecks durch Matrizen beschrieben werden.
- Mit DVB-S2 sind interaktive Anwendungen realisierbar (**ACM**: **A**daptive **C**oding and **M**odulation). Dabei werden die Übertragungsparameter von Rahmen zu Rahmen geändert. Diese Anwendungen sind über den Rückkanal im Band 17,1 GHz…21,2 GHz und 22,5 GHz…23 GHz möglich.
- Zur Bilddatenreduktion (Kompressionsverfahren) wird statt MPEG-2 (H.262) das effektive **MPEG-4** (H.264/AVC) verwendet. Beispiel für eine HDTV-Ausstrahlung:
  – MPEG-2 ca. 25 Mbit/s
  – MPEG-4 ca. 6 – 8 Mbit/s

Signal-Rauschverhältnis

- Mit Zunahme der Datenrate steigt auch das Signal-Rausch-verhältnis (s. Diagramm unten). Je nach Reduktionsverfahren ergeben sich entsprechende Kurvenverläufe.
- Weitere Bezeichnungen für das Signal-Rauschverhältnis: Störabstand, Signal-Rauschabstand, **SNR** (**S**ignal-to-**N**oise **R**atio)
- Mit diesem Wert gibt man an, wie groß die Überlagerung des von der Quelle stammenden Nutzsignals durch ein Rauschsignal ist.
- Definition: SNR = Nutzsignalleistung/Rauschleistung in dB

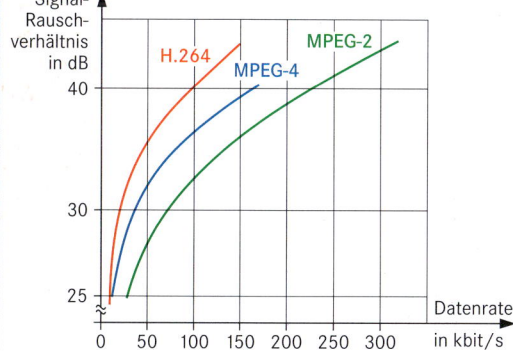

Modulationsverfahren

- Verwendet werden:
  – 8PSK (**PSK**: **P**hase **S**kift **K**eying, Phasenumtastung),
  – 16APSK (**APSK**: **A**mplitude **P**hase **S**kift **K**eying, Amplituden-Phasenumtastung) oder
  – 32APSK,
  – 4PSK (QPSK) von DVB-S wird ebenfalls unterstützt.
- Konstellationsdiagramme

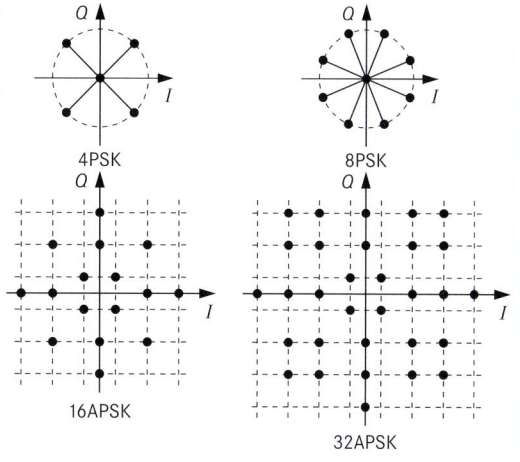

4PSK 8PSK

16APSK

32APSK

Bitfehler

- Bei der digitalen Übertragung werden durch Rauschen oder Interferenzen Bits verändert. Ein Maß für die Qualität der Übertragung ist die Bitfehlerrate (bzw. Bitfehlerhäufigkeit).
- In der Regel wird nicht die absolute Zahl der fehlerhaften Bits, sondern das Bitfehlerverhältnis (Bitfehlerquotient) **BER** (**B**it **E**rror **R**atio) angegeben.
- BER = Zahl der fehlerhaften Bits/ Zahl der insgesamt empfangenen Bits, innerhalb eines bestimmten Zeitintervalls
- Beispiel:
  $BER = 2 \cdot 10^{-5}$ bedeuten, dass von 100.000 übertragenen Bits 2 Bits fehlerhaft sein können.
- Der BER-Wert hängt von dem Modulationsverfahren ab. Die Zahl der fehlerhaften Bits steigt auch mit dem Bitener-gie-Rauschleistungsdichte-Verhältnis (E_b/N_0).
  E_b: Aufgewendete Energie für ein Bit
  N_0: Spektrale Rauschleistungsdichte

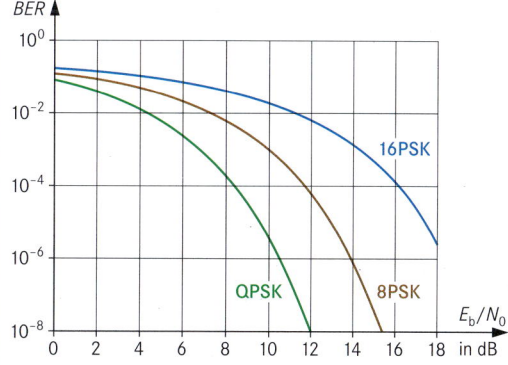

Merkmale

- Durch HbbTV wird das Digitale Fernsehen mit Inhalten aus dem Internet kombiniert. Die Inhalte aus beiden Quellen können einzeln oder gemeinsam dargestellt werden. Dazu wird in die Sendung eine Signalisierung (**AIT**-Tabelle, **A**pplication **I**nformation **T**able) eingefügt. Diese Daten werden vom Empfänger ausgelesen. Sie enthalten in der Regel URLs bestimmter HTML-Seiten, die vom Anwender über die zusätzlich vorhandene Internet-Verbindung geladen werden können.

- Die Version 1.1.1 (ETSI-Bezeichnung TS 102 796) wurde am 01.07.2010 vom HbbTV-Konsortium (über 60 Mitglieder, Firmen der Software- und Unterhaltungstechnik-Industrie) standardisiert.
  ETSI: **E**uropean **T**elecommunications **S**tandards **I**nstitute

- Die Inhalte sind über mehrere Übertragungswege (**hybrid**) empfangbar.

- Die Bedienung erfolgt in der Regel vereinfacht (Knopfdruck an der Fernbedienung).

- HbbTV baut auf existierende Fernsehstandards (DVB) und Internet-Technologien auf.

Zusatzdienste

- Zusatzdienste sind Angebote neben der jeweiligen Fernsehübertragung (**Mehrwertangebote**), die über die Fernbedienung angewählt werden können.

- Die Angebote sind kostenlos; IPTV ist nicht erforderlich.
  Beispiele:
  - **Video on Demand** (Fernsehen auf Abruf, z. B. aus den Mediatheken der Sendeanstalten
  - **Zuschauer-Votings** in Quizsendungen, politischen Sendungen usw. auf Knopfdruck über die Fernbedienung
  - **Multimediale elektronische TV-Führer** mit Bildern, Suchfunktion, Video-Preview usw. (qualitativ besser als Videotext)
  - **Zugriffe auf** z. B. soziale **Netzwerke** oder beliebte Seiten, wie z. B. Ebay und Amazon am TV
  - Begleitende **Zusatzinformationen** zum Programm aller Art (z. B. Bild, Text, Ton, Video)
  - **Interaktive** und programmbegleitende **Werbung** oder **Einkaufsmöglichkeiten**
  - **Spiele**

Beziehungen zwischen HbbTV und anderen Standards

- **DVB A137**, Blue Book (TS 102 809) mit den Komponenten Application-Signalisierung und Application Transport per Broadcast oder HTTP

- **OIPF** (**O**pen **IP**TV **F**orum) definiert Audio- und Videoformate

- **CEA-2014** (**C**onsumer **E**lectronics **A**ssociation, CE-HTML):
  - Sprachdefinition der Anwendung (XHTML, CSS, JavaScript, …)
  - Einbettung nichtlinearer A/V Inhalte in Anwendungen
  - Definition von **DOM** (**D**ocument **O**bject **M**odel) Event-Handling (z. B. wichtige Ereignisse)
  - Spezifikation von Bildformaten (JPEG, GIF, PNG)

HbbTV-System

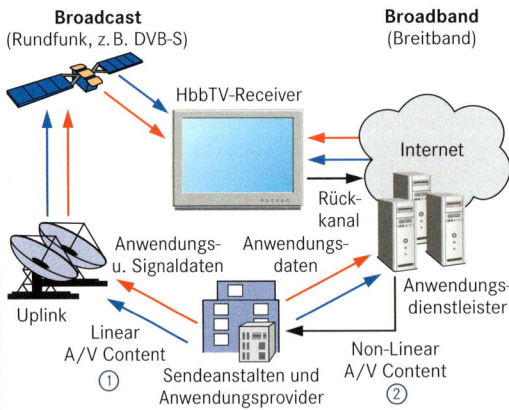

Broadcast (Rundfunk, z. B. DVB-S)   **Broadband** (Breitband)

HbbTV-Receiver

Internet

Rück-kanal

Anwendungs- u. Signaldaten   Anwendungs-daten

Anwendungs-dienstleister

Uplink

Linear A/V Content ①

Sendeanstalten und Anwendungsprovider

Non-Linear A/V Content ②

- **Linear A/V Content** ①: Lineare A/V Inhalte sind kontinuierliche Sendungen der Sendeanstalten ohne Eingriffsmöglichkeiten wie z. B. Navigation oder Steuerung.
  A/V: Audiovisuelle Medien

- **Non-linear A/V Content** ②: Diese nichtlinearen A/V Inhalte ermöglichen verschiedenste Interaktivität durch den Benutzer.

Komponenten eines HbbTV-Empfängers

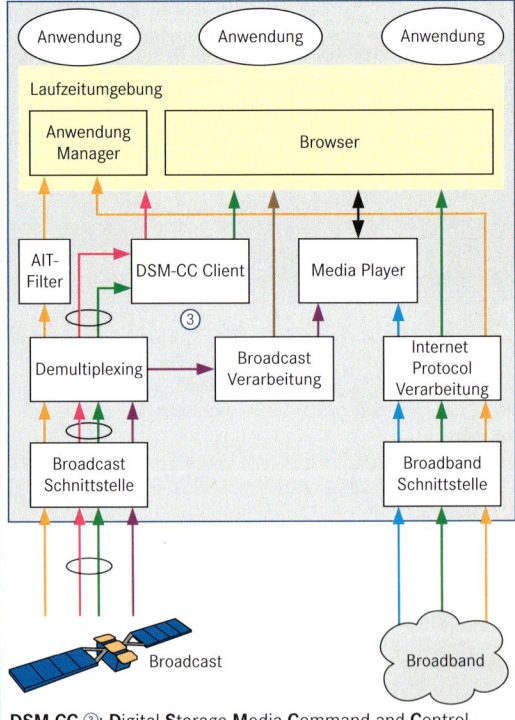

Anwendung   Anwendung   Anwendung

Laufzeitumgebung

Anwendung Manager   Browser

AIT-Filter   DSM-CC Client   Media Player

③

Demultiplexing   Broadcast Verarbeitung   Internet Protocol Verarbeitung

Broadcast Schnittstelle   Broadband Schnittstelle

Broadcast   Broadband

DSM-CC ③: **D**igital **S**torage **M**edia **C**ommand and **C**ontrol, Toolkit (Werkzeugkasten) zur Erzeugung von Steuerkanälen für MPEG-1- und MPEG-2-Datenströmen

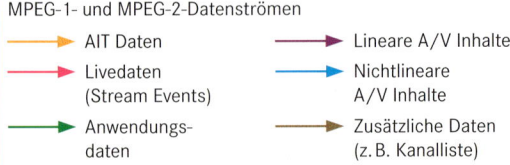

→ AIT Daten   → Lineare A/V Inhalte

→ Livedaten (Stream Events)   → Nichtlineare A/V Inhalte

→ Anwendungs-daten   → Zusätzliche Daten (z. B. Kanalliste)

Prinzip

- Videotext (Teletext) wird zur Verbreitung von Nachrichten, Texten und Bildern innerhalb des **Austastlücke** des Fernsehsignals verwendet. Der Benutzer kann diese Informationen auswählen und auf dem Bildschirm darstellen.
- Die Informationsübertragung erfolgt in der Vertikalaustastlücke (25 Zeilen, 23 Zeilen frei editierbar).
- Jede Videotextseite besteht aus max. 24 Reihen. Jede Reihe besteht aus max. 40 Zeichen und jedes Zeichen ist nach einer 10 x 12-Punkt-Matrix aufgebaut.
- Jede Seite ist durch eine **Seitennummer** gekennzeichnet.
- Bei vielen Sendern werden folgende Seitennummern mit vergleichbaren Inhalten verwendet:
  - 100 Startseite
  - 110 ff. Nachrichten
  - 200 ff. Sport
  - 300 ff. TV-Programm
- Videotextseiten werden sequentiell übertragen.
- Die Zeichen sind mit 8 Bit codiert, die Taktfrequenz beträgt 6,937 MHz.
- Darstellungsformat auf dem Bildschirm:

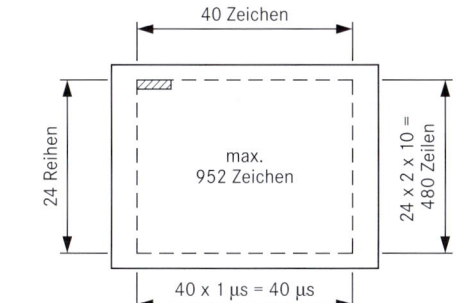

40 Zeichen

24 Reihen

max.
952 Zeichen

$24 \times 2 \times 10 = 480$ Zeilen

$40 \times 1\,\mu s = 40\,\mu s$

Ablauf und Seitenwahl

- Die Seitennummer wird im Empfänger eingegeben.
- Der Videotext-Decoder vergleicht die gewählte Seitennummer mit der vom Sender ausgestrahlten Seitennummer.
- Bei Gleichheit der Seitenzahlen wird die Information in den Seitenspeicher eingeschrieben.
- Die Seite erscheint auf dem Bildschirm.
- Neue Seitenwahl, Vorgang wiederholt sich usw.
- Die Verringerung der Wartezeit wird erreicht durch:
  - Häufiger benötigte Textseiten (z. B. Inhaltsverzeichnisse) werden öfter in den Sendezyklus eingefügt.
  - Viele Videotext-Decoder haben mehrere programmierbare Seitenspeicher.

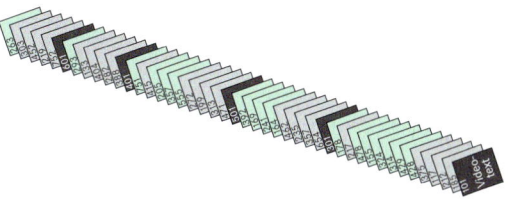

- Bedienungserleichterung wird durch das **TOP-Text-System** (Table of Pages) erreicht:
  - Auf speziellen Steuerseiten werden die einzelnen Seiten in Rubriken (Blöcke) eingeteilt (z. B. Nachrichten, Sport, Programm).
  - Farbige Kurzbezeichnungen für bestimmte Seiten befinden sich in der 25. Reihe. Die entsprechenden Seiten können mit farbigen Tasten auf der Fernbedienung angewählt werden.
  - Es werden Informationen übermittelt, welche Seiten existieren und welche über Unterseiten verfügen.

Signale der Vertikalaustastlücke für beide Halbbilder

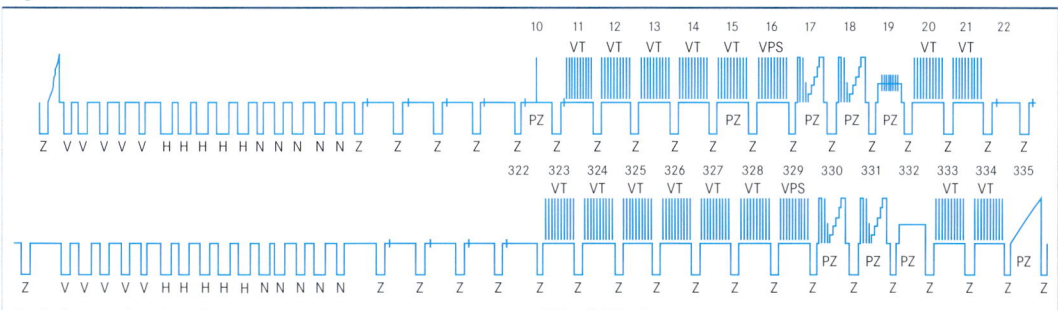

Z: Zeilensynchronimpuls
V: Vortrabant des Rastersynchrongemisches
H: Vertikal-Hauptimpuls
N: Nachtrabant des Rastersynchrongemisches

PZ: Prüfzeilen
VPS: Video-Programm-System
VT: Videotext

Aufbau einer Datenübertragungszeile

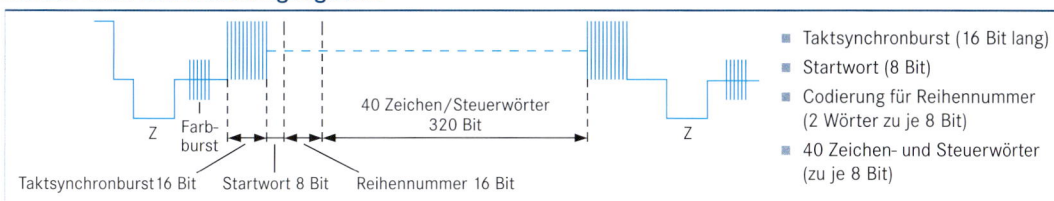

Z Farb-burst

40 Zeichen/Steuerwörter
320 Bit

Z

Taktsynchronburst 16 Bit   Startwort 8 Bit   Reihennummer 16 Bit

- Taktsynchronburst (16 Bit lang)
- Startwort (8 Bit)
- Codierung für Reihennummer (2 Wörter zu je 8 Bit)
- 40 Zeichen- und Steuerwörter (zu je 8 Bit)

Video-Programm-System beim analogen Fernsehen

- Grundsätzliche Aufgabe von **VPS** (**V**ideo **P**rogramming **S**ystem): Vereinfachte Aufnahme von Sendungen (analog) mit dem Videorecorder, unabhängig von der Sendezeit.
- Aufgaben des VPS-Decoders im Empfänger:
  - Überwachung der Datenzeile 16
  - Trennung der Datenzeile 16 von der Bildinformation
  - Erzeugung des Datentaktes
  - Vergleich der decodierten VPS-Daten mit den programmierten Daten
  - Erzeugung der Steuersignale für Videorecorder

- **VPS-Daten**:
  - Videozeile 16 mit 15 Byte (Datenworte) in der Austastlücke
  - Kontinuierliche Übertragung (Zyklus 40 ms)
- **VPS-Zeit**:
  Es ist die ursprünglich im Programm vorgesehene Anfangszeit. Sie bleibt immer der Sendung zugeordnet, auch wenn Programmteile eingeschoben werden.
- Beim Digitalempfang (DVB-T, -S und -C) hängt die Funktionsfähigkeit von VPS vom jeweiligen Receiver ab.

VPS-Datenzeile 16

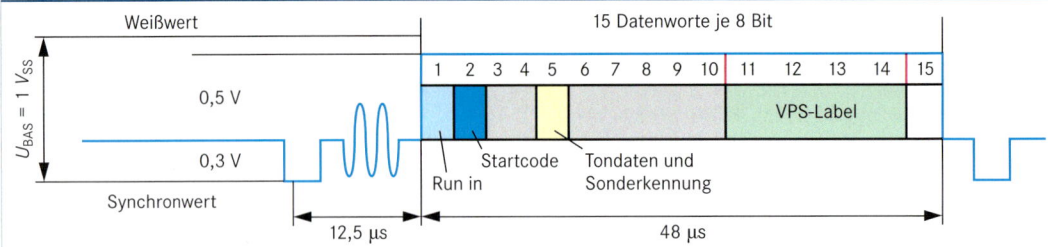

Wort	Funktion, Verwendung	Wort	Funktion, Verwendung
1	Run in; Signal dient zur Synchronisierung des Empfänger-Taktgenerators	7	ASCII-Klarschrift, betriebsbezogen (Beitragsnummer, Beitragslänge)
2	Startcode; Bitmuster zur Erkennung der Datenzeile	8 u. 9	Zieladresse für leitweglenkung (Angaben zur Verteilung der Adressen)
3	Codierte Quellenkennung; Identifizierung der Programmquelle (Sendeanstalt)	10	Meldungen/Befehle
4	Klarschrift Quellenkennung (ASCII-Sequenz)	11...14	VPS-Zusatzinformation (VPS-Label. s. unten), Signale zur Steuerung des Videorecorders
5	Leercode; Tondaten (Zweikanal, Mono, Stereo)		
6	Signalinhaltskennung, programmbezogen (Testbild, Programm)	15	Reserve

DVB-SI

- **DVB-SI**: **D**igital **V**ideo **B**roadcasting – **S**ervice **I**nformation, Zusatzdaten innerhalb von DVB
- DVB-SI ist in ETSI EN 300486) definiert.
  ETSI: **E**uropean **T**elecommunication **S**tandards **I**nstitute (Europäisches Institut für Telekommunikationsnormen)
- In ETSI EN 301775 ist festgelegt, wie die analogen VPS-Signale in DVB übertragen werden.
- Diese Daten werden vom Empfänger verarbeitet und entweder automatisch angezeigt oder sie können vom Zuschauer in verschiedenen Menüseiten abgerufen werden.
- Die Service Informationen bestehen aus Datentabellen und enthalten unter anderem die **EPG**-Daten (**E**lectronic **Pro**gram **G**uide, Elektronischer Programmführer, Elektronische Programmzeitschrift).
- EPG:
  - Anzeige des laufenden und kommenden Fernsehprogramms, mindestens Titel, Uhrzeit und Dauer der Sendung
  - Zusätzlich kurze Beschreibung des Inhalts oder Bilder
  - Für die Anzeige ist eine spezielle Software erforderlich.
  - Digitalempfänger verfügen in der Regel über eine integrierte EPG.

SI-Informationen

BAT	**B**ouquet **A**llocation **T**able: Informationen über das Bouquet (Bukett) der Programme eines Anbieters
EIT	**E**vent **I**nformation **T**able (Grundlage für EPG): – Programmtafeln, ähnlich den Programmzeitschriften – Kennung der Programmart – Eignung für die jeweilige Altersgruppe
NIT	**N**etwork **I**nformation **T**able: – Name und Art des Übertragungssystems (z. B. Astra, Satellit) – Technische Daten, z. B. Frequenz, Fehlerschutz
RST	**R**unning **S**tatus **T**able: – Hinweise über den Sendezustand (z. B. läuft gerade) – Daten für die Steuerung von Videorecordern
SDT	**S**ervice **D**escription **T**able: – Angebotene Programme – Hinweise auf die Sendeanstalten
TDT	**T**ime and **D**ate **T**able: Uhrzeit, Datum

Merkmale

- HDTV wird auch als **hochauflösendes Fernsehen** bezeichnet. Es besitzt eine bis zu fünfmal höhere Auflösung (s. Abbildungen unten) als PAL (herkömmlicher analoger Fernsehstandard **SDTV: S**tandard **D**efinition).

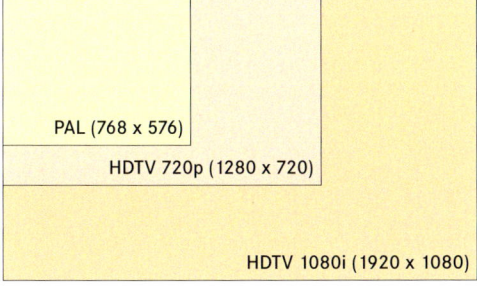

PAL (768 x 576)

HDTV 720p (1280 x 720)

HDTV 1080i (1920 x 1080)

- Bei der Bildübertragung im HDTV-Format werden die zwei Standards 1080i und 720p verwendet.
  - Bei der HDTV-Version **1080i** (vertikale Auflösung von 1.080 Zeilen) wird das Bild im Halbbildverfahren (**Zeilensprungverfahren**) aufgebaut (interlaced, Kennbuchstabe „i"). Zunächst wird das erste Halbbild mit den Zeilen 2, 4, 6, ... übertragen.
    Fast alle aktiven europäischen HD-Anbieter haben sich für den 1080i Standard entschieden.
  - Bei der HDTV-Version **720p** (vertikale Auflösung von 720 Zeilen) sind die Fernsehbilder im Vollbildverfahren aufgebaut (progressive, Kennbuchstabe „p"). Jede Zeile wird nacheinander (sequentiell) geschrieben.
- Die Bildfrequenz (Bildwechselfrequenz, Bildwiederholrate) beträgt 50 Hz (Westeuropa) bzw. 60 Hz (USA).
- Das HDTV-Fernsehbild wird in den beiden Standards im 16:9-Format dargestellt.
- HDTV-Fernsehprogramme werden über DVB-C und DVB-S gesendet.
- Für den Empfang von HDTV-Sendungen wird ein HD-empfangsfähiges Fernsehgerät oder eine entsprechende Set-top-Box („Draufstellkästchen" für DVB-S, DVB-C) benötigt.
- HD-Quellen sind auch entsprechende Festplattenrecorder und Blu-ray Discs.
- Als Datenreduktion werden MPEG-2 (Datenrate bei 1080i ca. 27 Mbit/s) bzw. MPEG-4 (Datenrate ca. 12 Mbit/s) eingesetzt.
- Bei HDTV sind alle beim Digitalfernsehen oder die auf der DVD zum Einsatz kommenden Tonformate möglich, wobei sich aber Dolby Digital 5.1 durchsetzt.

Unterschiede zwischen PAL und HDTV

Merkmale	PAL	720p	1080i
Auflösung	786 x 576	1.280 x 720	1.920 x 1.080
Pixel gesamt	442.368	921.600	2.073.600
Pixel/s	11.059.200	46.080.00	51.840.000
Bildaufbau	Halbbild (interlaced)	Vollbild (progressive)	Halbbild (interlaced)
Bildfrequenz	50 Hz	50 Hz	50 Hz
Bildformat	4:3	16:9	16:9

Logos für HDTV-Empfänger

- Herausgeber: **EICTA** (**E**uropean **I**nformation, **C**ommunications and Consumer Electronics Industry **T**echnology **A**ssociation, Vereinigung von 32 nationalen Elektronikverbänden aus 24 Ländern und über 50 großen Elektrounternehmen aus Europa, USA und Japans).
- **HD ready 1080p**
  - Auflösung: 1.920 x 1.080 Bildpunkte
  - Analoge Eingänge **YUV** (Y: Helligkeit und Farbdifferenzsignale U: Rot, V: Blau), Signale werden direkt weitergegeben (Cinch-Verbindung)

- Digitale Eingänge mit
  - **HDMI** (**H**igh **D**efinition **M**ultimedia **I**nterface)
  - oder **DVI** (**D**igital **V**isual **I**nterface), rein digitales Signal, bis zu 4,9 Gbit/s und
  - mit Kopierschutz **HDCP** (**H**igh **B**andwidth **D**igital **C**ontent **P**rotection).
- **Overscan** (Bereich an den äußeren Rändern eines Videobildes) im Setup-Menü ist abschaltbar.
- **Auflösungen**, die über YUV unterstützt werden müssen:
  - 720p (1.280 x 720 Pixel progressive) und
  - 1080i (1.920 x 1.080 interlaced) mit 50 und 60 Hz
- **Auflösungen**, die über HDMI oder DVI unterstützt werden müssen:
  - 720p (1.280 x 720 Pixel progressive)
  - 1080i (1.920 x 1.080 interlaced) mit 50 und 60 Hz
  - 1080p (1.920 x 1.080 progressive) mit 50 und 60 Hz
  - 1080p/24 Hz (24p) (1.920 x 1.080 progressive)
- **HDTV 1080p**
  - Es gelten die gleichen Bedingungen wie beim Logo „HD ready 1080p".
  - Zusätzlich muss das Gerät direkt HDTV-Signale über DVB-C, DVB-S und DVB-S2 verarbeiten können und in 720p/1080i an das Display weiterleiten können.
  - Die Decodierung von MPEG-2 und MPEG-4/AVC muss unterstützt werden.

Auflösungsbeispiele

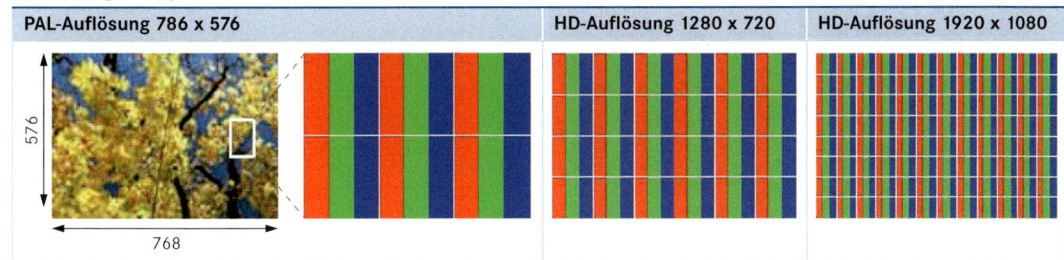

PAL-Auflösung 786 x 576

576

768

HD-Auflösung 1280 x 720

HD-Auflösung 1920 x 1080

Zeilensprungverfahren (Interlace)

- Mit dem Zeilensprungverfahren (Interlaced-Verfahren, **interlaced**: verflochten) werden die Zeilen nicht in ihrer geometrischen Reihenfolge (1, 2, 3 usw.) abgetastet bzw. wiedergegeben, sondern das Bild wird in zwei **Teilbilder** zerlegt, die sich rasterförmig zum Vollbild ergänzen.

- Im ersten Teilbild (odd oder top field) sind die ungeraden Zeilen (1, 3, 5 ...) enthalten, im zweiten (even oder bottom field) die geraden Zeilen (2, 4, 6 ...). Dadurch wird das Helligkeitsflimmern und der Bandbreitenbedarf für die Übertragung verringert.

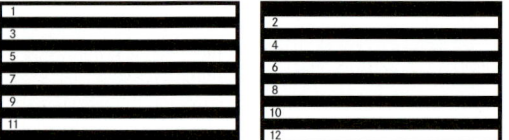

- Das vollständige Bild (Frame) besteht somit aus zwei unterschiedlichen Halbbildern, das vom menschlichen Auge als Gesamtbild wahrgenommen wird.

- Das Verfahren wird in der analogen Fernsehtechnik (PAL) angewendet. Das Vollbild besteht aus 575 sichtbaren Zeilen und die Halbbilder aus je $287\frac{1}{2}$ Zeilen. Es werden dabei 25 Voll- bzw. 50 Halbbilder pro Sekunde übertragen (Bildfrequenz, Bildwiederholungsfrequenz 50 Hz). Es besteht also zwischen den Teilbildern ein zeitlicher Unterschied von $1/50\ \text{Hz} = 0,02\ \text{s}$.

- Bei Fernsehsendungen wird in der Regel das Zeilensprungverfahren angewendet (bedingt durch die **Aufnahmekameras**). Bei der Produktion von Filmen werden dagegen Filmkameras eingesetzt, die in der Regel 24 Vollbilder in der Sekunde erzeugen (24 Hz).

Non Interlaced-Verfahren

- Bei diesem Verfahren werden die Zeilen unmittelbar untereinander geschrieben. Die Vertikalablenkfrequenz ist hier gleich der Bildfrequenz. beim PC-Monitor liegt

sie zwischen 60 Hz und 160 Hz und lässt sich über die Systemsteuerung des PCs einstellen.

- Beim PC sind verschiedene Zeilenzahlen möglich. Je nach Grafikkarte und Monitor können sie vom Benutzer eingestellt werden (z. B. WXGA: 1366 x 768 Zeilen).

Zeilenentflechtung (Deinterlacing)

- Bei LCD-, Plasmabildschirmen und Daten-Projektoren (Beamer) wird das Bild nicht in Zeilen geschrieben, sondern als Ganzes aufgebaut.

- Wenn Bildquellen in Interlaced-Technik vorliegen, würde ohne Bearbeitung (Korrektur) die Bildqualität beeinträchtigt sein. Es muss deshalb eine Zeilenentflechtung (**Deinterlacing**) vorgenommen und die Zeilen dann zu einem Vollbild konvertiert werden.

- Beispiel:

ohne Korrektur   mit Korrektur

- Deinterlacing erfolgt im Fernsehgerät direkt oder in der Set-Top-Box (bzw. DVD-Player, DVB-Empfänger usw.). Im PC wird Deinterlacing entweder von einer Software (z. B. Player-Software) oder mit Hilfe einer Hardware (z. B. TV-Karte) durchgeführt. Die Bildqualität hängt entscheidend vom verwendeten Deinterlacer ab.

Verfahren zur Zeilenentflechtung

Weave (field insertion)
- Die vorhandenen Teilbilder werden gleichzeitig verwendet und zu einem Vollbild zusammengefügt.
- Nachteile:
  - Die Zeilen erscheinen gegeneinander verschoben und es entstehen Kammeffekte (Kammartefakte).
  - Bei bewegten Szenen kommt es zum Flimmern.

Unschärfe
- Wie beim Weave-Verfahren werden die Zeilen der Halbbilder zusammengefügt. Damit die Kammeffekte abgeschwächt werden, wird das Vollbild weich gezeichnet.
- Nachteil: Bild wirkt unscharf

Skip Field
- Eines der Halbbilder wird weggelassen.
- Bei dem verwendeten Halbbild werden die fehlenden Zeilen durch Interpolation aus den umliegenden Zeilen ermittelt (Zeilenverdopplung). Kammeffekte treten nicht auf.
- Nachteil: Da Bildinformationen des zweiten Teilbildes fehlen, Bewegungen wirken im Bild „abgehackt".

Bobbing (line averaging)
- Wie beim Skip-Field-Verfahren werden die fehlenden Zeilen für jedes Teilbild interpoliert.
- Es werden somit zwei einander nachfolgende Vollbilder ohne Kammeffekte gewonnen.
- Nachteil: Es entsteht ein geringes vertikales Wackeln.

Blending
- Aus den zwei Teilbildern werden durch Zeilenverdopplung bzw. Interpolation Vollbilder erzeugt.
- Sie werden übereinander gelegt und dann entsprechende Mittelwerte berechnet.
- Nachteil: Durch die Überdeckung der Bilder können Bewegungen im Bild „verwischt" sein.

Adaptiv
- Für den korrigierten Bildaufbau werden vorangegangene und nachfolgende Bilder benutzt.
- Weitgehend statische Bilder werden mit einfachen Methoden bearbeitet.
- Bilder mit bewegten Szenen werden möglichst verlustfrei aus anderen Bildern rekonstruiert.

100 Hz bei CRT-Bildschirmen

- Bei Bildröhren (**CRT**: **C**athode **R**ay **T**ube) mit großer Helligkeit und großen Bildschirmdiagonalen flackern große und helle Bildstellen in ihrer Helligkeit (z. B. bei der Übertragung eines Skirennens). Diese Bildstörung wird als **Großflächenflimmern** bezeichnet.

- Ursache für das wahrnehmbare Großflächenflimmern ist die 50 Hz-Bildwechselfrequenz (Vertikalablenkfrequenz), die noch im Bereich der Hell-Dunkel-Auflösung des menschlichen Auges liegt. Flimmerfreiheit entsteht erst bei einer Bildwechselfrequenz die größer als 70 Hz ist.

- Das Großflächenflimmern lässt sich durch eine Verdopplung der Bildwechselfrequenz von 50 Hz auf 100 Hz erreichen. Im Empfänger werden dazu die vom Sender übertragenen 50 Hz-Teilbilder digitalisiert, gespeichert und in 100 Hz-Teilbilder gewandelt.

- Verfahren:
  - Bilder werden zweimal hintereinander dargestellt.
  - Jeweils ein zusätzliches Bild wird berechnet und zwischen zwei Fernsehbilder eingefügt (bewegungsadaptive Bildverarbeitung).

100 Hz bei LCD-Bildschirmen

- Problem:
  Auf dem Bildschirm bleibt jedes Bild so lange und vollständig bestehen, bis es durch das nachfolgende Bild ersetzt wird (im Gegensatz zum CRT-Bildschirm). Auf der Netzhaut des Auges bleibt dadurch der Bildeindruck zu lange erhalten, wodurch bewegte Objekte als unscharf (Verwischeffekt, Bewegungsunschärfe) wahrgenommen werden.

- Lösung:
  Durch Erhöhung der Bildwechselfrequenz verkürzt man die Anzeigedauer pro Bild und somit den Eindruck auf der Netzhaut. Bewegungen werden dadurch flüssiger und schärfer wahrgenommen.

- Eine Bildverdopplung führt aber noch nicht zu einem optimalen Ergebnis. Sinnvoll ist eine Berechnung der Zwischenbilder.

- Beispiel für Zwischenbildberechnungen:
  - Aus den Bildern A und B wird das Zwischenbild AB ① mit der Lage des bewegten Objekts berechnet (interpoliert) und eingefügt.
  - Aus den Bildern B und C wird das Zwischenbild B ② mit der Lage des bewegten Objekts berechnet eingefügt, usw.

200 Hz bei LCD- und Plasma-Bildschirmen

- Bei 200 Hz Bildwechselfrequenz werden zwischen den Bildern (z. B. A und B) drei Zwischenbilder berechnet (interpoliert A*, AB, AB*).

- Eine Verbesserung erreicht man auch noch, wenn zusätzlich zu den errechneten Zwischenbildern im Fernsehgerät schwarze Halbbilder erzeugt werden. Die Lichteinwirkung auf das Auge wird dadurch wie bei einer Kinovorstellung unterbrochen. Die Lichteinwirkung auf der Netzhaut zwischen zwei Bildern wird somit gelöscht und die effektive Anzeigezeit pro Bild halbiert sich.

- Effektiv werden 200 Bilder pro Sekunde angezeigt und unscharfe Wahrnehmung von Bewegungen weitgehend beseitigt.

50 Hz

200 Hz

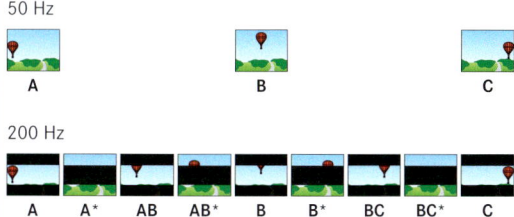

Bewegungskompensation (Motion Compensation)

- Bewegungskompensation wird eingesetzt, um die Wiedergabe von bewegten Szenen zu verbessern. Je nach Hersteller werden Begriffe verwendet wie z. B. Motion Flow, Motion Picture, Dynamic Motion oder Digital Natural Motion.

- Im Prinzip wird bei bewegten Objekten (z. B. Läufer oder Bälle) wie folgt vorgegangen:
  - Zunächst werden bewegte Objekte in einem Bild (Bewegtbild) identifiziert.
  - Danach werden mit einem Algorithmus die Bewegungsvektoren dieser Objekte interpoliert und die veränderten Objekte in das jeweilige Bild eingefügt (Bewegungskompensation).

- Die statischen Teile der Halbbilder lassen sich vereinfacht bearbeiten, indem man sie z. B. zur Deckung bringt und mit dem Weave-Verfahren bearbeitet.

ohne Kompensation

mit Kompensation

Wiedergabe von Filmen

- Filme werden mit 24 vollständigen Bildern (A, B, C, … ①) pro Sekunde aufgenommen (**Progressive-Verfahren, 24p**). Die Aufzeichnung auf DVD oder Blu-ray-Disc erfolgt ebenfalls in vollständigen Bildern (**24p**: 24 **p**rogressive frames per second).
- Probleme treten auf, wenn diese Aufzeichnungen über ein Standardfernsehgerät mit 50 Hz Bildwechselfrequenz (**50i**: 50 **i**nterlaced fields per second). 50i entspricht 25 vollstän-

  digen Bildern pro Sekunde (**25p**: 25 **p**rogressive frames per second).
- Bei bewegten Objekten in Bild kommt es zu ruckartigen Übergängen ② ③.
- Lösung:
  Die Bildwechselfrequenz muss angepasst werden. Die verfahren werden als **Pulldown** bezeichnet.

Pulldown-Verfahren

- Beim **3:2 Pulldown** werden 24 Vollbilder pro Sekunde in 30 Vollbilder pro Sekunde umgewandelt.
- Die Zahlen 3:2 ④ (bzw. 2:3) geben dabei kein Verhältnis, sondern eine Reihenfolge an.
- Nach drei Vollbildern (Bildwiederholungen) folgen zwei Vollbilder usw. Insgesamt ergeben sich demnach 12 x 3 + 12 x 2 = 60 Bilder (60 Hz).
- Eine Interpolation von Bildern und damit eine Datenreduktion findet nicht statt.
- Durch die größere Anzahl von Bildern verringern sich die Zeiten der ruckartigen Übergänge ⑤ ⑥.

- Eine weitere Verbesserung der Übergänge erreicht man beim
  - **3:3 Pulldown** (72 Hz ⑦),
  - **5:5 Pulldown** (120 Hz ⑧) und
  - **6:4 Pulldown** (120 Hz, Verdopplung von 3.2 Pulldown).
- Durch Bildervermehrung allein lässt sich die Bewegungsunschärfe nicht vollständig vermeiden. Durch Zwischenbilder, in denen die Positionen der bewegten Objekte neu berechnet werden, entstehen flüssige Übergänge (teilweise kompensiert: ⑨, vollständig kompensiert: ⑩).
- Wenn der Bildaufbau im Zeilensprungverfahren erfolgt, ergeben sich Zwischenbilder entsprechend 50i und 60i (interlaced fields per second).

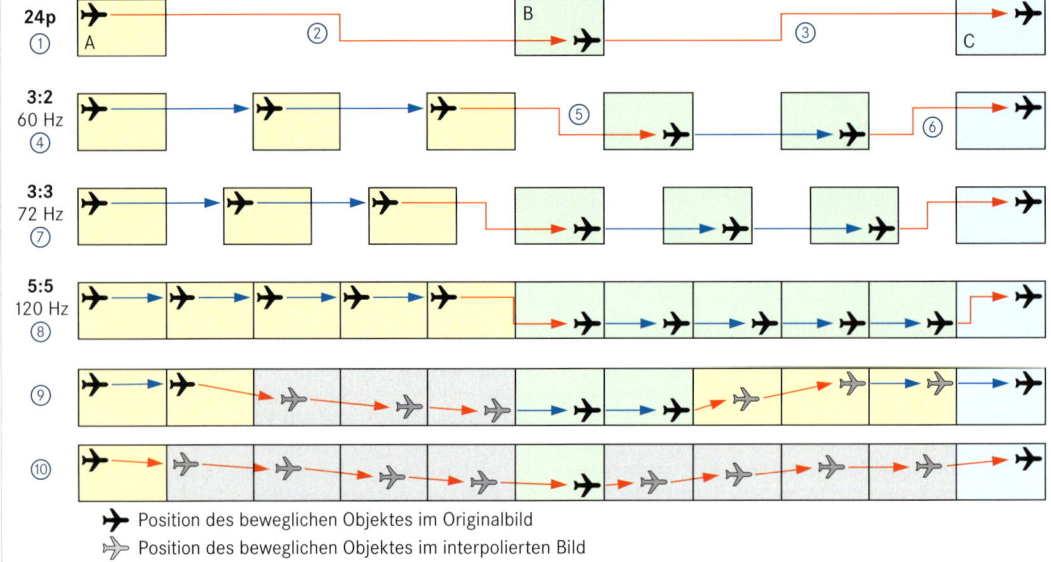

✈ Position des beweglichen Objektes im Originalbild
✈ Position des beweglichen Objektes im interpolierten Bild

Hintergrundbeleuchtung

- Zur Hintergrundbeleuchtung werden 7 bis 12 **Kaltkatodenröhren** (**CCFL**: **C**old **C**athode **F**luorescent **L**amps) verwendet. Reflektor und Diffusor sorgen für eine gleichmäßige Lichtverteilung, die durch eine Regelung abhängig vom Bildinhalt ist (dynamische Regelung). Damit lässt sich eine vollflächige (ganzes Bild) Kontraständerung von 13000:1 auf 15000:1 erzielen.
  CCFLs besitzen Nachteile im Rot- und Grünbereich des Lichtspektrums.
- Ein gleichmäßigeres Spektrum erzielt man mit **WCG-CCFL**-Lampen (**W**ide **C**olor **G**ammut CCFL), die einen erweiterten Farbraum (xvYCC) besitzen.

- Mit flächig angeordneten **LEDs** zur Hintergrundbeleuchtung kann abhängig vom Bildinhalt lokal gedimmt werden.

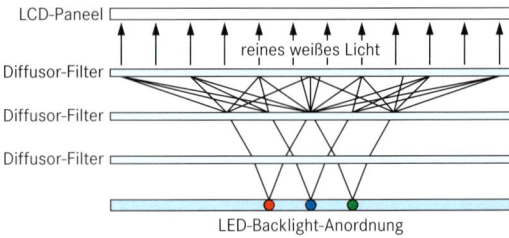

CI-Merkmale

- **CI** (**C**ommon **I**nterface) ist die Bezeichnung für „allgemeine Schnittstelle" zum DVB-Empfang im Pay-TV (Bezahl-TV) ① für verschlüsselte Signale. Sie wird auch als CI-1.0 bezeichnet (Encryption: Verschlüsselung).

- Die Entschlüsselung (Decryption) erfolgt im **CAM** (**C**onditional **A**ccess **M**odule ②, bedinger Zugriff) in Verbindung mit den Daten der eingefügten Smart Card ③ (intelligente Chipkarte).

- Die Smart Card dient auch der Identifizierung des Teilnehmers.

- Für CAM wird ein **PCMCIA**-Steckplatz ④ (**P**ersonal **C**omputer **M**emory **C**ard **I**nternational **A**ssociation) verwendet. Er kann sich in einer Einschubkarte für einen PC ⑤ oder in einer Settop-Box befinden.

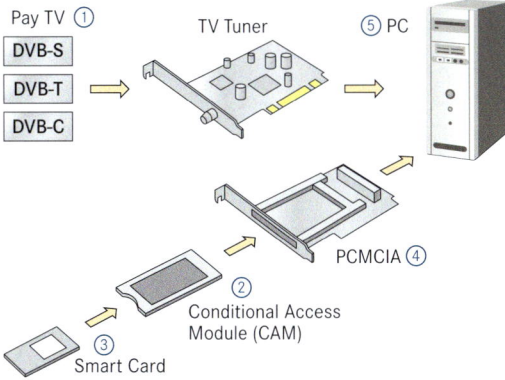

Pay TV ① TV Tuner ⑤ PC
DVB-S
DVB-T
DVB-C
PCMCIA ④
② Conditional Access Module (CAM)
③ Smart Card

Arbeitsweise von CI

- Die Empfangseinheit (Tuner im PC bzw. FS-Gerät) demoduliert das Signal ⑥.

- Die verschlüsselten Signale werden im CAM entschlüsselt ⑦ und zur Empfangseinheit zurückgeschickt ⑧.

- Über den Demultiplexer und den MPEG-Decoder werden dann die Bild- und Toninformationen ausgegeben ⑨.

- Das unverschlüsselte Signal kann nun zur weiteren Verwendung genutzt werden. Beispiele: Aufzeichnungen, „zeitversetztes" Fernsehen (Time-Shift).

- Interaktive TV-Dienste können genutzt werden.

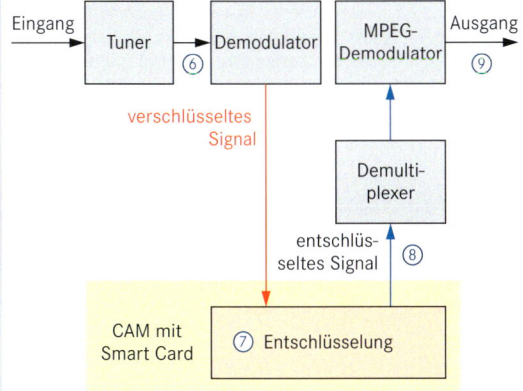

Eingang → Tuner → Demodulator ⑥ → MPEG-Demodulator → Ausgang ⑨
verschlüsseltes Signal
Demultiplexer
entschlüsseltes Signal ⑧
CAM mit Smart Card → ⑦ Entschlüsselung

Common Interface Plus, CI+

- Das System ist eine Weiterentwicklung von CI und arbeitet mit einer „Rückverschlüsselung". Das Signal ist bis vor der Ausgabe auf dem Bildschirm verschlüsselt. Dieses geschieht mit Hilfe zusätzlicher Signale (Host Shunning Flags: Anweisungen) im TV-Signal der Sendeanstalten.

- Die Host-Shunning-Flags werden vom CI-1.0 Standard ignoriert, so dass Abwärtskompatibilität besteht.

- Wie bei CI wird bei CI+ ein PCMCIA-Steckplatz verwendet.

- Es ist nur möglich, eine Sendung zu entschlüsseln. Twintuner sind damit nicht sinnvoll.

- Einschränkungsmöglichkeiten durch CI+:
  – Die Aufnahme von Sendungen kann unterbunden werden.
  – Zeitversetztes Fernsehen (Time-Shift) kann unterbunden oder zeitlich begrenzt werden.
  – Die Wiedergabe von Aufnahmen ist nur innerhalb eines bestimmten Zeitrahmens möglich (z. B. 14 Tage).
  – Das Vorspulen zur Ausblendung von Werbung kann unterbunden werden.
  – Es kann festgelegt werden, mit welcher Auflösung die Ausgabe erfolgen soll.
  – Die Weitergabe und -verarbeitung von Aufzeichnungen kann unterbunden werden (Kopierschutz).

Arbeitsweise von CI+

- Im CAM erfolgt zunächst die Schlüsselberechnung und Entschlüsselung des Signals ①.

- Je nach Berechtigung durch die Sendeanstalt erfolgt eine Neuverschlüsselung ②.

- Wenn die Bedingungen erfüllt sind, erfolgt im Empfänger die Entschlüsselung des Signals ③.

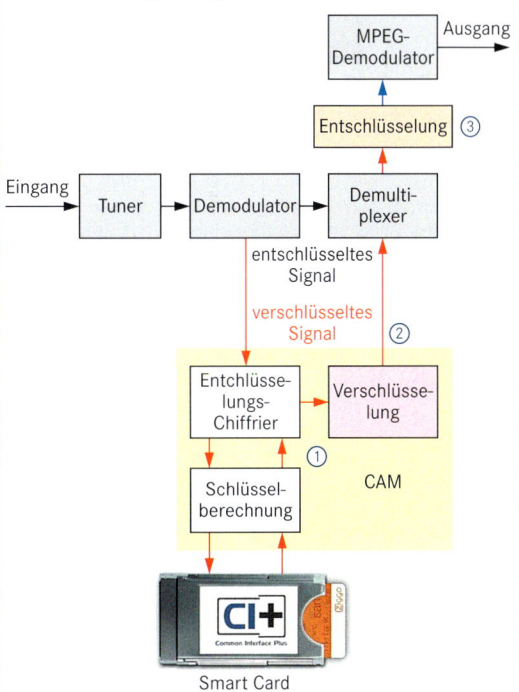

MPEG-Demodulator → Ausgang
Entschlüsselung ③
Eingang → Tuner → Demodulator → Demultiplexer
entschlüsseltes Signal
verschlüsseltes Signal ②
Entschlüsselungs-Chiffrier → Verschlüsselung
① CAM
Schlüsselberechnung
Smart Card

Prinzip und Anwendung

- Verfahren zur Audiodatenreduktion bei guter Wiedergabequalität (CD ① → MCC ③).

- Kompressionsfaktor 1 : 10 bis 1 : 12

- Datenrate: 64 kbit/s … 192 kbit/s

- Standard: MPEG-1 Layer III

- Anwendungen:
  - Die reduzierten Audiodaten benötigen wenig Speicherplatz (z. B. Speicherung auf MMC ③). Kostengünstige Verbreitung von Audiodaten über das Internet ②.
  - Die Wiedergabe erfolgt in kleinen robusten Geräten, in denen zum Abspielen keine mechanisch beweglichen Teile verwendet werden ④.

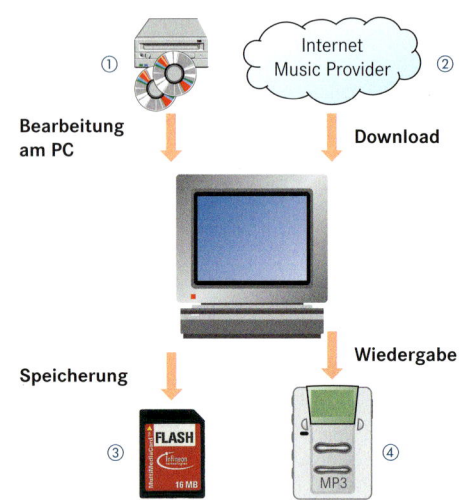

Umwandlung in das MP3-Format

1. **Audioquelle**
   Digitale Audiodaten z. B. von einer CD stehen zur Verfügung ①.

2. **Digital Audio Copy (DAC)**
   Digitale Audiodaten werden mit entsprechender Software vom PC gelesen (CD-Ripper ②).

3. **Wave-Datei**
   Das CD-Ripper-Programm erstellt zunächst eine vom Datenumfang noch recht große Wave-Datei (.wav ③). Beispiel: Ein 5 min Musikstück in CD Qualität benötigt ca. 50 MB Speicherplatz auf der Festplatte.

4. **Encoder**
   Der MP3-Encoder reduziert die Daten in unterschiedlicher Qualität ④.

5. **Wiedergabe**
   Die reduzierten Daten können auf den verschiedenen Datenträgern (Festplatte, CD, MMC usw.) gespeichert und wiedergegeben werden ⑤.

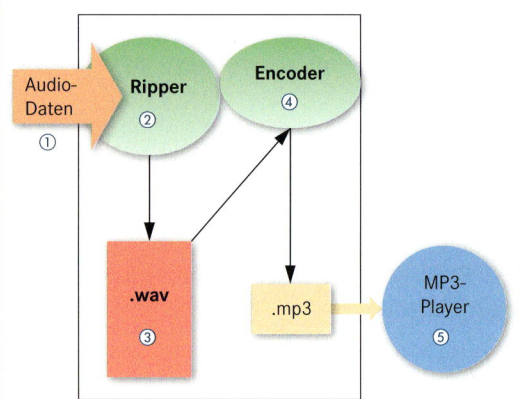

Datenreduktion bei MP3

- **Anpassung der Subbänder**
  Das nichtlineare Hörverhalten des menschlichen Ohres wird besonders berücksichtigt, indem man die Subbänder mit zunehmender Frequenz breiter macht (im Gegensatz zu MUSICAM).

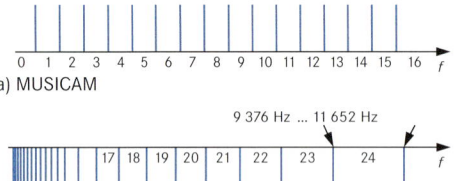

- **Transformation**
  Durch die Anwendung von **MIDCT** (**M**odifizierte **d**iskrete **C**osinus-**T**ransformation) wird der Aliasing Effekt weitgehend verhindert.

- **Blocklängen**
  Niedrige Frequenzen: Lange Blöcke mit 36 Samples.
  Hohe Frequenzen: Kurze Blocklängen mit 12 Samples.

- **Quantisierung**
  Mit der angewendeten nichtlinearen Quantisierung erreicht man eine bessere Anpassung an das nichtlineare Verhalten des Ohres.

- **Bit-Reservoire**
  Durch unterschiedliche Samples unterscheiden sich die Datenbreiten in den einzelnen Frames. Es besteht die Möglichkeit, zusätzliche Daten einzubinden, die beim Decodieren verwendet werden können (z. B. Liedtext).

- **Reduktion der Stereo-Information**
  Ab einer bestimmten Frequenz kann das Ohr Unterschiede zwischen beiden Kanälen nicht mehr wahrnehmen.

- **Intensity Stereo Coding**
  Im oberen Frequenzbereich werden nicht Links- und Rechts-Signale, sondern nur das Summensignal (L+R) übertragen.

- **MS Stereo Coding (Middle Side)**
  Aufteilung der Stereo-Informationen in:
  - Middle-Channel (Summe L+R)
  - Side-Channel (L-R)
    Die Daten des Side-Channels enthalten erheblich weniger Informationen als die Middle-Channel.

CD – Compact Disc

Arten

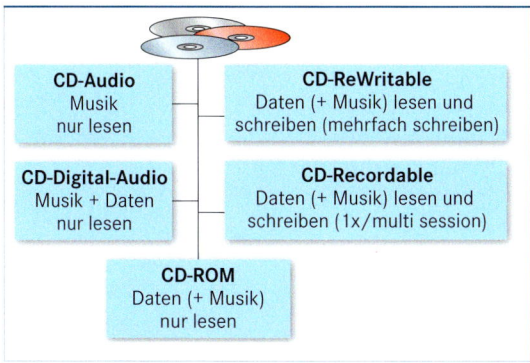

CD-Audio
Musik
nur lesen

CD-ReWritable
Daten (+ Musik) lesen und
schreiben (mehrfach schreiben)

CD-Digital-Audio
Musik + Daten
nur lesen

CD-Recordable
Daten (+ Musik) lesen und
schreiben (1x/multi session)

CD-ROM
Daten (+ Musik)
nur lesen

Leseverfahren

- **Konstante Übertragungsrate**
  CLV: Constant **L**inear **V**elocity
  Die Daten auf der CD sind in einer Spirale mit gleich
  bleibender Dichte angeordnet. Der Laser tastet zu jedem
  Zeitpunkt gleiche Strecken ab. Die Rotationsgeschwindigkeit
  muss demzufolge angepasst werden (Audio-CD).
  Single-Speed:
  – Innenbereich ca. 500 1/min
  – Außenbereich ca. 200 1/min
- **Konstante Umdrehungsgeschwindigkeit**
  CAV: Constant **A**ngular **V**elocity
  Die Übertragungsrate ist nicht konstant.
  Sie hängt vom Ort des Lasers auf der Scheibe ab.
- **Partial CAV**
  Kombination aus CLV und CAV

Übertragungsrate

Die Übertragungsrate wird zur Kennzeichnung von Laufwerken
benutzt (x-Faktor, Klasse).
4x bedeutet: 4 mal so große Übertragungsrate wie ein Single-
Speed-Laufwerk, 4 x 150 kB/s = 600 kB/s.

Bezeichnungen und Daten

Klasse	Bezeichnung	Übertragungsrate in kB/s	Zugriffszeit in ms
1x	Single-Speed	150	600
2x	Double-Speed	300	300
3x	Triple-Speed	450	200
4x	Quad-Speed	600	150
6x	Six-Speed	900	150
8x	Eight-Speed	1200	100
10x	Ten-Speed	1500	100
12x	Twelve-Speed[1]	1800	70–90
16x	[1]	1900	70–90
24x	[1]	2.000–3.000	60–85
32x	[1]	2.500–3.600	50–85
...	...	...	...

[1] (CLV/CAV)

Tracks und Sessions

- Ein **Track** ist ein physikalischer Abschnitt auf der CD, in
  dem bestimmte Daten gespeichert sind (geschlossene
  Datenspur). Sie sind erforderlich, um verschiedene Daten-
  typen voneinander zu trennen.
  Beispiele:
  – Audio-CD: Jedes Stück befindet sich in einem separaten
    Track.
  – CD-ROM: Alle Daten befinden sich in einem Track.
  – Mixed-Mode-CD: Track für Computer-Daten gefolgt vom
    Track für Musik-Daten usw.
- Eine **Session** ist wie ein Track ein physikalischer Abschnitt
  auf der CD, allerdings sind in ihr in der Regel mehrere
  Tracks enthalten.
  Der Anfang (Vorspann) wird durch ein **Lead-in** gekenn-
  zeichnet. Das Ende durch ein **Lead-out**. Beide werden erst
  beim Schließen der Session geschrieben.
  Auf einer CD können mehrere Sessions geschrieben werden
  (**Multisessions**).
  – Lead-in für jede Session: 120 s
    Lücke zwischen zwei Tracks: 2 s bei gleichem Modus,
    sonst 3 s
  – Lead-out der ersten Session: 90 s, danach 30 s
- CDs die in einer Session geschrieben werden, werden als
  Singlesession-CD bezeichnet.

Schreibmethoden

- Bei **Track-at-Once** werden alle Tracks einzeln geschrieben.
  Der Schreibvorgang wird nach jedem Track unterbrochen.
  Er kann sofort oder später wieder fortgesetzt werden.
  Zwischen den Tracks sind also einleitende und abschlie-
  ßende Blöcke (ohne Daten) vorhanden (Run-in, Run-out).
  Bei „Live-CDs" sind diese Pausen mitunter unerwünscht.
- Bei **Disc-at-Once** werden alle Tracks, einschließlich der
  Zwischenräume, ohne Unterbrechung geschrieben (wichtig
  bei Audio-CDs). Die Disc wird automatisch finalisiert, so
  dass keine weiteren Tracks hinzugefügt werden können.
- Bei **On-the-Fly** werden die Daten direkt von der Quelle
  auf eine CD-R übertragen, ohne dass sie vorher zwischengespeichert werden. Es wird kein Image angelegt. Dieses ist
  nur dann sinnvoll, wenn gewährleistet ist, dass der Schreib-
  speicher ständig gefüllt ist und somit die Gefahr eines
  Buffer Underruns nicht besteht.

CDs Brennen

- **CD-R:** Beschreibbare CD
  Die eingeprägte Spur enthält Zeitinformationen, die den Strahl
  des Schreiblasers führt.In der organischen Farbschicht wird
  durch den Laser (ca. 40 mW) die Struktur verändert (kristallin
  und amorph). Dadurch werden Pits und Lands eingeprägt.
- Eine CD-R ist wärmeempfindlicher als eine gepresste CD.
  Zum exakten Brennen ist ein kontinuierlicher Datenfluss
  erforderlich. Deshalb sollten im Hintergrund laufende Programme beendet werden.
- Zum Brennen von CDs wird eine spezielle Software benötigt,
  die mitunter im Betriebssystem eingebunden ist.
- **CD-RW:** Mehrfach beschreibbare CD
  Vor dem Neuschreiben muss die gesamte Schicht zunächst
  in einen einheitlichen Zustand gebracht werden (Lösch-
  vorgang).

CD-Aufzeichnungsstandards
CD Recording Standards

Red-Book[1]

Audio-CD, CD-Audio, CD-DA (Digital-Audio)
- 2.352 Byte als Nutzdaten/Sektor
- 882 Zusatzbyte (784 zur Fehlererkennung, 98 Kontroll-Bytes)
- Kapazität: 74 Minuten Musik, max. 98 Titel

CD-DA mit Grafik
- Grafikdaten werden in den Kontrollbytes transportiert.

Yellow-Book[1]

CD-ROM
- Enthält Spezifikationen der CD-DA
- Zusätzlich:
  - Fehlererkennung (EDC)
  - Fehlerkorrektur (ECC)
- Aufzeichnungsstandard ISO 9660
- Mode 1: Computerdaten mit 682 MB Kapazität
- Mode 2: Audio- und Grafikdaten mit 778 MB Kapazität

Blue-Book[1]

CD-Extra, CD-Plus, CD-V
- Audio und Daten
- Kombination aus Red- und Yellow-Book

Orange-Book[1]

CD-MO (Magneto Optical)
- Datenträger, die mehrfach beschrieben werden können

CD-R (Recordable)
- Optisch beschreibbarer Datenträger

CD-WO (Write Once)
- Einmalig bzw. in mehreren Sitzungen (Sessions) beschreibbar, beliebig oft lesbarer Datenträger.

Photo-CD
- Aufzeichnung und Wiedergabe von Bildern

Green-Book[1]

CD-I (Computer Disk Interaktiv)
- Computerdaten
- Musik und Bilder
- 650 MB (72 min Video oder 19 h Ton)

White-Book[1]

Video- und Photo-CD (MPEG-Standard)
- Video in VHS-Qualität
- Kapazität: 75 min Video

[1] Die technischen Spezifikationen (Standards) werden als „farbige" Bücher bezeichnet.

Audio-CD

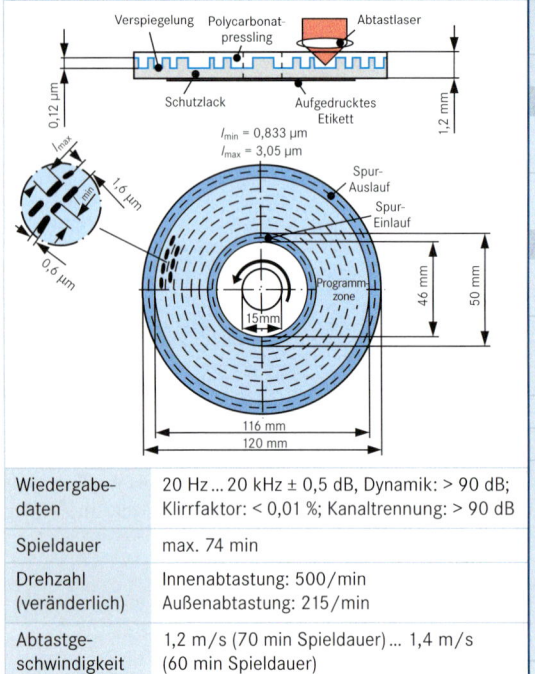

CD-Platte

Wiedergabe-daten	20 Hz … 20 kHz ± 0,5 dB, Dynamik: > 90 dB; Klirrfaktor: < 0,01 %; Kanaltrennung: > 90 dB
Spieldauer	max. 74 min
Drehzahl (veränderlich)	Innenabtastung: 500/min Außenabtastung: 215/min
Abtastge-schwindigkeit	1,2 m/s (70 min Spieldauer) … 1,4 m/s (60 min Spieldauer)
Drehrichtung	gegen Uhrzeigersinn
Leserichtung	spiralförmig, von innen nach außen

Optisches System	
Lichtquelle	Halbleiter-Laser (≤ 2 mW) AlGaAs, 780 … 820 nm
Tiefenschärfe	± 2 µm
Signalformat	
Abtastung	44,1 kHz Abtastfrequenz, L und R gleichzeitig, 1,41 Mbit/s
Codierung und Quantisierung	PCM, 2er-Komplement, 16 Bit linear (14 Bit bei Oversampling)
Aufzeichnungsformat	
Fehlerkorrek-tur-Code	**CIRC:** **C**ross-**I**nterleaved-**R**eed-Solomon-**C**ode (Verschachtelung mit Prüfwort ergänzt)
Kanal-Modulation	**EFM:** **E**ight to **F**ourteen **M**odulation; 8 – 14 Modulation; 8 Bit breite Symbols werden zu 14 Bit breiten Wörtern umgesetzt.
Sample	Abtastwert: je 16 Bit für L und R
Frame	Rahmen: 6 Samples ergeben 1 Frame
Frame-Länge	Rahmenlänge: 588 Bits; Synchronisation: 24 Kanalbits Steuerung/Anzeige: 8 Datenb., 14 Kanalb. 24 Datenbytes: 192 Datenb., 336 Kanalb. 8 Fehlerkorrektur-Bytes: 64 Datenb., 112 Kanalb. Zusatzbits: 102 Kanalbits
Mergenbit	Koppelbit zur Synchronisation, für den Übergang von einem Wort zum anderen.
Kanalbitrate	4,3218 Mbit/s

Vergleich DVD mit CD

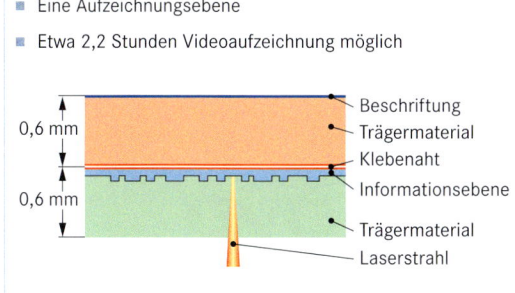

CD 0,83 (min.)
DVD 0,4 (min.)
1,6
0,74
(Maße in µm)

Kenndaten

Durchmesser	120 mm (wie CD)
Dicke	1,2 mm (wie CD)
Spurweite	0,74 µm
Laser	635 nm, 650 nm (Rot)
Kapazität (Daten)	4,7 GB; 8,5 GB; 9,4 GB und 17 GB
Fehlerkorrektur	RS-PC (Reed Solomon Product Code)
Datentransferrate	1 bis 10 MB/s (Mittelwert für Audio/Video) MPEG-2
Bildkompression Dateisystem	Micro UDF (M-UDF) und/oder ISO 9660

DVD-5, einseitig und einschichtig (4,7 GB)

- Eine Aufzeichnungsebene
- Etwa 2,2 Stunden Videoaufzeichnung möglich

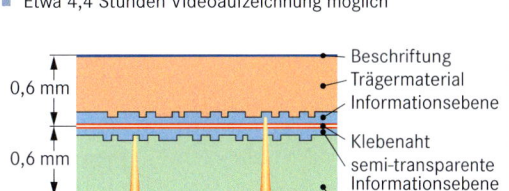

0,6 mm, 0,6 mm — Beschriftung, Trägermaterial, Klebenaht, Informationsebene, Trägermaterial, Laserstrahl

DVD-9, einseitig und zweischichtig (8,5 GB)

- Zwei Aufzeichnungsebenen
- Etwa 4,4 Stunden Videoaufzeichnung möglich

0,6 mm, 0,6 mm — Beschriftung, Trägermaterial, Informationsebene, Klebenaht, semi-transparente Informationsebene, Trägermaterial, Laserstrahl

DVD-10, beidseitig und einschichtig (9,4 GB)

- Im Prinzip zwei zusammengeklebte einschichtige DVDs
- Etwa 4 Stunden Videoaufzeichnung möglich

DVD-18, beidseitig und zweischichtig (17 GB)

- Im Prinzip zwei zusammengeklebte zweischichtige DVDs
- Etwa 8 Stunden Videoaufzeichnung möglich

Schreibformate

Format	DVD-R	DVD-RAM	DVD-RW	DVD+RW
Einführungsjahr	1997	1998	2000	2001
beschreibbar	einmal	100.000 Mal	1000 Mal	1000 Mal
Kapazität in GB/Seite	4,7	4,7 bzw. 9,4	4,7	4,7
Reflexionsgrad in %	45 bis 85	15 bis 35	18 bis 30	10 bis 20
Aufzeichnungsmethode	Wobbled groove[1]	Wobbled groove[1] and land[2]	Wobbled groove[1]	High-frequency wobbled groove[1]
Speicherverfahren	Organic Dye[5]	Phase Change[6]	Phase Change[6]	Phase Change[6]
Formatierung	CLV[3]	Zoned CLV	CLV	CLV oder CAV[4]
Laser Wellenlänge schreiben	635 bzw. 650 nm	650 nm	650 nm	650 nm
Laser Wellenlänge lesen	650 nm	650 nm	650 nm	650 nm

[1] Groove: Vertiefung
[2] Land: Erhöhung
[3] **CLV: C**onstant **L**inear **V**elocity
Die Drehzahl des Mediums variiert, die Transferrate der Daten bleibt deshalb konstant.
[4] **CAV: C**onstant **A**ngular **V**elocity
Die Drehzahl des Mediums bleibt konstant, die Transferrate der Daten wird von innen nach außen größer.
[5] Die Aufzeichnungsschicht besteht aus organischem Farbstoff, der sich bei der Erhitzung durch den Schreib-Laserstrahl

verfärbt, so dass von diesen Stellen der Laserstrahl beim Lesen weniger stark reflektiert wird (Pits). Die Leistung des Lasers beträgt 6 bis 12 mW.
[6] Phasen-Wechsel: Der Laserstrahl erhitzt Zonen der Aufzeichnungsschicht (ca. 200 °C), die Metallatome ordnen sich kristallin an, der Reflexionsgrad erhöht sich, der Zustand bleibt bei Abkühlung erhalten.
Beim Löschen erhitzt man die Aufzeichnungsschicht auf 500 bis 700 °C, nach der Abkühlung befindet sich das Metall wieder im amorphen Zustand (Ausgangszustand).

CD (Compact Disc)			DVD (Digital Versatile Disc)
CD-Audio (CD-DA) In der Regel als Musik-CD mit 76 Minuten Spieldauer, Red-Book-Standard	**CD-Midi** Audio-CD mit zusätzlichem Midi-Mode in den Subcode Channels der Audio-CD		**DVD-ROM** DVD zur Datenspeicherung (PC), Speicherkapazitäten 4,7 GB (DVD-5) bis 17 GByte (DVD-18)
CD-Text Audio-CD mit zusätzlicher Text-Funktion (z.B. Interpret, Titel)	**Photo-CD** CD für Fotos (Kodak, Philips)		**DVD-RAM** (Random Access Memory) Freier, direkter Schreib-Lesezugriff, vornehmlich für PC-Daten
CD+G (CD + Grafik) Audio CD mit zusätzlichen Daten wie z.B. Bildern (Karaoke-CD)	**Video-CD** (VCD) MPEG-1, 352 x 288 Pixel, 25 Bilder/s, White-Book-Standard		**DVD-Video** Spezifikation der DVD zur Speicherung von Videos
CD+G (CD + Grafik + Text) Audio-CD mit Grafiken und zusätzlicher Text-Funktion (z.B. mit Songtexten für Karaoke-CD)	**Super-Video-CD** (SVCD) Weiterentwicklung der Video-CD, Spezifikation 3.0, MPEG-2, 480 x 576 Pixel		**DVD+R** Einmal beschreibbare (recordable) DVD
CD + Extended Graphics Erweiterung der CD+G	**CD-ROM** (Computer-Daten CD) Speicherkapazität 650 MByte, nur zum Lesen, Yellow-Book-Standard		**DVD ROM/RAM** ROM: Read Only Memory RAM: Random Access Memory
CD-Extra (Enhanced-CD, CD-Plus) Audio-CD mit ROM-Anteilen, Blue-Book-Standard	**CD-RW** (Rewritable) Wieder beschreibbare CD Orange-Book-Standard		**DVD+R** Einmal beschreibbare DVD /recordable), Kapazität: 3,65 GB version 1, 4,7 GB version 2
CD-Extra (Enhanced-CD, CD-Plus) Audio-CD mit ROM-Anteilen und zusätzlicher Text-Funktion	**CD-R** (Recordable) Einmal beschreibbare CD (früher CD-WO: Compact Disc Write Once), Orange-Book-Standard		**DVD+R DL** DVD mit zwei Datenschichten pro Seite, Dual- bzw. Double-Layer DVD
CD-I (CD-Interactive) Texte, Bilder, Grafiken, Videos, Green-Book-Standard	**CD-Video** (CD-V) Bildplattenformat		**HD DVD** (High Density Digital Versatile Disc) 15 GB Single Layer, 30 GM Dual Layer, Datenspeicher für hochauflösende Filme

Merkmale

- Verkürzter Name: Blauer Lichtstrahl (Blue ray), blau-violetter Laser
- Nicht kompatibel zu CD und DVD
- 12 cm Durchmesser wie bei CD und DVD
- Im Vergleich zur DVD ist der Abstand des Lasers zum Datenträger verkleinert.
- Die Schutzschicht im Vergleich zur DVD ist verkleinert (0,1 mm), empfindlich gegen Schmutz
- Blu-ray Disc ist Nachfolger für die DVD mit erhöhter Speicherkapazität zur Aufnahme von Videos im HDTV-Format.
- Varianten:
  - BD-ROM, nur lesbar
  - BD-R, nur beschreibbar
  - BD-RE, wieder beschreibbar
- Etwa 13 Stunden in DVD-Auflösung von 720 x 576 Pixel (PAL, VHS-Qualität) können gespeichert werden.
- Aufnahme im HDTV-Format in Echtzeit ist möglich. Einseitige bzw. doppelseitige, ein- und zweischichtige Disc.
- Kapazitäten:
  - Eine Lage: bis 27 GB
  - Zwei Lagen: bis 54 GB
- Eine eindeutige Identifikationsnummer soll für einen besseren Kopierschutz sorgen.
- Es werden die Profile 1.0, 1.1 und 2.0 unterschieden, in denen die Anforderungen an Abspielgeräte festgelegt sind. In das Profil 1.0 lassen sich die meisten Standgeräte einordnen.
- Regionalcode wie bei der DVD (A/1, B/2 und C/3)
- Die Sektorgröße für die aufgezeichneten Daten beträgt wie bei der CD und DVD 2048 Byte.
- Interaktive Anwendungsschicht (BD-J) ist definiert (z.B. Wahl eines von mehreren Handlungssträngen oder das Filmende).

Vergleich

CD	DVD	Blu-ray Disc
Abstände der Pits in µm		
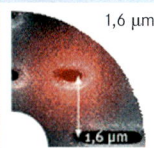 1,6 µm	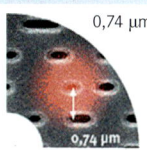 0,74 µm	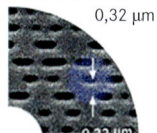 0,32 µm
Speicherkapazität in GB, SL: Single Layer, DL: Double Layer		
0,68–0,8	SL: 4,7; DL: 8,5	SL: 25; DL: 50
Wellenlänge des Lasers, Laserspot-Durchmesser		
780 nm, Infrarot 2,1 µm	650 nm, Rot 1,3 µm	405 nm, Violett 0,6 µm
Datentransferrate in Mbit/s		
Mode 1: 1,2288 Mode 2: 0,6112	11,08	36–54
Video-Codec		
MPEG-1 (VCD) MPEG-2 (SVCD)	MPEG-1 (VCD) MPEG-2 (SVCD)	MPEG-1 (VCD) MPEG-2 (SVCD) VC-1, H.264
Spurweite in µm		
1,6	0,74	0,32
Numerische Apertur		
0,45	0,6	0,85
Schutzschicht in mm		
0,6	0,6	SL: 0,1; DL: 0,075

Kopierschutz

- Als Schutz vor illegalem Kopieren wird **AACS** (**A**dvanced **A**ccess **C**ontent **S**ystem) verwendet. Es funktioniert als digitales Rechtemanagement **DRM** (**D**igital **R**ights **M**anagement), das bei bespielbaren und vorbespielten optischen Medien verwendet wird.
- Die Verwaltung der Übertragung von Inhalten auf andere Geräte erfolgt entsprechend der unteren Abbildung.

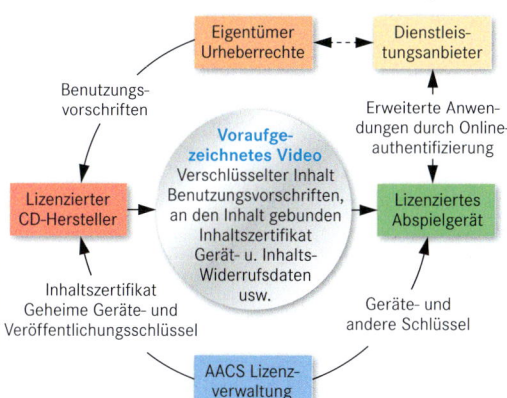

Aufnahmegeschwindigkeiten

- Mit der Angabe 1x kennzeichnet man eine Datenrate von 36 Mbit/s (entspricht 4x DVD-Geschwindigkeit)

Geschwindigkeit	Datenrate in		Schreibdauer in min (CLV-Modus)	
	Mbit/s	MB/s		
1x	36	4,5	90	180
2x	72	9	45	90
4x	144	18	22,5	45
6x	216	27	15	30
8x	288	36	11,25	22,5
12x	432	54	7,5	15

Regionalcode

- Wie bei der DVD ist bei Blu-ray Discs ein Regionalcode verwendet, der verhindert, dass z.B. in den USA erworbene Discs auf europäischen Abspielgeräten verwendet werden können.
- A/1: Nord- und Südamerika, Japan, Korea, Tauwan, Hongkong, Südostasien
- B/2: Europa, Naher Osten, Afrika, Ozeanien, Australien
- C/3: Indien, Nepal, China, Russland, Zentral- und Südasien

Möglichkeiten der Aufzeichnung

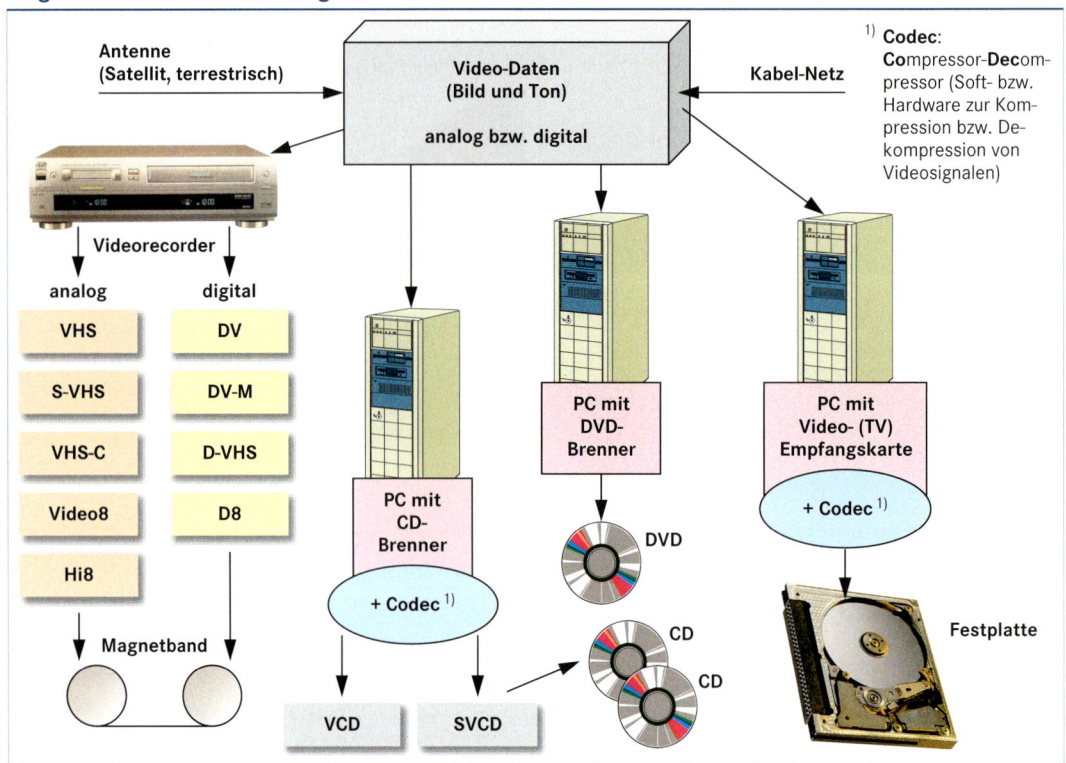

1) **Codec**: **Co**mpressor-**Dec**ompressor (Soft- bzw. Hardware zur Kompression bzw. Dekompression von Videosignalen)

Aufzeichnungssysteme mit Videorecorder

analog		digital	
VHS:	Video Home System	**DV**:	Digital-Video
S-VHS:	Super VHS	**DV-M**:	Mini DV
VHS-C:	VHS-Compact	**D-VHS**:	Digital-VHS
Video8:	Video auf 8 mm Band	**D8**:	Digital8
Hi8:	Video 8 mit höherer Qualität		

DVD auf CD kopieren

1. **Rippen** (reißen)
   DVD-Daten werden von spezieller Software (Codecs, z. B. DVDx, MovieJack, ...) ausgelesen (entschlüsselt) und auf der Festplatte gespeichert.
2. **Konvertieren**
   DVD-Daten werden in ein Format mit geringerem Datenumfang umgewandelt.
3. **CD brennen**
   Reduzierte Daten werden auf der CD gespeichert.

Video-aufzeichnung	auf CD			auf DVD
	VCD Video-CD	SVCD Super-Video-CD	DivX MPEG-4	
Video-Datenreduktion	MPEG-1 1,15 Mbit/s	MPEG-1, MPEG-2 bis 2,6 MB/s	DivX/MPEG-4 ohne Datenrahmenbeschränkung	MPEG-2 bis 10 Mbit/s
Audio-Datenreduktion	MPEG-1 Layer 2 224 kbit/s	MPEG-1 Layer 2 224 kbit/s	MPEG-1 Layer 3/MP3 Pro, ohne Datenrahmenbeschränkung	MPEG-2, AC-3, DTS, bis 768 kbit/s, Mehrkanalton
Mehrkanalton	Stereo, Dolby Surround	Stereo, Dolby Surround, Vierkanal oder Bilingual	Stereo, Dolby Surround	Dolby Digital, DTS, Dolby Surround
Auflösung (PAL)	352 x 288 Pixel	480 x 576 Pixel	Beliebig, quadratische Pixel	720 x 576 Pixel
Hinweise	etwa VHS-Qualität CD lässt sich auf den meisten PCs abspielen	etwa 45 – 60 min Video können auf einer CD gespeichert werden	geringer Datenumfang (etwa 1:18), ideal für das Internet	Wiedergabe von Kinofilmen und professionellen Videos

Unterschiede zwischen Film- und Digitaltechnik

Merkmal	Filmtechnik	Digitaltechnik
Bild	Zufällig verteilte lichtempfindliche Chemikalien	Lichtempfindliche Zellen, die in Gitter-strukturen angeordnet sind (Pixel)
Bild-qualität	Hängt ab von der Filmempfindlichkeit, dem Licht, dem chemi-schen Prozess	Hängt ab von der Sensorqualität, der Farbinterpolation, der Kompression
Speiche-rung	Chemisch, Veränderung durch Alterung	Kurzzeitig im Arbeitsspeicher (RAM), dauerhaft auf Festplatte, CD, ...

Aufnahme-Sensoren

- Ein Sensor wird für alle drei Farben bzw. für jede Farbe einen Sensor (3 CCD) verwenden.
- Die Aufnahme-Chips der Digitalkameras sind deutlich kleiner als das Kleinbildformat (24 x 36 mm).
- Die Größenangabe erfolgt durch Angabe der Formatdiago-nalen in Zoll (1 Zoll = 25,4 mm).

Bezeichnung	Länge a in mm	Breite b in mm	Diagonale c in mm
1/1"	9,6	12,8	16,0
2/3"	6,6	8,8	11,0
1/1,8"	5,1	6,8	8,5
1/2"	4,8	6,4	8,0
1/3"	3,6	4,8	6,0
1/4"	2,4	3,2	4,0

Auflösungsvermögen

- Das Auflösungsvermögen wird durch die Anzahl der Bild-punkte (in Megapixel) festgelegt. Je mehr Pixel, desto mehr Informationen hat das Bild.
- Berechnung: Pixelzahl (der Breite) x Pixelzahl (der Höhe)

Bildschärfe

- Sie ist die Fähigkeit zur Auflösung feinster Details. Die Grenze der Bildschärfe ist abhängig vom Aufnahmefor-mat und der beabsichtigten Endvergrößerung.
  Beispiel:
  Eine DIN A4 Vorlage mit einem Betrachtungsabstand von 25 cm (deutliche Sehweite). Die Grenzauflösung des Auges beträgt dann maximal sechs Linienpaare pro mm (6 Lp/mm).
- Ein Linienpaar besteht aus einer schwarzen und weißen Linie. Testgitter werden zur Beurteilung der Bildschärfe verwendet.

- Die Bildschärfe hängt außerdem vom Kontrast der von der Anwendung abhängigen höchsten Linienpaarzahl ab (mög-lichst hoher Kontrast angestrebt).

Abhängigkeiten der Qualität digitaler Bildaufzeichnungen

| Auflösungsvermögen | Objektiv | Bilddatenreduktion |

Sensortypen

Mosaiksensoren

- Die Sensoren sind in einem Gitter oder Mosaik angeordnet.
- Ein Farbfilter lässt nur jeweils Licht einer Wellenlänge zu dem darunter befindlichen Pixel passieren.
- Jedes Pixel zeichnet demzufolge nur eine Farbe auf (Rot, Grün oder Blau).
- Das insgesamt einfallende Licht wird aufgeteilt in 25 % Rot und Blau sowie 50 % Grün.
- Da jedes Pixel nur $1/3$ der Farbinformationen erhält, müssen die fehlenden Farbinformationen durch Berechnungen über die Farben benachbarter Pixel interpoliert werden.
- Störungen durch Artefakte (Regenbogenmuster) treten auf, die sich durch Interferenzen zwischen der regelmäßigen Mo-saikstruktur des Sensors und Bildmusters ergeben können.

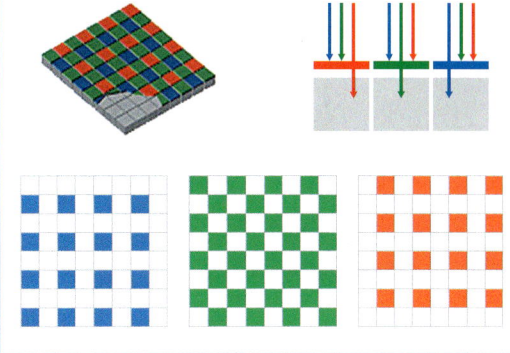

Vollfarben Bildsensor, Foveon X3

- Anwendungsprinzip: Die Eindringtiefe von Licht in Silizium ist von der Wellenlänge des Lichts abhängig.
- Jedes Pixel besteht aus drei übereinander liegenden Schichten.
- Die jeweilige Schicht ist für Rot, Blau bzw. Grün empfindlich (das Licht der jeweiligen Wellenlänge wird absorbiert).
- Da 100 % der Lichtinformation genutzt werden, entfallen aufwändige Berechnungsvorgänge.
- Die Sensorfläche wird fast vollständig genutzt.
- Störungen wie beim Mosaiksensor treten nicht auf.

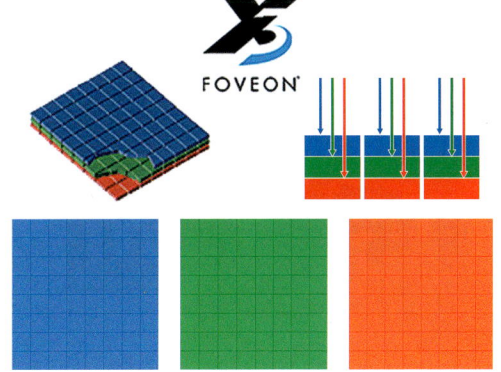

Einteilung

Eigenschaften \ Kameratyp	Kompaktkamera	Bridgekamera („Brückenkamera")	Spiegelreflexkamera (DSLR) [1]
Mechanische Abmessungen/Gewicht	klein/gering	mittel/schwer	groß/schwer
Wechselobjektiv	nein	nein (Vorsatzlinsen)	ja
Manuelles Fokussieren	teilweise	ja	ja
Zeit-/Blendenvorwahl	teilweise	ja	ja
Bildrauschen	höher	hoch	gering
Bildsensorgröße	klein	mittel	groß
Anwendungsbereich	Konsumerbereich	Konsumerbereich	Profibereich

[1] **DSLR**: **D**igital **S**ingle **L**ense **R**eflex

Spiegelreflexkamera

Die Belichtung des Bildsensors erfolgt bei Auslöserbetätigung durch Wegklappen des Spiegels.

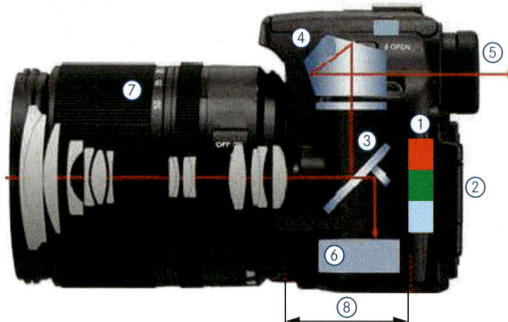

① Bildsensor
② LCD Anzeigeeinheit
③ Hauptspiegel
④ Umlenkprisma
⑤ Optischer Sucher
⑥ Autofokussensor
⑦ Wechselobjektiv
⑧ Auflagemaß (Abstand zwischen Bildsensor und Objektivanschluss ca. 40 mm)

Four-Thirds Kamerasysteme

- Für Kamerasysteme nach Four-Thirds Standard sind festgelegt
  - die mechanische Konstruktion von Kameras und Objektiven,
  - die elektrische Schnittstelle zwischen Kameragehäuse und Objektiv und
  - das Kommunikationsprotokoll zwischen Objektiv und Kameragehäuse.
- Die **Bildsensordiagonale** ist festgelegt auf 21,3 mm.
- **Micro-Four-Thirds** ist ein erweiterter Standard und beinhaltet eine weitere Reduzierung der Bautiefe durch Wegfall der Spiegeltechnik.
- Die Austauschbarkeit der Komponenten verschiedener Hersteller soll damit ermöglicht werden.

Micro-Four-Thirds Aufbau

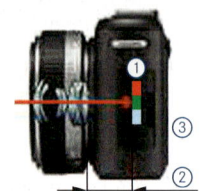

① Bildsensor
② Auflagemaß (20 mm)
③ LCD Anzeigeeinheit

Belichtung

- Die Belichtung besagt, wie dunkel oder hell eine Szenerie von der Kamera eingefangen wird. Die Belichtung wird durch drei Variablen bestimmt:
  - **Blendenöffnung** (Menge des einfallenden Lichts)
  - **Verschlusszeit** (Dauer des Lichteinfalls)
  - **ISO-Wert** (Lichtempfindlichkeit des Kamerasensors)
- Die verfügbaren Einstellmöglichkeiten der drei Variablen sind abhängig vom Kameramodell und dem verwendeten Objektiv.

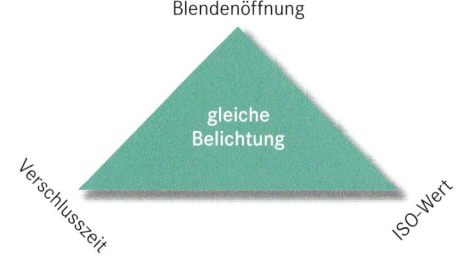

- Unterschiedliche Kombinationen von Blendenöffnung, Verschlusszeit und Lichtempfindlichkeit wirken sich auf die Ästhetik des Bildes aus:
  - Je größer die Blendenöffnung, umso geringer die Schärfentiefe im Bild.
  - Je länger die Verschlusszeit, umso wahrscheinlicher ist das Auftreten von Bewegungsunschärfe.
  - Je höher die Sensorenempfindlichkeit, desto stärker das Bildrauschen.
- Typische Einstellungen für verschiedene Situationen:
  - **Sport-/Actionfotografie**:
    Sehr kurze Verschlusszeiten (1/320 s und kürzer) bei großer Blendöffnung und hohen ISO-Werten. Man nimmt geringe Tiefenschärfe und Bildrauschen in Kauf, um Bewegungen einzufrieren.
  - **Porträtfotografie**:
    Große Blendenöffnung bei geringen ISO-Werten ergibt ein qualitativ hochwertiges Foto, bei dem das Motiv von einem unscharfen Hintergrund (Bokeh) abgehoben wird.
  - **Landschaftsfotografie**:
    Eine kleine Blendenöffnung sorgt für große Schärfentiefe. Erfordert lange Verschlusszeiten von mehreren Sekunden und ein Stativ.

Merkmale

- Objektive sind **optische Linsensysteme**, die das zu fotografierende Objekt auf dem Bildsensor abbilden.
- Sie sind verfügbar in unterschiedlichen Ausführungen (z.B. Normalobjektiv), die verschiedene Aufnahmemöglichkeiten gestatten.
- Wesentliche Kennzeichen eines Objektivs sind
  - die Brennweite,
  - die Lichtstärke und
  - der Bildwinkel.
- Die **Brennweite**
  - ist der Abstand zwischen dem Linsensystem und dem Bildsensor und
  - wird angegeben in mm (z.B. f = 50 mm).
- Die **Lichtstärke** ist das Verhältnis zwischen der maximal größten Blendenöffnung und der Brennweite.
- Der **Bildwinkel**
  - definiert den Ausschnitt des Raumes vor dem Objektiv, der auf dem Bildsensor abgebildet wird und
  - ist abhängig von der Brennweite und dem Sensorformat (bezogen auf die Diagonale des Sensors).

Lichtstärke (Blendenzahl)

$$\text{Blende(nzahl)} = \frac{\text{Brennweite}}{\text{Maximale Blendenöffnung}} \quad \text{in } \frac{mm}{mm}$$

Brennweite: 50 mm
Blendenöffnung: 28 mm
Blendenzahl = $\frac{50 \text{ mm}}{28 \text{ mm}}$ = 1,8
Schreibweise : 1:1,8

Brennweite: 50 mm
Blendenöffnung: 9 mm
Blendenzahl = $\frac{50 \text{ mm}}{9 \text{ mm}}$ = 5,6
Schreibweise : 1:5,6

| Blendenöffnung | Blendenöffnung |

- Je kleiner die Blendenzahl, dest höher ist die Lichtstärke.
- Die Lichtstärke beeinflusst die Verschlusszeit und die Tiefenschärfe.

Objektivtypen

Mittlerer Brennweitenbereich
(f = 24 mm bis f = 70 mm)
Normalobjektiv
Bildwinkel:
Horizontal 84° bis 44°
Vertikal 53° bis 19°
Diagonal 74° bis 29°
83 mm

123 mm

Brennweite f = 40 mm

Oberer Brennweitenbereich
(f = 70 mm bis f = 300 mm)
Telezoomobjektiv
Bildwinkel:
Horizontal 29° bis 7°
Vertikal 19° bis 4°
Diagonal 34° bis 8°
76 mm

143 mm

Brennweite f = 110 mm

Unterer Brennweitenbereich
(f = 8 mm bis f = 30 mm)
Fischauge (starke Verzeichnungen)
Bildwinkel:
Diagonal 154°
76 mm

83 mm

Brennweite f = 10 mm

Aufnahmen von einem Kamerastandpunkt aus

- **Makroobjektive** werden eingesetzt für Aufnahmen von kleinen Objekten (z.B. technische Abbildungen).
- Der Abbildungsmaßstab ist bis zum Wert 1:1 möglich. (Die Aufnahme hat die gleiche Größe wie das Objekt.)

Brennweite f: 100 mm
Lichtstärke: 1:2,8
Naheinstellgrenze: 0,2 m
Bildwinkel: 20° (horizontal) 14° (vertikal) 24° (diagonal)

Merkmale

- Camcorder (**Cam**era re**corder**) zeichnen Bewegtbilder und Ton gleichzeitig auf.
- Im Vergleich zur Digitalkamera fallen wesentlich mehr Daten an, die in Echtzeit verarbeitet werden müssen.
- Die verfügbaren Geräte können eingeteilt werden in
  - Konsumerbereich,
  - Semi-Professional-Bereich und
  - Professional-Bereich.
- Wesentliche Unterschiede liegen dabei in
  - der technischen Ausstattung (Auflösung, Aufnahme-/ Wiedergabefunktion, Speichermedium),
  - der Baugröße und
  - dem Preis.
- Die **Auflösung** (Anzahl der Bildpunkte horizontal und vertikal) bestimmt die Detailtreue der Bilder und wird unterschieden in
  - **SD** (**S**tandard **D**efinition: Standardauflösung; 720 x 576 Bildpunkte) und
  - **HD** (**H**igh **D**efinition: Hohe Auflösung; 1920 x 1080 Bildpunkte).
- Aktuelle Entwicklungen gehen in die Richtung der 3-D-Technik (dreidimensional) mit verdoppelten Linsensystemen zur stereoskopischen Aufnahme.

Sensorsystem

- Die Bilderfassung erfolgt entweder mit
  - einem Bildsensor (RGB gleichzeitig) oder
  - **drei getrennten** Sensoren (RGB getrennt).
- Das einfallende Licht wird dabei über ein Prisma in die drei Grundfarben R, G und B zerlegt und jeweils von einem eigenen Sensor aufgenommen.

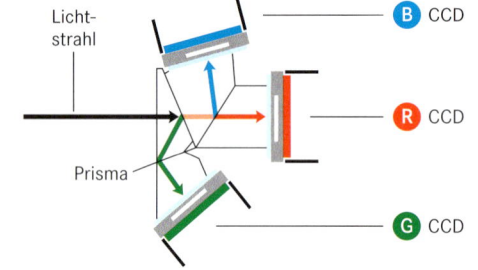

Licht-strahl — B CCD

Prisma — R CCD

— G CCD

Formate

- Das **Videoformat** spezifiziert die Art der Bilddatenkomprimierung (z.B. MPEG4, MPEG2, Digital Video).
- Das **Aufzeichnungsformat** enthält Informationen über das Bild, den Ton und gegebenenfalls Zusatzinformationen (z.B. Titelinformationen).
- Gängige Formate sind z.B. **AVCHD** (**A**dvanced **V**ideo **C**oded **H**igh **D**efinition), **AVC** (**A**dvanced **V**ideo **C**odec) oder **HDV** (**H**igh **D**efinition **V**ideo).
- Die verschiedenen Aufzeichnungsformate beinhalten u.a. unterschiedliche Auflösungen (AVCHD: 1920 x 1080 Pixel), Farbabtastraten, Bildraten (24 bzw. 50 Bilder pro Sekunde) und Abspielraten.
- Das Dateiformat definiert die Datenstruktur innerhalb der Datei, die der Camcorder schreibt (z.B. mp4 ist der Videostandard nach MPEG4).

Speichermedien

- Für die **Dateiaufzeichnung** kommen zum Einsatz
  - Speicherkarten (z.B. SD Card, SDXC Card; 64 GByte),
  - interner Flash-Speicher (bis zu 32 GByte),
  - DVD (8 cm Durchmesser),
  - Magnetband oder
  - Festplatten (intern oder extern; bis 260 GByte).
- Das Abspielen bzw. die Schnittbearbeitung erfolgt mit Softwareprogrammen, die diese Fromate bearbeiten können.

Aufnahmezeiten

Speicher-medium	Standard Definition		High Definition
	MPEG2	MPEG4	AVCHD
Festplatte			
80 GByte	18 h 30 min	37 h	–
240 GByte	–	–	20 h
Speicherkarte			
64 GByte (SDXC)	15 h	30 h	5 h 20 min
32 GByte (SD/SDHC)	7 h 30 min	15 h	2 h 40 min

Mikrofonanschluss

- Für den Anschluss externer Mikrofone werden
  - XLR-Steckverbindungen oder
  - Klinkenstecker-Steckverbindungen
  verwendet.
- XLR-Steckverbindungen sind dreipolig und sind sowohl mit Stiften (male: männlich) als auch Buchsen (female: weiblich) verfügbar (Stifte: signalabgebend; Buchsen: signalempfangend).

Film-/ Fernsehkamera

- Für die professionelle Produktion von Filmen oder Fernsehaufnahmen kommen spezielle Kameras zum Einsatz.
- Diese sind u.a. gekennzeichnet durch eine
  - große Bauform,
  - Vielzahl von Schnittstellen zum Anschluss externer Geräte (z.B. drahtlose Tonübertragung mit Funk),
  - Fernbedieneinheiten und
  - entsprechend hochwertigen Aufnahmeeigenschaften.
- Im Rahmen des Produktionsablaufs für Fernsehaufnahmen werden Dateiformate (z.B. **MXF**: **M**aterial **E**xchange **F**ormat) eingesetzt, die einen vollständigen Austausch aller Elemente einer Produktion ermöglichen (Audio, Video, Daten, Metadaten).

Gerätebeispiel: Reportagekamera

Messtechnik

7

- **Messen**
  Experimenteller Vorgang zur Ermittlung eines speziellen Wertes einer physikalischen Größe als Vielfaches einer Einheit oder eines Bezugswertes
- **Messgröße**
  Durch Messung erfasste physikalische Größe, z. B. Spannung
- **Messwert**
  Speziell zu ermittelnder Wert der Messgröße in Zahlenwert und Einheit, z. B. 12 kWh
- **Messprinzip**
  Nutzung einer charakteristischen physikalischen Erscheinung zur Messung, z. B. Drehmomentbildung beim elektrodynamischen Motorzähler zur Messung der elektrischen Arbeit
- **Messverfahren**
  Praktische Anwendung und Auswertung eines Messprinzips
- **Direktes Messverfahren**
  Messwertlieferung durch unmittelbaren Vergleich mit einem Bezugswert derselben Messgröße, z. B. Massenvergleich mit Gewichten

- **Indirektes Messverfahren**
  Rückführung des gesuchten Messwertes auf andere physikalische Größen, z. B. drehzahlproportionale Arbeit beim Motorzähler
- **Messeinrichtung** (Messanordnung)
  Besteht aus einem oder mehreren zusammenhängenden Messgeräten mit Zusatzeinrichtungen und Zubehör
- **Analoges Messverfahren**
  Eindeutige punktweise stetige Darstellung der Messgröße, z. B. stetig veränderbare Zeigerstellung
- **Digitales Messverfahren**
  Zahlenmäßige Darstellung der Messgröße bei gegebenem kleinsten Messschritt
- **Zählen**
  Ermittlung der Anzahl von gleichartigen Elementen oder Ereignissen, die bei der Untersuchung eines Vorganges auftreten
- **Prüfen**
  Feststellung, ob Prüfgegenstand eine oder mehrere vereinbarte oder vorgeschriebene Bedingungen erfüllt

Skalensymbole
Scale Symbols

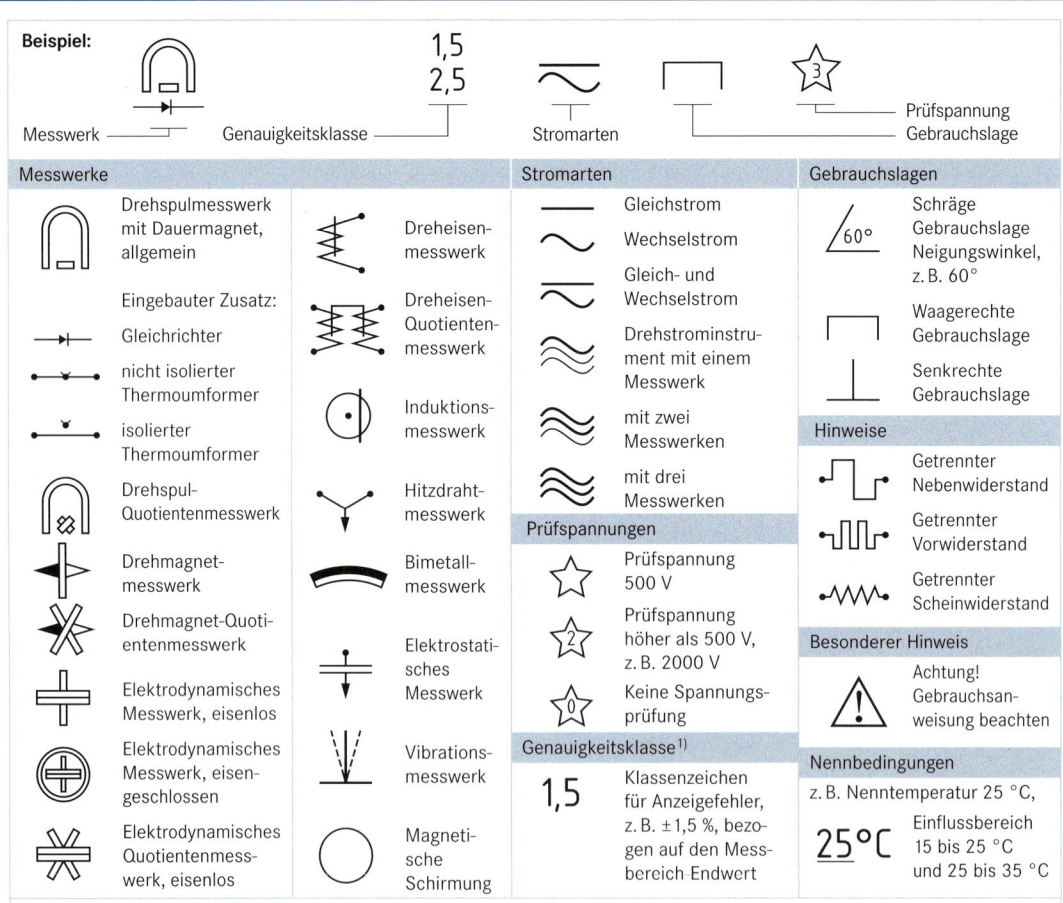

1) Feinmessgeräte: Klassen 0,1; 0,2; 0,5 Betriebsmessgeräte: Klassen 1; 1,5; 2,5

Definitionen

Begriff	Bedeutung
Wahrer Wert x_W	Es handelt sich um den Wert der physikalisch vorliegt. Dieser kann aufgrund von Messfehlern in der Praxis nicht exakt ermittelt werden.
Angezeigter Messwert x_a	Wert der Messgröße und die Ausgabe eines Messgerätes
absoluter Fehler F	$F = x_a - x_W$
relativer Fehler f	$f = \dfrac{F}{x_W}$
Echteffektivwert/True RMS	Einfache Messgeräte sind auf vorgegebene Strom-/Spannungsformen (DC oder Sinusform) geeicht. Abweichende Kurvenformen wie bei Oberschwingungsbelastung führen zu Messfehlern. Geräte mit True RMS berücksichtigen unterschiedliche Kurvenformen.

Fehlerursachen

Systematische Fehler	Zufällige Fehler	Grobe Fehler
■ Sie ergeben bei Wiederholung der Messung gleiche Abweichungen (Größe und Vorzeichen). ■ Sie entstehen z. B. durch unvollkommene Messgeräte oder Messverfahren. ■ Beispiel: Spannungsrichtige Messung führt zu systematischem Messfehler bei Strommessung	■ Bei wiederholenden Messungen ergeben sich auch bei konstanten Bedingungen unterschiedliche Abweichungen. ■ Ursachen sind nicht erfassbare Änderungen bei Messgeräten, Messobjekt oder Beobachter. ■ Die Messwerte streuen und die Fehler unterscheiden sich in Betrag und Vorzeichen. ■ Beispiel: – letztes Bit bei Digitalanzeigen – Ableseungenauigkeit bei Zeigerinstrumenten	■ Sind im allgemeinen vermeidbare Fehler ■ Sie sind von Vorzeichen und Betrag nicht zu bestimmen. ■ Beispiele: – Irrtümer – Fehlüberlegungen – Missverständnisse – Schreibfehler bei der Dokumentation – Programmierfehler bei der Auswertungen

Messgenauigkeit (Beispiele)

Digitales Multimeter	Anzeige	Fehlerrechnung
	■ 4stellige Anzeige ■ Messbereich: 2000 V (größtmögliche Anzeige = 1 999,9 V) ■ Anzeigenumfang: 19 999 Digits (20 000 Messschritte á 0,1 V)	■ Fehler: +/– 0,5 %, +/– 4 Digits[1] ■ Anzeige: 600,0 V ■ minimaler Messwert: $600\ V - 600\ V\ \dfrac{0,5}{100} - 0,4\ V = 596,6\ V$ ■ maximaler Messwert: $600\ V + 600\ V\ \dfrac{0,5}{100} + 0,4\ V = 603,4\ V$
	[1] Digit: kleinster anzuzeigender Messschritt (im Beispiel 0,1 V)	

Analoges Multimeter	Anzeige	Fehlerrechnung
	■ Maximalwert je nach Messbereichseinstellung ■ Ablesefehler minimieren, durch senkrechten Blick auf den Zeiger (Zeiger und Zeigerspiegelbild in Deckung) ■ Je nach Messaufgabe lineare/logarithmische Skala benutzen. ■ Absoluter Fehler ist im ganzen Messbereich gleich. ■ Relativer Fehler wird umso kleiner, je weiter die Skala ausgenutzt wird.	■ Güteklasse gibt den absoluten Fehler an. ■ $F = \dfrac{\text{Güteklasse}}{100} \cdot MBEW$ $MBEW$: Messbereichsendwert Beispiel: ■ Güteklasse 2,5 ■ Messbereichsendwert = 1,5 A $F = \dfrac{2,5}{100} \cdot 1,5\ A$ $F = 0,0375\ A$ ■ Anzeige: 0,9 A Minimaler Messwert 0,9 A – 0,0375 A = 0,8625 A Maximaler Messwert 0,9 A + 0,0375 A = 0,9375 A

Begriffe

- Messen ist das Ermitteln (vergleichen) des Wertes einer physikalischen Größe mit einer festgelegten gleichartigen **Bezugsgröße**.
- Die **Messgröße** ist eine physikalische Größe, die durch eine Messung erfasst wird.
- **Messwert** ist der zu ermittelnde Wert der Messgröße (Produkt aus Zahlenwert und Einheit).

- **Messergebnisse** sind die Messwerte einer Messgröße einschließlich der Messunsicherheit oder Fehlergrenzen.
- **Messverfahren** werden unterschieden in
  - analoge Messverfahren,
  - digitale Messverfahren,
  - direkte Messverfahren und
  - indirekte Messverfahren.

Messverfahren

	Einteilung		
analog	**digital**	**direkt**	**indirekt**
Messwert der Messgröße ist eine eindeutig, punktweise stetige Darstellung (z. B. Drehspulmessgerät).	Messwert der Messgröße ist eine zahlenmäßige mit fest gegebenen kleinsten Schritten quantisierbare Darstellung (z. B. Digitalspannungsmesser).	Messwert der Messgröße wird durch Vergleich mit Bezugswert derselben Messgröße gewonnen (z. B. Längenmessung mit Maßstab).	Messwert der Messgröße wird auf andersartige physikalische Größen zurückgeführt (z. B. Widerstandsbestimmung durch Stromstärke und Spannungsmessung).

Messwerte und Messergebnisse

- Messwerte sind mit Messfehlern behaftet.
- Die Ursachen hierfür sind u. a.
  - **systematische** Messfehler (erfasste Ursachen),
  - **zufällige** Messfehler (nicht erfasste Ursachen) und
  - **grobe** Messfehler (vermeidbare Ursachen).
- Die Angabe eines Messergebnisses beinhaltet auch die Angabe der Messunsicherheit (Toleranz).

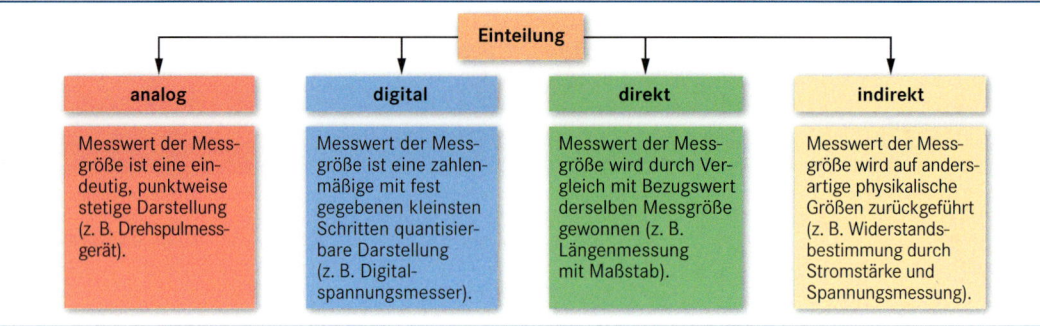

Messwert	Vollständiges Messergebnis
$x = x_w + e_r + e_s$	$y = M \pm u$
x: Messwert	y: Messgröße
x_w: wahrer Wert	M: Messergebnis
e_r: zufällige Messabweichung	u: Messunsicherheit
e_s: systematische Messabweichung	Beispiel: 2,5 V ± 0,3 V

Eichen, Kalibrieren

- Bei der **Kalibrierung** wird der Zusammenhang zwischen dem Messwert der Ausgangsgröße und dem zugehörigen wahren Wert der als Eingangsgröße vorliegenden Messgröße ermittelt.
- Es erfolgt bei der Kalibrierung kein Eingriff in das Messgerät zwecks Einstellung.
- Kalibrieren dient zur Erstellung einer Korrektionstabelle oder zur Ermittlung von Kalibrierfaktoren.
- Bei der **Eichung** werden Messgeräte nach den gesetzlich vorgegebenen Eichvorschriften (Eichgesetz) überprüft. Dabei wird u. a. überprüft, ob die Beträge der Messabweichung die Eichfehlergrenzen nicht überschreiten.
- Die Gültigkeit der Eichung ist zeitlich befristet.
- Die Eichung kann nur bei Geräten erfolgen, die von der PTB (Physikalisch Technischen Bundesanstalt) eine entsprechende Zulassung haben.

Kennzeichnungsbeispiele

Hauptstempel für nationale Eichung

Bundesland (Niedersachsen)
Deutschland

15 — Ablauf der Eichgültigkeit (2015)

Messgeräte-Eichzeichen (z. B. Elektrozähler)

Medium (E für Elektrizität) — Zuständige Behörde
Jahr der Eichung (2010) — Ordnungsnummer der Prüfstelle

EG-Ersteichung

Kennnummer der benannten Stelle (Niedersachsen)

CE 11 — Jahr der Anbringung (2011)
0111 **M** — EG Eichzeichen

Gleichspannung

Messschaltung

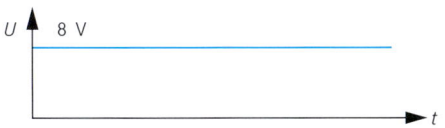

Oszilloskop

Form der Messspannung:

Messergebnisse:
Drehspulmessinstrument

Gleichspannungsbereich $U = 8$ V

Oszilloskop:

Stellung DC	**Stellung AC**
$A_Y = 2$ V/cm $U = 8$ V	$A_Y = 2$ V/cm $U = 0$ V

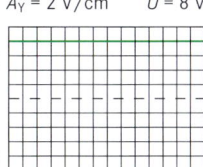
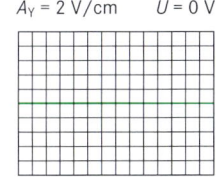

Wechselspannung

Messschaltung

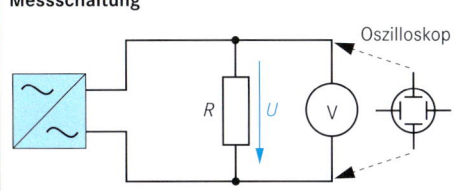

Oszilloskop

Form der Messspannung:

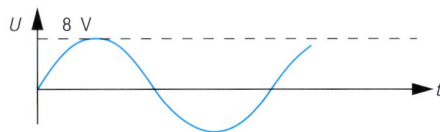

Messergebnisse:
Drehspulmessinstrument

Gleichspannungsbereich $U = 0$ V

Wechselspannungsbereich $U = 5,7$ V
 Effektivwert

Oszilloskop:

Stellung AC bzw. DC
$A_Y = 2$ V/cm $\hat{u} = 8$ V

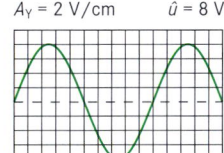

Stromstärke und Spannung

■ Das Stromstärkemessgerät wird in Reihe direkt in den Stromkreis geschaltet.

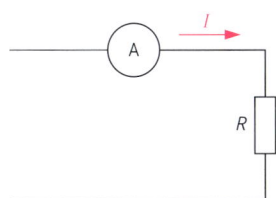

■ Das Spannungsmessgerät wird parallel geschaltet.

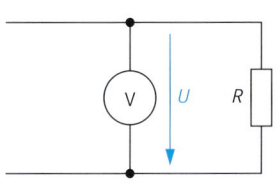

Leistung (Wirkleistung)

■ Im Leistungsmessgerät werden Spannung und Stromstärke gleichzeitig gemessen, das Produkt gebildet und als Leistung angezeigt.
Es sind drei bzw. vier Anschlüsse vorhanden.

Beispiel:
Messung einer Geräteleistung (z. B. Monitor) im Wechselstromkreis.

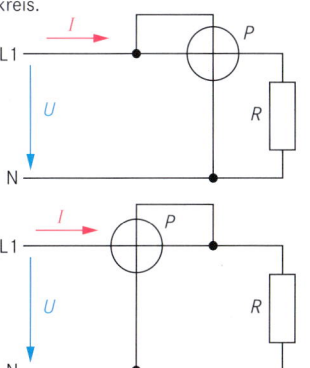

Stromstärke- und Spannungsmessung

Messschaltung		Messgrößen	Einheit	Auswerteformel
Spannungsfehlerschaltung (für große Widerstände)	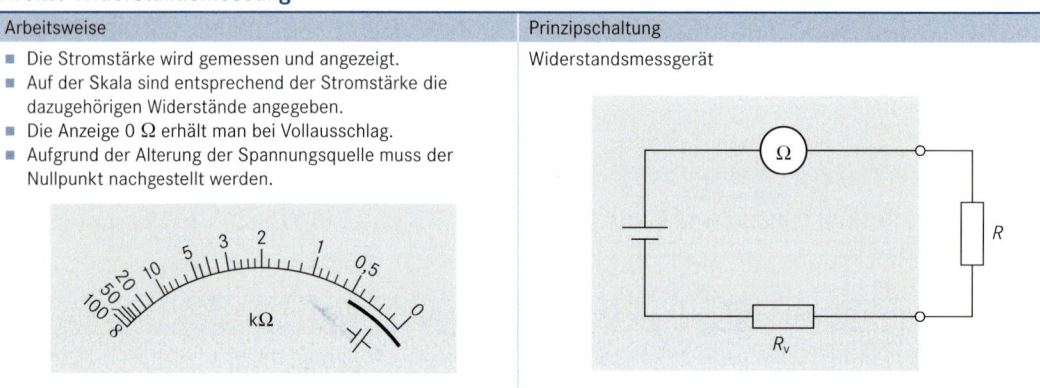	U: gemessene Spannung	V	
		I: gemessene Stromstärke	A	$$R = \frac{U - I \cdot R_{i(I)}}{I}$$
		$R_{i(I)}$: Widerstand des Stromstärke-messgerätes	Ω	
Stromfehlerschaltung (für kleine Widerstände)		U: gemessene Spannung	V	
		I: gemessene Stromstärke	A	$$R = \frac{U}{I - \dfrac{U}{R_{i(U)}}}$$
		$R_{i(U)}$: Widerstand des Spannungsmess-gerätes	Ω	

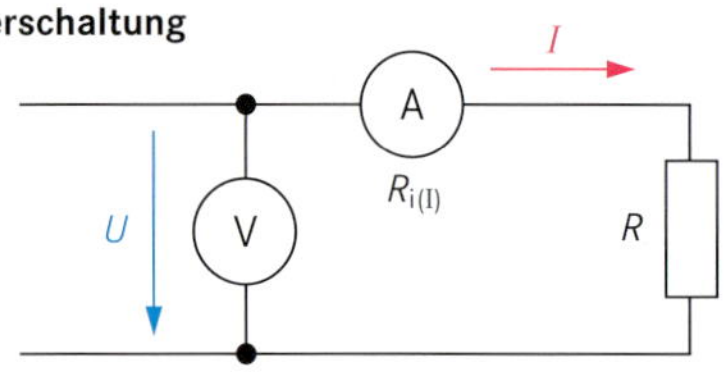

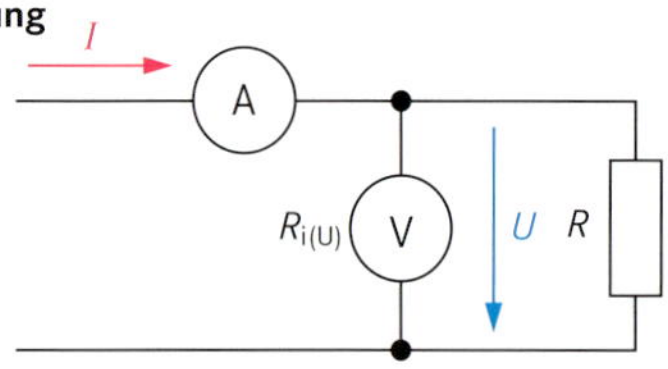

Direkte Widerstandsmessung

Arbeitsweise	Prinzipschaltung
<ul><li>Die Stromstärke wird gemessen und angezeigt.</li><li>Auf der Skala sind entsprechend der Stromstärke die dazugehörigen Widerstände angegeben.</li><li>Die Anzeige 0 Ω erhält man bei Vollausschlag.</li><li>Aufgrund der Alterung der Spannungsquelle muss der Nullpunkt nachgestellt werden.</li></ul>	Widerstandsmessgerät

Messbrücken

Wheatstone-Messbrücke	Eigenschaften	Anwendungen
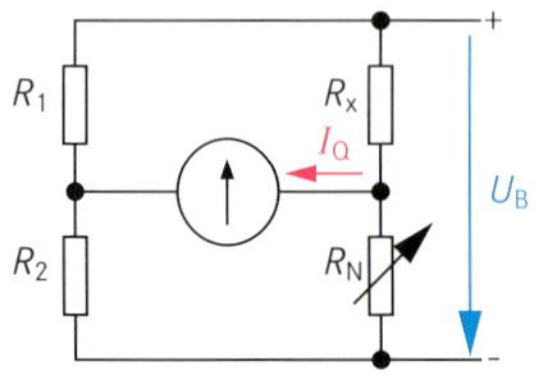 R_1 R_x I_Q U_B R_2 R_N	<ul><li>Messbedingung $I_Q = 0$ A (abgeglichene Brücke):</li></ul> $$R_x = R_N \cdot \frac{R_1}{R_2}$$ <ul><li>Messgenauigkeit hängt u. a. von der Messgeräteempfindlichkeit und Genauigkeit der Vergleichswiderstände ab.</li></ul>	<ul><li>Einsatz zur Widerstandsmessung für $R_X = 1\ \Omega \dots 1\ M\Omega$ bis zu einer Messgenauigkeiten von 0,02 %.</li><li>Ausschlagmessbrücken ($I_Q \neq 0$ A) für Gleich- oder Wechselstrom zur Messung anderer physikalischer Größen</li></ul>
Wien-Messbrücke 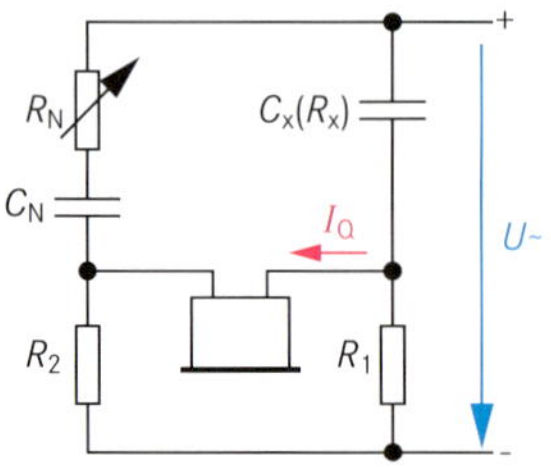 R_N $C_x(R_x)$ C_N I_Q $U~$ R_2 R_1	<ul><li>Messbedingung $I_Q = 0$ A (Tonlosigkeit): $\tan \varphi_x = \tan \varphi_N$</li></ul> $$C_x = C_N \cdot \frac{R_1}{R_2}$$ $$\tan \delta_x = \omega \cdot C_N \cdot R_N$$ $$R_x = R_N \cdot \frac{R_2}{R_1}$$ <ul><li>Brückenabgleich durch R_N, der auch parallel zu C_N geschaltet werden kann.</li></ul>	<ul><li>Kapazitätsmessungen für $C_X = 1\ nF \dots 100\ \mu F$ bei NF und bei HF $C_X \geq 100\ pF$ mit Fehlergrenzen bis 0,1 %</li><li>Verlustfaktor (tan δ)-Messungen bis 1 % Messgenauigkeit</li><li>Wien-Maxwell-Messbrücke zur Messung größerer Kapazitäten bei kleiner Spannung</li></ul>

Dynamische Fehlersuche
Dynamic Fault Locating

Prinzip

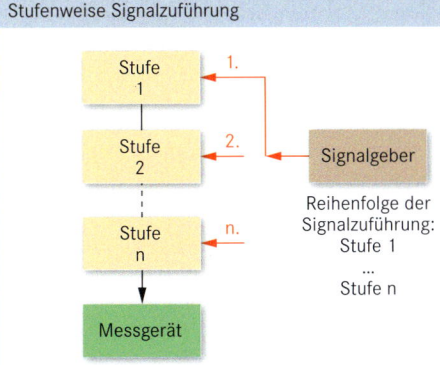

Stufenweise Signalzuführung	Stufenweise Signalmessung

Beispiel:
- Signalgeber: Wechselspannungsgenerator
- Stufen: z. B. Antennensteckdosen einer Gemeinschaftsantennenanlage
- Messgerät: Wechselspannungsmessgerät

Reihenfolge der Signalzuführung:
Stufe 1
...
Stufe n

Reihenfolge der Messungen:
Stufe 1
...
Stufe n

- Ziel: Überprüfung der Funktion einzelner Stufen.
- Das Messgerät befindet sich am Ende einer Signalkette.
- Signale werden den einzelnen Stufen zugeführt.
- Signalgeber darf keine unzulässige Belastung für die Stufen verursachen.

- Ziel: Überprüfung der Funktion einzelner Stufen.
- Das Signal wird der Eingangsstufe zugeführt.
- Der Signalgeber muss so an die Eingangsstufe angepasst sein, dass keine Verfälschungen auftreten.
- Das Signal wird nach den einzelnen Stufen gemessen.

Merkmale

- Voraussetzungen:
  Gerät, Baugruppe, Stufe müssen sich im Betriebszustand befinden.
- Anwendung:
  Signale durchlaufen mehrere Stufen.

- Signalgeber:
  Generatoren für Spannungen, Impulse, Logikpegelgeber, ...
- Messgeräte:
  Spannungsmessgerät, Oszilloskop, Logikanalysator, ...

Statische Fehlersuche
Static Fault Locating

Durchgangsprüfung

- Anwendung:
  Reihenschaltung von Widerständen, Leitungen usw.
- Messgeräte:
  Einfaches Widerstandsmessgerät oder Durchgangsprüfer
- Auswertung:
  Durchgang ①...② vorhanden, ja/nein

Fehlerfall: R_3 hat Unterbrechung
①...⑥: Messpunkte

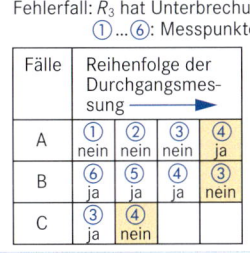

Fälle	Reihenfolge der Durchgangsmessung →			
A	① nein	② nein	③ nein	④ ja
B	⑥ ja	⑤ ja	④ ja	③ nein
C	③ ja	④ nein		

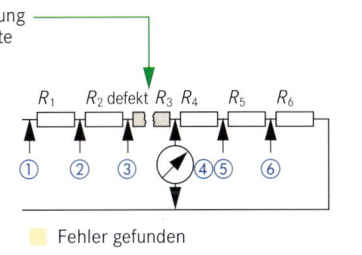

■ Fehler gefunden

Schlussprüfung

- Anwendung:
  Parallelschaltung von Widerständen, Geräten, Anlagen usw.
- Messgeräte:
  Einfaches Widerstandsgerät, Durchgangsprüfer
- Unterbrechungen ①... vornehmen, Messgerät beobachten.
  Auswertung: Schluss vorhanden, ja/nein; Ausschlag ändert sich, wenn defektes Element abgetrennt wird.

Fehlerfall: R_3 hat Schluss
①...⑥: Unterbrechungen herstellen

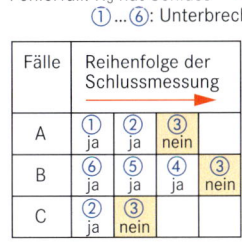

Fälle	Reihenfolge der Schlussmessung →		
A	① ja	② ja	③ nein
B	⑥ ja	⑤ ja	④ ja ③ nein
C	② ja	③ nein	

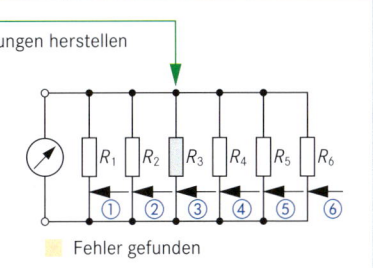

■ Fehler gefunden

- Messgerät zur Darstellung zeitlicher Spannungsverläufe
- Kennliniendarstellung (eine Spannung wirkt auf X-Ablenkung)
- Mit Wandlervorsätzen können auch andere physikalische Größen erfasst werden.

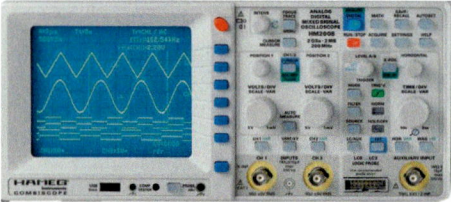

digital
- Darstellung einzelner Messpunkte (begrenzte Auflösung)
- Bei hohen Frequenzen können durch Aliasing (zu geringe Abtastrate) nicht vorhandene überlagerte Signale angezeigt werden.
- Möglichkeit von mehrfarbiger Darstellung, Rechen-, Speicherfunktionen, ...

analog
- kontinuierliche Darstellung
- nur periodisch widerkehrende Signale darstellbar (keine einmaligen Verläufe)
- einfarbige Bildschirmdarstellung

Bedienelemente

Beschriftung	Bedeutung	Beschriftung	Bedeutung
POWER	Netzschalter, Ein-Aus, Rasterbeleuchtung	X-MAGN	Dehnung der Zeitablenkung
INTENS HELLIGK	Helligkeitssteuerung des Oszillogrammes	Triggerung: A; B EXT TRIG Line	Zeitablenkung wird getriggert durch – Signal von Kanal A (B) – externes Triggersignal – Signal von der Netzspannung
FOCUS	Schärfeeinstellung des Oszillogrammes		
INPUT A (B)	Eingangsbuchse für Kanal A (Kanal B), oft Kanal 1 und 2	LEVEL NIVEAU	Einstellung des Triggersignalpegels
AC-DC-GND	Eingang: über Kondensator – direkt – auf Masse geschaltet	AUTO	Endstellung der LEVEL-Einstellungen; Automatische Triggerung der Zeitablenkung beim Spitzenpegel. Ohne Triggersignal ist die Zeitablenkung frei laufend.
CHOP	Strahlumschaltung mit Festfrequenz von einem Vertikalkanal zum anderen		
ALT	Strahlumschaltung am Ende des Zeitablenk-zykluses von einem Vertikalkanal zum anderen	+ / –	Triggerung auf positiver bzw. negativer Flanke
INVERT CH.B	Messsignal auf Kanal B wird invertiert	TIME/DIV ZEIT/Skt	Zeitmaßstab in µs/DIV, ms/Skt oder ms/cm
ADD	Addition der Signale von Kanal A und B	VOLTS/DIV V/SkT; V/cm	Vertikalabschwächer für Kanal A und B in mV/DIV oder mV/SkT oder V/cm
POSITION ↕	Vertikale Bildverschiebung	CAL	Eichpunkt für Maßstabsfaktoren bei Rechtsanschlag
↔	Horizontale Bildverschiebung		

Funktionen eines Digitaloszilloskops

- **Pre-Trigger**
  Durch fortlaufende Messwertspeicherung können Signale vor dem Triggerzeitpunkt dargestellt werden.

- **Speicher**
  Die Speicherung der Messwerte ermöglicht die Darstellung von einmaligen Signalverläufen.

- **Mathematische Funktion**
  Die Eingangsgrößen können z. B. addiert oder subtrahiert werden.

- **Zoom**
  Nach der Messung können Signalverläufe vergrößert werden.

- **Cursormessung**
  Mit Hilfe eines Cursors können die Messwerte eines Punktes genau ermittelt werden (kein Ablesefehler).

- **Externe Schnittstellen**
  z. B. für Fernbedienung, externe Datenspeicherung/-über-tragung

Auswahlkriterien

Allgemein		Digitaloszilloskop
- Eingangsempfindlichkeit - Eingangsimpedanz - Eingangskopplung - Anstiegzeit	- Bandbreite - Anzahl der Kanäle - Triggermöglichkeiten - Baugröße	- Abtastrate - Speichertiefe - Binäre Wortlänge - Schnittstellen - Displayauflösung

Spannungs- und Strommessung mit dem Zweikanaloszilloskop

Beispiel:
Da beide Y-Ablenksysteme eine gemeinsame Masse besitzen, müssen die Messleitungen einen gemeinsamen Bezugspunkt haben (z. B. Ⓒ).

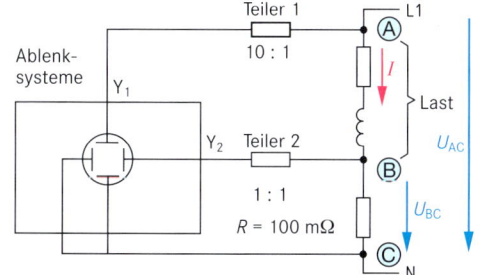

In der Praxis gilt:

$u_{AC} \gg u_{BC}$ und damit $u_{AB} \approx u_{AC}$

Die Spannung u_{AB} kann mit einem Zweikanaloszilloskop auch als Differenzspannung gemessen werden.

Dabei ist

- für beide Kanäle der gleiche Vertikal-Maßstab einzustellen ($k_{Y1} = k_{Y2}$),

- ein Y-Eingangssignal zu invertieren und

- die Addition beider Y-Signale (Add) zu veranlassen.

$$k_x = 2 \frac{ms}{SkT}; \qquad k_{Y1} = 10 \frac{V}{SkT}; \qquad k_{Y2} = 0,2 \frac{V}{SkT} \, ^{1)}$$

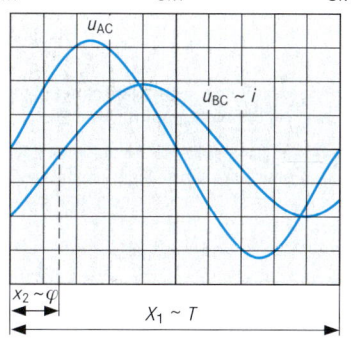

Auswertung:

$$T = X_1 \cdot k_x = 10 \, SkT \cdot 2 \frac{ms}{SkT} = 20 \, ms$$

$$f = \frac{1}{T} = \frac{1}{20 \, ms} = 50 \, Hz$$

$$\hat{u}_{AC} = Y_1 \cdot k_{Y1} \cdot k_{T1} = 3,1 \, SkT \cdot 10 \frac{V}{SkT} \cdot \frac{10}{1} = 310 \, V$$

$$\hat{u}_{BC} = Y_1 \cdot k_{Y2} \cdot k_{T2} = 2 \, SkT \cdot 0,2 \frac{V}{SkT} \cdot \frac{1}{1} = 400 \, mV$$

$$\hat{i} = \frac{\hat{u}_{BC}}{R_{Mess}} = \frac{400 \, mV}{100 \, m\Omega} = 4 \, A$$

$$\varphi = X_2 \cdot k_x \cdot \frac{360°}{20 \, ms} = 1,5 \, SkT \cdot 2 \frac{ms}{SkT} \cdot \frac{360°}{20 \, ms} = 54°$$

$^{1)}$ k_X Ablenkfaktor in X-Richtung; k_{Y1}; k_{Y2} Ablenkfaktor in Y-Richtung für Kanal 1; 2

Messung im Niederspannungsnetz

- Bei Geräten mit Anschluss an das Niederspannungsnetz werden Oszilloskope vorzugsweise über Trenntransformatoren versorgt. So kann jeder Punkt des geerdeten Niederspannungsnetzes mit der Masse des Oszilloskops verbunden werden.
- Die Abbildung zeigt, wie gefährlich die Messung ist. ①
  Die Massebuchsen der Frontplatte und ein metallene Gehäuse nehmen Netzpotenzial an.
- Um die Berührungsgefahr zu beseitigen, ist das Oszilloskop mit isolierenden Materialien abzudecken oder die Messspannung über einen Trennverstärker (z. B. mit Optokoppler) zu führen.

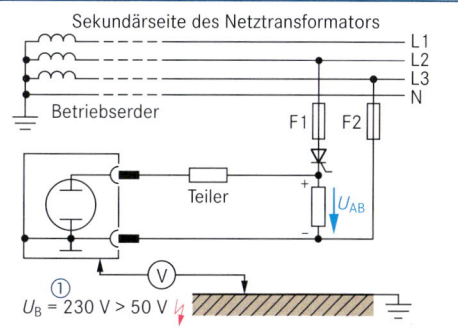

Kennliniendarstellung einer Diode

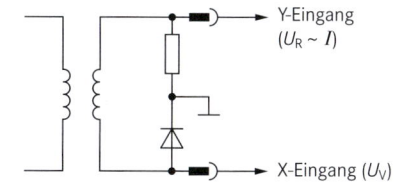

Beispiel:
Diodenkennlinie

$$k_x = 0,5 \frac{V}{SkT} \qquad k_y \triangleq 5 \frac{mA}{SkT}$$

- Einstellung „X über Y" wählen.

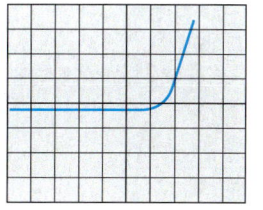

Eigenschaften

- LabVIEW ist eine grafische Programmierumgebung zur Erstellung von Prüf-, Mess- und Regelungsanwendungen.

- Die Programmierung erfolgt mit Hilfe einer grafischen datenflussorientierten Programmierumgebung.

- Das Programm gliedert sich in ein **Frontpanel** (Benutzeroberfläche) und ein **Blockdiagramm** (Datenflussmodell).

- Die Anbindung der Messgeräte an die Software LabVIEW erfolgt entweder mit Hilfe spezieller Treiber oder dem direkten Zugriff über die unterstützten Schnittstellen (z. B. GPIB).

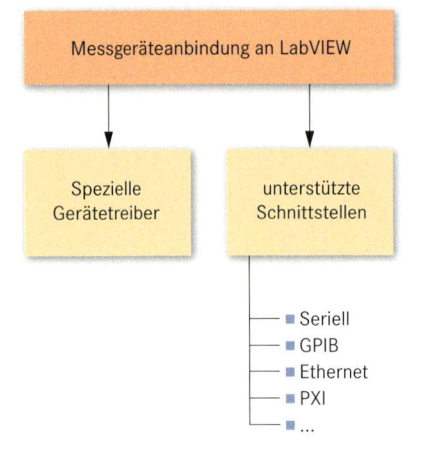

Anwendungsbereiche

- Datenerfassung und Signalverarbeitung
- Gerätesteuerung
- Automatisierte Prüf- und Validierungssysteme
- Industrielle Mess-, Steuer- und Regelungssysteme
- Motorsteuerung
- Datenüberwachung und Alarmierung

Vorteile

- Grafische Programmierung mit Hilfe von Funktionsblöcken

- Umfangreiche Unterstützung von Messgeräten

- Unterstützung zahlreicher Schnittstellen (z. B. RS232, USB, GPIB)

- Integration unterschiedlicher I/O-Funktionen

- Unterstützung von Desktop- (z. B. Windows, Linux, Mac) und Echtzeitbetriebssystemen (z. B. VxWorks)

- Bibliotheken mit erweiterten Analyse- und Darstellungsfunktionen, z. B.:

– Signalverlauf

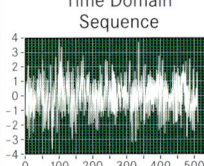

– Fourieranalyse

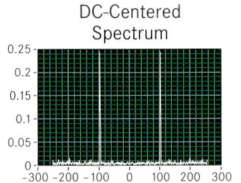

Programmoberfläche

Blockdiagramm

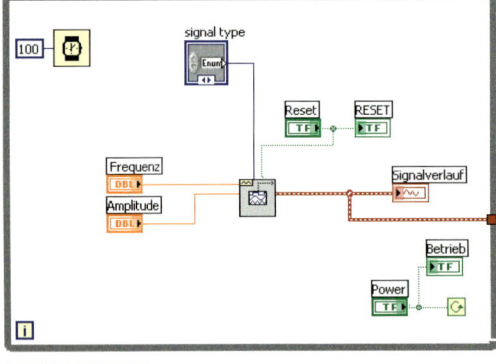

Funktionspalette mit den verfügbaren Funktionen, z. B.
- Programmstrukturen
- Datenerfassung
- Instrument I/O
- Mathematische Funktionen

Frontpanel eines virtuellen Messgerätes

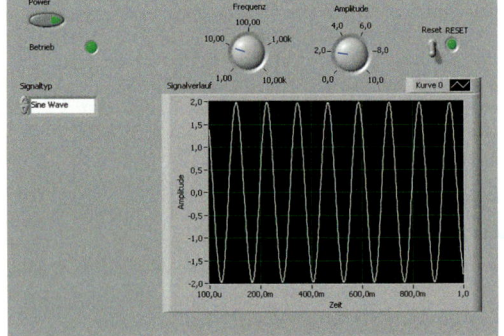

Elementepalette mit den verfügbaren Bedien- und Anzeigeelemente, z. B.
- Schalter
- LED
- Drehregler
- Kurvendiagramme

Merkmale

- Logikanalysatoren zeichnen eine Vielzahl digitaler Signale parallel auf.

- Sie dienen zur Analyse von Betriebsabläufen in digitalen Schaltungen (Mikrocomputern).

- Ein Logikanalysator besteht aus aktiven Tastköpfen, Triggereinstellung, Aufzeichnungsspeicher, Referenzspeicher und Anzeigeeinrichtung.

- Signale an den Tastköpfen werden zeitlich nacheinander in den Aufzeichnungsspeicher geschrieben.

- **Synchrone Taktung:** Das Taktsignal wird der zu prüfenden Schaltung entnommen, z. B. Signal **ALE** (**A**ddress **L**atch **E**nable) beim Mikrocomputer. Es dient zum Überprüfen des ordnungsgemäßen Programmablaufes im Mikrocomputer.

- **Asynchrone Taktung:** Taktsignal wird vom Logikanalysator zur Verfügung gestellt.

- Das Taktsignal muss höher sein als die höchste vorkommende Signalfrequenz.

- Logikanalysatoren werden zum Überprüfen des zeitlichen Signalverlaufs und der Zeitdifferenzen zwischen einzelnen Signalen (Hardware-Analyse) verwendet.

- Die Triggereinrichtung erlaubt eine Auswahl bestimmter Ereignisse, ob deren Erscheinen aufgezeichnet werden soll oder durch bestimmte weitere Triggerbedingungen aktiviert werden sollen.

- Die Signalaufzeichnung erfolgt im Transitional-Verfahren (Signale nur im Speicher abgelegt, wenn Änderung des Eingangsignales vorliegt)

- Der Referenzspeicher wird zur Vergleichsmessung verwendet.

- Die Darstellung der Signale erfolgt als Timing-, Hexadezimal-, Oktal- oder Binär-Diagramme.

- Über entsprechende Ergänzungen können Signale in disassemblierter Form dargestellt werden.

Blockschaltbild	Signalabtastung

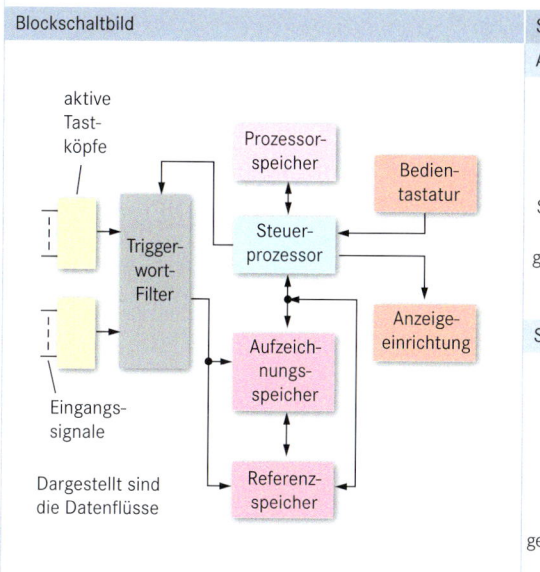

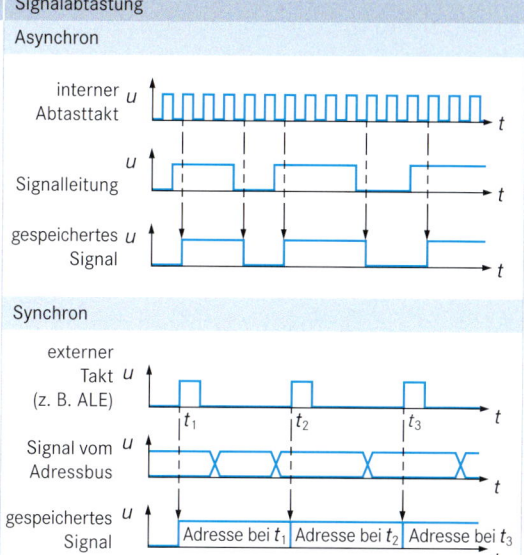

Digital

Merkmale	Aufbau

- Signalgeneratoren werden verwendet zur Simulation von digitalen Schaltungen oder zum Erzeugen von digitalen Signalfolgen.

- Die Datenfolge ist programmierbar über eine Eingabetastatur oder serielle Schnittstelle mittels Steuerkommandos.

- Die Datenausgabe wird von der Ablaufsteuerung überwacht.

- Möglich sind Einzelimpulse (Pulsbreite einstellbar), Impulsfolgen mit einmaliger oder wiederholter Ausgabe (seriell oder parallel).

Was ist zu prüfen?

- Elektrische Geräte mit Bemessungsspannung bis
  1000 V (Wechselspannung) und
  1500 V (Gleichspannung)
- Z. B. Laborgeräte, Mess-/Steuer-/Regelgeräte,
  Haushaltsgeräte, Elektrowerkzeuge,
  Verlängerungsleitung, …

Wann ist zu prüfen?

- Nach Instandsetzung
- Nach Änderung
- Wiederkehrend nach festgelegten Prüffristen
- Der Arbeitgeber muss eine Gefährdungsbeurteilung durchführen und Prüffristen festlegen.
- Prüffristen aus der BGV-A3 dienen nur noch als Erfahrungswert und ersetzen die Prüffristermittlung nicht!

Sichtprüfung

Prüfen auf sichtbare Mängel und Eignung für den Einsatzort:
- Schäden an Anschlussleitung
- Schäden an Isolierung
- Mängel an Knick-, Biegeschutz
- Bestimmungsgemäße Verwendung von Stecker und Leitungen
- Mängel an Zugentlastung
- Gehäuse/Schutzabdeckung unbeschädigt
- Anzeichen von Überlastung
- Unzulässige Eingriffe
- Verschmutzung
- Zustand von Luftfiltern
- Dichtigkeit von Behältern für Wasser, Luft, …
- …

Messungen

Schutzleiterwiderstand

- Ordnungsgemäßer Zustand der elektrischen Verbindung zwischen Geräteanschluss und allen mit dem Schutzleiter verbundenen berührbaren leitfähigen Teilen.
- Bei Messung Anschlussleitungen bewegen.

Betriebsstrom	Grenzwert
> 16 A	berechneter Widerstand des Schutzleiters
< 16 A	abhängig von Leitungslänge

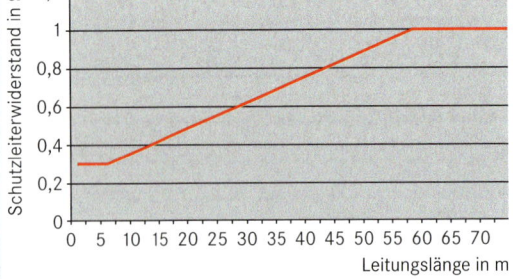

Schutzleiterwiderstand in Ω (y-Achse: 0, 0,2, 0,4, 0,6, 0,8, 1, 1,2)
Leitungslänge in m (x-Achse: 0, 5, 10, 15, 20, 25, 30, 35, 40, 45, 50, 55, 60, 65, 70)

Isolationswiderstand

- Messung zwischen aktiven Teilen und jedem berührbaren leitfähigem Teil
- Grenzwerte für Prüfobjekte:

Prüfobjekt		Grenzwert
Aktive Teile, die nicht zu SELV- oder PELV-Stromkreisen gehören, gegen den Schutzleiter und die mit dem Schutzleiter verbundenen berührbaren leitfähigen Teile.	allgemein	1,0 MΩ
	Geräte mit Heizelementen	0,3 MΩ
	Geräte mit Heizelementen und $P > 3{,}5$ kW	0,3 MΩ [1]
Aktive Teile gegen die nicht mit dem Schutzleiter verbundenen berührbaren leitfähigen Teile (hauptsächlich bei Schutzklasse II, aber auch bei Schutzklasse I möglich)		2,0 MΩ
Aktive Teile die nicht zu SELV- oder PELV-Stromkreisen gehören, gegen berührbare leitfähige Teile mit der Schutzmaßnahme SELV/PELV (außer Geräte der Schutzklasse III)		
Bei der Instandsetzung/Änderung zwischen den aktiven Teilen eines SELV-/PELV-Stromkreises und den aktiven Teilen des Primärstromkreises		
Aktive Teile mit der Schutzmaßnahme SELV/PELV		0,25 MΩ

[1] Wird der Grenzwert verletzt, ist die Prüfung dennoch bestanden, falls der Schutzleiterstrom den Grenzwert einhält.

Schutzleiterstrom

- Messung mit direktem Verfahren oder Differenzstromverfahren.
- Ersatzableitstromverfahren nur in Sonderfällen
- Grenzwerte:
  - allgemein: ≤ 3,5 mA
  - Geräte mit eingeschaltetem Heizelement
    > 3,5 kW: 1 mA/kW; max. 10 mA
  - Bei Überschreitung prüfen, ob ggf. Produktnormen andere Werte vorgeben.

Berührungsstrom

- Messung an jedem berührbaren leitfähigen Teil, das nicht mit dem Schutzleiter verbunden ist.
- Messung mit direktem oder Differenzstromverfahren
- Ersatzableitstromverfahren nur in Sonderfällen
- Grenzwerte
  - allgemein 0,5 mA
  - Geräte mit Schutzklasse III:
    Messung nicht erforderlich

weitere Prüfschritte

- Nachweis der sicheren Trennung (SELV und PELV)
- Wirksamkeit weiter Schutzeinrichtungen
- Funktionsprüfung
- Aufschriften (Typenschild, Sicherheitshinweise)

Auswertung und Dokumentation

- Die Prüfung ist bestanden, wenn alle Einzelprüfungen bestanden sind.
- Durchgefallene Prüflinge kennzeichnen und Betreiber informieren.
- Dokumentation mit Prüfplakette oder elektronische Systeme inkl. Messwerte und Prüfgerät

Instandhaltungselemente

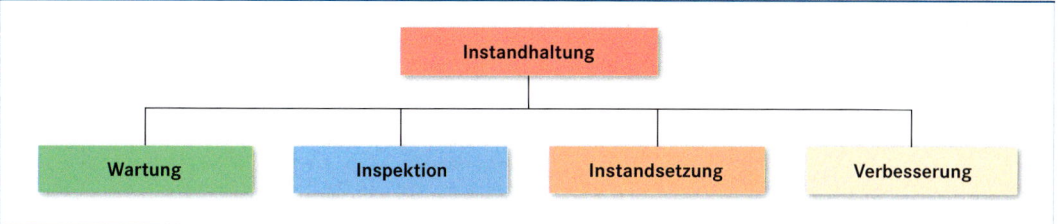

Begriffe

Instandhaltung	Kombination aller Maßnahmen (technisch, administrativ, Management) zur Erhaltung oder Wiederherstellung des funktionsfähigen Zustandes	Abnutzung	Abbau des Abnutzungsvorrates durch physikalische/chemische Einwirkungen (z. B. Verschleiß, Alterung, Rost, …)
Wartung	Maßnahmen zur Verzögerung des Abbaus eines vorhandenen Abnutzungsvorrates	Abnutzungsvorrat	Vorrat möglicher Abnutzung bei gleichzeitiger Funktionserfüllung
		Funktion	Durch den Verwendungszweck bedingte Aufgabe (z. B. Pumpen von mind. 50 l/min)
Inspektion	Feststellung und Beurteilung des Ist-Zustandes einschließlich Ursachenbestimmung der Abnutzung und Ableitung notwendiger Konsequenzen	Fehler	Zustand, in dem das System unfähig ist, die geforderte Funktion zu erfüllen
		Fehleranalyse	Nach Fehlerdiagnose (Erkennung, Ortung, Ursachenermittlung) erfolgt eine Prüfung, ob eine Verbesserung machbar und wirtschaftlich ist
Instandsetzung	Wiederherstellung des funktionsfähigen Zustandes (außer Verbesserungen)		
Verbesserung	Kombination aller Maßnahmen zur Steigerung der Funktionsfähigkeit, ohne die geforderte Funktion zu ändern	Schwachstelle	System, bei dem ein Ausfall häufiger auftritt, als dies nach der geforderten Verfügbarkeit zu erwarten ist

Einfluss der Instandhaltung

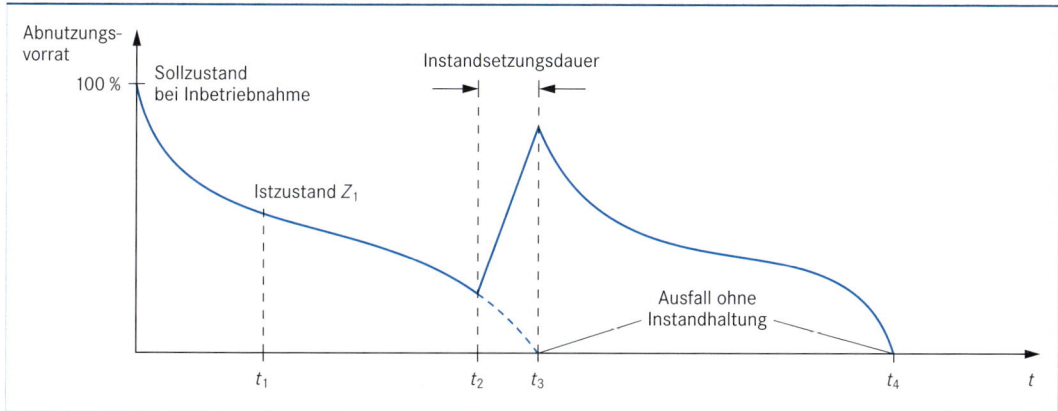

Instandhaltungsstrategien

vorbeugend		störungsbedingt
■ **zeitorientiert** Instandhaltungsmaßnahmen in festen Zeitabständen (z. B. durch Hersteller vorgegeben).	■ **zustandsorientiert** Instandhaltungsmaßnahmen sind abhängig vom technischen Zustand des Systems; erfordert Überwachung, Inspektionen oder Abnutzungsmodelle.	■ **ereignisorientiert** Instandhaltungsmaßnahmen bei Störungen des Systems.

RCM (**R**eliability **C**entered **M**aintenance): zuverlässigkeitsorientierte oder auch vorausschauende Instandhaltung kombiniert die o. g. Strategien zu einem wirtschaftlichen Optimum.

Merkmale

- Die **EMV-Richtlinie 2004/108/EG** berücksichtigt ein breites Spektrum an elektrischen und elektronischen Apparaten, Geräten und Systemen (Betriebsmittel).
- Es ist im Einzelfall zu klären, ob für ein vorliegendes Betriebsmittel diese Richtline zur Anwendung kommt.

- Anhand des Ablaufdiagramms können die entsprechenden Festlegungen ermittelt werden.
- Weitere Vorgehensweisen bzw. Einzelfestlegungen für den jeweiligen Fall sind umzusetzen, damit eine Konformitätserklärung erstellt werden kann.

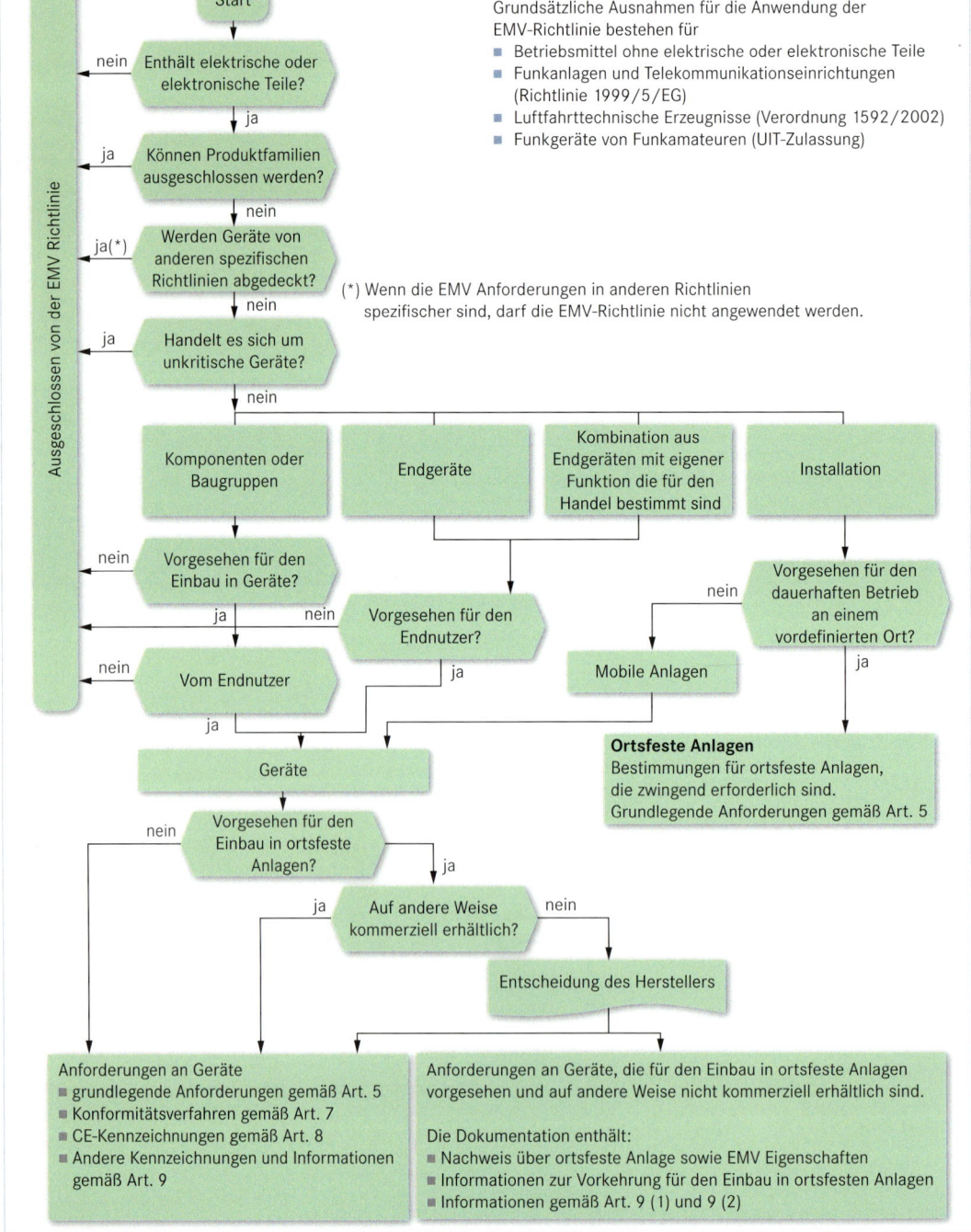

Anmerkung:
Grundsätzliche Ausnahmen für die Anwendung der EMV-Richtlinie bestehen für
- Betriebsmittel ohne elektrische oder elektronische Teile
- Funkanlagen und Telekommunikationseinrichtungen (Richtlinie 1999/5/EG)
- Luftfahrttechnische Erzeugnisse (Verordnung 1592/2002)
- Funkgeräte von Funkamateuren (UIT-Zulassung)

(*) Wenn die EMV Anforderungen in anderen Richtlinien spezifischer sind, darf die EMV-Richtlinie nicht angewendet werden.

Start

nein — Enthält elektrische oder elektronische Teile? — ja

ja — Können Produktfamilien ausgeschlossen werden? — nein

ja(*) — Werden Geräte von anderen spezifischen Richtlinien abgedeckt? — nein

ja — Handelt es sich um unkritische Geräte? — nein

Ausgeschlossen von der EMV Richtlinie

Komponenten oder Baugruppen

Endgeräte

Kombination aus Endgeräten mit eigener Funktion die für den Handel bestimmt sind

Installation

nein — Vorgesehen für den Einbau in Geräte? — ja — nein — Vorgesehen für den Endnutzer? — ja

nein — Vorgesehen für den dauerhaften Betrieb an einem vordefinierten Ort? — ja

nein — Vom Endnutzer? — ja

Mobile Anlagen

Ortsfeste Anlagen
Bestimmungen für ortsfeste Anlagen, die zwingend erforderlich sind.
Grundlegende Anforderungen gemäß Art. 5

Geräte

nein — Vorgesehen für den Einbau in ortsfeste Anlagen? — ja

ja — Auf andere Weise kommerziell erhältlich? — nein

Entscheidung des Herstellers

Anforderungen an Geräte
- grundlegende Anforderungen gemäß Art. 5
- Konformitätsverfahren gemäß Art. 7
- CE-Kennzeichnungen gemäß Art. 8
- Andere Kennzeichnungen und Informationen gemäß Art. 9

Anforderungen an Geräte, die für den Einbau in ortsfeste Anlagen vorgesehen und auf andere Weise nicht kommerziell erhältlich sind.

Die Dokumentation enthält:
- Nachweis über ortsfeste Anlage sowie EMV Eigenschaften
- Informationen zur Vorkehrung für den Einbau in ortsfesten Anlagen
- Informationen gemäß Art. 9 (1) und 9 (2)

Merkmale

- Durch die EMV-Prüfung wird das Verhalten eines Gerätes/Systems unter elektromagnetischen Bedingungen überprüft.
- Die Prüfung wird in die beiden Kategorien
  - **Störfestigkeit** (electromagnetic immunity) und
  - **Störaussendung** (emission)
  eingeteilt.
- **Störfestigkeit** beschreibt die Unempfindlichkeit des Gerätes gegen äußere elektromagnetische Beeinflussungen.
- **Störaussendung** beschreibt die elektromagnetische Ausstrahlung des bestimmten Gerätes in die Umwelt.
- Für die Kopplung zwischen Störquelle und Störsenke gibt es vier Modelle.
- Die Störungen können auftreten als
  - **leitungsgebundene Störung** und/oder
  - **feldgebundene Störung.**
- Für die EMV-Prüfung des spezifischen Gerätes/Systems sind die anzuwendenden Normen aus der Vielzahl der vorliegenden Normen auszuwählen.
- Grundlage für die Auswahl sind z. B. die
  - zu erwartenden Umgebungsbedingungen (Störgrößen),
  - Eigenschaften des Gerätes (Systems),
  - geforderte Zuverlässigkeit des Gerätes (Systems),
  - vertraglichen Bedingungen und
  - Marktanforderungen (EU-Richtline, CE-Kennzeichnung).

- Die Normen für die EMV-Prüfung sind gegliedert in die Normengruppen
  - **Produktfamilien/Produktnormen,**
  - **Fachgrundnormen und**
  - **Grundnormen.**
- Produktfamilien-/Produktnormen
  - beziehen sich auf eine spezielle Produktfamilie oder ein spezielles Produkt (berücksichtigen die spezifischen Eigenschaften).
  - Für die Prüf- und Messmethoden wird auch auf diese Normen verwiesen, sie haben Vorrang vor der Fachgrundnorm.
- Fachgrundnormen
  - definieren EMV-Anforderungen (einschließlich Prüfmethoden und Grenzwerte) für Produkte in einer bestimmten Umgebung (Industrie, Wohnbereich) und
  - verweisen für Prüf- und Messmethoden auf die Grundnormen.
- Grundnormen
  - beschreiben allgemeine Festlegungen (Begriffsdefinitionen, Beschreibung der Störphänomene, Mess- und Prüfmethoden) und
  - enthalten keine Festlegungen für Grenzwerte und keine produktspezifischen Regelungen.

Kopplungsmodelle

Impedanzkopplung (galvanische Kopplung)

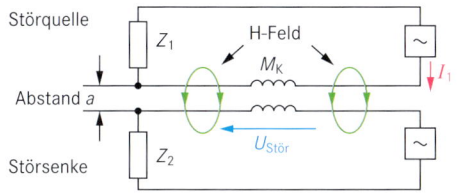

- Die galvanische Kopplung ist leitungsgebunden.
- Die Kopplungsimpedanz ist frequenzabhängig und entsteht durch gemeinsame Nutzung eines Leiterabschnittes durch zwei Stromkreise.
- **Beispiele:**
  Gemeinsame Rückleitung von Schaltkreisen auf einer Flachbaugruppe; Stromversorgungsleitungen (Erdschleifen)

Kapazitive Kopplung

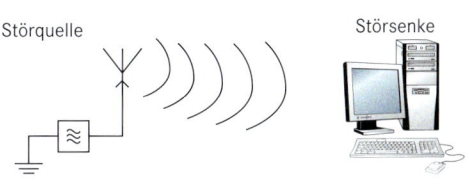

- Kapazitive Kopplung
  - tritt auf zwischen Stromkreisen, deren Leiter auf unterschiedlichen Potenzialen liegen und
  - wird dargestellt durch Koppelkapazität ($C_{1,2}$), über die Verschiebungsströme von der Störquelle auf die Störsenke eingekoppelt werden und über die gemeinsame Masseverbindung wieder zurückfließen.
- **Beispiel:** parallele Busleitungen

Induktive Kopplung

- Die Beeinflussung entsteht durch elektrischen Wechselstrom, der ein Magnetfeld erzeugt.
- Dieses Magnetfeld induziert in benachbarten parallel laufenden Leiterschleifen Störspannungen.
- Sie wird dargestellt über die Koppelinduktivität M_K, die von der Geometrie der Stromkreise abhängig ist.
  Beispiel: Stromversorgungsleitung (hohe Ströme) parallel zur Signalleitung (niedrige Pegel).

Strahlungskopplung

- Die Strahlungskopplung erfolgt über elektromagnetische Wellen (Fernfeld).
- Elektrische und magnetische Felder können dabei nicht mehr getrennt betrachtet werden (keine quasistationären Felder).
- Der Grenzabstand zwischen Nah- und Fernfeld ist frequenzabhängig (ca. 3 m bei 10 MHz).
  Beispiel: Sendeanlagen, Mikrowellengeräte

Verzögerung (Delay)

- Ursachen für **Eingangsverzögerungen**:
  - Codierung
  - Paketbildung
  - Serialisierung (Aufbereitung des Datenstroms)
- Ursachen für **Netzverzögerungen**:
  - Warteschlangen (Queuing)
  - Routing
  - Ausbreitungsverzögerungen
  - Steuerung des Datenflusses in Netzen (Traffic-Shaping)
- Ursachen für **Ausgangsverzögerungen**:
  - Decodierung
  - Zwischenspeicherung (Jitterbuffer)
  - Überbrückung kurzfristiger Aussetzer im Datenstrom (Packet Loss Concealment)

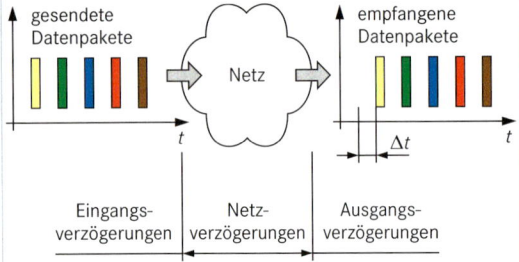

Datenpaketverzögerung und Sprachqualität

- Anforderungen an die IP-Telefonie (VoIP, ITU-Empfehlung G.114):
  - 0 ms bis 150 ms Sprachqualität akzeptabel
  - 150 ms bis 300 ms mit Einschränkung akzeptabel (bei Interkontinentalgesprächen akzeptabel)
  - > 300 ms störend, nicht akzeptabel

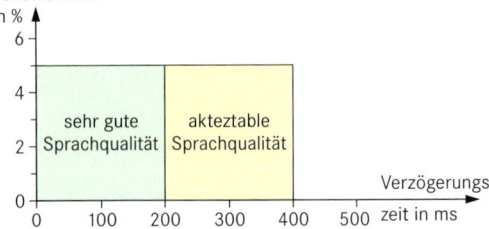

Messung der Sprachqualität (ITU-T P.800)

- Verfahren zur subjektiven Beurteilung von Sprach- und Bildqualität durch **MOS** (**M**ean **O**pinion **S**core)
- MOS-Qualitätsskala zum Sprachverständnis:

Wert	Qualität	Bedeutung
5	ausgezeichnet	keine Anstrengung nötig, entspanntes Aufnehmen
4	gut	keine Anstrengung nötig, Aufmerksamkeit erforderlich
3	ordentlich	leichte Anstrengung nötig
2	mäßig	deutliche Anstrengung nötig
1	mangelhaft	keine Verständigung trotz Anstrengung

Paketverlust (Packet Loss Rate)

- Ursache:
  - Datenstau
  - Überlastungssituationen an Routern
- Sprachübertragung:
  - Ein Paketverlust von 5 % kann toleriert werden.

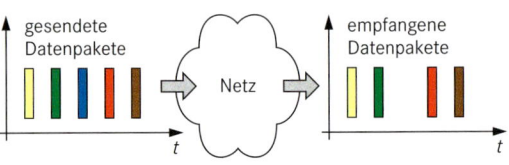

Schwankung der Übertragungszeit (Jitter, Delay Variation)

- Wenn Datenpakete den Empfänger auf unterschiedlichen Wegen erreichen, sind die Übertragungszeiten verschieden.
- Ursachen:
  - Zwischenspeicherung der Datenpakete
  - Serialisierung
  - Signallaufzeiten in den Übertragungsmedien
    Sie sind z. B. abhängig von der Leitungslänge (z. B. 5 µs/km, 1 ms/200 km).
- Kompensationsmaßnahmen bei der Übertragung von Sprachpaketen sind:
  - Dynamische Zwischenspeicherung je nach Größe der Verzögerungen (**RSVP**: **R**esource **Re**s**erva**tion **P**rotocol)
  - Reservierung entsprechender Bandbreiten
  - Management von Warteschlangen (Queue Management)

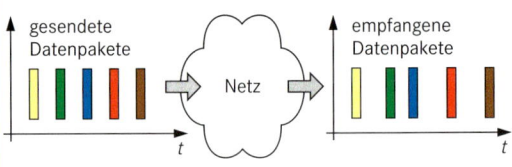

Echo

- Pakete werden zum Sender reflektiert.
- Ursache bei Sprachübertragung (VoIP):
  - Fehlanpassung zwischen den analogen Endgeräten und dem Übertragungsmedium.
- Maßnahmen bei der Sprachübertragung:
  - Echokompensatoren

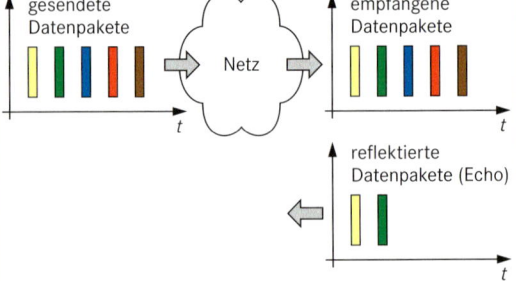

Merkmale

- Digitale Übertragungssysteme (z. B. ATM, SDH) arbeiten mit hohen Bitraten, die netzweit synchronisiert werden müssen.

- Damit möglichst keine Störungen in der Datenübertragung entstehen, werden sehr hohe Anforderungen an die Takt-Synchronisation in den Systemen gestellt.

- Systemtypische Einflüsse, wie z. B.
  - Interferenzen (impulsartiges Rauschen),

  - Phasenrauschen (thermisches Rauschen),
  - Verzögerungsschwankungen und
  - Bit-Stopfen (stuffing)

  führen zur Entstehung von **Jitter** (zittern) und/oder **Wander** (wandern) beim Nutzsignal.

- Diese Erscheinungen erzeugen z. B. **Bitfehler**, **Frequenzbeeinflussung** und damit Datenverlust auf den Übertragungswegen.

Definition

- Jitter ist die Bezeichnung für die periodische oder stochastische Abweichung (**zeitliche Instabilität**) der entscheidenden Zeitpunkte eines digitalen Signals vom idealen Wert.

- Praktisch entspricht dieses dem zu frühen oder zu späten Auftreten des Taktes im Vergleich zu einem Referenztakt (Frequenzbereich der Phasenabweichung > 10 Hz).

- Wander
  - ist ein sehr langsamer Jitter, der
  - nach ITU-T G.810 festgelegt ist auf 10 Hz Frequenzbereich in der Phasenabweichung.

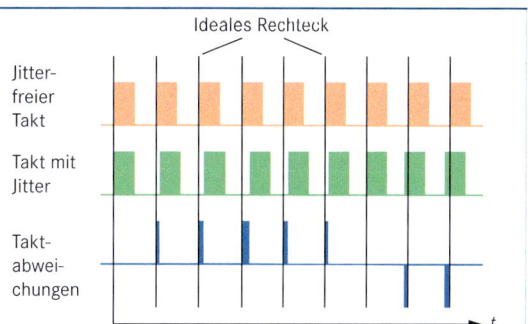

Parameter

- **U**nit **I**nterval (**UI**) (Einheits-Intervall)
  - ist das Maß für die Jitter-Amplitude.
  - 1 UI entspricht der Amplitude eines Taktintervalles und
  - ist unabhängig von der Bitrate und der Signalcodierung.

- Peak-to-peak value (**UI**$_{pp}$)
  - Spitze-Spitze-Wert als Abstand zwischen dem höchsten und niedrigsten Wert der Jitter-Amplitude

- Phase hits (Phasen-Spitzen)
  - sind Jitter-Spitzen, die einen Amplitudenwert übersteigen.

- **RMS** (**R**oot-**M**ean-**S**quare)-Jitter
  - ist ein Anzeichen für die Rauschenergie des Jitter, gemessen über einen festgelegten Zeitraum.

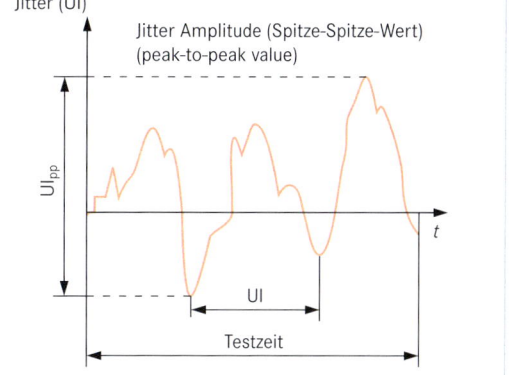

Augendiagramm

- Es dient zur optischen Darstellung des Jitter auf einem Oszilloskop.

- Es enthält die überlagerte Darstellung aller Bits einer seriellen Übertragungsstrecke, die über einen festgelegten Zeitraum übertragen wurden.

- Logische 1: positiv verrundetes Rechteck ①

- Logische 0: negativ verrundetes Rechteck ②

- Die Anzeige gibt Aufschluss über die Signalamplitude und dem Jitter.

- Ein **offenes** Auge (Linien möglichst schmal) zeigt einen **geringeren** Jitter.

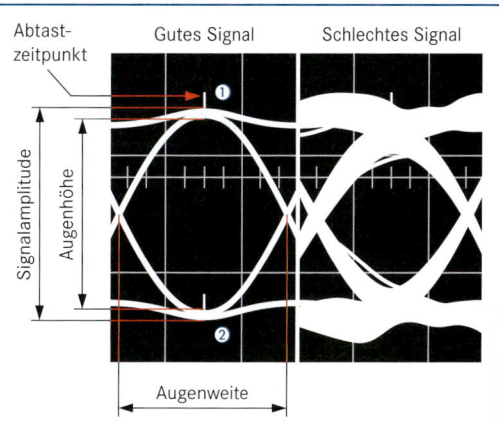

Grundlagen

- Bei der Messung an symmetrischen Datenleitungen wird zwischen der Messung im Labor und der Messung im Feld unterschieden.
- Die Messung im Labor dient zur Prüfung und Weiterentwicklung einzelner Komponenten (z. B. Rangierverteiler).
- Bei der Messung im Feld, d. h. am Installationsort, wird die fachgerechte Installation der Datenleitung und der Anschlüsse zu Abnahmezwecken überprüft.

- Die erforderlichen Messungen für eine installierte Verkabelung sind in DIN EN 61935-1 festgelegt.
- Die Messungen dienen entweder zur Abnahme der Anlage oder zur Fehlersuche.
- Bei der Abnahmemessung wird die Installationsstrecke auf deren Leistungsfähigkeit und die Einhaltung der Grenzwerte überprüft.
- Bei der Fehlersuche wird die gesamte Übertragungsstrecke gemessen.

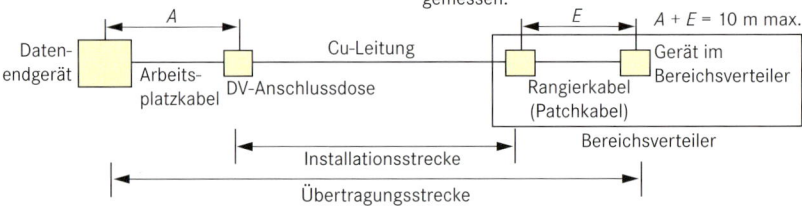

Messen in Kupfernetzen

Messprinzipien
- Die Messungen müssen für spätere Vergleiche dokumentiert werden.
- Das Messgerät sollte die Anforderungen der aktuellen Standards als Referenzwert in der Software integriert haben (z. B. DIN EN 50173).
- Der Messaufbau besteht aus dem Messgerät ① und der Remote Einheit ②.
- Die spezifischen Parameter der zu messenden Verbindung müssen erfasst werden. Am Messgerät ist ein Nullabgleich durchzuführen.
- Die Dokumentation der Messwerte ist als Kurvenverlauf für jedes Adernpaar eines Links (Datendose – Kabelverbindung – Patchfeld) getrennt aufzuführen.

Durchzuführende Messungen mit allen Adern
- Prüfung der Adernreihenfolge
- Gleichstromwiderstand
- Wechselstromwiderstand (Impedanz)
- Länge des Links, TDR-Wert (Time-Domain-Reflektor-Methode)
- Dämpfung
- Nahes Nebensprechen, NEXT (Near End Crosstalk)
- Rausch-Signal-Abstand, ACR-Wert (Attenuation to Crosstalk Ratio)

Messen in Lichtwellenleiternetzen

Messprinzipien
- Für die Messung einer LWL-Strecke müssen vorab folgende Angaben ermittelt werden:
  - Typ, Dämpfung und numerische Apertur der Faser (z. B. Multimode G50/125)
  - Steckertyp
  - ungefähre Länge der Strecke
- Das Messgerät muss zur Messung der verschiedenen Fasertypen auf eine Wellenlänge von 850, 1310 und 1550 nm umschaltbar sein.

Durchzuführende Messungen
- Rückstreumessung: ODTR-Messung (Optical Domain Time Reflectometer)
- Messung der Länge, Dämpfung sowie Anzahl und Lage der Spleißstellen.

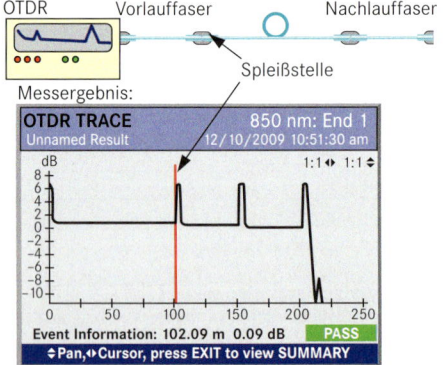

Die Messung wird auf beiden Seiten mit einer Vor- und Nachlauffaser (100 m) durchgeführt.

- Einfügedämpfung:
  Messung der Gesamtdämpfung einer LWL-Strecke

Messprinzip

- Die Messanordnung besteht aus dem Messgerät ① (Senden, Empfangen, Auswerten) und der Remote-Einheit ②.
- Die Messergebnisse werden mit Normwerten verglichen und als erfüllt (pass) oder nicht erfüllt (fail) gekennzeichnet.
- **Channel Link:** Messung der Übertragungsstrecke ohne Steckverbinder
- **Permanent Link:** Messung der Übertragungsstrecke mit Steckverbinder auf beiden Seiten

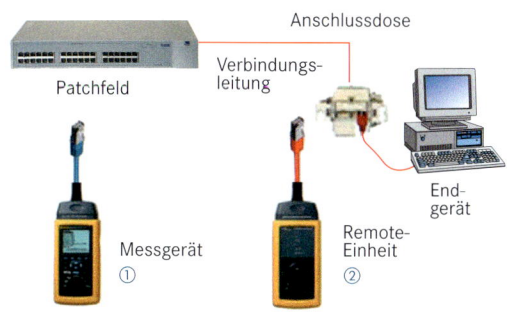

Anschlussdose

Verbindungsleitung

Patchfeld

Endgerät

Messgerät ①

Remote-Einheit ②

Dämpfung

- **Leitungsdämpfung**
  - Logarithmisches Maß in dB
  - Abhängig von Länge, Frequenz, Wirkwiderstand, induktivem und kapazitivem Belag der Leitung

- **Rückflussdämpfung** (return loss)
  - Leitung wird mit einem Widerstand abgeschlossen

Die Dämpfung der Übertragungsstrecke ändert sich z. B. durch Klemmen oder Anschlüsse in Dosen; Signale werden teilweise reflektiert.

1. Das Messgerät sendet ein Signal
2. Das Signal trifft auf die Übergangsstelle

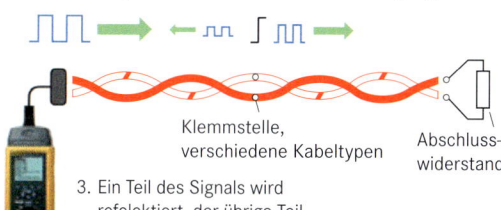

Klemmstelle, verschiedene Kabeltypen

Abschlusswiderstand

3. Ein Teil des Signals wird reflektiert, der übrige Teil läuft auf der Leitung weiter

Laufzeit und Länge

- Offener Ausgang
- Über die Signallaufzeit wird die Länge der einzelnen Adernpaare ermittelt und angezeigt.

1. Das Messgerät sendet ein Signal auf die Leitung.
2. Das Signal wird am Kabelende reflektiert

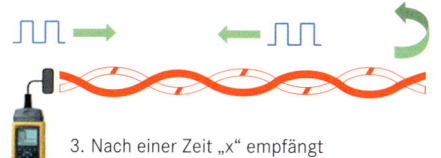

3. Nach einer Zeit „x" empfängt das Messgerät wieder das Signal

Nebensprechen

- **Nebensprechen** (crosstalk)
  - Das sendende Signal (Leitung 1) induziert eine Spannung in die Leitungspaare 2, 3 und 4.
  - Durch die Kabeldämpfung wird das Nebensprechen mit zunehmender Leitungslänge geringer.

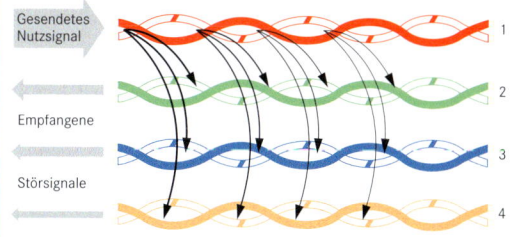

Gesendetes Nutzsignal

Empfangene

Störsignale

- **Nahes Nebensprechen** (**NEXT**, near end crosstalk)
  - NEXT entsteht zwischen anliegenden Leitungspaaren, z. B. Leitungspaar 1 und 2,
  - ist frequenzunabhängig und verursacht die häufigsten Fehler in Datennetzen.

- **Fernes Nebensprechen** (**FEXT**, far end crosstalk)
  - wird am fernen Ende gemessen und entspricht dem Nahen Nebensprechen (NEXT).

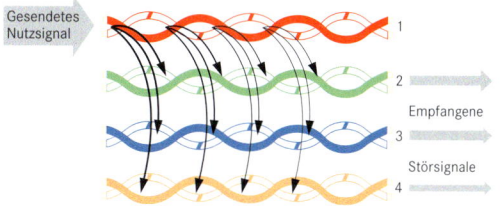

Gesendetes Nutzsignal

Empfangene

Störsignale

- **Längenabhängiges Nebensprechen am fernen Ende** (**ELFEXT**, equal level far end crosstalk)
  - Den ELFEXT-Wert erhält man, wenn man die Differenz zwischen FEXT und Dämpfung bildet.
  - Der ELFEXT-Wert ist längenunabhängig und kann mit verschieden langen Leitungen verglichen werden.

Rausch-Signal-Abstand

- **ACR: A**ttenuation to **C**rosstalk **R**atio
- Differenz aus dem NEXT-Wert ① und der Dämpfung (ACR = NEXT – Dämpfung)
- Abstand zwischen Nutzsignal und Störsignal
- Je größer der ACR-Wert, desto besser kann das Nutzsignal erkannt werden.
- Der ACR-Wert ist ein Maßstab für die Qualität der gesamten Verbindung.

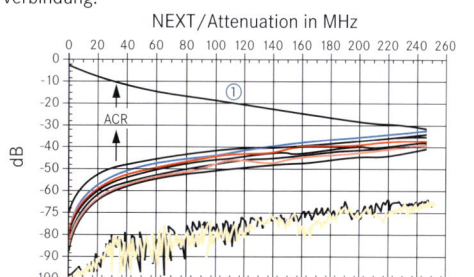

NEXT/Attenuation in MHz

Messprinzip	Messvorgang, Messergebnis

Eingangs- und Ausgangsimpedanz

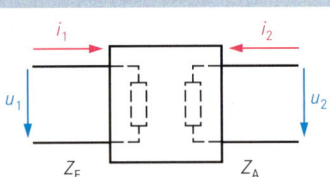

Z_E: Eingangsimpedanz

Z_A: Ausgangsimpedanz

$$Z_E = \frac{u_1}{i_1}$$

$$Z_A = \frac{u_2}{i_2}$$

Breitband-Spannungsmessung

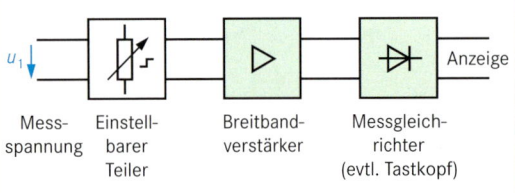

Mess-spannung — Einstellbarer Teiler — Breitbandverstärker — Messgleichrichter (evtl. Tastkopf) — Anzeige

- Breitbandverstärker mit f_{gu} und f_{go} (Grenzfrequenzen z. B. für NF oder HF)
- Messungen im Millivoltbereich möglich
- Der Messgleichrichter ist in der Regel in einem Tastkopf untergebracht.
- Bei Spannungsmessungen in koaxialen Leitungssystemen: Durchgangsmesskopf mit Messgleichrichter

Selektive Spannungsmessung

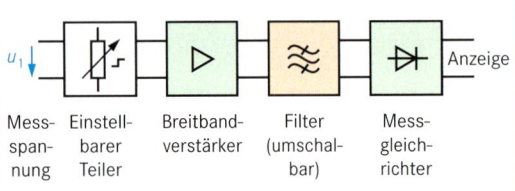

Mess-spannung — Einstellbarer Teiler — Breitbandverstärker — Filter (umschaltbar) — Messgleichrichter — Anzeige

- Die Bandbreite wird durch entsprechende Filter gewählt.
- Wählbare Bandbreiten gelten stets symmetrisch zur eingestellten Frequenz am Messeingang.
- Messungen im Millivoltbereich möglich
- Theoretisch beliebige Bandbreiten (hängt vom gewählten Aufwand ab)

Frequenz-Analysator

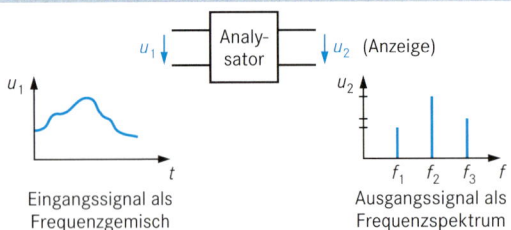

Eingangssignal als Frequenzgemisch

Ausgangssignal als Frequenzspektrum

- Oszilloskop mit Y-Ablenkung; anstelle der X-Ablenkung erfolgt eine Darstellung der Frequenzabhängigkeit in Form eines Spektrums.
- Das Messsignal wird frequenzmäßig abgetastet, Spektralanteile werden gespeichert und auf dem Bildschirm dargestellt (Y-f-Betrieb).
- Einsatz von elektronisch umschaltbaren Filtern (im NF-Bereich z. B. B = 10 Hz)

Klirrfaktor, Klirrdämpfungsmaß (distortion factor)

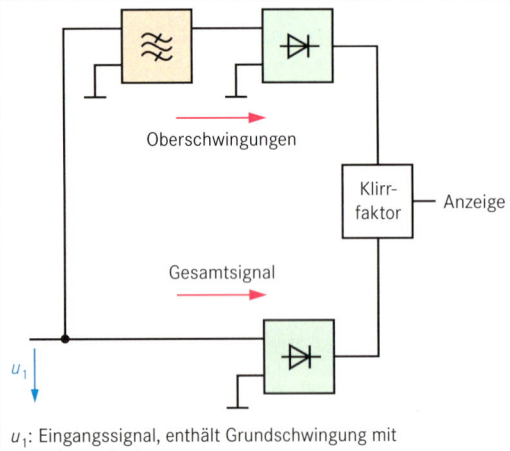

Oberschwingungen

Klirr-faktor — Anzeige

Gesamtsignal

u_1: Eingangssignal, enthält Grundschwingung mit n-Oberschwingungen

- Gesamtsignal wird zwei Schaltungswegen zugeführt
- Überschwingungsanteil wird gefiltert
- Signale werden gleichgerichtet (Effektivwert)
- Verhältnisbildung aus Oberschwingungen und Gesamtsignal (Division)
- Anzeige kann direkt in Prozent erfolgen

Klirrfaktor (Spannungen)

$$k = \sqrt{\frac{U_2^2 + U_3^2 + \dots + U_n^2}{U_1^2 + U_2^2 + U_3^2 + \dots + U_n^2}}$$

Teilklirrfaktor

$$k_m = \frac{U_m}{\sqrt{U_1^2 + U_2^2 + U_3^2 + \dots + U_n^2}}$$

Klirrdämpfungsmaß

$$a_k = 20 \cdot \lg \frac{1}{k} \text{ dB}$$

Teilklirrdämpfungsmaß

$$a_{km} = 20 \cdot \lg \frac{1}{k_m} \text{ dB}$$

Messprinzip	Messvorgang, Messergebnis

Differenztonfaktor (intermodulation distortion)

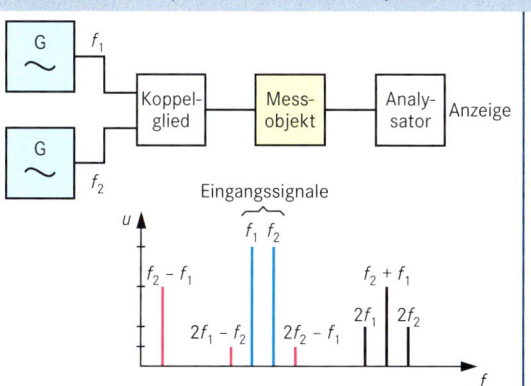

- Anwendung bei schmalbandigen Messobjekten, bei denen die Überschwingungen häufig nicht mehr in den Arbeitsbereich fallen
- Eingangssignale: Gleichgroße Signale mit benachbarten Frequenzen (f_1, f_2)
- Lage der Frequenzen frei wählbar, hängt jedoch vom Arbeitsbereich des Messobjektes ab
- Hauptarbeitsgebiet: NF-Bereich

Differenztonfaktor 2. Ordnung	Differenztonfaktor 3. Ordnung
$$d_2 = \frac{U_{(f_2 - f_1)}}{\sqrt{2} \cdot U_{ges}}$$	$$d_3 = \frac{U_{(2f_1 - f_2)} + U_{(2f_2 - f_1)}}{\sqrt{2} \cdot U_{ges}}$$

U: Effektivwerte der Spannungen

Signal-Rausch-Abstand (SNR, S/N, Rauschabstand) (signal-to-noise-ratio)

Nutzsignalmessung (U_S)

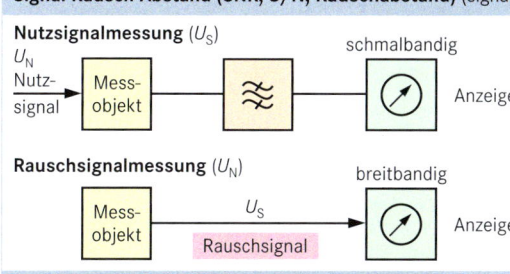

Rauschsignalmessung (U_N)

- Verhältnis von Nutzsignal (N) zu Störsignal (S) in dB
- SNR ist als Leistungsverhältnis definiert, bei Spannungsmessungen quadratische Abhängigkeit beachten.
- SNR wird auch als Pegeldifferenz angegeben.

$$SNR = 20 \cdot \lg \frac{U_S + U_N}{U_N} \, dB$$

U_N: Rauschspannung
U_S: Spannung des Nutzsignals

Fremdspannungsabstand, Geräuschspannungsabstand

Fremdspannungsabstand (unweighted signal-to-noise ratio)

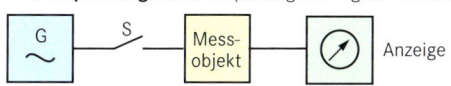

Nutzsignal

Schalter offen: Störsignal wird gemessen
Schalter geschlossen: Nutz- und Störsignal werden gemessen

Geräuschspannungsabstand (weighted signal-to-noise ratio)

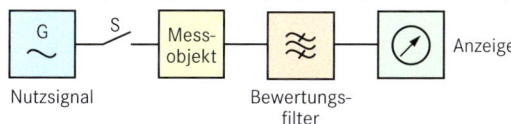

Nutzsignal   Bewertungs-
                          filter

- Fremdspannung: Sammelbegriff für alle störenden Signale
- Angabe als Pegeldifferenz der beteiligten Signale in dB
  L_F: Fremspannungsabstand (Pegel)
  L_{NS}: Pegel aus Nutzsignal + Störsignal
  L_S: Pegel des Störsignals
  $L_F = L_{NS} - L_S$
- Messung wie beim Fremdspannungsabstand, zusätzlich mit Bewertungsfilter (Anpassung an das nichtlineare Hörverhalten des Menschen)
  L_G: Geräuschspannungsabstand (Pegel)
  L_{NSb}: Pegel aus Nutzsignal + Störsignal (bewertet)
  L_{Sb}: Pegel des Störsignals (bewertet)
  $L_G = L_{NSb} - L_{Sb}$

Intermodulationsabstand (intermodulation ratio)

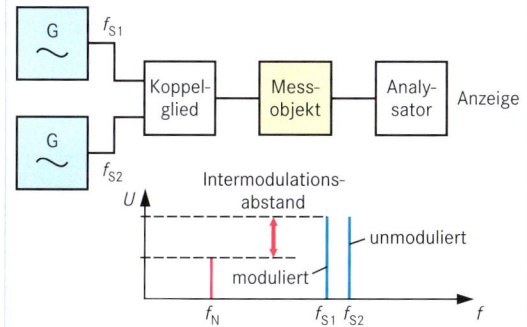

- Störsignale entstehen durch unerwünschte Modulationseffekte.
- Intermodulation liegt vor, wenn zwei Störsignale (f_{S1}, f_{S2}) durch Mischung ein nicht vorhandenes Nutzsignal (f_N) vortäuschen.
- Intermodulationsabstand: Abstand zwischen dem Stör- und dem Nutzsignal in dB
- Messung: Gleichgroße Signale f_{S1} und f_{S2} als vorgetäuschte Störsignale
- Intermodulation 2. Ordnung: $f_N = |f_{S1} \pm f_{S2}|$
- Intermodulation 3. Ordnung: $f_N = |f_{S1} \pm 2f_{S2}|$ oder
  $$f_N = |2f_{S1} \pm f_{S2}|$$

C/N-Messung

- Bei der C/N-Messung handelt es sich um ein logarithmisches Spannungsverhältnis in dB des hochfrequenten Trägers zu den überlagerten Rauschstörungen (Grundrauschen). Gute Werte liegen zwischen 12 dB und 15 dB.
  - **C**: Trägersignal (**C**arrier: Träger)
  - **N**: Rauschsignal (**N**oise: Rauschen)
- **Messverfahren** bei Satellitenempfang
  1. Antenne optimal auf den Satelliten ausrichten.
  2. Messempfänger auf die Satellitenfrequenz einstellen.
  3. Zur Bestimmung des Rauschsignals Antenne in die Richtung drehen, aus der kein Satellitensignal zu erwarten ist, z.B. nach oben (Elevation).
  4. Berechnungsprogramm im Messgerät starten.
  5. Antenne in die optimale Empfangslage zurückdrehen.
  6. Am Display C/N-Wert ablesen.

Bitfehlerrate (BER)

- **BER**: **B**it **E**rror **R**ate
- Bei der Bitfehlerrate handelt es sich um das Verhältnis von den auf dem Übertragungsweg verfälschten Bits zur Gesamtzahl der übertragenen Bits.
- Der Wert ist vor der Fehlerkorrektur (**FEC**: **F**orward **E**rror **C**orrection) am größten.
  Die Fehlerkorrektur besteht aus Viterbi- ① und Reed-Solomon-Decoder ②. Es werden deshalb die Bitfehlerraten vor dem Viterbi-Decoder (**CBER**: **C**hannel **B**it **E**rror **R**ate) und vor dem Reed-Solomon-Decoder (**VBER**: **V**iterbi **B**it **E**rror **R**ate) unterschieden.
- Anzeigebeispiel mit drei Darstellungsarten:

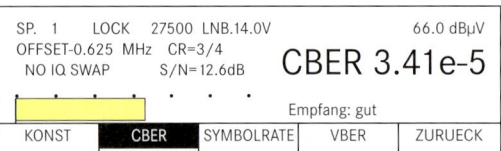

- Balkenanzeige (gelb)
- Exponentenschreibweise $CBER = 3{,}41 \cdot 10^{-5}$
- Qualitative Bewertung (Empfang: gut)

Für die qualitative Beurteilung wird immer die Bitfehlerrate vor dem Reed-Solomon-Decoder (VBER) herangezogen.
- Bitfehlerrate und Empfangsqualität

Bitfehlerrate	Empfangsqualität
$BER < 1{,}0 \cdot 10^{-6}$	gut
$1{,}0 \cdot 10^{-6} < BER < 1{,}0 \cdot 10^{-3}$	bedingt
$BER > 1{,}0 \cdot 10^{-3}$	schlecht

Modulationsfehlerrate (MER)

- **MER**: **M**odulation **E**rror **R**ate
- Modulationsfehler entstehen immer dann, wenn sich die Trägeramplitude ändert.
  Beispiel QPSK (4 QAM):
  - Der Träger kann 4 Phasenzustände annehmen. Jeder Zustand entspricht 2 Bit.
  - Bei konstanter Amplitude führt der Vektor in die Mitte der vier Entscheidungsfelder.
  - Bei Schwankungen entsteht ein Fehlervektor.

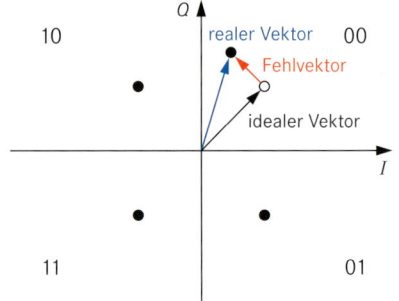

- Die Modulationsfehlerrate wird als logarithmischer Wert in dB gewonnen, indem man die Summe der Quadrate der Inphase- und Quadraturkomponenten der Idealvektoren durch die Summe der Quadrate der Inphase- und Quadraturkomponenten der Fehlervektoren dividiert. Je größer der Wert, desto besser die Signalqualität.

$$MER = 10 \log \left(\frac{\sum_{i=0}^{n} (I_j^2 + Q_j^2)}{\sum_{i=0}^{n} (\Delta I_j^2 + \Delta Q_j^2)} \right) \text{ dB}$$

Paketfehlerrate (PER)

- **PER**: **P**ackage **E**rror **R**ate
- Die Paketfehlerrate wird nach dem Reed-Solomon-Decoder gemessen.
- Bei PER werden die Anzahl der MPEG-Pakete ermittelt, die mindestens ein falsches Bit enthalten. Der am Anfang gemessene Pegel wird als Referenzwert benutzt.
- Der PER-Wert kann als Zahl angezeigt und/oder durch farbige Balken veranschaulicht werden.
- Um einen aussagekräftigen Wert zu erhalten, muss ein bestimmter Zeitraum betrachtet werden. Der Aufzeichnungszeitraum kann z.B. 5, 30 oder 120 Minuten betragen.

Messstellen und Messgrößen (DVB-S-Receiver)

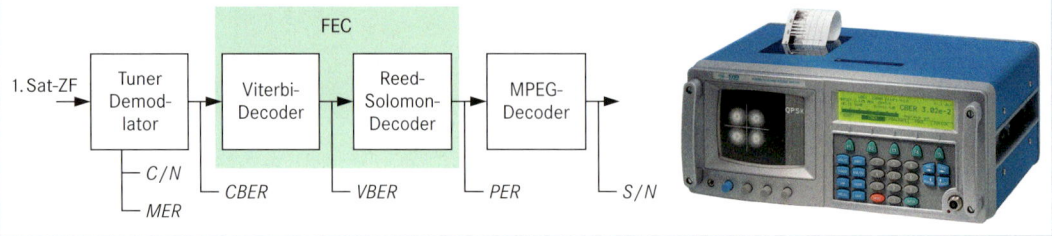

Konstellationsdiagramm
Constellation Diagram

Aufbau und Funktion

- Anwendung:
  Grafische Darstellung digital modulierter Signale in einem zweidimensionalen Koordinatensystem für
  - **QAM**: **Q**uadrature **A**mplitude **M**odulation, Quadratur-amplitudenmodulation z. B. für DVB-C,
  - **QPSK**: **Q**uadrature **P**hase **S**hift **K**eying, Quadratur-phasenumtastung z. B. für DVB-S und
  - **COFDM**: **C**oded **O**rthogonal **F**requency **D**ivision **M**ultiplex z. B. für DVB-T.
- Die einzelnen Signale können als Vektoren mit den horizontalen Komponenten **I** (**I**n Phase) und vertikalen Komponenten **Q** (**Q**uadrature) betrachtet werden (s. rechte Spalte).
- Im Diagramm werden jedoch nur die Spitzen der Vektoren dargestellt.
- Je nach Modulationsverfahren gibt es eine verschiedene Anzahl von Entscheidungsfeldern. Diese Entscheidungsfelder entsprechen einer bestimmten Bitkombination (s. rechte Spalte).
- Wenn Störungen auftreten, weichen die Spitzen der Vektoren in einem gewissen Abstand (abhängig von der Signalqualität) von den Idealzuständen ab. Es entsteht eine „Signalwolke" (s. Abbildungen unten). Je kleiner die Signalwolke, desto weniger ist das empfangene Signal gestört.
- Die Signalzustände lassen sich je nach Häufigkeit farblich hinterlegen. Abstufungen in blau, grün, gelb und rot sind üblich, mit aufsteigender Häufigkeit (s. Abbildungen unten). Dadurch erhält das Konstellationsdiagramm zusätzlich einen dreidimensionalen Eindruck.

Beispiele für ideale Signale im Gray-Code

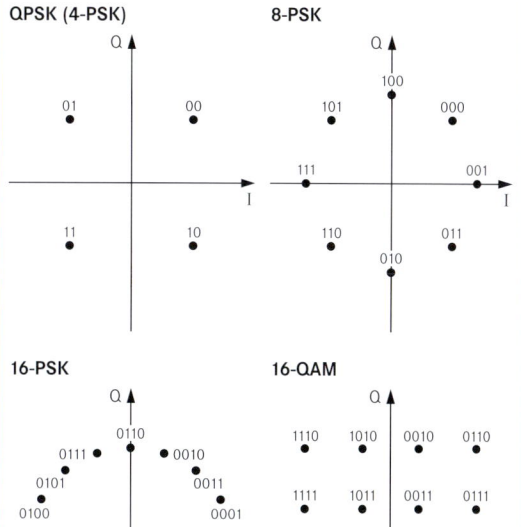

Messtechnisch ermittelte Beispiele für ungestörte und fehlerhafte Signale

QPSK (DVB-S)

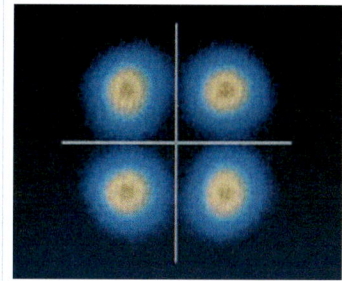

Signal ungestört

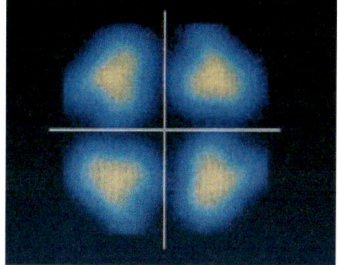

Möglicher Fehler:
Überlagerter Störträger

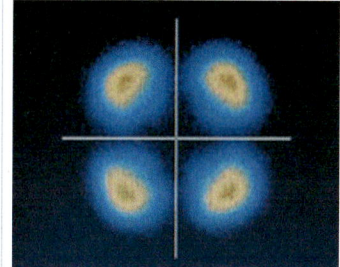

Möglicher Fehler:
Störung durch Phasenrauschen

COFDM (DVB-T)

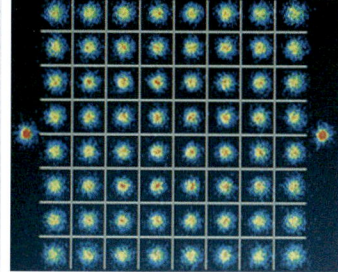

Signal ungestört,
mit Pilotträgern

Fehlermöglichkeit:
Rauschanteil zu groß

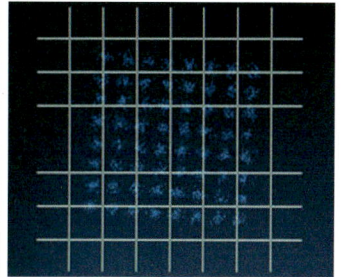

Fehler:
I/Q-Fehler

Merkmale

- Lichtmessung erfolgt mittels **optisch-elektrischer Mess-größenumformer** wie z. B. Fotowiderstand, Fotodiode, Foto-transistor, Sekundärelektronenvervielfacher (SEV) und la-dungsgekoppelter Halbleiter (**CCD: C**harge **C**oupled **D**evices).

- **Fotometrische Empfänger** (z. B. Luxmeter) enthalten zur Anpassung an die spektrale Empfindlichkeit [$V(\lambda)$] und die räumliche Strahlungsbewertung zusätzlich optische Filter, Blenden oder Streuscheiben.

Beleuchtungsstärke

- Sie ist definiert als **Flächendichte** des auftreffenden Licht-stromes für eine reale (gedachte) Fläche.
- Wird gemessen mit **Beleuchtungsstärkemesser** (**Luxme-ter**) (SI: lm · m^{-2} oder lx [Lux]).
- Luxmeter bestehen aus
  - einem **Messkopf** mit Lichtempfänger (Si-Fotodiode), Strahlführungssystem (gegebenenfalls mit Kosinusanpas-sung zur Berücksichtigung des Lichteinfallwinkels),
  - elektronischer Messsignalverstärkung und -verarbeitung und
  - einer Anzeigeeinheit.
- Es wird unterschieden in
  - **planare Beleuchtungsstärke** (Beleuchtungsstärke auf ebener Fläche),
  - **zylindrischer Beleuchtungsstärke** (Beleuchtungsstärke auf der Manteloberfläche eines Zylinders) und
  - **Raumbeleuchtungsstärke** (einfallendes Licht aus allen Richtungen wird unabhängig vom Einfallswinkel gemes-sen).
- Die Messgeräte sind in **Klassen** eingeteilt, die die maximal **zulässigen Gerätefehler** ① (und weitere Geräteeigenschaf-ten, DIN 5032) angeben.
- Messungen sind erforderlich u. a. für
  - Beleuchtungsanlagen und deren Überwachung,
  - Tageslicht in Innenräumen (DIN 5034),
  - Notbeleuchtung (DIN 1838) und
  - Straßenbeleuchtung (DIN 13201).
- **Nennbeleuchtungsstärken** für Arbeitsstätten sind z. B. festgelegt in DIN EN 12464 und
  - orientieren sich an der Schwierigkeit der Sehaufgabe,
  - sollten bei der Planung mit dem Faktor 1,25 berücksich-tigt werden (Alterung der Beleuchtungsanlage) und
  - dürfen an keinem Arbeitsplatz zu keiner Zeit 60 % unter-schreiten.

Lichtstrom

- Er wird aus allen **Teillichtströmen** der Lichtquelle ermittelt (Einheit: Lumen, lm).
- Er kann bestimmt werden
  - aus der Lichtstärke über den gesamten Raumwinkel,
  - aus der Beleuchtungsstärke (Flächenelemente einer Hüll-fläche um eine Lichtquelle) oder
  - dem Kugelfotometer (Ulbricht-Kugel).
- Beim **Kugelfotometer** wird die Lichtquelle im Mittelpunkt einer Kugel angebracht.
- Die Innenseiten sind lichtstreuend beschichtet.
- Die Messung erfolgt durch ein Messfenster in der Kugel-schale mittels Luxmeter.

Lichtstärke

- Sie beschreibt die **richtungsabhängige** Lichtausstrahlung von Lichtquellen (Einheit: lm · sr^{-1} oder cd, Candela).
- Wird ermittelt durch die Beleuchtungsstärke, die in einer be-stimmten Richtung zur Lichtquelle auf einem Fotometerkopf erzeugt wird.
- Die **Lichtstärkeverteilung** beschreibt die räumlichen Ab-strahleigenschaften von Lichtquellen anhand von Lichtstärke-verteilungskurven (gemessen z. B. mittels Drehspiegelsystem).

Leuchtdichte

- Sie wird auf eine Beleuchtungsstärkemessung zurückge-führt (Einheit: lm · sr^{-1} · m^{-2} oder cd · m^{-2}).
- Ein **Leuchtdichtevorsatz** (Adapterscheibe) auf dem Foto-meterkopf erfasst einen Raumwinkel.
- Messungen einer Fläche werden als
  - **örtliche Mittelung** durch Abbildung der Fläche auf der Messfeldblende oder
  - **richtungsabhängig** als Mittelwerte des Lichtstromes im Raumwinkel durchgeführt.

Luxmeter

Eigenschaft ①	Bezeichnung		Klasse B	Klasse C
$V(\lambda)$ – Anpassung	f_1	in %	6	9
UV-Empfindlichkeit	u	in %	2	4
IR-Empfindlichkeit	r	in %	2	4
Räumliche Bewertung	f_2	in %	3	6
Linearitätsfehler	f_3	in %	2	5
Fehler des Anzeigegeräts	f_4	in %	4,5	7,5
Temperaturkoeffizient	a_o, a_{25}	in %/K	1	2
Ermüdung	f_5	in %	1	2
Moduliertes Licht	f_7	in %	0,5	1
Abgleichfehler	f_{11}	in %	1	2
Gesamtfehler	f_ges	in %	10	20
Untere Grenzfrequenz	f_u	in Hz	40	40
Obere Grenzfrequenz	f_o	in kHz	10^4	1

Weitere Klassen sind: L (höchste Genauigkeit) und
A (hohe Genauigkeit)

Beispiel:

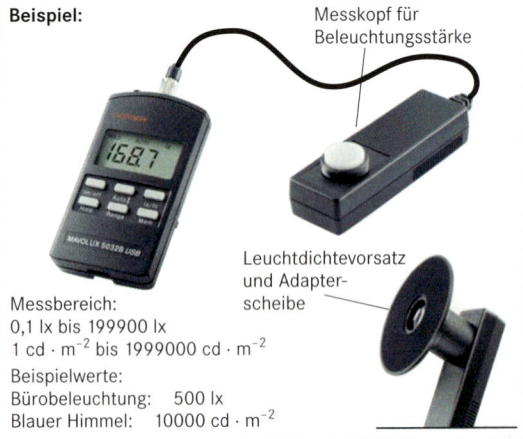

Messkopf für Beleuchtungsstärke

Leuchtdichtevorsatz und Adapter-scheibe

Messbereich:
0,1 lx bis 199900 lx
1 cd · m^{-2} bis 1999000 cd · m^{-2}

Beispielwerte:
Bürobeleuchtung: 500 lx
Blauer Himmel: 10000 cd · m^{-2}

Anwendungsbereiche

- Analog zur elektrischen Messtechnik gibt es für die optische Messtechnik eine Reihe von Geräten für die unterschiedlichen Messaufgaben.

- Die Anwendung der Geräte erfolgt u. a.
  - an optischen Bauelementen und
  - Lichtwellenleiter-Übertragungsstrecken.

Sicherheitshinweis

- Grundsätzlich sollten die Test- und Messanschlüsse der Geräte niemals direkt mit dem Auge betrachtet werden, da durch die austretende Strahlungsleistung irreparable Schäden am Auge entstehen können.

Gerät \ Funktion	Optische Leistung	Lichtquellen-Wellenlänge	Leistungs-verlust	Optische Erkennung	Anpassungs-dämpfung	Lichtwellenleiter-untersuchung
Leistungsmesser	✓		✓		✓	✓
Dämpfungsmesser	✓		✓	✓	✓	✓
Spektrumanalysator	✓	✓	✓		✓	
Wellenlängenmultiplex-Tester	✓	✓	✓			
Optisches Rückstreumessgerät	✓		✓	✓	✓	✓

Optisches Rückstreumessgerät

- Optische Rückstreumessgeräte (**O**ptical **T**ime **D**omain **R**eflectometer [**OTDR**]) messen die Reflexionen eines in den Lichtwellenleiter eingekoppelten Impulses.

- Reflexionen im Lichtwellenleiter entstehen u. a. durch
  - Steckverbinder
  - mechanische Spleiße
  - Faserbeschädigungen (Anriss)
  - Faserende

- Nicht reflektierende Zustände entstehen zum Beispiel beim
  - Schmelzspleißen
  - unzulässigen Biegungen der Faser

- Die auf dem Messgerät dargestellte Kurve zeigt sowohl die Reflexionsstellen als auch die nicht reflektierenden Ereignisse in Abhängigkeit von der jeweiligen örtlichen Lage (Entfernung von der Messstelle).

- Die ermittelte Dämpfung gibt die Gesamtdämpfung der Übertragungsstrecke wieder (keine absolute Leistungsmessung).

- Als Messimpulse werden optische Impulse mit unterschiedlichen Impulsbreiten verwendet.

- Kurze Impulse (5 ns bis 1 μs)
  - ergeben bessere Entfernungsauflösung, allerdings mit höherem Rauschen und
  - dienen zur Verlustmessung an Spleißen oder Steckverbindern in der mittelbaren Nähe.

- Lange Impulse (100 ns bis 10 μs)
  - ergeben geringere Auflösung und
  - dienen zur Erkennung von Unterbrechungen.

Messkurve

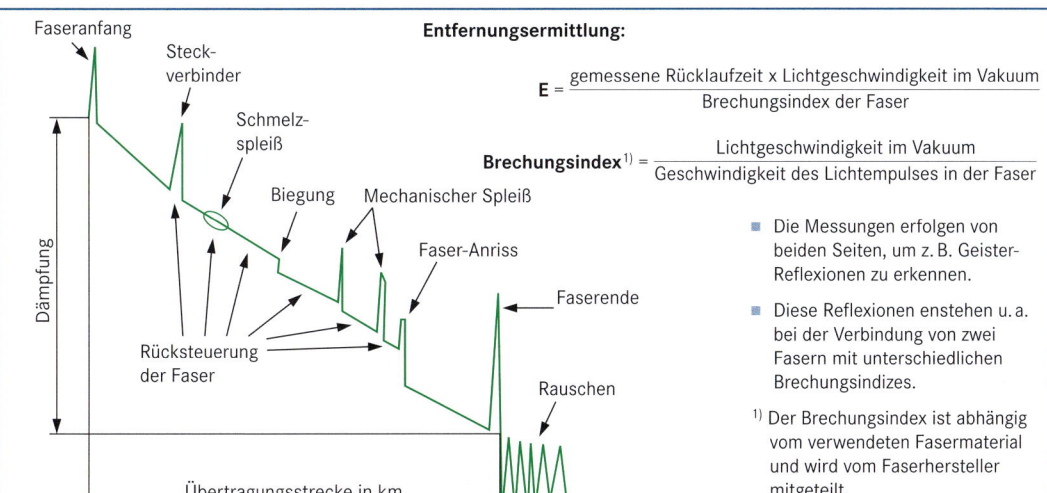

Entfernungsermittlung:

$$E = \frac{\text{gemessene Rücklaufzeit} \times \text{Lichtgeschwindigkeit im Vakuum}}{\text{Brechungsindex der Faser}}$$

$$\text{Brechungsindex}^{1)} = \frac{\text{Lichtgeschwindigkeit im Vakuum}}{\text{Geschwindigkeit des Lichtimpulses in der Faser}}$$

- Die Messungen erfolgen von beiden Seiten, um z. B. Geister-Reflexionen zu erkennen.

- Diese Reflexionen enstehen u. a. bei der Verbindung von zwei Fasern mit unterschiedlichen Brechungsindizes.

1) Der Brechungsindex ist abhängig vom verwendeten Fasermaterial und wird vom Faserhersteller mitgeteilt.

Merkmale

- Messungen des Schalls im Bereich der hörbaren Frequenzen (ca. 16 Hz bis 20 Hz, altersabhängig) dienen u. a. zur Erfassung von gesundheitsschädigenden Schallereignissen (Lärm) oder zur Optimierung von Schallaustrahlungen (Konzerthallen, Veranstaltungen).
- Die Messungen erfolgen unter Berücksichtigung der **Schallwahrnehmung** durch **Frequenzbewertungen**, die die **Frequenzabhängigkeit** (tiefe/hohe Frequenzen werden leiser als mittlere wahrgenommen) des Hörempfindens nachbilden.
- Überwiegend wird die **A-Bewertung** angewendet (Kurven gleicher Lautstärkepegel sind abhängig von der Frequenz und der **Intensität**).

Schallleistungspegel

- Er wird ermittelt durch die Messung der Schallleistung (Ursache der Schallentstehung) und auf die Bezugsleistung P_0 ($1 \cdot 10^{-12}$ W) bezogen.
- Er beschreibt die Schallabstrahlung einer Schallquelle.
- Verfahren zur Messung sind
  - Freifeldverfahren,
  - Hallraumverfahren,
  - Vergleichsquellenverfahren,
  - akustische Nahfeldholografie und
  - direkte Messung.
- Bei der direkten Messung sind gleichzeitig
  - der Schalldruck und
  - die Schallschnelle
  zu messen.
- Für die Schallschnelle wird dabei die Zweimikrofontechnik angewendet.

Schalldruckpegel

- Er ist die **zentrale Kenngröße** in der akustischen Messpraxis und wird bezogen auf den **Bezugsschalldruck** ($p_0 = 2 \cdot 10^{-5}$ Pa, Effektivwert).
- Gemessen wird der **Schalldruck** (Luftdruckschwankungen, die dem Umgebungsluftdruck überlagert sind).
- Bewertungen des Schalldruckpegels erfolgen anhand
  - einer Frequenzbewertung oder
  - Zeitbewertung (Bewertung z. B. der Schädlichkeitswirkungen).
- Spezielle **Maximalwerte** werden gekennzeichnet mit
  - Spitzenpegel ($\hat{L}_p$, Index p: pressure),
  - Maximalpegel ($L_{p,Xmax}$) oder
  - Taktmaximalpegel ($L_{p,AFT}$, AF bewertet, Taktzeit 5 s).
- Der **Beurteilungspegel** (L_r, Index r: rating level) dient zum Vergleich mit Richt-, Grenz- oder Normwerten (z. B. Lärm am Arbeitsplatz).
- Er wird ermittelt aus dem A-bewerteten **Dauerschalldruckpegel** (L_{Aeq}, Index Aeq: A-bewertet, equivalent).
- Die Messmikrofone sind als Kondensatormikrofon ausgeführt.
- Vor jeder Messung ist eine Kalibrierung mittels Kalibriereinrichtung (z. B. Piezoschwinger mit L_p = 94 dB und f = 1 kHz) erforderlich.
- Die Messgeräte sind verfügbar als Handmessgerät (z. B. Arbeitsplatz- oder Veranstaltungsmessung) und stationäre Messeinrichtungen (Labor, Testfeld).

Schallpegelmesser

Beispiel

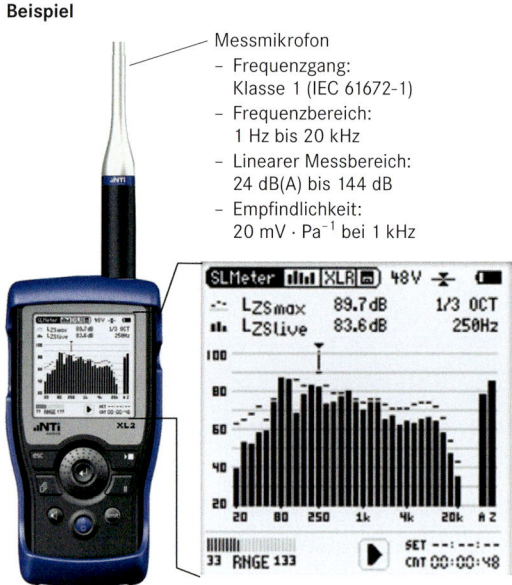

Messmikrofon
- Frequenzgang: Klasse 1 (IEC 61672-1)
- Frequenzbereich: 1 Hz bis 20 kHz
- Linearer Messbereich: 24 dB(A) bis 144 dB
- Empfindlichkeit: 20 mV · Pa^{-1} bei 1 kHz

- **Funktionen** (Beispiele):
  - Schalldruckpegelmessung (u. a. für Arbeitsschutzmessungen nach DIN 45654-2, BGV B3, EG-Richtlinie 2003/10)
  - Frequenzbewertung A, C, Z und Zeitbewertung
  - Schallsignal-Aufzeichnung in Form von Tonsignalen
  - Nachhallzeitmessung RT 60 (ISO 3382)
  - Sprachverständlichkeit STI-PA
  - Akustische Laufzeitmessung
  - Polarität von Lautsprechern
  - Audio-Analysator, FFT-Analysator, Datenspeicherung

Hinweis:
- Bei Veranstaltungen mit mindestens zu erwartender Lautstärke von 85 dB(A) sind Lautstärkemessungen vorgeschrieben (DIN 15905-5, SLV 2007).
- Gemessen wird der **Beurteilungspegel** als $L_{Aeq}(L_r)$, der $\hat{L}_{p,C}$ und optional der Kurzzeit L_{Aeq}.
- Messung und Protokollierung: alle 30 Minuten, Wert von 99 dB(A) darf nicht überschritten werden.
- Bei 85 dB(A) bis 99 dB(A): Hinweis auf eine mögliche Gehörgefährdung erforderlich.
- Bei 95 dB(A) ist Gehörschutz anzubieten.
- $\hat{L}_{p,C}$ darf 135 dB(C) nicht überschreiten.

Akustikanalysator

- Er wird eingesetzt zur Messung der **Sprachverständlichkeit** z. B. zur Prüfung von **akustischen Notfallwarnsystemen** (DIN EN 60849, VDE 0828 Teil 4).
- Objektive Bestimmungsverfahren sind in IEC 60268-16 genormt (z. B. **STIA**: **S**peech **T**ransmission **I**ndex for Public **A**ddress Systems [Sprachübertragungsindex für Beschallungsanlagen]).
- Messgeräte für die Sprachverständlichkeit zeigen als Messergebnis einen Zahlenwert zwischen 0 (unverständlich) und 1 (excellent verständlich) an.
- Messfunktionen: In Schallpegelmessgeräten oder in eigenständigen Geräten.

Merkmale	**Messfunktionen**

Merkmale

- Bei der **Spektrumanalyse** werden elektrische Signale im **Frequenzbereich** untersucht.

- Aus dem gemessenen Signal werden die **spektralen Komponenten** (Frequenzen) ermittelt.

- Im Gegensatz zum Oszilloskop (zeigt den zeitlichen Signalverlauf) wird auf der x-Achse der Anzeige der Frequenzbereich bzw. einzelne Frequenzen und auf der y-Achse die jeweilige Amplitude im logarithmischen Maßstab dargestellt.

- Spektrumanalysatoren werden unterschieden nach dem verwendeten **Analyseverfahren** in
  - Echtzeit-Analysatoren (parallel geschaltete Filterbänke),
  - FFT-Analysatoren (Digitale Filter) und
  - Suchton-Analysatoren (Überlagerungsprinzip).

- Die Messfunktionen werden über Geräteeinstellungen per Softwaresteuerung realisiert.

- Kennzeichnende **Eigenschaften** sind u. a. der Frequenz- und Dynamikbereich, die Frequenzauflösung und die Eingangsempfindlichkeit.

Messfunktionen

- Die Spektanalyse erfolgt allgemein und ergänzend mit der
  - Kanalleistungsmessung (abgestrahlte Leistung für eine bestimmte Frequenz),
  - relativer Nachbarkanalleistung und
  - belegter Bandbreite.
- Kanalleistung (abgestrahlte Leistung in einem bestimmten Frequenzband)
- Durchgangsleistungsmessung (Messung der Sendeleistung und der reflektierten Leistung zwischen Strahler und Sendequelle)
- Übertragungsfunktionen (Frequenzeigenschaften z. B. von Filtern oder aktiven Geräten durch Ansteuerung mittels integriertem Signalgenerator)
- Reflexionsmessung (Wartung und Abnahme von Antennenanlagen)
- Kabelfehlstellenmessung (Erfassung von losen Verbindungen oder Kabelknickstellen)
- Kabeldämpfungsmessung (Übertragungsqualität von Kabeln)
- **EMV**- und **EMF**-Messungen (**E**lektro**m**agnetische **V**erträglichkeit und **E**lektro**m**agnetische **F**elder) mit geeigneten Antennen (siehe unten)

Beispiel

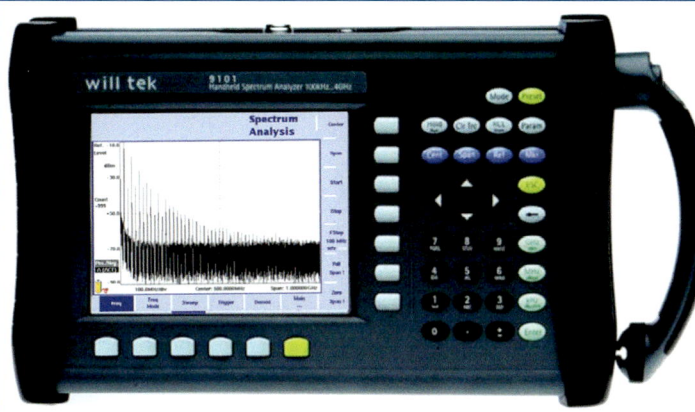

Kenndaten

Frequenzbereich:	100 kHz bis 7,5 GHz
Auflösung:	1 kHz
Auflösung-bandbreite:	100 Hz bis 1 MHz
Videobandbreite:	10 Hz bis 1 MHz
Dynamischer Bereich:	> 70 dB
Messbarer Pegel	
– Minimum:	– 120 dBm
– Maximum:	+ 20 dBm
Pegel-genauigkeit:	+ 1 dB
Angezeigte Einheiten:	dBm, dBµV, dBmV, dBV, dB, V, mV, µV, mW, µW

Feldstärke-Messantennen

- **Doppelkonusantenne**
  (Biconical Antenna)
  - für Imissionsmessung (Empfang)
  - zwei symmetrische Empfangskeulen (Öffnungswinkel 120°)
  - Frequenzbereich: 60 MHz bis 2,5 GHz
  - Empfindlichkeit: > 0,5 mV · m^{-1}
  - Feldstärke: < 300 V · m^{-1}

- **Rundstrahlantenne**
  (Isotropic Antenna)
  - für Imissionsmessung (Empfang)
  - enthält drei orthogonal (im rechten Winkel angeordnete) Dipolelemente für x-, y- und z-Richtung
  - Frequenzbereich: 30 MHz bis 3 GHz
  - Empfindlichkeit: < 0,5 mV · m^{-1}
  - Feldstärke: < 300 V · m^{-1}

- **Richtantenne**
  (Directional Antenna)
  - für Emissionsmessung (Aussendung)
  - logarithmisch periodische Breitbandantenne
  - Polarisation: Linear (vertikal und horizontal)
  - Frequenzbereich: 80 MHz bis 3 GHz
  - Sendeleistung: > 0,5 mV · m^{-1}

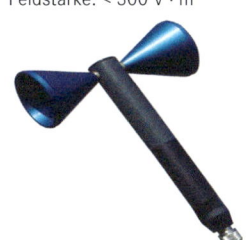

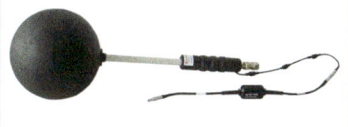

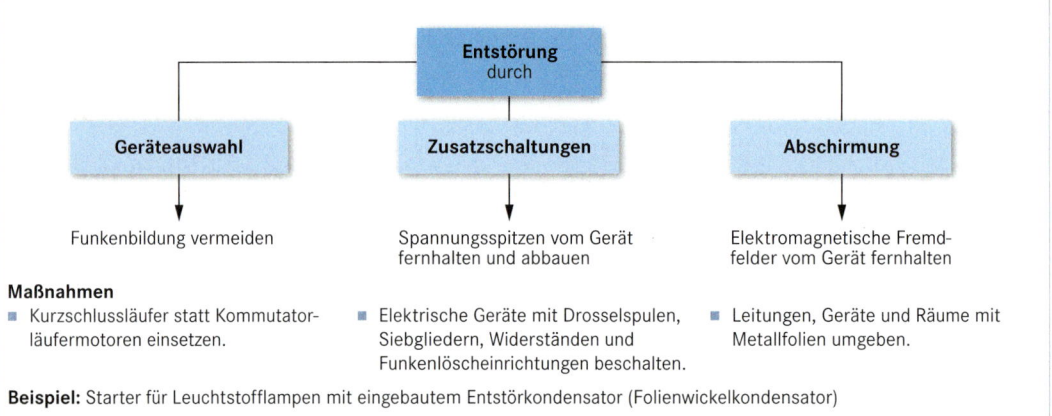

Maßnahmen

- Kurzschlussläufer statt Kommutatorläufermotoren einsetzen.
- Elektrische Geräte mit Drosselspulen, Siebgliedern, Widerständen und Funkenlöscheinrichtungen beschalten.
- Leitungen, Geräte und Räume mit Metallfolien umgeben.

Beispiel: Starter für Leuchtstofflampen mit eingebautem Entstörkondensator (Folienwickelkondensator)

Begriffe

- **Funkstörung** ist eine hochfrequente Störung (0,15 MHz … 300 MHz) des Funkempfanges.

- Eine **Dauerstörung** ist eine Funkstörung, die länger als 200 ms andauert.

- **Grenzwertpegel** L (s. Diagramm)

- Die **Knackrate** N ist die Anzahl der Funkstörungen pro Minute.

- Die **Knackstörung** ist eine Funkstörung, die weniger als 200 ms dauert. Der Grenzwertpegel L_Q ist wie folgt zu berechnen:

$L_Q = L + 44$ für $N < 0,2$
$L_Q = L + 20 \lg \dfrac{30}{N}$ für $0,2 < N < 30$
$L_Q = L$ für $30 < N$

Einheit für L_Q:
– dB (μV) für 0,15 MHz < 1 < 30 MHz
– dB (pW) für 30 MHz < 1 < 300 MHz

- Der **Funkstörgrad** ist eine frequenzabhängige Grenze für Funkstörungen.

  0 funkstörfrei
  N funkentstört (Normalstörgrad)
  K funkentstört (Kleinststörgrad)
  G grobentstört (Einsatz beschränkt)

Funkschutzzeichen mit Angabe des Störgrades

Grenzwertpegel

a: **Haushaltsgeräte**   c: **Elektrowerkzeuge**
b: **Halbleiterstellglieder**   1: bis 700 W
   1: am Netz   2:   700 W … 1 000 W
   2: am Verbraucher   3: 1000 W … 2 000 W

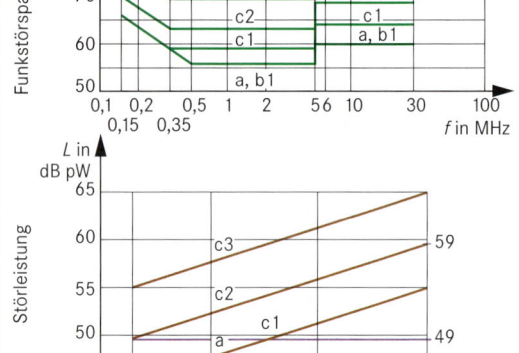

Schaltungen

Beispiel: Funkentstörung am Wechselstrommotor   **Beispiel:** Funkenlöschung bei Schaltern

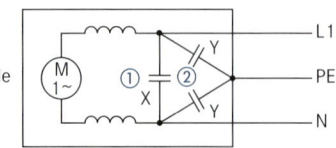

Es ist nur die Verwendung spezieller Funkentstörkondensatoren nach DIN VDE 0565 zulässig:

- **Klasse X**, parallel zum Netz ①
  – X1 für Spitzenspannung $u_{max} \geq 1200$ V
  – X2 für $u_{max} < 1200$ V

- **Klasse Y**, Schaltung zwischen Außenleiter und Neutralleiter sowie Außenleiter und Schutzleiter ②

Elektrische Energieversorgung

Übersicht

- Netzteile erzeugen aus Wechselspannung eine konstante Gleichspannung.
- Sie versorgen elektronische Komponenten (z. B. in PC, Fernseher, Telefonanlage, ...).

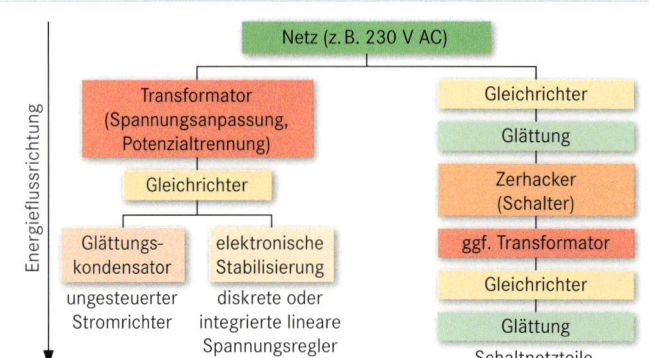

Ungesteuerte Gleichrichter:
- einfacher Aufbau
- Spannung ist stark vom Laststrom abhängig

Diskrete/integrierte, lineare Spannungsregler:
- gute Spannungskonstanz
- hohe Verlustleistung bei Differenzspannung zwischen Eingang und Ausgang

Schaltnetzteile:
- wegen hoher Schaltfrequenz nur kleine Transformatoren erforderlich

Auswahlkriterien

Montage	Funktionsprinzip	Funktionseigenschaften		Anschluss

■ Einbau
■ Aufbau
■ 19"-Einsatz
■ Hutschiene
■ Reiheneinbaugerät
	■ Ungeregelt
	■ Geregelt
	  – linear
	  – getaktet
		■ Festwert
		■ I/U-Vorgabe
		■ Innenwiderstand
		■ Regelgenauigkeit
		■ Regelgeschwindigkeit
		■ Restwelligkeit
		■ Verlustleistung
			■ Ein-/Ausgangsspannungsbereich
			■ Leistung
			■ Überlast-/Kurzschlussverhalten
			■ Lüftung (natürlich, erzwungen)
			■ Ausgang erd-/massefrei
				■ Steckkontakt
				■ Klemmen (Schraub-, Steck-, Klemmtechnik)
				■ Buchsen

Stabilisierte Gleichspannungs-Versorgungsgeräte

- Stabilisierte Gleichspannungs-Versorgungsgeräte enthalten stetige Gleichstromsteller.
- Allen gemeinsam sind Netztransformator, Gleichrichter und Glättung (hier nicht dargestellt) zur Bildung der Eingangsgleichspannung U_1.

Schaltungsbeispiel

Versorgungsgerät mit integrierten einstellbaren Spannungsreglern für positive Ausgangsspannungen

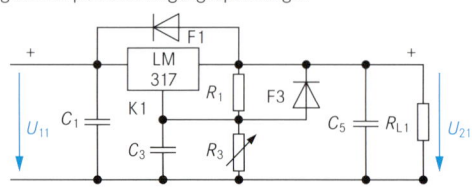

- Integrierte einstellbare Spannungsregler (z. B. K1, LM317) sind weit verbreitet.

- $U_{21} = 1{,}25 \text{ V} \left(1 + \dfrac{R_3}{R_1}\right) \qquad U_{11max} = 40 \text{ V}$

- Rückstromschutz durch F1

- Entladeschutz durch F3

Bauformen

Labornetzgerät	Hutschienenmontage	Einbaugerät
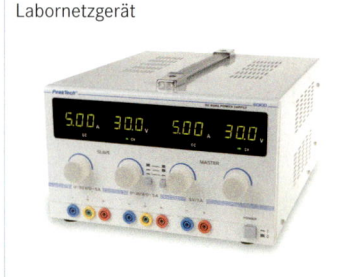		

Glättung und Siebung
Smoothing and Filtering

- Gleichrichterschaltungen liefern pulsierende Gleich-spannungen und -ströme.
- Schaltungen mit Glättungsdrosseln werden bis in MW-Bereich eingesetzt.

- Schaltungen mit Lade-(Glättungs-)-Kondensator sind bis 2 kW üblich.
- In der Elektronik beeinflusst der Netztransformator die Dimensionierung der Gleichrichterschaltung.

Gleichrichterschaltungen mit Netztransformator und Ladekondensator

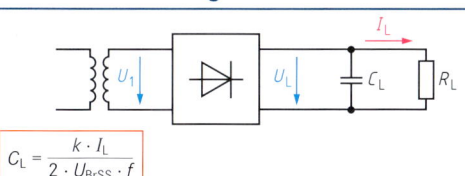

$$C_L = \frac{k \cdot I_L}{2 \cdot U_{BrSS} \cdot f}$$

U_1: Effektivwert der Wechselspannung am Gleichrichtereingang
U_L: Gleichspannung am Ladekondensator und an der Last
U_{BrSS}: Brummspannung an der Last (Spitze-Spitze-Wert)
f: Frequenz der Brummspannung
  50 Hz bei Einpulsschaltungen
  100 Hz bei Zweipulsschaltungen
k: Verlustfaktor (Netztransformator)

Auswahl von Netztransformatoren

Kerntyp	Bemessungsleistung	Verlustfaktor k
M 42	4 W	0,63
M 55	15 W	0,56
M 65	33 W	0,51
M 75	55 W	0,48
M 85a	80 W	0,46

Auswahl von Brückengleichrichtern mit maximalem Glättungskondensator

Typ	U	I_{Lmax}	C_{Lmax}
B 40 C 800		0,8 A	2500 µF
B 40 C 1000		1,0 A	
B 40 C 1500/1000	40 V_{eff}	1,5 A	
B 40 C 3200/2200		3,2 A/2,2 A	5000 µF
B 40 C 5000/3300		5,0 A/3,3 A	10 000 µF

Siebschaltungen

- Sieb- oder Filterschaltungen sollen die Brummspannung möglichst stark verringern, ohne den Innenwiderstand deutlich zu erhöhen.

- Die LC-Siebung ist wegen des geringen Spulenwiderstandes R_{sp} sehr vorteilhaft, wird aber wegen Spulengröße und -gewicht weniger eingesetzt.

Siebkette aus RC-Gliedern

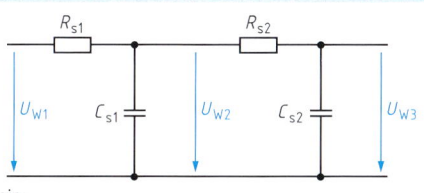

$$s_1 = \frac{U_{W1}}{U_{W2}}$$

$$s_2 = \frac{U_{W2}}{U_{W3}}$$

$$s_g = s_1 \cdot s_2$$

$$s_g = \frac{U_{W1}}{U_{W2}} \cdot \frac{U_{W2}}{U_{W3}}$$

s: Siebfaktor – auch Glättungsfaktor G –, Verhältnis von Brummspannungen U_W des Einganges zum Ausgang.
s_g: Gesamtsiebfaktor als Produkt der Einzelsiebfaktoren.
  $s_g = s_1 \cdot s_2 \cdot \ldots s_n$
f: Frequenz der Brummspannung
  50 Hz bei Einwegschaltungen
  100 Hz bei Zweiwegschaltungen

allgemein:

$$s = \frac{U_{W1}}{U_{W2}} = \frac{\sqrt{R_s^2 + X_C^2}}{X_C} = \sqrt{(2\,\pi \cdot f \cdot R_s \cdot C_s)^2 + 1}$$

$$s \approx 2\,\pi \cdot f \cdot R_s \cdot C_s$$

Begrenzerschaltungen
Limiting Circuits

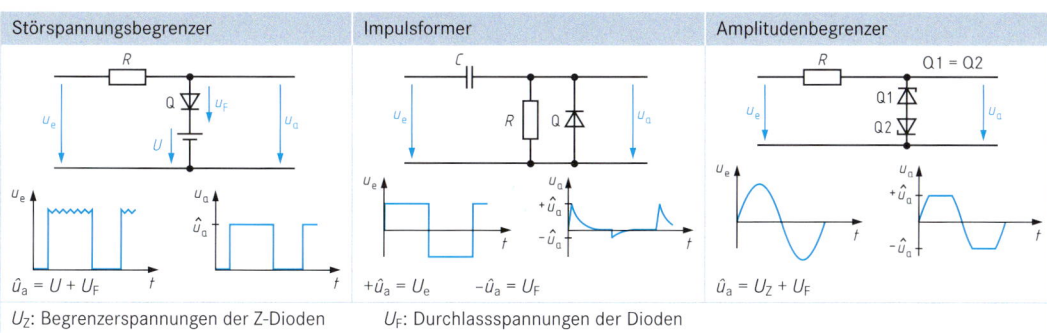

Störspannungsbegrenzer

$\hat{u}_a = U + U_F$

Impulsformer

$+\hat{u}_a = U_e$ $-\hat{u}_a = U_F$

Amplitudenbegrenzer

$\hat{u}_a = U_Z + U_F$

U_Z: Begrenzerspannungen der Z-Dioden U_F: Durchlassspannungen der Dioden

Schaltung	Bemerkungen	Schaltung	Bemerkungen
Ladekondensator 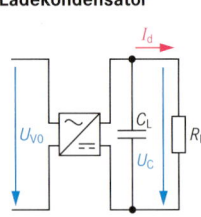	Spannungsglättung durch Ladekondensator C_L. Bei Belastung durch R_L entsteht als Wechselspannungsanteil die Brummspannung U_W. $C_L \approx \dfrac{k \cdot I_d}{p \cdot f \cdot U_W}$ $k = 0{,}25$ bei Einpuls- und $k = 0{,}2$ bei Zweipulsschaltungen.	**Glättungsdrossel** 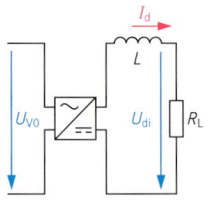	Stromglättung durch Glättungsdrossel L. Stromwelligkeit w: $w_l = \dfrac{I_w}{I_d}$ $L \geq \dfrac{\sqrt{Z^2 - R_L^2}}{p \cdot 2 \cdot \pi \cdot f}$ p: Pulszahl
RC-Siebglied 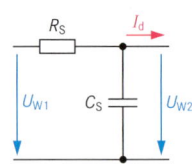	Frequenzabhängiger Spannungsteiler als Tiefpass. Siebfaktor $s = \dfrac{U_{W1}}{U_{W2}}$ $s \approx p \cdot 2 \cdot \pi \cdot f \cdot R_s \cdot C_s$ p: Pulszahl der Gleichrichterschaltung $s_G = s_1 \cdot s_2 \cdot \ldots \cdot s_n$	**LC-Siebglied** 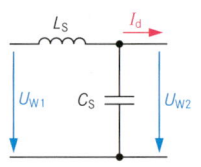	Tiefpass für höhere Lastströme. Siebfaktor $s = \dfrac{U_{W1}}{U_{W2}}$ $s \approx (p \cdot 2 \cdot \pi \cdot f)^2 \cdot L_s \cdot C_s$ p: Pulszahl der Gleichrichterschaltung $s_G = s_1 \cdot s_2 \cdot \ldots \cdot s_n$
RZ-Stabilisierung 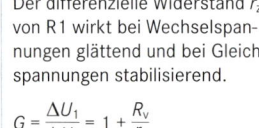	Der differenzielle Widerstand r_z von R1 wirkt bei Wechselspannungen glättend und bei Gleichspannungen stabilisierend. $G = \dfrac{\Delta U_1}{\Delta U_2} = 1 + \dfrac{R_v}{r_z}$ $R_{vmin} = \dfrac{U_{1max} - U_Z}{I_{Zmax} + I_{Lmin}}$ $R_{vmax} = \dfrac{U_{1min} - U_Z}{I_{Zmin} + I_{Lmax}}$ $I_{Zmin} \geq 0{,}1 \cdot I_{Zmax}$ $I_{Zmax} \leq \dfrac{P_{tot}}{U_Z}$	**RZ-Präzisions-Stabilisierung** 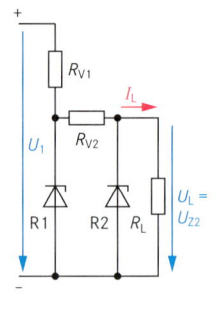	Glättungsfaktor G: $G = G_1 \cdot G_2$ $G_1 \approx \dfrac{R_{V1}}{r_1}$ $G_2 \approx \dfrac{R_{V2}}{r_2}$
Konstantspannungsquelle mit Transistor 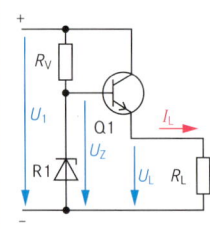	R1 bewirkt feste Basisspannung an Q1. $U_L = U_Z - U_{BE}$ $U_L = U_1 - U_{CE}$ $G \approx \dfrac{R_v}{r_z}$ $r_i = \dfrac{\Delta U_L}{\Delta I_L} \approx \dfrac{r_z}{\beta}$ β: Wechselstromverstärkung	**Integrierter Festspannungsregler** 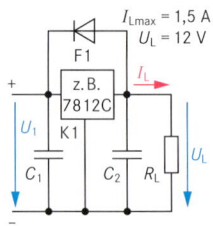	Festspannungsregler arbeiten als Konstantspannungsquelle mit Differenzverstärker. $U_1 \geq U_L + 2\ V$ $r_i \approx 20\ m\Omega$ $G \approx 500 \ldots 5000$ Sehr verbreitet: Serie 78XX für pos. Spannungen, Serie 79XX für neg. Spannungen. Spannungen $C_1 = 470 \ldots 2200\ \mu F$, $C_2 = 1 \ldots 10\ \mu F$
Konstantstromquelle mit Transistor 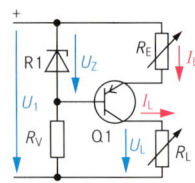	Da Q1 ein PNP-Transistor ist, liegt R_L an Masse. Die Stromeinstellung erfolgt mit dem Emitterwiderstand R_E. $I_E = \dfrac{U_Z - U_{EB}}{R_E} \approx I_L$ $r_i \approx 50 \ldots 500 \cdot r_{CE}$	**Konstantstromquelle mit Feldeffekttransistor** 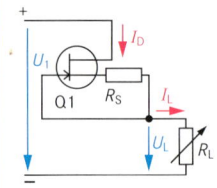	Steuerspannung $-U_{GS}$ wird am Source-Widerstand R_S abgenommen. Die I_D-U_{GS}-Kennlinie liefert für jeden Betrag von R_S den Konstantstrom I_L. $I_L = I_D = \dfrac{-U_{GS}}{R_S}$ $r_i = 20 \ldots 100 \cdot r_{DS}$

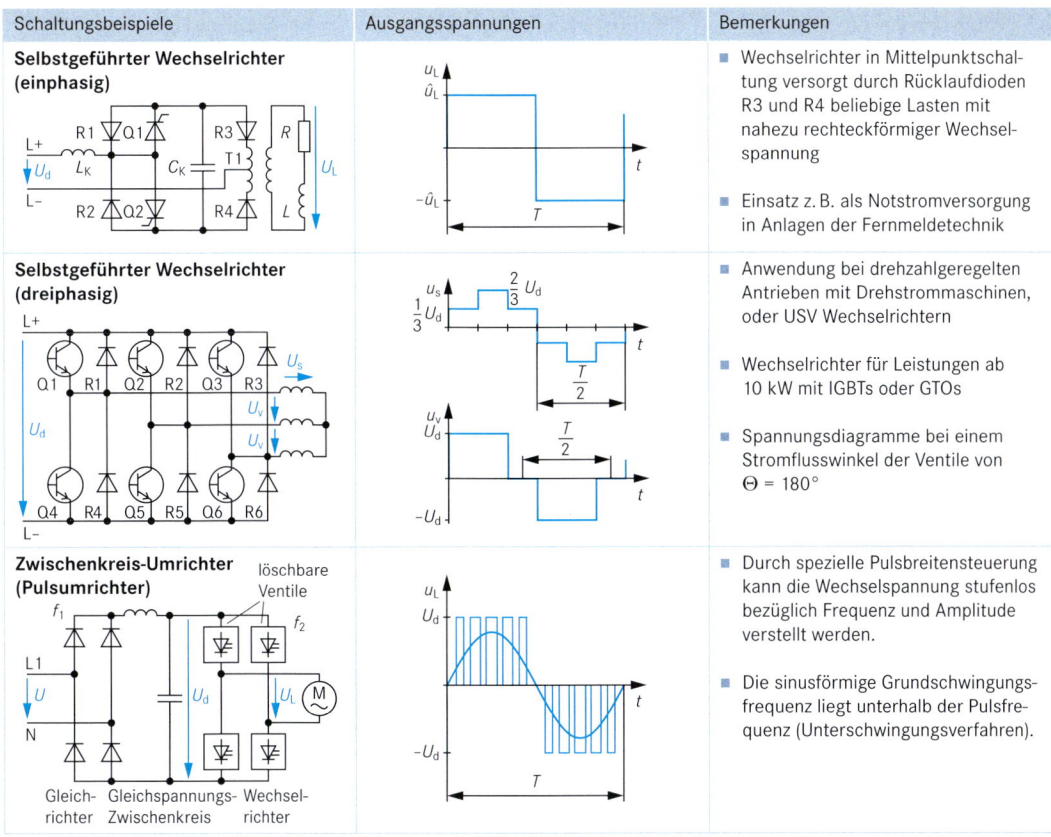

Schaltungsbeispiele	Ausgangsspannungen	Bemerkungen
Selbstgeführter Wechselrichter (einphasig)		▪ Wechselrichter in Mittelpunktschaltung versorgt durch Rücklaufdioden R3 und R4 beliebige Lasten mit nahezu rechteckförmiger Wechselspannung ▪ Einsatz z. B. als Notstromversorgung in Anlagen der Fernmeldetechnik
Selbstgeführter Wechselrichter (dreiphasig)		▪ Anwendung bei drehzahlgeregelten Antrieben mit Drehstrommaschinen, oder USV Wechselrichtern ▪ Wechselrichter für Leistungen ab 10 kW mit IGBTs oder GTOs ▪ Spannungsdiagramme bei einem Stromflusswinkel der Ventile von $\Theta = 180°$
Zwischenkreis-Umrichter (Pulsumrichter)		▪ Durch spezielle Pulsbreitensteuerung kann die Wechselspannung stufenlos bezüglich Frequenz und Amplitude verstellt werden. ▪ Die sinusförmige Grundschwingungsfrequenz liegt unterhalb der Pulsfrequenz (Unterschwingungsverfahren).

Gleichrichter Gleichspannungs-Zwischenkreis Wechselrichter

Spannungsvervielfacherschaltungen
Voltage Multiplier Circuits

Bezeichnung	Schaltung	Spannungsverlauf	Schaltungskennwerte			
			$\dfrac{U_{di}}{U}$	$\dfrac{\hat{u}_R}{U}$	$\dfrac{I_{FAV}}{I_d}$	$\dfrac{f_{\ddot{u}}}{f}$
Einpuls-Verdoppler-Schaltung D1			2,82	2,82	1,0	1
Zweipuls-Verdoppler-Schaltung D2			2,82	2,82	0,5	2
Einpuls-Vervielfacher-Schaltung V1			$n \cdot 2 \cdot \sqrt{2}$ Bsp.: für $n = 3$ 8,48	2,82	n Bsp.: für 2. Stufe 2	1

	Phasenanschnittsteuerung	Nullspannungsschalter	Schwingungspaketsteuerung
Beschreibung	Die Netzspannung wird erst bei Erreichen des Steuerwinkels α zugeschaltet. Dadurch wird der Spannungseffektivwert zwischen 0 und 100 % eingestellt.	Unabhängig vom Zeitpunkt des Steuersignals erfolgt die Einschaltung beim nächsten Spannungsnulldurchgang über der Schaltstrecke.	Die Einschaltung des Schalters erfolgt so, dass immer eine komplette Spannungsschwingung die Last versorgt.
Anwendung	■ Einsatz im Dimmer ■ Stellglied für Anker-/Erregerkreis von Gleichstrommotoren ■ Zwischenkreiseinspeisung bei Frequenzumformern ■ Hochspannungs-Gleichstromübertragung	■ Elektronisches Lastrelais ■ Beliebige Lasten ■ Vermeidung von Ausgleichsvorgängen	■ Heizungs-/Temperaturregelung z. B. bei Schmelz-, Trockenöfen, Elektroheizungen, Lötkolben usw.
Schaltverhalten	Laststrom bei $\alpha = 90°$		
Eigenschaften	■ Die Schaltung verursacht Stromoberschwingungen und Steuerblindleistung. ■ Große Verbraucher dürfen nur mit Sondergenehmigung des VNB betrieben werden. ■ Nach TAB 2007 max. 1,7 kW Glühlampenleistung pro Außenleiter; bei induktivem Vorschaltgerät bzw. Motoren max. 3,4 kVA	■ Prellfreies Schalten ist möglich. ■ Ausschaltung nach natürlichem Stromnulldurchgang ■ Geringe Funkstörung und Netzrückwirkungen ■ Hohe Schaltgeschwindigkeit ■ Geräuscharmes Schalten	■ Keine Stromoberschwingungen, keine Steuerblindleistung ■ Die Schaltung verursacht Flicker (optisch wahrnehmbare Beleuchtungsstärkeschwankung) durch schnelle Änderung der Netzspannung. ■ Max. Anschlussleistung ist beschränkt; abhängig von Schalthäufigkeit und Netzform
Beispiel	W1C-Schaltung mit Triac als Dimmer 		Zusatz für Trafolast

Isolierte und blanke Leiter

Leiterbezeichnung		Zeichen	Farbe	Leiterbezeichnung	Zeichen	Bildzeichen	Farbe
Wechselstrom	Außenleiter	L1, L2, L3	1)	Schutzleiter	PE	⊕	gnge
	Neutralleiter	N	bl	PEN-Leiter (Neutrall. mit Schutzfunktion)	PEN	⊕	gnge
Gleichstrom	positiv	L+	1)	Erde	E	⊥	1)
	negativ	L–	1)	1) Farbe nicht festgelegt			
	Mittelleiter	M	bl				

Adern bei isolierten Leitungen und Kabeln

	für feste Verlegung		für ortsveränderliche Verbraucher	
Aderzahl	Leitungen mit Schutzleiter	Leitungen ohne Schutzleiter	Leitungen mit Schutzleiter	Leitungen ohne Schutzleiter
2	– –	bl br	– –	bl br
3	gnge bl br	– br sw gr	gnge bl br	– br sw gr
4	gnge – br sw gr	bl br sw gr	gnge – br sw gr	bl br sw gr
5	gnge bl br sw gr	bl br sw gr sw	gnge bl br sw gr	bl br sw gr sw

Farbkurzzeichen (DIN 47002):
schwarz (sw) black (BK), braun (br) brown (BN), blau (bl) blue (BU), grau (gr) grey (GR), gelb (ge) yellow (YE), grün (gn) green (GN)

Anwendungen
Aderkennzeichnung bei Leitungen und Kabeln für feste Verlegung und flexible Leitungen in

- Installationen elektrischer Anlagen,

- Verteilungssystemen,

- Energieversorgung von fest installierten und ortsveränderlichen Betriebsmitteln und

- Anschlussleitungen bei transportierbaren Betriebsmitteln.

Keine Gültigkeit der DIN VDE 0293-308 für

- Leitungen, Kabel und isolierte Leiter zur inneren Verdrahtung elektrischer Betriebsmittel und fabrikfertiger Schaltkombinationen,

- Leitungen und Kabel in Gleichstromanlagen,

- Leitungen und Kabel, die mehr Adern besitzen als in der Tabelle aufgeführt und

- umhüllte Freileitungen und isolierte Freileitungsseile.

Leitungen
Insulated Wires

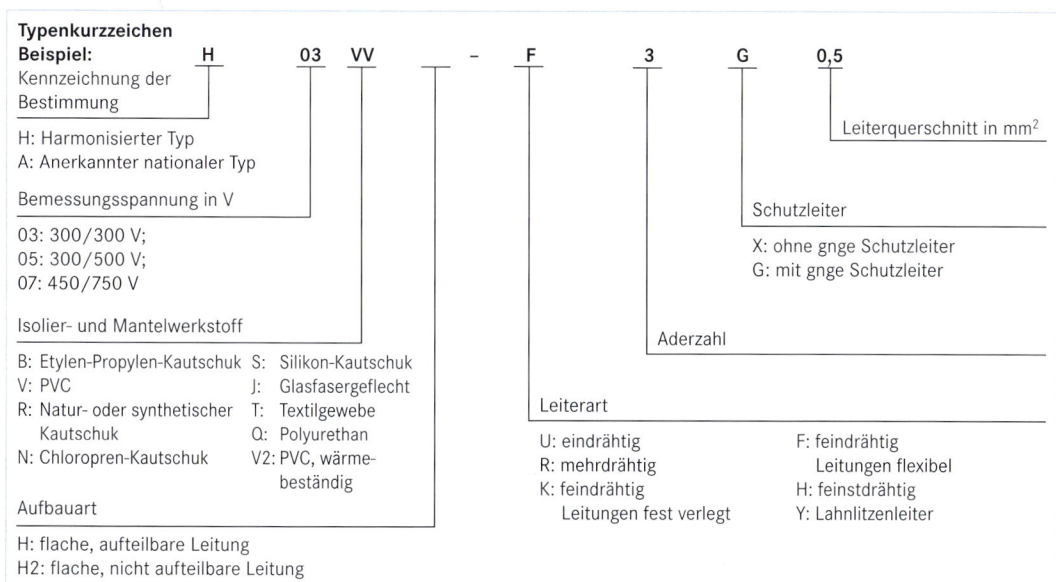

Typenkurzzeichen
Beispiel: H 03 VV – F 3 G 0,5

Kennzeichnung der Bestimmung

H: Harmonisierter Typ
A: Anerkannter nationaler Typ

Bemessungsspannung in V

03: 300/300 V;
05: 300/500 V;
07: 450/750 V

Isolier- und Mantelwerkstoff

B: Etylen-Propylen-Kautschuk   S: Silikon-Kautschuk
V: PVC   J: Glasfasergeflecht
R: Natur- oder synthetischer   T: Textilgewebe
   Kautschuk   Q: Polyurethan
N: Chloropren-Kautschuk   V2: PVC, wärmebeständig

Aufbauart

H: flache, aufteilbare Leitung
H2: flache, nicht aufteilbare Leitung

Leiterquerschnitt in mm²

Schutzleiter

X: ohne gnge Schutzleiter
G: mit gnge Schutzleiter

Aderzahl

Leiterart

U: eindrähtig   F: feindrähtig
R: mehrdrähtig   Leitungen flexibel
K: feindrähtig   H: feinstdrähtig
   Leitungen fest verlegt   Y: Lahnlitzenleiter

Anschlusskomponenten

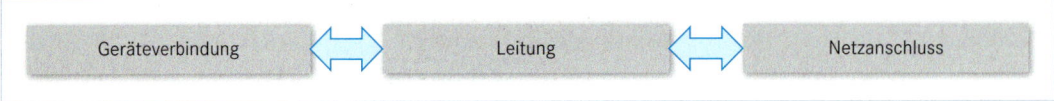

| Geräteverbindung | ⟺ | Leitung | ⟺ | Netzanschluss |

Geräteverbindung

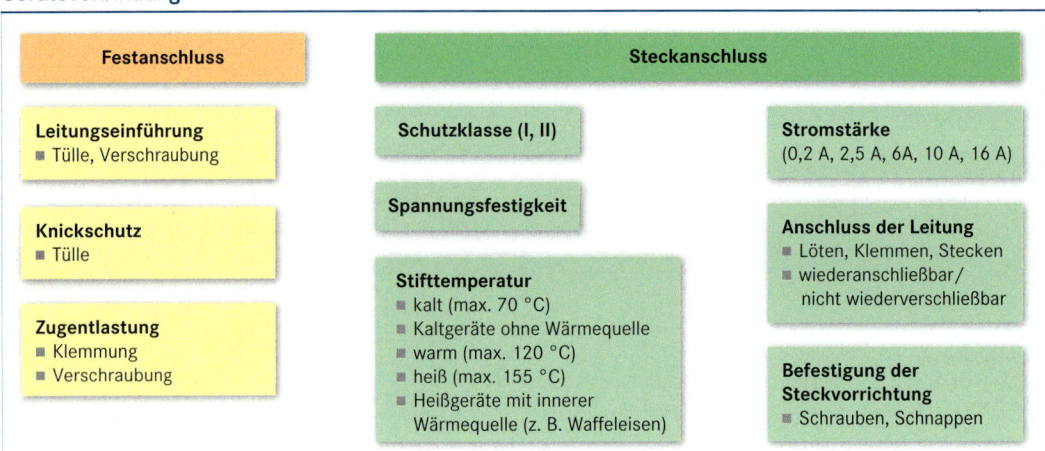

Festanschluss	**Steckanschluss**	
Leitungseinführung ■ Tülle, Verschraubung	**Schutzklasse (I, II)**	**Stromstärke** (0,2 A, 2,5 A, 6A, 10 A, 16 A)
Knickschutz ■ Tülle	**Spannungsfestigkeit**	**Anschluss der Leitung** ■ Löten, Klemmen, Stecken ■ wiederanschließbar/ nicht wiederverschließbar
Zugentlastung ■ Klemmung ■ Verschraubung	**Stifttemperatur** ■ kalt (max. 70 °C) ■ Kaltgeräte ohne Wärmequelle ■ warm (max. 120 °C) ■ heiß (max. 155 °C) ■ Heißgeräte mit innerer Wärmequelle (z. B. Waffeleisen)	**Befestigung der Steckvorrichtung** ■ Schrauben, Schnappen

Geräteverbindung

Steckanschlüsse	DIN EN 60320-1: 2008-05
■ I_r = 0,2 A ■ ϑ_{max} = 70 °C ■ Schutzklasse II	6,6 2,36 ⊖ ⊖ 8,2 13,5 14;5 Maße 19 in mm
■ I_r = 2,5 A ■ ϑ_{max} = 70 °C ■ Schutzklasse II	6,6 2,36 ⊖ ⊖ 8,2 15 16,5 Maße 22 in mm
■ I_r = 2,5 A ■ ϑ_{max} = 70 °C ■ Schutzklasse I	3,2 8,2 2,36 4,5 13,1 17,5 10 18 Maße 22,5 in mm
■ I_r = 16 A ■ ϑ_{max} = 155 °C ■ Schutzklasse I	5 6 21 8 2 27,5 13 28 Maße 35,5 in mm

Netzanschluss

Steckanschlüsse	DIN VDE 0620-1: 2010-02

■ Stecker sollten europäisch vereinheitlicht werden.
■ Diese Vorhaben war nicht erfolgreich.
   Als Ergebniss wurden verschiedene europäische
   Steckverbinder festgelegt (CEE-System).
■ CEE[1]: Commission on the Rules for the Approval of the
   Electrical Equipment (Europäische Behörde für die Regelung
   der Zulassung elektrischer Ausrüstungen)	

Eurostecker: ■ I_{max} = 2,5 A ■ Schutzklasse II ■ Typ: CEE 7/16	
Konturenstecker: ■ I_{max} = 10 A ■ Schutzklasse II ■ ohne Schutzleiter ■ Typ CEE 7/17	
Schukostecker: ■ I_{max} = 16 A ■ Schutzklasse I ■ Typ: CEE 7/4	

[1] CEE: Communauté Economique Européene

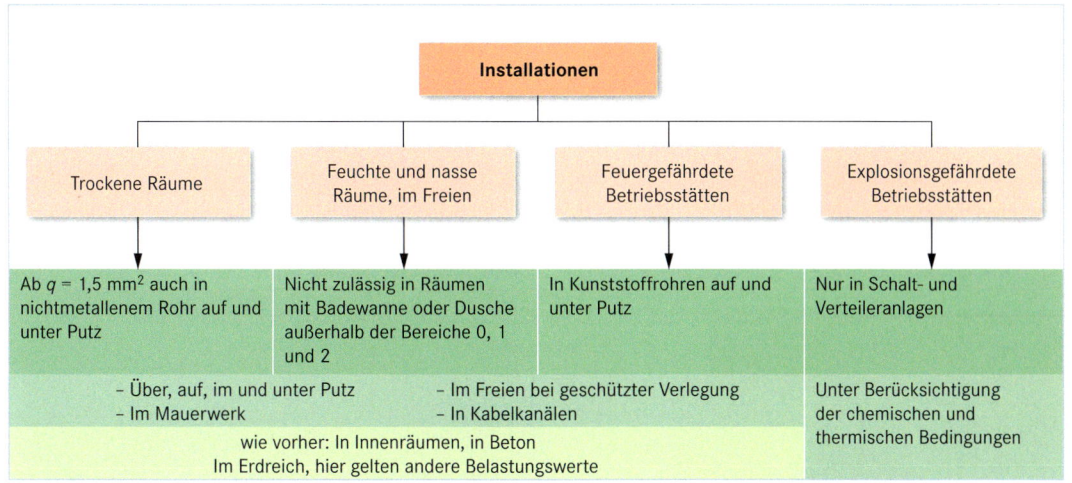

Kenngrößen

Leitung	Maße[1]			max. Belastung		maximale Leitungslänge in m bei Δu (U_v)		
	q in mm²	Ader-zahl	$d_{Außen}$ in mm	I in A	P in kW	Wechsel-strom 4,0 %	Drehstrom	
							0,5 %	4,0 %
H07V-U	1,5	1	3,3	16[2]	3,68	24,1	–	–
(NYA)	1,5	1	3,3	3 · 16[2]	11,07	–	–	48,5
	2,5	1	3,9	25[2]	5,75	25,7	–	–
	2,5	1	3,9	3 · 20[2]	13,84	–	–	64,8
	4	1	4,4	3 · 25[2]	17,3	–	–	82,9
	6	1	4,9	3 · 35[2]	24,22	–	–	88,8
	10	1	6,4	3 · 50[2]	34,6	–	12,9	103,6
H07V-R	16	1	7,3	3 · 63[2]	43,6	–	16,4	131,6
(NYA)	25	1	9,8	3 · 80[2]	55,36	–	20,2	161,9
NYM	1,5	3	10,5	16	3,68	24,1	–	–
	1,5	4	11,0	3 · 16	11,07	–	–	48,5
	2,5	3	11,5	25	5,75	25,7	–	–
	2,5	4	12,5	3 · 25	17,3	–	–	51,7
	4	4	14,5	3 · 35	24,22	–	–	59,2
	6	4	16,5	3 · 40	27,68	–	–	77,7
	10	4	19,5	3 · 63	43,6	–	10,3	82,3
	16	4	23,5	3 · 80	55,36	–	12,9	103,6
NYY	1,5	3	14,0	16	3,68	24,1	–	–
	1,5	4	16,0	3 · 16	11,07	–	–	48,5
	2,5	3	15,0	25	5,75	25,7	–	–
	2,5	4	17,0	3 · 25	17,3	–	–	51,7
	4	4	19,0	3 · 35	24,22	–	–	59,2
	6	4	20,0	3 · 40	27,68	–	–	77,7
	10	4	22,0	3 · 63	43,6	–	10,3	82,3
	16	4	25,0	3 · 80	55,36	–	12,9	103,6

[1] Wertangaben in den Spalten nur für gebräuchliche Leiterquerschnitte   [2] Zuordnung der Überstrom-Schutzeinrichtungen nach Verlegeart B1, alle anderen Werte nach Verlegeart C bei Umgebungstemperatur 25 °C

Einflussfaktoren

Die Bemessungsstromstärke I_n eines Überstrom-Schutzorgans einer Leitung hängt neben der Verlegeart noch von folgenden **Faktoren** (f) ab:

- Erhöhte Umgebungstemperatur f_1
- Gehäufte Leitungsverlegung f_2
- Zahl der belasteten Adern f_3
- Auswirkung von Oberschwingungen f_4

Die Faktoren f_1 bis f_4 sind aus Tabellen der DIN VDE 0298-4: 2003-08 zu entnehmen.

Berechnungsformel: $\boxed{I_z = f_1 \cdot f_2 \cdot f_3 \cdot f_4 \cdot I_r}$

I_z: Zulässige Strombelastbarkeit unter realen Bedingungen
I_r: Bemessungsstromstärke ohne Berücksichtigung der Einflussfaktoren (ideale Bedingungen)

Ablaufschema

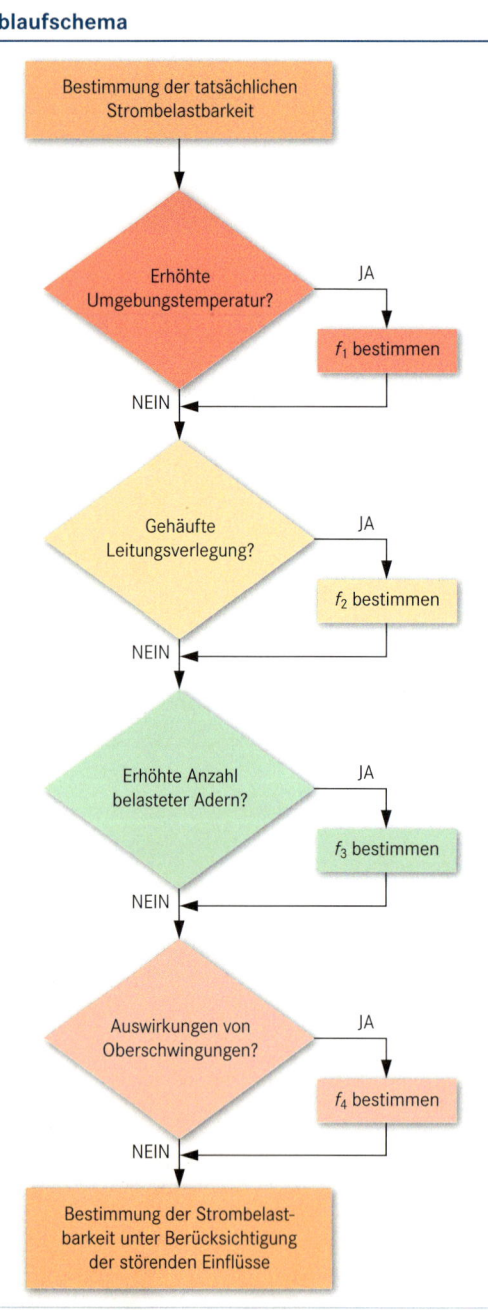

Werte der Einflussfaktoren[1]

Erhöhte Umgebungstemperatur (Faktor f_1)					
ϑ in °C	10	15	20	25	30	35
f_1	1,15	1,1	1,06	1,0	0,94	0,89
ϑ in °C	40	45	50	55	60	65
f_1	0,82	0,75	0,67	0,58	0,47	0,33

[1] Für die im Europäischen Raum gültige Referenztemperatur von 30 °C ~~25 °C~~ gelten für f_1 veränderte Korrekturfaktoren.

Gehäufte Leitungsverlegung (Faktor f_2)						
Verlegung	Anzahl der mehradrigen Leitungen					
	1	2	3	4	6	9
gebündelt im Elektroinstallations-rohr/-kanal	1,0	0,8	0,7	0,65	0,57	0,5
Einlagig direkt auf der Wand oder dem Fußboden	1,0	0,85	0,79	0,75	0,72	0,7
in gelochter Kabelwanne	1,0	0,88	0,82	0,79	0,76	0,73
auf einer Kabelpritsche	1,0	0,87	0,82	0,8	0,79	0,78

Verlegung vieladrig belasteter Leitungen (Faktor f_3)							
belastete Adern	2	3	5	7	10	14	19	24
f_3	1,0	1,0	0,75	0,65	0,55	0,5	0,45	0,4

Auswirkung von Oberschwingungen (Faktor f_4)						
Wirkleistungsanteil der Geräte mit Oberschwingungen zur Gesamtwirkleistung in Prozent	0 % ... 10 %	11 % ... 22 %	23 % ... 30 %	31 % ... 34 %	35 % ... 38 %	39 % ... 41 %
f_4	1,00	0,86	0,70	0,67	0,61	0,56

Prinzip

- Durch den Stromfluss und den Leitungswiderstand ist die Spannung am Verbraucher U stets geringer als an der Quelle U_0.

- Die Differenz ist der Spannungsfall ΔU. Er wird oft in % angegeben (Δu).

- Der Spannungsfall ist abhängig von der Stromstärke, der Leiterlänge, der Leitfähigkeit und dem Leiterquerschnitt.

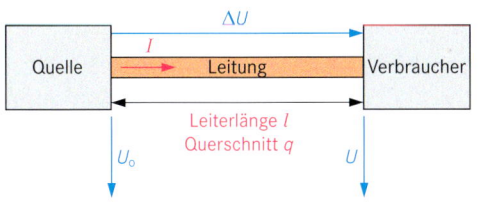

ΔU: Spannungsfall

q_n: Normquerschnitt
$\varkappa$: Elektrische Leitfähigkeit

$$\varkappa_{Cu} = 56 \cdot \frac{m}{\Omega \cdot mm^2}$$

- Normquerschnitte in mm^2

1,5	2,5	4	6	10
16	25	35	50	70

Einflussfaktoren f

f_1: Erhöhte Umgebungstemperatur

f_2: Gehäufte Leitungsverlegung

f_3: Vieladrig belastete Leitungen

f_4: Einfluss von Oberschwingungen

Ermittlung des Leiterquerschnitts

I_b: Stromstärke im Betriebszustand

Wechselstrom:

$$I_b = \frac{S}{U}$$

Drehstrom:

$$I_b = \frac{S}{\sqrt{3} \cdot U}$$

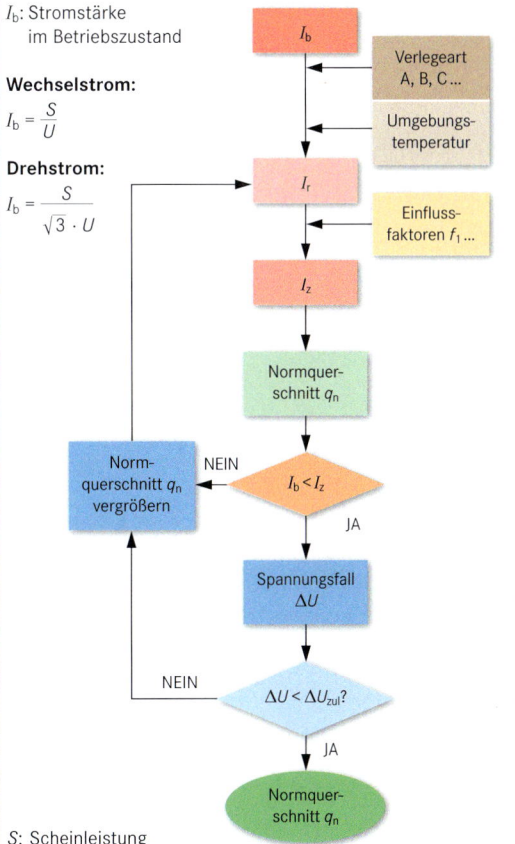

S: Scheinleistung
U: Bemessungsspannung

- Umgebungstemperatur 25 °C
- Zulässige Bemessungstemperatur am Leiter 70 °C
- I_r: Stromstärke unter idealen Bedingungen
- I_Z: Stromstärke bei realen Bedingungen

q_n: Normquerschnitt
ΔU: Spannungsfall
ΔU_{zul}: Zulässiger Spannungsfall

Berechnungsformeln

Kenngröße	Art des Netzes		
	Gleichstrom	Wechselstrom	Drehstrom
Spannungsfall in V, unverzweigtes Netz	$\Delta U = \dfrac{2 \cdot l \cdot I}{\varkappa \cdot q}$	$\Delta U = \dfrac{2 \cdot l \cdot I \cdot \cos\varphi}{\varkappa \cdot q}$	$\Delta U = \dfrac{\sqrt{3} \cdot l \cdot I \cdot \cos\varphi}{\varkappa \cdot q}$
Spannungsfall in V, verzweigtes Netz	$\Delta U = \dfrac{2}{\varkappa \cdot q} \cdot \Sigma (I \cdot l)$	$\Delta U = \dfrac{2 \cdot \cos\varphi_m}{\varkappa \cdot q} \cdot \Sigma (I \cdot l)$	$\Delta U = \dfrac{\sqrt{3} \cdot \cos\varphi_m}{\varkappa \cdot q} \cdot \Sigma (I \cdot l)$
Verlustleistung in W	$P_v = \dfrac{2 \cdot l \cdot I^2}{\varkappa \cdot q}$	$P_v = \dfrac{2 \cdot l \cdot I^2}{\varkappa \cdot q}$	$P_v = \dfrac{3 \cdot l \cdot I^2}{\varkappa \cdot q}$
maximale Leitungslänge in m	$l = \dfrac{\Delta u \cdot U_N \cdot q \cdot \varkappa}{2 \cdot 100\,\% \cdot I}$	$l = \dfrac{\Delta u \cdot U_N \cdot q \cdot \varkappa}{2 \cdot 100\,\% \cdot I \cdot \cos\varphi}$	$l = \dfrac{\Delta u \cdot U_N \cdot q \cdot \varkappa}{\sqrt{3} \cdot 100\,\% \cdot I \cdot \cos\varphi}$

Spannungsfall in % $\quad \Delta u = \dfrac{\Delta U}{U_N} \cdot 100\,\%$ $\qquad\qquad$ Verlustleistung in % $\quad P_{V\%} = \dfrac{P_V}{P} \cdot 100\,\%$

Niederspannungs-Sicherungen

Bezeichnung	Bereiche	Darstellung	Einzelteile
Diazed-Sicherungssystem (D-System)	**AC und DC:** bis 100 A und 500 V		■ Sicherungsunterteile ■ Sicherungseinsätze (mit Schmelzleiter in geschlossenem Schutzraum) ■ Sicherungseinsatzhalter (z. B. Schraubkappe) ■ Unverwechselbarkeitseinrichtung (z. B. Passeinsatz)
Neozed-Sicherungssystem (DO-System)	**AC:** bis 100 A und 400 V **DC:** bis 100 A und 250 V	Schraubkappe Sicherungseinsatz Passhülse	
NH-Sicherungssystem	**AC:** bis 1250 A und 400 V, 500 V bzw. 690 V **DC:** bis 1250 A und 250 V bzw. 440 V		

D- und D0-Sicherungssystem

Sicherung und Passeinsatz		Sockel Bemessungsstrom in A	Gewindegröße der Schraubkappe	
Bemessungsstrom in A	Kennfarbe		Diazed	Neozed
2	■ rosa	25	D II (E 27)	DO 1 (E 14)
4	■ braun			
6	■ grün			
10	■ rot			
13	■ schwarz			
16	■ grau			
20	■ blau			
25	■ gelb			
32/35/40	■ schwarz	63	D III (E 33)	DO 2 (E 18)
50	□ weiß			
62	■ kupfer			
80	■ silber	100	D IV (R ¼")	DO 3 (M 30 x 2)
100	■ rot			

Anwendungsbereiche von Sicherungen

Funktionsklassen
g: Ganzbereichssicherungen können
■ Bemessungsstromstärke dauernd führen und
■ Ströme vom kleinsten Schmelzstrom bis zum Bemessungsausschaltstrom schalten.
a: Teilbereichssicherungen können
■ Bemessungsstromstärke dauernd führen und
■ Ströme oberhalb eines bestimmten Vielfachen ihrer Bemessungsstromstärke bis zum Bemessungsausschaltstrom schalten.

Schutzobjekte
B: Bergbau- und Anlagenschutz
G: Schutz für allgemeine Zwecke
M: Motorenschutz
R: Halbleiterschutz
Tr: Transformatorenschutz

Betriebsklassen
gG: Ganzbereichs-Kabel- und Leitungsschutz
aM: Teilbereichs-Schaltgeräteschutz in Motorenstromkreisen
aR: Teilbereichs-Halbleiterschutz
gR: Ganzbereichs-Halbleiterschutz
gB: Ganzbereichs-Bergbauanlagenschutz

NH-Sicherungen

Baugröße	Unterteile Bemessungsstromstärke in A	Einsätze Bemessungsstromstärke in A	Gesamtlänge in mm	maximale Bemessungsleistungsabgabe P_n in W				
				gG			aM	
				AC 400 V	AC 500 V	AC 690 V	AC 500 V	AC 690 V
00	160	6 … 160	78,5	12	12	12	7,5 / 12	12
0	160	6 … 160	125	12	16	25	16	25
1	250	80 … 250	135	18	23	32	23	32
2	400	125 … 400	150	28	34	45	34	45
3	630	315 … 630	150	40	48	60	48	60
4	1000	500 … 1000	200	–	90	90	90	90
4a	1250	500 … 1250	200	90	110	110	110	110

Auslösecharakteristiken, Anwendungen

Z Verwendung für
- Überstromschutz von Leitungen
- Steuerstromkreise ohne Stromspitzen
- Messstromkreise mit Wandlern
- Halbleiterschutz

B und **C** Verwendung u. a. in Hausinstallationen
- direkte Zuordnung der LS-Schalter nach I_z der Leitungen möglich
- 2. Bedingung $I_2 = 1{,}45 \cdot I_z$ ist erfüllt

K Verwendung für
- Stromkreise mit hohen Stromspitzen durch Motoren, Transformatoren, Kondensatoren
- Vorteil: Elektromagnetischer Auslöser hält hohe Einschaltstromspitzen aus.

Auslösebedingungen

LS-Schalter laut DIN VDE 0100–430:

Bedingungen:

1. $I_b \leq I_n \leq I_z$ 2. $I_2 \leq 1{,}45 \cdot I_z$

Nach der 2. Bedingung ist I_2 die Stromstärke, bei der spätestens nach einer Stunde der LS-Schalter abschalten muss. Sie darf maximal das 1,45fache der maximalen Strombelastbarkeit der Leitung bzw. des Kabels betragen.

Auslösekennlinien

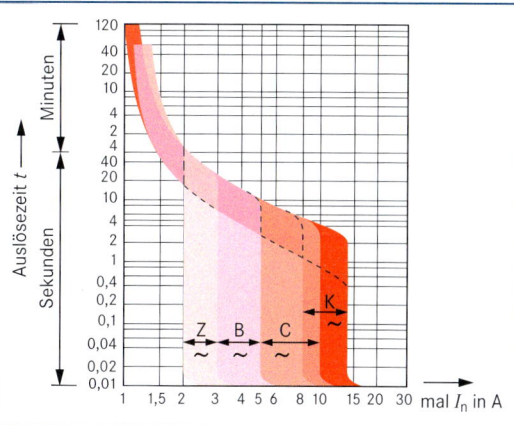

Auslöseverhalten

Typ	Überstrom-schutz (thermisch)	Zeit	Kurzschluss-schutz (elektromag.)	Zeit
$Z^{1)}$	$1{,}05\,I_n - 1{,}2\,I_n$	< 2 h	$2\,I_n - 3\,I_n$	< 0,2 s
$B^{2)}$	$1{,}13\,I_n - 1{,}45\,I_n$	< 1 h	$3\,I_n - 5\,I_n$	< 0,1 s
$C^{2)}$	$1{,}13\,I_n - 1{,}45\,I_n$	< 1 h	$5\,I_n - 10\,I_n$	< 0,1 s
$K^{3)}$	$1{,}05\,I_n - 1{,}2\,I_n$	< 2 h	$8\,I_n - 12\,I_n$	< 0,2 s
$K^{4)}$	$1{,}05\,I_n - 1{,}5\,I_n$	< 2 min	$10\,I_n - 14\,I_n$	< 0,2 s

Gültig für Baureihen: [1] 0,5–63 A [3] 0,2–8 A
[2] 6–40 A [4] 10–63 A

Abmessungen der LS-Schalter

ohne Hilfsschalter (1 bis 4polig)

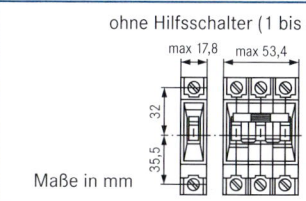

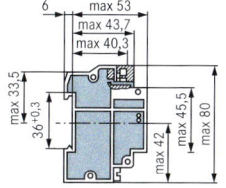

mit Hilfsschalter (1 bis 4polig)

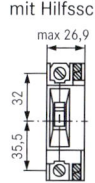

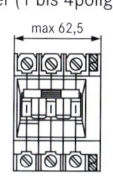

Maße in mm

RCD – Residual-Current Protective Device

Funktion der RCD

Abschaltung bei gefährlichen Berührungsspannungen durch Isolationsfehler innerhalb von 0,2 s.

Abmessungen der RCDs

Bemessungsspannung U_n in V:
230 400 500 660 690
Bemessungsstromstärke I_r in A:
10 13 16 20 25 32 40 63
80 100 125 160 200 225 250

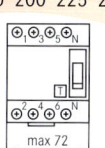

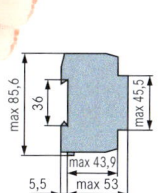

Baugrößen und maximaler Erdungswiderstand

$I_{\Delta n}$	R_A in Ω bei max. Berührungsspannung	
	50 V	25 V
10 mA	5 000	2 500
30 mA	1 666	833
100 mA	500	250
300 mA	166	83
500 mA	100	50

RCD mit Kurzschlussvorsicherung							
I_r in A	16	25	40	63	100	125	160	225
I_k in kA	1,5	1,5	1,5	2	3,5	2	4	4

Maximale Kurzschlussvorsicherung in A							
NH (gG)	63	80	80	100	125	125	160	224
Neozed	63	80	80	100	–	–	–	–
Diazed (gG)	50	63	63	80	100	–	–	–

Wirkung des elektrischen Stromes auf den menschlichen Körper (DIN VDE V 0140-479)

Wechselstrom (50/60 Hz)

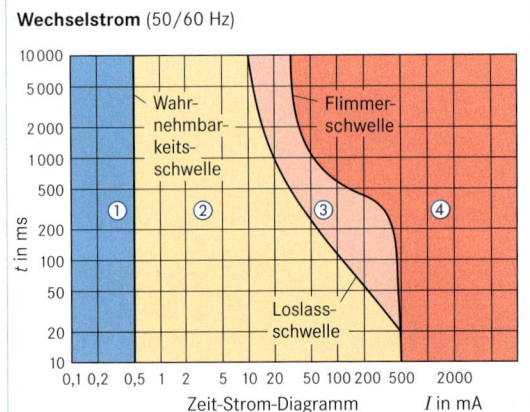

Zeit-Strom-Diagramm I in mA

Gefährdungsbereiche für erwachsene Personen und Stromweg „linke Hand zu beiden Füßen":
1. keine Reaktion
2. keine physiologisch gefährliche Wirkung
3. bei t > 10 s oberhalb der Loslassschwelle Muskelverkrampfungen
4. Herzkammerflimmern, Herzstillstand

Gleichstrom

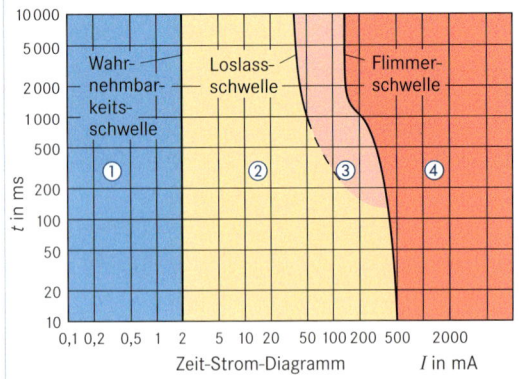

Zeit-Strom-Diagramm I in mA

Gefährdungsbereiche für erwachsene Personen und Stromweg „linke Hand zu beiden Füßen":
1. keine Wahrnehmung
2. keine physiologisch gefährliche Wirkung
3. mögliche Störungen durch Impulse im Herzen
4. Herzkammerflimmern, Verbrennungen

Elektrischer Widerstand des menschlichen Körpers

Ersatzschaltbild	Erklärung
R_1 R_2 $\Big\}\,R_K$ R_3	Teilwiderstände R_1: Hände/Arme R_2: Körperrumpf R_3: Beine/Füße R_K: innerer Körperwiderstand mit Durchschnittswerten ■ bei 25 V mit 3250 Ω ■ bei 50 V mit 2625 Ω ■ bei 230 V mit 1350 Ω

Begriffe

L1 L2 L3	**Außenleiter:** Leiter, die Spannungsquellen mit Betriebsmitteln verbinden.
N	**Neutralleiter:** Leiter, der mit dem Mittel- oder Sternpunkt verbunden ist.
PE	**Schutzleiter:** Leiter, der Körper von Betriebsmitteln, leitfähige Teile, Haupterdungsklemme und Erde verbindet.
PEN	**PEN-Leiter:** Leiter, der die Funktionen von Neutral- und Schutzleiter vereinigt.
U_0	**Wechselspannung** (Effektivwert) z. B. zwischen Außenleiter und N-Leiter bzw. Erde
U_B	**Berührungsspannung**
U_L	**höchstzulässige Berührungsspannung**

Menschen	Nutztiere
50 V AC, 120 V DC	25 V AC, 60 V DC

U_F	**Fehlerspannung:** Spannung, die im Fehlerfall zwischen Körpern oder zwischen Körpern und der Bezugserde auftritt.
I_F	**Fehlerstromstärke:** Stromstärke, die aufgrund eines Isolationsfehlers entsteht.
I_K	**Kurzschlussstromstärke:** Stromstärke, die bei direkter Verbindung von zwei Außenleitern oder zwischen Außenleiter und Neutralleiter entsteht. **Erdschluss:** Leitende Verbindung eines Außenleiters mit der Erde (auch einpoliger Kurzschluss).
I_b	**Betriebsstromstärke** eines Stromkreises
I_n	**Bemessungsstromstärke** (Nennstromstärke) eines Verbrauchsmittels oder Überstrom-Schutzorgans
$I_{\Delta n}$	**Bemessungsnennfehlerstromstärke** der RCD
t_a	Abschaltzeiten der Überstrom-Schutzorgane in **Endstromkreisen** bei **Betriebsstromstärke** $I_b \leq 32\ A$

TN-Systeme:
- $t_a \leq 0,4$ s für 120 V < $U_0 \leq$ 230 V
- $t_a \leq 0,2$ s für 230 V < $U_0 \leq$ 400 V
- $t_a \leq 0,1$ s für $U_0 >$ 400 V

TT-Systeme:
- $t_a \leq 0,2$ s für 120 V < $U_0 \leq$ 230 V
- $t_a \leq 0,07$ s für 230 V < $U_0 \leq$ 400 V
- $t_a \leq 0,04$ s für $U_0 >$ 400 V

IT-Systeme:
- Körper mit PE-Leiter verbunden und gemeinsame Erdungsanlage
  → Abschaltzeiten wie im TN-System

- Körper in Gruppen oder einzeln geerdet
  → Abschaltzeiten wie im TT-System

Basisschutz und Fehlerschutz

Sicherheitskleinspannung SELV[1]

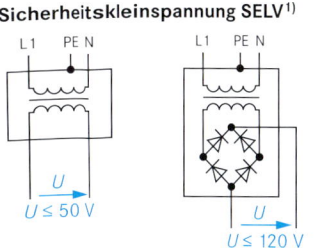

$U \leq 50\ V$

$U \leq 120\ V$

Keine Verbindung mit Erde, Schutzleiter oder aktiven Teilen anderer Stromkreise, **sichere Trennung**

Funktionskleinspannung PELV[2] bzw. FELV[3]

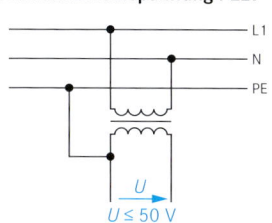

$U \leq 50\ V$

Hinweis:
Bei FELV ist wie bei PELV aus Funktionsgründen Kleinspannung erforderlich, jedoch werden im Unterschied zu PELV nicht alle Bedingungen bei der Isolierung angeschlossener Betriebsmittel erfüllt.

Erdung und Verbindung mit Schutzleiter anderer Stromkreise zulässig, PELV: **sichere Trennung**; FELV: **ohne sichere Trennung**, FELV als eigenständige Schutzmaßnahme nicht anerkannt (DIN VDE 0100-470).

[1] **SELV: S**afety **E**xtra **L**ow **V**oltage   [2] **PELV: P**rotective **E**xtra **L**ow **V**oltage   [3] **FELV: F**unctional **E**xtra **L**ow **V**oltage

Basisschutz

Isolierung aktiver Teile	Hindernisse
	z. B. Barrieren, Schranken
Aderisolierung	Anordnung außerhalb des Handbereichs
Basisisolierung	

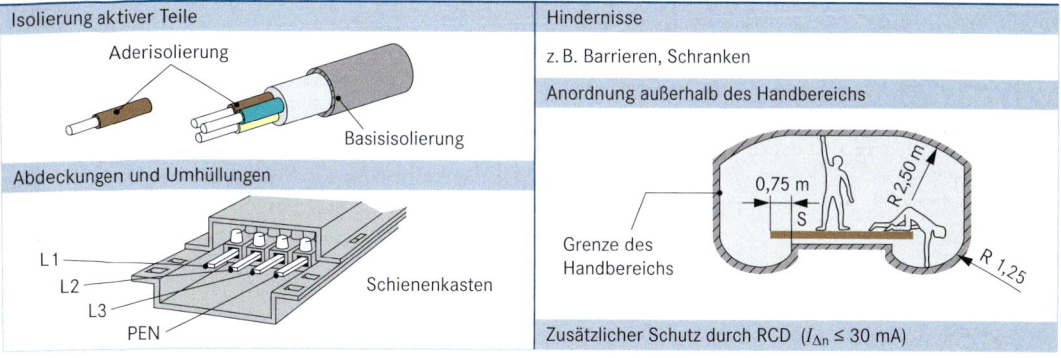

Abdeckungen und Umhüllungen

L1, L2, L3, PEN — Schienenkasten

0,75 m — S — R 2,50 m — R 1,25

Grenze des Handbereichs

Zusätzlicher Schutz durch RCD ($I_{\Delta n} \leq 30$ mA)

Fehlerschutz

Schutzpotenzialausgleich

PEN-Leiter zum Hausanschlusskasten   PE   Blitzschutzanlage $q \geq 10$ mm² Cu

Antennenanlage

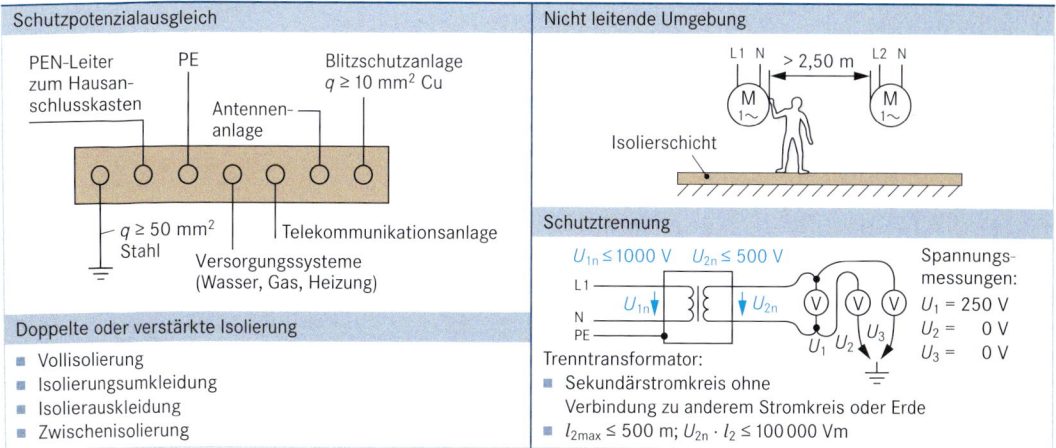

$q \geq 50$ mm² Stahl   Versorgungssysteme (Wasser, Gas, Heizung)   Telekommunikationsanlage

Nicht leitende Umgebung

> 2,50 m

Isolierschicht

Doppelte oder verstärkte Isolierung

- Vollisolierung
- Isolierungsumkleidung
- Isolierauskleidung
- Zwischenisolierung

Schutztrennung

$U_{1n} \leq 1000\ V$ $U_{2n} \leq 500\ V$

Spannungsmessungen:
$U_1 = 250$ V
$U_2 = \quad 0$ V
$U_3 = \quad 0$ V

Trenntransformator:
- Sekundärstromkreis ohne Verbindung zu anderem Stromkreis oder Erde
- $l_{2max} \leq 500$ m; $U_{2n} \cdot l_2 \leq 100\,000$ Vm

Schutz elektrischer Betriebsmittel

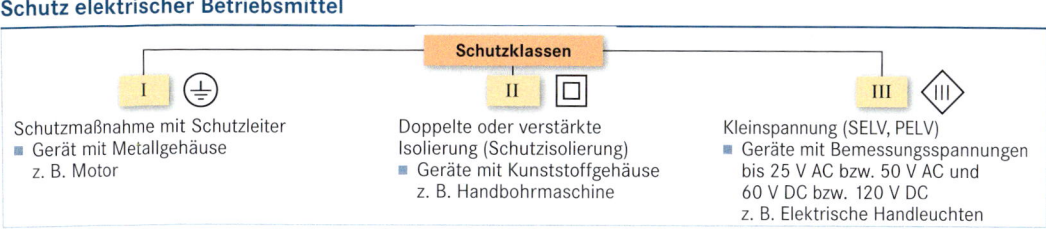

Schutzklassen

I ⏚

Schutzmaßnahme mit Schutzleiter
- Gerät mit Metallgehäuse
  z. B. Motor

II ▣

Doppelte oder verstärkte Isolierung (Schutzisolierung)
- Geräte mit Kunststoffgehäuse
  z. B. Handbohrmaschine

III ◇

Kleinspannung (SELV, PELV)
- Geräte mit Bemessungsspannungen bis 25 V AC bzw. 50 V AC und 60 V DC bzw. 120 V DC
  z. B. Elektrische Handleuchten

Fehlerschutz (Schutz bei indirektem Berühren)

TN-C-System

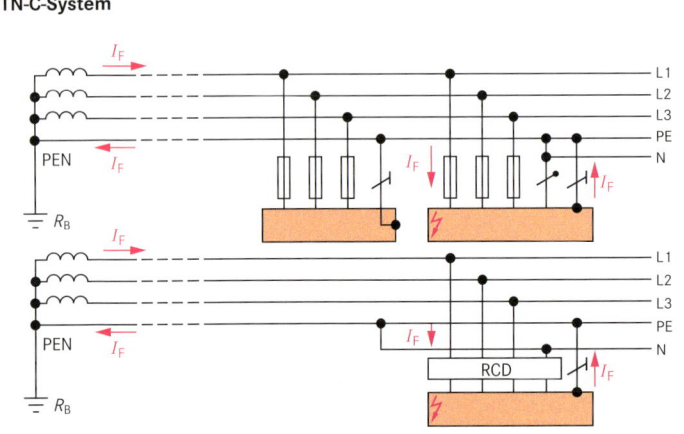

Schutzeinrichtungen:
- Schmelzsicherungen
- Leitungsschutz-Schalter
- RCD

Prinzip:
Fehlerstrom I_F wird zum Kurzschluss-strom und fließt über PE- und PEN-Leiter zur Quelle.

Abschaltung:
Sie erfolgt innerhalb der für I_a angege-benen Zeiten.

Abschaltbedingung:
$Z_S \cdot I_a \leq U_0$

RCD:
$I_a = I_{\Delta n}$, Abschaltzeit $t_a \leq 0{,}2$ s;
bei selektivem RCD-Schutz
$t_a \leq 0{,}5$ s

TT-System

Schutzeinrichtungen:
- Schmelzsicherungen
- Leitungsschutz-Schalter
- RCD
- FU-Schutzschalter

Prinzip:
Fehlerstrom I_F wird zum Erdschluss-strom und fließt über Erder (Erde) zur Quelle.

Abschaltung:
Ist gewährleistet bei RCD, da Fehler-strom niedrig ist.

Abschaltbedingung:
$R_A \cdot I_a \leq U_L$

RCD:
$I_a = I_{\Delta n}$ wie oben

Fehlerspannungs-Schutzeinrichtung (FU):
Bei $R_A \geq 200$ Ω beträgt die Abschalt-zeit $\leq 0{,}2$ s.

IT-System

Schutzeinrichtungen:
- Schmelzsicherungen
- Leitungsschutz-Schalter
- Isolationsüberwachungseinrichtung
- RCD

Prinzip der Isolationsüberwachung:
- Einfachfehler: Fehleranzeige erfolgt durch Meldung, I_d ($\triangleq I_F$) ist der Fehlerstrom (Ableitstrom).
- Doppelfehler: Abschaltung durch Überstrom-Schutzorgane innerhalb 0,2 bzw. 5 s.

Abschaltbedingung:
$R_A \cdot I_d \leq U_L$

1) Auch mit Neutralleiter möglich

Hausanschlussraum mit Schutzpotenzialausgleich

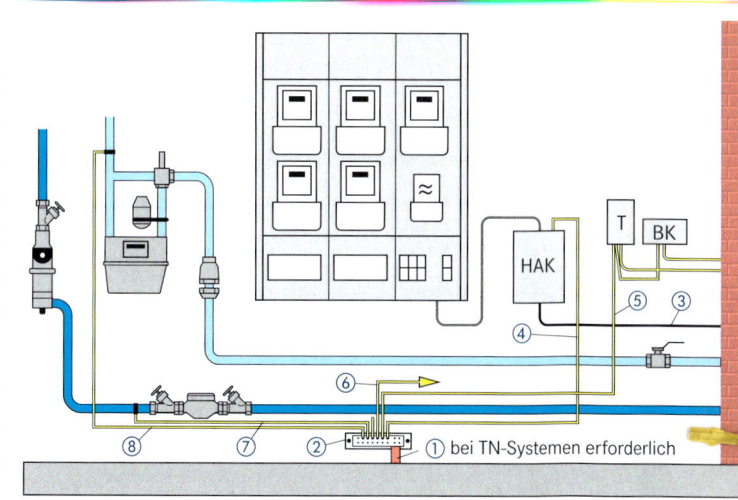

① Anschlussfahne des Fundamenterders

② Haupterdungsschiene (PAS)

③ Hauseinführungsleitung des VNB

PA-Leiter:

④ zum Hausanschlusskasten (HAK)

⑤ zur Telekommunikations- und BK-Anlage

⑥ zur Blitzschutzanlage

⑦ Wasserversorgungs- und Wasserentsorgungsanlage

⑧ Gasversorgungsanlage

① bei TN-Systemen erforderlich

Haupterdungsschiene

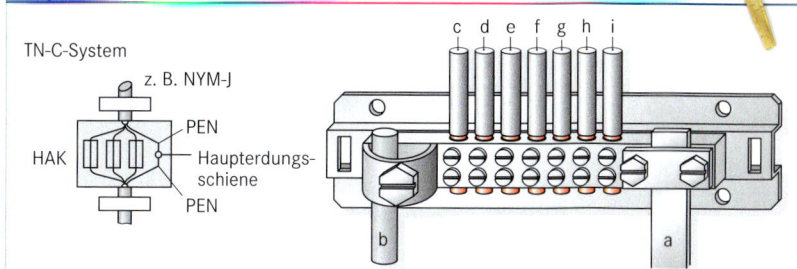

a Fundamenterder
b Blitzschutzanlage
c Heizungsanlage
d PE-Leiter zum HAK
e PE-Leiter zur PE-Schiene
f TK-Anlage
g Antennenanlage
h Gasversorgungsanlage
i Wasserversorgungsanlage

Zusätzlicher Schutzpotenzialausgleich bei leitender Standfläche

Darstellung	Erklärung	Anwendung (DIN VDE 0100...)
	Schutzpotenzialausgleichsleiter zwischen Körpern und leitfähigen Teilen, die innerhalb des Handbereichs liegen	■ Schutzleitermaßnahmen (-410) ■ Baderäume (-701) ■ Schwimmbäder (-702) ■ landwirtschaftliche Betriebe (-705) ■ feuergefährdete Betriebe (-482) ■ mobile Ersatzstromversorgungsanlagen (-551)

Leiterquerschnitte für Schutzpotenzialausgleichsleiter

Verbindung mit der Haupterdungsschiene		Verbindung für zusätzlichen Schutzpotenzialausgleich
Material	Mindestquerschnitt in mm²	Zwischen zwei Körpern von elektrischen Betriebsmitteln: $q_{PE1} \leq q_{PE2} \rightarrow q_P \geq q_{PE1}$ q_{PE}: Querschnitt des jeweiligen Schutzleiters q_P: Querschnitt des Schutzpotenzialausgleichsleiters
Kupfer	6	
Aluminium	16	Zwischen Körpern eines elektrischen Betriebsmittels und einem metallenen Konstruktionsteil: $q_P \geq 2,5$ mm² bei mechanischem Schutz des Leiters, z. B. durch Elektroinstallationsrohr
Stahl	50	$q_P \geq 4$ mm² bei Leitern ohne mechanischen Schutz

Kennzeichnung

IP 2 3 C H

Kennbuchstaben (International Protection) —
1. Kennziffer —
(Schutz gegen Eindringen von Fremdkörpern und Staub)

2. Kennziffer —
(Schutz gegen Eindringen von Wasser)

Wird eine Kennziffer nicht angegeben, so ist sie
durch ein X zu ersetzen.

Ergänzender Buchstabe (Schutz gegen Zugang
zu gefährlichen Teilen)

Zusätzlicher Buchstabe

Ergänzender/zusätzlicher Buchstabe kann
entfallen. Mehrere Buchstaben sind in alphabetischer
Reihenfolge zu nennen.

1. Kennziffer	Bildzeichen[1]	Beschreibung	2. Kennziffer	Bildzeichen[1]	Beschreibung
0		Kein Schutz	0		Kein Schutz
1		Schutz gegen Eindringen großer Fremdkörper ($d \geq 50$ mm)	1		Schutz gegen senkrecht fallendes Wasser (Tropfwasser)
2		Schutz gegen Eindringen mittelgroßer Fremdkörper ($d \geq 12$ mm)	2		Schutz gegen schräg fallendes Wasser (Tropfwasser) bis zu 15° Neigung
3		Schutz gegen Eindringen kleiner Fremdkörper ($d \geq 2,5$ mm)	3		Schutz gegen Sprühwasser mit max. 60° zur Senkrechten
4		Schutz gegen Eindringen kornförmiger Fremdkörper ($d \geq 1$ mm)	4		Schutz gegen Spritzwasser aus allen Richtungen
5		Schutz gegen Staubablagerungen (staubgeschützt) und vollständiger Berührungsschutz	5		Schutz gegen Wasserstrahl aus allen Richtungen
6	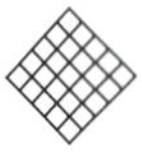	Schutz gegen Eindringen von Staub (staubdicht), vollständiger Berührungsschutz	6		Schutz gegen starken Wasserstrahl aus allen Richtungen
			7		Schutz bei zeitweiligem Untertauchen
			8	bar...m	Schutz bei dauerndem Untertauchen
			–		Schutz gegen Eindringen von Wasser unter Druck (druckwasserdicht)

ergänzender Buchstabe	Beschreibung	zusätzlicher Buchstabe	Beschreibung
A	Schutz gegen Zugang mit Handrücken	H	Hochspannungs-Betriebsmittel
B	Schutz gegen Zugang mit Finger	M	Schutz gegen Wasser geprüft bei bewegten Teilen
C	Schutz gegen Zugang mit Werkzeug	S	Schutz gegen Wasser geprüft bei stillstehenden, beweglichen Teilen
D	Schutz gegen Zugang mit Draht	W	Schutz vor festgelegten Wetterbedingungen, mit zusätzlichen Schutzmaßnahmen

[1] Übliche Kennzeichnung bei Leuchten; sie geben ungefähr den Schutz der 2. Kennziffer wieder.

Störursachen

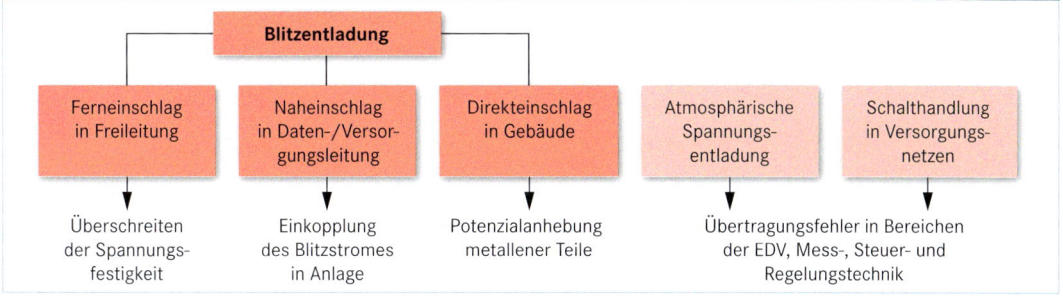

Blitzentladung				
Ferneinschlag in Freileitung	Naheinschlag in Daten-/Versorgungsleitung	Direkteinschlag in Gebäude	Atmosphärische Spannungsentladung	Schalthandlung in Versorgungsnetzen
Überschreiten der Spannungsfestigkeit	Einkopplung des Blitzstromes in Anlage	Potenzialanhebung metallener Teile	Übertragungsfehler in Bereichen der EDV, Mess-, Steuer- und Regelungstechnik	

Schutzgeräte

Installationsort	Schutzmaßnahme	Funktion der Schutzmaßnahme	Schutzgerät/ Anforderungsklasse	Überspannungsbegrenzung	Abb.
Hauptverteilung – zwischen HAK und Zähler	Blitzschutz, Schutzpotenzialausgleich	Schutz gegen Eindringen von Blitzströmen	Blitzstromableiter, Typ 1 (Grobschutz)	$U \le 6$ kV	①
Unterverteilung – vor RCD	Überspannungsschutz in Verteileranlage	Schutz gegen Überspannung zwischen L und PE sowie N und PE	Überspannungsschutzgerät, Typ 2 (Mittelschutz)	$U \le 4$ kV	②
Steckdose, Geräteanschluss	Überspannungsschutz am Endgerät	Geräteschutz	Überspannungsschutzgerät, Typ 3 (Feinschutz)	$U \le 1,5$ kV	③

Blitzstromableiter ①	Überspannungsschutzgerät ②	Geräteschutzadapter ③
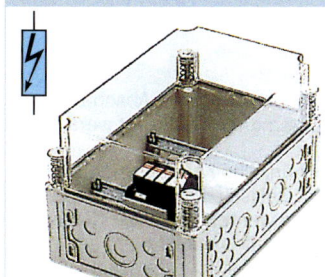		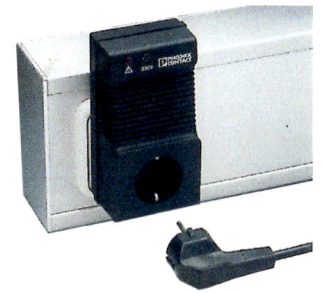
Einbau in Schaltanlage nicht möglich → Blitzstromableiter ist in separatem Gehäuse zu installieren. (Bedienungsanleitung beachten!)	Signal bei Auslösung der Vorsicherung → Überspannungsschutzgerät mit Meldekontakten (Wechsler) einsetzen. → Montage am Endgerät	Schutz gegen Überspannungen → Adapter mit Schutzschaltung einbauen. → Montage im Verteiler

Schutzgeräte vor Endgeräten

Einbau im TN-System

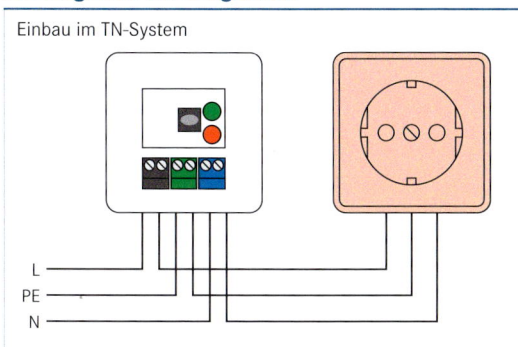

Einbau im TT-System

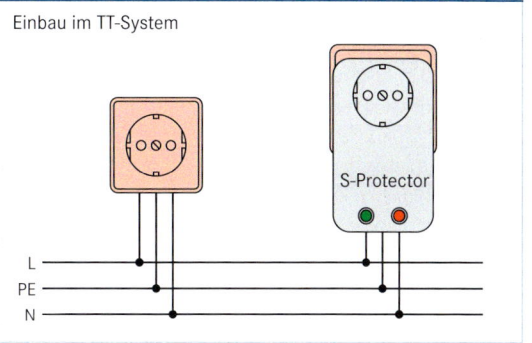

Merkmale

- **Einmalige Entladung**
- **Geringe Selbstentladung** (ca. 2 %/Jahr)
- **Energiedichte** (gespeicherte Energie in Wh/Masse oder Wh/Volumen) höher als in Sekundärbatterien
- **Belastbarkeit** niedriger als bei Sekundärbatterien
- **Lagertemperatur** 0 °C bis 10 °C in wasserdampfdichter Verpackung im Kühlschrank, vor Gebrauch auf Raumtemperatur angleichen
- **Bemessungskapazität** C_n in mAh oder Ah gibt an, welche Stromstärke z. B. bei einer zehnstündigen Entladung möglich ist.
  Beispiel: $C_{10} = 800$ mAh $\rightarrow I_E = 80$ mA in 10 h

Kennbuchstaben nach IEC

Kurzzeichen	Bedeutung
A	Zink-Luft-Element, saurer Elektrolyt
M, N	Quecksilberoxid-Element
L	Alkali-Mangan-Element
P	Zink-Luft-Element, KOH-Elektrolyt
S	Silberoxid-Element

Beispiel: Entladekurve des Elements R 14

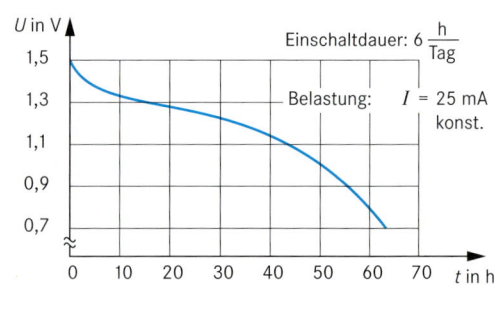

Zink-Kohle-Element

U_n in V	IEC-Bez.	C_n in mAh	Maße (max.) in mm			
			d	h	l	b
1,5	R 6	1200	14,5	50,5	–	–
4,5	3 R 12	2700	–	67	62	22
1,5	R 14	3200	26,2	50	–	–
1,5	R 20	8000	34,2	61,5	–	–
9	6 F 22	400	–	48,5	26,5	17,5
6	4 R 22X	8500	–	115	67	67

Alkali-Mangan-Rundzellen und -Batterien

U_n in V	IEC-Bez.	C_n in mAh	Maße (max.) in mm				Verwendung
			d	h	l	b	
1,5	LR 1	800	12	30,2	–	–	
4,5	3 LR 12	6300	–	67	62	22	
1,5	LR 41	30	79	3,6			Fotogeräte; Uhren; elektronische Geräte; Fernbedienungen
1,5	LR 55	25	11,6	2,1			
1,5	LR 54	50	11,6	3,1			
1,5	LR 43	80	11,6	4,2			
1,5	LR 44	115	11,6	5,4			
1,5	LR 9	185	16	6,2			

Umweltverträglich, keine spezielle Entsorgung

Silberoxid-Knopfzellen und -Batterien

U_n in V	IEC-Bez.	C_n in mAh	Maße in mm		Verwendung
			d	h	
1,55	SR 62	9	5,8	1,7	Fotogeräte; Uhren; Taschenrechner
1,55	SR 64	16	5,8	2,7	
1,55	SR 43	115	11,6	4,2	
1,55	SR 44	170	11,6	5,4	
6,2	4 SR 44	145	13	25,2	
1,55	–	3400	26	50	Einsatz: $\vartheta \leq 165$ °C

Nicht umweltverträglich, spezielle Entsorgung

Zink-Luft-Knopfzellen und -Batterien

U_n in V	IEC-Bez.	C_n in mAh	Maße in mm		Verwendung
			d	h	
1,4	PR 70	70	5,8	3,6	Hörgeräte; Personenrufgeräte
1,4	PR 48	240	7,9	5,4	
1,4	PR 44	570	11,6	5,4	
1,4	AR 40	75	67	172	universal
7	5 AR 40	90	181	180	Weidezaun

In spezieller Ausführung geeignet für Normal- und Spitzenlast-(Push Pull) Betrieb, d. h. mit konstanter Stromstärke I_1 und zusätzlicher Pulsstromstärke I_2. Schadstoffe: 0 % Hg und 0 % Cd

Eigenschaften von Lithium-Zellen

Typ	Rundzelle	Knopfzelle
System	Li-MnO$_2$	Li-MnO$_2$
Energiedichte	400 bis 800 Wh/dm^3	360 bis 660 Wh/dm^3
U_o/U_n	3,2 V/3 V	3,2 V/3 V
C_n in mAh	400 bis 2000	25 bis 500

Begriffe/Erklärungen

Ruhespannung, Leerlaufspannung	Klemmenspannung des unbelasteten Elements	Lecksicherheit	Schutz gegen Elektrolytaustritt durch konstruktive Maßnahmen
Arbeitsspannung, Bemessungsspannung	Klemmenspannung bei Belastung	Entladeschlussspannung	Klemmenspannung, bei der das Element als entladen gilt
Entladeendspannung	minimal zulässige Betriebsspannung (halbe Bemessungsspannung)	Selbstentladung	innerer Vorgang vermindert bei Lagerung die Betriebsdauer
Innenwiderstand	innerer Widerstand der Zelle	Dauerentladung	ununterbrochene Stromentnahme

Merkmale

- Akkumulatoren (Sammler)
  - sind Speicher für elektrische Energie und
  - werden auch als **sekundäre Elemente** bezeichnet.
- Das Wirkprinzip basiert auf chemischen Reaktionen zwischen zwei Elektroden aus unterschiedlichen Materialien in Verbindung mit einem Elektrolyten.
- Beim **Aufladen** eines Akkus wird die von außen zugeführte elektrische Energie in chemische Energie umgewandelt und gespeichert.
- Beim **Entladen** wird die gespeicherte chemische Energie wieder in elektrische Energie umgewandelt und steht an den Elektroden (Polen) als Gleichspannung/-stromstärke zur Verfügung

- Als Elektrodenmaterialen kommen unterschiedliche Materialkombinationen zum Einsatz, z. B. Blei (Minuselektrode) und Bleioxid (Pluselektrode) beim Bleiakku.
- Daraus ergeben sich unterschiedliche **Leistungsmerkmale** der Akkumulatoren, wie z. B.:
  - Höhe der Zellen-Bemessungsspannung
  - Spezifische Energie (Wattstunden pro kg: Wh/kg)
  - Bemessungskapazität (Ladungsmenge in Ah)
  - Lade- und Entladestromstärke (-zeiten)
  - Lagerfähigkeit (Selbstentladung)
  - Wirkungsgrad
- Die Lebensdauer von Akkumulatoren ist abhängig von der Einhaltung der vom Hersteller vorgegebenen Behandlungsanweisungen (u. a. Ladetechnik).

Materialien und Anwendung

Bezeichnungen		Anwendungsbeispiele	Bezeichnungen		Anwendungsbeispiele
Pb	Blei	Starterbatterien	LiMn	Lithium Mangan	Elektrowerkzeuge
NiCd[1]	Nickel Cadmium	Elektrowerkzeuge	LiFePO$_4$	Lithium Eisen Phosphat	Fahrzeuge
NiH$_2$	Nickel Wasserstoff	Satelliten/Raumsonden			
NiMH	Nickel Metallhydrid	elektronische Geräte	LiS	Lithium Schwefel	Solarflugzeuge
NiFe	Nickel Eisen	dezentrale Stromversorgung	RAM	Rechargeable Alkaline Manganese	begrenzt wiederaufladbare Alkali-Mangan Zelle
Li-Ion	Lithium Ionen	Mobiltelefone			
LiFe	Lithium Eisen	Modellbau/Elektrowerkzeuge	Na/NiCl$_2$	Natrium Nickel Chlorid	Fahrzeuge, Waffensysteme
LiPo	Lithium Polymer	Modellbau			

Lade-/Entladecharakteristik

Beispiel: Lithium Ionen Akkumulator

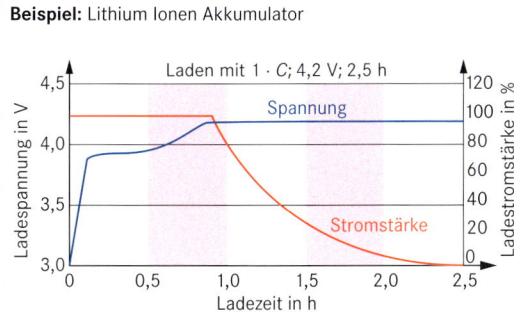

Ladeprinzip: **CCCV** (**C**onstant **C**urrent **C**onstant **V**oltage: konstanter Strom konstante Spannung)

C (Capacity): Kenngröße für die Bemessungskapazität des Akkumulators in Amperestunden (Ah)

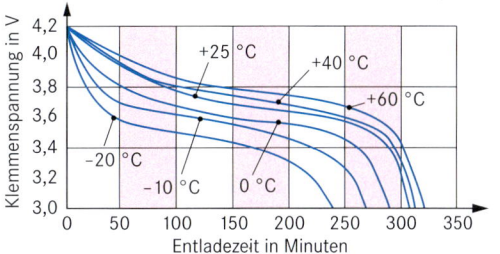

Entladekurven: 0,2 · C bis 3,0 V bei verschiedenen Temperaturbedingungen

Die Entladedauer ist festgelegt auf 5 h. Kürzere Entladungszeiten ergeben, bedingt durch innere Verluste, eine geringere Kapazitätsentnahme.

Entladestromstärke: $I_n = \dfrac{C}{5\,\text{h}} = 0,2\,\dfrac{C}{\text{h}}$ C in Ah

Kenndaten

Technologie Parameter	NiCd[1]	Pb	NiMH	Li-Ion	LiPo	LiFePO$_4$
Zellen-Spannung in V	1,25	2,0	1,25	3,6	3,6	2,0
Ladestromstärke (optimal) in % der Kapazität	100	20	50	100	100	100
Spezifische Energie in Wh/kg[2]	45…80	30…50	60…120	110…160	100…130	110
Betriebstemperatur Entladung in °C[2]	-40…+60	-20…+60	-20…+60	-20…+60	0…+60	-20…+60
Entladeschlussspannung in V	0	1,7	0,8	2,5	2,5	2
Selbstentladung pro Monat in %[2]	20	<10	30	10	10	3
Anzahl der Lade-/Entladezyklen[2]	800	300	500	1000	800	>1000
Schnellladezeit in Stunden[2]	1	8…16	2…4	2…4	2…4	2
Lagerzustand (empfohlen)	entladen	geladen	geladen	geladen	geladen	geladen

[1] Eingeschränkter Einsatz nach Batteriegesetz (BattG/Juni 2009)   [2] Maßgebend sind die Herstellerangaben

Merkmale

- Stationäre Batterien und Batterieanlagen dienen zur **Energiespeicherung** und werden eingesetzt in
  - Telekommunikationsanlagen,
  - Kraftwerksanlagen,
  - Sicherheitsbeleuchtungen und Alarmsystemen,
  - unterbrechungsfreien Stromversorgungen,
  - ortsfesten Dieselstartanlagen und
  - photovoltaischen Anlagen.
- Die verwendeten Batterien sind wiederaufladbar und werden deshalb als Batterien mit **sekundären Zellen** bezeichnet.
- Die Zellen werden nach Bauart unterschieden in
  - **geschlossene Zelle** (mit Gehäusedeckel und Öffnung im Deckel zur Gasentweichung),
  - **verschlossene Zelle** (vollständig verschlossen, mit

Überdruckventil zur Gasentweichung bei zu hohem Innendruck; Elektrolyt kann nicht nachgefüllt werden),
  - **gasdichte Zelle** (verschlossene Zelle, die im Betrieb weder Gas noch Elektrolyt freisetzt; eine Sicherheitsvorrichtung ermöglicht im Gefahrenfall Druckausgleich; kein Nachfüllen des Elektrolyten möglich; Zelle wird während der gesamten Lebensdauer im verschlossenen Zustand betrieben).
- Bei Batterien oder Batterieanlagen entstehen **Gefahren** durch
  - elektrischen Strom,
  - austretende Gase und
  - Elektrolytflüssigkeiten.
- Zur **Vermeidung dieser Gefahren** sind Batterieanlagen mit entsprechenden Schutzmaßnahmen auszurüsten.

Schutzmaßnahmen

Schutzmaßnahmen
- Schutz gegen gefährliche Körperströme
- Schutz vor Kurzschlüssen
- Maßnahmen gegen Explosionsgefahr
- Vorkehrungen gegen Gefahren durch Elektrolyt

Basisschutz

- Schutz gegen **direktes Berühren aktiver Teile** ist durch folgende **Schutzmaßnahmen** realisierbar:
  - Isolierung aktiver Teile
  - Abdecken oder Umhüllen aktiver Teile
  - Einbau von Hindernissen
  - Einhalten des Schutzabstandes
- Schutz durch Abdeckung oder Umhüllung muss nach Schutzart IEC 60529 P2X ausgeführt sein.
- Schutz durch **Hindernisse** oder durch **Abstand** ist z. B. bei Batterien mit 60 V bis 120 V zwischen den Polen bzw. gegen Erde die Unterbringung in **elektrischen Betriebsstätten**. Bei höheren Spannungen Unterbringung in **abgeschlossenen, elektrischen Betriebsstätten**.
- Batterien mit **Bemessungsspannungen bis zu DC 60 V** erfordern keinen Schutz gegen direktes Berühren, sofern die gesamte Anlage den Bedingungen für **SELV** (**S**afety **E**xtra **L**ow **V**oltage) und **PELV** (**P**rotective **E**xtra **L**ow **V**oltage) entspricht.

Fehlerschutz

- **Schutz bei indirektem Berühren** (IEC 60364-4-41) kann wie folgt realisiert werden:
  - Automatische Abschaltung
  - Verwenden von Geräten der Schutzklasse II oder gleichwertiger Isolierung
  - Nichtleitende Umgebung (in besonderen Anwendungsgebieten)
  - Örtlicher, erdfreier Schutzpotenzialausgleich
  - Schutztrennung
- **Dauernd zulässige Berührungsspannung** ist festgelegt auf 120 V (Grenzwert, IEC 60449).
- **Batteriegestelle oder -schränke** aus Metall müssen an den Schutzleiter angeschlossen oder gegen die Batterie und den Aufstellungsort isoliert sein.
- **Kriechstrecken** und **Sicherheitsabstände** nach IEC 60664; **Hochspannungsprüfung** ist mit AC 4000 V, 50 Hz, 1 Minute auszuführen.

Explosionsgefahr

- Während der Ladung, Erhaltungsladung und bei Überladung treten Gase aus allen Zellen aus.
- Eine **explosive Mischung** entsteht, wenn die Wasserstoffkonzentration in der Luft 4 % übersteigt.
- **Batterieräume** und **Schränke** sind durch natürliche oder technische **Lüftung** unter dem oben genannten Grenzwert zu halten.

Elektrolyt

- **Bleibatterien:** Wässrige Lösung aus **Schwefelsäure**
- **NiCd-Batterien:** Wässrige Lösung aus **Kaliumhydroxid**
- Gefahr: **Starke Verätzungen** auf der Haut und in den Augen
- Schutz: Schutzbrille (Schutzschild), Schutzhandschuhe, Schürze zum Schutz der Haut
- **Ausgetretener Elektrolyt** ist umgehend mit saugfähigen Materialien (neutralisierend) aufzunehmen.

Kurzschluss

- Gespeicherte Energie wird freigesetzt und kann zum Schmelzen von Metallen, zu Funkenbildung, zu Explosionen oder zum Verdampfen des Elektrolyten führen.
- Der **Isolationswiderstand** zwischen dem Batteriekreis und anderen leitfähigen örtlichen Teilen muss größer als 100 Ω/V der Batteriespannung sein (Leckstromstärke < 10 mA).

Wartungsarbeiten

- Bei **Arbeiten in der Anlage** darf nur isoliertes Werkzeug verwendet werden.
- Für **ungefährliche Wartungsarbeiten** sind Batterieanlagen wie folgt auszurüsten:
  - **Abdeckungen** für die Batteriepole
  - **Mindestabstand** von 1,5 m zwischen berührbaren, aktiven Leitern der Batterien, die ein Potenzial von mehr als 1500 V führen
  - **Vorrichtung zur Auftrennung** von Zellengruppen

Anwendung

- Bei Ausfall der öffentlichen Stromversorgung sollen ausgewählte Verbraucher weiter mit elektrischer Energie versorgt werden.

- Die Spannung soll
  - innerhalb einer definierten Zeit wieder anliegen und
  - für eine definierte Zeit bestehen bleiben.

- Anwendung z. B. bei Krankenhäusern, Rechenzentren, Veranstaltungsstätten, empfindlichen Produktionsanlagen

- Je nach Anforderung kann eine unterbrechungsfreie Stromversorgung gefordert werden. Diese erfolgt in Sonderbauformen oder in Kombination mit Standard-USV-Anlagen.

Zusatzanforderungen

- Sicherheitsstromversorgung
  - Brandschutz
  - Trennung von Aggregat und Verteilung
  - Max. Zeit bis zur Verfügbarkeit (15 sec. bei max. 3 Startversuchen)

- Bundesimmissions-Schutz-Gesetz (BImSchG):
  - Anforderungen aus TA-Luft und TA-Lärm beachten

- Lagerung großer Treibstoffmengen:
  - Anforderungen aus dem Wasserrecht (spezifisch nach Bundesländern) beachten.
  - Ggf. Prüfung durch VAwS-Sachverständigen bzw. WHG-Sachkundenachweis der Errichter erforderlich.

Projektierungshinweise

- **Lastzuschaltung**
  Je nach Motorart sind nur begrenzte Lastzuschaltungen möglich z. B. 50 % → 30 % → 20 %

- **Generatordimensionierung**
  - Bei nichtlinearen Lasten (Oberschwingungen) ist die Generator-Bemessungsleistung zu erhöhen (je nach Belastung auf bis zu 280 %)
  - Kurzschlussstromstärke auf Selektivität auslegen, ggf. Generatorleistung erhöhen.

- **Synchronisiereinrichtung**
  Sie ermöglicht
  - ein unterbrechungsfreies Rückschalten nach Spannungswiederkehr
  - Funktionstest mit voller Belastung der Netzersatzanlage

Prüfanforderungen

- Es gilt allgemein: Prüfungen nach BetrSichV und DIN VDE 0105

- Bei Sicherheitsstromversorgungen gelten spezielle Prüfvorschriften (DIN 6280-13: 1994-12)

- Monatliche Prüfungen
  - Sichtprüfung (Aggregat, Batterie, Aufstellraum, Kraftstoffsystem)
  - Funktionsprüfung (Start-/Anlaufverhalten, Leistungsübernahme, Schalt-, Regel- und Hilfseinrichtungen, Leckagesonden, Jalousieklappen)
  - Lastverhalten bei min. 50 % der Bemessungsleistung für 60 Min.
  - Funktion der Umschalteinrichtungen

- Jährliche Prüfung
  - Vergleich der Leistung des Stromerzeugungsaggregates mit der erforderlichen Verbraucherleistung

Dieselgenerator

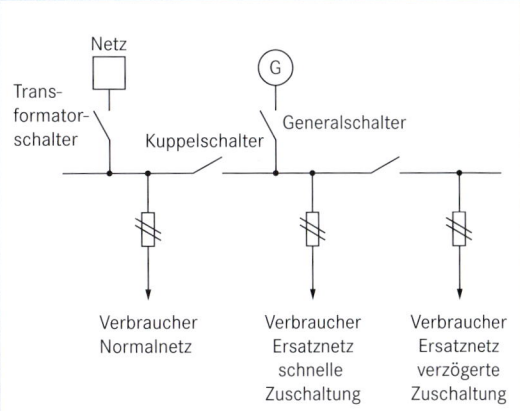

Kraftstoffversorgung

Überlauf — Service-Behälter

Handpumpe — Elektropumpe (M)

Saugschlauch zur manuellen Befüllung

Rücklauf vom Motor

Haupttank — Motor

Umschalteinrichtung

Netz — Transformatorschalter — Kuppelschalter — G — Generalschalter

Verbraucher Normalnetz

Verbraucher Ersatznetz schnelle Zuschaltung

Verbraucher Ersatznetz verzögerte Zuschaltung

Die schnelle und langsame Schiene kann auch zusammengefasst werden, wenn keine zu hohen Lastsprünge beim Einschalten zu erwarten sind.

Anwendungen:

- Verbesserung der Spannungsqualität für ausgewählte Verbraucher (z. B. Computer, sicherheitsrelevante Anlagen)

- Versorgung der Verbraucher auch bei Netz-Spannungsausfall für eine definierte, maximale Zeit

Beispiel:

	VFI	SS	111
Stufe:	1	2	3

Stufe	Bedeutung
1	Abhängigkeit der Ausgangsspannung von der Eingangsspannung
2	Kurvenform der Ausgangsspannung
3	Ausgangsverhalten bei Lastsprüngen

Stufe 1

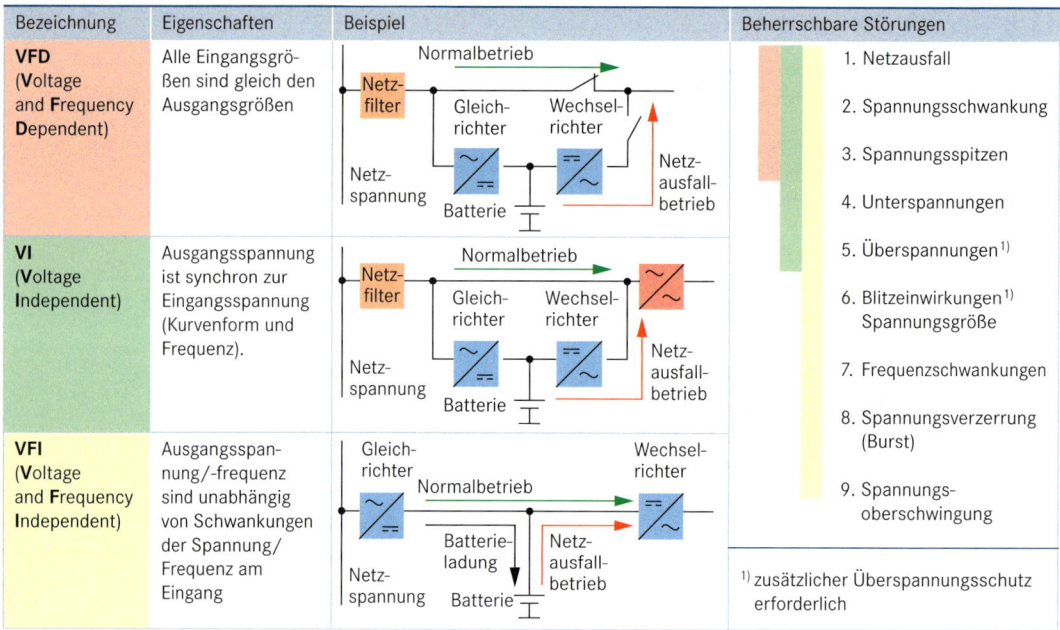

Bezeichnung	Eigenschaften	Beispiel	Beherrschbare Störungen
VFD (**V**oltage and **F**requency **D**ependent)	Alle Eingangsgrößen sind gleich den Ausgangsgrößen		1. Netzausfall 2. Spannungsschwankung 3. Spannungsspitzen 4. Unterspannungen
VI (**V**oltage **I**ndependent)	Ausgangsspannung ist synchron zur Eingangsspannung (Kurvenform und Frequenz).		5. Überspannungen[1] 6. Blitzeinwirkungen[1] Spannungsgröße 7. Frequenzschwankungen 8. Spannungsverzerrung (Burst)
VFI (**V**oltage and **F**requency **I**ndependent)	Ausgangsspannung/-frequenz sind unabhängig von Schwankungen der Spannung/ Frequenz am Eingang		9. Spannungs-oberschwingung [1] zusätzlicher Überspannungsschutz erforderlich

Stufe 2

1. Kennbuchstabe: Netzbetrieb
2. Kennbuchstabe: Batteriebetrieb

S	Sinusform mit Verzerrung $D < 8\,\%$ bei Referenzlast
X	Bei linearer Last Güte nach Form „S", sonst ist $D > 8\,\%$ zulässig
Y	Form der Ausgangsspannung weicht von Vorgaben ab.

D: Verzerrung als Maß für Abweichung von der Sinusform.

Stufe 3

1. Ziffer: Netz-/Batterie-/Bypassbetrieb
2. Ziffer: Lastsprung (lineare Last)
3. Ziffer: Lastsprung (nichtlineare Last)

1	sehr gute Eigenschaften, Ausgangsspannungsabweichung $\leq \pm 30\,\%$; nach $0{,}1$ s $\leq \pm 10\,\%$
2	nach 1 ms max.+100 %; nach 10 ms $\leq$ +20 %/ −100 %; nach $0{,}1$ s $\leq \pm 10\,\%$
3	nach 1 ms max.+100 %; nach 10 ms $\leq$ +20 %/ −100 %; nach $0{,}1$ s $\leq \pm 10\,\%$/− 20 %
4	Genaue Eigenschaften sind vom Hersteller definiert.

Auswahlkriterien für USV-Anlagen

- Maximal benötigte Leistung (mögliche zukünftige Lasterhöhung berücksichtigen)

- Überlastfähigkeit/-dauer (Motoranläufe, Auslöseenergie für Sicherungen/Sicherungsautomaten, …)

- Klassifizierung

- Netzwerkanbindung für automatischen Shutdown angeschlossener Computer bei Ende der Autonomiezeit

- Rückwirkungen auf das speisende Netz (Stromoberschwingungen)

- Redundanz mehrerer Systeme

- Autonomiezeit (Batteriekapazität)

- Ein-/Ausgangsspannung (1- oder 3-phasig)

- 19"-Einbauvariante/Standgerät

- Umgebungstemperatur (Lebensdauer der Batterien)

Betrieb und Umfeld

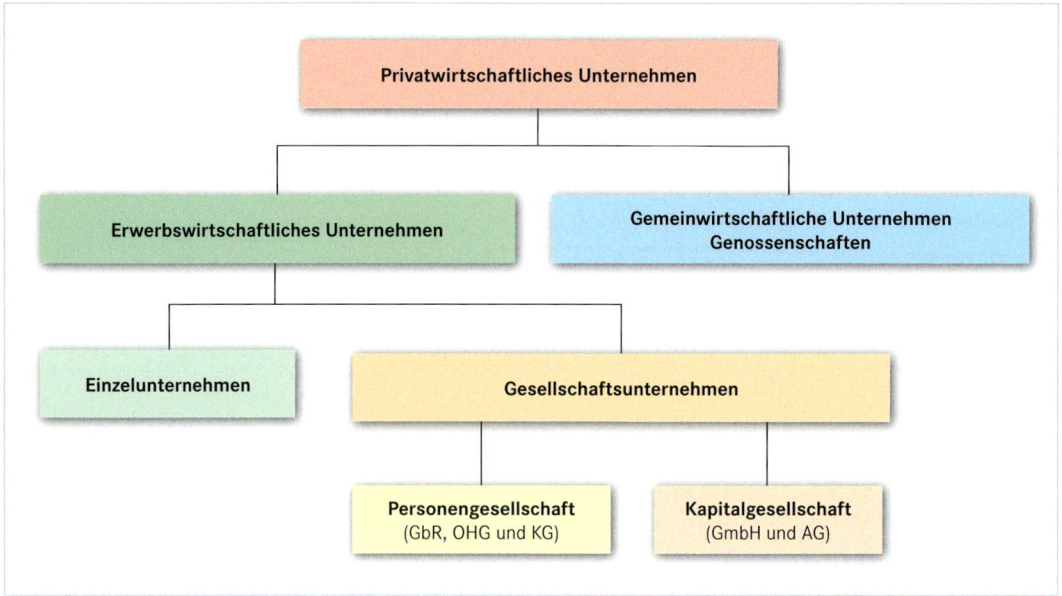

Unternehmen/Unternehmung

Marktwirtschaftliche Einheit mit
- selbstständiger Wirtschaftsplanbestimmung und
- Verfolgung des erwerbswirtschaftlichen Prinzips (Gewinnmaximierung) bei eigenem Risiko.

Ein Unternehmen kann aus mehreren Betrieben bestehen.

Betrieb

- Örtlich begrenzte Wirtschaftseinheit zur Erstellung von Sachgütern und Dienstleistungen.
- Durch Kombination der Produktionsfaktoren werden die Leistungen unter Beachtung des Wirtschaftlichkeitsprinzips erstellt und vertrieben.

Rechtsform einer Unternehmung

Die Rechtsform legt die Unternehmensstruktur mit externer und interner Wirksamkeit fest.

- **Extern** werden die Rechtsbeziehungen zwischen der Unternehmung mit außenstehenden Personen, anderen Unternehmen und dem Staat festgelegt.

- **Intern** werden durch die Rechtsform u. a. die Rechte und Pflichten der einzelnen Gesellschafter zueinander festgelegt.

- Im Rahmen der inneren Organisation wird durch die Rechtsform u. a. die Leitungsbefugnis vorgegeben.

Rechtsform	Gründung/Führung	Merkmale
Einzelunternehmung	• Einzelne Person gründet und leitet das Unternehmen. • Eigentümer ist voll verantwortlich und haftet mit seinem Gesamtvermögen.	• Kein Eintrag ins Handelsregister. • Kein Mindestkapital erforderlich.
Gesellschaft bürgerlichen Rechts (**GbR**) auch BGB-Gesellschaft	• Mindestens zwei Gesellschafter gründen und leiten die GbR. • Bei gemeinsamen Gesellschaftsvermögen besteht gemeinsame Haftung.	• Kein Eintrag ins Handelsregister, daher kein offizieller Firmenname. • Es reicht ein formfreier Gesellschaftsvertrag ohne Vorgabe von Mindestkapital.
Gesellschaft mit begrenzter Haftung (**GmbH**)	• Gesellschafter legen im Gesellschaftsvertrag die Höhe des Stammkapitals (mindestens 25.000 €) und die Geschäftsführer fest. Grundsätzlich genügt ein Gesellschafter. • Die Haftung ist auf das Gesellschaftsvermögen beschränkt. Von diesem ist die Kreditwürdigkeit abhängig. • Anteil eines Gesellschafters, auch Stammkapital beträgt mindestens 250 €.	• Gesellschaftsvertrag (auch Satzung) muss notariell beurkundet werden. • Die Eintragung ins Handelsregister ist vorgeschrieben. Dadurch wird die GmbH zur juristischen Person. • Pro Geschäftsjahr sind eine Bilanz sowie eine Gewinn- und Verlustrechnung zu erstellen.

AGB – Allgemeine Geschäftsbedingungen
General Standard Terms and Conditions

Merkmale

- Eine AGB wird von einer Vertragspartei einseitig aufgestellt, ohne dass vorher die einzelnen Punkte im Einzelnen zwischen den Vertragsparteien ausgehandelt worden sind.
- AGBs können von einzelnen Wirtschaftsbereichen bzw. Unternehmen aufgestellt werden (z. B. Groß- und Einzelhandel, Transportunternehmen, Banken).

Ausführung:
Oft in klein gedruckter Form auf der Rückseite von Angeboten bzw. Verträgen

Absichten

- Vereinfachung von Massenverträgen durch vorformulierte Verkaufsbedingungen, Pflichten usw.
- Risikobegrenzung für den Verkäufer durch Einschränkung von Vertragspflichten

Vereinbarungsbeispiele:
Liefer- und Zahlungsbedingungen, Zahlungsweise, Erfüllungsort, Gerichtsstand, Lieferzeit, Eigentumsvorbehalt, Gewährleistungsansprüche bei Mängeln, Verpackungs- und Beförderungskosten.

Schutz gegenüber unangemessener Benachteiligung durch AGB

- Verkäufer muss auf AGB hinweisen.
- AGB müssen für die Käufer leicht erreichbar und gut lesbar sein.
- Käufer muss den AGB zustimmen.
- Persönliche Absprachen haben Vorrang (auch mündliche Absprachen).
  Problem: Beweis unter Umständen schwierig

- Ausschluss oder Einschränkung von Reklamationsrechten sowie Haftung bei grobem Verschulden ist verboten.
- Verbot von Preiserhöhungen innerhalb der ersten vier Monate. Danach sind begründete Erhöhungen möglich.
- Rücktritt bzw. das Recht auf Schadenersatz bei zu später Lieferung darf nicht ausgeschlossen werden.

Rechtsgeschäfte
Legal Transactions

Einteilung

| Mehrseitige Rechtsgeschäfte (Verträge) | Einseitige Rechtsgeschäfte |

Sie werden rechtswirksam durch
- mindestens **zwei** übereinstimmende Willenserklärungen (Antrag und Annahme).

Beispiele für Vertragsarten:
- Darlehensvertrag
- Dienstvertrag
- Kaufvertrag
- Leihvertrag
- Mietvertrag
- Pachtvertrag
- Reisevertrag
- Schenkung
- Tauschvertrag
- Werklieferungsvertrag

Sie werden rechtswirksam durch
- die Willenserklärung einer Person.

| Empfangsbestätigung erforderlich | Empfangsbestätigung nicht erforderlich |

Das Rechtsgeschäft

| wird erst wirksam, wenn die Empfangsbestätigung der anderen Person zugeht. **Beispiele:** Kündigung, Mahnung | wird gültig, ohne dass die Empfangsbestätigung einer anderen Person zugeht. **Beispiel:** Testament |

Nichtigkeit von Rechtsgeschäften

Ein Rechtsgeschäft ist von Anfang an ungültig bei einer **Willenserklärung**
- von Geschäftsunfähigen,
- von beschränkt Geschäftsfähigen gegen den Willen des gesetzlichen Vertreters,
- die bei Störung der Geistesfähigkeit abgegeben wurde,
- die gegenüber einer anderen Person mit deren Einverständnis nur zum Schein (Scheinvertrag) abgegeben wurde,
- die nicht ernst gemeint war,
- die nicht in der vorgeschriebenen Form abgeschlossen wurde,
- die gegen Gesetze verstößt und
- die gegen gute Sitten verstößt.

Anfechtung von Rechtsgeschäften

Rechtsgeschäfte können im Nachhinein durch Anfechtung ungültig werden.
Sie sind jedoch bis zur Klärung gültig!

Anfechtungsgründe bei:
- Irrtum
  - in Erklärungen (z. B. Mengenbestellung)
  - über die Eigenschaften einer Person oder Sache
  - bei der Übermittlung (z. B. falsche Weitergabe)
- Drohungen zur Abgabe einer Willenserklärung.
- Arglistiger Täuschung
  Beispiel: gebrauchter PKW wird als unfallfrei angegeben, obwohl dieses nicht zutrifft.

Merkmale

- Die Organisationsformen in Firmen und Unternehmen haben sich in der Vergangenheit entwickelt von der
  - Funktions-Organisation über die
  - Ablauf-Organisation zur
  - **Geschäftsprozess-Organisation.**

- Diese heute überwiegend angewendete Form einer Unternehmens-Organisation ist u. a. entstanden durch
  - zunehmenden Konkurrenzdruck,
  - Internationalisierung des Handels,
  - kurze Produktlebenszyklen und
  - Kostenoptimierung.

- Vorteile (Ziele) dieser **Prozessorientierung** sind u. a.
  - strikte Kundenorientierung,
  - funktionsüberschreitende Verkettung wertschöpfender Aktivitäten,
  - Flexibilität in der Reaktion auf Kundenanforderungen,
  - Kostentransparenz und
  - wenige definierte Schnittstellen im Durchlauf.

- Der Begriff **Prozess** beschreibt dabei alle Aktivitäten
  - die inhaltlich abgeschlossen sowie
  - zeitlich und sachlogisch aufeinander folgend, ein betriebswirtschaftliches Objekt bearbeiten.

- In der Regel binden Geschäftsprozesse auch die Aktivitäten von Zulieferern, Kunden und ggf. von Konkurrenten mit ein.

- Grundsätzlich gibt es die drei **Prozesstypen**:
  - Kernprozesse
  - Supportprozesse (unterstützende Prozesse)
  - Managementprozesse

- **Kernprozesse**
  - haben direkten Bezug zum Produkt oder der Dienstleistung,
  - tragen zur direkten Wertschöpfung des Unternehmens bei und
  - werden vom externen Kunden direkt wahrgenommen.

- **Supportprozesse**
  - sind für den Ablauf der Kernprozesse notwendig,
  - werden vom externen Kunden nicht direkt wahrgenommen und
  - bringen keine direkte Wertschöpfung.

- **Managementprozesse**
  - steuern und koordinieren die Supportprozesse und
  - sorgen insgesamt für das Zusammenspiel aller Teilprozesse.

- Grundsätzlich erzeugen die in einem Prozess strukturiert verbundenen Aktivitäten das für einen externen Kunden gewünschte Resultat.

- Beispiele für Geschäftsprozesse sind u. a.
  - Bearbeitung eines Kundenauftrages
  - Abwicklung einer Reklamation
  - Durchführung einer Entwicklung

Übersicht

Beispiele:

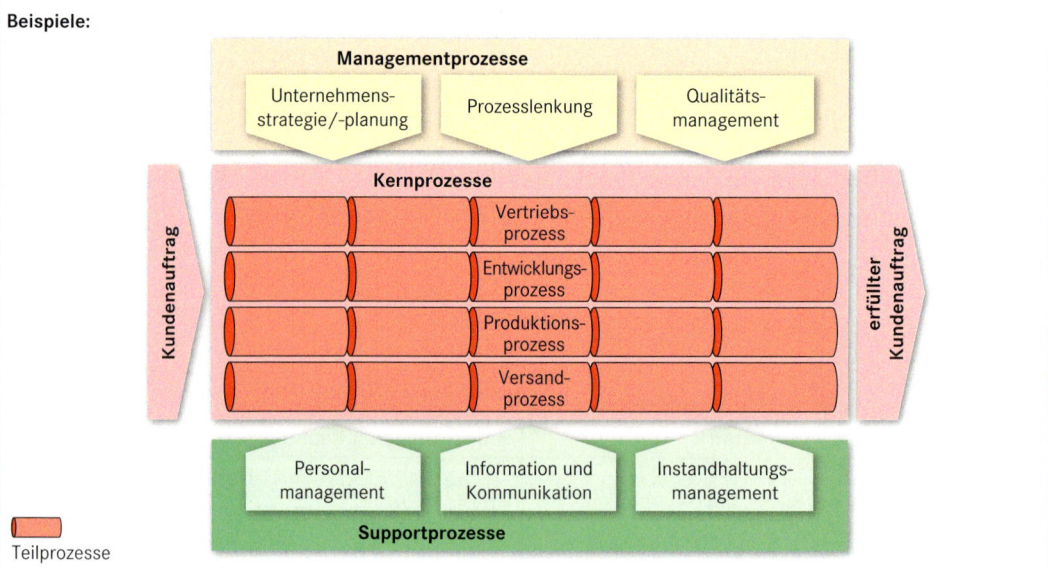

Geschäftsprozessmodelle

- Geschäftsprozessmodelle sind in der Regel unternehmensspezifisch zu modellieren.

- Grundlage für die Modellierung ist dabei immer die Definition der **Kernleistung** eines Unternehmens.

- Große Unternehmen mit mehreren Geschäftseinheiten verwenden in der Regel standardisierte Modelle.

- Die durchgängige Prozesslandschaft ermöglicht damit einen effizienten Leistungsaustausch.

Ablauf	Erläuterungen

Ablauf:

- **Vorbereitung**
- **Eröffnung**
  - Beginn
  - Bedarf
  - Kaufmotive
- **Beratung**
  - Warenpräsentation
  - Argumentation
  - Überwinden von Widerständen
- **Abschluss**
  - Vorbereitung des Abschlusses
  - Kaufabschluss
  - Gesprächsende

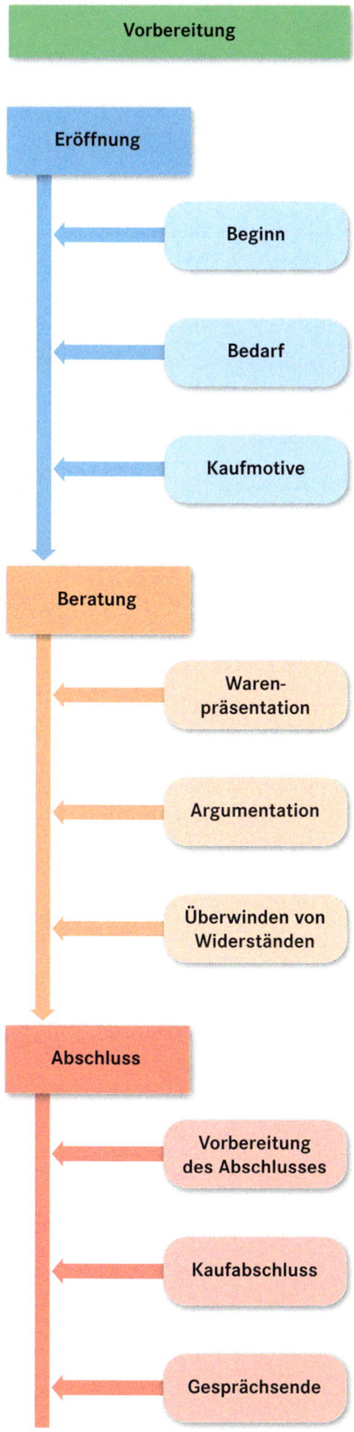

Erläuterungen:

Vorbereitung
- Intensive Auseinandersetzung mit dem Gesprächsziel und dem möglichen Kunden
- Gesprächsstrategie entwickeln

Beginn
- Kunden zur Kenntnis nehmen (Blickkontakt)
- Kontakt aufnehmen, ihn positiv ansprechen
- Beratung anbieten
- Fachkundige Erstinformationen

Bedarf
- Offene Fragen zum Bedarf stellen
- Offene Fragen zum Nutzen stellen
- Präzisierung der Wünsche vornehmen
- Keine peinlichen oder indiskreten Fragen stellen
- Fragen nach Preisvorstellungen noch vermeiden

Kaufmotive
- Aufmerksam zuhören, Verständnisfragen stellen
- Kaufmotive erforschen
- Kaufmotive rationaler und emotionaler Art unterscheiden
- Argumente kundenorientiert und motivationsfördernd einbringen

Warenpräsentation (evtl. Originiale oder Modelle)
- Präsentation dem Auffassungsvermögen des Kunden anpassen
- Auswahl und Vergleich ermöglichen
- Unterstützende Materialien (Prospekte usw.) zur Veranschaulichung einsetzen
- Vielfältige Sinne ansprechen
- Beginn mit mittlerer Preisklasse

Argumentation
- Preis-Nutzen-Relation herausstellen
- Entscheidungshilfen vorbereiten
- Kenntnisse über Produkte gezielt einsetzen

Überwinden von Widerständen
- Argumente des Kunden wahrnehmen
- Argumentationsketten aufbauen (Behauptung mit Begründung)
- Qualitätsbestimmende Merkmale und Eigenschaften hervorheben
- Nutzungsargumente betonen
- Zusatzangebote, Serviceleistungen hervorheben

Vorbereitung des Abschlusses
- Einwände beachten und eventuell entkräften
- Dem Kunden die Entscheidung überlassen

Kaufabschluss
- Zügige Abwicklung
- Kaufentscheidung positiv herausstellen
- Zufriedenheit artikulieren

Gesprächsende
- Dank aussprechen und Verabschiedung
- Wunsch für weitere Besuche zum Ausdruck bringen

Grundsätze

Was soll beschafft werden?

Material

↓

Wie viel soll beschafft werden?

Menge

↓

Wann soll beschafft werden?

Zeit

↓

Wo soll beschafft werden?

Bezugsquelle

Anfrage

Form
Es ist keine bestimmte Form vorgeschrieben, z. B. ■ mündlich, telefonisch ■ schriftlich (Brief, Fax, E-Mail)
Rechtliche Bedeutung
Sie ist stets unverbindlich, eine Kaufverpflichtung besteht nicht.
Unterscheidung
■ **Allgemein** gehaltene Anfrage Beispiele: Warenprobe, Muster, Katalog, Preisliste ■ **Bestimmt** gehaltene Anfrage Beispiele: Artikelnummer, Beschaffenheit, Lieferzeit, Zahlungsbedingung, Lieferbedingung
Aufbau einer bestimmt gehaltenen Anfrage
1. Grund 2. Gewünschte Ware 3. Erforderliche Menge 4. Preis, Lieferungs- und Zahlungsbedingungen 5. Gewünschter Liefertermin

Angebotsvergleich

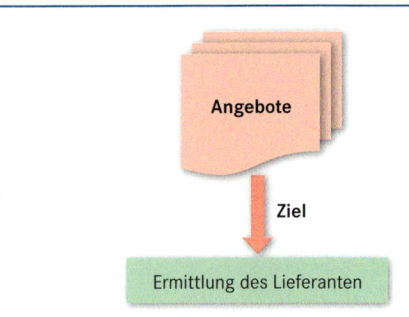

Angebote

↓

Ziel

Ermittlung des Lieferanten

Beschaffungskreislauf

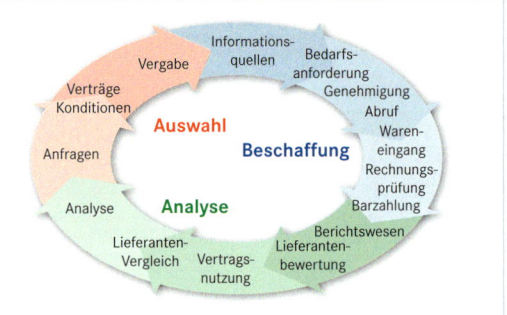

Entscheidungen

quantitativ	qualitativ
■ Listenpreis	■ Warenqualität
■ Liefermenge	■ Zuverlässigkeit des Lieferanten
■ Lieferzeit	■ Verhalten bei Reklamationen
■ Lieferrabatt	■ Kulanz
■ Lieferskonto	■ Kundendienst, Service
■ Zahlungsziel	■ …

■ Bezugskosten
  – Verpackungskosten
  – Transportkosten
  – …	

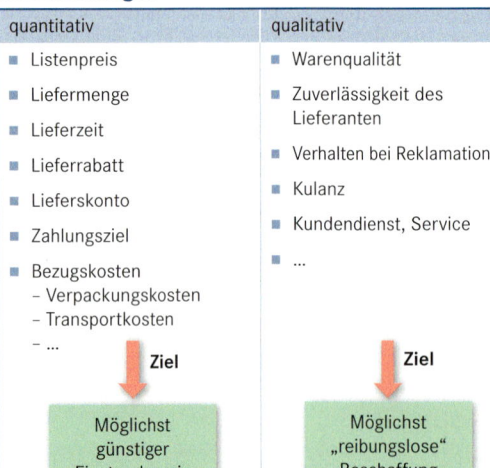

Ziel → Möglichst günstiger Einstandspreis

Ziel → Möglichst „reibungslose" Beschaffung

Beschaffung und Lager

Lager als „Gelenkstelle"

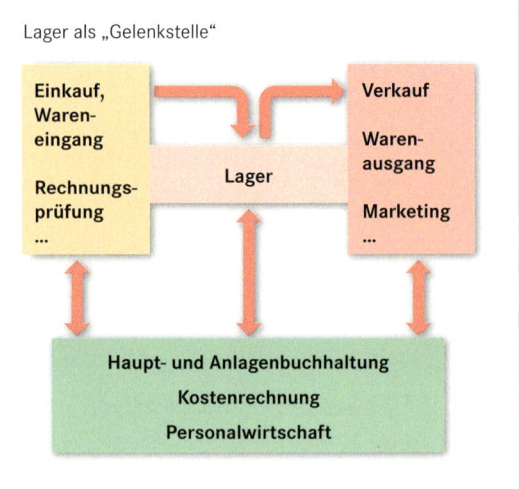

Einkauf, Wareneingang

Rechnungsprüfung

…

Lager

Verkauf

Warenausgang

Marketing

…

Haupt- und Anlagenbuchhaltung

Kostenrechnung

Personalwirtschaft

Betriebliches Rechnungswesen
Cost Accounting

Aufgabe:
- Sicherung und Ausweitung eines ertraggewährleistenden Anteils des Absatzmarktes
- Aufzeichnung sämtlicher Geschäftsvorfälle
- Pflicht zur Buchführung und Bilanzierung (s. HGB)

Funktion:
- Führungs- und Kontrollinstrument; es umfasst das betriebswirtschaftliche Zahlenmaterial eines Unternehmens.

Verknüpfung betrieblicher Funktionsbereiche

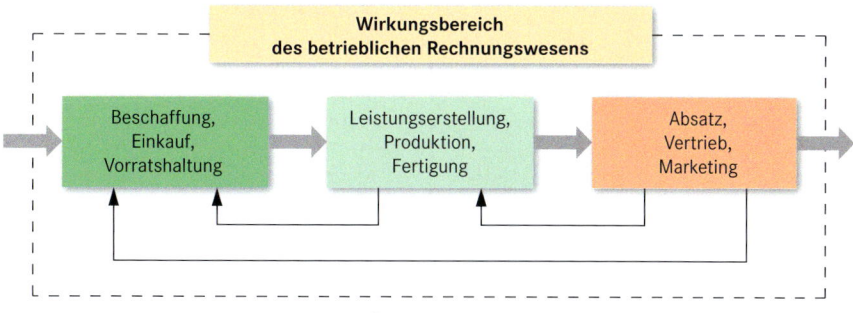

Wirkungsbereich des betrieblichen Rechnungswesens

Beschaffung, Einkauf, Vorratshaltung → Leistungserstellung, Produktion, Fertigung → Absatz, Vertrieb, Marketing

Buchführung

Aufgaben	Gesetzliche Vorgaben
- Darlegung von Vermögenshöhe und Zusammensetzung des betrieblichen Vermögens sowie betrieblicher Schulden.	**Handelsrecht:** Grundsätze ordnungsgemäßer Buchführung (GOB), u. a. mit Verpflichtung zur
- Ermittlung und Dokumentation des betrieblichen Erfolges (Misserfolges) innerhalb einer Zeitspanne.	- Erstellung des Jahresabschlusses,
- Grundlage der betrieblichen Kosten- und Leistungsrechnungen.	- Aufbewahrung der Handelsbücher für 10 Jahre und
- Ermittlung von Kennzahlen zur Abschätzung der betrieblichen Liquidität und Rentabilität.	- Bewertung als Hauptaufgabe der Inventur unter Beachtung des Gläubigerschutzes.
- Bemessungsgrundlage zur Ermittlung anfallender Steuern.	**Steuerrecht:** Abgabenordnung (AO) u. a. für neugegründete Betriebe in der Anfangsphase und Kleingewerbetreibende. Buchführungspflicht auch für Gewerbetreibende mit
- Wiedergabe der wirtschaftlichen Unternehmensverhältnisse bei Gesprächen u. a. mit Kreditgebern, Auftraggebern oder Behörden.	- Umsatz > 260.000 € und
	- Gewinn aus Gewerbebetrieb im Wirtschaftsjahr > 25.000 €.

Gewinn- und Verlustrechnung (GuV)/Bilanz

- Eine **GuV** erfasst am Ende eines Wirtschaftsjahres auf je einer Seite alle Aufwendungen und Erträge. Die Differenz ergibt den Gewinn bzw. Verlust.
- Der Jahresabschluss gilt als Ergebnis der Buchführung am Ende des Wirtschaftsjahres. Kernpunkte sind dabei Bilanz und GuV.

Beispiel:

Bilanz der Firma ...
zum 31.12.2010

Aktiva		Passiva	
I.: Anlagevermögen u. a. Grundstücke, Gebäude, technische Anlagen	400.000,00 €	**I.: Eigenkapital** z. B. Nennbeträge der Gesellschaftsanteile, Privateinlagen/-entnahmen	250.000,00 €
II.: Umlaufvermögen u. a. Vorräte wie Roh-, Hilfs- und Betriebsstoffe, Erzeugnisse	600.000,00 €	**II.: Verbindlichkeiten** z. B. gegenüber Kreditinstituten und Lieferanten, Anzahlungen	750.000,00 €
Summe	**1.000.000,00 €**	**Summe**	**1.000.000,00 €**

Lastenheft

Definition

- Das Lastenheft enthält alle Forderungen des Auftraggebers (Kunden) an die Lieferungen und/oder Leistungen eines Auftragnehmers.

- Die Forderungen sind aus Anwendersicht einschließlich aller Randbedingungen zu beschreiben. Diese sollten quantifizierbar und prüfbar sein.

- Im Lastenheft wird definiert, was für eine Aufgabe vorliegt und wofür diese zu lösen ist.

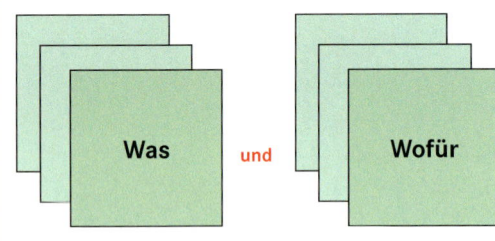

Was und **Wofür**

Pflichtenheft

Definition

- Das Pflichtenheft enthält das vom Auftragnehmer erarbeitete Realisierungsvorhaben auf der Grundlage des Lastenheftes.

- Das Pflichtenheft enthält als Anlage das Lastenheft.

- Im Pflichtenheft werden die Anwendervorgaben detailliert und in einer Erweiterung die Realisierungsforderungen unter Berücksichtigung konkreter Lösungsansätze beschrieben.

- Im Pflichtenheft wird definiert, wie und womit die Forderungen zu realisieren sind.

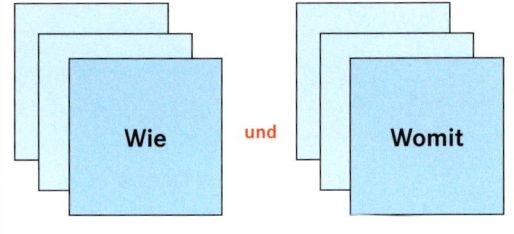

Wie und **Womit**

Voraussetzungen für die Erstellung

- Guten Kontakt zwischen allen Beteiligten herstellen
- Wesentliche Anforderungen durch Markt-, Kunden- und Umfeldanalyse ermitteln

Funktion

- „Roter Faden" während des Ablaufs der Entwicklung, Produktion, ...

Durchführung

- Keine allgemeingültigen Vorgaben
- Umfang und Inhalt ist stark von der Zielsetzung abhängig. Beispiele: Ermittlung der
  - Anforderungsträger
  - Produktfaktoren aus Kundensicht
  - Kaufentscheidende Faktoren
  - Anforderungen aus dem Umfeld
  - Anforderungen aus dem Unternehmen
  - Anforderungen des Vertriebs
  - Anforderungen von Lieferanten und von Kooperationspartnern
  - Produktionsprofile

Vorteile

- Einheitliche Vorgabe für alle am Entwicklungsprozess Beteiligten
- Weniger Missverständnisse und Versäumnisse durch eine systematische Dokumentation
- Rechtsverbindliche Festlegungen

Nachteile

- Hoher Aufwand
- Individuelle Erstellung (keine Standardisierung)
- Statische Problemlösungsstruktur

Einsatzbereiche

- Dokumentation der Anforderungen als Abschluss der Planung eines Produktes bzw. einer Dienstleistung
- Prinzipiell für alle Produkte bzw. Dienstleistungen einsetzbar

Wesentliche Bestandteile

Beispiele:

- Name des Prozesses, Projektes, Vorhabens, ...
- Verfasser des Pflichtenheftes
- Version
- Ablage der Datei, Dokumentation
- Ziele
  Beschreibung, Nutzen für den Auftraggeber (Kunden), aktuelle Situation (z. B. bisheriges System)
- Anforderungen
  - **Vollständigkeit**
    Alle Details der Anforderungen sind zu definieren. Es sollten so wenig wie möglich Aspekte als selbstverständlich eingeschätzt werden.
  - **Eindeutigkeit**
    Damit keine Missverständnisse entstehen, sind die Anforderungen möglichst mit einfachen Worten zu definieren.
  - **Testbarkeit**
    Alle Anforderungen müssen überprüfbar sein. Dieses ist eine Voraussetzung für die Abnahme durch den Auftraggeber.
- Schnittstellen
  (Verbindungen zu anderen Systemen, Projekten usw.)
- Randbedingungen
- Service- und Wartungshinweise
  (Kontaktadressen)
- Unterschriften
  (Projektauftraggeber/Projektleiter/...)

Merkmale

Prinzipien einer soliden Betriebsführung sind:
- einwandfreie Wertarbeit,
- tragbare und angemessene Preisgestaltung,
- Kostenrechnung und Kalkulation (Teilgebiete des betrieblichen Rechnungswesens),
- Ermittlung der Selbstkosten und
- marktgerechte Preisgestaltung bei Leistungs- oder Produktionseinheiten.

Zuschlagskalkulation

Sie eignet sich besonders für Betriebe mit unterschiedlichen Produkten bzw. Leistungen (z. B. Montagebetrieb).
Dabei werden die gesamten Jahreskosten auf die Kundenleistungen bzw. das Produkt umgelegt und aufgeteilt nach:

- **Einzelkosten**
  Diese zeichnen sich durch Auftragsnähe aus. Sie sind direkt verrechenbar (Material, Lohn).

- **Gemeinkosten**
  Sie haben keinen unmittelbaren Auftragsbezug und können nur indirekt (aus Betriebsabrechnungen; BAB) ermittelt werden.

- **Zuschlagsätze**
  Sie sind Prozentsätze, mit denen die Gemeinkosten anteilig auf die Einzelkosten pro Auftrag umgelegt werden.

Beispiel:

	100,00 €	Materialkosten
+	5,00 €	5 % Materialgemeinkosten
=	105,00 €	**Materialgesamtkosten**
+	500,00 €	Arbeitslohn
+	35,00 €	7 % Lohngemeinkosten
+	150,00 €	Produktionssonderkosten
=	790,00 €	**Herstellungskosten**
+	23,70 €	3 % Zuschlag für Verwaltung und Vertrieb
=	813,70 €	**Selbstkosten**
+	40,69 €	5 % Zuschlag für Gewinn und Wagnis
=	854,39 €	**Nettopreis des Angebotes**
+	162,33 €	19 % Umsatzsteuer
=	1016,72 €	**Bruttopreis des Angebotes**

Kostenrechnungsarten

Vollkostenrechnung

- Alle Kosten werden dem Produkt bzw. der Leistung (auch Kostenträger) zugerechnet.
- Die Genauigkeit der Kalkulation ist umso besser, je differenzierter die Zuschlagsätze der einzelnen Kalkulationen sind.
- Nachteil: Durch Ermittlung der Zuschlagsätze aus dem zurückliegenden Geschäftsjahr werden laufende Veränderungen der betrieblichen Gegebenheiten nicht erfasst. Dennoch ist die Vollkostenrechnung im Handwerk noch dominierend.

Teilkostenrechnung

- Die Mängel der Vollkostenrechnung werden vermieden, indem man dem Produkt oder Auftrag nur die variablen Kosten anlastet.
- **Variable Kosten** steigen oder sinken mit der Veränderung der Auftragslage linear, progressiv oder degressiv.
- **Fixe Kosten** sind unabhängig vom Beschaffungsgrad. Der Fixkostenanteil ist dann am geringsten, wenn der Betrieb maximal ausgelastet ist.

Deckungsbeitragsrechnung

- **Deckungsbeitrag** ist bei der Teilkostenrechnung die Differenz von Auftragserlös und variablen Kosten.
- **Gewinn** entsteht dann, wenn im Abrechnungszeitraum die Deckungsbeiträge höher sind als die Fixkosten.
- **Konkurrenzsituation** erfordert die Kenntnis der unteren Kosten- und Preisgrenze.
- **Kalkulatorischer Ausgleich** liegt dann vor, wenn Aufträge mit relativ hohem Deckungsbeitrag solche ausgleichen, bei denen nur ein geringer Teil der Fixkosten gedeckt wird.

Beispiel:

Auftrag	Erlös	variable Kosten	Deckungs-beitrag (D)	fixe Kosten (F)	Gewinn (=D−F)
1	9 500,00 €	6 500,00 €	3 000,00 €	–	
2	11 500,00 €	7 500,00 €	4 000,00 €	–	
3	6 000,00 €	4 500,00 €	1 500,00 €	–	
4	8 500,00 €	6 000,00 €	2 500,00 €	–	– ①
Summe	35 500,00 €	24 500,00 €	11 000,00 €	11 100,00 €	**−100,00 €**
⋮	⋮	⋮	⋮	⋮	⋮
5	10 000,00 €	9 000,00 €	1 000,00 €	–	– ②
Summe	45 500,00 €	33 500,00 €	12 000,00 €	11 100,00 €	**900,00 €**

Aufträge 1 ... 4 ergeben Verlust ①.
Ausführung des 5. Auftrages führt zum Gewinn ②.

Merkmale

- Gegliederte Aufstellung über eine Geldforderung (Entgelt für eine erbrachte Montage, Reparatur, Warenlieferung, …)
- Die an den Kunden weiterzugebende Umsatzsteuer ist als Verbindlichkeit an das Finanzamt zu erfassen.
- Rechnungsstellung ist durch EU-Richtlinien harmonisiert und wird von allen Steuerbehörden der EU-Länder anerkannt.

- **Teilrechnung** wird für Leistungen gestellt, die in vertraglich festgelegter Zeit erbracht wurden.
- **Schlussrechnung** erfolgt nach Fertigstellung aller Leistungen gemäß Werk-/Liefervertrag.

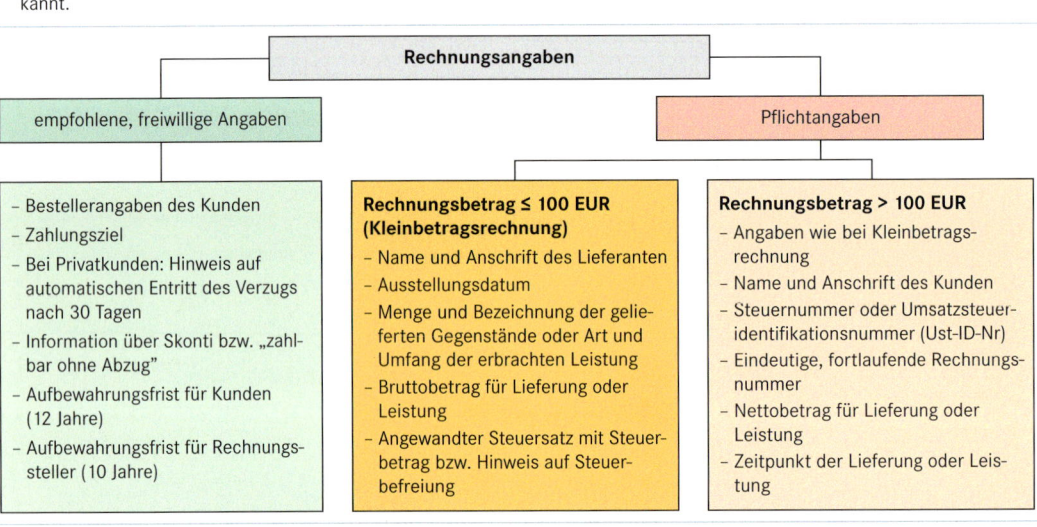

Rechnungsangaben

empfohlene, freiwillige Angaben

- Bestellerangaben des Kunden
- Zahlungsziel
- Bei Privatkunden: Hinweis auf automatischen Entritt des Verzugs nach 30 Tagen
- Information über Skonti bzw. „zahlbar ohne Abzug"
- Aufbewahrungsfrist für Kunden (12 Jahre)
- Aufbewahrungsfrist für Rechnungssteller (10 Jahre)

Pflichtangaben

Rechnungsbetrag ≤ 100 EUR (Kleinbetragsrechnung)

- Name und Anschrift des Lieferanten
- Ausstellungsdatum
- Menge und Bezeichnung der gelieferten Gegenstände oder Art und Umfang der erbrachten Leistung
- Bruttobetrag für Lieferung oder Leistung
- Angewandter Steuersatz mit Steuerbetrag bzw. Hinweis auf Steuerbefreiung

Rechnungsbetrag > 100 EUR

- Angaben wie bei Kleinbetragsrechnung
- Name und Anschrift des Kunden
- Steuernummer oder Umsatzsteueridentifikationsnummer (Ust-ID-Nr)
- Eindeutige, fortlaufende Rechnungsnummer
- Nettobetrag für Lieferung oder Leistung
- Zeitpunkt der Lieferung oder Leistung

Mahnverfahren
Dunning Procedure

Außergerichtlich

Zeit	Vorgang
Leistungserbringung	Dem Schuldner ist eine angemessene Frist zur Leistungserfüllung zu gewähren.
Fristende	Es tritt **Verzug** ein.
+ 30 Tage	30 Tage nach Fälligkeit und Rechnungseingang tritt automatisch Verzug ein (auch ohne Mahnung). Privatkunden müssen in der Rechnung auf den Sachverhalt hingewiesen werden.
+ 2 Jahre	Geldforderungen aus einem Werkvertrag verjähren 2 Jahre nach der Abnahme. Eine **Verjährung** des Anspruchs wird durch eine Mahnung **nicht** ausgedehnt.

- **Mahnung** (Zahlungserinnerung genannt) ist die bestimmte und eindeutige Mitteilung an den Schuldner, die ausstehende Leistung (Zahlung) zu erbringen.
- Verzug tritt immer dann ein, wenn ein Schuldner seine Leistung (z. B. Zahlung) nicht wie vereinbart erbringt. Dies betrifft den Umfang der Leistung und den Zeitpunkt.
- Tritt der Verzug erst durch die Mahnung auf, können dem Schuldner die entstandenen Kosten **nicht** berechnet werden.

Gerichtlich

Mahnverfahren sind zur vereinfachten Durchsetzung von Geldforderungen juristisch geregelt. Die Vollstreckung einer Geldforderung wird ohne Klageerhebung möglich.

Mahnbescheid
wird nach formeller Prüfung des Gläubigerantrages vom Gericht erlassen und an den Gläubiger zugestellt.

Gläubiger **zahlt**

Gläubiger **zahlt nicht**
Nach 2 Wochen kann ein Vollstreckungsbescheid beantragt werden.
Im Anschluss kommt es zur Zwangsvollstreckung (Pfändung/Zwangsversteigerung)

Gläubiger erhebt **Widerspruch**
Es kommt zu einer Verhandlung vor Gericht mit anschließendem Urteil. Im Anschluss kommt es bei entsprechendem Urteil zur Zwangsvollstreckung.
Bei Streitwerten über 5000 EUR besteht bei Klageerhebung vor dem Landgericht eine Anwaltspflicht.

Mängelarten

Falsche Lieferung	
Menge Quantitätsmangel, zu viel bzw. zu wenig geliefert.	**Art** Gattungsmangel, andere Ware geliefert als bestellt.
Sach- oder Qualitätsmangel	
Beschaffenheit Die Ware ist beschädigt, verdorben, ...	**Güte** Die zugesicherte Eigenschaft fehlt.

Erkennbarkeit

Offener Mangel
– sofort erkennbar

Versteckter Mangel
– nicht sofort erkennbar,
– stellt sich später heraus

Arglistig verschwiegener Mangel
– vom Verkäufer bewusst verschwiegen

Gewährleistung

- Die Gewährleistung ist ein **gesetzlich verankertes Recht** (24 Monate für bewegliche, 36 für unbewegliche Sachen), vom Vertragspartner (Übergeber) ein Einstehen für Mängel an der Sache zu fordern.

- Eine Gewährleistung kann nicht durch AGB beschränkt werden.

- Der Übergeber (z. B. Verkäufer) trägt innerhalb der ersten sechs Monate ab Übergabe die Beweislast dafür, dass die Mängel nicht schon bei der Übergabe vorhanden waren.

- Gewährleistung gilt nicht bei Verschleiß und Abnutzung.

Garantie

- Die Garantie ist ein **vertraglich eingeräumtes Versprechen** – in der Regel des Herstellers (und nicht des Vertragspartners) – für Mängel, die an einer Sache während der Garantiezeit auftreten, entsprechend der Garantieerklärung einzustehen.

- Mängel werden während der festgelegten Garantiezeit behoben.

- Garantieleistungen können, müssen aber nicht kostenlos sein.

Rechte des Käufers bei mangelhafter Lieferung

Bedingung: Mangel wurde rechtzeitig gemeldet.

Vorrangig: Nacherfüllung (§ 439 BGB)

Nachbesserung	← **Wahlrecht des Käufers** →	Neulieferung

Zusätzlicher Anspruch besteht, wenn ein Verschulden vorliegt.

Schadenersatz neben der Leistung

Nachrangig
In der Regel erst nach dem erfolglosen Ablauf
einer zur Nacherfüllung gesetzten Frist.

Rücktritt vom Vertrag (Wandlung)	**Minderung des Kaufpreises**	**Schadenersatz statt Leistung**	**Ersatz vergeblicher Aufwendungen**
§ 440, 323, 326 BGB	§ 441 BGB	§ 280, 281, 440 BGB	§ 284 BGB

Gilt nicht bei geringfügigen Mängeln

Gilt nicht bei geringfügigen Mängeln

Voraussetzungen

Eine angemessene Nachfrist ist entbehrlich, wenn
- der Verkäufer die Nacherfüllung verweigert,
- zwei Nacherfüllungsversuche fehlgeschlagen sind und
- für Verkäufer bzw. Käufer Nacherfüllung unzumutbar ist.

Eine angemessene Nachfrist ist entbehrlich, wenn
- der Verkäufer die Nacherfüllung verweigert,
- zwei Nacherfüllungsversuche fehlgeschlagen sind und
- für Verkäufer Nacherfüllung unzumutbar ist.

Planvolle Arbeitsorganisation

Auftrag klären

Kunde: Für wen?
Zeit: Bis wann?
Zweck: Wozu?
Ergebnis: Was soll erreicht werden?

Ziele angeben

Lastenheft und Pflichtenheft erstellen

Informationen beschaffen

- Arbeitsschritte ermitteln
- Teilaufgaben
- Reihenfolge festlegen

Plan aufstellen

Wer macht was, wie, wann, wo?

Auftrag ausführen

Ständige Qualitätskontrolle

Endergebnis feststellen

Vergleich zwischen Auftrag und Ergebnis (Soll-Ist-Vergleich)

nein

Übereinstimmung

ja

Ende

- **Ziele ergonomischer[1] Arbeitsorganisation**
  - Arbeitsprozesse an menschliche Bedürfnisse anpassen
  - Individueller Gesundheitsschutz
  - Humane Arbeitsplatzgestaltung

- **Gefahren nichtergonomischer[1] Arbeitsorganisation**
  - Körperliche Beschwerden
  - Gefährdung des Sehvermögens, Hörvermögens, ...
  - Psychische Belastungen

[1] Ergonomie = Wissenschaft von der menschlichen Arbeit

Regeln

- **Vermeidung von psychischen Beanspruchungen**
  Abbau von
  - Monotonie
  - sinnlosen Wiederholungen
  - sinnentleerter Arbeit
  - hohem Arbeitstempo und Arbeitsverdichtung
  - Informationsüberflutung
  - sozialer Isolation
  - Lärmbelästigung

- **Vermeidung von einseitiger Arbeit** durch
  - Mischarbeit (abwechslungsreiche Arbeit) und
  - Pausen.

- **Arbeit soll**
  - ausführbar,
  - erträglich,
  - zumutbar und
  - persönlichkeitsfördernd sein.

- **Beachtung der Leistungskurve**

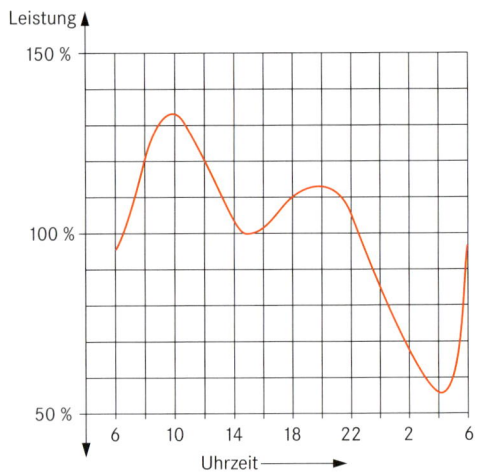

- **Aktivitätsplanung (60:40 Regel)**

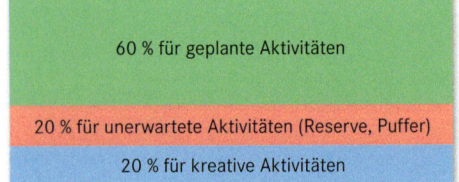

60 % für geplante Aktivitäten

20 % für unerwartete Aktivitäten (Reserve, Puffer)

20 % für kreative Aktivitäten

- **Bewertung der Aufgaben nach Wichtigkeit**

  - Äußerst wichtig
    → Ich tue es selbst und delegiere nicht!

  - Durchschnittlich wichtig
    → Ich versuche es fallweise zu delegieren!

  - Weniger wichtig, unwichtig
    → Ich delegiere, verkürze den Aufwand oder streiche das Vorhaben!

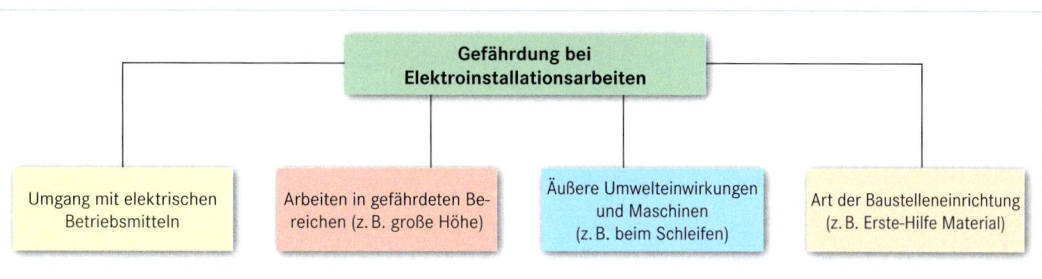

Gefährdung bei
Elektroinstallationsarbeiten

| Umgang mit elektrischen Betriebsmitteln | Arbeiten in gefährdeten Bereichen (z. B. große Höhe) | Äußere Umwelteinwirkungen und Maschinen (z. B. beim Schleifen) | Art der Baustelleneinrichtung (z. B. Erste-Hilfe Material) |

Gesetzliche Regelung im Arbeitsschutzgesetz (**ArbSchG**) und in der Betriebssicherheitsverordnung (**BetrSichV**) zur
- Regelung der grundlegenden Pflichten des Arbeitgebers,
- Festlegung der Pflichten und Rechte des Arbeitnehmers und
- Überwachung des Arbeitsschutzes durch die zuständigen Behörden und/oder Berufsgenossenschaften (**BGV**).

Pflichten des Arbeitgebers

- Elektrische Anlagen und Betriebsmittel
  - nach den elektrotechnischen Regeln betreiben,
  - nur von einer Elektrofachkraft bzw. unter deren Aufsicht errichten, ändern und instandhalten,
  - auf einen ordnungsgemäßen Zustand prüfen und
  - Mängel unverzüglich beseitigen.
- Erforderliche persönliche Schutzkleidung dem Arbeitnehmer zur Verfügung stellen.
- Sicherheitsrelevante Arbeitsgeräte (z. B. Leitern) in ausreichender Anzahl und technisch einwandfreiem Zustand zur Verfügung stellen.

Pflichten des Arbeitnehmers

- Sicherheitstechnische Bestimmungen am Arbeitsplatz einhalten und Anweisungen befolgen.
- Vor Arbeitsbeginn alle sicherheitsrelevanten Arbeitsgeräte und Hilfsmittel überprüfen.
- Elektrotechnische Bestimmungen einhalten.
- Bei Übertragung der Unternehmerpflichten an die Elektrofachkraft (BGV A1, § 12) deren Einhaltung kontrollieren. Die Übertragung muss schriftlich bestätigt werden.
- Persönliche Schutzausrüstung tragen.

Elektrotechnische Fachkräfte

| Anlagen-verantwortlicher | Elektrofachkraft | Verantwortliche Elektrofachkraft | Arbeits-verantwortlicher |

| Verantwortlich für den Betrieb einer elektrischen Anlage (Elektrofachkraft). DIN VDE 0105-100 | Maßnahmen und Entscheidungen in eigener Verantwortung. Voraussetzung ist eine Fachausbildung. | Fach- und Aufsichtsverantwortung bei Übertragung durch den Unternehmer. DIN VDE 1000-10 | Für jede Arbeit benannt; verantwortet die Durchführung der Arbeiten. VDE 0105-100 |

Persönliche Schutzausrüstung

Zusätzlich zur Arbeitsschutzbekleidung muss je nach Arbeitsgefährdung folgende Schutzausrüstung getragen werden:

- **Kopfschutz** – Schutzhelm DIN EN 397
- **Augenschutz** – Schutzbrille DIN EN 166
- **Schallschutz** – Gehörschutzstöpsel bis 110 dB (A) bzw. Gehörschutzkapseln bis 120 dB (A)
- **Fußschutz** – Sicherheitsschuhe DIN EN ISO 20345
- **Handschutz** – Sicherheitshandschuhe DIN EN 60903
- **Atemschutz** – Filtergeräte DIN 3179
- **Absturzschutz** – Sicherheitsgeschirr (Halte- bzw. Auffanggurt) EN 358/EN 361

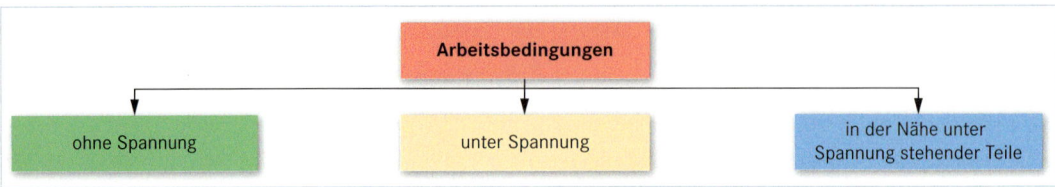

Arbeitsbedingungen

- ohne Spannung
- unter Spannung
- in der Nähe unter Spannung stehender Teile

Arbeit ohne Spannung

Der Arbeitsverantwortliche veranlasst das
- Aufstellen des Sicherheitsschildes und
- Befolgen der Sicherheitsregeln.

5 Sicherheitsregeln

1. Freischalten
Das Anlagenteil muss allpolig und allseitig abgeschaltet werden.

2. Gegen Wiedereinschalten sichern
Nur die an der Anlage tätigen Personen dürfen das betreffende Anlagenteil wieder in Betrieb nehmen.

3. Spannungsfreiheit feststellen
Durch Messung mit Messgerät oder zweipoligem Spannungsprüfer vergewissern, dass keine Spannung gegen Erde am betreffenden Anlagenteil vorhanden ist.

4. Erden und Kurzschließen[1]
Von der Erdungsklemme ausgehend alle Leiter untereinander verbinden.

5. Benachbarte, unter Spannung stehende Teile abdecken und abschranken
Abdecken oder Abschranken verhindern, dass Anlagenteile nicht berührt werden können.

[1] In Anlagen mit Bemessungsspannungen bis 1 kV darf unter bestimmten Umständen hiervon abgewichen werden (vgl. DIN VDE 0105-100)

Maßnahmen vor Wiedereinschalten nach beendeter Arbeit

1. Werkzeug und Hilfsmittel entfernen.
2. Gefahrenbereich verlassen.
3. Kurzschließen und Erdung zuerst an der Arbeitsstelle, dann an den übrigen Stellen entfernen ①.
4. Anlagenteile und Leitungen ohne Erdungsseil dürfen nicht berührt werden.
5. Entfernte Schutzverkleidungen und Sicherheitsschilder wieder anbringen.
6. Schutzmaßnahmen an den Schaltstellen erst nach Freimeldung von den Arbeitsstellen aufheben.

①

Arbeiten unter Spannung

Ausführung nur unter folgenden Bedingungen:
- Keine Brand- oder Explosionsgefahr
- Keine ungünstigen Witterungsverhältnisse (z. B. hohe Luftfeuchtigkeit)

Voraussetzungen für Elektrofachkraft und Werkzeug:
- Spezielle Ausbildung
- Vorgeschriebene persönliche Schutzausrüstung
- Geeignetes Werkzeug für die Betriebsspannung
- Regelmäßige Überprüfung von Werkzeug und Schutzausrüstung
- Spezielle Anweisung an die ausführende Person durch den Verantwortlichen

Arbeiten in der Nähe unter Spannung stehender Teile

Arbeiten in elektrischen Anlagen, bei denen Personen mit Körperteilen, Werkzeug oder anderen Gegenständen in die Annäherungszone gelangen können, die Gefahrenzone aber nicht erreichen.

- **Annäherungszone**
  - hängt ab von der Bemessungsspannung U_N und
  - wird begrenzt durch den Abstand D_v von unter Spannung stehenden Teilen.

  Dabei müssen alle unter Spannung stehenden Anlagenteile sicher abgedeckt werden (vgl. Sicherheitsregel 5).

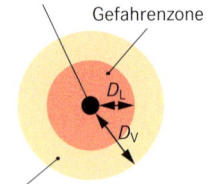

unter Spannung stehendes Teil
Gefahrenzone
D_L
D_v
Annäherungszone

Arbeiten von Nicht-Elektrofachkräften innerhalb der Annäherungszone dürfen nur unter Aufsicht von Elektrofachkräften durchgeführt werden.

- **Gefahrenzone**
  - ist der Bereich, der durch Abstand D_L begrenzt wird und
  - in dem **keine Arbeiten** vorgenommen werden dürfen.

- **Richtwerte für die Abstände D_v und D_L** (Auswahl)

Bemessungsspan-nung U_N in kV	Mindestabstände in Luft	
	D_v in mm	D_L in mm
≤ 1	300	–
6	1120	90
10	1150	120
20	1220	220
110	2000	1000

- **Besondere Anforderungen**
  - Elektrofachkraft muss Zusatzqualifikation besitzen.
  - Arbeitsverantwortliche muss vor Ort die Arbeitenden einweisen und beaufsichtigen.
  - Arbeitsstelle muss nach außen durch Abschrankungen und Schilder kenntlich gemacht werden.

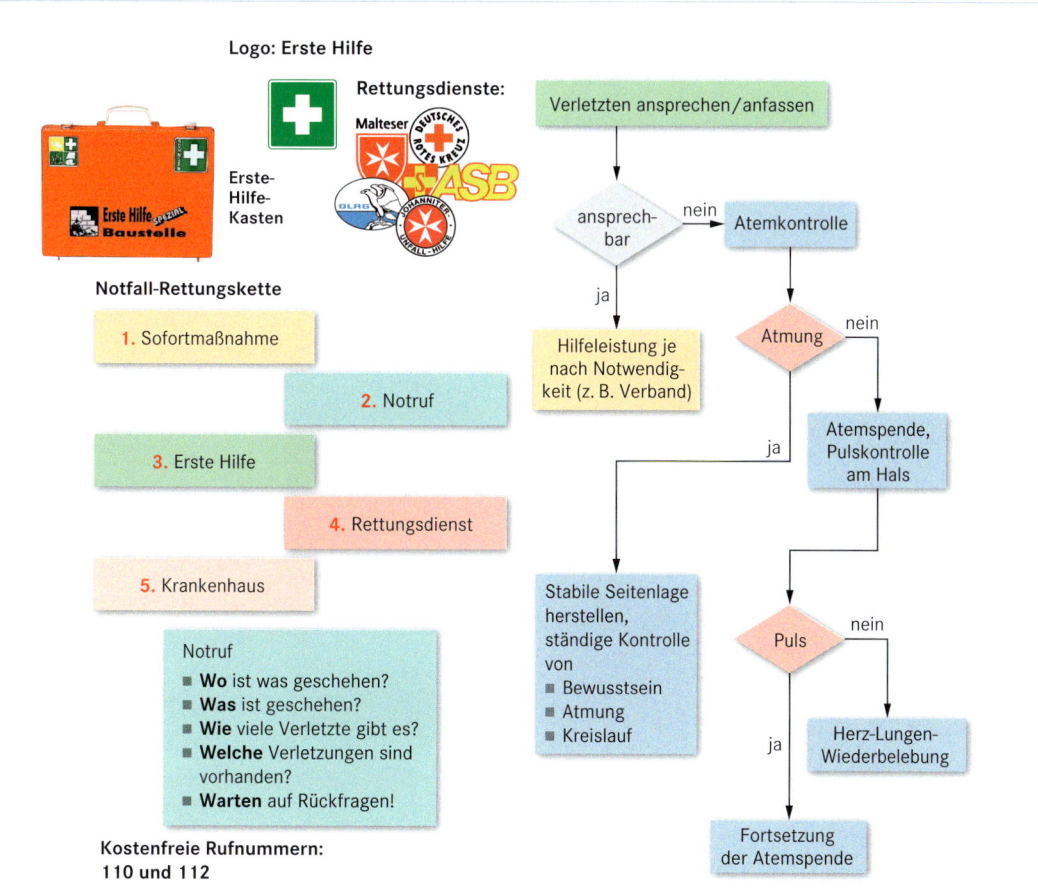

Logo: Erste Hilfe

Rettungsdienste:

Erste-Hilfe-Kasten

Notfall-Rettungskette

1. Sofortmaßnahme

2. Notruf

3. Erste Hilfe

4. Rettungsdienst

5. Krankenhaus

Notruf
- **Wo** ist was geschehen?
- **Was** ist geschehen?
- **Wie** viele Verletzte gibt es?
- **Welche** Verletzungen sind vorhanden?
- **Warten** auf Rückfragen!

Kostenfreie Rufnummern:
110 und 112

Verletzten ansprechen/anfassen

ansprechbar — nein → Atemkontrolle

ja ↓

Hilfeleistung je nach Notwendigkeit (z. B. Verband)

Atmung — nein →

ja ↓

Atemspende, Pulskontrolle am Hals

Stabile Seitenlage herstellen, ständige Kontrolle von
- Bewusstsein
- Atmung
- Kreislauf

Puls — nein →

ja ↓

Herz-Lungen-Wiederbelebung

Fortsetzung der Atemspende

	Versagen der Atmung/Atemstillstand	Herzversagen/Herzstillstand	Kreislaufversagen/Schock	Starke Blutung
Symptome	<ul><li>Flache, unregelmäßige Atmung bzw. keine Atembewegung mehr wahrnehmbar</li><li>keine Atemgeräusche hörbar</li><li>bläuliche Verfärbung der Haut (Lippen, Ohrläppchen)</li><li>Bewusstlosigkeit</li></ul>	<ul><li>Bewusstlosigkeit</li><li>erweiterte Pupillen</li><li>blaue oder weißliche (blasse) Verfärbung der Haut</li></ul>	<ul><li>Schwacher, beschleunigter Puls</li><li>feuchte, blasse, kalte Haut</li><li>Unruhe, Angst</li></ul>	<ul><li>Bei Verletzung der Schlagader pulsierender Blutaustritt</li><li>hellrote Farbe des Blutes</li></ul>
Maßnahmen	<ul><li>Verletzten in stabile Seitenlage bringen</li><li>Mund- und Rachenraum von Fremdkörpern (Speisereste, Erbrochenes) säubern</li><li>Bei Atemstillstand mit der Atemspende beginnen</li><li>Atmung überwachen</li></ul>	<ul><li>Sofort mit Herzdruckmassage beginnen</li><li>Achtung: Ersthelferausbildung ist hierfür unbedingt erforderlich</li></ul>	<ul><li>Schocklage herstellen (Oberkörper flach legen, Beine schräg nach oben)</li><li>Achtung: Schocklage nicht bei Verletzung der Beine oder Wirbelsäule</li><li>vor Unterkühlung schützen</li><li>durch Ansprache beruhigend wirken</li><li>Atmung und Puls kontrollieren</li></ul>	<ul><li>Druckverband anlegen, sterile Auflage (Einmalhandschuh verwenden!)</li><li>leichte Blutung aus Nase: Kopf nach vorne neigen, Kinn in die Hand stützen lassen, kalter Umschlag auf den Nacken</li><li>bei verletzter Schlagader die Ader abdrücken bzw. abbinden</li></ul>

Traditionelle Organisationseinheiten

- Abläufe und Vorgänge sind eindeutig festgelegt. Jeder weiß genau, wer was wie und bis wann zu tun hat.

- Die Aufgaben werden den einzelnen Mitarbeitern vom jeweiligen Vorgesetzten zugeteilt.

- Es gibt klare Kontrollmechanismen zur Sicherung der vorschriftsmäßigen Arbeitsdurchführung und der zu erwartenden Qualität.

- Kommunikation und übergreifende Problemlösungen mit anderen Abteilungen oder sonstigen Unternehmensbereichen erfolgen über den Vorgesetzten oder durch eine ausdrücklich von diesem bestimmte Person.

- Organisationseinheiten sind dauerhaft installiert. Diese haben klar umrissene Aufgaben- und Kompetenzbereiche.

Phasen der Teamentwicklung

Kontaktphase

Vorgesetzte und Teammitglieder:
- Klärung gegenseitiger Erwartungen, Ziele, Rahmenbedingungen

Notwendige Voraussetzungen der Beteiligten:
- Offenheit, Ehrlichkeit und Engagement

Forming
- Erstes Kennenlernen
- Individuelle Verhaltensmuster werden erprobt

Storming
- Gegensätzliche Meinungen werden deutlich
- Konflikte entstehen
- Machtkämpfe

Norming
- Widerstände sind überwunden
- Eingespielte Verhaltensweisen
- Regeln werden akzeptiert

Performing
- Geklärte Rollen
- Konzentration auf die Aufgaben
- Effiziente Arbeit mit höchster Leistung

Adjourning
- Auflösung der Strukturen durch Zu- und Abgänge
- Neubeginn

Teamarbeit

- Teams sind Arbeitsgruppen, die sich mit Hilfe des Teamleiters selbst organisieren.

- Innerhalb eines Teams gibt es keine Hierarchiestufen. Jeder beteiligt sich nach persönlichen Fähigkeiten und Fertigkeiten an der gemeinsamen Aufgabe.

- Die Arbeit erfolgt in fach- und abteilungsübergreifenden Gruppen.

- Unterschiedliches Spezialistenwissen und unterschiedliche Erfahrungen werden im Team zur gemeinsamen Lösung komplexer Aufgaben kombiniert.

- Zwischen den Teams eines Unternehmens bestehen rege Kontakte. Informationen werden offen ausgetauscht.

- Teams werden nicht auf Dauer installiert, sondern für bestimmte Vorhaben oder Projekte zusammengestellt.

- Wenn das gemeinsame Ziel erreicht oder die gemeinsame Aufgabe gelöst ist, können die einzelnen Mitglieder neuen Teams zugeordnet werden.

Voraussetzungen an die Beteiligten:

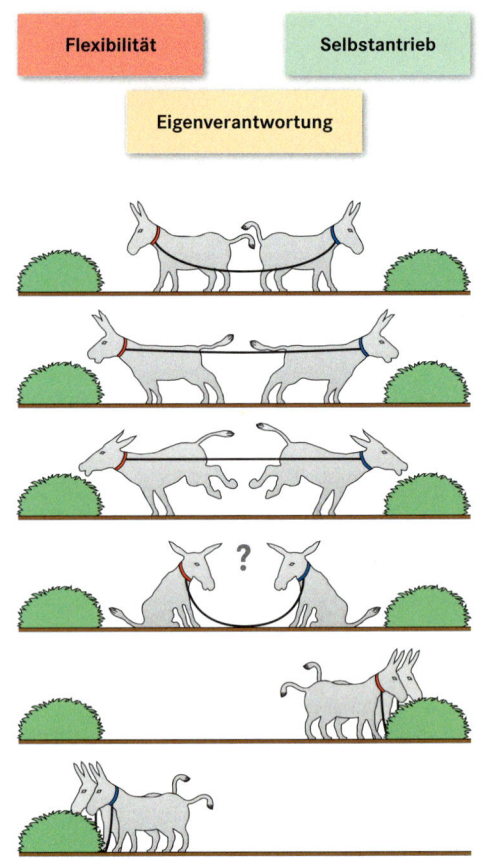

Flexibilität   Selbstantrieb

Eigenverantwortung

Kontinuierlicher Verbesserungsprozess (KVP)
Continuous Improvement Process

Begriff

KVP ist die Anpassung des japanischen Management-Prinzips **Kaizen** ① auf den westlichen Kulturkreis.

> Der Prozess ist dauerhaft angelegt.

> Ziel:
> Verbesserung der Produkt- und Prozessqualität durch
> - ständige Verbesserung der Organisations- und Arbeitsabläufe
> - mit vielen kleinen Schritten, nicht in großen Sprüngen.

> Alle Mitarbeiter und Führungskräfte werden einbezogen.

Notwendigkeiten zur ständigen Verbesserung ergeben sich aus Veränderungen der
- Anforderungen
- Bedingungen
- Umwelt
- ...

Kaizen ① (Japanisch)

- Jedes System ist ab dem Zeitpunkt seiner Einrichtung dem Zerfall preisgegeben, wenn es nicht ständig erneuert bzw. verbessert wird.
- Um auf Veränderungen zu reagieren, sind ständig Anpassungen und Flexibilität erforderlich.

Merkmale

- Ständiges Streben nach Perfektion
- Problembewusstsein ist Voraussetzung, wird gegebenenfalls geweckt.
- Probleme bzw. Schwachstellen werden identifiziert.
- Alle Hierarchieebenen werden einbezogen, jeder Mitarbeiter wird einbezogen.
- „Verborgene" Aktivitäts- und Innovationspotenziale werden freigesetzt.
- Motivierende Zusammenarbeit der Mitarbeiter
- Durch Fehler werden Verbesserungsmöglichkeiten erkannt.
- Bei Fehlentwicklungen werden Schuldige nicht gesucht, sondern Lösungen der Probleme angestrebt.
- Gemeinsam wird nach kostengünstigen Lösungen gesucht.
- KVP ist Bestandteil der täglichen Arbeitsabläufe.
- Die Umsetzung der Verbesserungen erfolgt durch die Mitarbeiterinnen und Mitarbeiter selbst.
- KVP ist überall anwendbar.

Moderation

Kontinuierliche Verbesserungsprozesse müssen durch geeignete Moderatorinnen bzw. Moderatoren begleitet werden.

Aufgaben der Moderation:
- Regelmäßige Zusammenkünfte der Mitarbeiterinnen und Mitarbeiter organisieren
- Arbeitsfähige Gruppen bilden (definierte Teams)
- Themen analysieren und aufbereiten
- Themen optisch darstellen und ordnen
- Fragen zur Auflösung von Interaktionen stellen
- Regeln vereinbaren
- Gruppe zu einem gemeinsamen Ergebnis führen
- Gruppenergebnisse festhalten
- Vereinbarungen mit der Gruppe treffen

Schritte im KVP-Prozess

Ablauf

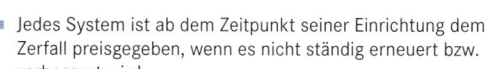

	Mitarbeiter
Identifikation von Möglichkeiten der Verbesserung	Verstehen von Problemzusammenhängen
Analyse der Ursachen	Analysekompetenz
Festlegung der Ziele	Teambesprechung, Abstimmung
Umsetzungsvorschlag	Konstruktive Vorschläge
Dauerhafte Verbesserung	Zufriedenheit, Motivation

Auf jeden Durchlauf folgt ein weiterer.

Zyklischer Durchlauf

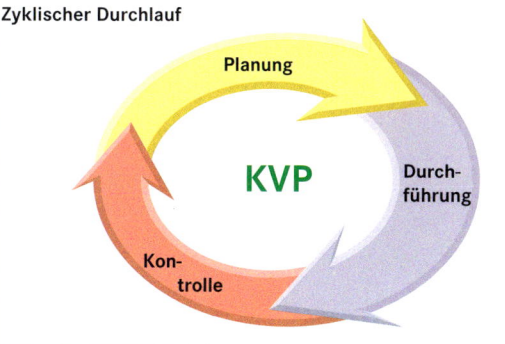

Maße für einen Bildschirmarbeitsplatz

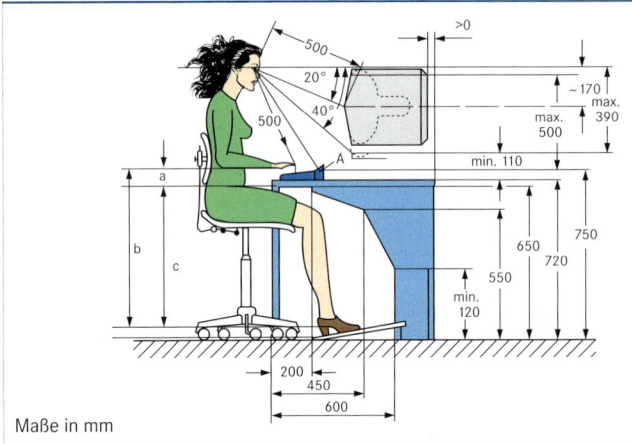

Die Maße a (Abstand Ellenbogen über Oberschenkelseite), b (Ellenbogen über Fußsohle) und c (Oberschenkeloberseite über Fußsohle) werden aus den Benutzergruppen Frauen und Männer ermittelt.

Rahmenmaße	Frauen		Männer
	groß	klein	
a	140	37	142
b	714	541	756
c	608	470	639

Verstellbereich des Stuhles:
420 mm ... 540 mm
Körpermaße des Menschen nach DIN 33402

Maße in mm

Sehraum

horizontal

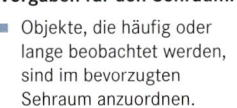

vertikal, sitzend

vertikal, stehend

Sehraum ist der Bereich, in dem Objekte durch Augen- und Kopfbewegungen wahrgenommen werden.

A: bevorzugter | Sehraum
B: zulässiger |

Vorgaben für den Sehraum:

- Objekte, die häufig oder lange beobachtet werden, sind im bevorzugten Sehraum anzuordnen.

- Seltene oder kurzfristige Betrachtungen dürfen über die Grenzen des Sehraums hinaus erfolgen.

- Überschreitungen in der Seite sind weniger belastend als in der Höhe.

Greifraum

horizontal in Ellenbogenhöhe

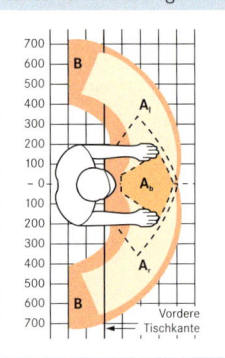

vertikal

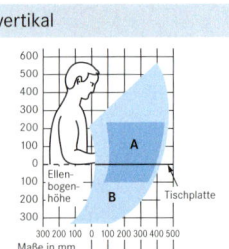

Maße in mm

Die Abmessungen für den Greifraum werden bestimmt aus den Maßen für die „Reichweite nach vorn" und die „Schulterbreite" (DIN 33402).

A: Greifraum bevorzugt
A_b: beidhändig
A_l: linke Hand
A_r: rechte Hand

B: Greifraum zulässig

Anforderungen an Zeichen auf Sichtgeräten

Schrifthöhe bei einem Sehwinkel > 18 Minuten

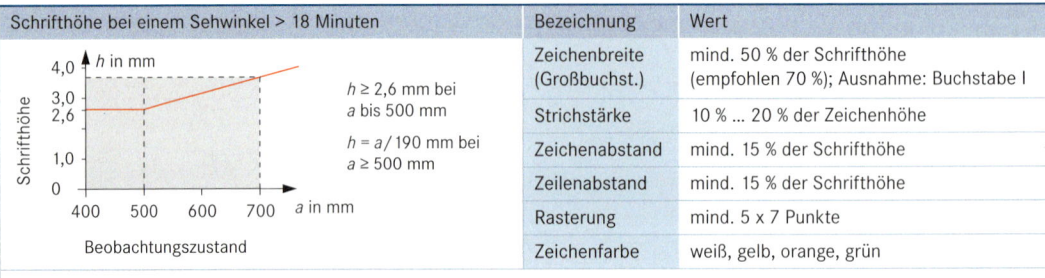

Beobachtungszustand

$h \geq 2,6$ mm bei a bis 500 mm

$h = a/190$ mm bei $a \geq 500$ mm

Bezeichnung	Wert
Zeichenbreite (Großbuchst.)	mind. 50 % der Schrifthöhe (empfohlen 70 %); Ausnahme: Buchstabe I
Strichstärke	10 % ... 20 % der Zeichenhöhe
Zeichenabstand	mind. 15 % der Schrifthöhe
Zeilenabstand	mind. 15 % der Schrifthöhe
Rasterung	mind. 5 x 7 Punkte
Zeichenfarbe	weiß, gelb, orange, grün

Der Sehwinkel ist der Winkel, unter dem ein Gegenstand den Augen erscheint.
Beispiel: Höhe des Gegenstandes h = 1 cm, Betrachtungsabstand 1 m ergibt Sehwinkel von 34 Minuten.

Verordnung

Bildschirmarbeitsplatz:

Der Gesetzgeber lässt eine genaue Definition offen.
Ein Bildschirmarbeitsplatz liegt dann vor, wenn ein wesentlicher Teil der normalen Arbeitszeit am Bildschirm erfolgt.
Praxis: 5 bis 25 % der regulären Arbeitszeit.

Bildschirmarbeitsverordnung (BildscharbV):

§ 1 Anwendungsbereich	Definition zur Gültigkeit
§ 2 Begriffsbestimmungen	
§ 3 Beurteilung der Arbeitsbedingungen	Pflicht zur Gefährdungsanalyse
§ 4 Anforderungen an die Gestaltung und Gestaltungsvorschriften	Gestaltungsregeln und Fristen
§ 5 Täglicher Arbeitsablauf	Anforderungen an Arbeitsabläufe
§ 6 Untersuchung des Sehvermögens	Anforderung an die Versorgung
§ 7 Ordnungswidrigkeiten für Arbeitgeber	Strafen bei Nichtanbieten der Vorsorgeuntersuchung

Sicherheitsregeln

Wer erlässt die Regeln?

Sicherheitsregeln für Büro- und Bildschirmarbeitsplätze werden von den Trägern der gesetzlichen Unfallversicherung erlassen.

– Verwaltungs-Berufsgenossenschaft (**VBG**)

– Bundesverband der Unfallversicherungsträger der öffentlichen Hand e.V. für den öffentlichen Dienst (**BAGUV**)

Was wird geregelt?

– Gestaltung der Arbeitsmittel, z. B. Bildschirm
– Anordnung der Arbeitsmittel
– Gestaltung der Arbeitsplatzausstattung (Tische, Stühle usw.)
– Flächenbedarf
– Beleuchtung
– Klima

■ **Sicherheitsregeln für Büro-Arbeitsplätze:**
VBG ZH 1/535 und GUV 17.7

■ **Sicherheitsregeln für Bildschirm-Arbeitsplätze im Bürobereich:**
VBG ZH 1/618 und GUV 17.8

■ **Arbeitsstätten-Richtlinien (ASR)**
zur Arbeitsstättenverordnung (ArbStättV)

■ **Unfallverhütungsvorschriften (UVV)**

Anforderungen

Bildschirmgeräte und Tastatur

1. Die Zeichen müssen scharf, deutlich und ausreichend groß dargestellt werden.
2. Das Bild muss stabil, flimmerfrei und ohne Verzerrungen sein.
3. Helligkeit und Kontrast müssen leicht der Umgebung angepasst werden können.
4. Der Bildschirm muss frei von störenden Reflexionen und Blendungen sein.
5. Das Bildschirmgerät muss frei drehbar und neigbar sein.
6. Die Tastatur muss vom Bildschirmgerät getrennt neigbar sein.
7. Die Tastatur muss variabel angeordnet werden können. Ein Auflegen der Hände muss möglich sein.
8. Die Tastatur muss eine reflexionsarme Oberfläche besitzen.
9. Form und Anschlag der Tasten müssen eine ergonomische Bedienung der Tastatur ermöglichen.

Sonstige Arbeitsmittel

10. Der Arbeitstisch muss eine ausreichend große und reflexionsfreie Oberfläche besitzen. Es muss ein ausreichender Raum für eine ergonomisch günstige Arbeitshaltung vorhanden sein.
11. Der Arbeitsstuhl muss ergonomisch gestaltet und standsicher sein.
12. Der Vorlagenhalter muss stabil und verstellbar angeordnet werden können.
13. Eine Fußstütze muss auf Wunsch zur Verfügung gestellt werden.

Arbeitsumgebung

14. Für wechselnde Arbeitshaltungen und Bewegungen muss ausreichender Raum vorhanden sein.
15. Die Beleuchtung muss der Sehaufgabe und an das Sehvermögen angepasst werden können.
16. Blendungen und Reflexionen müssen durch Lichtschutzvorrichtungen verhindert werden.
17. Lärm durch Arbeitsmittel ist zu vermeiden.
18. Die Arbeitsmittel dürfen nicht zu einer erhöhten Wärmebelastung führen.
19. Die Strahlung muss so niedrig gehalten werden, dass sie für die Sicherheit und Gesundheit der Benutzer unerheblich ist.

Zusammenwirken Mensch – Arbeitsmittel

20. Grundsätze der Ergonomie sind bei der Informationsverarbeitung anzuwenden.
21. Die vorhandene Software muss benutzerfreundlich sein.

Prüfsiegel geben **Auskunft über Qualitätskriterien.**
Beispiele:
Bildschirmstrahlung, Bildschirmergonomie, Ergonomie allgemein, Umweltverträglichkeit, Energiesparfunktion, Recyclingfähigkeit, Lärmemission, Arbeitssicherheit, Betriebssicherheit, Elektromagnetische Verträglichkeit usw.

Vergabe und Kontrolle

- Bei einigen Prüfsiegeln reicht es aus, wenn Hersteller die Einhaltung der Kriterien schriftlich erklären.
- In anderen Fällen müssen Prüfberichte unabhängiger Prüfinstitute (z. B. Jury „Umweltzeichen") vorliegen.

MPR II  Bildschirmstrahlung	<ul><li>Grenzwerte für elektromagnetische und elektrostatische Felder von Monitoren (Abstand 50 cm) vom schwedischen Mess- und Prüfrat</li><li>Werte gelten in Deutschland als Mindeststandard</li></ul>Vergabe: Vom Hersteller selbst	
Blauer Engel  Arbeitssicherheit Bildschirmstrahlung Bildschirmergonomie Energiesparfunktion Lärmemission Recyclingfähigkeit Umweltverträglichkeit	<ul><li>MPR II für Monitore muss bei diesem Siegel eingehalten sein</li><li>Bei der Konstruktion ist auf recyclinggerechte Konstruktion zu achten (u. a. Steck- statt Schraubverbindungen)</li><li>Gehäuse ohne PVC</li><li>Bildröhre cadmiumfrei</li><li>Verpackung ohne FCKW</li><li>Garantie auf Rechner 3 Jahre</li><li>Monitore mindestens 1 Jahr</li><li>Geringe Geräuschabgabe</li><li>Energiesparfunktion</li></ul>Vergabe: Schriftliche Erklärung der Hersteller bzw. Jury.	
Energy-Star  Energiesparfunktion	<ul><li>Stromsparkriterien der amerikanischen Umweltschutzbehörde EPA (Environment Protection Agency) werden erfüllt. Eingeschaltetes Gerät schaltet sich nach einer gewissen Zeit zurück (Prozessor, Festplatte, ...).</li><li>Im Standby-Modus darf die Leistung nicht über 30 Watt liegen.</li></ul>Vergabe: Vom Hersteller selbst, ohne Prüfung.	
TCO 92  Energiesparfunktion Bildschirmstrahlung	<ul><li>Erweiterung des MPR II Standards (Strahlungsmessung im Abstand von 30 cm)</li><li>Automatische Abschaltung des Monitors in Ruhepausen</li></ul>Vergabe: Dachverband der schwedischen Angestellten- und Beamtengewerkschaften TCO in Verbindung mit stichprobenartigen Kontrollen.	
TCO 95 Energiesparfunktion Ergonomie Bildschirmstrahlung Umweltverträglichkeit	Prüfsiegel für PC, Monitor, Tastatur.<ul><li>Strahlenemission entsprechend TCO 92</li><li>Ergonomische Eigenschaften nach DIN EN ISO 9241</li><li>Monitore: Helligkeit, Kontrast, Bildstabilität, Zeichendarstellung usw.</li><li>Umweltverträglichkeit durch Schadstoffvermeidung.</li></ul>Vergabe: siehe TCO 92	

NUTEK  Energiesparfunktion	<ul><li>Abschaltung des Monitors in zwei Stufen (einstellbare Zeit). Energiesparmodus unter 30 W</li><li>Innerhalb von 3 s wieder hochfahrbar</li><li>2. Sparstufe startet nach 70 min, dann nicht mehr als 8 W</li></ul>Vergabe: Hersteller mit Tests nach Kriterienkatalogen (schwedische Behörde für Industrieentwicklung).	
ECO-Kreis 99  Arbeitssicherheit Betriebssicherheit Bildschirmstrahlung Bildschirmergonomie EMV Energiesparfunktion Ergonomie Lärmemission Produkterweiterung Recyclingfähigkeit Softwareergonomie Umweltverträglichkeit	Prüfsiegel für: PC, Monitor, Tastatur, Notebook<ul><li>EMV: EN 55022, EN 61000, EN 50082</li><li>Energiespareigenschaften: Einhaltung der EPA durch Protokolle und unabhängige Prüfstelle</li><li>Ergonomie: ISO 9241, MPR II oder EN 50279</li><li>Lärm: DIN EN 27779</li><li>Recycling: Anforderungskatalog ‚Recycling von Bürogeräten'</li><li>Schadstofffreiheit: Prüfstellen und Herstellererklärung</li><li>Sicherheit: Einhaltung der EN 60950</li><li>Qualitätsmanagementsystem: Zertifikat QMS ISO 9000 und UMS ISO 14000</li></ul>Vergabe: TÜV-Rheinland in Verbindung mit anerkannten Prüflabors.	
Quality Office 	<ul><li>Qualitätszeichen für Büroarbeitsplätze</li><li>Die Leitlinien definieren Qualitätsstandards unter Berücksichtigung ergonomischer Erkenntnisse für:<ul><li>Büroarbeitsstühle</li><li>Büroarbeitstische</li><li>Büroschränke</li><li>Raumgliederungselemente</li><li>...</li></ul></li></ul>	
Europäisches Umweltzeichen 	<ul><li>Prüfsiegel für Computer, Systemeinheiten, Monitore und Tastaturen</li><li>Geprüft werden<ul><li>Energieverbrauchsanforderungen gemäß Energy Star</li><li>Langlebigkeit</li><li>Recyclinggerechte Konstruktion</li><li>Umweltfreundliche Materialien (frei von Blei- und Cadmiumzusätzen)</li><li>Emissionsgrenzwerte für elektromagnetische Strahlung</li><li>Geräuschemission</li><li>Kostenlose Rücknahme</li></ul></li></ul>	

Merkmale

- Das TCO-Gütesiegel wird vom Dachverband der schwedischen Angestellten- und Beamtengewerkschaft (**TCO: T**jänstemännens **C**entral**o**rganisation) vergeben.
- Es handelt sich um ein Qualitäts- und Umweltsiegel, mit dessen Hilfe man die Entwicklung von Produkten mit guten Anwendungseigenschaften und geringer Umweltbelastung fördern will.
- Die TCO-Gütesiegel erleichtert dem Konsumenten die Auswahl von umweltfreundlichen IT- und Büroausrüstungen.

Die nachfolgenden Aufzählungen zu den TCO-Siegeln sind eine Auswahl (Vollständigkeit s. www.tcodevelopment.com)

TCO-Gütesiegel

TCO'99, Drucker

- Ergonomie
  - Benutzerfreundlichkeit für Tasten und Bedienelemente
  - Geringere Lärmentwicklung
- Emission
  - Reduzierung von elektrischen und magnetischen Feldern
- Energie
  - Niedriger Energieverbrauch
  - Energiesparfunktion
- Ökologie
  - Reduzierung schädlicher Emissionen
  - Recyclingsvorbereitung (stoffliche Verwertung)

TCO'01, Mobiles Telefon (Handy)

- Emission (Strahlung)
  - **SAR**-Wert (**S**pezifische **A**bsorptions**r**ate von elektromagnetischen Feldern in biologischem Gewebe) ≤ 0,8 W/kg für einen Würfel von 10 g Hirngewebe
  - **TCP**-Wert (**T**elephone **C**ommunication **P**ower, Sendeleistung, die ein Handy nutzbringend für eine Gesprächsverbindung verwendet) ≥ 0,3 W.
- Ergonomie
  - Tastatur-Design, Layout und Lesbarkeit
  - Tasten-Druckkraft, Aktivierung und Feedback
  - Schrift- und Zeichengröße (für SMS mindestens 2 mm, Telefonnummern mindestens 2,5 mm)
- Ökologie
  - Keine umweltschädlichen Stoffe wie Hg, Cd, Pb und Cr
  - Kennzeichnung von Kunststoffen

TCO'03, Display

- Auflösung
  - Anzeige mindestens 30 Pixel/Grad
- Helligkeit
  - Mindestens 150 cd/m^2
- Kontrast
  - Kontrastmodulation ≥ 0,8 bei 30° in der Horizontalen
- Farbwiedergabe
  - Anpassmöglichkeit der Farbtemperatur
  - Farben dürfen bei winkliger Betrachtung nicht verzerrt werden
- Emission (bestimmte Abstände vor dem Display, 30 cm und 50 cm vor dem Display)
  - Elektrische Wechselfelder ≤ 10 V/cm bei 5 Hz bis 2 kHz; ≤ 1,0 V/cm bei 2 kHz bis 400 kHz
  - Magnetische Wechselfelder ≤ 200 nT bei 5 Hz bis 2 kHz; ≤ 25 nT bei 2 kHz bis 400 kHz
- Energie
  - Maximal 2 W im niedrigsten Standby-Modus
  - Anzeige der Energiesparfunktion

TCO'04, Office Furniture (Büromöbel)

- Arbeitsstühle
  - Maße, Funktionen, Stabilität und Haltbarkeit gemäß EN 1335-1,2,3
- Arbeitstische
  - Maße, Funktionen, Stabilität und Haltbarkeit gemäß EN 527-1,2,3
  - Hebekapazität von Tisch und Monitor mindestens 80 kg
  - Variable Höhe zwischen 680 mm und 1250 mm
  - Aufhängemöglichkeit für Leitungen, Befestigungsmöglichkeit für die Systemeinheit

TCO'05, Desktop

- Ergonomie
  - Flimmerfreies Bild, gute Helligkeit, guter Kontrast
- Emission
  - Deutliche Reduzierung von elektrischen und magnetischen Feldern
  - Niedriger Geräuschpegel
- Energie
  - Niedriger Energieverbrauch, Energiespar-Funktion
- Ökologie
  - Reduzierung umweltschädlicher Stoffe

TCO'06, Media Display (Multimediabildschirm)

- Ergonomie
  - Gute Bildqualität und geringe Auswirkungen auf die Umwelt
  - Gute Qualität bei bewegten Bildern (kurze Reaktionszeit, guter Schwarzwert, hohe Standards für Graustufen)
- Energie
  - Niedriger Energieverbrauch im Standby-Modus
- Emission
  - Deutliche Reduzierung von elektrischen und magnetischen Feldern
  - Minimierung elektrostatischer Felder

TCO'07, Headset

- Ergonomie
  - Integrierter Schutz vor akustischem Lärmschock (Built-in) und obere Lautstärkenbegrenzung
  - Lautstärkenregelung
  - Leicht verstellbare Kopfbügel
  - Austauschbare Teile (Hygiene)
- Emission
  - SAR-Wert < 0,04 W/kg
  - Niedrige elektromagnetische Felder im Bereich zwischen dem wireless Headset und dem Sender
- Ökologie
  - Minimierung umweltschädlicher Stoffe
  - Recyclingfähigkeit des Produktes

Wirkungsbereich

- Energy Star ist ein Gütezeichen für ein umweltbewusstes (energiesparsames) Gerät.
- Es handelt sich um eine US-amerikanische Produktbezeichnung für energiesparsame Geräte. Das Logo kennzeichnet, dass Energiesparkriterien der amerikanischen Umweltschutzbehörde **EPA** (**E**nviroment **P**rotection **A**gency) und des US-Department of Energy erfüllt werden.
- Energy Star wurde 2003 durch eine EU-Verordnung in Europa eingeführt.
- Ab 1. Juli 2009 gilt die Richtlinie Energy Star 5.0. Sie gilt für
  - Desktop-PCs
  - Notebooks
  - Thin Clients
  - Workstations
  - Kleine Server-Systeme

Betriebszustände

- **IDLE**
  Das System ist vollständig aktiv. Das Betriebssystem, alle Tools oder Anwendungen der Hersteller sind geladen.
- **Sleep**
  Dieser Energiesparmodus wird vom System nach einer vorgegebenen Zeit erreicht. Aus diesem Zustand kann das System innerhalb von maximal 5 Sekunden aktiviert werden.
- **Off Mode (Stand-by)**
  Es handelt sich um den Zustand des geringsten Energieverbrauchs.
- **Active State**
  Vom System werden einfache Aufgaben verrichtet. Der Prozessor, die Festwertspeicher und die Arbeitsspeicher sind aktiviert.
- **Typical Energy Consumption (TEC)**
  Es handelt sich um eine Methode, bei der man die Energieausnutzung eines Systems ermittelt bzw. Systeme miteinander vergleichen kann, wenn im Zeitraum eines Jahres definierte Aufgaben verrichtet werden.
  Die Angabe erfolgt in kWh.

Weitere Vorgaben

Bei Inaktivität Umschaltung in den Energiesparmodus:
- Monitor nach spätestens 15 Minuten
- Gesamtsystem nach 30 Minuten

Sleep-Mode:
- GBit-Netzwerkkarte mit niedriger Datenübertragungsrate

Kenngrößen für Energy Star

Desktop-PCs

Kategorie	A	B	C	D
Prozessor-kerne	–	2	≥ 2	≥ 2
TEC in kWh	≥ 148	≥ 175	≥ 209	≥ 234
Weitere Merkmale	weder B, C noch D	≥ 2 GB RAM	≥ 2 GB RAM oder diskrete GPU[1]	≥ 2 GB RAM oder diskrete GPU[1] > 128 Bit
Hauptspeicher	+ 1 kWh je zusätzlichem 1 GB			
Diskrete GPU[1]	+ 35 kWh für FB-Bus < 128 Bit; + 50 kWh für FB-Bus > 128 Bit;		+ 50 kWh für FB-Bus > 128 Bit;	
Zusätzliche HDD[2]	+ 25 kWh			
Netzteil	80 Plus Bronze			

Notebooks

Kategorie	A	B	C
TEC in kWh	≥ 40	≥ 53	≥ 88,5
Hauptspeicher	+ 0,4 kWh je zusätzlichem 1 GB		
Diskrete GPU[1]		+ 3 kWh für FB-Bus > 64-Bit;	
Zusätzliche HDD[2]		+ 3 kWh	

[1] GPU: Graphics Processing Unit (Prozessor auf Grafikkarte)

[2] HDD: Hard Disk Drive (Permanent-/Massenspeicher, Festplatte)

80 PLUS

- Es handelt sich hierbei um eine Initiative zur Förderung von PC-Netzteilen, die einen Wirkungsgrad > 80 % aufweisen.
- Die Wirkungsgrade (η) der Netzteile sind bei den Belastungen von 20 %, 50 % und 100 % festgelegt

Belastung 20 %			
$\eta \geq 80\,\%$	$\eta \geq 80\,\%$	$\eta \geq 85\,\%$	$\eta \geq 87\,\%$
Belastung 50 %			
$\eta \geq 80\,\%$	$\eta \geq 85\,\%$	$\eta \geq 88\,\%$	$\eta \geq 90\,\%$
Belastung 100 %			
$\eta \geq 80\,\%$	$\eta \geq 82\,\%$	$\eta \geq 85\,\%$	$\eta \geq 87\,\%$

Recycling-Code

- Der Recycling-Code wird zur Kennzeichnung verschiedener Materialien zwecks Rückführung in den Verwertungskreislauf verwendet.
- Das Recyclingsymbol besteht aus drei (oft grünen) Pfeilen und einer Nummer, die das Material kennzeichnet. Die Kürzel für Kunststoffe basieren auf den genormten Kurzzeichen der Kunststoffe.

Allgemeines Symbol

Beispiel: PVC

03
PVC

Recyclingcode		
01	PET	Polyethylenterephtalat
02	HDPE	Polyethylen hoher Dichte
03	PVC	Polyvinylchlorid
04	LDPE	Polyethylen niedriger Dichte
05	PP	Polypropylen
06	PS	Polystyrol
07	0	andere Kunststoffe
20	PAP	Wellpappe
21	PAP	sonstige Pappe
22	PAP	Papier
40	FE	Stahl
41	ALU	Aluminium
50	FOR	Holz
51	FOR	Kork
60	TEX	Baumwolle
61	TEX	Jute
70	GL	Farbloses Glas
71	GL	Grünes Glas
72	GL	Braunes Glas
80	–	Papier + Pappe/verschiedene Metalle
81	–	Papier + Pappe/Kunststoffe
82	–	Papier + Pappe/Aluminium
83	–	Papier + Pappe/Weißblech
84	–	Papier + Pappe/Kunststoff/Aluminium
85	–	Papier + Pappe/Kunststoff/Aluminium/Weißblech
90	–	Kunststoff/Aluminium
91	–	Kunststoff/Weißblech
92	–	Kunststoff/verschiedene Metalle
95	–	Glas/Kunststoff
96	–	Glas/Aluminium
97	–	Glas/Weißblech
98	–	Glas/verschiedene Metalle

Elektro- und Elektronikgerätegesetz   ElektroG: 2005-03

Elektro- und Elektronikgerätegesetz

EG-Richtlinie 2002/95 „Beschränkung der Verwendung bestimmter gefährlicher Stoffe in Elektro- und Elektronikgeräten" (RoHS[1])

EG-Richtlinie 2002/96 „Elektro- und Elektronikalt-/schrottgeräte" (WEEE[2])

Beschränkung der Verwendung bestimmter gefährlicher Stoffe in Elektro- und Elektronikgeräten

Giftige Substanzen dürfen in der Elektronik nur noch in maximal festgelegten Gewichtsprozenten verwendet werden.

Cadmium	0,01 %
Blei	0,1 %
Quecksilber	
sechswertiges Chrom	
Polybromierte Biphenyle (PBB)	
Polybromierte Diphenylether (PBDE)	

Ausnahmen bestehen für Ersatzteile von Elektro- und Elektronikgeräten, die vor dem 1.6.2006 auf den Markt gebracht wurden.

Elektro- und Elektronikalt-/schrottgeräte

Alle Hersteller von Elektro- und Elektronikgeräten in Deutschland müssen die Rücknahme und Entsorgung der Geräte sicherstellen, die nach dem 13.8.2005 in Verkehr gebracht wurden.

Gruppen	Beispiele
große Haushaltsgeräte	Backofen, Kühlschrank, Elektrische Heizgeräte
kleine Haushaltsgeräte	Staubsauger, Toaster, Bügeleisen, Haartrockner
Informations- und Kommunikationsgeräte	Computer, Drucker, Faxgeräte, Kopiergeräte, Telefone, Mobiltelefone
Geräte der Unterhaltungselektronik	Radiogeräte, Fernseher, HiFi-Anlagen, Videokamera
Leuchtmittel	stabförmige Leuchtstofflampen, Kompaktleuchtstofflampen
Elektrowerkzeuge	Bohrmaschinen, Nähmaschinen, Rasenmäher, Schweiß- und Lötwerkzeuge
Spiel- und Freizeitgeräte	Videospielkonsolen, Fitnessgeräte, Geldspielautomaten
Überwachungsgeräte	Rauchmelder, Thermostate
Ausgabesysteme	Geldautomaten, Getränkeautomaten

Elektro- und Elektronikgeräte müssen für die getrennte Sammlung mit einem sichtbaren, erkennbaren und dauerhaften Symbol gekennzeichnet sein (durchgestrichener Abfallbehälter).

---

[1] **RoHS**: **R**estriction **o**f the use of certain **h**azardous **s**ubstances in electrical and electronic equipment
[2] **WEEE**: **W**aste **E**lectrical and **E**lectronic **E**quipment

- Die Gefahrstoffverordnung (GefStoffV) dient dem Schutz vor gefährlichen Stoffen und ist im Arbeitsschutz verankert.
- Bei der Beurteilung der Gefährdung werden die physikalisch-chemischen und toxischen Eigenschaften sowie besondere Eigenschaften im Zusammenhang mit bestimmten Tätigkeiten unabhängig voneinander betrachtet.
- Um die Gefahren beim Arbeiten mit Gefahrstoffe abschätzen zu können, werden sie gekennzeichnet und in vier Schutz-

stufen eingeteilt:
1. Mindestmaßnahmen
2. Standardschutzstufe für Tätigkeiten mit Gefahrstoffen
3. Zusätzliche Anwendung bei Arbeiten mit giftigen und sehr giftigen Stoffen
4. Zusätzliche Anwendung bei Arbeiten mit krebserzeugenden, erbgutverändernden und fruchtbarkeitsschädigenden Stoffen

Kennzeichnung gefährlicher Stoffe (Beispiele)

Gefahrenbezeichnung; Gefahrensymbol	Kennbuchstabe; Hinweise auf besondere Gefahren
Sehr giftig	T + (T: toxic) R26 R27 R28 R39
Reizend	Xi (X: für Andreaskreuz i: irritating) R26 R37 R38 R41 R43
Explosionsgefährlich	E (E: explosive) R2 R3
Hochentzündlich	F + (F: flammable) R12
Ätzend	C (C: corrosive) R34 R35
Umweltgefährlich	N (N: nocious) R54 R55 R56
Brandfördernd	O (O: oxidizing) R8 R9 R11

Hinweise auf besondere Gefahren Risiko-Sätze (R-Sätze)

R1	In trockenem Zustand explosionsgefährlich	R17	Selbstentzündlich an der Luft	R33	Gefahr kumulativer Wirkungen
R2	Durch Schlag, Reibung, Feuer oder andere Zündquellen explosionsgefährlich	R18	Bei Gebrauch Bildung explosionsfähiger/ leichtentzündlicher Dampf-Luftgemische möglich	R34	Verursacht Verätzungen
				R35	Verursacht schwere Verätzungen
R3	Durch Schlag, Reibung, Feuer oder andere Zündquellen besonders explosionsgefährlich	R19	Kann explosionsfähige Peroxide bilden	R36	Reizt die Augen
		R20	Gesundheitsschädlich beim Einatmen	R37	Reizt die Atmungsorgane
R4	Bildet hochempfindliche explosionsgefährliche Metallverbindungen	R21	Gesundheitsschädlich bei Berührung mit der Haut	R38	Reizt die Haut
				R39	Ernste Gefahr irreversiblen Schadens
R5	Beim Erwärmen explosionsfähig	R22	Gesundheitsschädlich beim Verschlucken	R40	Irreversibler Schaden möglich
R6	Mit und ohne Luft explosionsfähig	R23	Giftig beim Einatmen	R41	Gefahr ernster Augenschäden
R7	Kann Brand verursachen	R24	Giftig bei Berührung mit der Haut	R42	Sensibilisierung durch Einatmen möglich
R8	Feuergefahr bei Berührung mit brennbaren Stoffen	R25	Giftig beim Verschlucken	R43	Sensibilisierung durch Hautkontakt möglich
R9	Explosionsgefahr bei Mischung mit brennbaren Stoffen	R26	Sehr giftig beim Einatmen	R44	Explosionsgefahr bei Erhitzung unter Einschluss
		R27	Sehr giftig bei Berührung mit der Haut	
R10	Entzündlich	R28	Sehr giftig beim Verschlucken	R45	Kann Krebs erzeugen
R11	Leichtentzündlich			
R12	Hochentzündlich	R29	Entwickelt bei Berührung mit Wasser giftige Gase	R46	Kann vererbbare Schäden verursachen
R13	Hochentzündliches Flüssiggas			
R14	Reagiert heftig mit Wasser	R30	Kann bei Gebrauch leicht entzündlich werden	R47	Kann Missbildungen verursachen
R15	Reagiert mit Wasser unter Bildung leichtentzündlicher Gase	R31	Entwickelt bei Berührung mit Säure giftige Gase	R48	Gefahr ernster Gesundheitsschäden bei längerer Exposition
R16	Explosionsgefährlich in Mischung mit brandfördernden Stoffen	R32	Entwickelt bei Berührung mit Säure sehr giftige Gase	

Einstufungs- und Kennzeichnungssystem für Chemikalien nach GHS
Globally Harmonised System of Classification and Labelling Chemicals

Hinweise

- **GHS: G**lobally **H**armonised **S**ystem of Classification and Labelling of Chemicals
- Die GHS-Verordnung wird auch als CLP-Verordnung (Classification, Labelling and Packing) bezeichnet.
- Die Verordnung ist am 20.01.2009 in der EU in Kraft getreten und löst schrittweise bestehende Verordnungen ab.
- Zwischen der CLP-Verordnung und der REACH-Verordnung (s. unten) gibt es Berührungspunkte. Die REACH-Verordnung gilt in erster Linie für Stoffe und Stoffgemische. Die von ihr aufgestellten Pflichten sind in weiten Teilen an Mengenschwellen gebunden. Demgegenüber unterliegen alle Chemikalien vor dem Inverkehrbringen generell der Einstufungs- und Kennzeichnungspflicht nach GHS.

Gefahrenpiktogramme

Bezeichnung	Piktogramm	Kodierung
Explodierende Bombe		GHS01
Flamme		GHS02
Flamme über einem Kreis		GHS03
Gasflasche		GHS04
Ätzwirkung		GHS05
Totenkopf mit gekreuzten Knochen		GHS06
Ausrufezeichen		GHS07
Gesundheitsgefahr		GHS08
Umwelt		GHS09

Übergangsfristen

- Hinsichtlich der Übergangszeiten orientiert sich die CLP-Verordnung weitgehend an den Fristen zur Umsetzung der REACH-Verordnung.

Gefahrenklassen

Gefahrenklassen werden in Gefahrenkategorien unterteilt. Um den Schweregrad der einzelnen Gefährdungen zu erkennen, werden Gefahrenpiktogramme, Signalwörter und Gefahrenhinweise angegeben.

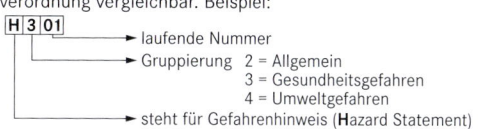

Gefahrenhinweise

Es handelt sich um einen standardisierten Text, der die Art und gegebenenfalls den Schweregrad der Gefährdung beschreibt. Gefahrenhinweise sind mit den R-Sätzen nach Gefahrstoffverordnung vergleichbar. Beispiel:

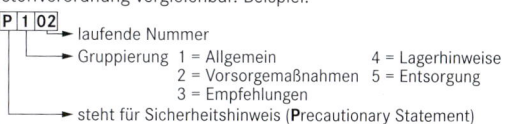

Sicherheitshinweise

Sicherheitshinweise beschreiben in standardisierter Form die empfohlenen Maßnahmen zur Begrenzung oder Vermeidung schädlicher Wirkungen. Sie sind mit den Sätzen der Gefahrstoffverordnung vergleichbar. Beispiel:

P 1 02
- laufende Nummer
- Gruppierung 1 = Allgemein   4 = Lagerhinweise
  2 = Vorsorgemaßnahmen 5 = Entsorgung
  3 = Empfehlungen
- steht für Sicherheitshinweis (**P**recautionary Statement)

REACH-Verordnung
REACH Regulation

- EU-Chemikalienverordnung für die Registrierung, Bewertung, Zulassung und Beschränkung von Chemikalien (am 01.06.2007 in Kraft getreten)
- **REACH: R**egistration, **E**valuation, **A**uthorisation and Restriction of **Ch**emicals
- Grundsatz: Eigenverantwortlichkeit der Industrie
- Innerhalb der EU dürfen danach nur solche chemischen Stoffe in den Verkehr gebracht werden, die vorher registriert worden sind.
- Die Vorregistrierung erfolgt durch die Europäische Agentur für chemische Stoffe in Helsinki (**EACH: E**uropean **C**hemicals **A**gency). Sie dient der Bildung von Foren für Hersteller und Importeure von gleichen Stoffen.
- Die Vorregistrierung ist der eigentlichen Registrierung vorgeschaltet.
- Die Registrierung umfasst
  - die Einstufung und Kennzeichnung,
  - Informationen zur Herstellung und Verwendung,
  - Leitlinien für die sichere Verwendung des Stoffes usw.
- Für die Kommunikation in einer Lieferkette dient das Sicherheitsblatt (Registrierungsnummer, Beschränkung der Verwendung, usw.).

Verpackungsverordnung

- Verordnung über die Vermeidung und Verwertung von Verpackungsabfällen (VerpackV, Bundesrechtsverordnung)
- Zielsetzung:
  - Umweltbelastungen verringern
  - Wiederverwendung oder Verwertung von Verpackungen fördern
  - vorrangiger Einsatz verwertbarer Abfälle oder sekundärer Rohstoffe
  - Mehrfachverwertung
  - Einsatz langlebiger Produkte
- Geltungsbereich: Bundesrepublik Deutschland
- Letzte Änderung: 02.04.2008 (Inkrafttreten 01.01.2009)
  Alle Hersteller und Vertreiber von Gütern in Verpackungen, die beim privaten Endverbraucher landen, sind verpflichtet, sich am flächendeckenden Rücknahmesystem der Verpackung zu beteiligen (auch Versandhandel).

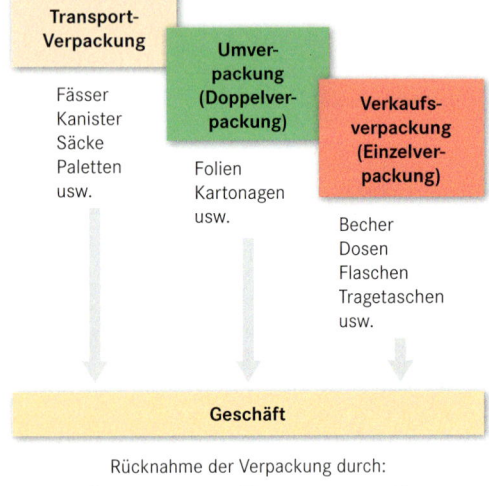

Transport-Verpackung

Fässer
Kanister
Säcke
Paletten
usw.

Umverpackung (Doppelverpackung)

Folien
Kartonagen
usw.

Verkaufsverpackung (Einzelverpackung)

Becher
Dosen
Flaschen
Tragetaschen
usw.

Geschäft

Rücknahme der Verpackung durch:

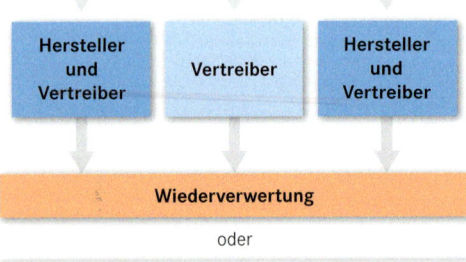

| Hersteller und Vertreiber | Vertreiber | Hersteller und Vertreiber |

Wiederverwertung

oder

Stoffliche Verwertung (Recycling)

Duales System
Gebrauchte Verpackungen werden beim Verbraucher gesammelt und der stofflichen Verwertung (Recycling) zugeführt.

Grüner Punkt
Hersteller, die sich am dualen System beteiligen, kennzeichnen ihre Produkte mit dem grünen Punkt.

DER GRÜNE PUNKT

Kreislaufwirtschaft

Abfälle verringern

1

- **Produktion:**
  - „Abfallstoffe" der Produktion wieder zuführen.
  - „Abfallarme" Produktion durch Materialeinsparung, Einsatz langlebiger Produkte, „sparsame" Verpackung usw.
- **Verbraucher:**
  Veränderung der Einstellungen gegenüber Abfällen (jeder kann etwas zur Verringerung beitragen).

Abfälle verwerten

2

- **Recycling:**
  Wiederverwertung von Abfallstoffen
  - im gleichen Produktionskreislauf und
  - in einem anderen Produktionsprozess.
- **Energetische Verwertung:**
  Abfälle als Ersatzbrennstoffe umweltverträglich nutzen.

Abfälle verwerten

3

- **Trennung:**
  Sortengerechte Trennung und Lagerung
- **Lagerung:**
  Umweltschonende Lagerung auf entsprechenden Deponien
- **Verbrennung:**
  Umweltschonende Verbrennung

Arbeitsweise Duales System
Verpackungen im Kreislauf

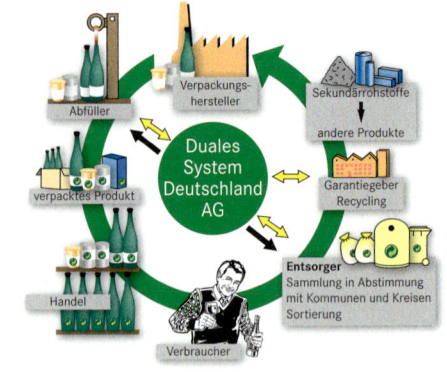

⟷ Vertragsbeziehungen

➡ Finanzierung über Lizenzentgelte für den Grünen Punkt

Merkmale

- **CE**-Richtlinien (**C**omité **E**uropéen) sind Richtlinien,
  - die im EU-Wirtschaftsraum verbindlich sind,
  - werden vom Rat der EU erlassen und
  - müssen in allen Ländern der EU in nationales Recht umgesetzt werden.
- Sie definieren grundlegende **Sicherheits**- und **Gesundheitsanforderungen** für technische Produkte.
- Ziel der CE-Kennzeichnung ist der freie Warenverkehr in der Europäischen Gemeinschaft.
- Die CE-Kennzeichnung ist
  - gesetzlich vorgeschrieben und
  - darf nur auf Produkten angebracht werden, für die sie rechtlich vorgeschrieben ist.

- Die Gültigkeit der CE-Kennzeichnung besteht in
  - allen EU-Mitgliedsländern und in
  - Norwegen, Island, Liechtenstein und der Schweiz.
- CE-Richtlinien werden in Deutschland in deutsche Gesetze umgesetzt.
- Die grundlegenden Anforderungen können durch harmonisierte Normen konkretisiert werden.
- CE-konforme Produkte werden mit dem CE-Symbol gekennzeichnet.
- Die Überwachung auf Einhaltung der CE-Kennzeichnung erfolgt z. B. durch staatliche Marktaufsichtsbehörden.

$C \, \epsilon$

CE-Richtlinien

Richtlinien-Benennung (Stand: November 2009)	Bezeichnung EU (Umsetzung in D)	Richtlinien-Benennung (Stand: November 2009)	Bezeichnung EU (Umsetzung in D)
General Product Safety (Allgemeine Produktsicherheit)	2001/95/EC (GPSG)	Machinery (Maschinenrichtlinie)	2006/42/EC ab 29.12.2009 (9. GPSGV)
Lifts (Aufzüge)	95/16/EC (12. GPSGV)	Medical Devices (Medizinprodukte)	93/42/EEC (MPG)
Pressure Equipment (Druckgeräte)	97/23/EC (14. GPSGV)	Measuring Instruments (Messgeräte)	2004/22/EC (Eichgesetz)
Simple Pressure Vessels (Einfache Drückbehälter)	2009/105/EC (6. GPSGV)	Non-automatic Weighing Instruments (Nichtselbsttätige Waagen)	2009/23/EC (Verordnung zur Änderung der Eichordnung)
Electromagnetic Compatibility (EMC) (Elektromagnetische Verträglichkeit)	2004/108/EC ab Juli 2009 (EMV Gesetz)	Low Voltage (Niederspannungsrichtlinie)	2006/95/EC (1. GPSGV)
Radio Equipment and Telecommunications Terminal Equipment (Funk- und Telekommunikation)	1999/5/EC (FTEG)	Personal Protective Equipment (PPE) (Persönliche Schutzausrüstung)	89/686/EEC (8. GPSGV)
		Producer Liability (Produkthaftung (Änderung))	1999/34/EC (Produkthaftungsgesetz)
Equipment Explosives Atmospheres (ATEX) (Geräte in Ex-Bereichen)	94/9/EC (11. GPSGV)	Cableway Installations Designed to Carry Person (Seilbahnen)	2000/9/EC (Bundeslandspezifische Umsetzung)
Noise Emission in the Environment (Geräuschemissionen)	2000/14/EC (32. BImSchV)	Ecodesign Requirements for Energy-Related Products (Ökodesign-Richtlinie)	2009/125/EC (Energiebetriebene Produkte Gesetz)

GPSGV: Geräte- und Produktsicherheitsgesetz – Verordnung

Sicherheitsnormen

- Die Normen-Typen im Bereich Sicherheitstechnik sind hierarchisch gegliedert in
  - **A**-Normen,
  - **B**-Normen (B1 und B2) und
  - **C**-Normen.
- A-Normen (**Grundnormen**) beschreiben
  - allgemeine Aspekte,
  - Grundbegriffe und
  - Gestaltungsleitsätze.
- B-Normen (**Gruppennormen**) beschreiben Sicherheitsaspekte für Produktgruppen.
  - B1-Normen behandeln spezielle **Sicherheitsaspekte** (z. B. Sicherheitsabstände, elektrische Sicherheit von Maschinen).

- B2-Normen behandeln **Sicherheitseinrichtungen** (z. B. Verriegelungseinrichtungen, Zweihandschaltung, trennende Schutzeinrichtungen.
- C-Normen (**Produktnormen**) formulieren Sicherheitsanforderungen für
  - eine spezielle Maschine oder
  - Maschinenbauart,
  - haben Vorrang gegenüber einer A- oder B-Norm und
  - können Bezug nehmen auf A- oder B-Norm.
- Existiert keine C-Norm, kann die Konformität auf Grund der A- oder B-Norm nachgewiesen werden (wenn damit die Maschinenrichtlinie erfüllt wird).

Kennzeichen

- Qualitätsmanagementsysteme beinhalten Anforderungen unter anderem zur **Qualitätssicherung** z. B. bei Produkten.

- Ein **prozessorientierter Ansatz** in einem QM-System ist dabei definiert als die Anwendung eines Systems von Prozessen in einer Organisation, verbunden mit dem Erkennen und den Wechselwirkungen dieser Prozesse sowie deren Management.

- Wird der prozessorientierte Ansatz in einem **QM-System** verwendet, sind folgende Punkte von hoher Bedeutung:
  - Verstehen und Erfüllen von Anforderungen
  - Prozesse aus der Sicht der Wertschöpfung betrachten
  - Ergebnisse bezüglich Prozessleitung und -wirksamkeit erzielen
  - ständige Verbesserung von Prozessen auf der Grundlage objektiver Messungen

- Die DIN EN ISO 9001: 2000 beschreibt einen prozessorientierten Ansatz für die
  - Entwicklung,
  - Verwirklichung und
  - Verbesserung der Wirksamkeit eines QM-Systems.

- Diese Norm ist anzuwenden von Organisationen, die
  - ihre Fähigkeit zur ständigen Bereitstellung von Produkten darzulegen hat, die die Anforderungen der Kunden und die zutreffenden behördlichen Anforderungen erfüllen und
  - danach streben, die Kundenzufriedenheit durch wirksame Anwendung des Systems zu erhöhen.

Prozessorientiertes QM-System

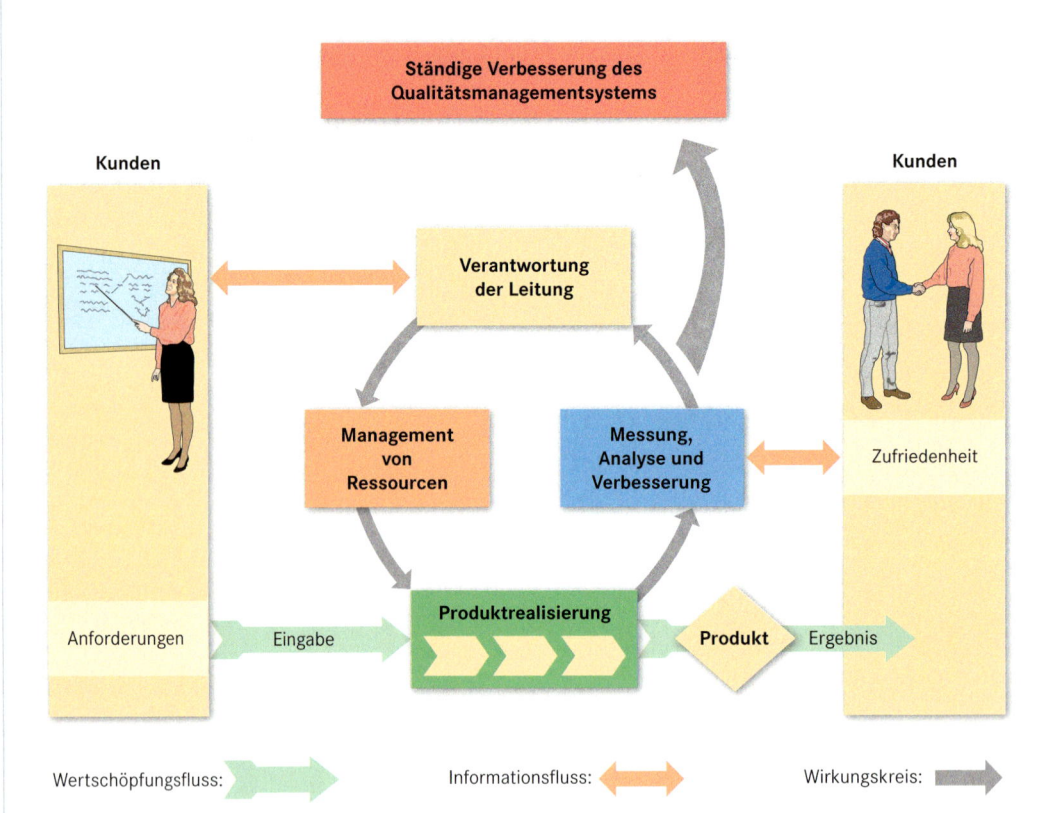

- **Qualitätssicherung**
  - ist Teil des Qualitätsmanagements und
  - gerichtet auf das Erzeugen von Vertrauen, dass Qualitätsanforderungen erfüllt werden.

- **Ständige Verbesserungen**
  sind wiederkehrende Tätigkeiten zum Erhöhen der Fähigkeiten, Anforderungen zu erfüllen.

- **Qualitätsmanagementplan**
  In diesem Dokument ist festgelegt, welche Verfahren und zugehörige Ressourcen wann und durch wen im Rahmen eines spezifischen Projekts, Prozesses oder Vertrages anzuwenden sind.

- **Konformität**
  ist Erfüllung einer Anforderung.

Übersicht

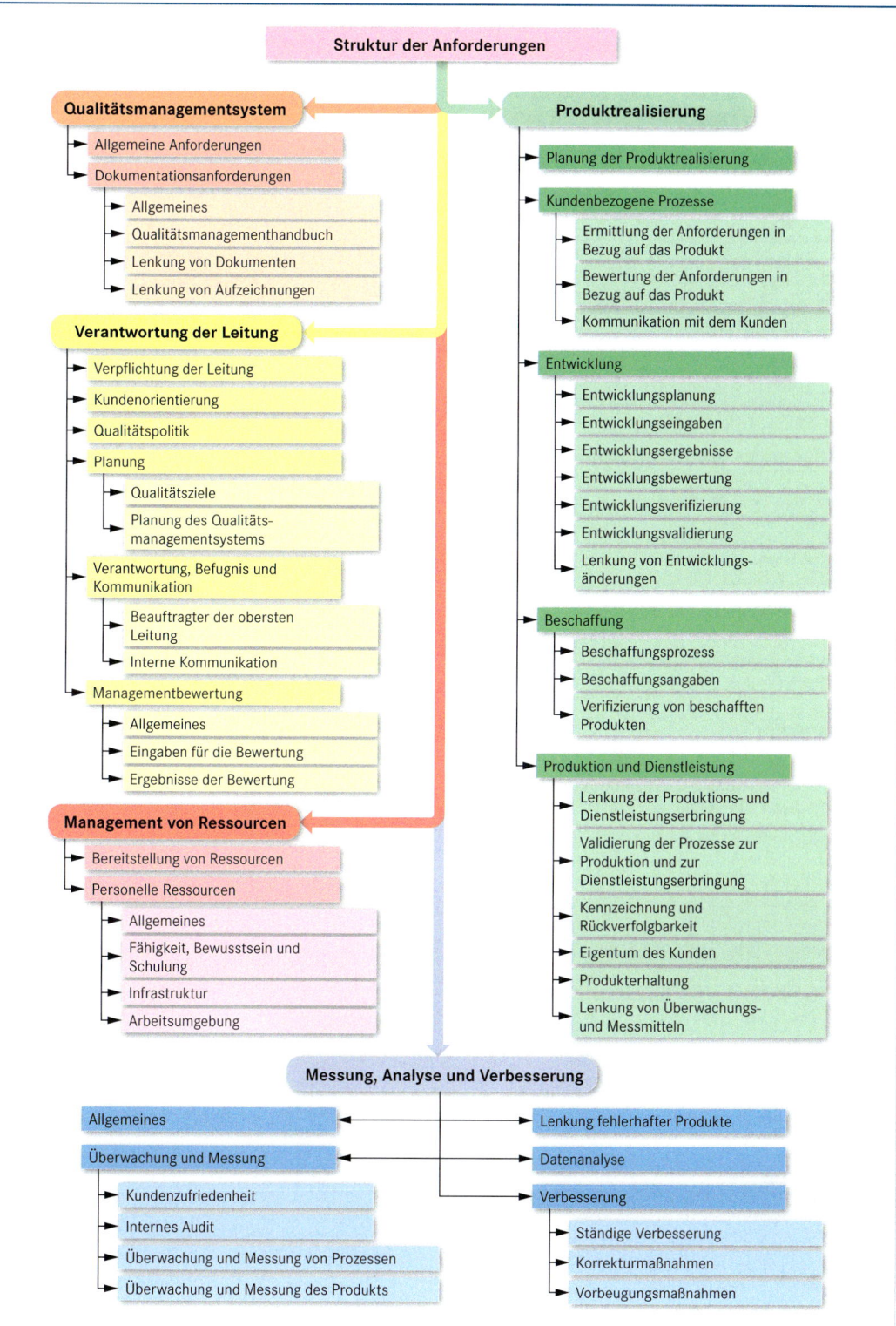

Struktur der Anforderungen

Qualitätsmanagementsystem
- Allgemeine Anforderungen
- Dokumentationsanforderungen
  - Allgemeines
  - Qualitätsmanagementhandbuch
  - Lenkung von Dokumenten
  - Lenkung von Aufzeichnungen

Verantwortung der Leitung
- Verpflichtung der Leitung
- Kundenorientierung
- Qualitätspolitik
- Planung
  - Qualitätsziele
  - Planung des Qualitätsmanagementsystems
- Verantwortung, Befugnis und Kommunikation
  - Beauftragter der obersten Leitung
  - Interne Kommunikation
- Managementbewertung
  - Allgemeines
  - Eingaben für die Bewertung
  - Ergebnisse der Bewertung

Management von Ressourcen
- Bereitstellung von Ressourcen
- Personelle Ressourcen
  - Allgemeines
  - Fähigkeit, Bewusstsein und Schulung
  - Infrastruktur
  - Arbeitsumgebung

Produktrealisierung
- Planung der Produktrealisierung
- Kundenbezogene Prozesse
  - Ermittlung der Anforderungen in Bezug auf das Produkt
  - Bewertung der Anforderungen in Bezug auf das Produkt
  - Kommunikation mit dem Kunden
- Entwicklung
  - Entwicklungsplanung
  - Entwicklungseingaben
  - Entwicklungsergebnisse
  - Entwicklungsbewertung
  - Entwicklungsverifizierung
  - Entwicklungsvalidierung
  - Lenkung von Entwicklungsänderungen
- Beschaffung
  - Beschaffungsprozess
  - Beschaffungsangaben
  - Verifizierung von beschafften Produkten
- Produktion und Dienstleistung
  - Lenkung der Produktions- und Dienstleistungserbringung
  - Validierung der Prozesse zur Produktion und zur Dienstleistungserbringung
  - Kennzeichnung und Rückverfolgbarkeit
  - Eigentum des Kunden
  - Produkterhaltung
  - Lenkung von Überwachungs- und Messmitteln

Messung, Analyse und Verbesserung
- Allgemeines
- Überwachung und Messung
  - Kundenzufriedenheit
  - Internes Audit
  - Überwachung und Messung von Prozessen
  - Überwachung und Messung des Produkts
- Lenkung fehlerhafter Produkte
- Datenanalyse
- Verbesserung
  - Ständige Verbesserung
  - Korrekturmaßnahmen
  - Vorbeugungsmaßnahmen

Merkmale

- Zur Verbesserung der **Übersichtlichkeit** und **Steuerbarkeit** werden Projekte in der Regel in überschaubare und handhabbare Teilaufgaben zerlegt.

- Bedingt durch unterschiedliche Anforderungen und Sichtweisen erfolgt die Zerlegung in eine
  - **Produktstruktur**,
  - **Projektstruktur** und
  - **Kontenstruktur**.

- Diese Strukturierungen sind die Grundlage für die **Projektplanung** und **Projektkontrolle** im Rahmen des **Projektmanagements**.

- Alle Plandaten und Istdaten des Projekts müssen auf diese Strukturkomponenten beziehbar bzw. daraus ableitbar sein.

- Je sorgfältiger die Planung zu Beginn des Projekts durchgeführt wird, desto größer ist der Projekterfolg.

Produktstruktur

- Die **Produktstruktur**
  - ist eine Gliederung des Produkts/Systems aus technischer Sicht,

  - enthält alle zu entwickelnden Produkt-/Systemteile (z. B. Hard- und Software) und beschreibt die **Realisierungsstruktur**,

  - wird top-down bis auf die kleinste in sich geschlossene Komponente gegliedert und

  - kann in grafischer Form als **Produktstrukturplan** und/oder in tabellarischer Form erstellt werden.

- Abhängig von der Art des Projekts kann der Produktstrukturplan ausgerichtet sein als
  - **Funktionsstrukturplan** (beschreibt die Funktionen des geplanten Produkts/Systems),

  - **Anlagenstrukturplan** (beschreibt die technischen Komponenten innerhalb einer Anlagenentwicklung) oder

  - **Systemstrukturplan** (beschreibt die Komponenten von z. B. Hardware-/Software-Entwicklungen).

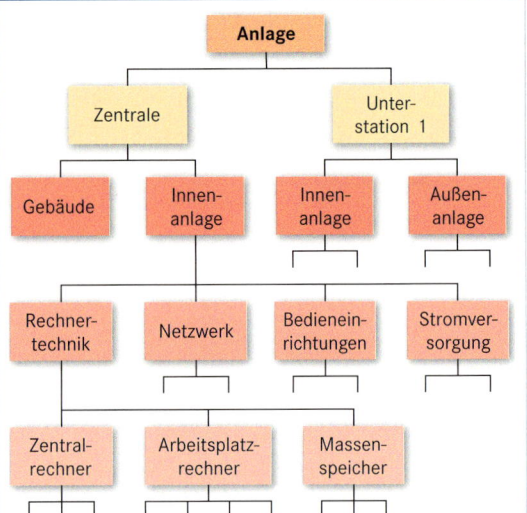

Projektstruktur

- Die **Projektstruktur**
  - beinhaltet eine **aufgabenmäßige Strukturierung** des Projekts (**was** ist zu **tun**),

  - umfasst alle für die Realisierung des Vorhabens erforderlichen Aufgabenpakete und wird auch **Aufgabenbaum** genannt und

- wird soweit detailliert ausgearbeitet, bis einzelne Arbeitspakete einer Arbeitsgruppe oder einzelnen Mitarbeitern zugeordnet werden können.

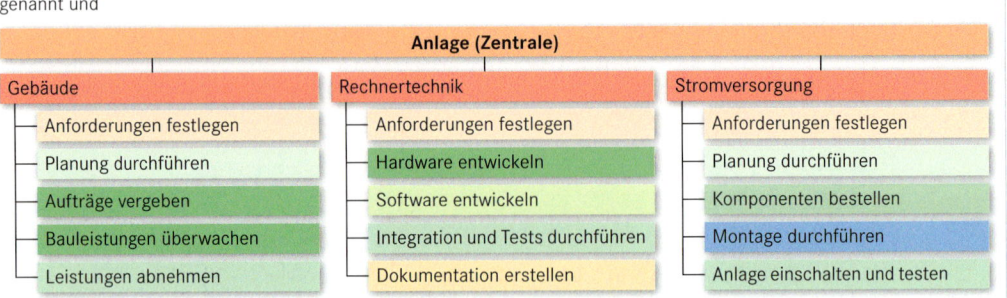

Kontenstruktur

- Die **Kontenstruktur**
  - beinhaltet eine **Konteneinteilung** aus kaufmännischer Sicht,

  - kann entsprechende Unterkontenbildung oder Kontenzusammenfassung beinhalten,

  - kann grundsätzlich aufgebaut sein nach Art

- des Auftrages als **vertriebsorientiert** (Kundenauftrag) oder **entwicklungsorientiert** (interner Entwicklungsauftrag) und

- kann gegliedert sein z. B. nach **Kostenverursacher**, **Kostenkomponenten** oder orientiert am **Terminplan**.

Projekt

Definition

- Ein **Projekt** ist ein Vorhaben
  - das ein bestimmtes Ziel realisieren soll (**Sachziele**),
  - dessen Anfangs- und Endpunkte festgelegt sind (**Termine**) und
  - das über begrenzte personelle und materielle Ressourcen verfügt (**Kosten**).
- Weitere Kennzeichen für Projekte sind:
  - **einmalig** und **neuartig** im Ablauf,
  - **komplex** in den Zusammenhängen und
  - **interdisziplinär** in der Zusammenarbeit.
- Projekte werden von **Projektleitern** mittels **Projektmanagementmethoden** geführt.

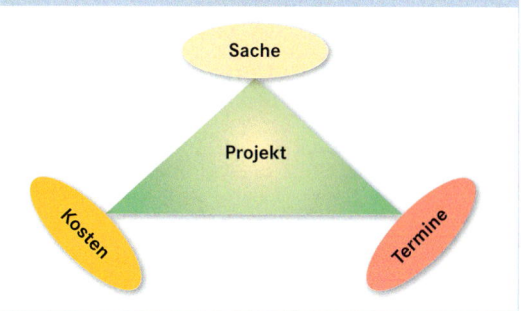

Projekt-Organisationsformen

Reine Projektorganisation

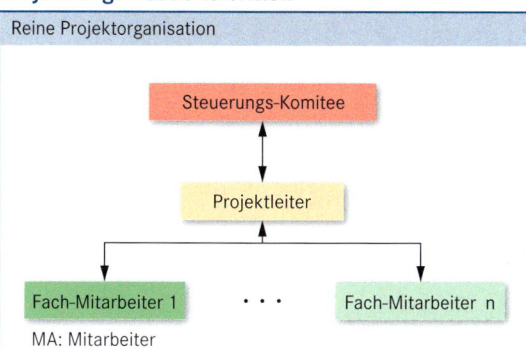

MA: Mitarbeiter

- **Vorteile:**
  - 100 % Zuteilung der Mitarbeiter
  - klare Kompetenzteilung
  - klare Verantwortlichkeiten

- **Nachteile:**
  - Spezialisierungsgefahr
  - zeitweise Überkapazitäten, wenn keine Projekte
  - Ausgliederung aus Firmenhierarchie

Stab-Linien-Projektorganisation

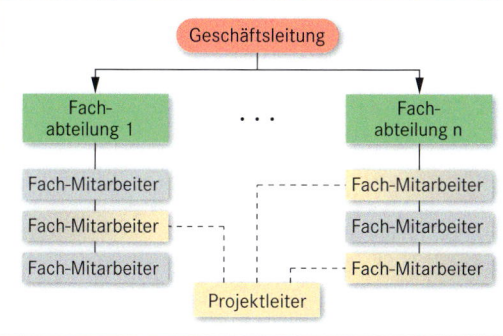

- **Vorteile:**
  - unwesentliche organisatorische Umstellung
  - hohe Flexibilität durch Mitarbeiter-Pool in den Fachabteilungen
  - kostengünstig
  - Wiedereingliederung der Mitarbeiter nach Projektende entfällt

- **Nachteile:**
  - ggf. umständliche Entscheidungsfindung
  - Interessenkonflikte zwischen Abteilungsleitung und Projektmitarbeitern
  - durch Dezentralisierung der Aufgaben ist starke Kontrolle erforderlich

Projektmanagement

Definition

- Das **Projektmanagement** ist eine Methodik zur optimalen Abwicklung von Projekten und wird vom **Projektleiter** angewendet zur
  - **Führung** der Projektmitarbeiter,
  - **Planung** der erforderlichen Projektaktivitäten,
  - **Koordinierung** der beteiligten internen und externen Projektbeteiligten und
  - **Kontrolle** der erreichten Projektziele.

- Das Projektmanagement hat eine **zentrale Funktion** im Rahmen einer Projektabwicklung.

Funktionale Anordnung

Auftraggeber

Projekt-
management

Externe
Dienstleister

Interne
Abteilungen

Druckmedien (Printmedien)

Fachbücher

- Der Inhalt ist systematisch, übersichtlich und im Zusammenhang dargestellt.

- Fachbücher sind gut geeignet zur Vorbereitung und Nachbereitung an beliebigen Orten.

- Dauerhafte und individuell eingefügte Markierungen erleichtern den Zugriff und die Handhabbarkeit.

- Fachbücher können auch über das Stichwortverzeichnis als Nachschlagewerk verwendet werden. Das Quellen- und Literaturverzeichnis liefert Hinweise zu weiterführender Literatur.

Fachzeitschriften

- Behandelt werden begrenzte Gebiete oder nur Teile eines Fachgebietes.

- Fachzeitschriften sind aktuelle Informationsquellen. Mitunter kann es sinnvoll sein, die reinen Fachaufsätze getrennt zu sammeln und zu archivieren.

Lexikon, Tabellenbuch, Handbuch

- Einzelne Fachgebiete sind geordnet, übersichtlich, anschaulich und mitunter in Tabellenform dargestellt. Ein schneller Zugriff auf wesentliche Informationen wird dadurch erleichtert.

- Sie eignen sich in der Regel zum Nachschlagen bestimmter Sachverhalte oder Themen. Alphabetische oder themenbezogene Gliederungen kommen vor.

- Ein sinnvoller Zugriff auf Themen oder Begriffe erfolgt in der Regel über das Sachwortverzeichnis.

Firmenunterlagen

Diese Informationsquellen sind in der Regel auf eine bestimmte Zielgruppe ausgerichtet, z. B.:

Käufer → Produktwerbung, Selbstdarstellung

Service → Technische Informationen und Bedienungsanleitungen

Multimedia

- Informationsquellen mit diesem Merkmal enthalten neben Text- und Bildinformationen auch akustische Informationen und Videosequenzen.

- Die Datenträger sind in der Regel CDs und DVDs.

- Mit Hilfe des Computers lassen sich einzelne Programmelemente bzw. Seiten abrufen (über Links) und dem eigenen Auffassungsvermögen (Schnelligkeit, Wiederholung, Standbild, usw.) anpassen.

- Der Benutzer kann aufgefordert werden, aktiv in die Darbietung einzugreifen (interaktiv).

- Bestimmte Teile lassen sich ausdrucken und können dann wie eine reine Textinformation benutzt werden.

Internet

Internet-Dienste:

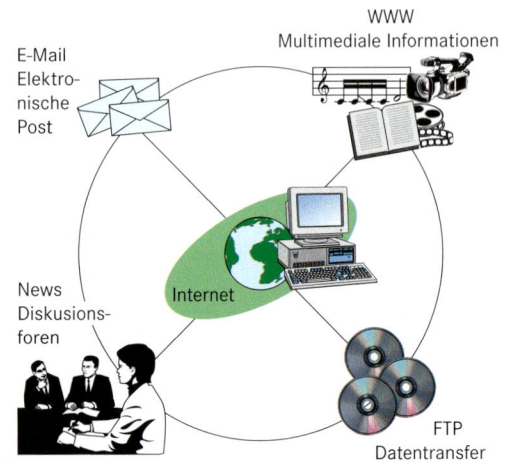

E-Mail
Elektronische Post

WWW
Multimediale Informationen

News
Diskusionsforen

Internet

FTP
Datentransfer

E-Mail

Elektronisches Versenden oder Empfangen von Nachrichten (Electronic Mail).
Die Nachricht kann gespeichert, ausgedruckt oder sofort beantwortet werden.
Alle Teilnehmer besitzen eine elektronische Postadresse, z. B.: **Schulservice@westermann.de.**

WWW (World-Wide-Web)

Multimediale Benutzeroberfläche des Internets.
Angebote und Informationen können aufgerufen, gespeichert oder ausgedruckt werden.
Die Informationen können umfassen: Texte, Bilder, grafische Symbole, Ton- und Videosequenzen
z. B.: **http://www.westermann.de**

FTP (File-Transfer-Protokoll)

FTP ist eine Abkürzung für ein Verfahren zum Datentransfer im Internet.
Mit diesem Verfahren können aus dem weltweiten Softwarepool des Internets die unterschiedlichsten Dateien direkt kopiert werden.
Hochschulen und größere Firmen bieten entsprechende Software über ihre FTP-Server an,
z. B.: **ftp://ftp.mcafee.com/**
(Hauptverzeichnis des Rechners der Firma McAfee)

News

- Im Internet finden sich Gruppen (Newsgroups) zum Gedanken- und Meinungsaustausch zusammen.

- Diskussionsbeiträge und Ratschläge zu unterschiedlichsten Themen werden ausgetauscht.

- In Diskussionsforen stellt jeder Teilnehmer seine Nachricht, Fotos, Dateien usw. für alle anderen als elektronische Post zur Verfügung („schwarzes Brett").

- News-Server sind Computer, auf deren Festplatten die Nachrichten der Diskussionsforen gespeichert sind und abgerufen werden können.

Elemente einer Suchstrategie

- Ist das Internet die geeignete Informationsquelle?
- Führen gedruckte Publikationen schneller zum Ziel?
- Internetrecherche weltweit oder im deutschsprachigen Raum durchführen?
- Suchbegriff gründlich überdenken und präzisieren
- Entscheidung für eine Suchmaschine, Meta-Suchmaschine oder ein Web-Verzeichnis (Katalog) fällen
- Suche durch weitere Begriffseinengung verfeinern
- Einengung durch mathematische Zeichen oder boolesche Operationen möglich

Web-Verzeichnisse, Web-Kataloge

- Diese Verzeichnisse bzw. Kataloge werden von Fachleuten erstellt und nach Themen sortiert
- Sie enthalten Sammlungen von Webseiten-Adressen
- Schritt für Schritt kann man sich der speziellen Thematik nähern
- Verzeichnisse bzw. Kataloge enthalten die „Wertvorstellungen" der jeweiligen Verfasser
- Bei nichthierarchischen Web-Verzeichnissen ist eine netzartige Struktur aufgebaut, deren Elemente durch Links verknüpft sind.
- Die Bewertung der Beiträge kann manuell (Voting), automatisch (Ranking) oder durch Auswertung der Zugriffe erfolgen.

Funktion von Suchmaschinen

- Mit Programmen werden Dokumente (Text, Bild, Ton, Video) automatisch im Internet analysiert und indiziert.
- Der Index enthält die Datenstruktur sowie Informationen über das Dokument.
- Wenn ein Suchbegriff in die Suchmaschine eingegeben wird, liefert diese auf Grund ihrer Indizierung (**indexbasierte Suchmaschine**) eine Liste von Verweisen auf relevante Dokumente und Kurzinformationen zum Dokument.

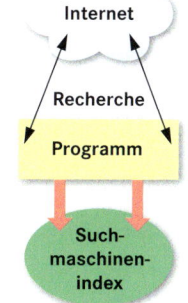

Beispiele

Google
http://www.google.de

Fireball
http://www.fireball.de

Bing (Microsoft)
http://www.bing.com

Altavista
http://www.altavista.de

Metasuchmaschinen

- Ihre Aufgabe besteht darin, die Suchanfrage an mehrere andere Suchmaschinen gleichzeitig weiterzuleiten. Die Ergebnisse werden gesammelt und aufbereitet.
- Anfragen werden langsamer beantwortet als eine direkte Anfrage bei einer einzelnen Suchmaschine, da die Antwort aller Suchdienste abgewartet wird (Servicequalität).

Eingrenzungen der Suchaufträge

Die nachfolgenden Operatoren werden nicht von allen Suchmaschinen unterstützt. Auch kann die Schreibweise abweichen.
Deshalb: Bedienungsanleitung beachten.

Operator	Erklärung	Beispiel
AND	Die verknüpften Suchbegriffe müssen vorkommen.	Festplatte AND Einbau
+	Der Begriff direkt ohne Leerzeichen nach dem Pluszeichen muss vorkommen.	Buch+IT
OR	Mindestens einer der Begriffe muss vorkommen (häufig Standardoperator)	Shareware OR Freeware
–	Begriff direkt ohne Leerzeichen nach dem Minuszeichen soll nicht vorkommen.	Betriebssystem –Windows
NOT	Der nach dem NOT folgende Begriff soll nicht vorkommen.	CD-ROM NOT Sony
NEAR	Die Begriffe sollen nahe beieinander auftauchen (logisches UND).	Microsoft NEAR Office
„…"	Phrasensuche: Es werden genau die in Anführungszeichen gesetzten Begriffe gesucht.	„Internet Explorer 7.0"
(…) {…} […]	Klammern werden für komplexe Abfragen mit booleschen Operatoren verwendet.	Software AND (Adobe OR Corel)
title: url: link:	Sucheinschränkungen für Titel, Domäne, Link	title:DVB-S2
*, %	Platzhalter für eine unbestimmte Anzahl beliebiger Zeichen.	Auto*, Ergebnis: Automat, Automobil, …

Internetquellen bewerten

Da jeder im Internet Veröffentlichungen vornehmen kann, gilt: Das Suchergebnis muss bewertet werden.
Beispiele für **Bewertungskriterien**:

URL
- Dienst entsprechend dem Protokoll (http, ftp, news, …)
- Nationalität (.de, .at, …)
- Kontext (.edu, .org, …)

Seriosität
- Verfasser (kommerziell, privat, wissenschaftliches Institut, …)
- Aktualität (Datum der Erstellung)
- Präsentation (Übersichtlichkeit, Verständlichkeit, …)
- Vollständigkeit

Lerntypen

- Sehtyp (**visuell**)
- Hörtyp (**auditiv**)
- Gesprächstyp (**verbal**)
- Fühltyp (**haptisch**)

Diese Lerntypen treten in der Regel nicht in reiner Form auf. Vorherrschend sind Mischformen. Je nach Lerntyp sind entsprechende Lehr- und Lernmethoden anzuwenden, damit das Lernergebnis im Langzeitgedächtnis verankert wird.

Ziel:
Erkennen, zu welchem Lerntyp man selbst gehört, und in diesem Rahmen die Lernfähigkeit verbessern.

Verbesserung der Lernfähigkeit

- Sich die eigenen **Lernmotive** verdeutlichen
- Entspannte und angemessene **Lern-/Arbeitsatmosphäre** herstellen.
- Lern- bzw. Arbeitsplatz den individuellen Bedürfnissen anpassen:
  - Schreibtisch, Arbeitsfläche für die Lernaufgabe herrichten
  - bequeme Sitzhaltung einnehmen
  - für ausreichende Beleuchtung sorgen
  - Materialien bereitlegen
  - Ablenkung vermeiden
- **Überblick** über die Aufgabe verschaffen
- **Zeitbedarf** abschätzen
- **Strukturen** des Lernstoffs herausarbeiten (Element, Beziehungen und Abhängigkeiten zwischen den Elementen)
- Informationen auf den **Kerngehalt** reduzieren
- **Merktechniken** und **Visualisierungen** während des Lernprozesses verwenden
- Ergebnis bzw. **Zusammenfassung** festhalten
- **Rückbesinnung** auf den Lernprozess und das Lernergebnis vornehmen
- **Beseitigung von Lernblockaden**
  Negative Einstellungen durch positive Lerneinstellungen ersetzen (entspannteres Lernen)

  Ich kann mich nicht konzentrieren.
  – Ich bin ruhig und ausgeglichen!
  Das habe ich noch nie gekonnt.
  – Was andere können, kann ich auch!

Behaltensquote

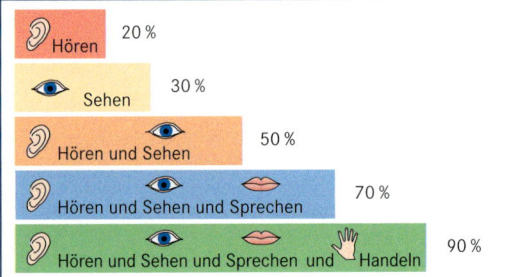

Kurzzeitgedächtnis:
Speicherung der Information ca. 30 bis 60 Sekunden lang.

Langzeitgedächtnis:
Lebenslange Speicherung.
Ziel von Lernprozessen: Gewünschte Informationen in das Langzeitgedächtnis transformieren.

Text verarbeiten und behalten

- Gelesenes nachsprechen
- Text mit eigenen Worten wiedergeben
- Über Gelesenes nachdenken
- Unterstreichungen und Markierungen mit gleichbleibender Bedeutung verwenden
- Einfache und sich wiederholende Markierungen benutzen.
  Beispiele:
  !: wichtig, bedeutsam
  !!: sehr wichtig, sehr bedeutsam
  ?: bedenklich, fragwürdig
  ??: sehr bedenklich, sehr fragwürdig
- Text durch Grafiken und Bilder veranschaulichen (Visualisierungen vornehmen)
  Beispiele:
  Flussdiagramm, Mind-Map, Struktogramm, Tabelle, ...
- Theoretische Sachverhalte mit praktischen Möglichkeiten verbinden
- Sich den Text in Form von Bildern vorstellen, den Text gedanklich „ausmalen"
- Individuelle Merkhilfen erfinden (Eselsbrücken).
- Pausen einhalten. Damit erhöht sich der Lernwirkungsgrad und der Behaltenseffekt
- Ablenkungen vermeiden (akustisch, optisch, ...)
- Je nach Lerntyp: Hintergrundmusik verwenden

Lernen mit der Projektmethode

Weitgehend selbstorganisiertes Lernen in Gruppen.
Ablauf:
1. Projektinitiative
2. Projektskizze (Absichten, Vorhaben)
3. Projektplan (Schritte, Zeitbedarf, Aufgabenverteilung: „Wer macht was bis wann")
4. Durchführung
5. Abschluss (Ergebnis, kritische Betrachtung des gesamten Projekts)

Lernen durch Rollenspiele

Probehandeln in simulierten Situationen.
Ablauf:
1. Einführung in die Rolle (Lehrkraft, Leiter, ...)
2. Erarbeitung des Rollenprofils
3. Darstellung der Rolle
4. Herausführen aus der Rolle (Lehrkraft, Leiter, ...)
5. Reflexion über die gespielte Rolle
6. Feedback durch Beobachter

Ablauf einer Nachrichtenübertragung

- Die Nachricht geht vom Sender aus und ist in einer bestimmten Weise codiert.

- Auf dem Weg zum Empfänger können „Störungen" die Nachricht verändern.

- Die Nachricht enthält sprachliche und nichtsprachliche Anteile.

- Der Empfänger decodiert die Nachricht entsprechend seiner Wahrnehmung, mit seinem eigenen „Vorrat" an Decodiermöglichkeiten.

- Eine ungestörte Kommunikation kann nur dann stattfinden, wenn Sender und Empfänger den angewendeten Code aufeinander abstimmen.

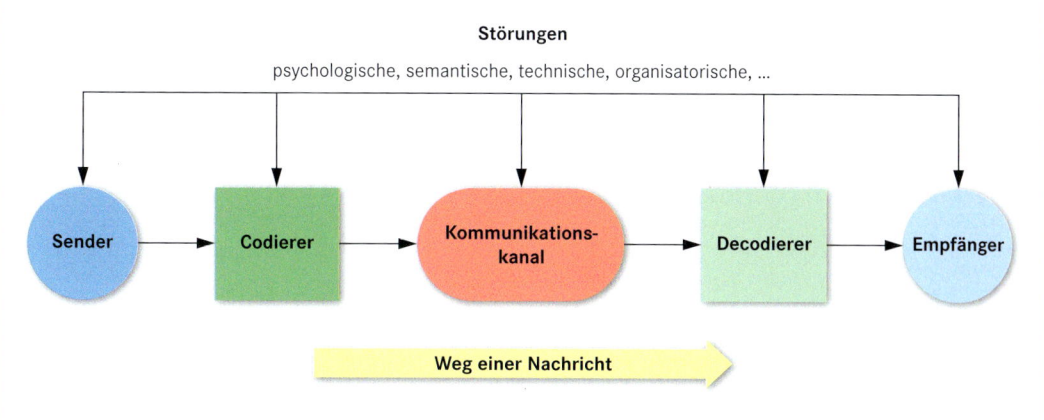

Störungen

psychologische, semantische, technische, organisatorische, …

Sender → Codierer → Kommunikationskanal → Decodierer → Empfänger

Weg einer Nachricht

Vier Seiten einer Nachricht

Jede Nachricht kann grundsätzlich vom Empfänger auf vier verschiedenen Ebenen wahrgenommen (decodiert) werden, als

- Sachinformation, Sachinhalt,

- Beziehung,

- Selbstoffenbarung und

- Appell, Aufforderung.

Je nach Absicht des Senders können die verschiedenen Aspekte unterschiedlich stark in Erscheinung treten (codiert sein).

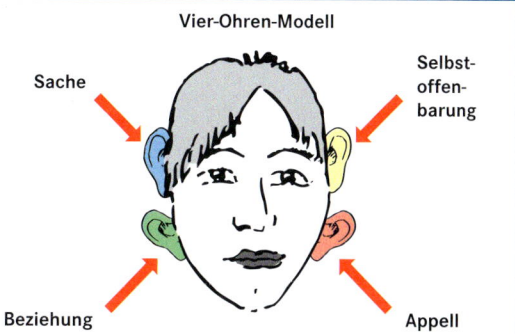

Vier-Ohren-Modell

Sache — Selbstoffenbarung — Beziehung — Appell

Gesprächs- und Wahrnehmungsregeln für die Kommunikation

Sender (Codierung)	Empfänger (Decodierung)
■ Betonung der Sachebene: Sachen, Fakten, Begriffe in den Mittelpunkt rücken, sachlichen Sprachstil verwenden	■ Wahrnehmung der Sachebene: Wie ist der Sachverhalt zu verstehen, was ist der Kerngehalt der Äußerungen?
■ Betonung der Beziehungsebene: Gefühle direkt benennen, Rückmeldung über Wahrnehmung geben	■ Wahrnehmung der Beziehungsebene: Welche Beziehungsebene kommt zum Ausdruck, wie wird mit mir umgegangen?
■ Betonung der Selbstoffenbarung: Etwas über sich selbst ausdrücken (Ich-Botschaft), eigene Meinung herausstellen	■ Wahrnehmung der Selbstoffenbarung: Was will mein Gesprächspartner über sich sagen, was ist mit ihm?
■ Betonung der Appellebene: Zu Handlungen auffordern, Lenkungen vornehmen	■ Wahrnehmung der Appellebene: Was wird von mir erwartet, was soll ich tun? Was ist der Grund für diese Mitteilung?

Merkmale

Die **Moderation** wird angewendet, um selbst organisiert und gemeinsam zielgerichtet Themen, Aufgaben, Probleme, ... in einer hierarchiefreien Atmosphäre zu bearbeiten.
Das Ziel ist dabei eine möglichst vielfältige, breite und effektive Beteiligung unter Berücksichtigung der Bedürfnisse und Interessen der Gruppenmitglieder.

Der **Moderator**, die **Moderatorin**

- ist nur methodischer Helfer (Katalysator, Leiter ohne Funktion eines Vorgesetzten),

- ist Prozess- bzw. Lern-Helfer (und erbringt eine Dienstleistung),

- „öffnet" die Gruppe für das Thema,

- stellt eigene Meinungen und Ziele zurück,

- bewertet keine Meinungsäußerungen oder Verhaltensweisen,

- nimmt eine fragende Haltung ein (Aktivierung der Gruppe),

- hat Geduld und hört aufmerksam zu,

- stellt aktivierende Fragen und gibt Denkanstöße,

- verhindert Abschweifungen,

- fasst zusammen,

- visualisiert und akzentuiert,

- vergewissert sich, ob seine Visualisierungen mit den Beiträgen übereinstimmen,

- kann auch mit einer weiteren Person zusammenarbeiten,

- nimmt Rücksicht auf natürliche Bedürfnisse der Teilnehmerinnen und Teilnehmer (sinnvoller Wechsel von Arbeitsphasen und Pausen) und

- hat den Raum angemessen vorbereitet (Sitzordnung, Material, ...).

Moderationsphasen

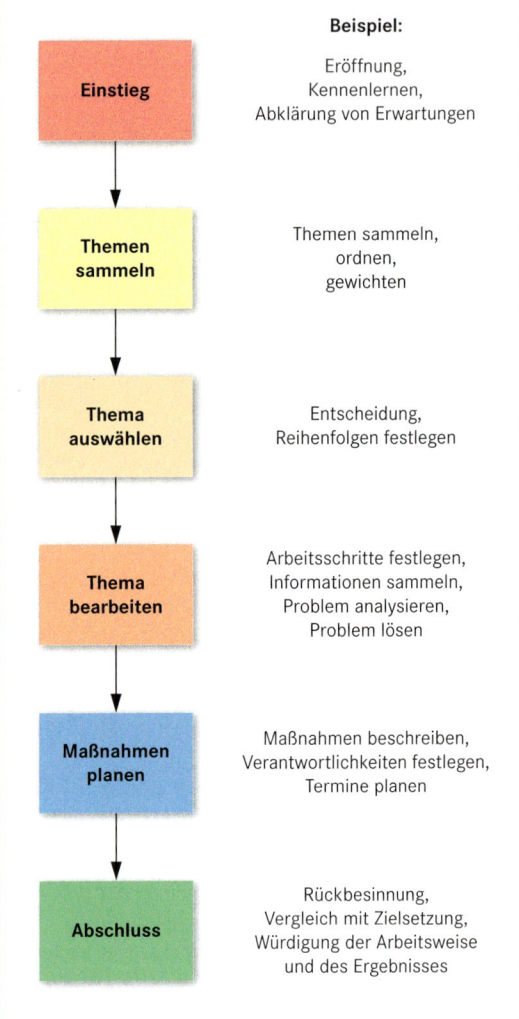

Beispiel:

Einstig — Eröffnung, Kennenlernen, Abklärung von Erwartungen

Themen sammeln — Themen sammeln, ordnen, gewichten

Thema auswählen — Entscheidung, Reihenfolgen festlegen

Thema bearbeiten — Arbeitsschritte festlegen, Informationen sammeln, Problem analysieren, Problem lösen

Maßnahmen planen — Maßnahmen beschreiben, Verantwortlichkeiten festlegen, Termine planen

Abschluss — Rückbesinnung, Vergleich mit Zielsetzung, Würdigung der Arbeitsweise und des Ergebnisses

Medien und Methoden

- Visualisierungskarten (Rechtecke, Kreise, Ovale, ...), Nadeln, Klebestifte, Schere, große Papierbögen, Klebepunkte, Stifte in verschiedenen Ausführungen, ...

- Flip-Chart, Pinnwand

- Fragetechnik:
  Frage zurückgeben, offene und geschlossene Fragen, Suggestivfrage, Gegenfrage, rhetorische Frage, ...

- Kennenlernen:
  Wir berichten über uns, „Steckbrief", ...

- Erwartungen:
  Brainstorming, Kartenabfrage, was soll passieren – nicht passieren, ich erwarte, ...

- Sammlung:
  Themenspeicher, Ein-Punkt- oder Mehrpunkt-Frage, ...

- Problemanalyse:
  Ursache-Wirkungs-Diagramm, Gegenüberstellungen, Netzbilder, Matrix, MindMap, ...

- Bearbeitung:
  Ablaufplan, Maßnahmenkatalog (z. B. was, wer, wozu, wann), ...

- Abschluss:
  Reflexion, Stimmungsbarometer, Punktabfrage, Blitzlicht, ...

- Nachbereitung:
  Vergleich Soll-Ist, Konsequenzen, ...

Visualisierungs-Regeln

- Zuhörer müssen alle Materialien gut sehen und Texte gut lesen können, evtl. Sitzordnung ändern. Materialien zielgerichtet einsetzen.

- Wirkung der Materialien bedenken (Pausen zum Betrachten einplanen).

- Texte übersichtlich und gut lesbar gestalten (Größe, Form, Farbe, Druckbuchstaben). Weniger ist oft mehr!

- Innere Ordnung muss durch Überschriften und Textanordnung deutlich werden.

- Dramaturgie durch geeignete Reihenfolge der Elemente herstellen.

- Verknüpfung verbaler Aussagen mit bildhaften Darstellungen herstellen.

- Blickkontakt während des Medieneinsatzes herstellen.

- Wenn Medien nicht mehr benötigt werden, diese entfernen.

Vorteile

- Sprachaussagen werden anschaulicher und verständlicher.

- Zusammenhänge werden deutlicher.

- Kernaussagen treten deutlich hervor.

- Redeanteil lässt sich verkürzen.

- Struktur tritt hervor.

- Bilder können komplexe Zusammenhänge auf „einen Blick" verdeutlichen.

Visualisierung durch MindMap

- Bildhafte Darstellung von Gedankengängen (bildhafte Gedankenstütze).

- Grafische Strukturierung von Sachverhalten, Zusammenhängen, Ideen und Denkprozessen (Überblick).

- MindMaps lassen sich einzeln oder durch Gruppen erstellen.

- Innere Ordnung: Vom Abstrakten zum Konkreten, vom Allgemeinen zum Speziellen.

- Vielseitig verwendbar, fördert Kreativität.

- Viel auf einen „Blick", nichts geht „verloren". Geringer Aufwand.

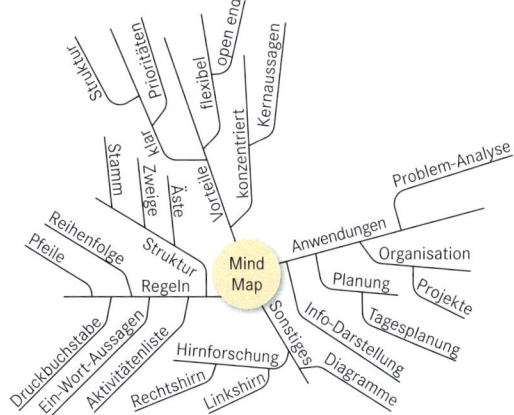

Möglichkeiten

Text:	Unterstützung der Sprache durch Folien, Plakate, Karten.
Tabellen:	„Ordnung" von Zahlen
Bilder:	Veranschaulichung komplexer Beziehungen, Assoziationen wecken.
Schaubilder:	Strukturen und Abhängigkeiten
Symbole:	Reduzierung auf das „Wesentliche"

Anordnung und Gestaltung von Textkarten

Reihung	Rhythmus
Themenstruktur wird deutlich	Erfassung von Zusammenhängen

Betonung	Ballung und Streuung
Blick wird auf wichtige Aussagen gelenkt.	Bearbeitungsschwerpunkte treten hervor.

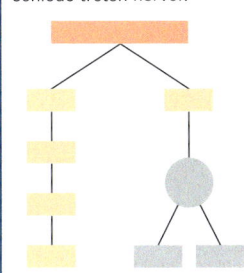

Symmetrie und Asymmetrie	Dynamik
Ähnlichkeiten und Unterschiede treten hervor.	Offene Struktur

Beschreibung

- Informationsübermittlung an einen bestimmten Adressatenkreis.

- Adressaten zeigen im Wesentlichen passives und konsumierendes Informationsverhalten.

- Hohe Behaltensrate wird erreicht durch Kombination von visuellen und verbalen Informationen.

- Vertiefung und Festigung der Präsentation wird erreicht durch
  - Dialog
  - Diskussion
  - Beantwortung zusätzlicher Fragen

Ziele

- Information
- Motivation
- Darstellung komplexer Sachverhalte
- Überzeugen
- Repräsentieren
- Aufbau eines Images
- Handlungen auslösen

Voraussetzungen

- Geeignete technische Hilfsmittel
  - Metaplanwand und -karten, Nadeln, Stifte, ...
  - Flipchart mit Papier, Stifte, ...
  - Schreibtafel mit Kreide, Karten, Plakate, Klebeband, ...
  - Overhead-Projektor mit Folien, Stifte, Tuch zum Löschen, ...
  - PC, Software, Daten-/Video-Projektor mit Leinwand, Laserpointer, ...
  - Whiteboards, Activeboards
- Übung im Umgang mit den technischen Hilfsmitteln

Vorbereitung

1. Ziel bzw. Absicht formulieren

2. Sammeln von Ideen, Informationen, Materialien

3. Auswählen geeigneter Materialien im Hinblick auf das Ziel

4. Sortieren der Materialien: Kernaussagen, Hintergrundinformationen

5. Gewichtung, Strukturierung

6. Geeignete Methoden und Medien für die Präsentation auswählen.

7. Besonderheiten der Adressaten und des Raumes beachten.

8. Informationen wirkungsvoll aufbereiten.

9. Präsentationsmanuskript erstellen

10. Abfolge „durchspielen", Probelauf, Test, ...

Medien

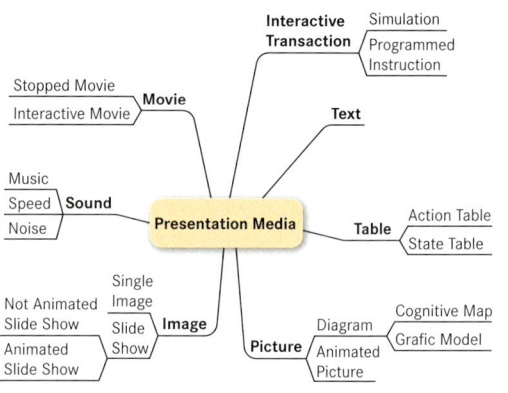

Durchführung

- „**Roten Faden**" einhalten

- Zusammenspiel zwischen **verbalen Aussagen** und **Visualisierungen** einhalten

- Dramaturgie und Dynamik durch **Sprache** und geeignete Medien herstellen

- Funktion von **Sprechpausen**:
  Gelegenheit zum Atmen, eigene Gedanken neu ordnen, Denkpausen für Zuhörer, Aufmerksamkeit und Spannung

- Medien nacheinander (z. B. durch Aufdecken) präsentieren (**Abfolge**).

- Verschiedene menschliche Sinne ansprechen

- **Haltung, Körpersprache**

  – Stehend:

  Leicht geöffnete Füße auf gleicher Höhe, Gewicht gleichmäßig verlagern, nicht schaukeln oder wippen, mit Händen und Armen ruhig die Visualisierung unterstützen

  – Sitzend:

  Aufrechte Haltung, Arme und Hände ruhig halten, nicht mit Gegenständen spielen

- Nicht zum Medium, sondern zu den Zuhörern sprechen (**Konzentration**).

Technische Dokumentation und Formeln

10

Linienart

Anwendungsbeispiele	Vollinie		Strichlinie		Strichpunktlinie		Freihandlinie	Zickzacklinie	Strich-Zweipunktlinie
	breit	schmal	breit	schmal	breit	schmal	schmal	schmal	schmal
	sichtbare Körperkanten, Gewindebegrenzung	Maßlinie, Maßhilfslinie, Schraffur, Bezugslinie, Gewindelinie	Kennzeichnung von Oberflächenbehandlung	verdeckte Körperkanten	Schnittverlauf	Mittellinie	Bruchlinie	Bruchlinie	angrenzende Teile, Grenzstellung beweglicher Teile

Normschrift

- Schriftform A: Linienbreite $\frac{1}{14}\,h$
- Schriftform B: Linienbreite $\frac{1}{10}\,h$
- kursiv: unter 75°
- vertikal: unter 90°

ABCDEFGHIJKLMNOPQRSTUVW
XYZÄÖÜ   12345677890 I V X
aabcdefghijklmnopqrstuvwxyz
aäöüß±□   [(!?.;"-=+×:√%&)]ø

Blattformate

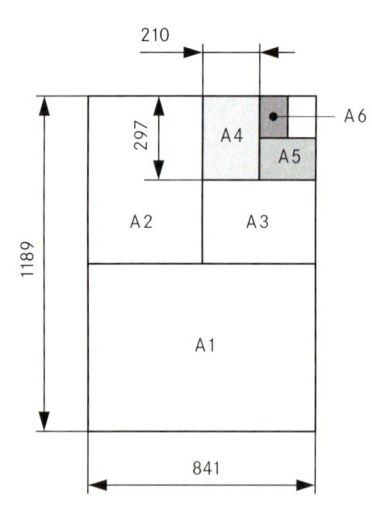

210
297
1189
A4
A6
A5
A2
A3
A1
841

A0 = 841 mm x 1189 mm = 1 m²

A4 = 210 mm x 297 mm = 0,0624 m² $\approx \frac{1}{16}$ m²

Blattgrößen

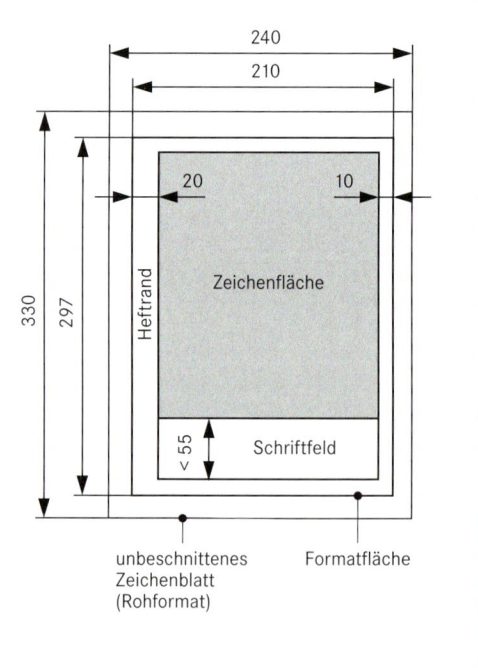

240
210
20
10
330
297
Heftrand
Zeichenfläche
< 55
Schriftfeld

unbeschnittenes Zeichenblatt (Rohformat)

Formatfläche

Strukturierung

- Zur Kennzeichnung der elektrischen Betriebsmittel werden diese in eine Struktur eingebunden.
- Mit Hilfe dieser Struktur ist die Information über das System und dessen Dokumente organisiert, eine Navigation im System ist möglich und **Referenzkennzeichen** können gebildet werden.
- Die Strukturierung erfolgt in Form eines hierarchischen Baumes:
  - **Produktionsbezogen** (Vorzeichen: –)
    Die Struktur gibt den mechanischen und technischen Aufbau des Systems wieder.
  - **Funktionsbezogen** (Vorzeichen: =)
    Die Objekte werden entsprechend der Funktion unabhängig von der Realisierung beschrieben.
  - **Ortsbezogen** (Vorzeichen: +)
    Die räumliche Anordnung der Objekte (Platz, Raum, Gebäude, Gelände, usw.) wird dargestellt.
- Alle Objekte eines Systems sollten mindestens nach dem Produktaspekt strukturiert werden.
- Vorgehensweise zur Strukturierung:
  1. Abgrenzung und Benennung der Objekte
  2. Strukturierungsprinzip festlegen (Produktbezogen)
  3. Teilobjekte bestimmen (z. B. Schaltfeld 1)
  4. Unterteilung der Teilobjekte (z. B. Leistungsschalter)
  5. Klassifizierung und Kennzeichnung (-Q01 -QA1)

Referenzkennzeichnung

Beispiel: Produktionsbezogene Struktur mit Referenzkennzeichen einer Umspannstation

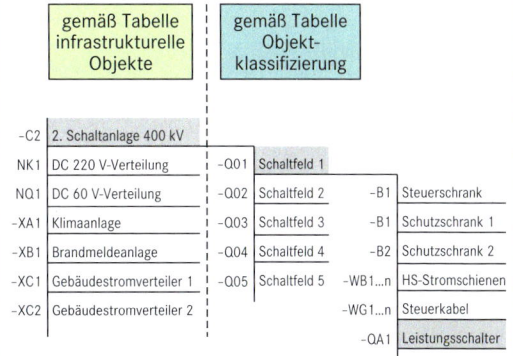

- Das Referenzkennzeichen eines Objektes besteht aus dem Vorzeichen (–, =, +), einem Kennbuchstaben für die betreffende Klasse bzw. Unterklasse und einer Nummer zur eindeutigen Identifizierung.
  Beispiel: -QA1   Leistungsschalter 1
          -Q01 -QA1   Leistungsschalter 1 im Schaltfeld 1

Klassen für infrastrukturelle Objekte

Objekte	Kenn-buch-stabe	Beschreibung	Beispiele	Energieverteilstation	
				Buchstabe	Spannungswerte
				B	> 420 kV
…für gemeinsame Aufgaben	A	Objekte, die mehreren Infrastrukturklassen zugeordnet werden	Fernwirkanlage, zentrale Leittechnikanlage	C	400 kV … ≤ 420 kV
…für Hauptprozesseinrichtungen	B … U	Die Buchstaben B bis U sind in der nebenstehenden Tabelle aufgeführt.	400/230 V Energieverteilung	D	230 kV … < 400 kV
				E	110 kV … < 230 kV
…die nicht dem Hauptprozess zuzuordnen sind	V	Objekte für die Lagerung von Materialien	Fertigwarenlager, Mülllager, Rohmateriallager	F	60 kV … < 110 kV
				G	45 kV … < 60 kV
	W	Objekte mit administrativen oder sozialen Aufgaben	Büro, Garage, Kantine	H	30 kV … < 45 kV
	X	Objekte mit Hilfsaufgaben neben dem Hauptprozess	Alarmanlage, Brandschutzanlage, Beleuchtungseinrichtung, Elektroenergieverteilung, Gasversorgung, Klimaanlage, Wasserversorgung	J	20 kV … < 30 kV
				K	10 kV … < 20 kV
				L	6 kV … < 10 kV
	Y	Objekte mit Informations- oder Kommunikationsaufgaben	Antennenanlage, Computernetzwerk, Lautsprecheranlage, Telefonanlage	M	1 kV … < 6 kV
				N	< 1 kV
				P	Schutzpotenzialausgleich
	Z	Objekte zur Unterbringung technischer Anlagen	Fabrikgelände, Gebäude, Straße, Zaun	T	Anlagen zum Umspannen

Kennbuchstaben zur Objektklassifizierung

Kennbuch-stabe	Hauptaufgabe/-zweck	Beispiele
A	Hauptaufgabe lässt sich nicht eindeutig bestimmen	Schaltschrank, Sensorbildschirm
B	Umwandeln einer physikalischen Größe in ein Signal zur Weiterverarbeitung	Bewegungsmelder, Fotozelle, Fühler, Messrelais, Messwiderstand, Rauchmelder
C	Speichern von Energie bzw. Information	Festplatte, Kondensator, Pufferbatterie, RAM, Speicher
E	Kühlen, Heizen, Beleuchten, Strahlen	Boiler, Heizung, Lampe, Laser, Leuchte, Mikrowellengerät
F	Direktes Schützen von Personen oder Einrichtungen	Leitungsschutz-Schalter, Überspannungsableiter, RCD, Sicherung, SH-Schalter
G	Erzeugen von Energie, Materialfluss oder Signalen	Batterie, Brennstoffzelle, Dynamo, Generator, Lüfter, Solarzelle, Ventil
K	Verarbeiten von Signalen oder Informationen	Binärbaustein, Frequenzfilter, Hilfsschütz, Regler, Schaltrelais, Transistor, Zeitrelais
M	Bereitstellen von mechanischer Energie zu Antriebszwecken	Elektromotor, Stellantrieb
P	Darstellen von Informationen	Ampere- bzw. Voltmeter, Drucker, Klingel, Lautsprecher, LED, Uhr, Zähler
Q	Schalten und Variieren von Energie, Signal- und Materialfluss	Leistungsschalter, Motoranlasser, Leistungstransistor, Schütz, Stromstoßschalter, Thyristor, Trennschalter
R	Begrenzen oder Stabilisieren von Energie-, Informations- oder Materialfluss	Begrenzer, Diode, Drosselspule, Widerstand
S	Umwandeln manueller Betätigung in Signale	Steuerschalter, Tastschalter, Tastatur, Wahlschalter
T	Umwandeln von Energie bzw. Signalen unter Beibehaltung von Energieart bzw. Informationsgehalt	Antenne, Frequenzwandler, Gleichrichter, Ladegerät, Netzgerät, Transformator, Verstärker, Wandler, Wechselrichter
U	Halten von Objekten in einer definierten Lage	Isolator, Kabelpritsche, Mast, Montageschiene
V	Verarbeiten oder Behandeln von Material oder Produkten	Abscheider, Filter
W	Leiten oder Führen von Energie oder Signalen	Bussystem, Kabel, Leiter, Lichtwellenleiter, Sammelschiene
X	Verbinden	Klemme, Klemmleiste, Steckdose, Stecker, Verbindungsdose

Unterklassen

- Zur eindeutigen Beschreibung können weiterhin **Unterklassen** gebildet werden, die ebenfalls durch Kennbuchstaben gekennzeichnet werden.

- Die Unterklassen müssen von Anwendern festgelegt und dokumentiert werden, wobei die Buchstaben *I* und *O* wegen der Verwechslungsgefahr mit den Ziffern 1 und 0 nicht benutzt werden sollen.

Beispiel:
Ist für einen Leistungstransformator die Klassenbezeichnung T nicht ausreichend, kann zusätzlich die Unterklasse A (Leistung transformieren) eingeführt werden.

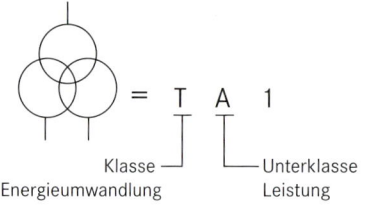

Die nachfolgende Tabelle zeigt beispielhafte Unterklassen

Unterklassen B (Auszug)	
Buchstaben	**Beispiele**
BA	Messrelais (Spannung), Schutzrelais (Spannung)
BC	Messrelais (Strom), Schutzrelais (Strom)
BG	Bewegungsmelder, Näherungsschalter

Unterklassen F (Auszug)	
FA	Überspannungsableiter
FB	Fehlerstrom-Schutzschalter
FC	Sicherung, LS-Schalter

Unterklassen R (Auszug)	
RA	Diode, Widerstand
RB	Glättungskondensator
RF	Filter, Tiefpass

Unterklassen T (Auszug)	
TA	DC/DC-Wandler, Transformator
TB	Wechselrichter, Gleichrichter
TF	Verstärker, Messumformer

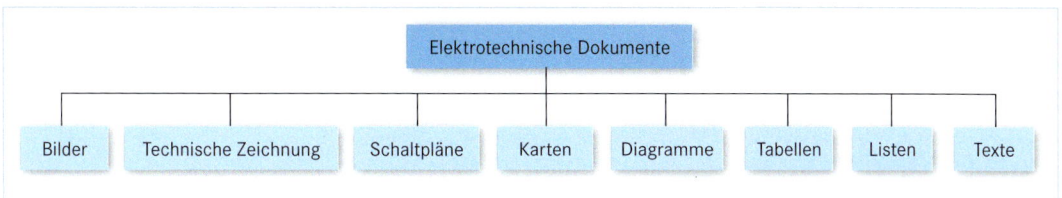

Elektrotechnische Dokumente

Bilder — Technische Zeichnung — Schaltpläne — Karten — Diagramme — Tabellen — Listen — Texte

Funktionsbezogene Dokumente

Übersichtsschaltplan:
Vereinfachte Darstellung einer Schaltung, die die Arbeitsweise und die Gliederung einer elektrischen Einheit zeigt

Blockschaltplan: ①
Übersichtsschaltplan mit Blocksymbolen

Netzwerkkarte:
In Landkarte eingezeichneter Übersichtsschaltplan

Funktionsschaltplan:
Prozessorientierte Darstellung z. B. einer Steueraufgabe

Logik-Funktionsschaltplan:
Funktionsschaltplan mit binären Schaltzeichen

Ersatzschaltplan:
Funktionsschaltplan als äquivalente Schaltung

Funktionsplan: ②
Steuerungs- oder Regelungssystem durch ein Diagramm beschrieben

Stromlaufplan: ③
Ausführliche Darstellung einer Schaltung, aus der ihre Funktion zu erkennen ist

Ortsbezogene Dokumente

- Lageplan
- Installationsplan ④
- Installationsschaltplan
- Gruppenzeichnung
- Anordnungsplan

Verbindungsbezogene Dokumente

- Verdrahtungsplan, -tabelle
- Geräteverdrahtungsplan, -tabelle
- Verbindungsplan, -tabelle
- Anschlussplan, -tabelle, Klemmenplan
- Kabelplan, -tabelle, -liste

Außerdem verwendet man
- Ablaufdiagramme, Zeitablaufdiagramme
- Anschlussfunktionspläne
- Programmpläne, -tabellen, -listen

Funktionsplan (Ausschnitt) ②

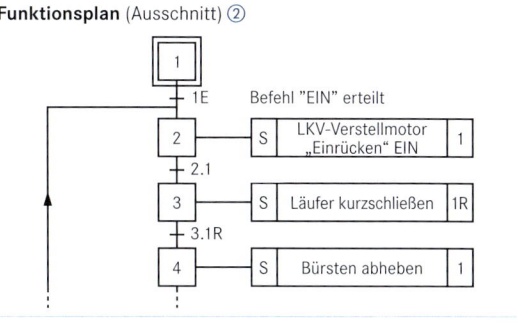

Befehl "EIN" erteilt

1			
1E			
2	S	LKV-Verstellmotor „Einrücken" EIN	1
2.1			
3	S	Läufer kurzschließen	1R
3.1R			
4	S	Bürsten abheben	1

Stromlaufplan ③

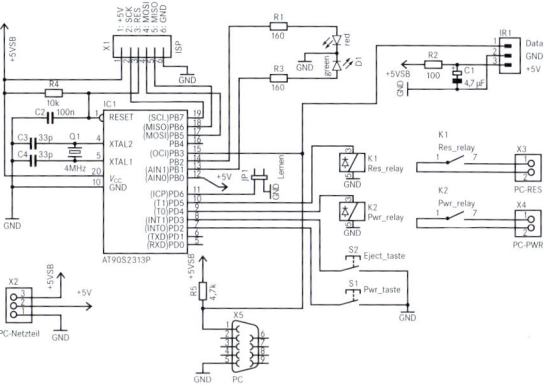

Installationsplan (Ausschnitt) ④

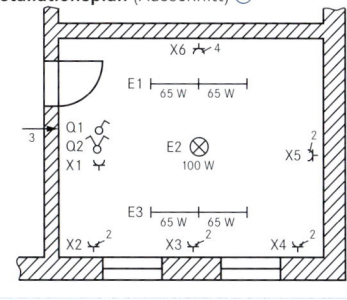

Verlegeart:
NYM auf Abstandsschellen mit Abzweigdosen

Montagehöhe über OKFB
Steckdosen 1,05 m

Schutz bei ind. Berühren:
Abschaltung durch LS-Schalter

Zusätzlicher Schutz im Bad:
RCD-Schutzeinrichtu
$I_{\Delta n}$ = 30 mA

Leistung:
Steckdosen 4 kW

M 1:100

Blockschaltplan ①

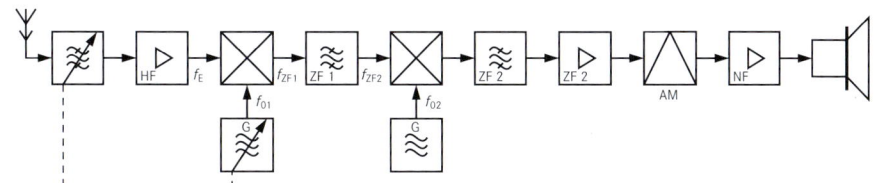

Symbolelemente		Symbolelemente			
Schaltzeichen	Benennung	Schaltzeichen	Benennung	Schaltzeichen	Benennung
Form 1	Betriebsmittel, Komponente, Funktionseinheit, Funktion	**Leiter**		**Veränderbarkeit**	
Form 2			Leiter, Gruppe von Leitern, Leitung, Kabel, Stromweg, Übertragungsweg		nicht linear, nicht inhärent
Form 3					trimmbar
Form 1	Hülle, Gehäuse, Kolben, Kessel	Form 1	Einpolige Darstellung, drei Leiter, Anzahl der Leiter durch kleine Striche oder durch einen Strich mit einer Zahl angezeigt	**Wirkungsrichtung**	
Form 2					Senden
	Begrenzungslinie einer Gruppe zusammengehöriger Objekte	Form 2			Empfangen
				Wirkungen von Abhängigkeiten	
	Schirm, Abschirmung		Leiter, bewegbar		Thermische Wirkung
Arten von Strömen und Spannungen			Leiter, geschirmt		Verzögerung
	Gleichstrom		Leiter, koaxial	**Mechanische Stellteile**	
50 Hz	Wechselstrom, 50 Hz	**Verbinder**		Form 1	Wirkverbindung, allgemein; Mechanische, pneumatische und hydraulische Wirkverbindung
Wechselstrom			Buchse Pol einer Steckdose	Form 2	
	Niedrige Frequenzen		Steckverbindung, zwei Buchsen durch einen Stecker verbunden		Verzögerte Wirkung
	Mittlere Frequenzen		Steckverbindung mit Adapter	**Antriebsarten**	
	Hohe Frequenzen		Buchse und Stecker, Steckverbindung		Betätigung durch elektromagnetischen Antrieb
Impulsformen		**Anschlüsse und Leiterverbindungen**			Notschalter
	Positiver Impuls		Verbindung von Leitern		Handantrieb, allgemein
	Wechselstrom-Impuls		Anschluss (z. B. Klemme)	**Verschiedenes**	
	Positive Schrittfunktion	Form 1	Abzweig von Leitern		Bewegbarer Kontakt (z. B. Schleifkontakt)
Erde, Masse, Äquipotenzial		Form 2			Umsetzer, Umformer, Umrichter
	Erde				
	Fremdspannungsarme Erde	Form 1	Doppelabzweig von Leitern		Ideale Stromquelle
	Schutzerde	Form 2			Ideale Spannungsquelle
	Masse Gehäuse				

Schaltzeichen	Benennung	Schaltzeichen	Benennung	Schaltzeichen	Benennung
Halbleiterdioden		**Thyristoren**		**Transistoren**	
	Halbleiterdiode, allgemein		Abschalt-Thyristortriode		Isolierschicht-Feld-effekt- Transistor (IGFET), Anreiche-rungstyp, Substrat-anschluss
	Leuchtdiode, allgemein		Abschalt-Thyristor-triode, Anode gesteuert (N-Gate)		
	Kapazitätsdiode, Varactor		Thyristortetrode, rückwärts sperrend		Isolierschicht-Feld-effekt- Transistor (IGFET), Substrat intern mit Source verbunden
	Durchbruch-Diode, Z-Diode		Thyristortriode, bidirektional, Triac		
	Breakdown-Diode Gegeneinander geschaltete Z-Dioden		Thyristortriode, rückwärts leitend		Isolierschicht-Feld-effekt-Transistor (IGFET), Verarmungstyp
	Tunneldiode, Esaki-Diode		Thyristortriode, rück-wärts leitend, Anode gesteuert (N-Gate)	**Sensoren**	
	Rückwärts-Diode Unitunneldiode	**Transistoren**			Diode, lichtempfind-lich, Photodiode
	Bidirektionale Diode		PNP-Transistor		Widerstand, lichtempfindlich Photowiderstand
Thyristoren			NPN-Transistor		Photoelement, Photozelle
	Thyristordiode rückwärts sperrend		Unijunction-Transis-tor mit Basis vom P-Typ		Optokoppler, Leuchtdiode und Phototransistor
	Thyristordiode, rückwärts leitend		NPN-Transistor mit zwei Basisan-schlüssen		Hall-Generator
	Thyristordiode, bidirektional, Diac		Sperrschicht-Feld-effekt- Transistor (JFET) mit N-Kanal		Widerstand, magnet-feldempfindlich
	Thyristortriode, Thyristor allgemein		Sperrschicht-Feld-effekt-Transistor (JFET) mit P-Kanal		Magnetischer Koppler
	Thyristortriode, rückwärts sperrend, Anode gesteuert (N-Gate)		Isolierschicht-Feld-effekt-Transistor (IGFET), Anreiche-rungstyp		Ionisationskammer
	Thyristortriode, rückwärts sperrend, Kathode gesteuert (P-Gate)		Insulated Gate Bipolar Transistor (IGBT)		Halbleiterdetektor
					Zählrohr

Passive Bauelemente
Passive Components

DIN EN 60617-04: 1997-08

Schaltzeichen	Benennung	Schaltzeichen	Benennung	Schaltzeichen	Benennung
Widerstände		**Kondensatoren**		**Induktivitäten**	
	Widerstand, allgemein		Kondensator, allgemein		Induktivität, Spule, Wicklung, Drossel bevorzugte Form
	Widerstand, veränderbar, allgemein		Kondensator, gepolt, Elektrolyt-Kondensator		frühere Form
	Widerstand, spannungs-abhängig, Varistor U		Kondensator, veränderbar		Induktivität mit Magnetkern

Schaltzeichen	Benennung	Schaltzeichen	Benennung	Schaltzeichen	Benennung
Fernsprecher		**Aufzeichnungs- und Wiedergabegeräte**		**Aufzeichnungs- und Wiedergabegeräte**	
	Fernsprecher, allgemein		Aufzeichnungs-/ Wiedergabegerät, allgemein		Hörer, allgemein
	Fernsprecher für Zentralbatterie-Betrieb				Lautsprecher, allgemein
	Fernsprecher mit Tastwahlblock		Aufzeichnungs-/ Wiedergabegerät mit Magnettrommelspeicher		Mikrofon, allgemein
	Münzfernsprecher				Tonabnehmer, stereophon
	Fernsprecher ohne Speisung, Fernsprecher, batterielos		Opto-elektronisches Aufzeichnungsgerät		Wiedergabekopf, lichtempfindlich, monophon
	Fernsprecher für zwei oder mehr Amtsleitungen oder Nebenstellenleitungen				Löschkopf
	Fernsprecher mit Lautsprecher		Wiedergabegerät mit Lichtabtastung Compact-Disk-Gerät		Aufnahmekopf (Schreibkopf), magnetisch, monophon) vereinfachte Form

Übertragungseinrichtungen

Schaltzeichen	Benennung	Schaltzeichen	Benennung	Schaltzeichen	Benennung
	Antenne, allgemein		Funkstelle, allgemein		Dämpfungsglied, veränderbar
	Antenne, Polarisation zirkular				Filter, allgemein
	Antenne, Azimut variabel		Rund-Hohlleiter		Tiefpass
	Richtantenne, Azimut fest. Polarisation vertikal, horizontales Strahlungsdiagramm		Koaxial-Hohlleiter		Hochpass
			Sinusgenerator, 500 Hz		Bandpass
	Ferritantenne		Sägezahngenerator, 500 Hz		Bandsperre
	Dipolantenne		Frequenzumsetzer, Umsetzung von f_1 nach f_2		Begrenzer
	Faltdipolantenne Schleifendipolantenne		Verstärker, allgemein Form 1		Modulator, allgemein Demodulator, allgemein Diskriminator, allgemein
	Parabolantenne, dargestellt mit Rechteck-Hohlleiterzuleitung		Form 2		Lichtwellenleiter (LWL), allgemein Lichtwellenleiterkabel, allgemein

Kennzeichen		Symbolelemente			
⟨	Schütz-Funktion	Form 1	Schließer, Schaltfunktion, allgemein Schalter		Wischer mit Kontaktgabe bei Betätigung
×	Leistungsschalter-Funktion	Form 2			Voreilender Schließer
—	Trennschalter-Funktion		Öffner		Nacheilender Schließer
Ō	Lasttrennschalter-Funktion		Wechsler mit Unterbrechung		Nacheilender Öffner
■	Selbsttätige Ausschaltung		Wechsler mit Mittelstellung „Aus"		Schließer, anzugverzögert
▽	Endschalter-Funktion				abfallverzögert
◁	Funktion „selbsttätiger Rückgang"	Form 1 Form 2	Wechsler ohne Unterbrechung Folgeumschaltglied		Öffner, anzugverzögert
○	Funktion „nichtselbsttätiger Rückgang"		Zwillingsschließer		abfallverzögert

Gefahrenmelde-, Melde-Signaleinrichtungen					
	Kennzeichen:	⊕	Leuchtmelder mit Glimmlampe	⊗	**Leuchte, allgemein** Leuchtmelder, allgemein
	Hilferuf (z. B. an Polizei)	⊖	Melder mit Fühleinrichtung, z. B. für Blinde	Neben dem Schaltzeichen darf die Farbe nach DIN IEC 757 angegeben werden:	
	Differenzialprinzip	ϑ	Temperaturmelder	RD rot BU blau GN grün	
	Uhr, allgemein Nebenuhr		Rauchmelder, selbsttätig, lichtabhängiges Prinzip	YE gelb WH weiß	
	Passierschloss für Schaltwege in Sicherheitsanlagen		Erschütterungsmelder, Tresorpendel		Leuchtmelder, blinkend
	Lichtsender Gleichlichtsender		Ruhestromschleife, als Brandfühler		Sichtmelder, elektromechanisch, Schauzeichen, Fallklappe
	Lichtempfänger mit Hell-Schaltung und Kontaktausgang		Polizeimelder, mit Sperrung und mit Fernsprecher		Horn, Hupe
	Lichtschranke		Brandmelder		Wecker, Klingel
	– Lichtsender mit Wechsellicht				Gong, Einschlagwecker
	– Lichtempfänger in Dunkelschaltung mit Kontaktausgang		Brandmelder, Polizeimelder, Laufwerk mit Sperrung Polizeimelder mit Sperrung		Sirene
					Schnarre, Summer

Kennzeichnung der Schaltungsart

I	Eine Wicklung
III	Drei getrennte Wicklungen
III 3∼	Drei getrennte Wicklungen, Dreiphasen-System
△	Dreieckschaltung
Y	Sternschaltung
⅄	Sternschaltung, Neutralleiter herausgeführt

Maschinenarten

	Wechselstrom-Reihenschluss-motor, einphasig		Synchronmotor, einphasig
	Linearmotor		Drehstrom-Linear-motor, Bewegung in nur einer Richtung
	Schrittmotor		Drehstrom-Asyn-chronmotor mit Käfigläufer
	Gleichstrom-Reihenschluss-motor		Asynchronmotor, einphasig, mit Käfigläufer, Enden für eine Anlaufwicklung herausgeführt
	Gleichstrom-Nebenschluss-motor		

Transformatoren und Drosseln

Form 1	Form 2		Form 1	Form 2	
		Transformator mit zwei Wicklungen, Spannungswandler Kennzeichnung gleicher Phasen-lagen, gleichzeitig eintretende Ströme erzeugen Magnetflüsse in gleicher Richtung			Drehstromtrans-formator mit Last-Stufenschalter, Stern/Dreieck-schaltung
		Transformator mit drei Wicklungen			Stromwandler, Im-pulstransformator
		Spartransformator			Einphasentrans-formator mit zwei Wicklungen und Schirm
		Spartransformator, einphasig			Transformator mit Mittenanzapfung an einer Wicklung
		Drossel			Transformator mit veränderbarer Kopplung

Netzteile/Energieversorgung

	Gleichstrom-Umrichter		Gleichrichter/Wechselrichter (umschaltbar)		Generator, allgemein
	Gleichrichter		Wechselstrom-umrichter		Wechselrichter
	Gleichrichter in Brückenschaltung		Spannungs-konstanthalter		Primärzelle Primärelement Akkumulator

Schutzeinrichtungen		Aufzeichnende Messgeräte			
	Sicherung, allgemein	$\star$	Messgerät, anzeigend, allgemein		Messwerk zur Summen- oder Differenzbildung
	Sicherung; breite Seite kennzeichnet den netzseitigen Anschluss	V	Spannungsmessgerät		Messwerk zur Produktbildung
	Sicherung mit mechanischer Auslösemeldung (Schlagbolzensicherung)	A	Amperemeter, Stromstärkemessgerät		Messwerk zur Quotientenbildung
	Sicherung mit Meldekontakt und drei Anschlüssen	W	Wattmeter, Leistungsmessgerät		Kreuzzeigerinstrument
	Sicherungsschalter	var	Blindleistungsmessgerät		
	Dreipoliger Schalter mit selbsttätiger Auslösung durch den Schlagbolzen jeder einzelnen Sicherung	cos φ	Leistungsfaktormessgerät		**Zähler**
				h	Betriebsstundenzähler
		Hz	Frequenzmessgerät	Ah	Amperestundenzähler
	Sicherungstrennschalter	n	Drehzahlmessgerät	Wh	Wattstundenzähler, Elektrizitätszähler
	Sicherungs-Lasttrennschalter		Galvanometer	Wh	Mehrtarif-Wattstundenzähler, Zweitarifzähler dargestellt
	Schraubsicherung, dargestellt 10 A, Typ D II, dreipolig / $\dfrac{D\ II}{10\,A}$		Synchronoskop	Wh P >	Wattstundenzähler, der nur zählt, wenn ein vorgegebener Wert überschritten wird
	Niederspannungs-Hochleistungs-Sicherung (NH), dargestellt 25 A, Größe 00 / $\dfrac{00}{25\,A}$	φ	Phasenwinkelmessgerät	Wh →	Wattstundenzähler mit Übertragungseinrichtung
			Oszilloskop	varh	Blindverbrauchszähler
	Selektiver Hauptleitungsschutz-Schalter	V U_d	Differenzialspannungs-, Gleichspannungsmessgerät		Impulszähler mit elektrischer Rückstellung auf Null / 0
	Blitzstromableiter	A $I\sin\varphi$	Blindstrommessgerät		**Messrelais**
	Funkenstrecke	Ω	Widerstandsmessgerät	$m < 3$	Phasenausfallrelais in einem Dreiphasensystem
				$U = 0$	Nullspannungsrelais
	Überspannungsableiter	Θ	Thermometer, Pyrometer	$I >$	Überstromrelais, verzögert
			Messwerk mit Spannungspfad		
	Überspannungsableiter in einer Gasentladungsröhre		Messwerk mit einem Strompfad		Näherungsempfindliche Einrichtung, kapazitiv, reagiert auf Näherung eines Festkörpers

Schalter – Schaltgeräte				Elektromagnetische Antriebe	
	Schließer mit selbsttätigem Rückgang		Quecksilberschalter mit drei Anschlüssen	Form 1 / Form 2	Elektromechanischer Antrieb, Relaisspule
	Schließer mit nicht selbsttätigem Rückgang		Handbetätigter Schalter		Elektromechanischer Antrieb mit Rückfallverzögerung
	Öffner mit selbsttätigem Rückgang		Druckschalter, Taster		Elektromechanischer Antrieb mit Ansprechverzögerung
	Grenzschalter, Endschalter (Schließer)		Berührungsempfindlicher Schalter		Elektromechanischer Antrieb mit Ansprech- und Rückfallverzögerung
	Grenzschalter, Endschalter, mechanische Betätigung in beiden Richtungen		Näherungsempfindlicher Schalter		Elektromechanischer Antrieb eines Stützrelais
	Öffner mit selbsttätiger thermischer Betätigung (Thermokontakt, z. B. Bimetall)		Motorschutzschalter, dreipolig, mit thermischer und magnetischer Auslösung		Elektromechanischer Antrieb eines polarisierten Relais
	Gasentladungsröhre mit Thermokontakt, Starter für Leuchtstofflampe		Fehlerstrom-Schutzschalter, vierpolig		Elektromechanischer Antrieb eines Thermorelais
	Schütz mit selbsttätiger Auslösung		Leitungsschutz-Schalter		Fortschaltrelais Stromstoßrelais
	Schütz (Öffner, Leistungskontakt)		Schließer betätigt dargestellt		Antrieb eines elektronischen Relais
	Leistungsschalter		Pilz-Notdrucktaster mit zwangsläufiger Betätigung und Selbsthaltung des Öffners		Tonfrequenz-Rundsteuerrelais
	Trennschalter Leerschalter		Tastschalter mit Schließer, handbetätigt (**Ausschalter**)		Stellschalter mit zwei Betätigungsstücken, handbetätigt (**Serienschalter**)
	Lasttrennschalter		Stellschalter mit Schließer, handbetätigt (**Ausschalter**)		Stellschalter mit zwei Schaltstellungen, Umschaltglied, Wechsler, handbetätigt (**Wechselschalter**)
	Laststrennschalter mit selbsttätiger Auslösung		Stellschalter mit drei Schaltstellungen, Zweiwegschließer, handbetätigt, (**Gruppenschalter**)		Kreuzschalter
	Erdungsschalter, allgemein				

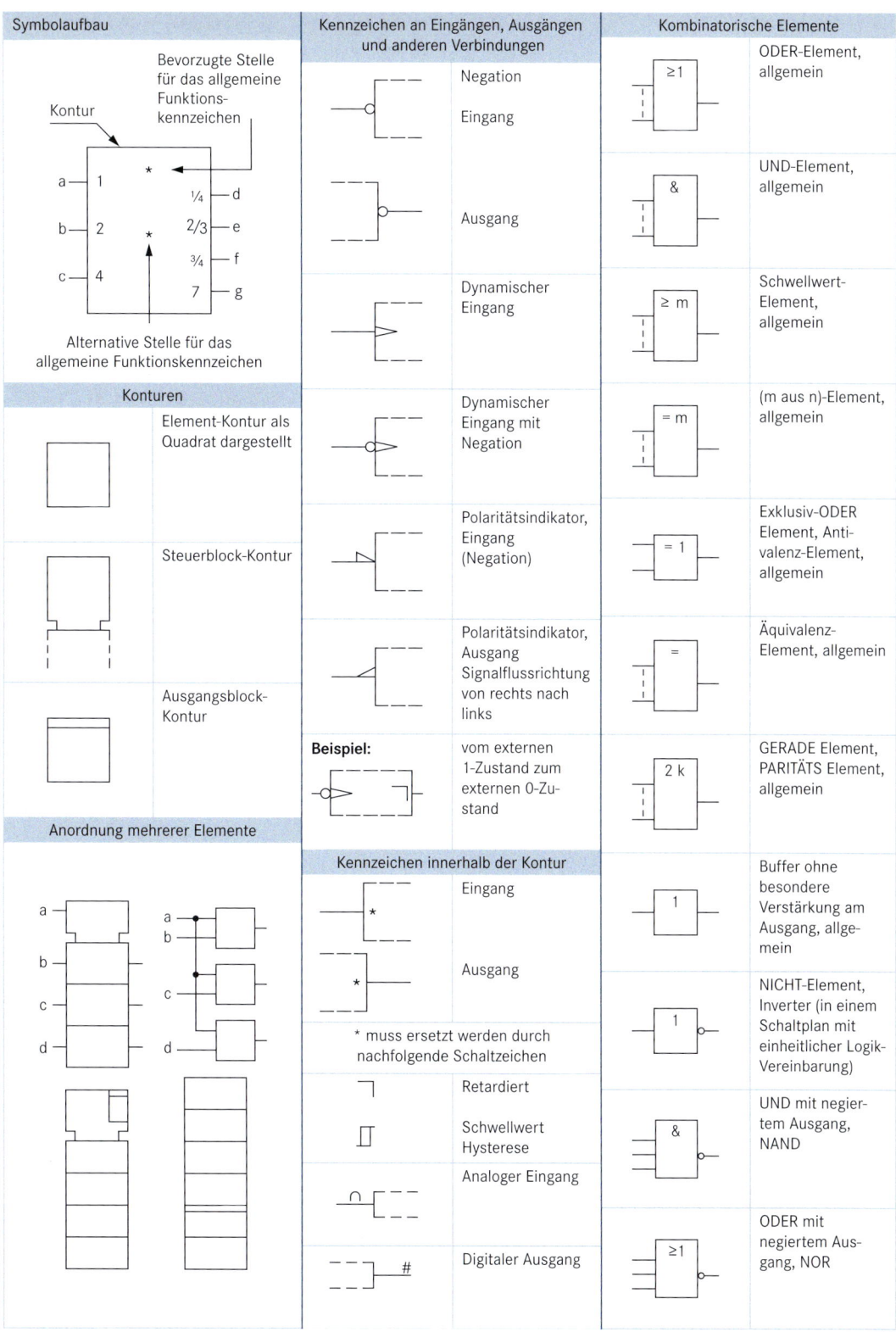

Symbolaufbau		
	Bevorzugte Stelle für das allgemeine Funktionskennzeichen	

Kontur

a — 1
b — 2
c — 4

★
¼ — d
2/3 — e
¾ — f
7 — g

★

Alternative Stelle für das allgemeine Funktionskennzeichen

Konturen

Element-Kontur als Quadrat dargestellt

Steuerblock-Kontur

Ausgangsblock-Kontur

Anordnung mehrerer Elemente

a
b
c
d

a
b
c
d

Kennzeichen an Eingängen, Ausgängen und anderen Verbindungen	
	Negation Eingang
	Ausgang
	Dynamischer Eingang
	Dynamischer Eingang mit Negation
	Polaritätsindikator, Eingang (Negation)
	Polaritätsindikator, Ausgang Signalflussrichtung von rechts nach links
Beispiel:	vom externen 1-Zustand zum externen 0-Zustand

Kennzeichen innerhalb der Kontur

★	Eingang
★	Ausgang

* muss ersetzt werden durch nachfolgende Schaltzeichen

⌐	Retardiert
⊓	Schwellwert Hysterese
∩	Analoger Eingang
#	Digitaler Ausgang

Kombinatorische Elemente	
≥1	ODER-Element, allgemein
&	UND-Element, allgemein
≥ m	Schwellwert-Element, allgemein
= m	(m aus n)-Element, allgemein
= 1	Exklusiv-ODER Element, Anti-valenz-Element, allgemein
=	Äquivalenz-Element, allgemein
2 k	GERADE Element, PARITÄTS Element, allgemein
1	Buffer ohne besondere Verstärkung am Ausgang, allgemein
1	NICHT-Element, Inverter (in einem Schaltplan mit einheitlicher Logik-Vereinbarung)
&	UND mit negiertem Ausgang, NAND
≥1	ODER mit negiertem Ausgang, NOR

Bistabile Elemente		Astabile Elemente		Schieberegister und Zähler	
	RS-Flipflop		Astabiles Element, z. B. Taktgenerator		Schieberegister, allgemein
	D-Flipflop, einzustandsgesteuert, zweifach		Gesteuertes astabiles Element, synchron gestartet		Schieberegister, 8 Bit, mit paralleler Ausgabe
	JK-Flipflop, einflankengesteuert	**Elemente mit Hysterese**			
			Element mit Hysterese, allgemein		
	RS-Flipflop, zweizustandsgesteuert	**Codierer, Code-Umsetzer**		**Arithmetische Elemente**	
			Codierer, Code-Umsetzer, allgemein		Addierer, allgemein
Spezielle Schalteigenschaften bistabiler Elemente		**Speicher**			
	RS-bistabiles-Element mit dem Anfangszustand 0		Nur-Lese-Speicher, allgemein		Subtrahierer, allgemein
	RS-bistabiles-Element mit dem Anfangszustand 1		Schreib-Lese-Speicher, allgemein		Zahlenkomparator, allgemein
	RS-bistabiles-Element, nullspannungsgesichert		Nur-Lese-Speicher, 32 x 8 Bit	**Verstärker**	
					Operationsverstärker
Monostabile Elemente				**Vergleicher (Komparator)**	
	Monostabiles Element, nachtriggerbar				Spannungsvergleicher
	Monostabiles Element, nicht nachtriggerbar	**Digitale Verzögerungselemente**			Spannungsvergleicher
			Verzögerungselement mit Angabe der Verzögerungszeiten		

Übersicht

Programmablaufplan nach DIN 66001	Nassi-Shneidermann Struktogramm DIN 66261	Programmablaufplan nach DIN 66001	Nassi-Shneidermann Struktogramm DIN 66261

Verarbeitung (allgemein, Strukturblock, Elementarblock)

- Aufgabenkurzbeschreibungen
- Unterprogrammnamen
- Anweisungen, Programmiersprachenbefehle

Reihenfolge (Sequenz)

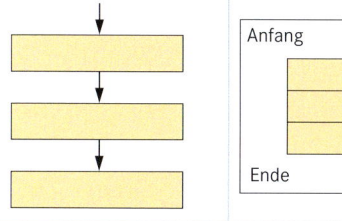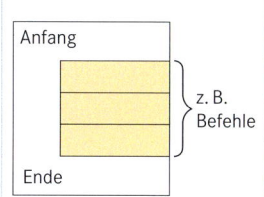

- Aneinanderreihung von mehreren Anweisungen oder Befehlen
- Aufzählung mehrerer nacheinander zu bearbeitender Aufgaben

Bedingte Verzweigung

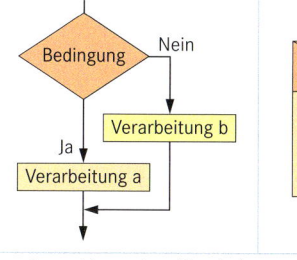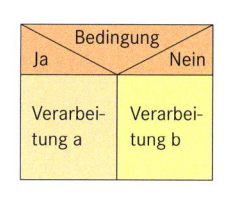

- Auswahl von einer Verarbeitung aus zwei möglichen, aufgrund einer logischen Entscheidung.
- Ist die Abfrage mit Ja beantwortet, dann Verarbeitung a, andernfalls Verarbeitung b. Diese Verzweigung wird auch als IF (wenn Bedingung erfüllt) THEN (dann Verarbeitung a) ELSE (sonst Verarbeitung b) Abfrage bezeichnet.

Fallabfrage, Fallunterscheidung

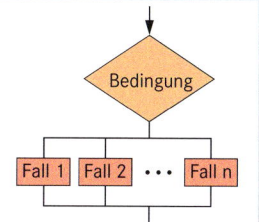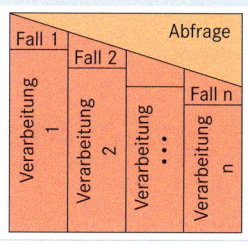

- Auswahl einer Möglichkeit aus mehreren Vorgaben (engl. Case-Block)

Wiederholung (kopfgesteuerte Schleife)

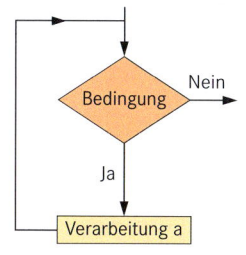

- Schleifendurchläufe
  Abfrage der Bedingung erfolgt vor der Durchführung der Verarbeitung a. Ist die Bedingung bei der ersten Abfrage schon **nicht** erfüllt, erfolgt **keine** Durchführung der Verarbeitung a (engl. WHILE-Schleife).

Wiederholung (fußgesteuerte Schleife)

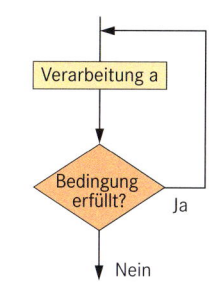

- Schleifendurchläufe
  Abfrage der Bedingung nach dem Durchlauf der Verarbeitung a (engl. REPEAT- oder UNTIL-Schleife).

Schleife mit Unterbrechung

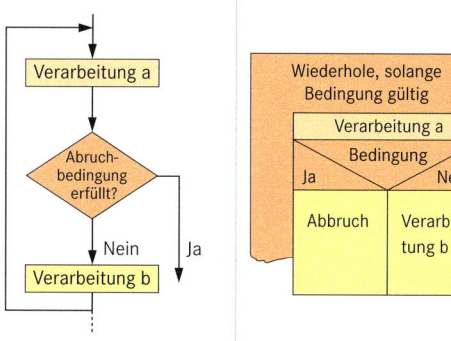

- Schleifendurchläufe
  Die Bedingung (Abbruch-Bedingung) wird während der Verarbeitung abgeprüft (engl. CYCLE-Schleife).

Bildzeichen	Benennung	Bildzeichen	Benennung	Bildzeichen	Benennung	Bildzeichen	Benennung
	Ein On		Wärmeenergie		Umschaltein- richtung		Aufnahme einer Informati- on auf Informa- tionsträger
	Aus Off		Pneumatische Energie		Akustisches Signal, Klingel		Wiedergabe einer Informa- tion von Infor- mationsträger
	Vorbereiten		Elektrische Energie		Akustisches Signal, Wecker		Impulsmarkie- rung
	Ein-/Ausstel- lend		Hydraulische Energie		Feuer-Alarm mit Sirene		Löschen einer Information vom Informations- träger
	Ein-/Austas- tend		Bewegung in Pfeilrichtung		Akustisches Signal, Hupe		Tonabnehmer
	Start, Ingangsetzung		Bewegung in beiden Rich- tungen		Uhr, Zeitgeber, Zeitschalter		Lesekopf für Bildplatten
	Schnellstart		Wirkung auf einen Bezugs- punkt zu		Ventilator		Monofon
	Stopp, Anhalten der Bewegung		Langsamer Lauf		Rauher Betrieb		Stereofon
	Handbetäti- gung		Kurzwiederho- lung		Zulässige Übertempe- ratur		Ton (Schall)
	Automatischer Ablauf		Einstellen		Notruf, Feuerwehr		Ohrhörer, Hörkapsel
	Fernbedienung		Oszilloskop		Warnblinkan- lage		Hauptwaschen
	Verändern einer Größe		Messwertan- zeiger, analog		Gefährliche elektrische Spannung		Waschen mit 95 °C Maxi- maltemperatur
	Regeln		Messwertan- zeiger, digital		Lampe, Beleuchtung, Licht		Spülen
	Höhenstand; Niveau		Grafisches Auf- zeichnungsge- rät, Schreiber		Bestrahlung, infrarot		Wasserstand (hoch)
	Strahlung, allgemein		Drucker		Farbfernsehen		Spezialbe- handlung
	Lichtstrahlung		Elektrische Maschine		Mikrofon		Schleudern
	Lichtmessung		Handschalter		Lautsprecher		Normal verschmutztes Geschirr
	Mechanische Energie		Fußschalter		Telefon, Telefon- Adapter		Trocknen oder Wärmen

Operation	Regeln und Gesetze		
Addieren $a + b = c$ **Subtrahieren** $a - b = c$	**Kommutativgesetz:** $a + b = b + a$ **Assoziativgesetz:** $(a + b) + c = a + (b + c)$		**Vorzeichenregeln:** $a + (-b) = a - b$ $a - (-b) = a + b$ $a - (b + c) = a - b - c$ $a - (b - c) = a - b + c$

| **Multiplizieren** $a \cdot b = c$ **Dividieren** $a : b = c$ | **Kommutativgesetz:** $a \cdot b = b \cdot a$ **Assoziativgesetz:** $a \cdot (b \cdot c) = (a \cdot b) \cdot c$ | **Distributivgesetz:** $a \cdot (b + c) = ab + ac$ $(a + b) \cdot (c + d) = ac + ad + bc + bd$ ◄── Ausklammern Ausmultiplizieren ──► | **Vorzeichenregeln:** $(+a) \cdot (+b) = ab$ $(-a) \cdot (+b) = -ab$ $(+a) \cdot (-b) = -ab$ $(-a) \cdot (-b) = ab$ |
| | **Klammerregeln:** $-(a + b - c) = -a - b + c$ $+(a + b - c) = a + b - c$ | **Dividieren:** $\dfrac{a}{b} : \dfrac{c}{d} = \dfrac{a \cdot d}{b \cdot c}$ | **Multiplizieren:** $\dfrac{a}{b} \cdot \dfrac{c}{d} = \dfrac{a \cdot c}{b \cdot d}$ |

Potenzieren $a^n = c$	$a^n \cdot a^m = a^{n+m}$	$a^n \cdot b^n = (a \cdot b)^n$	$\dfrac{a^n}{b^n} = \left(\dfrac{a}{b}\right)^n$	$\dfrac{a^n}{a^m} = a^{n-m}$	$(a^n)^m = a^{n \cdot m}$
Radizieren $\sqrt{a} = c$	$\sqrt[n]{ab} = \sqrt[n]{a} \cdot \sqrt[n]{b}$	$\sqrt[n]{\dfrac{a}{b}} = \dfrac{\sqrt[n]{a}}{\sqrt[n]{b}}$	$\sqrt[n]{b^m} = b^{\frac{m}{n}}$	$\sqrt[m]{\sqrt[n]{b}} = \sqrt[m \cdot n]{b}$	$\dfrac{1}{\sqrt[n]{a^m}} = a^{-\frac{m}{n}}$

Potenzen

Zehner	Binäre	Hexadezimale
$10^0 = 1$	$2^0 = 1$	$16^0 = 1$
$10^1 = 10$	$2^1 = 2$	$16^1 = 16$
$10^2 = 100$	$2^2 = 4$	$16^2 = 256$
$10^3 = 1000$	$2^3 = 8$	$16^3 = 4096$
$10^{-1} = 1/10$	$2^{-1} = 1/2$	$16^{-1} = 1/16$
$10^{-2} = 1/100$	$2^{-2} = 1/4$	$16^{-2} = 1/256$
$10^{-3} = 1/1000$	$2^{-3} = 1/8$	$16^{-3} = 1/4096$

Logarithmieren

Multiplizieren	Potenzieren
$\log (c \cdot d) = \log c + \log d$	$\log c^n = n \cdot \log c$

Dividieren	Radizieren
$\log \dfrac{c}{d} = \log c - \log d$	$\log \sqrt[m]{c} = \dfrac{1}{m} \log c$

Dreieck

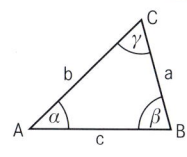

$\alpha + \beta + \gamma = 180°$

$A = \dfrac{g \cdot h}{2}$

Umfang:
$U = a + b + c$

Sinussatz: $\dfrac{\sin \alpha}{a} = \dfrac{\sin \beta}{b} = \dfrac{\sin \gamma}{c}$

Kosinussatz: $a^2 = b^2 + c^2 - 2\,bc \cdot \cos \alpha$
$b^2 = a^2 + c^2 - 2\,ac \cdot \cos \beta$
$c^2 = a^2 + b^2 - 2\,ab \cdot \cos \gamma$

Komplexe Zahlen

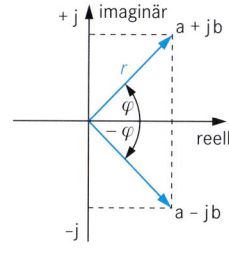

$z = a + jb$

$a = r \cdot \cos\varphi$

$b = r \cdot \sin \varphi$

$z = r (\cos \varphi + j \cdot \sin\varphi)$

$z = r \cdot e^{j\varphi}$

$r = \sqrt{a^2 + b^2}$

$j = \sqrt{-1}$

Trigonometrie

Einheitskreis

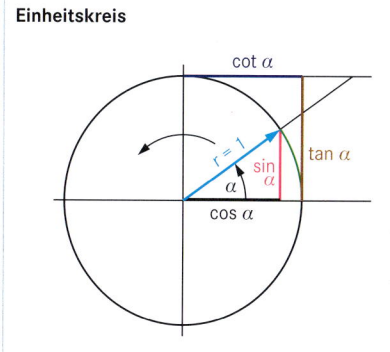

Satz des Pythagoras
$c^2 = a^2 + b^2$

Ankathete zu Winkel α — b — 90° — a — Gegenkathete zu Winkel α

A — α — Hypotenuse c — B

Grad- und Bogenmaß

$\dfrac{\alpha_G}{\alpha_B} = \dfrac{360°}{2 \cdot \pi} = \dfrac{57,3°}{1\ \text{rad}}$

Winkelfunktionen:

$\sin \alpha = \dfrac{a}{c}$ $\tan \alpha = \dfrac{a}{b}$

$\cos \alpha = \dfrac{b}{c}$ $\cot \alpha = \dfrac{b}{a}$

$\sin (-\alpha) = -\sin \alpha$
$\cos (-\alpha) = \cos \alpha$
$\tan (-\alpha) = -\tan \alpha$
$\cot (-\alpha) = -\cot \alpha$

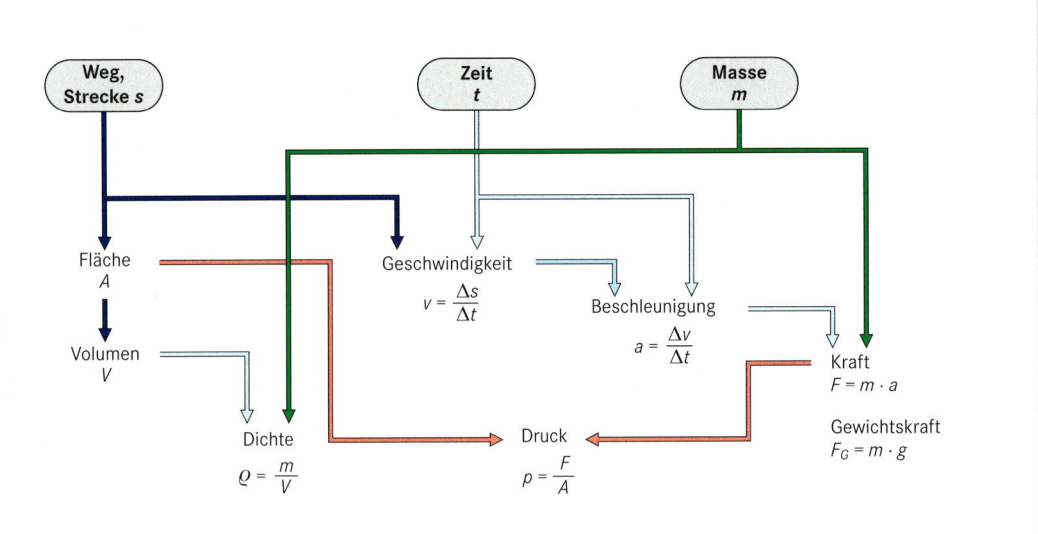

$$v = \frac{\Delta s}{\Delta t}$$

$$a = \frac{\Delta v}{\Delta t}$$

Weg, Strecke s

Zeit t

Masse m

Fläche A

Volumen V

Geschwindigkeit

Beschleunigung

Kraft $F = m \cdot a$

Dichte $\varrho = \frac{m}{V}$

Druck $p = \frac{F}{A}$

Gewichtskraft $F_G = m \cdot g$

Geradlinig gleichmäßige Beschleunigung		
Kraft	$F = m \cdot a$	
Geschwindigkeit	$v = a \cdot t$	$v = \sqrt{2 \cdot s \cdot a}$
Beschleunigung	$a = \dfrac{v}{t}$	$a = \dfrac{2 \cdot s}{t^2}$
Wegstrecke	$s = \dfrac{a \cdot t^2}{2}$	

Arbeit und Kraft		
Allgemein	$W = F \cdot s$	
Hubarbeit	$W = F_G \cdot s$	$W = m \cdot g \cdot s$
Federspannarbeit	$W = \dfrac{F_F \cdot s}{2}$	
Beschleunigungsarbeit	$W = \dfrac{m \cdot v^2}{2}$	
Reibungsarbeit	$W = F_R \cdot s$	
Reibung	$F_R = \mu \cdot F_N$	
Schiefe Ebene	$F_H = \dfrac{F_G \cdot h}{l}$	

Leistung und Wirkungsgrad		
Leistung	$P = \dfrac{W}{t}$	$P = F \cdot v$
Wirkungsgrad	$\eta = \dfrac{W_{ab}}{W_{zu}}$	$\eta = \dfrac{P_{ab}}{P_{zu}}$
	$W_V = W_{zu} - W_{ab}$	
	$P_V = P_{zu} - P_{ab}$	
Gesamtwirkungsgrad	$\eta_{ges} = \eta_1 \cdot \eta_2 \cdot \ldots \cdot \eta_n$	

Antriebe	
Riemenantrieb	$d_1 \cdot n_1 = d_2 \cdot n_2$
Zahnradantrieb	$z_1 \cdot n_1 = z_2 \cdot n_2$
Schneckenantrieb	$z_1 \cdot n_1 = z_2 \cdot n_2$

Gleichförmige Kreisbewegung		
Kraft	$F = m \cdot \omega^2 \cdot r$	$F = m \cdot \dfrac{v^2}{r}$
Geschwindigkeit	$v = d \cdot \pi \cdot n$	$v = \dfrac{2 \cdot \pi \cdot r}{T}$
Beschleunigung	$a_r = \dfrac{v^2}{r}$	
Winkelgeschwindigkeit	$\omega = 2 \cdot \pi \cdot f \quad f = \dfrac{1}{T} \quad n = \dfrac{1}{T}$	

Energie	
Energieerhaltung	$E = W$
Potenzielle Energie	$E_P = m \cdot g \cdot s$
Spannenergie	$E_S = \dfrac{F_F \cdot s}{2}$
Kinetische Energie	$E_K = \dfrac{m \cdot v^2}{2}$

Drehmoment	
Drehmoment	$M = F \cdot r$
Hebel	$F_1 \cdot s_1 = F_2 \cdot s_2$
Feste Rolle	$F_1 = F_2$
Lose Rolle	$F_1 = \dfrac{F_2}{2}$
Flaschenzug	$F_1 = \dfrac{F_2}{n}$
Leistung und Drehmoment	$P = 2 \cdot \pi \cdot n \cdot M$

Hydraulik	
Hydrostatischer Druck	$p = \varrho \cdot g \cdot h$
Hydraulische Anlagen	$\dfrac{F_1}{A_1} = \dfrac{F_2}{A_2}$

Zusammenhang zwischen Größen

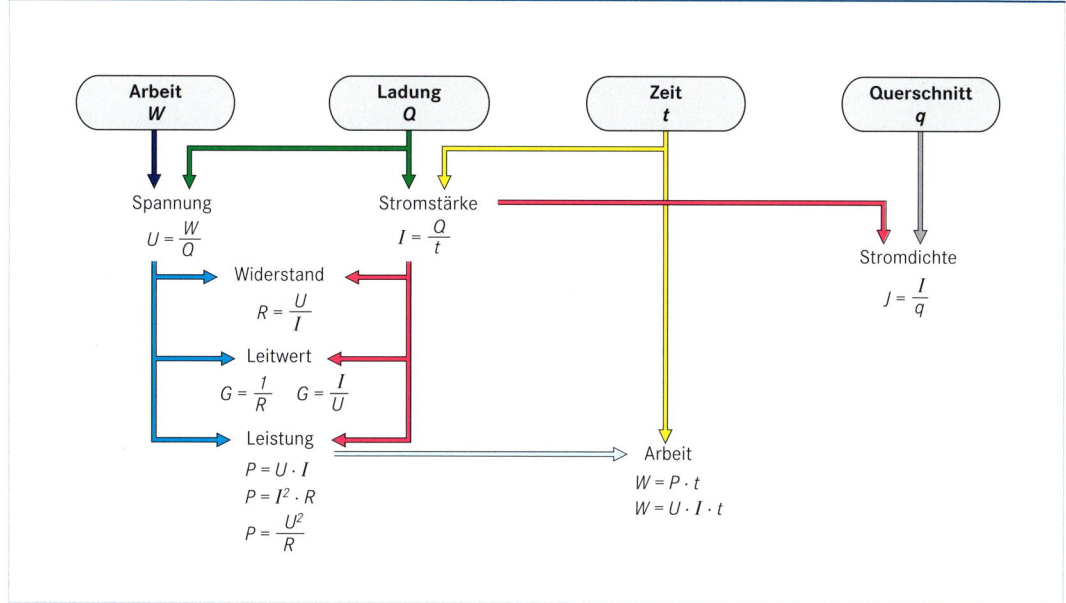

Elektrischer Stromkreis

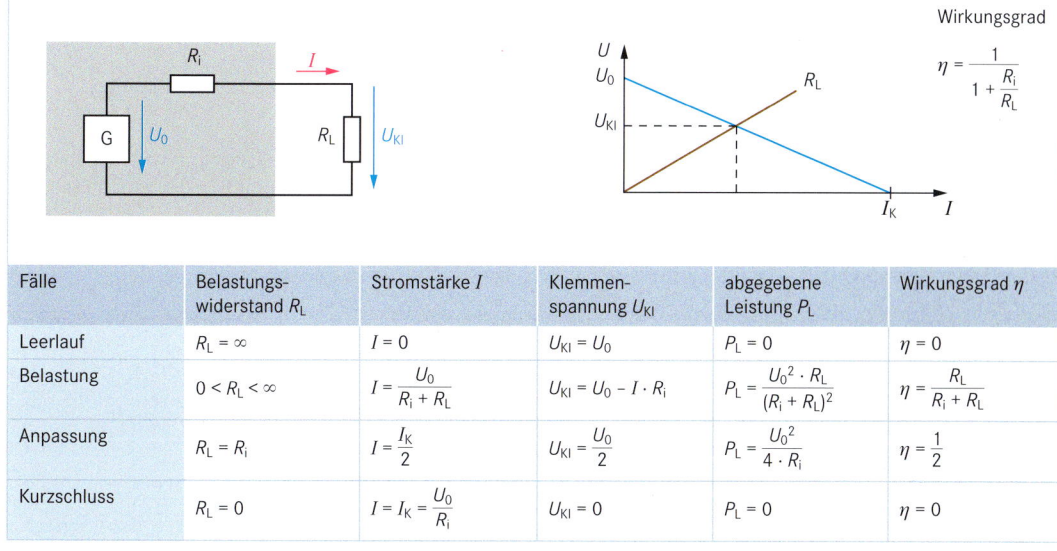

Fälle	Belastungs-widerstand R_L	Stromstärke I	Klemmen-spannung U_{KI}	abgegebene Leistung P_L	Wirkungsgrad η
Leerlauf	$R_L = \infty$	$I = 0$	$U_{KI} = U_0$	$P_L = 0$	$\eta = 0$
Belastung	$0 < R_L < \infty$	$I = \dfrac{U_0}{R_i + R_L}$	$U_{KI} = U_0 - I \cdot R_i$	$P_L = \dfrac{U_0^2 \cdot R_L}{(R_i + R_L)^2}$	$\eta = \dfrac{R_L}{R_i + R_L}$
Anpassung	$R_L = R_i$	$I = \dfrac{I_K}{2}$	$U_{KI} = \dfrac{U_0}{2}$	$P_L = \dfrac{U_0^2}{4 \cdot R_i}$	$\eta = \dfrac{1}{2}$
Kurzschluss	$R_L = 0$	$I = I_K = \dfrac{U_0}{R_i}$	$U_{KI} = 0$	$P_L = 0$	$\eta = 0$

Elektrischer Widerstand

Ohmsches Gesetz	Differentieller Widerstand	Leiterwiderstand	Widerstand und Temperatur

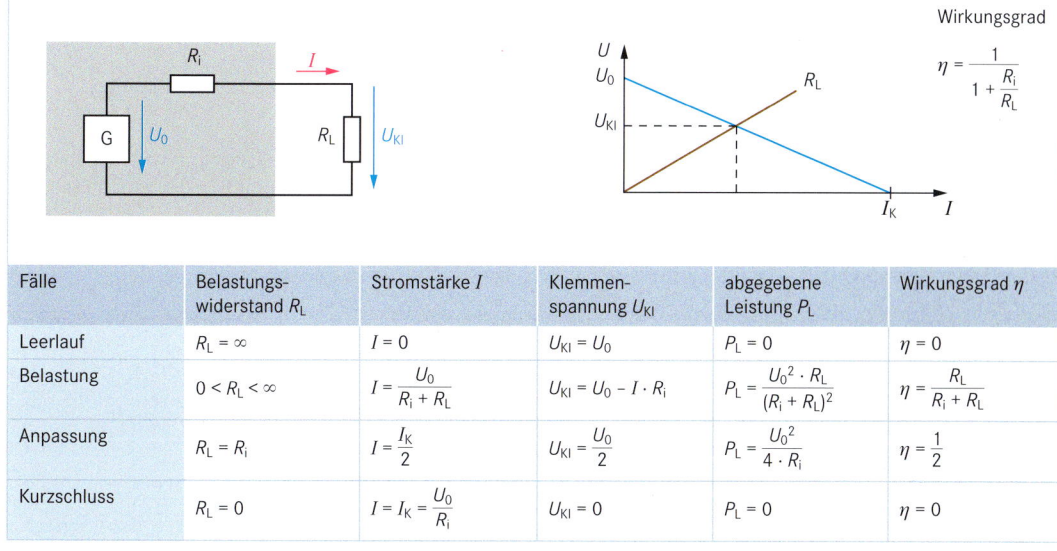

Ohmsches Gesetz: $R = \dfrac{U}{I}$

Differentieller Widerstand: $r = \dfrac{\Delta U}{\Delta I}$

Leiterwiderstand:
$$R = \frac{\varrho \cdot l}{q}$$
$$\varkappa = \frac{1}{\varrho}$$
$$R = \frac{l}{\varkappa \cdot q}$$

Kreisfläche:
$$q = \frac{d^2 \cdot \pi}{4}$$

Widerstand und Temperatur:
$$R_\vartheta = R_{20} + \Delta R$$
$$\Delta R = R_{20} \cdot \alpha \cdot \Delta\vartheta$$
$$R_\vartheta = R_{20} \left(1 + \alpha \cdot \Delta\vartheta + \beta \cdot \Delta\vartheta^2\right)$$

Stromverzweigung
(Erstes Kirchhoffsches Gesetz)

$\Sigma I = 0$

Parallelschaltung

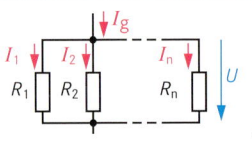

$U = U_1 = U_2 = \ldots = U_n$

$I_g = I_1 + I_2 + \ldots + I_n$

$$\frac{1}{R_g} = \frac{1}{R_1} + \frac{1}{R_2} + \ldots + \frac{1}{R_n} \qquad G_g = G_1 + G_2 + \ldots + G_n$$

$$\frac{I_1}{I_2} = \frac{R_2}{R_1} \qquad \frac{I_1}{I_n} = \frac{R_n}{R_1} \qquad \frac{I_1}{I_g} = \frac{R_g}{R_1} \ldots$$

$P_g = P_1 + P_2 + \ldots + P_n$
$P_1 = U \cdot I_1 \qquad P_2 = U \cdot I_2 \qquad P_g = U \cdot I_g \ldots$

Maschenregel
(Zweites Kirchhoffsches Gesetz)

$\Sigma U = 0$

Reihenschaltung

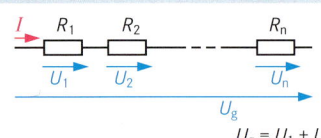

$U_g = U_1 + U_2 + \ldots + U_n$

$I = I_1 = I_2 = \ldots = I_n$

$R_g = R_1 + R_2 + \ldots + R_n$

$$\frac{U_1}{U_2} = \frac{R_1}{R_2} \qquad \frac{U_1}{U_n} = \frac{R_1}{R_n} \qquad \frac{U_1}{U_g} = \frac{R_1}{R_g} \ldots$$

$P_g = P_1 + P_2 + \ldots + P_n$
$P_1 = U_1 \cdot I \qquad P_2 = U_2 \cdot I \qquad P_g = U_g \cdot I \ldots$

Messbereichserweiterung

Strommessung	Spannungsmessung
$n = \dfrac{I}{I_M} \qquad R_p = \dfrac{R_i}{(n-1)}$	$n = \dfrac{U}{U_M} \qquad R_v = (n-1) \cdot R_i$

Gruppenschaltung

Beispiel:

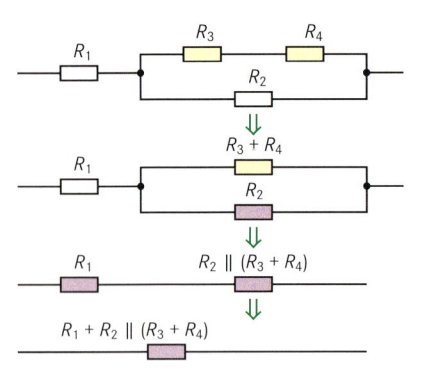

Stern-Dreieck-Umwandlung

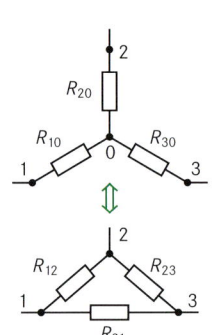

$$R_{10} = \frac{R_{12} \cdot R_{31}}{R_{12} + R_{23} + R_{31}}$$

$$R_{20} = \frac{R_{12} \cdot R_{23}}{R_{12} + R_{23} + R_{31}}$$

$$R_{30} = \frac{R_{23} \cdot R_{31}}{R_{12} + R_{23} + R_{31}}$$

$$R_{12} = \frac{R_{10} \cdot R_{20}}{R_{30}} + R_{10} + R_{20}$$

$$R_{23} = \frac{R_{20} \cdot R_{30}}{R_{10}} + R_{20} + R_{30}$$

$$R_{31} = \frac{R_{10} \cdot R_{30}}{R_{20}} + R_{10} + R_{30}$$

Spannungsteiler

unbelastet	belastet

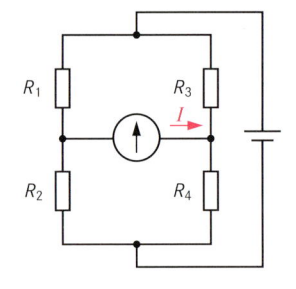

$$\frac{U_2}{U} = \frac{R_2}{R_1 + R_2} \qquad \qquad \frac{U_2}{U} = \frac{R_2 \cdot R_L}{R_1 (R_2 + R_L) + R_2 \cdot R_L}$$

Brückenschaltung

Abgleichbedingung:

$$\frac{R_1}{R_2} = \frac{R_3}{R_4}$$
$$\Downarrow$$
$$I = 0$$

Felder
Fields

Elektrisches Feld		Magnetisches Feld	

Elektrisches Feld

Elektrische Feldstärke	$E = \dfrac{F}{Q}$	$E = \dfrac{U}{d}$
Elektrische Flussdichte	$D = \dfrac{Q}{A}$	
Verknüpfung	$D = \varepsilon \cdot E$	$\varepsilon = \varepsilon_0 \cdot \varepsilon_r$
Kraft zwischen Ladungen	$F = \dfrac{Q_1 \cdot Q_2}{4\pi \cdot \varepsilon \cdot l^2}$	

Magnetisches Feld

Magnetische Feldstärke	$H = \dfrac{\Theta}{l}$	$\Theta = I \cdot N$ Durchflutung
Magnetische Flussdichte	$B = \dfrac{\Phi}{A}$	
Verknüpfung	$B = \mu \cdot H$	$\mu = \mu_0 \cdot \mu_r$
Kraft zwischen stromdurchflossenen Leitern	$F = \dfrac{\mu_0 \cdot I_1 \cdot I_2 \cdot l}{2\pi \cdot a}$	
Tragkraft von Magneten	$F = \dfrac{B^2 \cdot A}{2\mu_0}$	

Kondensator, Kapazität

Kapazität	$C = \dfrac{Q}{U}$	$C = \dfrac{\varepsilon \cdot A}{d}$ $\varepsilon = \varepsilon_0 \cdot \varepsilon_r$
Elektrische Feldkonstante	$\varepsilon_0 = 8{,}86 \cdot 10^{-12}\, \dfrac{As}{Vm}$	
Stromstärke	$i_C = C \cdot \dfrac{\Delta U}{\Delta t}$	
Elektrische Energie	$W_{el} = \dfrac{1}{2} \cdot C \cdot U^2$	

Spule, Induktivität

Induktivität	$L = \dfrac{\mu \cdot N^2 \cdot A}{l}$	$L = A_L \cdot N^2$ $\mu = \mu_0 \cdot \mu_r$
Magnetische Feldkonstante	$\mu_0 = 1{,}257 \cdot 10^{-12}\, \dfrac{Vs}{Am}$	
Spannung	$U_L = L \cdot \dfrac{\Delta I}{\Delta t}$	
Magnetische Energie	$W_{mag} = \dfrac{1}{2} \cdot L \cdot I^2$	

Schaltungen mit Kondensatoren

Parallelschaltung	Reihenschaltung
$Q_g = Q_1 + Q_2 + \dots + Q_n$	$Q_g = Q_1 = Q_2 = \dots = Q_n$
$U = U_1 = U_2 = \dots = U_n$	$U_g = U_1 + U_2 + \dots + U_n$
$C_g = C_1 + C_2 + \dots + C_n$	$\dfrac{1}{C_g} = \dfrac{1}{C_1} + \dfrac{1}{C_2} + \dots + \dfrac{1}{C_n}$

Schaltungen mit Spulen

Parallelschaltung	Reihenschaltung
$I_g = I_1 + I_2 + \dots + I_n$	$I = I_1 = I_2 = \dots = I_n$
$U_g = U_1 = U_2 = \dots = U_n$	$U_g = U_1 + U_2 + \dots + U_n$
$\dfrac{1}{L_g} = \dfrac{1}{L_1} + \dfrac{1}{L_2} + \dots + \dfrac{1}{L_n}$	$L_g = L_1 + L_2 + \dots + L_n$

RC-Schaltung

Zeitkonstante	$\tau = R \cdot C$

Einschaltvorgang (Aufladung)	Ausschaltvorgang (Entladung)
$u_C = U \cdot (1 - e^{-\frac{t}{\tau}})$	$u_C = U \cdot e^{-\frac{t}{\tau}}$
$i_C = \dfrac{U}{R} \cdot e^{-\frac{t}{\tau}}$	$i_C = -\dfrac{U}{R} \cdot e^{-\frac{t}{\tau}}$

Tiefpass/Hochpass	$f_g = \dfrac{1}{2\pi \cdot R \cdot C}$

RL-Schaltung

Zeitkonstante	$\tau = \dfrac{L}{R}$

Einschaltvorgang	Ausschaltvorgang
$u_L = U \cdot e^{-\frac{t}{\tau}}$	$u_L = -U \cdot e^{-\frac{t}{\tau}}$
$i_L = \dfrac{U}{R} \cdot (1 - e^{-\frac{t}{\tau}})$	$i_L = \dfrac{U}{R} \cdot e^{-\frac{t}{\tau}}$

Tiefpass/Hochpass	$f_g = \dfrac{R}{2\pi \cdot L}$

Strom und Magnetfeld

Leiter im Magnetfeld	
Kraftwirkung	$F = B \cdot I \cdot l \cdot z$
Induktionsspannung	$U = B \cdot l \cdot v \cdot z$
Spule im Magnetfeld	
Drehmoment	$M = \dfrac{F \cdot a \cdot \sin\alpha}{2}$
Kraftwirkung	$F = 2 \cdot N \cdot B \cdot l \cdot I$
Induktionsspannung	$U = N \cdot \dfrac{\Delta \Phi}{\Delta t}$

Magnetischer Kreis

Magnetischer Widerstand	$R_m = \dfrac{\Theta}{\Phi}$
Magnetischer Leitwert	$\Lambda = \dfrac{1}{R_m}$
Magnetischer Gesamtwiderstand	$R_m = R_{m1} + R_{m2} + \dots + R_{mn}$
Gesamtdurchflutung	$\Theta_g = \Theta_1 + \Theta_2 + \dots + \Theta_n$

Wechselspannung und Wechselstrom
Alternating Voltage and Alternating Current

Sinusform

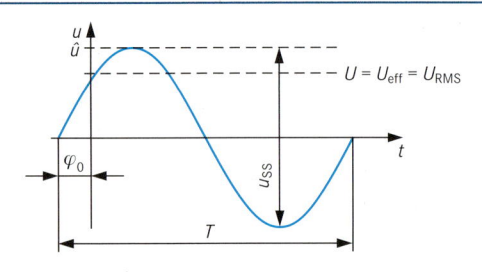

$U = U_{\text{eff}} = U_{\text{RMS}}$

$u = \hat{u} \cdot \sin(\omega \cdot t + \varphi_0)$

$\omega = 2\pi \cdot f$ $\qquad f = \dfrac{1}{T}$ $\qquad \dfrac{\alpha_B}{\alpha_G} = \dfrac{2\pi}{360°}$

$U = \dfrac{\hat{u}}{\sqrt{2}}$ $\qquad I = \dfrac{\hat{\imath}}{\sqrt{2}}$ $\qquad u_{ss} = 2 \cdot \hat{u}$
$\qquad\qquad\qquad\qquad\qquad\qquad i_{ss} = 2 \cdot \hat{\imath}$

$U = \dfrac{u_{ss}}{2 \cdot \sqrt{2}}$ $\qquad I = \dfrac{i_{ss}}{2 \cdot \sqrt{2}}$ $\qquad$ eff: Effektivwert
$\qquad\qquad\qquad\qquad\qquad\qquad\qquad$ RMS: Root Mean Square

Rechteckform

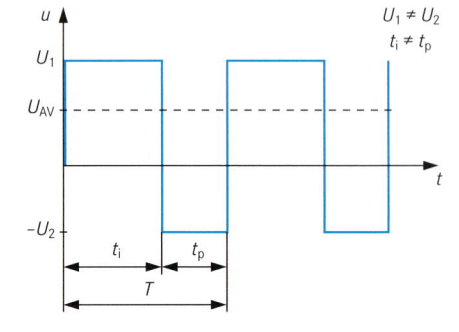

$g = \dfrac{t_i}{T}$ $\qquad\qquad\qquad\qquad T = t_i + t_p$

$U_{\text{AV}} = \dfrac{U_1 \cdot t_i + U_2 \cdot t_p}{T}$ $\qquad f = \dfrac{1}{T}$ $\qquad$ AV: Average

Addition phasenverschobener Spannungen

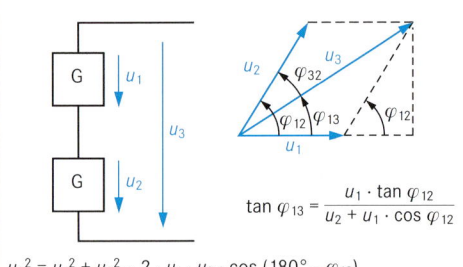

$\tan \varphi_{13} = \dfrac{u_1 \cdot \tan \varphi_{12}}{u_2 + u_1 \cdot \cos \varphi_{12}}$

$u_3{}^2 = u_1{}^2 + u_2{}^2 - 2 \cdot u_1 \cdot u_2 \cdot \cos(180° - \varphi_{12})$

Impulsform

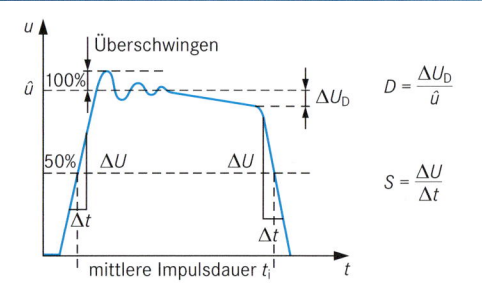

$D = \dfrac{\Delta U_D}{\hat{u}}$

$S = \dfrac{\Delta U}{\Delta t}$

Gleichgerichtete sinusförmige Spannung

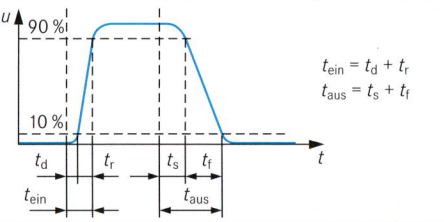

$U_{\text{RMS}} = 0{,}707 \cdot \hat{u}$
$U_{\text{AV}} = 0{,}637 \cdot \hat{u}$

$U_{\text{AV}} = \hat{u}/\pi$
$U_{\text{RMS}} = 0{,}353 \cdot \hat{u}$ $\qquad U_{\text{AV}} = 0{,}318 \cdot \hat{u}$

Impulsverformung

$t_{\text{ein}} = t_d + t_r$
$t_{\text{aus}} = t_s + t_f$

Stern- und Dreieckschaltung im Drehstromnetz, symmetrische Belastung
Star-Delta Circuit, Symmetrical Load

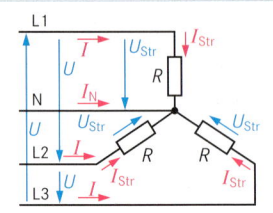

$U_{\text{str}} = \dfrac{U}{\sqrt{3}}$

$I = I_{\text{Str}}$

$S = \sqrt{3} \cdot U \cdot I$

$S = \sqrt{P^2 + Q^2}$

$P = \sqrt{3} \cdot U \cdot I \cdot \cos \varphi$

$Q = \sqrt{3} \cdot U \cdot I \cdot \sin \varphi$

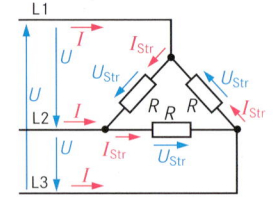

$U = U_{\text{Str}}$

$I = \sqrt{3} \cdot I_{\text{Str}}$

$S = \sqrt{3} \cdot U \cdot I$

$S = \sqrt{P^2 + Q^2}$

$P = \sqrt{3} \cdot U \cdot I \cdot \cos \varphi$

$Q = \sqrt{3} \cdot U \cdot I \cdot \sin \varphi$

Kapazitiver Blindwiderstand | Induktiver Blindwiderstand

$$X_C = \frac{1}{2\pi \cdot f \cdot C} \qquad \omega = 2\pi \cdot f$$

$$X_L = 2\pi \cdot f \cdot L \qquad \omega = 2\pi \cdot f$$

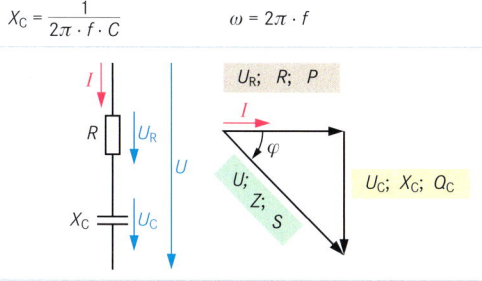

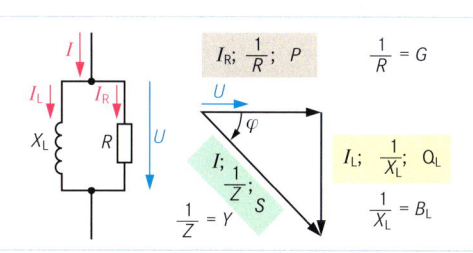

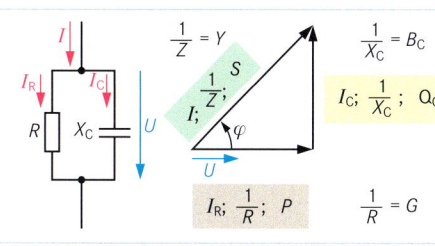

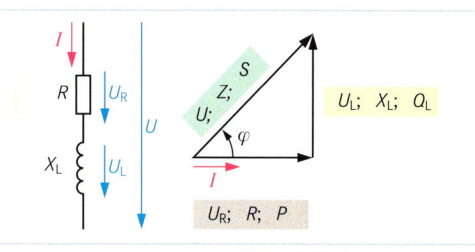

$$\tan \varphi = \frac{\text{Gegenkathete}}{\text{Ankathete}} \qquad \cot \varphi = \frac{\text{Ankathete}}{\text{Gegenkathete}} \qquad \sin \varphi = \frac{\text{Gegenkathete}}{\text{Hypotenuse}}$$

$$\cos \varphi = \frac{\text{Ankathete}}{\text{Hypotenuse}} \qquad (\text{Hypotenuse})^2 = (\text{Ankathete})^2 + (\text{Gegenkathete})^2$$

Spannungen		Stromstärken		Leistungen	
Kapazitive Blindspannung	$U_C = I_C \cdot X_C$	Kapazitiver Blindstrom	$I_C = \dfrac{U_C}{X_C}$	Kapazitive Blindleistung	$Q_C = U_C \cdot I_C$
Induktive Blindspannung	$U_L = I_L \cdot X_L$	Induktiver Blindstrom	$I_L = \dfrac{U_L}{X_L}$	Induktive Blindleistung	$Q_L = U_L \cdot I_L$
Wirkspannung	$U_R = I_R \cdot R$	Wirkstrom	$I_R = \dfrac{U_R}{R}$	Wirkleistung	$P = U_R \cdot I_R$
Gesamtspannung	$U = I \cdot Z$	Gesamtstrom	$I = \dfrac{U}{Z}$	Scheinleistung	$S = U \cdot I$

RCL-Schaltungen
RCL-Circuits

Reihenschaltung | Parallelschaltung

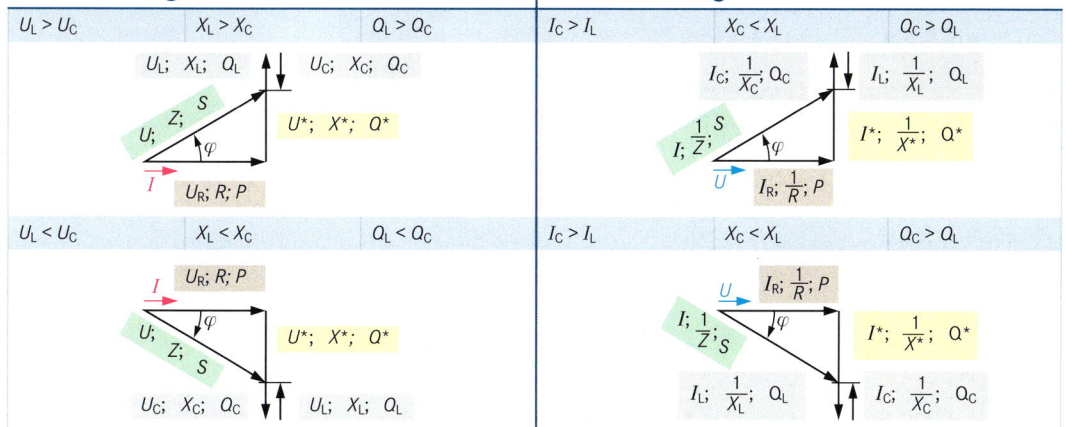

Ausgangsschaltung	Ersatzspannungsquelle	Ersatzsstromquelle

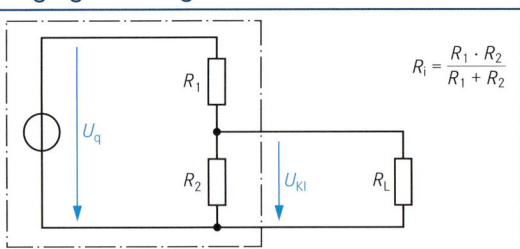

$$R_i = \frac{R_1 \cdot R_2}{R_1 + R_2}$$

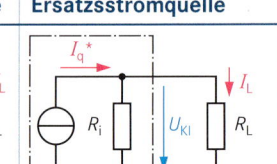

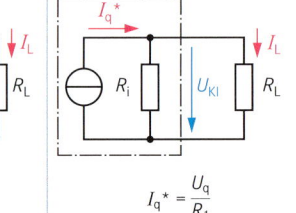

$$U_q^* = \frac{U_q \cdot R_2}{R_1 + R_2}$$

$$I_q^* = \frac{U_q}{R_1}$$

Reihenschaltung von Spannungsquellen

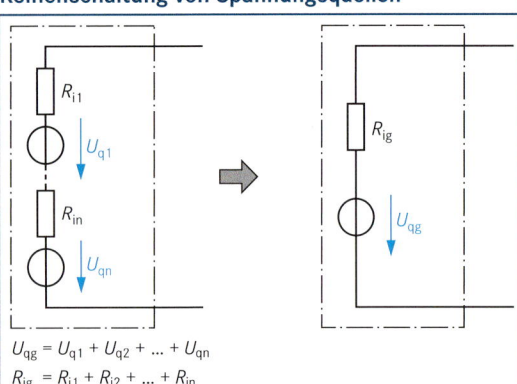

$$U_{qg} = U_{q1} + U_{q2} + \dots + U_{qn}$$
$$R_{ig} = R_{i1} + R_{i2} + \dots + R_{in}$$

Parallelschaltung von Spannungsquellen

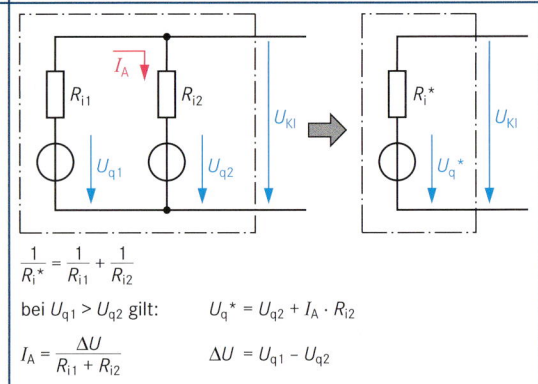

$$\frac{1}{R_i^*} = \frac{1}{R_{i1}} + \frac{1}{R_{i2}}$$

bei $U_{q1} > U_{q2}$ gilt: $\qquad U_q^* = U_{q2} + I_A \cdot R_{i2}$

$$I_A = \frac{\Delta U}{R_{i1} + R_{i2}} \qquad \Delta U = U_{q1} - U_{q2}$$

Verlustbehafteter Kondensator

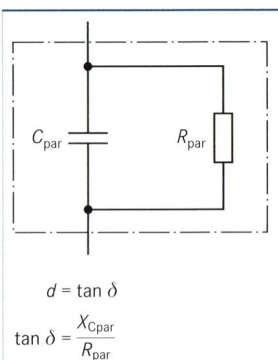

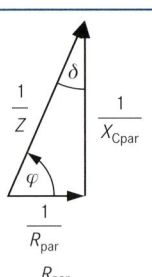

$$d = \tan \delta$$
$$\tan \delta = \frac{X_{Cpar}}{R_{par}}$$

$$Q = \frac{R_{par}}{X_{Cpar}}$$
$$Q = \frac{1}{d}$$

Verlustbehaftete Spule

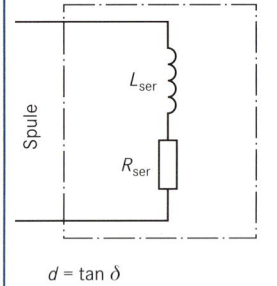

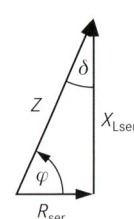

$$d = \tan \delta$$
$$\tan \delta = \frac{R_{ser}}{X_L}$$

$$Q = \frac{X_{Lser}}{R_{ser}}$$
$$Q = \frac{1}{d}$$

RC-Schaltungen

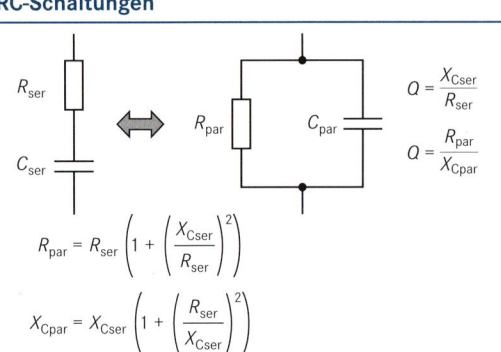

$$Q = \frac{X_{Cser}}{R_{ser}}$$
$$Q = \frac{R_{par}}{X_{Cpar}}$$

$$R_{par} = R_{ser}\left(1 + \left(\frac{X_{Cser}}{R_{ser}}\right)^2\right)$$

$$X_{Cpar} = X_{Cser}\left(1 + \left(\frac{R_{ser}}{X_{Cser}}\right)^2\right)$$

RL-Schaltungen

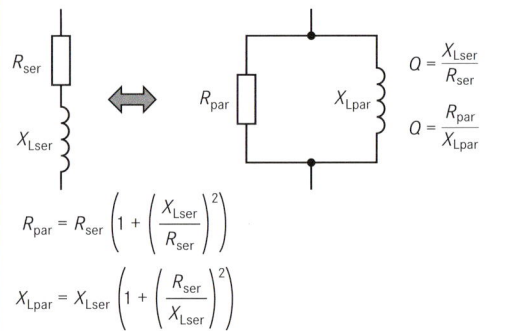

$$Q = \frac{X_{Lser}}{R_{ser}}$$
$$Q = \frac{R_{par}}{X_{Lpar}}$$

$$R_{par} = R_{ser}\left(1 + \left(\frac{X_{Lser}}{R_{ser}}\right)^2\right)$$

$$X_{Lpar} = X_{Lser}\left(1 + \left(\frac{R_{ser}}{X_{Lser}}\right)^2\right)$$

Bipolare Transistoren

NPN

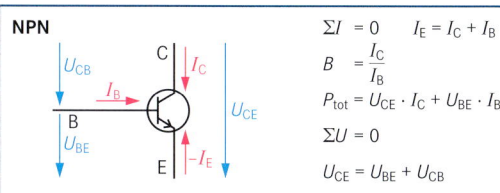

$\Sigma I = 0 \qquad I_E = I_C + I_B$

$B = \dfrac{I_C}{I_B}$

$P_{tot} = U_{CE} \cdot I_C + U_{BE} \cdot I_B$

$\Sigma U = 0$

$U_{CE} = U_{BE} + U_{CB}$

Bei PNP: Umkehrung der Vorzeichen I und U

Wechselstromkenngrößen:

$r_{BE} = \dfrac{\Delta U_{BE}}{\Delta I_B}$ $\qquad r_{CE} = \dfrac{U_{CE}}{I_C}$ $\qquad \beta = \dfrac{\Delta I_C}{\Delta I_B}$

Unipolare Transistoren (FET)

Sperrschicht FET, N-Kanal **Isolierschicht FET, N-Kanal-MOS-FET**

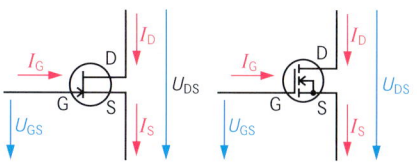

$I_G = 0 \qquad I_D = I_S \qquad S = \dfrac{\Delta I_D}{\Delta U_{GS}} \qquad r_{DS} = \dfrac{\Delta U_{DS}}{\Delta I_D}$

Emitterschaltung mit Vorwiderstand

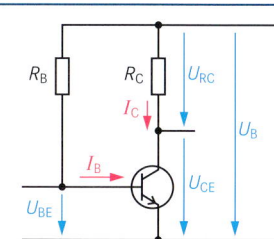

$U_B = U_{RC} + U_{CE}$

$R_B = \dfrac{U_B - U_{BE}}{I_B}$

$R_C = \dfrac{U_B - U_{CE}}{I_C}$

$r_e = R_B \parallel r_{BE}$

$r_a = R_C \parallel r_{CE}$

Sourceschaltung mit Sourcewiderstand

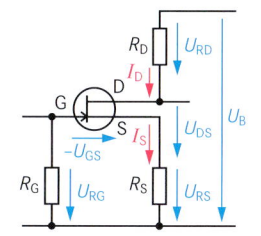

$U_B = U_{RD} + U_{DS} + U_{RS}$

$U_{RS} = -U_{GS}$

$R_D = \dfrac{U_B - U_{DS} - U_{RS}}{I_D}$

$R_S = \dfrac{U_{RS}}{I_S}$

$r_e = R_G \parallel r_{GS}$

$r_a = R_D \parallel r_{DS}$

Emitterschaltung mit Basisspannungsteiler

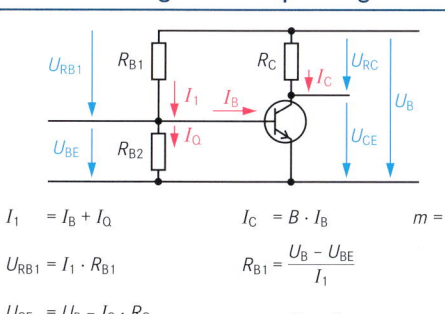

$I_1 = I_B + I_Q \qquad I_C = B \cdot I_B \qquad m = \dfrac{I_Q}{I_B}$

$U_{RB1} = I_1 \cdot R_{B1} \qquad R_{B1} = \dfrac{U_B - U_{BE}}{I_1}$

$U_{CE} = U_B - I_C \cdot R_C$

$U_{RC} = I_C \cdot R_C \qquad R_{B2} = \dfrac{U_B - U_{RB1}}{I_Q}$

$r_e = r_{BE} \parallel R_{B1} \parallel R_{B2} \qquad r_a = R_C \parallel r_{CE}$

Sourceschaltung mit Basisspannungsteiler

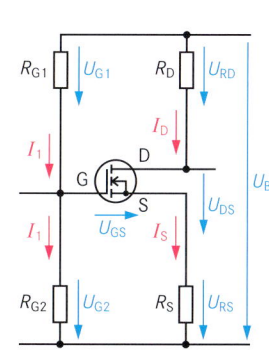

$U_{G2} = U_{GS} + U_{RS}$

$R_S = \dfrac{U_{RS}}{I_S}$

$R_{G1} = \dfrac{U_B - U_{G2}}{I_1}$

$R_{G2} = \dfrac{U_{RS} + U_{GS}}{I_1}$

$r_e = R_{G1} \parallel R_{G2}$

$r_a = R_D$

Emitterschaltung mit Stromgegenkopplung

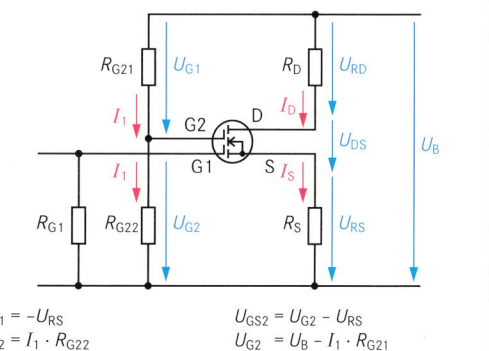

$U_{RB1} = U_B - U_{RB2} \qquad R_{B1} = \dfrac{U_{RB1}}{I_1} \qquad R_E = \dfrac{U_{RE}}{I_E}$

$U_{RB2} = U_{BE} + U_{RE} \qquad R_{B2} = \dfrac{U_{RB2}}{I_Q} \qquad R_C = \dfrac{U_{RC}}{I_C}$

$U_{RE} = U_B - U_{RC} - U_{CE} \qquad U_{RC} = U_B - U_{CE} - U_{RE}$

$r_e = (r_{BE} + \beta \cdot R_E) \parallel R_{B1} \parallel R_{B2} \qquad r_a = R_C \parallel r_{CE}$

Dual-Gate-MOS-FET mit Spannungsteiler

$U_{G1} = -U_{RS}$ $\qquad\qquad U_{GS2} = U_{G2} - U_{RS}$

$U_{G2} = I_1 \cdot R_{G22}$ $\qquad\quad U_{G2} = U_B - I_1 \cdot R_{G21}$

Bipolarer Transistor als Schalter

Belastung gegen U_B	Eingang 1-Signal, Ausgang 1-Signal

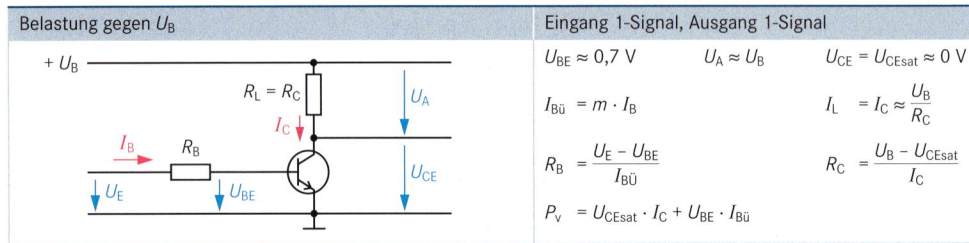

$U_{BE} \approx 0{,}7 \text{ V}$ $U_A \approx U_B$ $U_{CE} = U_{CEsat} \approx 0 \text{ V}$

$I_{Bü} = m \cdot I_B$

$I_L = I_C \approx \dfrac{U_B}{R_C}$

$R_B = \dfrac{U_E - U_{BE}}{I_{Bü}}$

$R_C = \dfrac{U_B - U_{CEsat}}{I_C}$

$P_v = U_{CEsat} \cdot I_C + U_{BE} \cdot I_{Bü}$

Differenzverstärker

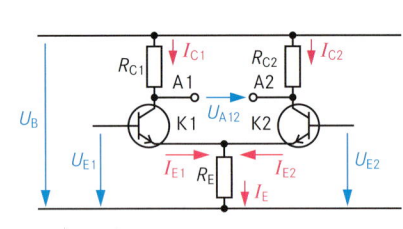

Spannungsverstärkung $v_U = -\dfrac{U_{A1} - U_{A2}}{U_{E1} - U_{E2}} = \dfrac{U_{A12}}{U_D}$

$-U_{A1} = v_U \cdot U_{E1}$ $-U_{A2} = v_U \cdot U_{E2}$ $I_E = I_{E1} + I_{E2}$

Darlington-Schaltung

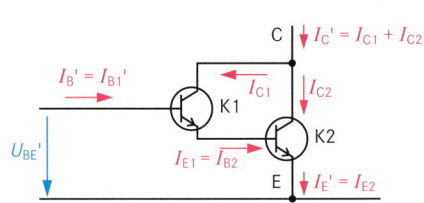

$U_{BE}' = U_{BE1} + U_{BE2}$ $r_{BE}' = 2 \cdot r_{BE1}$

$B' = B_1 \cdot B_2$ $\beta' = \beta_1 \cdot \beta_2$ $r_{CE}' = r_{CE2} \parallel \dfrac{2 r_{CE1}}{\beta_2}$

Wechselstrommäßige Betrachtung von Transistoren

Bipolare Transistoren	Unipolare Transistoren
Emitterschaltung	**Sourceschaltung mit Sperrschicht-FET**

Emitterschaltung:

$R_B = \dfrac{R_{B1} \cdot R_{B2}}{R_{B1} + R_{B2}}$

$r_e = \dfrac{r_{BE} \cdot R_B}{r_{BE} + R_B}$ $r_a = \dfrac{r_{CE} \cdot R_C}{r_{CE} + R_C}$

$v_u = -\beta \dfrac{R_C}{r_{BE}}$ $v_i = \beta$ $v_p = v_u \cdot v_i$

$f_{gu} = \dfrac{1}{2\pi C_{K,e} \cdot r_e}$ $f_{go} = \dfrac{1}{2\pi C_{BE} \cdot r_{BB}}$

Sourceschaltung mit Sperrschicht-FET:

$r_e = \dfrac{r_{GS} \cdot R_G}{r_{GS} + R_G}$

$r_a = \dfrac{r_{DS} \cdot R_D}{r_{DS} + R_D}$ $v_i \to \infty$

$S = \dfrac{\Delta I_D}{\Delta U_{GS}}$ $v_u = \dfrac{\Delta U_{DS}}{\Delta U_{GS}}$

$v_u = -S \cdot r_a$ $\varphi = 180°$

Kollektorschaltung

$R_B = \dfrac{R_{B1} \cdot R_{B2}}{R_{B1} + R_{B2}}$

$r_e = \dfrac{(r_{BE} + \beta \cdot R_E) \cdot R_B}{r_{BE} + \beta \cdot R_{BE} + R_B}$ $r_a = \dfrac{\dfrac{r_{BE}}{\beta} \cdot R_E}{\dfrac{r_{BE}}{\beta} + R_E}$

$v_u = \dfrac{\beta \cdot R_E}{\beta \cdot R_E + r_{BE}}$ $v_i \approx \beta$ $f_{go} < f_\beta$

Drainschaltung mit Sperrschicht-FET

$r_e \approx R_G$

$r_a \approx \dfrac{1}{S}$

$v_u = \dfrac{S \cdot R_S}{1 + S \cdot R_S} \le 1$

$\varphi = 0°$

Basisschaltung

$r_e = \dfrac{\dfrac{r_{BE}}{\beta} \cdot R_E}{\dfrac{r_{BE}}{\beta} + R_E}$ $r_a = \dfrac{r_{CE} \cdot R_C}{r_{CE} + R_C}$

$v_i \approx \dfrac{\beta}{\beta + 1} = \alpha$

$v_u = \beta \cdot \dfrac{R_C}{r_{BE}}$ $f_{go} \approx \beta \cdot f_\beta$

Sourceschaltung mit Isolierschicht-FET

$r_e = \dfrac{R_{G1} \cdot R_{G2}}{R_{G1} + R_{G2}}$ $v_u = -S \cdot r_a$ mit $r_a \approx R_D$

$r_a = \dfrac{r_{DS} \cdot R_D}{r_{DS} + R_D}$ $v_u \approx -S \cdot R_D$

$\varphi = 180°$

Nachrichtentechnik
Communiction Engineering

Rauschen

Rauschleistung, Rauschspannung

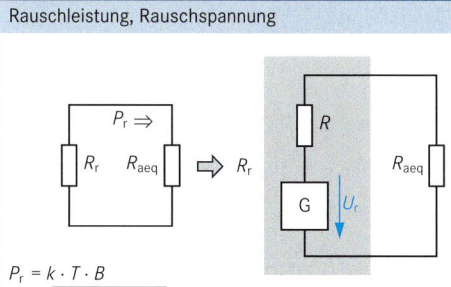

$P_r = k \cdot T \cdot B$
$U_r = \sqrt{4 \cdot k \cdot T \cdot B \cdot R}$
$k = 1{,}38 \cdot 10^{-23}$ Ws/K

T in Kelvin
B in Hz (Bandbreite)

Rauschabstandsmaß

$a_r = 10 \cdot \lg \dfrac{P_s}{P_r}$ dB $\qquad a_r = 20 \cdot \lg \dfrac{U_s}{U_r}$ dB

Rauschzahl F

$F = \dfrac{P_{se}}{P_{re}} : \dfrac{P_{sa}}{P_{ra}} \qquad\qquad F = \dfrac{P_{se}}{P_{re}} \cdot \dfrac{P_{ra}}{P_{sa}}$

Eingangsgrößen: P_{se}; P_{re}
Ausgangsgrößen: P_{sa}; P_{ra}

Rauschzahl a_F

$a_F = 10 \cdot \lg F$ dB

Oszillatoren

Meißner-Oszillator

$f_0 = \dfrac{1}{2\pi \cdot \sqrt{L_1 \cdot C_1}}$

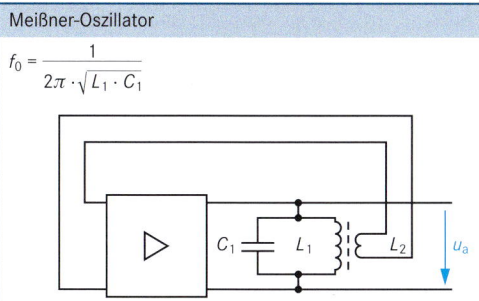

Colpitts-Oszillator

$f_0 = \dfrac{1}{2\pi \cdot \sqrt{L \cdot C}} \qquad C = \dfrac{C_1 \cdot C_2}{C_1 + C_2}$

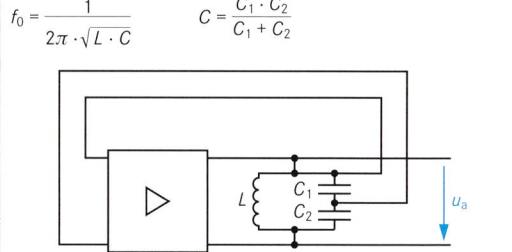

Elektromagnetische Wellen

Schwingung

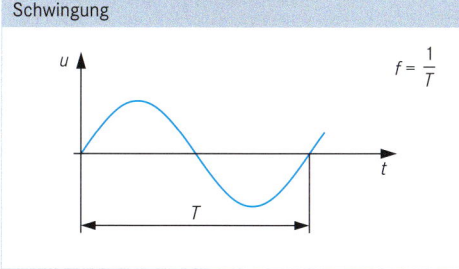

$f = \dfrac{1}{T}$

Wellen

c: Ausbreitungsgeschwindigkeit

$\lambda = \dfrac{c}{f} \qquad \lambda = c \cdot T$

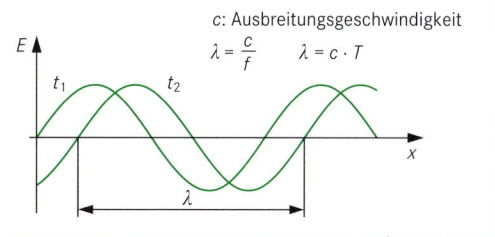

HF-Leitung

Ersatzschaltbild

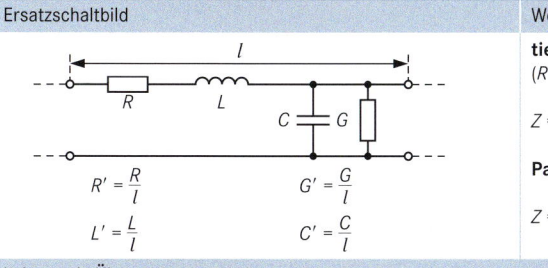

$R' = \dfrac{R}{l} \qquad\qquad G' = \dfrac{G}{l}$

$L' = \dfrac{L}{l} \qquad\qquad C' = \dfrac{C}{l}$

Wellenwiderstand

tiefe Frequenzen $\qquad$ **hohe Frequenzen**
$(R > \omega \cdot L) \qquad\qquad (R < \omega \cdot L)$

$Z = \sqrt{\dfrac{R}{\omega \cdot C}} \qquad\qquad Z = \sqrt{\dfrac{L}{C}}$

Paralleldrahtleitung

$Z = \dfrac{\ln \dfrac{2a}{d}}{\sqrt{\varepsilon_r}} \cdot 120\ \Omega$

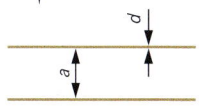

Leitung als Übertragungsstrecke

Ausbreitungsgeschwindigkeit

$v = \dfrac{c}{\sqrt{\varepsilon_r}}$

c: Lichtgeschwindigkeit
$c = 3 \cdot 10^8$ m/s
ε_r: Permittivitätszahl

Verkürzungsfaktor

$K = \dfrac{1}{\sqrt{\varepsilon_r}} \qquad$ Bei Koaxialkabel: 0,65 … 0,82

Die fettgedruckten Begriffe entsprechen den Seitenüberschriften

Bildquellenverzeichnis
List of picture reference

...weitere Produkte
für die Ausbildung:

Elektrotechnik Schülerbuch
Lernfelder 1–4
Best-Nr. **221532**

Elektrotechnik Aufträge
Lernfelder 1–4
Best-Nr. **221533**

Elektrotechnik Wörterbuch
Deutsch-Englisch
Englisch-Deutsch
Best-Nr. **222505**

im handlichen
Taschenformat